CHEMISCHES ZENTRALBLATT

1830 gegründet
1897—1945 von der Deutschen Chemischen Gesellschaft fortgeführt

Herausgegeben im Auftrage
der Deutschen Akademie der Wissenschaften zu Berlin,
der Chemischen Gesellschaft in der DDR,
der Akademie der Wissenschaften zu Göttingen
und der Gesellschaft Deutscher Chemiker
von Prof. Dr. HEINRICH BERTSCH und Prof. Dr. Dr. h. c. WILHELM KLEMM

Chefredakteure
Dr. HELGA VÖLZ und Dr.-Ing. CHRISTIAN WEISKE

REFERAT 0001—2071
SEITE 1—200
140. JAHRGANG

16/1969

16. APRIL 1969

AKADEMIE-VERLAG GMBH · BERLIN · VERLAG CHEMIE GMBH · WEINHEIM/BERGSTRASSE

Inhalt

CHEMISCHES ZENTRALBLATT

1830 gegründet
1897—1945 von der Deutschen Chemischen Gesellschaft fortgeführt

Herausgegeben im Auftrage
der Deutschen Akademie der Wissenschaften zu Berlin,
der Chemischen Gesellschaft in der DDR,
der Akademie der Wissenschaften zu Göttingen
und der Gesellschaft Deutscher Chemiker
von Prof. Dr. HEINRICH BERTSCH und Prof. Dr. Dr. h. c. WILHELM KLEMM

Chefredakteure
Dr. HELGA VÖLZ und Dr.-Ing. CHRISTIAN WEISKE

140. JAHRGANG
1969

Nr.	Referat	Seitenzahl	Ausgabe-Datum
13	0001—2298	1—224	26. März 1969
14	0001—2072	1—216	2. April 1969
15	0001—1971	1—200	9. April 1969
16	0001—2071	1—200	16. April 1969

AKADEMIE-VERLAG GMBH · BERLIN – VERLAG CHEMIE GMBH · WEINHEIM · BERGSTRASSE

Abkürzungsverzeichnis

Bitte besonders beachten:

1. Die Abkürzungen werden auch bei zusammengesetzten Wörtern verwendet. Die abgekürzten Wortteile werden durch einen Bindestrich verbunden. Der Bindestrich fällt weg, wenn der abgekürzte Wortteil am Wortende steht (Bldg.-Wärme, aber Wärmebldg.; ungesätt.).
2. Die Endung „isch" (chemisch, physikalisch, organisch usw.) wird durch einen Punkt ersetzt, ausgenommen sind Wörter, bei denen „isch" an einen Vokal angehängt ist (algebraisch).
3. Das letzte Wort eines Satzes wird nicht abgekürzt. Die Kurzzeichen für Maßeinheiten bilden hierbei eine Ausnahme (z. B. m, A).

A.	Äthanol, Äthylalkohol
Abb.	Abbildung(en)
abs.	absolut(e)
Ae.	Äther (nur Diäthyläther)
akt.	aktiv(e)
allg.	allgemein(e)
Anm.	Anmerkung(en)
App.	Apparat(e), Apparatur(en)
Ausb.	Ausbeute(n)
ausg.	ausgegeben
$[\alpha]_D^{20}$	optische Drehung, spezifische (nur in Verbindung mit Indizes und/oder Zahlenangaben, z. B. bei 20°, D-Linie)
ber.	berechnet(e)
bes.	besondere, besonders, insbesondere
Best.	Bestimmung(en)
bez.	bezüglich
Bibl.	Bibliographie(n)
bin.	binär(e)
Bldg.	Bildung(en)
Bzl.	Benzol (nur für die Verbindung C_6H_6)
Bzn.	Benzin
bzw.	beziehungsweise
C.	Chem. Zentralblatt
D.	Dichte(n) (auch in Verbindung mit Indizes und/oder Zahlenangaben, z. B. bei 20° auf Wasser der Dichte bei 4° bezogen: $D._4^{20}$)
dad. gek.	dadurch gekennzeichnet
Darst.	Darstellung(en)
Deriv.	Derivat(e)
Dest.	Destillation(en)
dest.	destillieren, destilliert(e)
d. h.	das heißt
E.	Erstarrungspunkt(e)
Eig.	Eigenschaft(en)
Einfl.	Einfluß, Einflüsse
Einw.	Einwirkung(en)
Entw.	Entwicklung(en)
et al.	und Mitarbeiter
evtl.	eventuell
F.	Schmelzpunkt(e)
fl.	flüssig(e)
Fl.	Flüssigkeit(en)
frakt.	fraktioniert(e)
gasf.	gasförmig
geb.	geboren
Geh.	Gehalt(e)
gek.	gekennzeichnet
gesätt.	gesättigt(e)
Geschw.	Geschwindigkeit(en)
gest.	gestorben
Gew.	Gewicht(e)
ggf.	gegebenenfalls
Ggw.	Gegenwart
Herst.	Herstellung
ibid.	ibidem
Koeff.	Koeffizient(en)
koll.	kolloid(e), kolloidal(e)
Koll.	Kolloid(e)
Kondens.	Kondensation(en)
Konfig.	Konfiguration(en)
Konform.	Konformation(en)
konst.	konstant(e)
Konst.	Konstante(n)
Konstit.	Konstitution(en)
Konz.	Konzentration(en)
konz.	konzentriert(e)
korr.	korrigiert(e)
Kp.	Siedepunkt(e) (Siedepunkt z. B. bei 10 Torr: $Kp._{10}$)
Krist.	Kristall(e)
krist.	kristallisieren, kristallisiert(e), kristallin(e)
KW-Stoff(e)	Kohlenwasserstoff(e)
Labor.	Laboratorium, Laboratorien
l.c.	loco citato
Leg.	Legierung(en)
lösl.	löslich(e)
Lsg.	Lösung(en)
Lsgm.	Lösungsmittel
Max.	Maximum
Meth.	Methode(n)
Min.	Minute(n), allgemein
Mitt.	Mitteilung(en)
mkr.	mikroskopisch(e)
mol.	molekular(e)
Mol.	Molekül(e)
Molgew.	Molekulargewicht(e)
n_D^{20}	Brechungsindex (nur in Verbindung mit Indizes und/oder Zahlenangaben, z. B. bei 20°, D-Linie)
nachst.	nachstehend(e)
Nachw.	Nachweis(e)
Nd.	Niederschlag, Niederschläge
Orig.	Original(e)
Ox.	Oxydation(en)
ox.	oxydiert(e)
PAe.	Petroläther
Präp.	Präparat(e)
prim.	primär(e)
Prior.	Priorität(en), Unionspriorität(en)
Prod.	Produkt(e)
‰ig.	promillig(e)
%ig.	prozentig(e)
Py.	Pyridin (nur für die Verbindung C_5H_5N)
qual.	qualitativ(e)
quant.	quantitativ(e)
quart.	quartär(e) (Bindigkeit)
quatern.	quaternär(e)
rac.	racemisch(e)
Red.	Reduktion(en)
red.	reduziert(e)
Ref.	Referat(e)
Rk.	Reaktion(en)
s.	siehe
sd.	siedend(e), siedet
sek.	sekundär(e)
Sek.	Sekunde(n), allgemein
sog.	sogenannt(e)
Std.	Stunde(n), allgemein
std.	ständig(e)
Subl.	Sublimation(en)
subl.	sublimiert(e)
symm.	symmetrisch(e)
Synth.	Synthese(n)
Syst.	System(e)
Temp.	Temperatur(en)
tern.	ternär(e)
tert.	tertiär(e)
u.	und
u. a.	und andere, unter anderem
u. dgl.	und dergleichen
Unters.	Untersuchung(en)
usw.	und so weiter
Verb.	Verbindung(en)
verd.	verdünnt(e)
Verf.	Verfahren
Verh.	Verhalten
Vers.	Versuch(e)
Verw.	Verwendung(en)
Vf.	Verfasser, Verfasserin(nen)
Vgl.	Vergleich(e)
vgl.	vergleiche
Vol.	Volumen, Volumina
Vork.	Vorkommen
vorl. Mitt.	vorläufige Mitteilung(en)
Vorr.	Vorrichtung(en)
vorst.	vorstehend(e)
W.	Wasser
Wrkg.	Wirkung(en)
wss.	wäßrig(e)
z. B.	zum Beispiel
Zers.	Zersetzung(en)
z. T.	zum Teil
Zus.	Zusammensetzung(en)

Mathematische Zeichen

$\approx$	angenähert gleich, rund, zirka
⌀	Durchmesser
$\triangleq$	entspricht
$>$	größer als
$\geqq$	größer oder gleich
$<$	kleiner als
$\leqq$	kleiner oder gleich
$\sim$	proportional
∞	unendlich

Patent-Abkürzungen

Aust.P.	Australisches Patent
Belg.P.	Belgisches Patent
Belg.A.S.	Belgische Auslegeschrift
Brit.P.	Britisches Patent
Can.P.	Canadisches Patent
Dän.P.	Dänisches Patent
D.A.S.	Deutsche Auslegeschrift
D.B.P.	Deutsches Bundes-Patent
D.P.[DDR]	Deutsches Pat. [DDR]
Finn.P.	Finnisches Patent
F.P.	Französisches Patent
Ind.P.	Indisches Patent
Israel.A.S.	Israelische Auslegeschrift
It.P.	Italienisches Patent
Jap.A.S.	Japanische Auslegeschr.
Niederl.P.	Niederländisches Patent
Norw.P.	Norwegisches Patent
Oe.P.	Österreichisches Patent
Port.P.	Portugiesisches Patent
Schwed.P.	Schwedisches Patent
Schwz.P.	Schweizer Patent
Tschech.P.	Tschechoslowakisches Patent
UdSSR.P.	Sowjetisches Patent
Ung.P.	Ungarisches Patent
U.S.P.	Amerikanisches Patent

Dr. Helga Völz und Dr.-Ing. Christian Weiske

Namenregister Nr. 16

Ein vollständiger oder gekürzter Abdruck der Referate ist ohne Genehmigung der Redaktion und des Verlages verboten!

Patentregister

Australische Patente (Austr. P.)

Nr.	Ref. Nr.	Bezugspatent
249 963	1938	(D.A.S. 1 197 875)
263 754	2040	
268 912	1979	(Brit.P. 963 627)
269 613	1982	(Brit.P. 991 204)
619	1936	(D.A.S. 1 219 473)
639	1958	(Brit.P. 973 338)
803	1937	(Brit.P. 1 009 356)
270 066	1952	(Brit.P. 995 459)
169	1931	(U.S.P. 3 138 643)
254	1838	(Oe.P. 239 193)
294	1976	(Brit.P. 974 282)
433	1974	(Brit.P. 949 668)
458	1991	(U.S.P. 3 186 984)
467	1430	
543	1985	(F.P. 1 316 176)
590	1990	(Brit.P. 967 535)
947	1943	(Brit.P. 988 944)
980	1954	(Brit.P. 956 607)
997	1945	(Brit.P. 931 892)
271 066	1995	(Port.P. 41 682)
286	1843	(F.P. 1 359 981)
298	1944	(Brit.P. 989 401)
272 093	1478	(Brit.P. 964 059)
289	1456	(Brit.P. 1 003 686)
273 015	1535	(Brit.P. 960 850)
132	1484	(F.P.[Med.] 1 995)
176	1411	
177	1411	
179	1542	(Brit.P. 987 050)
728	2017	(Brit.P. 974 383)
274 027	2019	(Brit.P. 966 826)
391	1494	(Schwz.P. 406 243)
432	1458	(Brit.P. 1 034 931)
434	1445	(Brit.P. 1 013 907)
466	2059	(Oe.P. 227 254)
549	1486	(Brit.P. 989 456)
566	1459	(Oe.P. 242 683)
		(Oe.P. 242 687)
604	1522	(Brit.P. 948 879)
605	2013	(Brit.P. 1 004 284)
		(Brit.P. 1 008 636)
654	1499	(U.S.P. 3 139 428)
655	1480	(D.A.S. 1 193 054)
658	1501	(Brit.P. 970 963)
659	1502	(U.S.P. 3 185 695)
744	2018	(D.A.S. 1 219 146)
745	1470	(D.A.S. 1 196 656)
771	1474	(U.S.P. 3 117 970)
805	1518	(F.P. 1 334 950)
986	1457	(Brit.P. 1 025 151)
275 122	2030	(D.A.S. 1 215 842)
205	2022	(F.P. 1 345 397)
233	1846	(U.S.P. 3 171 715)
332	1466	(Brit.P. 995 944)
359	2049	(Brit.P. 1 016 648)
368	1524	(D.A.S. 1 205 968)
376	1536	(D.A.S. 1 182 896)
391	1834	(D.A.S. 1 226 548)
395	1533	(U.S.P. 3 142 670)
409	1525	(U.S.P. 3 213 118)
439	1475	(Brit.P. 995 964)
440	1485	(Brit.P. 1 006 155)
442	2047	(Oe.P. 243 018)
453	1497	(D.A.S. 1 217 389)
473	1532	(U.S.P. 3 159 542)
684	1473	(D.A.S. 1 150 985)
689	1511	(D.A.S. 1 188 591)
713	1837	(F.P. 1 387 031)
724	1461	(D.A.S. 1 206 910)

Belgische Auslegeschriften (Belg. A. S.)

Nr.	Ref. Nr.	Bezugspatent
634 814	1930	(F.P. 1 336 749)

Britische Patente (Brit. P.)

Nr.	Ref. Nr.	Bezugspatent
942 436	1940	(Oe.P. 232 972)
950 669	1978	(Oe.P. 232 976)
957 987	1965	(Oe.P. 232 988)
963 052	2040	
972 649	1992	(Oe.P. 232 982)
973 887	1406	
1 001 623	1961	(Oe.P. 236 358)
1 019 221	2024	(F.P. 1 332 883)
457	2043	
1 021 613	1831	(F.P. 1 359 668)
1 022 924	1928	(Oe.P. 237 581)
1 023 389	2002	
1 026 873	1833	(F.P. 1 332 944)
1 027 882	1874	
1 031 532	2042	
742	1941	(D.A.S. 1 170 641)
1 032 806	1830	(D.A.S. 1 163 298)
1 033 975	1847	(F.P. 1 356 173)
1 041 803	2045	
1 044 612	1839	(F.P. 1 365 883)
1 049 427	1957	(D.P.[DDR] 32 827)
		(Oe.P. 236 357)
1 052 184	2033	
1 053 843	1410	
1 059 650	1893	
1 060 122	1908	
677	1867	
1 061 447	1907	
1 062 840	1423	
1 063 153	1892	
821	1440	
964	1894	
1 068 774	1829	(D.A.S. 1 216 261)
1 069 650	1893	
844	1436	
845	1437	
846	1438	
1 070 943	1439	
1 071 256	1422	
1 074 889	1917	
1 075 393	1891	
1 076 218	1435	
1 077 114	1914	
739	1872	
1 079 372	1434	
1 080 680	1911	
903	1875	
1 081 838	1890	
1 083 730	1416	
818	1896	
1 084 345	1920	
847	1432	
929	1403	
1 085 405	1426	
406	1426	
429	1417	
1 086 426	1404	
447	1887	
595	1882	
769	1895	
1 087 920	1433	
949	1873	

Canadische Patente (Can. P.)

Nr.	Ref. Nr.	Bezugspatent
677 487	1994	(F.P. 1 280 897)
687 308	1972	(U.S.P. 3 112 345)
695 860	1934	(Oe.P. 240 336)

Auslegeschriften der Patentanmeldungen des Deutschen Patentamtes München (D. A. S.)

Nr.	Ref. Nr.	Bezugspatent
1 192 172	1978	(Oe.P. 232 976)
1 212 093	1983	(D.P.[DDR] 38 111)
1 218 094	1998	
1 225 157	1828	
1 226 731	2005	
1 229 483	1959	(U.S.P. 3 078 217)
1 230 752	1960	(Can.P. 651 792)
1 232 947	2052	(D.P.[DDR] 33 853)
1 240 068	1878	
553	1904	
1 243 201	1981	(D.P.[DDR] 33 352)
1 248 834	2024	(F.P. 1 332 883)
1 253 265	1962	(Oe.P. 236 359)
1 266 305	1918	
1 267 206	2051	(Brit.P. 987 000)
675	1888	
1 269 124	1880	
1 270 035	1871	
547	1869	
1 272 270	2031	(F.P. 1 285 579)
1 274 119	1872	
400	2060	(U.S.P. 3 136 784)
1 275 707	2012	(Brit.P. 958 659)
1 276 643	1924	

Deutsche Patente (D. P. [DDR])

Nr.	Ref. Nr.	Bezugspatent
31 497	1992	(Oe.P. 232 982)
53 060	1876	
068	1414	
55 662	1427	
667	1419	
669	1412	
670	1408	
953	1407	

Französische Patente (F. P.)

Nr.	Ref. Nr.	Bezugspatent
3 730	1424	(Med.)
876	1442	(Med.)
893	1405	(Med.)
82 795	1933	(Brit.P. 959 756)
1 265 113	1948	(Brit.P. 951 927)
1 374 620	1969	(U.S.P. 3 222 369)
621	1970	(D.A.S. 1 216 302)
736	1956	(Brit.P. 987 278)
1 375 462	1967	(D.A.S. 1 200 289)
1 439 996	1996	
1 447 640	1826	
1 454 259	1818	
1 455 392	1999	
1 463 288	1997	
1 468 604	1529	(Brit.P. 896 817)
		(Brit.P. 896 818)
606	1528	(U.S.P. 2 960 502)
1 470 304	1517	(D.A.S. 1 135 899)
1 480 106	1513	(U.S.P. 3 188 308)
1 481 020	1514	(U.S.P. 3 113 130)
023	1520	(D.A.S. 1 158 967)
027	1509	(D.A.S. 1 238 909)

Indische Patente (Ind. P.)

Nr.	Ref. Nr.	Bezugspatent
83 122	1889	

Niederländische Patente (Niederl. P.)

Nr.	Ref. Nr.	Bezugspatent
122 645	1527	(Ung.P. 151 224)
708	1444	(D.A.S. 1 153 357)
805	1916	
809	1482	(Brit.P. 926 696)
814	1512	(U.S.P. 3 160 643)
838	1441	
874	1534	(Brit.P. 899 667)
916	2063	(U.S.P. 3 189 519)
964	1462	(Brit.P. 938 348)
968	1448	(D.A.S. 1 205 085)
973	1540	(D.A.S. 1 153 375)
976	1498	(D.A.S. 1 210 868)
123 031	1443	(U.S.P. 3 030 271)
034	1530	(Brit.P. 961 555)
120	1451	(D.A.S. 1 181 231)
127	1905	
129	1409	
130	1415	
136	1507	(Brit.P. 925 586)
141	1500	(Brit.P. 959 261)
142	1429	
145	1420	
146	1469	(Ung.P. 150 262)
166	1531	(Brit.P. 965 019)
285	1481	(D.P.[DDR] 34 810)
288	1495	(D.P.[DDR] 39 622)
297	1510	(Brit.P. 967 009)
431	1922	
447	1493	(Brit.P. 966 015)
450	1488	(D.A.S. 1 147 233)
455	1516	(F.P. 1 409 756)
587	1886	
601	2028	(Brit.P. 925 379)
742	2020	(F.P. 1 254 049)

Oesterreichische Patente (Oe. P.)

Nr.	Ref. Nr.	Bezugspatent
237 622	1984	(D.A.S. 1 174 323)
247 354	1987	(Brit.P. 999 614)
252 211	1450	(D.A.S. 1 189 971)
471	1477	(D.A.S. 1 220 422)
944	1879	
253 137	1515	(Brit.P. 963 938)
695	1523	(D.A.S. 1 205 968)
699	1519	(U.S.P. 3 240 777)
255 204	2056	(D.A.S. 1 157 027)
258 036	2050	(D.A.S. 1 224 557)

Portugiesische Patente (Port. P.)

Nr.	Ref. Nr.	Bezugspatent
45 857	1428	
878	1418	

Schwedische Patente (Schwed. P.)

Nr.	Ref. Nr.	Bezugspatent
200 784	1966	(Oe.P. 198 258)
201 689	1988	(Brit.P. 926 816)
892	1935	(Brit.P. 971 995)
202 130	1946	(D.A.S. 1 169 438)
136	1964	(Brit.P. 1 010 995)
334	1949	(U.S.P. 3 164 637)
616	1977	(F.P. 1 192 189)
203 024	1947	(D.A.S. 1 118 191)
027	1939	(Ung.P. 150 173)
310	1968	(Brit.P. 930 452)
475	1950	(D.A.S. 1 202 775)
476	1951	(D.A.S. 1 202 775)
477	1986	(D.P.[DDR] 14 956)
620	1840	(U.S.P. 3 112 175)
622	1955	(Brit.P. 853 405)
623	1953	(Brit.P. 977 496)
625	1993	(Brit.P. 827 703)

Nr.	Ref. Nr.	Bezugspatent
632	1963	(Brit.P. 1 014 904)
689	1844	(U.S.P. 2 857 264)
690	1845	(U.S.P. 2 857 265)
691	1841	(D.A.S. 1 191 112)
767	2057	(Brit.P. 968 121)
882	1932	(D.A.S. 1 189 066)
886	1989	(Brit.P. 926 816)
204 008	1980	(Aust.P. 226 375)
209	1842	(F.P. 1 196 217)
289	1836	(U.S.P. 2 912 342)
293	1929	(Oe.P. 239 205)

Schweizer Patente
(Schwz. P.)

Nr.	Ref. Nr.	Bezugspatent
400 126	1938	(D.A.S. 1 197 875)
412 851	2066	(Brit.P. 925 424)
417 558	1908	
609	1472	(D.A.S. 1 183 097)
421 931	2069	(Oe.P. 237 632)
995	1965	(Oe.P. 232 988)
422 811	1496	(D.A.S. 1 197 090)
784	1906	
427 745	1489	(D.A.S. 1 137 740)
430 703	1406	
727	1981	(D.P.[DDR] 33 352)
433 280	1526	(Oe.P. 232 204)
434 265	1490	(D.P.[DDR] 48 205)
266	1490	(D.P.[DDR] 48 205)
435 228	1973	(Oe.P. 232 995)
436 207	1897	
286	1476	(Can.P. 694 080)
316	1491	(Oe.P. 240 373)
437 282	2053	(U.S.P. 3 159 641)
283	2054	(U.S.P. 3 159 642)
327	1483	(D.A.S. 1 197 466)
438 282	1467	(Brit.P. 831 575)
332	1539	(F.P. 1 326 340)
342	1912	
346	1492	(D.A.S. 1 238 479)
439 242	1870	
273	1449	(D.A.S. 1 199 164)
280	1521	(U.S.P. 3 100 777)
290	1479	(D.A.S. 1 202 280)
296	1487	(Brit.P. 1 000 686)
314	1508	(F.P. 1 360 550)
322	1465	(D.P.[DDR] 50 621)
326	1452	(Oe.P. 229 293)
860	2061	(Brit.P. 978 866)
861	2062	(Brit.P. 964 140)
440 241	1868	
246	1463	(Brit.P. 1 009 288)
823	2048	(Brit.P. 1 016 648)
441 556	2015	(Brit.P. 976 218)
559	2011	(D.A.S. 1 221 746)
565	2008	(Aust.P. 227 420)
570	2014	(D.P.[DDR] 41 331)
574	2009	(F.P. 1 220 261)
443 524	2010	(D.A.S. 1 098 644)
444 343	2016	(Brit.P. 917 780)
		(U.S.P. 3 120 507)
445 508	1423	
509	1423	
511	1423	
512	1423	
446 572	2021	(F.P. 1 446 758)
448 342	2026	(D.A.S. 1 242 180)
449 601	2067	(D.A.S. 1 232 946)
		(D.A.S. 1 252 655)
		(D.A.S. 1 253 698)
		(D.A.S. 1 253 699)
451 159	2068	(U.S.P. 3 138 585)
191	2007	(D.A.S. 1 231 251)
371	2023	(Brit.P. 998 858)
		(F.P. 1 373 758)
452 986	2064	(Brit.P. 1 027 969)
453 332	2065	(D.A.S. 1 162 353)
545	2029	(Brit.P. 921 250)
		(F.P. 1 290 189)

U.S.A.-Patente
(U. S. P.)

Nr.	Ref. Nr.	Bezugspatent
3 091 625	1942	(Can.P. 691 908)
3 101 375	1948	(Brit.P. 951 927)
3 114 748	1992	(Oe.P. 232 982)
3 132 182	1965	(Oe.P. 232 988)
3 149 141	1962	(Oe.P. 236 359)
3 163 666	1975	(Brit.P. 976 091)
3 236 864	2000	
3 240 808	2040	
3 242 225	1940	(Oe.P. 232 972)
3 244 734	1874	
3 247 215	2006	
3 248 379	2004	
3 254 032	1822	
3 258 459	1425	
3 260 675	1817	
3 264 133	1825	
3 265 628	1824	
3 271 438	2041	
3 274 217	2039	
3 277 087	1421	
112	1413	
3 278 450	1819	
515	2003	
545	2044	
3 282 855	1820	
856	1823	
3 288 778	2001	
3 290 255	1821	
3 291 708	1813	
840	1848	(Brit.P. 966 824)
3 294 482	1827	
830	2035	
840	1971	(D.A.S. 1 215 145)
3 296 316	1885	
3 297 756	1902	
758	1900	
760	1901	
3 299 042	1431	
043	1506	(D.A.S. 1 201 353)
099	2038	
142	1877	
190	2071	(D.A.S. 1 174 766)
3 303 201	1538	(D.A.S. 1 240 227)
219	1899	
223	1883	
3 305 562	1471	(Oe.P. 226 692)
590	1884	
3 306 926	1898	
3 310 609	1881	
3 311 652	2032	
3 312 733	1464	(Brit.P. 1 024 643)
3 314 975	1915	
3 317 561	2037	
569	1541	(Brit.P. 1 003 494)
611	1903	
3 321 491	1910	
3 326 944	1909	
3 328 135	1815	
239	1537	(D.A.S. 1 219 631)
3 336 115	1816	
3 340 009	1835	(D.A.S. 1 191 794)
3 341 510	1503	(Brit.P. 984 810)
591	1446	(Brit.P. 877 642)
3 344 168	1447	(D.A.S. 1 201 364)
190	1454	(F.P. 1 320 965)
3 345 411	1460	(D.A.S. 1 206 427)
3 346 576	2055	(D.A.S. 1 194 198)
605	2058	(Brit.P. 949 286)
632	1873	
3 347 858	1468	(Brit.P. 1 022 033)
888	2046	
912	1919	
3 349 097	2025	(Brit.P. 1 013 442)
		(F.P. 1 307 200)
108	1927	
135	1453	(Brit.P. 989 557)
3 351 589	1455	(D.A.S. 1 220 435)
646	1921	
3 352 843	1505	(D.P.[DDR] 40 706)
844	1504	(D.P.[DDR] 48 621)
3 353 977	2027	(D.A.S. 1 242 180)
3 354 192	1923	
3 355 469	1925	
472	2034	
524	2036	
3 356 716	1435	
772	2070	(Brit.P. 1 028 568)
3 357 804	1832	(D.A.S. 1 183 483)
3 358 002	1913	
006	1926	
3 359 081	1814	
3 360 336	1812	

CHEMISCHES ZENTRALBLATT

Nr. 16 · 16. April 1969
Referat 0001—2071
Seite 1—200

A. Allgemeine, physikalisch-anorganische und anorganische Chemie

A–2. Physik der Atome und Moleküle

0001 **Das asymmetrische Atom, Chiralität und Pseudosymmetrie.** V. Prelog. (Proc. Kon. nederl. Akad. Wetensch., Ser. B 71 (1968) 2, 108—23; dt.) — Van't Hoff-Gedächtnis-Rede. — Die histor. Entw. der stereochem. Grundbegriffe, asymm. u. pseudoasymm. Atom u. ihre Anwendungsgrenzen bei Mol. mit sog. mol. Asymmetrie werden kurz geschildert. Die Erweiterung der Begriffe wird vorgeschlagen u. die Anwendung der erweiterten Begriffe, der Chiralitätselemente u. der Elemente der Pseudoasymmetrie, an Beispielen illustriert. D. Hoene 22

0002 **Kann der Unterschied zwischen den lokalen Schrödinger- und Ruedenberg-Beiträgen zur kinetischen Energie elastische Deformationen des Elektrons darstellen?** Chr. Klixbüll Jørgensen. (Int. J. Quantum Chem. 2 (1968) 1, 49—54; Cyanamid European Res. Inst., Cologny (Geneva) 1223, Switzerland; engl.) — Das von Dirac eingeführte Modell, das das Elektron als eine „Blasenoberfläche" darstellt, führt zu einem weitgehenden, aber unvollständigen Vers., die äußere kinet. Energie mit einem relativist. Effekt 1. Ordnung zu identifizieren u. die innere Energie, die die Differenz zwischen beiden Modellen ausmacht, Oszillationen der Oberfläche zuzuordnen. H. Liepack 22

0003 **Störungsrechnungen ohne H^0 oder H^1.** C. F. Lebeda und D. M. Schrader. (Chem. Physics Letters [Amsterdam] 2 (1968) 2, 91—93; Dep. of Phys. and Chem., Univ. of Ia., Iowa City, Ia.; engl.) — Entw. einer Meth. zur Störungsrechnung erster Ordnung, ohne daß der Hamilton-Operator explizit in einen nullter u. einen erster Ordnung aufgeteilt werden muß. Anwendung auf die Grundzustände von H^-, *He* u. Li^+. R. Blank 22

0004 **Störungstheorie von Jansen bei Austauschwechselwirkungen.** W. Byers Brown. (Chem. Physics Letters [Amsterdam] 2 (1968) 2, 105—07; Theoret. Chem. Inst., Univ. of Wis., Madison, Wis.; engl.) — Änderung der von Jansen [Physic. Rev. 162 (1967) 63] entwickelten Störungstheorie zur Behandlung von Weitbereichsaustauschwechselwrkg. zwischen Atomen u. Mol. durch einen Formalismus nach Van der Avoird [vgl. ibid. 1 (1967) 24]. R. Blank 22

0005 **Lösungstheorie für Mehrteilchensysteme mit Spin.** H. Näpfel. (Z. Naturforsch. 23a (1968) 4, 562—78; Inst. für theoret. Phys., Univ., Erlangen-Nürnberg; dt.) — Die Wigner-Meth. der Entw. der Schrödinger-Eigenfunktionen eines Mehrteilchensyst. nach Elementen von irreduziblen Darst. der Rotationsgruppe wird auf Mehrteilchensyst. mit Spin erweitert. Es werden bes. Zwei- u. Dreiteilchensyst. (ein Teilchen mit Spin 1/2, die andern ohne Spin) behandelt. Wenn die beiden spinlosen Teilchen als Kernrumpf, das Teilchen mit Spin 1/2 als zusätzliches Nucleon angesehen werden, kann dieses „Dreiteilchen-Kernmodell" mit andern Kernmodellen verglichen werden. Nilsson-Diagramme können ber. werden, u. es sind — verglichen mit andern Kernmodellen — bessere Angleichungen der Parameter an empir. Daten möglich. B. Stender 22

0006 **Spingekoppelte Wellenfunktionen für Atome und Moleküle.** J. Gerratt und W. N. Lipscomb. (Proc. nat. Acad. Sci. USA 59 (1968) 2, 332—35; Chem. Dep., Harvard Univ., Cambridge, Mass.; engl.) — Ableitung von Ausdrücken für die Matrixelemente des Hamilton-Operators für spingekoppelte Wellenfunktionen in Mol.-Syst. mit gerader Elektronenzahl. Dabei wird Orthogonalität der räumlichen Orbitale nicht vorausgesetzt. Das Kopplungsschema kann im Einzelfall spezialisiert werden. R. Blank 22

0007 **Bestimmung der Kopplungskoeffizienten der Konfigurationen $np^5n's$ und $np^5n'p$ aus experimentellen Daten.** R. I. Semenov und B. A. Strugač. (Optika i Spektroskopija 24 (1968) 4, 487—97; russ.) — Die Kopplungskoeff. der Wellenfunktionen der Elektronen-konfig. $np^5n's$ u. $np^5n'p$ wurden bestimmt. Im Falle von *Ne I* wurden hieraus die relativen Linienstärken der Übergänge zwischen den Konfig. $2p^53p$ berechnet. Auch g-Faktoren wurden ermittelt. Die Energieniveaus der Feinstruktur wurden in LS-Bindung klassifiziert. M. Wiedemann 22

0008 **Direkte Methode zur Berechnung von Abschirmeffekten in Atomen. Atome oder Ionen mit 3—10 Elektronen im Grundzustand.** Louis Pujol und Jacques-Claude Simon. (Theoret. chim. Acta [Berlin] 11 (1968) 1, 59—74; Marseille, Labor. de chim. théor.; franz.) — Eine direkte Meth. zur Berechnung der elementaren Abschirmkonst. S_{ab} wird vorgeschlagen. Die den Elementen der 2. Reihe des Periodensyst. entsprechenden Ergebnisse weichen manchmal von den Slaterschen in bezug auf die elementaren Konst. ab, doch sind die Gesamtkonst. $\sigma_{a(al)}$ äquivalent. B. I. 22△

0009 **Atomoszillatorstärken.** 4. Mitt. **Übergänge des Typs s^2–sp und ss–sp.** Brian Warner. (Monthly Notices Roy. astronom. Soc. 140 (1968) 1, 53—59; Dep. of Astron., Univ. of Tex., Austin, Tex.; engl.) — 3. vgl. C. **1969**, 15-0014. — Berechnung der Oszillatorstärken aus der intermediären Kopplung u. aus Thomas-Fermi-Dirac-Wellenfunktionen der s^2-sp- u. ss-sp-Übergänge, wobei Konfig.-Wechselwrkg. vernachlässigt werden können, von *Mg I, Al II, Si III, P IV, Ca I, Zn I, Ga II, Ge III, As IV, Sr I, Cd I, In II, Sn III, Ba I, Hg I, Tl II* u. *Pb III*. Die Ergebnisse stimmen mit den Messungen der s^2–sp-Übergänge gut überein. R. Blank 22

0010 **Energie der angeregten Zustände von He.** A. N. Ivanova, U. I. Safronova und V. N. Charitonova. (Optika i Spektroskopija 24 (1968) 5, 660—62; russ.) — Die Störungstheorie wurde auf zweielektron. atomare Syst. angewandt. Die angeregten He-Zustände (Konfig. 1s2s, 1s3s, 1s4s, 1s5s, 1s2p, 1s3p, 1s3d) wurden behandelt. Die Resultate wurden in der Form $E_a = E_0 Z^2 + \Delta E_1 Z + \Delta E_2$ dargestellt u. für Z = 2 ein Vgl. mit den Experimenten durchgeführt. M. Wiedemann 22

0011 **Einfluß von Dreiteilchenkräften auf die Hyperfeinstruktur des He-Atoms.** L. N. Labzovskij. (Optika i Spektroskopija 24 (1968) 3, 322—26; russ.) — In der Theorie der Atome mit zwei Elektronen führen Dreikörperkräfte zu einem Beitrag der Ordnung α^2 bei der Hyperfeinaufspaltung u. zur sog. diamagnet. Korrektur. Für den $2^3 S_1$-Zustand von ^3He wurde die Korrektur ermittelt u. mit Werten der Literatur verglichen. M. Wiedemann 22

0012 **Störungstheorie der atomaren Wechselwirkungen bei kurzer Reichweite.** W. Byers Brown. (Chem. Physics Letters [Amsterdam] 1 (1968) 13, 655—58; Dep. of Chem., Univ. of Manchester, Manchester, U.K.; engl.) H. Liepack 22

0013 **Einflüsse der Ladungsstreuung auf ein heteronucleares Molekül.** 1. Mitt. **Änderungen in H_{ii} durch die Nachbarn.** J. H. Corrington und L. C. Cusachs. (Spectroscopy Letters 1 (1968) 2, 67—85; Richardson Chem. Labor., Tulane Univ., New Orleans, La.; engl.) — Ableitung einer einfachen Funktion zur Best. des effektiven zwischenatomaren Potentials, das durch die Nachbarladungen hervorgerufen wird, auf der Basis des Einelektronkern-Anziehungsintegrals. Mit Clementi-Atomfunktionen oder verfügbaren Atomionisationsenergiedaten wird $R_0 = R_{avg}$ bestimmt u. dann relativ genau das Potential eines beliebigen Atoms in gegebener Mol.-Umgebung berechnet. Auf diese Weise lassen sich die Atomorbitalmatrixelemente H_{ii} für halbempir. MO-Rechnungen bestimmen. Anwendung auf *H, C, N, O, F, Si, P, S, Cl, V, Cu.* R. Blank 22

0014 **Molekülorbitalnäherung an den Elektronegativitätsausgleich.** N. C. Baird, J. M. Sichel und M. A. Whitehead. (Theoret. chim. Acta [Berlin] **11** (1968) 1, 38—50; Montreal, Canada, McGill Univ., Quantum Chem. Labor.; engl.) — Auf der Grundlage der MO-Theorie werden die verschiedenen bekannten Theorien des Elektronegativitätsausgleichs im Rahmen einer Theorie dargestellt. Allgemeine Regeln zur Berechnung ausgeglichener Elektronegativitäten, Elektronendichten u. der zusätzlichen ion. Resonanzenergien werden angegeben. Die Meth. des Elektronegativitätsausgleichs wird mit anderen zur Berechnung der Eig. lokalisierter Bindungen in Mol. verknüpft. B. I. 22△

0015 **Methode zur vollständigen Berücksichtigung der Elektronenwechselwirkung bei Verwendung einer begrenzten Basis von Atomfunktionen.** I. A. Misurkin und A. A. Ovčinnikov. (Optika i Spektroskopija **24** (1968) 6, 849—59; russ.) — Es wurde eine Meth. zur Konstruktion einer genauen Vielelektronenwellenfunktion unter Verw. einer begrenzten Atombasis entwickelt u. auf *Äthylen*, das *Allylradikal* u. seine Ionen sowie auf *Butadien* u. *Bzl.* unter voller Berücksichtigung der Elektronenwechselwrkg. in der π-Elektronennäherung angewandt. M. Wiedemann 22

0016 **Modell des Elektronengases für Moleküle mit Sandwichstruktur.** D. A. Bočvar und A. L. Čistjakov. (Ž. strukturnoj Chim. **9** (1968) 2, 267—74; Inst. élementoorg. soedinenij AN SSSR; russ.) — Ein neues Modell des Elektronengases für konjugierte Syst. vom Typ der Bis-[cyclopentadienyl]-Übergangsmetallverb. wird abgeleitet. Ein Niveauschema u. die Elektronendichteverteilung für die Bindungselektronen in $Me(C_5H_5)_2$ (Me = *Ti, V, Cr, Fe, Ru, Os, Co, Ni*) u. für *Bis-[benzol]-chrom(0)* wird abgeleitet. Die Ergebnisse dieser Modellanalysen stimmen mit MO-Berechnungen ziemlich gut überein. H. Roschkowski 22

0017 **Angenäherte anharmonische Potentialfunktionen mehratomiger Moleküle. Fall zweier Isotopenmodifikationen dreiatomiger, nicht linearer symmetrischer Moleküle.** A. Ja. Caune, V. P. Morozov und V. S. Danova. (Optika i Spektroskopija **24** (1968) 3, 372—77; russ.) — Die Möglichkeit der sukzessiven Annäherung zur Best. der einfachen anharmon. Potentialfunktion wurde bei H_2O, D_2O, H_2S, D_2S, H_2Se, D_2Se erprobt. Die Schwingungskonst. u. die Übergangsfrequenzen wurden berechnet. M. Wiedemann 22

0018 **Molekülberechnungen der zweiten Periode durch vollständige Vernachlässigung der Differentialüberlappung.** D. P. Santry. (J. Amer. chem. Soc. **90** (1968) 13, 3309 bis 3313; Bell Telephone Labor., Murray Hill, N.J.; engl.) — Best. der CNDO-Parameter (complete neglect of differential overlap) der von Pople et al. entwickelten SCF-Meth. zur Berechnung von Mol. mit Atomen der zweiten Periode durch Vgl. mit Bezugsberechnungen der Atome *Si, P, S* u. *Cl.* Mit diesen Parametern werden Dipolmomente u. Bindungswinkel folgender Mol. ber.: *CS*, *COS*, SO_2, H_2S, PH_3, PF_3, POF_3, PSF_3, SOF_2, SO_2F_2 u. SF_4. R. Blank 22

0019 **Molekülorbitalbehandlung der Wasserstoffbindung nach der EHT- und CNDO/2-Methode: Wasser.** A. S. N. Murthy und C. N. R. Rao. (Chem. Physics Letters [Amsterdam] **2** (1968) 2, 123—25; Dep. of Chem., Purdue Univ., Lafayette, Ind.; engl.) — Berechnung der Wasserstoffbindungsenergie u. Protonpotentialfunktion mit der erweiterten Hückel-Meth (EHT) u. der halbempir. LCAOSCF(CNDO/2)-Meth. zwischen zwei W.-Molekülen. R. Blank 22

0020 **Berechnung ketten- und ringförmiger Phosphorwasserstoffe nach einem erweiterten MO-LCAO-Verfahren.** K. Issleib und W. Gründler. (Theoret. chim. Acta [Berlin] **11** (1968) 2, 107—18; Inst. für anorgan. Chem., Martin-Luther-Univ., Halle/Saale; dt.) — Es wird die Elektronenstruktur der Mol. P_nH_n u. P_nH_{n+2} (n = 2, 3, 4) sowie P_2 u. P_4 berechnet. Der Zusammenhang der Bindungsenergie dieser Mol. mit der Elektronenverteilung wird diskutiert. Die erhaltenen Mol.-Diagramme u. Termschemata erklären die Existenz stabiler Anionen der cycl. Phosphorwasserstoffe u. erlauben, einen Rk.-Mechanismus für die Spaltung der Diphosphine anzugeben. Die Bindungen in P_4 bestehen nahezu aus $3p_\gamma$-Funktionen, in den cycl. Phosphorwasserstoffen liegen gebogene Bindungen vor. Die cis-Form von P_2H_4 ist in Übereinstimmung mit experimentellen Ergebnissen stabiler als die trans-Form. D. Hoene 22

0021 **Nichtempirische SCF-Berechnungen des Schwefelatoms, Schwefelwasserstoffs und Dihydrogensulfoxids.** A. Rauk und I. G. Csizmadia. (Canad. J. Chem. **46** (1968) 8, 1205—14; Dep. of Chem., Queen's Univ., Kingston, Ontario; engl.) — Vf. berichten von ersten Vers., durch Verw. von Gauß-Funktionen nichtempir. SCF-Berechnungen am S-Atom, an H_2S (I) u. dem hypothet. H_2SO (II) durchzuführen. Der HSH-Winkel von I stimmt mit dem experimentellen Wert gut überein. Die S—O-Bindung in II ist eine Mehrfachbindung. R. Blank 22

0022 **Untersuchungen von Molekülkonstanten: Abhängigkeit der Dissoziationsenergie von der Elektronegativität.** S. P. Tandon und M. P. Bhutra. (Z. physik. Chem. [Leipzig] **238** (1968) 3/4, 241—44; Dep. of Phys., Univ. of Jodhpur, Jodhpur, Indien; engl.) — Quant. Zusammenhang zwischen der Dissoziationsenergie D_0 eines zweiatomigen Mol. A–B u. den Elektronegativitäten der Atome X_A u. X_B: $\log X_AX_B = a \log (D_0/r_e) + b$ mit r_e Gleichgew.-Abstand u. a u. b Konst. für bestimmte Mol.-Gruppen. Für die *Hydride* der Elemente *Li, Na, K, Rb, Cs, Be, Mg, Ca, Sr, Ba, Cu, Ag, P, As, Sb, Bi, Cl, Br, J, B, Al, Ga, In, Tl, Si, Ge, Sn, Pb, O, S, Se, Te* u. die zweiatomigen Mol. Li_2, Na_2, K_2, Rb_2, Cs_2, *KLi, RaLi, CsLi, CsNa*, N_2, P_2, As_2, Sb_2, *PN, AsN, SbN, SbBi*, O_2, S_2, Se_2, Te_2, *SO, SeO, TeO*, F_2, Cl_2, Br_2, J_2, *FCl, FBr, FJ, JCl, JBr, BrTl* werden die Abhängigkeiten $\log D_0/r_e$ gegen log der effektiven Elektronegativitäten graph. angegeben. R. Blank 22

0023 **Mehrfach- und Einfachbindungsenergien in anorganischen Molekülen.** R. T. Sanderson. (J. inorg. nuclear Chem. **30** (1968) 2, 375—93; Ariz. State Univ., Tempe, Ariz.; engl.) — Berechnung der Bindungsenergien folgender Mol. nach einer einfachen, vom Vf. entwickelten Meth. [vgl. ibid. 28 (1966) 1553]: zweiatomige Mol.: *HN, HO, HS, HF, HCl, HBr, HJ, LiF, LiCl, LiBr, LiJ, NaF, NaCl, NaBr, NaJ, KF, KCl, KBr, KJ, RbF, RbCl, RbBr, RbJ, CsF, CsCl, CsBr, CsJ, BeO, BeCl, MgO, CaO, SrO, BaO, BO, BBr, AlN, AlO, AlF, AlCl, AlBr, AlJ, CN, CP, CO, CS, CF, SiO*, N_2, *NO, NS, PN, PO*, O_2, S_2, *SO*; mehratomige Mol.: O_3, NH_3, HN_3, PH_3, H_2O, H_2S, Li_2O, BeF_2, $BeCl_2$, $BeBr_2$, BeJ_2, MgF_2, $MgCl_2$, HgF_2, $HgCl_2$, $HgBr_2$, HgJ_2, BF_3, BCl_3, BBr_3, BJ_3, AlF_3, $AlCl_3$, $AlBr_3$, AlJ_3, *HCN, FCN, ClCN, BrCN, JCN*, $(CN)_2$, CO_2, *COS*, CS_2, CF_4, CHF_3, CH_2F_2, CH_3F, $CClF_3$, CCl_2F_2, CCl_3F, C_2F_4, C_2F_6, *HCOF*, COF_2, $COCl_2$, SiO_2, SiF_4, $SiHF_3$, SiH_2F_2, SiH_3F, $SiCl_4$, $SiHCl_3$, SiH_2Cl_2, SiH_3Cl, PbF_4, $PbCl_4$, $PbBr_4$, PbJ_4, N_2O, NO_2, NF_3, N_2F_4, PF_3, PF_5, POF_3, PCl_3, $POCl_3$, PBr_3, $POBr_3$, PJ_3, P_4O_{10}, OF_2, SO_2, SO_3, SOF_2, SO_2F_2, $SOCl_2$, SO_2Cl_2, SF_4, SF_6, S_2Cl_2, SCl_2, TiF_4, $TiCl_4$, $TiBr_4$, TiJ_4. Es ergibt sich gute Übereinstimmung mit experimentellen Werten. R. Blank 22

0024 **Zustände des Eisen(III)-Ions mit gemischtem Spin in Komplexen mit tetragonaler Symmetrie. 1. Mitt. Eigenfunktionen und -werte für verschiedene Spinzustände.** Gilda Harris. (Theoret. chim. Acta [Berlin] **10** (1968) 2, 119—54; Dep. of Phys., Pomona Coll., Claremont, Calif.; engl.) — Das Fe(III)-Ion wird in einem starken tetragonalen Ligandenfeld unter Berücksichtigung der Spin–Bahn-Kopplung behandelt. Je nach Größe des kub. Ligandenfeldes, der beiden Parameter der tetragonalen Verzerrung u. des Spin–Bahn-Kopplungsparameters ist der Grundzustand ein Sextett, ein Dublett, ein Quartett oder ein spingemischter Zustand. Eigenwerte u. -funktionen der fünf untersten Zustände in Abhängigkeit von

den Parameterwerten werden eingehend diskutiert. Die Parameter werden physikal. interpretiert.
D. Hoene 22

0025 **Spin-Mischung und die verschiedenen Spinzustände des Eisen(III)-Ions in tetragonaler Symmetrie. 2. Mitt. Lokalisierte Eigenschaften: Nullfeldaufspaltung, effektive magnetische Momente, Energien im magnetischen Feld und elektrische Feldgradienten des Eisen(III)-Ions.** Gilda Harris. (Theoret. chim. Acta [Berlin] 10 (1968) 2, 155—80; engl.) — 1. vgl. vorst. Referat. — Die l. c. erhaltenen Eigenfunktionen werden dazu benutzt, die angegebenen Eig. für den Grundzustand u. die niedrigsten angeregten Zustände zu berechnen. Je nach Parameterkombination ist der Grundzustand ein Sextett, Dublett, Quartett oder ein spin-gemischter Zustand. Die genannten Eig. werden bes. in den Gebieten des Parameterraums untersucht, in denen kein reiner Spinzustand vorliegt. Soweit es möglich ist, werden experimentelle Daten zum Vgl. herangezogen. Bes. kann das Modell quant. die im Bereich von 2,26—5,92 μ_B liegenden effektiven Momente von 12 Hämoglobinderiv. erklären (Ersatz des einen Globinliganden durch F^-, H_2O, $HCOO^-$, OCN^-, SCN^-, OH^-, NO_2^-, $SeCN^-$, Imidazol, CN^-, N_3^-, SH^-).
D. Hoene 22

0026 **Vereinfachtes chemisches Modell für die Berechnung der Nichtgleichgewichtsstrahlung des CN (violett) in stoßwellenerhitzten Gemischen von CO_2 und N_2.** Gene P. Menees und Robert L. McKenzie. (AIAA Journal 6 (1968) 3, 554—56; NASA Ames Res. Center, Moffet Field, Calif.; engl.) — Unter Berücksichtigung von neun Gleichgew. zwischen CO_2, N_2, NO, CO, CN, C, N, O werden die Strahlungsintensitäten von CN im Violetten für stoßwellenerhitzte Gasgemische bei Ausgangsdrücken von ca. 10^{-1} bis $4 \cdot 10^{-1}$ Torr ber. u. mit experimentellen Ergebnissen verglichen.
W. Pusch 22△

0027 **Charge-Transfer-Bande $t_1 \rightarrow 2e$ von Chalkogenometallaten mit T_d-Symmetrie. Darstellung des Tetraselenovanadat(V)-Ions.** Achim Müller und Ekkehard Diemann. (Z. Chem. 8 (1968) 5, 197; Anorgan.-chem. Inst., Univ., Göttingen; dt.) — Zwischen der Ladungsübertragungsbande t_1–2 e (Metallred.-Bande) u. der Ionisierungsspannung der Chalkogenatome besteht für WX_4^{2-}, MoX_4^{2-} u. VX_4^{3-} (X = O, S, Se) ein annähernd linearer Zusammenhang. Aus dem Gang der Metallred.-Bande in der angegebenen Reihe für gleiches X folgern Vf., daß die opt. Elektronegativität des Zentralatoms in den entsprechenden Wertigkeitsstufen vom V zum W abnimmt. Mit Hilfe der $t_1 \rightarrow 2$ e-Übergangsbande konnte das VSe_4^{3-}-Ion nachgewiesen werden, das aus Ammoniumselenid u. Natriumvanadat erhalten wird.
H. Jehne 22

0028 **Änderung der Besetzungszahlen und der Hochfrequenzkohärenz durch spontane Emission.** Martial Ducloy und Michel Dumont. (C. R. hebd. Séances Acad. Sci., Sér. A et B 266 (1968) 6, B 340—B 343; Labor. de Spectroscopie hertzienne de l'E. N. S. associé au CNRS; franz.) — Es wurde die Übertragung des Mittelwertes eines irreduziblen Tensoroperators (Besetzungszahl, Orientierung, Ausrichtung) durch die Wrkg. einer Kaskade von einem angeregten Niveau b über ein angeregtes Niveau a untersucht. Die Übertragung kann durch das vom angeregten Zustand a emittierte Fluoreszenzlicht beobachtet werden, speziell mit Hilfe des Hanle-Effekts. Die Kurvenform wurde berechnet.
G. Richard 22

0029 **Bildung der Kontur der Spektrallinien bei gleichzeitigem Einfluß von Resonanzverbreiterung und Reabsorption.** N. G. Preobraženskij und S. B. Galaktionova. (Optika i Spektroskopija 24 (1968) 6, 879—83; russ.) — Die Abhängigkeit der Charakteristiken der Reabsorptionskontur von der integralen opt. Dicke wurde untersucht. Die Anwendung der erhaltenen Daten über die Einw. von Reabsorption u. Resonanzverbreiterung zur Deutung einiger experimenteller Befunde wird erörtert, ebenso die Beziehung zwischen Resonanzhalbwertsbreite u. Atomkonzentration.
M. Wiedemann 26

0030 **Theorie der Resonanzdruckverbreiterung.** C. Alden Mead. (Rec. chem. Progr. 29 (1968) 2, 67—82; Chem. Dep., Univ. of Minn., Minneapolis, Minn.; engl.) — Theoret. Unters. für verd. Gase, bei denen die Spektrallinien mit steigendem Druck bei konst. Temp. breiter werden. Vgl. der Theorie mit Experimenten über die Verbreiterung in Flügeln von Dubletts von *Na*, *Rb* u. *Cs*.
Herbert Weber 26

0031 **Lebensdauern und g-Faktoren von Edelgas-Resonanzzuständen.** P. G. Wilkinson. (Canad. J. Physics 45 (1967) 5, 1709—13; U. S. Naval Res. Labor., Washington, D.C.; engl.) — Die experimentell u. theoret. bestimmten mittleren Lebensdauern τ u. Verhältnisse $^3\tau/^1\tau$ von Edelgasresonanzniveaus (*Xe*, *Kr*, *Ar*, *Ne*) werden verglichen. Es wurde eine neue Beziehung zwischen τ u. dem Landéschen g-Faktor gefunden: $1/\tau = a - bg$. Für $^1P_1{}^0$: a = 1,80, b = 1,26; für $^3P_1{}^0$: a = 1,40, b = 0,94 (Einheit $\cdot 10^9$ s^{-1}). Es werden unerklärte Abweichungen für Ne ($^3\tau/^1\tau$) u. Xe ($^1\tau$, $^1P_1{}^0$) aufgezeigt.
J. M. Spaeth 26

0032 **Oszillatorstärken der Linien in den Spektren der Atome und Ionen der isoelektronischen Reihen von Kohlenstoff und Silicium.** P. F. Gruzdev. (Optika i Spektroskopija 24 (1968) 6, 860—65; russ.) — Die Oszillatorstärken wurden für Linien des Übergangs p^2–ps in den Reihen C I, N II, O III, F IV u. Si I, P II, S III, Cl IV im abs. Maßstab ber. u. dann die relativen Werte ermittelt. Innerhalb der Reihen wurden geringe Änderungen der Werte beobachtet.
M. Wiedemann 26

0033 **Bestimmung der g-Faktoren der angeregten Niveaus von neutralem und einfach ionisiertem Rubidium.** G. P. Anisimova, V. D. Galkin und R. I. Semenov. (Optika i Spektroskopija 25 (1968) 2, 322—23; russ.) — Für eine Vielzahl von Übergängen von Rb I u. Rb II bei 3500—7000 Å werden die Wellenlängen u. g-Faktoren angegeben.
H. Roschkowski 26

0034 **Relative Helligkeiten und optische Anregungsfunktionen einiger Spektrallinien von Quecksilber.** I. P. Bogdanova und V. D. Marusin. (Optika i Spetroskopija 25 (1968) 2, 319—21; russ.) — Der Verlauf der Anregungsfunktionen u. die Intensitäten einer Reihe von Hg-Linien zwischen 404,7 u. 690,7 nm werden gemessen.
H. Roschkowski 26

0035 **Oszillatorstärken der Resonanzlinien Ge I, As II, Sn I, Sb II, Pb I und Bi II.** P. F. Gruzdev. (Optika i Spektroskopija 25 (1968) 1, 3—11; russ.) — Für intermediäre Kopplung wurden die relativen Oszillatorstärken für die Linien des Übergangs np^2–npms in den Atom- u. Ionenspektren Ge I u. As II (n = 4, m = 5), Sn I u. Sb II (n = 5, m = 6) u. Pb I u. Bi II (n = 6, m = 7) ber. u. mittels der Meth. des Quantendefekts in abs. Werte umgewandelt. Bei den Atomspektren wurden die Ergebnisse mit den verschiedenen experimentellen verglichen. Ferner wurde der g-Faktor (Landé) für die Niveaus der Konfig. np^2 u. npms berechnet.
M. Wiedemann 26

0036 **Oszillatorstärken der Spektrallinien von Eu I.** V. A. Komarovskij, N. P. Penkin und L. N. Šabanova. (Optika i Spektroskopija 25 (1968) 1, 155—58; russ.) — Es wurden die relativen u. dann die abs. Werte der Oszillatorstärken für 49 Linien des Eu I, die von angeregten zum Grundzustand führen, ermittelt.
M. Wiedemann 26

0037 **Isotopieverschiebungen in den zweiten negativen Banden von O_2^+.** G. L. Bhale und P. Ramakoteswara Rao. (Proc. Indian Acad. Sci., Sect. A 67 (1968) 6, 350—57; Spectroscopy Div., Bhabha Atom. Res. Centre, Bombay; engl.) — Die 2. negativen Banden von O_2^+ wurden durch Mikrowellenentladung (2450 MHz) in O_2 mit ^{18}O-Anreicherung bei ca. 0,1 Torr angeregt; die im Bereich 5000—1850 Å liegenden Banden wurden photographiert. Die Unters. der Isotopieverschiebungen in den Bandenköpfen zeigt, daß die v''-Numerierung um eine Einheit erhöht werden muß, während die v'-Numerierung unverändert bleibt. Diese Änderung in der Schwingungsnumerierung führt zu einer Revision der Mol.-Konst. von O_2^+, bes. im Grundzustand. Die Erweiterung des Bandensyst. im Vakuum-UV wird behandelt. Die Möglichkeit der Entw. einer einfachen spektroskop. Meth. für die Isotopenbest. von O_2 unter

Benutzung der Isotopieverschiebungen in diesem Bandensyst. wird diskutiert. Die revidierten Rotations- u. Schwingungskonst. im $X^2\Pi_g$-Grundzustand des O_2^+-Mol. sind: $\omega_e = 1903{,}85\ cm^{-1}$, $\omega_e x_e = 16{,}18\ cm^{-1}$, $B_e = 1{,}6920\ cm^{-1}$, $r_e = 1{,}1161$ Å. Herbert Weber 26

0038 **$O^+ \leftarrow {}^1\Sigma^+$-System des $F^{35}Cl/F^{37}Cl$ im Sichtbaren.** W. Stricker und L. Krauss. (Z. Naturforsch. **23a** (1968) 8, 1116–21; DVL-Inst. für Raketentreibstoffe, Abt. Spektroskopie, Stuttgart-Vaihingen; dt.) — Das Absorptionsbandenspektrum von $F^{35}Cl/F^{37}Cl$ wird im Bereich 5200–4600 Å unter Benutzung eines 5m-Ebert-Spektrographen photographiert. 27 Banden des $O^+ \leftarrow {}^1\Sigma^+$-Syst. werden analysiert; ihre Ursprünge werden berechnet. Die an 7 Banden gemessenen Isotopieverschiebungen erlauben die Best. der exakten Zahl der Schwingungsniveaus des angeregten O^+-Terms. Ferner konnten Mol.-Konst. der beiden inbegriffenen Zustände bestimmt werden. Mittels dieses Satzes von Banden wird eine empir. Formel für die irregulären Schwingungsterme in zweiatomigen Mol. geprüft. Aus den Dissoziationsenergien von FCl u. Cl_2 u. der Bldg.-Energie von FCl wird ein Wert der Dissoziationsenergie des F_2-Mol. abgeleitet. Herbert Weber 26

0039 **Spektroskopie und Struktur von $PrCl_3$ und $NdCl_3$ in Lösungen.** Krystyna Bukietyńska, Bogusława Jeżowska-Trzebiatowska, Barbara Keller und Janina Legendziewicz. (Roczniki Chem. [Ann. Soc. chim. Polonorum] 42 (1968) 3, 421–31; Dep. of Inorg. Chem., Univ., Wrocław; engl.) — Unters. der Struktur von wasserfreiem u. hydratisiertem *$PrCl_3$* (I) u. *$NdCl_3$* (II) in *W.*, *CH_3OH*, *A.* u. *n-$CH_3CH_2CH_2OH$* mit Hilfe der Absorptionsspektroskopie (50000–10000 cm^{-1}) bez. der Struktur der ersten Koordinationssphäre für das solvatisierte Ion sowie den Einfl. des Solvents auf die Energieterme der Seltenerdmetallionen. Die Koordinationssphäre wird aus der Energie der f–f- u. f–d-Übergänge sowie bei II aus den ${}^4G_{5/2}$-Übergangsintensitäten u. bei I aus den relativen Intensitätsverhältnissen der ${}^3P$-Komponenten in den Spektren bestimmt.. R. Blank 26

0040 **Beobachtung und Charakterisierung einer neuen Bande des Moleküls HBr^+ (${}^2\Sigma^+ \rightarrow {}^2\Pi_i$). Feinstruktur der Bande (0–2) dieses Übergangs.** Louis Marsigny, Joseph Lebreton, Jacques Ferran und René Lagrange. (C. R. hebd. Séances Acad. Sci., Sér. C **266** (1968) 26, 1731–32; Labor. de Chim. gén. et miner. du Coll. Sci. Univ. de Tours; franz.) Herbert Weber 26

0041 **Dipolmoment des γ-Bandensystems von NO in Abhängigkeit vom Kernabstand des Übergangs.** E. T. Antropov, V. N. Kolesnikov, L. Ja. Ostrovskaja und N. N. Sobolev. (Optika i Spektroskopija 22 (1967) 2, 203–09; russ.) — Die relative Intensität der Banden $v' = 0$, $v'' = 1-6$ des γ-Syst. von NO in der Emission zweier Gasentladungen mit sehr unterschiedlichen Parametern wird gemessen. Auf der Grundlage dieser Daten wird die Abhängigkeit des Dipolmoments R_e vom Kernabstand des Übergangs $r_{v'v''}$ ermittelt, die sich in den Grenzen der Vers.-Fehler in guter Übereinstimmung mit früher aus Absorptionsmessungen an den Banden $v' = 0$, $v'' = 1-4$ des γ-Syst. von NO befindet. H. Roschkowski 26

0042 **Natur des blaugrünen Bandensystems im Spektrum von BS.** V. A. Korjažkin und A. A. Mal'cev. (Vestnik Moskovskogo Univ., Ser. II **23** (1968) 4, 92–94; Kaf. fiz. chim.; russ., Auszug: engl.) — Die blaugrünen Banden, die bei Entladungen durch B_2S_3-Dämpfe entstehen, rühren vom BS-Mol. her. Das beobachtete Bandensyst. entspricht dem Übergang zwischen den 2 angeregten Elektronenzuständen $B^2\Sigma$ u. $A^2\Pi$. Die Konst. des neuen oberen Zustandes sind: $T_e = 36212\ cm^{-1}$ $\omega_0 = 766\ cm^{-1}$, $\omega_0 x_0 = 4{,}0\ cm^{-1}$. Der Übergang von diesem Term zum Grundterm wurde, wahrscheinlich wegen seiner kleinen Übergangswahrscheinlichkeit, nicht beobachtet. I. Zoll 26

0043 **Spektren von Bis-Komplexen mit tertiärem Arsin.** Robert D. Feltham und W. Silverthorn. (Inorg. Chem. [Washington] 7 (1968) 6, 1154–58; Dep. of Chem., Univ. of Ariz., Tucson, Ariz.; engl.) — Von *[Fe(das)$_2$]* · *(ClO_4)$_2$* (I), *[FeBr$_2$(das)$_2$]*, *[FeJ$_2$(das)$_2$]*, *[CoCl$_2$(das)$_2$]ClO$_4$*, *[Co(das)$_2$](ClO$_4$)$_2$* (II), *[CrCl$_2$(das)$_2$]ClO$_4$* u. *[CrBr$_2$(das)$_2$]* · *ClO$_4$* (das = *o-Phenylen-bis-[dimethylarsin]*) werden die Reflexionsspektren u. die Absorptionsspektren von Lsg. im nahen IR u. im Sichtbaren aufgenommen. Die generelle Form der Spektren ist bei allen d^6-Komplexen gleich u. ähnlich der von den d^3-Komplexen u. Komplexen mit Äthylendiamin. Für I (oktaedr. spingepaarter d^6-Komplex) werden die Ligandenfeldparameter ber. (Dq = 2490 cm^{-1}, B_{35} = 325 cm^{-1}, C = 3450 cm^{-1}) u. aus dem nephelauxet. Verhältnis Schlüsse auf die interelektron. Abstoßung im t_{2g}- bzw. e_g-Niveau gezogen. Für d^3-Komplexe ist die Lage der Energieniveaus ber. u. in einem oktaedr. u. tetraedr. Ligandenfeld dargestellt. Die größte Energieaufspaltung zwischen dem ${}^2T_1$-, E^2-Niveau u. ${}^4A_2$-Grundzustand tritt auf bei Liganden, wie Äthylendiamin, die keine π-Bindungen mit dem t_{2g}-Niveau des Metalls bilden. Die interelektron. Abstoßung ist dann größer. Die Überlegungen zeigen die große Ähnlichkeit der Liganden Äthylendiamin u. o-Phenylen-bis-[dimethylarsin]. I. Dancke 26

0044 **Optische Rotationsdispersion und Zirkulardichroismus.** Henry Eyring, Han-Chung Liu und Dennis Caldwell. (Chem. Reviews **68** (1968) 5, 525–40; Dep. of Chem. and Phys., Univ. of Ut., Salt Lake City, Ut.; engl.) — Überblick (ORD u. CD; Quantentheorie der opt. Rotation; opt. Rotation als Mischung reiner Zustände; Einelektronmodell; Modell des gekoppelten Oszillators von Kirkwood; Helixsinn u. -geh. sowie Moffitt-Konst.; für die opt. Rotation verantwortliche Wechselwrkg.). — 35 Literaturangaben. D. Hoene 26

0045 **Magnetischer Zirkulardichroismus von Ladungsübergängen in $[SbCl_6]^-$ und $[SnCl_6]^{2-}$.** P. N. Schatz, P. J. Stephens, G. N. Henning und A. J. McGaffery. (Inorg. Chem. [Washington] 7 (1968) 6, 1246–48; Dep. of Chem., Univ. of Va., Charlottesville, Va.; engl.) — Aus Messungen des Absorptionsspektrums u. des Zirkulardichroismus von $[SnCl_6]^{2-}$ u. $[SbCl_6]^-$ in 12 n HCl zwischen 30000 u. 50000 cm^{-1} u. deren Analyse folgern Vf., daß es sich dabei um den t_{1u} (π) → a_{1g}-Übergang u. nicht um den $e_g \rightarrow t_{1u}^*$-Übergang handelt. R. Blank 26

0046 **Optische Methoden zur Untersuchung Hertzscher Resonanzen.** Alfred Kastler. (Science [Washington] 158 (1967) 3798, 214–21; École Normale Supérieure, Paris; engl.) — Übersichtsvortrag anläßlich der Verteilung des Nobelpreises für Physik 1966. — Ca. 110 Literaturangaben. P. Frenzel 28

0047 **Dipolstärke der Halogenmoleküle als Funktion des Kernabstands.** S. R. LaPaglia. (J. chem. Physics 48 (1968) 1, 537–38; Chem. Dep., Georgetown Univ., Washinton, D.C.; engl.) — Krit. Diskussion von Literaturdaten für *F_2*, *Cl_2* u. *J_2*. A. Blaschette 28

0048 **Dielektrische Permeabilität von Alkalimetalldampf und Wasserstoff bei Resonanzfrequenzen.** Ju. A. Vdovin und N. A. Dobrodeev. (Ž. ėksper. teoret. Fiz. **55** (1968) 3 (9), 1047–55); Mosk. inženerno-fiz. inst.; russ., Auszug: engl.) — Die dielektr. Permeabilität von Li-, Na-, K-, Rb-, Cs-Dämpfen u. von H wird für Frequenzen, die Übergängen zwischen dem Grundzustand u. Dublettniveaus entsprechen, bestimmt u. wo Paarstöße mit Resonanzenergieübertragung den größten Beitrag liefern. Die Doppler-Verbreiterung wird berücksichtigt. Diskussion über die Änderung der dielektr. Permeabilität der schweren Alkalimetalle bis zu Li u. H. I. Zoll 28

0049 **Molekülpolarisierbarkeit. Molare Kerr-Konstanten von Bortrihalogeniden.** R. S. Armstrong, M. J. Aroney, A. Hector und R. J. W. Le Fèvre. (J. chem. Soc. [London], Sect. B **1968**, 10, 1203–05; School of Chem., Univ. of Sidney, Sidney, Australia; engl.) — Messungen der Dipolmomente, mol. Kerr-Konst., Polarisierbarkeiten der planaren BX_3-Mol. (X = F, Cl, Br) sowie Unters. der Polaritäts- u. Polarisierbarkeitsänderungen infolge Komplexbldg. von BX_3-Dioxan-Mischungen. I. Zoll 28

0050 **Vergleich des Druckeinflusses auf die reinen Rotations- und Rotations-Schwingungsspektren von HCl.** M. E. Van Krefeld und J. Van der Elsken. (Chem. Physics Letters [Amsterdam] 1 (1968) 11, 532 bis 34; Labor. for Phys., Chem., Univ. of Amsterdam, The Netherlands; engl.) — Die Absorptionsspektren für Gasmischungen von HCl mit Ar, N_2 u. SF_6 wurden von 40—170 cm^{-1} sowie 2670—3070 cm^{-1} zwischen 1 u. 30 atm u. 230 u. 320 °K aufgenommen. Linienverschiebung u. Linienverbreiterung sowie Änderung der relativen Intensität waren sowohl im nahen IR als auch im FIR beobachtbar. Die Unterschiede in den beiden Spektralbereichen entsprechen der Annahme, daß die Übergänge während eines Stoßprozesses gestört werden. H. Liepack 30

0051 **Intermolekulare Wechselwirkung in den Systemen $SiCl_4$–$POCl_3$ und $GeCl_4$–$POCl_3$.** T. N. Naumova. (Ž. fiz. Chim. 42 (1968) 1, 227—29; VNII chim. reaktivov i osobo čistych chim. veščestv, Moskva; russ.) — In Lsg. der Syst. wurden bei 700—2000 cm^{-1} die Lage der P=O-Schwingungsabsorptionsbanden sowie die Abhängigkeit ihrer integralen Intensität von der Konz. der Komponenten bestimmt. Die ber. Werte der freien intermol. Wechselwrkg.-Energie betragen in den Lsg. 4,46 (kcal/Mol) für $POCl_3$, 3,43 für $SiCl_4$ u. 3,85 für $GeCl_4$. In $SiCl_4$–$POCl_3$- u. $GeCl_4$–$POCl_3$-Lsg. treten Induktions- u. Dispersionswechselwrkg. auf, die zu einer Änderung des Atom–Atom-Abstandes in der P=O-Bindung bei abnehmender $POCl_3$-Konz. in der Lsg. führen. Intermol. Wechselwrkg. mit Donator–Akzeptor-Charakter wurde nicht beobachtet. Der Deformationsgrad der $POCl_3$-Mol. wächst mit steigender Verdünnung. J. J. Pohl 30

0052 **IR-spektroskopische Untersuchung der Wasserstoffbindung in Alkali- und Erdalkalimetallhydrogenfluoriden.** A. A. Opalovskij, T. D. Fedotova, E. V. Sobolev und Z. A. Grankina. (Izvest. sibirskogo Otd. Akad. Nauk SSSR, Ser. chim. Nauk 1968, 1, 107—09; Inst. neorg. chim. SO AN SSSR, Novosibirsk; russ.) — Das IR-Spektrum von *KF · HF, NaF · HF, LiF · HF, RbF · 2 HF, KF · 2 HF,* $BaF_2 \cdot HF$, $SrF_2 \cdot HF$, $SrF_2 \cdot 2{,}5\,HF$, $CaF_2 \cdot 2\,HF$, $BaF_2 \cdot 2\,HF$, *RbF · HF* u. *CsF · HF* wurde im Bereich 400—2800 cm^{-1} aufgenommen. Die Frequenzen der Valenz- u. Deformationsschwingungen des HF_2^--Ions ändern sich beim Übergang von Cs zu Li bzw. von Ba zu Ca sowie mit sich ändernder Zahl der gebundenen HF-Mol. (infolge der Abschwächung der H-Bindung) regelmäßig. Eine Abschwächung der H-Bindung wurde auch bei der Bldg. von polymeren H_nF_{n+1}-Ionen beobachtet. J. J. Pohl 30

0053 **Infrarot- und Raman-Spektrum des Hexafluorojodat(V)-Anions, JF_6^-.** Karl O. Christe, Jacques P. Guertin und Wolfgang Sawodny. (Inorg. Chem. [Washington] 7 (1968) 3, 626—28; Western Res. Center, Stauffer Chem. Comp., Richmond, Calif.; engl.) — Vf. untersuchten an festem $CsJF_6$ das IR-Spektrum im Bereich von 33—4000 cm^{-1} u. das Raman-Spektrum im Bereich von 200—1000 cm^{-1} unter Verw. der blauen Hg-Linie (4358 Å) u. gesätt. KNO_2-Lsg. als Filter. Bei den IR-Unters. wurde die Substanz pulverförmig zwischen AgCl- oder Polyäthylenscheiben vermessen. Die Spektren sind abgebildet u. die Banden tabelliert. Die IR-Unters. zeigen, daß das JF_6^- im festen Zustand keine O_h-Symmetrie besitzt u. eine beachtliche Ähnlichkeit zum XeF_6 besteht. Das Raman-Spektrum des JF_6^- ähnelt am meisten dem des festen XeF_6 u. dem einer Lsg. des XeF_6 in HF.

Versuche: *Cäsiumhexafluorojodat(V)*, $CsJF_6$, aus 48 Std. bei 500° getrocknetem CsF u. einem Überschuß von JF_5 durch 4std. Rk. bei 100° unter Schütteln in einem passivierten Monelreaktor. Nach Entfernen des JF_5 durch 48std. Pumpen bei 25° verbleibt weißes krist. $CsJF_6$. D. Gerlatzek 30

0054 **Infrarotspektren von $Hg(N_3)_2$ und $Hg_2(N_3)_2$.** D. Seybold und K. Dehnicke. (Z. anorg. allg. Chem. 361 (1968) 5/6, 277—83; Stuttgart, Univ., Labor. für Anorg. Chem.; dt.) — Nach bekannten Verf. wurden $Hg(N_3)_2$ (I) u. $Hg_2(N_3)_2$ (II) hergestellt u. im Bereich von 33 bis 4000 cm^{-1} IR-spektroskop. untersucht; die zugeordneten Absorptionen sind tabellar. wiedergegeben. Während bei I die N_3-Gruppen gegeneinander verdrillt sind (Symmetrie C_2), bildet II die hochsymm. trans-Form mit der Symmetrie C_{2h}. G. Gattow 30

0055 **Normalschwingungen des Thiosulfations, $S_2O_3^{2-}$.** Ju. Ja. Charitonov, N. A. Knjazeva und L. V. Goeva. (Optika i Spektroskopija 24 (1968) 4, 639—41; russ.) — Ausgehend von den 6 Grundschwingungsfrequenzen für das $S_2O_3^{2-}$-Ion (A_1: 1002, 672, 451 cm^{-1}, E: 1125, 541, 339 cm^{-1}), führten die Vf. die Analyse der Normalschwingungen durch. Die Berechnung der Kraftkonst. zeigt, daß die Anzahl der erhaltenen Kraftkonst. nach der Variationsmeth. der Kraftkonst. wenig wahrscheinlich ist, da sie zu Divergenzen zwischen den gefundenen u. ber. Frequenzen führt. Für die Bindung S—S wurde mit zufriedenstellender Genauigkeit K_{ss} = 4,18 · 10^{-6} cm^{-1} erhalten. Dieser Wert kann zur Erklärung der leichten Zers. des $S_2O_3^{2-}$-Ions unter S-Abspaltung herangezogen werden. Die Genauigkeit der Berechnung der übrigen Kraftkonst. war bedeutend geringer. W. Müller-Litz 30

0056 **Schwingungsspektren einiger F_5TeOH-Derivate.** Hans Bürger. (Z. anorg. allg. Chem. 360 (1968) 1/2, 97—103; Braunschweig, TH, Inst. für Anorg. Chem.; dt.) — Es werden die IR-Spektren (4000—70 cm^{-1}) sowie Raman-Spektren (einschl. Polarisationsdaten) folgender Verb. tabellar. wiedergegeben: F_5TeOH, $F_5Te \cdot OTeF_5$, F_5TeOSO_2OH, F_5TeOSO_2F, F_5TeOSO_2Cl u. $(F_5TeO)_2SO_2$. Die Zuordnung wird für C_{4v}-Symmetrie der F_5Te-Gruppe gegeben, die durch lagekonst. Schwingungen gek. ist. Das Spektrum des $F_5TeOTeF_5$ deutet auf π-Bindungsanteile in der TeOTe-Brücke. Hans Bürger 30

0057 **Schwingungsspektrum und Kraftkonstanten des CrO_4^{3-}-Ions.** A. Müller, R. Kebabcioglu, M. J. F. Leroy und G. Kaufmann. (Z. Naturforsch. 23b (1968) 5, 740—41; Göttingen, Univ., Anorg.-chem. Inst.; dt.) — $Ba_3(CrO_4)_2$ wurde IR-spektroskop. untersucht; das CrO_4^{3-}-Ion (I) zeigt nachst. Grundschwingungen: $\nu_1(A_1)$ bei 830 cm^{-1} (ν_s); ν_2(E) bei 330 (δ); $\nu_3(F_2)$ bei 765 (ν_{as}); $\nu_4(F_2)$ bei 330 (δ). Die Kraftkonst. (KK) von I wurden mit Hilfe eines modifizierten Valenzkraftsyst. (VKS) u. des Urey-Bradley-VKS ber. u. mit den bekannten KK des CrO_4^{2-}-Ions verglichen. Die Werte, die diskutiert werden, sind tabelliert. G. Gattow 30

0058 **Infrarot-Absorptionsspektren von Alkalimetall-, Ammonium-, $[Pt(NH_3)_4]^{2+}$- u. $[Pt(en)_2]^{2+}$-Tetracyanoplatinaten(II).** Ju. Ja. Charitonov, O. N. Evstaf'eva, I. B. Baranovskij und G. Ja. Mazo. (Ž. neorg. Chim. 13 (1968) 3, 827—35; Inst. obšč. i neorg. chim. im. Kurnakova AN SSSR; russ.) — Die IR-Spektren von $Na_2[Pt(CN)_4]$, $K_2[Pt(CN)_4]$, $Cs_2[Pt(CN)_4]$, $(NH_4)_2[Pt(CN)_4]$, $Na_2[Pt(CN)_4] \cdot 3\,H_2O$, $K_2[Pt(CN)_4] \cdot 3\,H_2O$, $Cs_2 \cdot [Pt(CN)_4] \cdot H_2O$, $(NH_4)_2[Pt(CN)_4] \cdot 2\,H_2O$, $[Pt(NH_3)_4] \cdot [Pt(CN)_4]$ u. $[Pt(en)_2][Pt(CN)_4]$ wurden im Bereich 400—4000 cm^{-1} aufgenommen. Die Struktur der genannten Verb. wird diskutiert. J. J. Pohl 30

0059 **Spektroskopische Untersuchungen an Ge–F-Verbindungen.** 1. Mitt. Kurt Licht und Heinrich Kriegsmann. (Z. Chem. 8 (1968) 7, 267—68; Berlin-Adlershof, DAW, Inst. für Phys. Chem.; dt.) — Das Raman-Spektrum sowie IR-Spektren von fl. u. gasf. $(CH_3)_3GeF$ im Bereich von 400—3000 cm^{-1} werden mitgeteilt u. zugeordnet. Bemerkenswert ist die kurzwellige Verschiebung von νGeF beim Übergang fl. → gasf. von 623 auf 659 cm^{-1}. Hans Bürger 30

0060 **Beweis für Rotationsisomere des Methylamino-bis-[trifluormethyl]-phosphins und IR-Spektren von RN(H) · $P(CF_3)_2$ (R = CH_3-, C_2H_5-, tert.-C_4H_9- und C_6H_5-).** N. N. Greenwood, B. H. Robinson und B. P. Straughan. (J. chem. Soc. [London], Sect. A 1968, 2, 230—32; Dep. of Inorg. Chem., Univ. of Newcastle upon Tyne; engl.) — Das IR-Spektrum von $CH_3N(H)P(CF_3)_2$ zeigt ein gut aufgelöstes Dublett im Gebiet der N—H-Valenzschwingungsbanden. Es wird gezeigt, daß dieses auf die Ggw. von zwei Rotationsisomeren im therm. Gleichgew. zurückzuführen ist. Das CH_3-^{1}H-NMR-Spektrum im Temp.-Bereich von —35 bis +103° bestätigt diesen Befund. Während das IR-Spektrum der entsprechenden

C_2H_5-Verb. diesen Effekt nur noch in geringem Maße zeigt, ist er bei dem tert.-Butyl- u. Phenylderiv. nicht nachzuweisen. Für die IR-Spektren im Bereich von 400—10000 cm^{-1} wird die Zuordnung der Banden versucht. D. Gerlatzek 30

0061 **Komplexe der Seltenerdmetalle.** 10. Mitt. **Infrarotspektren von Seltenerdmetall-2-Picolyliminodiessigsäure-Chelaten.** Larry C. Thompson und Kathleen D. Mannila. (J. inorg. nuclear Chem. **30** (1968) 4, 1109—12; Dep. of Chem., Univ. of Minn., Duluth, Minn.; engl.) — Die IR-Spektren der Verb. $(CH_3)_4N[Ln(C_5H_4N-CH_2N(CH_2COO)_2)_2] \cdot x\,H_2O$ (I) [Ln = *Nd, Eu, Er*; x = 2 (für Nd), 6 (für Eu, Er)] werden in Nujol, KBr u. D_2O aufgenommen u. diskutiert. Es treten Banden bei 1010—1017 u. 1018—1020 cm^{-1} auf. — 11. vgl. C. **1969**, 1-0565.

Versuche: I durch Lösen von $Ln_2(CO_3)_3$ in wss. 2-Picolyliminodiessigsäure u. Zugabe von $[(CH_3)_4N]OH$, Ausfällen mit Aceton. K.-J. Zwietasch 30

0062 **Erdalkalimetalläthanolate. IR-spektroskopische Untersuchungen an $Mg(OC_2H_5)_2$, $Ca(OC_2H_5)_2$, $Sr(OC_2H_5)_2$ und $Ba(OC_2H_5)_2$.** H. D. Lutz. (Z. anorg. allg. Chem. **356** (1968) 3/4, 132—39; Köln, Inst. für Anorg. Chem. der Univ.; dt.) — Die IR-Spektren (200—5000 cm^{-1} Nujol, Hexachlorbutadien, KBr) von $Mg(OC_2H_5)_2$, $Ca(OC_2H_5)_2$, $Sr(OC_2H_5)_2$ u. $Ba(OC_2H_5)_2$ werden aufgenommen. Die Metall–Sauerstoff-Bindungen in den Äthanolaten des Ca^{2+}, Sr^{2+} u. Ba^{2+} sind polar, während die des $Mg(OC_2H_5)_2$ überwiegend kovalenter Art ist. Die Normalschwingungen des Äthanolations werden unter Annahme einer C_s-Symmetrie zugeordnet. Die mit steigendem Kationenradius beobachtete Zunahme der Verschiebung der C—H-Valenzschwingung im Vgl. zum reinen A. deutet auf eine stärker hervortretende Abnahme der Bindungsfestigkeit der C—H-Bindung, besonders bei der CH_2-Gruppe. Diese Vermutung erklärt auch die beobachtete Zunahme der Ox.-Empfindlichkeit der Äthanolate mit steigendem Kationenradius. M. Steidinger 30

0063 **Zinnverbindungen.** 11. Mitt. **Schwingungsspektren und Struktur einiger trimerer Dialkylzinnsulfide und -selenide.** K. Kriegsmann, H. Hoffmann und H. Geissler. (Z. anorg. allg. Chem. **359** (1968) 1/2, 58—66; Berlin-Adlershof, DAW, Bereich phys. Meth. der anal. Chem., Inst. für phys. Chem.; dt.) — 10. vgl. C. **1968**, 56-0011. — Für die trimeren Verb. Dimethyl- (F. 148°), Diäthyl- (F. 24°, $Kp._2$ 192—193°) u. Di-n-butylzinnsulfid ($Kp._1$ 215°) sowie Dimethyl- (F. 120°) u. Diäthylzinnselenid ($Kp._{18}$ 169—174°) werden die IR- u. Raman-Spektren angegeben u. die Frequenzen zugeordnet. Für die Ringe kann die Symmetrie D_{3h} ausgeschlossen werden. Zwischen der Wannenform u. der Sesselform kann nicht exakt unterschieden werden. H.-J. Schönherr 30

0064 **Spektroskopische Untersuchungen organometallischer Verbindungen.** 11. Mitt. **Infrarotspektren im Carbonylvalenzschwingungsbereich von Pentacarbonylkomplexen der Metalle der Chrom- und Manganuntergruppen.** J. Dalton, I. Paul, J. G. Smith und F. G. A. Stone. (J. chem. Soc. [London], Sect. A **1968**, 6, 1195—99; Dep. of Inorg. Chem., Univ., Bristol; engl.) — Analyse der Carbonylvalenzschwingung bei ca. 2000 cm^{-1} von Komplexen der allg. Zus. $M(CO)_5L$ mit M = *Cr, Mo, W, Mn, Re* unter Annahme von C_{4h}-Symmetrie. Durch Verw. von aus einfachen Bindungsbetrachtungen abgeleiteten *CO*-Valenz–Valenz-Wechselwrkg.-Beziehungen werden die Banden zugeordnet u. näherungsweise Kraftkonst. bestimmt. Der Trend der Kraftkonst. verläuft parallel zu den relativen Energien der beiden niedrigsten beobachteten Frequenzen. Untersuchte Verb.: $Cr(CO)_5L$ ($L = P(C_2H_5)_3$, PCl_3); $Mo(CO)_5L^1$ ($L^1 = P(C_2H_5)_3$, $P(C_6H_5)_3$, $P(OCH_3)_3$, $PCl_2(OC_2H_5)$, $P(CH_3)_3$, $P(C_6H_5O)_3$, PCl_3, PF_3, $AsCl_3$, $As(C_6H_5)_3$, $As(C_2H_5)_3$, $As(OCH_3)_3$, $Sb(C_2H_5)_3$, $Sb(C_6H_5)_3$, $Bi(C_2H_5)_3$, $Bi(C_6H_5)_3$, $S(C_2H_5)_2$); $W(CO)_5L^2$ [$L^2 = P(C_6H_5)_3$, $P(C_2H_5)_3$, PCl_3]; $Mn(CO)_5L^3$ [$L^3 = Si(C_6H_5)_3$, $Ge(C_6H_5)_3$, $Sn(C_6H_5)_3$, $Pb(C_6H_5)_3$, $SnCl(CH_3)_2$, $SnBr_3$, $Sn(CH_3)_3$, $SnCl_3$]; $Re(CO)_5L^4$ [$L^4 = Si(C_6H_5)_3$, $Ge(C_6H_5)_3$, $Sn(C_6H_5)_3$, $Pb(C_6H_5)_3$, $Sn(CH_3)_3$, $SnCl_3$, $SnBr_3$].
R. Blank 30

0065 **Spektroskopische Untersuchungen organometallischer Verbindungen.** 12. Mitt. **Infrarotspektren im Carbonylvalenzschwingungsbereich von Tetracarbonylkobaltkomplexen.** J. Dalton, I. Paul, J. G. Smith und F. G. A. Stone. (J. chem. Soc. [London] Sect. A **1968**, 6, 1199—1202; engl.) — 11. vgl. vorst. Referat. — Analyse der Carbonylvalenzschwingungen an Komplexen der allg. Zus. $Co(CO)_4L$. Die ber. Kraftkonst. u. diejenigen der Komplexe $Fe(CO)_5$, $Fe(CO)_4P(C_2H_5)_3$ u. $Fe(CO)_4 \cdot P(C_6H_5)_3$ sind linear von der Taft-Polaritätskonst. der Liganden L abhängig: $Co(CO)_4L$ [$L = Si(C_2H_5)_3$, $Ge \cdot (C_2H_5)_4$, $Sn(C_2H_5)_3$, $Pb(C_2H_5)_3$, $Si(C_6H_5)_3$, $Ge(C_6H_5)_3$, $Sn(C_6H_5)_3$, $Pb(C_6H_5)_3$, $SiCl_3$, $GeCl_3$, $SnCl_3$, $GeBr_3$, GeJ_3, SnJ_3, $Si(OCH_3)_3$, $Sn(CH_3)_3$, $Ge(C_6H_5)Cl_2$, $Ge(C_6H_5)_2Cl$, $Ge(C_6H_5)J_2$, $Ge(C_6H_5)_2J$, $Ge(CH_3)_2Cl$, $Ge(CH_3)J_2$].
R. Blank 30

0066 **Spektroskopische Untersuchungen organometallischer Verbindungen.** 13. Mitt. **Infrarotspektren von Octacarbonyldimangankomplexen und entsprechenden Verbindungen im Carbonylvalenzschwingungsbereich.** E. W. Abel, J. Dalton, I. Paul, J. G. Smith und F. G. A. Stone. (J. chem. Soc. [London], Sect. A **1968**, 6, 1203 bis 1208; engl.) — 12. vgl. vorst. Referat. — Analyse der Carbonylvalenzschwingungen der zweikernigen Komplexe $[M(CO)_4L]_2$ (M = *Mn, Tc, Re*) u. Diskussion der Kraftkonst. bez. der Bindungen der Liganden L, d. h. deren induktiven Effekt u. des Ausmaßes der $d\pi$—$d\pi$- u. $d\pi$—$p\pi$-Bindungen u. Vgl. mit Verb. der vorigen Mitt.: $[Mn(CO)_4L]_2$ [$L = Cl, Br, J, S(C_6F_5), S(C_6H_5), Se(C_6H_5), Te(C_6H_5), P(C_6H_5)_2, P(CH_3)_2, As(C_6H_5)_2, As(CH_3)_2$]; $[Tc(CO)_4L']_2$ [$L' = Cl, Br, J$]; $[Re(CO)_4L'']_2$ [$L'' = Cl, Br, J, S(C_6F_5), S(C_6H_5), Se(C_6H_5)$]. R. Blank 30

0067 **Spektroskopische Untersuchungen organometallischer Verbindungen.** 14. Mitt. **Infrarotspektren der Tricarbonylmolybdänkomplexe im Carbonylvalenzschwingungsbereich.** J. Dalton, I. Paul, J. G. Smith und F. G. A. Stone. (J. chem. Soc. [London], Sect. A **1968**, 6, 1208—11; engl.) — 13. vgl. vorst. Referat. — Analyse der Carbonylvalenzschwingungen u. Berechnung der Kraftkonst. von Komplexen der allg. Formel *cis*-$X_2YM \cdot (CO)_3$ mit M = *Cr, Mo, W*; X_2 = *2.2'-Dipyridyl* (*dipy*) oder *o-Phenanthrolin* (*phen*) u. Y = einzähnige Lewis-Base: $Cr(CO)_3L'$ [L' = *dipy* $P(C_6H_5)_3$, *phen* $P(C_6H_5)_3$, *dipy* $P(OC_2H_5)_3$, *phen* $P(OC_2H_5)_3$]; $Mo(CO)_3L''$ [L'' = *phen* $P(C_8H_{17})_3$, *phen* $P(n\text{-}C_4H_9)_3$, *dipy* $P(C_6H_5)_3$, *phen* $\cdot P(C_6H_5)_3$, *dipy* $P(i\text{-}OC_3H_7)_3$, *phen* $P(i\text{-}OC_3H_7)_3$, *dipy* $\cdot P(n\text{-}OC_4H_9)_3$, *phen* $P(n\text{-}OC_4H_9)_3$, *phen* $P(OC_2H_5)_3$, *dipy* $\cdot P(OCH_3)_3$, *phen* $P(OCH_3)_3$, *dipy* $P(OC_6H_5)_3$, *phen* $P \cdot (OC_6H_5)_3$, *dipy* $P(OH)(OC_6H_5)_2$, *phen* $P(OH)(OC_6H_5)_2$, *phen* $As(C_6H_5)_3$, *phen* $Sb(C_6H_5)_3$]; $W(CO)_3L'''$ [L''' = *diyp* $P(C_6H_5)_3$, *phen* $P(C_6H_5)_3$, *dipy* $P(OC_2H_5)_3$, *phen* $P \cdot P(OC_2H_5)_3$]. Für alle Verb. gibt es zwei plausible Zuordnungen, die nach der Meth. der oszillierenden Dipole unterscheidbar sind. Das Mo-Atom hat drei freie d-Orbitale für π-Bindungen. Die beiden radialen Carbonylgruppen können π-Bindungen zu allen drei Orbitalen ausbilden, die axiale CO-Gruppe nur zu den d_{xy}, d_{yz}-Orbitalen. Da die Mol.-Symmetrieebene Mischungen der p_x, p_y, $d_{x^2-y^2}$ u. d_{xy}-Orbitale u. p_z u. d_{xy}-Orbitale erlaubt, kann die π-Elektronendichte zu den zwei radialen *CO*-Gruppen wandern. Bei der relativ kleinen π-Bindungsfähigkeit der Liganden dipy u. phen ist, wenn die Lewis-Base nur wenig oder keine π-Akzeptorfähigkeiten besitzt, eine stärkere $d\pi(M)$—$p\pi(C)$-Bindung der radialen CO-Gruppen zu erwarten. Dies stimmt in den Kraftkonst. überein mit k_2(axial) > k_1(radial). In den Komplexen *cis*-$L_2BrMn(CO)_3$ [L = $o\text{-}ClC_6H_4NH_2$, $C_6H_5NH_2$, $p\text{-}CH_3C_6H_4NH_2$, $3\text{-}BrC_5H_4N$, C_5H_5N, $4\text{-}CH_3C_5H_4N$] wird der σ-Einfl. diskutiert. Die ber. Kraftkonst. k_1 u. k_2 ändern sich linear mit dem pK-Wert der *Amine*.
R. Blank 30

0068 **Spektroskopische Untersuchungen organometallischer Verbindungen.** 15. Mitt. **Infrarotspektren der Fluorkohlenstoffpentacarbonylmetallkomplexe im Carbonylvalenzschwingungsbereich.** J. Dalton, I. Paul und F. G. A. Stone. (J. chem. Soc. [London], Sect. A **1968**, 6, 1212—14; engl.) — 14. vgl. vorst. Referat. — Analyse der Carbonylvalenzschwingung (2000—2200 cm^{-1}) der Komplexe $M(CO)_5R$ mit M = *Mn, Re* u. R = einzähniger

Fluorkohlenstoff-Gruppe. Die Kraftkonst. weisen auf mögliche Fluorkohlenstoff–Metall-π-Bindung in diesen Komplexen hin. Allg. ist k_1(axial) = 16,72 ± 0,04 u. k_2(radial) = 17,26 ± 0,04 mdyn/Å einheitlich bei den gesätt. Fluorverbindungen. Die Abweichungen von k_1 sind wegen der größeren Empfindlichkeit bez. des Induktionseffektes des Liganden stärker als bei k_2. Untersuchte Verb.: $Mn(CO)_5R$ ($R = C_2F_5$, CF_2CF_2H, $CF_2CF \cdot ClH$, $CFClCF_2H$, CF_2CCl_2H, *cis*-$CF{=}CFH$, *trans*-$CF{=}CF{-}CF{=}CF_2$, *cyclo*-C_4F_5, *cyclo*-C_6F_9, NC_5F_4, $N_3O_3F_2$, $CF_2CF_2CH_3$, $CF_2CF_2C_6H_5$, $CFClCF_2CH_3$, *trans*-$CF{=}CFCF_3$, *trans*-$CF{=}CFH$, *cyclo*-C_5F_6Cl, C_6H_5, $N_2C_4F_3$); $Re(CO)_5R$ ($R = C_2F_5$, C_3F_7, CF_2CFClH, CF_2CCl_2H, $CF{=}CF_2$, *trans*-$CF{=}CFCF_3$, *cis*-$CH{=}CHCF_3$, $C(CF_3){=}C{=}CF_2$, C_4F_5, NC_5F_4, CF_2CF_2H, $CF_2CF_2CH_3$, $(CF_2)_4 \cdot CH_3$, *cyclo*-C_4H_5, *cyclo*-C_5F_6Cl, C_6F_5, *cyclo*-C_6F_9, $N_2C_4F_3$, $N_3C_3F_2$) sowie die zweikernigen Verb. $(OC)_5Re{-}C(CF_3){=}C(CF_3)CF_2C(H){=}C(CF_3){-}Re(CO)_5$. R. Blank 30

0069 **Spektroskopische Untersuchungen organometallischer Verbindungen. 16. Mitt. Infrarotspektren von Organozinntetracarbonyleisenkomplexen im Carbonylvalenzschwingungsbereich.** J. Dalton, I. Paul und F. G. A. Stone. (J. chem. Soc. [London], Sect. A **1968**, 6, 1215—17; engl.) — 15. vgl. vorst. Referat. — Die Zuordnung der *CO*-Valenzschwingungen bei 2000 cm^{-1} u. die Berechnung der Kraftkonst. in den Komplexen $[R_2M \cdot Fe(CO)_4]_2$ (I) ($M = Si, Ge, Sn, Pb$), $[R_2SnCl]_2Fe(CO)_4$, $[R_3Sn]_2Fe(CO)_4$, $R_4M_3[Fe(CO)_4]_4$ (II) ($M = Sn, Pb$) u. $M[Fe(CO)_4]_4$ (III) ($M = Ge, Sn, Pb$) ergibt folgendes: mit steigender Polaritätskonst. σ^* steigen die Kraftkonst. u. nehmen mit steigender Atomzahl innerhalb der drei Serien I, II u. III ab. Durch die stärkere Einbeziehung der radialen *CO*-Gruppe in die $d_\pi(M)$–$p_\pi(C)$-Bindung gegenüber der axialen *CO*-Gruppen ist k_1 (radial) $<$ k_2 (axial). Untersuchte Verb.: $L_2Fe(CO)_4$ ($L = SnCl(C_2H_5)_2$, $SnCl(C_4H_9)_2$, $Sn(CH_3)_3$); $[LFe(CO)_4]_2$ ($L = SiCl_2$, $Ge \cdot (CH_3)_2$, $Ge(C_2H_5)_2$, $Sn(C_6H_5)_2$, $Sn(CH_3)_2$, $Sn(C_2H_5)_2$, $Sn(C_4H_9)_2$, $Pb(CH_3)_2$, $Pb(C_2H_5)_2$; $R[Fe(CO)_4]_4$ ($R = Ge$, Sn, Pb, $Sn_3(CH_3)_4$, $Sn_3(C_2H_5)_4$, $Sn_3(C_4H_9)_4$, $Pb_3(CH_3)_4$). R. Blank 30

0070 **IR-Untersuchungen der Zwischenprodukte der Ammoniaksynthese an Eisen.** Toshiko Nakata und Sanjuro Matsushita. (J. physic. Chem. 72 (1968) 2, 458—64; Fac. of Sci., Hokkaido Univ., Sapporo, Japan; engl.) — Messung der IR-Spektren der Oberflächenspezies, die sich beim Kontakt von NH_3 oder einer Mischung von H_2 u. N_2 mit Fe bei 20—500° bilden, im Bereich 4000—1300 cm^{-1}. NH_3 ergab Absorptionsbanden bei 3380, 3290 u. 1610 cm^{-1}; diese Banden werden auf das NH_2-Radikal auf der Oberfläche zurückgeführt. Die Mischung von H_2 u. N_2 ergab nach 30 Min. Erhitzen bei 500° dieselben drei Banden u. eine neue Bande bei 3200 cm^{-1}, die dem NH-Radikal zugeschrieben wird. Diskussion der Wahrscheinlichkeit, daß es sich bei dem Zwischenprod. der Synth.-Rk. um das NH_2-Radikal handelt. H. Liepack 30

0071 **Natur der Verschiebung der NQR-Frequenz in Komplexen mit Ladungsübertragung.** Ju. K. Maksjutin, E. N. Gur'janova und G. K. Semin. (Ž. strukturnoj Chim. 9 (1968) 4, 701—04; Fiz.-chim. inst. im. Karpova; russ.) — Der Einfl. der Elektronenverlagerung bei der Bldg. von Donator–Akzeptor-Komplexen auf die Verschiebung von NQR-Signalen wird theoret. analysiert. H. Roschkowski 32

0072 **Impuls-Superstrahlungsfähigkeit der grünen Thalliumlinie in TlJ-Dämpfen.** A. A. Isaev und G. G. Petraš. (Ž. ėksper. teoret. Fiz. — Pis'ma v Redakciju 7 (1968) 6, 204—07; Fiz. inst. im. Lebedeva AN SSSR; russ.) Die theoret. vorhergesagte Inversion zwischen den Elektronenzuständen der Mol. in den TlJ-Dämpfen bei Anregung entsprechend dem Frank-Condon-Prinzip wurde im Temp.-Intervall von 370—410° in einem Entladungsrohr in Ggw. von He, Ne, Ar oder Luft als Puffergas experimentell bestätigt. Die gefundene Superstrahlungsfähigkeit der Linie von 5350 Å (Übergang $7^2S_{1/2}-6^2P_{3/2}$) ist durchabhängig (Max. bei Drücken zwischen 1—10 Torr, mit Unterschieden für die einzelnen Puffergase) u. fällt mit über 410° ansteigender Temp. unter Auftreten von starken TlJ-Linien. J. Tůmová 34△

0073 **Programme für die Analyse komplexer kernmagnetischer Resonanzspektren hoher Auflösung.** A. A. Fomičev. (Ž. strukturnoj Chim. 9 (1968) 4, 700—01; Inst. chim. fiz. AN SSSR; russ.) — Kurze Beschreibung von Algol-60 geschriebenen Computerprogrammen. H. Roschkowski 36

0074 **Einfluß des chemischen Austauschs und der Selbstdiffusion auf die Spinechosignale in Zweiniveausystemen.** M. A. Korčemkin und V. D. Fedotov. (Teoret. ėksper. Chim. 4 (1968) 4, 508—13; Kazanskij fiz.-techn. inst. AN SSSR; russ.) — Theoret. Unters. der Kernspinecho-Erscheinung in Zweiniveausystemen. Es wird gezeigt, daß die Dämpfung der Spinechosignale durch chem. Austauschprozesse zwischen magnet. nicht äquivalenten Kernen u. nachfolgender Mol.-Diffusion bestimmt wird. H. Roschkowski 36

0075 **Stoßtheorie von Relaxationsprozessen. 2. Mitt. Zweiatomige Moleküle.** F. M. Chen und R. F. Snider. (J. chem. Physics 48 (1968) 7, 3185—93; Dep. of Chem. Univ. of Brit. Columbia, Vancouver, Canada; engl.) — 1. vgl. ibid. 46 (1967) 3947. — Entw. einer Theorie der kernmagnet. Relaxation von zweiatomigen Gasen über eine Boltzmann-Quantengleichung. Dabei werden Formeln für die Relaxationszeiten u. die stoßinduzierten chem. Verschiebungen, die von intramol. Spin-Rotations- u. Dipol–Dipol-Wechselwrkg. herrühren, in Abhängigkeit von den Relaxationszeiten für Rotationspolarisation abgeleitet. R. Blank 36

0076 **Kernmagnetische Doppelresonanz eines Systems mit einem Einzelspin 1/2.** A. Kitchlew, A. Kumar und B. D. Nageswara Rao. (Chem. Physics Letters [Amsterdam] 2 (1968) 4, 216—18; Dep. of Phys., Indian Inst. of Technol., Kanpur, UP, India; engl.) — Bestätigung der Dichtematrix-Theorie der Doppelresonanz u. Prüfung der Gültigkeit der Bloch-Näherung für den Fall eines einzelnen Spins 1/2 durch Protonen-Doppelresonanz-Vers. an $CHCl_3$. H. Liepack 36

0077 **Chemischer Austausch und Momentaneffekte in einem NMR-Spektrum vom AB-Typ.** E. S. Gore und H. S. Gutowsky. (J. chem. Physics 48 (1968) 7, 3260—67; Dep. of Chem. and Chemical Engng., Univ. of Ill., Urbana, Ill.; engl.) — Vf. deuten theoret. den Einfl. des intramol. chem. Austauschs auf NMR-Spektren, wenn das Feld H_1 rasch von einem Wert auf einen sehr niedrigen Wert geändert wird u. dabei die Neueinstellung des Spektrums beobachtet wird. Mit der Dichtematrixtechnik wird gezeigt, daß die Linienform die Lsg. einer Matrixdifferentialgleichung ist. Für die Spezialfälle $H_1 = O$ u. $H_1 \to \infty$ kann die Gleichung in geschlossener Form gelöst werden. R. Blank 36

0078 **NMR-Untersuchungen anorganischer Fluoride. 5. Mitt. Fluorsilane.** R. B. Johannesen, F. E. Brinckman und T. D. Coyle. (J. physic. Chem. 72 (1968) 2, 660—67; Inorgan. Chem. Sect., NBS, Washington, D.C.; engl.) — 4. vgl. C. **1969**, 5-0350. — Chem. Verschiebungen von ^{19}F u. ^{29}Si–^{19}F-Kopplungskonst. wurden für SiF_4 (Gas), SiF_4 [15 Mol-% in $(CH_3)_4Si$, in $(C_2H_5)_2O$, in CCl_3F u. in CCl_4], $(SiF_3)_2O$, SiF_3Cl, SiF_2Cl_2, $SiFCl_3$, SiF_3Br, SiF_2Br_2, $SiFBr_3$, CH_3SiF_3, $(CH_3)_2SiF_2$, $(CH_3)_3 \cdot SiF$, $C_2H_5SiF_3$, $CH_2{=}CHSiF_3$, $SiF_3Co(CO)_4$, Si_2F_6, $SiFCl_2SiCl_3$, Si_3F_8, $(NH_4)_2SiF_6$, SiF_3H, SiF_2H_2, $SiFH_3$, $(CH_3)_3SiOSiF_3$, $(CH_3)_2NSiF_3$, $(CH_3)_3SiNHSiF_3$, $(CH_3)_3 \cdot SiNCNSiF_3$, $C_6H_5SiF_3$, CH_3SiH_2F, $SiF_3SiF_2BF_2$ u. $SiF_3SiF_2SiF_2BF_2$ untersucht. Mit einigen Ausnahmen sind die ^{19}F- u. ^{29}Si-Resonanzen in den substituierten Fluorosilanen auf der Seite niedriger Feldstärke der entsprechenden Resonanzen in SiF_4. Die ^{29}Si-Verschiebung in SiF_6^{2-} beträgt ca. 75 ppm in Richtung hohen Feldes von SiF_4 u. liegt außerhalb des Bereichs der bekannten Si-Verschiebungen. Die ^{29}Si–^{19}F-Kopplungskonst. liegen zwischen 167,6 Hz in Si_2OF_6 u. 384,9 Hz in Si_2Cl_5F. Es wurde eine merkliche Lsgm.-Abhängigkeit der chem. Verschiebungen in SiF_4 u. ähnlichen Verb. beobachtet. H. Liepack 36

0079 **Untersuchung der Relaxation von Ammoniakprotonen an Lösungen von $[Ni(NH_3)_6](ClO_4)_2$ in flüssigem Ammoniak.** W. L. Rice und B. B. Wayland. (Inorg. Chem. [Washington] 7 (1968) 5, 1040–41; John Harrison Labor. of Chem. Univ. of Pa., Philadelphia, Pa.; engl.) — Die Temp.-Abhängigkeit der ^1H-NMR-Linienbreite von $[Ni(NH_3)_6]^{2+}$-Lsg. in fl. NH_3 wurde in einem größeren Temp.-Bereich untersucht ($10^3/T = 2{,}8-4{,}2\,°K^{-1}$) u. mit Hilfe der Swift-Connick-Gleichungen analysiert. Es ergeben sich eine Geschw.-Konst. des NH_3-Austauschs von $(1{,}0 \pm 0{,}1) \cdot 10^5\,s^{-1}$ bei 298 °K, eine Protonenkopplungskonst. von $|A/h| = (1{,}5 \pm 0{,}2) \cdot 10^6\,s^{-1}$ sowie Aktivierungsparameter von $\Delta H^* = 9{,}9 \pm 0{,}5$ kcal/Mol u. $\Delta S^* = -2 \pm 2$ Entropieeinheiten. Diskussion des Austauschmechanismus. A. Blaschette 36

0080 **Kontaktverschiebungen in Kupfer(II)-chlorid- und Titan(III)-chlorid-Lösungen in Acetonitril.** C. C. Hinckley (Inorg. Chem. [Washington] 7 (1968) 2, 396–97; Dep. of Chem., Southern Ill. Univ., Carbondale, Ill.; engl.) — Die ^1H-NMR-Verschiebung von Acetonitril bei Zusatz von $CuCl_2$ oder $TiCl_3$ wurden zwischen 260 u. 350 °K gemessen. Die Hyperfeinkopplungskonst. des Cu^{2+}-Komplexes wurde zu -550 Hz abgeschätzt, die Konst. des Ti^{3+}-Komplexes ist positiv. Der Mechanismus der Übertragung der Spindichte vom paramagnet. Mol. zum Acetonitril wurde diskutiert. Aus dem ESR-Spektrum der $CuCl_2$-Lsg. wurde ein mittlerer g-Wert von 2,1570 bestimmt; in der $TiCl_3$-Lsg. wurde kein EPR-Spektrum gefunden. B. Stender 36

0081 **Kernmagnetische Resonanz von Sauerstoff-17 und Chlor-35 in wäßrigen HCl-Lösungen von Kobalt(II). 1. Mitt. Linienverschiebungen und relative Häufigkeit der Lösungsspezies.** A. H. Zeltmann, N. A. Matwiyoff und L. O. Morgan. (J. physic. Chem. 72 (1968) 1, 121–27; Univ. of Calif., LASL, Los Alamos N.Mex.; engl.) — In den NMR-Spektren von ^{17}O u. ^{35}Cl der Kobalt(II)-chlorid-Lsg. mit HCl-Konz. zwischen 0,4 u. 16m werden die Linienverschiebungen beider Kerne durch die auftretenden Komplexe gedeutet. Die relative Häufigkeit der Komplexspezies $[Co(H_2O)_6]^{2+}$, $[CoCl(H_2O)_5]^+$, $[CoCl_2 \cdot (H_2O)_2]$, $[CoCl_3(H_2O)]^-$ u. $[CoCl_4]^{2-}$ läßt sich durch halbthermodynam. Gleichgew.-Konst. bestimmen, wobei ΔH u. ΔS für jedes Gleichgew. aus den Temp.-Abhängigkeiten der Linienverschiebungen erhalten wurden. Auf Grund der NMR-Daten werden die Protonenverschiebungen von Horrocks u. Hutchinson [J. Chem. Phys. 46 (1967) 1703] von wss. *Kobalt(II)-thiocyanat*-Lsg. neu interpretiert. R. Blank 36

0082 **Strukturuntersuchung von Trimethylzinnhalogenacetaten durch NMR- und IR-Spektroskopie.** E. V. Van den Berghe, G. P. Van der Kelen und J. Albrecht. (Inorg. chim. Acta [Padova] 2 (1968) 1, 89–92; Ghent, Belgium, Univ., Labor. of Gen. and Inorgan. Chem.; engl.) — Untersucht wurden: $(CH_3)_3SnOOCR$ mit $R = CH_3$, CH_2Cl, $CHCl_2$, CCl_3, CH_2F, CHF_2 u. CF_3. Im festen Zustand liegen polymere Strukturen mit 5fach koordiniertem Sn vor. In Lsg. entstehen hauptsächlich tetragonale Monomere. Bei den Mono- u. Dichloracetaten konnten Rotationsisomere nachgewiesen werden. $(CH_3)_3 \cdot SnOOCCH_2F$ (F. 198°; 60%), $(CH_3)_3SnOOCCHF_2$ (F. 150°; 70%) u. $(CH_3)_3SnOOCCF_3$ (F. 129°; 85%) werden aus $(CH_3)_3SnOH$ u. den entsprechenden Säuren erhalten. B. I. 36△

0083 **NMR- und kryoskopische Untersuchungen an einigen Alkanolaten von Titan, Zirkonium und Hafnium.** D. C. Bradley und C. E. Holloway. (J. chem. Soc. [London], Sect. A **1968**, 6, 1316–19; Univ. of Western Ontario, London, Ontario, Canada; engl.) — Molgew.-Messungen u. NMR-Spektren zeigen, daß $Ti(OR)_4$ (I) ($R = C_2H_5$, n-C_3H_7 u. n-C_4H_9) in Bzl. über einen weiten Konz.- (ca. $3-67 \cdot 10^{-3}$m) u. Temp.-Bereich (25–80°) trimer sind. Der intramol. Austausch zwischen endständigen u. überbrückenden Alkanolatgruppen ist selbst bei $-90°$ noch zu schnell, um durch NMR festgestellt zu werden. Die Trimeren unterliegen bei hohen Temp. u. niedrigen Konz. einer reversiblen Depolymerisation. I mit R = iso-C_4H_9 u. neo-C_5H_{11} zeigen eine von der Konz. u. Temp. abhängige chem. Verschiebung, die durch die Ggw. von Monomeren, Dimeren u. Trimeren hervorgerufen wird. $Me[O-CH(CH_3)_2]_4$ (Me = Zr, Hf) bestehen aus einem Gemisch Trimerer u. Tetramerer, jedoch ist das kryoskop. bestimmte Molgew. unabhängig von der Konzentration. E. Schrage 36

0084 **^{19}F-KMR-Untersuchung einiger polyaromatischer Verbindungen und ihrer Metallkomplexe.** M. I. Bruce. (J. chem. Soc. [London], Sect. A **1968**, 7, 1459–64; Dep. of Inorg. Chem., Univ., Bristol; engl.) — Die ^{19}F-KMR-Spektren von C_6F_5X, X = H, Cl, Br, J, CN, CF_3, C_6H_5, CH_3, CH_2Br, CH_2COCl, $CH_2C_6F_5$, $(CH_2)_2C_6F_5$, $CHBrCH_2Br$, $CH{=}CH_2$, $CH_2CH{=}CH_2$, $C{\equiv}CH$, CO_2H, $CO_2C_2H_5$, $COCl$, COC_6F_5, OH, OCH_3, SH, SCH_3, NH_2, $NHCH_3$, $NHNH_2$, NO_2, CO_2Cl, $Mn(CO)_5$, $Re(CO)_5$, π-$C_5H_5Fe(CO)_2$, π-$C_5H_5Fe(CO)_2CH_2$, π-$C_5H_5Fe(CO)_2C{\equiv}C$, π-$C_5H_5Fe(CO)_2SO_2$, von o-XYC_6F_4, (X = Y =) H, $CO_2 \cdot C_2H_5$, $COCl$, J, CN, CO_2H, (X =; Y =) H, OCH_3; $COCl$, CO_2H; π-$C_5H_5Fe(CO)_2$, H; π-$C_5H_5Fe(CO)_2$, CN; π-$C_5H_5Fe(CO)_2$, CF_3; π-$C_5H_5Fe(CO)_2$, CH_3; π-$C_5H_5Fe \cdot (CO)_2$, $CH{=}CH_2$; π-$C_5H_5Fe(CO)_2$, $CH_2CH{=}CH_2$; $Re \cdot (CO)_5$, $C{\equiv}CH$; π-$C_5H_5Fe(CO)_2$, $CO_2C_2H_5$; π-$C_5H_5Fe(CO)_2$, OCH_3; π-$C_5H_5Fe(CO)_2$, π-$C_5H_5Fe(CO)_2CH_2$; π-$C_5H_5Fe \cdot (CO)_2CH{=}CH$, H; von *1.2-X_2–4-M–C_6F_3* (M =; X =): π-$C_5H_5Fe(CO)_2$, H; π-$C_5H_5Fe(CO)_2$, CN; $Mn(CO)_5$, CN, $Re(CO)_5$, CN; π-$C_5H_5Fe(CO)_2$, $CO_2C_2H_5$ sowie von *1.3.4-Trifluor-6-(π-cyclopentadienyleisendicarbonyl)-benzol* u. *1.2.5-Trifluor-4-(π-cyclopentadienyleisendicarbonyl)-benzol* wurden bei hoher Auflsg. aufgenommen. Die Charakteristika der Substituenten u. die Möglichkeit der Identifizierung der Komplexe werden diskutiert. Die Art der Komplexe bei der Rk. von $(\pi\text{-}C_5H_5)Fe(CO)_2$ mit 1.2-$C_6F_4J_2$ u. C_6F_5Br wird auch massenspektroskop. bei hoher Auflsg. untersucht. J. J. Pohl 36

0085 **PMR-Linienbreiten im Falle einiger paramagnetischer, oktaedrischer Ni(II)- und Kobalt(II)-Komplexe.** D. Forster. (Inorg. chim. Acta [Padova] 2 (1968) 2, 116–18; Central Res. Dep., Monsanto Co., St. Louis, Mo.; engl.) — PMR-Daten für $Nipy_4(NCS)_2$, $Nipy_4 \cdot (NCO)_2$, $Nipy_4Cl_2$, $Nipy_4Br_2$, $Nipy_4J_2$, $Ni(dipy)_3^{2+}$, $Copy_4(NCS)_2$, $Copy_4Cl_2$, $Copy_4Br_2$, $Copy_4J_2$ in Lsg. zeigen eine relativ kleine PMR-Linienbreite für Mpy_4X_2 (M = Ni, Co; X = Halogen oder Pseudohalogen). Im Falle der Ni-Komplexe wird die Abhängigkeit der Korrelationszeit von der Art von X durch einen Mechanismus, der eine durch Modulation der Nullfeldaufspaltung angeregte Elektronenspinrelaxation enthält, erklärt. Im Falle von Co ist die Lage komplizierter. Die Elektronenspinrelaxation wird hier prim. durch wenig untersuchte Energiewechselwrkg. der einzelnen Komponenten der Verb. bedingt. J. J. Pohl 36

0086 **Magnetische Kernresonanz von Clathraten Wernerscher Komplexe.** Vijay Mohan Bhatnagar. (Chim. analytique **50** (1968) 2, 81–83; Univ. Fisk, Nashville, Tenn.; franz.) — Es werden die NMR-Spektren der Clathrate von $[Ni(\gamma\text{-}Picolin)_4(SCN)_2]$ mit *p-* (I) u. *m-Terphenyl* bzw. von $[Co(\gamma\text{-}Picolin)_4(SCN)_2]$ mit I abgebildet. B. Seifert 36

0087 **Berechnung der Anisotropie der magnetischen Suszeptibilität axial verzerrter oktaedrischer Komplexe mit teilweise aufgefüllter t_{2g}-Elektronenschale.** Ju. M. Udačin und M. E. Djatkina. (Ž. strukturnoj Chim. 9 (1968) 4, 717–18; Inst. obščej i neorg. chim. im. Kurnakova AN SSSR; russ.) — Kurze Beschreibung elektron. Berechnungen. H. Roschkowski 38

0088 **Einfluß der Extrapolation der experimentellen molekularen Elektronenstreuungsintensität im Bereich kleiner Winkel auf die Radialverteilungskurve.** L. V. Vilkov und V. S. Mastrjukov. (Ž. strukturnoj Chim. 9 (1968) 4, 587–91; Mosk. gos. univ. im. Lomonosova; russ.) — Der Einfl. von Fehlern in den Atomabständen, der mittleren quadrat. Schwingungsamplitude u. des Normierungskoeff. von theoret. Extrapolationsverteilungskurven auf die Größe der Verschiebung des Max. der Radialverteilungskurve wird berechnet. H. Roschkowski 40

0089 **Revision der Struktur von SOF_4.** J. L. Hencher, D. W. J. Cruickshank und S. H. Bauer. (J. chem. Physics 48 (1968) 1, 518–19; Chem. Dep., Cornell Univ.,

Ithaca, N.Y.; engl.) — Eine verfeinerte Auswertung der von Kimura u. Bauer [vgl. ibid. **39** (1963) 3172] aus Elektronenbeugungsmessungen erhaltenen Radialverteilungskurve von SOF_4 führt zu FSF (eq) = 110°, FSF (po) = 178,35°, OSF (eq) = 125,0°, OSF (po) = 90,8°, F (eq) · SF (po) = 90,5°, SF (po) = 1,583 ± 0,005 Å, SF (eq) = 1,550 ± 0,005 Å, SO (eq) = 1,413 ± 0,001 Å.
A. Blaschette 40

0090 **Elektronographische Untersuchung der Molekularstruktur von Phenylquecksilberbromid in der Dampfphase.** L. V. Vilkov und M. G. Anaškin. (Ž. strukturnoj Chim. **9** (1968) 4, 690—92; Mosk. gos. univ. im. Lomonosova; russ.) — Elektronenbeugungsunters. an C_6H_5HgBr-Dampf lassen auf eine lineare Struktur des Fragments $C—Hg—Br$ schließen. Die Abstände Hg—Br u. $Hg—C_1$ betragen dabei 2,435 ± 0,004 bzw. 2,068 ± 0,02 Å.
H. Roschkowski 40

0091 **Massenspektrometrie aufeinanderfolgender Ionisationsprozesse. 3. Mitt. Ionen und Bruchstücke von Kohlendioxid und Kohlendisulfid.** J. Cuthbert, J. Farren, B. S. Prahallada Rao und E. R. Preece. (J. Physics, B (Proc. physic. Soc.) [2] **1** (1968) 1, 62—70; Analytic. Sci. Div., Atomic Energy Res. Establ., Harwell, Didcot, Berks.; engl.) — 2. vgl. Proc. Phys. Soc. **91** (1967) 63. — Elektronenstöße mit langsamen CX_2^+(CO_2 oder CS_2)-Ionen, die sich in dem sie erzeugenden Elektronenstrahl befinden, ergaben CX_2^{2+}, CX^+, C^+ u. X_2^+ u. X^+. Das zuletzt genannte Ion entsteht auch aus X-Atomen, die sich bei der Dissoziation der CX_2-Mol. auf dem Glühfaden der Kathode bilden. Das direkte doppelte Ionisationspotential von CS_2 zu CS_2^{2+} wird erstmals im Massenspektrometer gemessen u. beträgt 25,5 ± 0,3 eV; das entsprechende doppelte Ionisationspotential für CO_2 wird bestätigt zu 36,3 ± 0,5 eV. Die Entstehung von S_2^+ aus CS_2 wird erstmals beobachtet bei 18,2 ± 0,9 eV in Übereinstimmung mit dem zu erwartenden Wert des Ionisationspotentials von S_2 bei 10,8 ± 0,3 eV. Relative Übergangswahrscheinlichkeiten werden für 19 beobachtete Prozesse angegeben. J. Büttner 42

0092 **Massenspektren von Stannan und Stibin.** N. V. Larin, I. L. Agafonov und S. M. Vlasov. (Ž. neorg. Chim. **13** (1968) 1, 3—6; Labor. stabilizacii polimerov AN SSSR, Gor'kij; russ.) — Aufnahme der vollständigen Massenspektren (ein- u. zweiwertige Ionen) von SnH_4 u. SbH_3. J. J. Pohl 42

0093 **Massenspektren von Organogermaniumverbindungen.** F. Glockling und J. R. C. Light. (J. chem. Soc. [London], Sect. A **1968**, 3, 717—34; Chem. Dep., Univ., Durham; engl.) — Vf. untersuchen die durch Elektronenstoß induzierte Fragmentierung von R_4Ge (R = H, CH_3, C_2H_5, iso-C_4H_9, C_6H_5, $C_6H_5CH_2$, p-Tolyl), $R_3^1GeR^2$ (R^1 = C_6H_5, R^2 = H, C_2H_5; R^1 = $C_6H_5CH_2$, R^2 = C_2H_5); R_6Ge_2 (R = iso-C_4H_9, $C_6H_5CH_2$), $(C_6H_5)_2Ge(CH_3)_2$, $(C_6H_5)_6Ge_2O$ u. $(CH_3)_3GeCl$ bei hoher Auflsg. sowie von R_4Ge (R = o- u. m-Tolyl), $(C_6H_5)_3GeX$ (X = CH_3, $C_6H_5CH_2$, Cl, Br, J), R_6Ge_2 (R = C_2H_5, C_6H_5, m-Tolyl), $(C_6H_5CH_2)_3GeH$, $(CH_3)_3GeH$ u. $GeCl_4$ bei geringer Auflösung. Charakterist. Punkte werden für die Massenspektren von $(n\text{-}C_4H_9)_4Ge$, $(C_6H_5)_2Ge(C_2H_5)_2$, $C_6H_5Ge(C_2H_5)_3$, $(C_6H_5)_3Ge(n\text{-}C_4H_9)$, $(C_6H_5)_2GeD_2$, $(C_6H_5CH_2)_3GeD$, $(CH_3)_6Ge_2$, CH_3GeCl_3, $(C_2H_5)_3GeX$ (X = H, Cl, Br), R_6Ge_2O (R = CH_3, C_2H_5), *cyclo*-$[(CH_3)_2GeO]_x$ (x = 3 bzw. 4), $R_3GeCOOH$ (R = p-Tolyl), R_6Ge_2 (R = o- u. p-Tolyl) u. $(C_6H_5CH_2)_3GeCH_3$ vorwiegend angegeben. Der Ionenstrom wird durch Ge-haltige Ionen getragen. Es wird die Fragmentierung begünstigt, die zu Ionen mit gerader Elektronenzahl führt.
D. Hoene 42

0094 **Massenspektren von Verbindungen mit Metall—Metall-Bindungen.** D. B. Chambers und F. Glockling. (J. chem. Soc. [London], Sect. A **1968**, 3, 735—41; engl.) — Vgl. vorst. Referat. — Die Massenspektren von $A_3M \cdot M'B_3$-Verb. (A, B = Alkyl, Aryl, M, M' = Si, Ge, Sn) ergeben Ionen, die durch Übertragung der Gruppen A u. B von einem Metall zum anderen entstehen. Auftrittspotentiale u. Dissoziationsenergien werden für diese u. verwandte Verb. gemessen. Der Fragmentierungsverlauf wird diskutiert. Folgende Verb. werden behandelt: $(C_6H_5CH_2)_3GeSi(CH_3)_3$, $(C_6H_5)_3GeSi(C_2H_5)_3$, $(C_6H_5)_3Sn \cdot Ge(CH_3)_3$, $(CH_3)_3SnGe(C_6H_5)_3$, $(C_6H_5)_3MM(CH_3)_3$ (M = Sn, Ge, Si), $(C_2H_5)_3SiSi(C_6H_5)_3$, $(C_6H_5)_3SiSi(C_6H_5)_3$, $(C_6H_5)_4Sn$, $(C_6H_5)_3SnC_2H_5$, $(C_6H_5)_3SnCH_3$, $(C_6H_5)_3SnJ$, $(C_6H_5)_3SnSC_6H_5$, $(C_6H_5)_3SnSn(C_6H_5)_3$. D. Hoene 42

0095 **Kinetik der Fluorwasserstoffdissoziation hinter einfallenden Stoßwellen.** Jay A. Blauer. (J. physic. Chem. **72** (1968) 1, 79—84; Air Force Rocket Propuls. Labor., Res. and Technol. Div., Air Force Syst. Command, Edwards, Calif.; engl.) — Die RG der Dissoziation von HF hinter einfallenden Stoßwellen wird bei 3700 bis 6100 °K untersucht. Der Dissoziationsverlauf wird über die Emissionsintensität der 1—0-Bande des HF bei 2,5 μ verfolgt. Für die Rk. HF + M → H + F + M bzw. H + HF → H_2 + F ergeben sich die RGK $k_1 = 0{,}47 \cdot 10^{19} \cdot T^{-1} \exp(-134{,}100/RT)$ bzw. $k_2 = 2 \cdot 10^{12}\, T^{-1} \exp \cdot (-35000/RT)$. Die RG der F-Austauschrk. HF + F → H + F_2 ist für die gegenwärtigen Unters. bedeutungslos, obgleich hohe F_2-Mengen den Gasgemischen zugefügt wurden. Das Kaskadenmodell von Benson u. Fueno zur Berechnung der Rekombinationsgeschw. der Atome gibt die abs. Größe dieser RG recht gut wieder, obgleich wenig über die Temp.-Abhängigkeit gesagt werden kann.
W. Pusch 44△

0096 **Berechnung von Austausch-Matrixelementen für Stöße zwischen schweren Teilchen.** I. M. Cheshire. (Proc. physic. Soc. **92** (1967) 578, 862—65; Theoret. Phys. Div., AERE, Harwell, Didcot, Berks.; engl.) — Darst. des Ein-Elektron-Austauschintegrals als Lösung einer Differentialgleichung 1. Ordnung in bezug auf die Zeit.
H. Liepack 44

0097 **Nichtadiabatischer Übergang beim langsamen Stoß zwischen schweren Teilchen.** Michio Matsuzawa. (J. physic. Soc. Japan **23** (1967) 6, 1383—93; Dep. of Appl. Phys., Fac. of Engng., Univ., Tokyo; engl.) — Berechnung unelast. Atom-Atom-Stöße nach der Meth. des gestörten stationären Zustandes.
Heinrich J. Schroeder 44

0098 **Konvergenz der Iteration-Variationsmethoden für atomare Streuprobleme.** V. B. Sheorey. (Proc. physic. Soc. **92** (1967) 92, 531—38; Dep. of Phys., Univ. Coll., London; engl.) — Zur Unters. der bekannten Viel-Parameter u. Ein-Parameter-Iterations-Variationsmeth. die bei bestimmten Energien langsam oder gar nicht konvergieren, entwickelt Vf. ein Ein-Parameter-Iterations-Variationsschema. Dies wird auf die Streuung durch einfache Modellpotentiale angewendet. Weitere Schemata werden auf der Basis des Phasenvariationsprinzips u. des Kohnschen Variationsprinzips vorgeschlagen.
R. Blank 44

0099 **Elektronen-Stoßfrequenzen in polaren Gasen.** Oakley H. Crawford, A. Dalgarno und P. B. Hays. (Molecular Physics **13** (1967) 2, 181—92; School of Phys. and Appl. Math., Queen's Univ., Belfast; engl.) — Die mit Näherungsmeth. nach der konventionellen Theorie bestimmten Stoßfrequenzen therm. Elektronen in polaren Gasen werden quant. diskutiert u. es wird gezeigt, daß die „Näherung der exakten elast. Streuung" von Mittleman u. von Holdt keine gültige Beschreibung liefert. Es wird eine modifizierte Formel für die Driftgeschw. therm. Elektronen in mol. Gasen unter dem Einfl. eines schwachen elektr. Feldes angegeben, welche die innere Struktur der Mol. berücksichtigt.
G. Ertl 44

0100 **Verifizierung einer angenäherten Formel für die Mehrfachstreuung langsamer Elektronen.** Harriet Kagiwada und Robert Kalaba. (J. Franklin Inst. **284** (1967) 2, 122—26; Rand Corp., Santa Monica, Calif.; engl.) — Für die von Gavallas et al. [Izvest. vyššich učebnych Zavedenij [Tomsk], Fiz. 8 (1965) 2, 52] entwickelte Näherungsbeziehung für die Rückstreuung langsamer Elektronen in einem Gas wird eine exakte Lsg. angegeben. Es werden Vgl. zur Abschätzung des Gültigkeitsbereiches dieser Formel angestellt.
F. Portele 44

0101 **Dominierender nichtadiabatischer Beitrag zur Elektron—Atom-Wechselwirkung großer Reichweite.** Chemia J. Kleinman, Yukap Hahn und Larry Spruch. (Physic. Rev. [2] **165** (1968) 1, 53—62; Phys. Dep., New York Univ., New York, N.Y.; engl.) — Unters.

der Parameter des nichtadiabat. Beitrags mit bes. Berücksichtigung der Streuung an He, Li, Ne u. Na.
H. Liepack 44

0102 **Reihenentwicklungs-Ansatz für die Streuung Elektron–Wasserstoffatom bei niedriger Energie.** H. H. Michels und F. E. Harris. (Physic. Rev. Letters **19** (1967) 16, 885–86; United Aircraft Res. Labor., East Hartford, Conn.; engl.) — Die von Harris [Physic. Rev. Letters **19** (1967) 173] entwickelte allg. Meth. zur Best. der Streuphasen wird auf die Streuung niederenerget. Elektronen an H-Atomen im Grundzustand angewandt. Die numer. Resultate ergeben sehr gute Übereinstimmung mit früheren Berechnungen. P. Weiland 44

0103 **Variations-Methoden vom Hulthén-Kohn-Typ.** T. L. John. (Proc. physic. Soc. **92** (1967) 575, 62–66; Univ. Coll., Cardiff; engl.) — Es wird gezeigt, daß die Variationsmeth. von Hulthén, Kohn u. Malik einer größeren Gruppe von Meth. angehören, die in der Streutheorie angewendet werden können. Diese Meth. werden beschrieben u. miteinander bei der Behandlung der elast. Streuung von Elektronen an *H*-Atomen verglichen.
F. Portele 44

0104 **Möglichkeit zur Beobachtung von Vielkörpereffekten bei den Elektronenschalen der Atome.** M. Ya. Amusia, V. V. Afrosimov, Yu. S. Gordeev, N A. Cherepkov und S. I. Sheftel. (Physics Letters [Amsterdam] **24 A** (1967) 7, 394–96; Ioffe Physico-Techn. Inst., USSR Acad. of Sci., Leningrad; engl.) — Es wird die inelast. Streuung von keV-Elektronen an Atomen als eine Funktion der bei den Stößen übertragenen Energie diskutiert, um die Wichtigkeit von Vielkörpereffekten dabei zu erläutern. P. Büttner 44

0105 **Unelastische differentielle Bornsche Wirkungsquerschnitte in H_2.** Kenneth J. Miller und Morris Krauss. (J. chem. Physics **47** (1967) 10, 3754–62; NBS, Washington, D.C.; engl.) — Berechnung der ersten differentiellen Bornschen Wrkg.-Querschnitte bei der unelast. Elektronenstreuung von 300-eV-Elektronen an H_2 für die Anregungen vom Elektronenschwingungsgrundzustand in die Schwingungsterme der B, B', C, D u. D'-Rydberg-Zustände. R. Blank 44

0106 **Polarisation von Licht, das bei der Anregung von H_2 durch Elektronenstoß emittiert wird.** Patrick Cahill, Richard Schwartz und A. Norman Jette. (Physic. Rev. Letters **19** (1967) 6, 283–84; Columbia Radiat. Labor., Columbia Univ., New York, N.Y.; engl.) — Die App. für die experimentelle Durchführung wird schemat. dargestellt. Die Anregungskurve (zwischen 14,7 u. 80 eV) sowie die Polarisationskurve im gleichen Energiebereich werden angegeben. E. Otto 44

0107 **Wirkungsquerschnitte für Anregungsaustausch von Atomen und Ionen durch Elektronenstreuung.** I. L. Bejgman und L. A. Vajnštejn. (Ž. èksper. teoret. Fiz. **52** (1967) 1, 185–90; Fiz. inst. AN SSSR; russ., Auszug: engl.) — Durch Anwendung der orthogonalisierten Wellenfunktionen auf die äußeren Elektronen werden die Wrkg.-Querschnitte für Anregung von Interkombinationsübergängen berechnet. Die Querschnitte sind angegeben für H(1s → – 2s), He($1s^1S \to 2p^3P$), $C^{2+}(2s^1S \to 2p^3P)$, He($2s^3S \to 2s^1S$), He($1s^1S \to 2s^3S$), $Li^+(1s^1S \to 2s^3S)$, $C^{4+}(1s^1S \to 2s^3S)$. M. Wiedemann 44

0108 **Anregung von Helium, Stickstoff und Stickoxid durch schnelle Protonen und Wasserstoffatome.** J. M. Robinson und H. B. Gildboy. (Proc. physic. Soc. **92** (1967) 577, 589–601; Dep. of Pure and Appl. Phys., School of Phys. and Appl. Math., Queen's Univ., Belfast; engl.) — Die auf Grund der Anregung durch Protonen mit Energien von 60–400 keV u. durch schnelle Wasserstoffatome emittierte Strahlung wird im Bereich 3900 bis 6000 Å spektroskop. untersucht. Für einige intensitätsstarke Linien werden abs. Wrkg.-Querschnitte für Emission bestimmt. Bei Helium werden Anregungsfunktionen für die 4^1S, 5^1S, 4^1D u. 5^1D Niveaus unter Benutzung der bekannten Übergangswahrscheinlichkeiten gewonnen.
P. Weiland 44

0109 **Multiphotonenabsorption in einatomigen Gasen.** V. M. Morton. (Proc. physic. Soc. **92** (1967) 576, 301 bis 310; Central Electricity Res. Labor., Leatherhead, Surrey; engl.) — Eine theoret. Unters. der Ionisation eines Atoms infolge der gleichzeitigen Absorption vieler Photonen dient zur Berechnung der Ionisationswahrscheinlichkeiten von *He, Ne, Ar, Kr, Xe, Hg, H, Li, Na, K, Rb* u. *Cs* bei Bestrahlung mit kohärentem Licht der Wellenlängen 10590 Å, 6943 Å, 5295 Å u. 3472 Å. Die ber. Werte werden tabellar. mitgeteilt u. mit entsprechenden experimentellen Werten verglichen. Der Vgl. zeigt, daß der ber. Ionisationsvorgang bei mittleren Drücken höchstens die Primärelektronen erfaßt, während die Plasmaentw. anders, z. B. durch inverse Bremsstrahlung, vor sich geht. Bei niedrigeren Drücken, bei denen die Bremsstrahlungserzeugung inhibiert wird, stimmen theoret. u. experimentelle Ergebnisse besser überein.
W. Pusch 44△

0110 **Photoionisation im Bereich weicher Röntgenstrahlen: Z-Abhängigkeit in einem Zentralpotentialmodell.** Steven Trent Manson und John W. Cooper. (Physic. Rev. [2] **165** (1968) 1, 126–38; NBS, Washington, D.C.; engl.) — Berechnung für den Bereich ca. 100 eV bis ca. 2 keV nach dem Einelektronenmodell unter Verw. eines Herman-Skillman-Zentralpotentials. Die $M_{II,III}$(3p)-Unterschale in *Ar, Cu* u. *Ge* sowie $M_{IV,V}$(3d) u. $M_{II,III}$ in *Kr, Rh, Xe, Eu, Au* u. *Fm* werden im Hinblick auf die kombinierte Z- u. Energieabhängigkeit der Wrkg.-Querschnitte der Photoionisation für diese Unterschalen untersucht. H. Liepack 44

0111 **Quasiklassische Näherung bei Ionisationsprozessen.** L. P. Kotova, A. M. Perelomov und V. S. Popov. (Ž. èksper. teoret. Fiz. **54** (1968) 4, 1151–61; Inst. teoret. i èksper. fiz.; russ., Auszug: engl.) — Es wird über die Entw. der komplexen Trajektorientechnik (Beschreibung des Tunneleffektes im quasiklass. Fall mit Hilfe von Trajektorien entsprechend der imaginären „Zeit") berichtet. Folgende Probleme werden betrachtet: Ionisation eines Bindungsniveaus durch Stoß mit einem geladenen Teilchen, Ionisation von Atomen durch ein konst. elektr. Feld in Ggw. eines Magnetfeldes, Berechnung adiabat. Korrekturen für die Tunnelwahrscheinlichkeit durch eine Potentialschwelle beliebiger Form.
E. Otto 44

0112 **Klassische Berechnungen von Ladungsaustausch-Wirkungsquerschnitten.** J. D. Garcia, E. Gerjuoy und Jean E. Welker. (Physic. Rev. [2] **165** (1968) 1, 72–80; Dep. of Phys., Univ. of Pittsburgh, Pittsburgh, Pa.; engl.) — Unters. der Eignung von Gryzinski-Theorie. Für auf Edelgas- u. Alkalimetallatome auftreffende Protonen scheint die Meth. in der gegenwärtigen Form zur Best. der Wrkg.-Querschnitte (Ionisation) nicht geeignet zu sein. H. Liepack 44

0113 **Ladungsaustausch unter Beteiligung eines Anregungszustandes.** I. A. Poluèktov und L. P. Presnjakov. (Ž. èksper. teoret. Fiz. **54** (1968) 1, 120–26; Fiz. inst. im. Lebedeva AN SSSR; russ., Auszug: engl.) — Es wird theoret. gezeigt, daß Zwischenniveaus beim Ladungsaustausch, bes. bei langsamen relativen Geschw., auftreten können. Unter Berücksichtigung dieser Zwischenniveaus ber. Wrkg.-Querschnitte für die Rk. $p + He \to H(2p) + He^+$ u. $p + Ne \to H(2p) + Ne^+$ stimmen mit experimentellen Werten gut überein. Die allg. Anwendung der Ergebnisse wird diskutiert.
K. Jaeger 44

0114 **Beweglichkeit doppelt geladener Ionen im Muttergas.** R. K. Janev und S. S. Pešić. (Proc. physic. Soc. **92** (1967) 575, 94–99; Inst. of Nucl. Sci. „Boris Kidrič", Belgrade; engl.) — Ausgehend von dem exakten Ausdruck für die Energietrennung der symm. u. der antisymm. Zustände des Syst. wurde sowohl der effektive Wrkg.-Querschnitt für die Impuls-Übertragung bei $A^{2+} \to A$-Stößen (A = *He, Ne, Ar, Kr* u. *Xe*), als auch die Beweglichkeit von A^{2+}-Ionen in ihrem eigenen Gas innerhalb eines weiten Temp.-Bereiches (100–20000 °K) berechnet. Die Ergebnisse werden mit klass. Resultaten u. früheren Berechnungen für He verglichen. F. Portele 44

0115 **Natur der Ion-Molekül-Stöße.** J. V. Dugan jun., J. H. Rice und J. L. Magee. (Chem. Physics Letters [Amsterdam] 2 (1968) 4, 219–22; Lewis Res. Center, Cleveland, O.; engl.) — Computer-Unters. von $Ar^+ + CO$- u. $N^+ + NO$-Stößen u. Diskussion im Hinblick auf die Ergebnisse zum Ladungsaustausch von Böhme, Hasted u. Ong. H. Liepack 44

0116 **Theoretische Untersuchungen von Protonentransferreaktionen. 1. Mitt. Reaktionen des Hydridions mit Fluorwasserstoff und Wasserstoffmolekülen.** Calvin D. Ritchie und Harry F. King. (J. Amer. chem. Soc. **90** (1968) 4, 825–33; Dep. of Chem., State Univ. of New York, Buffalo, N.J.; engl.) — Berechnung der Potentialenergieflächen für die Rk. des *Hydrid*-Ions mit H_2 in symm. Rk. u. mit HF unter Bldg. von Wasserstoff- u. Fluorid-Ionen durch die LCAO-MO-SCF-Meth. mit Gaußschen Basisfunktionen. Danach hat das Syst. H_3^- eine qual. ähnliche Potentialenergiefläche wie das neutrale Syst. H_3, wobei die Aktivierungsenergie für die Wasserstoffaustauschrk. zu ca. 15 kcal/Mol ber. wurde. Im H_2F^--Syst. treten auf der Potentialenergiefläche keine Barrieren entlang des minimalen Energieweges zwischen Reaktanten u. Prod. auf. Ein Minimum weist auf die Existenz eines stabilen H_2F^--Komplexes mit einer ca. 8 kcal geringeren Energie gegenüber den Reaktanten hin. R. Blank 44

0117 **Theoretische Untersuchungen von Protonentransferreaktionen. 2. Mitt. Reaktion zwischen Wasser und Hydridion.** Calvin D. Ritchie und Harry F. King. (J. Amer. chem. Soc. **90** (1968) 4, 833–38; engl.) — 1. vgl. vorst. Referat. — Auf Grund der Berechnung der Potentialenergiefläche der Rk. von W. mit dem in der Gas- u. Lsg.-Phase unter Bldg. von OH^- u. H_2 fehlt eine klass. Aktivierungsbarriere für diese Reaktion. Die theoret. Ergebnisse stimmen mit experimentellen Literaturwerten genau überein u. liefern eine Erklärung für gewisse Isotopeneffekte bei der Lsg.-Reaktion. Weiterhin wird der Einfl. des Lsgm. auf die Aktivierungsenergie bei Protonentransferrk. in Lsg. diskutiert. R. Blank 44

0118 **Theoretische Untersuchungen von Protonentransferreaktionen.** 3. Mitt. **Reaktionen des Hydridions mit Ammoniak und Methan.** Calvin D. Ritchie und Harry F. King. (J. Amer. chem. Soc. **90** (1968) 4, 838–43; engl.) — 1. u. 2. vgl. vorst. Referate. — Die Ergebnisse der ab initio-Berechnungen der Potentialenergieflächen für die Rk. des Hydridions mit NH_3 u. CH_4 unter Bldg. von H_2 u. NH_2^- bzw. CH_3^- entsprechen denen bei der Rk. von HF u. H_2O u. unterscheiden sich deutlich von denen der klass. Rk. von H_2 mit H oder H^-. Auch hier wurden keine Aktivierungsbarrieren gefunden. R. Blank 44

0119 **Plasma der positiven Säule in einer Ne-Entladung bei mittleren Drücken.** Emil I. Toader. (Int. J. Electronics [1] **23** (1967) 5, 417–23; Fac. de Fiz., Univ. București, Roumania; engl.) — Unters. für 2–32 mm Hg. Herbert Weber 46

0120 **Experimentelle Untersuchungen an einem Wasserstoff-Lichtbogen im achsenparallelen Magnetfeld.** 1. Mitt. C. Mahn, H. Ringler und G. Zankl. (Z. Naturforsch. **23a** (1968) 6, 867–73; Inst. für Plasmaphys., Garching bei München; dt.) — Beschreibung eines Experimentes, bei dem wesentlich höhere Plasmatemp. durch Reduzierung des Koeff. der Wärmeleitung mit einem überlagerten axialen Magnetfeld erhalten wurden. Bei Bogenströmen von ca. 2 kA u. einem Magnetfeld von 10 kG wurden in der Mitte des Bogens Temp. von der Größenordnung 10 eV erreicht. Herbert Weber 46

0121 **Experimentelle Untersuchungen an einem Wasserstoff-Lichtbogen im achsenparallelen Magnetfeld.** 2. Mitt. **Feldstärke und Geschwindigkeitsmessungen mit Potentialsonden.** C. Mahn, H. Ringler und G. Zankl. (Z. Naturforsch. **23a** (1968) 6, 874–80; dt.) — 1. vgl. vorst. Referat. Herbert Weber 46

A–8. Physik der Festkörper und Flüssigkeiten

0122 **Der Diamant: Struktur und Eigenschaften.** C. V. Raman. (Proc. Indian Acad. Sci., Sect. A **67** (1968) 5, 231–46; engl.) — Überblick über Krist.-Formen u. opt. Eigenschaften. Herbert Weber 50

0123 **Ungleichheiten, Instabilitäten und Renormalisierung in Metallen und anderen Fermi-Flüssigkeiten.** A. J. Leggett. (Ann. Physics **46** (1968) 1, 76–113; Dep. of Phys., Univ. of Ill., Urbana, Ill.; engl.) — Unters. zur Ableitung einer Ungleichung für die Landau-Parameter u. zur Landau-Theorie für Metalle unter Berücksichtigung der Coulomb- u. Elektron–Phonon-Wechselwirkung. Herbert Weber 50

Struktur

0124 **Landau-Theorie für Phasenumwandlungen zweiter Ordnung: $[\Gamma]^3$ und $\{\Gamma\}^2$ für kristallographische Punktgruppen.** A. P. Cracknell und S. J. Joshua. (J. Physics, A (Proc. physic. Soc.) [2] 1 (1968) 1, 40–42; Univ. of Essex, Dep. of Phys.; engl.) — Die symmetrisierten 3. Potenzen u. die antisymmetrisierten 2. Potenzen der irreduziblen Darst. der Punktgruppen wurden vereinfacht u. tabellar. angegeben. E. Schulte 51△

0125 **Wasserstoffbrücken in Kristallen.** Dietrich Mootz. (Allg. prakt. Chem. [Wien] 19 (1968) 3, 72–77; Inst. für Anorg. Chem., TH, Braunschweig; dt.) — Übersicht: Allg. Grundlagen; Krist.-Struktur von Eis; Lokalisierung von H-Atomen bei der Röntgen- bzw. Neutronenbeugung; Clathrat-Hydrate; gebogene u. zentrierte H-Brücken; H_3O^+-Ionen. — 21 Literaturangaben. A. Blaschette 51

0126 **Näherungsweise Lokalisierung der Molekülzentren aus morphologischen und Elementarzelldaten.** P. Hartman. (Acta crystallogr. [Copenhagen], Sect. A **24** (1968) 3, 359–64; Geol. en Miner. Inst., Rijksuniv., Leiden; engl.) — Beschreibung einer Meth. zur Lokalisierung von Mol.-Zentren aus der Morphologie, den Elementarzelldimensionen, der Anzahl von Mol. pro Zelle u. der Raumgruppe. Zusätzliche Informationen über die Mol.-Zentren werden aus dem PBC (periodic-bond-chain)-Verf. erhalten. Die Meth. werden illustriert an Hand der Mol. von p-Chloranilin, α-$(NSOCl)_3$, Papain u. Ribonuclease I bzw. II sowie α-Bromisotutin. H. Roschkowski 51

0127 **Neue röntgentopographische Methode.** Georges Blet. (C. R. hebd. Séances Acad. Sci., Sér. A et B **266** (1968) 7, B 427–B 429; Labor. d'Analyses phys. CFTH-HB, LRGC, Bagneux, Hauts-de-Seine; franz.) I. Zoll 51

0128 **Ableitung eines Satzes von Atomformfaktoren aus Röntgen- oder Neutronenbeugungs-Strukturfaktormessungen.** C. Wilkinson und P. J. Brown. (Acta crystallogr. [Copenhagen], Sect. A **24** (1968) 3, 347–51; Crystallogr. Labor., Cavendish Labor., Cambridge; engl.) H. Roschkowski 51

0129 **Versagen des Friedelschen Gesetzes bei der Elektronenbeugung und Symmetriebestimmung aus Wechselwirkungen der nullten Schichtlinie.** P. Goodman und G. Lehmpfuhl. (Acta crystallogr. [Copenhagen], Sect. A **24** (1968) 3, 339–47, 3 Tafeln; Div. of Chem. Phys., CSIRO, Melbourne; engl.) — Das Versagen des Friedelschen Gesetzes bei der Elektronenbeugung wird durch Auswertung der Einkrist.-Intensitätsverteilung von CdS in $[21\bar{3}0]$-Orientierung untersucht. In der Verteilung des Strahls 0. Ordnung versagt das Friedelsche Gesetz nicht. Die Ableitung von Symmetrieelementen aus der Symmetrie des Beugungsbilds wird besprochen. H. Roschkowski 51

0130 **Halbempirische Methode zur Absorptionskorrektur.** A. C. T. North, D. C. Phillips und F. Scott Mathews. (Acta crystallogr. [Copenhagen], Sect. A **24** (1968) 3, 351–59; Labor. of Mol. Biophys., Dep. of Zoology, Oxford; engl.) — Beschreibung einer Erweiterung der Meth. von Furnas (Rev. Sci. Instrum. **26** (1955), 449) zur Absorptionskorrektur bei Röntgenbeugungsmessungen. H. Roschkowski 51

0131 **Korrektur für die diffuse Röntgenstreuung zweiter Ordnung bei der Bestimmung der Elastizitätskonstanten von Kristallen.** B. W. Lucas. (Acta crystallogr. [Copenhagen], Sect. A 24 (1968) 3, 336—38; Crystallogr. Labor., Dep. of Phys., City Univ., London; engl.) — Beschreibung der Meth. an Hand von Berechnungen der Elastizitätskonst. von *KCl* aus Röntgenbeugungsdaten. H. Roschkowski 51

0132 **Methode zur Absorptionskorrektur durch Röntgenintensitätsmessungen.** G. Kopfmann und R. Huber. (Acta crystallogr. [Copenhagen], Sect. A 24 (1968) 3, 348—51; Abt. für Röntgenstrukturforsch., MPI für Eiweiß- u. Lederforsch., München; engl.) — Die theoret. u. experimentellen Grundlagen einer Meth. werden beschrieben, die die genaue Best. der Absorptionskorrektur durch Intensitätsmessungen mit einem Vierkreisdiffraktometer gestattet. H. Roschkowski 51

0133 **Berechnung der Elektronendichte und der Atombesetzungsdichte von Schichten, die parallel zu bestimmten kristallographischen Ebenen sind.** F. A. Brusencev, V. N. Vertoprachov, S. V. Borisov und V. D. Zamožskij. (Ž. strukturnoj Chim. 9 (1968) 3, 552—56; Inst. neorg. chim. SO AN SSSR, Novosibirsk; russ.) — Beschreibung eines entsprechenden Berechnungsverf. an Hand numer. Daten für $Y_3Fe_5O_{12}$. H. Roschkowski 51

0134 **Bestimmung der Interferenzlage aus wenigen Meßpunkten bei röntgenographischen Messungen mit einem Diffraktometer.** R.-W. Schliephake. (Neues Jb. Mineralog. Mh. 1968, 3/4, 97—103; Bergbau-Forsch. GmbH, Forsch.-Inst. des Steinkohlenbergbau-Vereins, Essen-Kray; dt.) — Es wird eine einfache Bestimmung der Interferenzlage aus wenigen Meßpunkten beschrieben, die für eine Datenverarbeitung geeignet ist. Eine theoret. abgeleitete Kurve zur Abschätzung der Meßgenauigkeit in Abhängigkeit von der Breite der Blende vor dem Strahlungsempfänger u. von der Halbwertsbreite der Interferenz wird experimentell an einem Korundpulver überprüft. G. Malow 51

0135 **Vergleich verschiedener Auswertungsverfahren zur Bestimmung von Teilchengrößen und Gitterverzerrungen aus den Verbreiterungen der Röntgenreflexe.** Martin Trömel und Ernst Urmann. (Ber. Bunsenges. physik. Chem. 72 (1968) 4, 580—84; Inst. für Anorgan. Chemie der Univ. Frankfurt/M.; dt.) — Die verschiedenen Meth. zur Best. von Teilchengröße u. Gitterverzerrungen aus Röntgenreflexverbreiterungen (Varianz- u. Fourier-Analyse, Integralbreitenauswertung) wurden auf Grund von Profilmessungen der (002)- u. (004)-Reflexe von fünf CdO-Präparaten verglichen. Die Ergebnisse der Varianzanalyse weichen in systemat. Weise von den — untereinander gut übereinstimmenden — Werten der anderen Verf. ab. Die Ursache dieser Abweichungen dürfte derjenigen des „hook effect“ in der Fourier-Analyse entsprechen. G. Malow 51

0136 **Optische Methode zur Analyse von Elektronenmikrographien spinodaler Entmischungsstrukturen.** Jerzy Zarzycki und Francis Naudin. (C. R. hebd. Séances Acad. Sci., Sér. A et B 266 (1968) 3, B 145—B 148, 2 Tafeln; Centre de Rech. de la Compagnie de Saint-Gobain, Paris; franz.) — Die spinodale Entmischung in einem Glas der Zus. 76 Gew.-% B_2O_3, 19 PbO u. 5 Al_2O_3, das bei 350—475° getempert u. elektronenmkr. im Durchlichtverf. mit Folien untersucht wurde, wird durch Elektronenmikrographien unter Verw. der Eig. opt. Transformatoren im sichtbaren Bereich simuliert. Der experimentelle Teil wird angedeutet. Die ermittelte spinodale Wellenlänge 125—235 Å in Abhängigkeit von der Temp. der Temperung stimmt auf 10 % mit den durch Röntgenkleinwinkelstreuung bestimmten Werten überein. A. Kumm 51

0137 **Bestimmung des Grades der Graphitbildung von Kohleagglomeraten.** Jacques Maire und Pierre Maillard. (C. R. hebd. Séances Acad. Sci., Sér. C 266 (1968) 9, 587—89; Carbone-Lorraine, Gennevilliers, Seine-Saint-Denis; franz.) — Die harmon. (Fourier)-Analyse des Profils des (112)-Reflexes erlaubt es, den Grad der Graphitbldg. der Komponenten einer heterogenen Kohle (z. B. Petrolkoks oder Lampenschwarz mit Ölteer als Bindemittel) zu bestimmen. G. Schatz 51

0138 **Sichtbarmachung gewisser struktureller Eigenschaften von kohlenstoffarmem Eisen und Stahl durch elektrolytisches Ätzen.** Claude Bathias und Ernest Rideau. (C. R. hebd. Séances Acad. Sci., Sér. C 266 (1968) 16, 1203—05; Labor. de Phys. des Métaux, Paris 15e; franz.) — Vf. beschreiben ein Verf. zur Aufdeckung von Gitterfehlern (Versetzungen) durch anod. Ätzen. Die anod. Behandlung erfolgt bei 3—5 V für ca. 20 Sek. im Elektrolyten: Essigsäure (45 %), $HClO_4$ (10 %), Butylcellosolve (45 %). Die prakt. Anwendung wird durch einige Beispiele illustriert. G. Schatz 51

0139 **Chemisches und thermisches Ätzen von Antimon.** G. V. Bunton und S. Weintroub. (J. Crystal Growth [Amsterdam] 2 (1968) 2, 91—96; Dep. of Phys., Univ. of Southampton, Southampton, England; engl.) — Beschreibung der Züchtung von Sb-Einkrist.-Stäben aus der Schmelze u. Zusammenstellung der Wrkg. verschiedener chem. Ätzmittel, bes. auf (111). Beschreibung eines Ätzverf., das die Kornstruktur des Stabes zeigt. H. Liepack 51

0140 **Thermische Waage zur Messung des Transports während des Kristallwachstums aus der Dampfphase.** D. A. Geary und J. M. Hough. (J. Crystal Growth [Amsterdam] 2 (1968) 2, 113—14; Phys. Dep., Univ. of Hull, Hull, England; engl.) — Beschreibung der Waage. Es wurde der Massentransport für CdS untersucht. H. Liepack 51

0141 **Morphologie von nach dem VLS-Mechanismus mit Ga als flüssigkeitsbildendem Agens gewachsenen GaP-Kristallen.** W. C. Ellis, C. J. Frosch und R. B. Zetterstrom. (J. Crystal Growth [Amsterdam] 2 (1968) 2, 61 bis 68; Bell Telephone Labor., Inc.. Murray Hill, N.J.; engl.) — Es wurden makroskop. Krist. hoher Vollkommenheit mit verschiedenem Habitus erhalten. Durch Impfung einer GaP-Unterlage mit kleinen Ga-Teilchen wurde ein kontrolliertes VLS-Wachstum erzielt. Die Morphologien von Nadel- u. Bänderkrist. sowie von mitunter auftretenden gekrümmten Krist. werden beschrieben. Durch Art oder Zahl der zur Erzeugung akt. Zentren zugesetzten Verunreinigungen scheint bis zu ca. 10^{18} Atom/cm³ der Krist.-Habitus nicht beeinflußt zu werden. H. Liepack 52

0142 **Theoretische Untersuchung der Forderungen für Kristallwachstum aus der Lösung.** W. A. Tiller. (J. Crystal Growth [Amsterdam] 2 (1968) 2, 69—79; Dep. of Materials Sci., Stanford Univ., Stanford, Calif.; engl.) — Diskussion der Erfordernisse für ein Wachstum mit glatten Grenzflächen u. Beschreibung einer allg. Methode. Anwendung der Betrachtungen auf das Wachstum von *GaAs*, *GaP*, *SiC*, B_6P u. *ZnTe* aus der Lösung. H. Liepack 54

0143 **Abscheidung von Silicium auf Sapphir im Ultrahoch-Vakuum.** C. T. Naber und J. E. O'Neal. (Trans. metallurg. Soc. AIME 242 (1968) 3, 470—79; McDonnel Douglas Corp., St. Louis, Mo.; engl.) — Si-Filme wurden durch Elektronenstrahlverdampfung im UHV (10^{-8} bis 10^{-9} Torr) auf (0001)- u. (1$\bar{1}$02)-Sapphirsubstraten abgeschieden. Die Substrattemp. lagen zwischen 500 u. 1000°, die Abscheidungsgeschw. zwischen 50 u. 700 Å/Min. Die Sapphiroberflächen wurden vor der Abscheidung wie folgt behandelt: 1. Ausheizen im UHV bei 1200°. 2. Ausheizen in H_2-Atmosphäre bei 1350°. 3. Ätzen mit Si durch Verdampfen von Si auf die Substrate bei 1200 bzw. 1300°. Folgende Ergebnisse wurden erhalten: 1. Einkrist. u. verzwillingte Si-Filme bilden sich bei Substrattemp. von 700—1000° auf bei 1300° Si-geätzten Sapphirflächen. 2. Verzwillingte Si-Filme entstehen bei Substrattemp. von 800—1000° auf unbehandelten, mechan. polierten Sapphirflächen; die Kristallinität u. Reproduzierbarkeit dieser Filme ist schlecht. 3. Bei Substrattemp. von 500—700° besitzen die auf Si-geätzten Sapphirsubstraten entstehenden Si-Filme Fasertextur; die mittlere Korngröße dieser Filme nimmt mit der Substrattemp. zu u. der Abscheidungsgeschw. ab. 4. Die Orientierungsbeziehungen (111)Si//(0001) Sapphir u. (100)Si//(1$\bar{1}$02) Sapphir wurden beobachtet. W. Laqua 54

0144 **Vakuumabscheidung von einkristallinem Silicium auf Sapphir.** L. R. Weisberg und E. A. Miller. (Trans. metallurg. Soc. AIME 242 (1968) 3, 479—84; RCA Labor., Princeton, N.J.; engl.) — Einkrist. Si-Filme von guter Qualität konnten durch Vakuumabscheidung auf Sapphirsubstraten dadurch erhalten werden, daß nicht nur auf strenge O_2-Freiheit des Verdampfungssyst., sondern auch auf O_2-Freiheit der verwendeten Si-Quellen geachtet wurde. Um eine Kontaminierung des Quellenmaterials zu vermeiden, wurde das Si durch Elektronenbeschuß bei 1390° subl. u. nicht wie üblich aus der Schmelze verdampft. Dadurch konnten Abscheidungsgeschw. von 5—7 μm/h u. Filmdicken von 4—20 μm erhalten werden. Das Vakuum während der Abscheidung betrug ca. $5 \cdot 10^{-8}$ Torr; eine Verringerung auf 1 bis $3 \cdot 10^{-9}$ Torr erbrachte keine Verbesserung der Qualität der Si-Filme, wenn von vornherein im O_2-freien Syst. gearbeitet wurde. Die Qualität der Si-Filme war bei Abscheidung auf (0001)-Sapphirflächen besser als bei Abscheidung auf (1$\bar{1}$02)-Flächen. Auf (0001)-Sapphirflächen ließen sich einkrist. Si-Filme für Substrattemp. von 780—1075° erhalten; die besten Ergebnisse hinsichtlich der Kristallinität ergaben sich bei 1000°. In diesem Fall konnten Löcherbeweglichkeiten von über 250 cm²/Vsec erhalten werden. W. Laqua 54

0145 **Darstellung von Siliciumdioxidfilmen durch Oxydation von Silan.** T. L. Chu, J. R. Szedon und G. A. Gruber. (Trans. metallurg. Soc. AIME 242 (1968) 3, 532—38; Westinghouse Res. Labor., Pittsburgh, Pa.; engl.) — Untersucht wurde der Einfl. von Substrattemp., Substratorientierung u. Inertgas auf die Bldg. von SiO_2-Filmen auf einkrist. Si-Substraten im strömenden Syst. durch Ox. von SiH_4 durch O_2. Zwischen 650 u. 1050° konnten mit dem Substrat zusammenhängende, amorphe SiO_2-Filme erhalten werden. Die SiH_4/O_2-Gasphase wurde durch Ar, N_2 bzw. H_2 verdünnt, wodurch die Bldg. von SiO_2 in der Gasphase vermieden werden konnte. Die Abscheidungsgeschw. durchlaufen als Funktion der Substrattemp. Minima, deren Lage von der Art des Verdünnungsgases abhängt. Bei konst. Strömungsgeschw. von O_2 u. Verdünnungsgas (20 bzw. 1 l/Min.) nimmt die Abscheidungsgeschw. für Substrattemp. von 600° linear mit der SiH_4-Strömungsgeschw. (2—40 ml/Min.) von 300 auf 4000 Å/Min. zu. Der Einfl. der Abscheidungsbedingungen auf die Qualität der SiO_2-Filme wurde durch Messung der chem. Ätzgeschw. bestimmt. Durch Kapazitäts-Spannungs-Messungen wurde der Einfl. der Abscheidungsbedingungen auf die Ladungsdichte der Übergangsfläche von Si–SiO_2–Al-Anordnungen untersucht. Die Ladungsdichte an der SiO_2/Si-Übergangsfläche ist derjenigen vergleichbar, die bei der Bldg. von SiO_2-Filmen auf Si durch Ox. in trockenem O_2 erhalten wird u. die für Substrattemp. von 950° $2 \cdot 10^{11}$ cm^{-2} beträgt. Die Stabilität der abgeschiedenen SiO_2-Filme hängt stark von der Substrattemp. ab. Die beobachteten Instabilitäten sind teilweise auf Ionenwanderungseffekte zurückzuführen. Für die techn. Anwendung können die auf Si abgeschiedenen SiO_2-Filme mit stabilen Si-Nitrid-Deckschichten versehen werden. W. Laqua 54

0146 **Darstellung und Eigenschaften von aus SiH_4 und O_2 abgeschiedenen SiO_2-Filmen.** M. L. Hammond und G. M. Bowers. (Trans. metallurg. Soc. AIME 242 (1968) 3, 546—50; Mater. Res., Union Carbide Electron. Mountainview, Calif.; engl.) — Die von Goldsmith et al. (vgl. RCA Rev. 28 (1967), 153) entwickelte Meth., wonach sich SiO_2-Filme durch Ox. von SiH_4 durch O_2 bei niedrigen Temp. erhalten lassen, konnte qual. bestätigt werden. Vf. verwendeten eine modifizierte Anordnung mit einer veränderten Geometrie, wodurch sich bei ca. 400° Abscheidungsgeschw. von 3000—4000 Å/min erhalten ließen, die 2—3mal so groß wie die l.c. mitgeteilten waren; die Dickeschwankungen waren kleiner als 2%. Die wichtigsten Parameter, die für die Abscheidung eine Rolle spielen, sind Substrattemp., O_2/SiH_4-Verhältnis, $SiH_4/O_2/N_2$-Verhältnis u. Geometrie der Abscheidungskammer. Die aus der Dampfphase abgeschiedenen SiO_2-Filme besitzen eine knotenartige Struktur. In den auf poliertem Si gebildeten SiO_2-Filmen lassen sich unabhängig von der Filmdicke im Bereich 1000—12000 Å Feldstärken von $12 \cdot 10^6$ V/cm erhalten. Für auf dünnen Al-Filmen abgeschiedene SiO_2-Filme ließen sich, ebenfalls unabhängig von der Oxidfilmdicke, Feldstärken von ca. $5 \cdot 10^6$ V/cm erhalten, die jedoch eine geringere Konstanz als in den auf Si-Substraten erzeugten Oxidfilmen besaßen. W. Laqua 54

0147 **Wachstum und Entwicklung von Berylliumhydroxid-Kristalliten aus Lösungen von Natriumberyllat. Analogie mit Aluminiumhydroxiden.** Gabriel Hostache, Simone Guittard und Charles Eyraud. (Bull. Soc. chim. France **1968**, 5, 1851—55; Lyon, Fac. des Sci., Inst. Nat. des Sci. Appl.; franz.) — Unter Bezugnahme auf Unters. von Guittard u. Hostache (Bull. Soc. chim. **1968**, 1312) an Natriumaluminat berichten Vf. über analoge Ergebnisse an Natriumberyllat. C. Gottfried 54△

0148 **Fortschritte in der Züchtung großer Hydroxylapatit-Einkristalle.** James F. Kirn und Henry Leidheiser jun. (J. Crystal Growth [Amsterdam] 2 (1968) 2, 111—12; Va. Inst. for Sci. Res., Richmond, Va.; engl.) — Es wurden Einkrist. bis zu 2 mm Länge in Ggw. von entweder ungesätt. Fettsäuren oder SnO hergestellt. H. Liepack 54

0149 **Züchtung von kubischem Zinksulfid aus einer Bleichchlorid-Schmelze.** Robert C. Linares. (Trans. metallurg. Soc. AIME 242 (1968) 3, 441—43; Perkin-Elmer-Corp., Norwalk, Conn.; engl.) — Aus Lsg. von ZnS in geschmolzenem $PbCl_2$ konnten durch langsames Abkühlen (1—10°/h) von 800 auf 500° opt. isotrope, kub. ZnS-Krist. erhalten werden, die Abmessungen von 5 mm × 5 mm × 1,2 mm besaßen; auch unter dem Einfl. eines Temp.-Gradienten (575—595°) bildeten sich aus ZnS–$PbCl_2$-Schmelzen ZnS-Kristalle. Die Krist. sind farblos, zeigen keine Doppelbrechung u. sind frei von $PbCl_2$-Einschlüssen. Die ZnS-Krist. sind mit großer Sorgfalt zu handhaben, da sie durch geringfügige Deformation doppelbrechend werden. Nach der gleichen Meth. konnten 10 mm × 10 mm × 0,5 mm große *CdS*-Krist. gezüchtet werden, ebenso kleine, rote *HgS*-Krist. mit Kantenlängen von 0,5 mm. Vers. zur Züchtung von ZnSe u. ZnTe blieben erfolglos. W. Laqua 54

0150 **Hydrothermales Kristallwachstum von Y_2O_3 und ZnS.** S. Yamaguchi und T. Katsurai. (Z. anorg. allg. Chem. **356** (1968) 5/6, 327—28; Tokio, Japan, Inst. of Phys. and Chem. Res., Hon-Komagome, Bunkio; dt.) — Bei der Fällung von Y_2O_3 aus 0,1 m wss. YCl_3-Lsg. mit 1 m wss. NH_3 entsteht ein röntgenamorpher Nd., der bei 1std. Behandlung im Autoklaven bei 190° in Ggw. der Mutterlauge unter Vol.-Kontraktion durchkristallisiert. Die Elektronenbeugungsaufnahme zeigt die Bldg. kub. Y_2O_3-Krist. (a = 10,60 Å) mit einer mittleren Teilchengröße von ~ 5 μ. Die Aufnahme zeigt außerdem, daß sich das gebildete Y_2O_3 als Halb- oder Nichtleiter verhält. Die Behandlung von aus 0,2 m wss. $ZnCl_2$-Lsg. mit $(NH_4)_2S$-Lsg. gefälltem *ZnS* bei 185° im Autoklaven liefert hellgelbe Krist. des Zinkblendetyps (a = 5,41 Å) mit einer mittleren Korngröße von ~ 10 μ. Das gebildete ZnS verhält sich als Halbleiter. M. Steidinger 54

0151 **Wachstum von ZnTe-Einkristallen in einer Zn-Atmosphäre.** R. T. Lynch. (J. Crystal Growth [Amsterdam] 2 (1968) 2, 106—08; Bell Telephone Labor., Inc., Murray Hill, N.J.; franz.) — Beschreibung eines einfachen Verfahrens. H. Liepack 54

0152 **Züchtung von ZnTe- und $ZnTe_{1-x}Se_x$-Einkristallen mit der Zonenschmelzmethode auf Grund eines Temperaturgradienten.** Jacques Steininger und Robert E. England. (Trans. metallurg. Soc. AIME 242 (1968) 3, 444—48; Lincoln Labor., MIT, Lexington, Mass.; engl.) — ZnTe-Einkrist. wurden auf folgendem Wege gezüchtet: Eine evakuierte Quarzampulle, die eine Mischung von 55 Atom-% Te u. 45 Atom-% Zn enthält, befindet sich in einem senkrechten Ofen, dessen Temp.-Gradient ca. 800 bis 1150° beträgt. Nach Beendigung der Rk. zwischen Zn u. Te sammelt sich das überschüssige Te im unteren, kälteren Teil der Ampulle. Der Temp.-Gradient (~ 10° pro cm), der innerhalb der geschmolzenen Zone (mittlere Temp. ~ 1070°) existiert, erzeugt einen Konz.-Gradienten, so daß Te senkrecht nach oben diffundiert. Im Gleichgew. geht an der Oberseite der Schmelzzone dort schwimmendes ZnTe in Lsg., während an der Unterseite aus der übersätt. Lsg. ZnTe auskristallisiert. Die Schmelzzone wandert dabei in Richtung auf die heißere Temp.-Zone nach oben. Nach der gleichen Meth. lassen sich $ZnTe_{1-x}Se_x$-Krist. mit x bis 0,13 in Ggw. von überschüssigem Te u. Se züchten. W. Laqua 54

0153 **Epitaktisches Wachstum von II—VI-Verbindungen.** R. J. Caveney. (J. Crystal Growth [Amsterdam] 2 (1968) 2, 85—90; Dep. of Phys., Univ. of the Witwatersrand, Johannesburg, South Africa; engl.) — Unters. des epitakt. Wachstums von *CdS*, *ZnS* u. *HgS* auf CdS u. ZnS. Es wurden runde u. facettenförmige Wachstumsinseln beobachtet. Letztere werden durch Nd. des Substratmaterials bei Resublimation gebildet. In den Schichten wurden Versetzungen gefunden. Diskussion von Wachstumsmechanismus u. Orientierung. H. Liepack 54

0154 **Synthese und Züchtung von Aluminiumphosphid aus der Lösung.** 1. Mitt. Sylvan Z. Beer. (Trans. metallurg. Soc. AIME 242 (1968) 3, 424—28; Westinghouse Res. Labor., Pittsburgh, Pa.; engl.) — Untersucht wurde der Einfl. der Temp. des Al bzw. des P-Dampfdruckes auf die Ausb. u. die Krist.-Größe von AlP, das nach der konventionellen Meth. im geschlossenen Syst. mit 2 Temp.-Zonen synthetisiert wurde. Bei Temp. um 1200° u. P-Dampfdrücken von 1—20 atm wurde AlP in schlechter Ausb. (25—45%) u. kleinen Kristallitgrößen (< 0,5 mm) erhalten. Vers. zur Darst. großer AlP-Krist. im krit. u. überkrit. Bereich des P blieben erfolglos. Mit einer modifizierten Vers.-Anordnung, wobei das Rk.-Syst. im Ofen bewegt wurde, konnten bei 1450° u. P-Dampfdrücken von ca. 2 atm in 85%ig. Ausb. durchsichtige, gelbe AlP-Plättchen (5 mm × 5 mm × 0,5 mm) erhalten werden, deren Hauptflächen (111)-Flächen waren. Die Krist. fluoreszieren schwach bei Raum.-Temp. u. sehr stark bei der Temp. des fl. N_2. Die Fluoreszenz (5060 Å) der Hochtemp.-Krist. nimmt nach Ausheizen im Vakuum bei 1500° stark zu; sie entspricht einem Bandabstand von ca. 2,44 eV. Die Tieftemp.-Krist. fluoreszieren im roten Wellenlängenbereich (6660 Å). Im überkrit. Bereich des P gezüchtete Krist. zeigen keine Fluoreszenz. W. Laqua 54

0155 **Synthese und Züchtung von Aluminiumphosphid aus der Lösung.** 2. Mitt. Sylvan Z. Beer. (Trans. metallurg. Soc. AIME 242 (1968) 3, 428—32; engl.) — 1. vgl. vorst. Referat. — Die konventionelle Meth. zur Züchtung von AlP-Krist. im geschlossenen Syst. mit zwei Temp.-Zonen wird modifiziert. Die Temp. des Al, das im Überschuß vorhanden war, lag bei 1000—1200°, die des P bei 420°; die fl. Phase wurde magnet. gerührt. Durch das Rühren wird die Bldg. von Oberflächenfilmen verhindert; außerdem können die in der fl. Phase verteilten Krist.-Keime auf diese Weise besser als Quellen für weiteres Krist.-Wachstum wirken. Erhalten wurden durchsichtige, gelbe Krist.-Plättchen mit Abmessungen von 5 mm × 5 mm × 0,5 mm nach 3 Tagen, während mit der l.c. beschriebenen Meth. dazu 3 Wochen benötigt wurden. W. Laqua 54

0156 **Präparation von Galliumphosphid in Barrenform.** S. E. Blum, R. J. Chicotka und B. K. Bischoff. (J. electrochem. Soc. 115 (1968) 3, 324—25; IBM Watson Res. Center, Yorktown Heights, N.Y.; engl.) — Kompakte GaP-Einkrist. werden nach der Bridgeman-Meth. in BN-Tiegeln gezogen. Die erhaltenen Krist. sind frei von Löchern u. Einschlüssen. Bei Anwesenheit von W.-Dampf während der Krist.-Züchtung wird eine Erhöhung der 77 °K-Beweglichkeit beobachtet, die auf eine Verringerung der Si-Konz. zurückgeführt wird. H. Richter 54

0157 **Züchtung von (Zn, Hg)Te- und Ga(P, As)-Kristallen aus der Lösung.** G. A. Wolff, H. E. LaBelle jun. und B. N. Das. (Trans. metallurg. Soc. AIME 242 (1968) 3, 436—41; Tyco Labor., Inc., Waltham, Mass.; engl.) — $Zn_xHg_{1-x}Te$- u. GaP_xAs_{1-x}-Krist. konnten mit einer beim Zonenschmelzen üblichen Anordnung auf folgendem Wege erhalten werden: Zwischen einem Quell- u. einem Keimmaterial von Soliduszus. befindet sich nach Sandwichart eine fl. Lsg.-Zone mit Liquiduszusammensetzung. Während des Krist.-Wachstums wandert die fl. Zone durch das Quellmaterial, wobei die Geschw. kleiner als 0,25 mm/h sein muß. Für den Wärme- u. Materialtransport wird eine vereinfachte Analyse durchgeführt. Durch geeignete Wahl der Temp.-Verteilung entlang der Achse der fl. Zone lassen sich Instabilitäten an der Wachstumsfront u. Konstitutions-Unterkühlungen unterdrücken. $Zn_xHg_{1-x}Te$-Krist. ($0 \leq x < 0{,}3$) bilden sich in geschlossenen Quarzröhren aus ihren Lsg. in Te bei 500—650°. Ausgegangen wird von mechan. Mischungen aus ZnTe u. HgTe; die dabei entstehenden Mischkrist. werden als Quellmaterial für einen zweiten Ansatz verwendet, wobei sich Barren bis zu 4,5 cm Länge erhalten lassen, die über ihre gesamte Ausdehnung homogen sind. GaP_xAs_{1-x}-Krist. ($0{,}5 < x < 0{,}7$) entstehen in BN-Tiegeln bei 1050° aus ihren Lsg. in fl. Ga. Ausgegangen wird von mechan. Mischungen aus GaP u. GaAs, die durch Zermahlen in fl. Ga durch dieses zusammengehalten werden; als Keimkrist. wurde GaP verwendet. Zur Charakterisierung der Krist. wurden spezif. elektr. Leitfähigkeit, Hall-Beweglichkeit u. Ladungsträgerkonz. bestimmt. W. Laqua 54

0158 **Epitaxie von GaAs auf im Vakuum gespaltenem Steinsalz.** J. E. O'Neal und F. W. Leonhard. (J. Crystal Growth [Amsterdam] 2 (1968) 2, 80—84; Res. Div., McDonnell Douglas Corp., St. Louis, Mo.; engl.) — Unters. des Einfl. der Unterlagetemp. (25—430°) durch Elektronenbeugung in Transmission u. Elektronenmikroskopie. Epitakt. Aufwachsen erfolgte unterhalb 1/5 der Schmelztemp. des GaAs. Es wurden drei ausgezeichnete epitakt. Orientierungen beobachtet. H. Liepack 54

0159 **Epitaktische Züchtung von GaSb aus der flüssigen Phase.** James W. Burns. (Trans. metallurg. Soc. AIME 242 (1968) 3, 432—36; Electro-Optic. Syst., Inc., Xerox Comp., Pasadena, Calif.; engl.) — Aus einer fl. Phase, die 95 Atom-% Ga u. 5 Atom-% Sb enthielt u. mit ca. 0,5% Te dotiert war, wurden auf p-GaSb-Substraten bei Substrattemp. von 547—532° stark dotierte n-GaSb-Schichten erhalten. Die entstandenen n-p-Übergänge waren großflächig u. genügend eben u. besaßen normalen Diodencharakter. Bei Verw. von GaSb-Lsg. in Sn lassen sich auf analoge Weise p-n-Übergänge herstellen. Die erhaltenen epitakt. Schichten besaßen Dicken bis zu 4 mil. W. Laqua 54

0160 **Züchtung und Eigenschaften von PbTe–SnTe-Einkristallen.** John W. Wagner und Robert K. Willardson. (Trans. metallurg. Soc. AIME 242 (1968) 3, 366—71; Bell & Howell Res. Labor., Pasadena, Calif.; engl.) — $Pb_{1-x}Sn_xTe$-Einkrist. wurden nach der Czochralski-Meth. aus der Schmelze unter fl. B_2O_3 für alle Zus. x gezüchtet. Aus der Unters. des PbTe–SnTe-Phasendiagramms, das eine geringe Trennung von Liquidus- u. Soliduskurve aufweist, folgt, daß sich große Einkrist. mit nur kleinen Änderungen der Zus. entlang der Wachstumsrichtung züchten lassen. Die Gitterparameter der $Pb_{1-x}\cdot Sn_xTe$-Mischkrist. ändern sich linear zwischen $a = 6{,}461 \pm 0{,}001$ Å für PbTe u. $a = 6{,}312 \pm 0{,}001$ Å für SnTe, was aus röntgenograph. Pulveraufnahmen hervorgeht. Die Ladungsträgerkonz. der p-leitenden Krist. nimmt von $8\cdot10^{18}$ cm^{-3} für PbTe auf $8\cdot10^{20}$ cm^{-3} für SnTe zu. In allen untersuchten Proben sind die Hall-Koeff. bei 77 °K kleiner als bei 300 °K; sie nehmen mit steigendem x ab. Die Versetzungsdichte der Krist. beträgt durchschnittlich 2 bis $4\cdot10^5$ cm^{-2}. Die Vickers-Härte der Krist. nimmt mit wachsendem x monoton zu. Aus massenspektrometr. Unters. folgt, daß die Krist. 1 bis $2\cdot10^{17}$ Verunreinigungen vom p-Typ pro cm^3 enthalten. Für die wichtigsten Verunreinigungen wie Na, Mg, Al, Si, Cl u. Zn wurden die Verteilungskoeff. berechnet. Die Verunreinigungen lassen sich durch Zonenschmelzen beseitigen. W. Laqua 54

0161 **Kristallzüchtung, Anlassen und Diffusion von Bleizinnchalkogeniden.** A. R. Calawa, T. C. Harman, M. Finn und P. Youtz. (Trans. metallurg. Soc. AIME 242 (1968) 3, 374—83; Lincoln Labor., MIT, Lexington, Mass.; engl.) — *PbSe*-, $Pb_{1-y}Sn_ySe$- u. $Pb_{1-x}Sn_xTe$-Einkrist. wurden nach der Bridgman-Meth. gezüchtet;

die Krist. sind p-leitend und besitzen folgende Ladungsträgerkonz. bei 77 °K: $3 \cdot 10^{18}$ cm^{-3} für x = 0; $3,1 \cdot 10^{19}$ bis $3 \cdot 10^{20}$ für $0,20 \leq x \leq 0,70$; $3,9 \cdot 10^{19}-7 \cdot 10^{19}$ für $0,12 \leq y \leq 0,50$. Zur Verringerung der Ladungsträgerkonz. u. Erhöhung der Ladungsträgerbeweglichkeit wurden die Krist. isotherm bei 400—825 °C angelassen; ähnliche Resultate wurden für $Pb_{1-y}Sn_ySe$ mit einem Zwei-Zonen-Verf. erhalten, wobei der Se-Dampfdruck in einer zweiten Temp.-Zone vorgegeben wurde u. die Unterschiede zwischen Proben- u. Se-Temp. ca. 400 °C betrugen. Für $Pb_{0,935}Sn_{0,065}Se$ wurden Ladungsträgerkonz. von nur $5 \cdot 10^{16}$ cm^{-3} u. Ladungsträgerbeweglichkeiten von bis zu 44000 cm^2/Vs bei 77 °K erhalten. Die Liquidus-Solidus-Punkte für einige Zus. auf der metallreichen Seite von $Pb_{1-x}Sn_xTe$ sowie der metall- u. der Sereichen Seite von $Pb_{1-y}Sn_ySe$ wurden erhalten. Zwischen 300 u. 650 °C wurde die Diffusion von Se bzw. Pb in PbSe untersucht; die für die Se-Diffusion erhaltenen Diffusionskoeff. sind um eine Größenordnung größer als die für die Pb-Diffusion bestimmten Werte. Die Diffusion von Se in $Pb_{0,93}Sn_{0,07}Se$ wurde zwischen 300 u. 500 °C untersucht. Die p–n-Übergangstiefen wurden durch thermoelektr. Mikroanalyse nach vorangegangener Zerteilung der Proben bestimmt. W. Laqua 54

0162 **Bildung von Mischkristallen der Hexahydroxystannate von Cadmium und Magnesium.** Claude Lévy-Clément, Irène Morgenstern-Bardarau, Yves Billiet und André Michel. (C. R. hebd. Séances Acad. Sci., Sér. C **266** (1968) 11, 790—91; Labor. de Chim. minér., Fac. de Sci., Orsay; franz.) — Mit Hilfe der früher beschriebenen Meth. des kontrollierten Fällens, ausgehend von einer homogenen Phase, wurden die Mischkrist. $[Cd_xMg_{(1-x)}]Sn(OH)_6$ hergestellt. $xCd^{2+} + (1-x)Mg^{2+}$, maskiert durch Nitrilotriessigsäure, wurden bei pH 11,5 in eine kochende Lsg. eines Sn^{4+}-Salzes gegeben. Es existiert eine vollständige Mischungsreihe. Der Krist.-Parameter dieser kub. Krist. steigt linear von 7,77 Å (100% Mg) bis auf 8,019 Å (100% Cd). W. Gauster 54

0163 **Herstellung von $CaNb_2O_6$-Einkristallen durch chemischen Transport.** Franzpeter Emmenegger. (J. Crystal Growth [Amsterdam] **2** (1968) 2, 109—10; RCA Labor. Ltd., Zürich, Switzerland; engl.) — Transparente, farblose $CaNb_2O_6$-Einkrist. (1 × 0,2 × 0,5 mm^3) wurden durch Cl_2-Transport in einer geschlossenen Quarzampulle hergestellt. Diskussion der kristallograph. Eig. u. thermodynam. Betrachtungen zum Transport. H. Liepack 54

0164 **Diffusion entlang Versetzungen und Korngrenzen beim Wachstum von α-Fe_2O_3-Whiskern und verzwillingten Plättchen während der Oxydation.** R. L. Tallman und E. A. Gulbransen. (Nature [London] **218** (1968) 5146, 1046—47; Westinghouse Res. Labor., Pittsburgh, Pa.; engl.) — Die bei der Ox. von Fe (< 200 ppm Verunreinigungen) zwischen 400 u. 500° in trockenem O_2 bzw. H_2O- u. O_2-haltigem Ar gewachsenen α-Fe_2O_3-Whisker bzw. klingenförmigen, verzwillingten Plättchen wurden elektronenmkr. untersucht. Whisker u. Plättchen besitzen [$\bar{1}$01]-Wachstumsrichtung. Die Plättchenfläche ist die (010)-Rhomboederfläche; es liegen Kontakt-Spiegelzwillinge mit Sandwich-Struktur vor. Die hohen Wachstumsgeschw. (10—100 Å/s) lassen vermuten, daß Fe entlang des Kerns einer Schraubenversetzung im Whisker u. entlang der Spiegel-Zwillingsebene in den Plättchen transportiert wird. W. Laqua 54

0165 **Züchtung von $ZnRh_2O_4$-Einkristallen.** Robert H. Arlett. (J. Amer. ceram. Soc. **51** (1968) 5, 292—93; RCA Labor., David Sarnoff Res. Center, Princeton, N.J.; engl.) — $ZnRh_2O_4$-Einkrist. wurden nach der Schmelzflußmeth. aus einer Schmelze der Zus. 8 PbO : 1 ZnO : 1 Rh_2O_3 durch 7std. Erhitzen auf 1330° u. langsames Abkühlen (3,5°/Std.) auf 880° erhalten. Die schwarzen Oktaeder besaßen Kantenlängen von ca. 1,5 mm; die (111)-Flächen waren gut entwickelt. Die mit $CuK\alpha$-Strahlung bestimmte Gitterkonst. der kub. (Spinell) $ZnRh_2O_4$-Einkrist. beträgt 8,506 ± 0,001 Å. W. Laqua 54

0166 **Spannungsinduziertes Wachstum von Gasblasen in Festkörpern.** J. O. Stiegler, K. Farrell und H. E. McCoy. (J. nuclear Mater. [Amsterdam] **25** (1968) 3, 340—43; Metals and Ceram. Div., ORNL, Oak Ridge, Tenn.; engl.) — Es werden Ergebnisse der Unters. der Gasblasenbldg. an Korngrenzen von aus der Gasphase abgeschiedenem *W*, das als Verunreinigung hinreichende Mengen an *F* enthält, mitgeteilt. Die Proben wurden verschieden lange bei 1650° angelassen (bei einer Belastung von 4000 bzw. 6000 psi) u. im Vakuum bei 1650° zu Bruch gebracht, u. die Bruchflächen wurden elektronenmkr. untersucht. E. Schulte 56△

0167 **Resistometrische Untersuchung von Gitterfehlern in SAP. 1. Mitt. Abschreckversuche.** S. Ceresara, T. Federighi und D. Gualandi. (Mater. Sci. Engng. [Amsterdam] **2** (1968) 6, 303—08; Ist. Speriment. dei Metalli Legg., Novara, Italy; engl.) — Unters. an abgeschrecktem SAP-ISML 4% u. Puroxal 2% (mit 4 bzw. 2,3% Al_2O_3) ergeben, daß die durch Abschrecken erzeugte Widerstandserhöhung stark vom Verunreinigungsgeh. u. weniger von der Abschreckgeschw. abhängt. Die Erholung nach Abschrecken erfolgt in zwei Stufen bei 180 u. 340°. Die erste Stufe, charakterisiert durch eine Aktivierungsenergie von 1,15 ± 0,03 eV, folgt dem für die Wanderung von Verunreinigungen an Versetzungen erwarteten Reckalterungsgesetz. Die Aktivierungsenergie der zweiten Stufe läßt sich zu 1,55 ± 0,04 eV abschätzen. Es wird angenommen, daß während der Erholung zwei durch Abschrecken in der Matrix eingefrorene Hauptverunreinigungsarten zu ihren Adsorptionszentren zurückwandern. Diese Verunreinigungen werden versuchsweise als Si u. Fe identifiziert u. der ersten bzw. zweiten Stufe zugeschrieben. M. Frenzel 56

0168 **Resistometrische Untersuchung von Gitterfehlern in SAP. 2. Mitt. Kaltbearbeitung.** S. Ceresara, T. Federighi und D. Gualandi. (Mater. Sci. Engng. [Amsterdam] **2** (1968) 6, 309—13; engl.) — 1. vgl. vorst. Referat. — Die Zunahme des elektr. Widerstandes in SAP (vgl. l. c.) bei der Verformung bei —195° sowie die nachfolgende Erholung werden in angelassenem u. abgeschrecktem Zustand untersucht. Es wird gezeigt, daß die verformungsinduzierte Widerstandserhöhung stark von der Materialzus., aber nicht vom Probenzustand abhängt. Die Erholungsstufen zeigen dagegen eine Feinstruktur, die sowohl von der Zus. als auch vom Zustand des Materials abhängt. Die Ergebnisse stimmen mit einem schon früher vorgeschlagenen Erholungsmodell für kaltverformtes SAP überein. M. Frenzel 56

0169 **Einfluß des Lösungsmittels auf die Bildung von Ätzfiguren bei Einwirkung von Jod auf Eisen in verschiedenen organischen Medien.** Jean-Pierre Kauffmann. (C. R. hebd. Séances Acad. Sci., Sér. C **266** (1968) 17, 1272—74; Fac. des Sci. d'Orléans, Orléans-La Source, Loiret; franz.) — {100}-, {111}- u. {110}-Flächen von Fe-Einkrist. werden bei 0—25° der Einw. von Lsg. von 0,5 bis 5 g J_2 in 100 ml *Essigsäureäthylester* (I), *Methanol* (II), *Trichloräthylen* (III) bzw. *Essigsäure* (IV) ausgesetzt. Die erhaltenen Korrosionsfiguren werden licht- u. elektronenmkr. untersucht. Lsg. von 0,5 g J_2 in I liefern bei 25° oktaedr. Ätzfiguren, deren Begrenzungsflächen parallel zu {111} des Fe liegen, während bei 0° dodekaedr. Figuren entstehen. In Lsg. mit 5 g J_2 in 100 ml I entstehen bei 0° Oktaeder, bei 25° Dodekaeder. Lsg. von J_2 in III bzw. IV liefern infolge der geringen Löslichkeit des gebildeten FeJ_2 Adsorptionsschichten des in Plättchenform krist. FeJ_2 u. bevorzugten Angriff an den Korngrenzen von Fe. Die Ergebnisse werden unter Berücksichtigung der Löslichkeitsverhältnisse von FeJ_2 diskutiert. Herbert Müller 56

0170 **Partielle Auflösung von diffusem Graphit in Austenit.** Abderrahman Benabderrazik. (C. R. hebd. Séances Acad. Sci., Sér. C **266** (1968) 5, 310—12; 1 Tafel; Fac. des Sci. de Nancy, Nancy Meurthe-et-Moselle; franz.) — Diffuser Graphit löst sich teilweise in Austenit durch Tempern einer Leg. bei 900° auf. Die Abhängigkeit der Auflsg. von der Zeit wird graph. dargestellt. Der diffuse Graphit bildet sich, wenn man eine Leg. von Fe–C–Si (1% C, 2% Si) bei 716° tempert. Die Bldg. geht von vorgebildeten Keimen aus, die bei längerem Verweilen der martensit. Struktur bei 420° entstehen. G. Schatz 56

0171 **Theorie elektrischer Ladungen im thermischen Gleichgewicht an Stufenversetzungen in Alkalimetallhalogenidkristallen.** R. W. Whitworth. (Philos. Mag. [8] 17 (1968) 150, 1207—21; Dep. of Phys., Univ. Birmingham, Birmingham, England; engl.) — Ein Überschuß von Halbsprüngen oder von Leerstellen eines Vorzeichens am Kern einer Stufenversetzung in Alkalimetallhalogenidkrist. ergibt eine geladene Stufenversetzung. Diese Ladung wird für ein Modell ber., welches die freie Energie der Fehlstellen am Versetzungskern u. die elektrostat. Energie der Versetzung, die von einer Ladungswolke umgeben ist, berücksichtigt. Die Theorie wird an *NaCl* bei 700 °K illustriert.
P. Meischner 56

0172 **Direkte Beobachtung von Ausscheidungen und Versetzungen in getemperten CdS:Cu- und CdS:Au-Einkristallen.** Arthur Dreeben. (J. electrochem. Soc. 115 (1968) 3, 279—85; RCA Labor., Princeton, N.J.; engl.) — In gasgewachsenen CdS:Cu- u. CdS:Au-Einkrist. (⟨0001⟩-Orientierung) werden durch direkte Durchstrahlung in einem Lichtmikroskop hoher opt. Auflösung Strukturänderungen nach Hochtemp.-Glühung mit anschließender Abschreckung u. Auslagerung bei Raumtemp. untersucht. Cu u. Au haben in CdS rückläufige Löslichkeit. Für CdS:Cu wird die Bldg. von Ausscheidungen u. Versetzungen bei Tempertemp. von 700—1100° gefunden, bei CdS:Au erst bei Temp. ≧ 900°.
H. Richter 56

0173 **Erneute Untersuchung der Ordnungs–Unordnungs-Vorgänge in Galliumspinellen.** R. K. Datta und Rustum Roy. (J. Amer. ceram. Soc. 51 (1968) 5, 297—98; Dep. of Geophys. and Geochem., Pa. State Univ., University Park, Pa.; engl.) — Die Spinelle $LiGa_5O_8$ bzw. $CdGa_2O_4$ werden hinsichtlich ihrer Ordnung–Unordnung untersucht. $LiGa_5O_8$ wurde aus Li_2CO_3 u. Ga_2O_3 bzw. aus LiF u. Ga_2O_3 zwischen 600 (10000 psi W.-Dampfdruck) u. 1500° hergestellt. Die Verb. besitzt eine der Tieftemp.-Form von $LiAl_5O_8$ analoge Überstruktur. Eine ungeordnete Spinellstruktur konnte selbst bei Abschreckgeschw. von 1200°/s nicht erhalten werden; die Gitterkonst. bleiben nach Abschrecken von 600—1500° unverändert. $CdGa_2O_4$, das aus einem CdO · Ga_2O_3-Gel in geschlossenen Pt-Ampullen bei 1000—1250° hergestellt wurde, besitzt zwischen 600 u. 1210° konst. Gitterparameter. Aus einer Unters. der Intensität der (220)-Röntgenreflexe als Funktion der Temp. ergeben sich keine Hinweise auf Ordnungs–Unordnungs-Prozesse im Spinellgitter. Die Löslichkeit von Ga_2O_3 im $CdGa_2O_4$-Gitter zwischen 800 u. 1200° ist beträchtlich.
W. Laqua 56

0174 **Nichtstöchiometrie und Leerstellenordnung im System Cerdioxid–Yttriumsesquioxid.** W. W. Barker und A. F. Wilson. (J. inorg. nuclear Chem. 30 (1968) 6, 1415—23; Melbourne, Australia, Div. of Appl. Miner., Chem. Res. Labor., CSIRO; engl.) — Unters. des Syst. CeO_2–Y_2O_3 mit Neutronen-, Röntgenbeugungs- u. Dichtemessungen. Im Seltenerdmetalloxid-Bereich vom Typ C hat der statist. Ersatz von Y^{3+} durch Ce^{4+} das Auftreten von Anionen auf Zwischengitterplätzen zur Folge. Dadurch ändern sich die Raumgruppenparameter kontinuierlich als Funktion des CeO_2-Gehaltes. Im Bereich der fluoritähnlichen, kub. innenzentrierten Phasen liegt eine Leerstellenordnung im Anionengitter vor.
E. Schulte 56△

0175 **Auflösung von Lithium in hexagonaler Kalium-Wolfram-Bronze.** E. Banks und A. Goldstein. (Inorg. Chem. [Washington] 7 (1968) 5, 966—69; Dep. of Chem., Polytechnic Inst. of Brooklyn, N.J.; engl.) — Li kann in der hexagonalen Phase der Kalium–Wolfram-Bronze K_xWO_3 ($0,13 \leq x \leq 0,33$) vollständig aufgelöst werden. Die Einführung von Li verursacht zunächst eine sehr kleine Ausdehnung in der „a"-Richtung u. eine große Ausdehnung in der „c"-Richtung, der schließlich eine geringe Expansion in beiden Richtungen folgt. Es wurde eine Anzahl von Zus. $K_xLi_yWO_3$ in hexagonalem Bereich mit $0,13 \leq x \leq 0,28$ u. $0,05 \leq y \leq 0,26$ hergestellt.
G. Malow 56

0176 **Kristallchemie von Salzen mit gemischten Anionen.** S. S. Bacanov und V. N. Kolomijčuk. (Ž. strukturnoj Chim. 9 (1968) 2, 339—56; Inst. teplofiz SO AN SSSR; russ.) — Übersicht über die Strukturen von ca. 300 Verb. mit gemischten Anionen, bes. Halogenidchalkogeniden oder Doppelhalogeniden an Hand von 158 Literaturangaben.
H. Roschkowski 58

0177 **Molekular- und Kristallstruktur von 1.7-Dimethyl-1.7-dicarbaclovooktaboran(8).** Haskell Hart und William N. Lipscomb. (Inorg. Chem. [Washington] 7 (1968) 6, 1070—75; Harvard Univ., Cambridge, Mass.; engl.) — Die Mol.-Struktur von *1.7-*$(CH_3)_2$*-1.7-*$C_2B_6H_6$ hat C_2-Symmetrie; das Polyeder hat nahezu, nur etwas verzerrt, die idealisierte D_2d-Geometrie, die früher für B_8Cl_8 u. $B_8H_8^{2-}$ gefunden wurde. MO-Berechnungen lassen vermuten, daß die äußersten Elektronen am stärksten verfügbar sind an den BH-Einheiten 2 u. 8, die mit einem C- u. drei B-Atomen verbunden sind, weniger an den BH-Einheiten 5 u. 6, die mit einem C- u. vier B-Atomen verknüpft sind, u. am wenigsten an den BH-Einheiten 3 u. 4, die mit zwei C- u. drei B-Atomen verbunden sind. Die Krist.-Struktur hat bei —50° die monokline Raumgruppe C2/c, die Parameter $a = 15,243 \pm 0,003$, $b = 5,89 \pm 0,01$, $c = 12,740 \pm 0,002$ Å; $\beta = 131,39 \pm 0,03°$; Z = 4; D_R 0,968 g/cm³.
G. Heller 58

0178 **Molekular- und Kristallstruktur von Dimethyl-1.6-dicarbaclovononaboran(9).** T. F. Koetzle, F. E. Scarbrough und W. N. Lipscomb. (Inorg. Chem. [Washington] 7 (1968) 6, 1076—84; engl.) — Vgl. vorst. Referat. — Das Mol. von $(CH_3)_2$*-1.6-*$C_2B_7H_7$ hat C_{2v}-Symmetrie; die C_2B_7-Einheit ist nur wenig gegenüber dem idealisierten B_9-Polyeder verzerrt, das aus einem trigonalen Prisma von D_{3h}-Symmetrie besteht mit drei Spitzen: dem 8-B-Atom u. den beiden 1- u. 6-C-Atomen, die die beiden CH_3-Gruppen tragen. Die Ladungen in den sechs am stärksten gefüllten Mol.-Orbitalen steigen in der Reihenfolge: 8-B, das an kein C-Atom gebunden ist, 4-, 5-, 7- oder 9-B, die mit einem C-Atom verknüpft sind, u. 2- oder 3-B, die mit zwei C-Atomen verbunden sind. Die Kristall-Struktur wurde bei —40° bestimmt: Raumgruppe $P2_1/a$, Z = 8; a = 13,59; b = 11,11; c = 12,47 Å; β = 93,19°; Verfeinerungsfaktor R = 0,04 aus 1883 Röntgenreflexen.
G. Heller 58

0179 **Strukturverwandtschaft des $[H_5As_3O_{10}]_x$ mit koordinationspolymeren Metallverbindungen mit Doppelbrückenstruktur.** G. Ladwig und H. Grunze. (Mber. dtsch. Akad. Wiss. Berlin 10 (1968) 2, 120—27; Dt. Akad. Wiss., Forsch.-Gemeinschaft, Inst. für anorgan. Chem.; dt.) — Der Vgl. der Baueinheiten u. Brückenabstände des $[H_5As_3O_{10}]_x$ mit denen koordinationspolymerer Metallverb. mit Doppelbrückenstruktur (Metall-bis-sulfate, -phosphate u. -phosphinate) zeigt, daß $[H_5As_3O_{10}]_x$ vom Bauprinzip her den Charakter eines koordinationspolymeren „sauren Arsen[6]-bis-arsenates[4]" hat. Gleichbedeutend mit der Betrachtung als Koordinationspolymeres ist es, seine Abscheidung beim therm. Entwässern einer Arsensäurelsg. unter Ausbldg. eines $As^{[6]}/As^{[4]}$-Gitters als einen Ausdruck für das amphotere Verh. des As(V) anzusehen. Im $[H_5As^{[6]}As_2^{[4]}O_{10}]_x$ liegt damit eine „autoamphotere" Struktur vor, was wahrscheinlich auch für das Endprod. der Entwässerung, $[As_2O_5]_x$, gilt.
E. Schulte 58△

0180 **Kristallstruktur der Tieftemperaturform von Kaliumsulfat, β-K_2SO_4.** Max Gaultier und Guy Pannetier. (Bull. Soc. chim. France 1968, 1, 105—12; Labor. de Cinét. Chim. de la Fac. des Sci. de Paris; franz.) — β-K_2SO_4 krist. rhomb., Raumgruppe D_{2h}^{16}—Pnam, Z = 4. Der K—O-Abstand ändert sich zwischen 2,688 u. 3,25 Å. Der Mittelwert des S—O-Abstandes im SO_4^{2-}-Anion ist 1,449 Å, der O—S—O-Winkel 109,6°. Die röntgenograph. Daten ergeben $a = 7,485 \pm 0,001$ Å, $b = 10,067 \pm 0,002$ Å u. $c = 5,726 \pm 0,001$ Å, D_R = 2,679.
J. J. Pohl 58

0181 **Kristallstruktur von Dikaliumtetranitroäthanid.** Maurice Dyke und Ronald L. Sass. (J. physic. Chem. 72 (1968) 1, 266—68; Houston, Tex., William Marsh Rice Univ., Dep. of Chem.; engl.) — Die Krist.-Struktur von $K(NO_2)_2CC(NO_2)_2K$ wurde mit Hilfe röntgenograph. Einkrist.-Meth. bestimmt. Die Verb. ist monoklin, C2/c, mit a = 13,03 (Å), b = 7,56, c = 13,55 (je ± 0,02), $\beta = 140,87 \pm 0,50°$. Z = 4, D_{exp} 2,24 g · cm⁻³. Die Verfeinerung ergab R = 12,3%. Innerhalb der experimentellen Fehlergrenzen ist die Konfig. jedes C-Atoms u. seiner drei Liganden eben. Zwischen den beiden N—C—N-Ebenen tritt ein Winkel von 63,1° auf. Der Abstand C—C beträgt 1,43 Å. Atomparameter, Bindungslängen u. -winkel sind tabellar. angegeben, die Struktur ist in Abb. dargestellt. E. Schulte 58△

0182 **Hydrogenhalogenidionen $ClHCl^-$ und $BrHBr^-$: Kristallstruktur von Cäsiumchlorid-1/3-(hydroniumdichlorid) und Cäsiumchlorid-1/3-(hydroniumdibromid).** LeRoy W. Schroeder und James A. Ibers. (Inorg. Chem. [Washington] 7 (1968) 3, 594—99; Evanston, Ill., Northwestern Univ., Materials Res. Center and Dep. of Chem.; engl.) — Mit Hilfe röntgenograph. Einkrist.-Unters. wurden die Zus. u. die Krist.-Strukturen von $CsCl \cdot {}^1/_3 (H_3OHCl_2)$ u. von $CsBr \cdot {}^1/_3 (H_3OHBr_2)$ bestimmt. Die Verfeinerung führte zu R = 0,093 bzw. 0,085. Beide Verb. sind hexagonal, $P6_3/m$, u. Z = 6. [Gitterkonst. a = 10,28 (Å), c = 6,78 bzw. a = 10,65 u. c = 7,08 (alle ± 0,02)]. In beiden Verb. sind die H_3O-Ionen parallel zur c-Achse angeordnet. Cs ist von neun Halogenionen umgeben, die alle an H-Brückenbindungen beteiligt sind. Die Dihalogenidionen sind in beiden Strukturen parallel zur c-Achse aufgereiht. Das Dichlorid-Ion hat einen Cl—H—Cl-Abstand von 3,14 ± 0,02, das Dibromid-Ion einen entsprechenden Abstand von 3,35 ± 0,02 Å. Strukturfaktoren, Atomkoordinaten, Bindungslängen u. -winkel sind tabellar. angegeben, die Strukturen sind in Abb. dargestellt. E. Schulte 58△

0183 **Synthese und röntgenographische Untersuchung der Borate $3\,CaO \cdot B_2O_3$, $2\,CaO \cdot B_2O_3$ und $2\,CaO \cdot B_2O_3 \cdot H_2O$.** Ulrich Lothar Schäfer. (Neues Jb. Mineralog. Mh. **1968**, 3/4, 75—80; Inst. für Kristallogr., Univ. Frankfurt/M.; dt.) — Einkrist. von $3\,CaO \cdot B_2O_3$ (I), $2\,CaO \cdot B_2O_3$ (II) u. $2\,CaO \cdot B_2O_3 \cdot H_2O$ (III) wurden dargestellt; I hat eine rhomboedr. Elementarzelle mit Z = 6, der Symmetrie D_{3d}^6 — R$\bar{3}$c oder C_{3v}^6 — R3c u. den Gitterkonst. a_0 = 8,631 ± 0,003 Å u. c_0 = 11,855 ± 0,004 Å; II ist monoklin mit Z = 4, Raumgruppe C_{2h}^5 — $P2_1/a$, a_0 = 11,497 ± 0,003 Å, b_0 = 5,157 ± 0,002 Å, c_0 = 7,200 ± 0,002 Å u. β = 92,91 ± 0,02°; III ist ebenfalls monoklin mit Z = 1, Raumgruppe C_2^2 — $P2_1$ oder C_{2h}^2–$P2_1/m$, a_0 = 6,719 ± 0,002 Å, b_0 = 5,434 ± 0,003 Å, c_0 = 3,555 ± 0,001 Å u. β = 92,87 ± 0,04°.
Versuche: I, aus $Ca(OH)_2$ u. H_3BO_3 (Molverhältnis 3 : 2) bei 220—300° unter W.-Dampfsättigungsdruck in 20 Tagen; II, Aufschmelzen einer Mischung von $2\,CaO \cdot B_2O_3$ u. 5,5 Gew.-% Li_2O bei 1200° u. langsames Abkühlen von 1200—940° mit einer Geschw. von 8°/Tag; III, sowohl aus $2\,CaO \cdot B_2O_3$ als auch aus Mischungen von $Ca(OH)_2$ u. H_3BO_3 (2 : 1) durch Erhitzen auf 200° unter W.-Dampfsättigungsdruck in 13 Tagen. G. Heller 58

0184 **Struktur des Calcium–Aluminium-Borates $CaAl \cdot [O/BO_3]$.** Walter Schuckmann. (Neues Jb. Mineralog. Mh. **1968**, 3/4, 80—86; Inst. für Kristallogr., Univ. Frankfurt/M.; dt.) — Das früher (vgl. Kuzel et al., ibid. **1967**, 4/5, 131) beschriebene $CaAlBO_4$ hat die Symmetrie Ccc2 — C_{2v}^{13}; Bauelemente der Struktur sind isolierte BO_3-Truppen, zu Ketten verknüpfte AlO_4-Tetraeder u. sechsfach koordiniertes Ca; die mittleren Abstände betragen: Ca—O 2,41; Al—O 1,74 u. B—O 1,38 Å. Die Struktur ist belegt durch 760 gemessene Strukturfaktoren mit R = 0,029. Die Projektion der Struktur nach [001] ist abgebildet. G. Heller 58

0185 **Kristallstruktur von K_2ZnO_2.** E. Vielhaber und R. Hoppe. (Z. anorg. allg. Chem. **360** (1968) 1/2, 7—14; Inst. für Anorg. u. Anal. Chem. der Univ., Gießen; dt.) — Für K_2ZnO_2 wurde durch Einkrist.-Unters. folgende Struktur bestimmt: Orthorhomb., D_{2h}^{26} — Ibam, a = $5{,}96_7$, b = $10{,}4_8$, c = $5{,}40_2$ Å, Z = 4 mit $D_{\cdot R}$ 3,45 u. $D_{\cdot exp}$ 3,36 g/cm³; Zn in 4 (a), K [0,368; 0,153; 0] u. O [0,197; —0,092; 0] je in 8 (j). R = R' = 0,087 für 27 mögliche u. beobachtete (0kl) u. R = 0,077, R' = 0,079 für 53 von 54 möglichen (hk0) bei Verw. von Mo-K_α-Strahlung. Die Struktur wird unter Anwendung der „Polyedermeth." beschrieben. W. Laqua 58

0186 **Doppelschichtstruktur der plättchenförmigen Calcium–Aluminium-Hydroxysalze am Beispiel des $3\,CaO \cdot Al_2O_3 \cdot CaSO_4 \cdot 12\,H_2O$.** R. Allmann. (Neues Jb. Mineralog. Mh. **1968**, 5, 140—44; Miner. Inst. der Univ. Marburg/Lahn; dt.) — $3\,CaO \cdot Al_2O_3 \cdot CaSO_4 \cdot 12\,H_2O$ bildet eine Doppelschichtstruktur $[Ca_4Al_2(OH)_{12}]^{2+} \cdot [SO_4 \cdot 6\,H_2O]^{2-}$. Raumgruppe R$\bar{3}$; a_0 = 5,7586 ± 3, c_0 = 26,7946 ± 12 Å bei 21°; Z = 3/2; $D_{\cdot exp}$ 2,03, $D_{\cdot R}$ 2,02 g · cm⁻³. Die drei Oktaederplätze der brucitähnlichen Hauptschicht werden geordnet von 1 Al u. 2 Ca besetzt. Die Ca sind jedoch unter Aufweitung der einen Oktaederfläche um 0,57 Å aus dem Oktaedermittelpunkt in Richtung [001] herausgerückt u. nähern sich einem H_2O der Zwischenschicht auf 2,51 Å. Die Ca sind daher 7fach koordiniert. Die Me—OH-Abstände betragen Al—OH (6 mal) = 1,91, Ca—OH = 2,36 (3 mal) u. 2,45 Å (3 mal). Die Sulfatgruppen nehmen statist. in jeder zweiten Zelle eine von zwei möglichen Lagen ein. Die den Ca benachbarten H_2O sind durch eine Wasserstoffbrücke an die SO_4-Gruppen gebunden: H_2O–O = 2,73 Å. Mit 386 Reflexen wurde ein R-Wert von 7,7 % erreicht. G. Malow 58

0187 **Kristallstruktur von Alumosiloxanen: Röntgenanalyse einer Verbindung der Formel $C_8H_{24}Al_2Br_5O_6Si_4$.** M. Bonamico und G. Dessy. (J. chem. Soc. [London], Sect. A **1968**, 2, 291—97; Roma, Centro di Chim. del Composti di Coordinazione ed Elemento-organici del CNR; engl.) — Die Krist.-Struktur von $C_8H_{24}Al_2Br_5 \cdot O_6Si_4$ (aus $AlBr_3$ u. Oktamethylcyclotetrasiloxan, vgl. Ercolani, ibid. **1966**, 606) wurde mit Hilfe dreidimensionaler Röntgenanalyse (Schweratomtechnik) bestimmt. Die Verb. ist monoklin, $P2_1/n$, mit a = 11,22 ± 0,03 (Å), b = 13,48 ± 0,01, c = 18,76 ± 0,03, β = 93° 52' ± 10'. Z = 4. $D_{\cdot R}$ 1,90 g · cm⁻³. Die Verfeinerung führte zu R = 0,110. Das Mol. wird aus vier kondensierten Ringen gebildet. Ein in den vier Ringen vorkommendes Al-Atom hat die ungewöhnliche KZ 5. Strukturfaktoren, Atomkoordinaten, Bindungslängen u. -winkel sind tabellar. angegeben, die Struktur ist in Abb. dargestellt. E. Schulte 58△

0188 **Kristallstruktur von LaC_2.** A. L. Bowman, N. H. Krikorian, G. P. Arnold, T. C. Wallace und N. G. Nereson. (Acta crystallogr. [Copenhagen], Sect. B **24** (1968) 3, 459—60; Los Alamos, N.Mex., Univ. of California, LASL; engl.) — *Lanthandicarbid*, LaC_2, wurde mit Hilfe der Hochtemp.-Neutronenbeugung u. der therm. Analyse untersucht. Eine Umwandlung tetragonal nach kub. wurde bei 1060° beobachtet mit a = 4,00 (Å), c = 6,58 bei 900° u. a = 6,02 bei 1060°. Die Struktur der tetragonalen Phase ist vom C11a-Calciumcarbid-Strukturtyp in Übereinstimmung mit früheren bei Raumtemp. ermittelten Ergebnissen. Die kub. Phase hat KCN-Typus. Beide Phasen sind mit den entsprechenden Urandicarbidphasen isomorph. E. Schulte 58△

0189 **Synthese und Struktur von Seltenerdmetall- und Indiumtelluraten R_2TeO_6.** S. Natansohn. (J. inorg. nuclear Chem. **30** (1968) 3, 741—45; The Bayside Labor. Res. Center, General Telephone & Electron. Labor., Inc., Bayside, N.Y.; engl.) — Die Verb. wurden durch Festkörper-Rk. aus Mischungen von $Te(OH)_6$ u. den entsprechenden Oxiden R_2O_3 bei 800—1000° in O_2 bzw. Luft dargestellt. Folgende Gitterkonst. (a, c in Å) der hexagonalen Elementarzelle wurden bestimmt: 10,96; 10,35 (La); 10,79; 10,24 (Pr); 10,77; 10,18 (Nd); 10,64; 10,10 (Sm); 10,63; 10,06 (Eu); 10,60; 10,05 (Gd); 10,54; 10,02 (Tb); 10,50; 9,98 (Dy); 10,46; 9,95 (Y); 10,45; 9,94 (Ho); 10,42; 9,90 (Er); 10,39; 9,85 (Tm); 8,94; 5,08 (Lu); 8,86; 4,82 (In); 8,74; 4,80 (Sc). Die Y, La u. Pr bis Tm enthaltenden Verb. bilden eine isomorphe Reihe. Die Tellurate des Sc, In u. Lu besitzen eine andere Struktur, sind aber untereinander isomorph. Zwischen Gitterkonst. u. Ionenradien der dreiwertigen Kationen besteht eine lineare Beziehung. W. Laqua 58

0190 **Kristallchemie von Natriumscandiumtitanat, $NaSc \cdot TiO_4$, und seinen Isomorphen.** A. F. Reid, A. D. Wadsley und M. J. Sienko. (Inorg. Chem. [Washington] 7 (1968) 1, 112—18; Div. of Min. Chem., CSIRO, Melbourne, Australien u. Baker Labor. of Chem., Cornell Univ., Ithaca, N.Y.; engl.) — $NaScTiO_4$ (I), $NaFeTiO_4$, $NaSc \cdot SnO_4$, $NaFeSnO_4$, $NaScZrO_4$ u. $NaScHfO_4$ sowie die Hochdruckmodifikation $NaAlGeO_4$ (Darst. durch Schmelzen der Oxide bzw. $Na_2C_2O_4$ im stöchiometr. Verhältnis) sind isomorph zum rhomb. $CaFe_2O_4$ (II) der Raumgruppe Pnma. Dabei besetzt jedes Paar der drei- u. vierwertigen Elemente statist. zwei der kristallograph. nichtäquivalenten oktaedr. Positionen. Die aus Einkrist.-Strukturanalysen bestimmten einheitlichen Bindungslängen u. therm. Normalschwingungsparameter für die statist. verteilten Atome in I führen zu gleichen mittleren Ionenradien von Sc^{3+} u. Ti^{4+}. Bei Substitution von Na durch *Li*, *K*, *Rb* oder *Cs* haben die Verb. keine Calciumferrit-Struktur mehr, ebenfalls nicht in den Verb. $NaA^{3+}B^{4+}O_4$ mit $A^{3+} = Mn, Cr, Co, Y, La$ oder *In*, obgleich eine Anzahl anderer Phasen gebildet werden. Isotype von II werden nur dann gebildet, wenn A^{3+} u. B^{4+} zur Paarbldg. (gleicher Radius u. Punktlagensymmetrie) gezwungen werden können. R. Blank 58

0191 **Kristallstruktur von ThC_2.** Allen L. Bowman, N. H. Krikorian, George P. Arnold, Terry C. Wallace und Norris G. Nereson. (Acta crystallogr. [Copenhagen], Sect. B 24 (1968) 8, 1121—23; LASL, Univ. of Calif., Los Alamos, N.Mex.; engl.) — Nach Neutronenbeugungsdaten ist ThC_2 oberhalb 1480° kub., bei 1430—1480° tetragonal. Die kub. Phase zeigt den KCN-Strukturtyp, a = 5,80₆ Å bei 1550° mit willkürlich orientierten C_2-Gruppen. Die Struktur der tetragonalen Phase geht aus der kub. durch Kompression entlang c hervor, bei 1450° ist a = 4,221; c = 5,394 Å. Die Struktur der monoklinen Raumtemp.-Phase wird kurz besprochen. H. Roschkowski 58

0192 **Elektronographische Bestimmung der Struktur von $Ge_2Sb_2Te_5$ und $GeSb_4Te_7$.** I. I. Petrov, R. M. Imamov und Z. G. Pinsker. (Kristallografija 13 (1968) 3, 417 bis 421; Inst. kristallogr. AN SSSR; russ.) — Elektronenbeugungsunters. an im Vakuum von $5 \cdot 10^{-5}$ Torr auf NaCl-Krist. abgeschiedenen $Ge_2Sb_2Te_5$ (I)- u. $GeSb_4Te_7$-(II)-Filmen zeigen, daß beide Verb. eine hexagonale Schichtstruktur besitzen. I hat (a =) 4,20 u. (c =) 16,96 (Å); II 4,21; 23,65; die Raumgruppe von I u. II ist P$\bar{3}$m1. Grundlage der Struktur von I ist eine kub. Zehnschichtpackung, bei II eine kub. Zwölfschichtpackung. Diskussion der Atomabstände. H. Roschkowski 58

0193 **Struktur von Acetyltriphenylgerman.** Roy W. Harrison und James Trotter. (J. chem. Soc. [London], Sect. A 1968, 2, 258—66; Vancouver, Canada, Univ. of B.C., Dep. of Chem.; engl.) — Krist. von *Acetyltriphenylgerman*, C_8H_8OGe, sind monoklin, $P2_1/c$, mit a = 15,30 (Å), b = 14,53, c = 7,68 (alle ± 0,02), β = 94,8 ± 0,3°, Z = 4, D_{exp} 1,36 (g · cm⁻³), D_R 1,35. Die Struktur wurde mit Hilfe dreidimensionaler Patterson-Synth. bestimmt u. nach der Meth. kleinster Quadrate verfeinert zu R = 0,068 für 1834 beobachtete Reflexe. Die Phenyl-Ringe sind propellerartig angeordnet, die Winkel zwischen den Ringebenen u. der $C_{(Acetyl)}$-Ge-$C_{(Phenyl)}$-Ebene sind für zwei der Ringe ca. 60° u. für den dritten Ring ca. 40°. Die Abweichung von einer symm. Propellerorientierung ist wahrscheinlich auf intra- u. intermol. ster. Behinderung zurückzuführen. Das Ge-Atom ist tetraedr. von der Acetylgruppe u. den drei Phenylgruppen umgeben. Der mittlere C—C-Abstand beträgt 1,38₃, der mittlere C—H-Abstand 1,09 Å. Es wurden zwei verschiedene Ge—C-Bindungen gefunden (Ge—$C_{(Phenyl)}$ = 1,945 ± 0,008 u. Ge—$C_{(Acetyl)}$ = 2,011 ± 0,015). Die längere Ge—C-Bindung kann durch einen Beitrag einer Resonanzstruktur erklärt werden. In dieser besteht keine formale Bindung zwischen Ge u. dem Carbonyl-C-Atom; sie ist in Übereinstimmung mit der Elektronegativitätsdifferenz zwischen Ge u. C. Es liegt kein Hinweis für eine π-Bindung unter Einbeziehung der 4d-Orbitale des Ge vor. Strukturfaktoren, Atom- u. Temp.-Parameter, Bindungslängen u. -winkel sind tabellar. angegeben, die Struktur ist in Abb. dargestellt. E. Schulte 58△

0194 **Struktur zweier vanadinhaltiger Trirutil-Oxide.** Jean-Claude Bernier und Paul Poix. (Ann. Chimie [14] 3 (1968) 2, 119—26; Fac. des Sci., Orsay; franz.) — Durch Festkörperrk. bei 900—1000° werden aus WO_3 u. V_2O_3 bzw. Ta_2O_5 u. VO die Verb. WV_2O_6 u. Ta_2VO_6 hergestellt. WV_2O_6 stellt eine Verb. mit „inverser" Trirutilstruktur dar, a = 4,629, c = 8,912 Å. Ta_2VO_6 besitzt Trirutilstruktur, a = 4,758, c = 9,159 Å; aus den paramagnet. Eig. wird auf die Anwesenheit von V^{2+}-Ionen in Ta_2VO_6 geschlossen. J. Pickardt 58

0195 **Kristall- und Molekülstruktur sowie Elektronenspektrum von Bis-[trimethylamin]-oxovanadin(IV)-dichlorid.** J. E. D. Drake, J. Vekris und J. S. Wood. (J. chem. Soc. [London], Sect. A 1968, 5, 1000—05; Southhampton, Univ., Dep. of Chem.; engl.) — Die Krist.-Struktur von $VOCl_2 \cdot 2\,N(CH_3)_3$ wurde mit Hilfe dreidimensionaler Röntgenmeth. bestimmt. Die Krist. sind orthorhomb., Pnma, a = 9,64 ± 0,02, b = 10,41 ± 0,02, c = 12,18 ± 0,03 Å; Z = 4; D_{exp} 1,42, D_R 1,405 g/cm³. Die Verfeinerung nach der Meth. der kleinsten Quadrate ergab R = 0,154 u. einen bewichteten R-Wert von 0,134. Das Koordinationspolyeder, das auf einer trigonalen Bipyramide basiert, hat C_{2v}-Symmetrie. Das O-Atom nimmt die äquatoriale Position, die Trimethylamingruppen nehmen die axialen Positionen ein. Die V—O-Bindungslänge beträgt 1,59 ± 0,02 Å, die Winkel innerhalb der Äquatorialebene betragen innerhalb der Fehlergrenzen alle 120°. Die EA-Spektren wurden vom Feststoff sowie in verschiedenen Lsgm. aufgenommen u. eine Zuordnung der Ligandenfeld-Banden auf der Basis eines Modells mit C_{2v}-Symmetrie getroffen. Positionsparameter, Temp.-Parameter, Strukturfaktoren, Bindungslängen u. -winkel sind tabellar. angegeben, die Struktur ist in Abb. dargestellt. E. Schulte 58△

0196 **Kristallstruktur eines zweikernigen Vanadyl(IV)-Anions. Tetranatrium-bis-[oxo-dl-tartratovanadat(IV)]-dodekahydrat.** Robert E. Tapscott, R. Linn Belford und Iain C. Paul. (Inorg. Chem. [Washington] 7 (1968) 2, 356—64; Urbana, Ill., Univ. of Ill., Noyes Chem. Labor.; engl.) — Die Krist.-Struktur von $Na_4[VO(dl\text{-}C_4 \cdot H_2O_6)]_2 \cdot 12\,H_2O$ wurde mit Hilfe dreidimensionaler Patterson- u. Fourier-Meth. bestimmt u. nach der Meth. kleinster Quadrate verfeinert (R = 0,10 für 2629 Reflexe). Die Krist. sind rhomb., Pbca, mit a = 19,85 ± 0,06 (Å), b = 10,76 ± 0,03, c = 12,28 ± 0,03, Z = 8; D_{exp} 1,85 (g · cm⁻³), D_R 1,858. — Die negativ vierwertigen dimeren Anionen enthalten zwei VO^{2+}-Ionen, die durch eine d-Tartrat- u. eine l-Tartratgruppe brückengebunden werden. Die Tartrationen sind negativ vierwertig auf Grund des Verlustes aller H-Atome der Carboxyl- u. Hydroxylgruppen. Die V-Atome haben eine normale quadrat.-pyramidale Umgebung im Gegensatz zu der verzerrt trigonal-bipyramidalen Koordination der V-Atome in $(NH_4)_4[VO\text{—}d\text{-}C_4H_2O_6]_2 \cdot 2\,H_2O$. Der Abstand V—V beträgt 4,082 Å. Atomparameter, Temp.-Parameter, Strukturfaktoren, interatomare Abstände u. Winkel sind tabellar. angegeben, die Struktur ist in Abb. dargestellt u. wird diskutiert. E. Schulte 58△

0197 **Beobachtung und kristallographische Untersuchung von Niob(V)-chloridbromid-Mischkristallen. Struktur von $NbBr_5$.** Robert Dorschner und Jean Delhand. (Bull. Soc. chim. France 1967, 6, 2056—59; Strasbourg, Fac. des Sci., Labor. de Chim. minér. et de Spéctrochim.; franz.) — $NbCl_5$ (I) u. $NbBr_5$ (II) sind isomorph u. bilden miteinander Mischkristalle. Beim Übergang von I nach II beobachtet man eine kontinuierliche Zunahme der Gitterparameter. II ist pseudorhomb. (β = 90,1°) mit a = 19,20, b = 18,55, c = 6,10 Å u. Z = 12. F. Haenschke 58

0198 **Kristall- und Molekularstruktur von dimerem Methyltricarbonylazulenmolybdän.** Peter H. Bird und Melvyn R. Churchill. (Inorg. Chem. [Washington] 7 (1968) 2, 349—56; Cambridge, Mass., Harvard Univ., Dep. of Chem., Mallinckrodt Labor.; engl.) — $[C_{10}H_8 \cdot Mo(CO)_3CH_3]_2$, ist triklin, P$\bar{1}$, mit a = 10,02 (Å), b = 8,36, c = 8,19 (alle ± 0,02), α = 107,3°, β = 89,3°, γ = 100,4° (alle ± 0,2°), Z = 1, D_{exp} 1,68 ± 0,02 (g · cm⁻³), D_R 1,667. Die Krist.-Struktur wurde mit Hilfe dreidimensionaler Röntgen-Einkrist.-Daten bestimmt. Die Verfeinerung ergab R = 5,82% für 1438 unabhängige, von Null verschiedene Reflexe. Die Struktur besteht aus Einzelmol., die durch normale van der Waalssche Kräfte gebunden sind. Die Mol. weisen ein Symmetriezentrum auf, zwei Azulenreste sind durch ortho—ortho-(4.4')-C—C-Kopplung verbunden. Ein $Mo(CO)_3CH_3$-Rest ist an jeden fünfgliedrigen Ring des Azulenliganden gebunden. Die Mo–CH_3-Bindungslänge beträgt 2,383 ± 0,010 u. der mittlere Mo–CO Abstand ist 1,996 ± 0,012. Atomkoordinaten, Strukturfaktoren, Bindungslängen u. -winkel sind tabellar angegeben, die Struktur ist in Abb. dargestellt. E. Schulte 58△

0199 **Struktur von festem Dioxodichloro-bis-[N.N-dimethylformamid]-molybdän(VI).** L. Roxane Florian und Eugene R. Corey. (Inorg. Chem. [Washington] 7 (1968) 4, 722–25; Cincinnati, O., Univ. of Cincinnati, Dep. of Chem.; engl.) — Die Struktur von festem Mo · $[(CH_3)_2NCHO]_2O_2Cl_2$ wurde mit Hilfe von Röntgen-Einkrist.-Meth. bestimmt. Die Verfeinerung nach der Meth. der kleinsten Quadrate ergab R = 9,9% für 1438 von Null verschiedene Reflexe. Die Verb. ist monoklin, C2/c, a = 20,90 ± 0,04, b = 7,717 ± 0,02, c = 11,99 ± 0,02 Å, β = 139° 52′ ± 20′; Z = 4; D_{exp} 1,81, D_R 1,78 g/cm³. Die einzelnen monomeren Mol. besitzen die kristallograph. geforderte C_2-Symmetrie. Der Abstand vom Mo zum endständigen O ($Mo–O_t$) beträgt 1,68 (Å), die Länge der Bindung von Mo zum Dimethylformamid-O-Atom ($Mo–O_l$) ist 2,20 u. der Mo–Cl-Abstand beträgt 2,341. Die Oxo- u. die Dimethylformamid-Liganden stehen zueinander in cis-Stellung, die Cl-Liganden sind zueinander in trans-Stellung. Die oktaedr. Koordination um das Mo-Atom ist verzerrt: O_t–Mo–O_t 102,2°; O_l–Mo–O_l 76,2°; Cl–Mo–Cl 161,3°. Atomparameter, Strukturfaktoren, Bindungslängen u. -winkel sind tabellar. angegeben, die Struktur ist in Abb. dargestellt. E. Schulte 58△

0200 **Strukturelle Beziehung zwischen dem Carbid von Kuo und Persson „Mn_7C_2" und der Phase $Mn_{23}C_6$.** Robert Fruchart, Jean-Paul Audière und André Michel. (C. R. hebd. Séances Acad. Sci., Sér. C 266 (1968) 25, 1691–93; Vitry-sur-Seine, CNRS, Centre d'Études de Chim. métallurgique; franz.) — Auf Grund von Pulveraufnahmen ergab sich für „Mn_7C_2" die Formel $Mn_{15}C_4$. Es existieren einfache Beziehungen zwischen der hexagonalen Zelle von „Mn_7C_2" mit a = 7,492 (Å); c = 12,070 u. der kub. Zelle von $Mn_{23}C_6$ mit a = 10,598. Die hexagonale Zelle von „Mn_7C_2" hat ein Vol., das angenähert halb so groß ist wie das der kub. Zelle von $Mn_{23}C_6$. Auf Grund strukturgeometr. Betrachtungen kommen Vf. zu dem Ergebnis, daß das hexagonale Carbid die Zus. $Mn_{23}C_6$ bzw. $Mn_{11}C_3$ hat. C. Gottfried 58△

0201 **Kristallographische Untersuchung der Verbindung NbMnSi.** Bernard Deyris, Jeannine Roy-Montreuil, Robert Fruchart und André Michel. (Bull. Soc. chim. France 1968, 4, 1303–04; Paris, Fac. des Sci., Labor. de Chim. Minérale; franz.) — Die von Roy-Montreuil et al. (vgl. C. R. hebd. Séances Acad. Sci., Sér. C 264 (1967) 587) bei der Unters. des Syst. *Nb–Mn–Si* identifizierte Verb. NbMnSi hat hexagonale Struktur u. bei 20° die Zelldimensionen a = 6,416 (Å); c = 3,553; Raumgruppe P$\bar{6}$2m; Z = 3. Die Strukturbest. ergab, daß die Struktur ident. mit der von Fe_2P ist. Dargestellt wurden weiter die Verb. *NbMnGe, NbFeGe, TaMnGe* u. *TaMnSi*. Eine vorläufige Unters. ergab, daß die Strukturen dieser Verb. gleich oder ähnlich der von NbMnSi sind. C. Gottfried 58△

0202 **Kristall- und Molekularstruktur von Bis-[tetracarbonyltriäthylphosphinmangan(0)].** M. J. Bennett und R. Mason. (J. chem. Soc. [London], Sect. A 1968, 1, 75–81; Univ. of Sheffield, Dep. of Chem.; engl.) — *Bis-[tetracarbonyltriäthylphosphinmangan(0)]*, $Mn(CO)_4P \cdot (C_2H_5)_3$, ist rhomb., Aba2, (orangefarbene Prismen) mit a = 15,94 ± 0,03 (Å), b = 14,78 ± 0,03, c = 11,60 ± 0,02; Z = 8; D_{exp} 1,383 ± 0,005 (g · cm⁻³); D_R 1,387. Die Struktur wurde mit Hilfe dreidimensionaler Meth. bestimmt u. verfeinert zu R = 0,089. Das Mol. hat eine sehr starke Ähnlichkeit mit der Struktur von Decacarbonyldimangan mit den Carbonylgruppen trans zur Metall–Metall-Bindung, die hier durch die Triäthylphosphin-Liganden ersetzt sind. Strukturfaktoren, Atomkoordinaten, Bindungslängen u. -winkel sind tabellar. angegeben, die Struktur ist in Abb. dargestellt. E. Schulte 58△

0203 **Strukturelle und magnetische Untersuchung von Pentachloro-bis-[1.5-dithiahexan]-dirhenium.** M. J. Bennett, F. A. Cotton und R. A. Walton. (Proc. Roy. Soc. [London], Ser. A 303 (1968) 1473, 175–92; Cambridge, Mass., MIT, Dep. of Chem.; engl.) — Krist. von $Re_2Cl_5 \cdot (C_4H_{10}S_2)_2$ sind monoklin, $P2_1/m$, mit a = 8,023 ± 0,008 (Å), b = 14,355 ± 0,005, c = 8,423 ± 0,006, β = 105,5 ± 0,1°; Z = 2. Die Verfeinerung der Struktur nach der Meth. der kleinsten Quadrate ergab R = 0,064. Die Struktur besteht aus zweikernigen Einheiten. Daten der Strukturbest. u. von magnet. Unters. zeigen, daß die Verb. am besten als Zwitterion, $Cl(C_4H_{10}S_2)_2Re^+(II)\equiv Re^-(III)Cl_4$ mit einem einzelnen ungepaarten Elektron auf einer entarteten Bahn beim Rh-Atom mit dem formalen Ox.-Zustand von III zu formulieren ist. Die Metall–Metall-Bindung ist dann eine Dreifachbindung. Dieses Bindungsverh. wird mit Re–Re-Bindungen in Oktachlorodirhenium(II)-Anionen u. anderen verwandten Strukturen verglichen. Strukturfaktoren, Atomparameter, Bindungslängen u. -winkel sind tabellar. angegeben, die Struktur ist in Projektionen dargestellt. E. Schulte 58△

0204 **Verbindungen ML_2S_4 und $M_2L_2S_5$ der leichten Lanthanide (M = Mn, Fe, Cr).** Madeleine Patrie, Nguyen Huy-Dung und Jean Flahaut. (C. R. hebd. Séances Acad. Sci., Sér. C 266 (1968) 22, 1575–78; Paris, Fac. de Pharmacie, Labor. de Phys.; franz.) — Röntgenograph. Unters. der Verb. $CrLa_2S_4$ (I), $MnLa_2S_4$ (II), $FeLa_2S_4$ (III), $FeCe_2S_4$ (IV), $Fe_2La_2S_5$ (V) u. $Fe_2Ce_2S_5$ (VI). Pulveraufnahmen an III ergaben hexagonale Symmetrie, Präzessions- u. Weissenberg-Aufnahmen jedoch zeigten für I–IV eine monokline Überstruktur mit den Zelldimensionen (a) 16,62 (Å); (b) 10,875; (c) 14,03; (β) 102° 39′; (D_{exp}) 4,80; (D_R) 4,92 für I; 16,71; 10,94; 14,12; 102° 39′; 4,64; 4,86 für II; 16,59; 10,86; 14,02; 102° 36′; 4,75; 4,98 für III u. 16,47; 10,77; 13,89; 102° 43′; 5,00; 5,13 für IV. Mögliche Raumgruppen sind B2/m; B2 oder Bm. Das Vol. der Überstrukturzelle ist sechsmal größer als das der hexagonalen Zelle u. hat Z = 16. V u. VI haben rhomb. Symmetrie; die Zelldimensionen für V sind (a) 4,005 (Å); (b) 16,52; (c) 11,39; (D_{exp}) 4,69; (D_R) 4,84 u. für VI 3,952; 16,33; 11,26; 4,90; 5,04; mögliche Raumgruppen für beide Verb. sind Cmcm, $Cmc2_1$ oder C2cm; Z = 4. C. Gottfried 58△

0205 **Kristallstruktur von π-Tetracyclo-[8.6.0.0²,⁹.0³,⁸]-hexadecapentaen-(4.6.11.13.15)-tricarbonyleisen.** A. Robson und Mary R. Truter. (J. chem. Soc. [London], Sect. A 1968, 4, 794–801; Leeds, Univ., School of Chem.; engl.) — Das Isomere von $Fe(CO)_3C_{16}H_{16}$ vom F. 172° ist monoklin, $P2_1/a$, a = 20,86 ± 0,015, b = 6,78 ± 0,005, c = 10,99 ± 0,01 Å, β = 94,5 ± 0,1°; Z = 4; D_{exp} 1,41 D_R 1,44 g/cm³. Die Gitterkonst. wurden bei 153 ± 5 °K bestimmt. Die Strukturverfeinerung nach der Meth. der kleinsten Quadrate ergab R = 0,081. Das Fe ist von drei Carbonylgruppen mit Fe–C = 1,783, C≡O = 1,16 Å, Fe–C–O = 177,1°, C–Fe–C = 91, 99 u. 101° u. vier C-Atomen des sechsgliedrigen Rings des tetracycl. Mol. (Fe–C = 2,105) umgeben. Die restlichen beiden C-Atome des sechsgliedrigen Ringes bilden die Hälfte eines viergliedrigen Ringes, der weiter an einen anderen Viererring gebunden ist. An letzteren ist ein achtgliedriger Ring angelagert. Mit Ausnahme der vier an Fe gebundenen Atome entsprechen die C–C-Bindungslängen deutlich denen von Einfach- oder Doppelbindungen. Die an Fe gebundene Gruppe hat C–C-Bindungslängen von 1,42, 1,41 u. 1,46. Die Struktur ist in Abb. dargestellt, Atomkoordinaten, Strukturfaktoren, Bindungslängen u. -winkel sind tabellar. angegeben. Das Isomere vom F. 118° ist monoklin, $P2_1/c$, a = 9,59, b = 14,28, c = 11,32 Å; β = 99°. E. Schulte 58△

0206 **Kristallstrukturen der Verbindungen MoCoB, WCoB und WFeB.** Ju. B. Kuz'ma, P. I. Kripjakevič und M. V. Čepiga. (Ž. strukturnoj Chim. 9 (1968) 2, 327–29; L'vovskij gos. univ. im. Franko; russ.) — MoCoB krist. nach Röntgenbeugungsdaten rhomb. mit a = 5,767 ± 0,003; b = 3,251 ± 0,002; c = 6,649 ± 0,004 Å; D_{exp} 8,44; D_R 8,88 g/cm³; Z = 4 in D_{2h}^{16}-Pnma u. ist isostrukturell mit TiNiSi. Angabe der Atompara-

meter. Im gleichen Strukturtyp krist. WCoB (a = 5,745 ± 0,003; b = 3,203 ± 0,002; c = 6,652 ± 0,004 Å) u. WFeB (5,832 ± 0,004; 3,163 ± 0,003; 6,811 ± 0,005).
H. Roschkowski 58

0207 **Kristall- und Molekülstruktur desquadratisch planaren High-spin-Komplexes Triphenylmethylarsonium-bis-[toluoldithiol-(3.4)-ato]-cobaltat–0,5-Äthanol.** Richard Eisenberg, Zvi Dori, Harry B. Gray und James A. Ibers. (Inorg. Chem. [Washington] 7 (1968) 4, 741–48; New York, N.Y., Columbia Univ., Dep. of Chem.; engl.) — Mit Hilfe von dreidimensionalen Röntgen-Einkrist.-Meth. wurde die Krist.-Struktur des genannten Komplexes bestimmt. Die Verfeinerung nach der Meth. der kleinsten Quadrate ergab R = 0,063 für 1108 von Null verschiedene Reflexe. Der Komplex ist triklin, $P\bar{1}$, a = 18,61 ± 0,01, b = 10,848 ± 0,006, c = 10,206 ± 0,005 Å; α = 112,45 ± 0,02°, β = 71,55 ± 0,02°, γ = 115,90 ± 0,02°; Z = 2; D_{exp} 1,359 ± 0,010, D_R 1,355 g/cm³. Die $Co(tdt)_2^-$-Anionen haben Symmetriezentren. Die S_4-Koordination um die Co-Atome ist nahezu quadrat.-planar mit Intra- u. Interligandenabständen von 3,098 bzw. 3,028 Å (je ± 0,007). Die ebenen $Co(tdt)_2^-$-Anionen haben eine geordnete trans-Konfig. der Methylgruppen des Toluoldithiol-(3.4)-at-Liganden u. somit C_{2h}-Symmetrie. Das $(C_6H_5)_3(CH_3)As^+$-Kation besitzt die erwartete tetraedr. Geometrie um das As-Atom. Während der Kristallisation des Komplexes werden Mol. des Lsgm. A. in das Gitter eingebaut, vornehmlich auf Grund der Asymmetrie des Kations. Diese Lsgm.-Mol. sind um das (0,1/2,0)-Symmetriezentrum fehlgeordnet; es liegt nur ein Mol. in der Elementarzelle vor. Die Anionen sind gut voneinander getrennt u. zeigen keine magnet. Wechselwrkg., wie sie die Strukturen anderer verwandter, einfach negativer Bis-Komplexe kennzeichnet. Für den Spin-Triplett-Zustand des $Co(tdt)_2^-$-Komplexes wird ein elektron. Grundzustand vorgeschlagen, der aus MO-Rechnungen für den sehr nahe verwandten Ni-Komplex unter Verw. der beobachteten Strukturparameter abgeleitet wurde. Atomparameter, Strukturfaktoren, Bindungslängen u. -winkel sind tabellar. angegeben, die Struktur ist in Abb. dargestellt.
E. Schulte 58△

0208 **Elektronographische Untersuchung der Halbleiterverbindung $CuAsSe_2$.** R. M. Imamov und I. I. Petrov. (Kristallografija 13 (1968) 3, 412–16; Inst. kristallogr. AN SSSR; russ.) — Elektronenbeugungsunters. an durch Aufdampfen der Leg. bei $5 \cdot 10^{-5}$ Torr hergestellten Filmen zeigen die Ggw. zweier Phasen: einer kub. Phase mit Sphaleritstruktur u. a = 5,75 Å sowie einer hexagonalen Phase mit a = 4,05; c = 19,72 Å; Z = 3; R3m. Als Basis der Struktur der hexagonalen Phase ist eine kub. Packung von Se-Atomen anzunehmen, wobei die Cu- u. As-Atome alle tetraedr. Hohlräume einnehmen. Diskussion der Atomabstände.
H. Roschkowski 58

0209 **Antimonide mit $D8_8$- und Hf_5Sn_3Cu-Strukturtypen.** W. Rieger und E. Parthé. (Acta crystallogr. [Copenhagen], Sect. B 24 (1968) 3, 456–58; Philadelphia, Pa., Univ. of Pa., School of Metallurgy and Mater. Sci. and Labor. for Res. on the Struct. of Matter; engl.) — Die Kristallstrukturen von 8 bin. Seltenerdmetallantimoniden der Zus. R_5Sb_3 haben $D8_8$-Strukturtypus. La_5Sb_3: (a) = 9,42 ± 0,01 (Å), (c) = 6,62 ± 0,01. Ce_5Sb_3: 9,302 ± 0,009, 6,514 ± 0,005. Pr_5Sb_3: 9,233 ± 0,004, 6,510 ± 0,004. Nd_5Sb_3: 9,180 ± 0,005, 6,463 ± 0,005. Gd_5Sb_3: 8,975 ± 0,004, 6,343 ± 0,003. Tb_5Sb_3: 8,920 ± 0,003, 6,304 ± 0,003. Dy_5Sb_3: 8,870 ± 0,004, 6,266 ± 0,003. Ho_5Sb_3: 8,851 ± 0,002, 6,234 ± 0,002. Yb_5Sb_3: 8,995, 6,870. Sieben tern. Verb. der Zus. R'_5Sb_3X haben Hf_5Sn_3Cu-Strukturtypus. Ti_5Sb_3Cu: (a) 8,020 ± 0,010, (c) 5,515 ± 0,010. Zr_5Sb_3Ni: 8,530 ± 0,005, 5,773 ± 0,005. Zr_5Sb_3Cu: 8,526 ± 0,007, 5,786 ± 0,005. Zr_5Sb_3Zn: 8,555 ± 0,007, 5,820 ± 0,005. Hf_5Sb_3Ni: 8,469 ± 0,004, 5,715 ± 0,004. Hf_5Sb_3Cu: 8,476 ± 0,004, 5,724 ± 0,004. Hf_5Sb_3Zn: 8,514 ± 0,003, 5,747 ± 0,003. Von Ho_5Sb_3 u. Hf_5Sb_3Zn sind indizierte d-Werte u. Intensitäten angegeben.
E. Schulte 58△

0210 **Kristallographische Daten über die komplexen wasserhaltigen Fluoride des Uran(IV) und von Nickel, Kobalt oder Kupfer.** Pierrette Charpin, François Montoloy und Martine Nierlich. (C. R. hebd. Séances Acad. Sci., Sér. C 266 (1968) 25, 1685–87; Gif-sur-Yvette, CEA, Serv. de documentat.; franz.) — Röntgenograph. Unters. der folgenden 3 Verb.: $NiF_2 \cdot 2\,UF_4 \cdot 8\,H_2O$ (I), $CoF_2 \cdot 2\,UF_4 \cdot 8\,H_2O$ (II) u. $CuF_2 \cdot 2\,UF_4 \cdot 8\,H_2O$ (III). Die Aufnahmen ergaben für I u. II monokline, für III rhomb. Symmetrie. Die Zelldimensionen von I sind a = 11,05 (Å); b = 7,08; c = 8,86; β = 93° 20′; Raumgruppe $P2_1/c$; Z = 2; D_{exp} 4,17. Für II ist a = 11,07 (Å); b = 7,10; c = 8,81; β = 94° 10′; Raumgruppe $P2_1/c$; Z = 2; D_{exp} 4,16. Die rhomb. Zelldimensionen von III sind a = 8,73 (Å); b = 7,16; c = 20,78; die Auslöschungen deuten auf eine raumzentrierte Zelle hin; Z = 4; D_{exp} 4,48.
C. Gottfried 58△

0211 **System Natriummetaphosphat–Kupfermetaphosphat.** Marguerite Laügt, André Durif und Claude Martin. (C. R. hebd. Séances Acad. Sci., Sér. C 266 (1968) 25, 1700–02; Grenoble, Labor. d'Electrostat. et de Phys. du Métal; franz.) — Das Gleichgew.-Diagramm wurde mittels DTA festgelegt. Es liegt nur eine Verb. der Zus. $CuNa_2(PO_3)_4$ vor. Die Verb. hat monokline Symmetrie u. die Zelldimensionen a = 9,398 (Å); b = 13,30; c = 7,717; β = 95° 37′; mögliche Raumgruppen sind Cc oder C2/c; Z = 4. Die Verb. hat F. 710°. Bei der Verb. handelt es sich um ein Polyphosphat mit unendlichen Ketten.
C. Gottfried 58△

0212 **Kristallstrukturen von drei 1 : 1-Komplexen von 1.3.5-Trithian mit Silber(I)-salzen.** R. S. Ashworth, C. K. Prout, A. Domenicano und A. Vaciago. (J. chem. Soc. [London], Sect. A 1968, 1, 93–104; Oxford, Chem. Crystallogr. Labor.; engl.) — Die Krist.-Strukturen von drei Komplexen von 1.3.5-Trithian mit Ag^+-Salzen wurden mit Hilfe dreidimensionaler Röntgenmeth. bestimmt. *1.3.5-Trithiansilber(I)-nitrat*, $C_3H_6O_3NS_3Ag$, ist monoklin, $P2_1/n$, mit a = 23,81 ± 0,06 (Å), b = 12,83 ± 0,04, c = 5,83 ± 0,03, β = 97,8 ± 0,3°, Z = 8, D_{exp} 2,23 (g · cm⁻³), D_R 2,319, opt. zweiachsig. *1.3.5-Trithiansilber(I)-nitratmonohydrat*, $C_3H_8O_4NS_3Ag$, ist rhomb. (bipyramidal), Pcab, mit a = 11,45 ± 0,03, b = 9,63 ± 0,03, c = 16,96 ± 0,04, Z = 8, D_{exp} 2,33, D_R 2,317, opt. zweiachsig. *1.3.5-Trithiansilber(I)-perchloratmonohydrat* $C_3H_8O_5S_3ClAg$, ist monoklin (prismat.), $P2_1/n$, mit a = 6,02 ± 0,02, b = 10,82 ± 0,03, c = 16,24 ± 0,04, β = 80,4 ± 0,3°. Z = 4. D_{exp} 2,31, D_R 2,316. Opt. zweiachsig. In den hydratisierten Verb. werden tetraedr. koordinierte Ag-Atome durch 1.3.5-Trithian-Mol. zu polymeren, neutralen oder kation. Schichten verbunden. Im wasserfreien Nitratkomplex werden zwei Arten von kristallograph. unabhängigen Ag-Ionen, eines tetraedr., das andere fünffach koordiniert, durch 1.3.5-Trithian-Mol. unter Bldg. eines kation. polymeren Bandes gebunden. Die Bänder sind stark den Anionen assoziiert. Atomkoordinaten, Bindungslängen u. -winkel u. Strukturfaktoren für die drei Komplexe sind tabellar. angegeben, die Strukturen sind in Abb. dargestellt.
E. Schulte 58△

0213 **Kristallstruktur von Äthylenbidiguanidsilber(III)-nitrat.** N. R. Kunchur. (Nature [London] 217 (1968) 5128, 539–41; Buffalo, N.Y., Roswell Park Memorial Inst., Centre for Crystallograph. Res.; engl.) — Nach dreidimensionalen Röntgenunters. krist. die Verb. triklin., $P\bar{1}$, a = 8,283 ± 0,004, b = 11,748 ± 0,004, c = 8,530 ± 0,004 Å; α = 104,12°, β = 96,64°, γ = 99,73°; Z = 2; D_{exp} 2,03, D_R 2,03 g/cm³. Die Verfeinerung nach der Meth. der kleinsten Quadrate ergab R = 0,105 für alle beobachteten Reflexe. Ein Mol. von Äthylenbidiguanid wirkt als vierzähniger Ligand u. bildet zwei Koordinations- u. zwei kovalente Bindungen über die vier N-Atome aus. Die Chelatverb. besteht aus einem fünf- u. zwei sechsgliedrigen Ringen. Alle drei Ringe sind planar. Der Winkel zwischen den Ringebenen 2 u. 3 beträgt 138,3°, zwischen 2 u. 4 146,4° u. zwischen 3 u. 4 150,8°. Demnach ist das Mol. nicht eben gebaut, es entspricht dem analogen Cu-Komplex. Alle drei unabhängigen Nitrationen sind eben u. haben normale Bindungslängen u. -winkel. Die Struktur ist in Abb. dargestellt.
E. Schulte 58△

0214 **Kristallstruktur eines katalytischen Zwischenprodukts, Dichloro-[dodecatrien-(2.6.10)-diyl-(1.12)]-ruthe-**

nium(IV). J. E. Lydon und Mary R. Truter. (J. chem. Soc. [London], Sect. A **1968**, 2, 362–75; Univ. of Leeds, School of Chem.; engl.) — Die Krist.-Struktur von $RuCl_2C_{12}H_{18}$, einem Zwischenprod. bei der katalyt. Trimerisierung von Butadien, wurde mit Hilfe dreidimensionaler Röntgenanalyse bestimmt. Die Verb. ist monoklin, $P2_1/a$, mit a = 13,98, b = 8,62, c = 11,75 (Å); $\beta = 63^0$ (bei 120 °K); Z = 4. Die Verfeinerung der Struktur nach der Meth. kleinster Quadrate ergab R = 0,081. Das Mol. besteht aus einer nahezu linearen Cl–Ru–Cl-Gruppe (Ru–Cl = 2,46 Å), die äquatorial von einer unverzweigten Kette mit 11 C-Atomen umgeben ist. Von den C-Atomen bilden die ersten drei u. die letzten drei antiparallele Allyl-Gruppen, die mittleren beiden bilden eine trans-C=C-Doppelbindung (1,44 Å) aus. Das Ru-Atom hat formal den Ox.-Zustand 4^+ u. angenähert pentagonal-bipyramidale Koordination, wenn angenommen wird, daß die Allyl-Gruppen je zwei u. die Doppelbindung eine Position einnehmen. Der Winkel Cl–Ru–Cl beträgt 168° entsprechend einer Verschiebung der Cl-Atome zur Lücke zwischen dem ersten u. dem letzten C-Atom hin. Atomkoordinaten, Temp.- u. Strukturfaktoren, Bindungslängen u. -winkel sind tabellar. angegeben, die Struktur ist in Abb. dargestellt. E. Schulte 58△

0215 **Röntgenstrukturanalyse von Tri-μ-chloro-bis-[bis-(tri-n-butylphosphin)-rutheniumchlorid].** G. Chioccola, J. J. Daly und K. J. Nicholson. (Angew. Chem. **80** (1968) 3, 116–17; dt.; int. Edit. 7 (1968) 2, 131; engl.; Monsanto Res. S.A., Zürich.) — Der Titelkomplex hat ein magnet. Moment von 0,75 BM pro Ru-Atom, was einem ungepaarten Elektron im Mol. entspricht. Die dunkelroten Krist. sind monoklin, $P2_1/c$, mit a = 13,866, b = 16,003, c = 30,545 Å u. β = 110,0°, Z = 4. Beide Ru-Atome sind etwa oktaedr. koordiniert (größte Winkelverzerrung beträgt 12,4°). Der Ru–Ru-Abstand beträgt 3,115 Å. Die Ru–Cl-Bindung ist beträchtlich kürzer, wenn sie in trans-Stellung zu anderen Ru–Cl-Bindungen steht, als wenn sie sich in trans-Stellung zu Ru–P-Bindungen befindet. H.-J. Schönherr 58

0216 **Röntgenstrukturuntersuchung von $KOsO_3N$-Kristallen.** O. A. D'jačenko, V. M. Golyšev und L. O. Atovmjan. (Ž. strukturnoj Chim. **9** (1968) 2, 329–30; Filial inst. chim. fiz. AN SSSR; russ.) — Nach Röntgenbeugungsdaten krist. $KOsO_3N$ tetragonal mit a = 5,706 ± 0,001; c = 13,094 ± 0,004 Å; D_{exp} 4,53 g/cm³ in $I4_1/a$. Angabe der Atomparameter. Das Strukturmodell der Verb. nach Jaeger (1932) wird in seinen Grundzügen bestätigt, jedoch mit anderen Atomabständen u. Bindungswinkeln. H. Roschkowski 58

0217 **Struktur der M'-Phase von $YTaO_4$, einem dritten Polymorphen von Fergusonit.** G. M. Wolten. (Acta crystallogr. [Copenhagen], Sect. B **24** (1968) 3, 463; El Segundo, Calif., Aerospace Corp., Labor. Div.; engl.) — Korrektur zu C. **1969**, 7-0151, Wolten [vgl. ibid. **23** (1967) 939]. Die korrigierten Werte für die Bindungswinkel betragen: 133,8; 91,3; 116,6; 92,7; 96,3 u. 130,4. E. Schulte 58△

0218 **Kristallstruktur von Lirokonit, $Cu_2Al[AsO_4](OH)_4 \cdot 4 H_2O$.** R. V. Kolesova und E. G. Fesenko. (Kristallografija **13** (1968) 3, 396–402; Rostovskij gos. univ.; russ.) — Das Mineral krist. nach Röntgenbeugungsdaten monoklin mit a = 12,64; b = 7,50, c = 9,86 Å; β = 91° 18'; Z = 4 in I2/a. Best. der Atomparameter über Patterson- u. Fourier-Methoden. Die Struktur besteht aus AlO_6-Oktaedern, die gemeinsame Spitzen mit AsO_4-Tetraedern besitzen, die ihrerseits untereinander durch Paare von CuO_6-Bipyramiden verbunden sind. Angabe einiger Strukturprojektionen. H. Roschkowski 58

0219 **Kristallstruktur von Powellit, $CaMoO_4$.** V. B. Aleksandrov, L. V. Gorbatyj und V. V. Iljuchin. (Kristallografija **13** (1968) 3, 512–13; IMGRE, Inst. kristallogr. AN SSSR; russ.) — $CaMoO_4$-Krist. wurden durch hydrothermales Umkristallisieren erhalten. Röntgenbeugungsunters. führen auf a = 5,224; c = 11,430 Å; Z = 4; C^6_{4h} – $I4_1/a$. Angabe der Atomparameter u. interatomaren Abstände. Die Struktur entspricht völlig der von Scheelit. H. Roschkowski 58

0220 **Vitrifikationstemperatur von Wasser.** Ioannis Yannas. (Science [Washington] **160** (1968) 3825, 298–99; Dep. of Mechan. Engng., MIT, Cambridge, Mass.; engl.) — Durch Abschrecken einer Glycerin–W.-Mischung in fl. N_2 wird die Vitrifikation des W. erreicht, d. h. das Erstarren in einem glasartigen Zustand, ohne daß dem eine Kristallisation vorausgegangen ist. Durch kontinuierliche Messung der D. beim langsamen Erwärmen wird die Temp. ermittelt, bei der sich das glasartige W. in den krist. Zustand umwandelt. Diese Temp. wird zu 127 ± 4 °K bestimmt. H. Tulhoff 60

0221 **Strukturbildung von glasig-kristallinen Materialien im System SiO_2–Al_2O_3–CaO–Na_2O.** N. N. Ermolenko und Z. N. Šalimo. (Izvest. Akad. Nauk Beloruss. SSR, Ser. chim. Nauk **1968**, 2, 126–29; Beloruss politechn. inst.; russ.) — Die Phasenumwandlungen im Syst. in Ggw. von 2,5 Mol-% Na_2O wurden elektronenmkr. u. röntgenograph. bei der Verw. von 8 g Fluor (als Feldspat)/ 100 g Glas untersucht. Mit Steigerung der Behandlungstemp. u. ihrer Annäherung zum Erweichungsbeginn des glasig-krist. Materials, das bei 925° während 2 Std. erhalten wurde, wird die Probe homogener u. feindisperser. Auch die röntgenograph. Charakteristiken der Proben ändern sich je nach Art der Wärmebehandlung. J. J. Pohl 60

0222 **Optimaler Kristallisationsstimulator für einige Gläser der Zusammensetzung CaO–MgO–SiO_2 + (R_2O, R_2O_3).** L. A. Žunina, Z. I. Havaruška, A. K. Babosava und L. G. Daščynski. (Izvest. Akad. Nauk Beloruss. SSR, Ser. chim. Nauk **1968**, 2, 65–71; Beloruss. politechn. inst.; beloruss.) — Die katalyt. Wrkg. der hochschmelzenden Metalloxide MoO_3, V_2O_5, TiO_2, ZrO_2, Cr_2O_3 u. Bi_2O_3 sowie von W, SnO_2, P_2O_5 u. CdS bei der Sitallisation von Gläsern bei 400–1000° während 4 Std. wurde untersucht. Die Kristallisationsprod. wurden petrograph. u. röntgenograph. untersucht. Unabhängig von der Art des initiierenden Zusatzes besteht die krist. Grundphase aus diopsidähnlichen Mischkristallen. Eine bestens ausgebildete Struktur wurde beim Zusatz von 1 % Cr_2O_3 u. 5 % NaF erhalten. Bei der therm. Behandlung erleiden die diopsidähnlichen Mischkrist. eine kontinuierliche Änderung. J. J. Pohl 60

0223 **Anordnung der Phasen und spinodale Zersetzung in Gläsern des Systems B_2O_3–PbO–Al_2O_3.** Francis Naudin und Jerzy Zarzycki. (C. R. hebd. Séances Acad. Sci., Sér. C **266** (1968) 11, 729–31; Centre de Rech. de la Comp. de Saint-Gobain, Paris; franz.) — Röntgenkleinwinkelstreuungs- u. elektronenmkr. Unters. der Kinetik der Ausscheidung von Phasen in einem Glas der Zus. 76 Gew.-% B_2O_3, 19 % PbO, 5 % Al_2O_3 zeigen, daß auf den Anfangszustand der spinodalen Zers. ein durch Diffusion kontrollierter Reifungsprozeß folgt. Die Aktivierungsenergie des Prozesses beträgt 73 kcal · Mol^{-1}. J. J. Pohl 60

0224 **Infrarotspektroskopische Untersuchung der Glasbildung und der Kristallisation von Bleiglas mit der Zusammensetzung PbO · SiO_2.** E. V. Smirnova. (Izvest. Akad. Nauk SSSR, Neorg. Mater. 4 (1968) 7, 1124–28; russ.) — Die Strukturgruppen in der Schmelze u. im Glas der Zus. PbO · SiO_2 sind denen im krist. Metasilicat ähnlich. In der Schmelze dissoziiert die Verb. oft unter Bldg. von Orthosilicat u. einem Si-reichen Silicat. Die breite Reflexionsbande von PbO · SiO_2-Gläsern entsteht durch die Überlagerung der Spektren der Strukturgruppen verschiedener chem. Zus. u. Struktur. J. J. Pohl 60

Mechanische und thermische Eigenschaften

0225 **Berechnung der thermodynamischen Funktionen von Ionenkristallen des NaCl-Typs.** Kl. Schäfer und H. Ludwig. (Ber. Bunsenges. physik. Chem. **72** (1968) 7, 782–91; Inst. für Phys. Chem., Univ., Heidelberg; dt.) — Die Debye-Theorie der Festkörper berücksichtigt die atomare Struktur der Krist. lediglich durch die Abbruchfrequenz des auf klass. Grundlage ermittelten Frequenzspektrums. Die Born-Karman-Theorie der Krist. ist zwar von vornherein auf den atomaren Aufbau abgestellt, sie ist aber nur im Falle linearer Krist. leicht durchführbar u. verlangt bei dreidimensionalen Krist. umständliche Rechnungen. Es wird gezeigt, wie man auch bei dreidimensionalen Krist. zu geschlossenen Formeln für das Spektrum kommen kann, welches wieder wie im linearen Falle in einen akust. u. einen opt. Zweig aufspaltet, wenn man Ionenkrist. mit Anionen u. Kationen unterschiedlicher Masse behandelt. Bei Kenntnis des Spektrums gelingt dann auch die Ermittlung der thermodynam. Funktionen durch einfache Integrationsprozesse, bei denen neben den normalen Debye-Funktionen noch ähnlich gebaute „höhere" Debye-Funktionen auftreten, die in analoger Weise wie die normalen Debye-Funktionen ausgewertet werden können. Die Anwendung der erhaltenen Formeln auf den NaCl-Krist. zeigt, daß man die thermodynam. Funktionen aus der Größe der interion. Kräfte fast so genau ermitteln kann, wie sie aus dem Experiment erhalten werden. D. Hoene 72

0226 **Beitrag von Anionendipolen zur Gitterenergie von Rutil.** Paul I. Kingsbury. (Acta crystallogr. [Copenhagen], Sect. A 24 (1968) 5, 578—79; Phys. Dep., Univ. of Ut., Salt Lake City, Ut.; engl.) — Permanent polarisierte Anionen im Gitter von Krist. mit Rutilstruktur tragen zur Gitterenergie bei. Dieser Dipolbeitrag wird für TiO_2 berechnet. Der Term ist nicht groß genug, um die Unterschiede zwischen den beobachteten u. ber. Gitterenergien von Krist. des Rutiltyps zu erklären. H. Roschkowski 72

0227 **Thermodynamik und Defektchemie von festen Lösungen einiger Oxide. 1. Mitt. Wechselwirkungen nächster Nachbarn und Einfluß der Substitutionsfehlordnung.** F. C. M. Driessens. (Ber. Bunsenges. physik. Chem. 72 (1968) 7, 754—64; Labor. of Phys. Chem. of Solids, TU, Eindhoven; engl.) — Unter der Voraussetzung, daß nur Wechselwrkg. zwischen nächsten Nachbarn eine Rolle spielen, werden Beziehungen zwischen den Aktivitäten u. der Zus. für zwei isostrukturelle ion. Oxide abgeleitet. Das bedeutet, daß die Verteilung der Kationen in jedem Untergitter zufällig ist u. daß die Aktivität jeder Art von Kationen in einem bestimmten Untergitter gleich deren Konz. in diesem Untergitter ist. Derartige Lsg. sind ideal, wenn sie keine Substitutionsfehlordnung aufweisen. Ein Vgl. mit Literaturdaten wird vorgenommen. Im Prinzip können drei Arten von Fehlordnung gleichzeitig in bin. Lsg. der Spinelle Mn_3O_4, Fe_3O_4 u. Co_3O_4 vorhanden sein: Austausch von Elektronen zwischen Kationen des gleichen Elements auf verschiedenen Plätzen; Austausch von Elektronen zwischen Kationen verschiedener Elemente; Bevorzugung von Tetraeder- oder Oktaederplätzen durch die Kationen eines Elements. Auf der Grundlage dieser Annahmen werden Gleichungen abgeleitet, die die Gleichgew. bestimmen, die diesen Fehlordnungstypen entsprechen. Nach Literaturdaten folgt das Syst. Mn_3O_4–Co_3O_4 diesen Gleichungen, für die Syst. Fe_3O_4–Co_3O_4 u. Fe_3O_4–Mn_3O_4 ist das nicht der Fall. Die möglichen Gründe für diese Widersprüche werden diskutiert. D. Hoene 72

0228 **Thermodynamik und Defektchemie von festen Lösungen einiger Oxide. 2. Mitt. Paarwechselwirkungen.** F. C. M. Driessens. (Ber. Bunsenges. physik. Chem. 72 (1968) 7, 764—73; engl.) — 1. vgl. vorst. Referat. — Unter der Voraussetzung, daß Wechselwrkg. zwischen nächsten u. übernächsten Nachbarn eine Rolle spielen u. daß die Verteilung der Kationen in jedem Untergitter zufällig ist, werden Beziehungen zwischen den Aktivitäten u. der Zus. abgeleitet. Derartige Lsg. sind regulär, wenn sie keine Substitutionsfehlordnung aufweisen. Ein Vgl. mit Literaturdaten wird vorgenommen. Danach sind bin. Syst. von Halogeniden, Silicaten u. Oxiden mit Steinsalzstruktur sowie von Oxiden mit Spinellstruktur tatsächlich regulär, wenn keine Substitutionsfehlordnung vorhanden ist. Die Wechselwrkg.-Energie zwischen übernächsten Nachbarn wurde zu — 3 bis + 4 kcal/Mol ermittelt. Die Wechselwrkg.-Energie hat als Ursache: Coulomb-Energie, Kristall.-Feldstabilisierung u. Abweichungen des O-Geh. von der Stöchiometrie. D. Hoene 72

0229 **Gitterdynamik und spezifische Wärme-Daten von CsCl, CsBr und CsJ.** A. M. Karo und J. R. Hardy. (J. chem. Physics 48 (1968) 7, 3173—84; Lawrence Radiat. Labor., Univ. of Calif., Livermore, Calif.; engl.) — Detaillierte Berechnungen der Frequenzverteilungs- u. Dispersionskurven der Verb. mit *CsCl*-Struktur: *CsCl*, *CsBr* u. *CsJ* mit den drei verschiedenen Modellen: starres Ionenmodell, Polarisationsdipolmodell u. Deformationsdipolmodell. Dabei werden folgende Parameter ber. u. mit Literaturdaten verglichen: Gitterkonst., Kompressibilität, Abschirmung, DK, ion. Polarisierbarkeit, IR-Dispersionsfrequenz u. effektive Ladung. Die Momentfunktionen der Frequenzverteilung $\omega_D(n) = [{}^1/_3\,(n + 3)\mu_n]^{1/n}$ mit μ_n = ntes Moment einer gegebenen Verteilung, geben beim Auftragen gegen die Temp. einen besseren Vgl. der Modelle als die effektiven Debye-Temperaturen. R. Blank 72

0230 **Klassifikation der Hauptschwingungen in Kristallen mit Hilfe der irreduziblen Darstellungen der Raumgruppen.** V. S. Gorelik. (Kristallografija 13 (1968) 4, 696—98; Fiz. inst. AN SSSR; russ.) — Theoret. Untersuchung. Als Beispiel werden Krist. mit Diamantstruktur behandelt. H. Roschkowski 72

0231 **Gitterschwingungen einer linearen Kette mit weitreichender Wechselwirkung.** Kazushige Ishii. (Progr. theoret. Physics [Kyoto] 39 (1968) 3, 593—600; Dep. of Phys., Kyoto Univ., Kyoto; engl.) — Die Einfl. einer weitreichenden harmon. Wechselwrkg. auf lokalisierte Mode, Resonanzmode u. statist. Langzeit-Verh. einer einatomaren linearen Kette mit einer isotop. Verunreinigung werden untersucht. Das Auftreten der lokalisierten Mode wird nur wenig beeinflußt, aber die Resonanzmode u. das statist. Langzeit-Verh. sind anders als bei der Benutzung einer Wechselwrkg. zwischen nächsten Nachbarn. P. Weiland 72

0232 **Zur Konzentrationsabhängigkeit der thermischen Gitterschwingungen im System Nickel–Kobalt.** Ch. Herrmann. (Freiberger Forsch.-H., Reihe B **1968, 129,** 83 bis 93; Freiberg/Sa.; dt.) — Für reines Ni u. 5 Ni–Co-Leg. (4,9—39,5% Co) wurden die Integralintensitäten der Debye-Scherrer-Linien mittels Zählrohrgravimeters gemessen u. die Debye-Waller-Faktoren bestimmt. Die mittleren quadrat. Verrückungen der Atome durchlaufen in Abhängigkeit vom Co-Geh. ein Minimum bei der Zus. Ni_3Co. Es wird gezeigt, daß der Anteil stat. Störungen unbedeutend ist. Damit kann man die Verrückungen den therm. Gitterschwingungen zuschreiben. Legt man diesen die Debye-Näherungen des Frequenzspektrums zugrunde, so laufen die charakterist. Debye-Temp. durch ein entsprechendes Minimum. Dieses Ergebnis wird den Erwartungen gegenübergestellt, die sich bez. der Konz.-Abhängigkeit von Θ aus der Lindemannschen Schmelzpunktformel sowie aus Messungen elast. Größen ableiten. I. Zoll 72

0233 **Elastizitätskoeffizienten von Kristallen.** T. S. G. Krishnamurty und P. Gopalakrishnamurty. (Acta crystallogr. [Copenhagen], Sect. A 24 (1968) 5, 563—64; Andhra Univ., Waltair, India; engl.) — Mathemat. Ableitung der Elastizitätskoeff. 4. u. 5. Ordnung für alle 32 Krist.-Klassen. H. Roschkowski 78

0234 **Elastizitätskonstanten von Vielkristallen, berechnet aus den Werten der Einkristalle.** Hans Wawra. (Z. Metallkunde 59 (1968) 8, 664—66; dt.) — Vgl. C. **1969,** 5-0251. — Vgl. Bollenrath et al., ibid. 58 (1967) 1, 76. — Wertung der Berechnungsmethoden. M. Frenzel 78

0235 **Bei der Verformung von Ionenkristallen entstehende elektrische Felder.** G. Turčani, M. Matrai und I. Tarjan. (Kristallografija 13 (1968) 4, 717—18; Kristallogr. Labor. AN VNR, Budapešt; russ.) — Kurze Zusammenfassung früherer, an röntgenbestrahlten Alkalimetallhalogenidkrist. erhaltener Vers.-Ergebnisse (vgl. Turchányj et al., Rev. roum. Physique 13 (1968) 59). H. Roschkowski 78

0236 **Verformung von Kristallen durch Gleiten über ein Ebenensystem.** B. I. Smirnov. (Kristallografija 13 (1968) 4, 721—22; Fiz.-techn. inst. AN SSSR; russ.) — Beschreibung eines speziellen Verformungsverf. u. Anwendung auf *LiF*. H. Roschkowski 78

0237 **Struktur und Festigkeit grober polykristalliner anorganischer Materialien.** S. G. Tresvjatskij. (Izvest. Akad. Nauk SSSR, Neorg. Mater. 4 (1968) 7, 1011—20; Inst. problem materialovedenija AN USSR; russ.) — Entw. eines Klassifikationsschemas für die Festigkeit zweiphasiger, anorgan., polykrist. Stoffe. H. Roschkowski 78

0238 **Durch nichtstetige Rißgeschwindigkeiten entstandene transversale Bruchmarkierungen.** S. J. Burns. (Philos. Mag. [8] 18 (1968) 153, 625—35; Ithaca, N.Y., Cornell Univ.; engl.) — Es wurde gefunden, daß die querlaufenden Bruchstreifungen auf langsam gespaltenen Bruchflächen von *LiF* durch wechselnde Spaltungsgeschw. bewirkt werden, die durch Biegeschwingungen in dem gespaltenen Krist. entstehen. Die Abstände dieser Bruchmarkierungen wurden durch Behandlung der Biegeschwingungen als eine Störung der während der Spaltung erzeugten elast. Formänderungsarbeit berechnet. Die experimentellen Beobachtungen sind mit theoret. Voraussagen recht gut im Einklang. E. Schulte 78△

0239 **Thermoelastisches Verhalten von technischen Metallen mit nichtmetallischen Einschlüssen.** G. Beckmann. (Freiberger Forsch.-H., Reihe B 1968, 129, 101—10; Freiberg/Sa.; dt.) — Beitrag zum thermoelast. Verh. technischer Metalle mit nichtmetall. Einschlüssen als Spannungspole. Unters. an typ. Einschlußgruppen wie *Korunde, Spinelle, Ferrite, Chromite, Ilmenite,* kub. *Oxide,* kub. *Carbide* u. kub. *Nitride* in *Stahl* bei Abkühlung von 700° auf 20° sowie an *Al, Cu* u. *Messing* lassen erkennen, daß durch Best. der Elastizitätsgrenzen das Werkstoffverh. von Stahl, Cu u. Messing charakterisiert werden könnte. I. Zoll 78

0240 **Verunreinigungen und thermische Komponenten der Fließspannung in kubisch-raumzentrierten Metallen.** Erwin Pink. (J. Mater. Sci. 3 (1968) 4, 450—51; Metallwerk Plansee Akt.-Ges., Reutte, Tirol, Austria; engl.) — Diskussion einer Mitt. von Rodriguez (ibid. 3 (1968), 98). Unter Verw. von Literaturdaten u. eigenen experimentellen Ergebnissen für das Fließverh. von polykrist. *Ta* weist Vf. nach, daß die Werte der therm. (τ^*) bzw. nichttherm. (τ_μ) Komponente der Fließspannung zu niedrig bzw. zu hoch ausfallen, wenn der Einfl. von Fremdatomen nicht berücksichtigt wird. Es wird eine zusätzliche therm. aktivierte Komponente μ_f^* eingeführt, die die Wechselwrkg. von Versetzungen mit Fremdatomen berücksichtigt. W. Laqua 78

0241 **Verunreinigungen und thermische Komponenten der Fließspannung in kubisch-raumzentrierten Metallen.** P. Rodriguez. (J. Mater. Sci. 3 (1968) 4, 452—53; Bhabha Atomic Res. Centre, Bombay; engl.) — Erwiderung auf die Mitt. von Pink (vgl. vorst. Referat). Vf. unterzieht die von Pink eingeführte zusätzliche therm. Komponente μ_f^* der Fließspannung einer krit. Analyse. W. Laqua 78

0242 **Dauerstandfestigkeit niedrig schmelzender Metalle und Legierungen bei Raumtemperatur.** 1. Mitt. E. Pelzel. (Metall 22 (1968) 8, 801—04; Stolberger Zink Akt.-Ges., Metall-Labor; dt.) — Ergebnisse (Kennwerte) der Unters. der Zeitstandfestigkeit in Abhängigkeit von unterschiedlicher Wärmebehandlung werden für die Metalle *Sn, Cd, Pb, Zn, Al* u. *Cu* mitgeteilt. E. Schulte 78△

0243 **Verfolgung von Aushärtungsvorgängen mittels Leitfähigkeitsmessung.** G. Pysz und J. Tietz. (Freiberger Forsch.-H., Reihe B 1968, 129, 53—67; Freiberg/Sa.; dt.) — Die Änderung des elektr. Widerstandes in Abhängigkeit von Anlaßtemp., Anlaßdauer u. Verformungsgrad wird an folgenden Leg. untersucht: *Al-Ag-Leg.* (38,5% Ag); *AlCuMg1-Leg.* (3,81% Cu; 0,89% Mg; Reste < 0,5%); *AlZnMg-Leg.* (8,01% Zn; 3,99% Mg; Reste ≦ 0,01%); *AlZn-Leg.* (16,2% Zn). Es wurde festgestellt, daß sich bei den verformten aushärtbaren Leg. aus dem Widerstandsverlauf keine unmittelbaren Rückschlüsse auf die vorliegenden Aushärtungszustände ziehen lassen. I. Zoll 78

0244 **Innere Reibung von Alkalimetallen. 1. Mitt. Nominell reines Kalium und Natrium.** T. D. Gulden und J. C. Shyne. (J. Inst. Metals 96 (1968) 5, 139—43; Dep. of Mater. Sci., Stanford Univ., Stanford, Calif.; engl.) — Messung der inneren Reibung von angeblich reinem K u. Na in einem Temp.-Bereich, in dem Relaxationspeaks, die durch Diffusion von Verunreinigungsatomen hervorgerufen werden, zu erwarten sind. In mit O verunreinigtem K wird bei 160 °K ein Relaxationspeak beobachtet, der bei entsprechender Erwärmung u. Abkühlung verschwinden u. wiederauftreten kann. Bei Na, das viel weniger O löst als K, wird der Peak nicht beobachtet. I. Zoll 78

0245 **Innere Reibung von Alkalimetallen. 2. Mitt. Zener-Relaxation in Kalium–Rubidium-Legierungen.** T. D. Gulden und J. C. Shyne. (J. Inst. Metals 96 (1968) 5, 143—46; engl.) — 1. vgl. vorst. Referat. — Messungen der Zener-Relaxation in K–Rb-Leg. (20; 30; 40; 50 Atom-% Rb). Die Relaxationsstärken sind im Vgl zu anderen binären Leg. sehr gering. Dies ist wahrscheinlich auf das thermodynam. fast ideale Verh. der K–Rb-Leg. zurückzuführen. Die mittlere Aktivierungsenergie der Zener-Relaxation in den genannten Leg. beträgt 9700 cal/Mol. I. Zoll 78

0246 **Verformung und Bruch von Kalium.** I. M. Bernstein und M. Gensamer. (Acta metallurg. (Long Island City, N.Y.] 16 (1968) 8, 987—96; Henry Crumb School of Mines, Columbia Univ., New York, N.Y.; engl.) — Die Temp.-Abhängigkeit des Verfestigungskoeff. von K entspricht der von kub.-raumzentrierten Übergangsmetallen. As-legierte K-Einkrist. haben eine definierte dreistufige Verfestigungskurve. K ist unter allen experimentellen Bedingungen extrem duktil, obwohl es Kriterien gibt, die darauf hinweisen, daß es eine beträchtliche Sprödigkeit zeigen sollte. Diese scheinbare Anomalie wird im Zusammenhang mit einem Spannungsrelaxationsmechanismus bei tiefen Temp. behandelt. M. Frenzel 78

0247 **Anisotropie der Adsorptionserniedrigung der Festigkeit von Zn-Einkristallen.** B. D. Summ, G. I. Den'ščikova, M. P. Širšova, Ju. V. Gorjunov. (Doklady Akad. Nauk SSSR 181 (1968) 3, 587—90; Mosk. gos. univ. im. Lomonosova; russ.) — Unters. der Dehnung von Zn (99,99% Zn)-Einkrist. in Ggw. von reinem Hg u. einer 25%ig. Zn-Lsg. im Hg, die auf verschiedene Oberflächenstellen der Probe aufgetragen waren. Es zeigte sich, daß bei einer Verminderung der Berührungsfläche der Schmelze mit dem Einkrist. die Anteile der Probe, die plast. zerstört wurden, zunahmen, d. h., die Wahrscheinlichkeit des plast. Fließens von Zn in Ggw. der Schmelze nahm zu. Die Absorptions-Festigkeitserniedrigung war anisotrop. Es wird gefolgert, daß beim Sprödbruch der Zn-Einkrist. in Ggw. einer Hg-Schmelze das Haupthindernis für die Versetzungsbewegung die Schmelzatome selbst sind (bes. im Gebiet geringer Verformungen), wobei die die Versetzungsbewegung hemmende Barrierenhöhe von der gesamten Anzahl der Versetzungskanäle, an denen eine unreguläre Diffusion der Schmelzatome verläuft, sowie von der mittleren Konz. dieser Atome im Einzelkanal abhängt. Die Anzahl der Kanäle wächst mit einer Vergrößerung der Länge der benetzten Stelle des Probenumfanges. H. Hochstein 78

0248 **Anisotropie des Elastizitätsmoduls von kalt verformtem Titan.** I. G. Zacharčenko und A. E. Brjuchanov. (Izvest. vysšich učebnych Zavedenij [Tomsk], Fiz. 11 (1968) 7 (74), 24—29; Odesskij gosuniv. im. Mečnikova; russ.) — Eine Analyse der elast. Anisotropie von Ti zeigt, daß sich bei der plast. Verformung die Körner so orientieren, daß parallel zur Walzebene sich eine kristallograph. Richtung mit einem Winkel von 32° zur (0001)-Fläche einstellt. H. Roschkowski 78

0249 **Dynamische Reckalterung in Titan.** N. G. Turner und W. T. Roberts. (J. less-common Metals [Lausanne] 16 (1968) 1, 37—44; King of Prussia, Pa., General Electric Valley Forge Space Technol. Center; engl.) — An *Ti* kommerzieller Reinheit wurden im Bereich Raumtemp. bis 450° Dehnungs- u. Ermüdungsvers. durchgeführt. Die bei zwei verschiedenen Dehnungsgeschw. erhaltenen Dehnung–Spannungs-Kurven zeigen die graduelle Entw. von diskontinuierlichem Fließen bei zunehmender Temperatur. Die Temp.-Abhängigkeit der stat. Festigkeit zeigt bei erhöhten Temp. eine Abnahme, es tritt eine leichte Diskontinuität auf, die in der Kurve die Dauerfestigkeit mit der Temp. in Beziehung setzt. Die Ergebnisse werden mit Hilfe eines schwachen, dynam. Reckalterungseffekts interpretiert. E. Schulte 78△

0250 **Verformungsentfestigung und Dichteänderungen bei Pb–Sb-Legierungen.** H. Borchers und W. Scharfenberger. (Metall **22** (1968) 8, 809—12; München, TH, Inst. für Metallurgie u. Metallkunde; dt.) — Durch Auftriebsmessungen wurden die bei plast. Verformung auftretenden Dichteänderungen von gegossenen u. wärmebehandelten Hartbleileg. (Pb mit 2,5; 9,5 u. 15,6 Gew.-% Sb) bestimmt. Mit Hilfe von Best. der Brinell-Härte wurde das spezif. mechan.-technolog. Formänderungsverh. der Pb-reichen Pb–Sb-Leg. untersucht. Die gefundene konstitutionelle Verformungsentfestigung wird durch Korrelationsprozesse zwischen den in ihren Grundeig. extrem verschiedenen α- u. β-Gefügeanteilen sowie durch räumliche Anordnung u. Verteilung gedeutet. Eine plast. Verformung von heterogenen Pb–Sb-Leg. muß ausnahmslos vermieden werden, da sie a) durch die Bldg. innerer phaseneigener Mikrosprödbrüche das festigkeitstragende Sb-Skelett zerstört, b) zu starker schädlicher Porosität im Materialinneren führt u. c) schon bei Umgebungstemp. eine nachhaltige Erweichung des durch Übersättigung bzw. homogene Feinausscheidung verfestigten α-Mischkrist. in Form einer Rekristallisation mit gleichzeitiger inhomogener Ausscheidung hervorruft. E. Schulte 78△

0251 **Zeitstandseigenschaften einiger wärmefester Metall-Legierungen. 1. Mitt. Einfluß der Wärmebehandlung auf die Eigenschaften der Nioblegierung D-$_{43}$.** R. L. Stephenson. (J. less-common Metals [Lausanne] **15** (1968) 4, 395—402; Metals and Ceramic Div., ORNL, Oak Ridge, Tenn.; engl.) — Die Eig. einer unterhalb 1204° gealterten Leg. D-$_{43}$ (Nb, 10 Gew.-% W, 1 % Zr, 0,1 % C) werden mit Proben des gleichen Materials verglichen, die 1 Std. bei 1427° gealtert oder bei 1538° rekrist. sind. Die bei hohen Temp. behandelten Proben zeigen bei Langzeitbelastung bei hoher Temp. bessere Standfestigkeit. Nach 500 Std. Tempern bei 982° verschlechtern sich die Eig. wieder. Die Kriech- u. Brucheig. werden in Diagrammen wiedergegeben. H. Tulhoff 78

0252 **Zeitstandseigenschaften einiger wärmefester Metall-Legierungen.** 2. Mitt. **Eigenschaften der Nioblegierungen FS-85 und Cb-752 und ihre Abhängigkeit von der Wärmebehandlung.** R. L. Stephenson. (J. less-common Metals [Lausanne] **15** (1968) 4, 403—14; engl.) — 1. vgl. vorst. Referat. — Die Leg. FS-85 (Nb, 27 Gew.-% Ta, 10 % W, 1 % Zr) u. Cb-752 (Nb, 10 % W, 2,5 % Zr) werden Anlaßhärtungen von 1 Std. bei Temp. bis zu 1593° unterzogen. Die Kriech- u. Brucheig. werden bei 982, 1204 u. 1427° bei Belastung bis zu 1000 Std. untersucht, sie verbessern sich mit Erhöhung der Anlaßtemperatur. Die Ergebnisse werden in Diagrammen wiedergegeben. Anlaßtemp. über 1593° verschlechtern die Eig. wieder. H. Tulhoff 78

0253 **Zeitstandseigenschaften einiger wärmefester Metall-Legierungen.** 3. Mitt. **Vergleich der mechanischen Eigenschaften einiger Tantal-Legierungen.** R. L. Stephenson und H. E. McCoy jun. (J. less-common Metals [Lausanne] **15** (1968) 4, 415—24; engl.) — 2. vgl. vorst. Referat. — Kriech- u. Bruchverh. zwischen 1000 u. 1650° werden an reinem Ta u. den Leg. Ta 10 Gew.-% W, T 111 (Ta, 8 % W, 2 % Hf) u. T 222 (Ta, 9,6 % W, 2,4 % Hf, 0,01 % C) untersucht. Die 3 Leg. zeigen sehr ähnliche Eigenschaften. Als Ursache der Härtung wird Mischkrist.-Bldg. angenommen. H. Tulhoff 78

0254 **Kriechdehnung von Niob–Molybdän-Legierungen.** R. Jackson, H. J. Carvalhinhos und B. B. Argent. (J. Inst. Metals **96** (1968) 7, 210—20; Sheffield, Univ., Dep. of Metallurg.; engl.) — Die Kriechdehnung von hochreinen Nb–Mo-Leg. wurde im Temp.-Bereich 800 bis 1300° u. bei Drücken von 1500—13000 lbs./in² untersucht. Die Aktivierungsenergie für das Kriechen ändert sich von ≈ 98 (kcal/Mol) für reines Nb auf ≈ 115 für Nb-5 Atom-% Mo. Für Leg. mit bis zu 10 Atom-% Mo kann die Abhängigkeit der Kriechspannungsrate ($\dot{\varepsilon}$) von der Konz. an Mo (χ_{Mo}) bei konst. Druck u. konst. Temp. durch die Beziehung $\ln \dot{\varepsilon} = A - B\chi_{Mo}$ ausgedrückt werden (A u. B sind Konst.). Eine Erklärung für dieses Verh. wird an Hand eines Modelles gegeben, das den Einfl. der Atome des Gelösten auf die Erholungsgeschw. von dreidimensionalen Versetzungsnetzwerken, die in elektronenmkr. Aufnahmen dünner Folien des deformierten Materials beobachtet wurden, berücksichtigt. E. Schulte 78△

0255 **Einfluß von Vakuumglühen und Carburierung auf die Duktilität von grobkörnigem Molybdän.** K. Tsuya und N. Aritomi. (J. less-common Metals [Lausanne] **15** (1968) 3, 245—57; Nat. Res. Inst. for Metals, Tokyo; engl.) — Zur Unters. der Ursache der intergranularen Sprödigkeit (IS) in Mo wurden die Änderungen der Duktilität nach Vakuumglühen, Carburieren u. Decarburieren an elektronenstrahlgeschmolzenen, grobkörnigen Proben bestimmt. Die IS konnte durch Glühen im Vakuum bei 2000° nicht red. werden. Durch geeignete Carburierung wird die Duktilität verbessert; auf den intergranularen Oberflächen der carburierten duktilen Proben werden zahlreiche Carbide erkennbar. Carbide sind also offensichtlich nicht der Hauptgrund für die IS. Bei Decarburierung in H_2 verspröden carburierte duktile Proben wieder. Die Verbesserung der Duktilität aus der Carburierung kann nicht nur der Desox. während der Carburierung zugeschrieben werden, sondern auch dem Einfl. des C selbst u. der Dispersion von Carbiden in der Matrix. Bei 2000° im Vakuum geglühte, spröde Proben werden nach 12std. Tempern bei 500—600° duktil; Absonderungen von C an den Korngrenzen führen dabei offenbar zur Abnahme der IS. Es wird angenommen, daß die Kohäsionskräfte zwischen den Korngrenzen im Mo mit steigendem C-Geh. zunehmen u. daß der Einfl. des C von der Menge des an den Korngrenzen abgesonderten C, aber nicht von der gesamten Konz. an C abhängt. P. Scharner 78

0256 **Verfestigungsmechanismus von Legierungen des Systems Nickel–Aluminium und von Nimonic.** G. I. Nosova und N. T. Travina. (Fiz. Metallov Metallovedenie **25** (1968) 6, 1116—21; Inst. metallofiz. CNIIČH im. Bardina; russ.) — An Einkrist. von Ni-Leg. mit 14 oder 12,5 Atom-% Al bzw. einer Nimonic-Probe mit 72,7 Ni; 22,5 Cr; 3,2 Ti u. 1,6 Al wird der Einfl. von therm. erzeugten Strukturänderungen auf die Bruchspannung untersucht. Die Vers.-Werte werden mit Berechnungen auf der Grundlage der Versetzungstheorien der Verfestigung verglichen. H. Roschkowski 78

0257 **Änderung der Verformungsverfestigung und der elastischen Charakteristika bei der isothermen Ordnungseinstellung von Legierungen auf Ni_3Fe-Basis.** A. D. Korotaev und N. A. Koneva. (Izvest. vysšich učebnych Zavedenij [Tomsk], Fiz. **11** (1968) 7 (74), 40—44; Sibir. fiz.-techn. inst. im. Kuznecova; russ.) — Die Änderungen des Elastizitätsmoduls, der Fließgrenze, Härte, der Gleitsyst. u. der Fließkurven bei der isothermen Ordnungseinstellung der polykrist. Leg. Ni_3Fe, $Ni_3(Fe_{0,98} \cdot Al_{0,02})$, $Ni_3(Fe_{0,97}Mn_{0,03})$ u. $Ni_3(Fe_{0,975}W_{0,025})$ verlaufen gleichartig. H. Roschkowski 78

0258 **Messungen zur Erholung von kaltverformten kubisch-flächenzentrierten NiCo-Legierungen.** H. Oettel. (Freiberger Forsch.-H., Reihe B **1968**, 129, 41—52; Freiberg/Sa.; dt.) — Messungen der Erholung des elektr. Zusatzwiderstandes nach Kaltverformung bei Raumtemp. u. —196° an 2 kub.-flächenzentrierten NiCo-Leg. mit 10 u. 50 % Co. Es zeigt sich, daß der Ausheilmechanismus von Zwischengitteratomen u. Leerstellen in kaltverformten NiCo-Leg. dem des reinen Ni entspricht. Die Wanderungsaktivierungsenergien für Zwischengitteratome u. Leerstellen sind nahezu von der Konz. unabhängig. Die Zahl der bei gleicher Verformung gebildeten Versetzungen steigt mit fallender Stapelfehlerenergie. Die Zahl der gebildeten Punktdefekte steigt mit fallender Stapelfehlerenergie entsprechend der wachsenden Versetzungsdichte an. I. Zoll 78

0259 **Einfluß von Wasserstoff auf die innere Reibung von Nickel.** P. Combette, J. Perez und P. Gobin. (J. Physics, D (Brit. J. appl. Physics) [2] **1** (1968) 8, 1075 bis

1078; Dep. de Phys., Inst. Nat. des Sci. Appl., Lyon, France; engl.) — H verändert die innere Reibung von zonengereinigtem Ni. Die Proben ohne H haben eine große innere Reibung, die hauptsächlich auf der Versetzungsbewegung beruht. Proben mit H besitzen eine kleine innere Reibung, die nach Kaltverformung zunimmt u. abnimmt, wenn die Temp. ansteigt. Diese Ergebnisse entsprechen der Auffassung des Festhaltens der Versetzungen durch H. I. Zoll 78

0260 **Verhältnis von gespeicherter zu aufgewandter Energie während der Verformung von Kupfer- und Aluminium-Einkristallen bei 78 °K.** A. Wolfenden. (Acta metallurg. [Long Island City, N.Y.] **16** (1968) 8, 975—80; Metals and Ceram. Div., ORNL, Oak Ridge, Tenn.; engl.) — In beiden Metallen ergeben sich viel größere Werte des Verhältnisses als bei früheren Unters. der Verformung bei Zimmertemperatur. M. Frenzel 78

0261 **Zur Erholung des elektrischen Widerstandes von α-CuZn-Legierungen nach plastischer Deformation bei Raumtemperatur.** P. Klimanek. (Freiberger Forsch.-H., Reihe B 1968, **129**, 21—40; Freiberg/Sa.; dt.) — Beitrag zur Aufklärung über die Rolle der Stapelfelder beim Erholungsvorgang in α-CuZn-Leg. (1—35 Gew.-% Zn) im Temp.-Gebiet bis 200°. — 49 Literaturangaben. I. Zoll 78

0262 **Veränderung des Elastizitätsmoduls von Kupfer nach plastischer Verformung.** G. Fantozzi, D. Boulanger und P. Gobin. (J. Inst. Metals **96** (1968) 8, 236 bis 241; Dep. de Phys., Inst. Nat. des Sci. Appl. de Lyon, Villeurbanne (Rhone); engl.) — 99,999% u. 99,99% reines Cu wurde 2 Std. lang bei 550° angelassen. Der Korndurchmesser betrug ca. $5 \cdot 10^{-2}$ mm. Die Proben wurden bei 180 °K zwischen 0,5 u. 10% spannungsverformt. Von 80 bis 350 °K wurde ein reversibler Anstieg der Änderung des Elastizitätsmoduls beobachtet, hervorgerufen durch zwei verschiedene Prozesse, von denen einer bei 180 °K ein Max. oder einen Sättigungswert als Funktion der Temp. hat. Über 180 °K tritt ein zweiter Effekt auf, der mit dem Mikrokriechen von auf Fehlstellen zugewanderten Zwischenräumen erklärt werden kann. Dieser zweite Effekt ist nach dem Anlassen im zweiten Stadium wahrnehmbar. R. Zimmer 78

0263 **Einfluß der Oberflächen auf die Ermüdung von Kupfer bei niedrigen Amplituden.** R. G. Gates und W. A. Wood. (J. Inst. Metals **96** (1968) 8, 242—44; Dep. of Civil Engng., Columbia Univ., New York, N.Y.; engl.) — Cu hoher Leitfähigkeit wurde $^1/_2$ Std. bei 760° geglüht, elektrolyt. poliert u. unbelegt in Luft oder Ar sowie mit einem elektrolyt. Nd. von Cr oder Au versehen für Ermüdungsvers. mit Oberflächenscherspannungen von $< \pm 0{,}003$ verwendet. Für die mkr. Unters. wurden sie in 10% Ammoniumperoxodisulfatlsg. geätzt. Die Konz. der Verformung in Ermüdungszonen ist unabhängig von der Oberfläche. Eine Ausweitung dieser Zonen zu Mikrobrüchen ist auf chem. Angriff zurückzuführen. R. Zimmer 78

0264 **Mechanische Ermüdung von polykristallinem Molybdän, Tantal und Iridium bei hohen Temperaturen und kleinen Frequenzen.** M. J. Murray. (J. less-common Metals [Lausanne] **15** (1968) 4, 425—35; Surface Phys., Cavendish Labor., Free School Lane, Cambridge; engl.) — Mittels eines Torsionspendels werden die Elastizitätseig. bei ca. 1 Hz zwischen 500 u. 1800° gemessen. Für polykrist. Mo-, Ta- u. Ir-Drähte werden bei 1050, 1230 bzw. 1450° Max. in der inneren Reibung gefunden. Diese treten an Mo- u. Ta-Einkrist. nicht auf. Es wird ein Zusammenhang zwischen den Maxima u. Versetzungen längs der Korngrenzen in den Polykrist. diskutiert. H. Tulhoff 78

0265 **Mittelwertbildungs-Techniken bei polykristallinem Graphit.** O. D. Slagle. (Carbon [Oxford] **6** (1968) 1, 111—21; Richland, Wash., Pacific Northwest Labor., Battelle Mem. Inst.; engl.) — Die Modelle eindimensionaler konst. Belastung u. eindimensionaler konst. Dehnung wurden zur Berechnung der Elastizitätsmoduln u. der therm. Ausdehnungskoeff. als Funktion der Kristallitorientierung in polykrist. Graphit herangezogen. Zwei diese beiden Modelle verbindende modifizierte Modelle ergeben eine gute Übereinstimmung mit dem Experiment u. zusätzlich einen Einblick in das anomale Verh. von polykrist. Graphit. Die Ergebnisse sind graph. u. tabellar. dargestellt. E. Schulte 78△

0266 **Mechanische Eigenschaften feuerfester Materialien auf der Basis von Bor- und Siliciumnitrid.** S. S. Gorodeckij und V. K. Kazakov. (Izvest. Akad. Nauk SSSR, Neorg. Mater. **4** (1968) 7, 1067—70; Inst. problem materialovedenija AN USSR; russ.) — Die Festigkeit von BN–Si_3N_4-Sintergemischen hat ein Max. bei Sintertemp. von 1600+1630° u. bei 60—90 Mol-% Si_3N_4. Bei 40—60% BN ist die Festigkeit bis 800° unabhängig von der Temperatur. H. Roschkowski 78

0267 **Mikrohärte von Gläsern.** M. Prod'homme. (Physics Chem. Glasses **9** (1968) 3, 101—05; CNRS, Labor. Verres, Inst. d'Opt., Paris; engl.) — Durchführung von Mikrohärtebest. (Vickers-Pyramide) an folgenden Gläsern: Se, im Syst. Se–As–Te–Tl, As_2Se_3, Sb_2O_3, Aluminophosphat, Flint D 8825, C 3735 u. B 6843, poliertem Flachglas, Flachglas, Kron B 0061, Pyrex, Borosilicat-Kron B 1463, dichtes Ba-Kron B 9060, Quarzglas. Die an den meisten Gläsern erhaltenen Ergebnisse stehen in guter Übereinstimmung mit Literaturwerten, was zeigt, daß die Meth. trotz mancher Unzulänglichkeiten bei der Auswertung zu einer annehmbaren Genauigkeit führt. Vf. vermutet einen Zusammenhang zwischen Mikrohärte u. Viskositätswerten. Deshalb wurden Kron B 0061 u. Borsilicat-Kron B 1463 nach verschiedenen Wärmebehandlungen untersucht (so zeigen abgeschreckte Proben geringere Mikrohärten als gut gekühlte; Differenzen bis 13%). Die Art der Politur (Feuer oder mechan.) hat keinen Einfl. auf die Mikrohärtewerte. M. Hähnert 78

0268 **Innere Reibung von glasigem Berylliumfluorid.** I. S. Gilev und G. T. Petrovskij. (Izvest. Akad. Nauk SSSR, Neorg. Mater. **4** (1968) 8, 1259—63; russ.) — Auf den Kurven der Temp.-Abhängigkeit der inneren Reibung von glasigem BeF_2 treten 6 Max. auf, die folgenden Prozessen zugeordnet werden: Übergang der dem β-Cristobalit ähnlichen Form von BeF_2 in die dem α-Cristobalit ähnliche Form, Übergang der α-Quarzmodifikation der Struktur von BeF_2 in die β-Quarzstruktur, mechan. Glasbldg. der Strukturformen mit Quarzgitter, mechan. Glasbldg. der Strukturformen mit Cristobalitgitter, Schwingungen der F^--Ionen. H. Roschkowski 78

0269 **Periodische Gleitprozesse und Polytypbildung in ZnS-Kristallen.** S. Mardix, Z. H. Kalman und I. T. Steinberger. (Acta crystallogr. [Copenhagen], Sect. A **24** (1968) 4, 464—69; Dep. of Phys., Hebrew Univ., Jerusalem, Israel; engl.) — Aus Deformationsmessungen wird gezeigt, daß die Polytypbldg. durch einen period. Gleitprozeß nach Abschluß des Wachstumsvorgangs erfolgt. H. Liepack 78

0270 **Einfluß von Abweichungen von der Stöchiometrie auf die Ätzgeschwindigkeit und Mikrohärte von Cadmiumtellurid.** S. A. Medvedev, S. N. Maksimovskij, Ju. V. Klevkov und P. V. Šapkin. (Izvest. Akad. Nauk SSSR, Neorg. Mater. **4** (1968) 7, 1179—80; Fiz. inst. im. Lebedeva AN SSSR; russ.) — An 10 n- u. p-leitenden $CdTe_x$-Proben wird die Ätzgeschw. in $HCl : HNO_3 : H_2O = 1:1:1$ u. die Mikrohärte in Abhängigkeit von der Stöchiometrie bestimmt. H. Roschkowski 78

0271 **Mikrohärte von Quecksilbertellurid.** V. P. Sčastlivyj und M. B. Artembeva. (Izvest. Akad. Nauk SSSR, Neorg. Mater. **4** (1968) 7, 1181; Mosk. inst. stali i splavov; russ.) — Die Mikrohärte von reinem HgTe u. von Proben mit 0,1; 0,5 u. 1 Gew.-% CdTe wird in Abhängigkeit von der Züchtungsgeschw. der Krist. gemessen. H. Roschkowski 78

0272 **Elastizitätskonstanten von $Hg_5In_2Te_8$.** T. Alper, N. G. Pace und G. A. Saunders. (J. Physics, D (Brit. J. appl. Physics) [2] **1** (1968) 8, 1079—81; Dep. of Appl. Phys., Univ. of Durham; engl.) — Best. der Elastizitätskonst. C_{11}, C_{12} u. C_{44} des tern. Halbleiters $Hg_5In_2Te_8$. Für die Ionizität wird 0,47 ± 0,05 angegeben u. für die Debye-Temp. 142 ± 6 °K. Die elast. Eig. ähneln denen der **II-VI**-Verb. wie *ZnS* u. bes. *HgTe*. I. Zoll 78

0273 **Zusammenhang der physikalisch-mechanischen Eigenschaften der Carbide der IV.—VI. Gruppe des Periodensystems mit ihrer Elektronenstruktur und ihren thermodynamischen Parametern.** V. I. Tumanov, S. I. Judkovskij und V. V. Černyšev. (Izvest. Akad. Nauk SSSR, Metally **1968, 4,** 212—19; Moskva; russ.) — Für *TiC, VC, NbC, TaC,* Cr_3C_2, Mo_2C u. *WC* wird der Zusammenhang zwischen Festigkeit, plast. Verformung, der Atomisierungsenergie, freien Bldg.-Energie u. der Elektronenstruktur besprochen.
H. Roschkowski 78

0274 **Einfluß hohen Drucks auf die Struktur und Härte einiger schwer schmelzender Carbide.** A. E. Koval'skij, A. I. Prichna, É. A. Rybakova, N. I. Timofeeva und A. A. Šul'ženko. (Izvest. Akad. Nauk SSSR, Metally **1968, 4,** 231—32; Kiev; russ.) — Bei Einw. hohen Drucks (bis 100 kbar) u. hoher Temp. (bis 1400°) steigt die Mikrohärte von *WC, TAC, TiC, NbC, ZrC, WC* u. Cr_3C_2 sowie von TiC, NbC, TaC, WC u. Cr_3C_2 mit Zusätzen von 2—3 Gew.-% Co bis auf ca. 2600—3000 kg/mm² an.
H. Roschkowski 78

0275 **Mechanische Eigenschaften von Nickeloxidzundern.** I. A. Menzies und P. Aldred. (Corrosion Sci. 8 (1968) 7, 525—39; Corrosion Labor., Univ. of Manchester, Inst. of Sci. and Technol., Manchester; engl.) — Der Einfl. der Bldg.-Temp., der Vorbehandlung des Metalls u. der nachfolgenden Wärmebehandlung des Oxids auf die Struktur u. die mechan. Eig. von NiO-Proben, die durch vollständige Ox. von handelsüblichem Ni hergestellt wurden, wird untersucht. Ox.-Temp. u. eine H_2-Glühung des Metalls vor der Ox. sind von bes. Einfluß. Die Gesamtzeit der Ox. u. einer Glühbehandlung in O_2 hat nur wenig Einfl. auf Struktur u. Eig. der Proben. Die Duktilität der Oxidproben nimmt bei einer Glühung des Metalls in H_2 u. Ox. bei 1200° zu. M. Frenzel 78

0276 **Transversales Gleiten in Silberchlorid.** S. S. Gorbač, V. Ju. Markovskij und M. P. Šaskol'skaja. (Kristallografija **13** (1968) 4, 719—20; Mosk. inst. stali i splavov; russ.) — Bei der Unters. des Temp.-Intervalls des Übergangs von AgCl-Krist. aus dem spröden in den viskosen Zustand u. umgekehrt wurde die Orientierungsabhängigkeit der mechan. Eig. u. des Aussehens der Gleitspuren bei verschiedenen Temp. bestimmt. Bei —183° ist in AgCl die Hauptebene (110) mit der Richtung [110], wie in NaCl bei Raumtemperatur.
H. Roschkowski 78

0277 **Anlaßverhalten von Spaltgasblasen in Uran verschiedener Reinheit nach der Bestrahlung.** B. Hudson. (J. nuclear Mater. [Amsterdam] 27 (1968) 1, 54—63; UKAEA, Metallurg. Div., AERE, Harwell, Berks.; engl.) — Die Gasblasenverteilung wird durchstrahlungselektronenmkr. untersucht. M. Frenzel 84

0278 **Diffusion und Permeation von H durch reine Fe-Membranen.** S. Wach und A. P. Miodownik. (Corrosion Sci. 8 (1968) 4, 271—79; Dep. of Metallurg. and Mater. Technol., Univ. of Surrey, London; engl.) — Eine verbesserte Time-lag-Meth. bestätigt, daß in Fe zwei Diffusionsformen auftreten. Die Ergebnisse entsprechen einer wirksamen Diffusionsschichtdicke von 0,2 cm im Vgl. zu dem Wert von 0,05 cm, der zuvor für palladiniertes Fe erhalten wurde. Für den Diffusionskoeff. wird $4{,}5 \cdot 10^{-5}$ cm² · s⁻¹ bei 25° angenommen. Diffusion u. Permeation scheint eine Funktion der Stromdichte u. der Überspannung zu sein, sie erreichen ein Max. bei ca. 30 bis 40 mA/cm². Diffusion u. Permeation werden durch Veränderung der Membranoberfläche stärker beeinflußt als durch eine krit. H-Konz. oder die Bldg. von Hohlräumen im Metall. M. Frenzel 84

0279 **Diffusion und Verhalten von Schwefel an Korngrenzen in α-Eisen.** Marc Aucouturier, Akihiko Hoshino, Masatoshi Suzuki und Toru Araki. (Trans. Iron Steel Inst. Japan 7 (1967) 4, 191—96; Nat. Res. Inst. for Metals, Tokyo; engl.) — Die Diffusion von radioakt. S in reinem α-Eisen wird quant. im Temp.-Bereich von 630—900° untersucht. Bes. betrachtet wird der „Oberflächen-Effekt" als Folge einer Abscheidung von Fe-Sulfid in dünner Schicht nahe der Probenoberfläche. Die Ergebnisse werden mit Hilfe von Wechselwrkg. zwischen den Korngrenzen des Fe u. S-Atomen diskutiert. Das untersuchte Material war ein Elektrolyteisen mit 0,02% C; 0,01% Co u. Reste < 0,006%.
I. Zoll 84

0280 **Bestimmung von Diffusionskoeffizienten im Glas aus Streulichtmessungen.** J. J. Hammel, J. Mickey und H. R. Golob. (J. Colloid Interface Sci. 27 (1968) 3, 329—35; Glass Res. Center, PPG Industries, Pittsburgh, Pa.; engl.) — An entmischten Glasproben der Zus. $13Na_2O \cdot 11{,}5\,CaO \cdot 75\,SiO_2$ wurden Streulichtmessungen durchgeführt. Die experimentellen Resultate stimmen gut mit der Theorie von Goldstein für die Streuung infolge der durch Diffusion bedingten Phasentrennung überein. Aus den Viskositätswerten u. der Stokes-Einstein-Beziehung werden die Diffusionskoeff. ber. u. mit den experimentell ermittelten Daten verglichen.
H. Korn 84

0281 **Diffusion in Metallen im Ungleichgewichtszustand.** S. Z. Bokštejn, M. A. Gubareva, S. T. Kiškin, L. M. Moroz und I. N. Roščina. (Fiz. Metallov Metallovedenie **25** (1968) 4, 702—07; russ.) — In deformierten Schliffoberflächen von *Ni*, der Ni-Leg. ChN77TJuR u. *Fe* verändern sich die Diffusionsbeweglichkeiten in Abhängigkeit von der Temperzeit kompliziert, anfangs tritt eine Vergrößerung, danach eine Verminderung auf. Dabei konnte ein Zusammenhang zwischen Gittertyp u. ein Einfl. des Oberflächenzustandes auf die Diffusion festgestellt werden. In Metallen mit kub.-flächenzentriertem Gitter (Ni, Cu) beschleunigt eine vorhergehende plast. Verformung die Diffusion in größerem Maße als bei kub.-raumzentrierten Metallen (α-Fe, Cr). Dieser Unterschied ist bedingt durch den unterschiedlichen Verfestigungsmechanismus u. die Intensität der Erholungs- u. Rekristallisationsvorgänge. Friedel Schneider 84

0282 **Kinetik der Diffusionskoagulation disperser Phasen in Metallegierungen.** V. I. Psarev. (Fiz. Metallov Metallovedenie **26** (1968) 1, 120—28; Černovickij gosuniv.; russ.) — Theoret. Unters. mit Anwendung auf Fe-Leg. mit ca. 0,4(%) C u. 0,52—1,37 V oder 0,4 Mo.
H. Roschkowski 84

0283 **Einfluß von hohem Druck auf die Selbstdiffusion in Metallen.** E. D. Martynov. (Fiz. Metallov Metallovedenie **25** (1968) 6, 1083—89; Inst. fiz. Zemli im. Šmidta AN SSSR; russ.) — Der Einfl. von Drücken bis 30000 kg pro cm² auf die Selbstdiffusion kub.-raum- bzw. -flächenzentrierter Metalle (*Cu, Au, Pb, β-Li, Na*) wird untersucht. Die Einw. hydrostat. Drucks bzw. Drucks bei gleichzeitiger plast. Verformung wird verglichen. Bei plast. Fließen schwächt sich der Druckeinfl. auf die Verminderung der Diffusionsgeschw. ab.
H. Roschkowski 84

0284 **Selbstdiffusion von Ti, Zr und Hf in ihren hexagonal dichtgepackten Phasen und Diffusion von ⁹⁵Nb in hexagonal dichtgepacktem Zr.** F. Dyment und C. M. Libanati. (J. Mater. Sci. 3 (1968) 4, 349—59; Consejo Nac. de Invest. Cient. y Técn., Buenos Aires; engl.) — Die Selbstdiffusionskoeff. wurden mit der Restaktivitätsmeth. nach Zerteilung der polykrist. Proben bestimmt. Für die Aktivierungsenergie Q (in cal/Mol) u. die Häufigkeitsfaktoren D_0 (in cm²/s) wurden die folgenden Werte erhalten: 27000 u. $2{,}1 \cdot 10^{-7}$ für ^{95}Zr in Zr, 22200 u. $5{,}5 \cdot 10^{-8}$ für ^{95}Zr + ^{95}Nb in Zr, 31500 u. $6{,}6 \cdot 10^{-6}$ für ^{95}Nb in Zr (alle Werte gelten für den Temp.-Bereich 740—857°); 41600 u. 7,3 für ^{175}Hf + ^{181}Hf in Hf—2,7 Gew. % Zr, 39100 u. $6{,}4 \cdot 10^{-6}$ für ^{175}Hf + ^{181}Hf in Hf—6 Gew.-% Zr (Temp.-Bereich 924—1483°); 35900 u. $8{,}6 \cdot 10^{-6}$ für ^{44}Ti in Ti. Die experimentell bestimmten Aktivierungsenergien sind wesentlich kleiner als die theoret. zu erwartenden Werte; sie stimmen innerhalb der Fehlergrenzen der Messungen mit den Werten für die Diffusion in den kub.-raumzentrierten β-Phasen überein. Die Häufigkeitsfaktoren sind kleiner als die nach der Theorie von Zener zu erwartenden Werte; bei ihrer Interpretation auf der Basis eines Leerstellenmodells werden negative Aktivierungsentropien erhalten. Der Quotient D_0 (ν-Phase)/D_0 (β-Phase) stimmt für alle drei Elemente größenordnungsmäßig überein.
W. Laqua 84

0285 **Gegenseitige Diffusion von Tantal und Wolfram.** I. A. Tregubov, L. N. Kuzina und O. S. Ivanov. (Doklady Akad. Nauk SSSR 180 (1968) 2, 423—24; Inst. metallurg. im. Bajkova AN SSSR; russ.) — Die gegenseitige Diffusion von Ta u. W. bei 2000° wurde durch Mikro-Röntgenspektralanalyse der Diffusionspaare untersucht. Der Diffusionskoeff. von Ta hängt stark von der W-Konz. ab. H. Roschkowski 84

0286 **Massenspektrometrische Untersuchung der Hochtemperaturdiffusion von Uran in Wolfram und die allotrope Phasenumwandlung in Zirkonium.** E. C. Schwegler jun. und F. A. White. (Int. J. Mass. Spectrometry Ion Physics [Amsterdam] 1 (1968) 2, 191—208; Dep. of Nucl. Engng. and Sci., Rensselaer Polytechn. Inst., Troy, N.Y.; engl.) — Best. des Diffusionskoeff. D von *U* (0—10 Atom-%) in W durch massenspektroskop. Messung der Diffusionsgeschw. im Temp.-Bereich 1970 bis 2730° zu D = (1,80 ± 1,05) · 10^{-2} exp (— 93,0 ± 6,0 kcal · Mol^{-1}/RT). Gleichfalls wurde die allotrope Phasenänderung von Zr bei 863° durch Messung der Änderung der Aktivierungsenergie bei der Diffusion von *Rb* in Zr im Temp.-Bereich 760—1030° gefunden. Dazu wurden dünne Bänder von Zr, die geringe Konz. von Rb als Verunreinigung enthielten, als therm. Ionenquellen in einem Massenspektrometer verwendet u. die Zeitänderung der Ionenstrahlen von Rb aus diesen Bändern bei verschiedenen Temp. gemessen. Aus der Fick-Gleichung für Verunreinigungsverdampfung von dünnen Schichten wurde der Diffusionskoeff. ber. u. durch Auftragen des Logarithmus des Diffusionskoeff. gegen die inverse Temp. die Aktivierungsenergien bestimmt. Diese Meth. zur Diffusionsbest. ist nach Ansicht von Vf. erheblich genauer u. einfacher als die klass. Methoden. R. Blank 84

0287 **Diffusion von ^{59}Fe in Fe—Cr-Legierungen.** S. P. Ray und B. D. Sharma. (Acta metallurg. [Long Island City, N.Y.] 16 (1968) 8, 981—86; Metallurg. Div., Bhabha Atomic Res. Centre, Trombay; engl.) — Die Selbstdiffusion in Fe— (9,13—15,75 %) Cr wird im paramagnet. u. ferromagnet. Temp.-Bereich untersucht. Eine Auftragung von ln D über der reziproken Temp. um den Curie-Punkt zeigt eine Abweichung von einer Arrhenius-Beziehung. Für alle untersuchten Leg. ist die Aktivierungsenergie der Diffusion im paramagnet. Bereich kleiner als im ferromagnetischen. Diese Differenz nimmt mit zunehmendem Cr-Geh. ab. Für den Zusammenhang zwischen ΔQ u. der Curie-Temp. gilt $\Delta Q = RT_c$ (3,663—2298/T_c) cal/mol. Eine lineare Korrelation zwischen ΔQ u. der Zahl der nicht kompensierten Spins der Leg. wird abgeleitet. M. Frenzel 84

0288 **Diffusion von Ag in festem Li-Metall.** A. Ott und A. Nordén-Ott. (Z. Naturforsch. 23a (1968) 3, 473—74; Dep. of Phys., Chalmers Univ. of Technol., Gothenburg, Sweden; engl.) — Unters. der ^{110m}Ag-Diffusion zwischen 67 u. 160°. Es ist in der Arrhenius-Gleichung D_0 = 0,37 ± 0,13 $cm^2 s^{-1}$ u. Q = 12,83 ± 0,25 kcal Mol^{-1}. H. Liepack 84

0289 **Schwankungen der Energieverluste schwerer geladener Teilchen in dünnen Absorbern.** H. D. Maccabee, M. R. Raju und C. A. Tobias. (Physic. Rev. [2] 165 (1968) 2, 469—74; Lawrence Radiat. Labor., Univ. of Calif., Berkeley, Calif.; engl.) — Es werden 730- u. 45-MeV-Protonen, 910-MeV-He-Ionen u. 370-MeV-π^--Mesonen durch Li-gedriftete Si-p-i-n-Detektoren u. Si-p-n-Übergangsdetektoren mit Verarmungsrandschichten zwischen 0,0085 u. 1,094 g/cm^2 geschossen u. die dabei entstehenden Energieverlustverteilungen gemessen. Innerhalb der Meßgenauigkeit kann gute Übereinstimmung zwischen der gemessenen u. der durch Vavilovs Theorie vorhergesagten Energieverlustverteilung gefunden werden. Ebenso läßt sich gute Übereinstimmung mit dem von Vf. ber. wahrscheinlichsten Energieverlust feststellen. K. H. Härdtl 86

0290 **Bremsquerschnittsmessungen in Kohlenstoff unter Verwendung von Rückstoßionen aus dem radioaktiven Zerfall.** D. H. Poole, A. G. Warner, R. Hancock und R. L. Woolley. (J. Physic, D (Brit. J. appl. Physics) [2] 1 (1968) 3, 309—12; Berkeley, Glos. Berkeley Nucl. Labor., Central Electr. Gen. Board; engl.) — Der Energieverlust von durch α-Zerfall gebildeten ^{212}Pb-Rückstoßionen beim Passieren dünner Kohlenstoffabsorberfolien wurde nach der Flugzeit-Meth. bestimmt. Der Wert für den mittleren Bremsquerschnitt für die 169 keV-Pb-Ionen ergab sich aus den Messungen zu 32,7 · 10^{-14} eV · cm^2 ± 5%. Er steht in guter Übereinstimmung mit dem aus Lindhards Theorie vorhergesagten Wert von 37,4 · 10^{-14} eV · cm^2 ± 50%. W. Wiechmann 86

0291 **Beobachtung des Ionenbeschußschadens in Silicium.** D. J. Mazey, R. S. Nelson und R. S. Barnes. (Philos. Mag. [8] 17 (1968) 150, 1145—61; Met. Div., UKAEA, Harwell, Didcot, Berks.; engl.) — Dünne Einkrist.-Filme von n- u. p-Typ-*Si* wurden mit 10^{13}—10^{16} Ne^+-Ionen/cm^2 (10—90 keV, < 250°) beschossen u. elektronenmkr. untersucht. Sie enthielten ungeordnete Bereiche mit ca. 50 Å ∅, die bei einer Ausheilung von 400—500° wieder verschwanden. Bei fortgesetzter Bestrahlung überlappten sich die Bereiche, bis die Oberflächenschicht amorph wurde u. milchig getrübt aussah. Eine Rekristallisation dieser Schicht trat erst beim Temp. > 630° auf, u. zwar epitakt. bei massivem einkrist. Material, dagegen polykrist., wenn ein genügend dünner Film vorlag, den die *He*-Ionen durchdringen konnten. Die ungeordneten Bereiche wurden wahrscheinlich aus Leerstellen gebildet u. traten nicht mehr bei Bestrahlungstemp. > 200° auf. Manfred Schenk 86

0292 **Einfluß der Bestrahlung mit Argonionen auf die innere Reibung von Gold.** D. C. Loebach, P. Bowden und H. K. Birnbaum. (Acta metallurg. (Long Island City, N.Y.] 16 (1968) 8, 997—1008; Metallurg. and Petrol. Engng., Univ. of Ill., Urbana, Ill.; engl.) — Unters. mit 300 eV-Ar-Ionen bei 80—373° (K) ergeben eine Zunahme der inneren Reibung bei 80° u. eine Abnahme bei ca. > 240° (Dosisabhängigkeit, Modell des Ausheilens von bei der Bestrahlung eingeführten Zwischengitteratomen, Einfl. von Versetzungen). M. Frenzel 86

0293 **Die Rolle fokussierender Stöße bei der Kathodenzerstäubung.** R. von Jan und R. S. Nelson. (Philos. Mag. [8] 17 (1968) 149, 1017—32; AERE, Harwell, Didcot, Berks.; engl.) — Ein Modell für die Zerstäubung von Einkrist. ergibt, daß fokussierende Stöße die Hauptrolle beim beobachteten Abstäuben von Atomen in bevorzugten Richtungen spielen müssen. Der Einfl. der Temp. auf die totale Zerstäubungsintensität u. das Energiespektrum ist überraschend gering. In bestimmten Fällen kann sogar die therm. Defokussierung teilweise überwunden werden. Die Anwendung der Ergebnisse auf andere Strahlenschädigungsprozesse wird diskutiert. Manfred Schenk 86

0294 **Anisotropie der Kathodenzerstäubung von Metallen, Dielektrika und Halbleitern.** A. I. Krochina. (Vestnik Moskovskogo Univ., 23 (1968) 2, 119—20; Kaf. ėlektron.; russ.) — Die Anisotropie der Kathodenzerstäubung von *C, Al, Si* (111), *Fe, Ni, Cu* (111), *Zn, Ca, Ge, Mo, Ag, Sn, Ta, W, Au, Pb, Messing, Stahl, Glas, NaCl* [(100); (110) oder (111)] u. *KBr*[(100) oder (111)] wird untersucht. H. Roschkowski 86

0295 **Abnahme der Koeffizienten der linearen thermischen Ausdehnung von Graphiten bei der Hochtemperaturbestrahlung bis zu hohen Neutronendosen.** E. Fitzer, W. Fritz und W. Delle. (Carbon [Oxford] 6 (1968) 2, 273—75; Inst. für Chem. Techn., Univ., Karlsruhe; dt.) — Verschiedene Graphittypen (Petrolkoks, Pechkoks, Asphaltkoks) wurden einer Reaktorbestrahlung von 3,6 · 10^{21} u. 6,3 · 10^{21} nvt (E > 0,11 MeV) bei Temp. zwischen 1170 u. 1260° ausgesetzt. Überraschenderweise zeigte sich eine Abnahme des Koeff. der linearen therm Ausdehnung auf ca. 40—85% des Ursprungswerts. Eine mögliche Erklärung für dieses Verhalten wird gegeben. Manfred Schenk 86

0296 **Messungen der freigesetzten Energie beim Anlassen von durch Neutronen bei 77 °K bestrahlten Proben von Beryllium.** Emmanuel Bonjour, Jean-Claude Nicoud und Jean Delaplace. (C. R. hebd. Séances Acad. Sci., Sér. C 264 (1967) 26, 2112—14; Grenoble, CEN, Sect. de Physicochim. et Basses temp.; franz.) — Be mit Verunreinigungen von ca. 0,15% wurden bei 77 °K mit schnellen Neutronen mit 5 verschiedenen

Dosen zwischen 0,88 · 10^8 bis 11,00 · 10^9 pro cm^2 bestrahlt u. kalorimetr. die bei steigenden Temp. in Freiheit gesetzte Energie dE/dT als Funktion der Erwärmung graph. aufgetragen. Aus diesem Diagramm lassen sich 3 Haupterholungsbereiche erkennen u. zwar zwischen 85° u. 154 °K (Bereich II), von 145—210 °K (Bereich III) u. von 210 bis 320 °K (Bereich IV), wobei alle Stadien eine Substruktur darstellen. Bei Erhöhung der Dosis läßt sich eine schnelle Sättigung des Bereichs IIB erkennen, während der Bereich IV linear mit der Dosis nur wenig zunimmt. Die von anderer Seite erhaltenen Widerstandsergebnisse führten zu der Annahme, daß der Bereich IV dem Verschwinden von Leerstellen zuzuschreiben ist. Nimmt man für die Bldg.-Energie E_F den Wert 0,8 eV an, dann beträgt die Konz. der Leerstellen bei einer Bestrahlung mit 1 · 10^9 schneller Neutronen 0,29 %; bei Kenntnis dieses Betrages ergibt sich ein Wert des Beitrages der Leerstellen auf den Widerstand von 6,3 $\mu\Omega$ · cm/Atom-%. C. Gottfried 86△

0297 **Vorausscheidungsrate in einer Al-10%-Zn-Legierung, die bei 78 °K neutronenbestrahlt wurde.** J. A. Horak. (Philos. Mag. [8] 17 (1968) 147, 643—46; Metallurgy Div., Argonne Nat. Labor., Argonne, Ill.; engl.) — Die Leerstellenkonz. in Al-Zn-Leg. (1,70—5,27 bzw. 10 Atom-% *Zn*) nach Neutronenbestrahlung bei 4,5 bzw. 78 °K sollte völlig ausreichen, um eine Beschleunigung der Guinier-Preston-Zonenbldg. zu bewirken. Auch für die durch Abschrecken induzierte Beschleunigung der *G-P*-Zonenbldg. wird die Bewegung von Leerstellen verantwortlich gemacht. Eine dieser Aussage widersprechende Analyse von Schüle (vgl. ibid. 10 (1964) 913] wird zurückgewiesen. Manfred Schenk 86

0298 **Einfluß einer Bestrahlung auf die Reckalterung von angelassenem Zircaloy-2.** K. Veevers und W. B. Rotsey. (J. nuclear Mater. [Amsterdam] 27 (1968) 1, 108—11; Austral. Atomic Energy Commis., Res. Establ., Sydney; engl.) — Unters. des Einfl. einer Neutronenbestrahlung. M. Frenzel 86

0299 **Identifizierung von Leerstellen- und Zwischengitteratomversetzungsringen in neutronenbestrahltem Molybdän.** D. M. Maher und B. L. Eyre. (Philos. Mag. [8] 17 (1968) 145, 1—6; Metallurgy Div., AERE, Harwell, Berks.; engl.) — *Mo*-Folien wurden bei 60° mit Dosen bis zu ca. 5 · 10^{19} schnellen Neutronen/cm^2 bestrahlt. Anschließend wurden die Proben eine Std. bei 900° im Vakuum getempert u. schließlich für transmissionselektronenmkr. Unters. gedünnt. Die entstandenen Versetzungsringe wurden bez. der Richtung u. des Vorzeichens ihrer Burgers-Vektoren untersucht. In Folien mit einem breiten Spektrum von Versetzungsringgrößen wurden sowohl Leerstellen- als auch Zwischengitteratomringe des Typs a/2 ⟨111⟩ identifiziert. Manfred Schenk 86

0300 **Mechanismus der Strahlungsausdehnung von Uran bei kleinen Bestrahlungsdosen.** S. T. Konobeevskij, B. M. Levitskij und L. D. Panteleev. (Atom. Ènerg. 24 (1968) 4, 312—16; russ.) — Eine mögliche Erklärung der Ausdehnung von α-U bei Neutronenbestrahlung wird entwickelt. Durch Agglomeration von Punktdefekten entstehen pyramidale u. oktaedr. Defekte (Zwischengitteratome), deren Anteil an der Gitteraufweitung untersucht wird. Manfred Schenk 86

0301 **Änderungen der Länge und des elektrischen Widerstandes von neutronenbestrahltem Uran.** B. A. Loomis und S. B. Gerber. (Philos. Mag. [8] 18 (1968) 153, 539—53; Argonne, Ill., ANL, Metallurg. Div.; engl.) — Die Längenänderungen in den [100], [010] u. [001] Richtungen von U-Einkrist. während der Bestrahlung mit therm. Neutronen wurden bei Temp. zwischen 5 u. 550 °K ermittelt. Der bei der Neutronenbestrahlung von *U*-Einkrist. induzierte elektr. Widerstand wurde bei Temp. zwischen 4,5 u. 20 °K bestimmt. Die Erholung des bestrahlungsinduzierten elektr. Widerstandes u. der Längenänderungen wurde zu der Temp.-Abhängigkeit der bestrahlungsinduzierten Längenänderungen in Beziehung gesetzt. Die Ergebnisse sind mit der Hypothese in Übereinstimmung, daß die Verlängerungen in der [010] Richtung u. die Verkürzungen in der [100] Richtung während der Bestrahlung von U-Einkrist. durch anisotrope Kondensation von Leerstellen u. Zwischengitter-Defekten in planaren Clusters zustande kommen. Die Größenordnungsabnahme der Längenänderungen bei Zunahme der Bestrahlungstemp. von 20 auf 140 °K wurde der Vernichtung von Zwischengitteratomen in der Nähe von Leerstellen durch die Beweglichkeit dieser Atome während der Bestrahlung zugeordnet. Die Ergebnisse sind graph. dargestellt. E. Schulte 86△

0302 **Einwirkung einer Neutronenbestrahlung auf inhomogene Mischkristalle des Systems Fe-Al.** Ju. I. Konnov, S. M. Astrachancev und B. G. Livšic. (Fiz. Metallov Metallovedenie 26 (1968) 1, 66—75; russ.) — Durch Messen des elektr. Widerstandes wird der Einfl. einer Neutronenbestrahlung (E > 1 MeV, 7 · 10^{17} bzw 8,7 · 10^{19} n/cm^2) auf die Struktur verschieden vorbehandelter inhomogener Fe-Mischkrist. mit 8, 13 bzw. 18 Atom-% Al untersucht. Unter der Bestrahlungseinw. verlaufen Ordnungs- u. Unordnungsprozesse. H. Roschkowski 86

0303 **Einfluß von Neutronenbestrahlung auf die Aktivierungsparameter für Gleiten in Eisen.** S. B. McRickard. (Acta metallurg. [Long Island City, N.Y.] 16 (1968) 8, 969—74; Brookhaven Nat. Labor., Upton, N.Y.; engl.) — Unters. an Fe u. verd. Fe-N- u. Fe-C-Leg. (Spannungsrelaxationsverf.); Bestrahlung bis zu einer Dosis von 2 · 10^{18} n/cm^2 (E > 1 MeV) soll den Verformungsmechanismus in Fe u. Fe-C-Leg. nicht ändern, sondern nur die weitreichenden inneren Spannungen erhöhen. M. Frenzel 86

0304 **Wirksame Neutronendosis, die eine Sprödigkeit von Ferritstählen bei Bestrahlung verursacht.** V. K. Adamovič. (Atom. Ènerg. 25 (1968) 1, 58—59; russ.) — Der Einfl. des Neutronenspektrums auf die Bestrahlungseffekte der Stahlsorten RSD, LITR-18, LITR-55, BGR u. PC-100 wurde untersucht. Neutronen mit einer Energie <1 MeV spielen eine wesentliche Rolle bei der Zerstörung durch Bestrahlung. J. J. Pohl 86

0305 **Bestrahlungsverfestigung in austenitischem korrosionsbeständigem Stahl bei hohen Temperaturen.** J. J. Holmes, R. E. Robbins, J. L. Brimhall und B. Mastel. (Acta metallurg. [Long Island City, N.Y.] 16 (1968) 7, 955—67; Battelle Memorial Inst., Pacific Northwest Labor., Richland, Wash.; engl.) — Art u. Stärke der Strahlenschädigung in einem 18/8-Stahl (AISI 304 SS mit 19,4 Cr, 9,7 Ni, 0,88 Mn, 0,18 Mo, 0,05 % C, 14 ppm B) nach langer Neutronenbestrahlung (1,4 · 10^2 n/cm, E > 0,18 MeV) bei ca. 532° u. die Substruktur vor der Verformung bei 23—871° werden untersucht. Durch die Bestrahlung entstehen Franksche Versetzungsringe. Anlassen bei 593° (1 Std.) führt zur Umwandlung der Frankschen Ringe (Bldg. u. Umwandlung Frankscher Versetzungsringe, Fließspannungsverh., Ausheilmechanismus). M. Frenzel 86

0306 **Zusammenhang des Temperaturmaximums der differentiellen Erhitzungskurve mit der integralen Dosis der schnellen Neutronen bei der Bestrahlung von Kupfer und seinen Legierungen mit Aluminium und Silicium.** I. Èl'Šanšuri und Ch. Mochammed. (Atom. Ènerg. 25 (1968) 1, 30—35; Otdel. metallurg. upravlenija atom. ènerg. OAR; russ.) — Der Einfl. von Al- u. Si-Zusätzen auf die Härte von Cu bei Neutronenbestrahlung wurde durch Aufnahme von isochron. Erhitzungskurven untersucht. Die verschiedene Art der legierenden Elemente zeigt sich in der nicht einheitlichen Härte der Proben, der Charakter der Härteänderungen bei der Bestrahlung ändert sich jedoch nicht. Das Temp.-Max. der differentiellen Erhitzungskurven zeigt eine Beziehung zum Verhältnis der Aktivierungsenergie der Wanderung der Fehlstellen u. der Selbstdiffusion. Beide Parameter ändern sich mit wachsender Konz. der gelösten Atome infolge zunehmender Verzerrung des Cu-Gitters. Bei Strahlendosen von 10^{18}—10^{20} Neutronen/cm^2 hängt das Temp.-Max. linear von der dritten Wurzel der integralen Strahlendosis ab. J. J. Pohl 86

0307 **Verhalten von elementaren Borteilchen in Kupfer während Neutronenbestrahlung.** P. Vela, J. Hardy und B. Russell. (J. nuclear Mater. [Amsterdam] **26** (1968) 1, 129—31; Dep. of Mining and Metallurg. Engng., Univ. of Queensland, Brisbane, Australien; engl.) — Cu wurde mit 0,01 Gew.-% ^{10}B dotiert (B teils in fester Lsg., teils in Form dispergierter Teilchen) u. mit $5 \cdot 10^{19}$ bis $2 \cdot 10^{20}$ n/cm² im Temp.-Bereich 75—500° bestrahlt. Anschließend wurden die Proben transmissionselektronenmkr. untersucht. Rund um jede B-Ausscheidung traten zwei konzentr. Schädigungsbereiche auf, die auf die Rk. $^{10}B(n, \alpha)^7Li$ ($E\alpha \approx 1,47$ MeV; $E_{^7Li} \approx 0,84$ MeV) u. die unterschiedlichen Reichweiten der entstandenen Ionen zurückgeführt werden (α-Teilchen ca. 4 μm; ^{7}Li-Ionen ca. 2,5 μm). Manfred Schenk 86

0308 **Verringerung der Bildungsgeschwindigkeit von Bestrahlungsdefekten in Germanium unter dem Einfluß von Temperungen.** N. A. Vitovskij, T. V. Mašovec und M. M. Maksimov. (Fiz. Techn. Poluprovodnikov **2** (1968) 1, 125—27; Fiz.-techn. inst. im. Joffe AN SSSR, Leningrad; russ.) — Es wird experimentell gezeigt, daß die Defektbldg.-Geschw. bei γ-Bestrahlung im wesentlichen vom Verhältnis M_x/N_d abhängt (M_x = durch Abschrecken von 400—500° erzeugte Akzeptorniveau-konz., N_d = Donatorkonz.) u. nicht von der Lage des Fermi-Niveaus bestimmt ist. Die Art der beim Tempern u. Abschrecken erzeugten Störstellen läßt sich nicht sicher bestimmen. K. Jaeger 86

0309 **Defektsynthese in bestrahltem Quarz.** Yoneta Ichikawa. (Bull. Inst. chem. Res., Kyoto Univ. **46** (1968) 1, 26—29; Dep. of Phys., Nara Univ. of Educat., Nara, Japan; engl.) — Natürlicher Quarz wurde mit Dosen bis zu 10^7 rad γ-bestrahlt u. im Temp.-Bereich 20—450° auf Thermolumineszenz untersucht. Dabei traten 3 Maxima auf, die als B_1, B_2 u. D identifiziert wurden. Im Vgl. zu Vers. mit gezielten Verunreinigungen (Eindiffusion bei 1000°) konnten diese Maxima *Al*-Defekten (B_1), der gestörten Umgebung von *Li* (B_2) u. Sauerstoffleerstellen (D) zugeordnet werden. Manfred Schenk 86

0310 **Natur der Citrinfärbung von Quarz durch Strahlung.** M. I. Samojlovič, L. I. Cinober und V. N. Krejskop. (Kristallografija **13** (1968) 4, 727—30; VNII sinteza miner. syr'ja; russ.) — Durch Auswertung der opt. u. IR-Absorptionsspektren u. der EPR-Spektren von γ-bestrahlten Quarzen mit Citrinfärbung wird gezeigt, daß die Farbbldg. mit „Defekttetraedern" zusammenhängt, in denen Al die Ca-Atome substituiert u. in deren Nähe sich zur Ladungskompensation Li^+- oder H^+-Ionen anordnen. H. Roschkowski 86

0311 **Korrelation der Änderungen der Gitterkonstanten und der elektrischen Leitfähigkeit von Lithiumfluorid-Einkristallen bei Röntgenbestrahlung.** L. A. Golubeva und A. A. Šišelov. (Fiz. tverdogo Tela **10** (1968) 4, 1256—58; Leningradskij politechn. inst. im. Kalinina; russ.) — Dynam. Messungen von 20—230° (1°/min) bei γ-Dosen von $0-4 \cdot 10^8$ cm^{-2}. Die Änderung der Gitterkonst. läßt sich durch die Änderung der Farbzentrenkonz. beschreiben. K. Jaeger 86

Optische Eigenschaften

0312 **Untersuchungen starker Elektrolyten.** 4. Mitt. **Bestimmung der Molrefraktion von $LiClO_4$-, $AgClO_4$-, $Al(ClO_4)_3$-, $Cr(ClO_4)_3$-, $Fe(ClO_4)_3$- und $Th(ClO_4)_4$-Wasserlösungen.** (Vorläufige Mitteilung.) Håkan Högnäs. (Suomen Kemistilehti **41** (1968) 1, B 17—B 18; Abt. Anorg. Chem., Univ. von Helsinki; dt.) — 3. vgl. C. **1968**, 37-0510. — Die Refraktion wird für 0,001—2,500 m bei 20—35° untersucht. Die Mol.-Refr. ist eine lineare Funktion der Konz. c nach $R = R_0 + (\Delta R/\Delta C) \cdot C$; R_0- u. ($\Delta R/\Delta C$)-Werte werden mitgeteilt. M. Frenzel 92

0313 **Messungen des optischen Kerr-Effekts in wäßrigen Mineralsalzlösungen.** Michel Paillette. (J. Chim. physique Physico-Chim. biol. **65** (1968) 9, 1629—34; Dep. de Rech. Électro-Opt., Comp. Gén. TSF, Orsay; franz.) — Das elektr. Feld einer intensiven Laserlichtwelle erzeugt wie ein stat. elektr. Feld in Fl. eine opt. Doppelbrechung. Mittels dieser Meth. wurden die opt. Kerr-Konst. wss. Lsg. von $NaNO_3$, $NaNO_2$, $NaClO_3$, NH_4NO_3, $(NH_4)_2SO_4$, NH_4Cl u. $Na_2SO_4 \cdot 10\,H_2O$ gemessen. Für einige Ionen kann eine Anisotropie nachgewiesen werden. Diskussion über die Anwendung dieser Meth. für Elektrolyte. I. Zoll 92

0314 **Kerr-Konstante von Selen(IV)-oxidchlorid.** C. F. Buhrer, A. Heller und A. Lempicki. (Appl. Optics **6** (1967) 6, 1141; Gen. Telephone & Electron. Labor. Inc., Bayside, N.Y.; engl.) — Die Kerr-Konst. B von fl. $SeOCl_2$ wurden für vier verschiedene Wellenlängen λ bestimmt. In Einheiten von 10^{-7} cm statvolt^{-2} wurden (λ-Werte in Klammern) folgende Werte erhalten: 203 ± 5 (5461 Å), 192 ± 4 (5893 Å), 133 ± 8 (7800 Å), 100 ± 2 (10600 Å). Zwischen B u. $1/\lambda$ existiert die erwartete lineare Beziehung. W. Laqua 92

0315 **Brillouin-Lichtstreuung an Kristallen im hydrodynamischen Bereich.** Allan Griffin. (Rev. mod. Physics **40** (1968) 1, 167—205; Dep. of Phys., Univ. of Calif., San Diego, La Jolla, Calif.; engl.) — Theoret. Untersuchung. Herbert Weber 92

0316 **Lichtstreuung von synthetischen Korundkristallen.** N. V. Gliki und V. P. Lesnikova. (Kristallografija **13** (1968) 4, 675—78; Inst. kristallogr. AN SSSR; russ.) — Aus der Tyndall-Streuung in nach Verneuil unter verschiedenen Bedingungen gezüchteten Korundkrist. wird der Einfl. der Züchtungsgeschw. u. der Cr-Konz. der Schmelze auf den Geh. streuender Einschlüsse im Krist. u. auf deren Größe bestimmt. Die Verteilung mkr. u. koll. Einschlüsse im Krist. wird untersucht. Der Mechanismus der Bldg. koll. Einschlüsse wird besprochen. H. Roschkowski 92

0317 **Optische Eigenschaften dünner Schichten von Indiumarsenid.** R. P. Howson. (J. Physics, D (Brit. J. appl. Physics) [2] **1** (1968) 1, 15—23; Nottingham Reg. Coll. of Technol.; engl.) — Durch Aufdampfen im Vakuum der Elemente auf geheizte Glassubstrate werden dünne InAs-Schichten hergestellt. Die opt. Konst. der Schichten im Wellenlängenbereich 0,7—5,0 μm werden aus einer Analyse der Interferrenzstreifen bei quant. Durchlässigkeitsmessungen erhalten. Sie hängen empfindlich von der Substrattemp. ab. Die Substrattemp. betrugen zwischen 25 u. 400°. Im Bandkantenbereich betragen die Absorptionskoeff. 10^4-10^5 cm^{-1} für Substrattemp. oberhalb 200° u. stimmen mit Einkrist.-Werten überein. Der Brechungsindex bei 3,5 μm beträgt 4 für Schichten, die bei 25° hergestellt wurden. Er nimmt mit steigender Substrattemp. ab u. erreicht einen Wert von 3 für Substrattemp. von 400°. K. H. Härdtl 92

0318 **Dispersion von Quarz im Vakuum-Ultraviolett aus der Interferenz an dünnen parallelen Plättchen.** C. Chandrasekharan und H. Damany. (Appl. Optics **7** (1968) 4, 687—88; Labor. des Hautes Pressions, CNRS, Bellevue; engl.) — Im Vakuum-UV werden bis zu 1440 Å herab die ordentlichen u. außerordentlichen Brechungsindizes von ~15 μ dicken planparallelen Quarzplättchen aus den beobachteten Interferenzringen mehrerer Ordnungen bestimmt. A. Meixner 92

0319 **Optische Eigenschaften dünner PbO-Schichten der gelben und roten Modifikation.** N. L. Kramarenko, V. K. Miloslavskij und Ju. V. Nabojkin. (Optika i Spektroskopija **24** (1968) 6, 971—75; russ.) — Vf. bestimmten mit Hilfe der Messung der Durchlässigkeit u. der Reflexion im Gebiet 220—1200 nm die opt. Konst. n u. k dünner PbO-Schichten der gelben u. roten Modifikation. Die Analyse des tatsächlichen u. des imaginären Teiles der DK auf Grundlage des Bandmodells ergibt eine Breite der verbotenen Zone $E_{g(rot)} = 3,18$ eV u. $E_{g(gelb)} = 3,36$ eV für die direkten erlaubten Übergänge. Das kann in Übereinstimmung gebracht werden mit der kleineren Bindungslänge in der roten Modifikation im Verhältnis zur gelben Modifikation. W. Müller-Litz 92

0320 **Brechungsindex und Dispersion der Europiumchalkogenide.** P. Wachter. (Physik kondens. Materie **8** (1968) 1, 80—86; Labor. für Festkörperphys. ETH,

Zürich; engl.) — Der Brechungsindex der Eu-Chalkogenide (*EuTe, EuSe, EuS, EuO*) wurde in Abhängigkeit von der Wellenlänge, der Temp. u. dem Magnetfeld gemessen. Er nimmt mit abnehmender Temp. u. in der Reihe EuO → EuTe zu. Durch Annahme verschiedener Oszillator-Stärken für die Eu-Chalkogenide kann man die beobachteten Änderungen des Brechungsindexes mit der klass. Dispersionstheorie erklären. Die opt. u. stat. DK, die Reststrahlen-Wellenlänge u. die Kompressibilität wurden aus den Messungen bestimmt.
D. Hoene 92

0321 **Phänomenologische Beschreibung der elektrooptischen und elastooptischen Effekte in Kristallen.** E. K. Zavadovskaja, Ju. M. Annenkov und T. S. Frangul'jan. (Optika i Spektroskopija 24 (1968) 6, 948—51; russ.) — Vf. geben eine thermodynam. Beschreibung der elektroopt. u. elastoopt. Effekte in Krist. u. bestimmen die physikal. Bedeutung der Koeff., die diese Effekte bei unterschiedlichen Bedingungen beschreiben. Eine Gleichung der Wechselbeziehung dieser Koeff. wurde gefunden u. Voraussagen über ihr Temp.-Verh. gemacht. W. Müller-Litz 92

0322 **Beziehungen zwischen magnetischen und spektroskopischen Eigenschaften für d^0-, d^2- und d^3-Elektronenstrukturen der Übergangselemente der 7. Gruppe.** B. Jeżowska-Trzebiatowska, S. Wajda, M. Bałuka, L. Natkaniec und W. Wojciechoski. (Inorg. chim. Acta [Padova] 1 (1967) 1, 205—08; Dep. of Inorg. Chem., Univ., Wrocław; engl.) — Die auffallende Stabilität der genannten Elektronenkonfig. beruht offensichtlich auf der Hauptquantenzahl n der d-Elektronen. Zur Prüfung dieser Annahme wurden spektroskop. (Reflexionsspektren) u. magnet. Unters. an geeigneten Verb. durchgeführt; sie werden im Zusammenhang mit Literaturangaben diskutiert. Die theoret. Behandlung wird dadurch vereinfacht, daß für die d^2- u. d^3-Konfig. die Grundterme durch die gleiche Quantenzahl L definiert sind (L = 3 Terme ^4F u. ^3F). Im einzelnen werden die nachst. Spezies behandelt: K_2MnCl_6, $(NH_4)_2TcCl_6$, K_2ReCl_6, $(NH_4)_2 \cdot TcOCl_5$, K_2ReOCl_5, $K_3[ReO_2(CN)_4]$, $(ChinH)_2ReOBr_5$ (ChinH = Chinolinium), $(ChinH)_2ReOJ_5$, $[ReO(OH) \cdot (en)_2]Cl_2$, $[Re(OH)_2(en)_2]Cl_3$, MnO_4^-, TcO_4^-, ReO_4^-.
A. Blaschette 94

0323 **Systematik der Elektronenzustände von Uranylverbindungen.** L. V. Volod'ko, A. N. Sevčenko und D. S. Umrejko. (Doklady Akad. Nauk SSSR 172 (1967) 6, 1303—04; Beloruss. gos. univ. im. Lenina; russ.) — Aus Literaturdaten zu den Absorptions- u. Emissionsspektren von UO_2^{2+}-Verb. im Wellenlängengebiet zwischen 20000 u. 40000 cm^{-1} wird geschlossen, daß bei UO_2^{2+} vier angeregte Elektronenzustände bestehen müssen: B_{2g}, E_{1g}, A_{1g} u. einer aus der Gruppe A_{1u}, B_{1u} oder B_{2u} (kann nicht unterschieden werden). Schemat. Darst. der Niveaus. J. Tůmová 94△

0324 **Radiolyse von Alkalimetallhalogeniden.** James H. Crawford jun. (Advances in Physics 17 (1968) 65, 93—151; Solid State Div., ORNL, Oak Ridge, Tenn.; engl.) — Überblick über die Entstehung von Farbzentren.
H. Liepack 94

0325 **Untersuchungen zum Temperaturgang der F-Absorptionsbande.** Lore Kern-Bausch. (Z. Naturforsch. 23a (1968) 3, 393—400; Sekt. Phys. der Univ. München; dt.) — Theoret. Untersuchung. H. Liepack 94

0326 **Einfluß des Kristallgitters auf die optische Absorption des V_K-Zentrums.** Ernst F. Gucker. (Helv. physica Acta 41 (1968) 4, 493—512; Inst. de Phys., Univ., Neuchâtel; engl.) — Theoret. Unters. für Alkalihalogenide u. Vgl. mit Daten für die Chloride.
Herbert Weber 94

0327 **Quantenausbeute der strahlungslosen F—F'-Umwandlung.** Dietrich Stocker. (Z. Naturforsch. 23a (1968) 8, 1158—69; Sekt. Phys. der Univ. München, Theoret. Phys.; dt.) — Die Quantenausb. der Erzeugung von F'-Zentren unter Absorption von Licht im F-Band ist stark temperaturabhängig. Ein Nichtstrahlungsmodell für diese Rk. mit Übergängen des angeregten F-Zentrum-Elektrons in ein Polaronenband mit 2p-Symmetrie wird behandelt, u. a. Wellenfunktion des Polarons u. Rk.-Kinetik in KCl. Herbert Weber 94

0328 **Absorption bestrahlter LiF-Kristalle im Infrarotspektralgebiet.** Z. G. Acheledіani und N. G. Politov. (Optika i Spektroskopija 25 (1968) 1, 163—64; russ.) — Es wurden die opt. Eig. von bestrahlten LiF-Krist. (Neutronenstrahlen $5{,}2 \cdot 10^{14}$ bis $1{,}3 \cdot 10^{17}$ Neutronen/cm^2 u. γ-Strahlen $8 \cdot 10^6$ bis $1{,}76 \cdot 10^8$ R) im Spektralbereich 2—25 μm untersucht. Nach der Bestrahlung mit Neutronen wird allg. ein Absorptionsmax. bei 5 μm beobachtet, das sich bei Krist. mit maximaler Versetzungsdichte (10^6 cm^{-2}) nach 5,26 u. 4,76 μm u. bei Krist. mit niederer Versetzungsdichte (10^4 cm^{-2}) nach 4,5 μm verschiebt. Bei Bestrahlung mit γ-Strahlen wird ein Max. bei 4,5 μm beobachtet. Bei Dosen von $5{,}2 \cdot 10^7$ R bei 5 μm. Die therm. Stabilität der IR-Banden wurde durch Erhitzen auf 100—300° überprüft. Ab 250° sind die Banden nicht mehr zu beobachten.
W. Müller-Litz 94

0329 **Durch Cd-Addition in NaCl induzierte Farbzentren.** R. Cappelletti. (Nuovo Cimento, B [10] 54 (1968) 2, 233—44; Ist. di Fis. dell'Univ., Parma; engl.) — In nach Abschrecken röntgenbestrahlten $NaCl:CdCl_2$-Krist. treten verschiedene, mit der Cd-Dotierung zusammenhängende Absorptionsbanden auf. Einfl. von therm. Behandlung, Röntgenbestrahlung bei verschiedenen Temp., therm. u. opt. Bleichen wurden untersucht.
H. Liepack 94

0330 **Stabilität der Farbzentren in KCl–KBr-Mischkristallen.** A. S. Vasilevskaja und A. S. Sonin. (Optika i Spektroskopija 24 (1968) 6, 952—56; russ.) — Vf. untersuchten die therm. Stabilität der F-Zentren in KCl–KBr-Mischkrist. mit Hilfe der Thermolumineszenz, des therm. Entfärbens sowie die opt. Beständigkeit der F-Zentren bei Anregung mit Licht der Frequenz der F-Banden. Die Temp., die das Max. des Leuchtens u. das Max. des Zerfalls der F-Zentren bestimmt, hängt von der Zus. der Mischkrist. ab. Vf. beobachteten eine Korrelation zwischen der therm. Stabilität der F-Zentren u. der Zahl der Kationenleerstellen. In den Mischkrist. ist der Zerfall der F-Zentren effektiver als in KCl- u. KBr-Kristallen. W. Müller-Litz 94

0331 **Auftreten verbotener und erlaubter Strahlungsübergänge im CaF_2–Dy^{2+}-Kristall im Magnetfeld.** B. P. Zacharčenja, I. B. Rusanov und A. Ja. Ryskin. (Ž. èksper. teoret. Fiz. — Pis'ma v Redakciju 7 (1968) 10, 382—85; Leningrad, Fiz.-techn. inst. im. Ioffe; russ.) — Es wurde die Zeeman-Aufspaltung der dem verbotenen Übergang $^2\Gamma_3$ (I_7) → $^2\Gamma_3^{(2)}$ (I_8) entsprechenden Linien 2,320, 2,346 u. 2,327 μ im Magnetfeld bis 12 kOe untersucht. V. Burjan 94△

0332 **Energieterme von Ho^{3+} in $LaCl_3$.** Katheryn Rajnak und William F. Krupke. (J. chem. Physics 48 (1968) 7, 3343—44; Lawrence Radiat. Labor., Univ. of Calif., Berkeley, Calif.; engl.) — Erratum zu J. chem. Physics 46 (1967) 3532. Wegen eines Fehlers im Computerprogramm werden die Operatoräquivalenzfaktoren korrigiert. R. Blank 94

0333 **Infrarotspektrum der angeregten Absorption im Gebiet 1—8 μm eines ZnS:Cu-Einkristalls.** T. S. Rešetina. (Optika i Spektroskopija 24 (1968) 6, 1016—17; russ.) — Es wurden die angeregten Absorptionsspektren ($\lambda_{anger.}$ = 365 nm) von *ZnS:Cu*-Einkrist. bei T = 77 °K u. Zimmertemp. untersucht. Im langwelligen Gebiet ist der Absorptionskoeff. bei 77 °K bedeutend kleiner als im kurzwelligen Gebiet (Banden bei 1,2—1,35 u. 2,4 bis 2,5 μm). Bei Zimmertemp. fällt die Absorption stark ab u. der Absorptionskoeff. konnte nur im Gebiet 1—1,4 μm bestimmt werden. W. Müller-Litz 94

0334 **Über den Einbau von Fremdionen in γ-Al_2O_3. 5. Mitt. Spektroskopische Untersuchungen.** H. Krischner, K. Torkar und P. Hornisch. (Mh. Chem. 99 (1968) 5, 1733—41; Inst. für physikal. Chem., TH, Graz; dt.) — 4. vgl. C. **1969**, 15-0785. — Reflexionsspektroskop. Unters. über den Einbau von Fremdionen in γ-Al_2O_3. Als Krist.-Feldindikator wird Cr^{3+} verwendet. Um den Einfl. tetraedr.

koordinierter Kationen auf das Cr-Spektrum zu untersuchen, wurden Zn^{2+}, Cd^{2+}, Ga^{3+} u. Ge^{4+} zusätzlich eingebaut. Der Einfl. oktaedr. koordinierter Kationen wurde an Cr^{3+} u. Sn^{4+} untersucht. Aus der Verschiebung des Cr-Spektrums durch den Einbau von Ca^{2+}, Sr^{2+} u. Ba^{2+} in γ-Al_2O_3 wurde die Art des Einbaus dieser Kationen bestimmt u. der Mechanismus einer Stabilisierung von γ-Al_2O_3 durch Einbau von Fremdionen diskutiert. I. Zoll 94

0335 **Direkter Prozeß der Ionen–Phononen-Relaxation und der Schwingungsmechanismus des erlaubten Übergangs $^4I_{9/2} \rightarrow {}^2P_{1/2}$ des Nd^{3+} in Aluminiumyttriumgranat.** B. S. Skorobogatov und V. S. Konevskij. (Optika i Spektroskopija 24 (1968) 6, 1010–12; russ.) — Vf. untersuchten die Temp.-Abhängigkeit (77–800 °K) der Linienbreite des Übergangs $^4I_{9/2} \rightarrow {}^2P_{1/2}$ des Nd^{3+} in Aluminiumyttriumgranat u. der Lage des Niveaus $^2P_{1/2}$. Die Linienbreite wächst mit der Temp. an (von 77 bis 800 °K um $\approx$ 50 cm^{-1}). Der Term $^2P_{1/2}$ verringert sich mit Anwachsen der Temp. (von 77–800 °K um $\approx$ 40 cm^{-1}). Die Temp.-Abhängigkeit des Absorptionsintegrals (Max. bei 450 °K) erlaubt Rückschlüsse auf die Übergangswahrscheinlichkeit des untersuchten Übergangs, auf den Schwingungsmechanismus des Übergangs u. auf den Einfl. der Wärmeausdehnung des Gitters auf die Übergangswahrscheinlichkeit. W. Müller-Litz 94

0336 **Farbzentrenbildung in plastisch verformtem Calcit.** W. Sterzel und E. Chorinsky. (Z. Naturforsch. **23a** (1968) 7, 1052–58; Inst. für anorgan. Chem. der Univ. Frankfurt/M.; dt.) — Farbzentren mit Absorptionen im Sichtbaren entstehen bei Röntgenbestrahlung in Calcitkrist., wenn die Krist. durch Verformung eine hohe Störstellenkonz. erhalten haben. Die Absorptionsspektren dieser Farbzentren werden ausgemessen u. mit röntgenograph. bestimmten Störungsgraden verglichen. Die Bldg. u. die therm. Ausheilung der für die Entstehung von Farbzentren erforderlichen Störstellen werden quant. untersucht. Es treten mindestens zwei verschiedene Farbzentren auf, deren Konz.-Verhältnis von der Temp.-Vorbehandlung der gestörten Calcitproben abhängt. H. Liepack 94

0337 **Ionenmechanismus der Temperaturlöschung der Lumineszenz von Silberchlorid.** 2. Mitt. **Gesetz der Löschung von Emission und Nachleuchten beim Ionenmechanismus der Temperaturlöschung des Leuchtens.** V. M. Belous. (Optika i Spektroskopija 24 (1968) 5, 751–55; russ.) — 1. vgl. C. **1969, 14-0413.** — Die Änderung der Kinetik der opt. Emission u. des Nachleuchtens sowie die Abhängigkeit einiger Parameter des Leuchtens von der Temp. wurden auf der Grundlage des Ionenmechanismus der Temp.-Löschung gedeutet. M. Wiedemann 96

0338 **Lumineszenz von mit Ce, Pr, Nd, Sm und Eu aktiviertem Yttriumoxidschlorid.** 1. Mitt. É. Ja. Pesina, Ju. N. Balodis und L. E. Tarasova. (Ž. prikl. Spektroskopii 9 (1968) 1, 126–31; russ.) — Die Anregung erfolgte sowohl mit Elektronenbündeln (Energie 10 keV, mittlere D. 6 · 10^{12} Elektronen/cm^2 · s) als auch mit UV-Strahlen (λ = 253,7 u. 365,0 nm). Nichtaktiviertes *YOCl*, das mit UV-Strahlen angeregt wurde, zeigt im sichtbaren Gebiet kein Spektrum, bei Anregung mit Elektronen wird ein Intensitätsmax. bei 400 nm beobachtet. Die Zugabe von Ce^{3+}, Pr^{3+}, Sm^{3+} u. Eu^{3+} zu *YOCl* bedingt bei Anregung mit Elektronen Banden (Ce^{3+}: 395, 385 nm, Pr^{3+}: 505, 545 u. 640 nm, Sm^{3+}: 564, 605 u. 650 nm, Eu^{3+}: 580–595 u. 610–625 nm). Bei Anregung mit UV-Strahlen wurden analoge Banden beobachtet. Nd^{3+}-Zugabe bewirkt keinerlei Lumineszenz. W. Müller-Litz 96

0339 **Sichtbare Strahlung von ZnO–Cu_2O-Heteroübergängen.** I. T. Drapak. (Fiz. Techn. Poluprovodnikov 2 (1968) 4, 614–16; Černovickij gos. univ.; russ.) — Gemessen wurden die Strom–Spannungs-Kurven u. die Spektren der sichtbaren Emission (p-Cu_2O-Aufdampfschicht auf n-ZnO-Einkrist.; *GaIn*- u. *Cu*-Kontakte). Das breite Emissionsmax., das in Fluß- u. Sperrichtung bei 5400 Å liegt, wird durch Stoßionisation (Sperrichtung) bzw. einen Injektionsprozeß (Flußrichtung) gedeutet. K. Jaeger 96

0340 **Photolumineszenz von Lanthanoxid mit Wismut als Aktivator.** Georges Boulon, Françoise Gaume-Mahn, Joseph Janin und Daniel Curie. (Rev. Opt. théor. instrument. 46 (1967) 12, 617–37; Fac. des Sci., Lyon; franz.) — Es wurden Anregungs- (200–400 nm) u. Emissionsspektren (400–580 nm) von La_2O_3 bei verschiedenen Temp. (77–320 °K) u. mit verschiedenen Bi-Geh. (0,014, 0,007, 0,0042, 0,0032, 0,00055 Bi-Atome pro Mol La_2O_3) aufgenommen. Es werden reine elektron. Übergänge zwischen Grund- u. angeregten Zuständen identifiziert. An Hand klass. Näherungen wird das Lumineszenzzentrum in einem Konfig.-Diagramm charakterisiert. R. Walentowski 96

0341 **Bandenartige Kantenemission von aktivatorfreiem Zinksulfid.** Ju. V. Voronov. (Optika i Spektroskopija 24 (1968) 6, 957–65; russ.) — Es wurde die Lumineszenz von nicht aktivierten ZnS-Phosphoren bei Elektronen- u. Photonenanregung verschiedener Wellenlängen in Abhängigkeit von der Temp. u. der Anregungsdichte untersucht, die Natur der Kantenemission beschrieben u. ein Rekombinationsschema der Lumineszenz auf Grundlage des Modells von Donator–Akzeptor-Paaren von Williams (1960) vorgeschlagen. W. Müller-Litz 96

0342 **Einfluß der Ultraviolettbestrahlungsdauer auf die Verteilung der gefüllten Haftstellen in mit Cu aktiviertem Zinksulfid.** Marie-Françoise Le Moal-Daire und Jean Saddy. (C. R. hebd. Séances Acad. Sci., Sér. A et B **265** (1967) 1, B80–B83; Labor. de Luminescence, Fac. des Sci. de Reims et de Paris; franz.) — Das Auffüllen aller Haftstellen derselben Gruppe als Funktion der Bestrahlungszeit erfolgt nach einem einfachen exponentiellen Gesetz. K. Krüger 96

0343 **Elektrolumineszenz von Natriumzirkonosilicat.** 1. Mitt. V. P. Panov, F. F. Gavrilov, B. V. Šul'gin, V. S. Zacharcev, A. P. Zyrjanov und V. G. Čuchlancev. (Izvest. vysšich učebnych Zavedenij [Tomsk], Fiz. **11** (1968) 6 (73), 86–87; Ural'skij politechn. inst. im. Kirova; russ.) — Die Elektrolumineszenz von Na_2ZrSiO_5 in Wechsel- u. Gleichfeldern bis 4 kV wird untersucht. Sie ähnelt im Spektrum der Photolumineszenz, die Anregungsschwelle liegt im Gleichfeld bei ca. 10^6 V/cm. H. Roschkowski 96

0344 **Fluoreszenzeigenschaften von mit zweiwertigem Europium aktivierten Erdalkalimetallaluminaten vom Typ MAl_2O_4.** Frank C. Palilla, Albert K. Levine und Marija R. Tomkus. (J. electrochem. Soc. **115** (1968) 6, 642–44; Bayside Labor. Res. Center of Gen. Telephone and Electron. Labor., Bayside, N.Y.; engl.) — Die Anregungs- u. Emissionsspektren von MAl_2O_4:Eu^{2+} (M = *Mg*, *Ca*, *Sr* u. *Ba*) werden aufgenommen. Diese Materialien zeigen ausgezeichnete Empfindlichkeit für kurz- u. langwellige UV-Anregung u. mittlere Empfindlichkeit für Elektronenanregung. Die Anregung geschieht über das Wirtsgitter u. vom $4f^7$-Grundzustand zu angeregten $4f^7$- u. $4f^65d^1$-Zuständen von Eu^{2+}. Die Emission ist breitbandig u. hängt von M u. der Temp. ab. Sie wird deshalb 4f–5d-Übergängen zugeschrieben. Es wird der experimentelle Nachw. erbracht, daß Eu^{2+} Kationenplätze einnimmt. Die Materialien zeigen wegen ihrer hohen Lumineszenzausb. gute Eig. als Phosphore für Fluoreszenzlampen. K. H. Härdtl 96

0345 **Einige neue Klassen Eu^{2+}-aktivierter Phosphore mit hoher Ausbeute.** G. Blasse, W. L. Wanmaker und J. W. ter Vrugt. (J. electrochem. Soc. **115** (1968) 6, 673; N. V. Philips' Gloeilampenfabrieken, Eindhoven, Netherlands; engl.) — Vf. messen die spektrale Lumineszenzverteilung folgender neuer Eu^{2+}-aktivierter Phosphore: $Sr_{0,8}Mg_{1,2}P_2O_7$, Emissionsmax. 395 nm, maximale Quantenausb. 65 %; $Sr_2P_2O_7$, 420, 65 %; $SrAl_{12}O_{19}$, 395, 55 %; $BaAl_{12}O_{19}$, 435, 70 %; $Sr_2MgSi_2O_7$, 470, 40 %; $Ba_2MgSi_2O_7$, 500, 75 %; $Sr_3MgSi_2O_8$, 460, 60 %; $Ba_3Mg \cdot Si_2O_8$, 440, 80 %; $SrAl_2O_4$, 520, 55 %; $BaAl_2O_4$, 505, 60 %. Die optimale Eu^{2+}-Konz. liegt zwischen 2 u. 5 Atom-%. K. H. Härdtl 96

0346 **Lumineszenz von Calciumorthophosphaten, aktiviert mit zweiwertigem Europium.** W. L. Wanmaker und J. W. ter Vrugt. (Philips Res. Rep. **23** (1968) 4, 362–66; Eindhoven; engl.) — Der Phosphor α-$Ca_3 \cdot (PO_4)_2$-Eu^{2+} zeigt unter UV-Anregung ein breites Emissionsband mit einem Peak bei 480 nm; in der β-Phase liegt dieser Peak bei 415 nm. Der Phosphor $Ca_{1,5}Mg_{1,5}(PO_4)_2$-Eu^{2+} hat sein Emissionsmax. bei 460 nm, eine Quantenausb. für 250–270-nm-Anregung von ca. 50% u. eine Energiekonversionsausb. für Kathodenstrahlenanregung (20 kV) von 6%. Da die Absorption des Wirtsgitters $Ca_{1,5}Mg_{1,5}(PO_4)_2$ bei einer Wellenlänge von 250–270 nm nur ca. 30% beträgt, findet die Absorption der anregenden Strahlung in diesem Bereich im Eu^{2+} statt: $4f^7 \rightarrow 4f^6 5d$. Herbert Weber 96

0347 **Fluoreszenz von Eu^{2+}-aktivierten Silicaten.** G. Blasse, W. L. Wanmaker, J. W. ter Vrugt und A. Bril. (Philips Res. Rep. **23** (1968) 2, 189–200; Eindhoven; engl.) — Vf. berichten über die Fluoreszenz Eu^{2+}-aktivierter bin. u. tern. Silicate vom Typ Me_2SiO_4, Me_3SiO_5, $Me_2MgSi_2O_7$ u. $Me_3MgSi_2O_8$ (Me = *Ca, Sr, Ba*). Viele dieser Phosphore zeigen bei UV-Anregung eine hohe Fluoreszenzausbeute. Bei Elektronenanregung ist die Ausb. etwas geringer. Die Emissionsspektren liegen im Bereich zwischen 435 u. 600 nm. Die Anregungsspektren sind sehr breit u. erstrecken sich in einigen Fällen bis ins Sichtbare. Diese Spektren sind abhängig von der Art des Wirtsgitters u. des Erdalkalimetallions. Zur Deutung dieser Erscheinungen wird ein Energieniveauschema abgeleitet. Ebenso ist die Temp.-Abhängigkeit der Lumineszenzintensität vom Wirtsgitter u. vom Erdalkalimetallion abhängig. Die Fluoreszenzabklingzeiten sind recht kurz u. liegen zwischen 0,1 u. 1 μs. K. H. Härdtl 96

0348 **Fluoreszenz Eu^{2+}-aktivierter Erdalkalimetallaluminate.** G. Blasse und A. Bril. (Philips Res. Rep. **23** (1968) 2, 201–06; Eindhoven; engl.) — Vgl. vorst. Referat. — Es wird über die Fluoreszenz von Eu^{2+}-aktivierten Verb. der Zus. $MeAl_2O_4$ u. $MeAl_{12}O_{19}$ (Me = *Ca, Sr, Ba*) berichtet. Die diffusen Reflexionsspektren u. die Anregungsspektren für die Fluoreszenz bestehen aus einer Anzahl breiter Banden. Das Max. der Emission liegt für die Phosphore $MeAl_{12}O_{19}$ u. $CaAl_2O_4$ im Blauen, das der Phosphore $SrAl_2O_4$ u. $BaAl_2O_4$ im Grünen. Die Quantenausb. für UV-Anregung ist groß, für Elektronenanregung betragen die Ausb. 1–3%. K. H. Härdtl 96

0349 **Einige Betrachtungen und Experimente über Konzentrationslöschung von charakteristischer Breitbandfluoreszenz.** G. Blasse. (Philips Res. Rep. **23** (1968) 4, 344–61; Eindhoven; engl.) — Die Fluoreszenz der folgenden Syst. u. Verb. wird untersucht: $YP_{1-x}V_xO_4$, $ScP_{1-x}V_xO_4$, $InP_{1-x}V_xO_4$, Eu^{3+}- u. Bi^{3+}-aktiviertes $YP_{1-x}V_xO_4$, $Mg_2Sn_{1-x}Ti_xO_4$, $CaS_{0,97}W_{0,03}O_4$, $CaS_{0,97} \cdot Mo_{0,03}O_4$; $Sr_3P_{1,9}V_{0,1}O_8$ u. $Ba_3P_{1,9}V_{0,1}O_8$, beide mit α-$Sr_3(PO_4)_2$-Struktur, modifizierte Sr-Phosphate $Ca_{0,5} \cdot Sr_{2,5}P_{1,9}V_{0,1}O_8$ u. $Mg_{0,2}Sr_{2,8}P_{1,9}V_{0,1}O_8$, beide mit β-$Ca_3 \cdot (PO_4)_2$-Struktur sowie $Bi_4Si_3O_{12}$. Die Materialien wurden durch übliche keram. Verf. hergestellt. Das Auftreten von Konz.-Löschung in diesen Syst. kann durch die Dexter-Schulman-Theorie dieses Phänomens erklärt werden. Es wird gefunden, daß die krit. Konz. für Konz.-Löschung ansteigt, wenn der Wert der Stokes-Verschiebung der Fluoreszenz ansteigt. In $YP_{1-x}V_xO_4$ wird Konz.-Löschung der Vanadatfluoreszenz beobachtet. Die Abwesenheit einer größeren Emission bei Raumtemp. im Fall von YVO_4 wird Konz.-Löschung zugeschrieben. Im Syst. $InP_{1-x}V_xO_4$ liegt die Emission bei relativ großen Wellenlängen. Die Anregung schließt wahrscheinlich eine Ladungsübertragung von In^{3+} zur Vanadatgruppe ein. In $Mg_2Sn_{1-x}Ti_xO_4$ wird Konz.-Löschung infolge benachbarter Ti^{4+}-Ionen beobachtet. Im Syst. $Sr_3P_{2-x}V_xO_4$ tritt sowohl therm. als auch Konz.-Löschung bei Raumtemp. auf. $Bi_4Si_3O_{12}$ zeigt keine Konz.-, aber therm. Löschung seiner Fluoreszenz. Herbert Weber 96

0350 **Fluoreszenz von mit Niob aktivierten Antimonaten und empirisches Kriterium für das Auftreten der Lumineszenz.** G. Blasse. (J. chem. Physics **48** (1968) 7, 3108–14; Philips Res. Labor., N. V. Philips Gloeilampenfabrieken, Eindhoven, Netherlands; engl.) — In den mit Nb^{5+} aktivierten Antimonaten Li_3SbO_4, $LiSbO_3$, $CaSb_2O_6$, $SrSb_2O_6$, $BaSb_2O_6$, $MgSb_2O_6$, $Mg_4Sb_2O_9$ u. $AlSbO_4$ findet Vf. bei der Fluoreszenz einen einfachen Zusammenhang zwischen der Lage des Anregungs- u. Absorptionsmax. der Niobatoktaeder u. der Fluoreszenzlöschtemperatur. Darüber hinaus zeigt sich allg. als notwendige Bedingung für die Fluoreszenz von lokalisierten Zentren, daß die Differenz zwischen den jeweils größten Orbitalradien des angeregten u. des Grundzustandes [nach Waber u. Cromer, ibid. **42** (1965) 4116] < 0,3 Å sein muß. Dies wird gezeigt für *Ti, V, Nb, W, Sn, Sb, Tl, Pb, Bi, Ce, Tb, Eu, U* u. *Cu*. Diese Überlegungen werden ebenfalls bei folgenden aktivierten Verb. diskutiert: Mg_2SnO_4-*Nb*, $MgSnO_3$-*Nb*, $LiSnO_3$-*Nb*, $Ca_2 \cdot SnO_4$-*Nb*, $CaSnO_3$-*Nb*, Sr_2SnO_4-*Nb*, Mg_2SnO_4-*Ti*, $Mg \cdot SnO_3$-*Ti*, Li_2SnO_3-*Ti*, Li_2SnO_3-*W*, Mg_2SnO_4-*W*, $Li_3 \cdot SbO_4$-*Ti*, $CaSb_2O_6$-*Ti*, Li_3SbO_4-*W* u. $CaSb_2O_6$-*W*. R. Blank 96

0351 **Lumineszenzeigenschaften von β-Diketonchelaten. Vibronenstruktur der Emissionsspektren von Dibenzoylmethanchelaten.** A. Bączyński und J. Bissinger. (Bull. Acad. polon. Sci., Sér. Sci. math., astronom. physiques **16** (1968) 1, 73–79; Dep. of Phys., Copernicus Univ., Thorun; engl.) — Die Lumineszenzspektren des *Dibenzoylmethans* (*HDBM*) u. seiner Al- u. Pb-Chelate $Al(DBM)_3$ bzw. $Pb(DBM)_2$ werden aufgenommen. Mit sinkender Temp. nimmt die Fluoreszenzintensität zu. Die Schwingungsstruktur der Fluoreszenzspektren u. die Elektronenstruktur der Chelate werden diskutiert. M. Steidinger 96

0352 **Paraelektrische Resonanz von Praseodym in Yttriumäthylsulfat.** F. I. B. Williams. (Proc. physic. Soc. **91** (1967) 571, 111–23; Clarendon Labor., Oxford; engl.) — Es wird die Wechselwrkg. eines elektr. Feldes mit dem Pr^{3+}-Ion auf Y-Plätzen in Yttriumäthylsulfat berechnet. Das Ergebnis stimmt größenordnungsmäßig mit dem experimentellen Ergebnis eines paraelektr. Resonanzexperiments überein. Diskussion der Folgerungen des Effekts für Paare wechselwirkender Ionen. J. M. Spaeth 98

0353 **Kommentar zur Bloom-Oppenheim-Theorie der Spinrelaxation.** J. W. Riehl, J. L. Kinsey und J. S. Waugh. (J. chem. Physics **46** (1967) 11, 4546–48; Dep. of Chem. and Res. Labor. of Electron., MIT, Cambridge, Mass.; engl.) — Theoret. Berechnung der Spin-Gitter-Relaxationszeit T_1 für sehr verd. H_2-Gas (J = 1) in He. Die Wrkg.-Querschnitte wurden mit einer quantenmechan. Streurechnung mit der Näherung für gestörte Wellen erhalten. Vgl. der Ergebnisse mit der Bloom-Oppenheim-Theorie für verd. Gase. J. M. Spaeth 98

0354 **Bildungsgesetze der Kernsignale in Festkörpern bei Impulsexperimenten.** G. Siegle. (Z. Naturforsch. **23a** (1968) 1, 91–100; I. Physikal. Inst., TH, Stuttgart; dt.) — Berechnung der Kernsignale in Festkörpern in Erweiterung der Meth. von Lowe u. Norberg [vgl. Physic. Rev. **107** (1957) 46] auf mehrere Impulse. Es wird eine allg. Formel für die Kernsignale nach 1, 2 u. 3 Impulsen angegeben, die auf Substanzen mit Kernspins I = 1/2 angewandt werden kann. Sie enthält 9 verschiedene Signaltypen u. in kompakter Form die Abhängigkeiten der Signalamplituden von experimentellen Parametern: den Modulationsphasen, den Impulslängen u. Impulsabständen u. kleinen Resonanzabweichungen. Die wichtigsten Teile der Formel werden experimentell geprüft. Die Formel stellt eine gute Näherung nur in der Nähe der Signalmaxima dar u. muß zur Beschreibung der Signalform im Detail erweitert werden. J. M. Spaeth 98

0355 **Theoretische Untersuchung des Bereichs des „Phasengedächtnisses" bei der magnetischen Kernresonanz im Erdfeld.** André Berthe, Robert Gabillard, Yves Crosnier und Maurice Chive. (C. R. hebd. Séances Acad. Sci., Sér. A et B **266** (1968) 6, B352–B355; Labor. Radioélectricité et d'Électron. de la Fac. des Sci., Lille; franz.) — Die Erscheinung des Phasengedächtnisses bei der NMR wurde bei schwachen ausrichtenden Magnetfeldern (Erdfeld) für gepulste u. ungepulste

Erregerfelder gleicher zeitlicher Dauer untersucht. Für die beiden Typen von Erregerfeldern zeigte sich, daß das Phasengedächtnis nach einer Übergangsphase einer abklingenden Schwingung einsetzt. Amplitude u. Periode der abklingenden Schwingung wurden berechnet. G. Richard 98

0356 **Kernresonanz: Einfache Nachweismethode.** E. P. A. Sullivan. (Nature [London] 218 (1968) 5145, 944 bis 945; Victoria Univ. of Wellington, New Zealand; engl.) — Für NQR-Messungen mit selbstlöschendem Spektrometer wird eine Nachw.-Meth. vorgeschlagen, die auf der Änderung der Impulsfrequenz bei Resonanz beruht. Der Aufbau der App. u. das NQR-Spektrum für polykrist. *Natriumchlorat* bei Raumtemp. werden mitgeteilt. B. Stender 98

0357 **Chemische ^{19}F-NMR-Verschiebung von Fluorwasserstoff in H_2O und D_2O.** K. Schaumburg und C. Deverell. (J. Amer. chem. Soc. **90** (1968) 10, 2495 bis 2499; Nat. Res. Council of Canada, Div. of Pure Chem., Ottawa, Ontario, Canada; engl.) — Die ^{19}F-NMR-Verschiebung wurde in den Syst. HF–KF–H_2O u. HF–KF–D_2O in Abhängigkeit von [KF] untersucht. Infolge des schnellen F-Austausches wird nur das gewichtete Mittel der Verschiebungen von $F^-(H_2O)_x$, HF u. HF_2^- bzw. $F^-(D_2O)_x$, DF u. DF_2^- gemessen, aus dessen Konz.-Abhängigkeit die einzelnen Verschiebungen ber. werden. Bei F^- u. HF erzeugt eine Substitution von H durch D eine Verschiebung um einige ppm zu höherem Feld; gegenüber $F^-(H_2O)_x$ ist HF um +42,6 ppm, HF_2^- um +33,0 ppm verschoben. B. Stender 98

0358 **Anomale Temperaturabhängigkeit der Spindichte in PrF_3-Einkristallen.** M. L. Afanas'ev, S. P. Gabuda und A. G. Lundin. (Ž. èksper. teoret. Fiz. — Pis'ma v Redakciju 7 (1968) 12, 451—54; Inst. fiz. SO AN SSSR; russ.) — Bei Messungen der kernmagnet. Resonanz von ^{19}F in PrF_3-Einkrist. wurde bei geeigneter Orientierung des Magnetfeldes u. Temp. zwischen 51,5 °K u. —120 °C eine Verschiebung der Lage einer der Komponenten relativ zu den anderen mit der Temp. beobachtet. Diese wird durch Beteiligung angeregter Zustände der unpaaren 4f-Elektronen bei der Bldg. partiell kovalenter Bindungen zwischen ^{141}Pr u. ^{19}F gedeutet. M. Wiedemann 98

0359 **NMR-Untersuchung von Erdalkalimetallhydrogenfluoriden.** A. A. Opalovskij, T. D. Fedotova, S. P. Gavuda und D. D. Ikrami. (Ž. strukturnoj Chim. 9 (1968) 2, 202—06; Inst. neorg. chim. SO AN SSSR; russ.) — Die ^1H- u. ^{19}F-NMR-Spektren von $SrF_2 \cdot HF$, $BaF_2 \cdot HF$, $CaF_2 \cdot HF$, $SrF_2 \cdot 2{,}5\,HF$ u. $BaF_2 \cdot 3\,HF$ werden bei +15, —60 u. —130° aufgenommen. Aus der Analyse der Linienform u. der Größe des 2. Moments wird auf die Struktur der Anionen, die Bldg. u. Stärke von Wasserstoffbindungen u. die Lage der Protonen geschlossen. Es liegen F^-- u. HF_2^--Ionen mit linearer Wasserstoffbindung vor. H. Roschkowski 98

0360 **Untersuchung der Struktur von Aquopolyverbindungen durch magnetische Protonenresonanz. 2. Mitt. Ammoniumparawolframat und -paramolybdat.** I. F. Kokot, V. V. Mank, M. V. Mochosoev und Ja. Ja. Ščerbak. (Ž. strukturnoj Chim. 9 (1968) 2, 314—17; Doneckij fiz.-techn. inst.; russ.) — Die therm. Dissoziation von $3\,[(NH_4)_2O] \cdot 7\,MoO_3 \cdot 4\,H_2O$ u. $2\,[(NH_4)_2O] \cdot 5\,WO_3 \cdot 2{,}5\,H_2O$ wird derivatograph. u. durch Aufnahme der PMR-Spektren untersucht. H. Roschkowski 98

0361 **Heteronucleare Doppelresonanz: teilweise deuteriertes Ammoniumbromid.** W. McFarlane und R. R. Dean. (J. chem. Soc. [London], Sect. A **1968**, 7, 1535 bis 1538; Dep. of Mol. Sci., Nat. Phys. Labor., Teddington, Middlesex, England; engl.) — Best. von Größe u. Vorzeichen der red. Kopplungskonst. zwischen Stickstoff u. Wasserstoff in einer Lsg. von NH_4Br in H_2SO_4–D_2SO_4 mit den Spezies NH_4^+, NH_3D^+, $NH_2D_2^+$ u. NHD_3^+ durch eine Meth. der heteronuclearen Doppelresonanz. Die Spezies ND_4^+ wurde nicht beobachtet. Die red. Kopplungskonst. ist positiv bez. eines negativen K_{HH}-Wertes. Weiterhin wurden die chem. Verschiebungen der deuterierten Ammoniumionen bestimmt. R. Blank 98

0362 **Profil und Lage der EPR-Resonanzlinie von pulverförmigem Graphit.** P. Delhaes und A. Marchand. (Carbon [Oxford] 6 (1968) 2, 257—66; Inst. de Magneto-Chim., Pessac, France; franz.) — Untersucht wurde die EPR-Resonanz bei 10 GHz von natürlichem Graphit (Madagaskar) unterschiedlicher Korngröße. Die Linienbreite ist anisotrop. Unter Berücksichtigung der Anisotropie von Linienbreite u. g-Faktor u. teilweise auch unter Berücksichtigung des Skin-Effekts wurden Profil u. Lage einer Resonanzlinie berechnet. Hinsichtlich des Profils ist die Übereinstimmung mit dem Experiment gut. Für Proben, die aus anisotropen Flocken bestehen, läßt sich aus der Lage der Resonanzlinie nicht der mittlere Wert des g-Faktors erhalten. W. Laqua 98

0363 **Paramagnetische Elektronenresonanz und die Struktur von Cu(II)-Benzoaten.** Ju. V. Jablikov, V. V. Zelencov und L. N. Romanenko. (Teoret. èksper. Chim. 4 (1968) 3, 407—13; Kaz. fiz.-techn. inst. AN SSSR; russ.) — Die EPR-Parameter von $Cu(C_6H_5COO)_2$, $Cu(C_6H_5COO)_2 \cdot C_6H_5COOH$, $Cu(C_6H_5COO)_2 \cdot py$, $Cu \cdot (C_6H_5COO)_2 \cdot Chinolin$, $Cu(p\text{-}BrC_6H_4COO)_2$, $Cu(p\text{-}Br \cdot C_6H_4COO)_2 \cdot CH_3OH$, $Cu(m\text{-}NO_2C_6H_4COO)_2$, $Cu(m\text{-}NO_2 \cdot C_6H_4COO)_2 \cdot CH_3OH$, $Cu(o\text{-}NO_2C_6H_4COO)_2$, $Cu(m\text{-}NO_2 \cdot C_6H_4COO)_2 \cdot 3\,H_2O$, $Cu(m\text{-}NO_2C_6H_4COO)_2 \cdot 2\,Chinolin$ u. $Cu(m\text{-}JC_6H_4COO)_2 \cdot tert.\text{-}C_4H_9OH$ wurden ermittelt. In Abhängigkeit von kleineren Änderungen in den Darst.-Bedingungen entstehen verschiedene Modifikationen der Cu(II)-Benzoate, die Darst. einzelner Modifikationen in reiner Form ist oft sehr schwierig. Die EPR-Signale der dimeren bzw. isolierten Mol. sind jedoch nicht überlappt, wodurch eine Strukturunters. erleichtert ist. J. J. Pohl 98

0364 **ESR-Untersuchungen an Übergangsmetallen. 4. Mitt. ESR-Untersuchung über die Stabilität der Titan—Kohlenstoff-Bindung in löslichen Ziegler-Natta-Katalysatoren.** G. Henrici-Olivé und S. Olivé. (Angew. Chem. 80 (1968) 19, 796—97; dt.; int. Edit. 7 (1968) 10, 822—23; engl.) — 3. vgl. C. **1969**, 16-0788. — Die Stabilität der Ti—C-Bindung in den Cyclopentadienyl (cp) enthaltenden Ziegler-Natta-Katalysatoren $R^1AlCl_2 \cdot Ti(cp)_2R^2Cl$ mit R^1, R^2 = C_2H_5, C_2H_5; CH_3, C_2H_5; C_2H_5, CH_3 u. CH_3, CH_3 wird untersucht, wobei die durch Aufnahme der ESR-Spektren meßbare Red.-Geschw. [Ti(IV) → Ti(III), durch Eliminierung von R^2 unter Bldg. von $R^1ClAlCl_2Ti(cp)_2$] ein Maß für die Stabilität der Bindung darstellt. Die Analyse der ESR-Signale gestattet die folgenden Schlüsse: 1. Die Alkylgruppen R u. R' tauschen nicht merklich miteinander aus. 2. Die Stabilität der Ti—C-Bindung ist eine Funktion der Elektron–Donator-Eig. der Al-Liganden. 3. Die Methylgruppe ist am Ti fester gebunden als die Äthylgruppe, was mit Hilfe des Mulliken-Modells der ersteren zu interpretieren ist. Autorreferat 98△

0635 **Umwandlung der Frequenz eines Lasers mit Hilfe des Phänomens der erzwungenen Raman-Streuung in komprimierten Gasen.** O. F. Butjagin, V. G. Dmitriev und G. A. Šarif. (Izvest. vysšich učebnych Zavedenij [Gor'kij], Radiofiz. 11 (1968) 4, 622—23; russ.) — Beschreibung des Verf. unter Verw. von komprimiertem Wasserstoff zur Frequenzmodulation eines Rubinlasers. H. Roschkowski 100

0366 **Mit Neodym aktivierter Glaslaser mit nicht linearem Resonator.** A. M. Bonč-Bruevič, S. E. Potapov und Ja. A. Imas. (Ž. techn. Fiz. 38 (1968) 4, 670—76; russ.) — Beschrieben wird ein Nd-Glaslaser, dessen Strahlung im Verlauf des Pumpimpulses kontinuierlich infolge der nicht linearen Abhängigkeit der Resonatorgüte von der Strahlungsdichte ist. Im Resonator wird dabei das nicht lineare Reflexionsvermögen einer Hg-Oberfläche ausgenutzt. H. Roschkowski 100

Elektrische Eigenschaften

0367 **Grundzustand des Kondo-Vielkörper-Streuproblems.** A. J. Heeger und M. A. Jensen. (Physic. Rev. Letters 18 (1967) 13, 488—91; Dep. of Phys. and Labor. for

Res. on the Struct. of Matter, Univ. of Pa., Philadelphia, Pa.; engl.) — Der Grundzustand des Problems wird mittels einer Vielkörper-Variationsrechnung untersucht u. gezeigt, daß für eine antiferromagnet. s–d-Austauschwechselwrkg. ein gebundener Zustand existiert. M. Wiedemann 111

0368 **Einfluß einer Dotierung des Zinns mit Ga, In und Tl auf die thermoelektrischen Eigenschaften von SnTe.** Ja. N. Nasirov und M. A. Alidžanov. (Doklady Akad. Nauk Azerbajdž. SSR **28** (1967) 12, 29—31; Inst. fiz.; russ.) — Messung (300 °K) der spezif. elektr. Leitfähigkeit, der Wärmeleitfähigkeit u. der Thermo-EMK der Syst. $Sn_{1-x}Ga_xTe$, $Sn_{1-x}In_xTe$ mit $x \leq 0,05$ u. $Sn_{1-x}Tl_xTe$ mit $x \leq 0,01$. Bei sehr geringen Dotierungen tritt zunächst ein Auffüllen der Gitterleerstellen in SnTe auf, dann erst die Bldg. fester Lsg. $A^{IV}B^{VI}-A^{III}B^{VI}$ bei höheren Dotierungen. K. Jaeger 112

0369 **Thermoelektrische Kraft der Systeme ~FeO, ~FeO–SiO$_2$ und ~FeO–CaO.** T. Emi und M. Shimoji. (Acta metallurg. [Long Island City, N.Y.] **16** (1968) 9, 1093—1100; Dep. of Chem., Hokkaido Univ., Sapporo; engl.) — Die Thermo-EMK vorst. Syst. in fl. u. festen Zustand (CaO-Syst. fl.) wird bei 1150—1470° gemessen. M. Frenzel 112

0370 **Thermo-EMK und Struktur des 3d-Bandes von Nickel und seinen Legierungen.** V. E. Panin, V. P. Fadin und V. M. Žukova. (Izvest. vysšich učebnych Zavedenij [Tomsk], Fiz. **11** (1968) 8 (75), 94—99; Sibir. fiz.-techn. inst. im. Kuznecova; russ.) — Die Änderungen der Thermo-EMK von Ni bei der Leg.-Bldg. mit *Al, Be, Si, Cu, Fe, Co, Mn, Te, V, Cr* u. *Mo* werden mit der Struktur des 3d-Bandes in Verb. gesetzt. H. Roschkowski 112

0371 **Photoelektronenemission aus Indium.** P. S. Popov und A. N. Machotenko. (Izvest. vysšich učebnych Zavedenij [Tomsk], Fiz. **11** (1968) 7 (74), 141—43; Rostovskij-na-Donu gosuniv.; russ.) — Die Quantenausb. u. die Austrittsarbeit wurden nach der Gegenfeldmeth. in einem Kugelkondensator bei 300 °K gemessen, wobei die Wellenlänge der auslösenden Strahlung aus dem Hg-Spektrum von 214,8—282 nm variiert wurde. Die Austrittsarbeit aus In beträgt (3,825 ± 0,01 eV). Die aus den Gegenfeldmessungen bestimmten Energieverteilungen der Photoelektronen bestehen aus zwei Gruppen, deren eine ein von der Photonenenergie hν unabhängiges Max. bei 0,42 eV hat, während das Max. der anderen bei hν — 4,11 eV liegt. Daraus wird auf ein Max. in der D. der Elektronenzustände im In ca. 0,29 eV unterhalb des Fermi-Niveaus geschlossen. F. Lenz 114

0372 **Photoemission additiv gefärbter KCl-Kristalle.** A. N. Arsen'eva-Gejl, A. D. Kaškaj und B. A. Kazenov. (Fiz. tverdogo Tela **9** (1967) 4, 1269—70; Leningradskij gos. univ. im. Ždanova; russ.) — Die in abgeschreckten u. unabgeschreckten, additiv gefärbten KCl-Krist. oberhalb 3 eV beobachtete Photoemission wird auf die L_1-, L_2- u. L_3-Zentren zurückgeführt. K. Jaeger 114

0373 **Herstellung photoempfindlicher Verbindungen von Antimon mit Alkalimetallen durch eine vakuumelektrochemische Methode.** N. K. Borodkina und V. I. Danilkin. (Élektrochimija **4** (1968) 8, 979—81; Gos. inst. prikl. chim., Leningrad; russ.) — Zur Herst. von Alkalimetall-Sb-Photokathoden mit reproduzierbaren Eig. wurden die innen mit Sb bedampften (opt. Durchlässigkeit der Schicht 60%) Hüllkolben aus techn. Glas Nr. 23 (Na-Glas) bzw. K-haltigen (K_2O < 20 Mol.-%) Borsilicatglas, auf ca. $2 \cdot 10^{-7}$ Torr evakuiert, in Na- bzw. $KNO_3 + Ca(NO_3)_2$-Schmelzen (155°) einer „Elektrolyse" unterworfen. Dabei erfolgt Überführung der Alkalimetallionen aus der Schmelze durch das Glas in die Sb-Schicht. Spektrale Empfindlichkeit u. Abhängigkeit des Photostroms von den Herst.-Bedingungen werden diskutiert. E. Bomke 114

0374 **Gewinnung von Photodioden durch Beschuß von Silicium-Einkristallen mit positiven Cs-Ionen mittlerer Energie.** Š. A. Abljaev, V. M. Michaėljan und V. P. Čirva. (Izvest. Akad. Nauk Uzb. SSR, Ser. fiz.-mat. Nauk **125** (1968) 4, 85; Inst. élektron. AN Uz. SSR; russ.) — In Si-Einkrist. vom p-Typ wurden 20—25 keV Cs-Ionen eingebracht u. dann auf 500° erhitzt. Der Nutzeffekt der Photoumwandler lag bei 6%. M. Wiedemann 114

0375 **Besonderheiten der Bandstruktur von Halbleitern mit Chalkopyritgitter.** G. F. Karavaev, A. S. Poplavnoj und V. A. Čaldyšev. (Fiz. Techn. Poluprovodnikov **2** (1968) 1, 113—15; Sibir. fiz.-techn. inst. im. Kuznecova, Tomsk; russ.) — Diskussion u. Übersicht von Literaturdaten über $A^{II}B^{IV}C_2{}^{V}$-Verb. mit Chalkopyritstruktur. — 15 Literaturangaben. K. Jaeger 116

0376 **Durch Exzitonenerzeugung bestimmter Photoeffekt in Halbleitern.** I. P. Akimčenko, V. S. Vavilov, A. F. Plotnikov und A. A. Sokolova. (Fiz. tverdogo Tela **10** (1968) 4, 974—81; Fiz. inst. im. Lebedeva AN SSSR, Moskva; russ.) — Unters. der Exzitonen-Photoleitfähigkeit in *CdTe*-, *GaAs*- u. *Ge*-Einkrist. (80 °K). Der Effekt in CdTe beruht auf einer Exzitonendissoziation an Störstellen E_v + 0,17 eV, die einen Elektroneneinfangquerschnitt von 10^{-20} cm^2 aufweisen. Kompensierte GaAs- u. bestrahlte n-Ge-Krist. zeigen diese Exzitonendissoziation ebenfalls. K. Jaeger 116

0377 **Einfluß der Komplexbildung auf die Störstellendiffusion in Halbleitern.** V. V. Vas'kin und V. A. Uskov. (Fiz. tverdogo Tela **10** (1968) 4, 1239—41; Gor'kovskij gos. univ. im. Lobačevskogo; russ.) — Theorie der Diffusion zweier Störstellen (A u. B) in Halbleitern u. Einfl. der Komplexbldg. AB auf die Diffusionsprofile. Übereinstimmung mit experimentellen Literaturdaten für die *Mn–Cu*-Diffusion in *GaAs*. K. Jaeger 116

0378 **Reflexion elektromagnetischer Energie an Halbleitern im Millimeterwellen-Bereich.** D. I. Bilenko, L. I. Kac und L. V. Malinin. (Fiz. Techn. Poluprovodnikov **2** (1968) 1, 44—47; russ.) — Halbklass. abgeleitete Beziehungen zwischen den Reflexions- u. den elektr. Eig. (Ladungsträgerkonz.); Kontrollmessungen an *Si*-Proben. K. Jaeger 116

0379 **Bestimmung von Haftstellenparametern mit der Methode der thermisch angeregten Kondensatorentladung.** A. G. Ždan, V. B. Sandomirskij und A. D. Ožeredov. (Fiz. Techn. Poluprovodnikov **2** (1968) 1, 11—18; Inst. radiotechn. i élektron. AN SSSR, Moskva; russ.) — Beschrieben wird eine Meth. zur Best. der Tiefe, des Einfangquerschnittes u. der Konz. von Haftstellen in Halbleitern. Messungen an hochohmigen, einkrist. *CdS*-Aufdampfschichten. K. Jaeger 116

0380 **Spektrale Verteilung des inneren Photoeffektes in hexagonalem Selen unter der Einwirkung von Röntgen- und ultravioletter Strahlung.** B. T. Kolomiec, V. G. Romanov und P. K. Chodovevič. (Fiz. Techn. Poluprovodnikov **2** (1968) 2, 267—69; Fiz.-techn. inst. im. Ioffe AN SSSR, Leningrad; russ.) — Photospektren (0,4—0,8 μm; 83 °K) bei kombinierter Anregung (9,8 bis 20,08 keV u. 3,96 eV). Der Einfl. der zusätzlichen UV-Belichtung ist unwesentlich. Ein mit der Bestrahlung zunehmender Einfriereffekt wird von 0,7—0,8 μm beobachtet u. durch eine Zunahme des Absorptionskoeff. in diesem Bereich um den Faktor 10^3 gedeutet. K. Jaeger 116

0381 **Galvanomagnetische Eigenschaften von Tellur bei sehr tiefen Temperaturen.** V. A. Noskin, I. I. Farbštejn und S. S. Šalyt. (Fiz. tverdogo Tela **10** (1968) 4, 1112—17; Inst. poluprov. AN SSSR, Leningrad; russ.) — Messung des spezif. elektr. Widerstandes, des Hall-Effektes u. der magnet. Widerstandsänderung (0,05 bis 100 °K). Anomalien, die im Bereich 1—5 °K auftreten, werden durch toroidale isoenerget. Oberflächen erklärt. K. Jaeger 116

0382 **Elektrophysikalische Eigenschaften von Bor.** Š. Z. Džamagidze, Ju. A. Mal'cev und R. R. Švangiradze. (Fiz. Techn. Poluprovodnikov **2** (1968) 3, 387 bis 392; Suchumskij fiz.-techn. inst. AN GSSR; russ.) — Leitfähigkeitsmessungen (20—1000°) an einkrist., polykrist. u. amorphen β-B-Proben, Hall-Messungen (150 bis 850°) u. Thermo-EMK-Messungen (150—1000°). Alle Kurven zeigen Unstetigkeiten bei ca. 300°. Die therm. Aktivierungsenergie ist 1,39 ± 0,02 eV. Eigenleitung existiert unterhalb 160°. Beweglichkeiten u. effektive Massen der Elektronen u. Defektelektronen werden bestimmt. K. Jaeger 116

0383 **Einfluß eines Elektronenbeschusses auf einige Parameter von Siliciumphotoelementen.** S. M. Gorodeckij, G. M. Grigor'eva, L. B. Krejnin, V. V. Lazovskij, A. P. Landsman und M. S. Sominskij. (Fiz. Techn. Poluprovodnikov 2 (1968) 1, 110—12; Inst. poluprov. AN SSSR, Leningrad; russ.) — Bestrahlung von p–n-Si-Photoelementen mit 0,5—7 MeV-Elektronen (10^{11} bis 10^{16} e/cm²; 300 °K). Die Energieabhängigkeit der Doppelverschiebungskennzahl wird bestimmt u. der Einfl. der Kennzahl auf die Rekombinationscharakteristiken der p-Basis diskutiert. K. Jaeger 116

0384 **Änderung der Ladungsträgerkonzentration in Antimon und Arsen bei hydrostatischem Druck.** N. B. Brandt und N. Ja. Minina. (Ž. èksper. teoret. Fiz.-Pis'ma v Redakciju 7 (1968) 8, 264—67; Mosk. gos. univ. im. Lomonosova; russ.) — Aus der Messung der Abhängigkeit der elektr. Leitfähigkeit σ_{xx} in der Krist.-Basisfläche als Funktion des Magnetfelds bis 27 kOe wurde die Ladungsträgerkonz. als eine Funktion des Drucks bis 40 kbar bestimmt. V. Burjan 116

0385 **Bestimmung der Leitfähigkeitsparameter in Kaliumhalogeniden.** Ja. N. Peršic und E. V. Pavlov. (Fiz. tverdogo Tela 10 (1968) 5, 1418—24; Pskovskij gos. ped. inst. im. Kirova; russ.) — Leitfähigkeitsmessungen (300—650°) an dotierten (*Cd, Ni, Au*) *KCl-*, *KBr-* u. *KJ*-Kristallen. Die Bldg.-Energie der Schottky-Defekte, die Aktivierungsenergien der Kationen- u. Anionenleerstellen u. der Einfl. der Störstellenleitung auf die Eigenleitung werden untersucht. K. Jaeger 116

0386 **Untersuchung der optischen Umladung in Siliciumcarbid mittels EPR und Photoleitung.** A. I. Vejnger und K. P. Konin. (Fiz. Techn. Poluprovodnikov 2 (1968) 3, 294—99; Fiz.-techn. inst. im. Ioffe AN SSSR, Leningrad; russ.) — Untersucht wurden die Umladungen von *B* u. *N* sowie von B u. unbekannten tiefen Störstellenzentren in α-SiC (6H). Die Einfangquerschnitte für B u. die unbekannten Akzeptorniveaus (1,7 eV) werden berechnet. K. Jaeger 116

0387 **Photoleitungskinetik und Rauschspektren in n-InSb.** Ch. M. Abduvachidov, A. S. Volkov und V. V. Galavanov. (Fiz. Techn. Poluprovodnikov 2 (1968) 1, 122—25; Fiz.-techn. inst. im Ioffe AN SSSR, Leningrad; russ.)'— Abkling- (10^{-4} bis 10^{-6} s) u. Rauschspektren (10^{2}—10^{5} Hz) von 78—120 °K. Die ber. Lebensdauern lassen sich für Konz. $\leq 10^{14}$ cm^{-3} durch das Shockley-Read-Modell beschreiben. K. Jaeger 116

0388 **Lichtinterferenz an Photowiderständen aus InSb.** V. G. Erofeičev. (Fiz. Techn. Poluprovodnikov 2 (1968) 2, 277—78; russ.) — Beschrieben wird die Modenüberlagerung eines *He–Ne*-Lasers an auf 77 °K gekühlten p-InSb-Photowiderständen. Die kleinste registrierbare Intensität wird abgeschätzt. K. Jaeger 116

0389 **Verteilungsfunktion und Temperaturabhängigkeit der Beweglichkeit in $A^{III}B^{V}$-Halbleitern.** N. N. Grigor'ev I. M. Dykman und P. M. Tomčuk. (Fiz. tervdogo Tela **10** (1968) 4, 1058—64; Inst. poluprovodnikov AN USSR; russ.) — Theorie der asymm. Anteile der Verteilungsfunktion in polaren Halbleitern. Mit den Ergebnissen wird die Elektronenbeweglichkeit (100—600 °K) u. mit experimentellen Literaturdaten für *InSb* verglichen. K. Jaeger 116

0390 **Dielektrischer Gleichstrom-Durchschlag durch amorphe Siliciumdioxid-Filme bei Raumtemperatur.** F. L. Worthing. (J. electrochem. Soc. **115** (1968) 1, 88—92; Bell Telephone Labor., Murray Hill, N.J.; engl.) — An SiO_2-Filmen, welche auf epitakt. Si-Schichten aufgewachsen waren, wurden bei Raumtemp. die dielektr. Durchschlagseig. als Funktion der Gleichspannung, der Zeit, der Polarität, der Oxiddicke u. der Änderungsgeschw. der Spannung untersucht. Es wurde gefunden, daß die beobachteten Erscheinungen im wesentlichen von der Polarität des angelegten Potentials abhängen. Bei positiven Si-Potentialen trat der dielektr. Durchschlag plötzlich auf, ohne nachweisbare Leitung unterhalb der Durchschlagsspannung. Positiver Durchschlag ist nicht zeitabhängig u. scheint zum Typ des sog. Eigendurchschlages zu gehören. Bei negativen Si-Potentialen zeigen die Filme eine Leitung unterhalb des Durchschlags u. eine Zeitabhängigkeit des dielektr. Durchschlags. Bezeichnet t die Zeit die bis zu einem Oxiddurchschlag vergeht u. V die angelegte Spannung, so wird zwischen V u. $t^{-1/4}$ ein linearer Zusammenhang im Bereich bis nahezu 150 V beobachtet (Peek-Gesetz). G. Richard 116

0391 **Einfluß von Bariumdämpfen auf die elektrische Leitfähigkeit, die Thermo-EMK und die Austrittsarbeit von (BaSrCa)O.** I. N. Petrov, T. A. Dubova, G. M. Mladenov, B. Ja. Mojžes, O. V. Sorokin und E. M. Šer. (Fiz. Techn. Poluprovodnikov 2 (1968) 1, 83—92; Inst. poluprov. AN SSSR, Leningrad; russ.) — Messungen bei Ba-Partialdrücken von 10^{-8} bis 10^{-4} Torr u. 350 bis 1300 °K. Die Austrittsarbeit wird von den Ba-Dämpfen nicht direkt beeinflußt, jedoch wird sie erhöht, wenn gleichzeitig eine Erniedrigung der Aktivität (Adsorption des umgebenden Gases) eintritt. Eine Erhöhung der elektr. Leitfähigkeit durch die Ba-Dämpfe wird nur unterhalb ca. 1000 °K beobachtet. K. Jaeger 116

0392 **Elektrische und optische Eigenschaften nichtlinearer Halbleiterwiderstände auf der Basis von Zinksulfid.** M. V. Fok und Ju. P. Cukova. (Ž. techn. Fiz. 38 (1968) 2, 366—74; Fiz. inst. im. Lebedeva AN SSSR, Moskva; russ.) — Die Elektrolumineszenz-Helligkeit u. die Leitfähigkeit von ZnS:Cu-Elektrolumineszenzkondensatoren bei Anregung mit Gleichstrom wird gemessen. Diskussion der Strom-Spannungs-Charakteristiken. H. Roschkowski 116

0393 **Photospannungseffekt im System CdS–Cu_2S.** I. V. Egorova. (Fiz. Techn. Poluprovodnikov 2 (1968) 3, 319—23; russ.) — Gemessen wurden die Photostrom-Spannungsspektren (400—1000 nm) von CdS–Cu_2S-Dünnschichtstrukturen (CdS-Schichtdicke 5—15 μm) sowie die Empfindlichkeitsspektren. Der Photospannungseffekt im Bereich 520—700 μm wird durch Ladungsträgeranregung in der Cu_2S-Schicht gedeutet. K. Jaeger 116

0394 **Polarisationsströme in polykristallinen Bleisulfidschichten.** V. I. Il'in und V. A. Salij. (Fiz. Techn. Poluprovodnikov 2 (1968) 3, 451—53; Leningradskij politechn. inst. im. Kalinina; russ.) — Messungen der Photowiderstandskinetik von PbS-Aufdampfschichten, die im Vakuum, an der Luft u. in O_2 ($\lesssim$ 100 atm) aktiviert wurden, zeigten, daß die in der Literatur beschriebenen zusätzlichen Ströme der Photowiderstände durch eingelagerten Sauerstoff verursachte Polarisationsströme sind. K. Jaeger 116

0395 **Photo-EMK in polykristallinen Schichten und Einkristallen aus Bleisulfid.** M. I. Rudenok. (Fiz. Techn. Poluprovodnikov 2 (1968) 3, 289—93; Leningradskij gos. univ. im. Ždanova; russ.) — Gemessen wurden bei Zimmertemp. die von der Einstrahlrichtung des Lichtes unabhängige Photo-EMK u. nach Temperungen an Luft (300—600°) die von der Einstrahlrichtung abhängige Photo-EMK polykrist. PbS-Schichten u. die laterale Photo-EMK von auf 400° erwärmten PbS-Einkristallen. Die prim. u. sek. Photo-EMK-Komponenten werden diskutiert. K. Jaeger 116

0396 **Driftbeweglichkeit in amorphen As_2Se_3-Schichten.** V. I. Kruglov, L. P. Strachov und N. A. Grišin. (Vestnik Leningradskogo Univ., Fiz., Chim. **28** (1968) 10, Ser. Nr. 2, 62—68; russ., Auszug: engl.) — Die Driftbeweglichkeiten der Träger in amorphen As_2Se_3-Filmen werden nach dem Verf. von Brown (Physics Rev. **97** (1955) 355] gemessen u. die Aktivierungsenergien bestimmt. Aus den Ergebnissen wird geschlossen, daß neben direkter ohmscher Leitung auch eine „Sprungleitung" auftritt. H. Roschkowski 116

0397 **Dotierungsabhängigkeit der elektrischen Leitfähigkeit und Thermo-EMK von flüssigem Sb_2Se_3.** B. I. Kazandžan. (Fiz. Techn. Poluprovodnikov **2** (1968) 3, 400—03; Mosk. énerget. inst.; russ.) — Messungen von 900—1400 °K für Dotierungen mit *Sb* (Donator) u. *Te*

(Akzeptor). An Hand der Isothermen lassen sich die Dotierungskonz. der Schmelzen kontrollieren. K. Jaeger 116

0398 **Feldeffekt in photoempfindlichen CdSe-Schichten.** I. A. Karpovič, A. M. Omarov und B. N. Zvonkov. (Fiz. Techn. Po uprovodnikov 2 (1968) 2, 153–59; Gor'kovskij gos. univ. im. Lobačevskogo; russ.) — Messung der Temp.- (100–300 °K) u. Frequenzabhängigkeit (10^1–10^5 Hz) des Feldeffektes der Beweglichkeit von CdSe-Aufdampfschichten (1–3 μm). Zusätzlich wurden die elektr. Leitfähigkeit, die Photoleitfähigkeit, der Hall-Effekt u. die Oberflächenpotentiale gemessen. Die Ergebnisse werden durch einen Schwellenmechanismus der Leitfähigkeit gedeutet. K. Jaeger 116

0399 **Akustisches Rauschen und Stromsättigung in CdSe.** V. I. Bajbakov. (Fiz. Techn. Poluprovodnikov 2 (1968) 1, 147–49; VNII fiz.-techn. i radiotechn. izmereij; russ.) — Auf Grund oszillograph. Messungen der Schallanregung u. -verstärkung (400 MHz) u. experimenteller Literaturdaten wird ein Modell der Ultraschallverstärkung in n-Piezoelektrika entwickelt. Der Zusammenhang zwischen den Sättigungsstromplateaus der einzelnen Impulse u. dem maximalen Verstärkungskoeff. wird diskutiert. K. Jaeger 116

0400 **Wechselkomponente des akustoelektrischen Stromes.** P. S. Karla und E. P. Garška. (Fiz. tverdogo Tela 10 (1968) 4, 1076–79; Vil'njusskij gos. univ. im. Kapsukasa; russ.) — Gemessen wurden die akustoelektr. Wechselströme in *CdS* u. *CdSe* als Funktion der Intensität der Schallwellen u. der spezif. elektr. Leitfähigkeit der Proben. Die im Impulsbetrieb (10 u. 30 MHz) gemessenen akustoelektr. Wechselfelder betrugen ca. 0,4 V · cm^{-1}. K. Jaeger 116

0401 **Natur der anomal hohen Photospannung in CdTe-Filmen.** M. I. Korsunskij, M. M. Sominskij und B. A. Zubarev. (Doklady Akad. Nauk SSSR 180 (1968) 1, 66–69; Inst. jadernoj fiz. AN kaz. SSR; russ.) — Für die anomal hohe Photospannung von CdTe-Filmen wird ein reiner Diffusionsmechanismus (Dember-Effekt) theoret. abgeleitet. H. Roschkowski 116

0402 **Schwingungen der magnetischen Widerstandsänderung in HgTe.** I. M. Cidil'kovskij und A. I. Ponomarev. (Fiz. tverdogo Tela 10 (1968) 4, 1085–88; Inst. fiz. metallov AN SSSR, Sverdlovsk; russ.) — Messung der Schubnikow-deHaas-Schwingungen u. der durch unelast. Elektronenstreuung an opt. Phononen (entartetes Elektronengas) erzeugten Schwingungen in HgTe-Einkrist. (≦ 300 kOe; 4,2–80 °K). Bestimmt wurden der Bandabstand (0,15 eV), die effektive Elektronenmasse (0,02 ± 0,002 m_0) u. die spektroskop. Aufspaltung der beiden Leitungsbänder ($\lg_0 l$ = 40 ± 2). K. Jaeger 116

0403 **Mechanismus der elektrischen und der Wärmeleitung flüssiger Wismutchalkogenide.** V. I. Fedorov und B. I. Kazandžan. (Fiz. Techn. Poluprovodnikov 2 (1968) 1, 23–27; Mosk. ènerget. inst.; russ.) — An Hand von Messungen im Bereich 400–1400 °K an Bi_2Te_3 u. Bi_2Se_3 werden die Mechanismen der Überführung diskutiert; sie sind in der fl. u. in der festen Phase gleich. K. Jaeger 116

0404 **Phthalocyanine mit hoher spezifischer elektrischer Leitfähigkeit.** I. S. Kirin und P. N. Moskalev. (Ž. fiz. Chim. 41 (1967) 2, 497–99; Fiz.-techn. inst. im. Ioffe AN SSSR; russ.) — An rechteckigen, mit Au kontaktierten Preßtabletten aus polykrist. *Neodym-Diphthalocyanin* Pc_2NdH (Pc = $(C_{32}H_{16}N_8)^{2-}$) wurde unter Ar die Temp.-Abhängigkeit des spezif. elektr. Widerstandes bestimmt. Er verläuft nach $\varrho = \varrho_0 \exp(E/2\,kT)$ mit ϱ_0 = (1,92 ± 0,2) Ω · cm u. E = (0,122 ± 0,005) eV. Bei 25° beträgt ϱ (23 ± 7) Ω · cm. Ebenfalls dargestellte Komplexe des Pc_2NdH mit J u. Br zeigen noch geringere Widerstände. J. Heim 116

0405 **Änderung der elektrischen Leitfähigkeit bei der polymorphen Umwandlung Cyanit—Sillimanit (Al_2SiO_5) unter den Bedingungen hoher Temperaturen und Drücke.** A. B. Sluckij. (Doklady Akad. Nauk SSSR 179 (1968) 4, 963–65; Inst. geochim. i anal. chim. im. V. I., Vernadskogo AN SSSR; russ.) — Bei Drücken von 19000 kg pro cm^2 u. Temp. von 1130° tritt infolge der beginnenden Umwandlung von Cyanit in Sillimanit eine Verringerung der elektr. Leitfähigkeit ein. Die weitere Umwandlung erfolgt innerhalb eines breiten Temp.-Intervalls. Bei einer Temp. von 1305° ist die Umwandlung beendet u. die Abhängigkeit der Leitfähigkeit von der Temp. ist ebenso wie bis zu 1130° geradlinig. H. Kelch 116

0406 **Bestimmung der Anzahl der Ladungsträger in pyrolytischem Graphit unter äußerem Druck.** V. V. Kečin, A. I. Lichter und G. N. Stepanov. (Fiz. tverdogo Tela 10 (1968) 4, 1242–44; Inst. fiz. vysokich davlenij AN SSSR, Moskva; russ.) — Messung der Kramers-Kronig-Koeff. der elektr. Leitfähigkeitskomponenten bei 4,2 °K als Funktion äußerer Drücke ≦ 5 kBar. Gemeinsame Diskussion mit anderen Literaturdaten. K. Jaeger 116

0407 **Experimente über Alfvén-Wellen-Resonanzen in flüssigem Natrium.** W. F. Druyvesteyn, A. J. Smets und C. A. A. J. Greebe. (Philips Res. Rep. 23 (1968) 4, 332–41; Eindhoven; engl.) — Fortsetzung von Unters. (vgl. z. B. Alais, C. 1967, 35-0419) über die Fortpflanzung von transversalen elektromagnet. Wellen niedriger Frequenz (Alfvén-Wellen) in gut leitenden fl. Metallen. Die experimentellen Ergebnisse an fl. Na zeigen gute Übereinstimmung mit früheren Berechnungen über das elektromagnet. Ansprechen einer Säule von fl. Metall, in dem Alfvén-Wellen an der Oberfläche der Fl. durch einen Wechselstrom in einer Spule um die Säule angeregt werden. In „Kästen" von fl. Na, die mit einem ferromagnet. Material gefüllt sind, werden Resonanzen mit Wellenlängen, die die Dimensionen des Kastens überschreiten, bei niedrigen Magnetfeldern beobachtet. Herbert Weber 118

0408 **Theorie der Linienform des HF-Größeneffekts in Metallen.** E. A. Kaner. (Physics [New York] 3 (1967) 6, 285–99; Acad. of Sci., of Ukr. SSR, Kharkov, 85, USSR; engl.) — Die Driftbewegung von Elektronen in der Nähe eines Begrenzungspunktes der Fermi-Fläche unter dem Einfl. elektromagnet. HF-Strahlung wird untersucht, wobei die diffuse Streuung der Elektronen an der Probenoberfläche berücksichtigt wird. Wegen der guten Übereinstimmung mit experimentellen Ergebnissen wird gefolgert, daß die Theorie des anomalen Skin-Effekts die Feldverteilung in der Skinschicht richtig wiedergibt. P. Weiland 118

0409 **Größeneffekt und Cyclotronresonanz bei effektiver Elektronendrift in Cadmium.** V. P. Naberežnych, N. K. Danyšin und L. T. Cymbal. (Ž. èksper. teoret. Fiz. 55 (1968) 2 (8), 389–96; Doneckij fiz.-techn. inst. AN Ukr. SSR; russ., Auszug: engl.) — Resonanzeffekte bei einer Frequenz von 3,6 · 10^{10} Hz u. Radiofrequenz-Größeneffekt bei einer Frequenz von 5 · 10^6 Hz werden in Cd-Proben untersucht, deren Oberflächen senkrecht zum Magnetfeld stehen. Die beobachteten Erscheinungen rühren von effektiver Elektronendrift längs eines Magnetfeldes her. Diese Elektronen erzeugen im Syst. Feld- u. Stromspitzen. Es wird gezeigt, daß an einzelnen Punkten im Elektronenorbital, bei denen die Geschw. im Metall v_z = 0 ist, die Cyclotronresonanz u. die Größeneffekte einige Singularitäten aufweisen. Von den Ergebnissen werden einige Charakteristiken der Fermi-Fläche in Cd abgeleitet. I. Zoll 118

0410 **Änderung des spezifischen elektrischen Widerstands einer Al-Legierung mit 4% Cu während ihrer plastischen Verformung.** N. Ja. Lysenko, Ju. I. Paskal', S. P. Žukovskij und K. V. Savickij. (Izvest. vysšich učebnych Zavedenij [Tomsk], Fiz. 11 (1968) 7 (74) 35–39; Sibir. fiz.-techn. inst. im. Kuznecova; russ.) — Für die Änderung des Widerstands der Guinier-Preston-Zonen enthaltenden Leg. sind zwei Mechanismen verantwortlich. Der eine, diffusionsfreie, beruht auf Zonenveränderungen durch sie schneidende Versetzungen, der andere ist ein Diffusionsmechanismus. H. Roschkowski 118

0411 **Elektrischer Widerstand von Manganlegierungen mit Kohlenstoff.** B. A. Baum und Ju. A. Akšencev. (Izvest. vysšich učebnych Zavedenij [Tomsk], Fiz. 11 (1968) 7 (74), 127–28; Ural'skij politechn. inst. im. Kirova russ.) — Unters. des elektr. Widerstands von Mn-Leg.

mit 0—25 Atom-% C in Abhängigkeit von der Temp. u. vom C-Gehalt. H. Roschkowski 118

0412 **Abhängigkeit der Supraleitungs-Energielücke vom Phononenspektrum und Ordnung–Unordnung-Effekte.** C. P. Enz und A. Quattropani. (Helv. physica Acta **41** (1968) 1, 54—60; Inst. de Phys. Théoret., Univ. de Geneve; engl.) — Theoret. Unters. mit Anwendung auf geordnete u. fehlgeordnete Legierungen. Herbert Weber 120

0413 **Methode der Korrelationsfunktion in der Theorie der Supraleitung.** 6. Mitt. **Berücksichtigung des Kristallgitters.** Gerhart Lüders. (Z. Naturforsch. **23a** (1968) 1, 1—10; Inst. für theoret. Phys., Univ., Göttingen; dt.) — 5. vgl. C. **1968,** 19-0484. — Die in den früheren Mitt. entwickelten Formulierungen werden unter Berücksichtigung der Gitterstruktur u. der Energiebänder auf die Modelle der Metalle angewendet. G. Malow 120

0414 **Ursache der Supraleitung.** H. Krebs. (Z. Naturforsch. **23a** (1968) 2, 332—33; Labor. für anorgan. Chem., Univ., Stuttgart; dt.) — Nach Ansicht des Vf. ist das Auftreten der Supraleitung mit der Tatsache verknüpft, daß Orbitale eines Bandes so überlappen, daß die Elektronen die Möglichkeit haben, sich wenigstens in einer Raumrichtung so zu bewegen, daß sie keine ebene oder kegelförmige atomare Knotenfläche zu durchsetzen brauchen. Der einfachste Fall liegt dann vor, wenn s-Orbitale in einem Gitter ein eigenes u. von anderen energet. getrenntes Band bilden. Dies wird an folgenden Beispielen diskutiert: *ScN*, *TiC*, *ZrC*, $Zr_{0,74}Nb_{0,26}C$, $Zr_{0,5}Nb_{0,5}C$, $Zr_{0,23}Nb_{0,77}C$, *NbC*, *TiN*, *ZrN*, *HfN*, $Nb \cdot C_{0,3}N_{0,7}$, *TiO*, *VN*, $NbN_{0,96}$, *NbN*, *VO*, *NbO*, *UC*, *UN*, $CoSi_2$, $PtGa_{3,33}$, $NiSi_2$, $PtAl_2$, $AuAl_2$, $RhTe_2$, *PdSbSe*, *PdSbTe*, *PdBiSe*, *PdBiTe*, *PtBiSe*, *PtBiTe*, $AuSb_2$, $PdSb_2$, $PdTe_2$, $PtTe_2$, $Ge_{1-x}Te$, $In_{1-x}Te$, $In_{1+x}Te$, $Ag_x \cdot In_{1-x}Te$ u. $InTe_{1-x}As_x$. R. Blank 120

0415 **Tunneleffekt zwischen Zweiband-Supraleitern mit nicht magnetischen Zusätzen.** A. A. Golub und V. A. Moskalenko. (Fiz. Metallov Metallovedenie **25** (1968) 3, 385—89; Inst. mat. c vyčislitel'nym centrom AN MoldSSR; russ.) — Theoret. Unters. der Abhängigkeit des Tunnelstroms für geringe bzw. große Beimengungsgeh. von deren Konzentration. H. Roschkowski 120

0416 **Niederfrequenzresonanz in reinem Niob.** J. C. Renard und Y. A. Rocher. (Physics Letters [Amsterdam] **24A** (1967) 1, 27—30; ALCATEL, Bruyères le Chatel 91, France; engl.) — Es wird über die Beobachtung von niederfrequenten u. Resonanzen bei hohen Q-Werten im gemischten Zustand von reinem, entgastem Nb berichtet. Die Resonanzfrequenzen hängen von den Defektstellen ab. G. Richard 120

0417 **Experimentelle Untersuchung der Oberflächen-Supraleitfähigkeit von Niob.** S. Š. Achmedov und V. R. Karasik. (Ž. ėksper. teoret. Fiz. — Pis'ma v Redakciju **5** (1967) 12, 442—45; Fiz inst. im. Lebedeva AN SSSR; russ.) — Die Magnetisierung $4\pi M$ von zylindr. Nb-Proben wurde im Gebiet $H_{c2} < H_0 < H_{c3}$ bei 4,2 °K im zeitlich um 40 Oe/min ansteigenden longitudinalen Feld u. einem axialen Wechselfeld von 120 Hz gemessen. Bei kleinerer als 2facher H_0-Änderung steigt $4\pi M$ um drei Potenzen (0,016 Oe bei $H_0/H_{c2} = 1,48$ u. 34 Oe bei 0,84). Bei $H_0/H_{c2} \sim 1$ stimmen die Ergebnisse mit der Theorie qual. überein, bei $H_0 \to H_{c3}$ nicht; die Unterschiede können in den mkr. Oberflächenunebenheiten bzw. im Näherungscharakter der Theorie liegen. J. Tůmov 120△

0418 **Magnetische Hysterese supraleitender Legierungen des Systems Nb–Sn.** N. N. Potapov. (Fiz. Metallov Metallovedenie **24** (1967) 6, 1012—15; Inst. precizion. splavov CNIIČERMET im. Bardina; russ.) — Die magnet. Hysterese von drei Nb–Sn-Leg. im Zus.-Bereich von Nb_3Sn wird nach Abkühlen der Proben auf 4,2 °K in Feldern von 0—12 kOe gemessen. Durch das Abkühlen lassen sich in den nicht stöchiometr. Leg. hohe magnet. Restinduktionen u. maximale magnet. Energien $(BH)_{max}$ erreichen, die beide vom Feld bei der Abkühlung fast linear abhängen. H. Roschkowski 120

0419 **Phononenspektrum der supraleitenden Wismutmodifikation.** N. V. Zavarickij. (Ž. ėksper. teoret. Fiz. — Pis'ma v Redakciju **5** (1967) 12, 434—38; Inst. fiz. problem AN SSSR; russ.) — Es wurden die Tunnelcharakteristiken der supraleitenden, unterhalb 6 °K stabilen Bi-Modifikation nach Aufdampfen auf Al_2O_3 (Syst. Bi-Al_2O_3-Bi) zwischen 2 u. 4 °K gemessen. Die Bandlücke des energet. Spektrums der Bi-Elektronen beträgt $\Delta_{0Bi} = 1{,}185$ meV; der anomale Wert läßt auf ein Metall mit starker Elektronen–Phononen-Wechselwrkg. schließen, wie Pb u. Hg. Das Phononenspektrum besitzt ein kleines Max. bei ca. 8,5 meV u. den Höchstwert um 12 meV. J. Tůmová 120△

0420 **Supraleitfähigkeit, Suszeptibilität und spezifische Wärme in Übergangselementen der Edelmetalle und Legierungen.** 2. Mitt. **Vergleich mit der Theorie.** M. A. Jensen und K. Andres. (Physic. Rev. [2] **165** (1968) 2, 545—55; Bell Telephone Labor., Murray Hill, N.J.; engl.) — 1. vgl. C. **1969,** 1-0450. — Die Ergebnisse einer experimentellen Unters. über die Sprungtemp. T_c der Supraleitung, die magnet. Suszeptibilität u. die spezif. Elektronenwärme in Edelmetallen der Übergangselemente werden mit einer bestehenden Theorie für die Wechselwrkg., die diese Parameter beeinflussen, diskutiert. E. Otto 120

Dielektrische und magnetische Eigenschaften

0421 **Dielektrische Eigenschaften von $Na(H_xD_{1-x})_3 \cdot (SeO_3)_2$-Kristallen.** L. I. Žerebcova und A. I. Rostuncova. (Kristallografija **13** (1968) 3, 538—41; Inst. fiz. SO AN SSSR; russ.) — Es werden DK u. spontane Polarisation in verschiedenen kristallograph. Richtungen von aus $NaH_3(SeO_3)_2$–$NaD_3(SeO_3)_2$-Lsg. in D_2O erhaltenen Einkrist. mit $0 \leqq x \leqq 1$ gemessen. Das Phasenübergangsverh. der Proben wird untersucht. Proben mit weniger als 50% D zeigen einen seignetteelektr. Phasenübergang II. Art wie $NaH_3(SeO_3)_2$, Proben mit mehr als 50% D einen antiseignetteelektr. Übergang wie $NaD_3 \cdot (SeO_3)_2$. H. Roschkowski 132

0422 **Struktur und dielektrische Eigenschaften von Mischkristallen im System $PbTiO_3$–$PbMn_{2/3}W_{1/3}O_3$.** O. S. Didkovskaja, V. V. Klimov und Ju. N. Venevcev. (Kristallografija **13** (1968) 3, 529—31; Fiz.-chim. inst. im. Karpova; russ.) — $PbTiO_3$ u. $PbMn_{2/3}W_{1/3}O_3$ haben Perowskitstrukturen mit tetragonaler bzw. monokliner Verzerrung. Die Mischkrist. des Syst. haben nach Röntgenbeugungsdaten ebenfalls Perowskitstruktur mit tetragonaler (0—47 Mol-% $PbMn_{2/3}W_{1/3}O_3$), rhomboedr. (45—85) u. monokliner Verzerrung (87—100%). Die Gitterparameter u. die Temp.- u. Konz.-Abhängigkeit der DK sowie das Phasendiagramm des Syst. werden angegeben. H. Roschkowski 132

0423 **Dielektrische Messungen an Einkristallen von synthetischem Chlorapatit.** James C. Elliott und Robert A. Young. (Bull. Soc. chim. France **1968,** Sonder-Nr., 1763—65; Atlanta, Ga., Ga. Inst. of Technol.; engl.) — DK-Messungen bei 25—245° in Feldern von 1250—3900 V/cm u. Aufnahme der dielektr. Hystereseschleifen. C. Gottfried 132△

0424 **Mechanisch gekoppelte Biegeschwingungen und Konturverschiebung piezoelektrischer Filme.** Ju. M. Drukker, V. B. Gruzinenko und M. I. Jaroslavskij. (Kristallografija **13** (1968) 4, 714—17; russ.) — Theoret. Unters. für nach DT geschnittene *Quarz*-Filme. H. Roschkowski 134

0425 **Soft-Mode bei einigen ferroelektrischen Kristallen.** T. Matsubara. (Japan atomic Energy Res. Inst., Res. Rep. **1968,** 1157, 58—63; Kyoto Univ., Fac. of Sci.; jap., Auszug: engl.) — Zusammenfassend wurden die Neutronenstreuung in $SrTiO_3$, $KTaO_3$ u. $BaTiO_3$ sowie verschiedene Eig. der Soft-Mode beschrieben. Es wurde ferner die Dämpfungskonst. der Soft-Mode theoret. ber. u. die Temp.-Abhängigkeit der Neutronenstreuung diskutiert. H.-S. Park 134

0426 **Räumlich kompensierte Ladungen in Seignetteelektrika.** B. V. Seljuk. (Kristallografija **13** (1968) 3,

447—51; Smolenskij ped. inst.; russ.) — Vf. zeigt, daß räumlich kompensierte Ladungen in einem Eindomänen-Seignetteelektrikum, das von Elektroden eingeschlossen ist, sich in einer Oberflächenschicht lokalisiert befinden, deren Dicke für *$BaTiO_3$* ca. 10^{-6} cm beträgt. Der Einfl. der Ladungskompensation auf die Bewegung von 180°-Domänenwänden wird untersucht.

H. Roschkowski 134

0427 **Einfluß von Gitterfehlern auf die dielektrischen Eigenschaften von Seignettesalz.** Erich W. Labouvie. (Z. Naturforsch. **23a** (1968) 7, 997—1000; Inst. für Experimentalphys. II der Univ. des Saarlandes; dt.) — Durch Ätz- u. mkr. Unters. wird gezeigt, daß die Struktur von Seignettesalzkrist. nicht stark durch Versetzungen u. Sudares gestört wird. Der Einfl. dieser Krist.-Defekte auf die dielektr. Eig. wird durch Messungen des oberen Curie-Punktes u. der DK untersucht.

H. Liepack 134

0428 **Streuprozesse, Neutronenbeugung, lokale Momente, Mössbauer-Untersuchungen und magnetische Strukturen.** (J. appl. Physics **39** (1968) 2 Pt. I u. II; Proceed. of the Internat. Congress on Magnetism; engl.) — Magnetisch gepulster Neutronenstrahl für Flugzeitmessungen der unelastischen Streuung (H. A. Mook und M. K. Wilkinson; 447); Temperaturabhängigkeit der verallgemeinerten Suszeptibilität von Ni (Neutronenstreuung durch einen ^{60}Ni-Kristall) (R. D. Lowde und C. G. Windsor; 449); Gitterdynamik von ferromagnetischem u. paramagnetischem Ni (G. A. de Wit und B. N. Brockhouse; 451); Unelastische Streuung von Neutronen durch virtuelle Magnonenzustände in verdünnten Legierungen (Einfluß von schwach gebundenem Mn und Er auf das Spinwellenspektrum von Fe) (N. Kroó und L. Pál; 453); Dispersionsbeziehung für Spinwellen in Fe–Ni-Legierungen (F. Menzinger, G. Caglioti, G. Shirane, R. Nathans, S. J. Pickart und H. A. Alperin; 455); Paramagnetische Neutronenstreuung durch Ho und Er (T. M. Holden, B. M. Powell und A. D. B. Woods; 457); Kritische Streuung thermischer Neutronen in einigen ferromagnetischen Metallen (Fe, Ni und Co) (D. Bally, B. Grabcev, M. Popovici, M. Totia und A. M. Lungu; 459); Neutronenstreuungsuntersuchung der kritischen magnetischen Erscheinungen (T. Riste; 528); Zeitliche Schwankungen des Moments in Paramagnetika aus der Neutronenbeugung (M. F. Collins; 533); Magnetische Struktur und Phasentransformationen in Legierungen auf Mn-Basis vom Typ CuAu-I (Mn–Ni, Mn–Pd und Mn–Pt) (L. Pál, E. Krén, G. Kádár, P. Szabó und T. Tarnóczi; 538); Bestimmung der Spin-Struktur in Einkristallen einiger Chromite ($MnCr_2O_4$, $CoCr_2O_4$, $NiCr_2O_4$ und $ZnCr_2O_4$) (T. Tsushima, Y. Kino und S. Funahashi; 626); Magnetische Struktur von $MnSeO_4$ (H. Fuess und G. Will; 628); Untersuchung des Ferrimagnetismus in einigen Verbindungen mit polarisierten Neutronen [Untersuchung des Carbids $(Mn, Co)_4C$ und der Ferrite $M_xM'_{1-x}Fe_2O_4$, M = Mg, Zn, M' = Mn, Ni) (N. S. Satya Murthy, R. J. Begum, C. S. Somanathan und M. G. Natera; 631); Magnetische Symmetrieinvarianz oder klassische Darstellungstheorie in der magnetischen Strukturanalyse (Anwendung auf $ErFeO_3$, $ErCrO_3$, $TbFeO_3$, $TbCrO_3$, $DyCrO_3$, $YFeO_3$, V_2CaO_4, β-$CoSO_4$, Er_2O_3, CoO und RMn_2O_5, R = Bi, Y oder Seltenerdmetall) (E. F. Bertaut; 631); Magnetische Struktur und Metamagnetismus von $HgCr_2S_4$ (J. M. Hastings und L. M. Corliss; 632); Magnetische Struktur von Kobaltmanganit aus der Neutronenbeugung (B. Boucher, R. Buhl und M. Perrin; 632); Magnetische Strukturen von $CoCr_2O_4$ und $MnCr_2O_4$ aus der Neutronenbeugung (René Plumier; 635); Bildung eines lokalen Moments: Eigenschaft von in der ε-Cu–Zn-Phase gelöstem Fe (A. D. Caplin, C. L. Foiles und J. Penfold; 842); EPR und magnetische Suszeptibilität in Mischkristallen von Seltenerdmetallen in Edelmetallen (Untersuchung von Ag–Er, Au–Er und Au–Yb) (L. L. Hirst, Gwyn Williams, D. Griffiths und B. R. Coles; 844); Tieftemperatur-Suszeptibilität in verdünnten Systemen magnetischer Verunreinigungen in Edelmetallen (Ergebnisse für Cu–Mn, Au–Fe und Cu–Fe) (B. Dreyfus, J. Souletie, J. L. Tholence und R. Tournier; 846); Anwendung einer Temperatur-Oszillationsmethode für thermomagnetische Untersuchungen der magnetischen Erscheinungen bei tiefen Temperaturen (Untersuchung von Te-dotiertem InSb) (R. R. Oder; 848); Supraleitung, Widerstand bei tiefer Temperatur und Thermo-EMK verdünnter fester Lösungen von Ce in In und Sn (G. Boato, M. Bugo und C. Rizzuto; 848; Spinrelaxation lokalisierter magnetischer Momente und Leitungselektronen in Metallen: Mn in Ag (A. C. Gossard, T. Y. Kometani und J. H. Wernick; 849); Magnetische Ordnung in verdünnten Cd–Mn-Legierung (F. T. Hedgcock, S. N. Mahajan und C. Rizzuto; 851); Leitungselektronen-Spinrelaxation durch Übergangselement-Verunreinigungen in Cu (Ti, Mn und Ni in Cu) (Y. Yafet; 853); Zeitkorrelationen und Linienbreite der magnetischen Resonanz in endlichen linearen Heisenberg-Ketten (Fernando Carboni und Peter M. Richards; 967); Computer-Berechnungen für das klassische Heisenberg-Modell: Magnetisierung und Paar-Korrelationsfunktionen (G. H. Vineyard, R. E. Watson und M. Blume; 969); Alternierende antiferromagnetische lineare Heisenberg-Ketten (W. Duffy jun. und K. Barr; 969); Elektron-Magnon-Streuung und Polarisation des gestreuten Strahls (R. E DeWames und L. A. Vredevoe; 970); Wirkungsquerschnitt der diffusen elastischen Neutronenstreuung für eine Verunreinigung in einem Heisenberg-Antiferromagnetikum (S. W. Lovesey; 970); Spinwellentheorie und $CuK_2Cl_4 \cdot 2\,H_2O$ (P. D. Loly; 1109); Temperaturabhängigkeit der magnetischen Anregungen von UO_2 (Messung durch unelast. Neutronenstreuung) (G. Dolling und R. A. Cowley; 1111); Neutronenstreuung durch paramagnetische Cr-Halogenide ($CrBr_3$ und CrF_3) (L. Madhav Rao, N. S. Satya Murthy, G. Venkataraman und P. K. Iyengar; 1113); Neutronenstreuung durch Magnetit unterhalb 119 °K (E. J. Samuelsen, E. J. Bleeker, L. Dobrzynski und T. Riste; 1114); Anregungen von CoF_2 in der Nähe der Néel-Temperatur (P. Martel, R. A. Cowley und R. W. H. Stevenson; 1116); Beobachtung eines lokalisierten Magnons in Co-dotiertem MnF_2 (W. J. L. Buyers, R. A. Cowley, T. M. Holden und R. W. H. Stevenson; 1118); Bestimmung der Spinwellen-Dispersionsbeziehungen durch Neutronenstreuung in FeF_2 (H. J. Guggenheim, M. T. Hutchings und B. D. Rainford; 1120); Experimentelle Erscheinungsformen lokalisierter Zustände in Metallen (V. Jaccarino; 1166); Magnetische Neutronenstreuung durch in ferromagnetischen Fe und Ni gelöste Atome (Lösung von Zn, Al, Ga, Si, Ge, Sn, Sb, V, Cr, Nb, Mo, Ru, W und Re) (G. G. Low; 1174); Spin-Verunreinigungen in Heisenberg-Antiferromagnetika (L. R. Walker; 1180); Kritische magnetische Streuung von Neutronen in Cr (Y. Hamaguchi, Y. Tsunoda und N. Kunitomi; 1227); Kritische Streuung von Neutronen durch Tb (J. Als-Nielsen, O. W. Dietrich, W. Marshall und P. A. Lindgård; 1229); Temperaturabhängigkeit von Isomerieverschiebung und Hyperfeinfeld in der Nähe des Curie-Punktes in Fe (Richard S. Preston; 1231); Kritisch magnetische Streuung durch Dysprosiumaluminiumgranat (J. C. Norvell, W. P. Wolf, L. M. Corliss, J. M. Hastings und R. Nathans; 1232); Magnetische Streuung von Neutronen in MnF_2 in der Nähe des kritischen Punktes (G. Parette und K. Usha Deniz; 1232); Magnetisierung von Ni in der Nähe der kritischen Temperatur (J. E. Noakes und A. Arrott; 1235); Unelastische magnetische Streuung durch $RbMnF_3$ in der Umgebung des Néel-Punktes (R. Nathans, F. Mentinger und S. J. Pickart; 1237); Rumpfpolarisation in $4d^n$- und $5d^n$-Konfiguration aus ESR-Daten (Berechnung für Mo^{5+} in TiO_2, K_2SnCl_6, K_3InCl_6, $MoOCl_3$ in Ätherlösung u. bei Zimmertemperatur; Nb^{4+} in Zirkon, Silicatglas, Methanolglas; W^{5+} in TiO_2; V^{4+} in TiO_2 und Ti^{3+} in CaF_2) (W. Low; 1246); Mössbauer-Untersuchung des metamagnetischen Eu_3O_4 und ferromagnetischen EuO (H. H. Wickman und E. Catalano; 1248); Austauschwechselwirkung in Seltenerdmetalleisengranaten (U. Atzmony, E. R. Bauminger, B. Einhorn, J. Hess, A. Mustachi und S. Ofer; 1250); Temperaturabhängigkeit des magnetischen Moments und effektives Hyperfeinfeld vom Sm^{3+} in Sm-Eisengranat (I. Nowik und S. Ofer; 1252); Hyperfeinstruktur von ^{57}Fe in

$RbFeF_3$ (G. K. Wertheim, H. J. Guggenheim, H. J. Williams und D. N. E. Buchanan; 1253); Magnetisch induzierte elektrische Feldgradienten in oktaedrischem $RbFeF_3$: Fe^{2+} (U. Ganiel, S. Shtrikman und M. Kestigian; 1254); Innere Felder an den zwei Plätzen des Spinellsystems $Ni_{1+x}Ge_xFe_{2-2x}O_4$ aus dem Mössbauer-Effekt (G. A. Fatseas und R. Krishnan; 1256); Mössbauer-Effekt in Y- und in Sm-Eisengranat (J. J. van Loef; 1258); Magnetische Störstellen in Metallen (A. Blandin; 1285); Problem der Streuung durch magnetische Störstellen in Metallen (H. Suhl; 1294); Theorie der abgeschnittenen Green-Funktion des Kondo-Effekts (D. R. Hamann; 1303); Magnetische Eigenschaften von $SrRuO_3$ und $CaRuO_3$ (J. M. Longo, P. M. Raccah und J. B. Goodenough; 1327); Magnetische Eigenschaften von kubisch-flächenzentrierten Seltenerdmetall–Th-Legierungen (Tb-, Ho-, Er-, Pr- und Nd-Legierungen) (H. R. Child, W. C. Koehler und A. H. Millhouse; 1329); Magnetische Eigenschaften von Seltenerdmetall–La-Legierungen ($Tb_{0,10}La_{0,90}$–$Tb_{0,75}\cdot La_{0,25}$) (W. C. Koehler, H. R. Child, E. O. Wollan und J. W. Cable; 1331); Räumliche Verteilung der magnetischen Momente in MnSi (P. J. Brown, J. B. Forsyth und G. H. Lander; 1331); Magnetische Struktur von $RbNiF_3$ (S. J. Pickart und H. A. Alperin; 1332); Untersuchung der azentrischen Verbindung $Fe_xGa_{2-x}O_3$ mit polarisierten Neutronen (A. Delapalme; 1332). H. Liepack 136

0429 **Goldstone-Theorem für ein Elektronengas in einem Magnetfeld.** G. Morandi. (Nuovo Cimento, B [10] **58** (1968) 1, 216–21; Ist. Nazionale di Fis. Nucl., Bologna; engl.) H. Liepack 136

0430 **Kristallisation und magnetische Ordnung in einem Elektronengas.** S. F. Edwards und A. J. Hillel. (J. Physics, C (Proc. physic. Soc.) [2] **1** (1968) 1, 61–81; Dep. of Theoret. Phys., Univ., Manchester; engl.) — Die Möglichkeit einer Kristallisation u. des Zustandekommens einer magnet. Ordnung in einem Elektronengas wird in Form einer Näherung unter Verw. eines Variationsverf. untersucht. Ein Mott-Übergang zu einem ferromagnet. krist. Zustand vom Wigner-Typ wird für $r_s \simeq 10$ gefunden, während eine antiferromagnet. Phase nicht möglich zu sein scheint. Dagegen wird auf der anderen Seite ein einfacher Lösungsweg unter Einschluß von Korrelationseffekten vorgeschlagen, bei dem eine Korrelationsfunktion in die Wechselwrkg.-Energie zwischen Elektronen mit antiparallelem Spin eingeführt wird. Dabei zeigt sich die Möglichkeit einer krist. antiferromagnet. Phase für den großen D.-Bereich zwischen $10 \leq r_s \leq 40$. Die Größe r_s ist der durchschnittliche mittlere Abstand zwischen Teilchen in Bohrschen Radien. D. Scherbaum 136

0431 **Fock-Raum-Formulierung des Heisenberg-Ferromagnetikums.** D. A. Dubin. (Nuovo Cimento, B [10] **58** (1968) 1, 182–87; Imperial Coll., London; engl.) H. Liepack 136

0432 **Temperaturabhängigkeit der Spinwellenenergie im Modell wandernder Elektronen des Ferromagnetismus.** J. Mathon und E. P. Wohlfarth. (Proc. Roy. Soc. [London], Ser. A **302** (1968) 1470, 409–18; Dep. of Math., Imperial Coll., London; engl.) — Die Spinwellenenergie für Metalle bei niedrigen Temp. wird durch $\hbar\omega_q = Dq^2 = (D_0 + D_1T^2)q^2$ ausgedrückt (ω_q: Spinwellenfrequenz; q: zugehöriger Wellenvektor) u. die Temp.-Abhängigkeit des Koeff. D_1 von der D. der Zustandsfunktionen, der Zahl (n) der Elektronen pro Atom u. der effektiven Energie (I) der kurzreichweitigen Wechselwrkg. diskutiert. Für ein einzelnes stark gebundenes Energieband, das einer einfachen kub. Gitterstruktur entspricht, wird D_1 numer. berechnet. Obwohl D_1 im allg. negativ ist, kann für einzelne Werte von n u. I auch ein positives D_1 auftreten. Der experimentelle Wert von D_1 für *Fe* [Phillips (1966)] steht in guter Übereinstimmung mit dem ber. Wert. B. Stender 136

0433 **Magnetische Isothermen im Bändermodell des Ferromagnetismus.** D. M. Edwards und E. P. Wohlfarth. (Proc. Roy. Soc. [London], Ser. A **308** (1968) **1472**, 127–37; Dep. of Math., Imp. Coll., London; engl.) — Auf der Basis des Modells wandernder Elektronen wird die Abhängigkeit der Magnetisierung M ferromagnet. Metalle von der Temp. u. der magnet. Feldstärke H berechnet. Dabei wird auch der Spinwellenbeitrag für die Grenzen von starkem u. sehr schwachem Ferromagnetismus betrachtet. Es wird der Beitrag von Einbereich-Teilchen zur Magnetisierung u. damit zusammenhängend die differentielle Suszeptibilität für den Parasiten-Ferromagnetismus berechnet. Dabei ergibt sich eine einfache Gleichung für die magnet. Isothermen, die in einem weiten Temp.-Bereich mit Einschluß von 0 °K u. der Curie-Temp. gültig ist. Aus dieser Gleichung folgt, daß Kurvenzüge M^2 gegen H/M bei verschiedenen Temp. dieses Gültigkeitsbereiches parallele Geraden sind. Auf der Grundlage dieser Theorie werden Ergebnisse an $ZnZr_2$ analysiert. H. Fahlenbrach 136

0434 **Berücksichtigung der Orbitalzustände in der Theorie des indirekten Austausches.** F. I. Muftachova, I. G. Kaplan und A. N. Men'. (Doklady Akad. Nauk SSSR **178** (1968) 3, 815–17; Ural. gos. Univ., Sverdlovsk, Inst. metallurgii, Fiz. chim. inst. im. Karpova; russ.) — Für die Klasse der magnet. geordneten Krist., in denen paramagnet. Ionen von nicht magnet. Ionen umgeben sind (wie z. B. *MnO*) wurden die Energiematrizen unter Berücksichtigung der Orbitalzustände abgeleitet. V. Burjan 136△

0435 **Austausch in spinpolarisierten Energiebändern.** J. C. Slater. (Physic. Rev. [2] **165** (1968) 2, 658–69; Univ. of Fla., Gainesville, Fla.; engl.) — Es wird als wesentliches Merkmal spinpolarisierter Rechnungen, bei denen für die verschiedenen Spins verschiedene Wellen funktionen verwendet werden, die Natur der Austauschintegrale untersucht, die für die Unterschiede in den Energien der auf- u. abwärtsgerichteten Spins verantwortlich sind. Die Unters. erfolgen innerhalb der strengen Hartree-Fock-Meth. sowie der Meth. des Austauschs freier Elektronen. H. Liepack 136

0436 **Messung der magnetischen Kleinwinkelstreuung thermischer Neutronen an unmagnetisiertem Eisen.** J. N. Mathur. (Atomkernenergie **13** (1968) 1, 50–56; Inst. für Reine u. Angew. Kernphys., Univ., Kiel; dt.) Heinrich J. Schroeder 136

0437 **Einige Regelmäßigkeiten von Magnetfeldern an Kernen von Verunreinigungsatomen in ferromagnetischen Substanzen.** A. E. Balabanov und N. N. Deljagin. (Ž. ėksper. teoret. Fiz. **54** (1968) 5, 1402–08; Inst. jadernoj fiz. Mosk. gos. univ.; russ., Auszug: engl.) — Betrachtungen zur Wechselbeziehung zwischen den magnet. Feldstärken an Kernen von Verunreinigungsatomen (Elemente der IV., V. u. VI. Periode) in metall. ferromagnet. Matrizen (*Fe, Co, Ni*) mit der Elektronenstruktur der Verunreinigungen. Die Hauptparameter, die Größe u. Vorzeichen der Felder bestimmen, sind die Anzahl der äußeren s-, p- u. d-Elektronen u. die Anzahl der Elektronen in den gefüllten Schalen der Verunreinigungsatome. Eine Analyse der beobachteten Regelmäßigkeiten zeigt, daß Elektronen der gefüllten Schalen den größten Beitrag zu den magnet. Feldstärken liefern. Die Polarisation der Verunreinigungsatome hängt von der Anzahl der äußeren Elektronen ab. Jedoch ist der direkte Beitrag dieser Elektronen u. auch der des Leitfähigkeitsbandes der Matrix zu dem Magnetfeld an den Kernen klein. Eine einfache empir. Formel wird abgeleitet, die befriedigend die experimentellen Werte beschreibt. Die Ergebnisse erlauben Rückschlüsse zur Betrachtung von Stärke u. Vorzeichen von Magnetfeldern in solchen Fällen, wo keine experimentellen Werte verfügbar sind. E. Otto 136

0438 **Langzeitige, durch mechanische Spannungen hervorgerufene Barkhausen-Sprünge.** Ju. N. Charitonov. (Fiz. Metallov Metallovedenie **25** (1968) 5, 945–46; Abakanskij ped. inst.; russ.) — Anlegen mechan. Spannungen an Ni-, Fe–Si- (0,6 % Si) u. Permalloy (50 % Ni)-Proben rief bei der Ummagnetisierung das Auftreten langer Barkhausen-Sprünge hervor. H. Roschkowski 136

0439 **Ultraschalleinfluß auf das Startfeld und die Parameter der Barkhausen-Sprünge in Nickel.** Ju. N. Charitonov und V. M. Rudjak. (Izvest. vysšich učebnych Zavedenij [Tomsk], Fiz. 11 (1968) 2, 140–41; Abakanskij gospedinst.; russ.) — Unter Einw. von Ultraschall (US) geginnen die Barkhausen-Sprünge früher, wobei nach dem Start H_{ST} mit einer Erhöhung der US-Intensität R aus positiven Feldern in negative versetzt wird. Aus einer aus den Vers. ermittelten graph. Darst. ergibt sich, daß die mittlere Amplitude eines Sprunges bei einer US-Einw. auf die Probe größer ist als beim Fehlen einer solchen. Es nimmt auch die mittlere Dauer der Sprünge zu. Die Energie der US-Welle erhöht die Beweglichkeit der Domänenwände indem sie ihr Vorrücken bei einer Erhöhung des äußeren Magnetfeldes erleichtert. Ein solcher Zuwachs der Beweglichkeit der Grenzen führt auch dazu, daß bei jedem Sprung ein größerer Bereich erfaßt wird, was eine Erhöhung sowohl der Amplitude als auch der Dauer sowie folglich der Größe der Sprünge bedeutet. H. Hochstein 136

0440 **Allgemeine Methode zur Lösung der Feldgleichungen innerhalb ferromagnetischer Bleche bei Wechselmagnetisierung.** N. Kesavamurthy, P. K. Rajagopalan und K. Venkataratnam. (Proc. Roy. Soc. [London], Ser. A **303** (1968) 1472, 103–25; Dep. of Electrical Engng., Indian Inst. of Technol., Kharagpur, West Bengal; engl.) — Die innere Verteilung der Wirbelströme u. des magnet. Flusses sowie die Wellenformen beider Eig. in ferromagnet. Blechpaketen bei Wechselfeldmagnetisierung werden behandelt. Die Meth. basiert auf der Annahme, daß neben der Grundwelle auch die Komponenten der 3. Harmonischen zu den Wechselfeldeig. beträchtlich beitragen. Allg. zeigt der Vgl. der Rechenergebnisse mit denen des Experiments eine gute Übereinstimmung. H. Fahlenbrach 136

0441 **Einfluß einer Neutronenbestrahlung auf die magnetischen Kennwerte ferromagnetischer Materialien.** B. S. Agajan, F. Ch. Akopov, I. V. Manvelidze und I. A. Naskidašvili. (Fiz. Metallov Metallovedenie **25** (1968) 4, 760–62; Inst. fiz. AN GruzSSR; russ.) — Messung der Koerzitivkraft H_C, der Remanenz B_R u. der magnet. Permeabilität μ von *Armco-Eisen* u. *Ni* nach einer Neutronenbestrahlung bei 100–110 °K in einem Reaktor. Auch bei einer vergleichsweise geringen Bestrahlungsdosis von 10^{17} n/cm² erfahren die magnet. Kennwerte bedeutende Veränderungen. H_c von Armco-Eisen nimmt zu, B_R verändert sich wenig u. μ nimmt ab. Diese Veränderungen werden dadurch erklärt, daß auch verhältnismäßig niedrige Konz. von Strahlungsfehlern eine Bremsung der Bloch-Wände u. eine örtliche Desorientierung der magnet. Momente der Atome hervorrufen. H. Hochstein 136

0442 **Temperaturabhängigkeit der Koerzitivkraft von verformten Kristallen aus siliciumhaltigem Eisen.** V. F. Novikov. (Izvest. vysšich učebnych Zavedenij [Tomsk], Fiz. 11 (1968) 2, 16–19; russ.) — Bei der Unters. der Temp.-Abhängigkeit der Koerzitivkraft von durch Kaltwalzen um 16–28% plast. verformten Blechen aus einer Fe-Leg. mit 3,15% Si ergibt sich, daß die derzeitigen Theorien der Koerzitivkraft, welche die Koerzitivkraft mit der Versetzungsdichte in Zusammenhang bringen, nicht die festgestellten Veränderungen der Koerzitivkraft erklären, was jedoch durch einen Umbau der Domänenstruktur erklärbar ist. H. Hochstein 136

0443 **Messung der Energiedichte der Domänengrenzen.** G. M. Rodičev, P. D. Kim und L. A. Bogatyreva. (Fiz. Metallov Metallovedenie **25** (1968) 4, 767–68; Krasnojarskij politechn. inst.; russ.) — Messung der Energiedichte der Domänengrenzen an runden *Permalloy*-Schichten von 6–10 mm ∅, die durch therm. Verdampfung auf Glasunterlagen in einem Vakuum von 10^{-5} Torr aufgestäubt waren. Die Grenzenergie wird an Filmen von 500–700 Å Dicke gemessen u. hatte entsprechend einen Wert von 2–4 Erg · cm⁻². In jedem Film wird die Energie in verschiedenen Bereichen gemessen. Die auf einem Diagramm aufgetragene experimentelle Kurve der Abhängigkeit der Dichte der Grenzenergie von der Filmdicke u. die nach Middelhoek ber. theoret. Kurve stimmen nicht überein. H. Hochstein 136

0444 **Beobachtung der Domänenstruktur der hochkoerzitiven Legierung Alnico mittels des magnetooptischen Kerr-Effektes.** M. G. Lužinskaja, T. Z. Puzanova und Ja. S. Šur. (Fiz. Metallov Metallovedenie **25** (1968) 1, 191–92; Inst. fiz. metallov AN SSSR; russ.) — An Proben einer Alnico-Leg. mit 24 (%) Co, 12 Ni, 8 Al, 3 Cu, Rest Fe wird gezeigt, daß eine Domänenstruktur von „Wechselwrkg.-Domänen" [vgl. Lužinskaja et al., ibid. **23** (1967) 495] auch mittels des magnetoopt. Kerr-Effektes nachgewiesen werden kann. H. Hochstein 136

0445 **Elektronenmikroskopische Beobachtung der magnetischen Domänen in Martensitkristallen hochgekohlter Cr-Stähle.** V. I. Izotov und L. M. Utevskij. (Fiz. Metallov Metallovedenie **25** (1968) 4, 751–52; Inst. metallovedenija i fiz. metallov CNIIČM im. Bardina; russ.) — Unters. der Domänenstruktur in den Martensitkrist. der Stähle Fe–3 Cr–1,5 C u. Fe–10 Cr–1 C. Die elektronenmkr. Beobachtungen werden an 1000 bis 3000 Å dicken Folien dieser Stähle durchgeführt. Es zeigt sich, daß die Projektion der Domänenlängsachse (Achse der leichten Magnetisierung) in allen Fällen mit der Projektion der Tetragonalitätsachse des Martensitkrist. zusammenfällt, in dem Domänen beobachtet wurden. Die Domänen in den Martensitkrist. hängen offenbar nicht mit den hier vorhandenen Versetzungen zusammen. Auch ein dichtes Paket dünner, die mittlere Zone eines Krist. bildender Zwillinge, beeinflußt nicht stark die magnet. Domänenstruktur. H. Hochstein 136

0446 **Quadratisches Verhalten des intermediären Zustands in einem transversalen magnetischen Wechselfeld.** D. S. McLachlan. (Physik kondens. Materie 7 (1968) 3, 226–31; IBM Zurich Res. Labor., Rüschlikon, Schweiz; engl.) — Die Suszeptibilität des intermediären Zustands eines transversalen *In*-Zylinders wurde mit Hilfe eines kleinen magnet. Wechselfeldes (senkrecht zum stat. Magnetfeld u. zur Zylinderachse) als Funktion der Frequenz, der Dimensionen, des Widerstandes u. der Temp. untersucht. Es wird ein quadrat. Verh. gefunden, da ein Signal doppelter Frequenz in einer Pickup-Spule axial zum stat. Magnetfeld erzeugt wird. Bei genügend niedriger Frequenz wird der quasistat. Grenzfall erreicht. Bei mittleren Frequenzen ist das Signal durch Wirbelströme gedämpft; bei hohen Frequenzen hängt das Signal von der Struktur des intermediären Zustands ab. A. Blaschette 136

A–4. Thermodynamik, Mechanik der Gase und Flüssigkeiten, Gleichgewichte

0447 **Überschuß der freien Energie einer Zweikomponentenmischung harter Scheiben von schwach abweichender Größe.** A. Bellemans, J. Orban und E. De Vos. (Chem. Physics Letters [Amsterdam] 1 (1968) 13, 639 bis 640; Fac. of Sci., Univ. of Brussels, Brussels, Belgium; engl.) — Störungsberechnung. H. Liepack 141

0448 **Theorie der radialen Verteilungsfunktion.** Jack Cohn. (J. physic. Chem. 72 (1968) 2, 608–16; Univ. of Okla., Dep. of Phys., Norman, Okla.; engl.) — Darst. einer Meth. zur Konstruktion einer Integralgleichung für die radiale Verteilungsfunktion für ein allg. thermodynam. Syst. für hinreichend kleine Dichten. Darst. einer symbol. Lsg. u. Diskussion numer. Ergebnisse für *Ar* unter Verw. eines modifizierten Buckingham-Potentials. H. Liepack 142

0449 **Thermodynamik der Bildung von Zweistoffkeimen in Gegenwart einer chemischen Reaktion.** 1. Mitt. D. M. Laptev. (Izvest. vysšich učebnych Zavedenij [Moskva], cernaja Metallurg. 11 (1968) 4, 5–9; Sibir. metallurg. inst.; russ.) — Gleichungen für die Änderung der Gibbsschen Freien Enthalpie bei der Bldg. eines Zweistoffkeimes beim Ablauf zweier chem. Rk. im Syst. werden abgeleitet. Die Bldg. des Zweistoffkeims ist unter den gleichen Bedingungen gegenüber der eines Einstoffkeims thermodynam. begünstigt. Krit. Durchmesser u. Zus. des Keims werden theoret. abgeleitet. H. Roschkowski 142

0450 **Nichtadiabatische Übergänge in Festkörpern.** É. S. Medvedev und V. I. Ošerov. (Doklady Akad. Nauk SSSR **180** (1968) 4, 905–08; AN SSSR, Inst. chim. fiz.; russ.) — Nach rechner. Betrachtungen wird festgestellt, daß diese Übergänge vom Reibungskoeff. abhängig sind. Herbert Hoffmann 142

0451 **Kinetik von Elementarprozessen im kondensierten Zustand.** 2. Mitt. **Schubrelaxation und Zustandsgleichung von Festkörpern.** S. V. Nemilov. (Ž. fiz. Chim. **42** (1968) 6, 1391–96; russ.) — 1. vgl. C. **1968**, 36-0604. — Eine Diskussion der Gleichungen statist. Modelle des viskosen Fließens bestätigt, daß die Gleichung von Eyring am allgemeinsten verwendbar ist. Ein Ausdruck zur Verknüpfung der chem. Wechselwrkg.-Energie der Atome, ihres Vol. u. des momentanen Schubmoduls wird vorgeschlagen. Die Beziehung ist ein Analogon des Mendeleev-Clapeyronschen Gesetzes u. ist für eine große Vielfalt von Substanzen verwendbar. Die Gleichung der Relaxationstheorie von Maxwell gilt streng. J. J. Pohl 142

0452 **Kinetik von Elementarprozessen im kondensierten Zustand.** 3. Mitt. **Schmelzen kristalliner Stoffe.** S. V. Nemilov. (Ž. fiz. Chim. **42** (1968) 6, 1397–1402; russ.) — Das thermodynam. Gleichgew. zwischen zwei Phasen wurde l. c. durch die kinet. Grundgleichung $\nu = (\varepsilon/h) \cdot \alpha$ beschrieben. Die Funktion ε wurde als die vollständige Änderung des thermodynam. Potentials der Untersyst. (fester u. fl. Phasen) bestimmt. Auf Grund allg. theoret. Überlegungen wird festgestellt, daß der Schmelzprozeß nur bei $\nu \geqq 1$ freiwillig abläuft. Diese Bedingung ist notwendig, jedoch nicht ausreichend. Der ber. F. stimmt in 70 Beispielfällen mit den Vers.-Werten gut überein, die mittlere Abweichung beträgt 2–4%. Die Abweichungen sind durch den Näherungscharakter der Theorie u. durch die Ungenauigkeit der inneren Potentialenergiewerte für krist. Körper bedingt. J. J. Pohl 142

0453 **Stabilität und Umwandlungen von Oberflächenphasen.** J. E. Lane. (Trans. Faraday Soc. **64** (1968) 541 Part 1, 221–30; Div. of Appl. Chem., CSIRO, Melbourne, Australia; engl.) — Mit thermodynam. Meth. werden die Bedingungen für das mechan. Gleichgew. eines Syst., aus 2 Vol.-Phasen, die sich an einer Grenzfläche berühren, die von 2 Oberflächenphasen u. einer Diskontinuitätslinie gebildet wird, abgeleitet. Unter Bedingungen, bei denen das stabile Syst. nur eine feststellbare Oberflächenphase enthält, kann das reale Syst. in einem metastabilen Zustand vorliegen, bei dem die Grenzfläche durch eine Oberflächenphase besetzt ist, die im stabilen Zustand nicht existiert. Unter diesen Umständen reicht die Existenz einer Grenzspannung (line tension) längs der Diskontinuitätslinie für die Bldg. der stabilen Oberflächenphase aus. Es werden Beziehungen zwischen der Temp., dem Druck u. der Zus. der Vol.-Phase abgeleitet, bei der eine oder beide Oberflächenphasen in einem stabilen Syst. vorliegen können. Am Syst. W. + Phloroglucindihydrat + NaCl können die theoret. Überlegungen z. T. bestätigt werden. K. Strenge 142

0454 **Schnellmethode zur Bestimmung des Aktivitätskoeffizienten bei unendlicher Verdünnung.** Mitsuyasu Hiranuma, Masao Hashiba und Masao Kugo. (Kagaku Kōgaku [Chem. Engng., Japan] **5** (1967) 1, 1–3; Training Inst. for Engng. Teachers, Hokkaido Univ., Sapporo; engl.) — Vf. beschreiben eine schnelle u. mit kleinen Probemengen durchführbare Meth. zur Best. der Grenzwerte von Aktivitätskoeff. auf Grund von Kp.-Messungen an Lsg. u. reinen Lsgm. an Hand von Beispielen. H.-D. Schenke 142

0455 **Einfache Methode für die Auswertung von Messungen der Transportphänomene.** Manfred Schneider. (Ber. Bunsenges. physik. Chem. **72** (1968) 3, 399–400; Phys.-Chem. Inst., Univ., Heidelberg; dt.) — Die Darstellung des Diffusionskoeff. D nach der Theorie von Hirschfelder et al. macht es erforderlich, die beiden Parameter des Lennard-Jones (6, 12)-Potentials geeignet so zu bestimmen, daß die damit ber. D mit den gemessenen bei allen Temp. übereinstimmen. Es wird eine Meth. beschrieben zur einfachen u. schnellen Auffindung der Parameter der Potentialkurve aus den Meßergebnissen, u. sie wird zur Auswertung der an CO_2–N_2 zwischen 273 u. 741 °K durchgeführten Diffusionsversuche angewandt. D. Hoene 142

0456 **Dampf–Flüssigkeit-Gleichgewicht von ternären Systemen.** Sergio di Cave. (Brit. chem. Engng. **13** (1968) 6, 849; Ist. di Chim. Appl. e Ind., Univ. of Rome; engl.) — Angabe eines Nomogramms zur Berechnung des relativen Dampfdrucks. D. Hoene 142

0457 **Einfluß des Isotopenaustauschs auf die Viskosität von Gasen.** N. E. Menabde. (Atom. Énerg. **25** (1968) 1, 42–44; russ.) — Die Temp.-Abhängigkeit der Viskositätskoeff. von $^{14}N^{16}O$ u. $^{15}N^{18}O$ (mit 99,6% ^{14}N bzw. 99,3% ^{15}N) bei 20 bis $-160°$, von $^{15}NH_3$ u. $^{14}NH_3$ (99,3% ^{15}N bzw. 99,9% ^{14}N) bei 20 bis $-70°$ u. von $^{10}BF_3$ u. $^{11}BF_3$ (98,5% ^{10}B bzw. 97,8% ^{11}B bei 20 bis $-100°$ wurde untersucht. Bei Substitution des leichten Isotops gegen das schwerere wächst die Viskosität proportional zu $M^{1/2}$, das Verhältnis der Viskositätskoeff. der Paare H_2/D_2, $^{14}N/^{15}N$ u. $^{14}NH_3/^{15}NH_3$ ist jedoch kleiner, als auf Grund der Übertragungserscheinungen zu erwarten wäre. Die empir. Parameter der Lennard-Jones-Funktion wurden berechnet. J. J. Pohl 146

0458 **Fluktuationen und Lamda-Phasenübergang in flüssigem Helium.** R. A. Ferrell, N. Menyhàrd, H. Schmidt, F. Schwabl und P. Szépfalusy. (Ann. Physics **47** (1968) 3, 565–613; Dep. of Phys., Univ. of Va., Charlottesville, Va.; engl.) — Eine allg. dynam. Scaling-Theorie der Phasenübergänge wird aufgestellt. Als Anwendung wird der Einfl. der Kollektivmoden des 1. u. 2. Schalls u. der damit verbundenen Fluktuationen auf die Eig. von fl. ^4He untersucht. Herbert Weber 146

0459 **Eigenschaften des Grundzustandes und niedriger Anregungen von flüssigem ^3He, berechnet mit einem Zweikörperpotential.** Theodore W. Burkhardt. (Ann. Physics **47** (1968) 3, 516–64; Dep. of Phys., Stanford Univ., Stanford, Calif.; engl.) — Kompressibilität u. Bindungsenergie pro Teilchen werden behandelt. Herbert Weber 146

0460 **Anomale Dispersion von Temperaturwellen in flüssigem Helium II.** Masakazu Ichiyanagi. (Progr. theoret. Physics [Kyoto] **39** (1968) 2, 541–43; Dep. of Appl. Phys., Fac. of Engng., Osaka Univ., Osaka; engl.) P. Weiland 146

0461 **Schallwellen in flüssigem Helium II.** Masakazu Ichiyanagi. (Prog. theoret. Physics [Kyoto] **39** (1968) 2, 543–44; engl.) — Vgl. vorst. Referat. P. Weiland 146

0462 **Viskosität von gewöhnlichem und schwerem Wasser bei hohen Drücken im Temperaturbereich 0–150°.** N. A. Agaev und A. D. Jusibova. (Doklady Akad. Nauk SSSR **180** (1968) 2, 334–37; Azerb. NII im. Es'mana; russ.) — Die Viskosität von H_2O u. D_2O zeigt bei 0–150° u. 1–1200 kg/cm² ein anomales Verhalten. Viskositätsisothermen für H_2O u. D_2O für den Temp.-Bereich 0,22–150° sowie Viskositätsisobaren für 1 bis 1200 kg/cm² werden graph. angegeben. J. J. Pohl 146

0463 **Viskosität von Ammoniumcarbonat–Harnstoff-Lösungen.** S. N. Ganz, R. I. Braginskaja und S. N. Mercalova. (Izvest. vysšich učebnych Zavedenij [Ivanovo], Chim. i chim. Technol. **11** (1968) 3, 367–69; Dnepropetrovskij chimiko-technol. Inst. im Dzeržinkogo; russ.) — Die Best. der Viskosität der wss. Lsg. von $(NH_4)_2CO_3$ u. wss. Lsg. (I) von $(NH_4)_2CO_3$ mit 3–5%ig. Überschuß an NH_3 u. bis zu 25% Harnstoff ergab eine mathemat. Beziehung zwischen der Konz. der Komponenten in der Lsg. u. der Temperatur. Es wird ein Nomogramm zur Best. der Viskosität für die wss. Lsg. von $(NH_4)_2CO_3$ u. für I aufgestellt. E. Klever 146

0464 **Schallgeschwindigkeit in wäßrigen Elektrolytlösungen.** Constantin Sălceanu und Cosma Tudose. (C. R. hebd. Séances Acad. Sci., Sér. A et B **266** (1968) 1, B 4–B 7; Timişoara, Roumanie, Univ.; franz.) — Bei konst. Frequenz von 1160 Hz wird die Schallgeschw. in wss. Lsg. von *LiCl*, *NaCl*, *KCl*, *KJ*, *KBr* u. $Pb(NO_3)_2$ in Abhängigkeit von der Elektrolytkonz. bis 1 Mol/l

bei 22° gemessen. Die Lsg. der leichten Ionen zeigen linearen Anstieg der Geschw. mit der Konz., mit zunehmender Größe der Ionen nimmt der Anstieg der Geschw. ab, um bei *KJ* u. *Pb(NO$_3$)$_2$* durch ein Maximum zu gehen. Das beobachtete Verhalten kann nach der Gleichung von Newton-Laplace erklärt werden. Nach den Befunden ist der Konz.-Gang der Schallgeschw. bei niedrigen Frequenzen negativ.
H.-U. Borgstedt 146

0465 **Messung von Diffusionskoeffizienten in binären flüssigen Metallegierungen mit einer Konzentrationszelle.** John B. Edwards, Edward E. Hucke und Joseph J. Martin. (J. electrochem. Soc. **115** (1968) 5, 488—91; Dep. of Chem. and Met. Engng., Univ. of Mich., Ann Arbor, Mich.; engl.) — Vf. verwendeten folgende Zelle: $A/A^+/A$ (B), wobei A ein Alkalimetall u. B ein schwereres Metall ist. Theoret. hängt das reversible Potential dieser Zelle nur von der Temp. u. dem Molenbruch von A in der Kathodenleg. ab. Diese Konz.-Zelle kann zusammen mit einer Lsg. des 2. Fickschen Gesetzes zur Best. des Diffusionskoeff. D dienen. Vf. untersuchten die bin. Syst. K–Hg, Na–Pb u. Na–Sn u. ermittelten für K (Molenbruch 0,165) im Syst. K–Hg $D_0 = 3{,}7 \cdot 10^{-4}$ (cm²/s) u. die Aktivierungsenergie $E_A = 2100$ (cal/g-Atom) (Temp.-Bereich 500—600 °K), für Na (0,120) im Syst. Na–Pb $D_0 = 2{,}0 \cdot 10^{-4}$ u. $E_A = 2500$ (600—900 °K) u. für Na (0,160) im Syst. Na–Sn $D_0 = 1{,}9 \cdot 10^{-4}$ u. $E_A = 1900$ (600—900 °K).
D. König 146

0466 **Grundlagen und Anwendungen einer neuen Diffussionsmethode in flüssiger Phase. 1. Mitt. Steigerung des Diffusionstransportes durch Pulsationsdiffusion.** G. Dreyer, E. Kahrig, D. Kirstein, J. Erpenbeck und Fr. Lange. (Z. Naturforsch. **23a** (1968) 4, 498—503; Inst. für Biophys., DAW zu Berlin; dt.) — Die Meth. beruht darauf, daß sich bei pulsierender Fl.-Strömung in einem porösen oder lamellierten Diaphragma an den Poren- bzw. Lamellenwänden sehr stabile Fl.-Schichten ausbilden, die, in wechselnder Richtung von sehr unterschiedlich konz. Lsg. bespült, hohe Konz.-Gradienten bei großen Austauschflächen zulassen. Bei geeigneter Anordnung kann der Stofftransport um mehrere Zehnerpotenzen gegenüber den bekannten Anordnungen gesteigert werden bei gleichzeitig sehr erheblich verminderten konvektiven Störungen (App.). M. Frenzel 146

0467 **Thermodynamik einiger gasförmiger Verbindungen.** A. A. Antonov und M. I. Borisov. (Ž. prikl. Chim. **41** (1968) 6, 1364—69; russ.) — Mit Hilfe der von Maslov et al (Ž. fiz. Chim. **40** (1966), 362) beschriebenen Meth. werden Gleichungen für die Temp.-Abhängigkeit von C_p, S^0, $-(G_0{}^0 - H_0{}^0)/T$; $H^0 - H_0{}^0$ u. die Gleichgew.-Konst. log kp der Verb. u. Mol. *CS$_2$, COS, C$_2$HF, C$_2$H$_2$, HBr, DBr, TBr, CH$_2$, CH$_3$, CF$_2$, CF$_3$, C$_2$, CN* u. *N$_2$H$_4$* im Temp.-Bereich 250—6000 °K bei p = 1 atm im idealen Gaszustand abgeleitet. Eine Anzahl ber. Daten wird tabellar. angegeben. Die Genauigkeit des Verf. entspricht der der Meth. der statist. Thermodynamik.
H. Roschkowski 148

0468 **Wahre spezifische Wärme bei niedrigen Temperaturen, absolute Entropie und Enthalpie von Rb_2SO_4 bei Standardbedingungen.** I. E. Paukov und M. N. Lavrent'eva. (Ž. fiz. Chim. **42** (1968) 7, 1842—44; russ.) — Messungen bei 12,5—303 °K ergeben für $S^0_{298,15} = 47{,}19 \pm 0{,}025$ Clausius u. $H^0_{298,15} - H_0{}^0 = 6456 \pm 4$ kcal Mol. Die C_p-Werte im Bereich sind tabelliert.
J. J. Pohl 148

0469 **Spezifische Wärme von Legierungen des Systems Uran–Zirkonium.** G. B. Fedorov und E. A. Smirnov. (Atom. Énerg. **25** (1968) 1, 54—56; russ.) — Messungen im Bereich 20—800° ergeben für α-Zr $C_p = 6{,}15 + 1{,}927 \cdot 10^{-3}\,T - 3{,}485 \cdot 10^4\,T^{-2}$, solche bei 20—600° für Zr-Leg. mit 11 Atom-% U $C_p = 3{,}89 + 6{,}48 \cdot 10^{-3}\,T + 7{,}71 \cdot 10^4\,T^{-2}$ (cal/g-Atom · Grad), mit 27 % U $C_p = 3{,}08 + 8{,}43 \cdot 10^{-3}\,T + 9{,}83 \cdot 10^4\,T^{-2}$ mit 39 % U, $C_p = 3{,}47 + 9{,}32 \cdot 10^{-3}\,T + 7{,}01 \cdot 10^4\,T^{-2}$, mit 59 % U $C_p = 2{,}65 \cdot 10^{-1} + 1{,}32 \cdot 10^{-2}\,T + 2{,}62 \cdot 10^5\,T^{-2}$, mit 87 % U $C_p = 3{,}56 \cdot 10^{-1} + 1{,}425 \cdot 10^{-2}\,T + 2{,}59 \cdot 10^5\,T^{-2}$, für α-U $C_p = 2{,}69 + 9{,}698 \cdot 10^4\,T + 1{,}072 \cdot 10^5\,T^{-2}$. Die Lage der Phasenübergänge bei den einzelnen Zus. wurde ermittelt. J. J. Pohl 148

0470 **Korrelation einiger thermodynamischer Eigenschaften von Silicaten und Fluoroberyllaten.** R. G. Grebenščikov. (Ž. neorg. Chim. **13** (1968) 10, 2627—31; Leningradskij inst. chim. silikatov AN SSSR; russ.) — Der Wert der „Anionenaffinität" (Bldg.-Wärme des Ions aus den Mol. BeF_2 bzw. SiO_2 u. den Anionen F^- bzw. O^{2-}) beträgt im Falle von $BeF_4{}^{2-}$ —58 u. von $SiO_4{}^{4-}$ —60 kcal/g-Ion. Die Änderung der physikal.-chem. Eig. von Silicat- gegenüber Fluoroberyllatmodellsyst. wird durch zwei Grundtypen der Abhängigkeit mit Koeff. $\alpha \gg 1$ u. α ca. 1 charakterisiert. Eig. mit dem Modellkoeff. 2,3—4 sind F., Gitterenergie, Oberflächenspannung, Härte, Löslichkeit u. a., solche mit α ca. 1 die Bldg.-Wärme, isobare Potentiale, Entropie, spezif. Wärme u. anderes. J. J Pohl 150

0471 **Umsetzung von $TiCl_4$ mit Alkali- und Erdalkalimetallfluoriden.** V. G. Gopienko und L. A. Pavlova. (Ž. neorg. Chim. **13** (1968) 10, 2897—98; russ.) — Die Rk. $TiCl_4$–MeF u. $TiCl_4$–MeF_2 wurden bei 136—400° analyt. u. röntgenograph. verfolgt. Die Vers. bei 136° ergeben $\Delta F^0_{298\,°K}$, cal, für $TiCl_4 + 4\,LiF \rightleftharpoons TiF_4 + 4\,LiCl + 14500$; $TiCl_4 + 4\,NaF \rightleftharpoons TiF_4 + 4\,NaCl - 25700$; $TiCl + 4\,KF \rightleftharpoons TiF_4 + 4\,KCl - 54300$; $TiCl_4 + 2\,MgF_2 \rightleftharpoons TiF_4 + 2\,MgCl_2 + 44700$; $TiCl_4 + 2\,CaF_2 \rightleftharpoons TiF_4 + 2\,CaCl_2 + 22000$; $TiCl_4 + 2\,BaF_2 \rightleftharpoons TiF_4 + 2\,BaCl_2 - 11700$; $3\,TiCl_4 + 4\,AlF_3 \rightleftharpoons 3\,TiF_4 + 4\,AlCl_3 + 91300$. Bei 200—400° ist die Rk. weitergehend, es bilden sich mehr oder weniger beständige Komplexe mit KF u. NaF. J. J. Pohl 150

0472 **Messung der Bildungswärme von FeSi durch Lösungskalorimetrie in Aluminium.** Bruno Jounel, Jean-Claude Mathieu und Pierre Desré. (C. R. hebd. Séances Acad. Sci. Sér. C **266** (1968) 11, 773—76; Labor. de Thermodynam. et Phys. chim. métallurg., Grenoble; franz.) — Es wurden die Lsg.-Wärmen von *Fe, Si* u. *FeSi* in *Al* gemessen u. daraus die Bldg.-Wärme von FeSi zu —18,8 ± 0,9 kcal/Mol bei 293 °K bestimmt.
W. Gauster 150

0473 **Einfluß der Elektronendichte auf die thermodynamische Aktivität des Zinks in der Epsilon-Phase des Systems Ag–Zn.** Jerry L. Straalsund und D. Bruce Masson. (Trans. metallurg. Soc. AIME **242** (1968) 2, 190—95; Dep. of Metallurg., Wash. State Univ., Pullman, Wash.; engl.) — Die Zn-Aktivität wird bei 430° mit einer Taupunktmeth. gemessen. Die Zn-Konz. variiert von 72—88 Atom-%. Bei 83 Atom-% Zn tritt ein Knick in der Kurve RT ln γ_{Zn} gegen die Zn-Konz. auf, ebenso in der Stabilitätsfunktion d^2F/dx^2_{Zn} nach Darken. Damit wird die von Massalski u. King angenommene Überlappung in der {022}-Fläche der Brillouin-Zone unterstützt. Es wird eine Funktion abgeleitet für die Abhängigkeit der Aktivität von der Zahl der Valenzelektronen in der Legierung. H. Tulhoff 150

0474 **Mischungsenthalpie flüssiger Silber–Gallium-Legierungen bei 500°.** Robert Béja und Marc Laffitte. (C. R. hebd. Séances Acad. Sci., Sér. C **267** (1968) 2, 123—26; Marseille, Centre de Rech. de Microcalorimétrie et de Thermochimie du CNRS; franz.) — Mit einem Mischungskalorimeter nach Tian-Calvet wurden die Mischungsenthalpien ΔH_m des Syst. Ag–Ga bei 500° bis $N_{Ag} = 0{,}585$ (N = Molenbruch) gemessen. Für $0 \leq N_{Ag} \leq 0{,}115$ ist $\Delta H_m > 0$ u. für $0{,}115 < N_{Ag} < 0{,}585$ ist $\Delta H_m < 0$. Die Verdünnungsenthalpie für unendliche Verdünnung von Ag in Ga beträgt 4000 ± 300 J/Mol. Die Ergebnisse werden mit Literaturdaten für das Syst. Ag–In verglichen.
Waldemar Köhler 150

0475 **Thermodynamische Eigenschaften von Legierungen des Systems Ag–Ga.** V. N. Danilin und S. P. Jacenko. (Izvest. Akad. Nauk SSSR, Metally **1968, 3,** 224—27; Sverdlovsk; russ.) — Im Bereich 780—1020 °K wird die Temp.-Abhängigkeit der EMK der Konz.-Kette (—) Ga (fl.)/(KCl–LiCl) + $GaCl_3$/$Ga_NAg_{(1-N)}$ (fl. oder fest) gemessen. Aus den Daten werden die Aktivitäten, Freien Exzeßenthalpien, Entropien u. Mischungswärmen der Ag–Ga-Leg. im gesamten Zus.-Bereich ermittelt. Die

Abweichungen von den Eig. regulärer Lsg. sind im untersuchten Syst. bedeutend. H. Roschkowski 150

0476 **Messung der Entglasungsenthalpie von synthetischem Diopsid.** Albert Ferrier. (C. R. hebd. Séances Acad. Sci., Sér. C 266 (1968) 3, 161–63; Saint-Germain-en-Laye, IRSID, Dépt. Chim. phys.; franz.) — Die Entglasungsenthalpie (A) von synthet. Diopsid $CaMgSi_2O_6$ wurde als Differenz der für die Auflsg. der *glasigen* u. *krist.* Form in wss. HCl–HF-Lsg. bei 80° gemessenen Lsg.-Enthalpien zu 22,23 ± 0,58 kcal/Mol bestimmt. Dieser Wert ist größer als Literaturwerte für andere Silicate wie $Ca_2MgSi_2O_7$, $Ca_2Al_2SiO_7$ u. $CaAl_2Si_2O_8$, während eine annähernd gleiche A für das synthet. Silicat $CaO \cdot 3,5\ MgO \cdot 5\ SiO_2$ (414 ± 32 J/g) erhalten wurde. Waldemar Köhler 150

0477 **Bestimmung der Verdampfungsparameter aus Effusionsdaten.** Ju. A. Priselkov. (Vestnik Moskovskogo Univ., Ser. II 23 (1968) 2, 69–78; Kaf. radiochim.; russ., Auszug: engl.) — Lineare Gleichungen zur Verknüpfung der Grundparameter der Verdampfung mit Vers.-Daten aus Effusionsmessungen unter Berücksichtigung der Oberfläche werden vorgeschlagen. J. J. Pohl 152

0478 **Bestimmungsmethodik der Verdampfungsgeschwindigkeit hochschmelzender Carbide bei offener Oberfläche im Vakuum.** V. K. Vlasov, I. V. Golubcov und An. N. Nesmejanov. (Ž. fiz. Chim. 42 (1968) 3, 802–05; Mosk. gos. univ. im. Lomonosova, chim. fak.; russ.) — Mögliche Fehlerquellen bei der Unters. der Verdampfung hochschmelzender Materialien über 2000° werden diskutiert. Die Abhängigkeit der Zus. der Restgase von der Temp. wurde im Falle von Nb- u. Ta-Carbid bei 1200 bis 2700° mit Hilfe eines Omegatron-Massenspektrometers bestimmt. Diagramme der Änderung des Partialdruckes von H_2, W. u. $N_2 + CO$ in Syst. wurden bei ununterbrochenem Absaugen konstruiert. Bei einem Summendruck der Restgase von ca. $8 \cdot 10^{-7}$ Torr wurde eine merkliche Umsetzung der erhitzen Carbidproben mit W.-Dampf ab ca. 2100° beobachtet. J. J. Pohl 152

0479 **Verdampfung des Stoffes und Entwicklung des Plasmas bei Einwirkung von Strahlung eines Lasers auf verschiedene Materialien.** M. V. Achmanova, V. A. Kajgorodov und A. V. Karjakin. (Ž. prikl. Spektroskopii 8 (1968) 4, 584–87; russ.) — Die Verdampfung von *NaCl, KBr, KCl,* Al_2O_3, *Si,* SiO_2, *SiC, PbS, Pb, Fe, Cu, Al, KCl* u. *InP* beim Einfall von Nd-Laserstrahlung wurde nach verschiedenen Meth. untersucht. Unterschiede im Verh. von Ionenkrist., kovalenten Krist., Halbleitern u. Metallen wurden festgestellt. Die Richtung der Fackelbldg. hing nicht vom Einfallswinkel der Laserstrahlung ab, sondern war normal zur Oberfläche. M. Wiedemann 152

0480 **Näherungsweise Berechnung der Schmelzwärme und Schmelzentropie einiger Halbleiterverbindungen.** B. T. Melech und S. A. Semenkovič. (Ž. fiz. Chim. 42 (1968) 3, 672–74; Inst. poluprovodnikov AN SSSR, Leningrad; russ.) — Die Schmelzentropie u. die Schmelzwärme von Halbleiterverb. wurden bei der Annahme, daß beim Schmelzen von anorgan. Verb. nach dem Typ Halbleiter–Metall eine vollständig ungeordnete Lsg. im fl. Zustand entsteht, berechnet. Als Beispiele sind dafür Mg_2Si, Mg_2Sn, Mg_2Pb, *AlSb, GaSb, InSb, GaAs, InAs, CdSb* u. Bi_2Te_3 angeführt. Die Schmelzentropie von Substanzen, die nach dem Typ Halbleiter–Halbleiter schmelzen, wurde ebenfalls ber., die Übereinstimmung mit Vers.-Daten der Literatur ist für *SnTe, GeTe, PbTe, PbSe, InTe,* In_2Te_3 u. Sb_2Te_3 zufriedenstellend. J. J. Pohl 152

0481 **Isotopieeffekte in kondensierten Phasen.** W. Alexander Van Hook. (Isotopenpraxis 4 (1968) 5, 161 bis 169; engl.) — Vgl. nachst. Referat. — Übersichtsartikel unter bes. Berücksichtigung der H-Isotope. Die Effekte hängen von der Mol.-Struktur der beteiligten Spezies und vom intermol. Kraftfeld ab, welches die kondensierte Phase charakterisiert. Die Isotopieeffekte (bes. Dampfdruckunterschiede) eignen sich deshalb zur Unters. bestimmter Aspekte des fl. Zustandes. — 46 Literaturangaben. D. Ertel 152

0482 **Dampfdrücke isotoper Wasser- und Eisarten.** W. Alexander Van Hook. (J. physic. Chem. 72 (1968) 4, 1234–44; Chem. Dep., Univ. of Tenn., Knoxville, Tenn.; engl.) — Die verschiedenen möglichen D-, T-, ^{17}O- u. ^{18}O-Isotopeneffekte auf den Dampfdruck von fl. u. festem W. zwischen 230 u. 400 °K werden eingehend im Rahmen der Theorie für Isotopeneffekte in kondensierten Syst. behandelt. Dabei werden Kraftfelder für die Fl. u. den Festkörper abgeleitet, die eine quant. Korrelation der Isotopeneffekte für die 18 verschiedenen Isotopisomeren des W.-Mol. in diesem Temp.-Bereich gewährleisten. Die allg. Übereinstimmung zwischen den ber. Daten u. dem bisher vorliegenden experimentellen Material ist ausgezeichnet. Auf einige Grenzen der Rechnung wird hingewiesen. Ferner wird das nichtideale Verh. in H_2O-, HDO- u. D_2O-Lsg. diskutiert. A. Blaschette 152

0483 **Dampfdruck von Tritiumoxid und Deuteriumoxid. Deutung der Isotopeneffekte.** Wesley M. Jones. (J. chem. Physics 48 (1968) 1, 207–14; LASL, Univ. of Calif., Los Alamos, N.Mex.; engl.) — Die Dampfdruckdifferenzen zwischen H_2O u. T_2O wurden im Temp.-Bereich von −9 bis 114°, die zwischen H_2O u. D_2O im Temp.-Bereich von +4–114° gemessen. Die relativen Dampfdrücke der reinen fl. Phasen werden durch nachst. Gleichungen wiedergegeben: $\ln [p(H_2O)/p(T_2O)] = (-103{,}87 \pm 0{,}57)/T + (46480 \pm 210)/T^2$; $\ln[p(H_2O)/p(D_2O)] = (-70{,}87 \pm 0{,}43)/T + (33630 \pm 160)/T^2$. Die Normalsiedepunkte von T_2O u. D_2O liegen bei 101,51° bzw. 101,42°. Die Differenzen der Verdampfungswärmen von T_2O u. H_2O bzw. von D_2O u. H_2O werden für den Temp.-Bereich 10–110° angegeben. Die Koordinaten der Tripelpunkte von H_2O, D_2O bzw. T_2O sind (in Grad/cm Hg): 0,010/0,458; 3,82/0,502; 4,49/0,492. Ferner werden erweiterte Formen der vorst. Dampfdruckgleichungen diskutiert, die auf der Bigeleisen-Theorie für den Isotopeneffekt von Dampfdrücken u. auf einem harmon. Oszillatormodell für W. beruhen. Die dabei erhaltenen Ergebnisse stimmen gut mit den für H_2O u. D_2O aus Raman-Spektren abgeschätzten Koeff. von 1/T u. $1/T^2$ überein. A. Blaschette 152

0484 **Dynamische Kompressibilität von Kohlenstoff.** A. N. Dremin und S. V. Peršin. (Fiz. Gorenija Vzryva 4 (1968) 1, 112–15; Moskva; russ.) — Die Bremsung von Stoßwellen in Graphit bei seiner Phasenumwandlung wurde untersucht. Die durch Extrapolieren auf die Probenbreite Null ermittelte Geschw. der Stoßwellen wurde zur Konstruktion der Stoßadiabate des Graphits bei 0,6 mbar verwendet. Die Umwandlung des Graphits verläuft sowohl in der Wellenfront als auch hinter ihr, die Umwandlungsgeschw. steigt mit wachsendem Druck. J. J. Pohl 152

0485 **Schmelztemperatur des Antimonselenids und -sulfids bei hohen Drücken.** V. A. Kirkinskij, V. G. Jakušev und A. P. Rjaposov. (Izvest. Akad. Nauk SSSR, Neorg. Mater. 4 (1968) 4, 613–14; Inst. geol. i geofiz. SO AN SSSR; russ.) — Der fest–fl.-Phasenübergang von Sb_2Se_3 u. Sb_2S_3 wurde mit der DTA-Meth. untersucht. Die Schmelztemp. der beiden Verb. wächst nahezu linear mit steigendem Druck. In der Nähe des Atmosphärendruckes ist dT/dp für Sb_2S_3 16°/kbar, für Sb_2Se_3 15°/kbar. Verb. von gleichem chem. Typ u. gleicher Kristallstruktur zeigen unter erhöhtem Druck ein ähnliches Schmelzverhalten. Die Temp. des Eutektikums von Sb u. Sb_2Se_3 hängt prakt. linear vom Druck ab u. wächst mit der Geschw. 6°/kbar. J. J. Pohl 152

0486 **Zustandsgleichung für Cäsium.** Aristid V. Grosse. (Inorg. nuclear Chem. Letters 4 (1968) 5, 261–68; Erratum ibid. 4 (1968) 9, 549; Res. Inst., Temple Univ., Philadelphia, Pa.; engl.) — Krit. Diskussion der bisher vorliegenden Literaturangaben über das therm. Verh. von Cs. Mit einem abgeschätzten krit. Koeff. von $Z_c = 0{,}27$ wird nachst. allg. gültige Zustandsgleichung vom Martin-Typ [Ind. Engng. Chem. 59 (1967), 12, 34] vorgeschlagen: $P_r = T_r/(0{,}27\ V_r - 0{,}085) - 3^2(4 - T_r)/4^3(0{,}27\ V_r + 0{,}04)^2$; dabei sind P_r, T_r u. V_r die red. Werte von Druck, abs. Temp. u. Volumen. Ein isothermes Zustandsdiagramm für den überkrit., den überhitzten u. den fl. Bereich wird aufgestellt. — 25 Literaturangaben. A. Blaschette 152

0487 **Massenspektrometrische Untersuchung der Verdampfung von Kaliumhydroxid.** A. V. Gusarov und L. N. Gorochov. (Ž. fiz. Chim. **42** (1968) 4, 860—65; Inst. vysokich temp. AN SSSR, Moskva; russ.) — Massenspektrometr. Unters. zeigen, daß die Verdampfungsprod. von KOH in erster Linie $K_2(OH)_2$ u. KOH sind. Das Verhältnis des Dampfdruckes des Dimers u. Monomers ist bei 646 °K $\log p_D/p_M = -0{,}08 \pm 0{,}34$. Die Rk.-Wärme KOH (krist.) ⇌ KOH (Gas) beträgt $\Delta H^0_{925} = 43{,}5 \pm 1{,}5$ kcal, 2 KOH (krist.) ⇌ $K_2(OH)_2$ (Gas) $43{,}9 \pm 1{,}5$ u. $K_2(OH)_2$ (Gas) ⇌ 2 KOH (Gas) $43{,}1 \pm 2{,}9$. Die Subl.-Wärme des monomeren u. dimeren K-Hydroxids wurde mit dem dritten Hauptsatz berechnet. Die Dissoziationsenergie des KOH-Mol. beträgt $D_0(K-OH) = 84{,}7 \pm 2$ kcal/Mol. J. J. Pohl 152

0488 **Schmelzkurven von Lithium, Natrium, Kalium und Rubidium bis zu 80 Kilobar.** H. D. Luedemann und G. C. Kennedy. (J. geophys. Res. **73** (1968) 8, 2795 bis 2805; Inst. of Geophys. and Planetary Phys., Univ. of Calif., Los Angeles, Calif.; engl.) H. Roschkowski 152

0489 **Thermographische Untersuchung von Alkalimetall- und Magnesiumhydridoboraten bei Drücken bis 10 Atmosphären.** D. S. Stasinevič und G. A. Egorenko. (Ž. neorg. Chim. **13** (1968) 3, 654—58; Gos. NII chim. i technol. elementoorg. soed.; russ.) — Die therm. Beständigkeit von Li-, Na-, K- u. Mg-Hydridoborat wurde bei Wasserstoffdrücken bis 10 Atmosphären thermograph. verfolgt. Die Temp.-Abhängigkeit des Dampfdruckes kann mit folgenden Gleichungen beschrieben werden: Für $LiBH_4$ $\log p_{ttm} = -(9265/T) + 12{,}47$, für $NaBH_4$ $\log p_{ttm} = -(7460/T) + 8{,}53$, für KBH_4 $\log p_{ttm} = -(4975/T) + 5{,}19$. Die gefundenen ΔG_T^0-Werte für einige Rk. in kcal/Mol sind $LiBH_4 \rightarrow Li + B + 2\,H_2$, $-46{,}37 + 5{,}24 \cdot 10^{-2}$ T, $NaBH_4 \rightarrow Na + B + 2\,H_2$, $-45{,}63 + 5{,}18 \cdot 10^{-2}$ T, $KBH_4 \rightarrow K + B + 2\,H_2$, $-57{,}70 + 5{,}36 \cdot 10^{-2}$ T, $LiBH_4 \rightarrow LiH + B + 3/2\,H_2$, $-24{,}70 + 3{,}58 \cdot 10^{-2}$ T, $NaBH_4 \rightarrow NaH + B + 3/2\,H_2$ $-32{,}14 + 3{,}57 \cdot 10^{-2}$ T, $KBH_4 = KH + B + 3/2\,H_2$ $-40{,}88 + 3{,}70 \cdot 10^{-2}$ T. J. J. Pohl 152

0490 **Sublimation von Magnesium.** Pierre Belin und Bernard Babinet. (C. R. hebd. Séances Acad. Sci., Sér. C **266** (1968) 17, 1254—56; Fac. des Sci. d'Orléans, CSU de Tours, Tours, Indre-et-Loire; franz.) — Vf. untersuchen das Verh. des Quellenmaterials beim Verdampfen von Plättchen aus 99,7 %ig. Mg bei 10^{-3} Torr u. 560 bis 580°. Nach ½std. Erhitzen auf 560° wird ein Ablösen der ursprünglichen Oxidhaut von einer spiegelnden Mg-Fläche beobachtet. Beim Erhitzen auf 580° bleibt die Oxidhaut als Rückstand. Sie enthält eine große Anzahl von Mikrorissen u. besteht nach Elektronenbeugungsaufnahmen aus schwach ox. Mg neben Mg. Herbert Müller 152

0491 **Messung des Sättigungsdampfdruckes von Strontiumchlorid.** I. I. Naryškin, V. I. Glazov und V. M. Charlamov. (Ž. prikl. Chim. **41** (1968) 6, 1329—32; Leningradskij politechn. inst. im. Kalinina; russ.) — Ein Gerät zur Best. des Sättigungsdampfdruckes mit der Knudsen-Meth. wird vorgeschlagen. Der Sättigungsdampfdruck von $SrCl_2$ ändert sich bei 620—868° mit der Temp. nach $\log P$ (Torr) $= -(15\,238/T) + 10{,}936$, die Subl.-Wärme von $SrCl_2$ beträgt 69,73 kcal/Mol. Für NaCl wurde bei 600—800° die Abhängigkeit $\log P = -(11\,199/T) + 10{,}066$ erhalten. J. J. Pohl 152

0492 **Thermische Dissoziation von Quecksilberselenid-dämpfen.** A. A. Reznjakov und R. A. Isakova. (Ž. neorg. Chim. **13** (1968) 3, 625—28; Inst. metallurg. i obogaščenija AN Kaz. SSR; russ.) — Der Dampfdruck von HgSe wurde bei 300—550° bestimmt, die Temp.-Abhängigkeit des Dampfdruckes kann durch die Gleichung $\log p = 7{,}32 - (4681/T) \pm 0{,}15$ angegeben werden. Der Sättigungsdampfdruck, der Dissoziationsgrad u. die Dissoziationskonst. wurden ermittelt, letztere ändert sich mit der Temp. nach $\log K_{Diss} = 4{,}9 - (5544/T) \pm 0{,}16$. Der Dissoziationsgrad beträgt im gesamten Temp.-Bereich 98,7—99,2°. J. J. Pohl 152

0493 **Schmelzkurve von β-Gallium.** Louis Bosio, André Defrain, Israël Epelboin und Jean Vidal. (J. Chim. physique Physico-Chim. biol. **65** (1968) 4, 719—21; Groupe de Rech. „Phys. des Liquides et Electrochim.", Fac. des Sci., Paris; franz.) — Die Schmelzkurve der metastabilen β-Modifikation des Ga wurde bis zu 14,5 kbar bestimmt. Oberhalb dieses Drucks wandelt sich β-Ga reversibel in eine andere Modifikation (β'-Ga) um, deren Schmelzkurve ebenfalls bis 17 kbar bestimmt wurde. Ferner wurden die Koordinaten des Tripelpunktes „unterkühlte Schmelze/β-Ga/β'-Ga" zu 14,5 kbar u. 2,9°, die des Tripelpunktes „unterkühlte Schmelze/β-Ga/I-Ga" zu 12,7 kbar u. 0,7° ermittelt. A. Blaschette 152

0494 **Unterkühlung von Indiumantimonidschmelzen.** M. Ja. Daševskij und A. N. Poteruchin. (Izvest. Akad. Nauk SSSR, Neorg. Mater. **4** (1968) 5, 689—93; Mosk. inst. stali i splavov; russ.) — Die Unterkühlung von InSb-Schmelzen wurde im Vol. kleinerer Tropfen untersucht. Eine geeignete App. ist beschrieben. Tropfen, die keine zufälligen Beimengungen enthalten, krist. spontan. Die Größe der maximalen Unterkühlung der Schmelzen von nichtlegiertem Sb im Vol. von Tropfen mit dem Durchmesser 10—20 μ ist konst. u. beträgt ¼ F(°K). Oberflächeninakt. Ge in InSb beeinflußt die maximale Unterkühlung nicht, oberflächenakt. Te setzt die Größe der maximalen Unterkühlung herab. Oberflächenakt. Verunreinigungen setzen die Oberflächenspannung an der Grenze Schmelze–Krist. herab u. verringern dadurch die Bldg.-Arbeit der Kristallisationszentren. Die genannten Aussagen dürften auch bei der Kristallisation anderer Verb. vom Typ $A^{III}B^{V}$ vom gleichen Strukturtyp gültig sein. J. J. Pohl 152

0495 **Überwachung der Verdampfung von Titan mit Hilfe der Änderung des Elektronenemissionsstromes.** A. S. Nazarov, E. A. Mach und G. F. Ivanovskij. (Pribory Techn. Eksperimenta **1968**, 2, 157—59; russ.) — Die Änderung des Elektronenemissionsstroms bei der Verdampfung von Ti von einem festen Ti–Mo-Verdampfer im Hochvakuum wird untersucht. Es wird gezeigt, daß der Thermoelektronenemissionsstrom u. die Verdampfungsgeschw. linear voneinander abhängen. H. Roschkowski 152

0496 **Verdampfung von Niobcarbid bei offener Oberfläche im Vakuum.** V. K. Vlasov und I. V. Golubcov. (Ž. fiz. Chim. **42** (1968) 3, 620—28; Mosk. gos. univ. im. Lomonosova, chim. fak.; russ.) — Die Verdampfung von Nb-Monocarbid im Homogenitätsbereich wurde unter Verw. von ^{95}Nb u. ^{14}C massenspektroskop. bei 2773—2973 °K u. $< 1 \cdot 10^{-6}$ Torr untersucht. Die Best. der Verdampfungsgeschw. von Nb u. C in Nb-Carbid zeigt, daß die Zus. der kondensierten Phase eine kongruent verdampfende Zus. anstrebt. Die Einstellungszeit dieser Zus. im gesamten Probenquerschnitt hängt bei gegebener Anfangszus. von der Diffusionsgeschw. des Kohlenstoffes im Nb-Carbid ab. Näherungswerte der Diffusionskoeff. von C im Nb-Carbid wurden auf Grund der kinet. Best. der Verdampfungsgeschw. von Nb u. C nach zwei verschiedenen Meth. ber., die Aktivierungsenergie des Prozesses beträgt 75,6 kcal/g-Atom. Vers.-Daten ergeben die Temp.-Abhängigkeit der Verdampfungsgeschw. $\log G = 6{,}8416 - (3{,}5418 \cdot 10^4/T)$. J. J. Pohl 152

0497 **Dampfdruck von überstöchiometrischem Urandioxid als Funktion der Zusammensetzung.** R. Szwarc und R. E. Latta. (J. Amer. ceram. Soc. **51** (1968) 5, 264—68; Nucl. Mater. and Propuls. Operat., Gen. Electr. Comp., Cincinnati, O.; engl.) — Als Funktion der Temp. wurden für den Dampfdruck $P_{\bar{M}}$ von UO_{2-x} folgende Beziehungen erhalten: $\ln P_{\bar{M}}$ (atm) $= 15{,}2 \pm 0{,}4 - (59\,100 \pm 1000)/T$ (°K) für $UO_{1,88}$ u. 2471 °K $\leq T \leq$ 2896 °K; $\ln P_{\bar{M}} = 14{,}6 \pm 0{,}6 - (59\,200 \pm 1700)/T$ für $UO_{1,92}$ u. 2583 °K $\leq T \leq$ 2917 °K; $\ln P_{\bar{M}} = 15{,}1 \pm 1{,}5 - (61\,000 \pm 1500)/T$ für $UO_{1,94}$ u. 2503 °K $\leq T \leq$ 2890 °K. Die Ergebnisse wurden durch Best. des Gew.-Verlusts der untersuchten Proben als Funktion der Strömungsgeschw. eines H_2O/H_2–Ar-Trägergases mit der Thermowaage

erhalten. Für die Subl.-Enthalpie ΔH_{s^0} (in kcal/Mol) u. die Subl.-Entropie ΔS_{s^0} (in cal/Mol ^{0}K) wurden folgende Werte erhalten: 117,4 ± 2,0 u. 30,2 ± 0,8 für $UO_{1,88}$ bei 2705 ^{0}K, 117,6 ± 3,4 u. 29,0 ± 1,3 für $UO_{1,92}$ u. 2745 ^{0}K, 121,1 ± 2,9 u. 30,0 ± 1,1 für $UO_{1,94}$ u. 2748 ^{0}K.
W. Laqua 152

0498 **Schmelzpunkt und Dampfdruck von Neptuniumtetrachlorid.** D. Ja. Čoporov und Ė. G. Čudinov. (Radiochimija **10** (1968) 2, 221–27; russ.) — Der Dampfdruck wurde nach der Knudsen-Meth. (Integralverf.) bestimmt. Eine entsprechende App. ist angegeben. Die Überprüfung der Meth. u. die Eichung des Gerätes erfolgte nach Dampfdruckmessung an UCl_4. Neptuniumoxid (^{237}Np) wurde mit CCl_4-Dämpfen bei 380–400° chloriert, $NpCl_4$ anschließend durch Subl. gereinigt. Der Schmelzpunkt wurde zu 517,5 ± 2,5° bestimmt. Die Druckabhängigkeit von der Temp. wird durch folgende Gleichungen beschrieben: für UCl_4: log p (Torr) = −10263/T + 13,253 (Intervall 374–475°) u. für $NpCl_4$: log p = −9547/T + 12,904 (Intervall: 279–423°). Die entsprechenden Subl.-Wärmen betrugen 46,9 u. 43,7 kcal/Mol, abs. Meßfehler: 16%. Die Änderung der Freien Energie beim Verdampfen von UCl_4 u. $NpCl_4$ wird durch folgende Ausdrücke beschrieben: ΔF_U = 58100 + 36,85 T lg T − 168,2 T u. ΔF_{Np} = 53156 + 36,85 T log T − 164,1 T. Die Subl.-Wärmen verringern sich linear mit Vergrößerung der Ordnungszahl des Elements (Th bis Np).
G. Ewald 152

0499 **Dampfdruck von flüssigem Silber.** S. K. Tarby und V. S. Robinson III. (Trans. metallurg. Soc. AIME **242** (1968) 4, 719–21; Dep. of Metallurgy and Materials Sci., Lehigh Univ., Bethlehem, Pa.; engl.) — Mit der von Woolf et al. (vgl. U. S. Bur. Mines, Rept. Invest. no. 5634 (1960) 10) verwendeten Meth. u. Meßanordnung wird der Dampfdruck von fl. Ag zwischen 1450 u. 1600° gemessen. Die Meßergebnisse werden ebenso wie die Ergebnisse früherer Unters. tabellar. mitgeteilt.
W. Pusch 152

0500 **Atom- und Schmelzwärme von Kupfer, Silber und Gold.** Otmar Vollmer und Rudolf Kohlhaas. (Z. Metallkunde **59** (1968) 4, 273–77; Inst. für Theoret. Phys., Univ. Köln; dt.) — Eine dem eigenen Kalorimeteraufbau zugrunde liegende Kalorimetergleichung wird abgeleitet. Meßergebnisse der Atom- u. Schmelzwärme von Cu, Ag u. Au werden mit Literaturdaten verglichen. Bez. der Absolutgröße der Atomwärme ist die Übereinstimmung befriedigend. Im Temp.-Verlauf zeigen sich erhebliche Unterschiede. Die eigenen Schmelzwärmedaten bestätigen im wesentlichen die in der Literatur mitgeteilten errechneten Bestwerte. M. Frenzel 152

0501 **Negatives partielles molares Volumen des Lösungsmittels in verdünnten kritischen Phasen einer binären Lösung.** I. R. Kričevskij, E. S. Sokolova und L. A. Makarevič. (Ž. ėksper. teoret. Fiz. — Pis'ma v Redakciju **7** (1968) 4, 119–22; Gos. inst. azotnoj promyšl.; russ.) — Die thermodynam. Zusammenhänge für Lsg. müssen sehr vorsichtig für den Bereich des krit. Punktes extrapoliert werden. Die Zusammenhänge werden am Beispiel des partiellen Molvol. von SF_6 in der verd. krit. Phase einer bin. CO_2–SF_6-Lsg. diskutiert.
J. J. Pohl 154

0502 **Bestimmung der Gleichgewichtskonstante reziproker Systeme.** E. K. Akopov. (Ukrainskij chim. Ž. **34** (1968) 1, 37–42; Krasnodarskij politechn. inst.; russ.) — Die Diagramme log K–T^{-1}-Zus. (K = Gleichgew.-Konst.) u. ΔG–T-Zus. widerspiegeln die Prozesse, die bei der Kristallisation der Komponenten aus der fl. Phase ablaufen. Tern. reziproke Syst., die keine Mischkrist.- u. Entmischungsbereiche enthalten u. den gleichen topolog. Typ des Schmelzdiagrammes haben, weisen ähnliche, oft gleiche K-Werte auf. Auf Grund des Wertes der Gleichgew.-Konst. kann der topolog. Grundtyp des Schmelzdiagramms des Syst. bestimmt werden.
J. J. Pohl 154

0503 **Neue Methoden der Untersuchung disperser Systeme.** I. V. Melichov und V. G. Pečnikov. (Doklady Akad. Nauk SSSR **179** (1968) 2, 381–84; Mosk. gos. univ. im. Lomonosova; russ.) — Eine Meth. der Veränderung des Übersättigungsgrades zur Unters. disperser Syst. wird vorgeschlagen, deren Verwendbarkeit am Beispiel des Syst. K_2SO_4–H_2O gezeigt wird. J. J. Pohl 154

0504 **Typen einfacher reziproker Mehrkomponentensysteme.** R. A. Tarnopol'skaja. (Ž. neorg. Chim. **13** (1968) 10, 2825–30; Ukr. naučno-issl. inst. ogneuponov; russ.) — Es werden zwei Arten reziproker Mehrkomponentensyst. unterschieden: komplizierte aus reziproken Syst. niedriger Ordnung u. einfache aus einfachen n-Komponentensystemen. Quint. reziproke Syst. des Typs A + B ⇌ C + D + E + F stellen geometr. vierdimensionale vierflächige Bipyramiden dar. Syst. des Typs A + B + C ⇌ D + E + F sind vierdimensional u. neunflächig. In einfachen Syst. kann sich im Unterschied zu den komplizierten reziproken Syst., die Anzahl der Elementarsyst. in Abhängigkeit von der Zahl der stabilen u. instabilen Schnitte ändern. Als konkrete Beispiele werden die Syst. CaO–Al_2O_3–ZrO_2–SiO_2, MgO–Al_2O_3–ZrO_2–SiO_2, sowie das quatern. reziproke Syst. Ag, Na, K ‖ Br, NO_3 diskutiert. J. J. Pohl 154

0505 **Periodizität in der Änderung des Verteilungskoeffizienten von Beimengungen in Kristallisationsprozessen.** S. A. Ščukarev, Ė. E. Konovalov und S. I. Nejzulaev. (Ž. obšč. Chim. **38** (**100**) (1968) 4, 690–96; Leningradskij gos. univ.; russ.) — Der Gang der Änderung der Verteilungskoeff. von Beimengungen in Si u. Ge in Abhängigkeit von ihrer Lage im Periodensyst. zeigt nicht nur die übliche klass., sondern auch eine sek. Periodizität. Letztere ist bes. für Beimengungselemente der ersten, zweiten u. dritten Gruppe charakteristisch. Diese Periodizität kann nur mit Hilfe des Einfl. elektrochem. Faktoren erklärt werden. Die sek. Periodizität wird einer d- u. f-Stabilisierung der Valenzelektronen der Verunreinigungsatome zugeschrieben. Die klass. Periodizität mit Maxima für die Elementanalogen des Si oder Ge ist formal durch die Zunahme des Wertigkeitsunterschiedes zwischen dem Beimengungselement u. dem Grundelement beim Fortschreiten gegen eine Seite des Periodensyst. bedingt. Dieses Wertigkeitsverh. wiederholt sich in jeder Reihe, wodurch die Periodizität der Änderung des Verteilungskoeff. zustande kommt, deren Größe sehr stark vom Wertigkeitsunterschied des Beimengungs- u. Grundelements abhängt. J. J. Pohl 154

0506 **Löslichkeit von Chlor in Salzsäure.** Fumio Hine und Shusei Inuta. (Bull. chem. Soc. Japan **41** (1968) 1, 71–75; Kyoto Univ., Uji, Kyoto; engl.) — Die Konz. von Chlor als Summe von Cl_2 u. Cl_3^- in einer konz. HCl-Lsg. ist dem Partialdruck von Chlor in der Gasphase proportional u. ihr Anstieg eine Funktion der HCl-Konz. u. der Temperatur. Für einen Bereich der Konz. von 2–10 n HCl bei Partialdrücken des Chlors < 1 atm bei 30–90° gelten empir. ermittelte Gleichungen.
G. Malow 154

0507 **Extraktion von Erdalkalimetalljodiden.** E. V. Lapickaja, E. D. Kučkina und F. P. Gorbenko. (Ž. neorg. Chim. **13** (1968) 10, 2774–77; russ.) — Eine Extraktion von CaJ_2, SrJ_2 u. BaJ_2 aus NaJ-Lsg. mit TBP findet im Bereich 0,5 n HCl bis pH 8 statt. Aus 4 m NaJ extrahiert TBP bei diesen Säuregraden 86% Ca, 74% Sr u. 65% Ba in Form von Salzen des Typs $MeJ_2 \cdot 4\,TBP$. Die Unters. der Verteilung von NaJ zwischen der wss. Phase u. TBP zeigt, daß NaJ in Form von NaJ · 2 TBP in die organ. Phase übergeht. J. J. Pohl 154

0508 **Extraktion von Wismutjodidkomplexen mit Dichloräthanlösungen einiger Thioharnstoffderivate.** A. I. Busev, N. V. Švedova und U. R. Nijazbekova. (Ž. neorg. Chim. **13** (1968) 10, 2784–87; Mosk. gos. univ. im. Lomonosova; russ.) — Bei der Umsetzung von Bi-Jodidkomplexen mit wss. Lsg. von o-Tolylthioharnstoff oder äthanol. Lsg. von N.N'-Di-o-tolylthioharnstoff, Phenylthioharnstoff u. N.N'-Diphenylthioharnstoff entstehen orangerote Nd., die im W. prakt. unlösl., in Aceton, DMF, $CHCl_3$ u. Dichloräthan lösl. sind u. die Zus. BiR_2J_3 (R = Thioharnstoffderivat) haben. Die entstehenden Verb. sowie die Liganden wurden spektrophotometr. im Bereich 340 bis 540 nm untersucht. Die optimale Konz. der organ. Liganden beträgt für die Phenylderiv. 0,02 m, für die Tolylderiv. 0,03 m, die Komplexe sind also wenig beständig. Der optimale Säuregrad ist 1–4,5 n H_2SO_4. Der mol. Absorptionskoeff. der Dichloräthanlsg. der Komplexe beträgt für R = Phenyl- 12400, Diphenyl- 12300, Tolyl- 12400 u. Ditolylderiv. 12600. J. J. Pohl 154

0509 **Extraktion von Molybdän aus salzsauren Lösungen mit Ketonen.** A. N. Zelikman, I. G. Kalinina und R. A. Smol'nikova. (Ž. neorg. Chim. **13** (1968) 10, 2778 bis 2783; russ.) — Mo (VI) zeigt bei der Extraktion mit *Acetophenon, Cyclohexanon* u. *Methylisobutylketon* nach Daten der elektr. Leitfähigkeit, der chem. Analyse u. der IR-Spektren bei 700—3800 cm^{-1} größere Extraktionsgrade bei Säuregraden von 5, 2 bzw. 5 n HCl. Der Verteilungskoeff. von Mo zwischen den wss. u. organ. Phasen wächst nach Cyclohexanon–Methylisobutylketon–Acetophenon in Übereinstimmung mit der abnehmenden Löslichkeit des Ketons in der wss. Phase. Die Extraktion aus HCl-Lsg. verläuft nach einem Hydroxoniummechanismus. Die Extraktion von Mo aus 6 n HCl mit Acetophenon führt zur Bldg. des Solvats $[H_3O(H_2O)_3 \cdot n\ \text{Acetophenon}]^+ \cdot [MoO_2Cl_3(H_2O)]^-$, das in der organ. Phase dissoziiert. J. J. Pohl 154

0510 **Einfluß der Art der Innen- und Außensphärensubstituenten auf die Extraktion von Nitrosohalogenoruthenium-Verbindungen mit Aminen.** N. M. Sinicyn, O. E. Zvjagincev und V. F. Travkin. (Ž. neorg. Chim. **13** (1968) 10, 2788—95; russ.) — In Mineralsäurelsg. liegen die Nitrosoverb. von Ru in Form von Komplexen des Typs $[Ru(NO)A_x(OH)_y \cdot (H_2O)_z]^{3-(x+y)}$ mit A = NO_3^-, NO_2^-, Cl^-, Br^-, x, y, z = 0—5, x + y + z = 4 vor. Der Extraktionsgrad von 0,005 m $[RuNOX_5]^{2-}$ aus 1 m Lsg. des entsprechenden HX wächst beim Übergang vom prim. zum sek. u. vom sek. zum tert. Amin. Verdünnungsmittel beeinflussen die Extraktion von Jodokomplexen mehr als die von Chlorokomplexen, die Verteilungskoeff. bleiben jedoch in der gleichen Größenordnung. Der Verteilungskoeff. wächst bei sonst gleichen Bedingungen in $RuNOX_5^{2-}$ nach X = $Cl^- < Br^- < J^-$. Mit Aminen (A) werden Komplexe des Typs $(AH)_2 \cdot [RuNOX_5]$ gebildet, die in die organ. Phase übergehen, die entsprechenden Komplexe mit A = *Trioctylamin* (TOA), *Di-n-hexylamin* u. *n-Dodecylamin* u. X = Cl, Br u. J, wurden thermogravimetr. an der Luft untersucht. Die Amine zerfallen über 200°, die RuNO-Gruppe bei 460 bis 475°, die Komplexe dissoziieren in unpolaren Lsgm. nicht. In wss.-alkohol. Lsg. ändert sich die Basizität des Amins nach prim. > sek. > tertiär. Die Komplexe $(NH_4)_2 \cdot [RuNOCl_5]$ in W. u. $(TOAH)_2[RuNOCl_5]$ in Bzl. wurden bei 400—700 nm spektroskop. untersucht, die Extinktion ändert sich linear mit der Konz. der Substanz. Nitro- u. Hydroxogruppen in der inneren Sphäre der Nitrosokomplexe setzen den Extraktionsgrad bedeutend herab. J. J. Pohl 154

0511 **Berechnete und gefundene Isothermen des wäßrigen Vierkomponentensystems aus Na-Chlorit, -Chlorid, -Chlorat und -Carbonat bei 25°.** F. M. Perel'man und I. G. Korženjak. (Ž. neorg. Chim. **13** (1968) 10, 2861—64; russ.) — Die Löslichkeitsisothermen zeigen, daß die quatern. Syst. $NaClO_2$–NaCl–Na_2CO_3–H_2O, $NaClO_2$–$NaClO_3$–Na_2CO_3–H_2O u. $NaClO_3$–NaCl–Na_2CO_3–H_2O, sowie ihre tern. Komponentensyst. vom euton. Typ sind. Die festen Phasen wurden mkr. identifiziert. Der euton. Punkt bei 25° liegt im tern. Syst. $NaClO_2$–NaCl–H_2O bei 37,0 Massen-% $NaClO_2$ u. 8,2% NaCl. Im quatern. Syst. $NaClO_2$–NaCl–Na_2CO_3–H_2O wurden drei euton. Punkte festgestellt, in Abhängigkeit davon, von welchem tern. Syst. ausgegangen wird. Der Mittelpunkt des Dreiecks, der wahre euton. Punkt, enthält 31,4(%) $NaClO_2$; 9,2 NaCl; 5,6 Na_2CO_3 u. 53,6 H_2O. J. J. Pohl 154

0512 **System LiOH-NaOH-KOH-H_2O bei 150°.** L. S. Itkina und S. M. Portnova. (Ž. neorg. Chim. **13** (1968) 10, 2854—60; Inst. obšč. i neorg. chim. im. Kurnakova AN SSSR; russ.) — Im Titelsyst. wurden als feste Phasen bei 150° LiOH, NaOH, KOH, *2 LiOH · KOH, LiOH · NaOH* u. *LiOH · 2 NaOH* festgestellt, die röntgenograph., thermograph. u. kristallopt. identifiziert wurden. J. J. Pohl 154

0513 **System Na^+, Rb^+||Cl^-, ClO_3^-–H_2O bei 25°.** S. M. Archipov, N. I. Kašina und V. A. Kuzina. (Ž. neorg. Chim. **13** (1968) 10, 2872—76; russ.) — Der euton. Punkt des Syst. NaCl–RbCl–H_2O liegt bei 25° bei 13,32 Massen-% NaCl u. 33,95% RbCl, der von NaCl–$NaClO_3$–H_2O bei 11,86% NaCl u. 34,87% $NaClO_3$ u. der von $NaClO_3$–$RbClO_3$–H_2O bei 49,44% $NaClO_3$ u. 1,70% $RbClO_3$. Das reziproke Syst. Na^+, Rb^+||Cl^-, ClO_3^-–H_2O enthält Kristallisationsfelder von NaCl (3,5%), RbCl, $NaClO_3$ u. $RbClO_3$ (95%). Reines $RbClO_3$ kann nach $NaClO_3$ + RbCl ⇌ $RbClO_3$ + NaCl erhalten werden. J. J. Pohl 154

0514 **System CsCl–Br_2–H_2O bei 25°.** A. P. Mironenko, S. B. Stepina, V. E. Pljuščev und L. A. Zotova. (Ž. neorg. Chim. **13** (1968) 10, 2838—42; Mosk. inst. tonkoj chim.-technol. im. Lomonosova; russ.) — Löslichkeitsunters. zeigen, daß die Umsetzung von CsCl mit Br_2 in wss. Lsg. im gesamten Konz.-Bereich zur Bldg. von nur einer inkongruent lösl. Verb. *Cs[Br(BrCl)]* führt. $CsClBr_2$, orangefarben, anisotrope Krist., D.[25] 3,65 ± 0,03 g/cm^3, wurde röntgenograph., thermograph., thermogravimetr. u. mkr. charakterisiert. J. J. Pohl 154

0515 **Löslichkeit in den Systemen KNO_3–$CsNO_3$–H_2O, KCl–CsCl–H_2O, KBr–CsBr–H_2O und KJ–CsJ–H_2O bei 25°.** A. N. Kirgincev und L. N. Trušnikova. (Ž. neorg. Chim. **13** (1968) 10, 2843—47; Inst. neorg. chim. SO AN SSSR; russ.) — Die Nitrat-, Bromid- u. Jodidsyst. stellen einfache eutekt. Syst. dar, während die Chloride Mischkrist. mit begrenzter Mischbarkeit bilden. Die Löslichkeit in den halogenhaltigen Syst. bei 25 ± 0,1° kann gut durch Gleichungen für ideale Lsg. beschrieben werden. Im Nitratsyst. wurde in der Nähe des euton. Punktes eine Abweichung beobachtet, die von Extrapolationsfehlern herrühren könnte. J. J. Pohl 154

0516 **Löslichkeit in den Systemen $KBrO_3$–$CsBrO_3$–H_2O, KJO_3–$CsJO_3$–H_2O, KJO_4–$CsJO_4$–H_2O, $KClO_4$–$CsClO_4$–H_2O bei 25°.** A. N. Kirgincev und N. Ja. Jakobi. (Ž. neorg. Chim. **13** (1968) 10, 2851—53; russ.) — Vgl. vorst. Referat. — Die BrO_3-, JO_3- u. JO_4-haltigen Syst. sind vom einfachen euton. Typ, im ClO_4-haltigen Syst. findet bei 25 ± 0,1° im Bereich 10—90 Mol-% $KClO_4$ Mischkrist.-Bldg. statt. J. J. Pohl 154

0517 **Löslichkeit im System H_2O–KNO_3–NH_4NO_3.** V. A. Potechin, A. G. Bergman, V. A. Gladuščenko und M. A. Zacharčenko. (Ž. neorg. Chim. **13** (1968) 10, 2848—50; Rostovskij-na-Donu inst. sel'choz mašst.; russ.) — Die Löslichkeitspolytherme des Titelsyst. wurde bei —18,5 bis 110° visuell-polytherm untersucht. Die Kristallisationsoberfläche hat 11 Felder, die nonvarianten Punkte liegen bei 7,5 (Massen-% KNO_3), 38,0 (% NH_4NO_3), 54,5 (% H_2O), (Kristallisationstemp.) —18,5°, (Gleichgew.-Phasen) Eis + α-NH_4NO_3 + α-K · NO_3; 7,5, 39,0, 53,5, —17,5; α-NH_4NO_3 + α-KNO_3 + α-KNO_3 · 2 NH_4NO_3; 7,0, 47,5, 45,5, —11,3, α-NH_4NO_3 + α-KNO_3 · 2 NH_4NO_3 + β-NH_4NO_3; 5,0, 62,0, 33,0, +18,5, β-NH_4NO_3 + α-KNO_3 · 2 NH_4NO_3 + β-KNO_3 · 2 NH_4NO_3; 16,5, 50,0, 33,5, +21,0, α-KNO_3 + γ-KNO_3 + α-KNO_3 · 2 NH_4NO_3; 21,0, 39,5, 39,5, +28,0, α-KNO_3 + β-KNO_3 + γ-KNO_3; 3,0, 68,0, 29,0, +31,5, β-NH_4NO_3 + β-KNO_3 · 2 NH_4NO_3 + γ-NH_4NO_3; 18,5, 57,0, 24,5, +40,5, α-KNO_3 · 2 NH_4NO_3 + γ-KNO_3 + β-KNO_3 · 2 NH_4NO_3; 5,5, 81,5, 13,0, +82,5, γ-NH_4NO_3 + β-KNO_3 · 2 NH_4NO_3 + δ-NH_4NO_3. KNO_3 · 2 NH_4NO_3 weist α- u. β-Modifikationen auf. J. J. Pohl 154

0518 **System Na_2SO_4–$(NH_4)_2SO_4$–$MgSO_4$–H_2O bei 25°.** V. G. Ševčuk und N. V. Pilipčenko. (Ž. neorg. Chim. **13** (1968) 10, 2877—79 Poltavskij inz.-stroit. inst., Kaf. chim.; russ.) — Es wurden sechs Kristallisationsfelder mit der isothermen Meth. identifiziert: *$(NH_4)_2SO_4$ · $MgSO_4$ · 6 H_2O*, 75,69 (Massen-%), Na_2SO_4 · 10 H_2O 14,45, Mg · SO_4 · 7 H_2O 5,44, Na_2SO_4 · $(NH_4)_2SO_4$ · 4 H_2O 2,75, *Na_2 · SO_4 · $MgSO_4$ · 4 H_2O* 1,37 u. $(NH_4)_2SO_4$ 0,29. J. J. Pohl 154

0519 **Löslichkeit von NaCl im System NaCl–KCl–$MgCl_2$–$CaCl_2$–H_2O bei 25°.** A. B. Zdanovskij und E. A. Alpatov. (Ž. neorg. Chim. **13** (1968) 10, 2888—90; russ.) — Die Löslichkeit von NaCl in 1000 Mol W. in Ggw. von 2 KCl, $MgCl_2$ oder $CaCl_2$ bei einem Salzgesamtgeh. von 20 u. 30 Mol pro 1000 Mol W. wurde bei 25° untersucht. Die Änderung der Löslichkeit von NaCl in Lsg., die andere Salze mit konst. Gesamtgeh. enthalten, ist additiv. J. J. Pohl 154

0520 **Löslichkeit verschiedener Calciumsulfatmodifikationen in H_2SO_4-Lösungen bei 25°.** A. B. Zdanovskij und G. A. Vlasov. (Ž. neorg. Chim. **13** (1968) 10, 2747 bis 2753; Leningradskij inž.-ėkonom. inst. im. Togliatti; russ.) — Die Löslichkeit von $CaSO_4 \cdot n\,H_2O$ in 0—40% H_2SO_4 wurde bei 25° kinet. u. isotherm untersucht, alle Modifikationen zeigen ein Max. der Löslichkeit bei ca 7% H_2SO_4. Bei 25° ist im Syst. $CaSO_4$–H_2SO_4–H_2O bis 20% H_2SO_4 Gips u. bei 20—40% H_2SO_4 γ-Anhydrit die stabile Phase. Die Max. werden durch die Ionenzus. von H_2SO_4 in der Lsg., sowie durch die Aktivitätskoeff. des W. beeinflußt. J. J. Pohl 154

0521 **Entwässerung von Gips in Schwefelsäurelösungen.** A. B. Zdanovskij, G. A. Vlasov und L. I. Sotnikova. (Ž. neorg. Chim. **13** (1968) 10, 2754—57; russ.) — Vgl. vorst. Referat. — Die Löslichkeit von $CaSO_4 \cdot 2\,H_2O$, α-$CaSO_4 \cdot 0{,}5\,H_2O$ u. γ-Anhydrit wurde in 0 bis 40%ig. H_2SO_4 bei 25, 50, 75 u. 95° isotherm u. kinet. untersucht. Die Max. der Löslichkeitskurven der Salze verschieben sich mit der Erhöhung der Temp. in den Bereich höherer H_2SO_4-Konzentrationen. Das Gleichgew.-Diagramm der Umwandlungen $CaSO_4 \cdot 2\,H_2O \rightleftharpoons \alpha$-$CaSO_4 \cdot 0{,}5\,H_2O$ u. $CaSO_4 \cdot 2\,H_2O \rightleftharpoons \gamma$-$CaSO_4$ in H_2SO_4-Lsg. bei den genannten Temp. wurde konstruiert. J. J. Pohl 154

0522 **Untersuchung der aus wäßrig-äthanolischen Lösungen gefällten basischen Zinkchloride und Hydroxide mit der Methode der fünf Variablen.** V. B. Spivakovskij und G. V. Makovskaja. (Ž. neorg. Chim. **13** (1968) 10, 2764—73; Inst. metallofiz. AN Ukr. SSR; russ.) — Die Meth. der fünf Variablen (variabel sind die Aktivitäten der Metallionen, der Wasserstoffionen, des Anions, die von W. u. die des organ. Lsgm.) eignet sich zur Best. der Zus., einschließlich der Menge des gebundenen W. u. organ. Lsgm., sowie der Aktivitätsprod. von bas. Metallsalzen und Hydroxiden, die aus wss.-organ. Lsgm. gefällt wurden. Das heterogene Gleichgew. im Syst. Zn^{2+}–Li^+–OH^-–Cl^-–H_2O–C_2H_5OH wurde bei 25° mit Hilfe dieser Meth. bestimmt. Nach 30 Min. beträgt das Aktivitätsprod. des $Zn(OH)_{1,5} \cdot Cl_{0,5}(H_2O)_{0,66}$–Nd. $3{,}7 \cdot 10^{-14}$, (ΔG^0_{298}, kcal/Mol) —162,99, von $Zn(OH)_2(H_2O)_{0,1}$ $4{,}7 \cdot 10^{-18}$, —139,68. J. J. Pohl 154

0523 **Eigenschaften von Natriumalumosilicathydrat vom Sodalith-Typ, das durch Kristallisation im System Na_2O–Al_2O_3–SiO_2–H_2O bei 280° erhalten wurde.** V. S. Sažin und N. E. Pankeeva. (Ukrainskij chim. Ž. **34** (1968) 3, 297—302; Inst. obšč. i neorg. chim. AN Ukr. SSR; russ.) — Die Bldg.-Bedingungen, sowie die röntgenograph., thermograph. u. opt. Charakteristiken von $3\,(Na_2O \cdot Al_2O_3 \cdot 2\,SiO_2) \cdot 2\,NaOH \cdot 2\,H_2O$ (I) wurden bestimmt. I krist. im Syst. Na_2O–Al_2O_3–SiO_2–H_2O bei 200 u. 280° beim Molverhältnis $SiO_2 + Al_2O_3 < 2$ u. $Na_2O \cdot Al_2O_3 > 3$. Die Isothermen bei 200 u. 280° enthalten Bereiche von mehreren Phasen der Zus. I. Die Phase C hat n = 1,480, endotherme Effekte bei 325—340 u. 680 bis 710°. Der erste Effekt ist mit keiner Strukturänderung verbunden, es findet eine Entwässerung statt. Bei 1050° entsteht exotherm Nephelin. Diese Phase wurde nicht nur aus synthet. Präp., sondern auch aus Gemischen von Kaolin, Al-Hydroxid u. Alkalilsg. erhalten. J. J. Pohl 154

0524 **Thalliumfluoroindate.** É. N. Dejčman, R. D. Jarceva und P. A. Čel'cov. (Ž. neorg. Chim. **13** (1968) 10, 2658—62; Inst. obšč. i neorg. chim. im. Kurnakova, AN SSSR; russ.) — Die Löslichkeit im Syst. InF_3–TlF–H_2O wurde bei 25° bestimmt. Eine gesätt. TlF-Lsg. enthält 69,4% TlF, in der festen Phase tritt das wasserfreie Salz auf. Der euton. Punkt von $InF_3 \cdot 3\,H_2O$ u. $Tl[InF_4] \cdot 2\,H_2O$ liegt bei 13,1% InF_3 u. 9,8% TlF. Beim Molverhältnis TlF : $InF_3 > 1$ entsteht die neue Verb. $Tl_2 \cdot [InF_5] \cdot H_2O$ in Form grober langer Prismen, Np = 1,6280, Ng = 1,6115, Nm = 1,6115. Die blättchenförmigen Krist. von $Tl[InF_4] \cdot 2\,H_2O$ haben Ng = 1,550, Np = 1,527, Nm = 1,535. $Tl_3[InF_6]$ bildet kub. Krist. mit N = 1,746. Die Verb. wurden mkr., thermograph. u. röntgenograph. charakterisiert. $Tl_3[InF_6]$ schmilzt endotherm bei 688° u. zersetzt sich bei 846° ebenfalls endotherm. unter Fluorabgabe. $Tl_2[InF_5] \cdot H_2O$ wird bei 95° entwässert, weitere endotherme Effekte bei 260 u. 680°. $Tl[InF_4] \cdot 2\,H_2O$ gibt bei 130° $2\,H_2O$ ab u. hat Zers.-Effekte bei 498, 634 u. 730°. J. J. Pohl 154

0525 **System CeO_2–SO_3–H_2O im Temperaturbereich 100 bis 200°.** G. V. Trofimov. (Ž. neorg. Chim. **13** (1968) 10, 2831—37; russ.) — Mkr. u. Löslichkeitsunters. zeigen die Bldg. der festen Gleichgew.-Phasen $3\,CeO_2 \cdot 2\,SO_3 \cdot 3\,H_2O$ bei 125° bei 0—3,6% SO_3 in der Lsg., $CeO_2 \cdot SO_3 \cdot H_2O$ (3,6—20,7% SO_3), $2\,CeO_2 \cdot 3\,SO_3 \cdot 4\,H_2O$ (20,7—28,4% SO_3) $Ce(SO_4)_2 \cdot 4\,H_2O$ (28,4—44,5% SO_3) u. $Ce(SO_4)_2$. Die Löslichkeitspolytherme des Titelsyst. bei 25—200° wurde konstruiert. Die Löslichkeit von Ce ist bei 125° im Bereich von $2\,CeO_2 \cdot 3\,SO_3 \cdot 4\,H_2O$ maximal mit 1,9—2,7% CeO_2. J. J. Pohl 154

0526 **Umsetzung im System $Pr(CH_3COO)_3$–NaOH–H_2O.** V. P. Natidze, N. V. Mzareulišvili und E. G. Davitašvili. (Soobšč. Akad. Nauk Gruz. SSR **49** (1968) 1, 85—89; AN Gruzin. SSR, Inst. fiz. i org. chim. im. Melikišvili; russ.) — Die Umsetzung im Syst. $Pr(CH_3 \cdot COO)_3$–NaOH–H_2O wurde durch Best. des pH-Werts, der elektr. Leitfähigkeit, der Löslichkeit u. durch chem., röntgenograph. u. thermograph. Analyse der festen Phase verfolgt. Im Bereich n = NaOH: $Pr(CH_3COO)_3$ = 0,25—0,5 bildet sich lösl. bas. Pr-Acetat. Bei n = 0,5—2,5 reagiert das lösl. Salz mit NaOH, es entsteht unlösl. $Pr(OH)_{2,5}(CH_3COO)_{0,5} \cdot 3{,}5\,H_2O$ (I) oder $5\,Pr(OH)_3 \cdot Pr(CH_3COO)_3 \cdot 21\,H_2O$. Bei n = 2,5—5 verdrängen OH^--Ionen nach u. nach die Acetationen des bas. Salzes. Der Anteil des normalen Pr-Hydroxids im Nd. wächst. Bei n = 5 ist die Bldg. von $Pr(OH)_3 \cdot 3\,H_2O$ beendet. Nach thermogravimetr. Daten gibt I bei 130° zwei W.-Mol. ab. Exotherme Effekte bei 390, 470 u. 545° sind durch die Zers. des organ. Salzteiles bedingt. J. J. Pohl 154

0527 **Auflösung von Gadolinium in der Nähe der Curie-Temperatur.** Marc Daire. (C. R. hebd. Séances Acad. Sci., Sér. C **266** (1968) 15, 1111—13; Fac. des Sci. de l'Univ. de Strasbourg, Strasbourg, Bas-Rhin; franz.) — Proben von 99,9%ig. Gd werden bei Temp. T zwischen 0 u. 40° in n-HCl gelöst, u. die Lsg.-Wärmen werden calorimetr. bestimmt. Die Bldg.-Enthalpie von Gd^{3+} ist von T unabhängig u. beträgt $\Delta H^0_{298} = -163{,}2 \pm 0{,}3$ kcal/Mol. Die Lsg.-Geschw. steigt dagegen mit T an u. zeigt bei T = 17° ein Max. (Forestier-Effekt). Herbert Müller 154

0528 **Umsetzung von Hexafluorotitanatlösungen mit Ammoniak.** R. V. Černov und P. V. Noga. (Ukrainskij chim. Ž. **34** (1968) 4, 351—56; Inst. obšč. i neorg. chim. AN Ukr. SSR; russ.) — Die Umsetzung von angesäuerter $Na_2[TiF_6]$-Lsg. mit Ammoniaklsg. wurde bei 0, 10, 20 u. 40° bei einer Rk.-Zeit von 1—30 Min. bei einer Na_2TiF_6-Konz. von 0,0491 m untersucht. Die Abhängigkeit des pH-Werts von der Zeit wurde in den Syst. $Na_2[TiF_6]$–NH_3–H_2O, $Na_2[TiF_6]$–HCl–H_2O–NH_3 u. $Na_2[TiF_6]$–NH_3–HCl bestimmt. J. J. Pohl 154

0529 **Löslichkeit im System CsCl–$BiCl_3$–HCl–H_2O bei 25°.** S. B. Stepina, I. V. Vlasova, N. P. Sokolova und V. E. Plusčev. (Ž. neorg. Chim. **13** (1968) 10, 2865—71; russ.) — Die Kristallisationsoberfläche des Titelsyst. wurde im Bereich 0—14 Massen-% HCl bei 25° untersucht. Im Syst. krist. die wenig lösl. Komplexe $3\,CsCl \cdot 2\,BiCl_3$, D.[25] 3,848 (±0,005), $3\,CsCl \cdot BiCl_3$, D.[25] 3,640, Ng = 1,754 (± 0,003), Np = 1,734 u. $4\,CsCl \cdot BiCl_3$, D.[25] 3,619, Ng = 1,691, Np = 1,681, die röntgenograph. charakterisiert wurden. J. J. Pohl 154

0530 **Löslichkeit im System $K_2Cr_2O_7$–$Cs_2Cr_2O_7$–H_2O bei 25°.** A. N. Kirgincev, N. Ja. Jakobi und A. I. Vulich. (Ž. neorg. Chim. **13** (1968) 10, 2880—81; Inst. neorg. chim. SO AN SSSR; russ.) — Das Löslichkeitsdiagramm des Titelsyst. enthält Kristallisationsbereiche von $K_2Cr_2O_7$, des inkongruent lösl. $K_2Cr_2O_7 \cdot Cs_2Cr_2O_7$ u. von $Cs_2Cr_2O_7$. Der Löslichkeitskoeff. von $Cs_2Cr_2O_7$ beträgt bei 25° d log m/dt = 0,023. J. J. Pohl 154

0531 **Einfluß eines magnetischen Feldes auf die physikalisch-chemischen Eigenschaften von Lösungen.** A. N. Kirgincev, V. M. Sokolov und E. I. Chanaev. (Ž. fiz. Chim. **42** (1968) 1, 301—03; russ.) — Vgl. vorst. Referat. — Die integrale Lsg.-Wärme von Mn-Sulfat beträgt bei 25° im dest. W. 13,59 ± 0,01 kcal/Mol, in magnet.

behandeltem dest. W. 13,54 ± 0,02. Die physikal.-chem. Gleichgew.-Eig. wss. Lsg. ändern sich bei der magnet. Behandlung nur vernachlässigbar wenig, die Kinetik der Kristallisationsprozesse von Salzen kann jedoch stark beeinflußt werden. J. J. Pohl 154

0532 **Gegenseitige Löslichkeit von Eisen(II)- und Cadmiumoxalat.** V. P. Kornienko, T. I. Gričan und E. L. Tkač. (Ž. neorg. Chim. **13** (1968) 10, 2695—700; Char'kovskij gos. univ. kaf. neorg. chim.; russ.) — Bei der gemeinsamen Fällung von Fe(II)- u. Cd-Oxalat mit Oxalsäure aus wss. Lsg. entstehen Mischkrist. auf der Basis von $FeC_2O_4 \cdot 2\,H_2O$ mit dem Grenzverhältnis 1 : 1. Aus Lsg. mit größerem Cd-Geh. fallen Gemische dieser Mischkrist. u. eine Phase mit der Zus. $CdC_2O_4 \cdot 3\,H_2O$ aus. Die Prod. wurden thermograph. u. röntgenograph. charakterisiert. J. J. Pohl 154

0533 **Bestimmung des Dampfdruckes von Wasser über $CuCl–NH_4Cl–H_2O$-Lösungen.** O. N. Temkin, R. M. Flid, T. G. Suchova, E. G. Čepajkin und G. F. Tichonov. (Ž. prikl. Chim. **41** (1968) 3, 633—35; Mosk. inst. tonkoj chim. technol. im. Lomonosova; russ.) — Der W.-Dampfdruck über den Lsg. wurde bei 25—90° bestimmt. Die Verdampfungswärme ist von der Zus. der Lsg. prakt. unabhängig u. beträgt 10,2 ± 0,1 kcal/Mol. Eine geringfügige Abnahme von P_{H_2O} bei wachsender NH_4Cl-Konz. wird durch eine Zunahme beim Lösen von CuCl kompensiert. Bei 25—100° ist die Auflsg. von CuCl endotherm, die Entropie nimmt zu, es stellt sich in der Lsg. das Gleichgew. mCuCl (fest) + n Cl^- · aq $\rightleftharpoons$ $[Cu_mCl_{m+n}H_2O]^{n-}_{np-x}$ + x H_2O ein. J. J. Pohl 154

0534 **Umsetzung von Natriumthiosulfat mit Kupfer(I)-thiocyanat und -jodid.** E. A. Gjunner und N. D. Jachkind. (Ž. neorg. Chim. **13** (1968) 10, 2758—63; Krymskij pedagog, inst. im. Frunze; russ.) — Im Syst. CuCNS–NH_4CNS–(NH_4NO_3)–H_2O verläuft, wie Löslichkeits- u. refraktometr. Unters. zeigen, die Bldg. von $[Cu(CNS)_4]^{3-}$ aus CuCNS-Nd. u. 3 CNS^- mit der Gleichgew.-Konst. (1,95 ± 0,21) · 10^{-3} bei 20 ± 0,1°. Im Syst. CuJ–NaJ–$(NaNO_3)$–H_2O entstehen die Komplexe $[CuJ_2]^-$ u. $[CuJ_4]^{3-}$ mit den Dissoziationskonst. 2,0 · 10^{-9} u. 3,67 · 10^{-9}. Die Umsetzung in den Syst. CuCNS–$Na_2S_2O_3$–(Na_2SO_4)–H_2O u. CuJ–$Na_2S_2O_3$–(Na_2SO_4)–H_2O verläuft unter Bldg. von $[CuX(S_2O_3)]^{2-}$ aus festem CuX u. $S_2O_3^{2-}$. Die Dissoziationskonst. von $[CuCNS(S_2O_3)]^{2-}$ u. $[CuJ \cdot (S_2O_3)]^{2-}$ beträgt 1,25 · 10^{-14} bzw. 4,14 · 10^{-13}. J. J. Pohl 154

0535 **Löslichkeit von Calciumsulfid in Alumosilicatschmelzen und die Struktur der Schmelzen.** G. I. Žmojdin und I. S. Kulikov. (Ž. fiz. Chim. 42 (1968) 1, 128 bis 133; Inst. metallurg. im. Bajkova AN SSSR, Moskva; russ.) — Die Löslichkeit von CaS in Alumosilicatschmelzen wurde experimentell bestimmt, das tern. Löslichkeitsdiagramm wurde konstruiert. Die Löslichkeit von CaS in Ca-Silicat–Aluminat- u. -Alumosilicatschmelzen zeigt ein Minimum bei 40—52% CaO. Ein Mechanismus des Eintritts von S in die Struktur der Schmelze wird bei Annahme nicht äquivalenter Bindungen des Sauerstoffs in der Silicatschmelze vorgeschlagen. Die Löslichkeit des CaS u. die schwefelabsorbierende Fähigkeit der Schmelze werden durch verschiedene Strukturparameter der Schmelze bestimmt. J. J. Pohl 154

0536 **Löslichkeit von NiO in Alkalichloridschmelzen.** Georg Reinhard und Dieter Naumann. (Z. Chem. 8 (1968) 5, 194—95; Zentralinst. für Kernforsch., DAW, Rossendorf bei Dresden; dt.) — In NaCl- u. KCl-Schmelzen von 900° wird die Löslichkeit von NiO bei Ausschluß von Luft-O_2 gemessen. In KCl lösen sich 1,4 · 10^{-5} Mol NiO/kg Schmelze, in NaCl 4,7 · 10^{-5} Mol/kg. Die sich durch Auflsg. des NiO in der Schmelze einstellende O^{2-}-Aktivität beeinflußt die Löslichkeit anderer Oxide. So löst sich CeO_2 in reiner NaCl-Schmelze bei 900° zu 6,5 · 10^{-5} Mol/kg in einer NiO-gesätt. Schmelze aber nur zu 1,8 · 10^{-6} Mol/kg. H. Tulhoff 154

0537 **Löslichkeitsprodukt von Silberoxid in Alkalimetallnitratschmelzen.** A. M. Shams ElDin, T. Gouda und A. A. ElHosary. (J. electroanalyt. Chem. Interfacial Electrochem. [Lausanne] 17 (1968) 1—2, 137—43; Labor. of Electrochem. and Corros., Nat. Res. Centre, Dokki, Cairo, UAR; engl.) — In KNO_3-Schmelzen zwischen 350 u. 425° u. in äquimol. $NaNO_3$–KNO_3-Schmelzen zwischen 250 u. 350° wird Ag^+ mit Na_2O_2 potentiometr. titriert. Die Potentialmessung erfolgt mit einer Ag-Elektrode. Die daraus ber. Löslichkeitsprod. bei verschiedenen Temp. liegen in der Größenordnung von 10^{-13} bis 10^{-15}. Ag_2O ist in $NaNO_3$–KNO_3 besser lösl. als in reinem KNO_3. H. Tulhoff 154

0538 **Binäres System Natriumoxid–Natriumcarbonat.** Roger Bouaziz und Gérard Papin. (C. R. hebd. Séances Acad. Sci., Sér. C 266 (1968) 21, 1530—33; Labor. de Chim. miner. des Sels, 9, quai Saint Bernard, Bâtiment F, Paris 5e; franz.) — Das Zustandsdiagramm des Syst. Na_2O–Na_2CO_3 wurde auf Grund von DTA-Daten konstruiert. Das Eutektikum des Syst. liegt bei 695° u. 27% Na_2O. Na_2CO_3 erleidet polymorphe Umwandlungen $\gamma \rightleftharpoons \beta$ u. $\beta = \alpha$ bei 350 bzw. 479°, Na_2O weist charakterist. Punkte auf bei 750 u. 970° infolge der Rk. γ-Na_2O $\rightleftharpoons$ β-Na_2O + $Fl._1$ u. β-Na_2O $\rightleftharpoons$ α-Na_2O + $Fl._2$. J. J. Pohl 154

0539 **System $Ca_3(PO_4)_2$–$CaNaPO_4$.** Jumpei Ando und Seiichi Matsuno. (Bull. chem. Soc. Japan 41 (1968) 2, 342—47; Dep. of Ind. Chem., Chuo Univ., Bunkyo-ku, Tokio; engl.) — Das Syst. das der Zus. von calciniertem Apatit entspricht, wird bis zu 1450° durch DTA u. Hochtemp.-Röntgenanalyse untersucht. Die Bldg.-Bedingungen der citratlösl. Komponente $Ca_5Na_2(PO_4)_4$ u. die Möglichkeit einer Anreicherung des Syst. daran werden diskutiert. Das Phasendiagramm wird aufgestellt. H. Tulhoff 154

0540 **System HfO_2–Sm_2O_3 im hafniumreichen Festphasengebiet.** E. N. Isupova, V. B. Gluškova und E. K. Keler. (Izvest. Akad. Nauk SSSR, Neorg. Mater. 4 (1968) 3, 399—405; Inst. chim. silikatov im. Grebenščikova AN SSSR; russ.) — Das Syst. wird mittels DTA (bis 1600°) u. röntgenograph. Analyse, z. T. Hochtemp.-Röntgenanalyse, untersucht u. mit dem Syst. Sm_2O_3–ZrO_2 verglichen. Bei geringen Sm_2O_3-Konz. liegt eine feste Lsg. $Hf_{1-x}Sm_xO_{2-0,5x}\square_{0,5x}$ vor, wobei $\square$ Leerstellen im Sauerstoffgitter sind. Durch Sm_2O_3 wird das Gitter kubisch. U. Strobel 154

0541 **Spinodale Zersetzung im System TiO_2–SnO_2.** V. S. Stubican und A. H. Schultz. (J. Amer. ceram. Soc. **51** (1968) 5, 290—91; Dep. of Mater. Sci., Pa. State Univ., University Park, Pa.; engl.) — Feste TiO_2–SnO_2-Lsg. wurden aus entsprechenden Mischungen der Oxide bei 1750° u. durch anschließendes Abschrecken hergestellt, bei im Bereich der Mischungslücke liegenden Temp. ausgeheizt u. röntgenograph. bzw. transmissionselektronenmkr. untersucht. Danach läuft zu Beginn des Zers.-Prozesses eine diffusionsbestimmte spinodale Rk. ab, die zur Bldg. kohärenter Zwischenhpasen führt, die thermodynam. instabil sind. Wahrscheinlich findet bereits in diesem Stadium Keimbldg. der Gleichgew.-Phasen statt, was bei weiterem Ausheizen zur Bldg. der wechselseitig orientierten, inkohärenten Gleichgew.-Phasen führt. W. Laqua 154

0542 **System Blei–Antimon–Sauerstoff.** J. Gerlach, U. Hennig, R. Kurz und F. Pawlek. (Metall 22 (1968) 1, 15—24; Inst. für Metallhüttenkunde der TU Berlin; dt.) — Im Syst. Pb–Sb–O wurden mkr. u. röntgenograph. folgende Verb. nachgewiesen: 1. Zwischen PbO u. Sb_2O_3: 5 PbO · Sb_2O_3, 5 PbO · 2 Sb_2O_3 u. PbO · Sb_2O_3 mit einem Homogenitätsbereich von 42 ± 3 bis 65 ± 5 Gew.-% Sb_2O_3. 2. Zwischen PbO u. Sb_2O_4: 3 PbO · Sb_2O_4 u. PbO · Sb_2O_4. Die Verb.-Bldg. zwischen PbO u. Sb_2O_4 erfolgt bei Temp. bis 1000° offenbar langsamer als seine Dissoziation. 3. Zwischen PbO u. Sb_2O_5: 3 PbO · Sb_2O_5, 3 PbO · 2 Sb_2O_5 u. PbO · Sb_2O_5. Die Beugungsdiagramme der Antimonate 3 PbO · Sb_2O_5 u. 3 PbO · 2 Sb_2O_5, sowie der Verb. 2 PbO · Sb_2O_x ließen sich kub. indizieren u. entsprachen der Bindheimitstruktur; als Gitterkonst. wurden gefunden für 3 PbO · Sb_2O_5 a = 10,64 Å, für 3 PbO · 2 Sb_2O_5 a = 10,30 Å u. für 2 PbO · Sb_2O_x a = 10,98 Å. Für PbO · Sb_2O_5 wurde ein hexagonales Gitter mit a = 5,298 u. c = 5,375 Å gefunden. PbO · Sb_2O_3 ließ sich tetragonal indizieren mit a = 8,36 Å, c = 5,92 Å an der PbO-reichen u. mit a = 8,14 Å, c = 6,04 Å an der Sb_2O_3-reichen Seite des Existenzbereiches. Die bei der

Abkühlung der Schmelzen des Konz.-Schnittes PbO–Sb_2O_3 aufgetretenen Effekte sind mit früheren Beobachtungen graph. wiedergegeben. Während Sauerstoffpartialdrücke bis zu 0,05 atm keine Veränderungen des Schmelzverh. zur Folge haben, bewirkt eine Erhöhung des O_2-Partialdruckes auf 0,1 atm eine starke F.-Erhöhung, während eine weitere Erhöhung ohne Einfl. bleibt. Innerhalb der Vers.-Zeiten erfolgt die Ox. der PbO–Sb_2O_3-Verb. nur bei Temp. > 400°. Die röntgenograph. Unters. zeigten, daß bei der Ox. folgende Phasenumwandlungen stattgefunden hatten: $5\,PbOSb_2O_3 \xrightarrow{+O_2} 3\,PbO \cdot Sb_2O_5, 5\,PbO \cdot 2\,Sb_2O_3 \xrightarrow{+O_2} 3\,PbO \cdot Sb_2O_3, PbO \cdot Sb_2O_3 \xrightarrow{+O_2} PbO \cdot Sb_2O_4$. In PbO–$Sb_2O_3$-Mischungen können abhängig von der therm. Behandlung Rk. ablaufen, die zur Koexistenz folgender Phasen führen: I. Konz.-Bereich PbO – 5 PbO : Sb_2O_3: a) aus dem Schmelzfluß erstarren ohne zusätzliche Wärmebehandlung: PbO + 5 PbO · Sb_2O_3 + 3 PbO · 2 Sb_2O_5 + Pb; b) mit zusätzlicher Wärmebehandlung: PbO + 5 PbO · Sb_2O_3 + 3 PbO · 2 Sb_2O_5 + Pb + PbO–Sb_2O_4-Verb.; c) durch Rk. im festen Zustand bei 550° bilden sich PbO + 3 PbO · Sb_2O_4 + Pb. II. Konz.-Bereich 5 PbO : Sb_2O_3 bis 5 PbO : 2 Sb_2O_3: a) 5 PbO · Sb_2O_3 + 5 PbO · 2 Sb_2O_3 + 3 PbO · 2 Sb_2O_5 + Pb. III. Konz.-Bereich 5 PbO : 2 Sb_2O_3 bis 1,4 PbO : Sb_2O_3, a) 5 PbO · 2 Sb_2O_3 + PbO · Sb_2O_3 + Pb (+ 3 PbO · 2 Sb_2O_5). Bei Sb_2O_3-Geh. von > 70 Gew.-% ist Sb_2O_3 neben PbO · Sb_2O_3 beständig. Beim Ausgang von PbO–Sb_2O_4-Mischungen, wobei sich durch teilweise Dissoziation mittlere Sauerstoffkonz. zwischen denen der Konz.-Schnitte PbO–Sb_2O_3 u. PbO–Sb_2O_4 einstellten, ergab sich demgegenüber die Koexistenz von: a) PbO + 5 PbO. Sb_2O_3 + 3 PbO. Sb_2O_4 (+ 8 PbO · Sb_2O_4), β) 5 PbO · Sb_2O_3 + 5 PbO · 2 Sb_2O_3 + 3 PbO · Sb_2O_4, γ) 5 PbO · 2 Sb_2O_3 + PbO · Sb_2O_3 + 3 PbO · Sb_2O_4, δ) PbO · Sb_2O_3 + 3 PbO · Sb_2O_4 + PbO · Sb_2O_4. G. Malow 154

0543 **Thermodynamik des Systems Ca–W–O.** I. A. Vasil'eva, S. N. Mudrecova und S. D. Nikitina. (Ž. fiz. Chim. 42 (1968) 1, 49–53; Mosk. gos. univ. im. Lomonosova, chim. fak.; russ.) — Das Red.-Gleichgew. von $CaWO_4$ mit H_2 wurde bei 950–1170° untersucht, die Red. verläuft in drei Stufen. In der ersten Stufe ist eine homogene $CaWO_4$-$CaWO_{3,90}$-Phase zugegen, der Homogenitätsbereich wird mit zunehmender Temp. breiter. In der zweiten Stufe entstehen Ca_3WO_6 u. W, die Endprod. der dritten Stufe sind CaO u. W. Die Verb. Ca_3WO_6 ist unterhalb von 959 ± 14° unbeständig. Die festen Phasen wurden röntgenograph. identifiziert. Die thermodynam. Behandlung der Vers.-Daten ergibt für $CaWO_4$ die Standardbldg.-Daten (aus den Elementen) $\Delta G^0_{298} = -357{,}0 \pm 1{,}5$ (kcal/Mol); ΔH^0_{298} $-381{,}5 \pm 4{,}3$; $\Delta S^0_{298} = -82{,}5 \pm 3{,}5$ (Clausius) u. $S^0_{298} = 33{,}5 \pm 3{,}5$. J. J. Pohl 154

0544 **Schmelzbeziehungen im System TiO_2–WO_2.** Luke L. Y. Chang. (J. Amer. ceram. Soc. 51 (1968) 5, 295; Dep. of Geol. Sci., Cornell Univ., Ithaca, N.Y.; engl.) — Die Phasenbeziehungen des Syst. TiO_2–WO_2 wurden zwischen 1400 u. 1700° untersucht. Bei 85 Mol-% WO_2 u. 1505° durchlaufen Liquidus- u. Soliduskurve ein Minimum; an diesem Punkt gehen feste Lsg. von TiO_2–WO_2 direkt in Schmelze + W über. Auf der WO_2-ärmeren Seite des Minimums liegt im Phasenfeld zwischen Liquidus- u. Soliduskurve W + (Ti, W)O_2 + Schmelze vor; unterhalb der Soliduskurve existieren feste Lsg. (Ti, W)O_2. Auf der Seite höheren WO_2-Geh. tritt das Oxid $W_{18}O_{49}$ auf. Bei 1530° u. 89 Mol-% WO_2 befinden sich die vier Phasen W, WO_2, $W_{18}O_{49}$ u. Schmelze im Gleichgewicht. W. Laqua 154

0545 **Physikalisch-chemische Eigenschaften von Mischkristallen des Systems Li_2O–NiO.** V. S. Savin, V. T. Serebrjanskij und N. A. Fedotov. (Izvest. Akad. Nauk SSSR, Neorg. Mater. 4 (1968) 2, 227–32; NI fiz.-chim. inst. im. Karpova; russ.) — Vf. untersuchen die Bedingungen für die Synth. homogener Mischkrist. des Syst. $Li_xNi_{1-x}O_{1+\delta}$ (x = 0,005, 0,025, 0,075, 0,135; δ = 0,057, 0,063, 0,078, 0,097). Es werden die elektr. Leitfähigkeit, therm. Stabilität, D. u. spezif. Oberfläche der untersuchten festen Lsg. ermittelt, sowie Aussagen über den Zustand u. die Anordnung des überstöchiometr. Sauerstoffes auf der Oberfläche gemacht. W. Müller-Litz 154

0546 **Zusammensetzung kupferreicher Verbindungen im System Cu_2S–Na_2S.** N. I. Kopylov. (Ž. neorg. Chim. 13 (1968) 10, 2894–95; russ.) — Im Titelsyst. wurden drei inkongruent schmelzende Verb. *4 Cu_2S · Na_2S, 2 Cu_2S · Na_2S* u. *Cu_2S · 9 Na_2S* u. die kongruent schmelzende Verb. 5 Cu_2S · Na_2S beobachtet. Das Syst. wurde im Bereich 8–18% Na_2S thermograph. untersucht. Das Auftreten von 4 Cu_2S · Na_2S bei diesen Zus. wurde bestätigt. J. J. Pohl 154

0547 **System Na^+, Tl^+ || Br^-, J^-.** I. I. Il'jasov und A. G. Bergman. (Ž. neorg. Chim. 13 (1968) 10, 2807–09; Rostovskij-na-Donu, filial zaočnogo inst. sovetskoj torgovli; russ.) — Der Wärmeeffekt der Austauschrk. NaJ + TlBr ⇌ NaBr + TlJ beträgt 5,69 kcal/Äqu. Das Schmelzdiagramm des Syst. wurde auf Grund von visuell-polythermen Daten konstruiert. Die Kurve der gemeinsamen Kristallisation der beiden Mischkrist. Na(Br, J) u. Tl(Br, J) hat ein Minimum bei 400°, 5% NaBr, 47,5% TlJ u. 47,5 TlBr. J. J. Pohl 154

0548 **Schmelzdiagramm des ternären Systems Harnstoff–Kaliumnitrat–Calciumnitrat.** A. G. Bergman und M. V. Markina. (Ukrainskij chim. Ž. 34 (1968) 7, 681–83; Rostovskij-na-Donu inst. selchoz. mašst.; russ.) — Das Schmelzdiagramm des Syst. $CO(NH_2)_2$–KNO_3–$Ca(NO_3)_2$ wurde bei Temp. bis 150° visuell-polytherm untersucht. Im Syst. entsteht eine kongruent schmelzende Verb. *$Ca(NO_3)_2$ · 4 $CO(NH_2)_2$*, die tern. eutekt. Punkte liegen bei F. 89°, 76 Gew.-% $CO(NH_2)_2$, 20% $Ca(NO_3)_2$ u. 4% KNO_3 bzw. F. 125°, 37,5% $CO(NH_2)_2$, 42,5% $Ca(NO_3)_2$ u. 20% KNO_3. J. J. Pohl 154

0549 **Quaternäres reziprokes System Li, K, Ba || F, Cl.** M. A. Zacharčenko und K. V. Gontar'. (Ukrainskij chim. Ž. 34 (1968) 3, 242–46; Rostovskij-na-Donu inst. sel'chozmašst.; russ.) — Die Schnitte Li_2F_2-(75% K_2F_2 + 25% BaF_2)-(75% K_2Cl_2 + 25% $BaCl_2$)-Li_2Cl_2, Li_2F_2-(50% K_2F_2 + 50% BaF_2)-(50% K_2Cl_2 + 50% $BaCl_2$)-Li_2Cl_2 u. Li_2F_2-(25% K_2F_2 + 75% BaF_2)-(25% K_2Cl_2 + 75% $BaCl_2$)-Li_2Cl_2 des Syst. Li, K, Ba || F, Cl wurden visuell-polytherm untersucht. Die Zus. u. der Schmelzpunkt der monovarianten Punkte der 3 Schnitte sind tabelliert. Die Kristallisationsvol. der Komponenten u. der Komplexe *LiF · BaF_2, BaF_2 · $BaCl_2$* u. *$BaCl_2$ · K_2Cl_2* sowie ihre Umsetzung werden charakterisiert. J. J. Pohl 154

0550 **Thermische Untersuchung des Systems $InCl_3$–$AlCl_3$–TlCl.** T. N. Larionova und L. A. Lozgačeva. (Ž. neorg. Chim. 13 (1968) 10, 2883–84; Voronežskij gos. univ., Kaf. neorg. chim.; russ.) — Die Umsetzung von $InCl_3$ mit $AlCl_3$ u. TlCl wurde bei der gemeinsamen Kristallisation der Chloride aus der Schmelze untersucht, das Zustandsdiagramm des Titelsyst. wurde konstruiert. Die Rk. $InCl_3$ · 3 TlCl + $AlCl_3$ → $InCl_3$ + $TlAlCl_4$ ist irreversibel. Die Größe des Kristallisationsfeldes steigt mit wachsender Schmelztemp. für TlCl · 2 $AlCl_3$ (F.) 170°, $AlCl_3$ 190°, $TlAlCl_4$ 308°, $InCl_3$ · 2 TlCl 350°, TlCl 430°, $InCl_3$ · 3 TlCl 480° u. $InCl_3$ 580°. An der $InCl_3$–$AlCl_3$-Seite liegt ein Entmischungsbereich, der bei der hochschmelzenden Komponente $InCl_3$ schmaler wird. Die tern. nonvarianten Punkte des Syst. sind E_1, 2 Mol-% $InCl_3$, 59% TlCl, 39% $AlCl_3$, F. 240° im Dreieck $InCl_3$ · 3 TlCl–TlCl–$TlAlCl_4$, E_2, 3%, 53%, 44%, F. 244° im Dreieck InCl–$InCl_3$ · 3 TlCl–$TlAlCl_4$, P_1 37%, 47%, 16% mit Kristallisationsfeldern von $InCl_3$, $InCl_3$ · 3 TlCl u. $InCl_3$ · 2 TlCl, E_3, F. 140°, u. P_2 mit Kristallisationsfeldern von $InCl_3$, $AlCl_3$ u. TlCl · 2 $AlCl_3$. J. J. Pohl 154

0551 **Einfluß von Zusätzen auf die Temperatur der Phasenübergänge von Cäsium- und Thalliumnitraten.** L. A. Panieva, L. L. Gabitova und P. I. Procenko. (Ž. neorg. Chim. 13 (1968) 10, 2815–17; Rostovskij-na-Donu gos. univ.; russ.) — Das Zustandsdiagramm des Syst. $TlNO_2$–$TlNO_3$ zeigt die Bldg. einer kontinuierlichen Mischkrist.-Reihe mit einem Minimum bei 178° u. 30 Äquivalent-% $TlNO_2$. Die Temp. der polymorphen Umwandlung $TlNO_3$ I–$TlNO_3$ II ändert sich beim Zusatz von 1 bis 2% $TlNO_2$ nicht, während die der polymorphen II→III-

Umwandlung von 144 auf 140° herabgesetzt wird. Die Erhitzungskurven von KNO_3 im Syst. KNO_3–$CsNO_3$ zeigen F. 337° u. eine $\alpha \to \beta$-Umwandlung bei 128°. Die von $CsNO_3$ zeigt eine dimorphe Umwandlung bei 155°, F. 406°. Das Syst. KNO_3–$CsNO_3$ ist eutekt., das Eutektikum enthält 60 % KNO_3, F. 230°. Im Mischkrist.-Bereich sinkt die polymorphe Umwandlungstemp. von $CsNO_3$ bis 148–150°. J. J. Pohl 154

0552 **Zustandsdiagramme der Systeme Li_2SO_4–$R_2(SO_4)_3$ (R = Eu^{3+}, Gd^{3+} und Tb^{3+}).** V. I. Volk, L. L. Zajceva und V. S. Il'jašenko. (Ž. neorg. Chim. **13** (1968) 10, 2818–24; russ.) — Therm., röntgenograph. u. spektroskop. Unters. bei 4500–4600 Å der Syst. Li_2SO_4–$Eu_2 \cdot (SO_4)_3$, Li_2SO_4–$Gd_2(SO_4)_3$ u. Li_2SO_4–$Tb_2(SO_4)_3$ zeigen im Zustandsdiagramm die Bldg. der inkongruenten Verb. $LiMe(SO_4)_2$. *$LiEu(SO_4)_2$* bildet mit Li_2SO_4 ein Eutektikum mit F. 580°. Das Eutektikum von *$LiGd(SO_4)_2$* mit Li_2SO_4 hat F. 575°. Gd-Sulfat wandelt sich bei 745° monotrop um. Der eutekt. Punkt von *$LiTb(SO_4)_2$* mit Li_2SO_4 hat F. 545°. Der Übergang β-$LiTb(SO_4)_2 \to \alpha$-$LiTb(SO_4)_2$ findet bei 560° statt. J. J. Pohl 154

0553 **Molvolumen von Schmelzen der Systeme Pb, Zn||Cl, Br und Pb, Cd||Cl, Br.** B. F. Markov, V. D. Prisjažnyj und G. P. Prichod'ko. (Ukrainskij chim. Ž. **34** (1968) 7, 677–81; Inst. obšč. i neorg. chim. AN Ukr. SSR; russ.) — Die D. von Schmelzen der Syst. $PbCl_2$–$ZnCl_2$, $PbBr_2$–$ZnBr_2$, $PbBr_2$–$CdBr_2$, $PbCl_2$–$ZnBr_2$, $PbBr_2$–$ZnCl_2$, $PbBr_2$–$CdCl_2$ u. $PbCl_2$–$CdBr_2$ wurde bestimmt. Mit Ausnahme von $PbBr_2$–$CdCl_2$ wurde eine Verdichtung, offensichtlich infolge Zerstörung der Assoziate, beobachtet. Das Molvol. der Salzschmelzen Pb, Zn||Cl, Br u. Pb, Cd||Cl, Br im Inversionspunkt wurde unter Berücksichtigung der Austauschgleichgew.-Verschiebung u. der Größe der Verdichtung im bin. Syst. mit gemeinsamen Ionen auf Grund der Molvol. der individuellen Salze berechnet. Die ber. u. die Vers.-Daten stimmen gut überein. J. J. Pohl 154

0554 **Umsetzung von Tantal- und Niobpentachlorid mit Chloriden von Schwefel, Selen, Tellur, Chrom und Molybdän.** N. D. Čikanov. (Ž. neorg. Chim. **13** (1968) 10, 2884 bis 2886; Voronežskij gos. univ., Kaf. obšč. chim.; russ.) — Die Schmelzdiagramme S_2Cl_2–$TaCl_5$ u. S_2Cl_2–$NbCl_5$ sind nach DTA- u. visuell-polythermen Daten eutekt., der eutekt. Punkt liegt an der S_2Cl_2-Seite, die Löslichkeit von $TaCl_5$ u. $NbCl_5$ ist bei 20° < 2 Mol-%. In den Syst. $SeCl_4$–$TaCl_5$ u. $SeCl_4$–$NbCl_5$ entstehen die inkongruent schmelzenden Verb. *$TaCl_5 \cdot SeCl_4$* bzw. *$NbCl_5 \cdot SeCl_4$* mit Peritektika bei 196 u. 204°. Eutektika der bin. Verb. mit $NbCl_5$ bzw. $TaCl_5$ liegen bei 32 % $SeCl_4$, F. 182 bzw. 188°. Analog liegen die Peritektika von *$TaCl_5 \cdot TeCl_4$* u. *$NbCl_5 \cdot TeCl_4$* bei 172 u. 168°, die Eutektika $TaCl_5 \cdot TeCl_4$–$TeCl_4$ bei 144° u. 62 % $TeCl_4$ u. $NbCl_5 \cdot TeCl_4$–$TeCl_4$ bei 152° u. 62 %. In den Syst. $CrCl_3$–$TaCl_5$ u. $CrCl_3$–$NbCl_5$ findet keine Umsetzung statt. $CrCl_3$ ist in den Schmelzen der Pentachloride bei < 400° unlöslich. $MoCl_5$ bildet mit $TaCl_5$ bzw. $NbCl_5$ kontinuierliche Mischkristallreihen. J. J. Pohl 154

0555 **Systeme $TeCl_4$–MCl_n (M = Sb, Bi, Mo, W, n = 3, 5, 6).** V. V. Safonov und B. G. Koršunov. (Ž. neorg. Chim. **13** (1968) 10, 2804–06; Mosk. tonkoj chim. technol. im. Lomonosova; russ.) — Die Schmelzdiagramme bin. $TeCl_4$-haltiger Syst. wurden auf Grund von therm.-analyt. Unters. konstruiert. Der eutekt. Punkt des Syst. $TeCl_4$–$SbCl_3$ liegt ganz auf der $SbCl_3$-Seite, F. 72°. Das Eutektikum von $TeCl_4$–$BiCl_3$ befindet sich bei 46 Mol-% $BiCl_3$, F. 171°. Auch das Syst. $TeCl_4$–$MoCl_5$ ist vom eutekt. Typ mit einem eutekt. Punkt bei 42 % $MoCl_5$ u. F. 132°. Das Eutektikum von $TeCl_4$–WCl_6 liegt schließlich bei 45 % WCl_6, F. 182°. WCl_6 wandelt sich bei 174 u. 224° polymorph um. J. J. Pohl 154

0556 **System UF_4–UF_3.** L. A. Chrinin, S. A. Poduzova, und G. M. Zadneprovskij. (Ž. neorg. Chim. **13** (1968) 10, 2796–99; Inst. neorg. chim. Sibirskogo otdel. AN SSSR; russ.) — Das bin. Syst. UF_4–UF_3 wurde durch DTA u. röntgenograph. untersucht, es ist vom einfachen eutekt. Typ. Der eutekt. Punkt liegt bei 879° u. ca. 33 Mol-% UF_3, Mischkrist. werden nicht gebildet. Die Schmelzwärmen von UF_4 u. UF_3 betragen 10,4 ± 0,4 bzw. 8,8 ± 0,2 kcal/Mol. J. J. Pohl 154

0557 **Ternäre Systeme MnF_2–KF–LiF und MnF_2–KF–RbF.** I. N. Beljaev und O. Ja. Revina. (Ž. neorg. Chim. **13** (1968) 10, 2800–03; Rostovskij-na-Donu gos. univ., Kaf. obšč. i neorg. chim.; russ.) —Die beiden Titelsyst. wurden visuell-polytherm u. teils thermograph. sowie röntgenograph. untersucht. Das erste Syst. enthält Felder von LiF, KF, MnF_2, *$K[MnF_3]$* (68 % der Fläche) u. *$K_2[MnF_4]$*. $KMnF_3$ schmilzt bei 1032°. Die tern. nonvarianten Punkte sind E_1 50 (Mol-% F), 49 (% KF), 1 (% MnF_2), F. 940° (Gleichgew.-Phasen) LiF, KF, $K[MnF_3]$, E_2 51, 4, 45, F. 598°, LiF, MnF_2, $K[MnF_3]$, P 11, 78, 11, F. 710°, KF, $K_2[MnF_4]$, $K[MnF_3]$. Das zweite Syst. enthält Felder der Nichtkrist. $K_xRb_{1-x} \cdot [MnF_3]$, x = 1–0, $K_xRb_{1-x}F$, $(K_xRb_{1-x})_2[MnF_4]$ u. von MnF_2. J. J. Pohl 154

0558 **Phasenzusammensetzung der Systeme $SiCl_4$–$FeCl_3$, $SiCl_4$–PCl_3 und $SiHCl_3$–PCl_3 im Bereich niedriger Konzentrationen der zweiten Komponenten.** T. I. Sivošinskaja, E. P. Bočkarev und A. V. Makešina. (Ž. fiz. Chim. **42** (1968) 1, 54–55; Gos. n.-i. proektnyj inst. redkometall. prom., Moskva; russ.) — Die Unters. des Fl.–Dampf-Phasengleichgew. in den Syst. $SiCl_4$–$FeCl_3$, $SiCl_4$–PCl_3 u. $SiHCl_3$–PCl_3 im Bereich kleiner Konz. der zweiten Komponente zeigt die prinzipielle Möglichkeit der Verw. einer Rektifikation zur weitgehenden Reinigung des $SiCl_4$ von Mikromengen an Eisen u. polaren Beimengungen. Die Wirksamkeit der Rektifikationskolonne wurde an CCl_4–C_6H_6-Modellgemischen ausprobiert, die Prod. wurden refraktometr. analysiert. Im untersuchten PCl_3-Konz.-Bereich war der Trennungskoeff. unabhängig von der Zus. der Lsg., in allen drei Si-haltigen Syst. wurde eine Abweichung vom Raoultschen Gesetz festgestellt. J. J. Pohl 154

0559 **Thermographische Untersuchung des Systems $FeCl_3$–KCl.** N. V. Galickij, V. I. Borodin und A. I. Lyscov. (Ukrainskij chim. Ž. **34** (1968) 2, 223–24; russ.) — Etwa 25 verschiedene Zus. des Syst. $FeCl_3$–KCl wurden thermograph. untersucht u. nach den Vers.-Ergebnissen das Schmelzdiagramm konstruiert. Im Syst. KCl–$FeCl_3$ bilden sich zwei unter Zers. schmelzende Verb.: das peritekt. schmelzende *$KFeCl_4$* mit F. 256 ± 3° u. *K_2FeCl_5* mit einer Temp. der peritekt. Zers. von 530 ± 5°. Die Äste der Liquiduskurve schneiden sich in zwei Übergangspunkten mit der Temp. des peritekt. Überganges der Verb. K_2FeCl_5 u. $KFeCl_4$ 530 ± 5 u. 256 ± 3° u. im eutekt. Punkt der Zus. 34,0 Mol-% KCl u. 66,0 Mol-% $FeCl_3$ mit F. 220 ± 2°. Die Verb. K_2FeCl_5 zeichnet sich durch eine polymorphe Umwandlung bei 236 ± 3° aus. K. Karos 154

0560 **Physikalisch-chemische Untersuchung des Systems $GaCl_3$–$FeCl_2$–NaCl.** I. S. Morozov und V. L. Čatova. (Ž. neorg. Chim. **13** (1968) 10, 2810–14; Inst. obšč. i neorg. chim. im. Kurnakova AN SSSR; russ.) — Das Zustandsdiagramm des bin. Syst. NaCl–$GaCl_3$ wurde auf Grund von chem., therm. u. tensimetr. Daten konstruiert. Im Syst. entsteht die kongruent bei 169° schmelzende Verb. *$Na[GaCl_4]$*, beständig bis 450°. $Na[GaCl_4]$ bildet mit $GaCl_3$ ein Eutektikum bei 3 Mol-% NaCl u. F. 62°. $FeCl_2$ setzt sich mit $GaCl_3$ unter Bldg. von *$Fe[GaCl_5]$* um, das bei 185° inkongruent schmilzt. Das Eutektikum von $FeGaCl_5$ u. $GaCl_3$ liegt bei 3 % $FeCl_2$, F. 65°. Die Kristallisationsoberfläche des Titelsyst. enthält Felder von $FeCl_2$, $GaCl_3$, $Fe[GaCl_5]$ u. $Na[GaCl_4]$. Die nonvarianten Punkte sind: Fl. ⇌ NaCl + $FeCl_2$ + $Na[GaCl_4]$ bei F. 165°, 46,0 (% $GaCl_3$), 4,0 (% $FeCl_2$) u. 50,0 (% NaCl); Fl. ⇌ $GaCl_3$ + $Na[GaCl_4]$ + $Fe[GaCl_5]$, F. 59°, 96,0, 2,0, 2,0; Fl. + $Fe[GaCl_5]$ ⇌ $FeCl_2$ + $Na[GaCl_4]$, F. 90°, 90,0, 2,0, 8,0. Für $Fe[GaCl_5]$, Zers. bei 185°, gilt $\log p_{Ga_2Cl_6} = -(2941{,}9/T) + 8{,}401$; für $Na[GaCl_4]$, F. 169°, $\log p_{Ga_2Cl_6} = -(3515{,}7/T) + 6{,}035$ u. für $K[GaCl_4]$, F. 228°, $\log p_{Ga_2Cl_6} = -(3719/T) + 5{,}7341$. $Fe[GaCl_5]$ zersetzt sich nach 2 $Fe[GaCl_5]$ ⇌ Ga_2Cl_6 + 2 $FeCl_2$. J. J. Pohl 154

0561 **Zustandsdiagramm des Systems Vanadin–Gallium.** N. P. Sažin, N. S. Vorob'eva, Ja. N. Kunakov und G. N. Ronami. (Doklady Akad. Nauk SSSR **178** (1968) 2, 341–44; 1 Tafel; Gos. NI i proektnyj inst. redkometall. prom.; russ.) — Unters. des Zustandsdiagramms

(ZD) V–Ga u. Feststellung der Homogenitätsgrenzen aller Phasen, bes. der Bereiche der Verb. V_3Ga u. V_6Ga_5. Zur Unters. wurden Gußproben u. Diffusionskörper (D) herangezogen. Die D werden in einem Röhrenofen oder Vakuumofen bei 450–1500° 10–60 Std. lang geglüht. Die Temp. des Übergangs in den supraleitenden Zustand wird nach einem magnet. Verf. ermittelt. Die Ätzung der Proben für die Strukturaufnahmen wird mit $NH_3 + H_2O_2$ (9 : 1) ausgeführt. Im Syst. V–Ga wurden folgende Phasen festgestellt: α-Phase–feste Lsg. (fL) von Ga in V; β-Phase–fL auf der Basis von V_3Ga; δ-Phase–fL auf der Basis von V_6Ga_5; γ-Phase–fL auf der Basis von V_6Ga_7; ε-Phase–V_2Ga_5. Die Löslichkeit von Ga in V beträgt bei 950° ca. 5 Atom-%; bei höherer Temp. weitet sich der Bereich der α-fL stark aus u. erreicht bei 1200° 51,3 Atom-%. Das vollständige ZD, Mikrostrukturaufnahmen, typ. Röntgenogramme der Phasen des Syst. u. die Ergebnisse der mikroröntgenograph. Analyse in Diffusionskörpern werden angegeben.

E. Pfluger 154

0562 **Zustandsdiagramm für das System Zr–Ta–V.** E. M. Taraeva und O. S. Ivanov. (Izvest. Akad. Nauk SSSR, Metally **1968**, 1, 181–91; russ.) — Aus Änderungen von Festigkeit u. Mikrohärte sowie mkr., röntgenograph. u. DTA-Unters. längs isothermer Schnitte im Temp.-Intervall von 1350–750° werden für die Syst.-Komponenten die maximalen Löslichkeiten in Mischkrist. auf der Basis von Ta, V, β-Zr u. α-Zr ermittelt. Dabei steigt die Löslichkeit von Ta u. V in β(α)-Zr beim Übergang von V-reichen zu Ta-reichen Schnitten von 10 (1,6) auf 17,5 (2,0) Gew.-%. Ähnliche, aber stärker ausgeprägte Löslichkeitssteigerungen ergeben sich in Mischkrist. auf Ta-Basis für Übergänge zu Zr- u. V-reichen Legierungen. Die gemeinsame maximale Löslichkeit von Zr u. Ta in V wächst mit steigendem Ta-Geh. der Leg. von 16 auf 49 Gew.-%. Im Syst. Zr–Ta–V existieren 2 nonvariante Gleichgew.: Schmelze $+ \beta_{Ta} \rightleftharpoons ZrV_2 + \beta_{Zr}$ (peritekt. bei 1275°) u. $\beta_{Zr} \rightleftharpoons \alpha_{Ta} + ZrV_2 + \beta_{Ta}$ (eutekt. bei 775°). Die erhaltene allg. Form des Zustandsdiagrammes wird erläutert.

W.-D. Heußner 154

0563 **System Fe–Ni–Al–Ti.** M. S. Levina, B. G. Livšic und M. Ja. Cviling. (Izvest. vysšich učebnych Zavedenij [Moskva], cernaja Metallurg. **11** (1968) 3, 117–22; Mosk. inst. stali i splavov; russ.) — Das Phasengleichgew. in Leg. des Syst. Fe–Ni–Al–Ti wurde bei konst. Ti-Geh. von 6,5 Atom-% u. konst. Verhältnis von Ni : Al = 1 : 1 bei 850–12500° röntgenograph. u. elektronensondenmikroanalyt. untersucht. Die Anwesenheit der Phase $(Fe, Ni)_2(Ti, Al)$ konnte bestätigt werden. Sie tritt neben Mischkrist. von Ti in α-Fe auf.

J. J. Pohl 154

0564 **Struktur und Löslichkeit von Stickstoff in Legierungen des Systems Cr–Mn–N.** F. N. Tavadze, M. A. Nabičvrišvili und V. A. Pircchalajšvili. (Soobšč. Akad. Nauk Gruz. SSR **49** (1968) 2, 421–25; AN Gruz. SSR Inst. metallurg., Tbilisi; russ.) — Die Löslichkeitskurven von N in Cr–Mn-Leg. sowie die Zustandsdiagramme der abgeschreckten u. der geglühten Leg. des Syst. Cr–Mn–N für 1200° werden aufgestellt. Für den abgeschreckten Zustand läßt der Zustand des Syst. Cr–Mn–N den großen Einfl. von N auf die Lage der Phasenbereiche u. zwar sowohl für den der Mischkrist. als auch den für Cr_2N erkennen. Die Cr_2N-Bldg. führt zu einer wesentlichen Verschiebung der Phasenbereiche auf die Seite höherer Cr-Konz. infolge der Umverteilung der Leg.-Elemente zwischen den Strukturbestandteilen. Der im Mischkrist. befindliche N verbreitert wesentlich das γ-Mn-Gebiet auf der Seite der Cr-reichen Leg. u. erniedrigt die Temp. der Phasenumwandlung γ-Mn → β-Mn. Die Struktur der geglühten Leg. des Syst. Cr–Mn–N ist sehr kompliziert u. im gegebenen Falle weit vom Gleichgew.-Zustand entfernt. Die Verschiebung einzelner Gebiete auf die Mn-reiche Seite u. anderer Gebiete auf die Cr-reiche Seite wird durch die Ggw. von Cr_2N, $CrMn_3$ u. $CrMn_2$ hervorgerufen, die zur Umverteilung der Elemente zwischen fester Lsg. u. den anderen Strukturbestandteilen führen.

H. Hochstein 154

0565 **Berechnung des Gleichgewichts der Stahldesoxydation mit verschiedenen Desoxydationsmitteln.** B. P. Burylev. (Izvest. vysšich učebnych Zavedenij [Moskva], černaja Metallurg. **11** (1968) 2, 5–11; Sibir. metallurg. inst.; russ.) — Berechnung des Aktivitätskoeff. von C u. O im Syst. Fe–C–O sowie der Gleichgew.-Konst. in den Syst. Fe–Si–O, Fe–P–O, Fe–Al–O. Fe–Cr–O, Fe–V–O u. Fe–Ti–O bei Temp. von 1600–1740°. Hiernach beträgt lg K für $SiO_2 \rightleftharpoons Si + 2\,O$ im Syst. Fe–S–O $= -24\,300/\pi + 3{,}77$; im Syst. Fe–P–O für $P_2O_5 \rightleftharpoons 2\,P + 5\,O$ $-20{,}25$ u. für die analogen Rk. im Syst. Fe–Al–O $= -52\,800/T + 4{,}34$; im Syst. Fe–Cr'O $-12{,}09$ bei 1625° u. $-11{,}18$ bei 1710°; im Syst. Fe–V–O bei 1600° $-13{,}5$; im Syst. Fe–Ti–O bei 1600° $-11{,}13$ u. bei 1650° $-10{,}58$.

H. Hochstein 154

0566 **Phasengleichgewichte im Vierstoffsystem Mg–Nd–Mn–Ni.** M. E. Dric und N. R. Bočvar. (Doklady Akad. Nauk SSSR **178** (1968) 2, 403–05, 1 Tafel; Inst. metallurg. im. Bajkova AN SSSR; russ.) — Schnitte in der Mg-Ecke im Vierstoffsyst. Mg–Nd–Mn–Ni bei konst. Mn-Geh. von 1,5 (%) u. Geh. an Nd bis 4 u. Ni bis 0,6, sowie bei konst. Nd-Geh. bis 3, Mn-Geh. bis 3 u. des Ni bis 1,0. Die Grundmasse der Leg. besteht aus quatern. Mischkrist. von Nd, Mn u. Ni in Mg. Ferner sind die Verb. Mg_9Nd, eine tern. Mg–Nd–Ni-Verb. u. eine tern. Mg–Mn–Ni-Verb. vorhanden. Die Einführung von Ni in die Leg. Mg–Mn–Nd erniedrigt etwas die Löslichkeit von Mn u. Nd in der festen Lsg.; Nd u. Mn sind prakt. ohne Einfl. auf die Löslichkeit des Ni in der quatern. festen Lösung.

E. Pfluger 154

0567 **Stabilitätskonstante von $[LnF^{2+}]$-Ionen.** B. N. Ivanov-Emin, V. A. Zajceva und A. M. Egorov. (Ž. neorg. Chim. **13** (1968) 10, 2655–57; Univ. družby narodov im. Lumumby; russ.) — Die Gleichgew.-Konst. der Rk. $Ln^{3+} + HF \rightleftharpoons LnF^{2+} + H^+$ beträgt nach potentiometr. Daten für *Dy* 4,4; die Instabilitätskonst. des LnF^{2+} 3,58, analog gelten für *Er* 4,1; 3,54; *Yb* 4,6; 3,61; *Lu* 3,6; 3,47. Die Messungen wurden bei $25 \pm 0{,}1°$ u. $\mu = 0{,}5$ an den Ketten $Pt \mid Ln^{3+}, Fe^{2+}, Fe^{3+}, F^- \parallel Fe^{2+}, Fe^{3+} \mid Pt$ u. $Pt \mid Fe^{2+}, Fe^{3+}, F^- \parallel Fe^{2+}, Fe^{3+} \mid Pt$ als Vgl.-Basis durchgeführt.

J. J. Pohl 156

0568 **Löslichkeitsuntersuchung von Neodym-Außensphärenkomplexen.** G. A. Šutova, K. B. Jacimirskij und T. V. Mal'kova. (Ž. neorg. Chim. **13** (1968) 10, 2708–12; Ivanovskij chim. technol.; russ.) — In den Syst. $Nd_2(C_2O_4)_3$–$HClO_4$ u. $Nd_2(C_2O_4)_3$–HCl entstehen Komplexe der Zus. $[NdClO_4]^{2+}$ bzw. $[NdCl]^{2+}$ mit den Instabilitätskonst. $\beta = 1{,}71 \cdot 10^{-2}$ bzw. 0,80 sowie Außensphärenkomplexe der Art $[Nd(H_2O)_n]X_m^{3-m}$. Die Stabilitätskonst. der Außensphären- u. Innensphärenkomplexe von Nd zeigen beim gleichen Komponentenverhältins einen Unterschied von zwei Größenordnungen.

J. J. Pohl 156

0569 **Komplexbildung von Diäthylentriamin-N.N.N'.N'-N''-pentamethylphosphonsäure mit einigen Erdalkali- und Seltenerdmetallen.** L. I. Tichonova. (Ž. neorg. Chim. **13** (1968) 10, 2687–94; Inst. biofiz. AN SSSR; russ.) — Die Komplexbldg. der Titelverb. ($H_{10}X$) mit Ca^{2+}, Sr^{2+}, Y^{3+} u. Ce^{3+} wurde potentiometr. u. chromatograph. untersucht. Die Dissoziationskonst. von $H_{10}X$ betragen bei 20° in 0,1 n KCl $pK_1 = 1{,}52$, $pK_2 = 2{,}64$, $pK_3 = 3{,}10$, $pK_4 = 3{,}82$, $pK_5 = 5{,}38$, $pK_6 = 6{,}28$, $pK_7 = 7{,}05$, $pK_8 = 7{,}74$, $pK_9 = 9{,}36$ u. $pK_{10} = 11{,}12$. Die Instabilitätskonst. der Komplexe $[MeH_2X]^{6-}$, $[MeHX]^{7-}$, $[MeX]^{8-}$ u. $[Me_2X]^{6-}$ für Ca^{2+} u. Sr^{2+}, sowie von $[MeH_4X]^{3-}$ für Y^{3+} u. Ce^{3+} wurden bestimmt, die $[MeX]^{8-}$-Chelate von Ca^{2+} u. Sr^{2+} sind stabiler als die entsprechenden Komplexonate mit Diäthylentriaminpentaessigsäure. Eine graph. Meth. zur Berechnung von Gleichungen für vier äquivalente Bereiche der Titrationskurven wird vorgeschlagen. Die Instabilitätskonst. von $[CaX]^{8-}$ u. $[SrX]^{8-}$ betragen bei pH 11,0, 20° u. 0,1 m K^+ $(1{,}9 \pm 0{,}1) \cdot 10^{-7}$ bzw. $(9{,}4 \pm 0{,}6) \cdot 10^{-7}$. J. J. Pohl 156

0570 **Umsetzung von Zinn(II) mit einer Reihe von Oximen.** V. M. Peškova, E. S. Gur'eva und L. M. Toldova. (Ž. neorg. Chim. **13** (1968) 10, 2896–97; Mosk. gos. univ. im. Lomonosova; russ.) — Die Rk. von Sn(II) mit *Dimethylglyoxim*, *α-Furilmonoxim*, *α-Furildioxim* u. *Cyclohexandion-(1.2)-dioxim* (I) führt zur Komplexbldg., die spektrophotometr. bei 320–410 nm in 0,6–3 n HCl verfolgt wurde. Die optimale Säurekonz. beträgt im

Falle von I 0,6n HCl, sonst 2—3n HCl. Die Zus. der Komplexe ändert sich in Abhängigkeit des Ausgangssubstanzverhältnisses. J. J. Pohl 156

0571 **Umsetzung von Niob und Tantal mit Sulfationen in Lösungen.** C. V. Pevzner und I. A. Šeka. (Ž. neorg. Chim. **13** (1968) 10, 2681—87; Inst. obšč. i neorg. chim., AN Ukr. SSR; russ.) — Die Komplexbldg. in den Syst. Nb(V)–$HClO_4$–$(NH_4)_2SO_4$–H_2O u. Ta(V)–$HClO_4$–$(NH_4)_2 \cdot SO_4$–H_2O wurde spektrophotometr. im Bereich 220 bis 350 nm sowie mit Ionenüberführungsmeth. untersucht. Nb bildet in $HClO_4$ einen Nb : SO_4^{2-} = 1 : 1-Komplex mit der Stabilitätskonst. $\beta_1 = 3{,}0$. Ta(V) bildet Komplexe mit dem Verhältnis Ta : SO_4^{2-} = 1 : 1 u. 1 : 2. Die Stabilitätskonst. betragen $\beta_1 = 6{,}0$, $\beta_2 = 1{,}76$. J. J. Pohl 156

0572 **Eisen(III)-triphosphatkomplexe.** L. P. Andrusenko und I. A. Šeka. (Ž. neorg. Chim. **13** (1968) 10, 2645—50; russ.) — Vgl. vorst. Referat. — Die Komplexbldg. von Fe(III) mit $Na_5P_3O_{10}$ wurde spektrophotometr. bei 275—290 nm verfolgt. Im Bereich pH 1,8—4,5 entsteht der Komplex $FeH_2P_3O_{10}$, bei pH 4,5—9,5 $[Fe(HP_3 \cdot O_{10})_2]^{5-}$, dessen Bldg.-Konst. bei $\mu = 0{,}1$ 18,85 u. $\mu = 0$ $20{,}63 \pm 0{,}11$ beträgt. Bei pH ca. 10 wird der Komplex zersetzt. Die Bldg.-Konst. von $FeH_2P_3O_{10}$ betragen 5,03 bei $\mu = 0{,}1$ bzw. $7{,}03 \pm 0{,}15$ bei $\mu = 0$. J. J. Pohl 156

0573 **Mischkomplexbildung von Metallionen mit Substanzen biologischen Interesses.** 1. Mitt. **Potentiometrische Untersuchung des Systems Kupfer–Glycin–Glycylglycin in wäßriger Lösung.** René Paul Martin. (Bull. Soc. chim. France **1967**, 6, 2217—23; Villeurbanne, Fac. des Sci. de Lyon, Chaire de Chim. Minér.; franz.) — Cu^{2+} ($< 3 \cdot 10^{-3}$ Mol/l) bildet mit Glycin (G) u. Glycylglycin (Gg) in N_2-gesätt., in 0,1m wss. KNO_3-Lsg. bei 25⁰ u. pH-Werten < 9,50 folgende Komplexe (Stabilitätskonst.): mit G allein CuG^+ (8,190), CuG_2 (15,078); mit Gg allein bis pH 7 $CuGg^+$ (5,56), $Cu[GgH_{-1}]$ (1,44), bei pH 7—10 u. einem Cu^{2+}/Gg-Verhältnis von ≈ 1 $Cu[GgH_{-2}]^-$ (— 7,94), $Cu_2[Gg_2H_{-3}]^-$ (— 4,30), bei Gg-Überschuß $Cu[Gg_2H_{-1}]^-$ (4,61) u. in Ggw. von G u. Gg $Cu[Gg(GH_{-1})]^-$ (5,25). Die Konz. der in Lsg. befindlichen Spezies werden nach der Meth. der potentiometr. Fläche abgeschätzt u. die Stabilitätskonst. des Mischkomplexes nach einem Näherungsverf. berechnet. F. Haenschke 156

0574 **Ternäre Komplexe in Lösung.** 6. Mitt. **Einfluß von 2.2′-Bipyridyl auf die Stabilität von Cu^{2+}- und Zn^{2+}-Carbonsäure-1 : 1-Komplexen.** Rolf Griesser, Bernhard Prijs und Helmut Sigel. (Inorg. nuclear Chem. Letters **4** (1968) 8, 443—48; Suppl. zu: J. inorg. nuclear Chem.; Inst. für Anorg. Chem., Univ., Basel; dt.) — 5. vgl. Angew. Chem. **80** (1968) 124; int. Edit. **7** (1968) 137; 4. vgl. C. **1968**, 56-0045. — Wie l. c. u. früher beschrieben, wurden die Cu(II)- u. Zn(II)-Komplexe (1 : 1) von *Ameisen-*, *Essig-*, *Propion-*, *p-Nitrobenzoe-*, *m-Chlorbenzoe-*, *Benzoe-*, *p-Toluyl-*, *Hydroxyessig-* u. *Tetrahydrofuran-2-carbonsäure* in 50%ig. wss. Dioxan bei 25⁰ u. $\mu = 0{,}1$ ($NaClO_4$) in Abwesenheit u. in Ggw. von 2.2′-Bipyridyl mit 0,1n NaOH unter N_2 titriert. Aus den Ergebnissen wurden die Aciditäts- u. Komplexstabilitätskonst. berechnet. Bei Cu(II) sind die tern. Komplexe eindeutig stabiler als die binären. Es ergibt sich jedoch ein qual. Unterschied zwischen den aliphat. u. den aromat. Carbonsäuren, indem die tern. Komplexe mit solchen O-Liganden, die ein ausgedehntes π-Syst. aufweisen, stabiler sind als die übrigen. Ähnliche, wenn auch weniger ausgeprägte diskriminierende Eig. wie der Cu(II)–bipy-Komplex weist offenbar auch der Zn(II)–bipy-Komplex gegenüber O-Liganden auf. A. Blaschette 156

0575 **Stabilität von Phäophytinkomplexverbindungen.** B. D. Berezin und A. N. Drobyševa. (Ž. neorg. Chim. **13** (1968) 10, 2720—26; Ivanovskij chim. technol inst., Kaf. analit. chim.; russ.) — Die Dissoziationskonst. von Ni^{2+}- u. Pd^{2+}-Phäophytinkomplexen wurden durch spektroskop. Unters. bei 400—700 nm bei 50—110⁰ bestimmt, die Stabilität dieser Innerkomplexverb. sinkt in der Reihenfolge $[Fe(CH_3COO)Ph]$, PdPh > CuPh > NiPh > CoPh > ZnPh (H_2Ph = Phäophytin). J. J. Pohl 156

0576 **Ermittlung von Gleichgewichtskonstanten und Extinktionskoeffizienten schwacher Charge–transfer-Komplexe.** 2. Mitt. S. Carter. (J. chem. Soc. [London], Sect. A **1968**, 2, 404—07; Chem. Labor., Univ. of Sussex, Brighton; engl.) — 1. vgl. C. **1965**, 44-0600. — Es wird eine Beziehung zwischen den Gleichgew.-Konst. u. den Extinktionskoeff. schwacher Charge–transfer-Komplexe abgeleitet. Die Gleichgew.-Konst. werden aus Benesi-Hildebrand-Kurven entnommen. Unter Zugrundelegung der opt. Ergebnisse ist bei der Auswertung die Existenz von 2 : 1-Komplexen zu berücksichtigen. Die Unterschiede zwischen den Ergebnissen opt. u. nichtopt. Unters.-Meth. lassen sich leicht erklären, wenn die Beteiligung von 2 : 1-Komplexen bzw. die Solvatation der Charge–transfer-Komplexe in Rechnung gestellt wird. Als Beispiel wird der *Phloroglucin–Chloranil*-Komplex in A.–W.-Lsg. behandelt. M. Steidinger 156

A–5. Elektrochemie

0577 **Nichtidealität und Berechnung des Dissoziationsgrades von flüssigen Verbindungen.** P. A. H. Wyatt. (Trans. Faraday Soc. **64** (1968) 543, 662—64; Dep. of Chem., Univ. of Sheffield; engl.) — Die Folgen der Miteinbeziehung von Aktivitätskoeff. in Formeln zur Berechnung des Dissoziationsgrades auf Grund von Gefrierpunktskurven oder ähnlichen thermodynam. Daten wird diskutiert. Bei der Verw. der Theorie einfacher regulärer Lsg. für die Erfassung eines Dissoziationsgleichgew. ist der Fehler der Berechnung des Dissoziationsgrades von reinen Verb. α_0, wenn $\alpha_0 = 0{,}01$, bei idealem Verh. vernachlässigbar. Bei 10%ig. Dissoziation der Verb. ist der Fehler < 4—5%. Diese Aussage gilt jedoch nur dann, wenn die beiden Enden des Verb.-Mol. mit den Nachbarmol. ähnlich reagieren wie die Dissoziationsprod. der Verbindungen. Bei ion. Dissoziation muß die Änderungsgeschw. der Ionenstärke mit der Zus. bei dem maximalen Gefrierpunkt als zusätzlicher Faktor berücksichtigt werden. Bei bestimmten Dissoziationstypen ist der Fehler aus letzter Quelle jedoch klein. J. J. Pohl 162

0578 **Aktivierungsenergie für die Beweglichkeit hydratisierter Elektronen.** B. Cercek. (J. physic. Chem. **72** (1968) 6, 2279—80; Paterson Labor., Christie Hospital and Holt Radium Inst., Manchester, England; engl.) — Mit der Theorie der abs. RG u. einigen Annahmen bez. der mittleren freien Weglänge des hydratisierten Elektrons wird die Aktivierungsenergie des hydratisierten Elektrons zu maximal E_{max} = 2,3 kcal/Mol berechnet. W. Pusch 162△

0579 **Protonenaustauschpaare vom Typ RH/M^+R^- in Tetrahydrofuran, in denen RH eine schwächere Säure als Wasser der Solvathülle darstellt.** Claude Chevrot, Jacques Périchon und René Buvet. (C. R. hebd. Séances Acad. Sci., Sér. C **266** (1968) 17, 1269—71; Fac. des Sci. de Paris, assoc. au CNRS, Paris; franz.) — In THF ist es möglich, mit der H_2-Elektrode äußerst geringe Aciditäten zu erfassen. Es wurden nachst. Austauschpaare untersucht (Bu = Butyl): BuOH/$NBu_4^+BuO^-$, pK = 33; $H_2O/NBu_4^+OH^-$, pK = 31; BuOH/Li^+BuO^-, pK = 23. Die Indikatorelektrode (platiniertes Pt) war auf — 2 V gegen Ag^+/Ag eingestellt. G. Schatz 162

0580 **Isotopieeffekt der Wanderung von ^{22}Na- und ^{24}Na-Ionen in geschmolzenen Nitraten: Einfluß der Temperatur und der Zusammensetzung.** Simon Wuhl, Frédéric Lantelme und Marius Chemla. (J. Chim. physique Physico-Chim. biol. **65** (1968) 3, 488—91; Fac. des Sci. d'Orsay, 91-Orsay; franz.) — Die Unters. erfolgte nach der Asbeststreifenmeth., die Spannungsdifferenz zwischen den Elektroden betrug einige hundert Volt, die Stromdichte variierte von 40—50 mA. Der Isotopieeffekt der Wanderung von ^{22}Na u. ^{24}Na betrug in $LiNO_3$, $NaNO_3$ u. KNO_3 $\Delta u/u$ bei 350⁰ $0{,}58 \cdot 10^{-2}$; $0{,}70 \cdot 10^{-2}$; $0{,}88 \cdot 10^{-2}$; für $CsNO_3$ bei 435⁰ $0{,}57 \cdot 10^{-2}$; für 75 $NaNO_3$ + 25 KNO_3 bei 355⁰ $0{,}71 \cdot 10^{-2}$, für das Mischungsverhältnis 25/75 $0{,}80 \cdot 10^{-2}$. Die Temp.-Abhängigkeit des Effekts (253—435⁰) für die Schmelze 45% $NaNO_3$–55% KNO_3 durchläuft ein Maximum. Vf. schreiben das Verh. der Wechselwrkg. der Ionen zu, die die

Bldg. von Ionengruppierungen in der Schmelze veranlassen. G. Schatz 162

0581 **Hydrolyse von Quecksilber(II)-chlorid.** Liberato Ciavatta und Maria Grimaldi. (J. inorg. nuclear Chem. **30** (1968) 3, 563–81; Naples, Italy, Univ., Ist. di Chim. Analit.; engl.) — Potentiometr. Unters. der $HgCl_2$-Hydrolysegleichgew. in 1 m $(Na^+)ClO_4^-$-Lsg. bei 25°. Die EMK-Daten lassen sich durch folgende Rk. erklären: $HgCl_2 + H_2O \rightleftharpoons HgClOH + H^+ + Cl^-$, $\log\beta_{1,1,1} = -9{,}56 \pm 0{,}05$ u. $HgCl_2 + 2\,H_2O \rightleftharpoons Hg(OH)_2 + 2\,H^+ + 2\,Cl^-$, $\log\beta_{1,2,2} = -19{,}6 \pm 0{,}1$. D. Ertel 162

0582 **Potentiometrische Untersuchung der Hydrolyse von Zirkonium- und Hafniumionen in perchlorsaurem Medium.** Alain P. Roy. (J. Chim. physique Physico-Chim. biol. **65** (1968) 3, 475–87; Fac. des Sci., Paris; franz.) — Die Hydrolyse u. Polymerisation von Hf^{4+} u. Zr^{4+} wurden bei genauer pH-Messung (Wasserstoffdoppelelektrode, differentielle EMK-Best.) untersucht. Die anfängliche H^+-Konz. war $(40-200)\cdot10^{-3}$n, die Zr- u. Hf-Konz. $1-40\cdot10^{-3}$ bzw. $1-25\cdot10^{-3}$m. Auf Grund seiner Meßergebnisse schlägt Vf. die Bldg. von Poly-μ-Dioxometallkomplexen in Lsg. vor, die im Falle von Zr 3, 4 oder 5 Zr-Atome, im Falle von Hf 2, 3 oder 4 Hf-Atome enthalten. Die Hydrolysenrk. stellt eine echte Gleichgew.-Rk. dar, ihre Gleichgew.-Konst. wurden bestimmt. G. Schatz 162

0583 **Löslichkeitsprodukt von Silberchlorid in Wasser–Aceton und Wasser–Dimethylsulfoxid.** Jean-Pierre Morel. (Bull. Soc. chim. France **1968**, 3, 896–99; Fac. des Sci., Clermont-Ferrand; franz.) — Durch EMK-Best. der Kette Ag–AgCl|KCl, KNO_3||KNO_3||$AgNO_3$, KNO_3| AgCl–Ag bei 25° konnte das Löslichkeitsprod. (L) von AgCl für die Lsg. W. + 20, 40, 60 oder 80 Gew.-% Aceton bzw. DMSO ber. werden. L_{AgCl} ist prakt. unabhängig vom DMSO-Geh. der Lsg.; ändert sich jedoch beachtlich als Funktion des Acetongehaltes. Mittels L u. dem Normalpotential der Elektrode AgCl–Ag werden die freien Solvatationsenthalpien der Ionen H^+ u. Ag^+ in den Lsgm.-Mischungen bestimmt. G. Schatz 162

0584 **Dissoziationskonstanten von Diäthyldithiocarbaminsäure.** I. M. Bhatt, K. P. Soni und A. M. Trivedi. (J. Indian chem. Soc. **45** (1968) 4, 354–55; Chem. Dep., Gujarat Univ., Ahmedabad; engl.) — Die K_D werden in 0,025 u. 0,01 mol wss. Lsg. u. in Lsg. mit 0,04 bis 1,0 Mol/l $NaClO_4$ gemessen. Durch Extrapolation der Werte auf die Ionenkonz. Null ergeben sich die K_D in der 1. u. 2. Stufe zu 7,5 u. 8,0. H. Tulhoff 162

0585 **Elektrische Leitung in geschmolzenen Aluminiumhalogenidkomplexen mit Pyridin.** J. W. Wilson und I. J. Worrall. (J. inorg. nuclear Chem. **30** (1968) 3, 715–20; Univ. of Lancaster, St. Leonardgate, Lancaster; engl.) — Die elektr. Leitfähigkeit ($\varkappa$) der Komplexe $C_5H_5N\cdot AlX_3$, X = *Cl, Br, J*, wurde im Temp.-Bereich F.–F. +20° bestimmt u. $\varkappa$ u. deren Aktivierungsenergie (E) am F. ermittelt. Die Werte sind tabelliert. In der Reihenfolge Cl → J nimmt $\varkappa$ ab u. E zu. Für die Komplexe wird die Struktur vorgeschlagen: $[AlX_2(py)_2]^+\cdot AlX_4^-$. Ferner wurde $\varkappa$ u. E von $2\,C_5H_5N\cdot AlCl_3$, $2\,C_5H_5N\cdot AlBr_3$ u. $3\,C_5H_5N\cdot AlJ_3$ für Temp. um den F. bestimmt. Während $\varkappa$ als Funktion von 1/T für die 2:1-Komplexe eine Gerade bildet, mit unterschiedlicher Steigerung ober- u. unterhalb von F., durchläuft $\varkappa$ des 3:1-Komplexes ein Maximum. Das Ergebnis deutet an, daß die geschmolzenen Komplexe vorwiegend kovalente Bindungen besitzen. G. Schatz 164

0586 **Leitfähigkeit einiger Hexamminkobalt(III)-Komplexe und ihre Ionenassoziation in wäßriger Lösung.** Shunzo Katayama und Reita Tamamushi. (Bull. chem. Soc. Japan **41** (1968) 3, 606–09; Inst. of Phys. Chem. Res., Yamato-machi, Saitama; engl.) — Die Äquivalentleitfähigkeit (λ) der Komplexe $[Co^{III}(NH_3)_6]X_3$ (X = ClO_4, NO_3, Cl, Br, J, $^1/_2\,SO_4$, $^1/_2\,C_2O_4$, $4\,H_2O$) in verd. wss. Lsg., bei 25° wurde zusammen mit der Ionenpaar-Bldg.-Konst. (K) des Ionenpaares $[Co(NH_3)_6]^{3+}\cdot X_n^{z-}$ bestimmt. λ wurde nach der Theorie von Onsager analysiert. Die Abweichung vom λ-$c^{1/2}$-Gesetz wird der Assoziation des Anions an die äußere Sphäre des Kations $[Co(NH_3)_6]^{3+}$ zugeschrieben. Die log K-Werte betragen (in der oben zitierten Folge): $1{,}4_0$, $1{,}6_3$, $1{,}5_5-1{,}4_9$, $1{,}6_5$, $1{,}3_8$, $3{,}5_6$, $3{,}2_5$. λ^0 (für unendliche Verdünnung) der Komplexe u. die Ionenbeweglichkeit (λ^0) des Komplexkations = 99,0–99,3 werden ermittelt. Die aus λ ermittelten log K-Werte werden mit denen aus spektroskop. Daten u. nach Bjerrums Theorie resultierenden verglichen. G. Schatz 164

0587 **Standardpotential von Np(IV)/Np(III) im Eutektikum LiCl–KCl zwischen 400 und 550°.** L. Martinot, G. Duyckaerts und F. Caligara. (Bull. Soc. chim. belges **77** (1968) 1/2, 77–83; Labor. de Chim. Nucl., Liège; franz.) — Die Best. erfolgte unter inerter Atmosphäre u. unter Vermeidung jeglicher Np(III)-Ox. mit der Kette: Ag|LiCl–KCl, AgCl||LiCl–KCl, Np(IV), Np(III)|Pt. Ausgegangen wurde von Np(IV), u. chronoamperometr. wurde durch kathod. Red. (– 900 mV) eine definierte Konz. an Np(III) erhalten. Die EMK der Kette wurde für verschiedene Verhältnisse (Np^{4+}/Np^{3+}) u. verschiedene Temp. (400–550°) bestimmt. Die von der Temp. abhängigen Parameter des Potentials E = a + b log[Np(IV)][Np(III)] werden tabellar. angegeben. Das Standardpotential $E^0_{Np(IV)/Np(III)}-E^0_{Ag(I)Ag(0)}$ beträgt 0,659, 0,639, 0,618, 0,597 V für 400, 450, 500, 550°; $E^0_{Np(IV)/Np(III)}-E^0_{Cl/Cl_2}$ beträgt entsprechend 1,594, 1,550, 1,514, 1,480 V. Die thermodynam. Parameter (ΔF^0, ΔH^0 u. ΔS^0) der Rk. $AgCl + NpCl_3 \rightarrow Ag + NpCl_4$ im Eutektikum für die genannten Temp. werden tabellar. angegeben ($\Delta S^0_{Np} = -9{,}7$ e.n.). Das Ergebnis wird im Hinblick auf die große Ähnlichkeit zum Syst. U(IV)/U(III) diskutiert. G. Schatz 166

0588 **Beziehung zwischen dem Potential der Kupferamalgamelektrode, ihrer Konzentration und ihrer Struktur.** F. Chao und M. Costa. (Bull. Soc. chim. France **1968**, 2, 549–55; Bellevue, Labor. d'Électrolyse du CNRS; franz.) — Das Potential der Cu-Amalgamelektrode wurde als Funktion des Cu-Geh. gemessen. Dabei wurde an gesätt. Amalgam die langsame Bldg. einer Cu-Verb. beobachtet, deren Standard-Bldg.-Enthalpie zu – 1,16 kcal bestimmt u. deren Bldg.-Kinetik beschrieben wurde. Weiterhin wurde eine Übersättigungszone von Cu in Hg nachgewiesen u. gezeigt, daß die gesätt., fl. Amalgamphase aus Cu-Atomen im Gleichgew. mit Bimetallmol. besteht, während in den einphasigen Amalgamen die Cu-Atome im Hg ohne Aggregatbldg. dispergiert sind. Die Abweichungen der an extrem verd. Amalgamen gemessenen Potentiale von Werten nach der Nernstschen Gleichung wird mit Korrosion durch Sauerstoffspuren erklärt, zu deren Unterdrückung eine Meth. vorgeschlagen wird. C. Herold 166

0589 **Photogalvanischer Effekt der Kette Silber, Silberjodid/Kaliumjodid.** 2. Mitt. Toshio Ikeda. (Rep. Fac. Sci., Shizuoka Univ. **2** (1967) 37–42; Chem. Inst., Fac. of Sci., Shizuoka Univ.; engl.) — 1. vgl. ibid. **1** (1966) 2, 75. — Das Potential (E) der Kette Ag/AgJ, wss. KJ-Lsg., AgJ/Ag, wobei sich eine Elektrode (A) im Dunkeln befindet u. die andere einer Lichtquelle ausgesetzt wird, beruht auf der Abnahme von J^- auf der belichteten Seite. Das bei der Belichtung (B) von AgJ in photochem. Rk. gebildete J bindet J^- als J_3^-, u. es entsteht eine Konz.-Kette. Vf. leitet für E die Beziehung ab $E = -RT/F\cdot \ln[\alpha + (1-\alpha)\exp(-\lambda t)]$ für $\alpha = C_{st}/C_0$, C = [J^-], C_0 = C für t = 0, C_{st} für t = ∞, d. h. im stationären Zustand; t = B-Zeit; λ = Diffusionskoeff./Dicke der Diffusionsschicht. E_{st} (mV), α, λ (s^{-1}) wurden für verschiedene Lichtintensitäten ermittelt u. tabellar. dargestellt. Die Übereinstimmung von Theorie u. Praxis ist für die B-Phase ausgezeichnet. Für den E-Verlauf nach erfolgter B ist die Abweichung der experimentellen von den ber. Werten groß. Das Ergebnis wird diskutiert. G. Schatz 166

0590 **Katalysatoren für Brennstoffelementelektroden. 10. Mitt. Das Hydrazin–Sauerstoff-Brennstoffelement.** J. Mrha, M. Svatá und J. Jindra. (Collect. czechoslov. chem. Commun. **33** (1968) 6, 1648–55; Prague, Czechoslovak Acad. of Sci., Heyrovsky Inst. of Polarogr.; engl.) — 9. vgl. C. **1969**, 1-0607. — Vf. führten bei

20–80° Messungen am Syst. N_2H_4/O_2 mit 12n KOH + 1m N_2H_4-Lsg. als Elektrolyt durch. Die Sauerstoffelektroden bestanden aus porösen C-Platten aus NH_3-aktivierter Aktivkohle der Type G-1000. Als Katalysatoren für die N_2H_4-Elektrode wurde Ni-Borid, Raney-Ni u. Ag verwendet, als Träger dienten Asbestplatten, die mit einer leitenden Ni-Schicht versehen waren, oder aber auch Polypropylen mit einem Ag-Niederschlag. Es wurde gefunden, daß das Potential der Brennstoffelektrode mit Ni-Katalysator fast unabhängig von der Temp. ist. Die Neigung des linearen Teils R_{dif} der Polarisationskurve sinkt beträchtlich bis zu einer Temp. von 50°, eine weitere Temp.-Erhöhung ist ohne Einfluß. Mit Ag steigt das Elektrodenpotential, wohingegen R_{dif} konst. bleibt. Die mit den verschiedenen Katalysatoren erhaltenen offenen Spannungen differieren bis 100 mV, offenbar, weil es sich um Mischpotentiale der N_2H_4-Ox. u. der H_2-Entw. handelt. Je aktiver die Elektrode für die direkte katalyt. N_2H_4-Zers. ist, desto positiver ist ihr Potential. Bei einem Ag-Geh. des Polypropylens von 15 mg/cm² ist R_{dif} mit anderen Elektroden vergleichbar. Es wurde festgestellt, daß R_{dif} für die O_2-Elektroden durch die Zugabe von N_2H_4 nicht wesentlich beeinflußt wird, wohl aber werden die Polarisationskurven nach negativeren Potentialen verschoben. Möglicherweise beruht dies auf einer Blockierung der akt. Zentren der O_2-Red. durch den entwickelten N_2. Die Leistungsabgabe der Brennstoffzelle beträgt bei 25,7° 0,69 W, 53,3° 1,01 W u. 79,3° 0,69 W. Die Stromausb. für den Brennstoff betrug bei einem Strom von 0,49 A 79 %, der Rest des N_2H_4 wird an der Kathode ox. oder aber katalyt. zersetzt. E. Winkler 166

0591 **Elektrolytischer Trennfaktor von Protium und Deuterium.** P. R. Rowland. (Nature [London] 218 (1968) 5145, 945–46; Winfrith Heath Atom. Energ. Establ., Dorset; engl.) — Für ein Verhältnis H : D = 1 : 1 im Elektrolyten wurde aus der Gleichgew.-Konst. der Rk. $^1/_2$ H_2O (fl.) + D (Gas) $\rightleftharpoons$ $^1/_2$ D_2O (fl.) + H (Gas) zwischen 0 u. 60° der Trennfaktor $\overline{S}_0 = 0{,}53 \exp(1840/RT)$ berechnet. Im alkal. Elektrolyten wurde an speziell vorbehandelten Fe-Elektroden (Elektrolyse in Ggw. von 1 g EDTA/l) für $S_{Optimum} = 0{,}52 \exp(1820/RT)$ erhalten. Mechanismen zur Erklärung dieser Ergebnisse, die einen mit freien Gasatomen vergleichbaren Übergangszustand andeuten, werden diskutiert. E. Bomke 168

0592 **Mechanismus der elektrolytischen Abscheidung von Beryllium aus KF · 2 Be(C_2H_5)$_2$.** Walter Strohmeier und Gerhard Popp. (Z. Naturforsch. 23b (1968) 1, 38–41; Inst. für physikal. Chem., Univ., Würzburg; dt.) — Die Schmelze von KF · 2 Be$(C_2H_5)_2$ (I) dissoziiert nach K^+ + $[(C_2H_5)Be_2:F:Be(C_2H_5)_2]^-$ (II). Bei der Elektrolyse wird an der Kathode K^+ entladen, das in einer Zementierungsrk. Be ausfällt. Der Elektrodenbelag enthält krist. Be, Be_2C u. polykrist. K. Die Netzebenenabstände des elektrolyt. erzeugten Be sind doppelt so groß wie die der normalen α-Modifikation. Die angeführte Dissoziation folgt aus der spezif. Leitfähigkeit (σ) = 1,9 · 10^{-2} bei 80°, das dabei gebildete Anion II dissoziiert weiter unter Bldg. von $[(C_2H_5)_2Be:F]^-$ (III) + Be$(C_2H_5)_2$ (IV). IV wird von K in 2 Schritten red., Zwischenprod. ist das Radikal (C_2H_5) (V), das ein scharfes ESR-Signal gibt. An inerter Anode (Cu, Pt) wird III red. unter Bldg. von FBe$(C_2H_5)_2$. Dies disproportioniert nach FBe(C_2H_5) + V, V liefert C_2H_4 + C_2H_6. Bei Verw. einer Be-Anode reagiert V mit Be u. bildet Be$(C_2H_5)_2$. G. Schatz 168

0593 **Mechanismus der Kondensation von Isopolychromsäure bei der Elektrolyse.** S. S. Savel'ev, A. I. Levin, N. L. Kotovskaja und N. A. Karnaev. (Ž. prikl. Chim. 41 (1968) 4, 753–59; russ.) — Die Kondens. der Isopolychromsäure verläuft im Anodenvorraum bei der Elektrolyse von $Na_2Cr_2O_7$ unter Beteiligung von $HCr_2O_7^-$-Ionen. Die niedrige Stromausb. von CrO_3 (12,8 %) ist in erster Linie durch die Stromübertragung durch Na-Ionen von der Anodenoberfläche nach der kathod. Seite hin bedingt. Bei längerer ununterbrochener Elektrolyse können Lsg. mit einem überwiegenden Anteil an Isopolychromsäure im Anolyt erhalten werden. J. J. Pohl 168

0594 **Elektrolytische Darstellung von Mangandioxid mit Bleidioxidanoden.** M. G. Potdar und H. V. K. Udupa. (Bull. Acad. polon. Sci., Sér. Sci. chim. 16 (1968) 1, 39–43; Central Electrochem. Res. Inst., Karaikudi; engl.) — Zur Darst. von MnO_2 als Depolarisator für Trockenbatterien wird die Verw. von mit einer PbO_2-Schicht überzogenen Graphitanode empfohlen. Die PbO_2-Schicht wird auf Graphit elektrolyt. abgeschieden, verwendetes Bad (Pb, Cu)$(NO_3)_2$, pH 5–6, 2 A/dm², 4 bis 5 Stunden. Die Durchführung der MnO_2-Darst. wird skizziert. Die Leistungsfähigkeit der Trockenzellen mit einem so dargestellten MnO_2 ist verbessert, u. das Herst.-Verf. kann kontinuierlich erfolgen. G. Schatz 168

0595 **Einfluß des pH und des Kathodenpotentials auf die Ausbildung der Fasertextur bei elektrolytisch abgeschiedenem Kobalt.** Michel Froment und Georges Maurin. (C. R. hebd. Séances Acad. Sci., Sér. C 266 (1968) 14, 1017–20; Phys. des Liquides et Électrochim., Groupe de Rech. du CNRS assoc. à la Fac. des Sci., Paris; franz.) — Co wurde aus einer Lsg. von 300 (g/l) $CoSO_4 \cdot 7\,H_2O$, 35 $CoCl_2 \cdot 6\,H_2O$ u. 40 H_3BO_3 bei verschiedenen pH-Werten u. Spannungen (V) abgeschieden. Charakterisierung der Nd. durch Debye-Scherrer- u. elektronenmkr. Aufnahmen. Die Existenzbereiche der verschiedenen Phasen bzw. Texturen (T) werden in einem pH–V-Diagramm dargestellt. Für pH 1,5 hat der Nd. hexagonale Struktur ε u. kann Fasertextur in Richtung der Achsen $(100)_ε$ u. $(110)_ε$ aufweisen. Für pH < 1,5 besteht der Nd. für V < 0,7–0,75 aus der hexagonalen (ε) u. der kub.-flächenzentrierten (α) Phase; bei höherer V treten die Texturen $(110)_ε$ u. $(110)_α$ auf. G. Schatz 168

0596 **Einfluß der Parameter eines Umkehrstroms auf den Vorgang der elektrolytischen Abscheidung von Kupfer.** V. I. Černenko, A. A. Rysakov und Z. I. Pristinskaja. (Ėlektrochimija 4 (1968) 5, 519–24; Chim.-technol. inst., Dnepropetrovsk; russ.) — Vf. untersuchten galvanostat. den Einfl. von Umkehrströmen (Maximalstrom 200 mA, Periode der aufeinanderfolgenden Impulse 1000–0,01 Sek.) auf die Abscheidung von Cu an glatten Pt-Blechelektroden (F = 1 · 1 cm²) aus Lsg. mit 200 (g/l) $CuSO_4$ + 100 H_2SO_4 bei 25°. Es wurde gefunden, daß sich die kathod. Polarisation mit Erhöhung der Frequenz der Stromimpulse verringert. Aus den Messungen muß aber geschlossen werden, daß in dem Bereich, in dem die Entladung für die Cu-Abscheidung geschwindigkeitsbestimmend ist, die Umkehrströme kein geeignetes Mittel zur Intensivierung der Abscheidung darstellen. Die Bedingungen der Anlieferung der Cu-Ionen an die Elektrodenoberfläche werden im Vgl. zur Verw. von Gleichstrom verbessert, so daß gute Abscheidungen auch bei hohen Abscheidungsgeschw. erhalten werden können. E. Winkler 168

0597 **Kathodische Reduktion von Kupferoxidverbindungen in alkalischen Lösungen.** V. A. Plochov und V. N. Flerov. (Izvest. vysšich učebnych Zavedenij [Ivanovo], Chim. i chim. Technol. 11 (1968) 2, 189–92; Kaf. technol. ėlektrochim. proizvodstv Gor'kogo politechn. inst. im Ždanova; russ.) — Der Mechanismus der kathod. Red. von Cu$(OH)_2$, CuO u. Cu_2O in 7n KOH wurde durch Aufnahme der potentiostat., galvanostat. u. Ladungskurven untersucht. Die kathod. Red. in Alkalilsg. kann über intermediäre Cupritionenbldg. oder bei negativeren Potentialen nach einem Festphasenmechanismus unmittelbar bis zur Bldg. einer metastabilen Cu-Form verlaufen. J. J. Pohl 168

0598 **Analyse der ionogenen Zusammensetzung der diffusen Doppelschicht in gemischten Elektrolyten durch „Charge–Step–Chronocoulometry".** Fred C. Anson. (J. physic. Chem. 72 (1968) 2, 727–32; Pasadena, Calif., Calif. Inst. of Technol.; engl.) — Die genannte Unters. wurde mit einer neuartigen Faradayschen Meth. ausgeführt, deren Prinzip u. experimentelle Voraussetzungen beschrieben werden. Gegenüber der Elektrokapillarmeth. ergibt das Verf. weniger genaue Werte, ist aber einfach

u. schneller anwendbar. Die Anwendung auf Lsg. von 0,253 mMol $Zn(NO_3)_2$ in 10m NO_3^--Lsg. von Na^+, K^+, Li^+, Cs^+ u. Mg^{2+} lieferte Ergebnisse, die mit Vorhersagen der Gouy-Chapman-Theorie übereinstimmen. C. Herold 170

0599 **Einfluß der Aktivierungsüberspannung auf die Mikroverteilung des Stroms.** A. N. Baraboškin. (Élektrochimija 4 (1968) 5, 610; Inst. élektrochim. Ural'skogo filial AN SSSR, Sverdlovsk; russ.) — Vf. untersucht theoret. den Einfl. der Aktivierungsspannung einer Elektrodenrk. auf die Verteilung des Stroms im Mikrobereich u. stellt fest, daß der Glättungseffekt bei elektrolyt. Polieren u. der Anstieg in der Aufrauhung der Oberfläche bei der elektrolyt. Abscheidung bei beliebigem Wert der Aktivierungsüberspannung nicht verschwindet. E. Winkler 170

0600 **Verarbeitung von Elektrokapillarwerten mit einem Digitalrechner.** David M. Mohilner und Patricia R. Mohilner. (J. electrochem. Soc. **115** (1968) 3, 261 bis 266; Fort Collins, Colo., Colo. State Univ.; engl.) — Zur thermodynam. Analyse von Werten aus Elektrokapillarmessungen wurde ein Programm für einen Digitalrechner entwickelt. Dabei wurde mit der Meth. der kleinsten Quadrate eine parabol. Glättung u. eine exakte kub. Anpassung eines längs der Kurve verschobenen Segments vorgenommen. Die Genauigkeit der Integration ist der der graph. Meth. vergleichbar, während die Genauigkeit der Differentiation gegenüber der graph. besser ist. Die Schnelligkeit des Verf. erlaubt eine kontinuierliche Überwachung der Elektrokapillarwerte während der Messung. C. Herold 170

0601 **Analogmethode zur Lösung von Problemen der Diffusion zur Elektrode. 2. Mitt. Kinetik der durch Diffusion zu ebenen, sphärischen und tropfenden Elektroden bestimmten Adsorption bei beliebiger Adsorptionsisotherme.** K. Holub und L. Němec. (J. electroanalyt. Chem. Interfacial Electrochem. [Lausanne] **18** (1968) 3, 209—14; Prag, Czechoslovak Acad. of Sci., Heyrovsky Inst. of Polarogr.; engl.) — 1. vgl. C. **1967**, 10-0619. — Die l. c. dargelegten Analogrechnungen mit einem Funktionalelement $s^{1/2}$ + const. werden auf die diffusionskontrollierte Adsorptionskinetik angewandt. Es wird eine allgemeingültige Formulierung für die genannten Fälle angegeben. Lsg.-Beispiele für die Frumkinsche (ebene u. sphär. Elektrode) u. die lineare Isotherme (Tropfelektrode) werden ausgeführt, wobei die Analogschaltbilder dargestellt sind. C. Herold 170

0602 **Anwendbarkeit der Theorie von Gouy-Chapman auf die Diffusionsschicht im Falle der Galliumelektrode.** A. N. Frumkin und N. B. Grigor'ev. (Élektrochimija 4 (1968) 5, 533—35; Inst. élektrochim. AN SSSR, Moskva; russ.) — Vf. überprüfen die Anwendbarkeit der Theorie von Gouy-Chapman auf die Diffusionsschicht an der Ga-Elektrode in $HClO_4$ + $NaClO_4$-Lsg. mit einem von Parsons et al. [J. electroanalyt. Chem. [Amsterdam] **9** (1965) 333] angegebenen Verfahren. E. Winkler 170

0603 **Einfluß eines sich zeitlich periodisch ändernden hydrodynamischen Stromes auf den Diffusionsgrenzstrom.** B. M. Grafov. (Élektrochimija 4 (1968) 5, 542 bis 545; Inst. élektrochim. AN SSSR, Moskva; russ.) — Vf. untersucht theoret. den Einfl. eines sich zeitlich ändernden Flüssigkeitsstromes auf den Diffusionsgrenzstrom einer Elektrode E. Winkler 170

0604 **Gründe des Stromabfalls in den Polarisationskurven, die auf den Grundstrom korrigiert sind.** L. G. Feoktistov, M. M. Gol'din, G. P. Girina und V. Ju. Filinovskij. (Élektrochimija 4 (1968) 5, 525—28; Inst. élektrochim. AN SSSR, Moskva; russ.) — Vf. führten Polarisationsmessungen an der Hg-Tropfelektrode u. an rotierenden Cu-Amalgam-Elektroden zur Red. von Acrylnitril in 0,01—0,5 n $LiClO_4$-Lsg., zur Red. von Zinkat in KOH-Lsg., zur Red. von Cs^+ in LiCl-Lsg., zur Red. von O_2 in KOH-Lsg. u. zur Red. von Tl^+-Ionen in $HClO_4$-Lsg. durch. Die Depolarisatorkonz. lagen im Bereich von ca. 10^{-3} Mol/l. In allen untersuchten Syst. trat im Kurvenverlauf ein Abfall des Stromes auf. Es wird auf die Rolle des elektr. Widerstandes beim Absinken des Stromes in den korr. Polarisationskurven hingewiesen, der sich auch durch Verw. von Luggin-Haber-Kapillaren nicht unterdrücken läßt. E. Winkler 170

0605 **Theorie der Photodiffusionsströme in Lösungen.** 1. Mitt. Ju. Ja. Gurevič und Z. A. Rotenberg. (Élektrochimija 4 (1968) 5, 529—33; Inst. élektrochim. AN SSSR, Moskva; russ.) — Vf. untersuchen theoret. die quant. Verhältnisse zwischen dem Photoemissionsstrom I u. dem unter den Bedingungen des Elektroden-Photoeffektes gemessenen Strom j. E. Winkler 170

0606 **Impedanz galvanischer Zellen. 23. Mitt. Elektrodenreaktion mit spezifischer Adsorption der elektroaktiven Spezies; Pb^{2+}/Pb(Hg)-Elektrode in KNO_3–KCl-Mischungen.** B. Timmer, M. Sluyters-Rehbach und J. H. Sluyters. (J. electroanalyt. Chem. Interfacial Electrochem. [Lausanne] 1g (1968) 1/2, 93—106; Labor. for Analyt. Chem., State Univ. of Utrecht, Niederlande; engl.) — 22. vgl. C. **1969**, 6-0626. — Die wichtigsten Theorien werden diskutiert. Die Gleichungen von Reinmuth werden für reversible Syst. als die befriedigendsten betrachtet. Für die Anwendung dieser Gleichungen werden 3 Fälle betrachtet: keine, schwache u. starke Adsorption. Aus den Meßergebnissen folgt, daß die Adsorption von Pb an der Phasengrenze mit zunehmender KCl-Konz. ansteigt. J. Bardeleben 170

0607 **Reaktion solvatisierter Elektronen an der Grenzfläche Metall–Elektrolyt.** T. Pyle und C. Roberts. (J. electrochem. Soc. **115** (1968) 3, 247—50; Coventry, England, Lanchester Coll. of Technol.; engl.) — Es wird ein Modell der Bldg. von H_2 ohne vorherige Entstehung von H bei der elektrolyt. u. spontanen Metallauflsg. gemäß $e_{aq}^- + e_{aq}^- \rightarrow H_2 + 2\,OH^-$ diskutiert. Für Metalle mit schwerlösl. Hydroxiden wird die Bldg. eines Oberflächenfilms vorausgesetzt, dessen Auflsg. den Charakter des Wasserstoffentw.-Prozesses bestimmt. Unter diesen Annahmen ber. Auflsg.-Geschw. von Fe in reduzierenden Säuren zeigen gute Übereinstimmung mit experimentellen Werten. Aus den Dissoziationskonst. der Hydroxide abgeschätzte Aktivierungsenergien für die Hydroxidfilme auf Fe u. Hg ergaben 11,4 u. 19 kcal/Mol gegenüber experimentellen Werten von 11,5 kcal/Mol für die Fe-Auflsg. u. 22 kcal/Mol für die Wasserstoffentw. an Hg. C. Herold 170

0608 **Einige Aspekte der an der Grenzfläche Elektrode–Elektrolyt gemessenen parallelen differentiellen Leitfähigkeit.** H. S. Isaacs und J. S. Ll. Leach. (J. electrochem. Soc. **115** (1968) 3, 237—42; Nottingham, England, Univ.; engl.) — Mit Rechteck-Stromimpulsen wurden Impedanzmessungen an Elektroden aus *Sn, Zn, Ti, Cr* u. einer *U*-Leg. mit 12% *Mo* vorgenommen. Die bei 400 Hz gemessene parallele differentielle Leitfähigkeit enthielt zwei Komponenten, die mit den Rk. in der Grenzfläche Elektrode–Elektrolyt zusammenhingen. Es wird gezeigt, daß reversible Prozesse eine der Kapazität ähnliche Änderung der Leitfähigkeit mit dem Potential ergeben, während bei irreversiblen, nur vom Aktivierungsprozeß kontrollierten Rk. die Größe dieser Leitfähigkeit dem Polarisationsstrom direkt u. der Neigung der Tafelgeraden des aktivierenden Polarisationsprozesses umgekehrt proportional ist. C. Herold 170

0609 **Kinetische Prozesse in anodischen Oxidfilmen auf Aluminium bei hohen Feldstärken. 1. Mitt. Stromverlauf bei linear veränderlicher elektrischer Feldstärke.** M. J. Dignam und P. J. Ryan. (Canad. J. Chem. **46** (1968) 4, 535—48; Dep. of Chem., Univ. of Toronto, Toronto, Ontario; engl.) — Anod. Oxidfilme wurden auf hochreinem Al unter stationären Bedingungen in Glykol–Borat-Elektrolyten bis zu einer vorgegebenen Dicke gebildet, bei der sich die anod. Überspannung steil u. linear änderte. Wegen des geringen Filmwachstums im linearen Bereich entsprachen diese Bedingungen einer linear veränderlichen Feldstärke. Die Unters. des linearen Feldverlaufs lieferte eine Stütze für die Polarisationstheorie, jedoch waren die Ergebnisse für eine überzeugende Entscheidung zwischen Polarisations- u. Frenkelscher Defekttheorie für hohe Feldstärken nicht ausreichend. Unter den Voraussetzungen der Polarisationstheorie wurde $\beta_s/\beta_1 = 3{,}09$ ($\beta = \partial \ln i/\partial E$ mit i = Stromdichte, E = Feldstärke) u. für den kinet. Parameter $B = 1,52 \cdot 10^4$ cm^2/C für bei 0,001 V/s gebildete Filme erhalten. Eine in-situ-Messung der dynam. DK während der anod. Al_2O_3-Bldg. im stationären Zustand ergab $K_1 = 8,35 \pm 0,1$. Für bei 60° getemperte oder nach der Formierung gelagerte (10 Min.) Filme wurden höhere DK-Werte gemessen. C. Herold 170

0610 **Kinetische Prozesse in anodischen Oxidfilmen auf Aluminium bei hohen Feldstärken. 2. Mitt. Stromverlauf bei konstanten Feldbedingungen.** M. J. Dignam und P. J. Ryan. (Canad. J. Chem. **46** (1968) 4, 549—56; engl.) — 1. vgl. vorst. Referat. — Anod. Al_2O_3-Filme wurden nach der Bldg. ohne Anlegen eines elektr. Feldes bei Zimmertemp. oder 60° gealtert, dann wieder in die Elektrolysezelle (Glykol–Borat-Elektrolyt) gebracht, die anod. Überspannung schnell bis zu einem vorgegebenen Wert gesteigert u. der Stromverlauf registriert. Bei niedrigen Feldstärken wurde mit der Zeit ein monotoner Stromabfall beobachtet, der durch keine einfache empir. Gleichung beschrieben werden konnte. Bei höheren Feldstärken durchlief die Stromdichte nach anfänglichem Abfall ein Minimum, stieg wieder an u. näherte sich der der anliegenden Feldstärke entsprechenden Ionenstromdichte unter stationären Bedingungen. Dieses Verh. konnte mit der Polarisationstheorie von Ionenstromverläufen erklärt werden. C. Herold 170

0611 **Sauerstoffentwicklung an halbleitendem TiO_2.** P. J. Boddy. (J. electrochem. Soc. **115** (1968) 2 Part 1, 199 bis 203; Bell Telephone Labor, Inc., Murray Hill, N.J.; engl.) — TiO_2 (Rutil) entwickelt als n-Halbleiter bei anod. Polarisation trotz der Ggw. einer Verarmungsschicht gasförmigen Sauerstoff. Das Verh. der Rutilelektroden wird in Abhängigkeit von den kristallograph. Richtungen im Rutil-Krist. untersucht. Die Zugabe von Substanzen zum Elektrolyten, die leichter oxydierbar sind als W., bewirken bei gegebener Spannung keine Steigerung des Stroms, so daß eine Elektronenemission über die Grenzfläche hinweg unwesentlich ist. Die erhaltenen Ergebnisse werden damit interpretiert, daß der geschwindigkeitsbestimmende Schritt des gesamten Prozesses in einem Elektronen-Tunnelungsvorgang vom Oxid-Ion zur Krist.-Oberfläche besteht, der von einem schnelleren elektrochem. Prozeß gefolgt wird. Die Folgerungen, die sich daraus für die elektrolyt. Rektifizierung von halbleitenden Oxiden ergeben, werden diskutiert. M. Steidinger 170

0612 **Elektrochemische Reaktion an PbO_2-Elektroden. 3. Mitt. β-PbO_2-Elektroden in Perchlorsäure bei hoher Überspannung.** N. A. Hampson, P. C. Jones und R. F. Phillips. (Canad. J. Chem. **46** (1968) 8, 1325—35; Dep. of Chem., Loughborough Univ. of Technol., Leicestershire; engl.) — 2. vgl. C. **1968**, 30-0588. — Galvanostat. wurde der Elektronenaustausch zwischen β-PbO_2 u. Pb^{2+} für $[Pb^{2+}]$ konst. u. $[H^+]$ variabel u. umgekehrt untersucht. Aus der Abhängigkeit der für den Elektronenübertritt erforderlichen Überspannung von der Stromdichte (i_D) ergibt sich, daß mit zunehmender Überschreitung des Gleichgew.-Potentials die Zweielektronenübergangsstufe durch 2 Einelektronenstufen verdrängt wird. Eine Analyse der Steigung des linearen Teiles der Kurven log i_D-Potential ergeben, daß der reaktionsbestimmende Schritt der PbO_2-Red. die Bldg. eines Pb(III)-Zwischenprod. $(PbO_2(H^+))_2$ ads. $+ e \rightarrow (HP \cdot PB \cdot OH)^+$ ist. Aus der Abhängigkeit der Austauschströme von der Konz. an H^+ u. Pb^{2+} bei konst. Potential ergibt sich ein Abfall der Rk.-Ordnung von ca. 1 auf ca. 0,3 für fallende Pb^{2+}-Konzentration. Auf Grund der kinet. Daten wird ein Rk.-Mechanismus vorgeschlagen u. diskutiert. G. Schatz 170

0613 **Messung der Ionenbeweglichkeiten in anodischen Oxiden von Tantal und Zirkonium durch eine Präzisionsschnittechnik.** J. L. Whitton. (J. electrochem. Soc. **115** (1968) 1, 58—60; Res. Chem. Branch, Chalk River Nucl. Labor., Chalk River, Ontario, Canada; engl.) — Die Technik der Abtrennung von dünnen Schichten der anod. Oxide durch Schwingungspolieren wurde in Verb. mit eingesetzten radioakt.-markierten Anionen, Kationen u. Inertgasen (Xe, Kr) zur Best. der Art der anod. Ox.-Bldg. von Zr u. Ta verwendet. Die gemessene Transportzahl des Metalls für die Bldg. von Ta_2O_5 (0,28) steht in guter Übereinstimmung zu einer früheren Arbeit. Die Experimente zeigten, daß das ZrO_2 durch O_2-Wanderung gebildet wird, u. daß der Prozeß durch schnelle Bewegung des O_2 entlang der Fehlstellen verläuft. D. König 170

0614 **Anodisches Verhalten von Zink in KOH-Lösungen.** T. P. Dirkse, David De Wit und R. Shoemaker. (J. electrochem. Soc. **115** (1968) 5, 442—44; Calvin Coll., Grand Rapids, Mich.; engl.) — Die Grenzstromdichte u. Überspannung (η) der Rk. $Zn/[Zn(OH)_4]^{2-}$ wurde untersucht. Unter den vorliegenden Bedingungen bestimmte die Wegdiffusion von $Zn(OH)_4^{2-}$ von der Elektrode die Grenzstromdichte. η an der Zn–Hg-Elektrode entspricht der Ladungsübertragung, jene der nichtamalgamierten Elektroden dem Übergang vom Gitteratom in ein bewegliches Oberflächenatom mit niedriger KZ (Adatom). G. Schatz 170

0615 **Veränderung der elektrochemischen Charakteristik von Zinkelektroden in alkalischen Lösungen durch Sulfidniederschläge.** A. V. Merkulov und V. N. Flerov. (Élektrochimija **4** (1968) 5, 587—90; Gor'kovskij politechn. inst. im. Ždanova; russ.) — Die anfängliche negative Verschiebung des stationären Potentials von amalgamierten Zn-Elektroden ist auf die Chemisorption der S^{2-}-Ionen an der Zn-Oberfläche u. leichtere Ionisation des Metalles zurückzuführen. Durch die erschwerte Diffusion der S^{2-}-Ionen zum Metall u. Abdiffusion der Zinkationen stellt sich das für Zinkationen charakterist. Potential ein. Infolge Alterung der ZnS-Oberfläche wird der Durchtritt der Zn-Ionen bei längerem Verweilen in der Lsg. erleichtert u. das Potential erneut negativ verschoben. Bei langsamer anod. Auflsg. von Zn in alkal. Lsg. mit Sulfidnd. wird anfangs das Potential positiv verschoben, bleibt aber oberhalb einer gewissen Sättigung mit Zinkat konstant. Auf diese Weise lassen sich höher gesätt. (über 30 %) u. gegen Alterung beständige Zinkatlsg. herstellen. Bei schnellen Anodenprozessen in zinkatfreien Lsg. wird durch S^{2-}-Ionen die maximale anod. Aktivität des Zn stark gesenkt. Ein Grund für den Einfl. des Nd. ist die Bldg. einer porösen Schicht von anod. Prod. auf der Elektrodenoberfläche. Die Aktivität der Elektrode wird durch die Halbleitereig. der passivierenden Oxidfilme bestimmt, die durch den Einfl. des Schwefels als Elektronenakzeptor verändert werden. H. Berge 170

0616 **Messung der Grenzflächenspannung von Amalgamen mit Hilfe eines Kapillarelektrometers.** N. S. Poljanovskaja. (Élektrochimija **4** (1968) 5, 549—53; Mosk. gos. univ. im. Lomonosova; russ.) — Vf. untersuchte durch Aufnahme von Elektrokapillarkurven mit dem Kapillarelektrometer In-Amalgame in 0,1 n $HClO_4$-Lsg. mit 0,71—64,5 Atom-% In). Für das 64 %ig. Amalgam wurden die experimentellen Daten mit Ergebnissen von Kapazitätsmessungen verglichen u. gute Übereinstimmung erhalten. Die Übereinstimmung von experimentell bestimmten u. ber. Daten ist für die Amalgame geringer als für reines Hg. Die ermittelten Nulladungspotentiale stimmen gut mit den von Butler (J. physic. Chem. **69** (1965), 3817) erhaltenen Ergebnissen überein. Aus den Unters. ist zu schließen, daß die Differenzen zwischen den Ergebnissen einer früheren Arbeit des Vf. (Élektrochimija **1** (1965), 538) mit den von Butler l.c. gefundenen Daten nicht durch Unterschiede in der Art des Elektrolyten oder durch mangelnde Reinheit des metall. In erklärt werden können. Es wird darauf hingewiesen, daß die mit dem Kapillarelektrometer erhaltenen Daten eine größere Zuverlässigkeit aufweisen. E. Winkler 170

0617 **Kapazitätsuntersuchungen von passivem Eisen in neutralen Lösungen durch die potentiostatische Impulsmethode.** R. V. Moshtev. (Ber. Bunsenges. physik. Chem. **72** (1968) 3, 452—59; Inst. of Phys. Chem., Bulgarian Acad. of Sci., Sofia; engl.) — Die Passivierung u. die Eig. der Passivschicht auf Fe in neutraler Boratpufferlsg. wurde untersucht. Es wird angenommen, daß die Kapazität beim Korrosionspotential, $C = 38\ \mu F/cm^2$, der Doppelschichtkapazität entspricht. Bei anod. Polarisation im akt. Auflösungsbereich wurde eine Adsorptionsisotherme beobachtet, die der Langmuir-Isotherme ähnlich ist. Die DK-Werte der Sperrschicht des Passivfilms wurden berechnet. Ein Zusatz von NO_3^--Ionen bis zu 0,50 Mol/l hat keine Wrkg. auf die Passivierungscharakteristik u. die Eig. der Passivschicht. SO_4^{2-}-Ionen verursachen Reaktivierung im Passivbereich u. erhöhte Leitfähigkeit der Schicht, die dem Einbau dieser Ionen in die Schicht zugeschrieben wird. Die dynam. Messung der Kapazität im Bereich des stationären Schichtwachstums ergab eine lineare Beziehung zwischen der Kapazität u. dem log der Zeit, aus deren Steigung der Feldkoeff. ermittelt wurde. D. Hoene 170

0618 **Änderung der Oberflächenspannung und Aufnahme der Elektrokapillarkurve von Kupfer während des elektrolytischen Polierens in Orthophosphorsäure.** Bernard Pointu, Denise Laforgue-Kantzer und Alexandre Laforgue. (C. R. hebd. Séances Acad. Sci., Sér. C **266** (1968) 8, 500—02; Fac. des Sci. de Lyon; franz.) — Aus der photograph. Aufnahme der Projektion eines Tropfens auf einer horizontal angeordneten Cu-Anode wurde der Benetzungswinkel in Abhängigkeit vom Elektrodenpotential bestimmt u. daraus eine parabol. verlaufende Funktion von Oberflächenspannung gegen Elektrodenpotential erhalten. Mit der Gibbsschen Adsorptionsgleichung wird gezeigt, daß die gefundene Kurve als klass. Elektrokapillarkurve angesehen werden kann. Aus den Werten wird eine Dicke der elektrochem. Doppelschicht von einigen Zehn Å abgeschätzt. C. Herold 170

0619 **Korrosion von Kupferamalgam durch Spuren von Sauerstoff.** Felisa Chao und Max Costa. (Bull. Soc. chim. France **1968**, 1, 54—59; Labor. du CNRS, 92-Bellevue; franz.) — Aus der Abhängigkeit des Gleichgew.-Potentials von Cu-Amalgam von der Zeit wird der Mechanismus der Korrosion ermittelt: Kathode: $^1/_2\ O_2 + 2\ H^+ + 2\ e \rightarrow H_2O$, Anode: $Cu \rightarrow Cu^{2+} + 2\ e$. Die Korrosion zerfällt in 2 Zeitabschnitte: 1. die Diffusion von O_2 durch die Grenzschicht bestimmt die RG, 2. der Transport von Cu zur Grenzschicht bestimmt die RG. Da es nicht möglich war, O_2-freies N_2 darzustellen, entwerfen Vf. eine abgeschlossene Elektrolysezelle, die ein zeitunabhängiges Amalgampotential liefert. G. Schatz 170

0620 **Elektrolytische Keimbildung von Silber auf Metallelektroden.** 3. Mitt. W. F. Schottky und G. Mierke. (Ber. Bunsenges. physik. Chem. 72 (1968) 3, 466; Phys.-Chem. Inst., Univ., Heidelberg; dt.) — 2. vgl. C. **1968**, **13**-0640. — Die Keimzahl als Funktion der Stromdichte bei der elektrolyt. Abscheidung von Ag auf Pt wurde bei kleinen Stromdichten untersucht. Die experimentellen Keimzahlen zeigen über den gesamten Stromdichtebereich eine gute Übereinstimmung mit den für die bevorzugte Abscheidung der Ionen an den Keimen nach der Keimzahltheorie theoret. berechneten. D. Hoene 170

0621 **Natur der Krümmungen in den Polarisationskurven der elektrolytischen Abscheidung von Silber aus Cyanidelektrolyten.** E. A. Nečaev, R. Ju. Bek und N. T. Kudrjavcev. (Élektrochimija **4** (1968) 5, 545—49; Mosk. chim.-technol. inst. im. Mendeleeva; russ.) — Vf. untersuchten bei 25° durch Potentialmessungen, Best. der Austauschstromdichte u. durch Polarisationsmessungen die elektrolyt. Abscheidung von Ag aus CN^--haltigen Ag-Lsg., die außerdem Na_2SO_4 u. z. T. auch MeCl (Me = Na, K, Rb, Cs) enthielten. Aus den Unters. wird geschlossen, daß die Krümmungen der Polarisationskurven bei niedrigen CN^--Konz. wahrscheinlich auf den niedrigen Durchtrittsfaktor zurückzuführen sind. Man kann aber auch andere Ursachen, z. B. die Änderung der scheinbaren Geschw.-Konst., bei den Betrachtungen nicht ausschließen. E. Winkler 170

0622 **Voltamperometrische Untersuchung verschiedener Oxydationsstufen von Chlor in Dimethylformamid.** Christiane Sinicki, Patrick Desportes, Mylène Bréant und Robert Rosset. (Bull. Soc. chim. France **1968**, 2, 829—32; Villeurbanne, Labor. de Chim. Ind. et Anal. INSA; franz.) — Durch Aufnahme von Stromdichte-Potential-Kurven mit Hilfe einer polierten Pt-Elektrode wurde nachgewiesen, daß in DMF Cl^-, Cl_2, ClO_2^- u. ClO_2 als elektroakt. Komponenten wirken, während ClO^-, ClO_3^- u. ClO_4^- keine Aktivität zeigen. An Cl_2- u. ClO^--Lsg. in DMF wurde Red. zu Cl^- durch Umsetzung mit als Hydrolyseprod. des DMF vorliegenden HCOOH beobachtet. C. Herold 170

0623 **Voltammetrische Untersuchung von Ruthenium in wäßriger Lösung. 1. Mitt. Alkalisches Medium.** Pierre Eichner. (Bull. Soc. chim. France **1967**, 6, 2051—56; Paris, Éc. Sup. de Phys. et Chim., Labor. de Chim. analyt.; franz.) — Aus den Strom–Spannungs-Kurven bei der elektrochem. Red. von RuO_4^{2-} in 4 n NaOH an einer blanken Pt-Elektrode ergeben sich 3 Red.-Stufen: RuO_2, $Ru(OH)_3$ u. Ru, denen Halbstufenpotentiale von — 0,15, — 0,39 u. — 0,66 V entsprechen. Die Unters. der pH-Abhängigkeit der Rk. zeigt, daß bei pH-Werten > 12 eine Dismutation von RuO_4^{2-} in RuO_2 u. RuO_4^- (Red.-Stufe bei +0,33 V) stattfindet. Die Ox. von RuO_4^- zu RuO_4 bei pH-Werten > 12 wird mit Hilfe einer „Glassy-carbon"-Elektrode gemessen; das Halbstufenpotential dieser Rk. liegt pH-unabhängig bei + 0,75 V. Ru-Metall wird in alkal. Lsg. zu RuO_4^{2-} oxydiert (Potential + 0,28 V in 4 n-NaOH), die Rk. ist wegen zunehmender Passivierung der Ru-Anode jedoch nicht quantitativ. Durch die Ergebnisse wird das Potential-pH-Diagramm des Ru in wss. alkal. Lsg. qual. bestätigt. Die elektrochem. Meth. wird sich jedoch kaum für quant. Analysen von RuO_4^{2-} u. RuO_4^- einführen lassen, weil durch das Auftreten unlösl. Ru-Verb. die Natur der Indikatorelektrode ständig verändert wird. F. Haenschke 172

0624 **Tris-[2.2'-bipyridyl]-niccolat(I)-Anion in Acetonitril.** Nobuyuki Tanaka und Yuichi Sato. (Inorg. nuclear Chem. Letters 4 (1968) 9, 487—90; Suppl. zu: J. inorg. nuclear Chem.; Dep. of Chem., Fac. of Sci., Tohoku Univ., Katahira-cho, Sendai, Japan; engl.) — Bei der polarograph. Red. von $[Ni(bipy)_3](ClO_4)_2$ in Acetonitril in Ggw. von $[(C_2H_5)_4N]ClO_4$ als Leitelektrolyt u. eines bipy-Überschusses wird eine zweistufige Rk. beobachtet u. den Schritten $[Ni(bipy)_3]^{2+} \rightarrow [Ni(bipy)_3] \rightarrow [Ni(bipy)_3]^-$ zugeschrieben. A. Blaschette 172

A–6. Kolloidchemie, Grenzflächen

0625 **Stabilität von Arsentrisulfid-Hydrosol im Lichte der D. L. V. O.-Theorie.** K. L. Daluja und S. N. Srivastava. (Bull. chem. Soc. Japan 41 (1968) 1, 17—25; Dep. of Chem., Agra Coll., Agra, India; engl.) — Die Stabilität des negativen As_2S_3-Soles mit einem mittleren Teilchendurchmesser von 90 Å wurde in Ggw. verschiedenwertiger Kationen (Na^+, Ba^{2+}, UO_2^{2+}, Al^{3+} u. Th^{4+}) mit Hilfe der D. L. V. O.-Theorie untersucht. Das Zeta-Potential (es wurde angenommen, daß es gleich dem Oberflächenpotential ist) der Sol-Teilchen wurde aus elektrophoret. Messungen als Funktion der Ionenstärke berechnet. Mit Hilfe des Zeta-Potentials wurden die Abstoßenergie V_R u. die Anziehungsenergie V_A bestimmt. Das Stabilitätsverhältnis W wurde aus Wechselwrkg.-Profilen beider Energien berechnet, der Stabilitätsfaktor F wurde aus der Gleichung nach Derjaguin gewonnen. Die Ausflockungskräfte der Kationen nahmen in der Reihenfolge Al^{3+}, Th^{4+}, UO_2^{2+}, Ba^{2+}, Na^+ ab. Das anomale Verh. des Th wird auf seine Hydrolyse zurückgeführt. G. Malow 181

0626 **Aktivierungsenergie der Leitfähigkeit wäßriger Lösungen in Kapillaren.** J. A. Schufle und Nai-Teng-Yu. (J. Colloid Interface Sci. 26 (1968) 4, 395—406; Dep. of Chem., N.Mex. Highlands Univ., Las Vegas, N.Mex.; engl.) — Die elektr. Leitfähigkeit verd. wss. HCl-Lsg. in Glaskapillaren wird in Abhängigkeit vom Kapillardurchmesser d (⌀ 2 mm—5 μm) u. der Temp. gemessen. Während für konz. Lsg. ($c > 10^{-2}$ n) kein großer Einfl. von d auf die Aktivierungsenergie der Leitfähigkeit (E_L) zu beobachten ist, zeigen verd. Lsg. (c: $1 \cdot 10^{-3}$ bis $1 \cdot 10^{-4}$ n) für $d < 15\ \mu m$ Änderungen von E_L bis zu 100% gegenüber dem Wert in der Vol.-Phase. Die Ergebnisse werden im Zusammenhang mit der weitreichenden Orientierung von Fl. an festen Grenzflächen diskutiert. K. Strenge 186

0627 **Einfluß von Gegenionen auf die Mizelleigenschaften von 2-Dodecylaminoäthanolsalzen. 1. Mitt. Oberflächenspannung und elektrische Leitfähigkeit.** D. C. Robins und I. L. Thomas. (J. Colloid Interface Sci. 26 (1968) 4, 407—14; Welsh Coll. of Advanced Technol., Cathays Park, Cardiff, Great Britain; engl.) — Die Darst. von 2-Dodecylaminoäthanol (I), I-HCl (II), I-HBr (III), I-HJ (IV) u. I-HNO_3 (V) wird beschrieben. An den wss. Lsg. der Salze werden die Oberflächenspannung γ u. die elektr. Leitfähigkeit als Funktion der Temp. u. der Konz. gemessen. Folgende Werte für die CMC (Mol/l) u. den Platzbedarf (Å²/Mol.) wurden aus den γ-Messungen ber.: II: (0,9—1,2) · 10^{-2}, 108; III: (0,85—1,1) · 10^{-2}, 102; IV: (0,4—0,6) · 10^{-2}, 98; V: (0,75—1,0) · 10^{-2}, 124. Die aus den Leitfähigkeitskonz.-Kurven ber. CMC liegen innerhalb dieser Bereiche. Oberhalb 24° wird für alle 4 Salze eine Vorzeichenumkehr für die Mizellbldg.-Wärme beobachtet, bei dieser Temp. liegt auch das Minimum der CMC-Temp.-Kurve. Die Ursache für dieses Verh. könnte eine Strukturänderung des W. bei 24° sein.

K. Strenge 186

0628 **Einfluß von Gegenionen auf die Mizelleigenschaften von 2-Dodecylaminoäthanolsalzen. 2. Mitt. Viskosität und Lichtstreuung.** D. C. Robins und I. L. Thomas. (J. Colloid Interface Sci. 26 (1968) 4, 415—21; engl.) — 1. vgl. vorst. Referat. — Für das Hydrobromid, Hydrojodid und Nitrat des 2-Dodecylaminoäthanols (I) kann durch Viskositätsmessungen mit einem Kapillarviskosimeter eine 2. CMC nachgewiesen werden, die sich in einer Änderung der Form und Größe der Mizellen äußert. Das Hydrochlorid zeigt in dem untersuchten Konz.-Bereich keine Änderung der Mizellform. Lichtstreuungsuntersuchungen zeigen, daß die Mizellgröße in der Reihe I-HCl < I-HNO_3 < I-HBr < I-HJ zunimmt. Die 2. CMC dokumentiert sich für I-HJ u. I-HNO_3 auch in den Debye-Kurven.

K. Strenge 188

0629 **Einfluß von Gegenionen auf die Mizelleigenschaften von 2-Dodecylaminoäthanolsalzen. 3. Mitt. Solubilisation.** D. C. Robins und I. L. Thomas. (J. Colloid Interface Sci. 26 (1968) 4, 422—33; engl.) — 2. vgl. vorst. Referat. — Die Solubilisation von Bzl., Hexan (II), Cyclohexan (III) u. Octanol (IV) durch wss. Mizell-Lsg. des Hydrochlorids, Hydrobromids, Hydrojodids u. Nitrats des 2-Dodecylaminoäthanols (I) wird untersucht. Das Solubilisationsvermögen nimmt in der Reihe I-HJ = I-HNO_3 > I-HBr > I-HCl ab. Mit II u. III werden keine fl. Krist.-Phasen erhalten, Bzl. bildet mit I-HJ u. I-HNO_3 fl. Kristalle. In den Solubilisaten mit IV liegen bei allen Tensiden fl. Krist. vor. Die Phasendiagramme einiger Syst. werden angegeben u. diskutiert.

K. Strenge 188

0630 **Polarographische Bestimmung der Mizell-Diffusionskoeffizienten.** Horst W. Hoyer und Jack Novodoff. (J. Colloid Interface Sci. 26 (1968) 4, 490—93; Hunter Coll., New York, N.Y.; engl.) — Die Diffusionskoeff. D von *Na-Decyl-* (I), *-Dodecyl-* (II) u. *-Tetradecylsulfat* (III)-Micellen werden polarograph. dadurch bestimmt, daß die entsprechenden Tenside durch Markierung mit Cd-Laurat (je Mizelle 1 oder weniger Mol.) eine gut meßbare Stufe ergeben. Folgende Werte wurden gemessen: In einer 1 · 10^{-2} m III-Lsg. D = 0,76 · 10^{-6} cm²/s. In einer 4 · 10^{-2} m II-Lsg. D = 0,86 · 10^{-6} cm²/s. In einer 0,165 m I-Lsg. D = 1,14 · 10^{-6} cm²/s.

K. Strenge 188

0631 **Ultraschallabsorption wäßriger amphiphiler ionischer Lösungen.** Raoul Zana und Jacques Lang. (C. R. hebd. Séances Acad. Sci., Sér. C 266 (1968) 12, 893—96; Strasbourg, Bas-Rhin, CNRS, Centre de Rech. sur les Macromol.; franz.) — Der Einfl. der Mizellenbldg. auf die Ultraschallabsorption in wss. Lsg. von amphiphilen ion. Substanzen wird bei 3,5 MHz u. 25° untersucht. Die untersuchten Stoffe sind *K-Caprylat, Na-, K- u. Cs-Caprinat, K-Dodecanoat, Dodecylpyridiniumchlorid, Dodecylpyridiniumbromid* u. *Dodecylpyridiniumjodid*. Bei allen Stoffen nimmt die Absorption sprunghaft bei einer Konz. zu, bei der Mizellenbldg. eintritt, u. zwar um so eher, je länger die Paraffinkette des Mol. ist. Dagegen haben die Kationen keinen merklichen Einfl. auf die Schwellenkonzentration. Bei geringen Konz. an amphiphilen Stoffen tritt bei Zugabe von Elektrolyten beim Übersteigen einer gewissen Konz. ebenfalls ein Absorptionssprung ein.

H. U. Borgstedt 188

0632 **Osmotische Koeffizienten der Wolframatokieselsäure.** J. S. Johnson jun. und R. M. Rush. (J. physic. Chem. 72 (1968) 1, 360—62; Chem. Div., ORNL, Oak Ridge, Tenn.; engl.) — Der osmot. Koeff. von Wolframatokieselsäure wurde bestimmt. Die entsprechende Kurve ist unter Angabe des maximal möglichen Streubereichs konstruiert.

J. J. Pohl 188

0633 **Chemischer Bau der Oberfläche von Methylpolysiloxan-Xerogelen.** A. S. Plačinda, I. B. Slinjakova und V. M. Čertov. (Ž. fiz. Chim. 42 (1968) 1, 24—26; Inst. fiz. Chim. AN USSR, Kiev; russ.) — Durch Rk. mit $LiAlH_4$ in Ae. wird die Konz. von OH-Gruppen (4,0 bis 9,4 µMol/m²) an der Oberfläche von Kohydrolysaten aus Na-Methylsiliconat (I) u. Na-Silicat (II) bestimmt. Bei einem Anteil von 0,93—0,88 Mol-% I wird beim Ionenaustausch mit $Ca(OH)_2$ pro OH-Gruppe 1 Ca^{2+}-Ion gebunden, bei Hydrolysaten aus reinem II pro OH-Gruppe nur ½ Ca^{2+}-Ion. Dieses Ergebnis läßt auf gleichmäßige Verteilung von OH- u. CH_3-Gruppen auf der Oberfläche der Kohydrolysate schließen, die die Bindung eines Ca^{2+}-Ions an 2 OH-Gruppen erschwert.

H. Gümbel 192

0634 **Hydratation von Kristallisation von ϱ-Aluminiumoxid und Aluminiumoxidgel in wäßrigen Lösungen verschiedener basischer Reagenzien.** Goro Yamaguchi und Wen-Chau Chiu. (Bull. chem. Soc. Japan 41 (1968) 2, 348—53; Dep. of Ind. Chem., Univ. of Tokyo, Hongo, Tokio; engl.) — $Al(OH)_3$-Gel, Böhmit-Gel, ϱ-, η- u. γ-Al_2O_3 werden unterhalb 100° mit W., NaOH, NH_4OH u. einer Reihe von organ. Aminen Py., Äthylendiamin, Diäthylamin, Diäthanolamin, Aminobenzol, α.α-Dipyridyl, o-, m-, p-Diaminobenzol, Harnstoff u. ihrer wss. Lsg. behandelt. Böhmit-Gel, η- u. γ-Al_2O_3 zeigen dabei keine Veränderung, während $Al(OH)_3$-Gel u. ϱ-Al_2O_3 je nach Vers.-Bedingungen in krist. Böhmit, Hydrargillit, Bayerit oder Nordstrandit übergehen. Am besten wird diese Umwandlung durch wss. Py., Anilin, Hydrazin u. o,m-Phenylendiamin bewirkt.

H. Tulhoff 192

0635 **Sol-Gel Umwandlung des Aluminiumhydroxides in Gegenwart von Farbstoffen.** Wahid U. Malik und Iqbal A. Khan. (Bull. chem. Soc. Japan 41 (1968) 2, 321—25; Chem. Labor., Univ. of Roorkee, India; engl.) — Der Einfl. von Farbstoffen auf die Gelbldg. des Aluminiumhydroxidsoles wurde mit Hilfe viskosimetr. u. pH-metr. Meth. untersucht. Saure Farbstoffe verhalten sich anders als bas. Farbstoffe. Die Ergebnisse werden über verschiedene Strukturänderungen in den Farbstoffmol. interpretiert. Im Falle der Alizarinsulfonsäure verläuft die Adsorptionsisotherme weder nach Langmuir noch nach Freundlich, während die Adsorption von Methylorange, von Methylenblau u. Malachitgrün sich durch eine Gleichung nach Langmuir beschreiben läßt.

G. Malow 192

0636 **Vollständige Porenstrukturanalyse. 1. Mitt. Analyse der Mikroporen.** R. Sh. Mikhail, Stephen Brunauer und E. E. Bodor. (J. Colloid Interface Sci. 26 (1968) 1, 45—53; Inst. of Coll. and Surface Sci. and Dep. of Chem. Clarkson Coll. of Technol., Potsdam, N.Y.; engl.) — Zur Best. des Porenvol. u. der Porenoberflächenanteile von Mikroporen (≦ ⌀ 16 Å) wird eine Meth. angegeben. Die Meth. ist eine Erweiterung der „t-Meth." nach de Boer u. wird als „Mikroporenanalysenmeth." („MP-Meth.") bezeichnet. Die Anwendung wird an einem Silicagel (Davidson 03), das ausschließlich Mikroporen enthält, demonstriert. Die BET-Meth. ergibt einen korrekten Wert für die gesamte vom Stickstoff erreichbare Oberfläche des Silicagels.

G. Malow 200

0637 **Vollständige Porenstrukturanalyse. 2. Mitt. Analyse von vier Silicagelen.** R. Sh. Mikhail, Stephen Brunauer und E. E. Bodor. (J. Colloid Interface Sci. 26 (1968) 1, 54—61; engl.) — 1. vgl. vorst. Referat. — Nach einer Kombination der „MP-Meth." für die Mikroporen u. der „korrigierten modellosen Meth." für die großen Poren wurde für vier Silicagele eine vollständige Porenanalyse durchgeführt. Zwei Kieselgele besaßen nur große u. zwei andere enge u. weite Poren. Die gesamten Porenoberflächengrößen stimmten mit der aus den BET-Messungen überein u. das Porenvol. stimmte mit dem gesamten, für den Stickstoff abschätzbaren Vol. überein.

Die Ergebnisse zeigen, daß die BET-Gleichung für die Oberflächengröße der Mikroporen der beiden Gele korrekte Werte ergibt. G. Malow 200

0638 **Methoden zur Untersuchung des Baus poröser Körper. Gesetze für das Fließen in diesen Materialien.** C. Marle. (Bull. Soc. franç. Céram. **1967**, 74, 51–57; Inst. Franç. de Pétrole; franz.) — Vf. gibt eine kurze Übersicht über die Gesetze des Fließens in porösen Körpern u. die Parameter, die der Beschreibung solcher Materialien dienen: Porosität (Verhältnis des Leervolumens zum Gesamtvolumen), spezif. Oberfläche, Größe u. Form der Poren. — 14 Literaturangaben. F. Haenschke 200

0639 **Ein Langmuir-Trog mit kontrollierter Atmosphäre und simultaner automatischer Anzeige von ellipsometrischen, Kontaktpotential- und Oberflächenspannungsmessungen.** Tennyson Smith. (J. Colloid Interface Sci. **26** (1968) 4, 509–17; North Amer. Aviat. Sci. Center, Thousand Oaks, Calif.; engl.) — Es wird eine Vers.-Anordnung beschrieben, die es gestattet, die Oberflächenspannung, das Oberflächenpotential u. ellipsometr. Daten von Oberflächenfilmen als Funktion der Oberflächenbesetzung gleichzeitig zu registrieren. Die App. stellt ein abgeschlossenes Syst. dar, in dem die Atmosphäre genau kontrolliert u. die Temp. zwischen 20 u. 200° variiert werden kann. Die Besetzungsdichte gasf. Adsorbate wird durch Änderung des Dampfdrucks, die kondensierter durch Änderung der Fläche mit Hilfe einer Barriere bewirkt. An den Beispielen: Hg-Pentan u. Hg-Adamantancarbonsäure (I) werden die beiden Arbeitsweisen demonstriert. Einige weitere Anwendungsmöglichkeiten der App. werden kurz diskutiert (Messung der Wellendämpfung, der Oberflächenviskosität, der Oberflächendiffusion, Best. von Haftkoeff., Messungen an Mol.-Strahlen, reaktionskinet. u. elektrochem. Messungen). K. Strenge 202

0640 **Kapillare Steighöhe zwischen ungleichen Festkörpern.** W. J. O'Brien, R. G. Craig und F. A. Peyton. (J. Colloid Interface Sci. **26** (1968) 4, 500–08; Marquette Univ., Milwaukee, Wis.; engl.) — Es wird eine Gleichung für die Hyperbel abgeleitet, die von der Fl.-Oberfläche zwischen zwei Platten aus verschiedenem Material gebildet wird, die senkrecht in der Fl. stehen u. den kleinen Winkel Φ einschließen. Die Gleichung wird experimentell überprüft an Messungen mit W., Jodbenzol u. Äthanol an Plattenpaaren aus Glas, Teflon, Polymethacrylat u. silikonisiertem Glas (alle möglichen Kombinationen). Die Ergebnisse werden statist. ausgewertet u. ergeben eine sehr gute Übereinstimmung zwischen mathemat. Modell u. experimentellen Daten. K. Strenge 202

0641 **Oberflächenchemische Eigenschaften wäßriger Lösungen von Natriumalkylbenzolsulfonaten.** Fumikatsu Tokiwa und Kenji Ohki. (J. Colloid Interface Sci. **26** (1968) 4, 457–62; Kao Soap Comp., Wakayama-shi, Japan; engl.) — Die Darstellung reiner Na-Alkylbenzolsulfonate mit 10, 12 bzw. 14 C-Atomen in der Alkylkette wird beschrieben. An den wss. Lsg. dieser Stoffe wird die Oberflächenspannung γ als Funktion der Tensidkonz. c_T und der Elektrolytkonz. c_E gemessen. Aus den γ–c_T-Kurven wird die Änderung der Freien Gesamtadsorptionsenergie ΔG_{total} ermittelt, aus den γ–c_T-Kurven bei konst. c_E die Änderung der Freien Energie ΔG_0 ber. u. durch Variation von c_E deren Einfl. auf ΔG_{total} u. ΔG_0 untersucht. ΔG_0 hängt nicht vom Bedeckungsgrad ab, erhöht sich jedoch beim Übergang vom Decyl- zum Dodecylderiv. um 1,3 kcal/Mol. Elektrolytzusatz erhöht ΔG_{total} u. erniedrigt ΔG_0. K. Strenge 202

0642 **Physikochemische Beziehungen zwischen dünnen Filmen und festen Oberflächen.** 1. Mitt. **Grenzflächenmechanismus der Entfernung dünner Filme.** W. C. Hamilton und W. G. Jennings. (J. Colloid Interface Sci. **26** (1968) 4, 463–70; Univ. of Calif., Davis, Calif.; engl.) — Die Ablösung von ^{14}C-markiertem Tristearin (I) von Stahlblech durch reines W. u. die Spreitungsgeschw. von I wird gemessen. Die Vers. zeigen, daß das I nur beim Durchgang durch die W.-Luft-Phasengrenze abgelöst wird. Verantwortlich hierfür ist der Marangoni-Effekt (Spreitungsdruck), der durch lokale Unterschiede in der Grenzflächenspannung zu einem Transport der gespreiteten Substanz von der eingetauchten Oberfläche weg führt. Die Theorie des Marangoni-Effekts wird diskutiert. K. Strenge 202

0643 **Physikochemische Beziehungen zwischen dünnen Filmen und festen Oberflächen.** 2. Mitt. **Desorptionskinetik dünner Filme.** W. C. Hamilton und W. G. Jennings. (J. Colloid Interface Sci. **26** (1968) 4, 471–77; engl.) — 1. vgl. vorst. Referat. — Die Untersuchung der Kinetik der Ablösung von ^{14}C-markiertem Tristearin (I), d. h. der abgelösten Menge I als Funktion der Durchgänge der Probe durch die Phasengrenze, zeigt, daß das I aus drei Arten besteht. Die Spezies 0 ist kohäsiv an andere I-Mol. gebunden u. wird nicht durch die Stahloberfläche beeinflußt. Spezies 1 u. Spezies 2 stehen mit der Oberfläche in Wechselwrkg. u. werden gleichzeitig durch unabhängig voneinander ablaufende Prozesse 1. Ordnung entfernt. Da die Vers. oberhalb des F. des I durchgeführt wurden, ist eine Deutung der Natur der drei Spezies schwierig, da Polymorphie als Ursache ausscheidet. K. Strenge 202

0644 **Physikochemische Beziehungen zwischen dünnen Filmen und festen Oberflächen.** 3. Mitt. **Interpretation der kinetischen Resultate.** W. C. Hamilton und W. G. Jennings. (J. Colloid Interface Sci. **26** (1968) 4, 478 bis 489; engl.) — Der fl. Film aus Tristearat (I) auf der Stahloberfläche wird als ein koll. Syst. aus I-Clusters betrachtet. Dadurch lassen sich die beiden I-Spezies als im prim. bzw. sek. Minimum der Potential–Abstand-Kurve fixierte Teilchen behandeln. Elektronenmkr. Aufnahmen der Metallplatten + I werden als Beweis für die partikuläre Struktur der Schicht mitgeteilt u. eingehend diskutiert. Die Theorie der Desorption wird auf der Basis dieser Annahmen entwickelt. — 2. vgl. vorst. Referat. K. Strenge 204

0645 **Übergänge erster Ordnung in der adsorbierten Phase.** 1. Mitt. **Berechnung der inneren Energie und der Entropie von Übergängen adsorbierter Phasen an einer homogenen Oberfläche.** Yves Larher. (J. Chim. physique Physico Chim. biol. **65** (1968) 5, 974–76; Serv. de Chim. Phys. CEN, Saclay; franz.) — Die Singleton-Harvey-Gleichung für Mehrstufenisothermen ist nicht komplett. Zum zweiten Glied der Gleichung muß ein Entropieterm hinzugefügt werden, der ebenso wichtig wie der energet. ist. J. J. Pohl 204

0646 **Adsorptionsisotherme von Molekülen, die auf heterogenen Oberflächen zwei Elementarplätze besetzen.** 2. Mitt. **Mikroskopische Oberflächenheterogenität.** V. S. Markin und Ju. A. Čizmadžev. (Élektrochimija 4 (1968) 2, 123–32; Moskva, Inst. élektrochim. AN SSSR; russ.) — 1. vgl. C. **1969**, 11-0684. — Es wird der Fall theoret. untersucht, bei dem die Adsorptionsenergie benachbarter Stellen eine unabhängige statist. Größe darstellt. Die erhaltene Adsorptionsisotherme hat bes. bei mittleren Bedeckungen einen angenähert logarithm. Verlauf, wobei ihre Neigung von der Streuung der Adsorptionsenergie, die einer Bindung zugeordnet ist, bestimmt wird. Das ergibt im Vgl. zu dem Fall, bei dem die Stellen in makroskop. Oberflächenbereichen einheitliche Adsorptionsenergie besitzen, eine etwa doppelt so große Neigung. C. Herold 204

0647 **Analyse der Adsorptionsisotherme im Bereich kleiner Dampfdrücke.** 1. Mitt. **Thermodynamik der Adsorption durch eine Vielkomponentenoberfläche.** Akira Takizawa. (Kolloid-Z., Z. Polymere **222** (1968) 2, 141 bis 143; Tokyo Inst. of Technol., Tokyo; engl.) — Die Adsorption kleiner polarer Mol. an polaren Adsorbentien, z. B. von W. an Proteinen, wurde auf der Basis des BET-Modells im Bereich kleiner relativer Dampfdrücke mit den Meth. der statist. Thermodynamik behandelt. Nach der entwickelten Theorie ist es möglich, die Anzahl u. das durchschnittliche Gew. von Adsorptionsenergiefaktoren zu ermitteln. G. Malow 204

0648 **Analyse der Adsorptionsisotherme im Bereich kleiner Dampfdrücke.** 2. Mitt. **Numerische Analyse der zusammengesetzten Adsorptionsisotherme.** Akira Takizawa. (Kolloid-Z., Z. Polymere **222** (1968) 2, 143–48; engl.) — 1. vgl. vorst. Referat. — Adsorptionsisothermen an mehrkomponentigen Oberflächen wurden mit Hilfe der statist. Thermodynamik berechnet. Auf Grund eingehender Unters. konnte eine neue analyt. Meth. vorgeschlagen werden, um die Werte A_m u. C_i der BET-Gleichung für jede Komponente aus den Adsorptionsisothermen im Bereich niedriger relativer Drücke ($< 0,1$) zu bestimmen. Die Meth. wurde am Syst. Protein–W. (Insulin–W.; Na-Salz der Poly-L-Glutaminsäure–W.; Eier-Albumin–W.) bei 25° überprüft. Sie erklärt die experimentellen Daten recht befriedigend. G. Malow 204

0649 **Abtrennung von Wasserstoff und Deuterium aus einem schnell fließenden Gasstrom bei niedrigem Druck.** Nick Demchuk und H. D. Gesser. (Chem. and Ind. **1968**, 8, 251; Winnipeg, Manitoba, Canada, Univ. of Manitoba, Parker Chem. Labor.; engl.) — „Saran"-Holzkohle adsorbiert H_2 u. D_2 bei −196° aus einem He-Strom (2700 μMol He/min; Gesamtdruck 1,04 Torr). Die adsorbierten Gase lassen sich durch Desorption bei 200° quant. wiedergewinnen. D. Ertel 204

0650 **Verschiedene Zustände des Systems Wasser–Kohlenstoff. Poröser Graphit.** François-Michel Lang und Yves Lafargue. (C. R. hebd. Séances Acad. Sci., Sér. C **266** (1968) 8, 485—88; Gif-sur-Yvette, Centre d'Ét. Nucl. de Saclay; franz.) — An nuklearreinem Graphit wurde festgestellt, daß die W.-Adsorption bei 25° von der Probengeometrie abhängt, was durch Kapillarkondens. an der Peripherie verursacht wird. Anwesenheit von Inertgas fördert diese Kondens. durch Verursachung von W.–Graphit-Bindungen. Nur bis 120° wurde vollständig reversibles Adsorptions–Desorptions-Verh. beobachtet, während bei höheren Temp. ein zunehmender irreversibler Adsorbatanteil auftrat. C. Herold 204

0651 **IR-Untersuchung der Adsorption von Benzol an Aerosil.** Adriano Zecchina, Carlo Versino, Anna Appiano und Giancarlo Occhiena. (J. physic. Chem. **72** (1968) 5, 1471—74; Ist. di Chim. Fis., Univ. di Torino, Torino; engl.) — Unters. an stark dehydroxyliertem Aerosil (1—204/150 Å²). Bei niedriger Bedeckung erfolgt die Adsorption vorwiegend durch eine 1:1-Wechselwrkg. unter Beteiligung des π-Elektronensyst. des Bzl.-Rings. D. Hoene 204

0652 **NMR-Untersuchung von Konstitutionswasser in verschiedenen Festkörpern. 2. Mitt. Siliciumdioxid–Aluminiumdioxid-Proben.** Joël Kermarec, Jacques Fraissard und Boris Imelek. (J. Chim. physique Physico Chim. biol. **65** (1968) 5, 920—25; Labor. de Chim. Gén., Sorbonne, Serv. de Chim. des Solides, CEA, Saclay; franz.) — 1. vgl. C. **1968**, 31-0374. — SiO_2–Al_2O_3-Proben wurden durch NH_3-Fällung aus Silicat–Aluminat-Lsg. hergestellt, bei 150—500° mit W. ($2 \cdot 10^{-2}$ Torr) behandelt u. NMR-spektroskop. untersucht. Der Austausch von Protonen des Konstit.-W. gegen D wurde bei Verw. von ND_3 verfolgt. Im gesamten Temp.-Bereich dürfte sich mehr als die Hälfte der Konstit.-W.-Menge im Inneren der festen Probe befinden. Bei 350—400° findet eine Wanderung des W. gegen die Oberfläche hin statt. Die Oberflächenprotonen haben eine kleine Beweglichkeit. Die Entwässerung der Probenoberfläche erfolgt nach statist. Gesetzen. J. J. Pohl 204

0653 **Adsorptionsverhalten von Aluminiumoxid. 3. Mitt. Adsorption von Äthanol und tert.-Butanol an γ-Aluminiumoxid.** Helmut Knözinger und Heinz Stolz. (Kolloid-Z. Z. Polymere **228** (1968) 1, 42—47; Phys.-Chem. Inst., Univ., München; dt.) — 2. vgl. C. **1967**, 1-0624. — Vf. untersuchten gravimetr. die Adsorption von A. u. tert.-Butanol an γ-Al_2O_3 im präkatalyt. Temp.-Bereich (Messungen bei 50, 80 u. 110°). In diesem Bereich stellt sich der Sättigungswert äußerst langsam ein. Der kinet. Ablauf dieser langsamen Adsorption wird auf gegenseitige ster. Behinderungen der adsorbierten Mol. zurückgeführt. Die häufig beobachtete Diskrepanz im Adsorptionsverh. vor u. nach Einsetzen einer heterogenen katalysierten Rk. der Adsorptionsmol. wird diskutiert. D. Hoene 204

0654 **Proton-Relaxation in an Aluminiumoxid sorbierten Flüssigkeiten.** D. Geschke, H. Pfeiffer und H. Winkler. (J. Colloid Interface Sci. **26** (1968) 3, 287—90; Phys. Inst., Karl-Marx-Univ., Leipzig; engl.) — Unters. für an Al_2O_3 adsorbiertes *W.* u. *Cyclohexan.* D. Hoene 204

0655 **Elektronische Eigenschaften von Aluminiumoxid und die Chemisorption von Wasser, Wasserstoff und Sauerstoff.** S. Khoobiar, J. L. Carter und P. J. Lucchesi. (J. physic. Chem. **72** (1968) 5, 1682—88; Eno Res. and Engng. Co., Linden, N.J.; engl.) — Best. der DK, der Thermokraft u. der elektr. Leitfähigkeit von η-Al_2O_3 (150—600°). Bei niedrigeren Frequenzen wird die DK durch die an der Oberfläche adsorbierten Verunreinigungen bestimmt, bei hohen Frequenzen dominieren die Eig. des Festkörperinneren. Die Leitfähigkeit nimmt bei Adsorption von H_2O, H_2 oder O_2 zu. H_2 dissoziiert bei Adsorption u. wirkt als Elektronendonator. O_2 verhält sich wie ein Elektronenakzeptor. D. Hoene 204

0656 **Wasserstoffchemisorption auf feindispergiertem Platin auf einer Al_2O_3-Unterlage.** D. Cismaru und Al. Fruma. (Rev. roum. Chim. **13** (1968) 2, 139—45; Akad. of the Socialist Rep. of Romania, Bucharest; engl.) — Die H_2-Chemisorption wurde bei 25° unter Drücken von $4 \cdot 10^{-2}$ bis 170 Torr untersucht, um den Dispersionsgrad des Pt auf Al_2O_3 zu bestimmen. Mit einem Al_2O_3-Katalysator, der 0,343% Pt enthielt, wurde gefunden, daß der Mittelwert des Verhältnisses (adsorbiertes H-Atom)/(Pt-Atom) gleich 0,973 ist. Dieses Verhältnis ist entscheidend für die Charakterisierung des Dispersionsgrades von Pt auf Al_2O_3. Im untersuchten Bereich war die Langmuir-Isotherme gültig. H.-D. Schwartz 204

0657 **Adsorptionscharakteristiken von CO_2.** P. S. Clough und M. R. Harris. (Chem. and Ind. **1968**, 11, 343—44; Dep. of Chem. Univ. of Salford; engl.) — Beim Vgl. der Adsorptionsisothermen von CO_2 an verschieden porösen Oxiden (Al_2O_3) bei 193—293 °K mit den Adsorptionsdaten von N_2 bei 77 °K wurden folgende charakterist. Änderungen bei den CO_2-Iosthermen mit einer Temp.-Änderung beobachtet: 1. Mit steigender Temp. wird der B-Punkt immer weniger ausgeprägt. Bei 293° verläuft die Isotherme vom Nullpunkt bis zu $0,5 \cdot p_0$ nahezu linear. Die BET-Geraden sind über die gebräuchlichen Druckbereiche ($0,05 \cdot p_0 - 0,25 \cdot p_0$) linear, aber der Ordinatenabschnitt wird mit steigender Temp. beträchtlich größer. Der C-Wert liegt zwischen 46 bei 193° u. 7 bei 293°. Die spezif. Oberflächen sind wesentlich kleiner als die mit N_2 bei 77 °K erhaltenen. G. Malow 204

0658 **Adsorption von Wasserstoff an Nickel.** V. I. Savčenko und G. K. Boreskov. (Kinetika i Kataliz **9** (1968) 1, 142—50; Inst. kataliza SO AN SSSR, Novosibirsk; russ.) — Aus der Messung des elektr. Widerstandes u. der Austrittsarbeit (Diodenmeth.) bei der Chemisorption von Wasserstoff (I) an Nickelfilmen zeigt sich, daß I bei 273 °K in zwei verschiedenen Zuständen (β_1 u. β_2) an der Ni-Oberfläche adsorbiert wird. Bei 195 °K tritt ein dritter Adsorptionstyp auf, der sich aus den 3 Zuständen α, γ_1 u. γ_2 zusammensetzt. Bei 98 °K sinkt die Austrittsarbeit durch Adsorption von atomarem I stark ab. Aus der Messung der Desorptionswärme ergibt sich für die Bindungsenergien der I-Zustände an der Oberfläche die Reihe $\beta_2 \geqq \beta_1 > \alpha > \gamma_2 > \gamma_1$. D. Radeck 204

0659 **Chemisorption von Sauerstoff an Lithium-dotiertem Nickeloxid.** A. Bielański, A. Barański, T. Dal, K. Dyrek und M. Najbar. (Bull. Acad. polon. Sci., Sér. Sci. chim. **16** (1968) 4, 219—22; Dep. of Inorg. Chem., Jagellonian Univ., Cracow; engl.) — Untersucht wurde die Kinetik der O_2-Chemisorption an Li-dotiertem NiO mit Oberflächen zwischen 0,25 u. 0,55 m²/g. Für die Abhängigkeit des Oberflächenbedeckungsbruchteils Θ von log (t) (t = Zeit) wurden Beziehungen erhalten, die teils aus einem, teils aus zwei linearen Ästen bestehen. Aus den experimentellen Ergebnissen wurden die Parameter der Roginsky-Zeldovich-Gleichung $\Theta = k_1 \log(t) + k_2$ bzw. $d\Theta/dt = \alpha \exp(-\beta\Theta)$ berechnet. Danach erreichen k_1 u. k_2 ein Minimum für Li-Geh. von ca.

0,1 Atom-%; die β-Werte erreichen an dieser Stelle ein Maximum. W. Laqua 204

0660 **Struktur des durch Montmorillonit adsorbierten Wassers.** Jean Mamy. (C. R. hebd. Séances Acad. Sci., Sér. D **266** (1968) 9, 851—83; Stat. Centrale d'Agronom, CNRA, Versailles, Yvelines; franz.) — Die Messung der DK von Montmorillonit, der durch die Kationen *Li*, *Na*, *K* u. *Cs* abgesätt. u. bei W.-Dampfpartialdrücken von 0—1 bei 20° gelagert war, zwischen —150 u. +60° ergab zwei Arten der Leitfähigkeit. Die erste wird durch Protonentransport in einer adsorbierten W.-Schicht hervorgerufen. Die zweite beruht auf dipolarer Adsorption durch Freiwerden assoziierter W.-Mol. in den Fehlstellen des Gitters. Letztere hängt mit dem Vorhandensein der Kompensationskationen u. der Bindungsart der W.-Mol. unter sich u. mit dem Montmorillonit zusammen. Das Mineral hat eine Monoschicht von adsorbiertem W., deren vermutliche Struktur angegeben wird. F. Ensslin 204

0661 **Sorption von Dämpfen durch Sepiolith.** A. J. Dandy. (J. physic. Chem. **72** (1968) 1, 334—39; Makerere Univ. Coll., Univ. of East Africa, Kampala, Uganda; engl.) — Es wurde die Sorption von Stickstoff bei —197 u. —184°, von Sauerstoff bei —184° u. von Ammoniak, Methylamin u. Äthylamin bei 0, 25 u. 41° an entgastem Sepiolith gemessen. Die BET-Oberflächengröße von Sepiolith $(H_6(Mg^{II}, Fe^{II}, Fe^{III}, Al^{III})_8 \cdot (Si, Al^{III})_{12}O_{30} \cdot (OH)_{10} \cdot 6\,H_2O)$ ist beim Entgasen bei 70° größer als bei 25°. Die ber. Größen aus den Isothermen des N_2, O_2 u. CH_3NH_2 u. $C_2H_5NH_2$ bei 0° liegen im Bereich von 354—383 m²/g, die ber. Oberflächengröße aus der NH_3-Sorption bei 0° liefert dagegen einen Wert von 747 m²/g. Ein vorheriges Erhitzen des Sepioliths in Luft oder im Vakuum bei 300° verkleinert die Oberflächengröße aus der N_2-Sorption beträchtlich. Die isostere Sorptionswärme des N_2 beträgt 2,2 kcal/Mol bei Monoschichtbedeckung; die Werte für die polaren Dämpfe steigen mit zunehmender Basenstärke des Sorbats. Die differentiellen Sorptionsentropien wurden berechnet. G. Malow 204

0662 **Einsatz der Atomabsorptionsspektroskopie zur Untersuchung der Kinetik der Adsorption in flüssiger Phase.** Jean-Maurice Vergnaud, Bruno Rey-Coquais, Bernard Buathier und Roger Neybon. (Bull. Soc. chim. France **1967**, 6, 2194—96; Décines, Isère, Centre de Rech. Progil; franz.) — Vf. beschreiben eine App., die es gestattet, mit Hilfe der Atomabsorptionsspektroskopie kontinuierlich Konz.-Änderungen von Kationen in Lsg. zu verfolgen. Das Verf. wird für kinet. Unters. der Adsorption von Pt an Aktivkohle u. aktiviertes Al_2O_3 aus wss. Lsg. von $H_2[PtCl_6]$ (1 g Pt/l) eingesetzt. Zur Analyse verwendet man die Pt-Resonanzlinie bei 2659 Å; die Ansprechzeit der App. beträgt ca. 1 Sekunde. Die Adsorption von Pt an Aktivkohle führt nach ca. 60 Sek. zum Gleichgew., bei Al_2O_3 erst nach ca. 6 Minuten. F. Haenschke 204

0663 **Adsorption aus binären flüssigen Mischungen an Festkörpern.** F. Terrier und K. G. Weil. (Ber. Bunsenges. physik. Chem. **72** (1968) 4, 548—54; Eduard-Zintl-Inst., TH, Darmstadt; dt.) — Es wird ein Verf. beschrieben, die scheinbare Adsorption einer Komponente einer fl. Mischung an einer Festkörperoberfläche aus Dampfdruckmessungen zu bestimmen. Das Verf. ist bes. vorteilhaft, wenn die Komponenten der Mischung stark unterschiedliche Partialdrücke besitzen. Für folgende Syst. werden Meßergebnisse mitgeteilt: Aluminiumoxid, Aktivkohle, Mol.-Sieb 5 Å, Kieselgel u. Vycorglas als Adsorptionsmittel in fl. Mischungen von Tetrahydronaphthalin mit Aceton, Ae. oder Bromäthan. Für die Adsorption von Bromäthan an Al konnte Mehrschichtenadsorption nachgewiesen werden. G. Malow 204

0664 **Adsorption von Jod und Essigsäure aus wäßrigen Lösungen an porösen Kohlenstoffen.** A. Hill und H. Marsh. (Carbon [Oxford] **6** (1968) 1, 31—39; Norther Coke Res. Labor., School of Chemistry, Univ. of Newcastle upon Tyne; engl.) — Die Syst. Jod–Jodid–W. u. Essigsäure–W. wurden zur Unters. der Adsorption an aktivierten Polyvinylidenchloridkohlenstoffen u. an aktivierten Kokosnußkohlen verwendet. Die Adsorbenzien wurden durch die Mikroporenvol. u. die effektiven Oberflächengrößen nach der Adsorptionstheorie von Dubinin charakterisiert. Die Jodadsorption ist nicht auf die Monoschichtbedeckung beschränkt, die Übergangsporen wurden mit aufgefüllt. Für die korrekte Isotherme muß die freie Jodkonz. u. nicht die gesamte Jodkonz. verwendet werden. Unter diesen Umständen kann der Einfl. der Jodkonz. auf das Ausmaß der Jodadsorption vorausgesagt werden. Aus Unters. mit radioakt. J folgt, daß J_2 u. kleine ionisierte Spezies adsorbiert werden. Die Essigsäureadsorption kann zur Messung der Oberflächengröße oder des inneren Porenvol. nicht verwendet werden. G. Malow 204

0665 **Adsorption von Phosphorsäureanionen auf der Oberfläche von Hämatit.** Theo Jacobs. (C. R. hebd. Séances Acad. Sci., Sér. C **266** (1968) 6, 341—43; Inst. de Rech. chim. du Min. de l'Agric., Tervuren, Belgique; franz.) — Elektrophoret. Unters. zeigen, daß H_3PO_4-Anionen auf der Oberfläche von α-Fe_2O_3 spezif. adsorbiert werden. Auf Grund der gemessenen Adsorptionswärme wird ein Adsorptionsmechanismus unter Mitwrkg. von H-Bindungen vorgeschlagen. W. Wesly 204

0666 **Chemische Oberflächeneigenschaften von Metall-Oxiden: Lewis-Säure-Base- und Ionenaustauschreaktionen.** M. C. Eyraud, J. Lenoir, G. Siclet und M. Gery. (Bull. Soc. franç. Céram. **1967**, 74, 43—49; Villeurbanne, Inst. Nat. de Sci. Appl., Fac. des Sci., Labor. de Génie Chim.; franz.) — Vf. untersuchen bei Θ-Al_2O_3 die Adsorption von H_2O-Dampf, sein Ionenaustauschverh. unter pH-Bedingungen, wo keine Auflsg. eintritt u. die Diffusion adsorbierter Cu^{2+}-Ionen bei 600—800°. Lewis-Acidität u. Ionenaustauschvermögen sind wahrscheinlich an denselben Positionen der Al-Oberfläche lokalisiert. Die Positionen chem. Oberflächenaktivität müssen nicht nur Al-Atome sein, sondern können auch an Ausgangspunkten von Versetzungen liegen. Die Diffusion der Cu^{2+}-Ionen erfolgt möglicherweise sowohl entlang der Versetzungen als auch innerhalb einer Ebene (z. B. der Oberfläche selbst). F. Haenschke 204

0667 **Sorption von ^{137}Cs, ^{90}Sr und ^{91}Y aus wäßrigen Lösungen durch einen synthetischen Zeolithen vom Typ X in Natriumform.** V. N. Ščebetkovskij. (Radiochimia **10** (1968) 2, 151—56; russ.) — Vf. untersuchte die Abhängigkeit der Sorption von Mikromengen von ^{137}Cs, ^{90}Sr u. ^{91}Y durch einen Zeolithen NaX von Geh. an NaCl u. an natürlichen Humusstoffen in der wss. Lösung. Das Gleichgew. stellt sich nach 8—10 Std. ein. Die Sorption von ^{137}Cs u. ^{90}Sr hängt nicht von der Ggw. von Humusstoffen in der Lsg. ab u. vergrößert sich linear mit der Verringerung der NaCl-Konz. im Bereich 10^{-3} bis 0,5 Mol./l. Die Veränderung des pH-Wertes hat keinen Einfl auf die Gesetzmäßigkeiten des Austausches von Na-Ionen gegen Cs-Ionen. Die Ggw. von Humusstoffen hat einen Einfl. auf die Sorption von ^{91}Y, der mit der Bldg. von Y-Assoziaten mit diesen Stoffen erklärt wird. Für Y ist ein Sorptionsmax. bei $C_{NaCl} \to 10^{-1}$ Mol/l charakteristisch. G. Ewald 204

0668 **Radiochemische Untersuchung der Sorption von Spurenelementen. 2. Mitt. Sorption von Mangan und Gold an Papier.** P. Beneš und J. Singer. (Collect. czechoslov. chem. Commun. **33** (1968) 5, 1508—21; Dep. of Nucl. Chem., Czech. Technical Univ., Prague; engl.) — 1. vgl. C. **1968**, 42-0543. — Die Sorption u. Desorption von Spuren von Mn ($\leqq 3 \cdot 10^{-8}$ m u. 10^{-6} m) u. Au (10^{-8} m u. 10^{-6} m) aus wss. Lsg. an Filterpapier (Whatman No. 1) wurden in Abhängigkeit vom pH-Wert, von der Zus. der Lsg., der Konz. der Spurenelemente u. der Zeit untersucht. Im Bereich von pH 3—8 wird Mn durch Ionenaustausch als zweiwertiges Kation adsorbiert, bei pH >10 überwiegt eine physikal. Adsorption der Hydrolyseprodukte. Au wird physikal. in Form undissoziierter Mol. oder hydrolyt. Prod. adsorbiert u. auf der Papieroberfläche wahrscheinlich zur metall. Form reduziert. G. Malow 204

0669 **Adsorption hochverdünnter Ionenmischungen auf Platinoberflächen.** Lajos Imre. (Kémiai Közlemények [Chem. Mitt.] **29** (1968) 3, 217—43; Debrecen, Kossuth Lajos Tudományegyetem Fizikai-Kémiai Tanszék; ung.) — Vf. untersuchte den Einfl. der Konz.-Änderung von H_3O^+-Ionen auf die Adsorption aus Ionenlsg. trägerfreier radioakt. Präp. auf Pt-Flächen. Es wurde festgestellt, daß mit der Konz. der H_3O^+-Ionen die Parameter der Langmuirschen Adsorptionsisothermen — für die Adsorption hochverd. radioakt. Ionenlsg. — verändert werden. Eine solche Änderung widerspricht der Langmuirschen Theorie. Die Erscheinung wird aber durch die vom Vf. früher erkannten thermodynam. Eig. der Grenzflächenübergangsschichten erklärlich. In diesem Fall spielen nämlich neben der Langmuirschen Adsorption Ionenaustauschrk. an der Grenzfläche eine wichtige Rolle. Vers. mit Pt–H$^+$–^{111}Ag, Pt–H$^+$–^{64}Cu, Pt–H$^+$–^{139}Cs u. Pt–H$^+$–^{83}Rb. J. Plank 204△

0670 **Anorganische synthetische Ionenaustauscher. 1. Mitt. Salze einiger mehrbasischer Säuren mit mehrwertigen Kationen.** T. D. Ionescu und Gh. Tudorache. (Rev. Chim. [București] **19** (1968) 2, 90—93; rum.) — Auf Grund von 55 Literaturangaben beschreiben Vf. Herst., Eig. u, Austauschvermögen von Ionenaustauschern auf der Basis von Zr, Ti, Sb, Sn, U u. P. J. Philips 206△

0671 **Isotopenaustauschuntersuchungen an Silicationenaustauschern.** 6. Mitt. **Untersuchung des Ba-Isotopenaustausches zwischen Zeolith A und wäßriger Lösung bei Temperaturen bis 180° mit Hilfe einer neuen experimentellen Methode.** E. Hoinkis und H. W. Levi. (Z. Naturforsch. **23a** (1968) 6, 813—17; Hahn-Meitner-Inst. für Kernforschung, Berlin; dt.) — 5. vgl. C. **1968**, **17**-**0714**. — Zur Messung von schnellen, heterogenen Ionenaustauschrk. zwischen Pulvern u. wss. Lsg. im Temp.-Bereich von 100—180° wurde eine Meth. entwickelt. Die auf Vers.-Temp. erhitzten Proben (Pulver u. wss. Lsg.) wurden durch Zerbrechen eines Gefäßes in Kontakt gebracht. Nach der Austauschperiode von ≧10 Sek. wird der Prozeß innerhalb von 0,2 Sek. durch Einspritzen von kaltem Alkohol (—115°) in das Rk.-Gefäß unterbrochen. Mit Hilfe dieser Temp.-Sprungmeth. wurde der Isotopenaustausch im Ba-Zeolith A zwischen 45 u. 141° untersucht. Der Diffusionsprozeß verläuft bis zu Temp. von 100° nicht einheitlich. Oberhalb von 100° scheint ein idealer Diffusionsprozeß vorzuliegen, der die Lsg. der Diffusionsgleichung über den gesamten Bereich des Prozesses erfüllt. Für den schnellen Teilprozeß (bis 85°) ergab sich eine Aktivierungsenthalpie von $(\Delta H)_{Akt}$ = 0,76 eV (17,6 kcal/Mol) u. $D_0 = 10^{-1}$ cm^2 s^{-1}. G. Malow 206

0672 **Synthetische anorganische Ionenaustauscher.** 10. Mitt. **Darstellung und Eigenschaften der sogenannten Antimon(V)-säure.** Mitsuo Abe und Takuji Ito. (Bull. chem. Soc. Japan **41** (1968) 2, 333—42; Dep. of Chem., Tokyo Inst. of Technol., Ookayama, Meguro-ku, Tokyo; engl.) — 9. vgl. ibid. **40** (1967) 4, 1013; 7. vgl. C. **1968**, **44**-0608. — Antimon(V)-säure wurde hauptsächlich durch Hydrolyse von $SbCl_5$ u. daneben aus metall. Sb oder Kaliumdiantimonat erhalten. Der hydrolysierte Nd. war zunächst amorph. Die Kristallisation wurde durch Erhöhung der Temp. im Bereich von 0 bis 80° u. Erhöhung der Konz. der starken Mineralsäure erleichtert. Der W.-Geh. der luftgetrockneten Proben nimmt mit zunehmender Alterungsperiode ab. Die Zus. beträgt ≈ $Sb_2O_5 \cdot 4\,H_2O$. Die Krist. sind kub. u. gehören zur Raumgruppe O_h^7(Fd3m) mit einer Gitterkonst. von 10,382 Å. Die amorphen u. glasigen Formen der Säure sind lösl., während die krist. Modifikation unlösl. ist. Die Aufnahme von K-Ionen ist für alle Formen annähernd gleich, die Aufnahme von Li ist bei der krist. Form sehr gering. G. Malow 206

0673 **Struktur und Ionenaustauschvermögen von Polyantimonsäure.** L. H. Baetsle und D. Huys. (J. inorg. nuclear Chem. **30** (1968) 3, 639—49; Mol/Belgium, Belgian Nucl. Res. Centre SCK-CEN, Chem. Dep.; engl.) — Hydratisiertes Antimonoxid besitzt auf Grund analyt. Unters. die empir. Zus. $Sb_2O_5 \cdot 4\,H_2O$. Röntgenograph. Unters. dieses Prod. ergaben eine flächenzentrierte kub. Elementarzelle mit a = 10,3 Å, woraus Vf. die Formel $\{[H_3Sb_3O_6(OH)_6]_3[H_3Sb_5O_6(OH)_{18}]\}$ ableiten. Die Ionenaustauschkapazität dieser Verb. geben Vf. mit 5,05 mVal/g an; für Ag^+, Pb^{2+}, Tl^+ u. Sr^{2+} ist der Ionenaustausch bes. selektiv. Der Austauschmechanismus ist dem von Zeolithen sehr ähnlich, obwohl der Ursprung der induzierten Ladungen den Polymerisations- u. Kondens.-Vorgängen im Antimonoxid zuzuschreiben ist. Bei sehr geringer Beladung zeigt Polyantimonsäure in saurer Lsg. eine ausgeprägte Selektivität für Sr^{2+}. D. Ertel 206

0674 **Co-Ionenaustausch zwischen Zirkoniumphosphat und wäßrigen Lösungen.** Jack Barrett, J. A. W. Dalziel und M. K. Rahman. (Bull. Soc. chim. France **1968**, Sonder-Nr., 1835—38; Chelsea College of Sci. and Technol., London; engl.) — Vf. untersuchten Kinetik u. Gleichgew. der Austauschrk. der Phosphatgruppen zwischen festem Zr-Phosphat u. wss. Phosphatlsg. unter Verw. markierten Zr-Phosphats oder markierter Phosphatlösung. Es wird gezeigt, daß die Austauschrk. aus 2 Teilrk. mit 2 voneinander verschiedenen Rk.-Geschw. beschrieben werden kann: der Rk. der Oberflächengruppen mit der Lsg. u. dem diadochen Ersatz der Phosphatgruppen in der festen Phase. J. Pickardt 206

0675 **Beziehung zwischen Sorptionseigenschaften und Hydrolyseverhalten verschiedener Zirkoniumphosphattypen.** Václav Vesely, Vladimir Pekárek und Alexander Ruvarac. (Bull. Soc. chim. France **1968**, Sonder-Nr., 1832—35; Czechoslovak Acad. of Sci., Řež near Prague; engl.) — Vf. untersuchten die Abhängigkeit der Hydrolysegeschw. in W., 0,1 m HCl u. Alkalisalzlsg. von der Vorbehandlung der Zr-Phosphatproben (amorphe, halbkrist. u. gut krist. Proben, jeweils bei 25° u. bei 260° getrocknet), wobei das krist. Prod. am langsamsten hydrolysierte; in Ggw. von Alkalisalzlsg. steigt die Geschw. von Na nach Cs. Es wurde gefunden, daß die Sorption von Alkaliionen mit steigendem PO_4^{3-}-Geh. der Lsg. zunahm. Ferner wurden die Verteilungskoeff. für Th^{4+}, Pu^{4+} u. UO_2^{2+} in Abhängigkeit von der Zr-Konz. der Lsg. in Hinblick auf die Austauschereig. des Zr-Phosphats, bestimmt. J. Pickardt 206

0676 **Ionenaustauschvermögen von Sn(IV)-Produkten. 1. Mitt. Wasserhaltiges SnO_2 und sein Kationenaustauschvermögen.** J. D. Donaldson und M. J. Fuller. (J. inorg. nuclear Chem. **30** (1968) 4, 1083—92; Dep. of Chem., Chelsea Coll of Sci. and Technol., London; engl.) — *p*- u. *β*-SnO_2 wurden auf ihre Kationenaustauscheig. untersucht. Als Austauschverb. wurden die Sulfate von Cu(II), Zn(II), Co(II), Fe(II), Ni(II), Mn(II), Al(III), Cr(III) verwendet. Die Austauschgleichgew. stellen sich für α-SnO_2 sofort u. für β-SnO_2 nach 1 Std. ein. Der Austauschgrad ist abhängig von der Konz. der Me^{n+}. Eine Sättigung wird erreicht. Bei [Me^{2+}] von 50 mVal/l ergeben sich für α- u. β-SnO_2 Werte zwischen 1,98 (Cu^{2+}) u. 0,74 (Mn^{2+}) mVal/g SnO_2, bzw. 1,56 (Cu^{2+}) u. 0,55 (Mn^{2+}). Es wurden Verteilungskoeff. ber., aus denen sich die Selektivitätsskala Cu > Zn > Co Fe ≧ Ni > Mn ergab. Der Austausch von Cr(III) erfolgte sehr langsam, der von Al(III) ist stark pH-abhängig. Die Alterung von α-SnO_2 bedingt eine Abnahme des Austausches. K. Berg 206

0677 **Saure Chromtriphosphate, Ionenaustauscher.** Pierre Rémy und André Boullé. (Bull. Soc. chim. France **1968**, Sonder-Nr., 1838—40; École des Mines de Paris; franz.) — Vf. untersuchen die Ionenaustauscheig. der Verb. $H_2CrP_3O_{10} \cdot 2\,H_2O$ u. $H_2CrP_3O_{10} \cdot 1{,}5\,H_2O$ gegenüber Ag^+, Li^+, Na^+ u. K^+. Die Leichtigkeit des Austausches nimmt in der Reihenfolge $Ag^+ > Na^+ > Li^+$ ab, für K^+ ist der Austausch z. T. irreversibel. J. Pickardt 206

0678 **Ionenaustausch von Kupfer- und Zinkionen gegen Ionen der Alkali- und Erdalkalimetalle an Bentonit.** N. K. Krupskij und R. Z. Davydova. (Izvest. vysšich učebnych Zavedenij [Ivanovo], Chim. i chim. Technol. **11** (1968) 1, 39—42; Charkov, selchoz. inst., kaf. obščei chim.; russ.) — Die Austauschgeschw. von Cu^{2+} u. Zn^{2+} gegen K^+, Ca^{+2} u. Mg^{2+} (H^+) an Bentonit kann nach den erhaltenen Desorptionswerten für Cu^{2+} u. Zn^{2+} als direktes Maß für die unterschiedlichen Bindungsenergien der untersuchten Kationen mit der Oberfläche des Sorbenten gelten. W. D. Heussner 206

0679 **Fixierung von Phosphatanionen durch einen Kaolinit.** Paul Marini und Jean Lacroix. (C. R. hebd. Séances Acad. Sci., Sér. C **265** (1967) 15, 820—23; Labor. de Chim. du Sol, Toulouse, Haut-Garonne; franz.) — Die vergleichende Unters. eines *Kaolinits* u. eines *Antigorits* zeigt die Bedeutung der Natur des dem Si assoziierten Kations für die Fixierung der Phosphatanionen — im sauren Medium — durch die Phyllosilicate. Nur die Al-Atome der gestörten Gitterzonen nehmen akt. an der Fixierung teil. H. Riemer 206

0680 **Selektiver Kationenaustausch an phosphorylierten Styrol–Divinylbenzol-Copolymeren.** G. L. Starobinec und S. D. Kul'kina. (Izvest. vysšich učebnych Zavedenij [Ivanovo], Chim. i chim. Technol. **11** (1968) 1, 35—38; Minsk, gos. med. inst., kaf. org. fiz. i koll. chim.; russ.) — Aus der Analyse der Sorptionsisothermen für Li^+, K^+ u. Na^+ an synthet. phosphonsauren Styrol–DVB-Kationenaustauschern mit 8,35 mVal zweibasiger Phosphongruppen u. 1,15 mVal einbasiger Gruppen pro 1 g trockenem Ionit ist zu erkennen, daß die Umkehr der Selektivität des Austausches von K^+–Li^+ u. Na^+–Li^+ in alkal. Medium deshalb erfolgt, weil der Ionizitätsgrad der Bindung von Li^+ mit der 2. Säuregruppe geringer ist als mit der 1. Säuregruppe. Dieser Effekt beruht wahrscheinlich auf einem Mechanismus lokaler Hydrolyse. W.-D. Heussner 206

0681 **Elektronenspektren einiger Übergangsmetallionen in Kationenaustauscherharzen. 1. Mitt. Nickel(II)-, Kobalt(II)- und Kupfer(II)-Ionen im stark sauren Sulfonatharz Dowex 50-WX8.** Teuvo Nortia und Sauli Laitinen. (Suomen Kemistilehti **41** (1968) 4, B 136—B 141; Dep. of Chem., Univ. of Oulu, Oulu, Finland; engl.) — Einige der gebräuchlichen Austauscherharze sind in der Farbe so hell u. durchsichtig, daß die Elektronenabsorptionsspektren vieler an diesen Harzen adsorbierter Metallionen direkt in dünner Harzschichtdicke gemessen werden können. Es werden die Spektren im sichtbaren und nahen IR-Bereich aufgenommen. Die Aufnahmen von Ni^{2+}-, Co^{2+}- u. Cu^{2+}-Ionen, die aus verd. wss. Lsg. bis zur Sättigung an feuchtem Dowex 50-WX8-Harz adsorbiert wurden, sind ähnlich den Spektren der hydratisierten Ionen; Metallionen u. Sulfonatgruppen des Harzes treten offenbar nicht miteinander in nennenswerte Wechselwirkung. An lufttrockenem Harz jedoch wird bereits ein Teil der Metallionen an Sulfonat koordinativ gebunden; ihr Anteil nimmt zu, wenn das Harz zuvor bei 100° getrocknet wurde. G. Buttgereit 206

0682 **Elektronenspektren einiger Übergangsgruppenionen in Kationenaustauscherharzen. 2. Mitt. Kobalt(II)-, Kupfer(II)- und Neodym(III)-Ionen im schwach sauren Carboxylatharz Zeo-Karb 226.** Sauli Laitinen und Teuvo Nortia. (Suomen Kemistilehti **41** (1968) 5/6, B 253—B 260; engl.) — 1. vgl. vorst. Referat. — Es werden die Elektronenabsorptionsspektren von Ni^{2+}, Co^{2+}, Cu^{2+} u. Nd^{3+}, die an Carboxylatharz Zeo-Karb 226 (2,5—4,5% DVB) aus verd. Lsg. ihrer Salze adsorbiert sind, im sichtbaren u. nahen IR-Spektralbereich aufgenommen. Die erhaltenen Spektren werden mit Aufnahmen derselben Metallsalze an *Sulfonat*-Harz Dowex 50-WX8 adsorbiert sowie mit den Spektren der festen Metallmalonate verglichen. Dabei zeigt sich, daß die Metallionen bei 100%ig. Beladung des Ionenaustauscherharzes zumindest teilweise koordinative Bindung mit den Carboxylatanionen aufweisen. G. Buttgereit 206

0683 **Kinetik des Ionenaustausches. 1. Mitt. Austausch des Me–H-Typs an Dowex 50W.** J. Eliášek und V. Tašek. (Collect. czechoslov. chem. Commun. **33** (1968) 5, 1501—07; Inst. für Wärmetechnik, TH für Chem., Prag; dt.) — Die Diffusionskoeff. für die Partikeldiffusion wurden unter Verw. des Ionenaustauschers *Dowex 50W* für Na^+, NH_4^+, K^+, Ag^+, Mg^{2+}, Ca^{2+}, Sr^{2+}, Ba^{2+}, Fe^{2+}, Ni^{2+}, Cu^{2+}, Cd^{2+}, Zn^{2+}, Sn^{2+}, Mn^{2+}, Co^{2+}, Pb^{2+}, Cr^{3+}, Al^{3+}, Fe^{3+}, Th^{4+}, NH_3OH^+, $N_2H_5^+$ durch oszillometr. Best. der Leitfähigkeitsänderungen in 0,2 m Lsg. ermittelt. Es wurde der Einfl. der Größe des Austauscherkorns u. des Vernetzungsgrades auf die Austauschgeschw. für die Syst. RH + Me untersucht. An Dowex 50W mit einer Körnung von 100/200 Siebmaschen ändern sich die Diffusionskoeff. mit dem Vernetzungsgrad des Ionenaustauschers u. mit der Wertigkeitsänderung des Metalls sehr wenig. Demgegenüber sind diese Änderungen bei der Körnung von 20/50 Siebmaschen erheblich u. wachsen mit dem Vernetzungsgrad des Austauschers u. der Valenz des Metalls. G. Malow 206

0684 **Neue Aspekte der inneren Struktur von Ionenaustauschmembranen.** Jacek Klinowski und Marciej Leszko. (Rozniki Chem. [Ann Soc. chim. Polonorum] **42** (1968) 1, 123—27, 2 Tafeln; Kraków, Jagiellonian Univ., Dep. of Gen. Chem.; engl.) — Auf der Grundlage bekannter H_2O-Selbstdiffusionskoeff. u. auf Grund von elektronenopt. Unters. an Kationen- u. Anionenaustauschermembranen (*AMFC-60, ASAHI*) erörtern Vf. die innere Struktur der Membranen. D. Ertel 206

0685 **Spektrophotometrische Charakterisierung der Ionenaustauscher. 3. Mitt. Verhalten der Kationenaustauscher im nahen Infrarot.** B. Calmanovici. (Mater. plast. [București] **5** (1968) 1, 29—31; rum.) — 1. vgl. C. **1967**, 17-0699. — Mit Hilfe eines Zeiss-Absorptionsspektrometers VSU-1 untersuchte Vf. 27 Ionenaustauscher verschiedener Acidität im Wellenbereich 800—1020 nm. IR-Spektren liefern bessere Charakterisierungen als UV-Spektren u. können im allg. zur Best. des Vernetzungsgrades dienen. J. Philips 206△

0686 **Gleichung zur Beschreibung des Neutralisationsverlaufs von schwach sauren oder basischen Ionenaustauschharzen oder -membranen.** Éric Sélégny, Michel Métayer und Yves Merle. (C. R. hebd. Séances Acad. Sci. Sér. C **266** (1968) 3, 157—60; Fac. des Sci. de Rouen, Mont-Saint-Aignan, Seine-Maritime; franz.) — Vf. führen eine allg. Neutralisationsgleichung ein. Zu ihr gelangen sie durch gleichzeitige Verw. der Dissoziationskonst. u. des Donnan-Gleichgew., das aus dem osmot. Druck der Ionen u. des Lsgm. ber. wird. Die Berechnung ist anwendbar auf den Austausch von 2 Ionen, von denen eines an eine aktive polymere Gruppe komplex gebunden ist: hierzu genügt es, den Ausdruck pH durch pM (M = komplex gebundenes Ion) zu ersetzen. G. Schatz 206

0687 **Vergiftung von Ionenaustauscherharzen. Hemmung des Kationenaustausches durch kationische, oberflächenaktive Stoffe.** Hamish Small. (J. Amer. chem. Soc. **90** (1968) 9, 2217—22; Phys. Res. Labor., Dow Chemical Comp., Midland, Mich.; engl.) — Kleine Konz. amphiphiler Kationen (Cetyldimethylbenzylammonium, Lauryldimethylbenzylammonium, Cetylpyridinium, Cetyltrimethylammonium, Laurylisochinolinium) können die Na^+–Na^+-Austauschgeschw. zwischen der Na^+-Form eines auf Styrol basierenden Sulfonsäure-Kationenaustauschers (Dowex 50-WX8) u. einer wss. Na-Salzlsg. merklich erniedrigen. Es wird angenommen, daß die amphiphilen Ionen ihren Einfl. durch Bldg. einer fettähnlichen Schicht um das Harzteilchen ausüben, wodurch ein Ionenübergang zwischen wss. u. Harzphase verhindert wird. G. Malow 206

0688 **Theoretische Betrachtung zur Elutionschromatographie an Ionenaustauschersäulen.** 3. Mitt. G. Gebhardt. (Z. physik. Chem. [Leipzig] **237** (1968) 3/4, 195—209; Freiberg/Sa., Forsch.-Inst. für NE-Metalle; dt.) — 2. vgl. C. **1967**, 38-0651. — Anwendung der früher abgeleiteten Ausdrücke für die Verteilung von A- u. B-Ionen innerhalb eines theoret. Bodens auf die Lsg.- u. Austauscherphase zur Berechnung von Elutionskurven. Bei normalen, sich über viele theoret. Böden erstreckenden Elutionsvorgängen kann die Berechnung nur unter Anwendung von Rechenautomaten erfolgen. Lediglich die Berechnung bei kurzen Austauschersäulen kann für genügend hohe Elutionsmittelkonz. (> 0,5 n) von Hand ausgeführt werden. Die Übereinstimmung von ber. u. experimentell bestimmten Elutionskurven ist bei der Kurzsäulenchromatographie gut; sie kann als Grundlage für die Best. der theoret. Böden dienen u. bestätigt die theoret. Grundlagen. Dagegen kann die Bestätigung aus der Langsäulenchromatographie erst nach Berücksichtigung zusätzlicher Komplikationen hergeleitet werden. D. Ertel 208

0689 **Gaschromatographie der Seltenerdmetallchelate des Pivaloyltrifluoracetons.** Tsunenobu Shigematsu, Masakazu Matsui und Kei Utsunomiya. (Bull. chem. Soc. Japan **41** (1968) 3, 763; Inst. for Chem. Res., Kyoto Univ., Sakyo-ku, Kyoto; engl.) — Die Tris-Chelate von *Sc, Y, Lu, Yb, Er, Dy, Tb, Gd, Eu, Sm* u. *Nd* mit Pivaloyltrifluoraceton (I) werden gaschromatograph. (He als Trägergas, Kolonne mit Siliconöl auf Chromosorb W) untersucht. Mit zunehmendem Ionenradius des Seltenerdmetallions nimmt die Elutionsgeschw. der Chelate ab.

Versuche: **I**, $Kp._{17}$ 39—41° durch Kondens. von Äthyltrifluoracetat u. Pinakolin mit $NaOCH_3$, Überführen in das Cu-Chelat, Lösen in Ae., Zers. mit 10%iger H_2SO_4 u. Destillation. K.-J. Zwietasch 208

A-7. Kinetik, Katalyse

0690 **Schnelle Reaktionen.** Arne Ölander. (Svensk kem. **80** (1968) 1, 3—5; Stockholms univ.; schwed.) — Die geschichtliche Entw. der Unters.-Möglichkeiten schneller chem. Rk. wird dargestellt. W. Gauster 211

0691 **Eine zur Registrierung chemischer Reaktionen geeignete Impedanzmeßtechnik.** R. Bertram. (Acta chim. Acad. Sci. hung. **55** (1968) 4, 358—60; Clausthal, BRD, Techn. Univ.; engl.) — Ein experimenteller Aufbau zur verzögerungsfreien Registrierung von Rk. in fl. Medien auf der Grundlage der Messung von Änderungen der DK oder der Leitfähigkeit wird kurz beschrieben. Für Zellen mit u. ohne Elektroden werden theoret. u. experimentelle Frequenzleitfähigkeitsabhängigkeiten angegeben. Das Verf. wurde für Schmelzflüsse u. hochohmige Fl. angewandt u. erlaubt die Messung relativer Unterschiede von 10^{-3}%. C. Herold 211

0692 **Matrix-Näherung für die Kinetik offener Systeme.** G. M. Swinkels und B. W. Wojciechowski. (Trans. Faraday Soc. **64** (1968) 541 Part 1, 43—58; Dep. of Metallurg, Queen's Univ. at Kingston, Ontario; engl.) — Es wird eine Matrizenbehandlung für das kinet. Verh. monomol. offener Syst. entwickelt. Die gekoppelten Differentialgleichungen für die Rk.-Geschw. werden auf Normalform gebracht. Die entkoppelten Differentialgleichungen werden der Berechnung zugänglich u. erlauben die Unters. der Kinetik des Systems. G. Ertl 211

0693 **Chemische Reaktionsfähigkeit und der Begriff der ladungs- und der grenzbestimmten Reaktionen.** G. Klopman. (J. Amer. chem. Soc. **90** (1968) 2, 223—34; Cyanamid Europ. Res Inst., Cologny-Geneva, Switzerland; engl.) — Allg. Behandlung der chem Reaktionsfähigkeit auf der Grundlage einer polyelektron. Störungstheorie, welche Reaktanten sowie Lsgm. umfaßt. Die Störungsgleichung gibt die Begriffe von harten u. weichen Lewis-Säuren u. -Basen, die nukleophile Ordnung u. a. Reaktionsfähigkeitsgrößen wieder. Sie unterscheidet ladungs- u. grenzbestimmte Effekte, je nachdem ob die Energiedifferenz zwischen den Grenzorbitalen von Donator u. Akzeptor groß oder fast null ist. An Beispielen von nucleophiler Addition u. elektrophiler Substitution heterocycl. Mol. wird die Theorie geprüft. Es besteht befriedigende Übereinstimmung mit experimentellen Beobachtungen. A. Becker 211

0694 **Schnelle Berechnung der theoretischen einmolekularen Geschwindigkeitskonstante zweiter Ordnung.** W. Forst. (Chem. Physics Letters [Amsterdam] **1** (1968) 13, 687—89; Dep. of Chem., Univ. Laval, Québec, Canada; engl.) — Beschreibung einer einfachen u. genauen Meth. unter Verw. tabellierter Funktionen. H. Liepack 211

0695 **Symmetrie von aktivierten Komplexen.** J. N. Murrell und K. J. Laidler. (Trans. Farady Soc. **64** (1968) 542, 371—77; Chem. Labor., Univ. of Sussex, Brighton; engl.) — Bei der Berechnung von RG mit der Theorie des aktivierten Komplexes können Fehler in den Rotationszustandssummen auftreten, wenn der aktivierte Komplex einen so hohen Grad von Symmetrie hat, daß er mehr als eine Form der Reaktanten oder der Prod. bilden kann. Dies wird an einer Betrachtung multidimensionaler Potentialenergieflächen gezeigt. Die Folgerungen daraus werden auf die aktivierten Komplexe der Rk. zwischen *D* u. H_2O, der Isomerisierung von *Cyclopropan* u. der Rk. zwischen H_2 u. *J* angewendet. A. Becker 211

0696 **Kinetik der Reaktion von Fluor mit Difluoraminoradikalen und Dissoziation von Fluor.** R. W. Diesen. (J. physic. Chem. **72** (1968) 1, 108—11; Chem. Phys. Res. Labor., The Dow Chem. Comp. Midland, Mich.; engl.) — Durch Messen des F_2-Verbrauchs sowie der Anfangsgeschw. der NF_3-Bldg. wurde die Geschw. der exothermen Rk. $NF_2 + F_2 \rightarrow NF_3 + F$ im Temp.-Bereich 1100—1600 °K mit Hilfe eines an ein Massenspektrometer gekoppelten Schockrohres bestimmt. Es wurde der Arrhenius-Ausdruck $k = 4{,}8 \cdot 10^9 \exp(14400/RT) \cdot l \cdot Mol^{-1} s^{-1}$ erhalten, der, auf Raumtemp. extrapoliert, in brauchbarer Übereinstimmung mit dem Wert von Levy et al. [ibid. **69** (1965) 3700] ist, obwohl die Aktivierungsenergie ca. ~5 kcal/Mol höher ist. Die Dissoziation des F_2 in Ne wurde im Temp.-Bereich 1400—2000 °K untersucht u. $k_{F_2} = 2{,}0 \cdot 10^{10} \exp(-35000/RT)\, l \cdot Mol^{-1} s^{-1}$ erhalten. D. Gerlatzek 212

0697 **Kinetische Untersuchung von Sauerstoff-Halogen-Radikalsystemen.** M. A. A. Clyne und J. A. Coxon. (Proc. Roy. Soc. [London], Ser. A **303** (1968) 1473, 207—31; London, Univ., Queen Mary Coll., Dep. of Chem.; engl.) — Vf. untersuchen spektrophotometr. im offenen Syst. bei Gesamtdrücken von 1—6 Torr u. Gasflußgeschw. bis zu 5 m/s unter N_2 bzw. Ar die folgenden Rk.: $Cl(^2P_{3/2}) + ClO_2(^2B_1) \rightarrow 2\,ClO(^2\pi)$, die Zers. von ClO_2, $Cl + O_3$, $Cl + O_3 \rightarrow ClO + O_2$, die Rekombinationsgeschw. der ClO-Radikale u. den Einfl. von Br_2-Zusätzen darauf, u. die Rk. $ClO + H_2 \rightarrow HCl + OH$ sowie $Br + O_3 \rightarrow BrO + O_2$. Vf. stellen verschiedene Rk.-mechanismen auf. Ruth Müller 212

0698 **Rußbildung in vorgemischten Kohlenwasserstoffflammen.** K. H. Homann. (Angew. Chem. **80** (1968) 11, 425—38, dt.; int. Edit. **7** (1968) 6, 414—27; engl.; Inst. für Phys. Chem., Univ., Göttingen.) — Überblick (krit. KW-Stoff–Sauerstoff-Verhältnisse, Struktur u. Form der Flammenfront, Rk.-Prod., Mechanismus, Einfl. elektr. Felder). — 73 Literaturangaben. D. Hoene 212

0699 **Reaktion von Xenondifluorid mit Wasser.** István Fehér und Mária Lörinc. (Acta chim. Acad. Sci. hung. **56** (1968) 4, 329—30; Central Res. Inst. for Phys. of the Hungaria Acad. of Sci., Budapest; engl.) — Vf. untersuchten die Rk. $XeF_2 + H_2O = Xe + 0{,}5\,O_2 + 2\,HF$ durch Best. der Geschw.-Konst. mit drei verschiedenen Meth.: Tracer-Technik mit ^{133}Xe ($t_{1/2} = 5{,}2$ Tage) u. ^{133m}Xe ($t_{1/2} = 2{,}1$ Tage), volumetr. Best. von gasf. Xe u. O_2 u. Messung der Leitfähigkeit der HF-Ausb. bei 0 u. 25°. — Die Rk., die im wesentlichen homogen verläuft, ist anscheinend in dem untersuchten Konz.-Bereich (640—2547 mg/100 ml) eine Rk. 1. Ordnung. Mittlere RGK: bei 0° $(1{,}7 \pm 0{,}1) \cdot 10^{-3}\,min^{-1}$, bei 25° $(1{,}51 \pm 0{,}04) \cdot 10^{-2}\,min^{-1}$. K. Preuß 216

0700 **Chemie der Peroxonitrite. 1. Mitt. Kinetik der Zersetzung von peroxosalpetriger Säure.** M. N. Hughes und H. G. Nicklin. (J. chem. Soc. [London], Sect. A **1968**, 2, 450—52; Chem. Dep., Queen Elizabeth Coll., London; engl.) — Die Zers.-Kinetik von Peroxonitriten im Überschuß von Alkalien (Ionenstärke 0,25 m) wurde bei 30, 35, 40 u. 45° untersucht. Die Zers. verläuft über ein Mol. peroxosalpetrige Säure, HO · ONO (I), mit $\Delta H^{\ne} = 12{,}5$ kcal/mol u. $\Delta^{\ne}S = 26$ e.u. Der Wert von $\Delta H^{\ne}$ deutet nicht darauf hin, daß sich **I** über eine homolyt. Spaltung der O—O-Bindung zersetzt. Für pK_A von **I** wurde bei 2° ein oberer Grenzwert von 8,3 berechnet. Es wird über die erste Isolierung von festem Alkalimetallperoxonitrit durch frakt. Kristallisation berichtet. Der Extinktionskoeff. des Peroxonitritanions bei 302 nm wurde zu 1670 ± 50 bestimmt. G. Malow 216

0701 **Untersuchung der Hydrolyse des N_4S_4 mit Hilfe der Hochspannungspapierionophorese.** E. Blasius und H. Wagner. (J. Chromatogr. [Amsterdam] 26 (1967) 2, 549 bis 54; Inst. für Analyt. Chem. u. Radiochem., Univ. des Saarlandes, Saarbrücken; dt.) — Die Verfolgung der Hydrolyse von N_4S_4 (auch bei Ggw. von Sulfat bzw. Thiosulfat) bei verschiedenen pH-Werten mit Hilfe der Hochspannungspapierionophorese unter Verw. von mit ^{35}S markierten Ausgangsprod. bestätigt den nach klass. Meth. ermittelten Rk.-Ablauf. Die Meth. ermöglicht kinet. Aussagen. J. J. Pohl 216

0702 **Kinetik und Mechanismen von Redoxreaktionen in wäßrigen Lösungen. 1. Mitt. Reaktion zwischen Cyanoferrat(III) und Jodid.** Y. Abdul Majid und K. E. Howlett. (J. chem. Soc. [London], Sect. A **1968**, 3, 679—83; Bedford, College, London; engl.) — Die Messung der Kinetik des Anfangszustandes der Rk. $2\,[Fe(CN)_6]^{3-} + 2\,J^- = 2\,[Fe(CN)_6]^{4-} + J_2$ zeigt, daß die normalerweise beobachtete Rk. ein kationenkatalysierter Prozeß ist, obwohl spezif. Ioneneffekte sowohl durch die Wrkg. der Kationen (Li^+, Na^+, NH_4^+, Cs^+, $(C_2H_5)_4N^+$) als auch durch die der Anionen (Cl^-, Br^-, NO_3^-) auftreten können. Die Rk.-Geschw. ist gegenüber der allg. Ionenstärke relativ unempfindlich. G. Malow 216

0703 **Kinetik und Mechanismen von Redoxreaktionen in wäßrigen Lösungen. 2. Mitt. Reaktion zwischen Chrom(VI) und Jodid.** K. E. Howlett und S. Sarsfield. (J. chem. Soc. [London], Sect. A **1968**, 3, 683—86; Bedford Coll., London; engl.) — Die Kinetik der Rk. zwischen Dichromat u. Jodid wurde unter verschiedenen Bedingungen (mit KJ, NaJ, CsJ, HCl, HBr, $HClO_4$ zwischen 6,4 u. 34,5°) gemessen. Unter Berücksichtigung des Gleichgew. im Syst. verläuft die Anfangsrk. streng nach der 1. Ordnung in bezug auf das Dichromation u. nach der 2. Ordnung in bezug auf J^- u. H^-. Nach relativ kurzem Ablauf fällt die Rk.-Geschw. unter den anfänglichen Wert ab. Die Redoxpotentiale für $Cr^{VI}Cr^{III}$ u. J^0/J^{-1} zeigen, daß nicht über den gesamten Bereich meßbares Gleichgew. vorliegt. Der Abfall scheint auf einen reversiblen Schritt im Mechanismus über J_2 u. Cr^{IV} zurückzuführen sein. G. Malow 216

0704 **Einfluß der Dielektrizitätskonstante auf die Reaktion zwischen dem Jodidion und Hexacyanoferrat(III) in saurem Medium.** B. Krishna und H. S. Singh. (Bull. chem. Soc. Japan 41 (1968) 2, 325—28; Dep. of Chem., Univ. of Allahabad, India; engl.) — Die Rk.-Ordnung für die Rk. zwischen J^- u. Hexacyanoferrat(III) ist bezüglich des J^- eins u. bezüglich des $Fe(CN)_6^{3-}$ zwei. Die Rk.-Geschw. steigt mit Zunahme der Dielektrizitätskonst. des Mediums. Die Rk. verläuft zwischen dreiwertigen u. einwertigen negativen Ionen. G. Malow 216

0705 **Deuteriumisotopuntersuchungen über 2.3-Dicarbahexaboran(8).** John R. Spielman, Richard Warren, Gary B. Dunks, James E. Scott jun. und Thomas Onak. (Inorg. Chem. [Washington] 7 (1968) 2, 216—18; Calif. State Coll. at Los Angeles, Los Angeles, Calif.; engl.) — D_2 tauscht mit allen in $H_2C_2B_4H_6$ an B-Atome gebundenen 6 H-Atomen aus, während B_2D_6 in Ggw. von Diglyme nur in den endständigen Positionen 4 u. 6 austauscht. Der durch $AlCl_3$ katalysierte Austausch zwischen $(CH_3)_2C_2B_4H_6$ u. DCl erfolgt in 2 Std. bei 25° in den verschiedensten Stellungen der H-Atome im Mol., wie die ^{11}B-NMR-Spektren zeigen. Durch 7 Tage langes Erhitzen von B_5H_9 mit C_2D_2 (7,6 : 39) auf 215° erhält man $D_2C_2B_4H_6$ in 40%ig. Ausb., dessen IR-Spektrum keine Wanderung des Deuteriums von den C-Atomen zu den B-Atomen während der Synth. erkennen läßt; als Rk.-Mechanismus wird eine 1.2-Boraddition angenommen G. Heller 216

0706 **Silane. 9. Mitt. Alkalische Solvolyse symmetrischer Tetraorganodisilane.** G. Schott und W. Langecker. (Z. anorg. allg. Chem. 358 (1968) 5/6, 210—18; Rostock, Inst. für Anorg. Chem. der Univ.; dt.) — 8. vgl. C. **1969**, 4-1105. — Durch Red. von Dialkylchlorsilanen mit Na in Toluol werden mit 20—30%ig. Ausb. Tetraalkyldisilane u. durch Red. von Diarylchlorsilanen mit Mg in THF werden mit 70—80%ig. Ausb. Tetraaryldisilane dargestellt. Die Synth. der Tetraorganodisilane verläuft z. T. über bisher unbekannte Diorganochlorsilane. Si–H- u. Si–Si-Solvolyse der Disilane in alkal. A./W. verlaufen simultan u. sind analyt. nicht zu trennen. Der Einfl. der Organogruppen auf die Solvolysegeschw. wird gemessen. Versuche: Chlorsilane: *Bis-[p-fluorphenyl]-*, Kp. 91°; *Bis-[p-chlorphenyl]-*, Kp. 145°; *Bis-[p-bromphenyl]-*, Kp. 193—195°; *Bis-[p-trifluormethylphenyl]-*, Kp. 114°; *Bis-[p-biphenylyl]-*, Kp. 140°. — Symm. Disilane: *Tetraäthyl-*, Kp. 190°, n_D^{20} 1,4570; *Tetraisopropyl-*, Kp. 124°, n_D^{20} 1,4708; *Tetrabenzyl-*, F. 76—78°; *Tetraphenyl-*, F. 79°; *Tetrakis-[p-fluorphenyl]-*, F. 116 bis 118°; *Tetrakis-[p-chlorphenyl]-*, F. 73°; *Tetrakis-[p-methylphenyl]-*, F. 98°; *Tetrakis-[p-methoxyphenyl]-*, sirupös. H.-J. Schönherr 216

0707 **Bildung von basischen Arsenaten in geschmolzenem KNO_3.** A. M. Shams El Din und A. A. El Hosary. (J. electroanalyt. Chem. Interfacial Electrochem. [Lausanne] 17 (1968) 1/2, 238—40; Lab. of Electrochem. and Corros., Nat. Res. Centre, Dokki, Cairo, U.A.R.; engl.) — In einer KNO_3-Schmelze von 350° werden definierte Mengen NaOH u. Na_2O_2 gelöst u. das gebildete O^{2-}-Ion mit $KAsO_3$-Lsg. potentiometr. titriert. Aus dem Kurvenverlauf wird auf die Bldg. von $As_2O_7^{4-}$-Ionen nach folgendem Rk.-Schema geschlossen: $AsO_3^- + 2\,O^{2-} \rightarrow (AsO_4^{3-} \cdot O^{2-})$, $3\,AsO_3^- + (AsO_4^{3-} \cdot O^{2-}) \rightarrow 2\,As_2O_7^{4-}$. H. Tulhoff 216

0708 **Isohydrischer Punkt und Kondensations- oder Assoziationsgleichgewichte. 25. Mitt. Elektrometrische Untersuchungen der Hydroxokomplexbildung des $(Be \cdot aq)^{2+}$-Kations.** E. Lanza und G. Carpéni. (Electrochim. Acta [London] 13 (1968) 3, 519—33; Labor. de Chim. Minér. A, Fac. des Sci. St. Charles, Marseille; franz.) — 24. vgl. C. **1969**, 7-0588. — Die Messungen wurden bei 25° mit einer Glaselektrode u. einem mit einen Programmator ausgestattetem pH-Meter ausgeführt. Es wurden die Neutralisationskurven von $Be \cdot (NO_3)_2$-Lsg., in denen die NO_3'-Konz. durch Zusatz von 2 m KNO_3 konst. gehalten wurde, mit KOH aufgenommen. Aus den Ergebnissen wurde errechnet, daß die Gleichgew. von folgenden Ionen bestimmt werden: $(Be \cdot aq)^{2+}$; $[Be_2(OH) \cdot aq]^{3+}$; $[Be_3(OH)_3 \cdot aq]^{3+}$; $[Be_3 \cdot (OH)_4 \cdot aq)^{2+}$; $[Be_6(OH)_8 \cdot aq]^{4+}$; $[Be_6(OH)_9 \cdot aq]^{3+}$. Die Kondens.-Geschw. steigt mit steigender OH'-Konz. bis n = 12 u. mehr. Für die Konst. der verschiedenen Rk. wurden folgende Werte bestimmt: $K_{02}k_{21} = 0{,}53 \cdot 10^{-3}$, $k_{03}k_{33} = 1{,}26 \cdot 10^{-9}$, $k_{03}k_{34} = 1 \cdot 10^{-16}$, $k_{06}k_{68} = 3 \cdot 10^{-28}$, $k_{06}k_{69} = 3 \cdot 10^{-35}$, wobei z. B. $k_{06}k_{69}$ für die Bldg. von $[Be_6(OH)_9 \cdot aq]^{3+}$-Ionen gilt. I. Bardeleben 216

0709 **Kinetik der Ligandensubstitutionsreaktion des Zink(II)-4-[pyridyl-(2)-azo]-resorcin-Komplexes mit [Äthylenglykol]-bis-[2-aminoäthyläther]-N.N.N'.N'-tetraessigsäure.** Motoharu Tanaka, Shigenobu Funahashi und Kumiko Shirai. (Inorg. Chem. [Washington] 7 (1968) 3, 573—78; Labor. of Anal. Chem. Fac. of Sci., Nagoya Univ., Chikusa-ku, Nagoya, Japan; engl.) — Spektralphotometr. bestimmt wird die Geschw.-Konst. für die Rk. der Titelverb. (I) mit [Äthylenglykol]-bis-[2-aminoäthyläther]- N.N.N'.N'-tetraessigsäure (**II**) bei pH 8,7—10, $\mu = 0{,}1$ u. 25°; ferner werden die Stabilitätskonst. in Verbindung mit dem während der Rk. auftretenden Dissoziationsgleichgew. des **I**-Komplexes ermittelt: $-d[ZnR_2^{2-}]/dt = 10^{6,4} \cdot [ZnR_2^{2-}][H^+][Y']/HR^-] = 10^{4,4}\,[ZnR][Y']$ (R^{2-} = divalentes Anion von 4-[Pyridyl-(2)-azo]-resorcin (**III**, H_2R) u. Y' = freies **II**. Geschwindigkeitsbestimmend ist die Rk. der Abtrennung von **III** von der Zwischenverb. **III**-Zn(II)-**II**. Die Stabilitätskonst. der Na- u. Li-**II**-Komplexe $[MY^{3-}]$ (**II** = H_4Y; M = Na, Li) betragen bei 25° u. $\mu = 1{,}5$: 24 ± 4 bzw. 15 ± 2. Die Geschw.-Konst. der Substitution von Zn(II)-**III** fällt ab in der Folge: freies **II** > Na-**II** > Li-**II**. Die Stabilitätskonst. des Zn(II)-**III**-Komplexes bei 25° u. $\mu = 0{,}1$ betragen: $[ZnR]/[Zn^{2+}][R^{2-}] = 10^{11,9\pm0,1}$; $[ZnR_2^{2-}]/[ZnR][R^{2-}] = 10^{10,3\pm0,2}$; $[ZnHR^+]/[ZnR][H^+] = 10^{5,90\pm0,05}$; $[ZnHR_2^-]/[ZnR_2^{2-}][H^+] = 10^{7,55\pm0,05}$ u. $[ZnH_2R_2]/[ZnHR_2^-][H^+] = 10^{6,45\pm0,05}$. I. Jaehn 216

0710 **Kinetische Untersuchung der Isotopenaustauschreaktionen zwischen Seltenerdmetallionen und komplexen Polyaminopolycarboxylato-seltenerdmetallionen. 1. Mitt. Isotopenaustauschreaktionen von Ce(III) mit Ce(HEDTA),**

Ce(EDTA)⁻, Ce(DCTA)⁻ und Ce(DTPA)²⁻. P. Glentworth, B. Wiseall, C. L. Wright und A. J. Mahmood. (J. inorg. nuclear Chem. **30** (1968) 4, 967—86; Dep. of Phys. Chem., Univ. of Ledds; engl.) — Die Geschw.-Gleichungen u. die bei 20°, μ = 0,1 m u. [Acetatpuffer] = 10^{-2}m mit Hilfe von ^{144}Ce bestimmten Konst. obiger Austauschrk. sind folgende: (k in l · Mol^{-1} · Min^{-1} außer k_6 u. k_4) $k_1[H^+][Ce(HEDTA)]$, k_1 = 23,1 · 10^4; $k_2[H^+] \cdot [Ce(EDTA)^-]$, k_2 = 9,4 · 10^4; $k_3[H^+][Ce(DCTA)^-]$ + $k_4[Ce(DCTA)^-]$ + $k_5[Ce(III)][Ce(DCTA)^-]$, k_3 = 3,9 ·10^3, k_4 = 4,2 · 10^{-3} Min^{-1}, k_5 = 5,6; $k_6[Ce(DTPA)^{2-}][H^+]^2$ + $k_7[Ce(III)][Ce(DTPA)^{2-}]$, k_6 = 3,0 · 10^8 l^2 · Mol^{-2} · Min^{-1} u. k_7 = 1,6 [H_3(HEDTA) = N'(2-Hydroxyäthyl)-äthylendiamin-N.N.N'-triessigsäure; H_4(EDTA) = Äthylendiamin-N.N.N'.N'-tetraessigsäure; H_4(DTCA) = 1.2-Diaminocyclohexan-N.N.N'.N'-tetraessigsäure u. H_5(DTPA) = Diäthylentriamin-N.N.N'.N'.N''-pentaessigsäure]. Die Mechanismen der Austauschrk. werden diskutiert. Die Rk. werden durch Acetationen katalysiert. Die Aktivierungsenergien werden bestimmt (Abb. u. Tabellen).
K.-J. Zwietasch 214

0711 **Reaktion von Gasen in Lösung. 2. Mitt. Kinetik der Reaktion von Stickstoff mit Titancyclopentadienylkomplexen.** R. Maskill und J. M. Pratt. (J. chem. Soc. [London], Sect. A **1968**, 8, 1914—18; Inorg. Chem. Labor., Oxford Univ., Oxford; engl.) — 1. vgl. C. **1969**, 1-0765. — Beim Einleiten von N_2 in Lsg. von $Ti(C_5H_5)_2Cl_2$ u. $C_2H_5 \cdot MgBr$ in Ae. wird N_2 verbraucht unter Bldg. von Komplexen, für die Vf. die Zus. $[Ti^{IV}(C_5H_5)_2(N^{3-})]$ u. $[Ti^{II} \cdot (C_5H_5)_2(N^{3-})]$ vorschlagen. Die RG steigt mit der Konz. des C_2H_5MgBr bis zur Erreichung eines Grenzwertes, das gleiche gilt für die Abhängigkeit vom N_2-Druck. Erhöhung des N_2-Drucks von 1 auf 150 atm u. Erhöhung der Temp. bringen keine wesentliche Steigerung der Ausbeute. Auf die Ti-Konz. bezogen ist die Rk. 2. Ordnung, die Aktivierungsenergie beträgt ca. 4 kcal/Mol.
H. Tulhoff 216

0712 **Mechanismus der Spaltung der Kohlenstoff-Zinn-Bindung durch Halogene. 4. Mitt. Elektrophile Substitution an einem olefinischen Kohlenstoffatom.** P. Baekelmans, M. Gielen, M. Malfroid und J. Nasielski. (Bull. Soc. chim. belges 77 (1968) 1/2, 85—97; Université Libre de Bruxelles; Serv. de Chim. Organ., Faculté des Sci.; engl.) — 3. vgl. C. **1968**, 34-0751. — Die Stereochemie u. die RG der Rk. von Isobutenyltrimethylzinn mit J_2 zu Isobutenyliodid u. Trimethylzinnjodid wird bestimmt in Aceton bei 20°. Analoge Unters. werden mit $RSn(CH_3)_3$ (mit R: $H_2C = C(C_2H_5)$-, H_2C = CH-, cis- u. trans-$CH_3(H)C{=}C(CH_3)$— sowie $(CH_3)_2C{=}CH$—), mit $CH_2{=}CH{-}SnR_3$ (mit R: CH_3, C_2H_5, n-C_3H_7 u. iso-C_3H_7) u. mit $(CH_2{=}CH)_4Sn$ durchgeführt. Die Rk. soll über einen hochpolaren Übergangszustand verlaufen, dessen Struktur diskutiert wird u. der die Reaktivitätsreihenfolge der Verb. deuten läßt. L. Leonhardt 216

0713 **Elektrophile aromatische Substitution. 7. Mitt. Untersuchung des die Joddestannylierung bestimmenden Reaktionsschrittes über den Lösungsmitteleinfluß.** J. Nasielski, O. Buchman, M. Grosjean und E. Hannecart. (Bull. Soc. chim. belges 77 (1968) 1/2, 15—19; franz.) — 6. vgl. C. **1967**, 20-0648; vgl. vorst. Referat. — Phenyltrimethylzinn reagiert rascher mit J_2 als Phenyltriisopropylzinn. Das Verhältnis der RG bei der Verb. ist jedoch in Methanol u. in iso-Propanol das gleiche. Da sich Isopropanol gegenüber Sn weniger nucleophil verhält als Methanol, wird geschlossen, daß der geschwindigkeitsbestimmende Schritt in dieser elektrophilen aromat. Substitution im Angriff des J_2 besteht u. daß der Bruch der C—Sn-Bindung sehr rasch erfolgt.
L. Leonhardt 216

0714 **Elektrometrische Untersuchungen der Reaktion von Pb(II) mit Alkalimetallmetavanadat.** R. S. Saxena und C. P. Sharma. (Bull. chem. Soc. Japan 41 (1968) 2, 377—80; Dep. of Chem., Malaviya Reg. Engng. Coll., Jaipur, Indien; engl.) — Durch pH-Messung u. potentiometr. u. konduktometr. Titrationen wird die Rk. zwischen $Pb(NO_3)_2$- u. $NaVO_3$-Lsg. wechselnder Konz. verfolgt. Bei pH 4,25—5,25 wird $PbO \cdot V_2O_5$ gebildet. Als Zwischenprod. wird $PbVO_3OH$ angenommen. Das Endprod. wird nicht isoliert. H. Tulhoff 216

0715 **Kinetik der Bildung und Zersetzung der Thiocyanat-Bindung mit Vanadin(II) und Vanadin(III).** Walter Kruse und Darwin Thusius. (Inorg. Chem. [Washington] 7 (1968) 3, 464—68; MPI für Physikal. Chem., Göttingen; engl.) — Die Bldg.- u. Zers.-Geschw.-Konst. (k_f u. k_d) für die Bindung der 1:1-Komplexe zwischen Thiocyanat u. $V(H_2O)_6^{2+}$ u. $V(H_2O)_6^{3+}$ wurden mit Hilfe der Temp.-Sprungmeth. bestimmt. Für V(II) betrug k_f = 15 ± 2 $Mol^{-1} \cdot s^{-1}$ u. k_d = 1,4 ± 0,2 s^{-1} bei 24° u. μ = 1 Mol. Die entsprechenden Geschw.-Konst. für V(III) sind 104 ± 10 $Mol^{-1} \cdot s^{-1}$ u. 0,7 ± 0,1 s^{-1} bei 23° u. μ = 1 Mol. Die Ergebnisse werden in Abhängigkeit von elektron. Effekten auf die Substitutionslabilität der oktaedr. Komplexe diskutiert. Die Möglichkeit der Unterscheidung zwischen „outer-sphere" u. „inner-sphere" Red. aus der V(II)–W.-Austauschgeschw. wird diskutiert. G. Malow 216

0716 **Kinetische und Gleichgewichtseigenschaften von Vanadin(II)-thiocyanat-Komplexen in wäßriger Lösung.** John M. Malin und James H. Swinehart. (Inorg. Chem. [Washington] 7 (1968) 2, 250—53; Univ. of Calif., Davis, Calif.; engl.) — Die kinet. u. thermodynam. Charakteristiken des Gleichgew. V^{2+} + NCS^- ⇌ $VNCS^+$ in wss. Lsg. wurden bestimmt. Der Konz.-Quotient der Assoziation, die Bldg.-Enthalpie u. die Bldg.-Entropie betragen bei μ = 0,84 u. 25° 27,5 ± 5 Mol^{-1}, −5,2 ± 0,7 kcal/Mol bzw. −11 ± 3 Clausius. Die bimol. Geschw.-Konst. der Komplexbldg. beträgt bei 25°, [H^+] = 0,50m u. μ = 0,84 28 ± 3 $Mol^{-1} \cdot s^{-1}$. Die Aktivierungsenergie u. -enthalpie betragen 13,5 ± 0,8 kcal/Mol u. −2 ± 4 Clausius. J. J. Pohl 216

0717 **Dissoziation von Tris-[2.2'-dipyridyl]-vanadin(II) und Dissoziation und Bildung von Tris-[1.10-phenantrolin]-vanadin(II).** Ralph G. Pearson und O. A. Gansow. (Inorg. Chem. [Washington] 7 (1968) 7, 1373—77; Dep. of Chem., Northwestern Univ., Evanston, Ill.; engl.) — Die Dissoziationsgeschw. des $[V(bipy)_3]^{2+}$ (I) steigt stark mit der Säurekonz. u. erreicht bei hohen Säurekonz. (ca. 1,25m) einen Grenzwert. Hinsichtlich des I ist die Dissoziation 1. Ordnung. Für $[V(phen)_3]^{2+}$ (II) wird nur eine schwache Säureabhängigkeit der Dissoziation beobachtet. Die Aktivierungsenergie für die Dissoziation des II beträgt 21 ± 1 kcal/Mol ($\Delta S^{\neq}$ = −8 e.u.). Es werden Mechanismen mit der Protonisierung des I bzw. II als geschwindigkeitsbestimmenden Schritt diskutiert. Einzelne Stufen bei der Bldg. des II können nicht unterschieden werden. Die Geschw.-Konst. für die Bldg. des Monokomplexes beträgt 3,0 ± 0,3 $m^{-1} \cdot s^{-1}$. Sowohl die Bldg.- als auch die Dissoziationsgeschw. des II sind entsprechend den Voraussagen für d^3-Elektronensyst. klein. D. Radeck 216

0718 **Kinetische Untersuchung der Aquotisierung des Fluoropentamminchrom(III)-Kations in wäßriger Lösung.** T. P. Jones und J. K. Phillips. (J. chem. Soc. [London], Sect. A **1968**, 3, 674—79; Dep. of Chem., Univ. of Wales Inst. of Sci. and Technol., Cathays Park, Cardiff; engl.) — Die Geschw.-Konst. für die Aquotisierung von $[Cr(NH_3)_5F]^{2+}$ wurde polarograph. bei pH 1—10,5 u. Temp. von 45—80° gemessen. Im untersuchten pH-Bereich ist die Geschw.-Konst. unabhängig vom pH-Wert. Aus dem Arrhenius-Diagramm wurden die Aktivierungsenergie E zu 25,0 kcal/Mol u. ΔS^* = −4,6 cal/Mol · Grad ber. u. mit den Werten für die entsprechenden Cl-, Br- u. J-Komplexe verglichen. Für die Aquotisierung des F-Komplexes wird ein bimol. S_N2-Mechanismus u. für die Cl-, Br- u. J-Komplexe unter dem Einfl. des Lsgm. ein S_N1-Mechanismus angenommen. Der Einfl. von Zusätzen wie Sulfat u. Diphosphat auf die Aquotisierungsgeschw. wird über Ionenpaar-Bldg. diskutiert, die für die Fluorokomplexe zu einem schwachen Anstieg der Geschw. führt, während für die Cl-, Br- u. J-Komplexe eine beträchtliche katalyt. Wirksamkeit beobachtet wurde.
G. Malow 216

0719 **Kinetik der Reaktion von Chrom(II) mit Hydrazin, Hydroxylamin und Stickstoffwasserstoffsäure in Perchloratmedien: die Bildung von Halogeno- und Sulfatokomplexen von Chrom(II).** C. F. Wells und M. A. Salam. (J. chem. Soc. [London], Sect. A **1968**, 7, 1568—75; Univ.

of Birmingham, Edgbasten, Birmingham; engl.) — Nach spektralphotometr. Unters. ist die Red. von Hydrazin (I), Hydroxylamin (II), Stickstoffwasserstoffsäure (III) oder des Azidions (IV) durch Cr(II) in ClO_4^--Lsg. eine Rk. 1. Ordnung bez. [Cr^{II}] u. 1. Ordnung bez. der Konz. des Substrats. Intermediär soll ein freies Radikal, z. B. $\cdot NH_2$ oder $\cdot NH^-$, auftreten. Die Rk.-Geschw. werden durch Zugabe von Halogenid- oder Sulfationen erhöht gemäß der Konkurrenz von $[CrF aq]^+$, $[CrCl aq]^+$, $[CrBr aq]^+$ oder $[CrSO_4 aq]$ mit $[Cr aq]^{2+}$, eine Rk. mit dem Substrat einzugehen. Die Bldg.-Konst. für diese Komplexe wurden bestimmt u. ihre Bldg.-Wärmen u. -Entropien mit denen der entsprechenden Fe(II)-Komplexe verglichen. Bei $\mu = 1{,}0$ betragen die Aktivierungsenergie E (kcal/Mol) u. die Aktivierungsentropie ΔS^* (cal/Grad · Mol) für die Rk. von Cr(II) mit **I** 8,6 u. − 30, **II** 10,7 u. − 22, **III** 13,6 u. − 7,5 sowie **IV** 17,5 u. 3,1.
G. Heller 216

0720 **Kinetik und Mechanismus der electron-transfer-Reaktion zwischen dem Chloropentamminchrom(III)-Ion und Chrom(II) im Acetatmedium.** R. D. Cannon. (J. chem. Soc. [London], Sect. A **1968**, 5, 1098—1102; Dep. of Chem., Univ., Bristol; engl.) — Die Cr(II)-katalysierte Zers. des Chloropentamminchrom(III)-Ions im acetatgepufferten Medium verläuft nach dem Geschw.-Gesetz $d[Cr(OAc)_3]/dt = k_0 [CrCl(NH_3)_5^{2+}][Cr(II)]^{1/2} T \cdot [OAc^-]^0$, worin $k_0 = 0{,}58 \pm 0{,}01$ $Mol^{-1/2} \cdot min^{-1}$ bei 25° u. Einheitsionenstärke ($NaClO_4$) ist. Die entsprechende Aktivierungsenergie beträgt 14,2 kcal/Mol. Der Rk.-Mechanismus verläuft über einen instabilen, monomeren Cr(II)-Komplex [wahrscheinlich $Cr(OAc)_3^-$; Angabe der Dissoziationskonst.]. Die Geschw.-Konst. 2. Ordnung für die Rk. $Cr(OAc)_3^- + Cr(NH_3)_5Cl^{2+}$ beträgt ca. 70 $Mol^{-1} \cdot min^{-1}$. Der vorherrschende zweikernige Cr(II)-Acetat-Komplex nimmt an der electron-transfer-Rk. nicht teil.
G. Malow 216

0721 **Einfluß von N-Methyliminodiessigsäure als nichtbrückenbildender Ligand auf die electron-transfer-Reaktion Chrom(II)–Chrom(III).** R. D. Cannon und J. E. Earley. (J. chem. Soc. [London], Sect. A **1968**, 5, 1102 bis 1105; Chem. Dep., Georgetown Univ., Wash., D.C.; engl.) — Die Geschw. des Elektronenübergangs zwischen Cr(II)- u. Cr(III)-Ionen in Lsg. wird durch die Anwesenheit des Chelatliganden N-Methyliminodiessigsäure (H_2L) erhöht. Das Geschw.-Gesetz lautet $d[CrL^+]/dt = k_1 \cdot [Cr^{3+}][Cr^{2+}][HL^-] \cdot [H^+]^{-2}$, worin $k_1 = 0{,}013$ min^{-1} bei 25° u. bei der Ionenstärke 1,0—1,2 ($NaClO_4$) ist. Die Geschw. des bimol. Prozesses CrL + CrOH wird in Analogie zu analogen Syst. diskutiert.
G. Malow 216

0722 **Struktur und Reaktivität von Übergangsmetallkomplexen mit mehratomigen Liganden. 5. Mitt. Elektronenspinresonanzspektren der Zwischenprodukte und einige kinetische Ergebnisse der sauren Hydrolyse von $[Cr(CN)_5NO]^{3-}$.** J. Burgess, B. A. Goodman und J. B. Raynor. (J. chem. Soc. [London], Sect. A **1968**, 3, 501—04; Dep. of Chem., Univ., Leicester, England; engl.) — 4. vgl. C. **1967**, 49/50-0371. — Zu einer 0,1 m Lsg. von $K_3[Cr(CN)_5NO] \cdot H_2O$ wurden 1, 2, 3, 4 u. 5 Äquivalente *HCl*(I) zugesetzt u. die g-, A(^{14}N)- u. A(^{53}Cr)-Werte der jeweiligen Lsg. bei Raumtemp. gemessen. Bei 1 Äquivalent von I ändert sich das Spektrum von $[Cr(CN)_5NO]^{3-}$ (II) nicht. Danach scheint folgendes Gleichgew. wahrscheinlich: **II** + $H_3O^+ \rightleftharpoons [Cr(CN)_4 \cdot (CNH)(NO)]^{2-} + H_2O \rightleftharpoons [Cr(CN)_4(NO)(H_2O)]^{2-} + HCN$. Vermutlich ist die Hauptspezies in der Lsg. der protonierte Komplex mit dem Proton an der *CN*-Gruppe in trans-Stellung zur *NO*-Gruppe. Diese Spezies dürfte sich im ESR-Spektrum nicht wesentlich von **II** unterscheiden, wogegen Protonation an der äquatorialen *CN*-Gruppe den g-Tensor wegen der veränderten Aufspaltung zwischen dem b_{2g} (d_{xy})-Term u. den anderen Termen beeinflussen müßte. Auch der Verlust einer axialen *CN*-Gruppe müßte das Spektrum verändern. Die lineare Änderung von g u. A (^{53}Cr) bei weiterem Zusatz von I läßt auf die den Äquivalenten von I entsprechenden Spezies $[Cr(CN)_3(NO)(H_2O)_2]^-$, $[Cr(CN)_2(NO)(H_2O)_3]^-$, $[Cr(CN)(NO)(H_2O)_4]^+$ u. endlich $[Cr(NO)(H_2O)_5]^{2+}$ (**III**) schließen. Bei weiterer Zugabe von I (> 5 Äquivalente) ändert sich das Spektrum von **III** nicht mehr.
R. Blank 216

0723 **Säurekatalysierte Aquotisierung des α-Oxalatotriäthylentetraminchrom(III)-Ions.** Jon M. Veigel. (Inorg. Chem. [Washington] 7 (1968) 1, 69—73; Frank J. Seiler Res. Labor., Office of Aerospace Res., U. S. Air Force Acad.; engl.) — Die Kinetik der prim. Aquotisierung von α-$[Cr(trien)(C_2O_4)]^+$ (*trien* = *Triäthylentetramin*) wird untersucht. Auf Grund der $[H^+]$-Abhängigkeit der Rk. wird auf die Bldg. von α-$[Cr(trienH)(H_2O)(C_2O_4)]^{2+}$ geschlossen. Die Aquotisierung erfolgt nach einem Zeitgesetz erster Ordnung, wobei die Abhängigkeit der Geschw.-Konst. von der H^+-Konz. durch den Ausdruck $(k_1K[H^+])/(1 + K[H^+])$ gegeben ist. Der Wert für k_1 wird bei $25{,}00 \pm 0{,}02°$ u. $\mu = 1{,}97$ zu $(2{,}91 \pm 0{,}06) \cdot 10^{-4}$ s^{-1} bestimmt. Die Aktivierungsparameter für k_1 werden zu $\Delta H^\ddagger = 19{,}9 \pm 0{,}6$ kcal/Mol, $E_a = 20{,}5 \pm 0{,}6$ kcal/Mol u. $\Delta S^\ddagger = -8{,}1 \pm 1{,}9$ cal/Grad · Mol ermittelt.
M. Steidinger 216

0724 **Kinetik und Mechanismus der Dissoziation von Metallchelaten. 5. Mitt. Dissoziation von Tris-[acetylacetonato]-chrom(III).** D. Banerjea. (Z. anorg. allg. Chem. **359** (1968) 5/6, 305—12; Dep. of Inorg. Chem., Ind. Assoc. for the Cultiv. of Sci., Calcutta; engl.) — 4. vgl. C. **1968**, 19-0768. — Die Dissoziation von Tris-[acetylacetonato]-chrom(III), $Cr(acac)_3$, in saurem wss. Medium entsprechend den Stufen $[Cr(acac)_2(H_2O)_2]^+$, $[Cr(acac)(H_2O)_4]^{2+}$, $[Cr(H_2O)_6]^{3+}$ wurde spektrophotometr. verfolgt. Die Kinetik der Dissoziation zum Bis-Komplex läßt auf zwei Rk.-Wege schließen, von denen der eine H^+-unabhängig u. der andere über den protonierten Tris-Komplex abläuft. Die jeweiligen Aktivierungsenthalpien u. -entropien wurden ermittelt u. in bezug auf Solvatationseffekte ausgewertet.
G. Malow 216

0725 **Kinetische Untersuchungen der Bildung von Metallchelaten. 2. Mitt. Reaktion von $[Cr(H_2O)_6]^{3+}$ mit Glycin und das in schwach saurer Lösung gebildete Produkt.** D. Banerjea und S. Dutta Chaudhuri. (J. inorg. nuclear Chem. **30** (1968) 3, 871—80; engl.) — 1. vgl. C. **1967**, 32-0683; vgl. vorst. Referat. — Die Bldg.-Geschw. von *Cr(III)-Glycin-Komplexen* aus Glycin (GH) u. $[Cr(H_2O)_6]^{3+}$-Ionen wurde mit Hilfe der Elektronenspektren untersucht. Der Einfl. von GH- u. Säurekonz. macht ebenso wie die UV-Spektren die Bldg. des Ionenpaares $Cr(H_2O)_6^{3+} \cdot G^-$ im Verlauf der Rk. wahrscheinlich. Die Zus. des gut lösl., farbigen Komplexes, der unter den Rk.-Bedingungen entsteht, wird auf der Grundlage chem. Erscheinungen u. der Absorptionsspektren diskutiert. Die Lage der beiden Ligandenfeldbanden im sichtbaren Spektrum wird mit der einer Vielzahl anderer Cr(III)-Komplexe mit über O oder N bindenden Liganden verglichen.
U. Goetze 216

0726 **Übergangsmetall–Carben-Komplexe. 10. Mitt. Kinetische Untersuchungen über Substitutionsreaktionen an Metallkomplexen. 8. Mitt. Kinetik der Aminolyse von Methoxyphenylcarbenpentacarbonylchrom(0).** B. Heckl, H. Werner und E. O. Fischer. (Angew. Chem. **80** (1968) 20, 847—48; dt.; int. Edit. 7 (1968) 10, 817—18; engl.; Anorgan.-chem. Labor., TH, München.) — 9. vgl. J. organometallic Chem. [Lausanne] **15** (1968) 1, 139; 7. vgl. Helv. chim. Acta **51** (1968) 7, 1765. — Methoxyphenylcarbenpentacarbonylchrom(0), $Cr(CO)_5C(OCH_3)C_6H_5$, reagiert mit prim. Aminen bei Raumtemp. zu Aminocarbenkomplexen, $Cr(CO)_5C(NHR)C_6H_5$ ($R = C_6H_{11}$, n-C_4H_9, $CH_2C_6H_5$). Die Geschw. der Aminolyse (ausgedrückt durch die RGK pseudoerster Ordnung k_{ps}) ist stark abhängig von der Art u. der Konz. des Amins. In n-Decan besteht ein linearer Zusammenhang für k_{ps} u. $[NH_2R]^3$, in Dioxan für k_{ps} u. $[NH_2R]^2$. Die Ergebnisse werden im Rahmen eines mehrstufigen Rk.-Mechanismus diskutiert.
Autorreferat 216 △

0727 **Katalyse bei Reaktionen zwischen Trialkylphosphiten und Tricarbonyl-[aren]-molybdän- und -wolframkomplexen.** A. Pidcock, J. D. Smith und B. W. Taylor. (Inorg. nuclear Chem. Letters 4 (1968) 8, 467—69; Suppl. zu: J. inorg. nuclear Chem.; Chem. Labor., Univ.

of Sussex, Brighton; engl.) — Rk. vom Typ [M(CO)$_3$ · (Aren)] + 3 L → [L$_3$M(CO)$_3$] + Aren mit M = Mo oder W u. L = P(OR)$_3$ oder PR$_3$ werden nicht nur durch *Trimethylphosphat* (I), sondern auch durch *DMF*, *DMSO*, aber nicht durch *HN(iso-C$_3$H$_7$)$_2$* (II) u. *THF* katalysiert. Die Rk. wurden bei 50,0° in 1.2-Dichloräthan unter Rk.-Bedingungen pseudoerster Ordnung spektrophotometr. untersucht. Ihre Geschw. ist gegeben durch R = k$_2$ · [Komplex][Phosphit] + k$_c$ [Komplex][Katalysator]. Für die Rk. von [*W(CO)$_3$(Methylbenzoat)*] mit *(CH$_3$O)$_3$P* betragen die Geschw.-Konst. (in l/Mol · s): k$_2$ = 8,3$_1$ · 10^{-5}; k$_c$ = 2,1$_6$ · 10^{-3} (für I), 4,7$_4$ · 10^{-3} (DMF), 2,2$_9$ · 10^{-2} (DMSO), 2,3 · 10^{-5} (II), 7,3 · 10^{-5} (THF). Als Prod. der katalysierten Rk. entsteht cis-[M(CO)$_3$(Phosphit)$_3$].
A. Blaschette 216

0728 **Kinetik der Reaktion von Natriumhydroxid und Chloropentamminkobalt(III)-perchlorat in wäßrigen Lösungen.** G. W. Bushnell und G. C. Lalor. (J. inorg. nuclear Chem. **30** (1968) 1, 219—23; Chem. Dep., Univ. of West Indies, Kingston, Jamaica; engl.) — Die Geschw.-Konst. zweiter Ordnung der Rk. von [Co(NH$_3$)$_5$Cl]$^{2+}$ mit OH$^-$ wurde bei niedrigen Ionenstärken u. bei 0,56, 7,05 u. 14,17° spektrophotometr. bestimmt. Die Änderung der Geschw.-Konst. mit der Ionenstärke erfolgt in Übereinstimmung mit der Brönsted-Bjerrumschen Theorie. Bei der Ionenstärke Null ändert sich die Geschw.-Konst. mit der Temp. nach k$_2$^{0} = 1,514 · 10^{20} exp · (— 27,240/RT) l · m^{-1} · s^{-1}. J. J. Pohl 216

0729 **Alkalische Hydrolyse von [Co(NH$_3$)$_5$X]$^{2+}$-Ionen.** D. A. Buckingham, I. I. Olsen und A. M. Sargeson. (Inorg. Chem. [Washington] 7 (1968) 1, 174—75; Biolog. Inorg. Chem. Unit, Australian Nat. Univ., Canberra; engl.) — Die Geschw.-Konst. der alkal. Hydrolyse k (M^{-1} · s^{-1}) bei 25,4° von [Co(NH$_3$)$_5$Cl](ClO$_4$)$_2$ wurde bei μ = 0,1 (NaClO$_4$) zwischen 0,01 u. 0,1 m NaOH, bei μ = 1,0 zwischen 0,01 u. 1 m sowie von [Co(NH$_3$)$_5$Br] · (ClO$_4$)$_2$ bei μ = 0,1 zwischen 0,01 u. 0,25 m NaOH bestimmt; immer gilt das Geschw.-Gesetz R = k [Co · (NH$_3$)$_5$X^{2+}][OH$^-$]. Ergebnisse u. die Theorie von Chan (J. chem. Soc. [London], Sect. A **1966**, 1124) konnten nicht bestätigt werden. G. Heller 216

0730 **Oktaedrische Kobalt(III)-Komplexe vom Chloropentammintyp.** 14. Mitt. **Alkalische Hydrolyse einiger Halogenopentamminkobalt(III)- und Halogenopentamminchrom(III)-Kationen in wäßrigen Alkoholen.** S. C. Chan und K. Y. Hui. (J. chem. Soc. [London], Sect. A **1968**, 8, 1741—44; Dep. of Chem., Univ. of Hong Kong, Hong Kong; engl.) — 13. vgl. C. **1969**, 16-0734. — Die Hydrolyse der Fluoro- u. Chlorokomplexe [MCl(NH$_3$)$_5$]$^{2+}$ wird zwischen 0 u. 65° in Mischungen von A. u. Methanol mit jeweils ca. 18 Mol-% W. in Ggw. von NaOH untersucht. Die Halogenionen werden dabei gegen OH$^-$ ausgetauscht. Die Rk. verlaufen in den alkohol. Lsg. schneller als in reinem Wasser. Die Rk. sind 2. Ordnung, die RGK werden bestimmt. Die Aktivierungsenergien liegen zwischen 23 u. 29 kcal pro Mol. Der Rk.-Mechanismus wird unter Berücksichtigung verschiedener Theorien diskutiert.
H. Tulhoff 216

0731 **Mechanismus und sterischer Verlauf der oktaedrischen Aquotisierung.** 10. Mitt. **Darstellung, Eigenschaften, Aquotisierung und Anioneneinlagerung einiger cis-Bis-[einzähniges Ligandanion]-(1.4.8.11-tetraazacyclotetradecan)-kobalt(III)-Kationen.** C. K. Poon und M. L. Tobe. (J. chem. Soc. [London], Sect. A **1968**, 7, 1549—55; William Ramsay and Ralph Forster Labor., Univ. Coll., London; engl.) — 9. vgl. C. **1968**, 45-0632. — Komplexe der Typen *cis-[CoX$_2$L]Y* (X = $^1/_2$ CO$_3$, Cl, Y = Cl; X = NO$_2$, N$_3$, NCS, Y = NO$_3$ u. $^1/_2$ PtCl$_6$; L = 1.4.8.11-Tetraazacyclotetradecan) u. *cis-* u. *trans-[Co(H$_2$O)$_2$L]* · *(ClO$_4$)$_3$* wurden dargestellt, wobei immer die Substitution unter vollständigem Konfig.-Erhalt erfolgt, obwohl eine geringe folgende Isomerisierung zu den stabileren trans-Isomeren beobachtet werden kann. Die Kinetik der Aquotisierung von cis-[CoCl$_2$L]$^+$ zwischen 11 u. 38° zeigt auf Grund der viel geringeren Aktivierungsenergie (18,9 gegenüber 24,9 kcal/Mol), daß der Komplex bei 25° ca. 15000mal labiler als sein trans-Isomeres ist. Der Austausch von H$_2$O gegen Thiocyanat in cis-[CoCl(H$_2$O)L]$^{2+}$ verläuft wesentlich langsamer als im entsprechenden trans-Isomeren. Auf Grund der Spektren im sichtbaren u. UV-Gebiet sowie der ^{1}H-Spektren in DClO$_4$ u. D$_2$O werden die Rk. der cis-Isomeren mit denen der trans-Isomeren sowie mit denen der entsprechenden [CoX$_2$en$_2$]$^+$-Komplexe verglichen.

Versuche: *cis-[CoX$_2$L]Y*, (Y = *Cl*), X$_2$ = *CO$_3$*, durch $^1/_4$std. Erwärmen von 10 g Na$_3$[Co(CO$_3$)$_3$] · 3 H$_2$O mit 8 g L · 3$^1/_2$ HCl in W. unter Rühren auf dem W.-Bad, Kühlen, Filtrieren, Fällen mit A./Aceton u. Umkrist. aus Methanol/Aceton, rosafarbenes Kristallisat; 6,5 g (Ausb.); X = *Cl* (I), Erwärmen einer Lsg. von 4 g vorst. Verb. in Methanol mit konz. HCl u. Kühlen, purpurfarbene Krist.; 2 g; (Y = *NO$_3$*, X =) *NCS*, $^1/_4$std. Erhitzen vorst. Komplexe mit NaSCN in 4 m HNO$_3$, Kühlen, Zutropfen von konz. HNO$_3$ u. Umkrist. aus heißer 0,1 m HNO$_3$, orangerote Krist.; *NO$_2$*, analog aus 0,3 g I, Umkrist. durch Zugabe von LiNO$_3$-Lsg. zu einer gesätt. Lsg. in 0,15 m Essigsäure u. Kühlen, rosaorangefarbene Krist.; 0,2 g; *Hexachloroplatinat(IV)*; *N$_3$*, analog aus 0,3 g I, schokoladenbraune Krist.; *Hexachloroplatinat(IV)*; *cis-[Co(H$_2$O)$_2$L](ClO$_4$)$_3$*, Darst. einer Lsg. von cis-[Co(OH)$_2$L]OH durch Anionenaustausch (OH$^-$-Form) von 0,5 g I, Ansäuern mit 4 m HClO$_4$, Gefriertrocknen, Lösen in verd. HClO$_4$, Zugabe von A. u. Ae., Abtrennen des Öls u. Verfestigen durch Rühren mit trockenem Ae., violettrot; 0,5 g; *trans-[Co(H$_2$O)$_2$L]* · *(ClO$_4$)$_3$*, analog aus trans-[CoCl$_2$L]Cl. G. Heller 216

0732 **Geschwindigkeit–pH-Profil für die Dissoziation der Eisen(II)- und Kobalt(II)-2.2′.2″-Terpyridyl-Komplexe.** R. Farina, R. Hogg und R. G. Wilkins. (Inorg. Chem. [Washington] 7 (1968) 1, 170—72; State Univ. of N.Y. at Buffalo, Buffalo, N.Y.; engl.) — Die Geschw.-Konst. k$_{obsd}$ der Dissoziation von [Fe(terpy)$_2$]$^{2+}$ in [H$^+$] < 0,2 m u. von [Co(terpy)$_2$]$^{2+}$ (I) bei pH 6 zu [M(terpy) · (H$_2$O)$_3$]$^{2+}$ u. terpy (M = Fe, Co) wurde durch ^{3}H-terpy-Austausch oder spektralphotometr. gemessen, für I in schwach saurer Lsg. durch Zugabe von Fe(II)-Ionen. Bei niedrigem [H$^+$] ist k$_{obsd}$ vom pH-Wert unabhängig, wenn k$_b$[H$^+$] ≪ 1, k$_{obsd}$ = k$_1$k[H$^+$] u. bei genügend hohem [H$^+$] ist k$_b$[H$^+$] ≫ 1 u. k$_{obsd}$ = k$_1$. Diese Abhängigkeit vom pH wird auch bei [Ni(terpy)$_2$]$^{2+}$ u. [Co(terpy)]$^{2+}$ beobachtet. Vgl. mit entsprechenden Bipyridylkomplexen zeigen, daß die kinet. Stabilität der M—N-Bindung, ausgedrückt durch k$_1$, M = Fe > Ni > Co ist. G. Heller 216

0733 **Oktaedrische Kobalt(III)-Komplexe in dipolaren aprotischen Lösungsmitteln.** 13. Mitt. **Isomerisation von cis- und trans-Dibromo-bis-[äthylendiamin]-kobalt(III)-Ionen, [CoBr$_2$en$_2$]$^+$, in wasserfreiem Sulfolan.** W. R. Fitzgerald und D. W. Watts. (Austral. J. Chem. **21** (1968) 3, 595—601; Univ. of Western Australia, Nedlands, W.A.; engl.) — 12. vgl. C. **1968**, 49/50-0444. — Für die Isomerisation von cis- u. trans-[CoBr$_2$(en)$_2$]$^+$ (I u. II) in wasserfreiem Tetramethylsulfon wird auf Grund spektralphotometr. Unters. ein S$_N$1-Mechanismus angenommen, wobei die Geschw. durch Ionenpaarbldg. beeinflußt werden. Für die Ggw. von Spezies mit koordinierten Lsgm.-Mol. wird kein Beweis gefunden. Die Aktivierungsparameter werden für die Isomerisation von I u. II bei verschiedenen Br$^-$-Konz. (Tetra-n-butylammoniumbromid) bestimmt: für I beträgt bei [Br$^-$] = 0 ΔH_c^{0*} = 23,5 ± 0,2 kcal/Mol u. ΔS_c^{0*} = — 6,7 ± 0,5 cal/Grad · Mol; die Geschw.-Konst. für II ist zu klein. Die Ionenassoziationskonst. für das Ionenpaar I · · · Br$^-$ wird bei verschiedenen Temp. bis 40° gemessen u. ΔH_2^0 zu — 0,6 ± 0,3 kcal/Mol u. ΔS_2^0 zu 15 ± 1 cal/Grad · Mol bestimmt. G. Heller 216

0734 **Oktaedrische Kobalt(III)-Komplexe vom Chloropentammintyp.** 13. Mitt. **cis-Chloro-2-methoxyäthylamin- und cis-Chloro-3-methoxypropylamin-bis-[äthylendiamin]-kobalt(III)-Komplexe.** S. C. Chan und F. Leh. (J. chem. Soc. [London], Sect. A **1968**, 5, 1079—80; Univ. of Hong Kong, Hong Kong; engl.) — 12. vgl. C. **1969**, 4-0734. — Kationen des Typs cis-[Coen$_2$LCl]$^{2+}$ mit L = CH$_3$O · CH$_2$CH$_2$NH$_2$ bzw. CH$_3$OCH$_2$CH$_2$CH$_2$NH$_2$ wurden dargestellt. Auf Grund der Absorptionsspektren im IR- u. sichtbaren Gebiet ist L einzähnig u. wird durch sein

N-Atom an Co koordiniert. Die Geschw.-Konst. 1. Ordnung für die solvolyt. Aquotisierung dieser Kationen sind bei 60—80° bestimmt; sie betragen bei 70° 10^5 k_1 = 9,5 bzw. 10,4 (s^{-1}) u. die Arrhenius-Parameter E_a = 23,1 bzw. 22,8 kcal/Mol. Diese Ergebnisse zeigen, daß ein unimol. Austausch zwischen einem H_2O-Mol. in der Solvatationssphäre u. einem Cl-Liganden in der Koordinationssphäre stattfindet. Die Geschw.-Konst. 2. Ordnung für die alkal. Hydrolyse dieser Kationen werden auch bei 0° u. μ = 0,1 ($NaNO_3$) zu k_2 = 0,38 bzw. 0,42 (l · s^{-1} · Mol^{-1}) bestimmt; diese Rk. verläuft vermutlich über einen S_N1IP-Mechanismus.

Versuche: *cis-[Coen$_2$LCl]X$_2$*, (L = *CH_3OCH_2 · CH_2NH_2*, X =) *Cl*, durch Verreiben von trans-[Coen$_2$Cl$_2$] · Cl mit L in W., Abfiltrieren, wiederholte Fällung aus HCl (1 : 3) bei 60°, hellrote Krist.; *NO_3*, aus vorst. Verb. durch wiederholtes Fällen aus HNO_3; analog: *CH_3O · $CH_2CH_2CH_2NH_2$*, X = *Cl* u. *NO_3*. G. Heller 216

0735 **Struktur und Reaktivität oktaedrischer Komplexe. 9. Mitt. Schrittweise basische Hydrolyse von cis- und trans-Diacetato-bis-[äthylendiamin]-kobalt(III)-Ionen.** Vincenzo Carunchio, Gabriello Illuminati und Giancarlo Ortaggi. (Inorg. Chem. [Washington] 6 (1967) 12, 2168—71; Dep. of Chem., Univ. of Rome, Italy; engl.) — 10. vgl. ibid. 7 (1968) 3, 519; 6. vgl. C. **1968**, 12-0659. — Die bisherige Kenntnis der schrittweisen Hydrolyse der komplexen Ionen wird vervollständigt durch Best. der Bldg.-Kinetik der als Zwischenprod. auftretenden Acetatohydroxokomplexe u. durch Unters. des stereochem. Verlaufes. Sowohl bei cis- als auch bei trans-Konfig. verläuft der 2. Hydrolyseschritt langsamer als der erste. Außerdem wird eine nahezu vollständige trans–cis-Umwandlung beim 2. Schritt festgestellt, während in den anderen Fällen die cis- bzw. trans-Konfig. erhalten bleiben. Die Ergebnisse werden mit einigen anderen Daten des gleichen Rk.-Typs verglichen u. führen zum Schluß, daß die Rk. über ein gemeinsames dissoziiertes Zwischenprod. verlaufen. H. Riemer 216

0736 **Kinetische Untersuchungen der 4d- und 5d-Übergangsmetallkomplexe. 2. Mitt. Kinetik der Reaktion von Azidopentamminrhodium(III)-perchlorat mit salpetriger Säure.** C. S. Davis und G. C. Lalor. (J. chem. Soc. [London], Sect. A **1968**, 5, 1095—97; Dep. of Chem., Univ. of the West Indies, Kingston 7, Jamaica; engl.) — 1. vgl. C. **1967**, 47-0635. — Das Verschwinden des $[RhN_3(NH_3)_5]^{2+}$ in Ggw. von salpetriger Säure wurde bei 25° u. bei niedrigen Ionenstärken spektralphotometr. untersucht. Die Geschw.-Gleichung — d (Komplex)/dt = 4,02 · 10^2 [H^+][HNO_2] + 2,73 · 10^3 $[HNO_2]^2$[Komplex] zeigt, daß die Rk. zwischen dem Komplexion u. dem Säureion bzw. N_2O_3 ablaufen. Die Rk.-Geschw. wird mit steigender Ionenstärke u. durch Zusatz von Cl^-- oder Br^--Ionen erhöht. G. Malow 216

0737 **Kinetik und Mechanismus der Reduktion von Rhodium(III)-chlorid durch Äthylen in Dimethylacetamidlösung.** B. R. James und G. L. Rempel. (Canad. J. Chem. **46** (1968) 4, 571—74; Dep. of Chem., Univ. of B.C., Vancouver, B.C.; engl.) — Bei 70—85° nimmt eine Dimethylacetamidlsg. von $RhCl_3$ · 3 H_2O (I) C_2H_4 (II) unter Bldg. eines Rh(I)–Äthylen-Komplexes, dessen Struktur nicht ermittelt wurde, auf. Das molare Verhältnis von aufgenommenem **II**/Rh ist nach 8 Std. >5. Bis zu einer Konz. von 0,02m ist die Rk. in bezug auf **I** 1. Ordnung, in bezug auf **II** kleiner als 1. Ordnung. Aus kinet. Messungen zwischen 70 u. 85° errechnet sich $\Delta H^{\neq}$ = 9,5 kcal u. $\Delta S^{\neq}$ = —46 e.u. Die ursprünglich rote Lsg. wird gelb. Pro Mol **I** wird ca. 1 Mol Acetaldehyd (**III**) u. etwas Aceton gebildet. Sauerstofflieferant ist das Kristallwasser von **I**. In der Gasphase werden neben **II** u. **III** Buten-(1) u. Buten-(2) gefunden. Als erste Zwischenstufe wird ein Rh(III)–Chlorid–Äthylen-Komplex erörtert, der sich zu Rh(I) zersetzt. Rh(I) stabilisiert sich durch schnelle Rk. mit **II**. Die gelbe Lsg. reagiert mit einem Gemisch von **II**/H_2 rasch unter C_2H_6-Entwicklung. E. Schrage 216

0738 **Katalytische Spezies bei der durch reduzierende Agenzien oder hydridbildende Verbindungen bewirkten Instabilität von Rhodium(III)-Komplexen.** John V. Rund. (Inorg. Chem. [Washington] 7 (1968) 1, 24—27; Dep. of Chem., Univ. of Ariz., Tucson, Ariz.; engl.) — Die Kinetik der katalyt. ablaufenden Rk. $[RhCl_6]^{3-}$ + 4 py → $[Rh(py)_4Cl_2]^+$ + 4 Cl^- wird untersucht. Als Katalysatoren können dabei entweder Rh(I)-Spezies oder Hydridorhodium(III)-Komplexe auftreten. Die Unters. zeigen, daß Rh(I)-Spezies eine größere katalyt. Aktivität aufweisen als red. u./oder hydridbildende Reagenzien, wie $NaBH_4$, A. oder H_2. Die Hydridokomplexe des Rh(III) zeigen keine oder nur sehr geringe katalyt. Aktivität. Reaktionsfähige Hydridokomplexe des Rh(I) werden bei der untersuchten Rk. nicht gebildet. Würde der Rk.-Mechanismus mit der Bldg. eines Hydridkatalysators formuliert, so sollte ein kinet. Isotopeneffekt zu beobachten sein. Bei den Unters. wird jedoch nur ein Isotopeneffekt durch das Lsgm. beobachtet, der mit dem Vorliegen von Rh(I)-Katalysatoren in Einklang steht. Als weiterer Beweis für das Vorliegen eines Rh(I)-Katalysators kann die Blockierung der Rk. durch o-Phenanthrolin angesehen werden, da der gebildete stabile o-Phenanthrolinkomplex des Rh(I) die katalyt. Wirksamkeit des Rh(I) aufhebt. M. Steidinger 216

0739 **Decarbonylierung von Aldehyden durch Chloro-tris-[triphenylphosphin]-rhodium(I).** M. C. Baird, C. J. Nyman und G. Wilkinson. (J. chem. Soc. [London], Sect. A **1968**, 2, 348—51; London, Imp. Coll., Inorg. Chem. Res. Labor.; engl.) — Die RG der Decarbonylierung von *n-Valeraldehyd* durch (*RhCl[P(C_6H_5)$_3$]$_3$*) (I) in CH_2Cl_2 wird bei 20° IR-spektrometr. bestimmt. Die Rk. verläuft nach: RG = k_1 [I] + k_2 [I][C_4H_9CHO] mit k_1 = 5,68 · 10^{-5} s^{-1} u. k_2 = 1,81 · 10^{-4} Mol^{-1} · s^{-1}. Das Rk.-Schema wird diskutiert. B. I. 216△

0740 **Kinetische Untersuchung der sauren Hydrolyse einiger Platin(II)-Komplexe in wäßrigen Lösungen.** V. D. Panasjuk und N. F. Malašok. (Ž. neorg. Chim. **13** (1968) 10, 2727—33; Kievskij gos. univ.; russ.) — Die Kinetik der Aquotisierung von [Pt(en)Cl_2], cis- u. trans-[Pt(en)(NH_3)$_2$$Cl_2$] in wss. Lsg. wurde bei 30 u. 35 ± 0,1° verfolgt, der Prozeß verläuft nach erster Ordnung in bezug auf das Komplexsalz. Im Falle der trans-Verb. ist die Rk. reversibel, die Hinrk. ist von erster, die Rückrk. von zweiter Ordnung. Die Abhängigkeit der Rk.-Geschw. der Rückrk. von der Ionenstärke kann durch die Brönsted-Bjerrum-Gleichung beschrieben werden. Im Falle von [Pt(en)Cl_2] ist die Aktivierungsenergie 23,3 ± 0,6 (kcal/Mol), ΔH^* = 22,7 (kcal/Mol), ΔS^* = — 2 Clausius, K = 3,52 · 10^{14} exp (— 23300/RT), für die cis-Verb. 22 ± 0,4, 21,7, — 6, K = 3,85 · 10^{13} exp (— 22200/RT), für die trans-Verb. 18,0 ± 0,5, —, — 20, K = 6,01 · 10^{10} exp (— 18000/RT), für die Rückrk. 16,80 ± 0,5, —, — 6, K = 5,56 · 10^{13} exp (— 16800/RT). J. J. Pohl 216

0741 **Substitution durch dreizähnige Gruppen an Platin(II)-Komplexen. Reaktion Diäthylentriamin–Tetrabromoplatinat(II).** John E. Teggins und Thomas S. Woods. (Inorg. Chem. [Washington] 7 (1968) 7, 1424—26; Dep. of Chem., Auburn Univ., Auburn, Ala.; engl.) — Die Austauschgeschw. der Bromidliganden durch Diäthylentriamin in wss. Lsg. ist auf Grund spektrochem. u. potentiometr. Unters. bei 25° pH-abhängig u. gehorcht der Gleichung Geschw. = {k_1 [dien] + k_2 [dienH$^+$] + k_3 [dienH$_2$$^{2+}$]}[PtBr$_4$$^{2-}$] mit k_1 = 3,3 · 10^{-2}, k_2 = 2,5 · 10^{-2} u. k_3 = 5,0 · 10^{-3} Mol^{-1} · s^{-1}. Ein Austausch der Liganden durch dienH$_3$$^{3+}$ findet nicht statt. D. Radeck 216

0742 **Säurekatalysierte Reaktionen von Übergangsmetallkomplexen. 7. Mitt. Säurekatalysierte Hydrolyse einiger Dinitrodiaminplatin(II)-Verbindungen.** K. Anne Pilkington und P. J. Staples. (Inorg. Chem. [Washington] 7 (1968) 7, 1421—23; Univ. of Bradford, Bradford, Yorks, U.K.; engl.) — 6. vgl. C. **1968**, 23-0826. — Die säurekatalysierte Hydrolyse von Komplexen des Typs *cis-Pt(NO_2)$_2$$A_2$* mit A = *Pyridin* (I), *4-Picolin*, *4-Isopropylpyridin* (II), *3.5-Lutidin*, *4-Cyanpyridin*, $^1/_2$ *2.2'-Dipyridyl* wird in schwefelsaurer Lsg. bei 15,4° untersucht. Die Hydrolysegeschw. steigt mit der Säurekonz. bis zu einem Grenzwert bei ca. 12,5m H_2SO_4, bleibt dann bis ca. 13,5m H_2SO_4 konst. u. steigt bei weiterer Erhöhung der Säurekonz. dann wieder.

Die Hydrolysegeschw. ist vom Substituenten am I unabhängig, wobei die II-Verb. eine Ausnahme macht. *trans-Pt(NO₂)₂(py)₂* ist reaktiver als der cis-Komplex. Die Analyse der Resultate nach den Meth. von Zucker u. Hammett bzw. Bunnett machen einen monomol. Substitutionsmechanismus wahrscheinlich, der am protonisierten Substrat abläuft. D. Radeck 216

0743 **Kinetik der Umsetzung einiger Platin(II)-Komplexverbindungen mit Äthylen- und Propylendiamin.** Ju. N. Kukuškin und V. B. Ukraincev. (Ž. neorg. Chim. 13 (1968) 10, 2886–88; Leningradskij technol. inst. im. Lensoveta; russ.) — Die kinet. Charakteristiken der Substitutionsrk. $K_2[PtCl_4]$ + en, $K_2[PtBr_4]$ + en, $K_2 \cdot [PtCl_4]$ + pn (pn = Propylendiamin), $K_2[PtBr_4]$ + pn, $K[PtNH_3Cl_3]$ + en u. $K[Pt(py)Cl_3]$ + en unter Bldg. von $[Pt(en)X_2]$ bzw. $[Pt(pn)X_2]$ (X = Cl, Br) bzw. den lösl. Triaminkomplexen wurden bei 10, 15, 20, 25, 30, 35 u. 40° bestimmt, die Aktivierungsenergie beträgt 17,8, 17,0, 17,3, 15,7, 12,9 u. 12,1 kcal/Mol. Die Umsetzungsgeschw. dieser Pt-Komplexe mit Aminen wächst nach $NH_3 < C_2H_5NH_2 < CH_3NH_2 \leqq py < pn < en$. Die Rk.-Fähigkeit der Cl–Pt–Cl-Koordinate ist bei den Monoaminen höher als bei den Tetrahalogeniden. J. J. Pohl 216

0744 **Platinkomplexe mit Olefinen. 9. Mitt. Kinetik der Bildung von Allylkomplexen.** R. M. Milburn und L. M. Venanzi. (Inorg. chim. Acta [Padova] 2 (1968) 1, 97–101; Inorg. Chem. Labor., Univ. of Oxford; engl.) — 8. vgl. C. **1969**, 5-0043. — Unters. der Kinetik der Rk. $PtCl_4^{2-}$ + ol ⇌ $Pt(ol)Cl_3^-$ + Cl^- in wss. Chloridlsg., wobei ol die *Allyl*-Deriv. $CH_2=CH-CH_2-NH_3^+$, $CH_2=CH-CH_2OH$ u. $CH_2=CH-CH_2-SO_3^-$ (I) darstellt. Die Hinrk. ist erster Ordnung bez. $PtCl_4^{2-}$ u. ol. Dies u. die Tatsache, daß die Rk.-Geschw. unabhängig von der Cl^--Konz. ist, schließt die Bldg. des $PtCl_3(H_2O)^-$-Ions als bestimmenden Rk.-Schritt aus. Neben den Konst. der Rk.-Geschw. (Hin- u. Rückrk.) sind die aus der Temp.-Abhängigkeit u. Gleichgew.-Konz. ber. Aktivierungsenthalpien u. -entropien der Rk. der drei Allylderiv. tabelliert. Die geringen Differenzen zeigen, daß die Effekte durch die Ladungsänderungen an den Liganden sich teilweise gegenseitig aufheben. Für I wurden darüberhinaus Stabilitätskonst. sowie Bldg.-Enthalpie u. -Entropie bestimmt.

Versuche: *Allylammoniumperchlorat* aus Allylamin u. $HClO_4$ u. Umkrist. aus A./Diäthyläther. *Kaliumallylsulfonat* (II): Na_2SO_3 in W. bei 60° mit Allylbromid versetzen u. bei dieser Temp. stehenlassen, dann über Nacht unter Umrühren abkühlen lassen. Nach Extraktion mit Ae. die Na^+-Ionen im Ionenaustauscher gegen H^+-Ionen austauschen u. mit KOH neutralisieren, zur Trockene eindampfen, in wenig W. lösen u. auf 0° abkühlen. Bei Zugabe von Aceton fällt II, weiße Krist., aus. R. Blank 216

0745 **Oxydationskatalysatoren. 1. Mitt. Einfluß der Koordination auf die Aktivität von Chelaten der Übergangselemente.** J. Rouchaud. (Bull. Soc. chim. belges 77 (1968) 3/4, 141–48; Univ. Lovanium, Labor. de Chim. Phys. Org., Leopoldville, Rep. Congo; franz.) — Die katalyt. Aktivität von Übergangsmetallchelaten bei der Ox. von fl. Cumol durch mol. Sauerstoff (1 atm) bei 100° wurde untersucht. Als Hauptprod. entsteht dabei Cumylhydroperoxid. Die katalyt. Aktivität wurde auf Grund der Zunahme der Rk.-Geschw. u. der Abnahme des Hydroperoxidanteils im Prod. bestimmt. Es wurden 1 : 1-Komplexe mit N.N'-Äthylen-bis-[salicylidenimin], 2 : 1-Komplexe mit Diazofarbstoffen u. 1 : 1-Komplexe mit Formazanen von Co(II), Ni(II), Mn(II), Cu(II), Fe(II) u. Cr(III) untersucht. Die Aktivität der Chelate wurde mit der von Naphthenaten u. Stearaten verglichen. Chelate des gleichen Kations mit verschiedenen Liganden haben die gleiche Aktivität, wenn die Koordination die gleiche ist. Die relative katalyt. Aktivität von Komplexen des gleichen Kations sinkt in der Reihenfolge der Koordinationszahlen 2, 4 u. 6. J. J. Pohl 216

0746 **Organische Katalysatoren. 4. Mitt. Einfluß von Eisen als Oxydationskatalysator in Kupfereisenpolyphthalocyanin.** Hiroo Inoue, Yasuji Kida und Eiji Imoto. (Bull. chem. Soc. Japan 41 (1968) 3, 684–91; Dep. of Appl. Chem., Coll. of Engng., Univ. of Osaka Prefecture, Sakai, Osaka; engl.) — 3. vgl. ibid. 40 (1967) 1, 184. — Vf. untersuchen die durch Cu-Fe-Polyphthalocyanin (Cu-Fe-I) katalysierte Ox. von Acetaldehydäthylenacetal (II) u. Cyclohexen mit O_2 durch die Meth. der Rk.-Behinderung durch Zugabe von Fe-bindenden Agenzien, wie 2-Phenylimidazol u. Py., oder oxydierenden Agenzien, wie Br_2 oder Luft, in konz. HCl-Lösungen. Cu-Fe-I werden durch Ascorbinsäure oder $Na_2S_2O_3$ regeneriert. Fe-X-I (X = *V, Cr, Mn, Co, Ni, Cu* u. *Zn*) katalysieren die Ox. von II, Cu-Y-I (Y = *V, Cr, Co, Ni* u. *Zn*) dagegen zeigen keine katalyt. Wirkung. Fe-X-I mit X = *Pd, Sn, Cd* wurden ebenfalls dargestellt. Fe(II)-Ionen sind die akt. Stellen in dem konjugierten Syst. bei der Aktivierung von O_2 u. bei der Zers. von Peroxid. H.-J. Schönherr 216

0747 **Organische Katalysatoren. 5. Mitt. Spezifische katalytische Eigenschaften von Kupfereisenpolyphthalocyanin bei der Oxydation von Aldehyden.** Hiroo Inoue, Yasuji Kida und Eiji Imoto. (Bull. chem. Soc. Japan 41 (1968) 3, 692–96; engl.) — 4. vgl. vorst. Referat. — Cu-Fe-Polyphthalocyanin (I) katalysiert die Ox. von substituierten Benzaldehyden u. gesätt. Aldehyden mit O_2. Die katalyt. Aktivität von I ist vom Lsgm. abhängig; THF, A., Acetonitril, Äthylacetat u. Anisol hemmen, Bzl. u. Aceton dagegen stören nicht bei der Ox.-Reaktion. *Benzaldehyd* u. gesätt. aliphat. Aldehyde (*Propion-, n-Butyr-, Capryl-, 2-Äthylcapron-* u. *Crotonaldehyd*) in Bzl. werden durch I u. O_2 ohne Induktionsperiode quant. oxydiert. Zimtaldehyd u. Acrolein werden bei langsamer O_2-Absorption ox., p-Methyl- u. p-Chlorobenzaldehyd mit Induktionsperioden von 8 u. 15 Minuten. Keine Ox. durch I u. O_2 wurden bei *p-Nitro-, p-Carboxy-, p-Hydroxy-, m-Hydroxy-, p-Methoxy-, m-Methoxy-* u. *p-Dimethylaminobenzaldehyd* beobachtet. H.-J. Schönherr 216

0748 **Chemie und Struktur des Dioxygenyltetrafluoroborats. ¹⁸F-Tracer-Untersuchungen und Zerfallskinetik.** James N. Keith, Irvine J. Solomon, Irving Sheft und Herbert H. Hyman. (Inorg. Chem. [Washington] 7 (1968) 2, 230–34; IIT Res. Inst., Chicago, Ill.; engl.) — Wird auf O_2F_2 oder O_3F_2 oder O_4F_2 ein Überschuß von BF_3 kondensiert u. auf −126 bzw. −138° erwärmt, so entsteht in glatter Rk. unter Entfärbung O_2BF_4 (I), das bei −80° von BF_3 u. F_2 befreit werden kann. Tracerunters. zeigen, daß es sich eher um $O_2^+BF_4^-$ als um die Anlagerungsverb. $F_3B \leftarrow O_2F$ handelt. Sowohl für die Bldg.- als auch für die Zers.-Rk. wird O_2F als Zwischenprod. angesehen (I $\overset{K}{\rightleftharpoons}$ $O_2F + BF_3$), das sich in bimol. Rk. nach $2\,O_2F \xrightarrow{k} 2\,O_2 + F_2$ zersetzt. Die kinet. Daten der therm. Zers. sind mit dem Geschw.-Gesetz $dp/dt = k \cdot K^2/p^2_{BF_3}$ im Einklang. Die Werte des Prod. $k \cdot K^2$ sind für 0–32° tabelliert. Aus der Arrhenius-Kurve ergibt sich für die Summe der Aktivierungs- u. Gesamtsubl.-Energie 40 kcal/Mol. D. Gerlatzek 218

0749 **Reaktionsgeschwindigkeiten von Sauerstoffatomen mit festem und flüssigem Schwefel (und Selen).** F. Cramarossa, E. Molinari und B. Roio. (J. physic. Chem. 72 (1968) 1, 84–91; Bari, Italy, Univ., Ist. di Chim. Gen. e Inorg.; engl.) — Bei der Unters. der Kinetik der heterogenen Ox. von *S* u. *Se* in den Temp.-Bereichen 50–160° beim *S* u. 200–330° beim *Se* zeigt sich, daß die Abhängigkeit der Rk.-Geschw. von der Konz. an *O*-Atomen oberhalb u. unterhalb des F_p verschieden ist. Prim. Rk.-Prod. sind *SO* bzw. *SeO*, die in der Gasphase weiter ox. werden. Die Temp.-Abhängigkeit der Rk.-Geschw. ist komplex. Zu gewissen Teilen der Rk.-Zeit überwiegt chem. Umsetzung, zu anderen Teilen tritt mehr Verdampfung auf. Daher ist auch die Kinetik von dem Wechsel zwischen heterogenen u. homogenen Vorgängen beeinflußt. H. U. Borgstedt 218

0750 **Einfluß von Schwefel-, Perchlor- und Essigsäure sowie Kaliumnitrat auf die Geschwindigkeit der Oxydation von Hydraziniumsulfat und der Nitrierung von Nitrobenzol.** Stanisław Bursa, Jerzy Straszko und Maria Jędrzejczak. (Rozniki Chem. [Ann. Soc. chim. Polonorum] 42 (1968) 1, 89–97; Kat. Chem. Fiz., Politechn. Szczecin; pol.) — Der Einfl. der genannten Verb. auf die Nitrierungsrk. 0. Ordnung bei der Ox. von Hydraziniumsulfat u. auf die Nitrierungsrk. 1. Ordnung bei der Nitrierung von Nitrobenzol wurde untersucht. Die Messung der Rk.-Geschw. erfolgte im ersten Fall eudiometr., im zweiten Fall dilatometrisch. Es wurde festgestellt, daß die Zugabe starker Säuren eine Zunahme der Rk.-Geschw. bewirkt, dagegen eine Zugabe schwacher Säuren oder von Nitraten eine Abnahme.

Rolf Heyer 218

0751 **Einfluß einiger Übergangsmetalloxide auf die thermische Zersetzung von geschmolzenem Lithiumperchlorat.** A. Burcat und M. Steinberg. (J. inorg. nuclear Chem. **30** (1968) 1, 35—39; Jerusalem, Hebrew Univ., Dep. of Inorg. and Analyt. Chem.; engl.) — Thermogravimetr. u. DTA-Unters. des Einfl. von TiO_2, V_2O_5, Cr_2O_3, MnO_2, Fe_2O_3, Co_2O_3, NiO, CuO, La_2O_3, CeO_2, Pr_6O_{11}, Eu_2O_3, Gd_2O_3 u. Tb_4O_7 auf die therm. Zers. (bis 700°) von $LiClO_4 \cdot 3\,H_2O$. Die meisten Oxide erniedrigen die Zers.-Temp. von wasserfreiem $LiClO_4$; die Gew.-Verluste entsprechen jedoch denjenigen beim Erhitzen von $LiClO_4 \cdot 3\,H_2O$ allein. Vf. schließen daraus, daß die Oxide mit Ausnahme von Cr_2O_3 u. V_2O_5 außer dem katalyt. Einfl. keinen weiteren Effekt auf die Endprod. bei der therm. Zers. von $LiClO_4 \cdot 3\,H_2O$ ausüben.

D. Ertel 218

0752 **Reaktion zwischen geschmolzenem Lithiumperchlorat und Chrom(III)-oxid.** A. Burcat, I. Pelly und M. Steinberg. (J. inorg. nuclear Chem. **30** (1968) 1, 41—51; engl.) — Vgl. vorst. Referat. — Bei 300° reagiert $LiClO_4$ mit Cr_2O_3 unter Bldg. von $Li_2Cr_2O_7$. Beim Vorliegen von $LiClO_4$ u. Cr_2O_3 im Mol-Verhältnis 2 : 1 tritt vollständige Ox. zu Cr(VI) ein u. nur ca. 0,1 % Cl verbleibt im entstehenden $Li_2Cr_2O_7$. Vf. untersuchen die Rk. als Funktion des Mol-Verhältnisses der Rk.-Partner. Bei Mol-Verhältnissen <2 finden Vf. eine größere Cr(VI)-Menge als erwartet. Vers. mit $^{51}Cr_2O_3$ ergaben, daß nur sehr geringe Cr-Mengen verdampfen. Sowohl in Luft als auch im Vakuum erhielten Vf. dieselben Ergebnisse. Ein Rk.-Mechanismus wird mitgeteilt u. diskutiert.

D. Ertel 218

0753 **Thermische Zersetzung einiger einfacher und komplexer Alkali- und Erdalkalimetallhexacyanoferrate(II) an der Luft.** S. M. Archipov, N. I. Kašina, T. V. Revzina und V. A. Kuzina. (Ž. neorg. Chim. **13** (1968) 10, 2668—74; russ.) — Die Ox. von $Rb_4[Fe(CN)_6] \cdot 2\,H_2O$ (**I**), $Cs_4[Fe(CN)_6] \cdot H_2O$ (**II**), $Mg_2[Fe(CN)_6] \cdot 9\,H_2O$ (**III**), $Ca_2 \cdot [Fe(CN)_6] \cdot 10\,H_2O$ (**IV**), $Rb_2Ca[Fe(CN)_6]$ (**V**), $Cs_2Ca \cdot [Fe(CN)_6]$ (**VI**), $3\,Rb_4[Fe(CN)_6] \cdot 4\,Mg_2[Fe(CN)_6 \cdot 6\,H_2O$ (**VII**) u. $3\,Cs_4[Fe(CN)_6] \cdot 4\,Mg_2[Fe(CN)_6] \cdot 12\,H_2O$ (**VIII**) an der Luft wurde thermograph., thermogravimetr. u. röntgenograph. verfolgt, mögliche Ox.-Mechanismen werden diskutiert. Die Summenrk. der therm. Ox. sind **I** + $31/2\,O_2 \rightarrow 3\,Rb_2CO_3 + Rb_2Fe_2O_4 + 3\,CO_2 + 6\,N_2$; 2 **II** + $31/2\,O_2 \rightarrow 3\,Cs_2CO_3 + Cs_2Fe_2O_4 + 3\,CO_2 + 6\,N_2$; 2 **III** + $31/2\,O_2 \rightarrow 3\,MgO + MgFe_2O_4 + 12\,CO_2 + 6\,N_2$; 2 **IV** + $31/2\,O_2 \rightarrow 4\,CaO + 2\,Fe_2O_3 + 12\,CO_2 + 6\,Na$, 2 **V** oder 2 **VI** + $31/2\,O_2 \rightarrow 2\,Rb(Cs)_2CO_3 + 2\,CaO + Fe_2O_3 + 10\,CO_2 + 6\,N_2$, 2 **VII** oder 2 **VIII** + $217/2\,O_2 \rightarrow 12\,Rb(Cs)_2CO_3 + 9\,MgO + 7\,MgFe_2O_4 + 72\,CO_2 + 42\,N_2$. Die therm. Beständigkeit der wasserfreien Verb. sinkt nach **IV** > **VI** > **V**, **VII** ≧ **VIII** > **I** > **III** > **II**.

J. J. Pohl 218

0754 **Mechanismus der Reaktion von gasförmigem Siloxan mit Siliciumdioxid.** 1. Mitt. William Hertl. (J. physic. Chem. **72** (1968) 4, 1248—53; Corning Glass Works, Corning, N.Y.; engl.) — Nach IR-Unters. verläuft die Rk. von $(CH_3O)_3SiCH_3$ mit Oberflächensilanolgruppen bei 90—220° als Rk. dritter Ordnung bez. der Zahl der Oberflächenzentren. Folgende Rk. treten auf: $(RO)_3SiR + HOSi\equiv \rightarrow R(RO)_2SiOSi\equiv + ROH$, $(RO)_3 \cdot SiR + HOSi\equiv + HOSi\equiv \rightarrow R(RO)Si(OSi\equiv)_2 + 2\,ROH$ u. $ROH + HOSi\equiv \rightarrow ROSi\equiv + HOH$ ($R = CH_3$). 40 % der Siloxanmol. reagieren monofunktionell, 60 % difunktionell. H-Bindung wird diskutiert. Der geschwindigkeitsbestimmende Schritt ist die Rk. von physisorbiertem Siloxan unter Ausbldg. der $\equiv SiO \cdot O{-}Si\equiv$-Bindungen. Angabe der RGK u. der Aktivierungsenergie.

D. Hoene 218

0755 **Katalytische Effekte von Fluorid und Chlorid bei der Oxydation von Metallen.** T. R. Bhat und I. A. Khan. (J. less-common Metals [Lausanne] **14** (1968) 2, 240—43; Trombay/Bombay, Bhabha Atomic Res. Centre, Chem. Div.; engl.) — Verbesserung des früher mitgeteilten [vgl. ibid. **9** (1965) 388] Thermogramms für $Al + KHF_2$. Vf. teilen ferner die Ergebnisse thermogravimetr. Unters. über die Ox. von *Al*, *Ti*, *Zr*, *Mo*, *Fe*, *Co*, *Cu*, *Zn*, *W*, *Ni*, *Cr*, *Nb*, *Ta* u. *Mg* im Temp.-Bereich 400—1000° in Ggw. u. in Abwesenheit von KHF_2 bzw. *KCl* mit u. diskutieren deren katalyt. Wirksamkeit.

D. Ertel 218

0756 **Reaktionen von Ammoniak, Stickstoff und Wasserstoff an der Oberfläche von Eisen.** 1. Mitt. **Kinetik der Nitrierung von Eisen mit NH_3–H_2-Gemischen und der Denitrierung.** H. J. Grabke. (Ber. Bunsenges. physik. Chem. **72** (1968) 4, 533—41; MPI für Metallforsch., Inst. für Metallkunde, Stuttgart; dt.) — Die Nitrierung u. Denitrierung von α-Eisen durch die Rk. $NH_3 \rightleftharpoons N$ (gelöst) + $3/2\,H_2$ (1) wurde in einer Durchströmungsapp. an dünnen Eisenfolien zwischen 300 u. 800° mit Hilfe von Widerstandsmessungen untersucht. Die Oberflächenrk. verläuft in mehreren Folgeschritten über adsorbierte Zwischenprod., wie N, NH u. NH_2. In verschiedenen Bereichen des Drucks u. der Temp. werden zwei Geschw.-Gleichungen erhalten, $v_1 = k_\gamma' [p_{NH3}/(p_{H2})^{(3-)/2}] - k_\gamma [N](p_{H2})^{\gamma/2}$ mit $\nu = 2$ oder $\nu = 3$, d. h. es kann entweder die Bldg. u. der Zerfall des NH_2 (ad) oder die Bldg. u. der Zerfall des NH_3 (ad) geschwindigkeitsbestimmend sein. Die Geschw.-Konst. wurden berechnet. Die effektiven Aktivierungsenergien für diese Teilschritte betragen $15{,}35 \pm 0{,}5$ bzw. $11{,}0 \pm 0{,}5$ kcal/Mol. Bei Temp. oberhalb ca. 550° wird als Parallelrk. zur Bldg. von NH_3 die Desorption mol. Stickstoffs merklich 2 N (gelöst) $\rightarrow N_2$ (2). Die Desorptionsgeschw. ist allein eine Funktion der Stickstoffkonz., u. zwar erster bis zweiter Ordnung bez. [N], u. hat eine relativ hohe effektive Aktivierungsenergie (55 ± 1 kcal/Mol). Dies ergibt sich aus Denitrierungsmessungen bei sehr kleinem Wasserstoffdruck. Beide Rk., (1) u. (2), sind Teilrk. des Ammoniakzerfalls auf der Eisenoberfläche $2\,NH_3 \rightarrow N_2 + 3\,H_2$ (3). In strömendem NH_3–H_2 wird durch die Rk. (1) u. (2) eine stationäre Stickstoffkonz. im Eisen eingestellt, die die Geschw. der Gesamtrk. (3) bestimmt. Bei Temp. unterhalb 550° ist die stationäre Stickstoffkonz. prakt. gleich der Gleichgew.-Konz. für Rk. (1).

G. Malow 218

0757 **Reaktion von Ammoniak, Stickstoff und Wasserstoff an der Oberfläche von Eisen.** 2. Mitt. **Kinetik der Nitrierung von Eisen mit N_2 und der Desorption von N_2.** H. J. Grabke. (Ber. Bunsenges. physik. Chem. **72** (1968) 4, 541—48; dt.) — 1. vgl. vorst. Referat. — Mit Hilfe von Widerstandsmessungen wurde an dünnen Eisenfolien im Temp.-Bereich zwischen 700 u. 1000° die Rk. $N_2 \rightleftharpoons 2\,N$ (gelöst in Fe) untersucht. Die Dissoziation des adsorbierten N_2 war geschwindigkeitsbestimmend für die Hinrk. u. die Rekombination zweier Stickstoffatome für die Rückreaktion. Die Geschw.-Gleichung lautet: $v = k' [p_{N2}/(1 + K[N])] - k [K[N]^2/(1 + K[N])]$, wobei [N] die Konz. gelösten Stickstoffs ist. Zur Deutung ist anzunehmen, daß bei der Rückrk. ein fest adsorbiertes N-Atom mit einem weniger fest adsorbierten reagiert. Bei der Hinrk. dissoziiert N_2 in beide Adsorptionszustände des N (ad) an einem Adsorptionsplatz hoher Adsorptionsenthalpie für N (ad). Mit der Geschw.-Gleichung läßt sich auch verstehen, daß die N_2-Desorption bei tiefen Temp. (um 500°) prakt. erster Ordnung bez. [N] wird. Bei Einführung der Quasi-Gleichgew.-Bedingung für NH_3–H_2–N_2-Gemische, $[N] \sim p_{NH3}/(p_{H2})^{3/2}$ ergibt sich aus der Geschw.-Gleichung sofort die Gleichung von Temkin für NH_3-Synth. u. -Zerfall. Die Temp.-Abhängigkeiten der Geschw.-Konst. werden angegeben. Die Enthalpien der Rk. mit α- u. γ-Eisen betragen $\Delta H_\alpha^0 = 7{,}6 \pm 0{,}8$ kcal u. $\Delta H_\gamma^0 = -1{,}5 \pm 1$ kcal.

G. Malow 218

0758 **Kinetik der Hochtemperatursulfidisierung von Eisen–Chrom-Legierungen.** S. Mrowec, T. Walec und T. Werber. (Bull. Acad. polon. Sci., Sér. Sci. chim. **16** (1968) 4, 227—32; Dep. of Inorg. Chem., Acad. of Mining

and Metallurg., Cracow; engl.) — Untersucht wurde der Einfl. des Cr-Geh. (0,35—74 Atom-%) auf die Sulfidisierung von Fe in S-Dampf von Atmosphärendruck zwischen 700 u. 1000°. Die Ergebnisse gehorchen der Pilling-Bedworth-Beziehung $(\Delta m/\bar{q})^2 = k_p''t + C$ mit Δm = Gew.-Zunahme der Probe, $\bar{q}$ = arithmet. Mittel von Anfangs- u. Endoberfläche des metall. Kerns der Leg.-Teilchen, t = Rk.-Zeit u. k_p'' = parabol. Geschw.-Konstante. Für die Temp.-Abhängigkeit von k_p'' in der Form log $(k_p'') < 1/T$ ergeben sich lineare Zusammenhänge nur für Cr-Geh. — 2,2 u. > 19,4 Atom-%. Ein Einfl. des Cr-Geh. auf die Sulfidisierungsgeschw. von Fe existiert nur für Konz. > 2 Atom-%.
W. Laqua 218

0759 **Bestimmung des Wachstumsmechanismus der Deckschichten von Eisen—Chrom-Legierungen durch röntgenographische und Tracer-Untersuchungen und solchen mit der Elektronenmikrosonde.** S. Mrowec, T. Walec und T. Werber. (Bull. Acad. polon. Sci., Sér. Sci. chim. **16** (1968) 4, 233—36; engl.) — Vgl. vorst. Referat. — Folgende Ergebnisse wurden für die Sulfidisierung zwischen 700 u. 900° erhalten: Bei niedrigen Cr-Geh. (2,2 Atom-%) bildet sich eine einphasige Deckschicht aus $Fe_{1-x}S$; steigt der Cr-Geh. auf 4,0 Atom-% an, so tritt an der Phasengrenze Deckschicht–Leg. eine sehr dünne poröse Schicht auf, die aus $Fe_{1-x}S$ mit Spuren von darin verteiltem $FeCr_2S_4$ besteht. Für Cr-Geh. bis zu 13,0 Atom-% bestehen die Deckschichten aus zwei Phasen; kompaktes $Fe_{1-x}S$ bildet die äußere Schicht, während die innere Schicht eine zweiphasige Mischung aus $Fe_{1-x}S$ u. $FeCr_2S_4$ ist. Für Leg. mit 37,3 Atom-% Cr führt die Sulfidisierung zur Bldg. einer inneren Cr_2S_3- u. zu einer äußeren $Fe_{1-x}S$-Schicht, während bei Cr-Geh. von 74 Atom-% eine einphasige Cr_2S_3-Schicht gebildet wird. Unabhängig von der Cr-Konz. der Fe–Cr-Leg. konnte in keinem Fall eine Diffusion von S zur metall. Phase beobachtet werden. Dieses Ergebnis, das für die Konz. 5,1 u. 13,0 Atom-% Cr im Widerspruch zu Literaturdaten steht, konnte für diese beiden Leg. durch radioakt. Tracervers. mit ^{35}S bestätigt werden.
W. Laqua 218

0760 **Reduktion des Systems NiO—Cr_2O_3 mit Wasserstoff.** J. Cabicar und M. Pospíšil. (Collect. czechoslov. chem. Commun. **33** (1968) 1, 169—80; Prag, TH, Fak. für techn. u. Kernphys., Inst. für Kernchem.; dt.) — Vf. untersuchen das Syst. NiO/Cr_2O_3 bei der Wasserstoffred. im Durchfluß durch kontinuierliche Analyse der gasf. Rk.-Produkte. Die Oxide wurden durch Calcinieren von Mischcarbonaten dargestellt. Dabei wurde die Bldg. von Ni-Chromat(VI) sowie von Spinell nachgewiesen. Der Einfl. der Zus. des Syst. auf den Red.-Prozeß wird aufgezeigt. Das im Spinell gebundene NiO wird unter den vorliegenden Bedingungen nicht reduziert. Vf. ermitteln die Abhängigkeit der maximalen Red.-Geschw. von der Zus. des Syst. u. stellen fest, daß die Red.-Geschw. durch den Einfl. des gleichzeitig vorhandenen Cr_2O_3 vermindert wird.
D. Ertel 218

0761 **Oxydation von im Vakuum aufgedampften Cu-Filmen.** M. G. Hapase, M. K. Gharpurey und A. B. Biswas. (Surface Sci. [Amsterdam] **9** (1968) 1, 87—99; Nat. Chem. Labor., Poona, India; engl.) — Eine Unters. über die Aufnahme von Sauerstoff in Abhängigkeit von der Temp. an im Vakuum aufgedampften Cu-Filmen im Bereich von 50—400° unter 70 Torr Sauerstoffdruck ergab die Existenz der Phasen $CuO_{0,67}$ u. CuO. Die $CuO_{0,67}$-Phase ist bei den tieferen Temp. (150—200°) beständig u. CuO bei > 300°. Für die isotherme Ox. bei den tieferen Temp. gilt ein logarithm. Zeitgesetz u. die Aktivierungsenergie beträgt 5,58 kcal/Mol. Bei 250° gilt sowohl das logarithm. als auch ein invers-logarithm. Gesetz u. bei > 300° ist das Verh. invers-logarithm. mit einer Aktivierungsenergie von 5,90 kcal/Mol. Der Grund für die Bldg. von $CuO_{0,67}$ u. CuO wird qual. angegeben.
G. Malow 218

0762 **Kinetik der Ag_2S-Bildung an AgBr-Kristallen verschiedener Oberflächenstruktur.** E. Moisar. (Ber. Bunsenges. physik. Chem. **72** (1968) 3, 467—74; Agfa-Gevaert Akt.-Ges., Leverkusen; dt.) — Die Kinetik der Ag_2S-Bldg. bei der Umsetzung von Thiosulfat an homodispersen AgBr-Krist.-Dispersionen wurde untersucht. An (111)-Flächen erfolgt die Ag_2S-Bldg. gemäß einer Rk. 1. Ordnung. An (100)-Flächen wird ein autokatalyt. Rk.-Ablauf beobachtet, der in Analogie zu homogenen Wachstumsvorgängen (Flächenkeimbldg., Wachstum am Keimrand) diskutiert wird. Ein Rk.- u. Rechenmodell führt zu Ergebnissen, die mit dem experimentell an (100)-Flächen beobachteten Rk.-Ablauf gut übereinstimmen.
D. Hoene 218

0763 **Verhalten von durch die Kernreaktion $^{32}S(n, p)^{32}P$ in elementarem Schwefel erhaltenem trägerfreiem ^{32}P bei Isotopenaustauschreaktionen.** Pavel I. Bebesel und Corneliu N. Turcanu. (J. inorg. nuclear Chem. **30** (1968) 2, 369—74; Bucharest, Inst. of Atom. Phys.; engl.) — Unters. des Isotopenaustausches von ^{32}P mit PCl_3, $POCl_3$ u. $PSCl_3$. Nur bei $POCl_3$ u. $PSCl_3$ wurde ein Austausch beobachtet; er wird durch $AlCl_3$ katalysiert. Austauschfähig sind ferner nur die in luftfreien S-Targets vorhandenen ^{32}P-Atome. Die Ergebnisse dieser Unters. zeigen erneut, daß in bestrahlten S-Targets zwei verschiedene chem. Zustände von trägerfreiem ^{32}P auftreten können, je nach Ggw. oder Abwesenheit von Sauerstoff im S-Krist.-Gitter.
D. Ertel 218

0764 **Protonenübergänge in Eisen(III)-oxidhydroxiden. 1. Mitt. Wasserstoffaustausch zwischen α-FeOOH und Wasser.** K. J. Gallagher und D. N. Phillips. (Trans. Faraday Soc. **64** (1968) 543, 785—95; Swansea, Glam., Univ. Coll., Chem. Dep.; engl.) — Die Geschw. des Wasserstoffaustausches zwischen T-haltigem W. u. α-FeOOH wurde bei 36—94° gemessen; sie ist pH-unabhängig. Das Berthier-Verhältnis (Verhältnis der austauschbaren Atome in fester u. fl. Phase) war in allen Fällen 0,01. Aus den parabol. verlaufenden Anfangsteilen der kinet. Kurven leiten Vf. für die Aktivierungsenergie der Selbstdiffusion den Wert 8,2 ± 1,3 kcal/Mol u. für den Faktor D_0 den Wert $6{,}5 \cdot 10^{-13}$ cm²/s ab. Bez. des Rk.-Mechanismus wird die Aufspaltung von H-Bindungen u. die Rotation eines defekten W.-Mol. im Festkörper diskutiert. Die durch einen solchen Mechanismus bedingten anisotropen Diffusionskoeff. werden ber. u. mitgeteilt.
D. Ertel 218

0765 **Beweis des Auftretens eines trigonal-prismatischen aktivierten Komplexes bei der Racemisierung von Kaliumtrioxalatocobaltat(III) im festen Zustand.** C. D. Schmulbach, J. Brady und F. Dachille. (Inorg. Chem. [Washington] **7** (1968) 2, 287—91; Pa. State Univ., University Park, Pa.; engl.) — Das Aktivierungsvol. bzw. die Aktivierungsenergie bei der Racemisierung von krist. Kaliumtrioxalatocobaltat(III) betragen nach potentiometr. Messungen $-1{,}66 \pm 0{,}33$ cm³ · Mol⁻¹ bzw. $1{,}9 \pm 0{,}7$ kcal · Mol⁻¹. Die Racemisierung verläuft im festen Zustand nach einer Rk. erster Ordnung in bezug auf den Komplex, die spezif. Geschw.-Konst. des Prozesses beträgt bei $34{,}0 \cdot 10^3$ atm u. Zimmertemp. $6{,}4 \cdot 10^{-7}$ s⁻¹. Hydratationswasser bewirkt eine Abnahme der Racemisierungsgeschwindigkeit. Der aktivierte Komplex hat nach IR-spektroskop. Messungen eine trigonal-prismat. Struktur.
J. J. Pohl 218

0766 **Ursache und Stabilität der elektrokatalytischen Aktivität von Übergangsmetalloxiden.** Georges Feuillade. (C. R. hebd. Séances Acad. Sci., Sér. C **266** (1968) 3, 172—75; Centre de Rech. de la C. G. E., Marcoussis, Essonne; franz.) — Die theoret. Unters. des Elektronen- u. Ionentransports in Halbleitern auf Oxidbasis (z. B. MnO_2) erlaubt es, Auswahlkriterien bez. der Aktivität u. Verwendbarkeit von Oxidkatalysatoren abzuleiten.
G. Schatz 220

0767 **Katalyse der CO-Isotopenaustauschreaktion durch Molybdän.** R. P. H. Gasser und C. J. Marsay. (Trans. Faraday Soc. **64** (1968) 542, 516—21; Phys. Chem. Labor., Univ., Oxford; engl.) — Die Haftwahrscheinlichkeit des CO an einem Molybdändraht beträgt 0,3 u. ist zwischen 296 u. 820 °K unabhängig von der Temp. des Drahtes. Beim Erhitzen des mit CO gesätt. Drahtes wird das adsorbierte Gas in zwei getrennten Bursts bei ~450 u. 850 °K abgegeben. Oberhalb von 1100 °K katalysiert der Draht die CO-Isotopengleichgew.-Rk. $^{12}C^{18}O + {}^{13}C^{16}O = {}^{12}C^{16}O + {}^{13}C^{18}O$ mit einem Wrkg.-Grad von ~50%. Die

Rk. wird bei der gleichen Temp. meßbar, bei der die Desorption des stärker gebundenen CO einsetzt.
G. Malow 220

0768 **Elektroneneinfangprozesse in bestrahltem, gasförmigem HCl.** G. R. A. Johnson und J. L. Redpath. (J. physic. Chem. 72 (1968) 2, 765—66; Labor. of Radiat. Chem., School of Chem., Univ., Newcastle-upon-Tyne; engl.) — Bei einer Dosisrate von $3 \cdot 10^{12}$ eV · $cm^{-3} \cdot s^{-1}$ (HCl-Druck 650 Torr) wurde eine Konkurrenzrk. des Elektroneneinfangs bei SF_6-Konz. von 0—2 · 10^{-2} Mol-% nach $e^- + SF_6 \rightarrow SF_6^-$ gefunden. Bei den in der Radiolyse verwendeten HCl-Drücken soll ein H-gebundenes Agglomerat vom HCl mit therm. Elektronen nach $e^- + n$-HCl $\rightarrow H + Cl^-$ (n — 1) HCl reagieren können.
G. Malow 222

0769 **Photolyse von Kohlendioxid im fernen Ultraviolett.** J. Y. Yang und F. M. Servedio. (Canad. J. Chem. **46** (1968) 2, 338—41; North Amer. Aviat. Sci. Center, Thousand Oaks, Calif.; engl.) — Bei 1470 Å wird im Bereich von 50—600 Torr die Photolyse von CO_2 im geschlossenen Syst. untersucht. Die eingestrahlte Energie entstammt Xe-Hochdrucklampen mit einem Quantenstrom um $2 \cdot 10^{16} s^{-1}$. Die Anfangsquantenausb. (CO) beträgt 1,0, das O_2/CO-Verhältnis $0{,}35 \pm 0{,}02$. Letzteres bleibt zeitlich konst., während die CO-Bldg. mit zunehmender Photolysezeit abnimmt. Die Ursache hierfür bildet die zunehmende Lichtschwächung, bedingt durch feste Belagbldg. auf dem Lampenfenster. Vom CO_2-Druck dagegen sind die O_2- u. CO-Ausb. innerhalb des obigen Druckbereichs unabhängig. G. Buttgereit 222

0770 **Radikalausbeute in γ-bestrahlten alkalischen wäßrigen Lösungen von Fremyschem Salz.** N. Th. Rakintzis und Gabriel Stein. (J. physic. Chem. 72 (1968) 3, 1011—13; Nucl. Res. Center „Democritos", Athen; engl.) — Die Gesamtausb. an Radikalen bei der ^{60}Co-γ-Bestrahlung luftfreier wss. Lsg. von $ON(SO_3)_2^{2-}$ bei pH 10—11 wurde zu $G_{(H+e+OH)} = 6{,}1$ bestimmt.
A. Blaschette 222

0771 **Photolyse von Azidotriphenylderivaten von Germanium, Zinn und Blei.** J. Jappy und P. N. Preston. (Inorg. nuclear Chem. Letters 4 (1968) 9, 503—06; Suppl. zu: J. inorg. nuclear Chem.; Dep. of Chem., Heriot-Watt-Univ., Edinburgh; engl.) — Nachst. Rk. wurden bei der Photolyse von Verb. des Typs ph_3MN_3 (ph = C_6H_5) in 2—5%ig. Lsg. in CH_2Cl_2 oder THF mit 2537 Å-Licht beobachtet, indem die Abnahme der Azidkonz. IR-spektroskop. bei ca. 2100 cm^{-1} verfolgt wurde: $ph_3CN_3 \rightarrow ph_2C{=}Nph$ (88%); $ph_3GeN_3(CH_2Cl_2) \rightarrow ph_3GeOGeph_3$ (80%); $ph_3GeN_3(THF) \rightarrow ph_3GeOH$ (25%) + $ph_3GeO \cdot Geph_3$ (70%); $ph_3SnN_3(CH_2Cl_2) \rightarrow ph_3SnCl$ (51%); $ph_3 \cdot SnN_3(THF) \rightarrow ph_3SnOSnph_3$ (50%) + ph_4Sn (6%) + Polymeres; $ph_3PbN_3(CH_2Cl_2) \rightarrow ph_3PbCl$ (75%); $ph_3 \cdot PbN_3(THF) \rightarrow ph_4Pb$ (19%) + Polymeres. Diskussion der Rk.-Mechanismen (Beteiligung von O_2 bei der Bldg. der Sauerstoffverb.). A. Blaschette 222

0772 **Reduktion des Kupfer(II)-Ions zum Metall durch das Benzophenonketylradikal.** Kenji Takeda und Yoshio Iwakura. (Bull. chem. Soc. Japan 41 (1968) 1, 268; Dep. of Synth. Chem., Fac. of Engng., Univ. of Tokyo, Hongo, Tokyo; engl.) — Durch UV-Bestrahlung einer 0,5m Benzophenon (I)- u. 0,5m Cu(II)-Acetatlsg. in Isopropanol (II) für einige Min. erhält man in Abwesenheit von Luft-O_2 einen *Cu-Spiegel*. In der gleichen Weise werden folgende Metallsalze zum metall. Zustand red.: Co(II)-Acetat, Ni(II)-Acetat, Pb(II)-Acetat, Cd(II)-Acetat, Hg(II)-Acetat, $PdCl_2$ u. Bi_2O_3. Der Mechanismus wird auf Grund folgender experimenteller Befunde postuliert: Sowohl **I** als auch **II** sind erforderlich für die Red. des Cu(II)-Ions, können aber ersetzt werden durch 4-Methyl-, 4-Methoxybenzophenon, Acetophenon, Propiophenon usw. sowie für das H-Donatorlsgm. durch Methyl-, Äthyl-, Propyl- u. Butylalkohole, Äthanolamin u. Dicyclohexylamin. Carbonylverb., wie 4-Hydroxy-, 4-Nitro- u. 4-Phenylbenzophenon u. Benzoin, die nicht zum Pinakol red. werden können, sowie Bzl. u. CCl_4 als Donatorlsgm. sind unwirksam. In Ggw. von **I** u. in **II** läßt sich das 2-Hydroxybenzophenon-Cu-Chelat dagegen glatt zum metall. Cu reduzieren. Das gilt auch für Bisglycinato-bis-äthylendiamin-Cu(II) u. Bis-salicylaldehydato-Cu(II). Die durch 12std. Bestrahlen einer 0,5m I-II-Lsg. zu 84,8% (Ausb.) erzielte *Benzopinakol*-Bldg. wird durch Zusatz von 10^{-2}m Cu(II)-Acetat verhindert. Die Red. von Cu durch das Benzophenonketylradikal wird polarograph. untersucht. H.-J. Schönherr 222

0773 **Reaktion von Borcarbid mit Sauerstoff und Einfluß der Bestrahlung im Reaktor.** D. A. Dominey. (J. chem. Soc. [London], Sect. A **1968**, 3, 712—16; Harwell, Berks., AERE, Chem. Dep.; engl.) — Durch kontinuierliche Gew.-Best. untersucht Vf. die Kinetik der Ox. von B_4C im Temp.-Bereich 503—528°. Die Ox.-Geschw. erreicht nach ca. 12% Gew.-Zunahme (bis ca. 35%) ein Maximum. Die weitere Gew.-Zunahme verläuft proportional zu $t^{1/2}$ (t = Zeit; diffusionskontrollierter Prozeß). Die Aktivierungsenergie beträgt für die Anfangsphase der Rk. $37{,}2 \pm 1{,}5$ kcal/Mol u. für die Phase maximaler Rk.-Geschw. $39{,}9 \pm 0{,}5$ kcal/Mol. Eine vorangehende Bestrahlung von B_4C im Reaktor erhöht die Ox.-Geschwindigkeit. Die anfängliche Steigerung der Rk.-Geschw. führt Vf. auf die Krist.-Aufspaltung längs der Korngrenzen zurück. Vorbestrahlte B_4C-Krist. werden leichter gespalten als unbestrahltes Material.
D. Ertel 222

0774 **Oberflächenchemische Studien an zerkleinerten und kompakten Festkörpern.** S. J. Gregg. (Chem. and Ind. **1968**, 19, 611—17; Brunel Univ., Acton, London; engl.) — Es wird die Veränderung der spezif. Oberfläche, der Löslichkeit u. die Chemisorption an gemahlenen Feststoffen (Graphit, Kaolin, Molybdänsulfid, Calcit, Magnesiumhydroxid) diskutiert. Mechanochem. Rk. (z. B. Ox. von MoS_2, Hydratation von Al_2O_3) sowie polymorphe Umwandlungen (z. B. Calcit in Aragonit, Vaterit in Calcit) werden dargelegt. Außerdem wird das Verpressen von Pulvern untersucht. Dazu wurden einmal kugelige Teilchen ($Al_2O_3TiO_2$) u. zum anderen plättchenförmige Teilchen (Glimmer) verwendet. Die Veränderungen der spezif. Oberfläche, des Porenvol. u. der Porosität werden erklärt. Es wurde gefunden, daß wachsender Preßdruck zu kleineren Poren führt.
R. Paudert 222

A–8. Darstellung und Reaktionen von Elementen und anorganischen Verbindungen

Nichtmetalle

0775 **Synthese von Stickstofffluoriden bei der Fluorierung von NH_4Cl.** A. V. Pankratov und O. M. Sokolov. (Ž. neorg. Chim. 13 (1968) 10, 2881—82; russ.) — Bei der Fluorierung von NH_4Cl bilden sich in Abhängigkeit von den Rk.-Bedingungen $NFCl_2$, NF_2Cl u. cis- bzw. trans-N_2F_2. Die Prod. wurden IR-spektroskop. u. chromatograph. analysiert. Die optimalen Bedingungen für die Rk. $NH_4Cl + 3 F_2 \rightleftharpoons NF_2Cl + 4 HF$ sind ein Gew.-Verhältnis NH_4Cl : NaF = 1 : 5,50—70° u. eine F_2-Konz. von 20 Massen-%, die NF_2Cl-Ausb. beträgt 70%, die Nebenrk. sind $2 NH_4Cl + 5 F_2 \rightleftharpoons N_2F_2 + 8 HF + Cl_2$ u. $2 NH_4Cl + 4 F_2 \rightleftharpoons 8 HF + N_2 + Cl_2$. Die Rk. $4 NH_4Cl + 9 F_2 \rightleftharpoons 2 NFCl_2 + N_2 + 16 HF$ führt bei 50° u. einer F_2-Konz. von 5% zur maximalen Ausb. von 37% $NFCl_2$. Nebenbei verläuft die Rk. $2 NH_4Cl + 4 F_2 \rightleftharpoons 8 HF + N_2 + Cl_2$. J. J. Pohl 243

0776 **Fluorierung von Schwefligsäureestern mit Schwefeltetrafluorid und Wolframhexafluorid.** J. I. Darragh, A. M. Noble, D. W. A. Sharp, D. W. Walker und J. M. Winfield. (Inorg. nuclear Chem. Letters 4 (1968) 9, 517—20; Suppl. zu: J. inorg. nuclear Chem.; Chem. Dep., Univ., Glasgow; engl.) — Alkylsulfite reagieren mit SF_4 im Einschlußrohr bei 130—140° in mehr als 90%ig. Ausb. nach $(RO)_2SO + SF_4 \rightarrow ROS(O)F + [F_3SOR \rightarrow F_2SO + RF]$. Mit WF_6 setzen sich die Alkylsulfite bei 0° im Einschlußrohr zu ROS(O)F (ca. 40% Ausb.), etwas RF u. einem orange, nichtflüchtigen, fl. Gemisch aus $WOF_4OS(OR)_2$ u. $(RO)_2S^+WOF_5^-$ um. Die Alkylfluorosulfite $CH_3OS(O)F$ (**I**) u. $C_2H_5OS(O)F$ sind farblose, flüchtige, hydrolyseempfindliche Fl. (Massen-, IR-, ^{1}H- u. ^{19}F-NMR-Spektren). **I** reagiert mit $(CH_3)_3SiN(C_2H_5)_2$ bei 20° zu $(CH_3)_3SiF$ u. $CH_3OS(O)N(C_2H_5)_2$ (farblose Fl.; Spektren). A. Blaschette 253

0777 **Umsetzung von Siliciumtetrafluorid mit Dimethylformamid.** A. A. Ennan, B. M. Kac, L. A. Gavrilova, I. V. Andreeva und V. A. Anikeev. (Ž. neorg. Chim. 13 (1968) 10, 2891—92; Odesskij gos. univ. im. Mečnikova; russ.) — *$SiF_4 \cdot 2\,[(CH_3)_2NCHO]$* (I) entsteht nach Kochen während 1 Std. unter Rückfluß u. wurde röntgenograph., IR-spektroskop. bei 700—1900 cm^{-1} u. thermogravimetr. charakterisiert. I hat cis-oktaedr. Konfiguration. J. J. Pohl 261

0778 **Darstellung von $P_3N_3F_5NH_2$ und $P_3N_3F_5NPCl_3$.** H. W. Roesky und E. Niecke. (Inorg. nuclear Chem. Letters 4 (1968) 8, 463—65; Suppl. zu: J. inorg. nuclear Chem.; Anorgan.-chem. Inst., Univ., Göttingen; dt.) — Durch Einleiten von NH_3 in eine Lsg. von $(PNF_2)_3$ in Ae. bei —25° wird in 85%ig. Ausb. farbloses, krist., gegen Luftfeuchtigkeit inertes, angenehm süßlich riechendes *Pentafluorcyclotriphosphazenamid* (I), F. 59,5°, Kp. 154°, Subl. 30°/10^{-1} Torr, erhalten. I reagiert mit PCl_5 bei 70° in 65%ig. Ausb. zur farblosen, fl. *Trichlorphosphazoverb.* ($Kp._1$ 63°; $D.^{20}$ 1,847; n^{20} 1,442), die von kaltem W. nur langsam zersetzt wird. IR- u. Massenspektren. A. Blaschette 264

0779 **Phenylphosphonigsäureisocyanate.** James J. Pitts, M. A. Robinson und S. L. Trotz. (Inorg. nuclear Chem. Letters 4 (1968) 8, 483—85; Suppl. zu: J. Inorg. nuclear Chem.; Olin Mathieson Chem. Corp., New Haven, Conn.; engl.) — *$C_6H_5P(NCO)_2$* (I), $Kp._{0,5}$ 75—77°, wurde in 67%ig. Ausb. durch Zutropfen von 1 Mol $C_6H_5PCl_2$ zu einer Suspension von 2 Mol NaOCN in Bzl./CH_3CN (4 Vol./1 Vol.) u. 22std. Rückflußkochen des Gemisches erhalten. Bei einer Rückflußzeit von 2 Std. erhält man in 51%ig. Ausb. *$C_6H_5PCl(NCO)$* (II), $Kp._{0,5}$ 64—65°. I polymerisiert sich bei mehrtägigem Stehen unter N_2 zu einem viskosen, gelbbraunen Glas, dem eine trimere Struktur (Sechsring) zugeschrieben wird. Durch Erwärmen entsteht wieder das Monomere. II erleidet unter analogen Bedingungen keine Polymerisation, wohl aber geringfügige Dismutation zu $C_6H_5PCl_2$ u. I. A. Blaschette 264

0780 **Sechsfach koordinierte Tetraphenylantimonkomplexe.** Yoshio Matsumura und Rokuro Okawara. (Inorg. nuclear Chem. Letters 4 (1968) 9, 521—24; Suppl. zu: J. inorg. nuclear Chem.; Dep. of Appl. Chem., Osaka Univ., Yamadakami, Suita, Osaka; engl.) — Nachst. Verb. wurden dargestellt: *$(C_6H_5)_4Sb(oxinat)$* (I), $C_{33}H_{26} \cdot NOSb$, F. 188—190° (gelbe Krist. aus Ligroin), durch Zufügen einer Lsg. von $(C_6H_5)_4SbBr$ in Bzl. zu $NaOC_2H_5$ in A., Abfiltrieren des NaBr u. Versetzen des Filtrats mit einer Lsg. von 8-Hydroxychinolin in Bzl.; 78%; analog: *$(C_6H_5)_4Sb(acac)$*, F. 211—213°, *$(C_6H_5)_4Sb(benzoylacetonat)$*, F. 212°, u. *$(C_6H_5)_4Sb(dibenzoylmethanid)$*, F. 223 bis 225°, alle in 80—90%ig. Ausbeute. Alle Verb. sind lösl. in Bzl. (monomer), CCl_4, $CHCl_3$ u. Ligroin, unlösl. in Wasser. Das UV-Spektrum von I bzw. die IR- u. NMR-Spektren der übrigen Verb. deuten auf die KZ 6 am Sb hin. A. Blaschette 266

Metalle

0781 **Darstellung und thermische Beständigkeit von Lithiumselenitmonohydrat.** T. V. Klušina, N. M. Selivanova, V. V. Lapin und L. S. Poltavceva. (Ž. neorg. Chim. 13 (1968) 10, 2632—39; Mosk. chim.-technol. inst. im Mendeleeva; russ.) — *$Li_2SeO_3 \cdot H_2O$* (I) wurde aus LiOH- u. H_2SeO_3-Lsg. erhalten u. bei 20—800° thermograph., thermogravimetr., röntgenphasenanalyt., chem. u. kristallopt. untersucht. Die Verb. gibt ab 120° W. ab, es entsteht zunächst $Li_2SeO_3 \cdot {}^1/_4\,H_2O$, bei 315° bildet sich Li_2SeO_3, F. 635—650°. J. J. Pohl 273

0782 **Borhydride. 12. Mitt. Synthese und Infrarotspektren von $NaBH_3D$ und $NaBD_3H$.** Robert Earl Davis und Robert E. Kenson. (Proc. Indiana Acad. Sci. 76 (1966, herausgeg. 1967), 236—39; engl.) — 10. vgl. C. 1968, 3-0685. — Mittels der allg. Rk. NaH + R_3NBH_3 → $NaBH_4$ + R_3N (R = Äthyl) gewinnen Vf. bei Verw. von NaD bzw. R_3NBD_3 (I) die Prod. $NaBH_4$, $NaBH_3D$, $NaBD_3H$ u. $NaBD_4$. Die IR-Frequenzen der Lsg.-Spektren sowie von KBr-Preßlingen sind tabellar. aufgeführt u. werden bez. der Isotopenverschiebungen diskutiert u. mit den aus Kraftkonst. ber. Werten verglichen. I wird dargestellt durch Isotopenaustausch von $(C_2H_5)_3NBH_3$ mit D_3O^+ in DCl–D_2SO_4-Lsg., die durch Rk. von SO_2Cl_2 mit D_2O gebildet wird. R. Blank 274

0783 **Synthese und einige Eigenschaften von Zink-, Cadmium- und Quecksilbertellurit.** L. Ja. Markovskij und G. F. Pron'. (Ž. neorg. Chim. 13 (1968) 10, 2640—44; Gos. inst. prikl. chim.; russ.) — *$MeTeO_3$*, Me = *Zn*, *Cd*, *Hg*, wurde aus wss. Lsg. aus den Sulfaten bzw. Hg · $(CH_3COO)_2$ u. Na_2TeO_3 erhalten, thermograph., mit der DTA-Meth. u. röntgenograph. untersucht. *$ZnTeO_3$*, weißer, amorpher Nd.; $D._4^{25}$ 5,31(± 0,01 g/cm^3), krist. exotherm bei 420° u. schmilzt endotherm bei 780°, ab 1050° verdampft TeO_2. *$CdTeO_3$* wurde als amorphes, farbloses Prod. erhalten; $D._4^{25}$ 5,99, krist. bei 410°, kub., a = 5,34 ± 0,01 Å, bei 497° exotherme Umwandlung in die hexagonale Form, bei 790° endothermes Schmelzen, ab 1050° Zers. mit TeO_2-Abgabe. *$HgTeO_3$*; $D._4^{25}$ 7,66, erleidet bei 395° eine polymorphe Umwandlung, schmilzt bei 510° u. zersetzt sich ab 545°. J. J. Pohl 290

0784 **Darstellung von Seltenerdmetallnitriden aus Amalgamen.** B. Magyar. (Inorg. Chem. [Washington] 7 (1968) 7, 1457—58; ETH, Zürich; engl.) — Stöchiometr. LnN, Ln = *La*, *Pr* (a_0 = 5,169 Å), *Nd* (5,131), *Gd* (4,985), *Tm* (4,813), werden durch Einw. von N_2 auf $LnHg_x$ [x = 1—4; a) elektrolyt. aus $LnCl_3$ in Methanol mit Hg-Kathode; b) aus Ln u. 20—30fachem Hg-Überschuß bei 300—350°] bei 500—1000° erhalten. Die Meth. erlaubt auch die Darst. von Mischkrist., z. B. der Syst. $Gd_{1-x}Pr_xN$ u. $Gd_{1-x}La_xN$ (I) bei relativ niedrigen Temp.; bei 1000° löst die PrN-reiche Phase 46 (Mol-%) GdN, während die GdN-reiche Phase nur bis zu 7 PrN löst. I verhält sich ähnlich, die Löslichkeitslücke reicht hier von x = 0,00 bis 0,60. P. Scharner 303

0785 **Seltenerdmetalle. 78. Mitt. Tetrakis-[pyramidon]-chelate ausgewählter dreifach positiver Ionen.** L. J. Sauro und T. Moeller. (J. inorg. nuclear Chem. 30 (1968) 4, 953—60; Univ. of Ill., Urbana, Ill.; engl.) — 77. vgl. C. 1966, 23-0643. — Die IR-Spektren der achtfach koordinierten Ln^{3+}-Chelate *$[Ln(pd)_4][B(C_6H_5)_4]_3$* (I) mit pd = *Pyramidon* u. Ln = *Sc*, *Y*, *La*, *Nd*, *Gd*, *Er*, *Yb* oder *Lu* zeigen, daß der eine Koordinationspunkt das Carbonyl-O-Atom des pd-Mol. ist; ^1H-NMR-Spektren der diamagnet. Chelate in CH_2Cl_2, CH_3CN oder CD_3OCD_3 lassen stark vermuten, daß die zweite Koordination durch das außercycl. tert. N-Atom des Liganden erfolgt. Starke kovalente Wechselwrkg. zwischen den Ln^{3+}-Ionen u. pd sind nicht vorhanden.

Versuche: I, F. >150° (Zers.), durch Zugabe von 5 ml einer 0,5m $LnCl_3$-Lsg. zu einer wss. Lsg. von 2,3 g pd bei pH 5,5—6,5, langsame Zugabe einer wss. Lsg. von 2,5 g $Na[B(C_6H_5)_4]$ unter konst. Rühren u. Aufarbeiten; hygroskop. Krist.; 80% Ausbeute. G. Heller 303

0786 **Verbindungen des Typs $MCeF_6$, M = Ca, Sr und Ba.** Jean-Pierre Besse und Michel Capestan. (C. R. hebd. Séances Acad. Sci., Sér. C 266 (1968) 12, 912—14; Labor. de Chim. min., Clermont-Ferrand, Puy-de-Dôme; franz.) — *$Ca[CeF_6]$*, *$Ba[CeF_6]$* u. *$Sr[CeF_6]$* wurden durch Umsetzung der Erdalkalimetallfluoride mit CeF_4 in BrF_3 bei ca. 100°, beinahe vollständiges Verdampfen von BrF_3 u. völliges Entfernen im Vakuum bei 70—80° in Form schwarzer, luftbeständiger Verb. erhalten, die in W. u. organ. Lsgm. unlösl. sind u. bei längerer Einw. von W. oder W.-Dampf hydrolysieren. Die hexagonalen Krist. haben folgende Charakteristiken: $Ca[CeF_6]$ (a =) 6,90 (± 0,02 Å), (c =) 7,09, ($D._{exp}$) 5,00 ± 0,06, ($D._R$) 5,01, Z = 3, $Ba[CeF_6]$ 7,34, 7,43, 5,70 ± 0,07, 5,62, 3 u. $Sr[CeF_6]$ 7,065(± 0,005), 7,240, 3. Thermogravimetr. Unters. zeigen eine Zers. nach $M[CeF_6]$ → MF_2 + CeF_3 + $^1/_2$ F_2, die für $Ca[CeF_6]$ bei 375°, für $Ba[CeF_6]$ bei 310° u. für $Sr[CeF_6]$ bei 340° verläuft. J. J. Pohl 304

0787 **Thermische Zersetzung von Alkalimetallhexafluorotitanaten.** G. E. Dmitrevskij, A. A. Belickaja, M. I. Savčenko und L. P. Charčenko. (Ž. neorg. Chim. 13 (1968) 10, 2663—67; Odesskij gos. univ.; russ.) — Die therm. Beständigkeit von *$Li_2[TiF_6] \cdot 2\,H_2O$*, *$Li_2[TiOF_4]$*, *$Li_2[TiO_2F_2]$*, *$Li_2[Ti_4O_9]$*, *$Na_2[TiF_6]$*, *β-$Na_2$* ·

$[TiOF_4]$, $Na_2[TiO_2F_2]$, $Na_2[Ti_4O_9]$, $Rb_2[TiF_6]$, α-$Rb_2 \cdot [TiOF_4]$, $Rb_2[TiO_2F_2]$, $Rb_2[Ti_4O_9]$, $Cs_2[TiF_6]$, β-$Cs_2[TiOF_4]$, $Cs_2[TiO_2F_2]$ u. $Cs_2[Ti_4O_9]$ wurde durch Erhitzen ohne Schutzatmosphäre bis 1000° therm., thermogravimetr. röntgenograph., chem.-analyt. u. durch Best. der Brechungsindizes untersucht. Der Zerfall aller genannten Verb. verläuft im Rahmen des Schemas $Me_2TiF_6 \rightarrow Me_2TiOF_4 \rightarrow Me_2TiO_2F_2 \rightarrow Me_2Ti_4O_9$. J. J. Pohl 321

0788 **ESR-Untersuchungen an Übergangsmetallen. 3. Mitt. ESR-Untersuchung eines neuen Titan–Bor-Komplexes.** G. Henrici-Olivé und S. Olivé. (Angew. Chem. **80** (1968) 19, 796; dt.; int. Edit. **7** (1968) 10, 821–22; engl., Monsanto Res. S. A., Zürich.) — 2. vgl. C. **1969**, 9-0072. — Bei der Rk. von Dicyclopentadienylpropyltitanchlorid mit metall. Na in Ggw. von überschüssigem BCl_3 in Toluol entsteht der Ti(III)-Bor-Komplex $(C_5H_5)_2 \cdot TiCl_2 \cdot BCl_2$. Das ESR-Spektrum zeigt, daß es sich um das Bor-Analoge des bekannten Komplexes $(C_5H_5)_2 \cdot TiCl_2AlCl_2$ handelt. ESR-spektroskop. Daten des neuen Komplexes: g = 1,975: a(^{11}B) = 5,9 Gauß a(^{47,49}Ti) = 10,8 Gauß. Autorreferat 321 △

0789 **Bipyridyl-Komplexe von Titan(III).** G. W. A. Fowles und T. E. Lester. (J. chem. Soc. [London], Sect. A **1968**, 6, 1180–82; Dep. Chem., Univ., Reading; engl.) — Eine Reihe 2.2′-Bipyridyl-Komplexe des Titan(III)-bromids (I) wurden dargestellt u. charakterisiert. Mit 1.10-Phenantrolin bildet I nur eine nichtstöchiometr. Verbindung. Aus Leitfähigkeitsmessungen u. spektroskop. Daten folgt, daß den Komplexen der stöchiometr. Zus. $TiBr_3 \cdot bipy$ (II), $2\,TiBr_3 \cdot 3\,bipy$ (III) u. $TiBr_3 \cdot 2\,bipy$ (IV) folgende Strukturen zukommen: $(TiBr_3 \cdot bipy)_2$; $[TiBr_2(bipy)_2]^+[TiBr_4(bipy)]^-$ u. $[TiBr_2(bipy)_2]^+ \cdot Br^-$. IV bildet mit einem Mol. Methylcyanid oder $CHCl_3$ feste Addukte. Auch dem früher beschriebenen $2\,TiCl_3 \cdot 3$ bipy (bipy = Bipyridyl) kommt eine ion. Struktur zu, $[TiCl_2(bipy)_2]^+[TiCl_4(bipy)]^-$.
Versuche: Die Rk.-Partner, I u. Bipyridyl werden in einer Ampulle mit dem entsprechenden Lsgm. eine bestimmte Zeit geschüttelt, man erhält purpurfarbene Produkte (II in Bzl. nach 2 Wochen, das Methylcyanid-Addukt von IV in Methylcyanid nach 1 Tag, das $CHCl_3$-Addukt von IV nach 2 Wochen).
H. Markert 321

0790 **Komplexverbindungen von Zirkonium(III).** G. W. A. Fowles und G. R. Willey. (J. chem. Soc. [London], Sect. A **1968**, 6, 1435–39; engl.) — Vgl. vorst. Referat. — Vf. beschreiben die Herst. von ZrX_3-Komplexen (X = *Cl, Br, J*) mit CH_3CN, *py*, *2.2′-Bipyridyl* u. *1.10-Phenanthrolin*. Die spektralen u. magnet. Eig., Leitfähigkeitsdaten sowie die Strukturen der Komplexe werden diskutiert.
Versuche: $2\,ZrCl_3 \cdot 5\,CH_3CN$, $2\,ZrBr_3 \cdot 5\,CH_3CN$, $2\,ZrJ_3 \cdot 5\,CH_3CN$ durch 3–5tägiges Schütteln des ZrX_3 mit einem Überschuß CH_3CN in einer geschlossenen Ampulle bei Raumtemp., Entfernen des überschüssigen CH_3CN, Waschen mit Bzl. u. 24std. Trocknen im Vakuum bei Raumtemperatur. — $ZrCl_3 \cdot 2\,C_5H_5N$, $ZrBr_3 \cdot 2\,C_5H_5N$, $ZrJ_3 \cdot 2\,C_5H_5N$ analog den CH_3CN-Komplexen. — $2\,ZrCl_3 \cdot 3\,C_{10}H_8N_2$, $ZrBr_3 \cdot 2\,C_{10}H_8N_2$, $2\,ZrJ_3 \cdot 3\,C_{10}H_8N_2$ durch mehrstd. Rk. von ZrX_3 mit einem dreifachen Überschuß 2.2′-bipy in CH_3CN, zwanzigtägiges Erhitzen in Bzl., Filtrieren, Waschen mit Bzl. u. Trocknen im Vakuum. — $2\,ZrCl_3 \cdot 3\,C_{12}H_8N_2$ durch Rk. von $ZrCl_3$ mit 1.10-phen in CH_3CN u. Aufarbeiten wie oben.
K.-J. Zwietasch 322

0791 **Strukturuntersuchung des Zirkoniumphosphats.** F. Mounier und Louis Winand. (Bull. Soc. chim. France **1968**, Sonder-Nr., 1829–32; Centre de rech. Pechiney-Saint-Gobain, Antony; franz.) — Vf. untersuchten die Verb. $Zr(HPO_4)_2 \cdot H_2O$. Auf Grund von thermogravimetr. u. IR-Messungen wird gezeigt, daß 2 tautomere Formen existieren, die bei Normaltemp. im Gleichgew. stehen, so daß die Verb. als $ZrH_{2+n}(PO_4)_2(OH)_n \cdot (H_2O)_{1-n}$ (mit n < 1) aufgefaßt werden muß.
J. Pickardt 322

0792 **Borothermische Darstellung von Titan-, Zirkonium- und Hafniumdiboriden.** P. Peshev und G. Bliznakov. (J. less-common Metals [Lausanne] **14** (1968) 1, 23–32; Inst. of Gen. and Inorg. Chem., Bulg. Acad. of Sci., Sofia; engl.) — Die Bldg. von TiB_2 (I), ZrB_2 (II), u. HfB_2 (III) durch Rk. der Metalldioxide mit elementarem B im Vakuum wurde bei 1000–1750° untersucht. Nahezu stöchiometr. I entsteht bei 1std. Rk. bei 1700°, III wird nach 2std. Rk. bei 1750° erhalten. Zur Darst. von stöchiometr. II sind noch höhere Temp. erforderlich. Die Struktur von III sowie seine Beständigkeit bei Raumtemp. u. beim Kp. in Ggw. von HCl + HNO_3, $H_2C_2O_4$ (+ H_2SO_4), HCl + Bromwasser, $HClO_4$ + HCl, H_2SO_4 + H_3PO_4, H_2SO_4 + K_2SO_4, H_2SO_4 + $K_2S_2O_8$, H_2SO_4 + HNO_3, NaOH wurden untersucht. P. Scharner 323

0793 **Lineare Moleküle aus Dimethylgermanium- und Dimethylsiliciumgruppen mit Sauerstoffbrücken und endständigen Chloratomen.** Kurt Moedritzer und John R. Van Wazer. (J. Polymer Sci., Part A-1 **6** (1968) 3, 547–57; St. Louis, Mo., Monsanto Co.; engl.) — Vf. beschreiben das Gleichgew.-Syst. $(CH_3)_2SiCl_2$–$(CH_3)_2 \cdot GeCl_2$–$[(CH_3)_2SiO]$–$[(CH_3)_2GeO]$. Es besteht aus einer Anzahl verschiedener Ketten u. Ringe, die durch den Austausch des brückenbildenden O mit Cl-Atomen zwischen Dimethylgermanium- u. Dimethylsiliciumbruchstücken entstehen. Die NMR-Spektren der Methylgruppen am Ge u. Si zeigen eine bes. Bevorzugung der Cl-Atome für das Dimethylgermanium. Im Gleichgew. befindet sich die brückenbildende Gruppierung bevorzugt an den Dimethylsiliciumgruppen. Daraus geht hervor, daß nur auf Grund thermodynam. Faktoren die Ge-Atome als nicht umgesetztes Dimethyldichlorgerman neben Siloxanpolymerisaten gefunden werden; bei Gemischen von Germoxanen mit Siloxanen sind sie an den Enden der Ketten angeordnet. Auf diese Weise wird die NMR-Feinstruktur interpretiert. Es wird gezeigt, daß sich die experimentellen Werte den Näherungwserten anpassen, welche aus nur 4 Gleichgew.-Konst. ber. werden. Letztere definieren die Anordnung benachbarter Atome von jedem beliebigen Atom in einem Mol. u. die Größenverteilung der linearen Moleküle. W. Heinemann 326

0794 **Einige Komplexe von Germanium(II)- und Zinn(II)-halogeniden mit Stickstoffdonatorliganden.** G. W. A. Fowles und I. A. Khan. (J. less-common Metals [Lausanne] **15** (1968) 2, 209–17; Dep. of Chem., Univ., Reading, Berks.; engl.) — GeX_2 u. SnX_2 reagieren mit überschüssigem Bipyridyl (bipy) bzw. Phenanthrolin (phen) in A./Bzl. zu gelben 1:1-Komplexen MX_2L (X = *Cl, Br, J*; L = *bipy, phen*). Geschmolzenes phen ergibt mit GeJ_2, $SnBr_2$ u. SnJ_2 bei 170° außerdem $MX_2 \cdot 2\,phen$. Die einzähnigen Liganden *Py.* (py), α- u. γ-*Picolin* u. *Morpholin* reagieren mit SnX_2 (X = *Cl, Br, J*) zu $SnX_2 \cdot 2\,L$ u. α-Picolin auch zu $SnX_2 \cdot L$, *N-Methylmorpholin* ergibt nur 1:1-Komplexe. GeJ_2 bildet mit py gelbes $GeJ_2 \cdot 2\,py$. Alle Verb. sind in unpolaren organ. Lsgm. unlösl.; die bipy-, phen- u. py-Komplexe lösen sich reversibel in py unter Bldg. nichtleitender Lösungen. Die Banden aller dargestellten Verb. im IR- (200–50000 cm^{-1}) u. UV-Bereich werden tabellar. angegeben, ihre Zuordnung wird diskutiert. Die Verb. sind vermutlich polymer u. enthalten Metall—Halogen-Brücken.
P. Scharner 327

0795 **Austauschreaktionen zwischen (a) Äthylaluminiumchloriden oder Aluminiumhalogeniden und (b) verschiedenen Silanen oder Trimethylzinnchlorid.** J. R. Horder und M. F. Lappert. (J. chem. Soc. [London], Sect. A **1968**, 5, 1167–68; Brighton, Univ. of Sussex, Chem. Labor.; engl.) — Vf. untersuchten die Austauschrk. zwischen Al-Halogeniden u. Si- bzw. Sn-Verb. u. fanden einen leichten Ligandentausch im Sinne folgender Rk.: $2\,(CH_3)_3SiNCS + [(C_2H_5)_2AlCl]_2 \rightarrow 2\,(CH_3)_3SiC_2H_5 + 2/n\,(C_2H_5ClAlNCS)_n$; $2\,(CH_3)_3SiNCS + (C_2H_5AlCl_2)_2 \rightarrow 2\,(CH_3)_3SiC_2H_5 + 2/n\,(Cl_2AlNCS)_n$; $2\,(CH_3)_3SiNCS + (AlCl_3)_2 \rightarrow 2\,(CH_3)_3SiCl + 2/n\,(Cl_2AlNCS)_n$; $2\,(CH_3)_3 \cdot SiBr + (AlCl_3)_2 \rightarrow 2\,(CH_3)_3SiCl + (AlCl_2Br)_2$; $2\,(CH_3)_3 \cdot SiBr + (C_2H_5AlCl_2)_2 \rightarrow 2\,(CH_3)_3SiC_2H_5 + (AlCl_2Br)_2$; $2\,(CH_3)_3SiN(CH_3)_2 + (AlBr_3)_2 \rightarrow 2\,(CH_3)_3SiN(CH_3)_2 \cdot AlBr_3$ u. $2\,(CH_3)_3SnCl + [(C_2H_5)_2AlCl]_2 \rightarrow 2\,(CH_3)_3 \cdot SnC_2H_5 + (C_2H_5AlCl_2)_2$. H. Bürger 327

0796 **Sn(II)-Koordinationsverbindungen mit Harnstoff und Thioharnstoff.** T. N. Sumarokova und D. E. Surpina. (Izvest. Akad. Nauk Kaz. SSR, Ser. chim. Nauk **18** (1968) 3, 24–31; russ.) — $SnCl_2 \cdot SC(NH_2)_2$ (I), F.

157°, elektr. Leitfähigkeit bei 158,5° 6,5 · 10^3 $\Omega^{-1} \cdot cm^{-1}$, farbloser Nd., $SnCl_2 \cdot 2\ SC(NH_2)_2$ (II), F. 115°, bei 120° 6,4 · 10^3, gelber Nd. u. $SnCl_2 \cdot OC(NH_2)_2$ (III), F. 114°, bei 115° 8,0 · 10^3, farbloser Nd., wurden durch die Umsetzung der Komponenten in essigsauren Lsg. erhalten u. im Bereich 400—3500 cm^{-1} IR-spektroskop. u. thermogravimetr. charakterisiert. II geht nach dem Schmelzen in I über, das sich bei 208° unter Bldg. der Komponenten zersetzt. III zerfällt bei 250°. Bei 400° wird der Harnstoff teils zersetzt, Sn(II) teilweise zu metall. Sn reduziert. J. J. Pohl 327

0797 **Addukte aus Tetrahalogeniden der IV. Gruppe und β-Diketonen.** A. L. Allred und David W. Thompson. (Inorg. Chem. [Washington] 7 (1968) 6, 1196—1201; Evanston, Ill., Northwestern Univ., Dep. of Chem. and Materials Res. Center; engl.) — Bei der Rk. von *3.3-Dimethyl-* [I; $C_7H_{12}O_2$, Kp.$_{745}$ 174°; $n_D^{26,5}$ 1,4272] bzw. *3-Methylacetylaceton* ($C_6H_{10}O_2$, Kp.$_{745}$ 172°) mit Me(IV)X_4 in CH_2Cl_2 bei 0° werden folgende nichtion. 1:1-Addukte erhalten: $SnCl_4 \cdot C_7H_{12}O_2$, F. 90—93°; $TiCl_4 \cdot C_7H_{12}O_2$, F. 126—128°, gelb; $TiBr_4 \cdot C_7H_{12}O_2$, F. 129—130°, rot; $TiJ_4 \cdot C_7H_{12}O_2$, F. 111—115°, purpur; $ZrCl_4 \cdot C_7H_{12}O_2$, F. 163—166° bzw. $SnCl_4 \cdot C_6H_{10}O_2$, F. 128—131°. Analog wird aus *Acetylaceton* (II) u. $TiCl_4$ ein orangerotes Addukt $TiCl_4 \cdot C_5H_8O_2$ (F. 174—185°) erhalten. Rk. von II mit $SnCl_4$ liefert neben dem analogen Addukt $SnCl_4 \cdot C_5H_8O_2$ (III; Zers. bei 169—175°) *Dichloro-bis-[acetylacetonato]-zinn(IV)* (IV, F. 202—204°). Bei der Einw. von HCl auf IV in CH_2Cl_2 bei 0° entsteht III. $SnBr_4$, SnJ_4, ZrF_4, $GeCl_4$ u. $SiCl_4$ reagieren nicht mit I. Die Rk.-Prod. aus I u. TiF_4 bzw. GeF_4 konnten nicht identifiziert werden. Aus II u. $SiCl_4$ bzw. $GeCl_4$ werden keine Addukte erhalten; mit $ZrCl_4$ entsteht ausschließlich *Dichloro-bis-[acetylacetonato]-zirkonium(IV)*. Nach den IR- u. NMR-Spektren der Addukte sind die Me(IV)X_4 an die in cis-Stellung orientierten Carbonylgruppen koordiniert. Die NMR-Daten der nichtion. Addukte sind tabelliert. G. O. Jäger 327△

0798 **Synthese und Stereochemie von Bis-[tropolonato]-dimethylzinn(IV).** Samuel H. Sage und R. Stuart Tobias. (Inorg. nuclear Chem. Letters 4 (1968) 8, 459 bis 461; Suppl. zu: J. inorg. nuclear Chem.; Dep. of Chem., Univ. of Minn., Minneapolis, Minn.; engl.) — $[(CH_3)_2Sn(trop)_2]$ (I), $C_{16}H_{16}O_4Sn$, F. 184,5—186° (blaßgelbe Krist. aus Bzl.), aus $(CH_3)_2SnO$ u. Tropolon (1 : 2) in heißem Bzl. erhältlich, wurde ^{1}H-NMR-spektroskop. in Bzl. u. Chlf. untersucht. Ein Vgl. der Werte von J(^{117}SnCH), J(^{119}SnCH) u. τ($SnCH_3$) von I mit denen von $(CH_3)_2SnL_2$ mit *L = acac, hfacac, dbzm, pic* u. *oxinat* führt zu einer cis-Methylkonfig. für I. A. Blaschette 327

0799 **Trichlorovanadate(II).** H. J. Seifert, H. Fink und E. Just. (Naturwissenschaften 55 (1968) 6, 297 bis 298; Inst. für Anorg. u. Analyt. Chem. der Univ. Gießen; dt.) — Vers., aus alkohol. Lsg. Tetrahalogenovanadate(II) A_2VX_4 mit A = Tetramethylammonium, Tetraäthylammonium, Methyltriphenylarsonium u. X = Cl, Br, J herzustellen, schlugen fehl. Nur mit Tetramethylammoniumchlorid entstand ein Doppelchlorid der Zus. $[N(CH_3)_4]VCl_3$. Die Verb. krist. hexagonal mit a = 9,146 u. c = 6,227 Å, Z = 2, D_{R} 1,71 u. D_{pyk} 1,68 g/cm^3 im $CsNiCl_3$-Typ. Die magnet. Momente weichen im Gegensatz zur analogen Ni-Verb. stark von den für isolierte Ionen zu erwartenden Werten ab: sie wurden bei 82, 196 u. 289 °K bestimmt. Die Ursache dafür ist eine Wechselwrkg. der Elektronen an verschiedenen V-Ionen, was für das $CsVCl_3$ mit der Meth. der isomorphen Substitution durch Mischkrist.-Bldg. mit diamagnet. $CsMgCl_3$ nachgewiesen werden konnte. W. Laqua 330

0800 **Koordinationskomplexe von Niob und Tantal. 6. Mitt. Siebenfach koordinierte Oxalatoniobate(V) und -tantalate(V).** Nevenka Brničević und Cirilá Djordjević. (Inorg. Chem. [Washington] 7 (1968) 9, 1936 bis 1938; Inst. „Rudjer Bošković", Fac. of Sci., Univ., Zagreb, Yugoslavia; engl.) — 5. vgl. ibid. 7 (1968) 9, 1864; 4. vgl. C. **1968**, 43-0609. — Die Darst. von $[P(C_6H_5)_4]_3 \cdot [NbO(C_2O_4)_3]$ (I) u. $[As(C_6H_5)_4]_3[NbO(C_2O_4)_3]$ (II) wird beschrieben. Die mol. Leitfähigkeiten in Nitromethan kennzeichnen sie als 3.1-Elektrolyten. Ebenso wird die Darst. von $[P(C_6H_5)_4]_3[TaOH(C_2O_4)_3]$ (III) u. $[As(C_6H_5)_4]_3 \cdot [TaOH(C_2O_4)_3]$ (IV) beschrieben. Die mol. Leitfähigkeit liefert 2.1-Elektrolyten. Komplex III ist krist. u. gibt ein klares, IV ist weniger krist. u. liefert ein schlechtes Beugungsbild. IR-Spektren werden aufgenommen.

Versuche: I, F. 143° (A.), u. II, F. 140° (A.), aus einer wss. Lsg. von Nb u. $H_2C_2O_4$ u. einer gesätt. Lsg. von Tetraphenylphosphonium- oder Tetraphenylarsoniumchlorid; 50 % (Ausb.). — III, F. 214° (A.) u. IV F. 206° (A.), aus einer wss. Lsg. von Ta u. $H_2C_2O_4$ u. einer gesätt. Lsg. von $(C_6H_5)_4PCl$ oder $(C_6H_5)_4AsCl$; 60 %. E. Gallei 332

0801 **Verbindungen $TlSbS_2$ und $TlBiS_2$.** S. A. Dembovskij, L. G. Lisovskij und V. M. Bunin. (Izvest. Akad. Nauk SSSR, Neorg. Mater. 4 (1968) 1, 140—42; Inst. obščej i neorgan. chim. im. Kurnakova AN SSSR; russ.) — Die Verb. werden aus den Elementen in Quarzampullen bei 600 bzw. 850° hergestellt. Mittels DTA wird F. für $TlSbS_2$ (I) zu 480° u. für $TlBiS_2$ (II) zu 740° ermittelt. Röntgenograph. wird die Einphasigkeit von II nachgewiesen. Durch Abschrecken der Schmelze entsteht glasiges I mit einem Transformationspunkt bei 135°. Die Aktivierungsenergie der elektr. Leitfähigkeit beträgt bei I 1,42 eV, bei II 0,40 eV. Heinz Vogel 334

0802 **Chrom(III)-sulfat und seine Reduktion mit Schwefelwasserstoff: Chromsulfide.** A. Noël, J. Tudo und G. Tridot. (Bull. Soc. chim. France **1968**, 1, 91—95; Fac. des Sci. de Lille; franz.) — Durch TGA, DTA u. tensimetr. wurde für das violette $Cr_2(SO_4)_3 \cdot x\,H_2O$ x = 16 bzw. 14 ermittelt. Die röntgenograph. Daten der beiden Salze sind tabelliert. Bei ca. 160° wird ein röntgenamorphes, grünes Sulfat mit 5 oder 4 H_2O erhalten. Bei 380 u. 450° bildet sich wahrscheinlich ein Di- u. Monohydrat, bei 520° das wasserfreie Salz, es krist. rhomboedr., a = 8,66 ± 0,03 Å, α = 55° 53′ ± 10′; Z = 2. Das Dihydrat ist amorph, das Monohydrat besitzt ein Röntgendiagramm, das dem des Anhydrids sehr ähnlich ist. Die Zers. des Anhydrids in O_2 u. Luft führt ab 720° zu Cr_2O_3, bas. Sulfate werden nicht gebildet. Im Vakuum beginnt ab 500° die Zers., zwischen 600 u. 800° existiert CrO_x, x = 1,8—1,5, ab 800° reines Cr_2O_3. In H_2 entsteht gegen 700° Cr_2O_3 u. Cr_7S_8. In H_2S bildet sich allein $CrS_{1,49}$. Die Red. dieses Sulfids mit H_2 führt zu nachst. zwischen Cr_2S_3 u. CrS gelegenen Phasen: Cr_3S_4–Cr_5S_6–Cr_7S_8, dies folgt aus den Röntgendiagrammen. Der Mechanismus der Ox. der verschiedenen Sulfide wird aufgezeigt. Zunächst wird O_2 in das Sulfidgitter aufgenommen, ohne dieses zu zerstören, es bildet sich ein Prod. der allg. Formel $CrS_{1,48}O_{0,22}$ für Cr_2S_3 als Ausgangsprod.; bei Cr_3S_4 bilden sich die Zwischenprod. $CrS_{1,22} \cdot O_{0,67}$ u. $CrS_{1,10}O_{0,84}$. Endprod. jeder Ox. ist, nach vorübergehender Bldg. von Cr_2O_3 + z. T. $Cr_2(SO_4)_3$ bei ausreichend hoher Temp. Cr_2O_3. G. Schatz 335

0803 **Chrom(II)-sulfat: Hydrate und das wasserfreie Salz.** A. Noël, D. Thomas, J. Tudo und G. Tridot. (Bull. Soc. chim. France **1968**, 1, 95—98; franz.) — Vgl. vorst. Referat. — Das Röntgendiagramm von $CrSO_4 \cdot 5\,H_2O$ wurde indiziert u. die Konst. des triklinen Gitters bestimmt: a = 7,24, b = 10,94, c = 6,01 Å; α = 97,63, β = 125,32, γ = 94,32°; Z = 2. Der Hydratabbau wird tensimetr. u. mittels TGA untersucht. Es gelang, ein Tri- u. ein Monohydrat zu isolieren. $CrSO_4 \cdot H_2O$ (I) ist monoklin, a = 7,70, b = 7,56, c = 6,98 Å, β = 115°, Z = 4. Die Linien u. Intensitäten von $CrSO_4 \cdot 3\,H_2O$ (II) sind tabelliert. II bildet sich bei ca. 75°, I zwischen 105 u. 175°, $CrSO_4$ (III) gegen 250°. III ist unter H_2 beständig bis 375° u. zersetzt sich dann zur Cr_2O_3; in O_2 bildet sich zunächst $Cr_2(SO_4)_3$ + Cr_2O_3 (Max. der Rk. 500—520°) u. bei höherer Temp. Cr_2O_3. G. Schatz 335

0804 **Substitutionsreaktionen an Thiocyanatokomplexen. 1. Mitt. Sterische und nucleophile Einflüsse bei der Darstellung der Tetraisothiocyanato-bis-[phosphin]-chromate(III).** G. Thomas. (Z. anorg. allg. Chem. **360** (1968) 1/2, 15—24; Halle/Saale, Martin-Luther-Univ.; dt.) — Bei der Rk. von $K_3[Cr(NCS)_6]$ (I) mit verschieden substituierten sek. u. tert. Phosphinen L bilden sich Verb. der Typen $(LH)_3[Cr(NCS)_6]$, $(LH)_2[Cr(NCS)_5L]$ bzw. $(LH)[Cr(NCS)_4L_2]$. In letzterem stehen wahrscheinlich die Liganden L in trans-Stellung. Mit L = $(iso\text{-}C_3H_7)_3P$, $(iso\text{-}C_4H_9)_3P$, $(sek.\text{-}C_4H_9)_3P$, $(tert.\text{-}C_4H_9)_3P$, $(C_6H_5)_3P$, $(C_6H_5)_2PH$ u. R_3P findet dabei keine Rk. statt (R = cyclo-C_6H_{11}). Aus einigen Verb. werden durch Rk. mit $[(C_6H_5)_4P]NO_3$ (II) die entsprechenden Tetraphenylphosphoniumsalze dargestellt.

Versuche (unter Inertgas): *$R(C_6H_5)PH$*, Rk. von R_4P_4 mit LiC_6H_5 in Di-n-propyläther; *$[CH_3RC_6H_5PH]J$*, F. 97–100°, aus vorst. Verb. u. CH_3J in Ae.; *$R(C_2H_5)_2P$* (III), Kp.$_2$ 69–71°, Zutropfen von $RPCl_2$ in Ae. unter Eis-Kochsalz-Kühlung zu $MgBrC_2H_5$ in Ae., $^1/_2$std. Kochen, Zugabe von NH_4Cl-Lsg., Abtrennen der äther. Schicht, Trocknen mit KOH u. frakt. Dest., farbloses oxydationsempfindliches Öl; *$R(C_2H_5)_2P \cdot CS_2$*, F. 68–70°, aus III u. CS_2 in Ae., hellrot, *$[CH_3R(C_2H_5)_2P]J$*, F. 208°, aus III u. CH_3J in Ae., Blättchen; *$[(C_2H_5)_3RP]J$*, F. 219–220°, aus III u. C_2H_5J in Ae.; *$(C_2H_5)_2RPS$*, Kp.$_2$ 130°, aus III u. S in Bzl.; *$[(C_2H_5)_2RPSCH_3]J$*, F. 95°, aus vorst. Verb. u. CH_3J in Ae., Schuppen. — *$(LH)_3[Cr(NCS)_6]$*, (L =) *$(iso\text{-}C_3H_7)_2PH$*, F. 130–135°, $^1/_2$std. Rückflußkochen von wasserfreiem I in trockenem iso-Propanol mit L (Mol-Verhältnis 1 : 5), Abkühlen auf Raumtemp., Fällen mit L u. HCl (1 : 1) in W., Waschen mit W., Trocknen über $CaCl_2$ u. mehrmaliges Umfällen aus Methanol/(oder Aceton)/W., grauviolett; *$(sek.\text{-}C_4H_9)_2PH$*, F. 167–169°, violett; *$(tert.\text{-}C_4H_9)_2PH$*, F. 167–169°, hellviolett; *$(iso\text{-}C_3H_7)_3P$*, F. 198–201° (aus A.), hellviolett; *$(iso\text{-}C_4H_9)_3P$*, F. 146 bis 147° (aus A.), violett; *R_3P*, F. 199–202°; LH = *$(C_6H_5)_4P$*, F. 314–315° (aus Nitromethan/Methanol), mit sek.- oder tert.-$(C_4H_9)_3P$, violett; *$(LH)_2[Cr(NCS)_5L]$*, L = *$C_2H_5(C_6H_5)_2P$* (IV), F. 163–165°, violett; 95% (Ausb. Rohprod.); *$LH[Cr(NCS)_4L_2]$*, L = *$(CH_3)_3P$*, F. 175–180°, dunkelrot; 96%; *$(C_2H_5)_3P$*, F. 177–180° *$(n\text{-}C_3H_7)_3P$*, F. 173–175°; 92%; *$(n\text{-}C_4H_9)_3P$*, F. 116 bis 117°; *$(n\text{-}C_5H_{11})_3P$*, rotes Öl; 95%; *$(iso\text{-}C_5H_{11})_3P$*, F. 112 bis 113°; *$(C_2H_5)_2PR$*, F. 95–98°, rot; 94%; *$C_2H_5R_2P$*, F. 152–154°, hellviolett; 97%; *$(C_2H_5)_2C_6H_5P$*, F. 140 bis 145°, rot; 93%; *$(CH_3)_2PH$*, F. 80–85° (unscharf), dunkelrot; 65%; *$(C_2H_5)_2PH$*, F. 78–83°; *$(n\text{-}C_3H_7)_2PH$*, F. 78–80°, rot; 79%; *$(n\text{-}C_4H_9)_2PH$*, F. 126–128°, rot, 82%; *$(iso\text{-}C_4H_9)_2PH$*, F. 176–177°, rotviolett, 86%; *R_2PH*, F. 154–156°; *RC_6H_5PH*, F. 52–62°, rot (Aufsicht), grün (Durchsicht); 85%. — *$(C_6H_5)_4P[Cr(NCS)_5L]$*, L = *$C_2H_5(C_6H_5)_2P$*, F. 240–243°, durch Rk. einer filtrierten Lsg. von IV in Methanol oder Aceton mit einer Lsg. von II in Methanol, Stehenlassen, Abfällen durch Zutropfen von W. sowie Umfällen aus Aceton/W., blauviolett; analog: *$(C_6H_5)_4P[Cr(NCS)_4L_2]$*, L = *$(CH_3)_3P$*, F. 225°, hellrot; *$(C_2H_5)_3P$*, F. 168–170°, dunkelrot; *$(n\text{-}C_3H_7)_3P$*, F. 187–189°, ziegelrot; *$(n\text{-}C_4H_9)_3P$*, F. 146°, rot; *$(n\text{-}C_5H_{11})_3P$*, F. 125°, rot; *$(iso\text{-}C_5H_{11})_3P$*, F. 105°, rot bis violett; *$(C_2H_5)_2RP$*, F. 145–146°, rotviolett; *$(C_2H_5)R_2P$*, F. 205°, violett; *$(C_2H_5)_2C_6H_5P$*, F. 192–194°, violett; *$(CH_3)_2PH$*, F. 199–200°, hellrot; *$(C_2H_5)_2PH$*, F. 136°, rotviolett; *$(n\text{-}C_3H_7)_2PH$*, F. 147–148°, rot; *$(n\text{-}C_4H_9)_2PH$*, F. 98–100°, rot; *$(iso\text{-}C_4H_9)_2PH$*, F. 183°, violett; *R_2PH*, F. 153–154°, violett; *$R(C_6H_5)PH$*, F. 173°, blaugrau.

G. Heller 335

0805 **Chrom(II)-tricyanmethanid.** G. L. Silver. (Inorg. nuclear Chem. Letters **4** (1968) 9, 533–35; Suppl. zu: J. inorg. nuclear Chem.; Monsanto Res. Corp., Miamisburg, O.; engl.) — Durch Rk. von $KC(CN)_3$ mit einer Cr(II)-Lsg. in dest. W. unter N_2 wird ein blaßblauer Nd. erhalten, der etwa zur Hälfte in Aceton lösl. ist. Der ursprüngliche Nd. u. der in Aceton unlösl. Anteil besitzen die gleiche Zus. $Cr[C(CN)_3]_2$, die gleichen Röntgenpulverspektren, sehr ähnliche IR-Spektren u. magnet. Momente von 4,61 bzw. 4,81 BM. Beide Prod. sind therm. bis 300° stabil, oberhalb dieser Temp. erfolgt Gew.-Verlust, bei 380° heftige Zersetzung. Offensichtlich fällt die Verb. bei der Darst. als Gemisch verschieden hoch polymerisierter Spezies an. Beide Prod. lösen sich unter Zers. in heißem DMSO, heißem DMF u. sd. 6m HCl.

A. Blaschette 335

0806 **Koordinationschemie des Molybdäns(V). 2.2'-Dipyridyl- und 1.10-Phenanthrolin-Komplexe.** H. K. Saha und M. C. Halder. (J. Indian chem. Soc. **45** (1968) 1, 88–89; Univ. Coll. of Sci., Calcutta; engl.) — Durch Kochen der Lsg. von α.α'-Dipyridylium- bzw. o-Phenanthrolinium-Oxopentachloromolybdat(V) in verschiedenen Lsgm. werden verschiedene Isomere der Zus. *$MoOCl_3 \cdot bipy$* (I) bzw. *$MoOCl_3 \cdot o\text{-}phen$* (II) erhalten. In A. entsteht rotes I u. rosafarbenes II, in Acetonitril grünes I u. grünes II. Aus dem roten I bzw. rosafarbenen II erhält man durch Kochen mit HCl hellolivfarbenes I u. hellbraunes II. Alle Verb. zeigen $\mu_{eff} = 2{,}839\ (X'_M \cdot T)^{1/2}$ (X'_M = molare Suszeptibilität nach diamagnet. Korrektur, T = abs. Temp.). Hanspeter Schulz 336

0807 **Reaktionen von Molybdänpentachlorid mit sauerstoffhaltigen Molekülen.** D. L. Kepert und R. Mandyczewsky. (J. chem. Soc. [London], Sect. A **1968**, 3, 530–33; Univ. of Western Australia, Nedlands, Western Australia; engl.) — Bei der Suche nach einem geeigneten Lsgm. für *$MoCl_5$* wurden dessen Rk. mit sauerstoffhaltigen Lsgm. untersucht. $MoCl_5$ entzieht dem Triphenylarsinoxid den Sauerstoff unter Bldg. von *$(Ph_3AsCl)^+ \cdot (MoOCl_4)^-$*, das durch IR-Spektren, Leitfähigkeitsmessungen u. Darst. auf anderem Wege nachgewiesen wurde. In Dioxan bildet sich stabiles *$MoCl_5 \cdot Dioxan$*, das in Substanz isoliert wurde. Nach längerer Zeit (77 Tage) wurde auch hier Rk. zum *$MoOCl_3 \cdot 1^1/_2\ Dioxan$* u. *2.2'-Dichlordiäthyläther* festgestellt. Mit Ph_3PO in Dioxan bildet sich *$MoOCl_3 \cdot Dioxan \cdot Ph_3PO$*. THF u. andere Äther erwiesen sich als Lsgm. ungeeignet.

Versuche: *Triphenylchlorarsoniumoxotetrachloromolybdat(V)*, a) nach Horner et al., Inorg. Chem. [Washington] **1** (1962) 122, b) durch Aufdest. von SO_2 auf ein Gemisch von $AsCl_2(C_6H_5)_3$ u. $MoCl_5$ bei −183°; c) durch Zugabe von $AsCl_2(C_6H_5)_3$ in CH_2Cl_2 zu $MoOCl_3$ in CCl_4. — *Dioxodichloro-bis-[triphenylarsinoxid]-molybdän(VI)*, durch Zugabe von $(C_6H_5)_3AsO$ in CH_2Cl_2 zu $MoOCl_3$ in CH_2Cl_2. — *Pentachloro-[dioxan]-molybdän*, durch Lösen von $MoCl_5$ in Dioxan u. Einengen, *Dioxo-hexachloro-tris-[dioxan]-dimolybdän(V)*, durch Lösen von $MoCl_5$ in Dioxan u. längeres Halten im Vakuum; *Oxo-trichloro-[dioxan]-[triphenylphosphinoxid]-molybdän(V)*, durch Zugabe von $MoCl_5$ in Dioxan zu $(C_6H_5)_3PO$ in Dioxan, *Tetrachloro-bis-[acetonitril]-molybdän(IV)*, a) durch Lösen von $MoCl_5$ in heißem Acetonitril, Sieden u. Abkühlen der Lsg., b) durch Lösen von $MoCl_5$ in Dioxan u. Zugabe von Acetonitril. — Oxotrichloro-bis-[tetrahydrofuran]-molybdän(V), durch Suspendieren von $MoCl_5$ in CCl_4 u. Zugabe von THF. A. Lange 336

0808 **Umsetzung von Molybdatokieselsäure mit einigen basischen Farbstoffen.** Z. F. Šachova, E. N. Dorochova und E. I. Mironceva. (Ž. neorg. Chim. **13** (1968) 10, 2743–46; Mosk. gos. univ. im. Lomonosova; russ.) — Die Prod. der Umsetzung von Dodekamolybdatokieselsäure mit Triphenylmethan-, Xanthon- u. Antipyrinfarbstoffen (Methylviolett, Kristallviolett, Rhodamin 6Ž, Butylrhodamin, 4-Methylbenzylaminophenylantipyrylcarbinol) wurden spektrophotometr. im Bereich 400 bis 700 nm untersucht. Die Rk.-Prod. aus α-Dodekamolybdatokieselsäure u. Rhodamin-6 Ž bzw. Methylviolett wurden im festen Zustand isoliert u. thermogravimetr. untersucht. Die Extrahierbarkeit der Farbstoffe u. ihrer Rk.-Prod. wurde verfolgt, Nitrobenzol u. $CHCl_3$ extrahieren zwar die Farbstoffe, nicht jedoch ihre Komplexe mit α-Dodekamolybdatokieselsäure. Auf diese Weise kann der Komplex vom Farbstoffüberschuß getrennt u. in wss. Lsg. spektrophotometriert werden. Die festen Komplexe haben die Zus. Säure : Farbstoff = 1 : 4 für Rhodamin 6 Ž u. 1 : 3 für Methylviolett.

J. J. Pohl 336

0809 **Carbonylhalogenide der Übergangsmetalle der VI. Gruppe.** 10. Mitt. **Dithiocarbamatderivate von Molybdänhalogenidcarbonylen.** R. Colton und R. G. Scollary. (Austral. J. Chem. **21** (1968) 6, 1427–34; Dep. of Inorg. Chem., Univ. of Melbourne, Parkville, Victoria, Australia; engl.) — 9. vgl. ibid. **21** (1967) 1159; 5. vgl. C. **1969**, 16-0815. — Die Komplexe *$Mo(CO)_3L_2$* (I) mit *L = Dimethyldithiocarbamat* (II), *Dibenzyldithiocarbamat* (III) u. *Pyrrolidyldithiocarbamat* (IV) werden bez. ihres Gleichgew. zwischen I u. $Mo(CO)_2L_2$ (V) in Anlehnung an den früher beschriebenen Komplex mit L = Diäthyldithiocarbamat (VI) untersucht. Die orangefarbigen Verb. sind äußerst empfindlich gegenüber Sauerstoff u. verlieren alle CO-Gruppen in organ. Lösungsmitteln. Die Geschw. des *OC*-Verlustes im Gleichgew. I ⟷ V erfolgt in der Reihe **III** > **VI** > **II** > **IV** = 0 u. wird durch die IR-Spektren von *ν(CO)*, *ν(CN)* u. ν(Mo—S) analyt. kontrolliert. Die Geschw. hängt mit der Größe u. der ster. Hinderung der Alkyl-Gruppen zusammen, die bei der Wechselwrkg. mit der CO-Gruppe eine entscheidende Rolle spielen. Der Diamagnetismus der Verb. wird für die siebenfach koordinierten Verb. durch die effektive Atomzahlregel u. für die sechsfach koordinierten Verb. durch Aufspaltung der oktaedr. Symmetrie unter Bldg. eines niedrigeren Dubletts gedeutet. Werden die Komplexe **I** u. **V** in $CHCl_3$ gelöst u. bis zu 2 Std. Sauerstoff durchgeblasen, so werden die tiefpurpurnen Verb. $Mo_2O_3L_4$ (**VII**) mit Sauerstoffbrücke gebildet. Die zur Ox. benötigte Zeit ist der Größe der Alkyl-Gruppe umgekehrt proportional. Die ν(CO), ν(CN), ν(Mo—S), ν(Mo=O) u. ν(Mo—O—Mo) werden bez. der Masseneffekte diskutiert. Die Verb. **VII** sind in den meisten organ. Lsgm. unlösl. u. wenn, so werden die purpurroten Lsg. des Mo(V) langsam zu gelben Lsg. ox., vermutlich Mo(VI)-Spezies, die aber nicht isoliert werden konnten. Der Dibenzyl-Komplex wird erst bei Zusatz von Benzoylperoxid oder H_2O_2 oxydiert. Die Massenspektren, sichtbaren u. UV-Spektren werden bez. der Sauerstoffbrücke u. der Struktur diskutiert. Die entsprechende Wolframdiäthyldithiocarbamat-Verb. konnte nicht dargestellt werden.

Versuche: Darst. von **I** durch Rk. von Dichlorotetracarbonylmolybdän(II) mit Natriumdialkyldithiocarbamat in Methanol u. Trocknen unter CO-Strom.

R. Blank 336

0810 **Carbonylhalogenide der Übergangsmetalle der VI. Gruppe. 11. Mitt. Carbonyldithiocyanatoderivate von Molybdän und Wolfram.** R. Colton und G. R. Scollary. (Austral. J. Chem. **21** (1968) 6, 1435—38; engl.) — 10. vgl. vorst. Referat. — Bei der Rk. von $MoCl_2(CO)_4$ bzw. $WCl_2(CO)_4$ mit NH_4SCN in A. bildet sich eine tiefrote Lsg. u. ein NH_4Cl-Niederschlag. Obwohl die Verb. aus dieser Lsg. nicht isoliert werden konnten, schließen Vf. auf Grund der IR-Banden bei 2000 cm^{-1} der *SCN-* u. *CO*-Schwingungen auf die Bldg. von $[Mo(NCS)_2(CO)_2]_n$ (**I**) bzw. $[W(NCS)_2(CO)_2]_n$ (**II**). Bei Zugabe von Triphenylphosphin (PPh_3)- oder Bis-[diphenylphosphino]-methan-(dpm)-Lsg. zu **I** u. **II** werden die Verb. $M(NCS)_2(CO)_3 \cdot (PPh_3)_2$ (**III**) u. $M(NCS)_2(CO)_2(dpm)_2$ (**IV**) mit M = *Mo* u. *W* gebildet. Diese Komplexe sind in organ. Lsgm. leicht löslich, wobei **IV** sich in *Aceton* wie Nichtelektrolyte verhält. **I** u. **II** reagieren nicht mit Triphenylarsin, Bis-(diphenylarsino)-methan oder Triphenylstibin. Nach der C—S-Valenzschwingung bei 830 cm^{-1} ist die Thiocyanatgruppe (**V**) über N gebunden. Aus der C—N-Valenzschwingung bei 2000 cm^{-1} scheint **V** cis-Konfig. zu haben, die Carbonylgruppen stehen ebenfalls in cis-Stellung zueinander. Nach NMR-Spektren von **IV** sind die dpm-Liganden einmal einzähnig u. einmal zweizähnig gebunden, d. h., Mo u. W sind siebenfach koordiniert. **III** kann weiterhin ein zusätzliches *CO* unter Bldg. der relativ instabilen Verb. $M(NCS)_2(CO)_3(PPh_3)_2$ aufnehmen.

R. Blank 337

0811 **Einwirkung von Kalium auf Molybdän- und Wolframoxid.** André Hatterer, Henri Kessler und Clovis Ringenbach. (C. R. hebd. Séances Acad. Sci., Sér. C **266** (1968) 5, 328—31; École Sup. de Chim., Mulhouse, Haut-Rhin; franz.) — Bei der Einwrkg. von K-Dampf auf MeO_2 (Me = W, Mo) wurden nachst. Best.-Größen variiert: Temp. des Oxids (250—350°), Temp. des fl. K (270—700°), Rk.-Zeit (bis 1000 Std.). Wie die röntgenograph. Unters. u. chem. Analyse zeigt, sind an der Bldg. von $K_{1,00-1,32}MeO_2$ 3 Vorgänge beteiligt: Anlagerung von K an MeO_2, Disproportionierung eines hypothet. Zwischenprod. $K_{1,00\pm0,02}MeO_2$ u. reversibler Einbau von K in $K_{2+\varepsilon}MeO_4$ (**I**). Der gesamte Rk.-Verlauf läßt sich darstellen durch $2\,MeO_2 + 2{,}66\,K \rightarrow 0{,}66\,K + 2\,(KMe \cdot O_2)$ (**II**) oder $0{,}66\,K + K_2MeO_4 + Me \rightleftharpoons K_{2,66}MeO_4$ (**III**) + Me (oder $2\,K_{1,33}MeO_2$) (**IV**); WO_3 reagiert wie folgt: $4\,WO_3 + 8\,K \rightarrow 2\,K + 4\,K_{1,5}WO_3$ u. $2\,K + 3\,K_2WO_4 + W \rightleftharpoons 3\,K_{2,66}WO_4 + W$ oder $4\,K_2WO_3$. **IV** läßt sich in **II** überführen (450—500°, 10^{-5} Torr). **II** bildet sich ferner aus $MeO_2 + K_g$ bei 650—750° oder mit $K_{fl.}$ bei 320—400°. Die Hydrolyse der angeführten Prod. wird untersucht.

G. Schatz 337

0812 **Neue Phasen vom Pyrochlor-Typ.** Bernard Raveau und Jean-Claude Thomazeau. (C. R. hebd. Séances Acad. Sci., Sér. C **266** (1968) 8, 540—42; Labor. de Chim. miner. ind., Fac. des Sci., Caen, Calvados; franz.) — Durch Rk. bei 900° von WO_3 mit $KTaO_3$ u. $KNbO_3$ werden 2 neue Phasen vom Pyrochlor-Typ isoliert: $K_x(W_{1-x}Nb_x)O_3$ u. $K_x(W_{1-x}Ta_x)O_3$ worin $0{,}50 \leq 2x \leq 0{,}55$ ist. Durch unmittelbare Rk. der Oxide WO_3, TiO_2 u. K_2CO_3 entsteht eine neue Phase $K_{2x}(W_{1-x}Ti_x)O_3$, hier gilt $0{,}53 \leq 2x \leq 0{,}72$.

O. Rösner 337

0813 **Samariumisopolyverbindungen im Wolframatsystem.** G. K. Šivahare und R. K. Verma. (Ž. neorg. Chim. **18** (1968) 10, 2739—42; Georgepur, univ., chim. fak., India; russ.) — Die Zus. von Sm-Wolframaten, die sich bei der Umsetzung im sauren Medium mit Wolframationen verschiedenen Polymerisationsgrades bilden, wurde konduktometr., potentiometr. u. analyt. untersucht. Normales Sm-Wolframat bildet sich bei pH > 6,8 nach $3Na_2WO_4 + 2\,Sm(NO_3)_3 \rightarrow Sm_2O_3 \cdot 3\,WO_3 + 6\,Na \cdot NO_3$. Bei der Rk. von $HNO_3 : Na_2WO_4 = 1 : 1$ bei pH 6,2 fällt Parawolframat aus: $18\,(Na_2O \cdot 2\,WO_3) + 10\,Sm \cdot (NO_3)_3 \rightleftharpoons 5\,Sm_2O_3 \cdot 3\,Na_2O \cdot 36\,WO_3 + 30\,NaNO_3$. Die Rk. von Sm-Nitrat in $HNO_3 : Na_2WO_4 = 1{,}5 : 1$, pH 5,8, verläuft nach $3\,(5\,Na_2O \cdot 12\,WO_3) + 8\,Sm(NO_3)_3 \rightleftharpoons 4\,Sm_2O_3 \cdot 3\,Na_2O \cdot 36\,WO_3 + 24\,NaNO_3$, bei pH 5,7 findet die Rk. $4\,(Na_2O \cdot 3\,WO_3) + 2\,Sm(NO_3)_3 \rightleftharpoons Na_2 \cdot Sm_2W_{12}O_{40} + 6\,NaNO_3$. Bei pH 4,7 verlaufen die Rk. $4\,Na_2WO_4 + 6\,HNO_3 \rightleftharpoons Na_2O \cdot 4\,WO_3 + 6\,NaNO_3 + 3\,H_2O$ u. $6\,(Na_2O \cdot 4\,WO_3) + 2\,Sm(NO_3)_3 \rightleftharpoons Na_6Sm_2W_{24} \cdot O_{78} + 6\,NaNO_3$, die Bldg. von $Na_6Sm_2W_{24}O_{78}$ dürfte durch die Rk. $4\,(H_3W_6O_{21})^{3-} \rightarrow (W_{24}O_{78})^{12-} + 6\,H_2O$ bedingt sein.

J. J. Pohl 337

0814 **Pyridinkomplexe von Wolfram(III) und Wolfram(IV).** D. G. Blight und D. L. Kepert. (J. chem. Soc. [London], Sect. A **1968**, 3, 534—36; Univ. of Western Australia, Nedlands, Western Australia; engl.) — Beim Rückflußkochen von WCl_4 oder $WCl_4 \cdot (CH_3CN)_2$ (**I**; aus den Komponenten nach Kochen u. Einengen) mit Py. (3 Tage) erhält man $WCl_3 \cdot Py_3$, μ_{eff} = 2,11 BM, bei Raumtemp. bildet **I** mit Py. $WCl_4 \cdot Py_2$, μ_{eff} = 1,29 BM. Die Verb. wurden durch UV-Spektren u. Röntgenbeugung identifiziert.

A. Lange 337

0815 **Carbonylhalogenide der Übergangsmetalle der VI. Gruppe. 5. Mitt. Kohlenmonoxid-Träger und einige Schwefel- und Stickstoffderivate der Halogenomolybdäncarbonyle.** R. Colton, G. R. Scollary und I. B. Tomkins. (Austral. J. Chem. **21** (1968) 1, 15—19; Dep. of Inorg. Chem., Univ. of Melbourne, Parkville; engl.) — 4. vgl. C. **1968**, 17-0788. — Dihalogenodicarbonyl-bis-[diphenylphosphin]-molybdän(II) oder -wolfram(II) absorbieren CO unter Bldg. der entsprechenden Tricarbonyle. Das Dicarbonyl ist wiederum leicht aus dem Tricarbonyl darzustellen. $Mo(CO)_3(dtc)_2$ u. $Mo(CO)_\alpha(dtc)_2$ (Hdtc = Diäthyldithiocarbaminsäure) repräsentieren ebenfalls ein CO-Trägersystem. Die Struktur der diamagnet. monomeren Komplexe wird über die IR-Spektren diskutiert.

Versuche: *N-n-Butylthiopicolinsäureamid* (**I**), nach Kluiber [Inorg. Chem. **4** (1965) 829]. *Dihalogenotricarbonyl-bis-[triphenylphosphin]-metall(II)*, $[MX_2(CO)_3 \cdot (R_3P)_2]$, durch Einleiten von trockenem CO in eine Lsg. von *Dihalogenodicarbonyl-bis-[triphenylphosphin]-metall(II)* in CH_2Cl_2: (M =) *Mo* (X =) *Cl*; *Mo*, *Br*; *W*, *Cl*; *W*, *Br*; *Bis-[diäthyldithiocarbamato]-tricarbonylmolybdän(II)*, aus $MoCl_2(CO)_4$ (**II**) u. Na-dtc in Äthanol. — *Bis-[diäthyldithiocarbamato]-dicarbonylmolybdän(II)*, durch mehrstd. Evakuieren des Tricarbonylkomplexes. — *Dichlorodicarbonyl-bis-[N-n-butylthiopicolinsäureamid]-molybdän(II)* aus **I** u. **II** in Äthanol. — *Dibromodicarbonyl-bis-[N-n-butylthiopicolinsäureamid]-molybdän(II)*, analog vorst. Komplex.

H.-J. Schönherr 337

0816 **Trennung von Uran(VI) von Seltenerdmetallen durch hydrolytische Fällung.** B. Tomažič und M. Branica. (Inorg. nuclear Chem. Letters 4 (1968) 7, 377—80; Suppl. zu: J. inorg. nuclear Chem.; Dep. of Phys. Chem., Inst. „Ruđer Bošković“, Zagreb; engl.) — Die Fällung von U(VI) aus wss. Lsg. von $UO_2(NO_3)_2$–$M(NO_3)_3$ mit *M* = *La* bzw. *Eu* durch tropfenweise Zugabe von KOH- bzw. NH_3-Lsg. wurde mit Hilfe von ^{140}La bzw. ^{152,154}Eu näher untersucht. Bes. berücksichtigt wurde die Mitfällung der Seltenerdmetalle mit dem K- bzw. NH_4-Uranat. Demnach soll der krit. pH-Wert für eine wirksame Abtrennung des U(VI) nicht größer als 4,5 sein. Auf diese Weise können 90% des Urans im ersten Arbeitsgang rein erhalten werden. A. Blaschette 339

0817 **Neue Methode zur Darstellung von UO_2Cl_2.** I. A. Gluchov, S. S. Eliseev und E. E. Voždaeva. (Ž. neorg. Chim. **18** (1968) 10, 2892–893; AN Tadž. SSR; russ.) — UO_2Cl_2 wurde nach $UO_3 + MoOCl_4 \rightleftharpoons MoO_2Cl_2 + UO_2Cl_2$ erhalten u. vom flüchtigen MoO_2Cl_2 durch Subl. befreit. Das Prod. wurde thermograph. u. IR-spektroskop. bei 400–3600 cm^{-1} charakterisiert; gelber, amorpher Nd., gut lösl. in Wasser. J. J. Pohl 339

0818 **Benzoylacetanilide als Chelatliganden: Uranylchelate.** A. Syamal. (Inorg. nuclear Chem. Letters **4** (1968) 9, 543–47; Suppl. zu: J. inorg. nuclear Chem.; Dep. of Chem., Emory Univ., Atlanta, Ga.; engl.) — *Benzoylacetanilid* u. *Benzoylessigsäure-m-nitranilid* [$C_{15} \cdot H_{12}N_2O_4$, F. 123° (A.), in 90%ig. Ausb. durch Kondens. von Äthylbenzoylacetat mit m-Nitroanilin] ergeben mit $UO_2(CH_3COO)_2 \cdot 2\,H_2O$ in wenig Methanol die roten, in Methanol u. A. lösl., in Bzl., CCl_4 u. W. unlösl. Chelate $UO_2(C_{15}H_{12}NO_2)_2 \cdot CH_3OH$, F. 180° (Zers.), u. $UO_2 \cdot (C_{15}H_{11}N_2O_4)_2 \cdot CH_3OH$, F. 250°. Diese geben bei 120° ihr Methanol nicht ab. Sie sind diamagnet. (5f°), in methanol. Lsg. Nichtelektrolyte u. wurden durch IR- u. EA-Spektren (in Methanol) charakterisiert.
A. Blaschette 339

0819 **N.N-Diäthyldithiocarbamatkomplexe vierwertiger Actinidenmetalle.** K. W. Bagnall, D. Brown und D. G. Holah. (J. chem. Soc. [London], Sect. A **1968**, 5, 1149 bis 1153; Harwell, Didcot, Berks., AERE, Chem. Div.; engl.) — Actinidentetrachloride MCl_4 (M = Th, U, Np) u. $Cs_2[PuCl_6]$ reagieren mit Na-Diäthyldithiocarbamat (Nadtc) in A., CH_2Cl_2 u. $CHCl_3$ zu isomorphen, zweizähnig gebundenen Komplexen *M(dtc)*$_4$, die in Bzl.-Lsg. monomer vorliegen. Gitterdimensionen u. IR-Daten sind angegeben. Ein Pa-dtc-Komplex u. entsprechende Komplexe von Actinidenmetallen mit Äthylxanthogenat, Dimercaptomaleonitril u. Toluoldithiol-3.4 konnten nicht isoliert werden.

Versuche: *Thorium(IV)-*, *Uran(IV)-*, *Neptunium(IV)-* u. *Plutonium(IV)-N.N-diäthyldithiocarbamat* durch Lösen von $ThCl_4$, UCl_4, $NpCl_4$, $Cs_2[PuCl_6]$ oder $PuCl_4 \cdot 3$ DMSO in A. u. Zugabe der stöchiometr. Menge (1 : 4) Nadtc in A., Absaugen des Lsgm. im Vakuum, Extraktion mit warmem Bzl., Ausfällen mit Ae., 70% Ausbeute. M. Dräger 342

0820 **Dimethylsulfoxid-Komplexe der Actinidentetrachloride.** K. W. Bagnall, D. Brown, D. H. Holah und F. Lux. (J. chem. Soc. [London], Sect. A **1968**, 2, 465 bis 470; engl.) — Vgl. vorst. Referat. — Die Actinidentetrachloride bilden vier Gruppen von Komplexen mit Dimethylsulfoxid (DMSO): *$MCl_4 \cdot 7$ DMSO* [M = *U* (grün), *Np* (braunrosa), *Pu* (rot)], *$MCl_4 \cdot 5$ DMSO* [M = *Th* (farblos), *U* (grün), *Np* (rosa)], *$MCl_4 \cdot 3$ DMSO* [M = *Th* (farblos), *U* (grün), *Np* (rosa)]. Mit Ausnahme der Protactiniumkomplexe, die auch unter Ar zerfallen u. auf Grund ihrer Röntgenpulverdiagramme als *$PaCl_4 \cdot 5$ DMSO* u. *$PaCl_4 \cdot 3$ DMSO* identifiziert wurden, sind alle Verb. stabil bei Raumtemperatur. Durch Vgl. der IR-Spektren von $UCl_4 \cdot 5$ DMSO u. $UCl_4 \cdot 5$ [$^2H_6$]DMSO kann die Bande bei ca. 950 cm^{-1} der $\nu_{S=O}$-Schwingung zugeordnet werden. Sie variiert bei den anderen Verb. von 942 bis 965 cm^{-1}.

Versuche: *$MCl_4 \cdot 7$ DMSO*, $C_{14}H_{42}O_7S_7MCl_4$ (M = U, Pu): Aus heiß gesätt. Lsg. der MCl_4 in DMSO durch Kühlen auf Raumtemp., rasches Waschen mit CCl_4 u. 10 Min. langes Trocknen im Vakuum. — *$MCl_4 \cdot 5$ DMSO*, $C_{10}H_{30}O_5S_5MCl_4$ (M = Th, Pa, U, Np): Aus MCl_4 u. DMSO durch Fällen mit CCl_4 u. Suspendieren in CCl_4 (2 bis 24 Std.). — *$MCl_4 \cdot 3$ DMSO*, $C_6H_{18}O_3S_3MCl_4$ (M = U, Np, Pu, Th, Pa): Aus den 1 : 7- oder 1 : 5-Verb. durch Lösen in wenig heißem Acetonitril oder Nitromethan u. Abkühlen oder durch Abpumpen im Hochvakuum (10^{-4} Torr, 12 Std.). Der Th-Komplex entsteht aus der 1 : 5-Verb. durch Behandeln mit heißem Aceton. $PaCl_4 \cdot 3$ DMSO ist aus $PaCl_4$ u. der stöchiometr. Menge DMSO in CCl_4 zugänglich. Hanspeter Schulz 342

0821 **Darstellung und Gitterkonstanten von Berkeliumtetrafluorid.** L. B. Asprey und T. K. Keenan. (Inorg. nuclear Chem. Letters **4** (1968) 9, 537–41; Suppl. zu: J. inorg. nuclear Chem.; LASL, Univ. of Calif., Los Alamos, N.Mex.; engl.) — Die Reinigung von µg-Mengen ^{249}Bk, bes. die Abtrennung von Ce durch Extraktion mit Di-[2-äthylhexyl]-phosphorsäure, die Anreicherung des gereinigten Bk in einem einzelnen Korn (1 mm ∅) eines Ionenaustauscherharzes, die Rk. dieses Harzkornes mit F_2 bei 400° in einem Sapphirtiegel u. das Einfüllen des so erhaltenen BkF_4-Korns in eine Röntgenkapillare werden beschrieben. Die beobachteten d-Werte von BkF_4 u. zum Vgl. die des isostrukturellen UF_4 sind tabelliert. BkF_4 ist monoklin (C2/c) mit a = 12,47, b = 10,58, c = 8,17 Å, β = 125,9°. A. Blaschette 346

0822 **Californium-Verbindungen.** S. Fried, D. Cohen, S. Siegel und B. Tani. (Inorg. nuclear Chem. Letters **4** (1968) 9, 495–98; Suppl. zu: J. inorg. nuclear Chem.; ANL, Argonne, Ill.; engl.) — Eine 2-mg-Probe von ^{249}Cf ($t_{1/2}$ = 323 a) als *Hydroxid* wurde durch β^--Zerfall von ^{249}Bk ($t_{1/2}$ = 314 d) erzeugt u. durch Ox. des Bk zu Bk(IV) mit $NaBrO_3$ in starker HNO_3, Extraktion des Bk(IV) mit Di-[2-äthylhexyl]-phosphorsäure (HDEHP) u. Extraktionschromatographie der Restlsg. mit HDEHP auf Diatomeenerde isoliert. Durch Rk. im 1–3-µg-Maßstab in Röntgenkapillaren wurden erhalten: *$CfBr_3$*, aus $Cf(OH)_3$ u. HBr bei 500°; weiß; eventuell neuer Strukturtyp; *CfOBr*, aus $CfBr_3$ u. H_2O/HBr bei 550°; braun; isostrukturell mit BkOBr; tetragonal mit a = 3,90, c = 8,12 Å (PbFCl-Typ); *CfJ_3*, aus $Cf(OH)_3$ u. HJ u. Subl. bei 800°; zitronengelb; isostrukturell mit BkJ_3; hexagonal mit a = 7,55, c = 20,8 Å (BiJ_3-Typ); *CfOJ*, aus CfJ_3 u. H_2O/HJ bei 550°/2 Std.; braun; isostrukturell mit BkOJ; tetragonal mit a = 3,97, c = 9,14 Å (PbFCl-Typ); *Cf_2S_3*, aus $Cf(OH)_3$ u. H_2S bei 1100°; schwarz; kub. mit a = 8,388 Å (Ce_2S_3-Typ). Demnach zeigt Cf große chem. Ähnlichkeit mit Bk.
A. Blaschette 347

0823 **Mangan(II)-nitrat-Pyrolyse. 1. Mitt. Röntgenographische Zusammensetzung und das Widerstandsverhalten von Pyrolysebraunstein.** G. Hahn und W. Dusdorf. (Acta chim. Acad. Sci. hung. **56** (1967) 2, 99–108; VEB Kondensatorenwerk Freiberg, Abt. Forsch. u. Entw.; dt.) — Es wird das Widerstandsverh. von β-MnO_2 im Zusammenhang mit seiner chem.-analyt. oder durch röntgenograph. Phasenanalyse ermittelten Zus. im Bereich MnO_x (x = 1,50–2,00) betrachtet. Geringe Abweichungen von der Idealzus. mit x = 2,00 (x = 2,00 bis 1,97) werden auf kleinste Mengen Mn_2O_3 zurückgeführt, die sich während der Pyrolyse unter bestimmten Bedingungen bilden. Im Bereich x = 2,00–1,85 ergibt sich eine geringe Abhängigkeit des Widerstandes von der Zusammensetzung der MnO_2-Proben.
W. Dusdorf 350

0824 **Carbamoyl–Carbonylkomplexe des Mangan(I).** R. J. Angelici und D. L. Denton. (Inorg. chim. Acta [Padova] **2** (1968) 1, 3–7; Ia. State Univ., Ames, Ia.; engl.) — $Mn(CO)_5Br$ (I) reagiert mit 3 Val aliphat. Amin RNH_2 zu *$Mn(CO)_4(CONHR)(NH_2R)$* (II) u. $RNH_3^+Br^-$. II reagiert mit 2 Val HCl zum Kation $[Mn(CO)_5(NH_2R)]^+$, das als Hexafluorophosphat (III) isoliert wurde, u. $RNH_3^+Cl^-$. III bildet mit RNH_2 sofort II zurück. II ist hygroskop., im festen Zustand beständig u. in Lsg. mit wachsender Kettenlänge instabiler; mit R = CH_3 bildet sich bei 40–50° N-Methylformamid u. $Mn_2(CO)_{10}$. Auf Grund von IR-, NMR- u. Massenspektren wird für II sechsfache Koordination des Mn angenommen. Die Rk.-Mechanismen werden diskutiert.

Versuche: II, (R =) *CH_3*, Zers. ca. 75°, Zugabe oder Einleiten eines zehnfachen Überschusses von fl. oder gasf. RNH_2 zu einer Suspension von I, Abfiltrieren, Eindampfen des Filtrats im Vakuum, Waschen mit Pentan u. Trocknen unter Vakuum, blaßgelb, 50–70% (Ausb.); *C_2H_5*, Zers. ca. 105°; *$CH(CH_3)_2$*, F. ca. 70° (Zers.); nur in

Lsg.: *n-C_4H_9, tert.-C_4H_9* u. *C_6H_{11}*; III, R = *CH_3*, 10 Min. langes Einleiten von gasf. HCl in die Suspension von II in Bzl./Pentan (1 : 7), $1^1/_2$std. Stehenlassen bei Raumtemp., Abdekantieren, Eindampfen des Rückstandes zur Trockne im Vakuum, Zugabe von W., Filtrieren u. Fällen mit NH_4PF_6, Einengen im Vakuum, Zentrifugieren, Trocknen des Nd. im Hochvakuum, Lösen in Aceton, Zentrifugieren u. Fällen in der Lsg. mit Ae., hellgelb; *Tetraphenylborat*, Fällen in einer wss. Lsg. vorst. Verb. mit $NaB(C_6H_5)_4$. G. Heller 350

0825 **Umsetzung von Mangan(III) mit Acetylchlorid und Fällung von Chloromanganaten in Essigsäure.** H.-D. Hardt und M. Fleischer. (Z. anorg. allg. Chem. **357** (1968) 3, 113—21; Inst. für anorg. Chem. der Univ. des Saarlandes, Saarbrücken; dt.) — Nach spektrophotometr. Unters., Unters. nach der Meth. des molaren Verhältnisses u. durch konduktometr. Titration mit anschließender chem. u. röntgenograph. Unters. der Rk.-Prod. reagiert $Mn(CH_3COO)_2 \cdot 2\,H_2O$ in Essigsäure mit verd. Acetylchloridlsg. über einen 1:1-Komplex zu einer lösl., rotvioletten 1:4-Verb., die infolge des Ox.-Vermögens von Mn(III) instabil ist. Einw. von K-Acetat auf Mn(III)-Lsg. in Essigsäure bei großem Acetylchloridüberschuß führt zu einer Redoxdisproportionierung von Mn(III) unter prim. Ausfällung von *K_2MnCl_6*. Bei der Rk. von K-Acetat mit Lsg. von Mn(II)/Essigsäure/Acetylchlorid wird unter den angegebenen Rk.-Bedingungen zuerst solvatfreies *$KMnCl_3$* gebildet, welches bei weiterer Zugabe von K^+ in *K_4MnCl_6* umgewandelt wird. B. Karos 350

0826 **In wäßrigen Lösungen des Komplexes von Mangan(III) mit 4.4'.4''.4'''-Tetrasulfophthalocyaninat-Ion vorliegende Spezies.** Kurt Fenkart und C. H. Brubaker jun. (Inorg. nuclear Chem. Letters **4** (1968) 6, 335—38; Suppl. zu: J. inorg. nuclear Chem., Dep. of Chem., Mich. State Univ., East Lansing, Mich.; engl.) — Das Verh. von *$Na_4[Mn^{III}(SPc)(OH)(H_2O)]$* (I; μ = 3,86 BM, Θ = 31 °K; SPc = Anion von 4.4'.4''.4'''Tetrasulfophthalocyanin) in wss. Lsg. wurde spektrophotometr. untersucht. In 1:1-Mischungen von DMF u. W. liegt lediglich das Gleichgew. $[Mn(SPc)(OH)(H_2O)]^{4-} \rightleftharpoons [Mn(SPc)(OH)_2]^{5-} + H^+$ mit pK_c = 10,55 vor. In wss. Lsg. bei pH > 9 entsteht in langsamer Rk. die zweikernige Spezies $[(H_2O)Mn(SPc)-O-(SPc)Mn(OH)]^{9-}$; die Kinetik ihrer Bldg. wurde bei 25° untersucht (Geschw.-Konst.; Rk.-Mechanismus). Eine Absorption von mol. O_2 durch wss. I-Lsg. konnte nicht beobachtet werden. A. Blaschette 350

0827 **Koordinierung von Pyridin an Phthalocyaninatomangan- und Ätioporphyrin I-Mangan-Komplexe.** Akio Yamamoto, Linda K. Phillips und Melvin Calvin. (Inorg. Chem. [Washington] **7** (1968) 5, 847—52; Berkeley, Calif., Univ. of Calif., Dep. of Chem. and Lawrence Radiation Labor.; engl.) — Die Koordinierung von Py. an zwei *Phthalocyaninatomangan-Komplexe* u. an *(Ätioporphyrin I)-acetatomangan(III)* wird untersucht. Die Elektronenspektren u. das chem. Verh. werden durch die Ggw. von Py. stark beeinflußt. Mit Hilfe einer empfindlichen Quarzwendel-Waage wird die Py.-Aufnahme quant. bestimmt. Danach werden im Phthalocyaninatomangan(II) zwei Mol. Py. aufgenommen, während (Ätioporphyrin I)-acetatomangan(III) ein Mol. Py. bindet. *μ-Oxo-bis-[phthalocyaninatomangan(III)]* nimmt pro Manganbindung ein Py. auf, ein weiteres wird nur schwach gehalten. Durch Erhitzen im Vakuum ist das koordinativ gebundene Py. wieder abzuspalten. Die Eig. eines *Phthalocyaninatomanganoxids* werden an Hand einer Röntgenstrukturanalyse überprüft u. der Redox-Mechanismus von *Phthalocyaninatomangan* in Py. teilweise korrigiert. P. Haußmann 350

0828 **Synthese von Rheniumditellurid.** Charles A. Sorrell. (J. Amer. ceram. Soc. **51** (1968) 5, 285—86; Dep. of Geol., Miami Univ., Oxford, O.; engl.) — $ReTe_2$ konnte aus Mischungen der Elemente in geschlossenen, evakuierten Quarzampullen zwischen 450 u. 935° dargestellt werden. Die Verb. ist schwarz, spröde u. schmilzt inkongruent bei 935 ± 5° zu fl. Te u. festem Re unter hohem Te-Dampfdruck. Aus Pulveraufnahmen mit CuKα-Strahlung ergaben sich folgende Gitterparameter der triklinen Elementarzelle: a_0 8,992, b_0 7,520, c_0 6,882 Å; α 99°52', β 101°0', γ 99°40'. Das vom Vf. erhaltene Pulverdiagramm unterscheidet sich beträchtlich von Literaturangaben für $ReTe_2$. Im Syst. Re–Pb–Te konnte keine tern. Verb. (450—600°) gefunden werden. W. Laqua 352

0829 **Butylammoniumperrhenat.** N. M. Sinicyn, V. F. Travkin und K. A. Bol'šakov. (Doklady Akad. Nauk SSSR **178** (1968) 2, 372—75; Mosk. inst. tonkoj chim. technol. im. Lomonosova; russ.) — *$(C_4H_9NH_3)[ReO_4]$* (I) wurde durch Umsetzung von Perrheniumsäure mit einem kleinen Überschuß einer 1 m wss. Butylaminlsg. bei Zimmertemp. erhalten, n = 1,5930. Hochfrequenz u. potentiometr. Titrationsvers. bestätigen das Mol-Verhältnis 1 : 1 der Komponenten in I. I ist in W., Aceton, A. u. Methanol lösl., in Ae., Bzl., Nitrobenzol u. CCl_4 unlöslich. Die Löslichkeit in W. beträgt bei 25° 20,5 ± 0,9 Gew.-%, die elektr. Leitfähigkeit in W. u. Methanol wurde bei 25 ± 0,05° bestimmt. Das IR-Spektrum von I ist bei 700—4000 cm^{-1} abgebildet. Im polykrist. Zustand enthält I stabile Wasserstoffbindungen, beim Lösen in Protonen–Donator-Lsgm. werden die H-Bindungen zerstört, I dissoziiert unter Bldg. von Ionen. J. J. Pohl 352

0830 **Thermochemische Umwandlungen von $FeSO_4 \cdot 7\,H_2O$ beim Erhitzen in oxydierenden und inerten Medien.** N. S. Safiullin, É. B. Gitis und M. M. Panasenko. (Ž. neorg. Chim. **13** (1968) 10, 2898—2900; russ.) — $FeSO_4 \cdot 7\,H_2O$ wurde thermograph., thermogravimetr., röntgenograph. u. IR-spektroskop. bei 800—3500 cm^{-1} untersucht. An der Luft bildet sich bei 68° endotherm das Tetrahydrat, dann bei 134° das Monohydrat. Bei 309° tritt endotherm das Kristallisationswasser aus. Die weiteren Rk. an der Luft sind $2\,FeSO_4 + {}^1/_2\,O_2 \rightarrow Fe_2O \cdot (SO_4)_2$, $2\,Fe(OH)SO_4 \rightarrow Fe_2O(SO_4)_2 + H_2O$, $Fe_2O(SO_4)_2 \rightarrow Fe_2O_3 + 2\,SO_3$, $2\,SO_3 \rightleftharpoons 2\,SO_2 + O_2$, in inerter Atmosphäre $4\,FeSO_4 \rightarrow Fe_2O(SO_4)_2 + Fe_2O_3 + 2\,SO_2$, $6\,FeSO_4 \rightarrow Fe_2(SO_4)_3 + 2\,Fe_2O_3 + 3\,SO_2$ oder $Fe_2O \cdot (SO_4)_2 + 2\,FeSO_4 \rightarrow Fe_2O_3 + Fe_2(SO_4)_3 + SO_2$; $Fe_2O \cdot (SO_4)_2 \rightarrow Fe_2O_3 + 2\,SO_3$, $Fe_2(SO_4)_3 \rightarrow Fe_2O_3 + 3\,SO_3$ u. $2\,SO_3 \rightarrow 2\,SO_2 + O_2$. J. J. Pohl 354

0831 **Festkörperreaktionen von Eisen(II)-hexacyanochromat(III).** David Basset Brown, D. F. Shriver und L. H. Schwartz. (Inorg. Chem. [Washington] **7** (1968) 1, 77—83; Evanston, Ill., Northwestern Univ., Dep. of Chem.; engl.) — Beim polymeren Komplex der annähernden Zus. *$Fe_3[Cr(CN)_6]_2$* (I) wurde eine Cyanidbrückenisomerie im festen Zustand festgestellt. IR u. ^{57}Fe-Mössbauer-Spektren, magnet. u. Röntgenstrukturunters. zeigen das Auftreten von 4 verschiedenen Strukturen im Verlauf der Isomerisierung. Das Ausgangsprodukt (kub.-flächenzentriert) enthält $Fe^{2+}-N{\equiv}C-Cr^{3+}$-Brücken u. Fe^{2+}-Ionen auf Zwischengitterplätzen. Im 1. Schritt ersetzen diese die Cr^{3+}-Ionen in den C-Oktaedern: Halbisomerisierter Komplex mit Fe^{2+} u. Cr^{3+} in den C-Oktaedern u. Cr^{3+} auf Zwischengitterplätzen. An der Luft lagert sich der Komplex unter teilweiser Ox. weiter um. Dieses Produkt kann wieder red. werden, z. B. zu einem Komplex mit $Cr^{3+}-N{\equiv}C-Fe^{2+}$-Brücken u. Fe^{2+} auf Zwischengitterplätzen. Verb.: I durch Zugabe von $K_3Cr(CN)_6$ zu einem Überschuß von $FeSO_4 \cdot 7\,H_2O$ bei 0°, Waschen des Nd. mit W., A. u. Ae. u. Trocknen bei 5°, alles unter N_2. *$Cr_4[Fe(CN)_6]_3$* (angenäherte Zus.) durch Zugabe einer Lsg. von $K_4Fe(CN)_6$ zu einem Überschuß Cr^{2+} unter N_2, u. anschließender Luftoxydation des hellblauen Nd. ($Cr^{2+} \rightarrow Cr^{3+}$). U. Goetze 354

0832 **Ein zweikerniges Amino-eisentricarbonyl.** V. Frey, W. Hieber und O. S. Mills. (Z. Naturforsch. **23b** (1968) 1, 105—06; Anorgan. chem. Labor. der TH München; dt.) — *Di-μ-amino-bis-[tricarbonyleisen]* (I), F. 81,5°, wurde durch Versetzen von 40 g $Fe(CO)_5$, 50 g KOH u. 2500 ml W. mit 28 g $NaNO_2$ u. Bestrahlen mit einer Hg-Hochdrucklampe (3—4 Std. bei 15° u. eine Std. bei 35°) erhalten, orangerote Krist., 9,2%. *Di-μ-amino-triäthylphosphinpentacarbonyldieisen*, F. 107°, wurde durch Zutropfen von 3,7 ml $P(C_2H_5)_3$ zu 0,8 g $[Fe(CO)_3NH_2]_2$ in 60 ml Pentan erhalten, orangerote Kristalle. *Di-μ-amino-bis-[triphenylphosphindicarbonyleisen]-dijodid*, F. 139°, entsteht aus 0,78 g $[Fe(CO)_2P(C_6H_5)_3NH_2]_2$ in 100 ml CH_2Cl_2 durch Zutropfen von 20 ml einer 0,1 n J_2-Lsg.

unter Rühren, violette Krist., Leitfähigkeit in Aceton bei 20° $\mu = 141\ \Omega^{-1} \cdot cm^2 \cdot Mol^{-1}$. I wurde massenspektroskop. u. KMR-spektroskop. charakterisiert, die Unters. bestätigen die Anwesenheit von μ-Aminobrücken.
J. J. Pohl 354

0833 **Neue ein- und zweikernige Eisen(III)-Komplexe mit dreizähnigen Schiffschen Basen.** K. S. Murray und B. O. West. (Inorg. nuclear Chem. Letters 4 (1968) 8, 439–42; Suppl. zu: J. inorg. nuclear Chem.; Chem. Dep., Monash Univ., Clayton, Victoria, Australia; engl.) — Durch Rk. äquimol. Mengen von FeX_3 u. *N-[2-Hydroxyphenyl]-salicylaldimin* (H_2L) in Aceton oder A. werden schwarze, mikrokrist. Komplexe der empir. Zus. $[FeLX]_x$ (A) mit $X = Cl$ ($\mu_{eff} = 5{,}04$ BM; $-J = 9{,}5\ cm^{-1}$; $g = 1{,}99$) bzw. *Br* (4,94; 7,5; 1,87) erhalten, denen auf Grund ihrer magnet. Eig. (antiferromagnet. Spin–Spin-Wechselwrkg.) eine dimere Struktur (x = 2) zugeschrieben wird. Die Verbrückung erfolgt über die phenol. O-Atome der Liganden; die Fe-Atome sind trigonal-bipyramidenförmig koordiniert. Durch Rückflußerhitzen in Py. gehen die A in stabile, schwarze, krist. Verb. der Zus. $FeLX(py)_3$ mit $X = Cl$ (5,95 BM) bzw. *Br* (6,05) über, die in Nitrobenzol bzw. -methan Nichtleiter sind. Es wird angenommen, daß sie Fe der KZ 6 sowie ein Mol. Gitter-Py. enthalten. *N-[2-Mercaptophenyl]-salicylaldimin*, das dem IR-Spektrum zufolge wenigstens teilweise in der tautomeren *2-[2-Hydroyphenyl]-benzothiazolin*-Form vorliegt, reagiert mit $FeCl_3$ (wie bei A) zu schwarzem krist. $Fe(C_{13}H_{10}NOS)_2Cl$ (5,85 BM), in welchem das Fe wahrscheinlich fünffach koordiniert ist (je zwei Fe—N- u. Fe—O-Bindungen an den Benzothiazolin-Liganden sowie eine Fe—Cl-Bindung).
A. Blaschette 354

0834 **Darstellung und magnetische Eigenschaften einiger Halogenoeisen(III)-Komplexe mit Schiffschen-Basen.** M. Gerloch, J. Lewis, F. E. Mabbs und A. Richards. (J. chem. Soc. [London], Sect. A **1968**, 1, 112–16; Univ. of Manchester; engl.) — Auf Grund magnet. Unters. zwischen 80 u. 300 °K gibt es bei den Chloro- u. Bromoeisen(III)-Komplexen mit Schiffschen Basen im festen Zustand sowohl einkernige als zweikernige Verb.; letztere besitzen für das antiferromagnet. Austauschintegral J Werte zwischen $-6{,}5$ u. $-8{,}0\ cm^{-1}$.

Versuche: $[FeCl(salen)]_2$, durch Rk. von N.N'-Äthylen-bis-[salicylidenamin] (H_2salen) u. $FeCl_3$ in A., aus Aceton, ($\mu_{eff\ 300°K} =$) 5,34 (BM); analog: $[FeCl(salen)]_2 \cdot 2\ CH_3CN$, aus Methylcyanid, 5,37; $[FeCl(salen)(CH_3 \cdot NO_2)]$, aus Nitromethan, ca. 5,9; analog: $[FeBr(salen)]_2$, aus Aceton, 5,40; $[FeClL]$ (H_2L = *N.N'-Äthylen-bis-[5-chlorsalicylidenamin]*), aus DMF, 5,14; $[FeClL']_2$ (H_2L'' = *N.N'-Äthylen-bis-[5-bromsalicylidenamin]*), aus DMF, 5, 24; $[FeClL'']_2$ (H_2L'' = *N.N'-Propylen-bis-[salicylidenamin]*, aus $CHCl_3$; 5, 14; $[FeClL^{III}]_2$ (H_2L^{III} = *N.N'-o-Phenylen-bis-[5-chlorsalicylidenamin]*), aus DMF, 5,27; $[FeBrL^{III}]_2$, aus Aceton, 5, 33; $[FeClL^{IV}]$ (H_2L^{IV} = *N.N'-Äthylen-bis-[5.6-benzosalicylidenamin]*), aus DMF, 5,88; $[FeBrL^{IV}]$, aus $CHCl_3$, 5,91; $[FeClL^{V}]$ (H_2L = *N.N'-o-Phenylen-bis-[5.6-benzosalicylidenamin]*) aus $CHCl_3$, 5,95; aus Aceton: $[FeBrL^{V}]$ 5,92; $[FeClL^{VI}]$(H_2L^{VI} = *N.N'-Propylen-bis-[5.6-benzosalicylidenamin]*) 5,91; $[Fe \cdot ClL^{VII}]$ (H_2L^{VII} = *N.N'-3-Azapentamethylen-bis-[5.6-benzosalicylidenamin]*) 6,00; $[FeClL^{VIII}]$ (H_2L^{VIII} = *N.N'-Äthylen-bis-[3-nitrosalicylidenamin]*) 5,68; $[FeClL^{IX}]$ ($H_2 \cdot L^{IX}$ = *N.N'-o-Phenylen-bis-[salicylidenamin]*) 5,72; Behandeln mit alkohol. KOH nach der Rk., aus CH_2Cl_2: $[FeClL^{X}]$ (H_2L^{X} = *N.N'-Hexamethylen-bis-[salicylidenamin]* 5,71.
G. Heller 354

0835 **Solvolyse von Trifluorphosphin-Metallkomplexen in Methanol.** R. J. Clark und K. A. Morgan. (Inorg. chim. Acta [Padova] 2 (1968) 1, 93–96; Dep. of Chem., Fla. State Univ., Tallahassee, Fla.; engl.) — Die Komplexe des Typs $[Co(NO)(CO)_x(PF_3)_{3-x}]$ solvolysieren teilweise oder vollständig in CH_3OH (I) oder noch leichter mit $NaOCH_3$ in I durch Ersatz von Fluor durch die Methoxygruppe. Die verschiedenen Komplexe konnten in einem Gas-Fl.-Chromatographen getrennt u. identifiziert werden. Dabei nimmt die Flüchtigkeit der Komplexe rasch mit steigendem Solvolysegrad ab. Die Valenzschwingungen der charakterist. Carbonyl- u. Nitrosyl-Banden bei 2000 cm^{-1} u. 1800 cm^{-1} verschieben sich mit steigendem Solvolysegrad zu niedrigeren Werten. Diese Solvolyserk. ist nach Ansicht der Vf. die einfachste Meth. zur Darst. von Komplexen mit $PF_2(OCH_3)$ u. $PF(OCH_3)_2$. Im einzelnen wurden folgende Komplexe identifiziert: $[Co(NO)(CO)_2X]$ u. $[Co(NO)(CO)X_2]$ mit $X = PF_3$, PF_2OCH_3, $PF(OCH_3)_2$, $P(OCH_3)_3$ u. mit gemischten Liganden: $[Co(NO)(CO)(PF_3)(PF_2OCH_3)]$, $[Co(NO)(CO) \cdot (PF_2OCH_3)(PF(OCH_3)_2)]$ u. $[Co(NO)(CO)(PF(OCH_3)_2) \cdot (P(OCH_3)_3)]$ sowie die Verb. $[Co(NO)(PF_3)_3]$, $[Co(NO) \cdot (PF_3)_2(PF_2OCH_3)]$, $[Co(NO)(PF_3)(PF_2OCH_3)_2]$, $[Co(NO) \cdot (PF_2OCH_3)_3]$ u. $[Co(NO)(P(OCH_3)_3)_3]$. R. Blank 355

0836 **Kobalt(II)-Komplexe des Trimethylarsinoxids und Trimethylarsinsulfids.** A. M. Brodie, S. H. Hunter, G. A. Rodley und C. J. Wilkins. (J. chem. Soc. [London], Sect. A **1968**, 5, 987–90; Chem. Dep., Univ. of Canterbury, Christchurch, New Zealand; engl.) — Trimethylarsinoxid (I) u. Trimethylarsinsulfid (II) bilden tetraedr. high-spin-Kobaltkomplexe der Typen $[CoL_4](ClO_4)_2$ (A) (L = I; II) u. $[CoL_2X_2]$ (B) (für L = I: X = Cl, Br; für L = II: X = Cl, Br, J, SCN). Die angegebenen Strukturen wurden mittels Elektronen- u. IR-Spektren, magnet. u. Leitfähigkeitsmessungen sowie Röntgenpulveraufnahmen gesichert. Die Bandenlagen in den elektron. Reflexions- u. Lsg.-Spektren stimmen nahezu überein. Auf Grund der ermittelten Ligandenfeldparameter von I ($\Delta = 3980\ cm^{-1}$; $\beta = 0{,}81$) u. II ($\Delta = 4070\ cm^{-1}$; $\beta = 0{,}62$) können sie in der spektrochem. Reihe zwischen Azid u. Cyanat eingeordnet werden. Der niedrigere β-Wert (= B'/B), die größere Bandenintensität u. das niedrigere magnet. Moment von A II gegenüber A I beweisen einen größeren kovalenten Metall–Ligand-Bindungsgrad in ersterem Komplex. $Co\{(CH_3)_3AsS\}_2(NCS)_2$ enthält über Stickstoff gebundenes NCS (IR). Die Verb. $[Co\{(CH_3)_3 \cdot AsO\}_4]J_2$ (III) u. $Co\{(CH_3)_3AsO\}_2(SCN)_2$ (IV) sind in ihrer Struktur abweichend. III ist ein ion. Komplex mit tetraedr. Kation, während IV wahrscheinlich SCN-Brücken enthält. $FeCl_2$ u. $NiBr_2$ bilden mit II tetraedr. B-Komplexe, dagegen mit I Komplexe gleicher Zus., aber verschiedener Struktur.

Versuche: $[CoL_4](ClO_4)_2$, $[CoL_4]J_2$ u. $[CoL_2X_2]$ mit L = I oder II u. X = *Cl, Br, J, SCN* (außer $[Co \cdot (R_3AsS)_4]J_2$ mit $R = CH_3$), durch Umsetzen der Metallsalze mit L in Aceton oder Alkohol. G. Stolze 355

0837 **Kobalt(II)-Komplexe von Tris-[3-aminopropyl]-amin und einigen davon abgeleiteten Schiffschen Basen.** L. V. Interrante und John L. Shafer. (Inorg. nuclear Chem. Letters 4 (1968) 7, 411–17; Suppl. zu: J. inorg. nuclear Chem.; Gen. Electr. Res. and Developm. Center, Schenectady, N.Y.; engl.) — Durch Rk. äquimol. Mengen des entsprechenden Co(II)-Salzes u. von Tris-[3-aminopropyl]-amin (trpn) in sd. A. unter N_2 werden rosafarbene krist. Verb. des Typs $[Co(trpn)X]X$ mit $X = ClO_4$ (I; $\mu_{eff} = 4{,}22$ BM), *Cl* (II), *Br* (III; $\mu_{eff} = 4{,}19$ BM) bzw. *J* (IV) erhalten, bei denen es sich um High-spin-Komplexe mit trigonal-bipyramidenförmiger Koordination handelt. Durch doppelte Umsetzung von I bzw. II mit $NaB \cdot (C_6H_5)_4$ in A. wurden $[Co(trpn)ClO_4]B(C_6H_5)_4$ (V) u. $[Co(trpn)Cl]B(C_6H_5)_4$ erhalten; letzteres liefert mit $Ag \cdot ClO_4$ in Methanol $[Co(trpn)Cl]ClO_4$ (VI). In CH_3NO_2 sind diese Komplexe 1 : 1-Elektrolyte, mit Ausnahme von I u. V, die sich eher als 2 : 1-Elektrolyte verhalten, im festen Zustand jedoch IR-Banden von koordiniertem u. ion. Perchlorat nebeneinander aufweisen. Die EA-Spektren der Komplexe I–IV deuten auf KZ 5. Alle Verb. reagieren in Lsg. rasch mit O_2. Mit Ketonen erfolgt Rk. zu Komplexen Schiffscher Basen, wobei die Koordination des Co(II) wesentlich geändert wird. So liefert I durch 5tägige Rk. mit sd. Aceton purpurnblaues $[Co(A_3trpn)] \cdot (ClO_4)_2$ mit $A_3trpn = N[CH_2CH_2CH_2N{=}C(CH_3)_2]_3$, aus dem mit $NaB(C_6H_5)_4$ der Komplex $[Co(A_3trpn)][B(C_6H_5)_4]_2$ erhalten wird. Aus Cyclohexanon u. I wird analog $[CoN(CH_2CH_2CH_2N{=}CCH_2CH_2CH_2CH_2CH_2)_3](ClO_4)_2$ gebildet. Die EA-Spektren dieser Verb. deuten auf tetraedr. Koordination. A. Blaschette 355

0838 **Kobaltdioxime, die in der inneren Sphäre Thioharnstoff und Sulfitionen enthalten.** G. P. Syrcova, A.

V. Ablov und L. N. Korlêtjanu. (Ž. neorg. Chim. 18 (1968) 10, 2713–15; Kišinevskij gos. univ., Kaf. neorg. chim.; russ.) — Salze mit dem Sulfito-bis-[dimethylglyoximato]-[carbamid]-cobaltat(III)-Ion wurden synthetisiert. Die Koordinate SO_3–Co-Thioharnstoff ist in Bezug auf W., Amine u. Thioharnstoff beständig, bei der Einw. von SO_3^{2-}- u. CN^--Ionen substituieren diese den Thioharnstoff.

Versuche: $NH_4[Co(SO_3)(DH)_2(thio)]$ (I) aus einer konz. wss. Lsg. von $NH_4[Co(SO_3)(DH)_2(H_2O)]$ u. Thioharnstoff (thio) in einer minimalen W.-Menge, orangeroter Nd., gut lösl. in W. u. A., schlecht in Aceton, bei 25° u. V = 1000 l/Mol ist die Leitfähigkeit 96,9 $\Omega^{-1} \cdot cm^2 \cdot Mol^{-1}$. — $(C_5H_5NH)[Co(SO_3)(DH)_2(thio)]$ beim Lösen von I in einem dreifachen Py.-Überschuß, orangegelbe Kristalle. — $[Co^{III}(NH_3)_6][Co^{III}(SO_3)_2(DH)_2] \cdot 8\,H_2O$ u. $[Co^{III} \cdot (en)_3][Co^{III}(SO_3)_2(DH)_2] \cdot 11\,H_2O$ aus I u. Na_2SO_3 in W. nach Versetzen mit $[Co(NH_3)_6]^{3+}$ bzw. $[Co(en)_3]^{3+}$. — $K_2[Co(CN)(SO_3)(DH)_2] \cdot 1{,}5\,H_2O$ aus I u. KCN (1 : 1) in wenig W., hellgelbe Nadeln. — $Na[Co(SO_3)(DH)_2(thio)] \cdot H_2O$ aus $[Co(DH)_2(thio)_2]Cl$ (II) u. Na_2SO_3 (1 : 1) in W., orangefarbene Kristalle. — $[Co(NH_3)_6][Co(SO_3)_2(DH)_2] \cdot 8\,H_2O$ durch Erwärmen von II u. Na_2SO_3 (1 : 2) u. Versetzen mit $[Co(NH_3)_6]^{3+}$. J. J. Pohl 355

0839 **Spontane Spaltung von Oxalato-bis-[äthylendiamin]-kobalt(III)-oxalat.** Kazuo Yamasaki, Hirohisa Igarashi, Yuzo Yoshikawa und Hisao Kuroya. (Inorg. nuclear Chem. Letters 4 (1968) 9, 491–94; Suppl. zu: J. inorg. nuclear Chem.; Dep. of Chem., Fac. of Sci., Nagoya Univ., Nagoya; engl.) — Durch Versetzen einer konz. Lsg. von trans-$[CoCl_2(en)_2]Cl$ mit einer konz. Oxalsäurelsg. im Molverhältnis 1 : 2, Erhitzen zum Sieden, Kühlen, Lösen der Krist. in W. u. Eindampfen im Vakuum bei Zimmertemp. wird ein Gemisch von 1–2 mm großen hexagonalen Plättchen der opt. akt. Formen von $[Co(C_2O_4)(en)_2]_2C_2O_4 \cdot 8\,H_2O$ (I) mit $[\alpha]_D^{25} = +850°$ bzw. $-857°$ erhalten. Die beiden Krist.-Arten können manuell getrennt werden. I gibt an der Luft leicht W. ab u. geht in das pulverige *Dihydrat* über. Auch $[Co(C_2O_4)(en)_2]Cl \cdot 4\,H_2O$ zeigt bei der Kristallisation aus W. spontane Spaltung, doch lassen sich die Krist. nicht visuell unterscheiden ($[\alpha]_D^{25} = +846°$ bzw. $-840°$). A. Blaschette 355

0840 **Fünffach koordinierte High-spin- und Low-spin-Kobalt(II)- und Nickel(II)-Komplexe mit vierzähnigen „Hybrid"-Liganden mit N-, S-, P- und As-Donatoratomen.** L. Sacconi und R. Morassi. (Inorg. nuclear Chem. Letters 4 (1968) 8, 449–54; Suppl. zu: J. inorg. nuclear Chem.; Ist. di Chim. Gen. e Inorg., Univ., Florence; engl.) — Es wurden Liganden des Typs $N(CH_2CH_2V) \cdot (CH_2CH_2W)(CH_2CH_2Z)$ untersucht, wobei V, W bzw. Z jede beliebige der Gruppen $N(C_2H_5)_2$, $P(C_6H_5)_2$, $As(C_6H_5)_2$ oder SCH_3 sein kann. Bisher wurden die nachst. sieben Verb. dargestellt (Kurzbezeichnung nach den vier Donatoratomen): N_3P, N_2P_2, N_3As, N_2As_2, N_3S, N_2S_2, N_2SP. Die ersten fünf Liganden wurden durch Darst. der Aminhydrochloride $(C_2H_5)_2NCH_2CH_2N(CH_2CH_2Cl)_2 \cdot 2\,HCl$ u. $[(C_2H_5)_2NCH_2CH_2]_2NCH_2CH_2Cl \cdot 3\,HCl$, Freisetzen der entsprechenden Amine mit NaOH-Lsg. u. Rk. mit $KP(C_6H_5)_2 \cdot 2$ Dioxan, $KAs(C_6H_5)_2 \cdot 2$ Dioxan bzw. $NaS \cdot CH_3$ erhalten. Im Falle des N_2S_2-Liganden wurden bessere Ausb. bei der Rk. zwischen $CH_3SCH_2CH_2NHCH_2CH_2 \cdot SCH_3$ u. $(C_2H_5)_2NCH_2CH_2Br \cdot HBr$ in Ggw. von K_2CO_3 erzielt. Der N_2SP-Ligand wurde in ähnlicher Weise aus $(C_2H_5)_2NCH_2CH_2NHCH_2CH_2P(C_6H_5)_2$ u. $CH_3SCH_2CH_2 \cdot Cl$ erhalten. Mit diesen Liganden wurden Ni(II)- u. Co(II)-Komplexe der allg. Zus. $[M(Ligand)X]Y$ erhalten, die wie folgt eingeteilt werden: a) 1 : 1-Elektrolyte, High-spin (μ_{eff} = 3,16–3,45 BM bei Ni, 4,35–4,69 BM bei Co): $[Ni(N_3P)X]B(C_6H_5)_4$ mit X = Cl, Br; $[Ni(N_3As)J] \cdot B(C_6H_5)_4$; $[Ni(N_3S)X]B(C_6H_5)_4$ mit X = Cl, Br, J, SCN; $[Ni(N_2S_2)X]B(C_6H_5)_4$ mit X = Cl, Br, J, SCN; $[Co \cdot (N_3P)X]Y$ mit X = Cl, Br, J u. Y = $B(C_6H_5)_4$, ClO_4; $[Co(N_3As)X]B(C_6H_5)_4$ mit X = Cl, Br, J; $[Co(N_3S)X] \cdot B(C_6H_5)_4$ mit X = Cl, Br, J, SCN; $[Co(N_2P_2)X]Y$ mit X = Cl, Br, J u. Y = $B(C_6H_5)_4$, J; $[Co(N_2S_2)X]B(C_6H_5)_4$ mit X = Cl, Br, J, SCN; $[Co(N_2SP)X]B(C_6H_5)_4$ mit X = Cl, Br, J, SCN; b) monomere, undissoziierte High-spin-Komplexe (μ_{eff} = 3,34–3,38 BM bei Ni, 4,38–4,58 BM bei Co): $[Ni(N_3P)(NCS)_2]$; $[Ni(N_3As)(NCS)_2]$; $[Ni(N_3S) \cdot (NCS)_2]$; $[Co(N_3P)(NCS)_2]$; $[Co(N_3As)(NCS)_2]$; $[Co \cdot (N_3S)(NCS)_2]$; c) diamagnet. 1 : 1-Elektrolyte: $[Ni(N_2P_2)X]B(C_6H_5)_4$ mit X = Cl, Br, J. Die KZ 5 (trigonale Bipyramide) wird für diese Komplexe aus den Reflexionsspektren abgeleitet. A. Blaschette 356

0841 **Komplexe von ditertiären Phosphinen mit Thiocyanaten.** H. N. Ramaswamy, H. B. Jonassen und A. M. Aguiar. (Inorg. nuclear Chem. Letters 4 (1968) 9, 525–28; Suppl. zu: J. inorg. nuclear Chem.; Dep. of Chem., Tulane Univ., New Orleans, La.; engl.) — Die nachst. Komplexe von *cis-1.2-Bis-[diphenylphosphino]-äthylen* (VPP), *1.2-Bis-[diphenylphosphino]-äthan* (DPP) u. *1.4-Bis-[diphenylphosphino]-butan* (DPB) wurden IR- u. EA-spektroskop. untersucht: $Ni(VPP)(NCS)_2$, F. 285°, gelb; $Ni(DPP)(NCS)_2$, F. 276°, grünlichgelb; $Ni(DPB)(NCS)_2$, F. 212°, rot; $Co(VPP)(NCS)_2$ (I), F. 210°, grün; $Co(DPB)(NCS)_2$ (II), F. 160°, grün. Die Thiocyanatgruppe ist in allen Verb. über das N-Atom koordiniert. Die drei Ni-Komplexe sind diamagnet. u. besitzen eine quadrat.-planare Struktur. I besitzt im festen Zustand (μ = 2,38 BM; Curie-Weiss-Verh. bei 20–150°) u. in CH_3NO_2-Lsg. (1 : 1-Elektrolyt) die Struktur $[Co(VPP)_2][Co(NCS)_4]$. II (μ = 4,36 BM) ist tetraedr. koordiniert. A. Blaschette 356

0842 **Tetrakis-[pyridin]-kupfer(I)-perchlorat.** Kuang-Liang Chen und Reynold T. Iwamoto. (Inorg. nuclear Chem. Letters 4 (1968) 9, 499–506; Suppl. zu: J. inorg. nuclear Chem.; Dep. of Chem., Univ. of Kan., Lawrence, Kan.; engl.) — Gelbes $[Cupy_4]ClO_4$ wurde aus $[Cu(CH_3CN)_4]ClO_4$ durch Behandlung mit Py. erhalten u. polarograph. in Propylencarbonat (reversible Red. zum Amalgam) sowie IR-spektroskop. charakterisiert. A. Blaschette 358

0843 **Kupfer(II)- und Kobalt(II)-Komplexe von Benzthiazol.** Rosemary A. Ford, G. Halkyard und A. E. Underhill. (Inorg. nuclear Chem. Letters 4 (1968) 9, 507–12; Suppl. zu: J. inorg. nuclear Chem.; Dep. of Chem., Univ. Coll. of North Wales, Bangor, Caerns.; engl.) — Aus Benzthiazol (Bt) u. den entsprechenden Metallsalzen in Aceton oder A. wurden die Komplexe $CoX_2(Bt)_2$ mit X = Cl, Br, J u. NO_3, $CuX_2(Bt)_2$ mit X = Cl, Br, NO_3 sowie $Cu(CH_3COO)_2Bt$ erhalten. Die Co-Komplexe mit X = Cl, Br, J besitzen nach den Reflexions- u. FIR-Spektren pseudotetraedr. Struktur (μ = ca. 4,5 BM), während dem Nitrat wahrscheinlich die KZ 6 zukommt. Für die Cu-Komplexe mit X = Cl u. Br wird eine nach tetragonal verzerrte pseudooktaedr. Struktur mit μ-X-Gruppen, für das entsprechende Nitrat eine monomere Struktur mit der KZ 6 (zweizähnige NO_3-Gruppen), für den Acetatokomplex eine dimere Struktur mit Acetatbrücken u. Cu-Cu-Wechselwrkg. (μ = 1,42 BM) angenommen. Die Koordination des Benzthiazols erfolgt über das N-Atom. Die Verb. werden mit den entsprechenden Benzimidazol-Komplexen verglichen. A. Blaschette 358

0844 **Komplex-Verbindungen. 3. Mitt. Kupfer- und Quecksilber-Komplexe von 2-Chlor-6-methylanilin und 5-Chlor-2-methylanilin.** C. H. Misra, Surendra S. Parmar und S. N. Shukla. (Canad. J. Chem. 45 (1967) 20, 2459–62; Dep. of Chem., Lucknow Univ., Lucknow, India; engl.) — 2. vgl. C. **1968, 26-0757.** — UV-Spektren u. IR-Spektren der Komplexe von $CuCl_2$ bzw. $HgCl_2$ mit *2-Chlor-6-methylanilin* u. *5-Chlor-2-methylanilin* wurden gemessen. Aus Leitfähigkeitsmessungen in abs. A. folgt, daß die Komplexe sich wie Nichtelektrolyte verhalten. Ihnen wird daher eine monomere Struktur der Form $[Cu(Am)_2Cl_2]^0$ bzw. $[Hg(Am)_2Cl_2]^0$ zugeschrieben, jedoch kann eine polymere, über Halogenbrückenbindung gebildete Form nicht ausgeschlossen werden. Für die Hg-Komplexe ist eine tetraedr. Struktur wahrscheinlich, für die Cu-Komplexe eine planare. H. Riemer 358

0845 **Umsetzung von Kupfer- und Nickelglycinat mit Aceton.** M. V. Artemenko, K. F. Sljusarenko. (Ž. neorg. Chim. 18 (1968) 10, 2701–07; Kievskij technol. inst. piščevoj promysl.; russ.) — Die Absorptionsspektren von cis- u. trans-Cu-Glycinatlsg. in W. wurden bei 1000 bis 2100 cm^{-1} aufgenommen. Bei der Auflsg. in W. findet eine zusätzliche Solvatation der beiden Formen statt. Der Komplex hat tetragonal-bipyramidale Konfiguration. In Ggw. von Monoäthanolamin kondensiert das Cu-Glycinat über die NH_2-Gruppe mit Aceton, das Prod. wurde krist. isoliert, die spezif. elektr. Leitfähigkeit beträgt bei einer Verdünnung von 1 : 1000 (4,83—7,32) · 10^{-6}. Auch dieses Prod., wahrscheinlich der Zus. [*Cu* · {$(CH_3)_2C=NCH_2COO$}$_2$], ist tetragonal-bipyramidal. Die analoge Umsetzung der Ni-Verb. führt ebenfalls zu einem krist. Prod., dessen Zus. wahrscheinlich [*Ni*{$(CH_3)_2$ · $C=NCH_2COO$}$(NH_2CH_2\ COO)(NH_2CH_2CH_2OH)_2$] entspricht. Nach spektroskop. Daten haben sowohl Ni-Glycinat als auch sein Komplex mit Aceton oktaedr. Konfiguration. J. J. Pohl 358

0846 **Cyclooctatetraen—Rhodium(I)-Komplexe.** M. A. Bennett und J. D. Saxby. (Inorg. Chem. [Washington] 7 (1968) 2, 321—24; London, Univ. Coll., William Ramsay and Ralph Forster Labor.; engl.) — Da die Reindarst. des bekannten $(C_8H_8RhCl)_2$-Komplexes (I) aus Rh(III)-Chlorid u. Cyclooctatetraen (II) nicht gelingt, wird durch Verdrängung des Cyclooctens aus seinem Rh(I)-Komplex, $(C_8H_{14})_2RhCl$ (III) mit II *Di-μ-Chloro-bis-[cyclooctatetraen]-dirhodium* (I) dargestellt, dessen Zers. in $CHCl_3$ das unlösl. Polymere $(C_8H_8Rh_2Cl_2)_n$ (IV) liefert. Spalten der Cl-Brücken von I bzw. IV mit L = Py. oder Triphenylphosphin (TPP) im Überschuß führt zu den monomeren Komplexen [C_8H_8RhClL] (V) bzw. [$C_8H_8Rh_2Cl_2L_2$] (VI) bzw. von I oder IV mit Pentandion-(2.4) (VII) im alkal. Medium zum *2.4-Pentandionato-(cyclooctatetraen)-rhodium*(I) (VIII) oder zum *2.4-Pentandionato-μ-cyclooctatetraendirhodium(I)* (IX). Die Diskussion der tabellar. angeführten IR- u. NMR-Spektren führt zu der Annahme, daß es sich bei den 8-gliedrigen Ringen der Verb. V u. VIII um Wannenkonform. handelt u. das Metall über die 1.5-Doppelbindungen koordiniert ist, während in VI u. IX das wannenförmige II wahrscheinlich ein Paar Rh-Atome durch die 1.5- u. 3.7-Doppelbindungen überbrückt.

Versuche: *Di-μ-chloro-bis-[cyclooctatetraen]-dirhodium(I)* (I), $(C_8H_8RhCl)_2$; 85% (Ausb.), durch 1std. Rk. von III mit II im Überschuß in PAe. bei Raumtemp. u. Waschen des Nd. mit A. u. Ae. u. Trocknen bei 25°/0,1 (Torr). — *Polymeres Di-μ-chloro-μ-cyclooctatetraendirhodium(I)* (IV), $(C_8H_8Rh_2Cl_2)_n$; 65%, durch 1std. Stehenlassen von I in $CHCl_3$ bei Raumtemp. unter N_2, Waschen des Nd. u. Trocknen wie vorst., wie vorst., jedoch etwas langsamer in CS_2. — *2.4-Pentandionato-[cyclooctatetraen]-rhodium(I)* (VII), (F.) 130° (PAe.; gelbfarben); 80%, durch 1std. Rk. von I mit VII u. K_2CO_3 in PAe. bei Raumtemp. u. Eindampfen des Filtrats bei 25°/15. — *2.4-Pentandionato-μ-cyclooctatetraendirhodium(I)* (IX), 250° (CCl_4; orangefarben); 65%, durch 1std. Rk. von IV mit VII u. K_2CO_3 in PAe., Chlf.-Extraktion des Nd. u. Eindampfen bei 25°/15. — C_8H_8 · *RhCl · Py.*; $C_8H_8Rh_2Cl_2$ · *2 Py.*; C_8H_8RhCl · *TPP* u. C_8H_8 · Rh_2Cl_2 · *2 TPP*, durch 5std. Rk. von I bzw. IV mit einem 10%ig. Überschuß von Py. bzw. Triphenylphosphin (TPP) bei Raumtemp., Waschen der gelben Nd. mit PAe. u. Trocknen bei 25°/0,1. H. Gleinig 364△

0847 **Triphenylstibin und Triphenylarsin enthaltende Fluorkohlenwasserstoffkomplexe des Rhodiums.** J. T. Mague und G. Wilkinson. (Inorg. Chem. [Washington] 7 (1968) 3, 542—46; Dep. of Chem., Imp. Coll., London; engl.) — $[RhCl(SbPh_3)_3]$ (I) reagiert mit $F_2C=CF_2$ (II) zu $[RhCl(C_2F_4)(SbPh_3)_2]$ (III) u. mit $F_3C \cdot C{\equiv}C \cdot CF_3$ (IV) zu $[RhCl(C_4F_6)(SbPh_3)_3]$ (V) u. $[RhCl(C_8F_{12})(SbPh_3)_2]$ (VI). VI enthält einen Rhodiacyclopentadienring u. bildet leicht Addukte mit Donatorverb. wie CO (VII), PF_3 (VIII) u. C_5H_5N (IX). Eine analoge Verb. wird aus $[RhCl(AsPh_3)_3]$ (X) u. IV erhalten. VII ergibt sowohl mit III als auch mit V $[RhClCO(SbPh_3)_4]$. Der Aufbau der Komplexe wird auf Grund der IR-, NMR- u. massenspektrometr. Unters. diskutiert.

Versuche: *Chlorotetrafluoräthylen-bis-[triphenylstibin]-rhodium(I)* (III), F. 154—156° (CH_3CHCl_2), durch Rk. einer Lsg. von I in CH_2Cl_2 mit II während 30 Min. im Bombenrohr bei Raumtemp., Abtrennen des Nd., Waschen mit Ae. u. Trocknen, gelborange Krist.; 85%. — *Chloro-bis-[hexafluorbutin-(2)]-bis-[triphenylstibin]-rhodium*(I) (VI), F. 208—210° (Zers.; CH_3CHCl_2/PAe.), durch Rk. einer Lsg. von I in Bzl. mit IV während 3 Std. bei 75—80° im Bombenrohr. Nach 24std. Stehen bei Raumtemp. wurde filtriert u. umkrist., gelborange Krist.; 80%. — *Chlorocarbonyl-bis-[hexafluorbutin-(2)]-bis-[triphenylstibin]-rhodium(I)*, F. 189—192° (Zers.; CH_3CHCl_2), durch Behandeln einer Lsg. von VI in CH_2Cl_2 mit VII (25°, 1 at), Zusatz von PAe. u. Eindampfen im CO-Strom, gelbes Pulver. — *Chloro-bis-[hexafluorbutin-(2)]-bis-[pyridin]-triphenylstibinrhodium*, aus einer Lsg. von VI in CH_2Cl_2 u. IX, nach Einengen, Fällen mit PAe. u. Umkrist. aus CH_2Cl_2/PAe. als gelbe Nadeln. — *Chloro-bis-[hexafluorbutin-(2)]-trifluorphosphin-bis-[triphenylstibin]-rhodium(I)*, Behandeln einer Lsg. von VI in CH_2Cl_2 mit PF_3 (25°, 1 at), Zusatz von PAe. u. Kühlen auf —5° bewirkt Nd. von orangegelben u. gelben Krist., die aus VI u. wahrscheinlich dem PF_3-Addukt bestehen, das sehr schnell PF_3 abgibt. — [$(C_6H_5)_2(C_6H_5CH_2)_2P$][*RhCl* · $(CN)(C_4F_6)_2${$Sb(C_6H_5)_3$}], durch Behandeln einer Lsg. von VI in CH_2Cl_2 mit $[(C_6H_5)_2(C_6H_5CH_2)_2P]^+CN^-$ als feine gelbe Kristalle. — *Chloro-[hexafluorbutin-(2)]-tris-[triphenylstibin]-rhodium(I)* (V), F. 173—175°, durch 1/2std. Schütteln einer Lsg. von I in CH_2Cl_2 mit einem Überschuß von IV in einem evakuierten Bombenrohr bei Raumtemp. u. Umkrist. des entstandenen Pulvers aus CH_2Cl_2/Ae., tiefrotorange Krist.; 80%. — *Chloro-bis-[hexafluorbutin-(2)]-bis-[triphenylarsin]-rhodium*, F. 195—197° (CH_3 · $CHCl_2$), analog der Darst. von VI aus X u. IV als glänzende gelbe Kristalle. D. Gerlatzek 364

0848 **Darstellung und Identifizierung von 1.2.3-$RhCl_3$ · $(CH_3CN)_3$.** Basil Catsikis und Mary L. Good. (Inorg. nuclear Chem. Letters 4 (1968) 9, 529—31; Suppl. zu: J. inorg. nuclear Chem.; Dep. of Chem., La. State Univ., New Orleans, La.; engl.) — 1.2.3-$RhCl_3(CH_3CN)_3$ wurde in 80%ig. Ausb. durch Lösen von $RhCl_3 \cdot 3\ H_2O$ in heißem Acetonitril, Kühlen u. Versetzen mit Ae. erhalten u. durch EA-, IR- u. ^{1}H-NMR-Spektren identifiziert. Durch Erhitzen in sd. CH_3CN geht es in das *1.2.6-Isomere* über. A. Blaschette 364

0849 **Nitrierung und spektrochemische Untersuchung von Metall-1.3-diketonaten.** P. R. Singh und Ram Sahai. (Inorg. nuclear Chem. Letters 4 (1968) 9, 513—16; Suppl. zu: J. inorg. nuclear Chem.; Dep. of Chem., Indian Inst. of Technol., Kanpur; engl.) — *Tris-[2-nitro-1-phenyl-1.3-butandionato]-aluminium(III)* (I), *-chrom(III)*, *-kobalt(III)*, *Tris-[2-nitro-1.3-diphenyl-1.3-propandionato]-kobalt(III)* u. *Bis-[2-nitro-1-phenyl-1.3-butandionato]-palladium(II)* wurden durch Rk. des 1.3-Diketons mit Metallnitrat in Acetanhydrid bei 0° oder durch Nitrierung des entsprechenden Metall-1.3-diketonats mit $Cu(NO_3)_2 \cdot 3\ H_2O$ in Acetanhydrid bei 0° erhalten. Die Ausb. an Nitroverb. u. die Geschw. der Nitrierung nehmen ab, wenn die CH_3-Gruppen in den Acetylacetonaten sukzessive durch C_6H_5 ersetzt werden. Wasserfreies $Cu(NO_3)_2$ ist als Nitriermittel nicht geeignet. In einer Mischung von $Co(NO_3)_2 \cdot 6\ H_2O$, 1.3-Diketon u. Acetanhydrid erfolgt Ox. des Co(II) zu Co(III). Lsg. von I, *Tris-[3-nitro-2.4-pentandionato]*- u. *Tris-[2-nitro-1.3-diphenyl-1.3-propandionato]-aluminium(III)* in Py. zeigen eine tiefrote Färbung infolge Ausbldg. eines CT-Komplexes. Die IR-Spektren der Nitroderiv. werden diskutiert. A. Blaschette 365

0850 **Art der Wolframschen roten Salze.** Ju. S. Varšavskij, M. I. Gel'fman, S. Č. Dchara und N. V. Ivannikova. (Ž. neorg. Chim. 13 (1968) 10, 2734—38; Inst. obšč. i neorg. chim. im. Kurnakova AN SSSR; russ.) — Die Wolframschen Salze (1930) enthalten Tetramine von Pt(II) u. Pt(IV) in nichtäquimol. Verhältnis. Bei der Änderung des Pt(II) : Pt(IV)-Verhältnisses in Lsg. der Syst. $[PtA_4Cl_2]^{2+}$–$[Pt(NH_3)_4]^{2+}$, $[PtA_4Cl_2]^{2+}$–$[PtB_4]^{2+}$, $[PtA_4Cl_2]^{2+}$–$[PtA_4]^{2+}$, $[PtA_4Cl_2]^{2+}$–$[Pt(en)_2]^{2+}$ u. $[Pt(en)_2Cl_2]^{2+}$–$[PtA_4]^{2+}$ (A = *Äthylamin*, B = *Methylamin*, en = *Äthylendiamin*) ändert sich der relative Pt(II)-Geh. in den Wolframschen Salzen zwischen den Grenzen 60—90%. — Es wurde auch ein Propylaminanaloges der Wolframschen Salze erhalten. Die Prod. wurden IR-spektroskop. im Bereich 700 bis 3400 cm^{-1} untersucht. J. J. Pohl 368

A–9. Geochemie

0851 **Magnetisches Moment von Fe^{2+} in paramagnetischen Mineralien.** George A. Parks und Salim Akhtar. (Amer. Mineralogist **58** (1968) 3/4, 406–15; Stanford, Calif., Stanford Univ., Dep. of Miner. Engng.; engl.) — Das effektive magnet. Moment von Fe^{2+} in monoklinen Pyroxenen, orthorhomb. Pyroxenen, Cordierit, Amphibol, Biotit, Wolframit u. Sphalerit, ber. aus den Suszeptibilitäten, ist eine Variable mit Werten innerhalb des theoret. Bereiches von 4,90–6,70 Bohrsche Magnetonen. Eine Interpretation dieser Variabilität auf Grund der Platzsymmetrie ist unzureichend. E. Schulte 380△

0852 **Klassische Mineralvorkommen.** 1. Mitt. **Geologie und Mineralogie der Rutherford-Pegmatite, Amelia, Virginia.** John Sinkankas. (Amer. Mineralogist **58** (1968) 3/4, 373–405; San Diego, Calif., Van Nuys Court; engl.) — Jüngere Arbeiten (1957–60) beim Abbau von Glimmer in den Rutherford Pegmatiten Nr. 1 u. Nr. 2 bei Amelia führten zu neuen mineralog. u. geolog. Informationen. Beide Pegmatite bestehen hauptsächlich aus Na-haltigem *Plagioklas* mit kleineren Geh. an *Mikroklin-Perthit, Muskovit, Quarz* u. anderen z. T seltenen Mineralien. Beschreibung der Mineralvergesellschaftungen u. ihrer Zonen. Folgende Mineralien wurden gefunden: *Albit, Allanit, Apatit, Bavenit, Beryll, Biotit, Cassiterit, Chlorit, Columbit, Fluorit, Bleiglanz, Herderit, Löllingit, Manganotantalit, Mikroklin, Mikrolith, Monazit, Muskovit, Pyrit, Pyrrhotin, Quarz, Spessartin, Sphen, Turmalin* u. *Zirkon*. Für dieses Vork. sind Chlorit, Herderit, Löllingit, Pyrrhotin u. Sphen neu. Unters. des *Spessartins* vom Pegmatit Nr. 2 zeigen eine direkte Beziehung zwischen Farbe u. dem Gew.-Verhältnis (Fe, Ca)/Mn auf. E. Schulte 380△

0853 **Orientierung der Grenzen von out-of-step-Domänen in Anorthit.** Paul H. Ribbe und Alan A. Colville. (Mineralog. Mag. J. mineralog. Soc. **36** (1968) 282, 814–19; Blachsburg, Va., Va. Polytechn. Inst., Dep. of Geol. Sci.; engl.) — Die Orientierung von out-of-step-Domänen in „Übergangs"-Anorthit wurde aus der Richtung der Auslängung der diffusen Röntgenreflexe $h + k + l = 2n + 1$ von Präzessionsaufnahmen abgeleitet. Die Reflexe sind normal zu $(23\bar{1})$, d. h. in der Zone $[11\bar{1}]$ verbreitert, u. gehören zum raumzentrierenden Vektor $(a + b - c)/2$. Die Struktur wird als vollkommen parallel zu $(23\bar{1})$ angenommen. Die Atome in im Grunde genommen ident., primitiven, anorthitähnlichen Domänen werden quer über die out-of-step-Domänengrenzen durch raumzentrierende Vektoren in Beziehung gesetzt. Diffuserwerden der Reflexe $h + k + l = 2n + 1$ zeigt zunehmend schmalere Domänen an, verschwinden die Reflexe, so liegt die Struktur im Mittel innenzentriert vor. E. Schulte 380△

0854 **Substitutionen in Apatit.** 1. Mitt. **Kaliumhaltiger Apatit.** Dale R. Simpson. (Amer. Mineralogist **58** (1968) 3/4, 432–44; Bethlehem, Pa., Lehigh Univ., Dep. of Geol. Sci.; engl.) — Apatite guter Kristallinität können bei 100° durch langsame Freigabe von Ca aus EDTA in eine Phosphat-haltige Lsg. synthet. erhalten werden. Alle nach dieser Meth. synthetisierten Krist. weisen größere a-Gitterkonst. auf; alle Krist. enthalten einen Überschuß an W., einige weisen einen Mangel an Ca auf. Die größeren a-Konst. werden durch Substitution von H_2O auf OH-Positionen erklärt. Der Ersatz von Ca durch H^+ wird auf Grund von Ladungsausgleich, Gitterkonst. u. D. angenommen. Eine derartige Substitution bewirkt eine Verkleinerung von a u. c. Die vorgeschlagenen Sunstitutionen werden zu den Bldg.-Bedingungen in Beziehung gesetzt. E. Schulte 380△

0855 **Bermanit und sein Vorkommen in Cordoba, Argentinien.** C. S. Hurlbut jun. und L. F. Aristarain. (Amer. Mineralogist **58** (1968) 3/4, 416–31; Cambridge, Mass., Harvard Univ., Dep. of Geol. Sci.; engl.) — Das Vork. von Bermanit als Veränderungsprod. von Triplit in einem Pegmatit nahe Tanti, Cordoba, wird beschrieben. Bermanit ist stark verzwillingt u. monoklin mit $a = c = 5{,}426$ (Å), $b = 19{,}206$; $\beta = 110° 30'$; $P2_1$. Neue chem. Analysen von Bermanit aus Arizona führten zu der idealisierten Formel $Mn^{2+}Mn_2^{3+}(PO_4)_2(OH)_2 \cdot 4\,H_2O$. Die Morphologie wird beschrieben, opt. Eig., Röntgen- u. DTA-Daten sowie chem. Analysen sind angegeben. E. Schulte 380△

0856 **Zweites Vorkommen von Marokit.** P. R. de Villiers und F. H. Herbstein. (Amer. Mineralogist **58** (1968) 3–4, 495–96; Pretoria, South Africa, South African Iron and Steel Corp., Res. Labor.; engl.) — Das seltene Mineral Marokit, $CaMn_2O_4$, wurde im Erz der Black Rock Mine, N. W. Cape Province, Südafrika, identifiziert. E. Schulte 380△

0857 **Optische Untersuchung der Teilchengröße von Montmorillonit mit verschiedenen, adsorbierten Kationen.** A. Banin und N. Lahav. (Nature [London] **217** (1968) 5134, 1146–47; Dep. of Soil Sci., Hebrew Univ. of Jerusalem, Rehovot, Israel; engl.) — Die relative Größe eines mittleren Montmorillonitteilchens hängt von der Art des adsorbierten Ions ab u. tendiert zur systemat. Vergrößerung mit der Lage des Ions in der lyotropen Reihe. Von monoion. (Li^+, Na^+, K^+, NH_4^+, Rb^+, Cs^+, Mg^{2+}, Ca^{2+}, Ba^{2+}) gesätt. Montmorillonitsuspensionen wurden die Absorptionskurven im Bereich von 200–800 mμ aufgenommen. Für den Zusammenhang zwischen der Absorption u. der spezif. Oberflächengröße wird eine Beziehung abgeleitet. G. Malow 380

0858 **Beziehungen zwischen Anionenaustauschkapazität und Intensitäten der Basisinterferenzen illitischer Tonminerale.** Manfred Hübner. (Silikattechnik **19** (1968) 2, 57; Hochschule für Bauwesen, Leipzig; dt.) — Die Messung der F^-/OH^--Austauschkapazität von **12** größtenteils kornfraktionierten Proben von Gliedern der Hydromuskovit–Illit-Gruppe (Vonsov; Fithian; Dürrenberg; Rochester; Petersberg, Halle; Füzerradvany; Akaluk, Türkei) ergibt beim Vgl. mit den röntgenograph. ermittelten Intensitätsverhältnissen J(001)/J(002) u. J(004)/J(005) einen deutlichen Zusammenhang. Eine Proportionalität zwischen dem prozentualen Anteil quellfähiger Schichten in der „mixed-layer" Struktur u. der Anionenaustauschkapazität besteht nicht. Bei steigender F^--Adsorptionskapazität folgt eine Zunahme des Verhältnisses J(001)/J(002), die einer Abnahme des K_2O-Geh. in der Zwischenschicht entspricht u. mit einer Verringerung des Umfanges der Si^{4+}–Al^{3+}-Substitution in der Tetraederschicht parallel geht. Eine analoge Zunahme zeigt bei steigender F^--Adsorptionskapazität auch das Intensitätsverhältnis J(004)/J(005). G. Malow 380

0859 **Thermische Stabilität von gereinigtem Tridymit.** Stig Holmquist; W. R. Foster. (Amer. Mineralogist **58** (1968) 3/4, 501–03; Cleveland, O., Ferro Corp.; engl.) — Diskussion u. Erwiderung zu Rockett u. Foster [ibid. **52** (1967) 1233–40]. E. Schulte 380△

0860 **Neue Daten über Whewellit.** Peter B. Leavens. (Amer. Mineralogist **58** (1968) 3/4, 455–63; Washington, D.C., U.S. Nat. Mus.; engl.) — Whewellit, $CaC_2O_4 \cdot H_2O$ kommt nahe Milan, Erie Co., Ohio, assoziiert mit Calcit, Dolomit, Baryt u. Pyrit vor. Chem. u. spektrochem. Analysen zeigen, daß das Mineral sehr rein ist u. ideale Zus. hat. Verfeinerte Gitterkonst. u. neue Indizierung der Pulveraufnahmen werden mitgeteilt u. mit früher ermittelten Werten verglichen. Die erhältlichen Daten für die Freie Energie zeigen, daß Whewellit in fast allen natürlichen Umgebungen metastabil ist. Das Mineral kann sich als metastabile Abscheidung von Oxalaten während der Zers. von organ. Material bilden. E. Schulte 380△

0861 **Temperatur und Diskontinuitäten in der Übergangsschicht im Erdmantel: Geophysikalische Anwendung der Umwandlung Olivin–Spinell im System Mg_2SiO_4–$Fe_2 \cdot SiO_4$.** Hideyuki Fujisawa. (J. geophys. Res. **73** (1968) 10, 3281–94; Tokyo, Univ. of Tokyo, Inst. for Solid State Phys.; engl.) — Die Natur der Übergangsschicht (C-Schicht) wurde mit Hilfe des Modells der homogenen chem. Zus. untersucht. Die physikal. Eig. werden durch die Mineralvergesellschaftung u. das Verhältnis Fe/Mg des Mantelmaterials bestimmt. Der obere Mantel besteht im wesentlichen aus Olivin (I) u. Pyroxen, der Geh. an

I reicht bis zu 80%. Die Fe/Mg-Verhältnisse der Mantelmineralien liegen im Bereich 1 : 9 bis 2 : 8; nach petrolog. Befunden scheint die Mg-reichere Seite dieses Bereichs wahrscheinlicher. Die Umwandlung I–Spinell ist für die scharfe Diskontinuität verantwortlich, die bei ca. 370 km Tiefe im Erdmantel beginnt u. deren Dicke einige zehn km beträgt. In dieser Tiefe liegt die Temp. im Bereich 1150—1530° (für Fe : Mg = 1 : 9). Die Dicke der Übergangsschicht steht direkt zu der Temp.-Verteilung in ihr in Beziehung. 50 km Dicke erfordert eine konst. Temp.-Verteilung; liegt ein 70 km Intervall vor, so muß die Temp. in diesem Bereich um 100° zunehmen. Die Lage u. die Schärfe der Diskontinuitäten die nach neuen Ergebnissen der Hochdruck-Mineralogie erwartet wurde, zeigt eine gute Übereinstimmung mit neuesten seismolog. Befunden. E. Schulte 382△

0862 **Synthese von Graphit und Kohlenwasserstoffen durch Reaktion zwischen Calcit und Wasserstoff.** A. A. Giardini, C. A. Salotti und J. F. Lakner. (Science [Washington] **159** (1968) 3812, 317—19; Athens, Ga., Univ. of Ga., Dep. of Geol.; engl.) — Die Rk. von *Calcit* mit H_2 wurde in den Temp.-Druck- u. Zeitintervallen 420—970°, 100—11700 psi u. einige Min. bis 64 Std. untersucht. Die Rk. beginnt bei ca. 500°. Rk.-Prod. sind: CaO, $Ca(OH)_2$, H_2O, CO, CH_4, C_2H_6 u. C (Graphit) sowie ein fester schwarzer Rückstand, der wahrscheinlich aus KW-Stoffen besteht. E. Schulte 382△

B. Physikalische organische Chemie

0863 **Energieschwelle-Untersuchung bei Halogenpropenen. 3. Mitt. Mikrowellenspektrum, Molekularstruktur, Quadrupol-Kopplungskonstanten, Orientierung des Feldgradienten-Tensors und Barriere der inneren Rotation von ^{35}Cl- und ^{37}Cl-cis-1-Chlor-2-fluorpropen.** R. G. Stone, S. L. Srivastava und W. H. Flygare. (J. chem. Physics **48** (1968) 5, 1890—97; Noyes Chem. Labor., Univ. of Ill., Urbana, Ill.; engl.) D. Schmitt 400

0864 **Mikrowellenspektrum, Konformation, Dipolmoment und Barriere der inneren Rotation von Methylvinyläther.** Patrick Cahill, L. Peter Gold und Noel L. Owen. (J. chem. Physics **48** (1968) 4, 1620—26; Columbia Radiat. Labor., Columbia Univ., New York, N.Y.; engl.) D. Schmitt 400

B-1. Optische, elektrische und magnetische Eigenschaften, Spektren

0865 **Gleichungen für die Beziehung zwischen dem Brechungsindex und der Zusammensetzung binärer Systeme.** Ju. N. Garber und R. A. Bovkun. (Ž. fiz. Chim. **41** (1967) 5, 1170—72; Altajskij politechn. inst.; russ.) — Nachst. Syst. wurden untersucht: *Isopropanol* (I; Kp. 82°)-*p-Xylol* (II; Kp. 137,9°), I-*m-Xylol* (III; Kp. 139°), I-*o-Xylol*-(IV; Kp. 143,4°), I-*Styrol* (V; Kp. 69,5—60°), *Methylcellosolve* (VI; Kp. 123,8°)-*Äthylbenzol* (VII; Kp. 136,5°), VI-II, VI-III, VI-IV, VI-V, VI-*W.*, *Äthylcellosolve* (VIII; Kp. 134°)-VII, VIII-II, VIII-III, VIII-IV, VIII-V u. VIII-Wasser. Alle Gleichungen für die jeweiligen Syst. sind angeführt. H. Bajor 402

0866 **Messung der Lebensdauer von Phononen in Verstärkern für Brillouin-Strahlung.** D. Pohl, M. Maier und W. Kaiser. (Physic. Rev. Letters **20** (1968) 8, 366—68; Phys. Dep., TH München; engl.) — Das Verh. von angeregter Brillouin-Streuung in Verstärkern wird theoret. u. experimentell untersucht, Messungen der Phononen-Lebensdauer werden an *Tetrachlorkohlenstoff*, *Aceton*, *n-Hexan*, *Methanol*, *Toluol* u. *Schwefelkohlenstoff* durchgeführt. W. Sobieski 402

0867 **Temperaturabhängigkeit der Rayleigh-Lichtstreuung und der Depolarisation in reinen Flüssigkeiten.** Raymond L. Schmidt. (J. Colloid Interface Sci. **27** (1968) 3, 516—28; Dep. of Chem., Emory Univ., Atlanta, Ga.; engl.) — Daten sind angegeben für *Bzl.*, *Anilin*, *Hexafluorbenzol*, *n-Hexan*, *n-Dodecan*, *Propanol-(2)*; *Dichlor-*, *Dijod-*, *Dibrommethan*; *Chlf.*, *Bromoform* u. *Tetrachlorkohlenstoff*. W. Sobieski 402

0868 **Lichtstreuung an flüssigen Kristallen.** R. S. Stein, M. B. Rhodes und R. S. Porter. (J. Colloid Interface Sci. **27** (1968) 3, 336—54; Polymer Res. Inst., Univ. of Mass., Amherst, Mass.; engl.) — Die Unters. werden bez. des Einfl. der Orientierung der Mol., der Doppelbrechung u. der opt. Drehung auf die Lichtstreuung an cholester. u. smekt. Mesophasen von *Cholesterylmyristat* durchgeführt u. nach der Theorie der Struktur fl. Krist. diskutiert. W. Sobieski 402

0869 **Selbsteinfang mit psec-Lichtimpulsen.** Richard G. Brewer und C. H. Lee. (Physic. Rev. Letters **21** (1968) 5, 267—70; IBM Res. Labor., San Jose, Calif.; engl.) — Der physikal. Mechanismus des Selbsteinfangs von Lichtfäden bei Laserblitzanregung im psec-Bereich wird über die angeregte Raman-Streuung u. den Kerr-Effekt von *Nitrobenzol*, *Tetrachlorkohlenstoff*, *Schwefelkohlenstoff*, *Toluol* (I) u. dem Gemisch *Ae.–A.*–I bei 23° u. von festem Ae.–A.–I bei —140 u. —165° untersucht. W. Sobieski 402

0870 **Spektrum der Lichtstreuung aus thermischen Scherwellen in Flüssigkeiten.** G. I. A. Stegeman und B. P. Stoicheff. (Physic. Rev. Letters **21** (1968) 4, 202—06; Dep. of Phys., Univ. of Toronto; engl.) — Die depolarisierten Spektren der Lichtstreuung von *Chinolin*, *Anilin*, *Nitrobenzol* u. *m-Nitrotoluol* bei He–Ne-Laseranregung werden untersucht u. bez. des bei der Frequenz der anregenden Laserstrahlung beobachteten depolarisierten Dubletts diskutiert. W. Sobieski 402

0871 **Nachweis von Molekülwechselwirkungen in Flüssigkeiten durch anisotrope Rayleigh-Lichtstreuung.** M. S. Malmberg und E. R. Lippincott. (J. Colloid Interface Sci. **27** (1968) 3, 591—607; Dep. of Chem., Univ. of Md., College Park, Md.; engl.) — Unter Verw. eines He–Ne-Lasers werden von *Aceton*, *Acetonitril*, *Bzl.*, CS_2, CCl_4, $CHCl_3$, *Cyclohexan*, *Nitrobenzol* u. *Nitromethan* sowie den bin. Gemischen mit CCl_4 Daten der Depolarisierung u. der Rayleigh-Streuung ermittelt. W. Sobieski 402

0872 **Optische Dreiwellenmischeffekte in keilförmigen Zellen.** Akira Nabara und Kanji Kubota. (Jap. J. appl. Physics **6** (1967) 9, 1105—08; Osaka, Univ., Fac. of Engng., Dep. of Phys.; engl.) — Untersucht wird der opt. Mischprozeß in *Nitrobenzol*, *Bzl.* u. CCl_4 in Probenzellen mit nichtparallelen Fenstern, bei dem Licht der Frequenz $2\omega_1 - \omega_2$ durch Polarisation zweier einfallender Strahlen der Frequenzen ω_1 u. ω_2 im elektr. Feld erzeugt wird. G. O. Jäger 402△

0873 **Optische Exaltation und Substituenteneffekte in aromatischen Verbindungen. 3. Mitt. Beziehung zwischen der Exaltation monosubstituierter Benzole und den σ-Konstanten und UV-Spektren. Resonanz zwischen π-Elektronensystemen.** B. A. Zajcev. (Tartuskij gos. Univ., reakcionnaja Sposobnost' org. Soedinenij 4 (1967) 4 (14), 726—39; Inst. vysokomol. soedin. AN SSSR, Leningrad; russ., Auszug: engl.) — 2. vgl. ibid. 4 (1967) 2 (12), 354. — Die Beziehungen zwischen der Exaltation der Molrefraktion u. den δ-Konst. der Substituenten sowie der Lage der K-Bande werden von *Bzl.*, *Toluol*, *Äthyl-*, *n-Propyl-*, *n-Butylbenzol*, *Phenol*, *Anisol*, *Phenetol*, *Benzoesäuremethylester*, *-äthylester*, *-n-propylester*; *Acetophenon*, *Äthylphenylketon*, *Nitrobenzol*, *Benzonitril*, *Styrol*, *Benzoylchlorid*, *Benzaldehyd*, *Phenylacetylen*, *Isopropenylbenzol*, *Anilin*, *N-Methyl-*, *N-Äthyl-*, *N.N-Dimethyl-*, *N.N-Diäthylanilin*; *p-Divinyl-*, *Allyl-* u. *m-Diacetylenylbenzol*; *trans-1-Phenylbutadien-(1.3)* u. *-pentadien-(1.3)* sowie *1-Phenylpentadiin-(1.3)*. W. Sobieski 402

0874 **Optische Exaltation und Substituenteneffekt in aromatischen Verbindungen. 4. Mitt. Exaltation monosubstituierter Benzole als Standard für Reaktionen.** B. S. Zajcev. (Tartuskij gos. Univ., reakcionnaja Sposobnost' org. Soedinenij 4 (1967) 4 (14), 740—54; russ., Auszug: engl.) — 3. vgl. vorst. Referat. — Die Substituenteneffekte auf die Exaltation der Molrefraktion

werden von folgenden Verb. bestimmt: Toluole: *unsubstituiert, p-Methyl-, p-Äthyl-, p-Methoxy-, p-Äthoxy-, p-Hydroxy-, p-Äthoyxcarbonyl-, p-Acetyl-, p-Äthylcarbonyl-, p-Nitro-, p-Formyl-, p-[(β-Äthoxycarbonyl)-vinyl]-, p-Vinyl-, p-Amino-, p-Dimethylamino-, m-Methyl-, m-Äthyl-, m-Methoxy-, m-Hydroxy-, m-Amino-, m-Dimethylamino-, m-Äthoxycarbonyl-, m-Acetyl-, m-Nitro-, m-Formyl-, m-Vinyl-*; Methoxybenzole: *unsubstituiert, p-Äthoxycarbonyl-, p-Acetyl-, p-Nitro-, p-Formyl-, m-Methyl-, m-Äthyl-, m-Acetyl-, m-Formyl-, m-Vinyl-*; Phenole: *unsubstituiert, m-Acetyl-, m-Nitro-, m-Vinyl-*; Aniline: *unsubstituiert, m-Amino-, m-Nitro-*; Styrole: *unsubstituiert, p-Methoxy-, p-Äthoxy-, p-Amino-, p-Dimethylamino-, p-Acetyl-, p-Cyan-, p-Formyl-, p-Vinyl-, m-Äthyl-, m-Methoxy-, m-Hydroxy-, m-Amino-, m-Cyan-, m-Formyl-, m-Vinyl-, trans-β-Methyl-, trans-β-Methoxy-, trans-β-Äthoxy-, trans-β-Methoxycarbonyl-, trans-β-Äthoxycarbonyl-, trans-β-Acetyl-, trans-β-Äthylcarbonyl-, trans-β-Cyan-, trans-β-Chlorcarbonyl-, trans-β-Formyl-, trans-β-Cinyl-, α-Methyl-, α.p-Dimethyl-, α-Methyl-p-acetyl-, α-Methyl-p-cyan-*; Phenylacetylene: *unsubstituiert, Methyl-, Methoxycarbonyl-, Äthoxycarbonyl-, Cyan-, Formyl-, Propin-(1)-yl-*; Benzophenone: *unsubstituiert, p-Hydroxy-*; Nitrobenzole: *unsubstituiert, p-Äthyl-, p-Hydroxy-*; Benzaldehyde: *unsubstituiert, p-Hydroxy-, m-Nitro-*; Naphthaline: *unsubstituiert, 2-Methyl-, 2-Äthyl-, 2-Äthoxy-, 2-Amino-, 2-Äthylamino-, 2-Dimethylamino-, 2-Äthoxycarbonyl-, 2-Formyl-*.
W. Sobieski 402

0875 **Änderung der Fließdoppelbrechung mit der Temperatur von einigen flüssigen n-Alkanen.** J. V. Champion und P. F. North. (Trans. Faraday Soc. **64** (1968) 549, 2287—95; Dep. of Phys., Sir John Cass Coll., London; engl.) — Angegeben sind die Maxwell-Konst. u. opt. Spannungskoeff. von *n-Dodecan, n-Tridecan, n-Tetradecan, n-Pentadecan, n-Hexadecan, n-Heptadecan, n-Octadecan, n-Nonadecan* u. *n-Eikosan*.
W. Sobieski 402

0876 **Bestimmung der optischen Molekülanisotropie in Lösungen und Flüssigkeiten durch depolarisierte Lichtstreuung. Anwendung auf die Untersuchung von n-Alkanen.** P. Bothorel. (J. Colloid Interface Sci. 27 (1968) 3, 529—41; Inst. de Magneto-Chim., „Brivazac", Pessac, France; engl.) — Nach der Theorie der „opt. Bindung" werden die Anisotropien von n-Alkanen ber. u. mit experimentellen Daten (Literatur) verglichen u. bez. der Potentialenergie der trans- u. gauche-Rotationsisomeren diskutiert. Diese sind von *n-Butan* angegeben.
W. Sobieski 402

0877 **Brechungsindizes von flüssigem Propan im Temperaturintervall des Arbeitsbereiches der Nebelkammer.** A. F. Gamalij, V. M. Gorbunkov und M. I. Solov'ev. (Optika i Spektroskopija **28** (1967) 4, 633—34; russ.) — Zwischen 17,4—65,8° u. 7,6—23,5 atm wurden die Brechungsindizes n_{4358}, n_{5461} u. n_{5791} gemessen.
Wolfram Köhler 402

0878 **Koinzidenzexperimente zur Untersuchung der Energieübertragung beim Stoß niederenergetischer Elektronen mit Molekülen.** H. Ehrhardt und F. Linder. (Z. Naturforsch. **22a** (1967) 4, 444—53; Phys. Inst., Univ. Freiburg i. Br.; dt.) — Die Streuung von 70-eV-Elektronen an *Methan* u. *n-Heptan* wird untersucht.
A. Jaeschke 402

0879 **Reaktionsasymmetrie von Methyljodid: Molekülstrahluntersuchung der Reaktion von Rb mit orientierten CH_3J-Molekülen.** R. J. Beuhler jun. und R. B. Bernstein. (Chem. Physics Letters [Amsterdam] 2 (1968) 3, 166—69; Chem. Dep., Univ. of Wis., Madison, Wis.; engl.) — Es werden Asymmetriemessungen als Funktion des Streuwinkels u. des Anordnungsgrades durchgeführt u. Geschw.-Vektordiagramme aufgestellt.
W. Sobieski 402

0880 **Zirkulardichroismus von einigen (S)-α-Aminosäuren.** R. D. Anand und M. K. Hargreaves. (Chem. and Ind. **1968**, 26, 880; Dep. of Chem., West Ham Coll. of Technol., London; engl.) — Die Werte sind tabelliert für *(+)-Alanin, (+)-α-Aminobuttersäure, (+)-Valin* u. *(—)-Prolin*.
D. Schmitt 404

0881 **Optische Rotationsdispersion. Korrelation zwischen Struktur und ORD-Kurven acyclischer Ketosen.** T. Sticzay, C. Peciar, K. Babor, M. Fedoronko und K. Linek. (Carbhohydrate Res. [Amsterdam] **6** (1968) 4, 418—22; Bratislava, Czechoslovakia, Slovak Acad. of Sci., Inst. of Chem.; engl.) — Untersucht werden *D-[o-Nitrophenylhydrazon* (NPH), F. 152—153°] u. *L-glycero-Tetrulose [NPH*, F. 168—169°] u. *L-erythro-Pentulose, D-threo-Pentulose, D-threo-* u. *erythro-3-Pentulose*.
G. O. Jäger 404△

0882 **Systematische Analyse von Steroiden.** 11. Mitt. **Optische Rotationsdispersion von 2-Oxo-A-Norandrostanderivaten.** Shoji Hara, Sachiko Yagishita und Makoto Suzuki. (Annu. Rep. Tokyo Coll. Pharmacy 17 (1967) 177—78; jap., Auszug: engl.) — 9. vgl. C. 1968, 42-1393. — Die ORD wurde bestimmt von *A-Nortestosteron, A-Nortestosteronacetat, 17β-Hydroxy-A-nor-5β-, -5α-* u. *17β-Acetoxy-A-nor-5α-androstan-2-on* in Dioxan.
H.-S. Park 404

0883 **Vicinaleffekte auf die optische Aktivität einiger Adenosinnucleoside.** Daniel W. Miles, S. J. Hahn, Roland K. Robins, Morris J. Robins und Henry Eyring. (J. physic. Chem. 72 (1968) 5, 1483—91; Salt Lake City, Ut., Univ. of Utah, Dep. of Chem.; engl.) — Untersucht werden die Absorptions- u. ORD-Spektren von *Adenosin* (I), *2'.3'.5'-Tridesoxy-* (II), *2'.3'.5'-Tridesoxy-2'.3'-didehydro-* (III) *2'.3'-Didesoxy-2'.3'-didehydro-* (IV), *2'.3'-Didesoxy-* (V), *2'-Desoxy-* (VI), *5'-Desoxy-* u. *2'.3'-O-Isopropylidenadenosin, 6-Amino-9-[5'-S-äthyl-5'-thio-2'.3'.5'-tridesoxy-2'.3'-didehydro-β-D-glyceropentofuranosyl]-purin* (VII), *Adenosin-5'-monophosphat* (VIII), *-5'-monoacetat* u. *-5'-monopropionat, 2'-Desoxyadenylsäure* u. *3-Desazaadenosin* sowie die CD-Spektren von **I, IV, VII, VIII**, *Angustmycin A* (IX) u. *4'.5'-Anhydroadenosin* (X). Die mittels der Kirkwood-Tinoco-Beziehung ber. Rotationsstärken für **I, II, III, IV, V, VI, VII, IX, X** u. *2'-O-Methyladenosin* stehen in guter Übereinstimmung mit den experimentellen Werten. Die durch Einführung neuer π-Elektronensyst. bewirkte Änderungen des 260 nm Cotton-Effektes kann quant. gedeutet werden.
G. O. Jäger 404△

0884 **Cyclobutendiylium-Farbstoffe.** H.-E. Sprenger und W. Ziegenbein. (Angew. Chem. **80** (1968) 14, 541—46; dt.; int. Edit. 7 (1968) 7, 530—35; Forsch.-Labor., Chem. Werke Hüls Akt.-Ges., Marl; engl.) — Übersicht über eine neue Farbstoffklasse, die die Cyclobutendiyliumdiolat-Gruppierung als Chromophor enthält. — 18 Literaturangaben.
D. Schmitt 406

0885 **Einfluß des elektrischen Feldes auf die kritische Opaleszenz.** 2. Mitt. **Relaxationszeiten von Konzentrationsfluktuationen.** P. Debye, C. C. Gravatt und M. Ieda. (J. chem. Physics **46** (1967) 6, 2352—56; Ithaca, N.Y., Cornell Univ., Dep. of Chem.; engl.) — Untersucht werden die bei kurzzeitiger (10—200 μs) Einw. elektr. Felder (25—60 kV/cm) auf krit. Gemische aus *Nitrobenzol* u. *2.2.4-Trimethylpentan* bei Temp. oberhalb der krit. Lsg.-Temp. (T_c) hervorgerufenen Effekte auf die krit. Opaleszenz. Die mit der Änderung der Intensität des durchgehenden Lichtes gekoppelten Relaxationszeiten (RZ) von Konz.-Fluktuationen sind unabhängig von Einw.-Dauer u. Stärke des elektr. Feldes. Die RZ sind proportional $(T - T_c)^{-0,9}$ u. von der gleichen Größenordnung wie die nach anderen Meth. bei ähnlichen binäres Syst. bestimmten RZ.
G. O. Jäger 408△

0886 **Beobachtete Phosphoreszenzlebensdauern und Glasrelaxation bei 77 °K.** T. E. Martin und A. H. Kalantar. (J. physic. Chem. 72 (1968) 6, 2265—68; Edmonton, Alberta, Canada, Univ. of Alberta, Dep. of Chem.; engl.) — Es wird die Änderung der Phosphoreszenzlebensdauer von D_6-*Bzl.* mit der Zeit in Isopentan (I), 3-Methylpentan (3-MP), Methylcyclohexan, 2.4- u. 2.5-Dimethylhexan, A., Isopropanol u. I/Ae./A. (EPA) sowie die von *Bzl., Toluol, Dodekahydro-tri-o-phenylen, Biphenyl, Naphthalin, Phenanthren* u. *Coronen* in 3-MP u. EPA bei 77 °K untersucht. Außerdem wird der Relaxationszustand einiger gefrorener Lsgm. durch qual. Best. der Änderung der Doppelbrechung ermittelt.
G. O. Jäger 408

0887 **Mechanismus der strahlungsinduzierten Lumineszenz von Szintillatoren in Cyclohexan.** Robert R. Hentz und Ronald J. Knight. (J. physic. Chem. 72 (1968) 5, 1783—89; Notre Dame, Ind., Univ. of Notre Dame, Dep. of Chem. and Rad. Labor.; engl.) — Untersucht wird die durch Strahlung induzierte Lumineszenz von Szintillatoren (**A**; *p-Terphenyl* u. *2.5-Diphenyl-1.3.4-oxadiazol*) in luftfreiem Cyclohexan (CH) in Ggw. von Elektronenfängern (**B**; SF_6, N_2O, CO_2, C_2H_5Br, n-Propylchlorid u. Benzylacetat) sowie der Einfl. der **A** u. **B** auf die N_2-Ausb. bei der Radiolyse von N_2O in CH. Während bei UV-Anregung der **A** keine Beeinflussung der Lumineszenzintensität durch die **B** erfolgt, wird bei γ-Strahlenanregung — analog der Beeinflussung der N_2-Ausb. bei der Radiolyse von N_2O — eine Lumineszenzlöschung durch die **B** beobachtet. Die strahlungsinduzierte Lumineszenz der **A** in CH wird als Sequenz ion. Rk. interpretiert. G. O. Jäger 408△

0888 **Messung der verzögerten Fluoreszenz durch eine Blitz-Technik als zusätzliches Hilfsmittel zur Untersuchung angeregter Zustände.** K. Kikuchi, H. Kokubun und M. Koizumi. (Photochem. and Photobiol. 7 (1968) 5, 499—501; Sendai, Japan, Tohoku Univ., Dep. of Chem.; engl.) — Durch Verw. einer modifizierten Blitz-Apparatur konnten Vf. die Intensitäts–Zeit-Beziehungen für die verzögerte u. normale Fluoreszenz (**F**) von *Anthracen* (**I**) mit genügender Genauigkeit bestimmen. Die Messungen werden zur Best. des Wrkg.-Grades der Triplett–Triplett-Löschung von **I** benutzt. Die verzögerte **F** von **I** wird unter Verw. von *Eosin*, *Erythrosin* oder *Proflavin* als Triplettenergiedonatoren oder durch direkte Anregung gemessen. G. O. Jäger 408△

0889 **Lichtverstärkung in sättigungsfähigen Absorbern.** M. E. Mack. (Appl. Physics Letters 12 (1968) 10, 329 bis 330; United Aircraft Res. Labor., East Hartford, Conn.; engl.) — Untersucht wurden *Kryptocyanin* u. verwandte Farbstoffe unter Verw. eines „mode-locked" Rubin-Lasers. D. Schmitt 408

0890 **Diffusion und gegenseitige Vernichtung von Triplett-Exzitonen in organischen Kristallen.** R. E. Merrifield. (Accounts chem. Res. 1 (1968) 5, 129—35; Central Res. Dep., E. I. du Pont de Nemours & Co., Inc., Exper. Station, Wilmington, Del.; engl.) — Als Modellsubst. wird *Anthracen* benutzt. D. Schmitt 408

0891 **Angeregte IR-Emission von optischen Phononen.** J. P. Biscar, R. Braunstein und S. Gratch. (Physic. Rev. Letters 21 (1968) 4, 195—97; Dep. of Phys., Univ. of Calif., Los Angeles, Calif.; engl.) — An fl. *Bzl.* wird bei Verw. eines Q-Lasers eine angeregte IR-Strahlung bei 5 μ beobachtet u. bez. angeregter Raman- u. Stokes-Strahlung diskutiert. W. Sobieski 408

0892 **Löschung der Photolumineszenz von festen Lösungen durch Energieübertragung.** A. Kawski und E. Kuteń. (Acta physica polon. 33 (1968) 2, 331—33; Phys. Dep. Pedagogic Univ., Gdańsk; engl.) — Eine Modifikation des Schichtenmodells des Lumineszenzzentrums wird nach der Theorie der Löschung durch Fremdabsorption abgeleitet. W. Sobieski 408

0893 **Fluoreszenzausbeuten aromatischer Verbindungen.** William R. Dawson und Maurice W. Windsor. (J. physic. Chem. 72 (1968) 9, 3251—60; Chem. Sci. Dep., TRW Systems, Redondo Beach, Calif.; engl.) — Untersucht wurden *Chinin*, *Perylen*, *Acridon*, *Anthracen*, *Fluoren*, *Naphthalin*, *Phenanthren*, *9-Aminoacridin*, *Fluorescein*, *Triphenylen*, *Chrysen*, *Pyren*, *Bzl.*, *9.10-Dichloranthracen*, *Anthanthren*, *1.2*; *5.6-Dibenzanthracen*, *1.12-Benzperylen* u. *Coronen*. D. Strauch 408

0894 **Faktoren für eine kurze Lebensdauer eines aromatischen Moleküls: empirische Daten.** I. B. Berlman. (Molecular Crystals 4 (1968) 1—4, 157—63; Radiolog. Phys. Div., Argonne Nat. Labor., Argonne, Ill.; engl.) — Fluoreszenzlebensdauerdaten nach Perrin werden von ca. 70 organ. Mol. ber. u. von *1.3.5-Tris-[biphenylyl-(4)]-benzol*, *o-Biphenylylbenzol*, *1.3.5-Triphenylbenzol* u. *1³.2³.-5³.6³-Tetramethylsexiphenyl* diskutiert. W. Sobieski 408

0895 **Szintillationswirksamkeit von Benzol.** Paul Skarstad, Renee Ma und Sanford Lipsky. (Molecular Crystals 4 (1968) 1—4, 3—14; Dep. of Chem., Univ. of Minn., Minneapolis, Minn.; engl.) — Die Szintillationswirksamkeit einer Bzl.-*p-Terphenyl*-Lsg. sowie der G-Wert der Bldg. von $^1B_{2u}$-Bzl. wird bestimmt. W. Sobieski 408

0896 **Druckabhängigkeit der Fluoreszenz von Benzol.** E. M. Anderson und G. B. Kistiakowsky. (J. chem. Physics 48 (1968) 10, 4787—88; Gibbs Chem. Labor., Harvard Univ., Cambrigde, Mass.; engl.) — Die Fluoreszenzausb. von Bzl., D_6- u. [1.4-D_2]-Bzl. (2537 Å-Anregung) wird im Niederdruckbereich zwischen 0,4 u. 20 Torr untersucht. W. Sobieski 408

0897 **Chemilumineszenz von Indolderivaten in Dimethylsulfoxid.** A. W. Berger, J. N. Driscoll, J. S. Driscoll, J. A. Pirog und H. Linschitz. (Photochem. and Photobiol. 7 (1968) 5, 415—20; Everett, Mass., Monsanto Res. Corp., Boston Labor.; engl.) — Es wird die mit Chemilumineszenzerscheinungen verbundene Autox. von *Indol*, *3-Methyl-5-benzyloxy-*, *3-Methyl-5-methoxy-*, *3-Methyl-*, *3.5-Dimethyl-*, *3-Äthyl-*, *2.3-Dimethyl-5-carboxy-*, *6-Benzyloxy-*, *2.3-Dimethyl-5-äthoxycarbonyl-*, *5-Carboxy-*, *2.3-Dimethyl-* (**I**) u. *6-Methoxyindol*; *5-Methoxyindolyl-(3)-*, *5-Benzyloxyindolyl-(3)-* u. *Indolyl-(3)-essigsäure* in DMS untersucht. Die stärkste Chemilumineszenz (CL) wird bei 3-Alkylindolderiv. beobachtet. Das CL-Spektrum von Skatol ist ident. mit dem Fluoreszenzspektrum von *o-Formamidoacetophenon* im gleichen Medium. Durch analoge Unters. an **I** konnten Vf. das Anion des *o-Acetamidoacetophenons* als emittierende Spezies identifizieren. Ein Rk.-Mechanismus wird vorgeschlagen. G. O. Jäger 408△

0898 **Lumineszenz und Photochemie von Azomethinen. 1. Mitt. Einfluß von Strukturfaktoren auf Lumineszenz- und photochrome Eigenschaften von Azomethinen.** O. A. Osipov, Ju. A. Ždanov, M. I. Knjažanskij, V. I. Minkin, A. D. Garnovskij und I. D. Sadekov. (Ž. fiz. Chim. 41 (1967) 3, 641—48; Rostovskij na-Donu gos. univ.; russ.) — Untersucht wurden die festen Lsg. nachst. Verb.: Aniline: *N-[3-Nitrosalicyliden]-*, *N-[4-Nitrosalicyliden]-4-methoxy-*, *N-[5-Nitrosalicyliden]-*, *N-[5-Nitrosaliyliden]-2.4-dimethyl-*, *N-Benzyliden-*, *N-Benzyliden-5-dimethylamino-*, *N-[3-Dimethylaminobenzyliden]-*; N-[4-Dimethylaminosalicyliden]-aniline: *unsubstituiert*, *4-Methyl-*, *4-Brom-*; N-[2.4-Dihydroxybenzyliden]-aniline: *unsubstituiert*, *4-Methyl-*, *4-Brom-*, *4-Methoxy-*, *4-Nitro-*; o-Kresole: *α-[2-Methoxyphenylimino]-*, *α-[2-Hydroxyphenylimino]-*, *x-Brom-α-[2-hydroxyphenylimino]-*, *x-Nitro-α-[2-hydroxyphenylimino]-*, *α-[2-Hydroxy-4-nitrophenylimino]-*, *α-[2-Hydroxy-5-nitrophenylimino]-*; Benzoxazole: *2-Phenyl-*, *2-Phenyl-6-nitro-*, *2-[2-Hydroxyphenyl]-*, *2-[2-Hydroxyphenyl]-6-nitro-*, *2-[2-Methoxyphenyl]-*; Benzimidazole: *2-Phenyl-*, *2-[2-Hydroxyphenyl]-*; Perimidine: *2-Phenyl-*, *2-[2-Methoxyphenyl]-*, *2-[2-Hydroxyphenyl]-*; 2-Hydroxyaniline: *N-Benzyliden-*, *N-[4-Benzyliden]-*, *N-[4-Dimethylaminobenzyliden]-*, *N-[4-Dimethylaminobenzyliden]-5-nitro-*, *N-[4-Nitrobenzyliden]-*, *N-[4-Brombenzyliden]-*, *N-Benzyliden-5-nitro-*, *N-[4-Methylbenzyliden]-5-nitro-*, *N-[4-Dimethylaminobenzyliden]-4-nitro-*; N-[4-Dimethylaminobenzyliden]-aniline: *4-Dimethylamino-*, *3-Carboxy-*, *4-Nitro-* u. *unsubstituiert*. Der Mechanismus der UV-Photoisomerisierung wird diskutiert. H. Bajor 408

0899 **Lumineszenz und Photochemie von Azomethinen. 2. Mitt. Einfluß des Mediums auf die photochemischen Eigenschaften von Salicylaldehydanilen.** M. I. Knjažanskij, V. I. Minkin und O. A. Osipov. (Ž. fiz. Chim. 41 (1967) 3, 649—52; russ.) — 1. vgl. vorst. Referat. — Mit Hilfe der Lumineszenzspektren wurde die Kinetik der photochromen Veränderungen bei UV-Bestrahlung in Abhängigkeit von der Abkühlungsgeschw. bei der Bldg. der festen Phase aus Lsg. bzw. Schmelzen, der Konz. u. der Natur des Lsgm. von nachst. Verb. untersucht: N-Salicylidenaniline: *unsubstituiert*, *4-Fluor-*, *4-*

Chlor-, 4-Brom-, 4-Jod-, 4-Methyl-, 4-Nitro-; 2-[Pyridyl-(2)-iminomethyl]-phenole: *unsubstituiert, 4-Chlor-, 4-Brom-, 4-Nitro-*; 2-[Pyridyl-(4)-iminomethyl]-phenole: *unsubstituiert, 4-Chlor-, 4-Brom-, 4-Nitro-*; 2-[Phenyliminomethyl]-phenole: *unsubstituiert, 4-Chlor-, 4-Brom-, 4-Nitro-*; 2-[(4-Dimethylamino-benzyliden)-amino]-phenole: *unsubstituiert* (I) u. *4-Nitro-* (II). Die Rolle der zwischenmol. Kräfte (im Falle von I u. II intermol. H-Bindungen) wird diskutiert. H. Bajor 408

0900 **Lumineszenz und Photochemie von Azomethinen. 3. Mitt. Alkylimine von o-Hydroxyaldehyden.** V. I. Minkin, M. I. Knjažanskij, O. A. Osipov, Ju. A. Ždanov und V. P. Kurbatov. (Ž. fiz. Chim. **41** (1967) 6, 1383—88; russ.) — 2. vgl. vorst. Referat. — Untersucht wurden zwischen 77 u. 293 °K nachst. Salicyliden-alkyl-(aryl)-amine (S): *-methyl-, -benzyl-, -n-dodecyl-, -n-octadecyl-*; *p-Bromsalicyliden-* (I) u. *[2-Hydroxynaphthylmethylen]-n-dodecylamin*; nachst. [α-Hydroxybenzyl]-ketenimine: *N-Benzyl-, N-Methyl-* (II) u. *1-Benzoyl-2-dimethylaminoäthylen*. Bei den S u. I treten thermochrome u. durch die UV-Bestrahlung photochrome Effekte auf. Bei II tritt keine Photork. auf, bei den übrigen Verb. bewirkt die UV-Bestrahlung eine Isomerisierung. H. Bajor 408

0901 **Fluoreszenz von N-Dansylaminosäuren in organischen Lösungsmitteln und in Proteinlösungen.** Raymond F. Chen. (Arch. Biochem. Biophysics **120** (1967) 3, 609—20; Bethesda, Md., Nat. Heart Inst., Labor. of Techn. Development; engl.) — Es werden die Emissionsmaxima u. die Fluoreszenzquantenausb. (Φ_F) von *N-Dansyl* [Dansyl = 1-Dimethylaminonaphthalinsulfonyl-(5)] *-L-prolin* (I), *-DL-tryptophan, -L-methionin, -L-glutamat, -glycin* u. *-L-valin* u. von *N.N-Didansyl-L-cystin* in W. u. einigen organ. Lsgm. gemessen. Außerdem werden die Fluoreszenzeig. von Lsg. der N-Dansylaminosäuren (A) in *Rinderserumalbumin* (II), *Chymotrypsin, Chymotrypsinogen, β-* u. *α-Globulin, Ribonuclease A, Pferdeherz-* u. *Walspermienapomyglobin* (III), *Trypsin, Lysozym, Ovalbumin* u. *L-Glutamatdehydrogenase* bestimmt. Beim Übergang vom wss. Syst. zu organ. Lsgm. u. Proteinen tritt neben einer Blauverschiebung der Emissionsmaxima der A eine beträchtliche Erhöhung von Φ_F auf. G. O. Jäger 408△

0902 **Phosphoreszenz von Tyrosinoligopeptiden.** Robert F. Steiner. (Biochem. biophysic. Res. Commun. **30** (1968) 5, 502—07; Bethesda, Md., Naval Med. Res. Inst., Labor. of Phys. Chem.; engl.) — Untersucht wird die Phosphoreszenzlebensdauer sowie das Fluoreszenz/Phosphoreszenz-Verhältnis von *Tyrosin* u. seinen Oligomeren $(Tyr)_3$, $(Tyr)_4$ u. $(Tyr)_6$ in Abhängigkeit vom UV-spektroskop. ermittelten Ionisierungsgrad der phenol. Hydroxylgruppen. G. O. Jäger 408△

0903 **Energieübertragung bei Oligotyrosylverbindungen: Fluoreszenzlöschung als Funktion der Ionisation der phenolischen Hydroxylgruppen.** J. A. Knopp und J. W. Longworth. (Biochim. biophysica Acta [Amsterdam] **154** (1968) 3, 436—43; Oak Ridge, Tenn., Oak Ridge Nat. Labor.; engl.) — Es wird die Fluoreszenzintensität von $[(L\text{-}Tyr)_2]$, $[(L\text{-}Tyr)_3]$, *L-3-[p-Hydroxybenzyl]-, trans-* u. *L-cis-3.6-Bis-[p-hydroxybenzyl]-piperazindion-(2.5)* bei 305 nm als Funktion des Ionisationsgrades der phenol. Hydroxylgruppen gemessen. Der Wrkg.-Grad der Energieübertragung zwischen den neutralen u. ionisierten Tyrosylresten liegt bei den Dityrosylverb. zwischen 66 u. 100 %. Unter der Annahme einer vollständigen Energieübertragung wird die Aufspaltung der einzelnen Phenolionisationen berechnet. G. O. Jäger 408△

0904 **Blitzlampengepumpte organische Farbstofflaser.** P. P. Sorokin, J. R. Lankard, V. L. Moruzzi und E. C. Hammond. (J. chem. Physics **48** (1968) 10, 4726 bis 4741; IBM Watson Res. Center, Yorktown Heights, N.Y.; engl.) — Die Bedeutung schnellen opt. Pumpens wird an Hand von experimentellen u. theoret. Werten (Literatur) diskutiert. Daten sind angegeben für einen blitzlampengepumpten *Rhodamin-GG*-Laser u. dessen Einw. auf *3.3'-Diäthylthiadicarbocyaninjodid*. W. Sobieski 408

0905 **„Self-mode-locking" eines Farbstoff-Lasers mit sättigungsfähigen Absorbern.** W. Schmidt und F. P. Schäfer. (Physics Letters [Amsterdam] **26A** (1968) 11, 558—59; Phys.-chem. Inst. der Univ. Marburg; engl.) — Die Emission eines Rhodamin-6G-Lasers mit u. ohne 3.3'-Diäthyloxadicarbocyaninjodid-Absorber wird oszillograph. untersucht. D. Schmitt 408

0906 **Laser-Blitzspektroskopie von Kryptocyanin.** A. Müller und E. Pflüger. (Chem. Physics Letters [Amsterdam] **2** (1968) 3, 155—59; Inst. für Phys. Chem., Univ. Stuttgart; engl.) — Die bei Riesenimpuls-Rubinlaseranregung beobachtete anomale blaue Fluoreszenz u. die kurzlebigen neuen Absorptionsbanden werden untersucht u. bez. Energieübergängen zwischen angeregten Farbstoffmol. diskutiert. W. Sobieski 408

0907 **Mikrowellenabsorption binärer Gemische polarer nicht assoziierter Flüssigkeiten.** L. M. Imanow, K. E. Zülfügarzade und H. A. Hadshijew. (Z. physik. Chem. [Leipzig] **238** (1968) 1/2, 133—35; Phys. Inst. der Akad. der Wiss. der Aserbaidshan. SSR, Baku; dt.) — Messungen der komplexen DK werden bei verschiedenen Wellenlängen u. Temp. für das Gemisch *Chlorbenzol–Jodbenzol* durchgeführt u. bez. der Relaxationsprozesse diskutiert. D. Schmitt 410

0908 **Dynamische Polarisation von Fluor-Kernen in Lösungen ausgewählter freier Radikale.** Edward H. Poindexter, James R. Stewart und Philip J. Caplan. (J. chem. Physics **47** (1967) 8, 2862—73; Inst. for Exploratory Res., U.S. Army Electronic, Command, Fort Monmouth, N.J.; engl.) — Die dynam. Polarisation von F-Kernen wurde bei 23° u. 74 G in Lsg. an *Galvinoxyl, DPPH, Triphenylverdazyl, Bis-diphenylenphenylallyl, Wursterschem Blau-Perchlorat, Kaliumperoxylamindisulfonat, tritertiärem Butylphenoxyl, Triphenylphenoxyl, Picrylaminocarbazyl, Parabenzosemichinon, Tetrafluorsemichinon, Tetrachlorsemichinon, Triphenylpyrylyl* u. am *Naphthalin*-Anion in C_6F_6 oder CF_3CCl_3 mit Zusätzen von Bzl., Aceton, A., THF oder DMSO untersucht. Außer der Veränderung der F- oder H-NMR-Amplitude bei Zusatz des Radikals wurden die Relaxationszeiten für einige Syst. sowie EPR-Spektren gemessen. B. Stender 410

0909 **Mechanismus der dielektrischen Relaxation bei niedriger Frequenz und der viskosen Strömung in Alkoholen und Wasser.** M. I. Šachparonov. (Doklady Akad. Nauk SSSR **175** (1967) 5, 1097—1100; Mosk. gos. univ. im. Lomonosova; russ.) — Die aus Literaturwerten der dielektr. Relaxationen u. der Viskositätskoeff. η ber. Werte der freien Enthalpie, der Enthalpie u. der Entropie der Aktivierung der dielektr. Relaxation u. der viskosen Strömung werden von nachst. Verb. ausgeführt: *W., Methanol, A., Propanol, Butanol-(1)* u. *-(2), 2-Methylpropanol-(1), Pentanol-(1), 3-Methylbutanol-(1), Hexanol-(1), Neohexanol [2.2-Dimethylbutanol-(1)], Cyclohexanol, Heptanol, Octanol-(1)* u. *-(2), 2-Äthylhexanol, 2-Isopropylpentanol-(1), 3-Methyl-2-isopropylbutanol-(1), Neooctanol (2.2-Dimethylhexanol), Nonanol-(1), Decanol-(1), Neodecanol, Undecanol-(1), Dodecanol-(1), Neododecanol, Hexadecanol-(1), Aceton, Isoamylbromid* u. *Nitrobenzol*. Die Besonderheiten der dielektr. Eig. von W. u. den Alkoholen werden mit der Existenz von acycl. H-Brückenassoziaten u. deren Umgruppierungen erklärt. Wolfram Köhler 410

0910 **Einfluß der atmosphärischen Feuchtigkeit auf den elektrischen Widerstand von TGS-Einkristallen.** F. Moravec und J. Novotný. (J. physic. Soc. Japan **24** (1968) 4, 787—91; Inst. of Radio Engng. and Electronics, Czech. Acad. of Sci.; engl.) — Widerstandsmessungen werden an Triglycinsulfat (TGS) durchgeführt. D. Schmitt 410

0911 **Kernrelaxation und Spindiffusion in organischen Festkörpern mit paramagnetischen Radikalzentren.** J. Haupt und W. Müller-Warmuth. (Z. Naturforsch. **22a** (1967) 5, 643—50; EURATOM CCR, Ispra [Varese], Italia; dt.) — Bestimmt werden bei 77 °K die Kernrelaxation u. -funktion u. der Aufbau der Kernmagnetisierung von *THF* mit DPPH, *o-Terphenyl* mit *Bis-diphenylen-*

p-chlorphenylallyl (I), *Diphenyl* mit I u. *Toluol* mit DPPH bei 77° u. 35 °K. W. Sobieski 412

0912 **Bewegung und Phasenwechsel in CH_3-Gruppen enthaltenden Festkörpern. 2. Mitt. Kernmagnetische Resonanz in festem 2.4-Dimethylpentan und 2.2.4- und 2.3.4-Trimethylpentan.** R. G. Eades, T. A. Jones und J. P. Llewellyn. (Proc. physic. Soc. 91 (1967) 573, 632—39; Bangor, Caerns, Univ. Coll. of North Wales, Dep. of Phys.; engl.) — 1. vgl. C. 1968, 31-0950. — Spin-Gitter-Relaxationszeiten, 2. Momente u. Linienbreiten der Protonenresonanz wurden zwischen 10 °K u. den F. gemessen. J. M. Spaeth 412

0913 **Magnetische Anisotropie und magnetische Suszeptibilität von einigen Nitroverbindungen.** S. M. Salem und I. S. Ahmed. (Z. physik. Chem. [Leipzig] 238 (1968) 1/2, 9—16; X-Ray, Cristallographie Labor., Nat. Res. Centre, Dokki Cairo [Egypt./UAR]; engl.) — Untersucht werden *m-Dinitrobenzol* u. *p-Chlornitrobenzol*. D. Schmitt 412

0914 **Schwingungsfrequenzspektren von statistisch gefalteten einfachen Zickzack-Ketten.** L. Piseri und G. Zerbi. (Chem. Physics Letters [Amsterdam] 2 (1968) 3, 127—31; Centro Naz. di Chim. delle Macromol. del CNR, Sez. I, Ist. di Chim. Indust. del Politecnico, Milano, Italia; engl.) — Es wird eine allg. Meth. zur Best. der dynam. Matrix einer Polymerenkette entwickelt. Frequenzspektren werden nach dem Theorem negativer Eigenwerte für ein vereinfachtes *Polyäthylen*-Modell berechnet. W. Sobieski 415

0915 **Mössbauer-Effekt in ^{129}J-Derivaten des Methans.** S. Bukshpan und T. Sonnino. (J. chem. Physics 48 (1968) 10, 4442—44; Nuclear Phys. Dep., Israel Atomic Energy Commiss., Yavne, Israel; engl.) — Es werden die Mössbauer-Spektren von *Methyljodid*, *Jodoform* u. *Tetrajodmethan* aufgenommen u. diskutiert. D. Schmitt 415

0916 **Röntgenstreuung an flüssigem Nitrobenzol.** Z. Bochyński. (Acta physica polon. 34 (1968) 1 (7), 185 bis 188; Mol. Phys. Dep., A. Mickiewicz Univ., Poznań; engl.) — Untersucht werden Winkelverteilungen monochromat. Röntgenstreuintensitäten u. Radialverteilungskurven. W. Sobieski 416

0917 **Spektren organischer Moleküle im Fernen und im Vakuum-UV.** O. V. Agaškin und A. E. Ljuc. (Usp. Chim. 36 (1967) 6, 1042—64; Inst. chim. nauk AN Kaz. SSR, Alma-Ata; russ.) — Die Vf. bringen eine Übersicht über chromophore Gruppen im Vakuum-UV (V-UV). Bes. werden behandelt die Spektren im Fernen UV (F-UV) u. im V-UV von Alkan-, Alken- u. Alkin-KW-Stoffen, gesätt. Verb. mit N, O u. Halogenen sowie chromophore Gruppen, die sowohl im Nahen als auch im F- u. V-UV absorbieren. Die Übersicht behandelt ferner die Anwendung der Spektren im F- u. V-UV bei der Analyse u. Konstit.-Aufklärung. H. Bajor 418

0918 **Abhängigkeit der Intensität der Triplett-Triplett-Absorption einiger aromatischer Kohlenwasserstoffe von der Konzentration.** T. N. Bolotnikova und T. M. Naumova. (Optika i Spektroskopija 23 (1967) 3, 384—88; russ.) — Untersucht wird bei 77 °K die Konz.-Abhängigkeit der Quasilinienabsorptionsspektren der Lsg. in KW-Stoffen von nachst. Verb.: *Phenanthren*, *Anthracen*, *1.2-Benzanthracen*, *1.2-* u. *2.3-Dimethylnaphthalin*, *Fluoren* u. *Naphthalin* (auch in A.). P. Simak 418

0919 **Lumineszenzphänomene bei γ-bestrahlten reinen Alkanen bei 77 °K.** Onno Janssen und Koichi Funabashi. (J. chem. Physics 46 (1967) 1, 101—06; Notre Dame, Ind., Univ. of Notre Dame; Dep. of Chem.; engl.) — Untersucht werden *Isopentan* (I) sowie *2-* u. *3-Methylpentan*. Die Lumineszenzspektren von glasigem u. polykrist. I sind verschieden. Außerdem wird ein theoret. Modell für die Lumineszenzzus. γ-bestrahlter Alkane diskutiert. G. O. Jäger 418△

0920 **Statische Kristalleffekte auf die Vibronenstruktur der Phosphoreszenz-, Fluoreszenz- und Absorptionsspektren von Isotopen-Mischkristallen von Benzol.** E. R. Bernstein, S. D. Colson, D. S. Tinti und G. W. Robinson. (J. chem. Physics 48 (1968) 10, 4632—59; Gates and Crellin Labor. of Chem., Calif. Inst. of Technol., Pasadena, Calif.; engl.) — Die Phosphoreszenz-, Fluoreszenz- u. Absorptionsspektren von C_6H_6, C_6H_5D, p-$C_6H_4D_2$ u. symm.-$C_6H_3D_3$ in C_6D_6-Wirtkrist. bei 4,2 °K werden analysiert u. bez. der Vibronenstruktur diskutiert. W. Sobieski 418

0921 **Experimentelle Untersuchung höher angeregter Zustände von Benzol in einer Edelgas-Matrix.** B. Katz, M. Brith, A. Ron, B. Sharf und J. Jortner. (Chem. Physics Letters [Amsterdam] 2 (1968) 3, 189—93; Dep. of Chem., Univ., Tel-Aviv, Israel; engl.) — Das UV-Absorptionsspektrum wird bei 4—20 °K untersucht u. bez. der Schwingungsstruktur der Übergänge analysiert. W. Sobieski 418

0922 **Durch sehr hohe Drücke verursachte Exzimeren-Emission bei Naphthalin-, Anthracen- und Phenanthren-kristallen.** Peter F. Jones und Malcolm Nicol. (J. chem. Physics 48 (1968) 12, 5440—47; Aerospace Corp., El Segundo, Calif.; engl.) — Die Fluoreszenzspektren ultrareiner Krist. wurden untersucht. D. Schmitt 418

0923 **Elektronenstruktur, chemische und physikalische Eigenschaften von α-Pyronen, Cumarinen und Furocumarinen. 2. Mitt. UV-Spektren von Cumarinen und Furocumarinen.** M. E. Perel'son und Ju. N. Šejnker. (Teoret. èksper. Chim. 3 (1967) 5, 697—701; VNII lekarstvennych rastenij; russ.) — 1. vgl. ibid. 2 (1966) 575. — Mit Hilfe des MO-Verf. wurden die UV-Spektren von *Cumarin*, *Herniarin*, *4-Methyl-7-methoxycumarin*, *Psoralen*, *Isopsoralen*, *Bergapten* u. *Xanthotoxin* berechnet. H. Bajor 418

0924 **Emissionsspektrum im nahen UV von m-Difluorbenzol.** S. N. Singh und I. S. Singh. (Indian J. Physics Proc. Indian Assoc. Cultivat. Sci. 42/51 (1968) 1, 42—49; Dep. of Spect., Coll. of Sci., Banaras Hindu Univ., Varanasi; engl.) W. Sobieski 418

0925 **Absorptionsspektrum von 1.4-Naphthochinon in der Dampfphase.** S. Nath Singh und R. S. Singh. (Indian J. pure appl. Physics 6 (1968) 4, 187—89; Dep. of Spect., Banaras Hindu Univ., Varanasi; engl.) — Es werden das UV-Spektrum u. das Spektrum im sichtbaren Bereich diskutiert u. die Banden zugeordnet. W. Sobieski 418

0926 **Elektronenspektren und Singulett-Triplett-Konversion in aromatischen Aldehyden.** R. N. Nurmuchametov. (Optika i Spektroskopija 23 (1967) 3, 389—95; russ.) — Zur Bestimmung der Lumineszenzeig. in Abhängigkeit der Niveauverteilung werden die Absorptions- u. Phosphoreszenzspektren der Lsg. in A. u. Hexan von *p-Biphenylcarbaldehyd*, *α-* u. *β-Naphthaldehyd* u. *9-Anthraldehyd* untersucht. P. Simak 418

0927 **Einfluß von Alkalien auf die UV-Absorptionsspektren einiger Acylphenole. p-Acylphenole.** Robert Martin und Jean-Marie Betoux. (Chim. analytique 50 (1968) 2, 65—76; Ets. Clin-Byla, Massy; franz.) — Vf. untersuchten die UV-Spektren nachst. Verb. in saurem u. bas. Medium: Phenole: *4-Formyl-*, *4-Acetyl-*, *4-Propionyl-*, *4-Butyryl-*, *4-Valeryl-*, *4-Caproyl-*, *4-Önanthoyl-*, *4-Caprylyl-*, *4-Pelargonyl-*, *4-Caprinoyl-*; 4-Propionylphenole: *2-Methyl-*, *2-tert.-Butyl-*, *2-Chlor-*, *2-Brom-*, *3-Methyl-*, *3-Chlor-*, *3-Brom-*, *2.3-*, *2.5-*, *2.6-Dimethyl-*, *2.6-Dibrom-*, *6-Brom-2-methyl-*, *-2-tert.-butyl-*, *-2-chlor-*, *2.3.6-Tribrom-*, *6-Brom-2.3-* u. *-2.5-dimethyl-*; 2.6-Dibromphenole: *4-Formyl-*, *4-Acetyl-*, *4-Propionyl-*, *4-Butyryl-*, *4-Valeroyl-*, *4-Caproyl-*, *4-Önanthoyl-*, *4-Caprylyl-*, *4-Pelargonyl-*, *4-Caprinoyl-*, *3-Methyl-4-propionyl-*, *3-Chlor-4-propionyl-*. B. Seifert 418

0928 **Absorptionsspektren und Reaktivität einiger aromatischer Verbindungen. 15. Mitt. Solvatochromie von Benzalaceton-Derivaten.** A. V. Finkel'štejn, N. A. Tarbeeva und S. V. Luk'jančuk. (Tartuskij gos. Univ., reakcionnaja Sposobnost' org. Soedinenij 4 (1967) 4 (14), 719—25; Sibir. technol. inst.; russ., Auszug: engl.) — 14. vgl. ibid. 4 (1967) 3 (13), 605. — Untersucht wird die Beziehung zwischen den Hammettschen σ-Konst. u. der Lsgm.-Verschiebung der K-Bande von nachst. Benzalacetonen in A. u. n-Heptan: *unsubstituiert*,

4-Dimethylamino-, 4-Methoxy-, 4-Hydroxy-2-methoxy-, 3-Hydroxy- u. *4-Brom-*. W. Sobieski 418

0929 **tert.-Butyldiimid.** Pih-kuei C. Huang und Edward M. Kosower. (J. Amer. chem. Soc. **89** (1967) 15, 3911; Dep. of Chem., State Univ. of N.Y., Stony Brook, N.Y.; engl.) — Das Absorptionsspektrum einer entgasten Lsg. von *Tetra-n-butylammonium-tert.-butylazoformiat* in Acetonitril bei Zusatz von Dimethylaminhydrochlorid wird untersucht u. die Bldg. der Titelverb. als instabiles Intermediäres nachgewiesen. K.-J. Lucas 418

0930 **Elektroneneigenschaften von N-Heteroaromaten. 18. Mitt. Änderung der UV-Absorptionsspektren und der Löslichkeit von Riboflavin durch Wechselwirkung mit Ascorbinsäure.** Teisuke Okano und Kazuyuki Tsuji. (J. pharmac. Soc. Japan [Yakugakuzasshi] 88 (1968) 2, 203—08; Pharm. Inst., Tohoku Univ. School of Med. and Res. Labor., Toa-Eiyo chem. Inst. Co., Ltd.; jap., Auszug: engl.) — 17. vgl. ibid. 88 (1968) 76. — Aus spektroskop. u. Löslichkeitsdaten werden Bldg.-Konst. u. thermodynam. Parameter des Komplexes zwischen den Titelverb. u. pH-Einfl. auf die Wechselwrkg. bestimmt. — 16. vgl. C. **1968**, 59-0184. D. Schmitt 418

0931 **Absorptions- und Fluoreszenzeigenschaften einiger basischer Farbstoffe, die Komplexe mit Nucleosiden und Nucleinsäuren bilden.** Giiti Tomita. (Z. Naturforsch. **23b** (1968) 7, 922—25; Inst. of Biophys., Fac. of Agricult., Kyushu Univ., Fukuoka, Japan; engl.) — Die Absorptions- u. Fluoreszenzspektren werden untersucht von *Acridinorange, Proflavin, Thionin* u. *Methylenblau* sowie von deren Komplexen mit *Adenosin, DNA* u. *RNA*. W. Sobieski 418

0932 **Beitrag der Molekülreorientierung zum Raman-Linienprofil in Flüssigkeiten.** Michael McClintock, Donald A. Jennings und Masataka Mizushima. (Physic. Rev. Letters **21** (1968) 5, 276—78; NBS, Boulder, Colo.; engl.) — Untersucht werden die von nicht völlig symm. Mol.-Schwingungen herrührenden Profile der Raman-Linien von fl. Bzl. u. *Tetrachlorkohlenstoff*. W. Sobieski 420

0933 **IR-Absorptionsspektren von organischen dünnen Filmen auf Metalloberflächen.** Wataru Suëtaka. (J. spectroscop. Soc. Japan [Bunkô Kenkyû] **16** (1968) 5, 219—24; Res. Inst. for Iron Steel and other Metals, Tohoku Univ., Katahira-cho, Sendai; jap., Auszug: engl.) — Untersucht wurden *Malein-, Malon-, L-Weinsäure* u. *Cumarin*. D. Schmitt 420

0934 **Theorie des stoßinduzierten Rotationsspektrums von tetraedrischen Molekülen.** I. Ozier und K. Fox. (Physics Letters [Amsterdam] **27 A** (1968) 5, 274—75; Sci. Center, North Amer. Rockwell Co., Thousand Oaks, Calif.; engl.) — Die Theorie wird auf die Daten des Spektrums im fernen IR von *Methan*, D_4*-Methan* u. *Tetrafluorkohlenstoff* angewendet. D. Schmitt 420

0935 **Temperaturabhängigkeit der IR-Absorptionsbanden von Biphenyl.** M. I. Nasser und M. A. Moharram. (Z. physik. Chem. [Leipzig] **238** (1968) 1/2, 1—8; Nat. Res. Center Cairo, Cairo, Egypt, UAR; engl.) D. Schmitt 420

0936 **Zuordnung einiger Schwingungsfrequenzen substituierter Benzole.** S. C. Sirkar und P. K. Bishui. (Indian J. Physics Proc. Indian Assoc. Cultivat. Sci. **42/51** (1968) 1, 1—10; Optics Dep., Indian Assoc. for Cultivat. of Sci., Calcutta; engl.) — Diskussion der Zuordnung von IR- u. Raman-Frequenzen einiger substituierter Benzole (Literaturdaten). W. Sobieski 420

0937 **IR-Spektren des Dampfes, der Lösung und der Kristalle von Biphenylen und** D_8**-Biphenylen.** Cesare Pecile und Bruno Lunelli. (J. chem. Physics **48** (1968) 3, 1336—51; Inst. of Phys. Chem., Univ., Padua; engl.) — Die Spektren sind abgebildet, außerdem erfolgt eine Bandenzuordnung. D. Schmitt 420

0938 **IR-Absorptionsspektren von Radikal-Anionen von Naphthalin und Anthracen.** I. Ja. Kačkurova. (Teoret. èksper. Chim. **3** (1967) 4, 498—503; Inst. obščej i neorg. chimii AN SSSR, g. Moskva; russ.) — Die IR-Spektren der Radikalanionen (RA) von Naphthalin (I), D_8-I, Anthracen (II) u. D_{10}-II werden mit denen der ursprüngl. Kohlenwasserstoffe verglichen u. bez. der Elektronenkonfig. der RA diskutiert. Für die RA u. die KW-Stoffe wird die Produktenregel abgeleitet. Wolfram Köhler 420

0939 **Absorption im fernen IR von gasförmigem** CF_4**.** A. Rosenberg und G. Birnbaum. (J. chem. Physics **48** (1968) 3, 1396—97; Sci. Center, North Amer. Rockwell Co., Thousand Oaks, Calif.; engl.) D. Schmitt 420

0940 **Spektren im fernen IR und H-Bindungsfrequenzen von Imidazol.** C. Perchard und A. Novak. (J. chem. Physics **48** (1968) 7, 3079—84; Labor. de Chim.-Phys. du CNRS, Thiais, France; engl.) — Untersucht wird außerdem D_4*-Imidazol, 1-Methyl-* u. *1-[*D_3*-Methyl]-imidazol*. Die Banden werden zugeordnet. D. Schmitt 420

0941 **Bandenzuordnungs-Versuch bei sekundären Amiden im CH-Oberschwingungsbereich.** M. Spei und G. Heidemann. (Z. Naturforsch. **23b** (1968) 4, 558; Dt. Wollforsch.-Inst. an der TH Aachen; dt.) — Angegeben sind die IR-Spektren im Bereich 1675 bis 1775 nm von nachst. Verb.: *N-Butylacet-, N-Amylacet-, N-Hexylacetamid, n-Butanol, n-Pentanol* u. *n-Hexanol*. D. Schmitt 420

0942 **Spektren von p-Brombenzonitril.** B. R. Pandey. (Indian J. Physics Proc. Indian Assoc. Cultivat. Sci. **42/51** (1968) 1, 33—41; Dep. of Phys., Univ. of Gorakhpur, Gorakhpur; engl.) — Untersucht werden das Absorptionsspektrum im nahen UV u. das IR-Spektrum im Bereich 400—3000 cm^{-1}. W. Sobieski 420

0943 **Integrierte Absorptionsintensitäten der Carbonylbande von Amiden und Aniliden.** V. Venkata Chalapathi und K. Venkata Ramiah. (J. molecular Spectroscopy **26** (1968) 4, 444—53; Dep. of Phys., Coll. of Sci., Osmania Univ., Hyderabad, India; engl.) — Tabelliert sind die nach verschiedenen Meth. bestimmten Daten für *N-Methyl-, N.N-Dimethyl-* u. *N.N-Diphenylformamid, Formanilid; Acetanilid; N-Methyl-, N.N-Dimethyl-* u. *N.N-Diphenylacetamid; N-Methyl-, N.N-Dimethyl-* u. *N.N-Diphenylpropionamid* sowie *Propionanilid*. D. Schmitt 420

0944 **Neue Ergebnisse bei Untersuchungen der dynamischen Polarisation von Flüssigkeiten.** Nguyen Van Nghia, M. R. Pearlman und R. H. Webb. (Chem. Physics Letters [Amsterdam] **2** (1968) 3, 176—78; Dep. of Phys., Tufts Univ., Medford, Mass.; engl.) — Die Unters. der dynam. Polarisation an Lsg. freier Radikale in Fluorkohlenstoffen werden auf aliphatische F-Verb. u. stärkere Magnetfelder ausgedehnt. Angegeben sind die Verstärkungen des NMR-Signals als Funktion des Magnetfeldes von *Galvinoxyl-, 2.4.6-Triphenylphenoxyl-, 2.4.6-Tri-tert.-butylphenoxyl-* u. *2.3.5.6-Tetrachlorsemichinon*-Radikalen in $(CH_3)_2O$, CF_3CCl_3, $CF_3C_6H_5$ u. C_6F_6 sowie Spektraldichtekurven für skalare u. Dipolkopplung. W. Sobieski 424

0945 **Abhängigkeit von Temperatur, Konzentration und Rotationsgeschwindigkeit der Probe der NMR-Spektren von orientierten Molekülen.** P. Diehl und C. L. Khetrapal. (Molecular Physics **14** (1968) 3, 283—87; Dep. of Phys., Univ. of Basel; engl.) — Untersucht werden die Spektren von *cis-* u. *trans-1.2-Dichloräthylen, 1.1-Dichloräthylen, Methanol, Acetonitril, Benzochinon* u. *1.2-Dichloräthan* in Anisol-4-azo-4′-phenyl-n-capronat. D. Schmitt 424

0946 **^{1}H-NMR-Untersuchung der H-Bindung in aliphatischen sekundären Aminen.** Ruth Ann Murphy und Jeff C. Davis jun. (J. physic. Chem. **72** (1968) 9, 3111—16; Dep. of Chem., Univ. of Tex., Austin, Tex.; engl.) — NMR-Daten von *Diäthyl-, Di-n-propyl-, Diisopropyl-, Di-n-butyl-, Diisobutylamin, Piperidin* u. *2-Pipecolin* wurden bestimmt. D. Strauch 424

0947 **Messung des Kernaustausches infolge der Nullpunktsbewegung einer Methylgruppe.** S. Clough und F. Poldy. (Physics Letters [Amsterdam] **25 A** (1967) 3, 186—87; Nottingham, Univ., Dep. of Phys.; engl.) — Mit Hilfe von ENDOR werden Messungen am freien

Radikal des *2.6-Di-tert.-butyl-4-methylphenols* vorgenommen. J. M. Spaeth 424

0948 **NMR-Spektren von Iminoxylradikalen.** R. Z. Sagdeev und Ju. N. Molin. (Ž. strukturnoj Chim. 8 (1967) 4, 697–98; Inst. chim. kinetiki i gorenija CO AN SSSR, Novosibirsk; russ.) — Untersucht werden nachst. 2.2.6.6-Tetramethylpiperidin-N-oxyle: *unsubstituiert* u. *1-Hydroxy-*. Wolfram Köhler 424

0949 **Molekülbewegung in festen Tropylium-Salzen.** C. A. Fyfe und C. A. McDowell. (Chem. Physics Letters [Amsterdam] 2 (1968) 3, 170–72; Dep. of Chem., Univ. of British Columbia, Vancouver, B.C.; engl.) — Von *Tropyliumbromid, -tetrafluoroborat* u. *-hexachlorostannat* werden die NMR-Spektren im Temp.-Bereich 77–300 °K untersucht u. aus der Temp.-Abhängigkeit der Spin-Gitter-Relaxationszeiten die Aktivierungsenergien der Reorientierungsprozesse abgeschätzt. W. Sobieski 424

0950 **NMR-Untersuchung der Selbstassoziation von tert.-Butanol und Trimethylsilanol in CCl_4 und C_6H_6 bei drei unterschiedlichen Temperaturen.** W. Storek und H. Kriegsmann. (Ber. Bunsenges. physik. Chem. 72 (1968) 6, 706–10; Dt. Akad. Wiss. zu Berlin, Inst. für Phys. Chem., Berlin-Adlershof; dt.) — Die Konz.- u. Temp.-Abhängigkeit der chem. Verschiebung der OH-Gruppe im Bereich 0,08–4,0 Mol/l sowie Arrhenius-Parameter u. Enthalpien von Monomeres–Trimeres-Gleichgew. werden bestimmt. D. Strauch 424

0951 **Verbindungen mit Carbonylbrücken und verwandte Substanzen. Strukturelle Zuordnungen durch NMR-Spektroskopie.** C. F. H. Allen. (Canad. J. Chem. 45 (1967) 11, 1201–07; Rochester, N.Y., Rochester Inst. of Technol., Chem. Dep.; engl.) — Die Arbeit enthält einen Überblick über ^{1}H-NMR-Spektren bicycl. Ketone, Indenone, Diphenylcyclopentenone u. Maleinanhydridaddukte sowie 44 Literaturstellen. Außerdem wurden untersucht: *15.17-Diphenyl-18-oxobicyclo-[12.3.1]-octadecen-(4)*, F. 94° (Propanol), aus Cyclopentadecanon, Chalcon u. CH_3ONa. — *2.4-Diphenyldodecahydro-5H-cyclopentadeca-[b]-pyryliumperchlorat*, F. 177°, analog mit BF_3. — *Monobenzalcyclohexanon-2.4-dinitrophenylhydrazon*, F. 179°. B. I. 424△

0952 **^{13}C-H-Satelliten-NMR-Spektren von p-Benzochinon, Hydrochinon und p-Dimethoxybenzol.** R. W. Creecely, R. S. Butler und J. H. Goldstein. (J. molecular Spectroscopy 26 (1968) 4, 489–95; Dep. of Chem., Emory Univ., Atlanta; engl.) — Die gemessenen u. ber. Spektren sind angegeben. D. Schmitt 424

0953 **^{1}H-NMR-Spektren von Vinyl–Metall-Verbindungen. Lösungsmitteleffekte auf die Spektren von α-Chlorvinyltrichlorsilan und α-Chlorvinyltrimethylsilan.** D. J. Blears S. Cawley und S. S. Danyluk. (J. molecular Spectroscopy 26 (1968) 4, 524–35; Dep. of Chem., Univ. of Toronto, Toronto, Ontario; engl.) D. Schmitt 424

0954 **ESR-Spektren von statistisch orientierten Trifluormethylradikalen in Edelgas-Matrizen bei tiefer Temperatur.** J. Maruani, C. A. McDowell, H. Nakajima und P. Raghunathan. (Molecular Physics 14 (1968) 4, 349–66; Dep. of Chem., Univ. of British Columbia, Vancouver, B.C.; engl.) — Die ESR-Spektren von UV-bestrahltem *Trifluormethyljodid* werden bei 4,2 °K untersucht. D. Schmitt 426

0955 **EPR-Untersuchung des Triplettzustandes von verschiedenen aromatischen N-Heterocyclen, Biphenyl und Acenaphthen.** Yasuhiko Gondo und August H. Maki. (J. physic. Chem. 72 (1968) 9, 3215–22; Dep. of Chem., Univ. of Calif., Riverside, Calif.; engl.) — Es wurden die EPR-Spektren im $^3(\pi, \pi^*)$-Zustand von *5.6;7.8-Dibenzochinoxalin, 1.2;3.4-Dibenzophenazin, 1.10-Phenanthrolin, 5.6-Benzochinolin, 7.8-Benzochinolin*, Biphenyl, *2.2'-* u. *4.4'-Bipyridyl* u. Acenaphthen untersucht. D. Strauch 426

0956 **ESR-Untersuchungen über die Oxydationskinetik von Phenylverbindungen.** 1. Mitt. **Kinetik der Radikalbildung bei der Oxydation des Pyrogallols.** H. Rein und O. Ristau. (Z. physik. Chem. [Leipzig] 239 (1968) 1/2, 115–23; Inst. für Pharm., DAW, Berlin-Buch; dt.) W. Sobieski 426

0957 **ESR-Spektrum eines γ-bestrahlten Einkristalls von L-α-Alanin bei 77 °K.** Atsuko Minegishi, Yoshiharu Shinozaki und Gisuke Meshitsuka. (Bull. chem. Soc. Japan 40 (1967) 6, 1549; Tokyo Metropolitan Isotope Res. Center, Fukazawa, Setagaya, Tokyo; engl.) — Spektrum u. Struktur des Carbonsäureanionradikals werden untersucht, die Krist.-Achsen röntgenograph. bestimmt. K.-J. Lucas 426

0958 **ESR-Untersuchungen an Anthocyaninen.** Yoshinobu Ôsawa und Norio Saitô. (Phytochemistry 7 (1968) 7, 1189–95; Chem. Labor., Meji-gakuin Univ., Tokyo; engl.) — Neben *Pelargonin* u. *Cyanin* werden Blütenfarbstoffe verschiedener Pflanzen mit nachst. Hauptanthocyanidinen untersucht: *Pelargonidin, Cyanidin*, u. *Detphinidin*. D. Schmitt 426

0959 **ESR-Spektrum der Radikalspezies, welche in röntgenbestrahlten Einkristallen von Dimethylfluorenyl-(9)-sulfoniumbromid eingefangen werden.** E. A. C. Lucken und C. Mazeline. (J. chem. Physics 48 (1968) 5, 1942–49; Cologny, Geneva, Switzerland, Cyanamid European Res. Inst.; engl.) — Im ESR-Spektrum von mit Röntgenlicht bestrahlten Einkrist. von *Dimethyl-[fluorenyl-(9)]-sulfoniumbromid* sind drei freie Radikalarten zu erkennen. Zwei dieser Radikale konnten mit großer Wahrscheinlichkeit als $(CH_3)_2\dot{S}Br$- (I) u. *Fluorenyl-(9)-Radikal* (II) identifiziert werden; beim dritten handelt es sich offenbar um ein Radikal vom Typ $CH_3S\cdot$ (III). Die Komponenten der Hyperfeinkopplung von I, II u. III werden bestimmt u. die elektron. Struktur der Radikale diskutiert. Außerdem werden für I die Kernquadrupolkopplungskonst. von ^{79}Br u. ^{81}Br ermittelt. G. O. Jäger 426△

0960 **Organische Massenspektrometrie.** 7. Mitt. **Massenspektren von Methylpteridinolen.** Akira Tatematsu, Toshio Goto und Sadao Matsuura. (J. chem. Soc. Japan, pure Chem. Sect. [Nippon Kagaku Zasshi] 87, 1226–29, 1966; Fac. of Pharm., Meijo Univ., Showa-ku, Nagoya-shi; jap., Auszug: engl.) — 6. vgl. C. **1968**, 28-0895. — Untersucht werden die Massenspektren nachst. Pteridine: *2-Oxo-, 6-Methyl-2-oxo-, 4-Oxo-, 6-Methyl-4-oxo-, 4-Methyl-6-oxo-, 4-Methyl-7-oxo-, 2-Methyl-6-oxo-, 2-Methyl-7-oxo-, 7-Methyl-6-oxo-, 6-Methyl-7-oxo-* u. zum Vgl. von (Fragmentierungsprod.) *6-Methyl-7H-, 2-Methyl-7H-* u. *8-Methyl-7H-purin*. J. J. Pohl 428

0961 **Massenspektren einiger cyclischer Äther.** R. Smakman und Th. J. de Boer. (Org. Mass. Spectrometry 1 (1968) 3, 403–16; Labor. for Org. Chem., Univ., Amsterdam; engl.) — Untersucht wurden *THF, Tetrahydropyran, Hexamethylenoxid* sowie deuterierte Derivate. D. Strauch 428

0962 **Bindungsdissoziationsenergien: Elektronenstoß-Untersuchungen an einigen Trimethylsilylverbindungen.** S. J. Band, I. M. T. Davidson und C. A. Lambert. (J. chem. Soc. [London], Sect. A **1968**, 9, 2068–71; Dep. of Chem., Univ., Leicester; engl.) — Gemessen werden die Auftrittspotentiale u. daraus die Bindungsdissoziationsenergien ber. von *Hexamethyldisilan, Tetramethyl-, Trimethylsilan, Trimethylsilylchlorid, -bromid* u. *-jodid*. W. Sobieski 428

B–2. Strukturforschung

0963 **Tautomerie heteroaromatischer 5-Ring-Verbindungen.** 10. Mitt. **1-Phenyl-1.2.4-triazolidindion-(3.5).** A. A. Gordon, A. R. Katritzky und F. D. Popp. (Tetrahedron [London], Suppl. Nr. 7, 1966, 213–217; School of Chem. Sci., Univ. of East Anglia, Norwich; engl.) — 9. vgl. C. **1966**, 38-0794. — Die UV-Absorptionsmaxima von Anion, Kation u. neutraler Verb. (außer II), die pKa-Werte u. die IR-CO-Frequenzen (außer III) werden von folgenden Verb. bestimmt: *1-Phenylurazol* [I; *1-Phenyl-1.2.4-triazolidindion-(3.5)*], *2-Methyl-1-phenyl-, 4-Methyl-1-phenyl-, 2.4-Dimethyl-1-phenyl-1.2.4-triazolidindion-(3.5), 3-Methoxy-1-phenyl-, 3-Methoxy-4-me-*

thyl-1-phenyl-Δ^2-1.2.4-triazolinon-(5), *3.5-Diäthoxy-1.2.4-triazol* (II), *3-Äthoxy-1-phenyl-1.2.4-triazolidinon-(5)* u. *3.5-Diäthoxy-1-phenyl-1.2.4-triazol* (III). Die Ergebnisse werden bez. der tautomeren Formen von I, seinem Anion u. seiner Methylderiv. diskutiert. I existiert hauptsächlich in der Dioxoform. M. Knaack 431

0964 **Kern–Spin-Relaxation in polyatomaren Gasen: ein neuer Effekt.** Ronald Y. Dong und Myer Bloom. (Physic. Rev. Letters 20 (1968) 18, 981–83; Dep. of Phys., Univ. of British Columbia, Vancouver, B.C. Canada; engl.) — Es wird eine Dichte- u. Temp.-Abhängigkeit der Protonenspin-Gitterrelaxationszeit von gasförmigem CHF_3 u. CH_3F festgestellt. D. Schmitt 432

0965 **Semiempirische Berechnung der Bandenform und Polarisation von Ladungsübertragungsübergängen.** J. Prochorow und A. Tramer. (Acta physics polon. 33 (1968) 2, 267–80; Inst. of Phys., Polish Acad. of Sci., Warsaw; engl.) — Am Modell von disubstituierten Benzolen werden Potentialenergiekurven im Grund- u. angeregten Zustand, Absorptionsbanden, Übergangsmomente u. Polarisation berechnet. W. Sobieski 432

0966 **Deutung der s,p-Elektronenbindungen des Kohlenstoffs in ungesättigten organischen Verbindungen und im Graphit.** D. M. Kolotilo. (Chim. Prom. 1967, 1, 22–24; Inst. problem lit'ja AN UkrSSR; russ.) Wolfram Köhler 432

0967 **Verbesserte semiempirische SCF-MO-Methode für Valenzelektronensysteme.** Hiroshi Kato, Hideyuki Konishi und Teijiro Yonezawa. (Bull. chem. Soc. Japan 40 (1967) 4, 1017; Fac. of Engng., Kyoto Univ., Sakyo-ku, Kyoto; engl.) — Ber. werden die Übergangsenergien von *Py.*, *Äthylen*, *cis-* u. *trans-Butadien*, *Formaldehyd* u. dem NO_2^--Ion. W. Sobieski 432

0968 **Quantenmechanische Zweizentren-Coulomb-Modelle für Acetylen, Äthylen und Äthan.** Hermann Hartmann und Klaus Helferich. (Theoret. chim. Acta [Berlin] 10(1968) 5, 406–22; Inst. für Phys. Chem. der Univ. Frankfurt/M.; dt.) D. Schmitt 432

0969 **Pariser-Parr-Behandlung von substituierten Benzolen nach der Näherung des Modells für den induktiven Effekt. 1. Mitt. Toluol und Benzolsulfonsäure.** V. E. Sahini und C. I. Ghirvu. (Rev. roum. Chim. 13 (1968) 7, 851–55; Inst. of Phys. Chem., Acad. of the Soc. Rep. of Romania, Bucharest; engl.) W. Sobieski 432

0970 **Direkte Beobachtung der Methyl-Librationen in Neopentan.** David M. Grant, Kenneth A. Strong und R. M. Brugger. (Physic. Rev. Letters 20 (1968) 18, 983–86; Dep. of Chem., Univ. of Ut., Salt Lake City, Ut.; engl.) — Mit Hilfe von Neutronenstreuung wurde der Effekt gemessen. D. Schmitt 432

0971 **Berechnung der Rotationsfrequenzen von organischen Moderator-Molekülen. 1. Mitt. Biphenyl-Gas.** Tamotsu Sekiya, Kaoru Sakamoto und Chikamasa Nishida. (Technol. Rep. Osaka Univ. 16, 431–38, 1966; Dep. of Nucl. Engng.; engl.) F. Langenbucher 432

0972 **Theoretische Behandlung (SCF-MO-CI) von Indol im angeregten Singulett- und Triplett-Zustand.** N. Tyutyulkov und F. Dietz. (Doklady bolgarskoj Akad. Nauk 21 (1968) 3, 261–63; Inst. für organ. Chem., Karl-Marx-Univ. Leipzig; engl.) — Für beide angeregte Zustände werden neben Elektronenstrukturdaten auch die pK-Werte u. Dipolmomente berechnet. W. Sobieski 432

0973 **Der Valenzzustand des S in Sulfoxiden: die Rolle von 3d-Orbitalen.** G. L. Bendazzoli, F. Bernardi, P. Palmieri und C. Zauli. (J. chem. Soc. [London], Sect. A 1968, 9, 2186–89; Ist. di Chim. Fis. e Spettroscopia, Centro di Chim. Teor. del CNR, Bologna; engl.) — Berechnung der Elektronenkonfig. zur Beschreibung des Valenzzustandes von S. W. Sobieski 432

0974 **π-Elektronen-Energieniveau von o-Benzochinon.** Akira Kuboyama. (Rep. Government chem. ind. Res. Inst., Tokyo 63 (1968) 3, 123–30; Tokyo, Tokyo Ind. Res. Labor.; jap., Auszug: engl.) — Die π-Elektronen-Energieniveaus von o-Benzochinon wurden auf Grund der Pariser-Parr-Pople-Meth. bestimmt. Die Absorptionsbande bei 360 nm wurde dem $^1A_1 \rightarrow {}^1B_2$-Übergang, die bei 200 nm dem $^1A_1 \rightarrow {}^1A_1$-Übergang zugeordnet. H.-S. Park 432

0975 **Spindichten einiger einfacher p-Semichinone.** Brian L. Silver. (Theoret. chim. Acta [Berlin] 9 (1967) 2, 192–96; Dep. of Chem. Technion, Haifa, Israel; engl.) — Die Spindichten von *1.4-Benzo-*, *1.4-Naphtho-* u. *9.10-Anthrasemichinon* werden nach verschiedenen Meth. berechnet. W. Sobieski 432

0976 **Linienverdopplung vom K-Typ von H_2CO und HCOOH im HF-Bereich.** Michio Takami. (J. physic. Soc. Japan 24 (1968) 2, 372–76; Microwave Phys. Labor., Inst. of Phys. and Chem. Res., Yamatomachi, Saitama; engl.) — Die Unters. wurden durchgeführt im Frequenzbereich 2–33 MHz mittels eines Maserstrahlspektrometers. W. Sobieski 432

0977 **MO-Berechnung der Hammett-ϱ-Konstanten von 2-X-Phenylthiazol-4-carbonsäuren.** Ossi Horowitz und Ioan Zsakó. (Studia Univ. Babes-Bolyai [Cluj], Ser. Chem. 13 (1968) 79–87; engl.) — Die Berechnungen werden an verschiedenen Modellmol. durchgeführt. W. Sobieski 432

0978 **Elektronenstruktur der H-Bindung: Formamid und seine Dimeren.** A. Pullman und H. Berthod. (Theoret. chim. Acta [Berlin] 10 (1968) 5, 461–64; Inst. de Biol. Phys.-Chim., Paris; engl.) D. Schmitt 432

0979 **Innere Rotation um die Bindung vom Typ $>$A—C$<$ (A = C, Si).** L. V. Vilkov und V. S. Matsrjukov. (Ž. strukturnoj Chim. 8 (1967) 4, 595–99; Mosk. gos. univ. im. Lomonosova; russ.) — Auf Grund von Literaturdaten diskutieren die Vf. die Rotationsisomerie der im Titel genannten Verb.-Typen. Das Rotationspotential besitzt ein Minimum bei der cis-Stellung von Einfach- u. Doppelbindung. Die Konfig. von Propylen, Vinylsilan u. ähnlicher Verb. kann nur gedeutet werden, wenn auch die Wechselwrkg. der Bindungen berücksichtigt werden. — 46 Literaturhinweise. J. J. Pohl 434

0980 **Gleichgewichtsverhältnisse zwischen den Stereoisomeren von trialkylsubstituierten Cyclohexanen.** S. S. Berman, V. A. Zacharenko und Al. A. Petrov. (Neftechimija 7 (1967) 5, 707–11; russ.) — Vf. bestimmen die relativen Retentionszeiten u. die Anteile der Stereoisomeren von nachst. mittels Methylierung aus 2-, 3- u. 4-Äthyl-1-methylcyclohexan erhaltenen Trialkylcyclohexanen (I): *cis.cis-*, *cis.trans-* u. *trans.trans-1.3-Dimethyl-5-äthyl-*; *trans.cis-*, *trans.trans-*, *cis.cis-* u. *cis.trans-1.2-Dimethyl-4-äthyl-*; *trans.cis-*, *trans.trans-*, *cis.trans-* u. *cis.cis-1.4-Dimethyl-2-äthyl-* sowie *trans.trans-*, *trans.cis-*, *cis.trans-* u. *cis.cis-1.2-Dimethyl-3-äthyl-*. Von den I u. von nachst. Trimethylcyclohexanen: *cis.trans-* u. *cis.cis-1.3.5-*; *trans.trans-*, *cis.trans-* u. *cis.cis-1.2.3-*; *trans.trans-*, *trans.cis-*, *cis.trans-* u. *cis.cis-1.2.4-* werden bei 500 °K die thermodynam. Gleichgew. der Stereoisomeren untersucht u. ihre Abhängigkeit von der Konstit. wird diskutiert. Wolfram Köhler 434

0981 **7 Aufsätze über die Stereochemie des Cyclohexans und seine vicinalen Di-Derivate.** J. A. Christiansen. (Kong. danske Vidensk. Selsk., mat.-fysiske Medd. 36 (1968) 14, 1–33; engl.) — Beschrieben werden die Konfig. der *Hexahydrophthalsäure* nach Baeyer, die Möglichkeit der Trennung rac. Gemische von vic. Derivaten des Cyclohexans (I) mit zwei gleichwertigen Substituenten, der Übergangszustand u. die Aktivierungsenergie der Inversion des (Sesselform) *Hexagon* nach Sachse, die Coaleszenz der Multipletts in den NMR-Spektren von I u. verwandten Verb. bei wachsender Temp., u. die Tautomerie der Konform.-Isomeren der vic. Deriv. von I. — 40 Literaturangaben. D. Schmitt 434

0982 **Theoretische Untersuchung der Rotationsbarrieren von Allen, Äthylen und verwandten Systemen.** Robert J. Buenker. (J. chem. Physics 48 (1968) 3, 1368–79; Dep. of Chem., Univ. of Nebr., Lincoln, Nebr.; engl.) — Durch SCF-MO-Berechnungen werden Orbitalenergien,

Elektronenstruktur ber. u. bez. der Rotationsschwellen diskutiert. D. Schmitt 434

0983 **Energieschwelle von 1.2-Dichloräthan in verschiedenen Lösungsmitteln.** D. Surma, T. Janikowska und A. Chełkowski. (Acta physica polon. **34** (1968) 1 (7), 181—84; Exper. Phys. Dep., A. Mickiewicz Univ., Poznań; engl.) — Das IR-Spektrum von Lsg. der Titelverb. bei 18 u. 56° wird bez. der Lsgm.-Effekte auf die Energieschwelle der inneren Rotation untersucht. W. Sobieski 434

0984 **Spektroskopische Untersuchung der Rotationsisomerie bei β-Halogenpropionitrilen.** M. F. El Bermani und Neville Jonathan. (J. chem. Soc. [London], Sect. A **1968**, 7, 1711—14; Dep. of Chem., Univ., Southampton; engl.) — Im gesamten Grundschwingungsbereich werden die IR- u. Raman-Spektren von *β-Fluor-*, *β-Chlor-*, *β-Brom-* u. *β-Jodpropionitril* aufgenommen u. bez. des Vorhandenseins von gauche- u. trans-Isomeren diskutiert. D. Schmitt 434

0985 **Oxyphosphorane.** Fausto Ramirez. (Accounts chem. Res. **1** (1968) 6, 168—74; Stony Brook, N.Y., State Univ. of N.Y., Dep. of Chem.; engl.) — Zusammenfassender Artikel über die Anwendung röntgenograph. u. ^{1}H- bzw. ^{31}P-NMR-spektroskop. Meth. zur Best. der Stereochemie fünfgliedriger cycl. Oxyphosphorane — einschließlich Verb. die zusätzlich zu P—O- noch P—N- u. P—C-Bindungen — aufweisen. — 21 Literaturzitate. G. O. Jäger 434△

0986 **Konformation von Dipeptiden in wäßrigen Lösungen.** Teresa Sokołowska. (Zeszyty naukowe Politechn. Gdańskiej, Chem. **1967**, 17, 3—11; Kat. Chemii Ogólnej; pol.) — Mit Hilfe von Faustformeln werden aus den Inkrementen ($\Delta\varepsilon$) der DK für L-L-, D-D-, L-D-, D-L-*Leucylleucin* u. L-L-, D-D-, L-D-, D-L-*Leucyltyrosin* die Dipolmomente (PD) u. die Abstände (r) zwischen der $-NH_3^+$ u. COO^--Gruppe berechnet. Aus den bei den L-L- u. D-D-Isomeren höheren $\Delta\varepsilon$, DP u. r sowie ihrer geringen Azidität u. Basizität wird gefolgert, daß Dipeptide in wss. Lsg. in definierten Konform. vorliegen. Auf Grund der Korrelation von Dreiding-Modellen der jeweils 18 verschiedenen Konform. von D-L- u. L-L-*Valylvalin* mit den r wird gezeigt, daß in wss. Lsg. nur jeweils 4 Konform. dominieren. A. Babczyński 434△

0987 **Konfiguration und Konformation heterocyclischer β-Ketodicarbonsäureester und ihrer Reduktionsprodukte.** R. Haller und H. Friebolin. (Z. Naturforsch. **23b** (1968) 5, 650—55; Freiburg/Br., Univ., Pharmaz. Inst.; Fraunhofer Ges., Inst. für Elektrowerkstoffe; dt.) — Konfig. u. Konform. nachst. heterocycl. β-Ketodicarbonsäureester (A) u. der durch $NaBH_4$-Red. der A gebildeten epimeren Alkohole bzw. deren Deriv. werden mittels NMR-spektroskop. Meth. (Abhängigkeit der Kopplungskonst. vicinaler Protonen vom Interplanarwinkel) ermittelt: *2.6-Diphenylpiperidon-(4)-* (I), *2.6-Diphenyl-1-oxacyclohexanon-(4)-* u. *2.6-Diphenyl-1-thiacyclohexanon-(4)-dicarbonsäure-(3.5)-diäthylester*, *2.6-Bis-[pyridyl-(2)]-piperidon-(4)-* u. *2.6-Bis-[pyridyl-(2)]-1-thiacyclohexanon-(4)-dicarbonsäure-(3.5)-dimethylester*, *2.6-Bis-[pyridyl-(2)]-*, *2.6-Bis-[pyridyl-(3)]-* u. *2.6-Bis-[pyridyl-(4)]-4e-acetoxypiperidindicarbonsäure-(3.5)-diäthylester*, *N-Benzyl-2.6-bis-[pyridyl-(2)]-* u. *N-Methyl-2.6-diphenyl-4e-acetoxypiperidindicarbonsäure-(3.5)-dimethylester*, *2.6-Bis-[6-methylpyridyl-(2)]-* (II) u. *N-Benzyl-2.6-diphenylpiperidinol-(4e)-dicarbonsäure-(3.5)-diäthylester*, *2.6-Bis-[pyridyl-(2)]-*, *2.6-Bis-[pyridyl-(3)]-*, *2.6-Bis-[6-methylpyridyl-(2)]-* (III), *2.6-Diphenyl-*, *N-Methyl-2.6-diphenyl-* u. *N-Benzyl-2.6-diphenylpiperidinol-(4a)-dicarbonsäure-(3.5)-diäthylester*, *2.6-Bis-[6-methylpyridyl-(2)]-piperidinol-(4a)-dicarbonsäure-(3.5)-diäthylester*, *2.6-Diphenyl-1-oxacyclohexanol-(4e)-* u. *-(4a)-*, *2.6-Bis-[pyridyl-(2)]-1-thiacyclohexanol-(4a)-*, *2.6-Diphenyl-1-thiacyclohexanol-(4e)-* u. *-(4a)-dicarbonsäure-(3.5)-diäthylester*, *2.6-Bis-[pyridyl-(2)]-4e-* u. *-4a-acetoxy-1-thiacyclohexandicarbonsäure-(3.5)-diäthylester.* Die bevorzugte Konform. der A ist die Sesselkonform., in welcher die Aryl- u. Alkoxycarbonylsubstituenten äquatoriale (e) Positionen einnehmen. Die NMR-Daten aller untersuchten Verb. sind tabelliert; die Spektren von I, II u. III sind graph. wiedergegeben. G. O. Jäger 434△

0988 **Wirkung des elektrischen und magnetischen Feldes auf die Struktur von cholesterinischen flüssigen Kristallen.** Robert B. Meyer. (Appl. Physics Letters **12** (1968) 9, 281—82; Gordon McKay Labor., Harvard Univ., Cambridge, Mass.; engl.) — Der Einfl. eines elektr. oder Magnetfeldes auf die elektr. oder magnet. Suszeptibilität von *p-Azoxyanisol* wird untersucht u. eine allg. Meth. zur Berechnung der Strukturänderungen abgeleitet. D. Schmitt 436

0989 **Dynamische Streuung in nematischen flüssigen Kristallen.** G. H. Heilmeier, L. A. Zanoni und L. A. Barton. (Appl. Physics Letters **13** (1968) 1, 46—47; RCA Labor., Princeton, N.J.; engl.) — Ein neuer elektroopt. Effekt (starke Lichtstreuung einer transparenten Fl. bei Anlegen eines Feldes von 5000 V/cm = dynam. Streuung) wird an *N-[p-Methoxybenzyliden]-p-aminophenylacetat* im nemat. Bereich (83—110°) untersucht. W. Sobieski 436

0990 **Molekülrotation in festem Methan.** T. Yamamoto und Y. Kataoka. (Japan atomic Energy Res. Inst., Res. Rep. **1968**, 1157, 12—18; Kyoto, Kyoto Univ., Fac. of Sci.; jap., Auszug: engl.) — Untersucht wurde der Phasenübergang in festem Methan an Hand des James-Keenanischen Modells, in dem die intermol. Wechselwrkg. für den Phasenübergang auf die elektrostat. Oktupol–Oktupol-Wechselwrkg. zwischen den benachbarten Mol. zurückgeführt wird. H.-S. Park 438

0991 **Kristall- und Molekülstruktur von 4-Methylpentaleno-[6.6a.1.2;def]-heptalen.** H. J. Lindner. (Angew. Chem. **80** (1968) 19, 795; dt.; int. Edit. 7 (1968) 10, 816—17; engl.; Inst. für organ. Chem. der TH Darmstadt.) Autorreferat 438△

0992 **Kristall- und Molekularstruktur von 1-Bromtriptycen, $C_{20}H_{13}Br$.** K. J. Palmer und David H. Templeton. (Acta crystallogr. [Copenhagen], Sect. B **24** (1968) 8, 1048—52; Western Reg. Res. Labor., Agric. Res. Serv., U. S. Dep. of Agric., Albany, Calif.; engl.) W. Sobieski 438

0993 **Kristallstruktur und Molekülbewegung von festem Schwefelkohlenstoff.** Norman C. Baenziger und William L. Duax. (J. chem. Physics 48 (1968) 7, 2974—81; Dep. of Chem., Univ. of Ia., Iowa City, Ia.; engl.) R. Blank 438

0994 **Struktureller Charakter einiger Wasser–n-Alkylamin-Komplexe.** J. J. Fripiat, A. Léonard und E. Mendelovici. (J. physic. Chem. **72** (1968) 5, 1808 bis 1809; Heverlee, Louvain, Belgium, Inst. des Sci. de la Terre, Labor. de Phys. Chim. Minérale; engl.) — Mittels röntgenograph. Meth. werden bei *n-Butyl-*, *n-Hexyl-* u. *n-Octylamin*, die geringe Mengen W. adsorbiert haben, die Vergrößerung der d (001)-Abstände mit steigender Anzahl der Kohlenstoffatome in der Kette bestimmt. G. O. Jäger 438△

0995 **Kristallstruktur von 2-Amino-1.3-selenazol-2-iniumbromid.** Louise Karle. (Angew. Chem. **80** (1968) 19, 793—94; dt.; int. Edit. 7 (1968) 10, 811—12; engl.; Mineralog. Inst. der Univ. Marburg.) Autorreferat 438△

0996 **Kristallstruktur des Dimeren von 9-Anthraldehyd.** Marianne Ehrenberg. (Acta crystallogr. [Copenhagen], Sect. B **24** (1968) 8, 1123—25; Dep. of Chem., Univ. Coll., London; engl.) W. Sobieski 438

0997 **Kristallstruktur von 1.8-Diazacyclotetradecandion-(2.7), einem monomeren Modell von Nylon 66.** Maurits G. Northolt und Leroy E. Alexander. (J. physic. Chem. **72** (1968) 8, 2838—45; Mellon Inst., Carnegie-Mellon Univ., Pittsburgh, Pa.; engl.) — Außer den Strukturdaten werden Bindungslängen u. -winkel u. Dimensionen der H-Bindungen bestimmt. W. Sobieski 438

0998 **Neutronenbeugungsbestimmung der Kristallstrukturen von Thioharnstoff und deuteriertem Thioharnstoff oberhalb und unterhalb des ferroelektrischen Übergangs.** Margaret M. Elcombe und J. C. Taylor. (Acta crystallogr. [Copenhagen], Sect. A **24** (1968) 4, 410—20;

Solid State Phys. Sect., Australian Atomic Energy Commiss., Lucas Heights, Sutherland, N.S.W., Australia; engl.) — Die Strukturen zeigen bei Zimmertemp. u. Temp. des fl. N_2 keine wesentlichen Unterschiede, eine qual. Theorie für die Ferroelektrizität in Thioharnstoff wird diskutiert. H. Liepack 438

0999 **Kristall- und Molekularstruktur von L-Cystein.** Marjorie M. Harding und H. A. Long. (Acta crystallogr. [Copenhagen], Sect. B **24** (1968) 8, 1096—1102; Dep. of Chem., Univ. of Edinburgh; engl.) W. Sobieski 438

1000 **Kristallstruktur von α-Glycylglycin: Berichtigung.** Edward W. Hughes. (Acta crystallogr. [Copenhagen], Sect. B **24** (1968) 8, 1128—29; Gates and Crellin Labor. of Chem., Calif. Inst. of Technol., Pasadena, Calif.; engl.) — Vgl. ibid. B **24** (1968) 40. — Korrektur der l. c. berichteten Gitterkonstanten. W. Sobieski 438

1001 **Kristallstruktur eines Disäuretriglycerids.** Thomas H. Doyne und Janice T. Gordon. (J. Amer. Oil Chemists' Soc. **45** (1968) 5, 333—34; Dep. of Chem., Univ., Villanova, Pa.; engl.) — Röntgenograph. untersucht wurde die β-Form von *2-[11-Bromundecanoyl]-dicaprin.* W. Sobieski 438

1002 **Lipid–Wasser-Systeme. 2. Mitt. Einfluß von Wasser auf den Polymorphismus langkettiger Alkohole und Säuren.** A. S. C. Lawrence, M. A. Al-Mamun und M. P. McDonald. (Trans. Faraday Soc. **63** (1967) 539, 2789 bis 2795; Chem. Dep., Univ. of Sheffield; engl.) — 1. vgl. J. physic. Chem. **68** (1964) 3470. — Untersucht wird der Übergang von der fl. in die hexagonale Form u. in eine Form niedrigerer Symmetrie von *Decanol, Undecanol, Dodecanol, Tetradecanol, Cyclododecanol, Decansäure* u. *Tridecansäure.* K. Strenge 438

1003 **Kinetik der thermischen polymorphen α → β-Umwandlung in metallfreiem Phthalocyanin.** James H. Sharp und Roger L. Miller. (J. physic. Chem. **72** (1968) 9, 3335—37; Xerox Res. Labor., Rochester, N.Y.; engl.) D. Strauch 438

1004 **Kristallstruktur des Dinatriumsalzes von N-Phosphorylkreatinhydrat.** Jon R. Herriott und Warner E. Love. (Acta crystallogr. [Copenhagen], Sect. B **24** (1968) 8, 1014—27; Thomas C. Jenkins Dep. of Biophys., John Hopkins Univ., Baltimore, Md.; engl.) W. Sobieski 438

1005 **Papain in wasser- und methanolreichen Medien; Kristallisation und Konformation.** J. Drenth, W. G. J. Hol, J. W. E. Visser und L. A. Ae. Sluyterman. (J. molecular Biol. **34** (1968) 2, 369—71; Labor. voor Structurchem., Rijksuniv., Groningen, Nederland; engl.) — An Papainkrist. werden Röntgenstrukturunters. (keine Daten) u. ORD-Unters. (Kurven) vorgenommen. W. Sobieski 438

1006 **Kristallstruktur von Myxin.** A. W. Hanson. (Acta crystallogr. [Copenhagen], Sect. B **24** (1968) 8, 1084—96; Div. of Pure Phys., Nat. Res. Council of Canada, Ottawa; engl.) — Die Strukturparameter der Titelverb. (*1-Hydroxy-6-methoxyphenazin-9.10-dioxid*) wurden bei —160° bestimmt. W. Sobieski 438

1007 **Untersuchung freier Radikale bei tiefer Temperatur.** B. Mile. (Angew. Chem. **80** (1968) 13, 519—31; dt.; int. Edit. **7** (1968) 7, 507—19; Shell Res. Ltd., Thornton Res. Center, Chester, England; engl.) — Überblick über Darst., Aufbewahrung u. IR-Spektren von Radikalen sowie über die Anwendungsmöglichkeiten des rotierenden Kryostaten. — 78 Literaturangaben. D. Schmitt 439

1008 **Freie Radikale aus der Bestrahlung von o-Nitrobenzylverbindungen.** E. Thomas Strom und Julius Weinstein. (J. org. Chemistry **32** (1967) 11, 3705—06; Pioneering Res. Div., U. S. Army Natick Labor., Natick, Mass.; engl.) — UV-Bestrahlung von *o-Nitrocumol, o-Nitroäthylbenzol* u. *o-Nitrotoluol* als reine Fl. u. in Lsg. führt zu stabilen Radikalen, die vermutlich o-Alkylphenylnitroxide sind. Die ESR-Spektren der bestrahlten Verb. sind abgebildet. K.-J. Lucas 439

B-3. Thermodynamik

1009 **Berechnung des zweiten Virialkoeffizienten B_{ij} unpolarer Moleküle.** H. Lehmann. (Z. physik. Chem. [Leipzig] **235** (1967) 3/4, 179—87; Wärmetechn. Berechnungsbüro, Projektierungsabt., VEB Leuna-Werke „Walter Ulbricht"; dt.) — Vgl. J. chem. Engng. Data **8** (1963) 306. — Die Gemische unpolarer Mol. werden in drei Gruppen klassifiziert u. darauf verschiedene Kombinationsregeln angewandt. Dadurch kann der mittlere Fehler von B_{12} der l. c. untersuchten Gemische red. werden. Angegeben sind die B_{12}-Daten folgender Gemische: *Äthan* (II)–*Methan* (I), *Propan* (III)–I, II–N_2, II–CO_2 u. III–CO_2. W. Sobieski 442

1010 **Zweite Virialkoeffizienten unpolarer, nicht kugelsymmetrischer Moleküle. 1. Mitt. Korrelation der reduzierten zweiten Virialkoeffizienten nach einem erweiterten Korrespondenzprinzip.** G. Hecht und E. Donth. (Z. physik. Chem. [Leipzig] **239** (1968) 1/2, 1—16; dt.; Wärmetechn. Berechnungsbüro, Projektierungsabt., VEB Leuna-Werke „Walter Ulbricht", Leuna; dt.) — Die Differenzen der red. 2. Virialkoeff. nachst. Verb. bez. Ar werden tabelliert (Literaturdaten) u. durch eine Funktion der red. Temp. mit 3 stoffspezif. Konst. dargestellt (Abb.). Die Ergebnisse werden nach einem um einen Parameter erweiterten Korrespondenzprinzip diskutiert. Angegeben sind ferner die krit. Daten u. Pitzer-, Waals-, Nernst-Kennzahlen sowie der Altenburg-Parameter von: *Methan, Äthan, Propan, n-Butan, n-Pentan, Isopentan, Neopentan, n-Hexan, n-Octan, Isooctan, Cyclopropan, Propen, Bzl.,* Tetrafluor-, *Tetrachlorkohlenstoff, Perfluorcyclobutan, Isobutan, n-Heptan, Cyclohexan, Äthylen, Propadien, Acetylen, Butadien-(1.3), Tetramethylsilan* sowie N_2, SF_6, CO_2, CS_2, SiF_4, CO, O_2 u. N_2O. W. Sobieski 442

1011 **Dichte der Flüssigkeit und Überschußvolumen von Gemischen niedriger KW-Stoffe bei —165°.** M. Y. Shana'a und F. B. Canfield. (Trans. Faraday Soc. **64** (1968) 549, 2281—86; School of Chem. Engng. and Materials Sci., Univ. of Okla., Norman, Okla.; engl.) — Die Daten sind angegeben für die Syst. *Methan* (I)–*Äthan* (II), I–*Propan* (III), II–III, I–*n-Butan* (IV), II–IV u. I–II–III. W. Sobieski 442

1012 **Messung des Koeffizienten der isothermen Kompressibilität von Flüssigkeiten und der partiellen Kompressibilität von Makromolekülen in Lösung durch Ultrazentrifugenanalyse.** Jean Dayantis. (C. R. hebd. Séances Acad. Sci., Sér. C **267** (1968) 3, 223—26; Centre de Rech. sur les Macromol., CNRS, Strasbourg, Bas-Rhin; franz.) — Die mit Hilfe der Philpot-Svensonschen Schlierenoptik bei 20° bestimmten Werte für *Bzl., Chlor-, Brom-, Jodbenzol, Toluol, Aceton, 2-Butanon,* $CHCl_3$ u. *W.* zeigen eine gute Übereinstimmung mit Literaturdaten. Mögliche Fehlerquellen u. ihre Behebung werden diskutiert. Die Meth. ist auf Makromol. übertragbar. J.-J. Pohl 442

1013 **Verbesserte Enthalpiedaten von KW-Stoffen.** J. M. Lenoir. (Hydrocarbon Processing **46** (1967) 5, 161—62; Univ. of Southern Calif., Los Angeles, Calif.; engl.) — Es wird ein Calorimeter zur Best. der Enthalpiewerte von KW-Stoffen u. KW-Stoff-Gemischen beschrieben. Daten einer 43 Mol-% *Propan–Isopentan*-Mischung sind angegeben. K.-J. Lucas 444

1014 **Thermodynamische Eigenschaften von Carbonylfluorid von 12 °K bis zu seinem Siedepunkt. Entropie aus Molekül- und spektroskopischen Daten.** E. L. Pace und M. A. Reno. (J. chem. Physics **48** (1968) 3, 1231—35; Case Western Reserve Univ., Dep. of Chem., Cleveland, O.; engl.) — Bestimmt werden Molwärme des gesätt. Dampfes, molare Schmelz- u. Verdampfungswärme, Dampfdruck u. Entropie. D. Schmitt 444

1015 **Thermodynamische Werte für die Dimerisierung von Pyridon-(2) und Thiopyridon-(2).** N. Kulevsky und W. Reineke. (J. physic. Chem. **72** (1968) 9, 3339—40; Dep. of Chem., Univ. of N.Dak., Grand Forks, N.Dak.; engl.) — Thermodynam. u. Gleichgew.-Daten bestimmt. D. Strauch 446

1016 **Thermochemie von Cyanokohlenstoffen.** 2. Mitt. **Verbrennungswärme von Pyridiniumdicyanmethid, Malo-**

nitril und Fumarnitril. Richard H. Boyd, K. Ranjan Guha und Richard Wuthrich. (J. physic. Chem. **71** (1967) 7, 2187—91; Dep. of Chem., Ut. State Univ., Logan, Ut.; engl.) — 1. vgl. C. **1997**, 29-0890. — Die Bldg.-Wärmen der festen u. gasf. Titelverb. wurden über die Verbrennungswärmen der Feststoffe u. deren Verdampfungswärmen bestimmt. Ber. wurde die thermochem. Bindungsenergie der N^+-C^--Bindung des Methids u. spektrometr. ermittelt der pKa-Wert der Dissoziation der konjugierten Säure des Methids in H_2O. K.-J. Lucas 446

1017 **Beobachtung der anomalen Dämpfung und Dispersion von Überschall in einer binären Mischung in der Nähe des kritischen Punktes.** S. H. Chen und N. Polonsky. (Physic. Rev. Letters **20** (1968) 17, 909—11; Gordon McKay Labor., Harvard Univ., Cambridge, Mass.; engl.) — Mittels Brillouin-Streuung wird der Effekt in *n-Hexan-Nitrobenzol* gemessen. D. Schmitt 448

1018 **Viskosität einiger organischer Gläser, die als Einfangmatrizen verwendet werden.** 2. Mitt. A. Campbell Ling und John E. Willard. (J. physic. Chem. **72** (1968) 9, 3349—51; Dep. of Chem., Univ. of Wis., Madison, Wis.; engl.) — 1. vgl. ibid. **72** (1968) 1918. — Es wurde die Viskosität bei 77,5 °K u. Viskositätsparameter von *2-, 3-Methylpentan, 2-Methylpenten-(1), 3-Äthyl-, 2.3-Dimethylpentan, 3-Methylhexan, 4-Methylheptan, 3-Methyloctan, Methyl-, Äthylcyclohexan, Perfluordimethylcyclohexan, Methanol, Ä., 2-Methyltetrahydrofuran, n-Propanol, n-Amylalkohol, Isoamylalkohol, Isopropyl-, n-Butylbenzol* u. *Di-n-butylphthalat* bestimmt. D. Strauch 448

1019 **Variation der nichtisothermen Diffusionskoeffizienten.** Sergio Dicave und Alden H. Emery jun. (Ind. Engng. Chem., Fundamentals **7** (1968) 1, 95—99; School of Chem. Engng., Purdue Univ., Lafayette, Ind.; engl.) — Die mit Hilfe der Wärmeleitfähigkeit gemessenen Diffusionskoeff. sind gewöhnlich um 20—40% größer als die mit Hilfe der isothermen Diffusion erhaltenen Werte u. steigen mit dem Temp.-Gradienten. Das untersuchte Syst. *1.1.2.2-Tetrachloräthan* u. *1.1.2.2-Tetrabromäthan* wurde mit einem mittleren Molenbruch von 0,5 verwendet. G. Malow 448

1020 **Untersuchung eines nichtionogenen oberflächenaktiven Stoffes in D_2O mit Hilfe der Ultrazentrifuge.** R. H. Ottewill, C. C. Storer und T. Walker. (Trans. Faraday Soc. **63** (1967) 539, 2796—2802; School of Chem., Univ. of Bristol; engl.) — Das scheinbare Micellgew. von *Hexaäthylenglycol-mono-n-dodecyläther* in D_2O wurde als Funktion der Temp. im Bereich von 5 bis 35° aus der Sedimentationsgeschw. bestimmt. Ferner wurde die Viskosität untersucht. K. Strenge 448

1021 **Relative Viskosität und scheinbares molares Volumen von N-Methylpropionamid-Lösungen bei verschiedenen Temperaturen.** Frank J. Millero. (J. physic. Chem. **27** (1968) 9, 3209—14; Inst. of Marine Sci., Univ., Miami, Fla.; engl.) — Die relative Viskosität wird bestimmt von *Bzl., Py.* u. *$NaNO_3$* in N-Methylpropionamid (I); die scheinbaren molalen Volumina von Bzl., Py., *Benzoesäure, NaCl, KCl, NaBr, KBr, $NaNO_3$* u. *Na-Benzoat* in I. Die Werte werden mit denen von W.-Lsg. verglichen. D. Strauch 448

1022 **Wärmeleitfähigkeit höherer einbasischer Säuren.** G. Ch. Muchamedzjanov und A. G. Usmanov. (Izvest. vysšich učebnych Zavedenij [Baku], Neft Gaz. **10** (1967) 1, 75—78; Kazanskij chim.-technol. inst. im. Kirova; russ.) — Die Vf. bestimmen die Wärmeleitfähigkeit von *Propion-, n-Butter-, n-Valeriansäure* im Bereich von 25° bis zum Kp. u. von *n-Capryl-, n-Pelargon-*, n-Caprin-, n-Myristin-, Palmitin- u. Stearinsäure zwischen dem F. u. 190°. E. Hientzsch 448

B-4. Phasengleichgewichte, chemische Gleichgewichte und ihre Energetik

1023 **Eine weitere gerade–ungerade-Alternierung in den Eigenschaften von n-Alkanen.** R. C. Price und S. G. Perry. (Chem. and Ind. **1968**, 23, 744—45; Esso Petroleum Co. Ltd., Esso Res. Center, Abingdon, Berks.; engl.) — Schmelz- u. Erstarrungspunkte der n-Alkane von n-Octan bis n-Heptadecan werden gemessen u. diskutiert. D. Schmitt 452

1024 **Experimentelle Bestimmung der Temperaturabhängigkeit des Sättigungsdrucks von Benzol.** D. D. Kalafati, D. S. Rasskazov und E. K. Petrov. (Ž. fiz. Chim. **41** (1967) 6, 1357—59; Mosk. energet. inst.; russ.) E. Hientzsch 452

1025 **Thermodynamische Eigenschaften von Fluorverbindungen.** 5. Mitt. **Dampfdruck von Pentafluorbenzol, Chlorpentafluorbenzol, 2.3.4.5.6-Pentafluortoluol und Pentafluorphenol.** D. Ambrose. (J. chem. Soc. [London], Sect. A **1968**, 6, 1381—83; Nat. Phys. Labor., Teddington, Middlesex; engl.) — 4. vgl. C. **1967**, 29-0888. D. Schmitt 452

1026 **Sättigungsdampfdruck von m- und p-Diacetylbenzol.** A. S. Chorevskaja und S. Š. Byk. (Ž. prikl. Chim. **40** (1967) 2, 464—65; russ.) — Die Messungen wurden zwischen 50 u. 160° durchgeführt. H. Bajor 452

1027 **Latente Sublimationswärme von Terephthalsäure aus DTA-Daten.** Claude A. Lucchesi und W. T. Lewis. (J. chem. Engng. Data **13** (1968) 3, 389—91; Mobil Chem. Co., Res., Dev. and Engng. Div., Edison, N.J.; engl.) D. Strauch 452

1028 **Abschätzung der Phasengleichgewichtskonstanten von Mehrkomponentengemischen nach der Wohl-Gleichung für flüssige und der Redlich-Kwong-Gleichung für Dampfphasen.** S. B. Adler, H. Ozkardesh und W. C. Schreiner. (Hydrocarbon Processing **47** (1968) 4, 145 bis 153; M. W. Kellogg Co., New Market, N.J.; engl.) — Untersucht werden die bin. Syst. *Methan* (I)–*Äthan* (II), I–*Propan* (III), II–III u. des tern. Syst. I–II–III. W. Sobieski 454

1029 **Gleichgewichtsmessungen nach der Dampf–Flüssigkeit-Fließmethode. Dampf–Flüssigkeit-Gleichgewichtsmessungen von drei binären Gemischen von n-Butan bei 0°.** Mitsuho Hirata und Seijiro Suda. (Bull. Japan Petroleum Inst. **10** (1968) 20—27; Fac. of Engng., Tokyo Metropolitan Univ., Fukazawa, Setagaya-ku, Tokyo; engl.) — Dampf-Fl.-Gleichgew.-Daten sind angegeben von n-Butan (I)–*Isobutan*, I–*Vinylchlorid* u. I–*CO_2*. W. Sobieski 454

1030 **Aktivitätskoeffizienten der Lösungen von C_4–C_8-KW-Stoffen in Tetrakosan und n-Dotriakontan.** C. L. Young. (Trans. Faraday Soc. **64** (1968) 546, 1537—46; Dep. of Phys. Chem., Univ., Bristol; engl.) — Von *n-Butan, n-Pentan, n-Hexan, n-Heptan, n-Octan, Isopentan, Bzl., Hexafluorbenzol, Cyclohexan* u. *Hepten-(1)* in $C_{32}H_{66}$ u. $C_{40}H_{82}$ die 2. Virialkoeff. durch GLC, die Aktivitätskoeff. u. Wechselwrkg.-Parameter bestimmt. D. Schmitt 454

1031 **Mischungswärme von Tetrachlorkohlenstoff mit Tetrachloräthylen.** David P. L. Poon und Benjamin C.-Y. Lu. (J. chem. Engng. Data **13** (1968) 3, 435; Dep. of Chem. Engng., Univ., Ottawa, Canada; engl.) D. Strauch 454

1032 **Thermodynamik der Systeme: nichtionogenes Tensid–Wasser.** J. S. Clunie, J. M. Corkill, J. F. Goodman, P. C. Symons und J. R. Tate. (Trans. Faraday Soc. **63** (1967) 11, 2839—45; Procter & Gamble Ltd., Basic Res. Dep., Newcastle upon Tyne; engl.) — Die Zustandsdiagramme der Syst. *Hexaäthylenglykolmonooctyläther* bzw. *-monodecyläther-W.*, die Lsg.-Wärmen der Tenside in W., u. die Aktivität des W. in den bin. Mischungen werden bestimmt. K. Strenge 454

1033 **Thermodynamisches Verhalten der Mischsysteme Methyläthylketoxim/n-Heptan, Diäthylketon/n-Heptan und Methyläthylketoxim/Diäthylketon.** G. Geiseler und H. Köhler. (Ber. Bunsenges. physik. Chem. **72** (1968) 6, 697—706; Phys. Chem. Inst., Univ. Leipzig; dt.) — Die Dampf-Fl.-Gleichgew. u. die Mischungsenthalpien wurden über den ges. Molenbruch bestimmt u. aus den Daten die Aktivitätskoeff. der Komponenten, die Überschußfunktionen u. integralen Lsg.-Wärmen berechnet. D. Strauch 454

1034 **Mischungswärme fester Lösungen von Benzoesäure und m-Fluorbenzoesäure.** Gary L. Bertrand, Richard

D. Beaty und Harry A. Burns. (J. chem. Engng. Data 13 (1968) 3, 436–37; Dep. of Chem., Univ. of Mo., Rolla, Mo.; engl.) — Es werden über den gesamten Zus.-Bereich die Neutralisationswärmen der Titelverb. in Methanol-wss. 0,1 m NaOH-Lsg. bei 25° u. deren fester Lsg. bestimmt u. die Mischungswärmen berechnet. D. Strauch 454

1035 **Struktur der mesomorphen Phasen und Micellen in wäßrigen Glyceridsystemen.** Kåre Larsson. (Z. physik. Chem. [Frankfurt/M.] 56 (1967) 3/4, 173–98; Crystallography Group, Dep. of Med. Biochem., Univ. of Göteborg; dt.) — Die Zustandsdiagramme der Monoglycerid-W.-Syst. der 1-Monoglyceride der *Capron-*, *Capryl-*, *Caprin-*, *Palmitin-*, *Behen-*, *Undecyl-* u. *Heptadecansäure* werden aufgenommen u. die Struktur der verschiedenen Phasen durch Röntgenbeugung u. -kleinwinkelstreuung ermittelt. K. Strenge 454

1036 **Löslichkeitskurve und Flüssigkeit–Flüssigkeit-Gleichgewicht des Systems Vinylacetat–Methanol–Wasser und Abtrennung von Vinylacetat aus Vinylacetat–Methanol-Mischungen durch Extraktion.** Akikazu Nakamura. (J. chem. Soc. Japan, ind. Chem. Sect. [Kōgyō Kagaku Zasshi] 71 (1968) 3, 319–21; Shin-etsu Chem. Industry Co., Ltd., Kuroi, Naoetsu; jap., Auszug: engl.) W. Sobieski 454

1037 **Kinetik der Benetzung von Oberflächen durch Polymere; Kapillarströmung.** S. Newman. (J. Colloid Interface Sci. 26 (1968) 2, 209–13; Ford Motor Co., Sci. Res. Staff, Dearborn, Mich.; engl.) — Die Zeitabhängigkeit der Kontaktwinkeländerung beim Eindringen einer Flüssigkeit in Kapillaren wird ber. u. am Literaturbeispiel *Poly-[äthylenvinylacetat]-Al* überprüft. K. Strenge 456

1038 **Neue Beziehung für die Oberflächenspannung von Flüssigkeiten.** V. Pachaiyappan, S. H. Ibrahim und N. R. Kuloor. (Chem. Engng. 74 (1967) 22, 172–74; Indian Inst. of Sci., Bangalore; engl.) — Für reine Fl. kann die Oberflächenspannung aus dem Molgew. ber. werden. Eine Übersicht über folgende Verb.-Klassen wird gegeben: n-Alkohole, iso-Alkohole, Ketone, Säuren, Ester, Äther u. Acetale, Alkane, Cycloalkane, aromat. KW-Stoffe, aromat. Amine, polyhalogenierte Aliphaten, monohalogenierte Alkane. K. Strenge 456

1039 **Temperatureinfluß auf das Oberflächenpotential von Micellen grenzflächenaktiver Stoffe.** Fumikatsu Tokiwa und Kenji Ohki. (Kolloid-Z., Z. Polymere 228 (1968) 2, 135–38; Res. Labor., Kao Soap Co., Wakayama-shi, Japan; engl.) — Vgl. J. Colloid. Interface Sci. 24 (1967) 219. — Der Temp.-Einfl. auf Ψ_0 der Micellen wird durch potentiometr. Titration im Bereich 5–35° an den je nach pH-Wert nichtion. oder kation. Tensiden *N.N-Dimethyl-* u. *N.N-Bis-[hydroxyäthyl]-dodecylaminoxid* untersucht, die Ionisierungswärme der Micellen ber. u. die Micellenstruktur aus den erhaltenen Daten nach dem Gouy-Chapman-Modell diskutiert. W. Sobieski 456

1040 **Thermodynamische Untersuchung der Micellenbildung und Micellensolubilisierung eines nichtionischkationischen grenzflächenaktiven Stoffs.** Fumikatsu Tokiwa und Kenji Ohki. (Kolloid-Z., Z. Polymere 228 (1968) 2, 138–41; engl.) — Vgl. vorst. Referat. — Es wurde der Einfl. der Ladung von *N.N-Dimethyldodecylaminoxid* (I) auf Bldg. u. Solubilisierung von Micellen im Syst. I-YellowOB-W. untersucht u. thermodynam. Daten der Micellenbldg. bestimmt. W. Sobieski 456

1041 **Strukturbildung in Adsorptionsschichten von Emulsionen und ihre Stabilität.** S. A. Nikitina. (Abh. dtsch. Akad. Wiss. Berlin, Kl. Chem., Geol. Biol. 1966 (1967) 6b, 609–18; Inst. für physikal. Chem. der Akad. der Wissensch. der UdSSR, Moskau; dt.) — Der Zusammenhang zwischen der Stabilität von Emulsionen aus *Xylol* in blockpolymerisierten Tensiden bzw. OP-10-Lsg. u. der Festigkeit der zu stabilisierenden Grenzschichten wird untersucht. K. Strenge 456

1042 **Neue Ergebnisse über den Einfluß der elektromagnetischen Relaxation auf den Zerreißdruck in dünnen flüssigen Filmen.** E. Manev und M. Bouleva. (Abh. dtsch. Akad. Wiss. Berlin, Kl. Chem., Geol. Biol. 1966 (1967) 6b, 557–65; Inst. für physikal. Chem. der Univ. Sofia; engl.) — Die Unters. wurde mittels der dynam. Meth. von Scheludko an *Anilin* u. *Chlorbenzol* vorgenommen. K. Strenge 456

1043 **Oberflächenspannung einiger binärer flüssiger Mischungen.** S. K. Suri und V. Ramakrishna. (J. physic. Chem. 72 (1968) 9, 3073–79; Chem. Dep., Indian Int. of Technol., New Delhi; engl.) — Untersucht wurden *Bzl.–Cyclohexan* (I), Bzl.–*Dioxan* (II), I–II, Bzl.–*Nitrobenzol* (III), I–III u. II–III. D. Strauch 456

1044 **Retention von Kohlenwasserstoffen in Octadecanol-Monoschichten.** G. T. Barnes, A. J. Elliot und E. C. M. Grigg. (J. Colloid Interface Sci. 26 (1968) 2, 230–32; Dep. of Chem., Univ. of Queensland, St. Lucia, Queensland, Australia; engl.) — ^{14}C-markiertes *Decan* (I) wird zusammen mit *Octadecanol* auf Bzl. gespreitet u. der zeitliche Verlauf der Verdampfung des I radiochem. verfolgt. K. Strenge 456

1045 **Adsorptionsisothermen für Benzol–Hexan-Mischungen.** John Shen und J. M. Smith. (Ind. Engng. Chem. Fundamentals 7 (1968) 1, 100–05; Univ. of Calif., Davis; engl.) — Für die Adsorption von n-Hexan u. Bzl. u. ihrer Mischungen wurden an Silicagel die Gleichgew.-Isothermen zwischen 70 u. 130° aufgenommen u. die Adsorptionswärmen berechnet. G. Malow 456

1046 **Adsorptionsgeschwindigkeiten im System Benzol-Hexan.** John Shen und J. M. Smith. (Ind. Engng. Chem. Fundamentals 7 (1968) 1, 106–14; engl.) — Vgl. vorst. Referat. — Von Bzl. u. n-Hexan sowie deren Mischungen wurden an Silicagel Adsorptionsisothermen gemessen. G. Malow 456

1047 **Konformation von Poly-[γ-benzyl-L-glutamat]-Oberflächenfilmen, untersucht durch „multiple-internal-reflection"-Spektroskopie.** George I. Loeb. (J. Colloid Interface Sci. 26 (1968) 2, 236–38; Naval Res. Labor., Washington, D.C.; engl.) K. Strenge 456

1048 **Eine neue Tensidklasse: Tris-(alkylsulfonyl)-methane.** Clyde S. Scanley. (J. Colloid Interface Sci. 26 (1968) 2, 244–46; Amer. Cyanamid Co., Stamford, Conn.; engl.) — Untersucht wurde die Oberflächenspannung der Na-Salze von *Tris-(n-amylsulfonyl)-* (F. 207–208°), *Tris-(iso-amylsulfonyl)-* (F. 273–275°), *Tris-(n-hexylsulfonyl)-* (F. 169–170,3°), *Tris-(n-heptylsulfonyl)-* (F. 168,5 bis 171°), *Tris-(n-octylsulfonyl)-* (F. 156–157,5°), *Tris-(n-dodecylsulfonyl)-* (F. 132–133°) u. *Tris-(n-octadecylsulfonyl)-methan* (F. 110,5–114°). IR-Daten sind tabelliert. K. Strenge 456

1049 **Steroidhormone und Monoschichten.** C. Y. C. Pak und N. L. Gershfeld. (Nature [London] 214 (1967) 5091, 888–89; Nat. Inst. of Arthritis and Metabolic Diseases, Nat. Inst. of Health, US Dep. of Health, Educ. and Welfare, Bethesda, Md.; engl.) — Der Elektrolyteinfl. von KCl, NaCl, LiCl, CsCl u. $CaCl_2$ auf die durch eine Monoschicht von *Androsteron*, *Desoxycorticosteron*, *Ätiocholanolon* u. *Aldosteron* mitgerissene W.-Menge wird untersucht. K. Strenge 456

1050 **Anwendung der Gibbsschen Gleichung zur Bestimmung des Grenzwertes der Molekülsperrigkeit grenzflächenaktiver Steroide an der Öl–Wasser-Phasengrenzfläche.** Jean-François Baret und Robert Roux. (C. R. hebd. Séances Acad. Sci., Sér. C 266 (1968) 4, 243–45; Fac. de Sci., Labor. Physique industrielle, Marseille; franz.) — Für nachst. Steroide wurde aus den Grenzflächenspannung–Konz.-Kurven der Flächenbedarf je Mol. ber.: *Östron*, *Östradiol*, *Östrol*, *Androstan*, *Androsteron*, *Epiandrosteron*, *Ätiocholan-3β-ol-17-on*, *Ätiocholan-3α-ol-17-on*, *DHA*, *Testosteron*, *Progesteron*, *17-Hydroxyprogesteron*, *DOC*, *Cortison*, *Cortisol*, *Cholesterin* u. *Cycloöstrol*. K. Strenge 456

1051 **Bildung eines Dreierkomplexes im angeregten Zustand.** H. Beens und A. Weller. (Chem. Physics Letters [Amsterdam] 2 (1968) 3, 140–42; Chem. Labor., Vrije Univ., Amsterdam; engl.) — Die Fluoreszenzspektren des Syst. *Naphthalin* (I)–*1.4-Dicyanbenzol* (II) wechselnder Zus. in Toluol werden untersucht. Im angeregten

Zustand wird die Bldg. eines I^+II^--Ladungsübertragungs- u. eines I I^+II^--Dreierkomplexes nachgewiesen.
W. Sobieski 458

1052 **Assoziation in Systemen des Typus R'YRXH (Y, X-Protonenakzeptoren), die zur Bildung von inter- und intramolekularen H-Brücken befähigt sind.** W. Köhler. (Doklady bolgarskoj Akad. Nauk 21 (1968) 2, 147 bis 149; Inst. für Phys. Chem., TH für Chemie „Carl Schorlemmer", Leuna-Merseburg; dt.) — Theoret. Behandlung der Gleichgew. zwischen Assoziation.
W. Sobieski 458

1053 **Ausmaß der Assoziation in flüssigem DMSO.** Ralph L. Amey. (J. physic. Chem. 72 (1968) 9, 3358 bis 3359; Dep. of Chem., Occidental Coll., Los Angeles, Calif.; engl.) — Diskussion unter Verw. der Kirkwood-Gleichung u. experimentellen DK-Daten (Literatur).
D. Strauch 458

1054 **Dielektrische Untersuchung der zwischen Triäthylamin und Essig- und Monochloressigsäure gebildeten Molekülkomplexe.** S. R. Gough und A. H. Price. (J. physic. Chem. 72 (1968) 9, 3347—49; Edward Davis Chem. Labor., Univ. Coll. of Wales, Aberystwyth; engl.) — Dielektr. Titrationen werden von den Titelsyst. über den gesamten Zus.-Bereich durchgeführt u. bez. der gebildeten Komplexe diskutiert. D. Strauch 458

1055 **Bildung von Ladungsübertragungskomplexen in Systemen aus substituierten aromatischen Kohlenwasserstoffen und organischen Elektronendonatoren.** 6. Mitt. **Viskosimetrische und densimetrische Untersuchung der Komplexbildung in Systemen aus Nitrobenzol und einigen schwachen aliphatischen Basen.** A. Ja. Dejč. (Izvest. Akad. Nauk Latv. SSR, Ser. chim. **1967**, 1, 9—21; Inst. inženerov graždanskoj aviacji im. Leninskogo komsomola; russ., Auszug: engl.) — 5. vgl. ibid. **1966**, 566. — Untersucht werden nachst. bin. Syst. von Nitrobenzol mit *Orthoameisensäureäthylester*, *Diäthylenglykoldimethyläther*, *n-Butanol* (nur densimetr.), *Cyclohexanon* (nur densimetr.), *Anisol*, *Trimethylbenzol*, *Bzl.*, *Butyraldehyd* (I), *Essigsäureäthylester* (II), *Acetaldehyddiäthylacetal* (III), *Triäthyl-* (IV) u. *Diäthylamin* (V), *Vinylbutyläther* (VI), *N.N-Dimethylanilin* (VII) u. *Acrylnitril* (VIII). In Übereinstimmung mit Ergebnissen anderer Unters.-Meth. findet nur Komplexbldg. in den Syst. mit I—IV statt; in den Syst. mit V u. VI ist sie nicht sicher. Im Gegensatz zu anderen Meth. kann densimetr. u. viskosimetr. in den Syst. mit VII u. VIII keine Komplexbldg. nachgewiesen werden. H. Bajor 458

1056 **Spektroskopie von aromatischen Kohlenwasserstoffen in eingefrorenen kristallinen Lösungen.** 2. Mitt. **Charakter der Aggregate von Anthracen in n-Paraffinen.** V. I. Gljadkovskij, L. A. Klimova und G. N. Nersesova. (Optika i Spektroskopija 23 (1967) 3, 407—13; russ.) — Untersucht werden bei 77 °K in Abhängigkeit von der Wellenlänge des anregenden Lichtes u. von der Gefriergeschw. die Fluoreszenzspektren von Anthracen-(I)-Aggregaten in n-Heptan mit u. ohne *Naphthacen* (I) sowie von I selbst; ferner die der Krist. u. Aggregate in n-Nonan von I bei 77 u. 4 °K. P. Šimak 458

1057 **Hydratation von Pyridin in organischen Lösungsmitteln.** James R. Johnson, Paul J. Kilpatrick, Sherril D. Christian und Harold E. Affsprung. (J. physic. Chem. 72 (1968) 9, 3223—29; Dep. of Chem., Univ. of Okla., Norman, Okla.; engl.) — Die Hydratationskonst. des Monohydrats des Py.-Monomeren u. -Dimeren wurden in den Syst. Py.–W.–*1.2-Dichloräthan*, –CCl_4, –*Bzl.*, –*Cyclohexan* u. –*Toluol* bestimmt.
D. Strauch 458

1058 **Innere Kompressionseffekte.** 2. Mitt. **Frequenz- und Intensitätsänderungen bei Spektren von Ladungs-Übertragungs- und Wasserstoffbrückenbindungskomplexen.** Philip J. Trotter. (J. chem. Physics 48 (1968) 6, 2736 bis 2741; Boulder Colo., Univ. of Colorado, Dep. of Chem.; engl.) — 1. vgl. J. Amer. chem. Soc. 88 (1966) 24, 5721. — Untersucht werden am Modell der Komplexe von *Tetracyanäthylen* mit *Mesitylen*, *Hexamethylbenzol* u. *N.N-Dimethylanilin*, die durch Kompression der Komplexbindung hervorgerufenen Effekte (Änderung der Ladungsübertragungs-CT)-Frequenz u. -Intensität) in den Spektren schwacher Mol.-Komplexe. Die spektralen Änderungen werden mit einer Verkürzung der Komplexbindungslänge durch interne Kompressionskräfte des Lsgm. oder durch hohe äußere Drücke in Beziehung gesetzt. Die Änderung der CT-Frequenz vorst. Komplexe in Abhängigkeit der Kompressionskräfte werden in n-Perfluorheptan, n-Hexan, n-Heptan, trans-Dekalin, Cyclohexan u. CCl_4 bestimmt.
G. O. Jäger 458△

1059 **Dielektrische Untersuchung der intermolekularen Assoziation sterisch gehinderter Octanol-Isomeren.** Gyan P. Johari und Walter Dannhauser. (J. physic. Chem. 72 (1968) 9, 3273—76; Dep. of Chem., State Univ. of N.Y., Buffalo, N.Y.; engl.) — Von *2-Methyl-* (Kp. 165°), *3-Methylheptanol-(4)* (Kp. 166,5°), *2.2-Dimethyl-* (Kp. 154,5°), *2.4-Dimethyl-* (Kp. 159°), *3.4-Dimethyl-* (Kp. 159,5°) u. *2.5-Dimethylhexanol-(3)* (Kp. 157,5°) werden die DK der Isomeren im Temp.-Bereich —80 bis +140°, thermodynam. Parameter u. Gleichgew.-Konst. der Dimeren-Ringbldg. bestimmt. D. Strauch 458

1060 **Protonenübertragungskomplexe.** 1. Mitt. **Bevorzugte Solvatation von p-Nitrophenol–Amin-Komplexen in nichtwäßrigen Lösungsmittelgemischen.** Ronald Scott, Dennis De Palma und Serge Vinogradov. (J. physic. Chem. 72 (1968) 9, 3192—201; Dep. of Biochem., School of Med., Wayne State Univ., Detroit, Mich.; engl.) — Es wurden die UV-Spektren u. Spektren im sichtbaren Bereich der Komplexe von p-Nitrophenol mit *Triäthyl-* u. *n-Butylamin* in Butanol-(1) (I), DMF, DMSO, I-Cyclohexan u. DMF–Bzl. bei 25° aufgenommen. Es wird auf ein Gleichgew. zwischen H-Brückenkomplex u. Protonenübertragungskomplex geschlossen.
D. Strauch 458

1061 **Verbindungen von Harnstoff mit Säuren.** A. K. Molodkin, G. V. Ellert, O. M. Ivanova und G. A. Skotnikova. (Ž. neorg. Chim. 12 (1967) 4, 947—57; russ.) — Vf. synthetisieren nachst. Harnstoffsalze: $CO(NH_2)_2 \cdot HNO_3$, $2\,CO(NH_2)_2 \cdot H_2SO_4$; $CO(NH_2)_2 \cdot H_3PO_4$; $2\,CO(NH_2)_2 \cdot H_2C_2O_4$ u. $CO(NH_2)_2 \cdot CH_3COOH$ u. untersuchen ihre therm. Zers., ihre Mikrophotogramme, die pH-Werte u. die elektr. Leitfähigkeit ihrer wss. Lsg., bestimmen die anisotropen Brechungsindizes u. ihre D. u. berechnen ihre Molrefraktionen sowie ihre spezif. u. Molvolumina. J. J. Pohl 458

1062 **Intramolekulare H-Bindung im niedrigsten angeregten Singulettzustand einiger substituierter Salicylsäuren.** Stephen G. Schulman und Herman Gershon. (J. physic. Chem. 72 (1968) 9, 3297—99; Boyce Thompson Inst. for Plant Res., Yonkers, N.Y.; engl.) — Von *Salicylsäure*, *o-Methoxy-*, *p-Hydroxy-*, *m-Hydroxybenzoesäure*, *Methylsalicylat*, *5-Chlor-*, *5-Brom-*, *5-Jod-*, *3.5-Dichlor-*, *3.5-Dibrom-*, *3.5-Dijod-*, *3-Nitro-*, *5-Nitro-*, *3.5-Dinitrosalicylsäure*, *3-Hydroxy-* u. *4-Brom-3-hydroxynaphthoesäure-(2)* wurden die pH-Abhängigkeit der Singulett–Singulett-Übergänge u. die ΔpK_a-Werte der COOH- u. der OH-Gruppe bestimmt u. bez. intramol. H-Bindungen diskutiert. D. Strauch 458

1063 **Säuredissoziationskonstanten von Thiolen.** James P. Danehy und K. N. Parameswaran. (J. chem. Engng. Data 13 (1968) 3, 386—89; Dep. of Chem., Univ., Notre Dame, Ind.; engl.) — Es wurden die pK_a-Werte von *2-Mercaptobenzoesäure*, *4-Aminothiophenol*, *2-Mercaptobenzthiazol*, *2-Mercaptotoluol*, *3-Mercaptotoluol*, *4-Mercaptotoluol*, *Thiophenol*, *3-Mercaptobenzoesäure*, *4-Chlorthiophenol*, *4-Mercaptobenzoesäure* u. *4-Nitrothiophenol* bestimmt u. mit Werten einer großen Anzahl von Thiolen (Literaturdaten) verglichen. D. Strauch 462

1064 **Dissoziationskonstanten von starken ein- und zweibasigen Kationsäuren.** 1. Mitt. **Erstellung und Diskussion der Gleichungen.** Jean-Charles Pariaud, Josette Dumas und Roger Mauger. (Bull. Soc. chim. France **1967**, 8, 2923—30; Labor. de Chim. phys., Fac. des Sci., Rabat, Maroc; franz.) — Zwecks Best. der Dissoziationskonst. $RH_2^{2+} \rightleftharpoons RH^+ + H^+$ u. $RH^+ \rightleftharpoons R + H^+$ unter aufeinanderfolgender Verw. einer Kette ohne (AgCl/Ag-Elektrode) u. mit Fl.-Brücke (SCE) entwickelten Vf. geeignete Gleichungen. Die Meth. wurde angewendet auf *Picolinamid*, *-thioamid*, *-amidoxim* u. *2.2'-Pyridyl*.
G. Schatz 462

1065 **Säurestärken von einigen substituierten Pikrinsäuren.** P. J. Pearce und R. J. J. Simkins. (Canad. J. Chem. **46** (1968) 2, 241–47; Explosives Res. and Dev. Establishment, Ministry of Technol., Waltham Abbey, Essex; engl.) — Die EMK nachst. *Pikrinsäuren* wurden bestimmt u. mit pK-Werten aus der Literatur verglichen: *tert.-Butyl-, Dimethyl-, Methyl-, Äthyl-, unsubstituiert, Methoxy-, Jod-, Brom-, Chlor-* u. *Dichlor-*; sowie von den Benzoesäuren: *2-, 3-* u. *4-Amino-*; *2-, 3-* u. *4-Hydroxy-*; *2-* u. *4-Methoxy-*; *2-, 3-* u. *4-Methyl-*; *unsubstituiert, 4-Fluor-, 2-* u. *4-Chlor-*; *2-* u. *4-Brom-*; *2-, 3-* u. *4-Nitro-* u. *2-Jod-*; sowie von *Naphthoesäure-(1), Styphninsäure*; *Methyl-, Chlor-* u. *Hydroxystyphninsäure* u. den 2.4-Dinitrophenolen: *unsubstituiert, 6-Methyl-, 6-Chlor-, 6-Brom-* u. *6-Amino-*. Die ber. u. gemessenen pK-Werte nachst. Phenole werden verglichen: *2-, 3-* u. *4-Methyl*; *2.3-, 2.4-, 2.5-, 2.6-, 3.4-* u. *3.5-Dimethyl-*; *2.4.5-* u. *2.4.6-Trimethyl-*; *2-, 3-* u. *4-Äthyl-*; *3-Äthyl-5-methyl-*; *2-, 3-* u. *4-Phenyl-*; *2-, 3-* u. *4-Hydroxymethyl-*; *2-Hydroxymethyl-4-methyl-*; *2.4-* u. *2.6-Bis-(hydroxymethyl)-, 2.4.6-Tris-(hydroxymethyl)-*; *2-, 3-* u. *4-Methoxy-*; *2-Methoxy-4-, -5-* u. *-6-formyl-*; *3-* u. *4-Acetyl-*; *3-* u. *4-Methylmercapto-*; *3-* u. *4-Methylsulfonyl-*; *3.5-Dimethyl-4-methylsulfonyl-*; *3-* u. *4-Cyano-*; *2.6-* u. *3.5-Dimethyl-4-cyano-*; *2-, 3-* u. *4-Fluor-*; *2-, 3-* u. *4-Chlor-*; *2.3-, 2.4-, 2.5-, 2.6-, 3.4-* u. *3.5-Dichlor-*; *2-, 3-* u. *4-Brom-*; *2-, 3-* u. *4-Jod-*; *2-, 3-* u. *4-Nitro-*; *2.6-* u. *3.5-Dimethyl-4-nitro-*; *2.4.6-Trimethyl-3-nitro-*; *2.4-, 2.5-, 2.6-* u. *3.4-Dinitro-*; *2.4-Dinitro-6-methyl-, -chlor-, -brom-* u. *2.6-Dinitro-4-chlor-* sowie von *Brenzcatechin*, den Resorcinen: *unsubstituiert, 2.4.6-Trinitro-, 2.4.6-Trinitro-5-methyl-* u. *-chlor-*; den Hydrochinonen: *unsubstituiert, 2-Methyl-, 2.3.5.6-Tetramethyl-, 2.6-Dichlor-, 2-Nitro-, 2.6-Dinitro-*, von *Pyrogallol, Phloroglucin* u. *2.4.6-Trinitrophloroglucin* u. *3-Nitrobrenzcatechin*. D. Schmitt 462

1066 **Ionenaustausch bei Aminosäuren-Donnangleichgewicht.** James L. Haynes. (J. Colloid Interface Sci. **26** (1968) 2, 255–57; Dep. of Biochem., Univ. of Minn., St. Paul, Minn.; engl.) — Es wird eine Gleichung für die Zahl der Aminosäuremol. abgeleitet, die unter den Bedingungen des Donnangleichgew. in der Harz-Phase eines Kationenaustauschers in der H^+-Form gebunden werden. Die Konst. dieser Gleichung werden aus Experimenten mit *Glycin, Serin, Asparaginsäure* u. *Phenylalanin* berechnet. K. Strenge 462

1067 **Thermodynamische Dissoziationskonstanten einiger 1-Hydroxycycloalkancarbonsäuren bei 25°.** J. E. Powell und J. L. Farrell. (J. inorg. nuclear Chem. **30** (1968) 8, 2135–38; Inst. for Atomic Res., Dep. of Chem., Ia. State Univ., Ames, Ia.; engl.) — Die pK-Werte sind angegeben von *1-Hydroxycyclopentan-, 1-Hydroxycyclohexan-* u. *1-Hydroxycycloheptancarbonsäure*. W. Sobieski 462

1068 **Festigkeit der OH-Bindung und Dipolmomente einiger Phenole und Phenoxyle.** A. M. Vasserman, A. L. Bučačenko, G. A. Nikiforov, V. V. Eršov und M. B. Nejman. (Ž. fiz. Chim. **41** (1967) 3, 705–07; Inst. chim. fiz. AN SSSR; russ.) — Vf. untersuchen mittels ESR die Gleichgew.-Rk.: von *α-[4-Oxo-3.5-di-tert.-butylcyclohexyliden]-2.6-di-tert.-butyl-p-kresol* (I) mit *4-Oxo-2.2.6.6-tetramethylpiperidin-N-oxyl* (II) zu *p-[4-Oxo-3.5-di-tert.-butylcyclohexylidenmethyl]-2.6-di-tert.-butylphenoxyl* (III) u. *2.2.6.6-Tetra-tert.-butyl-1-hydroxypiperidinon-(4)* (IV) sowie von *N-[4-Oxo-3.5-di-tert.-butylcyclohexyliden]-2.6-di-tert.-butyl-p-aminophenol* (V) u. III zu *p-[4-Oxo-3.5-di-tert.-butylcyclohexylidenamino]-2.6-di-tert.-butylphenoxyl* (VI) u. IV. Es werden die Festigkeit der O—H-Bindung von I u. V, die der C—O-Bindung von I, III, V u. VI u. die Dipolmomente von I, III, V u. VI bestimmt. Wolfram Köhler 463

B–5. Elektrochemie

1069 **Wirkung des Elektrodenmaterials auf das Produkt einer verzweigten elektrochemischen Reaktion.** Roger Parsons. (Discuss. Faraday Soc. **1968**, 45, 40–51; Dep. of Phys. Chem., Univ., Bristol; engl.) — Die Kinetik von elektrochem. Rk. in Abhängigkeit des Elektrodenmaterials wird allg. diskutiert u. berechnet. Als Beispiel ist die Ox. von *Acetationen* angegeben. D. Schmitt 465

1070 **Stereochemische Effekte bei der Elektrochemie einiger sterisch gehinderter Stilbene in Dimethylformamid.** R. Dietz und M. E. Peover. (Discuss. Faraday Soc. **1968**, 45, 154–66; Div. of Mol. Sci., Nat. Phys. Labor., Teddington, Middlesex; engl.) — Polarograph. u. Impedanz-Messungen wurden durchgeführt an den trans-Stilbenen: *unsubstituiert, 2.4.6-Trimethyl-, α-Methyl-, 2.4.6.2'.4'.6'-Hexamethyl-, α-Phenyl-, α.α'-Diphenyl-, α.α'-Dimethyl-*; den cis-Stilbenen: *unsubstituiert*, $[\alpha.\alpha'-D_2]$- sowie an *Tetracen, Naphthalin* u. *2-Methylnaphthalin*. Außerdem sind Arrhenius-Parameter u. ΔH für die Einelektron-Red. angegeben. D. Schmitt 465

1071 **Bestimmung der Beweglichkeit von natürlichen Ladungsträgern in Flüssigkeiten.** C. Lewa. (Acta physica polon. **34** (1968) 1 (7), 165–71; Exper. Phys. Dep., Higher School of Pedag., Gdansk; engl.) — Es wird eine Best.-Meth. der Trägerbeweglichkeit in Fl. aus der Abhängigkeit des elektr. Leitungsstromes von der Durchflußgeschw. (senkrecht zum elektr. Feld) abgeleitet u. an experimentellen Daten von *Bzl.* u. *Tetrachlorkohlenstoff* demonstriert. W. Sobieski 468

1072 **Charakteristiken von Ionen in Aminen und Alkoholen üblicher Reinheit.** Rodolphe de Borchgrave, Luc Lamberts und Pierre Huyskens. (Ann. Soc. sci. Bruxelles, Sér. I 82 (1968) 2, 209–23; Dep. of Phys. Chem., Univ. of Louvain; engl.) — Bestimmt wird die elektr. Leitfähigkeit der Syst. *Cyclohexan* (I),*-n-Butanol*, I-*n-Butylamin*, I-*Diäthylamin* u. I-*Triäthylamin* zwischen 20 u. 50°. Die Werte werden mit Literaturdaten der DK u. Viskosität verglichen. W. Sobieski 468

1073 **Transportvorgänge in Lösungsmitteln mit H-Bindungen. 1. Mitt. Leitfähigkeit von Tetraalkylammoniumsalzen in Äthanol und Propanol bei 25°.** D. Fennell Evans und Philip Gardam. (J. physic. Chem. **72** (1968) 9, 3281–86; Dep. of Chem., Case Western Reserve Univ., Cleveland, O.; engl.) — Untersucht wurden *Tetramethylammoniumchlorid* u. *-bromid, Tetrabutylammoniumchlorid, -bromid, -jodid* u. *-perchlorat, Tetraäthylammoniumbromid* u. *-jodid, Tetrapropylammoniumbromid* u. *-jodid, Triisoamylbutyl-* u. *Tetraheptylammoniumjodid*. D. Strauch 468

1074 **Die Leitfähigkeit von Paraffin bei Bestrahlung.** E. L. Frankevič. (Chim. vysokich Énerg. **1** (1967) 6, 567–71; Inst. chim. fiz. AN SSSR; russ.) — Untersucht wird die durch harte Röntgenstrahlen induzierte Leitfähigkeit von *Paraffin* ($C_{25}H_{55}$) in Abhängigkeit von der Temp. u. der Strahlendosis. Der Effekt wird modellmäßig gedeutet. J. J. Heinrich 470

1075 **Mechanismus der elektrischen Leitfähigkeit, die durch Bestrahlung in organischen Dielektrika mit hoher Fallenkonzentration induziert wird.** E. L. Frankevič. (Chim. vysokich Énerg. 1 (1967) 6, 572–75; russ. — Am Beispiel von *Paraffin* wird der Mechanismus der strahlungsinduzierten Elektroleitfähigkeit u. ihre Temp.-Abhängigkeit theoret. erörtert. J. J. Heinrich 470

1076 **Ladungsträgerbildung und -transport in Anthracen unter Elektronenbeschuß.** J. L. Delany und J. Hirsch. (J. chem. Physics 48 (1968) 10, 4717–24; Birkbeck Coll., Univ. of London; engl.) — Erzeugung, Rekombination u. Beweglichkeit von Ladungsträgern werden untersucht. D. Schmitt 470

1077 **Zusammenstöße von Singulett-Exzitonen in Molekülkristallen.** Joshua Jortner. (Physic Rev. Letters **20** (1968) 6, 244–47; Dep. of Chem., Univ., Chicago, Ill.; engl.) — An krist. *Anthracen* werden die von Zusammenstößen von Singulett-Exzitonen herrührenden metastabilen Exzitonenzustände untersucht. Bestimmt wird die Kinetik der Singulett–Singulett-Vernichtung u. der Bldg. von Ladungsträgern durch Exziton–Exziton-Vernichtung sowie der Singulett–Exziton-Wanderungsmechanismus. W. Sobieski 470

1078 **Singulett–Exziton–Exziton-Wechselwirkung in Anthracen.** C. L. Braun. (Physic. Rev. Letters 21 (1968) 4, 215–19; Dep. of Chem., Dartmouth Coll., Hanover, N.H.; engl.) — Die Erzeugung von Elektronenträgern durch Wechselwrkg. von zwei Singulett-Exzitonen wird in Abhängigkeit von der Wellenlänge u. der Intensität untersucht. W. Sobieski 470

1079 **Defektelektroneninjektion in Anthracen aus einem Elektrolyten und raumladungsbegrenzter Strom.** V. Ju. Litvinenko und V. M. Fridkin. (Fiz. tverdogo Tela 9 (1967) 12, 3615–16; russ.) — Untersucht wird die Dunkelstrom–Spannungs-Abhängigkeit von Anthracenplättchen mit Elektrolytelektroden (Kathode: wss. NaCl-Lsg.; Anode: wss. J_2–HJ-Lsg. mit verschiedener J_2-Konz.). Die Injektion der Löcher wird durch Bestrahlung (6100–8500 Å) des Anodenelektrolyten geregelt. K. Jaeger 470

1080 **Elektrochemilumineszenz von aromatischen KW-Stoffen.** G. J. Hoytink. (Discuss. Faraday Soc. **1968,** 45, 14–22; Dep. of Chem., Univ., Sheffield; engl.) — Die Thermodynamik u. Kinetik der Kationen–Anionen-Vernichtung bei der Elektrochemilumineszenz von aromat. KW-Stoffen wird diskutiert; insbesondere von *Bzl., Naphthalin, Phenanthren, Pyren, Anthracen, Perylen* u. *Tetracen.* D. Schmitt 472

1081 **Ladungsübertragungsprozesse an mit Elektronen angeregten Anthracen-Molekülen.** W. Mehl und J. M. Hale. (Discuss. Faraday Soc. **1968,** 45, 30–39; Cyanamid European Res. Inst., Cologny, Geneva, Switzerland; engl.) — Die Geschw. der Elektronenübertragungsrk. zwischen angeregten Anthracen (I)-Mol. u. verschiedenen Elektronenakzeptoren (EA) in Lsg. wurde durch Messung des photostimulierten Stromes durch eine I-Elektrode bestimmt. Als EA wurden verwendet: $IrCl_6^{2-}$, Fe^{4+} u. Tl^{3+}. D. Schmidt 472

1082 **Elektrodenreaktion von organischen Verbindungen. Allgemeine Einführung.** R. A. Marcus. (Discuss. Faraday Soc. **1968,** 45, 7–13; Noyes Chem. Labor., Univ. of Ill., Urbana, Ill.; engl.) — 14 Literaturangaben. D. Schmitt 476

1083 **Anodische Oxydation unter Impulsbedingungen.** M. Fleischmann und F. Goodridge. (Discuss. Faraday Soc. **1968,** 45, 254–60; Dep. of Chem., Univ. of Southampton; engl.) — Die Kinetik der Kolbe- u. der Hofer-Moest-Rk. wurde mit einer dynam. Meth., mit elektr. Rechteckimpulsen, untersucht. D. Schmitt 476

1084 **Wirkung von Stromimpulsen auf die Stromwirksamkeit der Brown-Walker- und der Kolbe-Elektrosynthese.** A. Hickling und R. Wilkins. (Discuss. Faraday Soc. **1968,** 45, 261–68; Donnan Labor., Univ. of Liverpool; engl.) — Es wurden *Na-Äthylmalonat* u. *Na-Acetat* untersucht. D. Schmitt 476

1085 **Sterische Effekte und Elektrochemie von phenylsubstituierten Anthracenen und verwandten Verbindungen.** Allen J. Bard, K. S. V. Santhanam, J. T. Maloy, John Phelps und L. O. Wheeler. (Discuss. Faraday Soc. **1968,** 45, 167–74; Dep. of Chem., Univ. of Tex., Austin, Tex.; engl.) — Die Red.- u. Ox.-Potentiale nachst. Verb. werden mit denen aus MO-Berechnungen abgeleiteten Werten verglichen. Untersucht wurden die Anthracene: *unsubstituiert, 1-, 2-* u. *9-Phenyl-; 1.9-, 9.10-* u. *1.10-Diphenyl-*; sowie *Tetracen* u. *Rubren.* D. Schmitt 476

1086 **Polarographie und Reduktion einiger heterocyclischer Verbindungen.** Henning Lund. (Discuss. Faraday Soc. **1968,** 45, 193–201; Dep. of Organ. Chem., Univ. of Aarhus, Aarhus, Denmark; engl.) — Diskutiert werden die Rk.-Mechanismen der elektrochem. Red. von *3.6-Diphenyl-2.3.4.5-tetrahydropyridazin,* 6-Phenyl-2-R-pyridazinonen-(3), 3-Phenylcinnolinen, 6-Alkylpyridazinonen, Alkylcinnolinen, Phthalazinonen, *Benzalazin,* Oximen, *Phenylbenzamidrazon,* Phenyltriazenen u. *Thiobenzamid* sowie der Einfl. von Protonierung u. Tautomerie auf die Reduzierbarkeit an den Verb.: *Pyridyl-(2)-trimethylammoniumjodid, 3.6-Diphenylpyridazin, 2.3-Dihydro-2.3-dimethylphthalazindion-(1.4), 4-Methoxy-* u. *4-Mercaptocinnolin.* D. Schmitt 476

1087 **Elektrochemische Oxydation von p-Dimethylaminophenol in wäßriger Lösung.** Mark F. Marcus und M. D. Hawley. (J. electroanalyt. Chem. Interfacial Elektrochem. [Lausanne] 18 (1968) 1/2, 175–83; Dep. of Chem., Kan. State Univ., Manhattan, Kan.; engl.) — — Die Rk. ist im pH-Bereich 6–9 eine 4e-Ox. u. gibt 2-Dimethylamino-p-benzochinon, im sauren u. alkal. Gebiet wird in einem 2e-Prozeß p-N.N-Dimethylbenzochinonimin gebildet. W. Sobieski 476

1088 **Kinetik und Mechanismus der Elektrooxydation von o-Toluidin mit optisch transparenten Elektroden.** Theodore Kuwana und Jerzy W. Strojek. (Discuss. Faraday Soc. **1968,** 45, 134–44; Dep. of Chem. Case Western Reserve Univ., Cleveland, O.; engl.) — Die Abhängigkeit der Ox. vom pH u. vom Verdünnungsgrad wird an den Spektren im sichtbaren Bereich verfolgt. D. Schmitt 476

1089 **Rolle der adsorbierten Spezies auf die anodische Methanol-Oxydation an Pt in sauren Elektrolyten.** M. W. Breiter. (Discuss. Faraday Soc. **1968,** 45, 79–86; General Electric Res. and Development Centre Schenectady, N.Y.; engl.) D. Schmitt 476

1090 **Anodische Substitutions- und Additionsreaktionen. Anodische Reaktion von aromatischen Verbindungen in Gegenwart von Methylat- oder Cyanidionen.** Shigeru Tsutsumi und Kikuhiko Koyama. (Discuss. Faraday Soc. **1968,** 45, 247–53; Dep. of Chem. Technol., Fac. of Engng., Osaka Univ., Miyakojima-ku, Osaka; engl.) — Als Aromaten wurden benutzt *Toluol, trans-Stilben, Äthyl-* u. *Isopropylbenzol, Tetralin, Indan* u. *Diphenylmethan.* D. Schmitt 476

1091 **Mechanismus der anodischen Cyanylierung.** L. Eberson und S. Nilsson. (Discuss. Faraday Soc. **1968,** 45, 242–46; Dep. of Chem., Univ. of Lund, Lund, Sweden; engl.) — Die elektrochem. Cyansubstitution wird untersucht an *Anisol, Chlorbenzol, Biphenyl, Toluol, Mesitylen* u. *Naphthalin.* D. Schmitt 476

1092 **Elektroreduktion aliphatischer Ketone.** 6. Mitt. **Elektroreduktion von Aceton an Kathoden aus Cu–Pb-Legierungen.** A. P. Tomilov und B. L. Kljuev. (Elektrochimija **3** (1967) 10, 1168–74; Moskva; russ.) — 4. vgl. C. **1967,** 40-2482. — Es wird der Einfl. der Zus. des Kathodenmaterials auf die Ausb. der Red.-Prod. in H_2SO_4 als Elektrolyt untersucht. J. J. Heinrich 476

1093 **Reduktion von Aceton und seine Hydrokopplung an Acrylnitril in wäßriger schwefelsaurer Lösung an der Hg-Kathode.** O. R. Brown und K. Lister. (Discuss. Faraday Soc. **1968,** 45, 106–115; Dep. of Phys. Chem., Univ. of Newcastle upon Tyne, Newcastle upon Tyne; engl.) — Mechanismus u. Kinetik der Rk. wird bestimmt u. diskutiert. D. Schmitt 476

1094 **Elektrochemische Oxydation von Ameisensäure an Pd.** 1. Mitt. A. G. Poljak, Ju. B. Vasil'ev, V. S. Bagockij und R. M. Smirnova. (Elektrochimija **3** (1967) 9, 1076–79; Akad. d. Wiss., Inst. ėlektrochimii AN SSSR, Moskva; russ.) — Untersucht wird der Mechanismus der elektrochem. Zers. an einer Pd-Katalysatorelektrode von *DCOOH* in W. u. in verd. H_2SO_4, *DCOOK* in verd. wss. KOH u. in KOD-Lsg. in D_2O. J. J. Heinrich 476

1095 **Stereochemie von Elektrodenreaktionen.** Z. R. Grabowski, B. Czochralska, A. Vincenz-Chodkowska und M. S. Blasiewicz. (Discuss. Faraday Soc. **1968,** 45, 145–53; Inst. of Phys. Chem., Polish Acad. of Sci, Kasprzaka, Warsaw; engl.) — Es werden schnelle u. langsame Elektrodenrk. unterschieden. Für den ersten Fall werden das Syst. *Dehydrodianthron/Dianthranol* u. das der Konformeren von *Benzil/Stilbendiol* diskutiert, für den zweiten Fall die Red. von *2-Phenyl-2-chlorpropionsäure* zu 2-Phenylpropionsäure. D. Schmitt 478

1096 **Wechselwirkung von adsorbierten organischen Schichten mit H-Atomen an Pt-Elektroden.** S. B. Brummer und Kathleen Cahill. (Discuss. Faraday Soc.

1968, 45, 67—78; Tyco Labor., Inc., Bear Hill, Waltham, Mass.; engl.) — Die Rk. von *CO* u. „red. CO_2" mit H_2 an Pt wird untersucht u. theoret. gedeutet. — 61 Literaturangaben. D. Schmitt 478

1097 **Adsorption und Oxydation von Kohlenwasserstoffen an Edelmetallelektroden. 7. Mitt. Oxydative Adsorption von Methan an Pt-Elektroden.** A. H. Taylor und S. B. Brummer. (J. physic. Chem. 72 (1968) 8, 2856—62; Tyco Labor., Inc., Bear Hill, Waltham, Mass.; engl.) — 4. vgl. C. **1969**, 10-1030. — Die CH_4-Adsorption an polierten u. platinierten Pt-Elektroden in 12m H_3PO_4 bei 130° wird nach der elektrochem. Impulsmeth. untersucht. W. Sobieski 478

1098 **Mechanismus der Elektrooxydation von Hexamethylbenzol und 1.5-Dichloranthracen.** Arthur E. Coleman, H. H. Richtol und D. A. Aikens. (J. electroanalyt. Chem. Interfacial Electrochem. [Lausanne] 18 (1968) 1/2, 165—74; Dep. of Chem., Rensselaer Polytechnic Inst., Troy, N.Y.; engl.) — Die Ox. wird durch Polarographie u. Elektrolyse untersucht. Das stabile Endprod. der Ox. von 1.5-Dichloranthracen ist *1.1'.5.5'-Tetrachlorbianthronyl.* W. Sobieski 478

1099 **Halbempirische SCF-MO-Berechnungen der Elektronenstruktur von CH_3F und CH_3F^- und ihre Bedeutung für adiabate Elektrodenprozesse mit Bindungsspaltung.** N. S. Hush und G. A. Segal. (Discuss. Faraday Soc. **1968**, 45, 23—29; Dep. of Inorg. and Theoret. Chem., Univ., Bristol; engl.) — Die Möglichkeit der vollständigen Berechnung der Geschw.-Konst. von Elektrodenprozessen wird diskutiert. D. Schmitt 478

1100 **Polarographie polycyclischer aromatischer Kohlenwasserstoffe. 3. Mitt. Der verstärkende Einfluß von Kohlenwasserstoffen auf das polarographische Maximum von Methyl-p-benzochinon.** Kiyoko Takamura und Tsutomu Takamura. (J. electroanalyt. Chem. Interfacial Electrochem. [Lausanne] 18 (1968) 1/2, 159—64; Tokyo Coll. of Pharm., Uenosakuragi, Taito-ku, Tokyo; engl.) — 2. vgl. Annu. Rep. Tokyo Coll. Pharmacy 15 (1965) 575. — Untersucht wurde der Einfl. von *Bzl., Naphthalin, Phenanthren, Pyren, Perylen* u. *1.2-Benzanthracen.* W. Sobieski 478

1101 **Polarographische Reduktion einiger Carbonylverbindungen.** P. Zuman, D. Barnes und A. Ryvolová-Kejharová. (Discuss. Faraday Soc. **1968**, 45, 202—26; Dep. of Chem., Univ. of Birmingham; engl.) — Das Rk.-Schema der Red. von Arylalkylketonen wird diskutiert u. pH-Abhängigkeit sowie Substituenteneinfl. untersucht für folgende Phenylbenzylketone: *α-tert.-Butyl-, α-sek.-Butyl-, α-Isopropyl-, α-Amyl-, α-n-Butyl-, α-Isobutyl-, α-Propyl-, α-Äthyl-* u. *α-Methyl-*. Für die Aldehyde: *Acet-, 2-* u. *3-Phenylpropion-, Isobutyr-, 2-Äthylbutyr-, Phenylacet-, Form-* u. *Zimtaldehyd* sowie *Phenylvinylketon* u. *Chalkon.* Es werden Literaturdaten von Benzophenonen herangezogen. — 56 Literaturangaben. D. Schmitt 478

1102 **Reaktionsordnung und Adsorption bei der Kinetik von organischen Elektrodenreaktionen. Anwendung auf die Reduktion von Acetophenon.** B. E. Conway, E. J. Rudd und L. G. M. Gordon. (Discuss. Faraday Soc. **1968**, 45, 87—105; Dep. of Chem., Univ. of Ottawa, Ottawa; engl.) — Strom-Spannung-Kurven der Red. unter den verschiedensten Rk.-Bedingungen sind angegeben. D. Schmitt 478

1103 **Polarographische Reduktion von 8-Hydroxychinolin in Dimethylformamid.** Taitiro Fujinaga, Kosuke Izutsu und Kazunori Takaoka. (J. electroanalyt. Chem. Interfacial Electrochem. [Lausanne] 16 (1968) 1, 89—97; Chem. Inst., Kyoto Univ., Kyoto; engl.) M. Frenzel 478

1104 **Polarographische Reduktion von 6-Chlorchinolin in Dimethylformamid.** Taitiro Fujinaga und Kazunori Takaoka. (J. electroanalyt. Chem. Interfacial Electrochem. [Lausanne] 16 (1968) 1, 99—110; engl.) — Vgl. vorst. Referat. — Der Einfl. von *Phenol* u. $HClO_4$ wird außerdem untersucht. M. Frenzel 478

1105 **Polarographisches Verhalten von Organoderivaten des Arsens und Phosphors. 2. Mitt. Zur Polarographie der Hydroxyalkylorganophosphine.** K. Issleib, H. Matschiner und M. Hoppe. (Z. anorg. allg. Chem. 351 (1967) 5/6, 251—59; Inst. für anorgan. Chem., Martin-Luther-Univ., Halle/Saale; dt.) — 3. vgl. C. **1968**, 37-0633. — Absorption u. Komplexbldg. im Zusammenhang mit elektrokinet. Vorgängen werden in Abhängigkeit von der Konz., vom pH u. von der Zeit für *o-Hydroxyphenyl-, 2-Hydroxyäthyl-(1)-, 3-Hydroxypropyl-(1)-dihexylphosphin, o-Hydroxyphenyl-, 2-Hydroxypropyl-(1)-* u. *2-Hydroxyäthyl-(1)-diphenylphosphin, Di-o-hydroxyphenyl-, Bis-[2-hydroxypropyl-(1)]-, Bis-[2-hydroxyäthyl-(1)]-hexylphosphin* sowie *Di-o-hydroxyphenyl-, Bis-[2-hydroxypropyl-(1)]-* u. *Bis-[2-hydroxyäthyl-(1)]-phenylphosphin* untersucht. R. Stolz 478

1106 **Kinetische Parameter der Elektroreduktion von Trinitrobenzoesäure und die Natur des Kathodenmaterials.** N. E. Chomutov und K. S. Mansurova. (Ž. vses chim. Obšč. im. D. I. Mendeleeva 12 (1967) 6, 709—10; Mosk., UdSSR, chim.-technol. inst. im. Mendelejeva; russ.) — Für die kathod. Red. von *2.4.6-Trinitrobenzoesäure* werden an 30 Metallen, die als Elektrodenmaterial dienen, die Halbstufenpotentiale bestimmt. J. J. Heinrich 478

1107 **Doppelschichteffekt bei der Reduktion von Trichloressigsäure an der Quecksilbertropfelektrode. 2. Mitt.** Giancarlo Torsi und Paolo Papoff. (J. electroanalyt. Chem. Interfacial Electrochem. [Lausanne] 16 (1968) 1, 83—87; Ist. di Chim. Anal., Univ. di Bari; engl.) — 1. vgl. ibid. **224** (1967) 129. — Der Einfl. von Anionen (F^-, Cl^-, J^-, OH^-, SO_4^{2-}, CO_3^{2-}, CH_3COO^-, NO_3^-) u. Kationen (Li^+, K^+, Cs^+, Ba^{2+}) wird untersucht u. mit Hilfe der spezif. Adsorption gedeutet. M. Frenzel 478

1108 **Polarographische Untersuchung von Verbindungen der Pyridin- und Chinolinreihe. 2. Mitt. Polarographische Untersuchung von Pyridincarbonsäuren und ihren N-Oxiden.** A. G. Pozdeeva und E. G. Novikov. (Ž. prikl. Chim. 40 (1967) 1, 213—17; Vostočnyj NI uglechim. inst., g. Sverdlovsk; russ.) — 1. vgl. ibid. 39 (1966) 12, 2669. — Untersucht wird die polarograph. Red. von *Picolinsäure* [F. 136—137° (Bzl.)] u. deren *N-Oxid* [F. 163—164° (W.)], *Nicotinsäure* [F. 236° (W.)] u. deren *N-Oxid* [F. 252 bis 258° (W.)], *Nicotinsäureamid* [F. 120—122° (W.)] u. dessen *N-Oxid* [F. 285—287° (W.)], *Isonicotinsäure* [F. 317° (W.)] u. deren *N-Oxid* [F. 267° (W.)], *4-Methylpicolinsäure* [F. 135—136° (Bzl.)] u. deren *N-Oxid* [F. 165° (W.)], *2-Methylisonicotinsäure* [F. 296—297° (W.)], deren *N-Oxid* [F. 258—259° (W.)] u. deren *Methylester* ($Kp._5$ 88°), *Chinolinsäure* [F. 180° (W.)], *Lutidinsäure* [F. 245—250° (W.)] u. deren *N-Oxid* [F. 264—265° (W.)], *Dinicotinsäure* [F. 320° (W.)], *[2-Carboxypyridyl-(3)]-glyoxylsäure* [F. 172—174° (W.)], *Chinaldinsäure* [F. 157° (W.)] u. deren *N-Oxid* [F. 161—163° (W.)]. Der Substituenteneinfl. wird diskutiert. K.-H. Heckner 478

1109 **Polarographische Untersuchung von Verbindungen der Pyridin- und Chinolinreihe. 3. Mitt. Polarographische Untersuchung von Nitroverbindungen der N-Oxide von Pyridin- und Chinolinbasen.** E. G. Novikov und A. G. Pozdeeva. (Ž. prikl. Chim. 40 (1967) 1, 217—19; russ.) — 2. vgl. vorst. Referat. — Untersucht wird die polarograph. Red. von nachst. 4-Nitro-N-oxiden: *-pyridin-* (F. 160—161°), *-2-picolin-* (F. 155—156°), *-3-picolin-* (F. 136—137°), *-2.6-lutidin-* (F. 150—151°), *-chinolin-* (F. 155—156,5°) u. *-chinaldin-* (F. 161,5—162,5°). Die Beziehung zwischen polarograph. Verh. u. der Konstit. wird diskutiert. K.-H. Heckner 478

B-6. Kinetik, Katalyse

1110 **Molekularthermodynamik chemischer Reaktionen.** Charles A. Eckert. (Ind. Engng. Chem., int. Edit. 59 (1967) 9, 20—32; Univ. of Ill., Urbana, Ill.; engl.) — Aus thermodynam. Daten lassen sich für einige Rk.-Typen genaue Vorhersagen über den Einfl. von Druck, Temp. u. Lsgm. auf die Geschw. der Rk. organ. Verb. machen. A. Meixner 481

1111 **Eine Beziehung zwischen Infrarotbandenintensität und der chemischen Reaktivität.** Asish Kumar Chandra. (Molecular Physics 14 (1968) 6, 577—86; Dep. of Pure Chem., Univ. Coll. of Sci. and Technol., Calcutta, India; engl.) — Die Meth. wird an monosubstituierten Benzolen erläutert. D. Schmitt 481

1112 **Ionenreaktionen von ungesättigten Verbindungen.** 2. Mitt. **Äthylen.** Thomas O. Tiernan und Jean H. Furtrell. (J. physic. Chem. 72 (1968) 9, 3080—93; Aerospace Res. Labor., Office of Aerospace Res., Wright-Patterson Air Force Base, O.; engl.) — Die im Massenspektrometer auftretenden Ionenrk. von C_2H_4 u. C_2D_4 werden diskutiert. D. Strauch 482

1113 **Bildung ionischer NO- und NO_2-Komplexe von Aromaten in der Gasphase.** W. Schulz, H. Drost und H.-D. Klotz. (Org. Mass Spectrometry 1 (1968) 3, 391—95; DAW zu Berlin, Forschungsgemeinschaft, Inst. für Biophys., Berlin; dt.) — Die bei der Nitrierung von *Bzl.*, *Py.* u. *Toluol* mit NO^+, NO_2^+, $CH_3NO_2^+$ u. $CH_3 \cdot ONO_2^+$ nachgewiesenen Komplexe werden als σ-Komplexe angesehen. D. Strauch 482

1114 **Reaktionen des Difluoromethyleniminoradikals.** Paul H. Ogden und Ronald A. Mitsch. (J. Amer. chem. Soc. 89 (1967) 15, 3868—71; Central Res. Labor. Minn. Mining & Mfg. Co., St. Paul, Minn.; engl.) — Durch UV-Bestrahlung von *Tetrafluor-2.3-diazabutadien-(1.3)* (I) entsteht das $CF_2{=}\dot{N}$-Radikal, das spektroskop. u. durch Photolyserk. mit nachst. Verb. nachgewiesen werden konnte: I mit *Difluorcarben*, *Tetrafluoräthylen*, *Hexafluorpropen*, *Oktafluorbuten-(2)*, *Chlortrifluoräthylen*, *Hexafluorazomethan* u. *Difluordiazirin*. Die IR-, ^{19}F-NMR- u. Massenspektren sind tabelliert von *Hexafluor-2.4-diazapentadien-(1.4)*, *Oktafluor-2.5-diazahexadien-(1.5)*, *Dekafluor-3-methyl-2.5-diazahexadien-(1.5)*, *Dodekafluor-3.4-dimethyl-2.5-diazahexadien-(1.5)*, *Heptafluor-2.5-diaza-3-chlorhexadien-(1.5)* sowie die IR- u. ^{19}F-NMR-Spektren von I u. *Pentafluor-2-azapropen*. Dargestellt wurden außerdem *Dekafluor-2.6-diazaheptadien-(1.6)* u. *Dodekafluor-2.7-diazaoctadien-(1.7)*. K.-J. Lucas 482

1115 **Äthanhydrogenolyse an Metallen der VIII. Gruppe: Osmium- und Eisen-Trägerkatalysatoren.** J. H. Sinfelt und D. J. C. Yates. (J. Catalysis 10 (1968) 4, 362—67; Central Basic Res. Labor., Esso Res. and Engng. Co., Linden, N.J.; engl.) — Die Kinetik der Hydrogenolyse von Äthan wurde an Os u. Fe auf SiO_2 in Abhängigkeit der Oberflächengröße der Metalle u. des H_2-Drucks untersucht. G. Malow 483

1116 **Dehydrierung von Cyclohexan an einer H_2-durchlässigen Membran.** Bernard J. Wood. (J. Catalysis 11 (1968) 1, 30—34; Solid State Catalysis Labor., Stanford Res. Inst., Menlo Park, Calif.; engl.) — Die Kinetik der an einer Pd–Ag-Membran verlaufenden Dehydrierung von Cyclohexandampf (0,1 atm) zu Cyclohexen wird untersucht. W. Sobieski 483

1117 **Hydrierung von Äthylacetylen über Nickel.** R. S. Mann und K. C. Khulbe. (J. Catalysis 10 (1968) 4, 401—06; Dep. of Chem. Engng., Univ. of Ottawa, Canada; engl.) — Die Kinetik u. die Rk.-Prod. der Hydrierung von Äthylacetylen wurde zwischen 20 u. 60° an einem Ni-Bimsstein-Katalysator untersucht. G. Malow 483

1118 **Einfluß der Adsorption und von sterischen Faktoren auf die Hydrierungsgeschwindigkeit der Vinylgruppe in α-, β- und γ-Vinylpyridinen.** L. Ch. Frejdlin, N. M. Nazarova und I. G. Roždestvenskaja. (Doklady Akad. Nauk SSSR 176 (1967) 6, 1323—26; Inst. organ. chimii im. Zelinskogo AN SSSR; russ.) — Vf. untersuchen an Raney-Ni die Hydrierung von α- (I), β- (II) u. *γ-Vinylpyridin* (III), *Styrol* (IV), *Vinylcyclohexan* sowie die konkurrierende Hydrierung nachst. bin. Gemische: I–III, II–III, IV–I, IV–II, IV–III u. den Einfl. der Adsorptionsverdrängung durch Pyridine bei der Hydrierung nachst. bin. Gemische: I–*γ-Äthylpyridin* (V), I–*Py.*, II–*β-Äthylpyridin*, II–V, II–Py., III–V, III–Py., IV–V u. IV–Pyridin. Wolfram Köhler 483

1119 **Hydrogenolyse.** 1. Mitt. **Nickel–Kieselgur als Katalysator für die Umwandlung von Alkoholen zu Äthern und Kohlenwasserstoffen.** Herman Pines und Pál Steingaszner. (J. Catalysis 10 (1968) 1, 60—68; Ipatieff High Pressure and Catalytic Labor., Dep. of Chem., Northwestern Univ., Evanston, Ill.; engl.) — Die Hydrogenolyse von *n-Butyl-*, *n-Octyl-*, *Isobutyl-*, *Neopentyl-*, *2-Methylbutyl-*, *3-Methylbutylalkohol*, *Butandiol-(1.4)*, *Pentandiol-(1.5)*, *sek.-*, *tert.-Butanol* u. *Tetrahydrofuran* an verschiedenen Ni-Katalysatoren wurde bei Atmosphärendruck u. Temp. von 150—190° untersucht u. bez. der verschiedenen auftretenden Rk. diskutiert. G. Malow 483

1120 **Doppelbindungswanderung, geometrische Isomerisierung und D-Verteilung während der heterogenen katalytischen Deuterierung des Methyloleats.** H. J. Dutton, C. R. Scholfield, E. Selke und W. K. Rohwedder. (J. Catalysis 10 (1968) 4, 316—27; Northern Reg. Res. Labor., Peoria, Ill.; engl.) — *Ölsäuremethylester* wurde über Pt- u. Pd-Katalysatoren deuteriert u. die Rk.-Prod. analysiert. Der Rk.-Mechanismus wird nach Horiuti-Polanyi diskutiert u. die Rk. nach diesem Modell mit einem Digitalcomputer berechnet. G. Malow 483

1121 **Einfluß der Solvatation auf die Reaktionsfähigkeit von Peroxyradikalen bei Oxydationsreaktionen.** G. E. Zaikov, Z. K. Majzus und N. M. Émanuėl'. (Teoret. eksper. Chim. 3 (1967) 5, 612—19; Moskau, Akad. Wiss., Inst. chem. Phys.; russ.) — Zur Aufklärung der Abhängigkeit der Rk.-Fähigkeit von Peroxyradikalen $RO_2\cdot$ von der spezif. u. der nichtspezif. Solvatation (d. h. von der Bldg. von H-Brücken u. von der DK) untersuchen Vf. zwischen 35 u. 75° bei verschiedenen Konz. die Ox. von Methyläthylketon in Bzl. u. in H_2O. Wolfram Köhler 484

1122 **Isotopieeffekte bei Autoxydationen.** 4. Mitt. **Effektivität der Radikalbildung aus D_{12}-Azo-bis-isobutyronitril, Wasserstoffisotopieeffekt.** Siegbert Rummel, Heinrich Hübner und Peter Krumbiegel. (Z. Chem. 7 (1967) 10, 392—94; Inst. für stabile Isotope, Leipzig, Forschungsgemeinschaft der DAW zu Berlin; dt.) — 3. vgl. C. 1969, 2-1153. K. Jasche 484△

1123 **Katalytische Oxydation mit Wismutmolybdat.** C. R. Adams. (J. Catalysis 10 (1968) 4, 355—61; Shell Dev. Co., Emeryville, Calif.; engl.) — Es werden Ox.-Rk. von *Äthylen*, *Propylen*, *Allylchlorid*, *2-Chlorpropen*, *Toluol*, *Bzl.*, *Äthylbenzol*, *Styrol*, *α-Methylstyrol*, *Methyläthylketon*, *Methylvinylketon*, *Allylalkohol*, *Crotylalkohol*, *Methylvinylcarbinol*, *Crotonaldehyd*, *Isomesityloxid* an Bi-Molybdat (Bi : Mo = 1) beschrieben u. bez. der Selektivität des Katalysators diskutiert. G. Malow 484

1124 **Kinetik der Oxydationsreaktionen mit Chloramin T.** 1. Mitt. **Die Reaktion mit Glycerin.** K. Weber und F. Valić. (Z. physik. Chem. [Leipzig] 238 (1968) 5/6, 353—63; Inst. für medizin. Forsch. u. Arbeitsmed. der Jugoslaw. Akad. der Wiss., Zagreb; dt.) — Es wurde die Kinetik der therm. Rk. in Glycerin, in wss. Lsg. u. bei Zusatz von Lauge u. Säure bestimmt. D. Schmitt 484

1125 **Kinetik der Oxydationsreaktionen mit Chloramin T.** 2. Mitt. **Mathematische Analyse autokatalytischer Reaktionen.** F. Valić. (Z. physik. Chem. [Leipzig] 239 (1968) 1/2, 24—30; Andrija Stampar School of Public Health, Med. Fac., Univ., Zagreb, Yugoslavia; engl.) — 1. vgl. vorst. Referat. — Für die Ox. von *Glycerin* mit Chloramin T werden zwei kinet. Gleichungen abgeleitet. W. Sobieski 484

1126 **Methanoxydation in Gegenwart von Salpetersäure.** 3. Mitt. **Zusammenhang zwischen der Form und der Lage des Temperaturmaximums und der Zusammensetzung der Reaktionsprodukte.** Ileana Iosif, I. A. Schneider und A. B. Nalbandian. (Rev. roum. Chim. 13 (1968) 7, 857—64; Inst. für physikal. Chem., Akad., Bucharest; dt.) — 2. vgl. C. 1969, 8-1158. — Kinetik u. Mechanismus der Ox. werden untersucht. W. Sobieski 484

1127 **Untersuchung der Gasphasenreaktion von n-Pentan mit O_2 im Tieftemperaturbereich unter Verwendung eines chemischen Stoßrohres.** Donald B. Dahm und Frank H. Verhoek. (Combust. and Flame 12 (1968) 4, 380—84;

McPherson Chem. Labor., O. State Univ., Columbus, O.; engl.) — Die Ox. u. Prod.-Bldg. als Funktion der Zeit, der Temp. u. der Gemischzus. sowie der Einfl. von zugesetztem Acetaldehyd u. tert.-Butylhydroperoxid auf die Prod.-Bldg. wurde untersucht. W. Sobieski 484

1128 **Kinetik der Oxydation von Toluolen durch das Übergangsmetall V(V).** P. S. Radhakrishna Murti und Subas C. Pati. (J. Indian chem. Soc. 45 (1968) 7, 640 bis 645; Dep. of Chem., Khallikote Coll., Berhampur, Ganjan; engl.) — Es wurde die Ox. von *Toluol, m-* u. *p-Nitrotoluol* mit V(V) (aus V_2O_5 in H_2SO_4) untersucht. D. Strauch 484

1129 **Langsame Verbrennung der isomeren Xylole. 1. Mitt. m- und p-Xylol.** J. A. Barnard und B. M. Sankey. (Combust. and Flame 12 (1968) 4, 345—52; Dep. of Chem. Engng., Univ. Coll., London; engl.) — Die Kinetik u. der Mechanismus der langsamen Verbrennung bei 460—512° werden untersucht. W. Sobieski 484

1130 **Langsame Verbrennung der isomeren Xylole. 2. Mitt. o-Xylol.** J. A. Barnard und B. M. Sankey. (Combust. and Flame 12 (1968) 4, 353—59; engl.) — 1. vgl. vorst. Referat. W. Sobieski 484

1131 **Polarographie der Autoxydationsprodukte von Vinylchlorid.** A. I. Kalinin, E. M. Perepletčikova, I. A. Koršunov und E. N. Zil'berman. (Ž. obšč. Chim. 36 (98), 1563—67, 1966; Gos. sojuznyj NII chlororg. prod. i akrilatov; russ.) — Mittels Polarographie der Prod. der Autox. von Vinylchlorid (I) sowie der Methanolyseprod. dieser Ox.-Prod. wird nachgewiesen, daß bei der Autox. von I verschiedene Peroxide entstehen. K.-H. Heckner 484

1132 **Einfluß von Wasser auf die katalytische Oxydation von Methanol zu Formaldehyd.** N. Pernicone, F. Lazzerin und G. Lanzavecchia. (J. Catalysis 10 (1968) 1, 83—84; G. Donegani Res. Inst., Montecatini Edison S. p. A., Novara, Italy; engl.) — Es wurde der Einfl. des W. (Partialdruck ca. 10—200 mm Hg) auf RGK u. Mechanismus der katalyt. Ox. von Methanol bei 232° untersucht.] Die Ergebnisse können über die konkurrierende Adsorption des W. mit CH_3OH an freien, akt. Katalysatorstellen interpretiert werden. G. Malow 484

1133 **Kinetik der Oxydation in flüssiger Phase von Benzaldehyd in Benzollösung und Gegenwart von Olefinen.** Tsuneo Ikawa, Hirotaka Tomizawa und Tadahisa Yanagihara. (Canad. J. Chem. 45 (1967) 16, 1900—02; Tokyo Inst. of Technol., Ōokayama, Meguruku, Tokyo; engl.) — Vgl. ibid. 44 (1966) 1817. — Die O_2-Ox. von Benzalaldehyd (I) in Bzl. wurde bei 20° u. einer I-Konz. von 3,57 Mol/l in Ggw. von *Hexen-(1)* u. *-(2), Cyclopenten* u. *Octen-(1)* untersucht. Der geschwindigkeitsbestimmende Schritt ist die intermediäre Bldg. des Benzoylperoxyradikals, das sich glatt an die Doppelbindung der Monoolefine anlagert. K.-J. Lucas 484

1134 **Autoxydation von Isopropylverbindungen. 3. Mitt. Substituenteneffekte auf die Reaktionsgeschwindigkeiten.** K. Itoh, S. Sakai und Y. Ishii. (Tetrahedron [London] 22, 509—13, 1966; Dep. of Synth. Chem., Fac. of Engng., Nagoya Univ., Furo-cho, Chikusa-ku, Nagoya, Japan; engl.) — 2. vgl. C. 1967, 5-1027. — Die Kinetik der Autox. mit O_2 bei 140° wird von nachst. Verb. untersucht u. bez. der Substituenteneffekte u. der Stabilität von durch H-Abzug gebildeten Radikalen sowie der Stabilisierungsenergien der entsprechenden Vinylverb. diskutiert: *Isobutylmethylketon, Isobutyronitril, Cumol, Isobuttersäuremethylester, Isopropylchlorid, Diisopropyläther* u. *Isopropylacetat.* A. Kratochwill 484

1135 **Kinetik der Oxydation von Weinsäure mit ammoniakalischem $AgNO_3$.** A. P. Modi und S. Ghosh. (J. Indian chem. Soc. 45 (1968) 5, 446—50; Dep. of Post Graduate Studies, Univ. of Jabalpur, India; engl.) W. Sobieski 484

1136 **Autoxydative Kontraktion von Linolensäuremonoschichten an der Gas—Wasser-Grenzfläche.** W. L. Porter, A. S. Henick und M. Clifford. (J. Amer. Oil Chemists Soc. 44 (1967) 3, 185—90; Food Div., U. S. Army Natick Labor., Natick, Mass.; engl.) — Die Kinetik u. ihre Abhängigkeit vom pH, vom Luftsauerstoff sowie von der Ggw. von Inhibitoren, wie Tocopherol, Hämatin u. butyliertem Hydroxyanisol, wurden untersucht. K. Strenge 484

1137 **Kinetik der Benzoylierung von Arylaminen durch Benzoesäurehalogenide.** G. V. Semenjuk, N. M. Olejnik und L. M. Litvinenko. (Tartuskij gos. Univ., reakcionnaja Sposobnost' org. Soedinenij 4 (1967) 4 (14), 760—77; Doneckoe otd. fiz. org. chimii Inst. fiz. chimii L. V. Pisarževskovo AN Ukr. SSR; russ., Auszug: engl.) — Auf Grund von eigenen Unters. u. von Literaturdaten untersuchen Vf. die Beziehung der Hammettschen σ-Konst. u. den RGK der Benzoylierung von *p-Anisidin, m-Chlor-, p-Chlor-, m-Nitro-* u. *p-Nitroanilin* sowie *Anilin* mit *Benzoylfluorid* (I), *-chlorid* u. *-bromid* bei 25° in Bzl. in Ggw. von *Fluorbenzol, Benzotrifluorid, Benzoesäure* u. I. W. Sobieski 486

1138 **Theoretische Berechnung der Aktivierungsenergie der Addition von Halogenwasserstoffen an Äthylenverbindungen.** Rama Basu und Purnendra Nath Sen. (Proc. nat. Inst. Sci. India, Part A 33 (1967) 3/4, 196 bis 203; Dep. of Pure Chem., Univ. Coll. of Sci., Calcutta; engl.) — Untersucht wird die Addition von HCl, HBr u. HJ an *Propylen, Buten-(2)* u. *Buten-(1).* D. Schmitt 487

1139 **Isomerisierung bei der elektrochemischen Fluorierung von Aminen.** V. S. Plaškin, L. N. Puškina, V. F. Kollegov und S. V. Sokolov. (Ž. vses. chim. obšč. im. D. I. Mendeleeva 12 (1967) 2, 237—38; Uralskij politechn. inst. im. S. M. Kirova; russ.) — Vf. untersuchen mittels Gaschromatographie u. ^{19}F-NMR die Zus. der Prod. der elektrochem. Perfluorierung von nachst. Piperidinen: *N-Isopropyl-, N-Isobutyl-, N-Isoamyl-, N-[n-Amyl]-* (I); nachst. Morpholinen: *N-Isopropyl-, N-Isobutyl-* u. *N-Isoamyl-.* Außer bei I tritt bei allen Verb. eine teilweise Isomerisierung unter Bldg. von n-Perfluoralkylpiperidinen bzw. Morpholinen auf. Wolfram Köhler 487

1140 **Stereochemie der Öffnung stereoisomerer Oxide des 1-Acetyl-4-tert.-butylcyclohexen-(1).** A. A. Achrem und V. N. Dobrynin. (Doklady Akad. Nauk SSSR 174 (1967) 2, 351—53; Inst. org. chimii im. Zelinskogo AN SSSR; russ.) — Auf der Grundlage der aus der Literatur bekannten Rk.-Prod. diskutieren die Vf. den stereochem. Verlauf der Öffnung des Epoxidringes von *1β-Acetyl-1α.-2α-epoxy-* u. *1α-Acetyl-1β.2β-epoxy-4β-tert.-butylcyclohexan* durch Einw. von *HBr*, saure u. alkal. Hydrolyse, Acetolyse mit *Essigsäure* (I), H_2SO_4 u. K_2CO_3 sowie durch *Hydrazincarbonsäureäthylester* (II). Von dem bei der Rk. mit II entstehenden *1β-[α-(2-Carbäthoxyhydrazono)-äthyl]-1α.2α-epoxy- bzw. 1α-(2-Carbäthoxyhydrazono)-äthyl-1β.2β-epoxy-4β-tert.-butylcyclohexan* wird auch der stereochem. Verlauf der sauren Hydrolyse u. der Acetolyse mit I diskutiert. J. Eliassaf 488

1141 **Abhängigkeit der RGK von Art und Zusammensetzung des Lösungsmittels. 13. Mitt. Anwendung der „Dielektrizitätsnäherung" auf die Solvolyse von tert.-Butylchlorid in reinen Lösungsmitteln.** I. A. Koppel' und V. A. Pal'm. (Tartuskij gos. Univ., reakcionnaja Sposobnost' org. Soedinenij 4 (1967) 4 (14), 862—91; Tartuskij gos. univ. labor. chim. kinetiki i Kataliza g. Tartu, Est. SSR; russ., Auszug: engl.) — 12. vgl. ibid. 4 (1967) 2 (12), 381. — Kinet. Daten der Solvolyse der Titelverb. in 35 reinen Lsgm. bei 120° sind in Abhängigkeit von der DK zusammengestellt. — 65 Literaturangaben. W. Sobieski 488

1142 **Abhängigkeit der RGK von Art und Zusammensetzung des Lösungsmittels. 14. Mitt. Anwendung der „Dielektrizitätsnäherung" auf die Solvolyse von tert.-Butylchlorid in binären Lösungsmittelgemischen.** I. A. Koppel' und V. A. Pal'm. (Tartuskij gos. Univ., reakcionnaja Sposobnost' org. Soedinenij 4 (1967) 4 (14), 892—911; russ., Auszug: engl.) — 13. vgl. vorst. Referat. W. Sobieski 488

1143 **Beteiligung des Heteroatoms bei der Übertragung von Substituenteneffekten. Hydrolyse von substituierten Vinyläthern.** B. A. Trofimov, A. S. Atavin, I. S. Emel'janov, B. V. Prokop'ev und V. I. Lavrov. (Tartuskij gos. Univ., reakcionnaja Sposobnost' org. Soedinenij 4 (1967) 4 (14), 778—85; Irkutskij inst. org. chimii CO AN SSSR; russ., Auszug: engl.) — Untersucht wird die Kinetik der säurekatalysierten Hydrolyse der Acetylene: *2.5-Dioxahepten-(6)-yl-*, *2.6-Dioxaocten-(7)-yl-*, *2.7-Dioxanonen-(8)-yl-*, *3-Methyl-2.5-dioxahepten-(6)-yl-*, *3-Methyl-2.6-dioxaocten-(7)-yl-*, *2.5.8-Trioxadecen-(9)-yl-*,*2.5.-8.11-Tetraoxatridecen-(12)-yl* u. der Vinyläther: *β-Hydroxyäthyl-*, *γ-Hydroxy-propyl-*, *δ-Hydroxybutyl-*, *[5-Hydroxy-3-oxapentyl]-*, *[8-Hydroxy-3.6-dioxaoctyl]-*, *[3-Oxapentyl]-*, *n-Butyl-* u. *Äthyl-*. W. Sobieski 488

1144 **Hydrolyse von öllöslichen organischen Aminsalzen im Zweiphasensystem Wasser–Benzol.** M. A. Scheiman und H. R. Baker. (J. chem. Engng. Data **13** (1968) 3, 394—99; Naval Res. Labor., Washington, D.C.; engl.) — Die Rk. benzol. Lsg. von Rk.-Prod. von *Methyl-*, *Benzyl-*, *Triisoamylamin* mit *Phenylstearinsäure* u. *Dinonylnaphthalinsulfonsäure* mit wss. Phasen verschiedenen pH-Wertes u. CO_2-Geh. wird bez. einer Hydrolyse (Übergang von Prozent N-Verb. in die wss. Phase) diskutiert. Angegeben sind die Gleichgew.-Daten der Dinonylnaphthalinsulfonate u. Phenylstearate sowie die Löslichkeit- u. Gleichgew.-Parameter vorst. Verbindungen. D. Strauch 488

1145 **Reaktionen asymmetrischer Disulfide. 1. Mitt. Sulfitolyse von Schwefelderivaten des Cysteamins und Cysteins.** N. J. J. van Rensburg und O. A. Swanepoel. (Arch. Biochem. Biophysics **118** (1967) 3, 531—35; Grahamstown, South Africa, South African Wool Textile Res. Inst.; engl.) — Untersucht werden die Rk. folgender ^{35}S-markierter asymm. Dialkyldisulfide bei unterschiedlichem pH-Wert mit $Na_2S_2O_3$ zu Alkylmercaptanen u. Alkylthiosulfaten: *β-Amino-β'-carboxy-*, *β-Amino-β'-hydroxy-*, *β-Amino-β-carboxy-*, *β.β'-Diamino-β-carboxyl-*, *β.β'-Dicarboxy-β-amino-*, *β-Carboxy-β-acetamido-β'-amino-*, *α-Carboxy-β'-amino-*, *β.β'-Diamino-α'.α'-dimethyl-β'-carboxy-*, *β-Amino-α'.β-dicarboxy-* u. *β'-Amino-β-[carboxymethylaminocarbonyl]-β-[γ-carboxy-γ-aminopropylcarbonyl amino]-diäthyldisulfid*; *β-Aminoäthyl-γ-amino-γ-carboxypropyl-*, *β-Aminoäthylisobutyl-*, *β-Aminoäthyl-β'-carboxy-β'-aminopropyl-*, *β-Aminoäthylcarboxymethyl-* u. *β-Amino-β-carboxyäthylcarboxymethyldisulfid*. — Die Ergebnisse werden bez. der ster. Hinderung durch die Substituenten gedeutet. G. O. Jäger 488△

1146 **Chemische Reaktivität einiger cyclischer Ketone in α-H-D-Austauschreaktionen.** T. V. Lëšina, A. M. Kim, V. P. Mamaev und Ju. N. Molin. (Tartuskij gos. Univ. reakcionnaja Sposobnost' org. Soedinenij **4** (1967) 4 (14), 814—21; Novosibirskij inst. org. chimii CO AN SSSR; russ., Auszug: engl.) — Die Kinetik des säurekatalysierten H-D-Austausches von *Cyclohexanon*, *α-Cyan-*, *α-Chlorcyclohexanon*; *α-Tetralon*, *Acetophenon*, *2-Methyl-*, *1-[p-Tosyl]-1.2.3.4-tetrahydroisochinolon-(4)*, *Indanon* u. *Chromanon* mit CF_3COOD wird NMR-spektrometr. untersucht. W. Sobieski 489

1147 **Metallcarbonyle der VIII. Gruppe als Katalysatoren für die Hydroformylierung, Hydrocarboxylierung und Carboxymethylierung unverzweigter Kohlenwasserstoffe.** N. S. Imjanitov und D. M. Rudkovskij. (Kinetika i Kataliz 8 (1967) 6, 1240—45; „VNIINEFTEChIM" Leningrad; russ.) — Auf Grund eigener Vers. bez. der Hydrocarbomethoxylierung von *Cyclohexen* (**I**) u. auf Grund von Literaturdaten bez. der Hydroformylierung u. Hydrocarboxylierung von Propen u. I werden die katalyt. Eig. der *Carbonyle* von *Co*, *Rh*, *Ni*, *Ir* u. *Fe* in Abhängigkeit von Konz. u. Acidität (d. h. der elektrophilen Eig. der sich bildenden Hydrocarbonyle) untersucht. Mit Erhöhung der Acidität des Metallcarbonyls steigt nicht nur die katalyt. Aktivität sondern auch der Anteil der Isopropylderivate. D. Radeck 490

1148 **Hydratationskinetik von Carbonylverbindungen.** Marie-Luise Ahrens. (Ber. Bunsenges. physik. Chem. **72** (1968) 6, 691—96; Max-Planck-Inst. für Phys. Chemie, Göttingen; dt.) — Die RGK der Dehydratation u. die Gleichgew.-Konst. der Hydratation wurden von *Glyoxylsäure*, *Mesoxalsäure* u. *Brenztraubensäureäthylester* bestimmt. D. Strauch 490

1149 **Kinetik und Mechanismus der Decarboxylierung von Anthranilsäure in wäßriger Lösung.** Alfred V. Willi, Chong Min Won und Paul Vilk. (J. physic. Chem. **72** (1968) 9, 3142—48; Coll. of Pharm. Sci., Columbia Univ., N.Y.; engl.) D. Strauch 490

1150 **Stereochemie sigmatroper Umlagerungen. Prüfung der Gültigkeit von Orbital-Symmetrie-Regeln.** Jerome A. Berson. (Accounts chem. Res. **1** (1968) 5, 152—60; Dep. of Chem., Univ. of Wis., Madison, Wis.; engl.) — Übersicht. NMR-Spektren von *exo-* u. *endo-[6-D]-Norbornenyl-(5)-acetat* u. von *Norbornenyl-(5)-acetat* sind angegeben. — 22 Literaturangaben. D. Schmitt 492

1151 **DTA-Untersuchung der Kinetik der cis-trans-Isomerisierung.** Angelo V. Santoro, Edward J. Barrett und Horst W. Hoyer. (J. Amer. chem. Soc. **89** (1967) 17, 4545—46; Dep. of Chem., Hunter Coll. of the City Univ. of N.Y., New York, N.Y.; engl.) — Die Umwandlung von *cis-* in *trans-Stilben* bei 210—460° wird durch DTA untersucht. K.-J. Lucas 492

1152 **Katalytisches Verhalten von organischen Halbleitern. Isomerisierung von Buten-(1) zu Buten-(2) durch den Ladungsübertragungskomplex Violanthren A–Jod.** M. Tsuda, T. Kondow, H. Inokuchi und H. Suzuki. (J. Catalysis **11** (1968) 1, 81—83; Inst. for Solid State Phys., Univ. of Tokyo, Roppongi, Tokyo; engl.) — W. Sobieski 492

1153 **Basenkatalysierte prototropische Isomerisierung. 3. Mitt. Wanderung der Dreifachbindung in Acetylenkohlenwasserstoffen und die Isomerisierung von Diacetylenkohlenwasserstoffen zu konjugierten Polyenen.** A. J. Hubert. (Chem. and Ind. **1968**, 29, 975—76; Brussels, Belgium European Res. Associates; engl.) — 2. vgl. C. **1968**, 59-0509. — Untersucht wird die durch KNH_2/Al_2O_3 katalysierte Isomerisierung nachst. α.ω-Diine (**A**) zu konjugierten Dieninen u. Tetraenen in PAe. bei 25°: *Hexadiin-(1.5)* [→ *Hexadien-(1.3)-in-(5)*; 50% (Ausb.)], *Heptadiin-(1.6)* [→ *Heptadien-(1.3)-in-(5)*; 75%], *Octadiin-(1.7)* [→ *Octadien-(2.4)-in-(6)* u. *Octatetraen-(1.3.5.7)*], *Nonadiin-(1.8)* [→ *Nonadien-(2.4)-in-(6)* u. *Nonatetraen-(1.3.5.7)*], *Decadiin-(1.9)* u. *-(4.6)* [→ *Decadien-(3.5)-in-(7)* u. *Decatetraen-(2.4.6.8)*], *Undecadiin-(1.10)* [→ *Undecatetraen-(2.4.6.8)*], *Dodecadiin-(1.11)* [→ *Dodecatetraen-(3.5.7.9)*]. Die UV-spektroskop. bestimmten Zus. der Rk.-Gemische variieren mit der Rk.-Zeit u. sind von der Vorbehandlung des Katalysators abhängig. NMR-spektroskop. können als Prim.-Prod. bei der Isomerisierung der A die entsprechenden α.ω-Dimethyldiine nachgewiesen werden. G. O. Jäger 492△

1154 **Kinetik der nicht-isothermen Pyrolyse von Propan.** Lester S. Kershenbaum und Joseph J. Martin. (A. I. Ch. E. Journal **13** (1967) 1, 148—55; Univ. of Mich., Ann Arbor, Mich.; engl.) — Es wird eine Meth. zur Ermittlung der kinet. Parameter aus nichtisothermen u. nichtisobaren Daten aus einem Durchflußreaktorsyst. entwickelt u. auf die Kinetik der Pyrolyse von Propan bei 800—1000° angewandt. K.-J. Lucas 493

1155 **Kinetik der Pyrolyse von [2.3.4.5.6-D_5]-Toluol.** Jumpei Takenaka, Harumi Endo, Hitoshi Mikuni und Makoto Takahasi. (Bull. chem. Soc. Japan **40** (1967) 7, 1613—16; Dep. of Pure a. Appl. Chem., Coll. of General Educ., Univ. of Tokyo, Komaba, Meguro, Tokyo; engl.) — Die Pyrolyse wird im Temp.-Bereich 1055—1175 °K untersucht u. bez. der von undeuteriertem Toluol diskutiert. K.-J. Lucas 493

1156 **Vakuum-Blitzpyrolyse. 1. Mitt. Allylcyclopentadien aus Allylphenyläther.** E. Hedaya und D. McNeil. (J. Amer. chem. Soc. **89** (1967) 16, 4213—14; Union Carbide Res. Inst., Tarrytown, N.Y.; engl.) — Die Rk. wird bei 750—954° untersucht, die Prod. werden IR-, NMR- u. massenspektrometr. bestimmt. K.-J. Lucas 493

1157 **Vakuum-Blitzpyrolyse. 2. Mitt. Elektronen-Schwingungs- und ESR-Spektren des Benzylradikals.** C. L. Angell, E. Hedaya und D. McLeod jun. (J. Amer. chem. Soc. **89** (1967) 16, 4214—16; engl.) — 1. vgl. vorst. Referat. — Die Spektren von analog l.c. (Benzylbromid bei ca. 1000°) u. elektrolyt. erzeugten Benzylradikalen in einer Ne-Matrix (Temp. fl. He) werden untersucht u. miteinander sowie mit Spektren aus der Dampfphase verglichen. K.-J. Lucas 493

1158 **Thermische Zersetzung des sek.-Butylradikals.** M. C. Lin und K. J. Laidler. (Canad. J. Chem. 45 (1967) 12, 1315—19; Dep. of Chem., Univ., Ottawa; engl.) — Die durch Azomethan sensibilisierte Zers. von n-Butan wurde bei Temp. zwischen 260 u. 340° untersucht u. die Kinetik der therm. Zers. von sek.-C_4H_9-Radikalen bestimmt. K.-J. Lucas 493

1159 **Thermochemie der Gasphasengleichgewichte trans-1.2-Dijodäthylen ⇌ Acetylen + J_2 und trans-1.2-Dijodäthylen ⇌ cis-1.2-Dijodäthylen.** Shozo Furuyama, David M. Golden und Sidney W. Benson. (J. physic. Chem. 72 (1968) 9, 3204—08; Dep. of Thermochem. and Chem. Kinetics, Stanford Res. Inst., Menlo Park, Calif; engl.) D. Strauch 493

1160 **Pyrolyse aromatischer Azine.** Stephen S. Hirsch. (J. org. Chemistry 32 (1967) 8, 2433—37; Chemstrand Res. Center, Inc., Durham, N.C.; engl.) — Die Pyrolyse von *Benzophenonazin* bei 375—500° u. von *N-Benzhydryliden-N'-benzylidenhydrazin* (F. 75,6—76,1°) bei 495° wird gaschromatograph. untersucht. K.-J. Lucas 493

1161 **Massenspektrometrische Untersuchung der Kinetik schneller Reaktionen bei hohen Temperaturen. 2. Mitt. Thermischer Zerfall von Äthylformiat.** M. M. Gil'burd und F. B. Moin. (Kinetika i Kataliz 8 (1967) 2, 261—64; russ.) — 1. vgl. ibid. 7 (1966) 1, 157. Wolfram Köhler 493

1162 **Kinetik der Thiazolidin–Thiazolin-„Tautomerie". 1. Mitt. Hydrolyse von 2-Imino-3-aryl-4-oxothiazolidinen.** Ju. V. Svetkin, S. A. Vasil'eva und A. N. Minlibaeva. (Tartuskij gos. Univ., reakcionnaja Sposobnost' org. Soedinenij 4 (1967) 4 (14), 705—12; Baškirskij Gos. Univ. im 40-Letija Oktjabrja, Ufa; russ., Auszug: engl.) — Es wird gezeigt, daß die Hydrolyse von Thiazolidinen zu Thiazolinen mit einer Umlagerung verbunden ist. Die Kinetik der Hydrolyse von *2-Imino-3-phenyl-*, *2-Imino-3-p-tolyl-* u. *2-Imino-[3-p-methoxyphenyl]-4-oxothiazolidin* zu den 2-Arylamino-4-oxothiazolinen u. die Beziehung zwischen den RGK u. den Hammettschen σ^*-Konst. wird bei 100° untersucht. W. Sobieski 494

1163 **Kinetik der Thiazolidin–Thiazolin-„Tautomerie". 2. Mitt. Cyclisierung von Arylpseudothiohydantoinsäuren.** Ju. V. Svetkin, S. A. Vasil'eva und A. N. Minlibaeva. (Tartuskij gos. Univ., reakcionnaja Sposobnost' org. Soedinenij 4 (1967) 4 (14), 713—18; russ., Auszug: engl.) — 1. vgl. vorst. Referat. — Untersucht wird bei 100° die Kinetik der Cyclisierung von nachst. 4-Imino-3-thiabuttersäuren: *4-Anilino-*, *4-[p-Toluidino]-* u. *4-[p-Anisidino]-* zu den entsprechenden 2-Arylamino-4-oxothiazolinen. W. Sobieski 499

1164 **Multiple Beziehung der kinetischen Acidität von Nitroalkanen.** A. I. Tal'vik und A. E. Pichl. (Tartuskij gos. Univ., reakcionnaja Sposobnost' org. Soedinenij 4 (1967) 4 (14), 822—37; Tartuskij gos. univ., labor. chim. kinetiki i kataliza g. Tartu, Ėst. SSR; russ., Auszug: engl.) — Eine Beziehung zwischen den RGK der Rk. nachst. Nitroalkane mit den Anionen nachst. Carbonsäuren u. der Selektivität (abs. ϱ^*-Konst.) wird aufgestellt. Angegeben sind die Daten aus der Rk. von *1-Nitro-2-methylpropan* mit den Monoanionen von *Glutarsäure* (I), *Glykolsäure* (II) u. *Chloressigsäure* (III); von *1-Nitro-3-methylbutan* mit I^- u. *β-Chlorpropionsäure*-Anionen, *1-Nitrobutan* mit I^-; *1-Nitropropan* mit I^-; *Nitroäthan* mit I^-, II^- u. III^-; *1-Nitro-2-phenyläthan* mit I^-, II^- u. III^- sowie *1-Nitro-2-chloräthan* mit I^-, III^- u. *Dichloressigsäure*-Anionen. W. Sobieski 494

1165 **Grenzen der langsamen Verbrennung und Explosion von Keten-O_2-Mischungen.** P. Michaud, J. Lebel und C. Ouellet. (Combust. and Flame 12 (1968) 4, 395—98; Dép. de Chim., Univ., Laval, Québec, Canada; engl.) — Das Verbrennungsverh. von stöchiometr. 1 : 2 CH_2CO–O_2-Mischungen wird bei Zündungstemp. von 280—440° u. Gesamtdrücken von 50—250 Torr untersucht. W. Sobieski 494

1166 **Kettencharakter der Zerfalls- und Aufbaureaktion bei der Crackung von Cetan am Alumosilicatkatalysator.** M. E. Levinter und G. M. Pančenkov. (Ž. fiz. Chim. 41 (1967) 5, 1005—10; Ufimskij neftjanoj inst.; russ.) Wolfram Köhler 494

1167 **Mechanismus der Thyroxinbildung aus Dijodtyrosin und 4-Hydroxy-3.5-dijodphenylbrenztraubensäure.** F. Blasi, F. Fragomele und I. Covelli. (Europ. J. Biochem. [Berlin] 5 (1968) 2, 215—21; Centro di Endocrinologia ed Oncologia Sperimentale del CNR, Ist. di Patologia Gen. dell'Univ. di Napoli; engl.) — Mechanismus u. Kinetik werden untersucht. D. Schmitt 494

1168 **Einfluß von Druck und Temperatur auf den Flammpunkt chlorierter KW-Stoffe in O_2–N_2- und N_2O_4–N_2-Atmosphären.** J. M. Kuchta, A. L. Furno, A. Bartkowiak und G. H. Martindill. (J. chem. Engng. Data 13 (1968) 3, 421—28; Explosives Res. Center, Bureau of Mines., US Dep. of the Interior, Pittsburgh, Pa.; engl.) — Untersucht wurden *Methylenchlorid*, *1.2-Dichlor-*, *1.1.1-Trichloräthan*, *Trichloräthylen* u. *n-Butylchlorid* im Bereich 760—50 Torr u. 25—200°. D. Strauch 494

1169 **Anwendung des exponentiellen Geschwindigkeitsgesetzes auf den Kompensationseffekt bei der Oxydation von Propylen an Metalloxiden.** Yoshihiko Moro-Oka und Atsumu Ozaki. (J. Catalysis 10 (1968) 1, 84—86; Tokyo Inst. of Technol., Ohokayama, Meguro-ku, Tokyo; engl.) — Die Kompensation zwischen der Aktivierungsenergie u. den Präexponentialfaktor der Titelrk. an 17 Metalloxiden wird untersucht. G. Malow 495

1170 **Einfluß von Quecksilber auf die elektrochemische und katalytische Reduktion organischer Stoffe an Os.** N. G. Ul'ko, G. P. Chomčenko und G. D. Vovčenko. (Vestnik Moskovskogo Univ., Ser. II 22 (1967) 4, 47—50; Kaf. obščej chimii; russ.) — Die relative Geschw. der katalyt. u. elektrochem. Red. von *Aceton*, *n-Butyraldehyd* u. *Nitrobenzol* wurde in Abhängigkeit vom Vergiftungsgrad des Os mit Hg gemessen u. mit der aus Ladungskurven ermittelten relativen H_2-Belegung verglichen. C. Herold 495

1171 **Untersuchung von Diolen und cyclischen Äthern. 28. Mitt. Umwandlung von Propandiol-(1.3) in der Dampfphase an Katalysatoren vom Raney-Typ.** M. Bartók und L. Zalotai. (Acta Univ. Szegediensis, Acta physica chem. [N.S.] 14 (1968) 1/2, 39—45; Inst. of Organ. Chem., Attila József Univ., Szeged; engl.) — 26. vgl. C. **1968**, 64-0575. — Die an Cu-Al-, Pd-Al-, Co-Al-, Ni-Al-, Zn-Al -u. Cu-Zn-Al-Kontakten bei 170—300° verlaufenden Prozesse werden bez. der Wirksamkeit der Katalysatoren untersucht. W. Sobieski 495

1172 **Untersuchung von Diolen und cyclischen Äthern. 29. Mitt. Umwandlung von Butandiol-(1.3) in der Dampfphase an Katalysatoren vom Raney-Typ.** L. Zalotai und M. Bartók. (Acta Univ. Szegediensis, Acta physica chem. [N.S.] 14 (1968) 1—2, 47—53; engl.) — 28. vgl. vorst. Referat. — Die Unters. werden analog l.c. im Temp.-Bereich 150—300° durchgeführt. W. Sobieski 495

1173 **Gemeinsame Intermediäre bei der Übertragung von Triplett-Exzitonenenergie und bei Molekülaustauschreaktionen.** S. M. Japar, M. Pomerantz und E. W. Abrahamson. (Chem. Physics Letters [Amsterdam] 2 (1968) 3, 137—39; Dep. of Chem., Case Western Reserve Univ., Cleveland, O.; engl.) — Die UV-Photolyse von *D_6-Aceton-Tetramethyläthylen*-Lsg. wird untersucht u. die Exzitonenenergieübertragung via ein mol. Triplett-Oxetan-Intermediäres diskutiert. W. Sobieski 498

1174 **Durch Benzol photosensibilisierte cis-trans-Isomerisierung von 2-Butenen: Konkurrierende Löschung.** G. A. Haninger jun. und Edward K. C. Lee. (J. physic. Chem. 71 (1967) 9, 3104—06; Dep. of Chem. Univ. of Calif., Irvine, Calif.; engl.) — Die konkurrierende Wrkg. der Löschung von Triplett-*Bzl.* in der Gasphase durch nachst. Mol. wird durch Messung der *trans-Buten-(2)* (trans-I)-Ausb. aus *cis*-I bzw. der cis-I-Ausb. aus trans-I untersucht: *Äthylen*, *Propylen*, *Buten-(1)*, *Penten-(1)*, *Hexen-(1)*, cis-I, trans-I, *Cyclopenten*, *Trimethyl-* u. *Tetramethyläthylen*. K.-J. Lucas 498

1175 **Vakuum-Photolyse von flüssigen organischen Mischungen. — Energieübergang von neutralem angeregtem Cyclohexan.** R. A. Holroyd, J. Y. Yang und F. M. Servedio. (J. chem. Physics 46 (1967) 110, 4540—41; Atomics Internat., Div. of North American Aviation, Inc. Canoga Park, Calif.; engl.) — Prod. u. rel. Ausb. der Cyclohexanphotolyse bei 1470, 1236 u. 1165 Å werden bestimmt. K.-J. Lucas 498

1176 **Durch Kr strahlensensibilisierte Reaktion von D-Atomen mit Äthylen.** A. Tewarson und F. W. Lampe. (J. physic. Chem. 72 (1968) 9, 3261—65; Dep. of Chem., Pa. State Univ., Univ. Park, Pa.; engl.) D. Strauch 498

1177 **Bildung von Polyendialdehyden bei der Photooxydation reinen flüssigen Benzols.** Kei Wei, Jean-Claude Mani und J. N. Pitts jun. (J. Amer. chem. Soc. 89 (1967) 16, 4225—27; Dep. of Chem., Univ. of Calif., Riverside, Calif.; engl.) — Untersucht wird die O_2-Ox. von H_2O-freiem Bzl. bei UV-Bestrahlung, der Bldg.-Mechanismus u. Absorptionsspektrum der Prod. *trans-trans-Hexadien-(2.4)-dial-(1.6)* (*Mucondialdehyd*, F. 115 bis 117°) u. *Dodecapentadien-(2.4.6.8.10)-dial-(1.10)* (F. 177—178°). K.-J. Lucas 498

1178 **Photoisomerisierung von Alkylderivaten von Benzol.** I. Jano. (Chem. Physics Letters [Amsterdam] 2 (1968) 3, 205—06; Fac. of Sci., Univ., Aleppo, Syria; engl.) — Diskussion der möglichen Geometrie von zwei aktiven Intermediären bei der Photoisomerisierung von *o-Xylol*. W. Sobieski 498

1179 **Mechanismus der Bildung von Fulven aus bestrahltem Benzol in der Gasphase.** I. Jano und Y. Mori. (Chem. Physics Letters [Amsterdam] 2 (1968) 3, 185—88; Fac. of Sci., Univ., Aleppo, Syria; engl.) — Der Mechanismus ist der gleiche, wie der der Rk. in fl. Phase u. sieht die innere Umwandlung des $^1E_{1u}$-Zustands von Bzl. in den $^1B_{2u}$-Zustand vor. W. Sobieski 498

1180 **Photoreaktionen von Anthracen in einer festen Matrix.** 1. Mitt. **Photodimerisierung.** A. Bernas, D. Leonardi und M. Renaud. (Photochem. and Photobiol. 5, 721—31, 1966; Labor. de Chim. Phys., Fac. des Sci. de Paris, Orsay; engl.) — Bei UV-Bestrahlung von in KBr feinverteiltem Anthracen (I) bildet sich dimeres I. Bei Bestrahlung von reinem I tritt keine Dimerisierung ein. Aus UV-, IR- u. Fluoreszenzspektren sowie aus Röntgenbeugungsaufnahmen wird geschlossen, daß in der KBr-Matrix I-Mikrokristallite vorhanden sind, in denen I assoziiert ist. Die Rk. findet an der Grenzfläche KBr-I statt. D. Pavel 498

1181 **Photochemische Zersetzung von Triphenylboran und seinen Komplexen.** J. L. R. Williams, P. J. Grisdale und J. C. Doty. (J. Amer. chem. Soc. 89 (1967) 17, 4538; Res. Labor., Eastman Kodak Co. Rochester, N.Y.; engl.) — Die direkte Photolyse von Triphenylboran (I) in Cyclohexan unter N_2, die Abhängigkeit der Absorptionsspektren von I-Lsg. von der Art des Lsgm., die Phosphoreszenzemissionsspektren von I in festen Matrizen bei 77 °K u. die Photolyse von I-Piperidin- u. I-*Py.*-Komplexen wird untersucht. K.-J. Lucas 498

1182 **Photochemischer Austausch von Halogen in aromatischen Verbindungen.** 3. Mitt. Joseph T. Echols, Vincent T-C. Chuang, C. Sherman Parrish, Joseph E. Rose und Barton Milligan. (J. Amer. chem. Soc. 89 (1967) 16, 4081—88; Dep. of Chem., Univ. of Miss. University, Miss.; engl.) — 2. vgl. J. physic Chem. 66 (1962) 2118. — Mechanismus u. Kinetik der photochem. Rk. von *Brombenzol* mit Cl_2 zu Chlorbenzol + Br_2 in CCl_4 werden untersucht u. Substituenteneffekte wie Aktivierungsparameter der Rk. bestimmt. K.-J. Lucas 498

1183 **Hg(6 $^3P_1$)-photosensibilisierte Isomerisierung von Oktafluorbuten-(2).** D. M. Graham und Takumi Hikida. (J. physic. Chem. 72 (1968) 9, 3328—30; Dep. of Chem., Univ. of Western Ontario, London, Ontario, Canada; engl.) D. Strauch 498

1184 **Thermisches Ausheilen in neutronenbestrahlten Tribrombenzolen.** K. E. Siekierska, A. Halpern und A. G. Maddock. (J. chem. Soc. [London], Sect. A 1968, 7, 1645—51; Chem. Dep., Danish Atomic Energy Commission Res. Establ., Risø, Denmark; engl.) — Untersucht wurden die Krist. von *1.2.3-*, *1.2.4-* u. *1.3.5-Tribrombenzol*. Massenspektroskop. u. chromatograph. wurde eine Prod.-Analyse bez. der ^{82}Br-Verteilung in den Radiolyseprod. durchgeführt. D. Schmitt 498

1185 **Zersetzung von Cyclohexylaminen bei Bestrahlung.** Takeshi Tsujino, Takehiko Ishihara und Teruo Kikuchi. (J. nuclear Sci. Technol. [Tokyo] 4 (1967) 6, 317—18; Div. of Fuel Res. and Dev., Japan Atomic Energy Res. Inst., Tokai-mura, Iba raki-ken; engl.) — Die ^{60}Co-γ-Radiolyse von *Cyclohexyldilauryl-*, *Cyclohexyllauryl-* u. *Tri-n-octylamin* wird untersucht. W. Sobieski 498

1186 **Nanosekunden-Pulsradiolyse von Anilin.** R. Cooper und J. K. Thomas. (J. chem. Physics 48 (1968) 11, 5103—09; Chem. Div., Argonne Nat. Labor., Argonne, Ill.; engl.) — Die Radiolyse wird von reinem Anilin u. unter Zusatz von Biphenyl, Pyren, N.N.N'.N'-Tetramethyl-p-phenylendiamin sowie Naphthalin, Anthracen u. 1.2-Benzanthracen durchgeführt. D. Schmitt 498

1187 **EPR von Radikalen, die bei der Photoanregung gefrorener äthanolischer Lösungen von Triphenylamin gebildet werden.** A. K. Piskunov, D. N. Šigorin, N. V. Verejn und G. A. Ozerova. (Teoret. èksper. Chim. 3 (1967) 2, 266—70; Fiz.-chim. inst. im. Karpova, g. Moskva; russ.) — Vf. untersuchen bei 77 °K die Radikalbldg. der mit λ = 313 mμ bestrahlten Lsg. von Triphenylamin in *A.* u. seinen D-Derivaten. Nachst. Radikale treten auf: $CH_3\dot{C}HOH$ u. $C_2H_5\cdot$ in A. u. C_2H_5OD, $CH_3\cdot\dot{C}DOH$ u. $CH_3\dot{C}D_2$ in CH_3CD_2OH (I), $CD_3\dot{C}HOH$, $CD_3\cdot CH_2\cdot$ u. $\dot{C}D_3$ in CD_3CH_2OH sowie $\dot{C}HO$ in allen Lsg. außer I. Wolfram Köhler 498

1188 **Zersetzung von durch Hexafluoraceton photosensibilisierten organischen Halogeniden.** L. M. Quick und E. Whittle. (Canad. J. Chem. 45 (1967) 16, 1902 bis 1904; Chem. Dep., Univ. Coll., Cathays Park, Cardiff; engl.) — Die Rk.-Prod. der UV-Photolyse ($\geq$ 3130 Å) von Mischungen der Titelverb. mit *Brom-*, *1.2-Dibrom-*, *Chlor-*, *1.2-Dichlor-* u. bes. *1-Brom-1.1-difluoräthan* (mit u. ohne NO- u. O_2-Zusatz) werden untersucht. K.-J. Lucas 498

1189 **Einfluß des elektrischen Feldes auf die γ-Radiolyse von Methanoldampf.** Tadayuki Ohmae und Hiroshi Sakurai. (Bull. chem. Soc. Japan 40 (1967) 6, 1368—72; Inst. of Sci. and Ind. Res., Osaka Univ., Sakai, Osaka; engl.) K.-J. Lucas 498

1190 **Tautomerie und geometrische Isomerie von Arylazophenolen und Naphtholen.** 4. Mitt. **Spektren und reversible Photoreaktionen von m- und p-Hydroxyazobenzol.** Gavriella Gabor, Yael F. Frei und Ernst Fischer. (J. physic. Chem. 72 (1968) 9, 3266—72; Dep. of Chem., Weizmann Inst. of Sci., Rehovoth, Israel; engl.) — 3. vgl. Israel J. Chem. 5 (1967) 5, 193. — Es wurde die Kinetik der cis–trans-Photo- u. therm. Isomerisierung u. die dabei auftretenden Komplexbldg. untersucht. D. Strauch 498

1191 **ESR-Untersuchungen von Substituenteneffekten.** 2. Mitt. **Diarylnitroxide.** E. Thomas Strom, Aaron L. Bluhm und Julius Weinstein. (J. org. Chemistry 32 (1967) 12, 3853—56; Natick, Mass., U. S. Army Natick Labor., Pioneering Res. Div.; engl.) — 1. vgl. J. Amer. chem. Soc. 88 (1966) 2065. — Folgende Diphenylstickoxide wurden durch Photolyse der entsprechenden Nitrosoverb. gebildet u. ESR-spektroskop. untersucht: 3.3'- u. 4.4'-Bis-(methoxycarbonyl)-, 4.4'-Dibrom-, 3.3'- u. 4.4'-Dichlor-, 3.3'- u. 4.4'-Difluor-, 4.4'-Dimethyl-, 3.3'-Dinitro- sowie unsubstituiert. A. Jochum 498

1192 **ESR-Untersuchung der Photolyse von an Al_2O_3 adsorbierten Alkoholen.** Yoshio Ono und Tominaga Keii. (J. physic. Chem. 72 (1968) 8, 2851—56; Dep. of Appl. Chem., Tokyo Inst. of Technol., Meguro, Tokyo; engl.) — Die UV-Photolyse von an verschiedenem Al_2O_3 adsorbiertem *Methanol* (I), *A.* u. *n-Propanol* bei der Temp. des fl. N_2, die Isothermen der I-Adsorption u. die Zerfallskinetik der entstandenen Oberflächenradikale $AlO\dot{C}H_2$ u. $AlO\dot{C}HCH_3$ wird ESR-spektrometr. untersucht. W. Sobieski 498

1193 **Intramolekulare Eliminierungsreaktionen bei der Photolyse von Fluoraldehyden.** E. R. Morris und J. C. J. Thynne. (J. physic. Chem. **72** (1968) 9, 3351–52; Chem. Dep., Univ., Edinburgh; engl.) — Es wird die Photolyse von *Pentafluorpropionaldehyd* (mit u. ohne NO-Zusatz), *Trifluoracetaldehyd* u. *Heptafluorbutyraldehyd* untersucht u. vermutet, daß hauptsächlich CO-Eliminierung u. keine Bldg. von Fluoralkylradikalen erfolgt. D. Strauch 498

1194 **Erwiderung zu: Intramolekulare Eliminierungsreaktionen bei der Photolyse von Fluoraldehyden.** G. O. Pritchard und M. J. Perona. (J. physic. Chem. **72** (1968) 9, 3352; Dep. of Chem., Univ. of Calif., Santa Barbara, Calif.; engl.) — Vgl. vorst. Referat. — Vf. behaupten, daß neben der CO-Eliminierung auch eine Bldg. von Fluoralkylradikalen erfolgt. D. Strauch 498

1195 **Singulett- und Triplettnitrene. 2. Mitt. Carboäthoxynitren aus Äthylazidoformiat.** John S. McConaghy jun. und Walter Lwowski. (J. Amer. chem. Soc. **89** (1967) 17, 4450–56; Dep. of Chem., Yale Univ., New Haven; engl.) — 1. vgl. C. **1969**, 2-1124. — Die Abhängigkeit der Stereospezifität der Addition von Carboäthoxynitren an *cis-* u. *trans-4-Methylpenten-(2)* von der Olefinkonz. wird durch Unters. der Pyrolyse u. UV-Photolyse von Äthylazidoformiat in Olefinlsg. bestimmt. Untersucht wird auch die Pyrolyse von *trans-N-Carboäthoxy-2-isopropyl-3-methylaziridin* u. die Photolyse von *cis-N-Carboäthoxy-2-isopropyl-3-methylaziridin* (→ *3-[2-Chlor-4-methylpentyl]-urethan*). Dargestellt wurde außerdem *Neopentylurethan*. K.-J. Lucas 498

1196 **Hg-photosensibilisierte Reaktionen in Gegenwart von CO: Zersetzung von Äthylenimin.** A. Jones und F. P. Lossing. (Canad. J. Chem. **45** (1967) 14, 1685–91; Div. of Pure Chem., Nat. Res. Council of Canada, Ottawa; engl.) — Der Einfl. von CO-Zusätzen auf die Hg($^3P_1$)-photosensibilisierte Zers. nachst. Verb. wird untersucht: *Äthan, Propan, n-Butan, Isobutan, Cyclopropan, Äthylenoxid, Methanol, Aceton, n-Heptan, Äthylen, Butadien-(1.3), Cyclopenten, Bzl., Formaldehyd, Dimethyläther, Benzophenon, Methylamin, Äthylenimin* u. NH_3. K.-J. Lucas 498

1197 **Photochemie aromatischer Ionen. Photolyse quaternärer Aniliniumsalze.** Thomas D. Walsh und Robert C. Long. (J. Amer. chem. Soc. **89** (1967) 15, 3943 bis 3944; Dep. of Chem., Univ. of Ga., Athens, Ga.; engl.) — Die Photolyse folgender Trimethylaniliniumsalze in Methanol wird untersucht: *Unsubstituiert, p-Methoxy-, p-Methyl-, p-Fluor-, p-Methoxycarbonyl-* u. *p-Cyan-*. K.-J. Lucas 498

1198 **Photolyse von Arylalkylthiocyanaten, -isothiocyanaten und -disulfiden in Matrizen bei 77 °K: Bildung und Einfang freier Arylalkylradikale.** G. Favaro und U. Mazzucato. (Photochem. and Photobiol. **6** (1967) 8, 589–96; Inst. of Phys. Chem., Univ., Padova, Italia; engl.) — Die 2537-Å-Photolyse nachst. Verb., die auftretenden Zwischen- u. Endprod. sowie die Absorptions- u. Fluoreszenzspektren von *trans-Stilben, Benzaldehyd, Benzophenon, Benzyl-, Diphenylmethyl-* u. *Trityl*-Radikalen wurden untersucht: *Benzylthiocyanat, -isothiocyanat, Dibenzyldisulfid, Diphenylmethylthiocyanat, -isothiocyanat, Bis-[diphenylmethyl]-disulfid, Tritylisothiocyanat, -mercaptan* u. *Ditrityldisulfid*. K.-J. Lucas 498

1199 **Photoreduktion von Proflavin in wäßriger Lösung. 1. Mitt. Blitzphotolyse.** Kôichi Kikuchi und Masao Koizumi. (Bull. chem. Soc. Japan **40** (1967) 4, 736–43; Dep. of Chem., Fac. of Sci., Tohoku Univ., Katahira-cho, Sendai; engl.) — Die Blitzphotolyse von Proflavin in Ggw. u. Abwesenheit von Allylthioharnstoff wird spektrometr. untersucht. Kinet. u. Absorptionsdaten sind angegeben. K.-J. Lucas 498

1200 **Blitzphotolyseuntersuchung der Flavinphotosensibilisierung von Purinnucleotiden.** A. Knowles und E. M. F. Roe. (Photochem. and Photobiol. **7** (1968) 5, 421–36; London, Royal Cancer Hosp., Inst. of Cancer Res.; engl.) — Untersucht wird die durch *Lumiflavin* (*LF*) sensibilisierte Ox. von *Adenyl-* u. *Guanylsäure* mittels der Blitzphotolysetechnik. Vf. weisen die Existenz eines reaktiven Triplettanregungszustandes des LF (T_{LF}) nach, der zur Energieübertragung auf die Nucleotidmol. befähigt ist. Aus den bei der Blitzbelichtung der LF-Lsg. erhaltenen komplexen Absorptionskurven von Primärprod. werden die Absorptionsspektren von T_{LF} u. eines LF-Semichinons (I) näherungsweise berechnet. Außerdem werden die RGK erster bzw. zweiter Ordnung für den Zerfall von T_{LF} bzw. I bestimmt. G. O. Jäger 498△

1201 **Chemie der Flavine und Flavoproteine. Photoreduktion von Flavinen durch Aminosäuren.** G. R. Penzer und G. K. Radda. (Biochem. J. **109** (1968) 2, 259 bis 268; Dep. of Biochem., Univ. of Oxford; engl.) — Bestimmt werden die kinet. Daten u. Hammett-Substituentenkonst. der anaeroben Photored. von *FMN, Lumiflavin, 3-Methyllumiflavin, Isoriboflavin, 6-Chlor-7-methoxy-9-β-pyrrolidinoäthyl-, 6-Chlor-9-[3-diäthylaminopropyl]-* u. *9-[3-Dimethylaminopropyl]-isoalloxazin* durch DL-Phenylglycin (I), Benzylamin u. Phenylessigsäure (II); Einfl. von Temp. u. Lichtintensität auf die RGK der inhibierten u. nicht inhibierten Photobleichung u. Photored. von FMN sowie von *Methylenblau* durch EDTA u. der Einfl. von Harnstoff auf die RGK der inhibierten u. nicht inhibierten Photobleichung, Photored. u. Fluoreszenz von FMN, von *Flavinadenindinucleotid (FAD)* durch EDTA; Einfl. von Harnstoff u. DMSO auf die Dunkelrk. von FMN u. FAD mit NADH u. schließlich die pH-Abhängigkeit der RGK der Photork. von *3-Methyl-9-β-acetoxyäthyllumiflavin* mit **I** u. **II**. W. Sobieski 498

1202 **Sensibilisierte Photooxydation durch Methylenblau, Thiopyronin und Pyronin. 1. Mitt. Blitzphotooxydation von p-Diaminotoluol.** F. A. Gollmick und H. Berg. (Photochem. and Photobiol. **7** (1968) 5, 471–75; Jena, DAW zu Berlin, Inst. für Mikrobiolog. u. exp. Therap.; dt.) — Für die in Abwesenheit oder in Ggw. von O_2 ablaufenden Rk. zwischen Sensibilisator (A) u. *p-Diaminotoluol* wird eine Rk.-Folge diskutiert. Die photodynam. Aktivität der A nimmt in der Reihenfolge *Thiopyronin* (I), *Methylenblau* u. *Pyronin* ab. Die hohe Wirksamkeit von I wird auf die höhere stationäre Triplettkonz. zurückgeführt, die einen — im Vgl. zu den anderen A — rascheren Umlauf eines Sensibilisatorzyklus erlaubt. G. O. Jäger 498△

1203 **Photoinduzierte Dehydrierung des 3.4-Dihydro-β-carbolinsystems.** Yuichi Kanaoka, Eisuke Sato und Osamu Yonemitsu. (Chem. and Ind. **1968**, **37**, 1250; Fac. of Pharm. Sci., Hokkaido Univ., Sapporo, Japan; engl.) — Die UV-Photolyse von *β-Carbolin, 1-Methyl-, 3-Carboxy-, 1-Methyl-3-carboxy-β-carbolin* wird untersucht. W. Sobieski 498

1204 **Blitzphotolyse von Thiopyronin.** Masaharu Morita und Shunji Kato. (Z. Naturforsch. **23b** (1968) 7, 931–33; Inst. of Chem., Coll. of Gen. Educat., Osaka Univ., Toyonaka, Osaka, Japan; engl.) — Die Blitzphotolyse des Farbstoffs sowie Absorptionsspektrum u. Rk.-Mechanismus der Zwischenprod. wurde untersucht. W. Sobieski 498

1205 **^{60}Co-γ-Radiolyse von wäßrigem Eosin.** A. F. Rodde jun. und L. I. Grossweiner. (J. physic. Chem. **72** (1968) 9, 3337–39; Dep. of Radiat. Therapy, Michael Reese Hosp. and Med. Center, Chicago, Ill.; engl.) D. Strauch 498

C. Präparative organische Chemie, Naturstoffe

1206 **Chemie der Enolate aus der Zinkreduktion von α-Bromketonen. Eine neue Methode zur α-Substitution von Carbonylgruppen.** Thomas A. Spencer, Ronald W. Britton und David S. Watt. (J. Amer. chem. Soc. **89** (1967) 22, 5727–29; Dartmouth Coll., Hanover, N.H.; engl.) — Bei der Rk. von α-Bromketonen in Bzl./DMSO mit Zn werden Verb., wahrscheinlich Zn-Enolate, gebildet, die mit elektrophilen Verb. eine C—C-Bindung an der Stelle der ursprünglichen C—Br-Bindung schließen. So bildet 2-Bromcyclododecanon mit Zn u. CH_3J >99% (gaschromatograph. Ausb.) *2-Methylcyclododecanon*. Analog ergeben 2-Bromtetralon-(1) 85% *2-Methyltetralon-(1)*, 2-Brom-2-methyltetralon 57% *2.2-Dimethyltetralon-(1)*, 6-Bromtridecanon-(7) (II) 66% *6-Methyltridecanon-(7)* (III) u. 4α-Bromcholestanon-(3) 40% *Cholestanon-(3)* u. 40% isoliertes *4α-Methylcholestanon-(3)*. Die Verw. anderer Alkylhalogenide mißlang, nur die Rk. von 2-Bromcyclododecanon mit Äthyltosylat ergab 13% *2-Äthylcyclododecanon*. 1 Val Allylbromid gibt bei der analogen Rk. mit 2-Brom-5-methoxytetralon-(1) 75% *2-Allyl-5-methoxytetralon-(1)*; 2 Val Allylbromid geben in hoher Ausb. in einer Folgerk. *1.2-Diallyl-1-hydroxy-5-methoxytetralin*, entsprechend bildet Tetralon unter analogen Bedingungen 93% *1-Allyl-1-hydroxytetralin*. Bei vielen α-Bromketonen herrscht statt der Alkylierung Selbstkondens. unter Bldg. von *Furanen* vor. So entstehen unter analogen Bedingungen aus 2-Bromcyclooctanon 66% *2-Methylcyclooctanon* u. 7% *Cyclooctanon*, aus 2-Bromcycloheptanon (I) 6% *2-Methylcycloheptanon*, 8% *Cycloheptanon* u. 58% (nach UV) *Dicycloheptenofuran* u. aus 2-Bromcyclohexanon 8% *Cyclohexanon* u. 62% *Dicyclohexenofuran*. Die Furanbldg. wird mit steigender Verdünnung des α-Bromketons zurückgedrängt. Bei Verw. einer 0,18m Lsg. von II werden 33% III u. 30% eines Furans (IV), wahrscheinlich *2.4-Di-n-pentyl-3.5-di-n-hexylfuran*, nachgewiesen u. bei einer 0,013m Lsg. 67% III u. <2% IV. Der Methylierungsvers. von 2-Brompentanon-(3) ergab 98% *2.4-Dimethyl-3.5-diäthylfuran*, das durch Aldolkondens. des Zn-Enolats mit weiterem 2-Brompentanon-(3) entsteht. Bei Verw. von Aldehyden als elektrophile Verb. werden aus α-Bromketonen u. Zn in Bzl./DMSO in guter Ausb. Aldoladdukte erhalten. Die zunächst entstehenden β-Hydroxycarbonylverb. werden mit p-Toluolsulfonsäure in Bzl. dehydratisiert u. die Ausb. gaschromatograph. oder UV-spektroskop. bestimmt. Mit Acetaldehyd bzw. Propionaldehyd entstehen 70% *2-Äthyliden-* bzw. 85% *2-Propylidencyclododecanon*, 57% *2-Äthyliden-* bzw. 67% *2-Propylidencyclohexanon*, 57% *2-Äthylidencyclooctanon*, 95% *2-Propyliden-5-methoxytetralon-(1)* u. 90% *2-Äthylidencholestanon-(3)*. Bei Verw. von Ketonen als elektrophile Verb. werden nur geringe Ausb. an α-Alkylidenketonen erhalten, so bildet I mit Aceton nur 16% *2-Isopropylidencycloheptanon*. R. Dahl 510

C-1. Acyclische Verbindungen

1207 **Elektronenübertragung bei Reaktionen von Nitrosoverbindungen. 6. Mitt. Gekoppelte Reaktionen von Trifluornitrosomethan, Phosphortrichlorid und Polyfluorolefinen.** V. A. Ginsburg, L. L. Martynova, M. F. Lebedeva, S. S. Dubov, A. N. Medvedev und B. I. Tetel'baum. (Ž. obšč. Chim. **37** (**99**) (1967) 5, 1073—77; russ.) — 2. vgl. C. **1968,** 10-0937. — Die Rk. von Trifluornitrosomethan (I) mit PCl_3 u. Polyfluorolefinen liefert *Addukte*, die durch Kopplung des elektrophilen Polyfluorolefinmol. mit zwei Mol. I u. einem Mol. PCl_3 entstehen. Im Gegensatz zu I–Phosphit-Syst. werden in I–PCl_3-Gemischen keine paramagnet. Teilchen beobachtet.

Versuche: *1.3-Bis-[trifluormethyl]-2.2.2-trichlor-4.4.5.5-tetrafluor-P(V)-1.3-diaza-2-phosphacyclopentan-1.3-dioxid* (oder *4.7-Bis-[trifluormethyl]-2.2.2-trichlor-5.5.6.6-tetrafluor-P(V)-1.3-dioxa-4.7-diaza-2-phosphacycloheptan*) (II), $C_4Cl_3F_{10}N_2O_2P$, $Kp._{17}$ 57—58°, aus 5 l I, 2,5 l Tetrafluoräthylen u. 14 g PCl_3 im Autoklaven bei —40° u. Fraktionieren der fl. Prod.; $D._{20}^{20}$ 1,8656; n_D^{20} 1,3786; 24 g (Ausb.). — *1.3-Bis-[trifluormethyl]-2-oxo-2-äthoxy-4.4.5.5-tetrafluor-P(V)-1.3-diaza-2-phosphacyclopentan-1.3-dioxid*, $C_6H_5F_{10}N_2O_4P$, $Kp._{10}$ 98—99°, durch 20 Min. langes Kochen von II mit abs. A.; $D._{20}^{20}$ 1,5980; n_D^{20} 1,3775. — *1.1.1.6.6.6-Hexafluor-2.5-dihydroxy-3.4-dioxo-2.5-diazahexan*, $C_4H_2F_6N_2O_4$, F. 160°, a) durch Zugabe von II zu W. bei 10—15° unter Selbsterwärmung u. Entmischung; daneben H_3PO_4 u. nach Zugabe von Anilin *1.3-Bis-[trifluormethyl]-2-oxo-2-phenylamino-4.4.5.5-tetrafluor-P(V)-1.3-diaza-2-phosphacyclopentan-1.3-dioxid*, $C_{10}H_6F_{10}N_3O_3P$, Zers. bei 142—143°; b) aus II u. 50%ig. wss. HJ. — *Trifluormethylcarbylamindifluorid* (*N-Trifluormethyldifluormethylenimin*), Kp. —32 bis —30°, aus II u. PCl_5 bei 130—140°. — *1.1.1.3.4.4.6.6.6-Nonafluor-5-dichlorphosphoryloxy-2.5-diazahexen-(2)* (III), $C_4Cl_2F_9N_2O_2P$, $Kp._{40}$ 72—74°, analog II aus I, PCl_3 u. Trifluorbromäthylen oder Trifluorchloräthylen; $D._{20}^{20}$ 1,7830; n_D^{20} 1,3555. — *1.1.1.4.4.6.6.6-Oktafluor-3-äthoxy-5-(diäthoxyphosphoryloxy)-2.5-diazahexen-(2)*, $C_{10}H_{15}F_8N_2O_5P$, $Kp._2$ 69—71°, aus III u. abs. A.; $D._{20}^{20}$ 1,3570; n_D^{20} 1,3615. — *1.1.1.6.6.6-Hexafluor-3.4-dioxo-5-hydroxy-2.5-diazahexan*, $C_4H_2F_6N_2O_3$, F. 40°, aus III u. Wasser. J. J. Pohl 560

1208 **Elektronenübertragung bei Reaktionen von Nitrosoverbindungen. 7. Mitt. Gekoppelte Reaktionen von Trifluornitrosomethan und Nitrosylchlorid mit Polyfluorolefinen.** V. A. Ginsburg, L. L. Martynova, M. F. Lebedeva, B. I. Tetel'baum und A. N. Medvedev. (Ž. obšč. Chim. **37** (**99**) (1967) 5, 1077—83; russ.) — 6. vgl. vorst. Referat. — Bei der Rk. von polyfluorierten Nitrosoalkanen mit Polyfluorolefinen in Ggw. von Nitrosylchlorid oder N_2O_3 entstehen neben den *Polyfluordialkylnitraminen* die isomeren *N-Polyfluordialkylhydroxylaminnitrite*, aus denen über die freien *Hydroxylamine* durch Ox. mit $KMnO_4$ die stabilen, freien Radikale — die *Polyfluordialkylaminyloxide* — gebildet werden. Ein möglicher Mechanismus unter Beteiligung von Donor-Akzeptor-Assoziaten wird vorgeschlagen. Letztere stabilisieren sich unter Umordnung der Elektronen, ohne daß paramagnet. Teilchen aus der Komplexsphäre austreten.

Versuche: *2-Chlortetrafluornitroäthan*, $C_2ClF_4\cdot NO_2$, Kp. 34°, aus Trifluornitrosomethan (I), Tetrafluoräthylen u. Nitrosylchlorid (II) im Autoklaven (—40°, 3 Tage) u. frakt. Dest.; n_D^{20} 1,3150; $D._{20}^{20}$ 1,5400; daneben *N-Trifluormethyl-N-(2-chlortetrafluoräthyl)-nitramin* (III; $C_3ClF_7N_2O_2$, Kp. 67—68°; n_D^{20} 1,3232; $D._{20}^{20}$ 1,6380) u. *N-Trifluormethyl-N-(2-chlortetrafluoräthyl)-hydroxylaminnitrit* [IV; $C_3ClF_7N_2O_2$, $Kp._{755}$ 59—62°; n_D^{20} 1,3130; $D._{20}^{20}$ 1,6175; Behandeln mit Anilin gibt das *freie Hydroxylamin* (V), C_3HClF_7NO, $Kp._{753}$ 87—88°; n_D^{20} 1,3159; $D._{20}^{20}$ 1,6288; *Ätherat*, $Kp._{90}$ 52—53°; n_D^{20} 1,3282; $D._{20}^{20}$ 1,3860]. — *N-Trifluormethyl-N-(2-chlortetrafluoräthyl)-aminyloxid*, C_3ClF_7NO, Kp. 36 bis 36,5°, durch Ox. von V mit $KMnO_4$ in Eisessig bei 70°; $D._{20}^{20}$ 1,5840. Gibt mit NO bei —5 bis 0° III u. IV. — *Perfluor-4-chlor-2-azabuten-(2)*, C_3ClF_6N, $Kp._{760}$ 28—29°, aus V u. PCl_5 bei 85°. — *N-(2.2-Dichlortrifluoräthyl)-N-trifluormethylhydroxylaminnitrit* [verunreinigt mit (*2.2-Dichlortrifluoräthyl)-trifluormethylnitramin*], $C_3Cl_2F_6N_2O_3$, $Kp._{122}$ 45—46°, aus I, Trifluorchloräthylen u. II; n_D^{20} 1,3545; $D._{20}^{20}$ 1,6750. *Freies Hydroxylamin*, $C_3HCl_2F_6NO$, $Kp._{56}$ 122°, aus dem Ester mit Anilin bei 25—30°; n_D^{20} 1,3526; $D._{20}^{20}$ 1,6909. — *N-(2.2-Dichlortrifluoräthyl)-N-trifluormethylaminyloxid*, Kp. 68°, aus vorst. Hydroxylamin mit $KMnO_4$ bei 70°; $D._{20}^{20}$ 1,6286. — *Gemisch aus N-(2-Chlor-1.1.2-trifluoräthyl)-N-trifluormethylhydroxylaminnitrit* u. *N-(2-Chlor-1.1.2-trifluoräthyl)-N-trifluormethylnitramin* (VI), $C_3HClF_6N_2O_2$, Kp. 60—80°, aus I, Trifluoräthylen u. II. — *N-(2-Chlor-1.1.2-trifluoräthyl)-N-trifluormethylhydroxylamin*, $C_3H_2ClF_6NO$, $Kp._{185}$ 68 bis 70°, aus vorst. Gemisch durch Erwärmen mit CH_3OH auf 50°; n_D^{20} 1,3460; $D._{20}^{20}$ 1,5610. — VI, Kp. 84—86°, aus vorvorst. Gemisch durch Rk. mit Anilin bei 50°; n_D^{20} 1,3380; $D._{20}^{20}$ 1,6190. — *Gemisch aus N-(2-Nitro-1.1.2.2-tetrafluoräthyl)-N-(2-chlor-1.1.2.2-tetrafluoräthyl)-hydroxylaminnitrit* u. *(2-Nitro-1.1.2.2-tetrafluoräthyl)-(2-chlor-1.1.2.2-tetrafluoräthyl)-nitramin*, $C_4ClF_8N_3O_4$, $Kp._{10}$ 35,5—36°, aus 2-Nitrotetrafluornitrosoäthan, Tetrafluoräthylen u. II; n_D^{20} 1,3525; $D._{20}^{20}$ 1,7295. — *Gemisch aus N-(2-Nitro-1.1.2.2-tetrafluoräthyl)-N-trifluormethylhydroxylaminnitrit* u. *(2-Nitro-1.1.2.2-tetrafluoräthyl)-trifluormethylnitramin*, $C_3F_7N_3O_4$, $Kp._{200}$ 35—45°, aus Trifluornitrosomethan (I), Tetrafluoräthylen u. N_2O_3; n_D^{20} 1,3150; $D._{20}^{20}$ 1,6521. — *N-(2-Nitro-1.1.2.2-tetrafluoräthyl)-N-trifluormethylhydroxylamin*, $Kp._{90}$ 47—48°, aus vorst. Gemisch durch Behandeln mit CH_3OH; n_D^{20} 1,3228; $D._{20}^{20}$ 1,6072. J. J. Pohl 560

1209 **Elektronenübertragung bei Reaktionen von Nitrosoverbindungen.** 8. Mitt. **Reaktion von Trifluornitrosomethan mit Stickstoffoxid.** V. A. Ginsburg, L. L. Martynova und M. N. Vasil'eva. (Ž. obšč. Chim. **37** (**99**) (1967) 5, 1083–90; russ.) – 7. vgl. vorst. Referat. – Trifluornitrosomethan (**I**) reagiert mit NO bei tiefen Temp. leicht unter Bldg. von *N-Nitroso-N-trifluormethylhydroxylaminnitrit*, das, falls die Rk. in der Gasphase durchgeführt wird, oberhalb von – 55° in *Trifluornitromethan* (*Fluorpikrin*; **VI**), **I**, *N.N-Bis-(trifluormethyl)-hydroxylamin-nitrit* (**V**), N_2, N_2O, N_2O_3 u. N_2O_4 zerfällt. Wird die Rk. in Ggw. von Aminen durchgeführt, so gelingt es das Hydroxylamin in Form seiner verhältnismäßig beständigen Salze zu isolieren. – Es wird die intermediäre Bldg. von Donor–Akzeptor-Komplexen angenommen u. der Rk.-Mechanismus diskutiert.

Versuche: *2-Nitro-1.1.2.2-tetrafluornitrosoäthan* (**II**), Kp. 24–25°, a) aus Tetrafluoräthylen (**III**) u. NO im Vol.-Verhältnis 1 : 2 in Ggw. katalyt. Mengen O_2; daneben *1.2-Dinitrotetrafluoräthan* (**IV**), Kp. 56–58°; b) aus **III** u. NO in Ggw. katalyt. Mengen **II**; daneben **IV**; c) aus **III**, NO u. **I**; daneben **IV** u. *Perfluormethyloxazetidin*, Kp. – 5 bis – 6°. – *N.N-Bis-[trifluormethyl]-hydroxylaminnitrit* (**V**), $C_2F_6N_2O_2$, Kp. 8–10°, durch 48 Std. langes Stehen von **I** mit einem Überschuß an NO; daneben **VI**, **I**, N_2, N_2O, N_2O_3 u. N_2O_4. Nach 2 Wochen langem Stehen von **I** mit NO werden **I**, **VI**, N_2O, N_2O_3 u. N_2O_4 im Rk.-Gemisch nachgewiesen. – *O.N-Dimethyl-N-trifluormethylhydroxylamin*, *Ätherat*, $C_3H_6F_3NO \cdot (C_2H_5)_2O$, $Kp._2$ 8–10°, durch Einleiten von NO in **I** in CH_3OH bei – 110 bis – 100°, Zugabe von Diazomethan in Ae. bei – 70° u. Fraktionieren; n_D^{20} 1,6345; $D._{20}^{20}$ 1,0220; daneben *Methylnitrit*, Kp. – 13°. Beim langsamen Erwärmen des Rk.-Gemisches aus **I** u. NO ohne CH_2N_2 erfolgt Zers. bei – 55 bis – 50° zu **I** u. *Methylnitrit*. Bei der Rk. von **I** mit NO in abs. Ae. bei – 110 bis – 100° u. Erwärmen auf – 55 bis – 50° erfolgt Zers. zu **I**, **V** u. **VI**. – *N-Nitroso-N-trifluormethylhydroxylamin*, *Diäthylammoniumsalz*, $C_5H_{12} \cdot F_3N_3O_2$, F. 59–62°, durch Einleiten von **I** u. NO in abs. Ae. bei – 110 bis – 100° u. Zugabe von Diäthylamin in Ae. bei – 70°. *Na-Salz*, $CF_3N_2NaO_2$, Zers. > 100°, durch Versetzen des bei – 70° erhaltenen Rk.-Gemisches aus **I** u. NO in CH_3OH mit CH_3ONa in CH_3OH oder Na in CH_3OH. Gibt beim Erwärmen mit NaOCl in W. **VI** (Kp. – 32°), bei der Rk. mit HNO_3 **I** (Kp. – 84°) u. beim Erwärmen mit CH_3OH N_2, N_2O, **VI**, *Hexafluorazoxymethan* (Kp. 7–8) u. *Trifluormethylmethyläther* ($C_2H_3 \cdot F_3O$, Kp. – 20°). *Li-Salz*, $CF_3LiN_2O_2$, mit CH_3OLi. *Ammoniumsalz*, $CH_4F_3N_3O_2$, F. 86°, durch Einleiten von NH_3. *CuCl-Komplex*, $CHF_3N_2O_2 \cdot CuCl$, durch Einleiten von NO in CuCl in A., dann bei – 70° **I** u. NO; dunkelgrüne, unbeständige Kristalle. *$FeSO_4$-Komplex*, analog; hellgrüne, leicht zersetzliche Kristalle. – *N-Trifluormethylhydroxylamin*, *O-Acetat*, $C_3H_4F_3NO_2$, F. 35° (in zugeschmolzener Kapillare) aus vorst. Na-Salz in abs. Ae. u. Acetylchlorid unter Kühlen; daneben **I**. *O-Benzoat*, $C_8H_6F_3NO_2$, F. 62°, analog mit Benzoylchlorid; daneben **I** u. NOCl. Gibt mit Anilin *N-(Dianilinomethylen)-O-benzoylhydroxylamin*, $C_{20}H_{17}N_3O_2$, F. 125°. – *Nitrodifluoracethydroxamsäurefluorid*, *Ätherat*, $C_2HF_3N_2O_3 \cdot {}^1/_2 (C_2H_5)_2O$ $Kp._{50}$ 54°, durch Einleiten von NO in 2-Nitro-1.1.2.2-tetrafluornitrosoäthan in CH_3OH bei – 70°, Erwärmen auf Raumtemp., Verdünnen mit W. u. Extrahieren; n_D^{20} 1,3620; $D._{20}^{20}$ 1,3490; daneben *Methylnitrit*. – *Difluorbromacethydroxamsäurefluorid*, *Methanolat*, $C_2HBrF_3 \cdot NO \cdot CH_3OH$, analog vorst. Verb. mit 2-Brom-1.1.2.2-tetrafluornitrosoäthan; daneben *Methylnitrit*.

J. J. Pohl 560

1210 **Pantothensäure und verwandte Verbindungen.** 3. Mitt. **Chemische Untersuchungen.** 2. Mitt. **Synthese von Di-D-pantothenoyl-L-cystin.** Genkichi Ohta, Osamu Nagase, Yasuhiro Hosokawa, Hiroaki Tagawa und Masao Shimizu. (Chem. pharmac. Bull. [Tokyo] **15** (1967) 5, 644–47; Central Res. Labor., Daiidu Seiyaku Co., Ltd., Minamifunaboricho, Edogawa-ku, Tokyo; engl.) – 2. vgl. ibid. **13** (1965) 189. – Vff. beschreiben die Synth. von *L-N.N'-Diacylcystinen* aus L-Cystein u. dem entsprechenden Nitril.

Versuche: *L-2-Methyl-Δ²-thiazolin-4-carbonsäure*, *Na-Salz* (**II**), $C_5H_6NNaO_2S$, F. 214–216° (Zers.), durch Zugabe von äthanol. Na-Äthylat zu 5 g L-Cystein–Hydrochlorid–Monohydrat (**I**) in A., Zugabe von Acetonitril, 8std. Kochen aus A. Nadeln; $[\alpha]_D$ + 77,8° (c = 1,08; W.); 1,43 g (Ausb.). *Racemat*, $C_5H_6NNaO_2S$, F. 243 bis 245° (Zers.), a) analog aus 5,52 g **I** mit wenig Na-Äthylat; aus 90 %ig. A. Platten; 1,02 g; b) durch Erwärmen des L-Isomeren mit Na-Äthylat oder NaOH in 90 %ig. Methanol. – *L-2-Methyl-Δ²-thiazolin-4-carbonsäuremethylester*, $Kp._3$ 65–69°, durch Zugabe von äthanol. HCl zu 0,2 g **II** in A.; $[\alpha]_D$ + 151° (c = 1,2; Methanol); 0,1 g. *Hydrochlorid*, $C_6H_{10}ClNO_2S$, F. 151,5° (Zers.), aus L-Cysteinmethylester-Hydrochlorid u. Acetimidsäureäthylester-Hydrochlorid; aus Methanol/Ae. Nadeln. *Pikrat*, $C_{12}H_{12}N_4O_9S$, F. 110–112°; aus Essigester/Ae. gelbe Prismen. *Racemat*, $Kp._4$ 75–78°, aus vorst. Racemat u. äthanol. HCl [*Pikrat*, $C_{12}H_{12}N_4O_9S$, F. 114–116°, aus Essigester/Ae. gelbe Nadeln]. – *L-N-Acetylcystein*, $C_5H_9NO_3S$, F. 107,5–108°, aus 0,5 g **II** bei pH 5,5 in wss. Lsg. unter N_2, aus Essigester Körnchen; $[\alpha]_D$ + 5° (c = 3; W.); 0,498 g. *Racemat*, $C_5H_9NO_3S$, F. 124,5 bis 125,5°, analog aus vorvorst. Racemat. – *L-N.N'-Diacetylcystindimethylester*, F. 123,5–126,5°, a) durch Hydrolysieren von **II** in W. mit HCl, Einstellen von pH 8, Zutropfen von 3 %ig. H_2O_2 u. Einstellen von pH 1,8; aus Essigester Nadeln; $[\alpha]_D$ – 110,5° (c = 1,1; Methanol); b) aus L-Cystindimethylester u. Acetylchlorid nach Heymann [J. Amer. chem. Soc. **81** (1959) 5125]. – *L-2-[2-D-Pantamidoäthyl]-Δ²-thiazolin-4-carbonsäure*, *Na-Salz*, *Hemihydrat*, *Hemiäthanolsolvat*, $C_{12}H_{19}N_2NaO_5S \cdot {}^1/_2 H_2O \cdot {}^1/_2 C_2H_5OH$, durch Zugabe von Na-Äthylat zu 12 g **I** in A., Zugabe von D-Pantothenonitril u. 8std. Kochen unter N_2; $[\alpha]_D$ + 30,3° (c = 1; W.); 20,5 g. – *N.N'-Di-D-pantothenoyl-L-cystin*, *Ba-Salz*, *Dihydrat*, $C_{24} \cdot H_{40}BaN_4O_{12}S_2 \cdot 2 H_2O$, F. 200–215° (Zers.; Methanol/Ae.), a) durch 40 Min. langes Erwärmen von 2 g vorst. Verb. mit n-Oxalsäure in W. bei pH 5,1, Kühlen, Einstellen auf pH 8, Ox. mit 3 %ig. H_2O_2 u. Einstellen auf pH 6,9; $[\alpha]_D$ – 75° (c = 1; W.); 1,8 g; b) nach Baddiley u. Mathias, J. Chem. Soc. **1954**, 2803. – *N-D-Pantothenoyl-L-cystein*, *Ba-Salz*, *Monohydrat*, $C_{12}H_{21}Ba_{1/2}N_2O_6S \cdot H_2O$, durch 3std. Red. vorst. Verb. mit wss. β-Mercaptoäthanol; $[\alpha]_D$ – 14° (c = 2; W.).

K.-P. Hilgetag 640△

1211 **Die Darstellung von Diazoessigsäureäthylester über ein Triazolintermediär.** Ronald J. Baumgarten. (J. org. Chemistry **32** (1967) 2, 484–85; Chicago, Ill., Univ., Dep. of Chem.; engl.) – Die saure Zers. des aus Glycinäthylester (**I**) u. p-Nitrobenzoldiazoniumfluorborat (**II**) zugänglichen *N-[p-Nitrophenylazo]-glycinäthylesters* (**III**) liefert *Diazoessigsäureäthylester* u. *p-Nitroanilin*.

Versuche: *N-[p-Nitrophenylazo]-glycinäthylester* (**III**), $C_{10}H_{12}N_4O_4$, F. 96–98° (Hexan), aus **I**-Hydrochlorid mit **II** [F. 156° (Zers.)] bei 0°; 72,9 % (Ausb.). – *Diazoessigsäureäthylester*, a) durch Rk. von **I**-Hydrochlorid mit **II** bei 28° über vorst. Verb. (84,7 %) u. 20 Std. Rk. mit NaCl–gesätt. Essigsäure in CH_2Cl_2; 66,4 %; b) durch Pyrolyse vorst. Verb.; 35 %; c) durch Rk. vorst. Verb. mit 3n HCl; d) durch Pyrolyse vorst. Verb. mit 3.5-Dinitrobenzoesäure oder **I**-Hydrochlorid; e) durch 3tägige Rk. vorst. Verb. mit einem 2:1-Überschuß von 3.5-Dinitrobenzoesäure in CH_2Cl_2 bei 28°; 35 %. *3.5-Dinitrobenzoat*, F. 59–60°.

H. Gleinig 810△

1212 **Isolierung der acyclischen isoprenoiden C_{11}-Säure aus Erdöl.** James Cason und Ahmed I. A. Khodair. (J. org. Chemistry **32** (1967) 11, 3430–33; Chem. Labor., Univ. of Calif., Berkeley, Calif.; engl.) – Die acycl. isoprenoide C_{10}-Säure, 3.7-Dimethyloctansäure, wurde in californ. Erdöl nicht gefunden. Es konnte aber mit einem Geh. von 0,04 % die entsprechende C_{11}-Säure, *4.8-Dimethylnonansäure* (**I**), nachgewiesen werden. Der *p-Phthalimidophenacylester* von **I** wurde massenspektroskop. untersucht.

Versuche: *4.8-Dimethylnonansäure* (**I**), $Kp._{17}$ 146 bis 147°, aus 22 g Citronellol; 2,3 g (Ausb.). *Methylester*, aus 150 g Methylnaphthenaten von kaliforn. Erdöl; 70 mg. *p-Phthalimidophenacylester*, $C_{27}H_{31}NO_5$, F. 114,5 bis 115,5°. R. Becker 810△

1213 **Asymmetrische Epoxidierung von Alkylidencyanessigsäure-l-menthylestern.** Minoru Igarashi und Hiroshi Midorikawa. (Bull. chem. Soc. Japan **40** (1967) 11, 2646–27; Inst. of Phys. and Chem. Res., Yamatomachi, Saitama; engl.) — Vf. synthetisieren eine Reihe von *Alkylidencyanessigsäure-l-menthylestern* u. setzen diese Verb. mit H_2O_2 in Ggw. einer Base zu den entsprechenden *Epoxyestern* bzw. *Epoxysäuren* um.

Versuche: *2-Cyan-3-methylpenten-(2)-säure-l-menthylester*, $C_{17}H_{27}NO_2$, Kp.$_5$ 180°, durch Erhitzen eines Gemisches aus Cyanessigsäure-l-menthylester (I), Äthylmethylketon, Ammoniumacetat, Eisessig u. Bzl. auf 145 bis 150° unter W.-Abtrennung, Kühlen u. Einengen (Meth. A); $[\alpha]_D^{27}$ −86,2° (c = 2,1; A.); 90%. — *2-Carbamoyl-2.3-epoxy-3-methylpentansäure-l-menthylester*, $C_{17}H_{29}NO_4$, F. 99–100° (Ligroin), durch Zugabe von Na_2WO_4 oder Na_3PO_4 u. 30%ig. H_2O_2 zu vorst. Verb. in A., Erwärmen auf 70–80°, Abdest. des A. u. Abtrennen der organ. Phase (Meth. B); $[\alpha]_D^{25}$ −54,5° (c = 2; A.); 60–75%. — *2-Carbamoyl-2.3-epoxy-3-methylpentansäure*, $C_7H_{11}NO_4$, F. 140° (Zers.; A.), durch Zutropfen von äthanol. KOH zu vorst. Verb. in A. bei 20–25° (Meth. C); Lösen des K-Salzes in W. u. Ansäuern mit verd. HCl; 85–90%. — *Cyclopentylidencyanessigsäure-l-menthylester*, $C_{18}H_{27}NO_2$, Kp.$_8$ 210–213°, aus I u. Cyclopentanon nach A; $[\alpha]_D^{26}$ −81,1° (c = 3,2; A.); 80%. — *2-Carbamoyl-2-[l-menthoxycarbonyl]-1-oxaspiro-[2.4]-heptan*, $C_{18}H_{29}NO_4$, F. 144–145° (Ligroin), aus vorst. Verb. nach B; $[\alpha]_D^{25}$ −57,9° (c = 1,8; A.); 65%. — *2-Carbamoyl-2-carboxy-1-oxaspiro-[2.4]-heptan, K-Salz*, aus vorst. Verb. nach C; $[\alpha]_D^{25}$ −16,8° (W.); 85–90%. — *Cyclopentylidencyanessigsäure-d-bornylester*, $C_{18}H_{25}NO_2$, durch Verestern von 20 g Cyanessigsäure mit 20 g Borneol in Bzl. in Ggw. von konz. H_2SO_4 u. Erhitzen von 4 g des erhaltenen *Cyanessigsäure-d-bornylesters* {$[\alpha]_D^{28}$ +31,5° (c = 0,3; A.); 20 g} mit Cyclopentanon nach A; 6,7 g. — *Cyclopentylglyoxylamid*, F. 134°, aus 6 g vorst. Verb. nach B, Hydrolyse des erhaltenen *Epoxyesters* nach C u. Rk. des erhaltenen *K-Salzes* {$[\alpha]_D^{28}$ −12° (c = 3,4; W.)} mit verd. HCl. K.-P. Hilgetag 820△

1214 **Synthese von α-Hydroxyestern aus α-Ketoacetalen.** James E. Thompson. (J. org. Chemistry **32** (1967) 12, 3947–50; Procter & Gamble Co., Cincinnati, O.; engl.) — α-Ketoacetale werden von $SnCl_4$ in *α-Hydroxysäureester* umgewandelt. Die besten Ausb. werden mit 1 Val $SnCl_4$ u. 5–10 Val W. erzielt. Andere Lewis-Säuren geben geringere Ausbeuten. Benzildimethylketal (I) wird von $SnCl_4$ in *Benzilsäuremethylester* umgewandelt. Durch Vers. mit deuterierten Verb. wird gezeigt, daß bei der Umlagerung ein Hydridion vom Acetalkohlenstoffatom auf das Carbonylkohlenstoffatom übertragen wird.

Versuche: *2-Hydroxyundecansäuremethylester*, $C_{12}H_{24}O_3$, Kp.$_{0,3}$ 80–82°, aus 1.1-Dimethoxyundecanon-(2), 1 Val $SnCl_4$ u. 7 Val W. in sd. Dioxan u. Rk. mit 1%ig. methanol. H_2SO_4; 83% (Ausb.). — *2.2-Dideutero-2-methylsulfinylacetophenon*, aus 6 g 2-Methylsulfinylacetophenon u. NaOD in D_2O; 5,3 g. — *2-Deutero-2.2-dimethoxyacetophenon*, Kp.$_{1,5}$ 79°, aus vorst. Verb. mit J_2 in D_1–CH_3OH. — *Benzilsäuremethylester*, analog drittvorst. Verb. aus I; 18–22%; daneben *Benzil*. Hans Köhne/Berlin 850△

1215 **Eine anomale Neber-Umlagerung. Synthese von α-Iminoorthoestern.** Kenneth R. Henery-Logan und Tomas L. Fridinger. (J. Amer. chem. Soc. **89** (1967) **22**, 5724–25; Univ. of Md., Coll. Park, Md.; engl.) — Brenztraubenaldehyddiäthylacetal-N.N.N-trimethylhydrazoniumjodid [F. 111–112° (Zers.)] ergibt mit Na-Isopropylat in Isopropanol bei Raumtemp. nicht das erwartete 2.2-Diäthoxy-3-methylazirin, sondern in 50%ig. Ausb. (gaschromatograph.) *Orthobrenztraubensäurediäthylisopropylesterimin* (I, $C_{10}H_{21}NO_3$). I wird durch 0,1 n HCl zu *Orthobrenztraubensäurediäthylisopropylester*, *Brenztraubensäureäthyl-* u. *-isopropylester* hydrolysiert. Analog I wird *2-Benzoyl-2-isopropyloxy-1.3-dioxolanimin* ($C_{13}H_{17}NO_3$) in 56%ig. Ausb. aus 2-Benzoyl-1.3-dioxolan-N.N.N-trimethylhydrazoniumjodid (F. 129–129,5°) erhalten. Ein Rk.-Mechanismus über ein resonanzstabilisiertes Nitren wird vorgeschlagen. R. Dahl 870

1216 **Nitrierung und Denitrierung in HF.** John Lenard. (J. org. Chemistry **32** (1967) 1, 250–51; Dep. of Biology, Univ. of Calif. at San Diego, La Jolla, Calif.; engl.) — L-Arginin bzw. N-n-Propyläthylcarbamat (II) werden in HF in Ggw. von KNO_3 bzw. Anisol zu entsprechenden *N-Nitroderiv.* nitriert bzw. die Nitroderiv. mit HF denitriert.

Versuche: *N-Nitro-N-n-propyläthylcarbamat* (I), durch $^1/_2$std. Rk. von II in HF in Ggw. von 1,5 Mol KNO_3 bzw. 1,45 Mol Anisol. — *L-Arginin*, analog II aus nachst. Verbindung. — *N^ω-Nitroarginin*, aus vorst. Verb. durch Denitrierung mit HF. — *N-Propyl-äthylcarbamat* (II), aus I mit HF. H. Gleinig 880△

1217 **Reduktion von Aminosäuren über Silylester.** P. S. Venkateswaran und T. J. Bardos. (J. org. Chemistry **32** (1967) 4, 1256–57; State University of New York, Buffalo, N.Y.; engl.) — Die präparativ bisher unbefriedigende Red. opt. akt. Aminosäuren zu den entsprechenden akt. *Alkoholen* läßt sich über die leicht zugänglichen Bis-[trimethylsilyl]-Verb. mit $LiAlH_4$ bei Zimmertemp. bes. milde durchführen. Die Aminosäure wird in Bzl. mit Triäthylamin u. Trimethylchlorsilan versetzt u. unter kräftigem Rühren 6–12 Std. gekocht. Nach Filtration wird der *N-Trimethylsilylaminosäuretrimethylsilylester* isoliert u. mit $LiAlH_4$ in Äther bei 0° red. u. mit sd. W. zum Aminoalkohol zersetzt. Auf diese Weise wurden *L-Alaninol* (C_3H_9NO, Kp.$_5$ 59–60°; $[\alpha]_D^{22}$ +20,8°; 79%. *Oxalat*, F. 165–166°), *L-Phenylalaninol* ($C_9H_{13}NO$, F. 91–92°; $[\alpha]_D^{22}$ −24,8°; 70%. *Oxalat*, F. 175–176°) u. *L-Prolinol* ($C_5H_{11}NO$, Kp.$_{1,25}$ 64–65°; $[\alpha]_D^{22}$ +25,2°; 58%. *Oxalat*, F. 159°; $[\alpha]_D^{22}$ +20,1°) dargestellt. N. Holtschmidt 920

1218 **Synthese von Ophthalmsäure und deren Analogen.** Kazumi Ogata und Satoru Ishii. (Chem. pharmac. Bull. [Tokyo] **15** (1967) 5, 707–10; Res. Labor., Senju Pharm. Co., Ltd., Iwazeno-cho 416, Ashiya, Hyogo Pref.; engl.)

Versuche: *N-Benzyloxycarbonyl (Z)-L-α-amino-n-butyrylglycinbenzylester* (I), $C_{21}H_{24}N_2O_5$, F. 115–116° (Methanol/W.), durch Zugabe von Dicyclohexylcarbodiimid zu einem Gemisch aus N-Z-L-α-Amino-n-buttersäure, Glycinbenzylester, p-Toluolsulfonat u. abs. Triäthylamin in abs. THF, 1std. Rühren, mehrstd. Stehen, Filtrieren u. Einengen im Vakuum; $[\alpha]_D^{26}$ −26,5° (c = 4; Methanol); 77% (Ausb.). — *N-Z-L-Alanylglycinbenzylester* (II), $C_{20}H_{22}N_2O_5$, F. 111–112°, aus N-Z-L-Alanin analog vorst. Meth.; $[\alpha]_D^{29}$ −23,4° (c = 4; Methanol); 81%. — *N-Z-L-Threonylglycinbenzylester* (III), $C_{21}H_{24}N_2O_6$, F. 102–104°, aus N-Z-L-Threonin analog vorvorst. Meth.; $[\alpha]_D^{27}$ −13,1° (c = 4,9; Methanol); 79%. — *L-α-Amino-n-butyrylglycin* (IV), $C_6H_{12}N_2O_3$, F. 225 bis 227° (Zers.; wss. Methanol), durch Hydrieren von I in 10%ig. tert.-Butanol/Essigsäure in Ggw. von Pd–Kohle; $[\alpha]_D^{26}$ +82,5° (c = 5; W.); 83%. — *L-Alanylglycin* (V), $C_5H_{10}N_2O_3$, F. 232–234° (Zers.), aus II analog vorst. Meth.; $[\alpha]_D^{28}$ +49,5° (c = 2; W.); 93%. — *L-Threonylglycin* (VI), $C_6H_{12}N_2O_4$, F. 244–246° (Zers.), aus III analog vorvorst. Meth.; $[\alpha]_D^{28}$ +53,7° (c = 3,7; W.); 81%. *N-Z-L-Glutaminsäure-α-benzylester*, $C_{20}H_{21}NO_6$, F. 98 bis 99°, nach Klieger u. Gibian, ibid. **655** (1962) 195; $[\alpha]_D^{28}$ −23,8° (c = 2; Methanol). — *N-Z-L-Glutamyl-L-α-amino-n-butyrylglycin-α-benzylester* (VII), $C_{26}H_{31}N_3O_8$, F. 178–179° (Methanol), durch Darst. eines gemischten Anhydrids aus vorst. Verb., THF, Triäthylamin u. Chlorameisensäureäthylester, Zugabe zu einem Gemisch aus IV, Triäthylamin u. W. u. Ansäuern mit n-HCl; $[\alpha]_D^{28}$ −25° (c = 3,3; Essigsäure); 64%. — *N-Z-L-Glutamyl-L-alanylglycin-α-benzylester* (VIII), $C_{25}H_{29}N_3O_8$, F. 191–192°, aus V analog vorst. Meth.; $[\alpha]_D^{29}$ −26,9° (c = 2; Essigsäure); 64%. — *N-Z-L-Glutamyl-L-threonylglycin-α-benzylester* (IX), $C_{26}H_{31}N_3O_9$, F. 148–149°, aus VI analog vorvorst. Meth.; $[\alpha]_D^{28}$ −16° (c = 2; Essigsäure); 62%. — *γ-L-Glutamyl-L-α-amino-n-butyrylglycin* [*Ophthalmsäure*], *Monohydrat*, $C_{11}H_{19}N_3O_6 \cdot H_2O$, F. 177 bis 179° (Zers.; W./Aceton), durch Hydrieren von VII in 10%ig. tert.-Butanol/Essigsäure in Ggw. von Pd–Kohle; $[\alpha]_D^{28}$ −28,4° (c = 2,1; W.); 68%. — *γ-L-Glutamyl-L* *alanylglycin* [*Norophthalmsäure*], *Hemihydrat*, $C_{10}H_{17} \cdot N_3O_6 \cdot {}^1/_2 H_2O$, F. 197—199° (Zers.), aus VIII analog vorst. Meth.; $[\alpha]_D^{28}$ —29,8° (c = 2,4; W.); 71%. — *γ-L-Glutamyl-L-threonylglycin*, *Hemihydrat*, $C_{11}H_{19}N_3O_7 \cdot {}^1/_2 H_2O$, aus IX analog vorvorst. Meth.; $[\alpha]_D^{30}$ —16,5° (c = 2,9; W.); 68%. K.-P. Hilgetag 950△

1219 **Reaktion von 1-Fluor-2.6-dinitrobenzol mit Aminosäuren.** J. F. K. Wilshire. (Austral. J. Chem. **20** (1967) 12, 2809—11; Div. of Protein Chem., CSIRO Wool Res. Labor., Parkville, Victoria, Australien; engl.) — *1-Fluor-2.6-dinitrobenzol* (I) wird aus 1-Chlor-2.6-dinitrobenzol (II) u. KF in DMSO dargestellt. Aminosäuren reagieren mit I in wss. A. bei Raumtemp. in Ggw. von $NaHCO_3$ zu den *N-[2.6-Dinitrophenyl]-derivaten*. L-Tyrosin, L-Histidin bzw. L-Lysin geben *Bis-[2.6-dinitrophenyl]-derivate*.

Versuche: *1-Fluor-2.6-dinitrobenzol* (I), F. 62 bis 63°, $Kp._{0,4}$ 130°, aus II u. KF in DMSO; 96% (Ausb.). — *N-[2.6-Dinitrophenyl-(2.6-DNP)]-L-prolin*, $C_{11}H_{11}N_3O_6$, F. 136—138° (wss. A.), aus L-Prolin, $NaHCO_3$ u. I in wss. A.; 84%. — Analog: *N-[2.6-DNP]-glycin*, $C_8H_7N_3O_6$, F. 182 bis 184° (wss. A.); 86%. — *N-[2.6-DNP]-L-alanin*, $C_9H_9 \cdot N_3O_6$, F. 145—147° (wss. A.); 78%. — *N-[2.6-DNP]-L-phenylalanin*, $C_{15}H_{13}N_3O_6$, F. 138—140° (wss. A.); 75%. — *N-[2.6-DNP]-L-serin*, $C_9H_9N_3O_7$, F. 154—156° (W.); 79%. — *N-[2.6-DNP]-L-threonin*, $C_{10}H_{11}N_3O_7$, F. 123 bis 125° (wss. A.); 76%. — *N-[2.6-DNP]-L-valin*, $C_{11}H_{13}N_3O_6$, F. 97—99° (Hexan/CH_2Cl_2); 85%. — *N.N-Bis-[2.6-DNP]-L-tyrosinmonohydrat*, $C_{21}H_{15}N_5O_{11} \cdot H_2O$, F. 142 bis 145° (wss. A.); 93%. — *Bis-[2.6-DNP]-L-histidin*, $C_{18}H_{13}N_7O_{10}$, F. 225° (Zers.; wss. Aceton); 79%. — *Bis-[2.6-DNP]-L-lysin*, $C_{18}H_{18}N_6O_{10}$, F. 105—110°; 69%. Hans Köhne/Berlin 950△

1220 **α-Aminoalkan- und -alkensäuren mit terminalen Perfluoralkylsegmenten.** Neal O. Brace. (J. org. Chemistry **32** (1967) 2, 430—34; North Park Coll., Chicago, Ill.; engl.) — Verschiedene Meth. zur Darst. von *ω-Perfluorpropyl-α-aminosäuren* werden untersucht. Radikal. Addition von 1-Jodperfluorpropan (I) an Vinylessigsäure (II) gibt *3-Jod-5.5.6.6.7.7.7-heptafluorheptansäure*, die durch Zn-Red. in äthanol. HCl u. anschließende alkal. Verseifung in *5.5.6.6.7.7.7-Heptafluorheptansäure* (III) übergeführt wird. α-Bromierung von III u. Aminierung liefern *2-Amino-5.5.6.6.7.7.7-heptafluorheptansäure*. Analog wird aus I u. Allylmalonsäurediäthylester (IV) nach Zn-Red. *6.6.7.7.8.8.8-Heptafluor-2-äthoxycarbonyloctansäureäthylester* dargestellt, der durch Verseifen u. Decarboxylieren in *6.6.7.7.8.8.8-Heptafluoroctansäure* übergeführt wird. Addition von I an Allylacetamidomalonsäurediäthylester (VIII) gibt *[2-Jod-4.4.5.5.6.6.6-heptafluorhexyl]-acetamidomalonsäurediäthylester* (X), der beim Vers. der Red. mit HJ ein *Lacton* bildet, dessen Decarboxylierung u. Hydrolyse zu *2-Amino-4-hydroxy-6.6.7.7.-8.8.8-heptafluoroctansäure* führen, die bei der Überführung in das *N-Trifluoracetylderiv.* erneut lactonisiert wird. Alkal. Hydrolyse von X liefert das *Dinatriumsalz* der *[4.4.5.5.6.6.6-Heptafluorhexen-(2)-yl]-acetamidomalonsäure*, das beim Ansäuern lactonisiert wird u. beim Erhitzen in das *γ-Lacton* der *2-Acetamido-4-hydroxy-6.6.7.7.8.8.8-heptafluoroctansäure* übergeführt wird. Im Gegensatz hierzu zeigt die analog aus [Penten-(4)-yl]-acetamidomalonsäurediäthylester (IX) u. I erhältliche *[6.6.7.7.8.8.8-Heptafluorocten-(4)-yl]-acetamidomalonsäure* keine Lactonisierungstendenz u. wird durch Hydrieren u. Decarboxylieren in *2-Acetamido-8.8.9.9.10.10.10-heptafluordecansäure* übergeführt.

Versuche: 5.5.6.6.7.7.7-Heptafluorheptansäuren: *unsubstituiert* (III), $C_7H_7F_7O_2$, Kp. 210—212°, durch 24std. Erhitzen von I u. II in Ggw. von Azo-bis-isobutyronitril (ABN) auf 67° im Rohr [→ *3-Jod-5.5.6.6.-7.7.7-heptafluorheptansäure*; 87% (Ausb.)], Rk. mit Zn in mit HCl gesätt. abs. A. bei 60° [→ den *Äthylester* ($Kp._{140}$ 120—121°; 68%) von III] u. 4std. Erhitzen mit KOH auf dem Dampfbad; 86%. — *2-Brom-*, $C_7H_6Br \cdot F_7O_2$, $Kp._3$ 137°, durch 6std. Kochen von III, Br_2 u. PCl_3; 71% roh. — *2-Amino-*, $C_7H_8F_7NO_2$, F. 266—267° (Zers.; A.), durch Einleiten von NH_3 in eine Lsg. von vorst. Verb. in abs. A. bei 1 bis —1° (Bad); 52%. — *6.6.7.7.8.8.8-Heptafluor-2-äthoxycarbonyloctansäureäthylester*, $Kp._{2,5}$ 102°, aus I u. IV (→ 90% rohen *2-Jod-4.4.5.5.6.6.6-heptafluorhexylmalonsäurediäthylester*) u. Zn-Red. analog III; 74%. — 6.6.7.7.8.8.8-Heptafluoroctansäuren: *unsubstituiert*, $C_8H_9F_7O_2$, F. 33—34,5°, $Kp._4$ 105°, durch Hydrolyse von vorst. Verb. mit KOH in 90%ig. A.; 77%. — *2-Brom-*, $C_8H_8BrF_7O_2$, F. 45—45,4°, $Kp._5$ 126—128°, durch 9std. Erhitzen von vorst. Verb. mit Br_2 u. PCl_3 auf 90—137°; 70%. — *2-Amino-* (V), $C_8H_{10} \cdot F_7NO_2$, F. 264—265° (Zers.; Sintern bei 255°), durch Einleiten von NH_3 in eine Lsg. von vorst. Verb. in abs. A. bei 0°; 62%. — *Penten-(4)-ylmalonsäurediäthylester* (VII), $Kp._7$ 121°, durch 9std. Kochen von Malonsäurediäthylester, $NaOC_2H_5$ u. 5-Brompenten-(1) (VI) in A.; 66%. — *6.6.7.7.8.8.8-Heptafluoroctylmalonsäurediäthylester*, $Kp._1$ 120—122°, durch 6std. Erhitzen von 29,6 g I, VII u. ABN im Druckgefäß auf 85 ± 5° (Bad) u. Zn-Red. des rohen *[4-Jod-6.6.7.7.8.8.8-heptafluoroctyl]-malonsäurediäthylesters* (54%) analog III; 84%; daneben 2 g *Verb. vom F. 123—124°* (CCl_4) u. 38% VII. — *Allylacetamidomalonsäurediäthylester* (VIII), F. 38—39°, durch 20std. Kochen von Allylbromid, Acetamidomalonsäurediäthylester u. $NaOC_2H_5$ in abs. A. unter N_2; 90%. — *[Penten-(4)-yl]-acetamidomalonsäurediäthylester* (IX), analog VIII aus VI; 65%. — *[Penten-(4)-yl]-cyanacetamidoessigsäureäthylester*, analog VIII aus VI u. Acetamidocyanessigsäureäthylester; Öl; 89%. Kochen in 10%ig. NaOH → *2-Aminohepten-(6)-säure*, $C_7H_{13}NO_2$, F. 285—286° (W.); 71%. — *[4-Jod-6.6.7.7.8.8.8-heptafluoroctyl]-acetamidomalonsäurediäthylester*, $C_{17}H_{23}F_7JNO_5$, F. 77—78,5° (Sintern bei 74°), durch 5std. Kochen von I, IX u. ABN; 81% roh. — *[6.6.7.7.8.8.8-Heptafluorocten-(4)-yl]-acetamidomalonsäure*, $C_{13}H_{14}F_7NO_5$, F. 100—102° (Zers.), durch 1std. Kochen von vorst. Verb. mit 10%ig. NaOH u. A.; 96%. — *[6.6.7.7.8.8.8-Heptafluoroctyl]-acetamidomalonsäure*, *Monohydrat*, $C_{13}H_{16}F_7NO_6$, F. 107—108° (Zers.), durch Hydrieren von vorst. Verb. in 90%ig. A. an PtO_2 bei 49 psi; 100%. — *2-Acetamido-8.8.9.9.10.10.10-heptafluordecansäure*, *Monohydrat*, $C_{12}H_{18}F_7NO_4$, F. 198 bis 200°, durch 2std. Kochen von vorst. Verb. in Toluol; 30%. — *[2-Jod-4.4.5.5.6.6.6-heptafluorhexyl]-acetamidomalonsäurediäthylester* (X), durch 6std. Erhitzen von VIII, I u. ABN auf 74—78° unter N_2; Öl; 100% roh. — *2-Amino-4-hydroxy-6.6.7.7.8.8.8-heptafluoroctansäure*, $C_8H_{10}F_7 \cdot NO_3$, F. 234—236° (Zers.; Sintern bei 227°; W.), durch 5std. Erhitzen von X mit 50%ig. HJ auf 70—99° u. 5std. Kochen mit Xylol; 63%. — *2-Trifluoracetamido-4-hydroxy-6.6.7.7.8.8.8-heptafluoroctansäure-γ-lacton*, $C_{10} \cdot H_7F_{10}NO_3$, *cis-(oder trans)-Form*, F. 115—117,5° (Toluol), durch Behandeln von vorst. Verb. mit Trifluoressigsäure (XI) u. Trifluoressigsäureanhydrid (XII); daneben *trans-(oder cis)-Form*, F. 147—149° (Toluol). — *2-Trifluoracetylamino-6.6.7.7.8.8.8-heptafluoroctansäure*, $C_{10}H_9F_{10} \cdot NO_3$, F. 111—113,2° (Toluol) u. F. 100—102° (Toluol) aus V mit XII in abs. XI bei —15° unter N_2; 71%. — *[4.4.5.5.-6.6.6-Heptafluorhexen-(2)-yl]-acetamidomalonsäure*, F. 193 bis 198° (Zers.; Sintern ab 173°), durch ${}^1/_2$std. Erhitzen von 36,2 g X in A. mit 10%ig. NaOH; 2 g; daneben 4,8 g rohes *γ-Lacton* der *2-Acetamido-4-hydroxy-6.6.7.7.8.8.8-heptafluoroctansäure*, $C_{10}H_{10}F_7NO_3$, F. 98—99° (Aceton). H. Miele 950△

1221 **Reaktion von Tetraalkylphosphoniumsalzen mit wasserfreiem NaOH.** H. R. Hays und R. G. Laughlin. (J. org. Chemistry **32** (1967) 4, 1060—63; Procter & Gamble Co., Miami Valley Labor., Cincinnati, O.; engl.) — Die Rk. quaternärer Phosphoniumsalze $[R_4P]^+X^-$ mit Hydroxiden wie NaOH verläuft wahrscheinlich über die pentacovalente Stufe eines Hydroxyphosphorans nach: $[R_4P]^+ + OH \rightleftharpoons R_4POH \overset{OH^-}{\rightleftharpoons} R_4PO^- \rightarrow R_3PO + R^-$, $R^- \rightarrow RH$ zum tert.-*Phosphinoxid* u. entsprechenden *KW-Stoff*. Vf. stellen fest, daß diese Rk. mit wasserfreiem NaOH unter wesentlich milderen Bedingungen verläuft als mit wss. NaOH u. so überdies die hygroskop. *Phosphinoxide* leichter zu isolieren sind. Da *Dodecyltrimethylphosphoniumhydroxid* sich schon bei 25—28° zersetzt u. für die Rk. mit NaOH beim *Chlorid* 68—70°, beim *Bromid* 80—110° u. beim *Jodid* 140—150° benötigt werden, wird auf eine vorgeschaltete Ionenaustauschrk. nach $[R_4P]^+X^- + Na^+OH^- \rightleftharpoons Na^+X^- + [R_4P]^+OH^-$ geschlossen. Die dann erfolgende Alkanabspaltung ergibt überwiegend

Methan bei vorst. Verb., die CH_3-Gruppe wird ca. 50 : 1 leichter als die $C_{12}H_{25}$-Gruppe abgespalten, was auf eine Differenz der Aktivierungsenergie der Übergangszustände, die zu CH_4 bzw. *Dodekan* (I) führen, von $\approx$2,9 kcal schließen läßt u. mit der Energiedifferenz zwischen Methyl- u. höherem Alkylcarbanion erklärt wird.

Versuche: *Dimethyldodecylphosphinoxid*, F. 83 bis 84°, $Kp._{0,5-1,0}$ 150–170°, aus Dodecyltrimethylphosphoniumchlorid bzw. -bromid bzw. -jodid u. gepulverter NaOH; 92–97 % (Ausb.); daneben geringe Mengen *Trimethylphosphinoxid* (F. 139–140°), *Dodekan* (I) u. *Methan*. — *Tridodecylphosphinoxid*, F. 59,5–60° (Aceton), analog aus Methyltridodecylphosphoniumbromid; daneben 12 % I u. *Didodecylmethylphosphinoxid*. — *Diäthyldodecylphosphinoxid*, aus Dodecyltriäthylphosphoniumchlorid wie vorst.; 62 %; daneben 78 % *Äthan*, 21 % *Triäthylphosphinoxid* u. 25 % I. — *Dimethyldodecylphosphinoxid*, F. 83–84° (Hexan), durch therm. Zers. von Dodecyl-trimethylphosphoniummethoxid; 62 %; daneben CH_4, *Dimethyläther*, *Methanol* u. *Trimethylphosphin*.
P. Boroffka 980

1222 **Neue Synthese von Monoalkylphosphaten.** Teisuke Obata und Teruaki Mukaiyama. (J. org. Chemistry **32** (1967) 4, 1063–65; Labor. of organ. Chem., Tokyo Inst. of Technol., Ookayama, Meguro-ku, Tokyo; engl.) — Nach einer früheren Meth. [vgl. Bull. Chem. Soc. Japan **39** (1966) 1040] wurden durch Rk. von einfachen Alkoholen mit H_3PO_3 u. Monobromcyanacetamid (I) *Monoalkyldihydrogenphosphate* zwar in guter Ausb., jedoch verunreinigt u. schwer zu reinigen erhalten. Vf. fanden nunmehr, daß bei Ersatz von I als Ox.-Mittel durch Hg-Verb. u. Ggw. von tert.-Aminen die Ausb. noch gesteigert werden kann u. die Prod., die am besten als Aniliniumsalze isoliert werden, chromatograph. rein anfallen. $HgCl_2$, $Hg(OOC-CH_3)_2$, $Hg(SO_4)$ u. Hg_2Cl_2 eignen sich am besten; $Hg(CN)_2$ u. HgR_2 (R = Alkyl oder Aryl) reagieren nicht.

Versuche: Monoalkyldihydrogenphosphat-aniliniumsalze, durch Rk. von $HgCl_2$ oder Hg_2Cl_2, H_3PO_3, Triäthylamin u. dem betreffenden abs. Alkohol, Abtrennung von Hg u. Triäthylaminhydrochlorid u. Fällung mit Anilin; 69–92 %: *Methyl-*, $C_7H_{12}NO_4P$, F. 167–168°. — *Äthyl-*, $C_8H_{14}NO_4P$, F. 164–166°. — *β-Cyanäthyl-*, $C_9H_{13}N_2O_4P$, F. 154–155°. — *n-Propyl-*, $C_9H_{16}NO_4P$, F. 137–139°. — *Isopropyl-*, $C_9H_{16}NO_4P$, F. F. 159–160°. — *n-Butyl-*, $C_{10}H_{18}NO_4P$, F. 138–140°. — *Isobutyl-*, $C_{10}H_{18}NO_4P$, F. 155–156°. — *n-Pentyl-*, $C_{11}H_{20}NO_4P$, F. 135–137°. — *Isopentyl-*, $C_{11}H_{20}NO_4P$, F. 149–151°. — *Cyclohexyl-*, $C_{12}H_{20}NO_4P$, F. 168 bis 169°. — *n-Oktyl-*, $C_{14}H_{26}NO_4P$, F. 129–130°. — *Bornyl-*, $C_{16}H_{26}NO_4P$, F. 194–196°. — *Monobenzyldihydrogenphosphat, Dianiliniumsalz*, $C_{19}H_{23}N_2O_4P$, F. 150–152°.
P. Boroffka 980

1223 **Untersuchungen über Pantothensäure und verwandte Verbindungen. 7. Mitt. Chemische Untersuchungen. 5. Mitt. Synthese von D-Pantothensäure-4′-phosphat.** Seizaburo Okada, Osamu Nagase und Masao Shimizu. (Chem. pharmac. Bull. [Tokyo] **15** (1967) 5, 713–15; Central Res. Lavor., Daiidie Seigaku Co., Ltd., Minamifunabori-cho, Edogawa-ku, Tokyo; engl.) — 4. vgl. ibid. **15** (1967) 655. —

Versuche: *D-Pantothensäure-4′-phosphat, Ba-Salz*, a) durch 3½std. Kochen von D-Pantothenonitril-4′-phosphat-Ba-Salz (I) in 0,3 n $Ba(OH)_2$, Adsorbieren an Amberlite IR 120 (H^+) (A), Eluieren u. Neutralisieren mit $Ba(OH)_2$; $[\alpha]_D^{24}$ +9° (c = 3,3; W.); 81 % (Ausb.); b) durch 7½std. Kochen von I in n-NaOH; 37,2 %; c) durch Einengen einer Lsg. von 116 mg D-Pantothensäuremethylester u. 2-Cyanäthylphosphat [aus 161 mg des Ba-Salzes] in Py. im Vakuum, Zugabe von Dicyclohexylcarbodiimid, Zugabe von 2 n NaOH, Erhitzen auf 100°, Adsorbieren an A, Eluieren mit W. u. Neutralisieren mit $Ba(OH)_2$; 72,8 mg; d) durch Rk. von D-Pantothensäure mit Chlorphosphorsäurediphenylester [nach King u. Strong, J. Biol. Chem., **191**, 515 (1951)], 1std. Kochen von 140 mg des erhaltenen *Panthothensäure-4′-diphenylphosphatlactons* [$C_{21}H_{24}NO_7P$; 69,2 %] in 0,5 n NaOH, Adsorbieren an A, Eluieren, Neutralisieren mit $Ba(OH)_2$, Zugabe von A. u. 4½std. Kochen von 60 mg des erhaltenen *Pantothensäure-2′.4′-cyclophosphat, Ba-Salzes* [71 mg; daneben *nicht identifizierte Verb.*] in 0,3 n $Ba(OH)_2$; 31,9 mg.
K.-P. Hilgetag 980△

C–2. Isocyclische Verbindungen

1224 **Reaktion von Benzylalkoholen mit Dimethylsulfoxid/Polyphosphorsäure.** Takeo Sato, Akihiko Takatsu, Yoshitaka Saito, Takafumi Tohyama und Kazuo Hata. (Bull. chem. Soc. Japan **41** (1968) 1, 221–25; Dep. of Chem., Fac. of Sci., Tokyo Metropolitan Univ., Setagaya-ku, Tokyo; engl.) — Vgl. ibid. **40** (1967) 1502. — Die Rk. von Benzylalkoholen (A) mit DMSO/Polyphosphorsäure (PPA) liefert ein Gemisch mehrerer Prod., während bei aliphat. Alkoholen die entsprechenden *Acetale* als Hauptprod. auftreten. Durch Umsetzung mehrerer A sowie Rk. mit DMSO oder PPA allein wird gezeigt, daß zusätzlich zur Acetalbldg. Dehydrierung, Ox. u. *Methylthioäther*-Bldg. vorkommen. Mögliche Mechanismen dafür werden vorgeschlagen. — Tabellen der IR- u. NMR-Maxima s. Original.

Versuche: *α-[Brommesityl]-benzylalkohol* (I), $C_{16}H_{17}BrO$, F. 65–67° (Bzl./PAe.), durch Red. von Benzoylbrommesitylen mit $LiAlH_4$; 95 % (Ausb.). *Acetat*, $C_{18}H_{19}BrO_2$, F. 99–100°. — *Bis-[α-(brommesityl)-benzyl]-äther*, $C_{32}H_{32}Br_2O$, F. 176–177° (Bzl./A.), a) durch Erhitzen von I mit PPA; 77 %; daneben *Isomeres vom F. 152–154°*; b) durch Erhitzen von 3 g I u. DMSO; 0,6 g. — *Bis-[diphenylmethyl]-äther*, F. 108–109° (A.), durch Erhitzen von Benzhydrol u. DMSO; 88 %. — *Fluorenon-(9)*, F. 73 bis 76°, durch Erhitzen von 3,6 g 9-Hydroxyfluoren u. DMSO; 33,4 %; daneben 14,3 % *Bis-[fluorenyl-(9)]-äther* [F. 223–225° (A.)] u. 0,2 g einer *Verb. vom F. 232 bis 237°*. — *Cyclohexylmethylmercaptomethyläther*, $C_8H_{16}OS$, $Kp._{15}$ 97–99°, aus Cyclohexanol mit DMSO/PPA; 8,6 %; daneben 44 % *Bis-[cyclohexyloxy]-methan*. — (−)-*Menthylmethylmercaptomethyläther*, $C_{12}H_{24}OS$, $Kp._{17}$ 138–140°, aus (−)-Menthol u. DMSO/PPA; 4,5 %; daneben 28,9 % *Bis-[menthyloxy]-methan* (F. 58°, $Kp._{23}$ 207°). — *Benzaldehyd-2.4-dinitrophenylhydrazon*, F. 231,5 bis 234°, a) durch Erhitzen von Benzylalkohol u. DMSO u. Rk. mit 2.4-Dinitrophenylhydrazin (II); 15,7 %; b) durch Erhitzen von Benzylalkohol mit DMSO/PPA; 9,5 %; daneben 13 % *[Benzylmercapto]-methan*, 10 % *Dibenzyläther* u. 16 % *Bis-[benzyloxy]-methan*. — *p-Nitrobenzaldehyd-2.4-dinitrophenylhydrazon* (III), durch Erhitzen von p-Nitrobenzylalkohol, DMSO u. PPA u. Fällen mit II; 20 %; daneben 4,9 % *[p-Nitrobenzylmercapto]-methan* ($C_8H_9NO_2S$) u. 46 % *Bis-[p-nitrobenzyloxy]-methan* ($C_{15}H_{14}N_2O_6$, F. 98–99°) sowie bei einem Ansatz *p-Nitrobenzaldehyd-bis-[p-nitrobenzyl]-acetal* ($C_{21}H_{17}N_3O_8$, F. 202 bis 206°). — *Anisaldehyd-2.4-dinitrophenylhydrazon*, analog III aus p-Methoxybenzylalkohol; 11 %. — *p-Tolualdehyd-2.4-dinitrophenylhydrazon*, analog III aus p-Methylbenzylalkohol; 9,4 %. — *p-Chlorbenzaldehyd-2.4-dinitrophenylhydrazon*, analog III aus p-Chlorbenzylalkohol; 39 % (enthält *p-Chlorbenzoesäure*). — *Bis-[α-phenyläthyl]-äther*, $Kp._{70}$ 158–162°, aus α-Phenyläthylalkohol, DMSO u. PPA; 27 %; daneben 19 % *Styrol* ($Kp._{70}$ 63 bis 70°) u. durch Fällen mit II 0,5 % *Acetophenon-2.4-dinitrophenylhydrazon*. — *Bis-benzhydryläther*, F. 102–104°, aus Benzhydrol, DMSO u. PPA; Platten; 53 %; daneben 20 % *[Benzhydrylmercapto]-methan* ($C_{14}H_{14}S$, F. 33–33,5°) u. durch Fällen mit II 13 % *Benzophenon-2.4-dinitrophenylhydrazon*.
G. Fischer 1090△

1225 **Thiomethoxymethylierung von Phenolen mit Dimethylsulfoxid und Acetanhydrid.** Yoshiyuki Hayashi und Ryohei Oda. (J. org. Chemistry **32** (1967) 2, 457 bis 458; Kyoto Univ., Yoshida, Kyoto; engl.) — Rk. von Phenolen mit DMSO u. Essigsäureanhydrid (EA) liefert *o-[Methylmercaptomethyl]-phenole*; daneben entstehen *Acetate*, vor allem aus stärker sauren *Phenolen*. 2.6-Dimethylphenol wird in p-Stellung angegriffen; 2.6-Di-tert.-butylphenol bzw. -p-kresol reagieren nicht, es wird nur *[Acetoxymethyl]-methylsulfid* isoliert. EA ist durch Butyranhydrid, Polyphosphorsäure bzw. P_2O_5 ersetzbar. Aus Phenol (I), DMSO u. P_2O_5 wird *1.3-Benzoxathian* erhalten.

Versuche: 2-[Methylmercaptomethyl]-phenole, aus den Phenolen u. DMSO in EA bei 15—25°: *unsubstituiert* (II), $Kp._{1,2}$ 100—101°, in 84 bzw. 240 Std.; 37 bzw. 31 % (Ausb.); daneben 7,2 bzw. 20 % *2.6-Bis-[methylmercaptomethyl]-phenol* [$Kp._4$ 160—162°; *S.S.S'.-S'-Tetraoxid*, $C_{10}H_{14}O_5S_2$, F. 194—195° (W.)] u. 14 bzw. 16 % *Phenylacetat*. — *6-Methyl-*, $Kp._5$ 114—115°, aus o-Kresol; 25 %. — *4-Methyl-*, $Kp._5$ 130°, aus p-Kresol; 36 %; daneben *2.6-Bis-[methylmercaptomethyl]-p-kresol*, $Kp._4$ 165—166°; 9 %. — *3-* u. *5-Methyl-*, 1 : 1,1-Gemisch, $Kp._7$ 130—132°, aus m-Kresol durch Gaschromatographie; 16 u. 18 %. — *4.6-Dimethyl-*, $Kp._3$ 130—131°, aus 2.4-Dimethylphenol; 61 %; daneben *2.6-Bis-[methylmercaptomethyl]-4.6-dimethylcyclohexadien-(2.4)-on*, $C_{12}H_{18}OS_2$, $Kp._3$ 159—160°. — *4-[Methylmercaptomethyl]-2.6-dimethylphenol*, F. 43—45°, $Kp._5$ 136—138°, aus 2.6-Dimethylphenol; 26 %. — *2-[Methylmercaptomethyl]-naphthyl-(1)-acetat*, $C_{14}H_{14}O_2S$, F. 86—87° (Methanol), aus α-Naphthol; 12 %; daneben *Naphthyl-(1)-acetat*, $Kp._6$ 144—146°; 71 %. — *6-Nitro-1.3-benzoxathian*, $C_8H_7NO_3S$, F. 136—137° (Methanol), durch 20std. Rk. von P_2O_5, p-Nitrophenol u. DMSO bei 10—15°; 21 %. — *1.3-Benzoxathian*, C_8H_8OS, $Kp._5$ 104—105°, analog vorst. Verb. aus I; 14 %; daneben 2 % II u. 0,5 % *Salicylaldehyd*. H. Miele 1090△

1226 **Verbesserte Synthese von β-Hydroxysulfonen über p-Sulfonylcarbanionen in flüssigem Ammoniak. Direkte Metallierung von Dialkyl- und Arylalkylsulfonen.** D. F. Tavares und P. F. Vogt. (Canad. J. Chem. 45 (1967) 13, 1519—24; Univ. of Calgary, Calgary, Alberta; engl.) — Metallierung von Dimethyl- (I), Methyl-p-tolyl- (II), Äthyl-p-tolyl- (III), Benzyl-p-tolylsulfon (IV) bzw. Tetrahydrothiopen-1.1-dioxid (V) mit $LiNH_2$ (Meth. A) oder KNH_2 (Meth. B) in fl. NH_3 u. Umsetzung der resultierenden organometall. Verb. mit Carbonylverb. [Benzaldehyd (VI), Benzophenon (VII), Acetophenon (VIII), Aceton (IX), Cyclohexanon (X)] liefert die entsprechenden *β-Hydroxysulfone*. *1-Phenyl-1-[p-tolylsulfonyl]-methyl-K* oder *-Li* reagieren nicht.

Versuche (F. korr.): *2-Methylsulfonyl-1-phenyläthanol*, $C_9H_{12}O_3S$, F. 103—104° (Ae.), a) durch Zugabe von etwas Li u. $Fe(NO_3)_3$ zu fl. NH_3, portionsweise Zugabe von Li im Ar-Strom [→ $LiNH_2$], Zugabe von I u. abs. Ae., Zugabe von VI in abs. Ae., 8 Min. langes Rühren, Zugabe von NH_4Cl, 5 Min. langes Rühren, Eindampfen, Rühren mit verd. HCl u. Filtrieren (Meth. A); 37 % (Ausb.); b) analog A mit KNH_2 (Meth. B); 20 %. — Analog nach A: *2-Methylsulfonyl-1.1-diphenyläthanol*, $C_{15}H_{16}O_3S$, F. 137—138° (A., n-Hexan), aus I u. VII in 30 Min.; 87 %. — *1-Methylsulfonyl-1-phenylpropanol-(2)*, $C_{10}H_{14}O_3S$, $Kp._{0,1}$ 143—144°, aus I u. VIII in 15 Min.; 36 %. — *1-Methylsulfonyl-2-methylpropanol-(2)*, $C_5H_{12}O_3S$, F. 43—45° (Ae.), $Kp._{0,4}$ 112—114°, aus I u. IX in 5 Min.; 45 %. — *1-[Methylsulfonylmethyl]-cyclohexanol*, $C_8H_{16}O_3S$, F. 175,5 bis 176,5° (A.), aus I u. X in 1 Std.; 16 %. — *Methyl-p-tolylsulfon*, (II), F. 86,5—87,5°, aus Dimethylsulfat u. Na-p-Toluolsulfinat (XI); 75 %. — Nach A: *1-Phenyl-2-[p-tolylsulfonyl]-äthanol*, $C_{15}H_{16}O_3S$, F. 71,5—72,5° (Methylcyclohexan), $Kp._{0,3}$ 205—210°, aus II u. VI in 12 Min.; 24 %. — *1.1-Diphenyl-2-[p-tolylsulfonyl]-äthanol*, $C_{21}H_{20}O_3S$, F. 114,5—115,5° (n-Hexan), aus II u. VII in 10 Min.; 35 %. — *2-Phenyl-1-[p-tolylsulfonyl]-propanol-(2)*, $C_{16}H_{18}O_3S$, F. 103—104°, aus II u. VIII in 30 Min.; 85 %. — *2-Methyl-1-[p-tolylsulfonyl]-propanol-(2)*, $C_{11}H_{16}O_3S$, F. 52—53° (n-Hexan), aus II u. IX in 10 Min.; 47 %. — *Äthyl-p-tolylsulfon* (III), F. 54,5—55,5°, aus Diäthylsulfat u. XI; 47 %. — Nach A: *1-Phenyl-2-[p-tolylsulfonyl]-propanol*, $C_{16}H_{18}O_3S$, F. 99—100° (n-Hexan), aus III u. VI in 20 Min.; 50 %. — *2-Phenyl-3-[p-tolylsulfonyl]-butanol-(2)*, $C_{17}H_{20}O_3S$, F. 124—125° (wss. A.), aus III u. VIII in 5 Std.; 13 %. — *2-Methyl-3-[p-tolylsulfonyl]-butanol-(2)*, $C_{12}H_{18}O_3S$, $Kp._{0,15}$ 142—146°, aus III u. IX in 1 Std.; n_D^{23} 1,5352; 82 %. — *2-[α-Hydroxybenzhydryl]-thiolan-1.1-dioxid*, $C_{17}H_{18}O_3S$, F. 203,5—204,5° (A.), nach A aus V u. VII in 2 Std.; 64 %. — *Benzyl-p-tolylsulfon* (IV), F. 149 bis 150°, aus XI u. Benzylchlorid (XII); 80 %. — *1.2-Diphenyl-1-[p-tolylsulfonyl]-äthan*, $C_{21}H_{20}O_2S$, F. 180—181°, nach B aus IV u. XII in 30 Min.; aus A. Nadeln; 91 %. H. Miele 1030△

1227 **Reaktion von Diphenylcyclopropenon mit alkalischem H_2O_2.** Solomon Marmor und Michael M. Thomas. (J. org. Chemistry 32 (1967) 1, 252, Las Vegas, N.Mex., Highlands Univ., Chem. Dep.; engl.) — Diphenylcyclopropenon (I) reagiert mit H_2O_2 im alkal. Medium zu *Desoxybenzoin*. Die Ox. von I mit Peroxyessigsäure oder Hypochlorit gelingt nicht.

Versuche: *Desoxybenzoin*, F. 55—56° (CH_3OH), durch Zutropfen von 25 %ig. H_2O_2 zu 2 g I in NaOH bzw. Na_2CO_3/Dioxan bei 25—30°; 1,5 g (Ausb.), daneben < 0,5 g eines nicht identifizierten gelben Öls. H. Gleinig 1180△

1228 **Darstellung von 4-Fluor-3-nitrobenzonitril und Kernresonanzspektren einiger Verbindungen mit einer N-4-Cyan-2-nitrophenylgruppe.** J. F. K. Wilshire. (Austral. J. Chem. 20 (1967) 10, 2269—73; Div. of Protein Chem., CSIRO Wool Res. Labor., Parkville, Victoria; engl.) — 3-Nitro-4-chlorbenzonitril reagiert mit wasserfreiem KF in DMSO zu *3-Nitro-4-fluorbenzonitril* (I). In einem Vers. wurde vermutlich durch anwesendes W. *Bis-[4-cyan-2-nitrophenyl]-äther* (II) gebildet, der mit Pyrrolidin *N-4-Cyan-2-nitrophenylpyrrolidin* (III) u. *4-Cyan-2-nitrophenol* gibt. II bildet mit Aminen, Aminosäuren bzw. heteroaromat. Verb. in DMSO in Ggw. von Base *N-4-Cyan-2-nitrophenylderivate*. Die NMR-Spektren dieser Verb. werden diskutiert u. mit denen entsprechender N-2.4-Dinitrophenyl- bzw. N-2-Cyan-4-nitrophenylderiv. verglichen.

Versuche: *4-Chlor-3-nitrobenzonitril*, F. 99—100° (Hexan/CH_2Cl_2), aus p-Chlorbenzonitril; 47 % (Ausb.). — *4-Fluor-3-nitrobenzonitril* (I), $C_7H_3FN_2O_2$, F. 94—95° (Hexan/CH_2Cl_2), $Kp._{0,6}$ 136—140°, aus vorst. Verb. u. wasserfreiem KF in DMSO; 57 %; daneben *Bis-[4-cyan-2-nitrophenyl]-äther* [II, $C_{14}H_6H_4O_5$, F. 193—195° ($CHCl_3$/Hexan)]. — *4-Cyan-2-nitrophenol*, F. 145—147°, aus II u. heißem Pyrrolidin; daneben III. — *N-4-Cyan-2-nitrophenyldimethylamin*, $C_9H_9N_3O_2$, F. 84—86° (wss. A.), aus Dimethylamin u. I; 87 %. — Analog: *4-Cyan-2-nitroanilin*, $C_7H_5N_3O_2$, F. 162—164° (wss. A.); 85 %. — *N-4-Cyan-2-nitrophenylpyrrolidin* (III), $C_{11}H_{11}N_3O_2$, F. 116—118° (Hexan/CH_2Cl_2); 97 %. — *N-4-Cyan-2-nitrophenylimidazol*, $C_{10}H_6N_4O_2$, F. 164—166° (Hexan/CH_2Cl_2); 84 %. — *N-4-Cyan-2-nitrophenylpyrazol*, $C_{10}H_6N_4O_2$, F. 104—106° (Hexan/CH_2Cl_2); 83 %. — *1-[4-Cyan-2-nitrophenyl]-1.2.4-triazol*, $C_9H_5N_5O_2$, F. 184—186° (Hexan/CH_2Cl_2); 89 %. — *N-4-Cyan-2-nitrophenylbenzimidazol*, $C_{14}H_8N_4O_2$, F. 174—175° (Hexan/CH_2Cl_2); 93 %. — *N-4-Cyan-2-nitrophenylglycin*, $C_9H_7N_3O_4$, F. 232—234° (wss. Aceton); 74 %. — *N-4-Cyan-2-nitrophenyl-L-alanin*, $C_{10}H_9N_3O_4$, F. 205—207° (wss. A.); 80 %. Hans Köhne/Berlin 1210△

1229 **Acylbisdiazomethane.** Charles D. Hurd und Kenneth C. Petersen. (J. chem. Engng. Data 12 (1967) 4, 621—22; Northwestern Univ., Evanston; engl.) — Vf. synthetisieren *Adipoyl-bis-diazomethan* (I) u. *Terephthaloyl-bis-diazomethan* (II). Umsetzung mit Ag-Acetat u. W. löst eine Wolff-Umlagerung aus; mit 12 %ig. HJ erfolgt Austausch der Diazomethylgruppe gegen die Jodmethylgruppe. Rk. mit J_2 führt zur Bldg. der *Dijodmethylgruppe*, während durch Umsetzung mit HNO_3 in äther. Lsg. *Salpetersäureester* erhalten werden.

Versuche: *Adipoyl-bis-diazomethan* (I), F. 70 bis 72,5°, aus Adipoylchlorid u. Diazomethan. — *Terephthaloyl-bis-diazomethan* (II), F. 194° (Zers.; Hexan), aus Terephthaloylchlorid u. Diazomethan. — *1.4-Bis-[jodacetyl]-benzol*, F. 135—136°, aus HJ u. II; aus Methanol gelbe Nadeln; 62 % (Ausb.). — *2.7-Dioxo-1.8-dihydroxyoctan, Dinitrat*, F. 107,5—108,5°, aus 0,5 g I u. 70 %ig. HNO_3; 0,42 g. — *Terephtaloyl-bis-[methylnitrat]*, F. 134 bis 135° (Methanol/W.), aus 0,2 g II u. konz. HNO_3; 0,15 g. — *1.1.8.8-Tetrajod-2.7-dioxooctan*, $C_8H_{10}J_4O_2$, F. 125—126°, aus J_2 u. I; aus Methanol gelbe Platten; 70 %. — *1.4-Bis-[dijodacetyl]-benzol*, $C_{10}H_6J_4O_2$, F. 216° (Zers.; Methanol) aus J_2 u. II; 59 %; ergibt mit J_2 u. NaOH neben Jodoform *Terephthalsäure*. — *Korksäure*, F. 138—140°, a) aus I u. Ag-Acetat in W.; 86 %; b) analog in Dioxan/W.; 16 %. — *Korksäureamid*, F. 215 bis 216,5° (Methanol), aus I, NH_4OH u. Ag-Acetat; 80 %. — *Korksäuremethylester*, Kp. 262°, aus I, Methanol u. Ag-Acetat. K.-P. Hilgetag 1220△

1230 **Die Darstellung von α-Aryloxyacetessigsäureäthylestern und die Zersetzung von α-[4-Acetylphenoxy]-acetessigsäureäthylester.** R. W. Hendess und D. V. Young. (J. org. Chemistry **32** (1967) 1, 252–54; Rochester, N.Y., Eastman Kodak Co., Res. Labor.; engl.) — α-Chloracetessigsäureäthylester (**I**) reagiert mit 4-Hydroxyacetophenon in Ggw. von $(C_2H_5)_3N$ in sd. Acetonitril zu *α-[4-Acetylphenoxy]-acetessigsäureäthylester* (**II**), dessen *4-Nitro-, 4-Methylsulfonyl-, 4-unsubstituiert-, 4-Methyl-* u. *4-Methoxyderiv.* analog mit entsprechenden Phenolen dargestellt werden. **II** zersetzt sich durch 6wöchentliches Stehen zu einer Reihe von gaschromatograph. identifizierbarer Verb., darunter das wahrscheinlich durch Pyrolyse bei der Gaschromatographie entstandene *α-[4-Acetylphenoxy]-aceton* u. liefert nach 3 Monaten Oxalsäure. Die Zers. tritt bei Aufbewahrung unter N_2 bzw. Vakuum nicht ein, woraus auf eine oxydative oder hydrolyt. Zers. geschlossen wird.

Versuche: Acetessigsäureäthylester: *α-[4-Acetylphenoxy]*-(**II**), F. 60–61,5° (A.), durch 18std. Kochen von 68 g 4-Hydroxyacetophenon mit **I** u. $(C_2H_5)_3N$ in Acetonitril; 39 % (Ausb.). — *α-[4-Nitrophenoxy]*-, F. 69 bis 72°; 38 %. — *α-[4-Methylsulfonylphenoxy]*-, F. 108 bis 109°; 40 %. — *α-[Phenoxy]*-, $Kp._{0,5}$ 110–115°; 47 %. *2.4-Dinitrophenylhydrazon*, F. 109–111°. — *α-[4-Methylphenoxy]*-, $Kp._{0,2}$ 132–134°; 45 %. *2.4-Dinitrophenylhydrazon*, F. 107–108°. — *α-[4-Methoxyphenoxy]*-, $Kp._{0,1}$ 150 153°; 43 %. *2.4-Dinitrophenylhydrazon*, F. 135–136°. — *Oxalsäure*, durch gaschromat. Trennung der Zers.-Prod. von **II** nach 6wöchtlichen bzw. 3monatlichen ungeschützten Aufbewahrens; 1,5–6 %; daneben 1,5–6 % *Essigsäure, H_2O, Ameisensäureäthylester, Essigester, Oxalsäureäthyl-* u. *-diäthylester, Hydrochinonacetat, α-[4-Acetylphenoxy]-aceton, 4-Acetylphenyloxalsäureäthylester*, 50 % *4-Hydroxyacetophenon* u. *Äthanol*. H. Gleinig 1270△

1231 **Einige unsymmetrisch substituierte Thioharnstoffderivate.** G. W. Evans und B. Milligan. (Austral. J. Chem. **20** (1967) 1, 185–88; CSIRO Wool Res. Labor., Parkville, Victoria; engl.) — Eine Reihe von wasserlösl. *Thioharnstoffderiv.* wird durch Rk. von Isothiocyanaten mit prim. oder sek. Aminen dargestellt. Das Na-Salz (**II**) von N-Phenyl-N'-[4-sulfophenyl]-thioharnstoff zersetzt sich in sd. W. zu *N.N'-Diphenyl-* u. *N.N'-Bis-[4-sulfophenyl]-thioharnstoff*. Das aus N-[2-Aminoäthyl]-N'-methylthioharnstoff u. dem K-Salz (**VI**) von 2.4-Dichlor-6-p-sulfoanilino-1.3.5-triazin erhältliche *K-Salz* von *2-Chlor-4-[β-(N'-methylthioureido)-äthylamino]-6-p-sulfoanilino-1.3.5-triazin* reagiert mit den freien Aminogruppen der Wolle.

Versuche: *Na-[α-Amino-p-toluolsulfonat]* (**I**), *Hydrat*, $C_7H_8NNaO_3S \cdot H_2O$, durch Rk. von N-Acetylbenzylamin mit $ClSO_3H$ u. 1std. Erhitzen (Dampfbad) des *Sulfonsäuresäurechlorids* mit H_2O. *Freie Säure*, $C_7H_9NO_3 \cdot S$, F. 400–410° (Zers.; W.). — *N-Phenyl-N'-[4-sulfophenyl]-thioharnstoff, Na-Salz* (**II**), $C_{13}H_{11}N_2NaO_3S_2$, durch 24std. Rühren von Phenylisothiocyanat u. Na-Sulfanilat (**III**) in W. bei Raumtemperatur. *S-Benzylisothiuroniumsalz* (SB), $C_{21}H_{22}N_4O_3S_3$, F. 159° (A.). — Analog *N-Methyl-N'-[4-sulfophenyl]-thioharnstoff, Na-Salz, Hydrat*, $C_8 \cdot H_9N_2NaO_3S_2 \cdot H_2O$, aus Methylisothiocyanat (**IV**) u. **III**. — *N-Methyl-N'-[4-sulfobenzyl]-thioharnstoff, Na-Salz, Hemihydrat*, $C_9H_{11}N_2NaO_3S_2 \cdot 0{,}5\,H_2O$, aus **IV** u. **I** in H_2O. — *N-Cyclohexyl-N'-[4-sulfophenyl]-thioharnstoff, Na-Salz*, $C_{13} \cdot H_{17}N_2NaNO_3S_2$, aus dem Na-Salz (**V**) von 4-Isothiocyanatobenzolsulfonsäure u. Cyclohexylamin. *SB*, $C_{21}H_{28}N_4O_3S_3$, F. 170° (A.). — *N-[4-Sulfophenylthiocarbamoyl]-morpholin, Na-Salz, Hemihydrat*, $C_{11}H_{13}N_2NaO_4S_2 \cdot 0{,}5\,H_2O$, aus **V** u. Morpholin. *SB*, $C_{19}H_{24}N_4O_4S_3$, F. 132–134°. (W). — *N.N-Dicyclohexyl-N'-[4-sulfophenyl]-thioharnstoff, Dicyclohexylammoniumsalz*, $C_{31}H_{51}N_3O_3S_2$, F. 174° (A.), aus **V** u. Dicyclohexylamin. — *N-[2-Aminoäthyl]-N'-methylthioharnstoff*, $C_4H_{11}N_3S$, F. 103° (CH_3CN), durch Erwärmen von **IV** u. 1.2-Diaminoäthan in A.; 84 %. — *2-Chlor-4-[β-(N'-methylthioureido)-äthylamino]-6-p-sulfophenylamino-1.3.5-triazin, K-Salz, Dihydrat*, $C_{13}H_{15}Cl \cdot KN_7O_3S_2 \cdot 2\,H_2O$, aus vorst. Verb., **VI** u. KOH; 79 %. — *N.N'-Diphenylthioharnstoff*, F. 153°, a) durch 5std. Erhitzen (Dampfbad) von **II** in W.; 80 %; daneben durch Zugabe von S-Benzylthiuroniumchlorid *SB* [$C_{29}H_{32}N_6 \cdot O_6S_5$, F. 200–201° (W., A.)] von *N.N'-Bis-[4-sulfophenyl]-thioharnstoff*; b) durch 8std. Erhitzen des Na-Salzes von N-[4-Carboxyphenyl]-N'-phenylthioharnstoff in W. auf 100°; 57 %. H. Miele 1280△

1232 **Produkte der forcierten Oxydation aromatischer Amine.** R. de Surville, M. Jozefówicz und R. Buvet. (Ann. Chimie [14] **2** (1967) 3, 149–57; Fac. des Sci. de Paris, Labor. de Rech. de Chim. DCO 6, Paris; franz.) — Übersicht über die Ox. aromat. Amine zu *Azo-, Azoxy-, Nitroso-* u. *Nitroverb.* sowie *Chinonen*, Bldg. u. Eig. von *Farbstoffen* (*Indophenole, Indamine, Phenazinderiv.*), Bldg. von *Aminoxiden* u. anderen Deriv., Bldg. u. Eig. hochkonjugierter Polymerer u. Farbreaktionen. — 157 Literaturangaben. I. Spaeth 1310

1233 **Synthese von α-Benzamido-β-[3-nitro-4-methoxyphenyl]- und -β-[3.4-methylendioxyphenyl]-acrylsäurehydrazid und ihren Kondensationsprodukten mit verschiedenen Carbonylverbindungen.** Satyendra Kumar und R. P. Mahesh. (J. Indian chem. Soc. **44** (1967) 11, 983 bis 984; Dep. of Chem., SSV College, Mapur (U. P.); engl.) — Aus Hippursäure, wasserfreiem Na-Acetat, Acetanhydrid u. m-Nitroanisaldehyd wird *2-Phenyl-4-[3-nitro-4-methoxybenzyliden]-Δ^2-oxazolinon-(5)* dargestellt u. mit $N_2H_4 \cdot H_2O$ zu *α-Benzamido-β-[3-nitro-4-methoxyphenyl]-acrylsäurehydrazid* umgesetzt. Daraus werden mit den entsprechenden Ketonen nachst. Acetophenon-α-benzamido-β-[3-nitro-4-methoxyphenyl]-acryloylhydrazone erhalten: *2-Hydroxy-*, $C_{25}H_{22}N_4O_6$, F. 260°. — *4-Hydroxy-*, F. 270°. — *2-Hydroxy-3-methyl-*, $C_{26}H_{24}N_4O_6$, F. 280°. — *4-Hydroxy-5-methyl-*, F. 278°. — *2-Hydroxy-5-chlor-*, $C_{25}H_{21}ClN_4O_6$, F. 188°. — *2.4-Dihydroxy-*, $C_{25}H_{22} \cdot N_4O_7$, F. 265°. — *2.4-Dihydroxy-5-brom-*, $C_{25}H_{21}BrN_4O_7$, F. 262°. — *2.4-Dihydroxy-5-nitro-*, $C_{25}H_{21}N_5O_9$, F. 160°. — *2-Hydroxy-4-methyl-5-chlor-*, $C_{26}H_{23}ClN_4O_6$, F. 215°. — *2-Hydroxy-4.6-dimethyl-5-chlor-*, $C_{27}H_{25}ClN_4O_6$, F. 187°. — Analog werden ausgehend von 3.4-Methylendioxybenzaldehyd über *2-Phenyl-4-[3.4-methylendioxybenzyliden]-Δ^2-oxazolinon-(5)* u. *α-Benzamido-β-[3.4-methylendioxyphenyl]-acrylsäurehydrazid* nachst. Acetophenon-α-benzamido-[3.4-methylendioxyphenyl]-acryloylhydrazone dargestellt: *2-Hydroxy-*, $C_{25}H_{21}N_3O_5$, F. 173°. — *4-Hydroxy-*, F. 197°. — *2-Hydroxy-3-methyl-*, $C_{26}H_{23}N_3O_5$, F. 225°. — *4-Hydroxy-5-methyl-*, F. 192°. — *2-Hydroxy-5-chlor-*, $C_{25}H_{20}ClN_3O_5$, F. 183°. — *2.4-Dihydroxy-*, $C_{25}H_{21}N_3O_6$, F. 215°. — *2.4-Dihydroxy-5-brom-*, $C_{25}H_{20}BrN_3O_6$, F. 240°. — *2.4-Dihydroxy-5-nitro-*, $C_{25}H_{20} \cdot N_4O_8$, F. 225°. — *2-Hydroxy-4-methyl-5-chlor-*, $C_{26}H_{22}Cl \cdot N_3O_5$, F. 200°. — *2-Hydroxy-4.6-dimethyl-5-chlor-*, $C_{27}H_{24} \cdot ClN_3O_5$, F. 221°. I. Spaeth 1350

1234 **Cohydrolyse einiger mono- und difunktioneller Organochlorsilane.** K. A. Andrianov, A. I. Nogaideli, L. M. Chananašvili und L. I. Nakaidze. (Soobšč. Akad. Nauk Gruz. SSR **48** (1967) 2, 323–28; Tbilisskij gos. univ.; russ.) — Hydridorganosiloxane werden durch Cohydrolyse von Hydridorganochlorsilanen mit Alkyl- oder Arylchlorsilanen dargestellt.

Versuche: *1.5-Dimethyl-1.1.3.5.5-pentaphenyltrisiloxan*, $C_{32}H_{32}O_2Si_3$, $Kp._3$ 278–280°, durch Zutropfen von 50 g Methyldiphenylchlorsilan u. 19 g Phenyldichlorsilan zu 80 ml W. u. 100 ml Ae. während 1 Std. bei Zimmertemp.; n_D^{20} 1,5814; 23,5 % (Ausb.); daneben *1.3-Dimethyl-1.1.3.3-tetraphenyldisiloxan*, F. 50°, $Kp._3$ 225 bis 227°; n_D^{20} 1,5882. — *1.1.5.5-Tetramethyl-3.3-diäthyltrisiloxan*, $C_8H_{24}O_2Si_3$, Kp. 170,5°, analog bei −10 bis −15°; n_D^{20} 1,3981; $D._4^{20}$ 0,8413; 58,8 %. — *1.1.1.3.5.5.5.-Heptaäthyltrisiloxan*, $C_{14}H_{36}O_2Si_3$, $Kp._1$ 92,5–93°, analog bei −5 bis −7°; n_D^{20} 1,4320; $D._4^{20}$ 0,8714; 31,7 %; daneben *1.1.1.3.5.7.7.7-Octaäthyltetrasiloxan*, $C_{16}H_{42}O_3Si_4$, $Kp._1$ 120°; n_D^{20} 1,4306; $D._4^{20}$ 0,8933; 22,8 %. — *1.1.1.5.5.5-Hexaäthyl-3-methyltrisiloxan*, $C_{13}H_{34}O_2Si_3$, $Kp._1$ 81,5 bis 82°, analog bei −5 bis −8°; n_D^{20} 1,4270; $D._4^{20}$ 0,8696; 27,8 %; daneben *1.1.1.7.7.7-Hexaäthyl-3.5-dimethyltetrasiloxan*, $C_{14}H_{38}O_3Si_4$, $Kp._1$ 103,5–104°; n_D^{20} 1,4221; $D._4^{20}$ 0,8883; 8,25 %. J. J. Pohl 1380

1235 **Kleine ringförmige Poly-exo-methylen-Kohlenwasserstoffe. 4. Mitt. Trimethylencyclopropan.** P. A. Waitkus, E. B. Sanders, L. I. Peterson und G. W. Griffin. (J. Amer. chem. Soc. **89** (1967) 24, 6318–27;

Dep. of Chem., La. State Univ., New Orleans, La.; engl.) — Es werden zwei Darst.-Meth. der *Titelverb.* (I), des einfachsten Vertreters der Radialene, beschrieben. I kann nach der klass. Definition nicht als aromat. angesehen werden.

Versuche: *1r-Äthoxycarbonyl-2c.3t-bis-[methoxycarbonyl]-cyclopropan* (II), $Kp._{0,35}$ 115°, aus Fumarsäuredimethylester u. Diazoessigsäureäthylester; 77 % (Ausb.). — *Cyclopropantricarbonsäure-(1r.2c.3t)*, F. 207—211°, aus vorst. Verb. mit methanol. NaOH; 90 %. *Trichlorid*, $Kp._{1}$ 92—95°, mit PCl_5; 81 %. — *Tris-[N.N-dimethyl]-cyclopropantricarbonsäure-(1r.2c.3t)-triamid*, $C_{12}H_{21}N_3O_3$, F. 117,5—118° (Ae./Methanol), aus vorst. Säurechlorid mit Dimethylamin; 54 %. — *1r.2c.3t-Tris-[N.N-dimethylaminomethyl]-cyclopropan* (III), $C_{12}H_{27}N_3$, $Kp._{0,2}$ 59,5 bis 60°, aus vorst. Verb. mit $LiAlH_4$; 68 %. *Tris-[methojodid]*, $C_{15}H_{36}J_3N_3$, F. 360°. — *1r.2c.3t-Tris-[acetoxymethyl]-cyclopropan*, $Kp._{2}$ 150—155°, aus II mit $LiAlH_4$; 49 %. — *1r.2c.3t-Tris-[p-tosyloxymethyl]-cyclopropan*, $C_{27}H_{30}O_9S_3$, F. 101—102,5° (A.), aus vorst. Verb.; 34 %. — *1.2.3-Tris-[jodmethyl]-cyclopropan* (IV), $C_6H_9J_3$, F. 82,5—83,5° (Methylcyclohexan), aus vorst. Verb. mit NaJ; 83 %. — *3-Methylpentanol-(3)*, $Kp._{15}$ 42—43,5°, aus Butanon-(2) mit Äthyl-MgBr; 51 %; gibt beim Erhitzen mit Oxalsäure 45 % eines 1 : 6,5 : 13-Gemisches von 2-Äthylbuten-(1) (VI), trans-3-Methylpenten-(2) (VII) u. cis-3-Methylpenten-(2). — *Trimethylencyclopropan* (I), a) aus dem Tris-[methohydroxid] von III durch Pyrolyse; 1,5 %; b) aus IV mit KOH; 20 %. R. Becker 1810△

1236 **Eine neue Reduktion von Ketonen durch Diimid.** J. J. Looker. (J. org. Chemistry 32 (1967) 2, 472—73; Rochester, N.Y. Eastman Kodak Co. Res. Labor.; engl.) — Red. von 5H-Dibenzo-[a.d]-cycloheptenon-(5) (I) mit Tosylhydrazin (TH) gibt das, auch durch Überführen von 5-Hydroxy-5H-dibenzo-[a.d]-cyclohepten (II) mit $SOCl_2$ in das *Chlorid* u. Rk. mit p-Toluolsulfinat (VI) zugängliche *p-Tolyl-5H-dibenzo-[a.d]-cycloheptenyl-(5)-sulfon* (III). Analog liefert 10,11-Dihydro-5H-dibenzo-[a.d]-cycloheptenon-(5) (IV) das auch wie vorst. aus 5-Hydroxy-10.11-dihydro-5H-dibenzo-[a.d]-cyclohepten (V) erhältlich *p-Tolyl-10.11-dihydro-5H-dibenzo-[a.d]-cycloheptenyl-(5)-sulfon*. Als Rk.-Mechanismus wird die Bldg. von III durch Red. von I zu II, der mit p-Toluolsulfonsäure reagiert, angenommen. Der Mechanismus wird durch die Red. von I mit Anthracen-9.10-diimin (VII) zu II gestützt.

Versuche: 5H-Dibenzo-[a.d]-cycloheptenyl-(5)-sulfone: *p-Tolyl-* (III). $C_{22}H_{18}O_2S$, F. 210 bis 211° (A./$CHCl_3$), a) durch 15std. Kochen von I mit TH in äthanol. Essigsäure; 39 % (Ausb.); b) durch Erhitzen von II mit $SOCl_2$ u. $^1/_2$std. Kochen mit VI-Dihydrat in A.; 90 %; c) durch $^1/_2$std. Kochen von II mit Na-p-Toluolsulfinatdihydrat in A. in Ggw. von Essigsäure; 85 %. — *p-Tolyl-10.11-dihydro-*, $C_{22}H_{20}O_2S$, F. 187—188°, a) durch Rk. von IV analog III nach a); 13 %; b) mit V analog III nach b); 23 %; c) aus V analog III nach c); 15 %. — *5-Hydroxy-5H-dibenzo-[a.d]-cyclohepten* (II), F. 118—120°, durch 1std. Kochen von I mit VII in A.; 25 %. — *5H-Dibenzo-[a.d]-cycloheptenon-(5)-p-tosylhydrazon*, $C_{22}H_{18}N_2O_2 \cdot S$, F. 213—215° (Zers.), durch Rk. von *5.5-Dichlor-5H-dibenzo-[a.d]-cyclohepten* (aus I) mit TH in Acetonitril; 70—100 %. H. Gleinig 1890△

1237 **Eine neue Kondensationsreaktion von α,β-ungesättigten cyclischen Ketonen mit Ammoniumthiocyanat.** Guglielmo Kabas. (J. org. Chemistry 32 (1967) 1, 218—20; Zürich, Schweiz, W. R. Grace Res.; engl.) — α,β-ungesätt. Ketone, wie Mesityloxid u. Styrylalkylketone reagieren mit NH_4SCN zu entsprechenden *2-Mercaptodihydropyrimidinen*. Die Kondens. von 3-substituierten Cyclohexen-(2)-onen-(1) mit NH_4SCN führt zu dicycl. *Iminohydrothiocyanaten*, deren Bldg. von den Ausgangsketonen abhängt. Bei Ketonen mit Substituenten in anderen als der 3-Stellung ist die Rk. gehindert. Die Ggw. von Na_3PO_4 fördert die Reaktion. 2-Substituierte Cyclohexen-(2)-one-(1) ergeben nur Öle, die sich nicht reinigen lassen.

Versuche: Cyclohexen-(2)-imin-(1)-hydrothiocyanate: *3.5.5-Trimethyl-*, $C_{10}H_{16}N_2S$, F. 96 bis 97° (Essigester), durch 3std. Kochen von Isophoron mit NH_4SCN in Toluol; 85 % (Ausb.). *Pikrat*, $C_{15}H_{18}N_4O_7$, F. 165—166° (A.). — *3-Methyl-*, $C_8H_{12}N_2S$, F. 87—87,5° (Aceton/Essigester), aus 3-Methylcyclohexen-(2)-on-(1); 86,5 %. *Pikrat*, $C_{13}H_{14}N_4O_7$, F. 168—169° (A.). — *3.5-Dimethyl-*, $C_9H_{14}N_2S$, F. 115—116° (Essigester); 84,5 %. *Pikrat*, $C_{14}H_{16}N_4O_7$, F. 155—156° (A.). — *3-Phenyl-*, $C_{13}H_{14}N_2S$, F. 134—135° (Aceton); 81,5 %. *Pikrat*, $C_{18}H_{16} \cdot N_4O_7$, F. 195—196° (A.). — *10-Methyl-$\Delta^{1,9}$-octalinimin-(2)-hydrothiocyanat*, $C_{12}H_{18}N_2S$, F. 115—116° (A./Essigester); 82 %. *Pikrat*, F. 154—155° (A.). H. Gleinig 1890△

1238 **Ketimin-Synthesen. Verwendung von Titantetrachlorid zu ihrer Darstellung nach einem neuen Verfahren.** Harold Weingarten, John P. Chupp und William A. White. (J. org. Chemistry 32 (1967) 10, 3246—49; Monsanto Co., St. Louis, Mo.; engl.) — Eine Reihe von *Ketiminen* wird nach verschiedenen Verf. durch Rk. von substituierten Cyclohexanonen mit prim. Aminen dargestellt.

Versuche: Cyclohexylidenamine: *N-Methyl-*, $C_7H_{13}N$, $Kp._{35}$ 70—74°, aus Cyclohexanon, CH_3NH_2 u. 85 %ig. KOH (Meth. A); 80 % (Ausb.). — Analog Meth. A: *N-Isopropyl-*, $C_9H_{17}N$, $Kp._{28}$ 70—74°; 80 %. — *N-Methyl-2-methyl-*, $Kp._{25}$ 72—74°; <20 % (roh). — *Gemisch aus cis-* u. *trans-2-tert.-Butyl-6-methyl-*, $C_{11}H_{21}N$, $Kp._{12}$ 93 bis 94°, durch 60std. Erhitzen von 2-tert.-Butyl-6-methylcyclohexanon mit wasserfreiem NH_3 in Ggw. von KOH auf 260° im Autoklaven u. Reinigung über das Hydrochlorid (Meth. B); 50 %. — Analog Meth. B: *2.6-Dimethyl-*, $C_8H_{15}N$, $Kp._{10}$ 61—65°; 55 % (roh). — *N-2.6-Trimethyl-*, $C_9H_{17}N$, $Kp._{10}$ 61—70°. — *N-Äthyl-2.6-dimethyl-*, $C_{10} \cdot H_{19}N$, $Kp._{10}$ 61—70°; <10 % (roh). — *N-Allyl-2-äthyl-*, $C_{11}H_{19}N$, $Kp._{10}$ 88—91°, durch azeotrope Dest. eines Gemisches aus 2-Äthylcyclohexanon u. Allylamin in Pentan (Meth. C); 66 %. — Analog Meth. C: *N-Allyl-2-methyl-*, $C_{10}H_{17}N$, $Kp._{10}$ 76—78°; 74 %. — *N-Allyl-2.6-dimethyl-*, $Kp._{10}$ 75°; <30 % (roh). — *N-Isopropyl-2-methyl-*, $C_{10}H_{19}N$, $Kp._{8}$ 59—60°, aus 2-Methylcyclohexanon u. Isopropylamin in 2-Methylbutan; 30 %. — *N-[2-Methoxyäthyl]-2.6-dimethyl-*, $C_{11}H_{21}NO$, $Kp._{10}$ 95 bis 96°, durch 4tägiges Kochen von 2-Methoxyäthylamin in Bzl. mit 2.6-Dimethylcyclohexanon in Ggw. von Methansulfonsäure (Meth. D); 47 %. — Analog Meth. D: *N-[2-Methoxyäthyl]-*, $C_9H_{17}NO$, $Kp._{3}$ 72—75°; 60 %. — *N-[2-Methoxyäthyl]-2-methyl-*, $C_{10}H_{19}NO$, $Kp._{15}$ 98 bis 100°; 79 %. — *N-[2-Methoxyäthyl]-2-äthyl-*, $C_{11}H_{21}NO$, $Kp._{13}$ 113°; 69 %. — *N-[2-Methoxyäthyl]-2-isopropyl-*, $C_{12}H_{23}NO$, $Kp._{10}$ 112—114°; 79 %. — *N-Isopropyl-2.6-dimethyl-*, $C_{11}H_{21}N$, $Kp._{10}$ 65—71°, durch 1std. Kochen von 2.6-Dimethylcyclohexanon u. Isopropylamin in Ae. mit $TiCl_4$ in Pentan; 79 %. — *Gemisch aus cis-* u. *trans-N-Methyl-2-tert.-butyl-6-methyl-*, $C_{12}H_{23}N$, $Kp._{1}$ 95°, durch 5std. Erhitzen von 2-tert.-Butyl-6-methylcyclohexanon mit CH_3NH_2 u. $TiCl_4$ in Toluol auf 110°; 10 %. — *N-Äthyl-2.3-dimethyl-*, $C_{10}H_{19}N$, $Kp._{14}$ 81°, aus 2.3-Dimethylcyclohexanon u. $TiCl_4$; 53 %. — Analog *N-Äthyl-2-tert.-butyl-*, $C_{12}H_{23}N$, $Kp._{12}$ 94—97°; 56 %. — *N-[2-Methoxyäthyl]-2-tert.-butyl-*, $C_{13}H_{25}NO$, $Kp._{1}$ 59 bis 61°; 61 %. — *N-Allyl-2.6-diisopropyl-*, $C_{15}H_{27}N$, $Kp._{14}$ 133 bis 134°; 70 %. — *Gemisch aus $\Delta^{2,3}$-* u. *$\Delta^{3,4}$-Isophoron-N-methylimin*, $C_{10}H_{17}N$, $Kp._{15}$ 92°, durch 2std. Erhitzen von Isophoron mit CH_3NH_2 u. $TiCl_4$ in Toluol auf 90°; 28 %. — *N-Isopropylcampherimin*, $C_{13}H_{23}N$, $Kp._{17}$ 98°, durch 7std. Kochen von Campher mit Isopropylamin u. $TiCl_4$ in Toluol; 67 %. R. Dahl 1960

1239 **Eine Ringerweiterungsreaktion. Umlagerung von 1-Isopropenylcycloalkanolepoxiden.** Clair J. Cheer und Carl R. Johnson. (J. org. Chemistry 32 (1967) 2, 428—30; U.S. Air Force Acad., Colo.; engl.) — Durch Ox. von 1-Isopropenylcycloalkanolen mit m-Chlorperbenzoesäure (I) werden *2-Methyl-2-[1-hydroxycycloalkyl]-oxirane* dargestellt, die durch BF_3-Ätherat oder saures Al_2O_3 unter Ringerweiterung zu *2-Methyl-2-hydroxymethylcycloalkanonen* umgelagert werden.

Versuche (F. korr.): 2-Methyloxirane: *2-[1-Hydroxycyclopentyl]-*, $C_8H_{14}O_2$, $Kp._{9}$ 82—83°, aus I u. 1-Isopropenylcyclopentanol in $CHCl_3$ bei Raumtemp. über Nacht; 70 % (Ausb.). — Analog: *2-[1-Hydroxycyclobutyl]-*, $C_7H_{12}O_2$, $Kp._{6,5}$ 73—75°, aus 1-Isopropenylcyclobutanol; 80 %. — *2-[1-Hydroxycyclohexyl]-*, $C_9H_{16}O_2$,

$Kp._{14}$ 97–98°, aus 1-Isopropenylcyclohexanol; 85%. — 2-Methyl-2-hydroxymethylcycloalkanone: *-cyclopentanon*, $Kp._{17}$ 110–113°, aus vorvorst. Verb. u. BF_3-Ätherat in CH_2Cl_2 bei –5°; 63%. — *-cyclohexanon*, $Kp._{0,5}$ 57–58°, a) aus viertvorst. Verb. u. BF_3-Ätherat; 46,5%; b) durch 2std. Kochen von viertvorst. Verb. mit saurem Al_2O_3 in abs. Bzl.; 52%. *Semicarbazon*, F. 153 bis 158° (W.). *p-Nitrobenzoat*, $C_{15}H_{17}NO_5$, F. 64–66° (PAe.). — *-cycloheptanon*, $C_9H_{16}O_2$, $Kp._{16}$ 134–134,2°, a) aus drittvorst. Verb. analog vorst. Verb. nach a); 15%; b) analog vorst. Verb. nach b) in 12 Std.; 32,7%. *Semicarbazon*, $C_{10}H_{19}N_3O_2$, F. 148,5–150,5° (W.).
H. Miele 1980△

1240 **Eine neue Synthese von 2.2-Dimethyl-3-isopropylidencyclopropylpropionat.** N. Wakabayashi. (J. org. Chemistry **32** (1967) 2, 489–90; Beltsville, Md., Agricult. Res. Serv., U.S. Dep. of Agricult.; engl.) — Die Synth. des als *Propionsäure-[2.2-dimethyl-3-isopropylidencyclopropyl]-ester* (I) bezeichneten Anziehungsstoffs der jungfräulichen *Periplaneta americana* durch Day et al. (Proc. Roy. Soc. [London] Sect. B **1964**, 368) liefert eine biolog. inakt. Verb., die durch nachst. neue Synth. bestätigt wird. Isobutyraldehyd reagiert mit Propionsäureanhydrid in Ggw. von p-Toluolsulfonsäure (III) zu *Propionsäure-[2-methylpropenyl-(1)]-ester* (II). Nach Tanabe u. Walsh läßt sich das gesuchte *Vinylidencarben* aus Rk. von 1-Chlor-2-methyl- bzw. 3-Chlor-2-methylpropen mit K-tert.-Butylat in THF regenerieren. Mit II als Carben-Akzeptor gelingt die Rk. nicht. Dagegen liefert die Rk. von 1.1-Dibrom-2-methylpropen (IV) mit CH_3Li in Ggw. von Cyclohexan ein *Isopropylidencyclopropan*, ein Verf., das offensichtlich mit einem Enolester als Olefin nicht anwendbar ist, IV reagiert jedoch mit Mg in THF in Ggw. von II zu I. Entsprechende Addukte werden mit Äthylvinyläther bzw. 1-Cyclohexenylacetat oder Isopropenylacetat nach vorst. Rk. nicht erhalten. Auch die Rk. von IV mit II in Ggw. von Zn–Cu in THF bzw. 1.2-Dimethoxyäthan gelingt nicht. Die Eig. dieser Carbenoid-Art sind unbekannt. Rk. von IV mit Mg in THF unter Zusetzen von II bzw. Trockeneis liefert weder I- noch 2-Brom-3-methylcrotonsäure.

Versuche: *Propionsäure-[2-methylpropenyl-(1)]-ester* (II), $C_7H_{12}O_2$, Kp. 145–147°, durch 3std. Kochen von Isobutyraldehyd mit Propionsäureanhydrid u. III; 55% (Ausb.). — *Propionsäure-[2.2-dimethyl-3-isopropylidencyclopropyl]-ester* (I), $C_{11}H_{18}O_2$, $Kp._{20}$ 80–87°, durch Erhitzen von II u. IV mit Mg in THF; 18%.
H. Gleinig 2010△

1241 **Eine verbesserte Synthese von Δ^3-Cyclopenten-1-carbonsäure aus 1.4-Dichlorbuten-(2).** George H. Schmid und Aaron W. Wolkoff. (J. org. Chemistry **32** (1967) 1, 254; Toronto, Canada, Univ., Dep. of Chem.; engl.) — Cycloalkylierung von Malonsäurediäthylester (I) u. cis-1.4-Dichlorbuten-(2) (II) mit anschließender Pyrolyse führt zu *Δ^3-Cyclopenten-1.1-dicarbonsäurediäthylester*, der durch alkal. Hydrolyse u. Decarboxylierung in *Δ^3-Cyclopentencarbonsäure* (III) übergeführt wird. trans-II liefert *2-Vinylcyclopropandicarbonsäurediäthylester*, der durch Pyrolyse, Hydrolyse u. Decarboxylierung III gibt.

Versuche: 1.1-Dicarbonsäurediäthylester: *2-Vinylcyclopropan-*, $Kp._{16}$ 116–119°, aus trans-II mit I; 63% (Ausb.). — *Δ^3-Cyclopenten-*, durch Erhitzen vorst. Verb. auf 400–425°; 95,5%. — *Δ^3-Cyclopenten-1-carbonsäure* (III), $C_6H_8O_2$, $Kp._{20}$ 118–121°, durch 11std. Kochen vorvorst. Verb. mit wss. äthanol. KOH, Ansäuern mit 6n HCl u. 2std. Erhitzen auf 180°; 52%. *Anilid*, $C_{12}H_{13}NO$, F. 137,5–138°. H. Gleinig 2010△

1242 **Reaktion von N-Halogensulfonamid. 1. Mitt. Reaktion von N.N-Dihalogenbenzolsulfonamid mit Cyclohexen.** 1. Mitt. Yoshio Ueno, Shoji Takemura, Yoshiko Ando und Hiromi Terauchi. (Chem. pharmac. Bull. [Tokyo] **15** (1967) 8, 1193–97; Fac. of Pharm., Kinki Univ., Kowakae, Fuse, Osaka-fu; engl.) — Die Umsetzung von N.N-Dihalogenbenzolsulfonamid mit Cyclohexen (II) führt zur Bldg. von *DL-cis-* u. *DL-trans-2-Halogen-1-benzolsulfonamidocyclohexan* sowie *DL-trans-1.2-Dihalogencyclohexan*, *Cyclohexadien-(1.3)*, *Δ^1-Cyclohexenon-(3)* (III) u. *Benzolsulfonamid* (I).

Versuche: *N.N-Dichlorbenzolsulfonamid*, F. 76°, mit Cl_2 aus 20 g I in 4%ig. wss. NaOH bei 0°; 23 g (Ausb.). — *N.N-Dibrombenzolsulfonamid*, F. 113–114° (Zers.), mit Br_2 aus 40 g I in 4%ig. wss. NaOH; 72,8 g. — *DL-trans-2-Chlor-1-benzolsulfonamidocyclohexan*, $C_{12}H_{16}Cl\cdot NO_2S$, F. 155° (A.), a) aus 5,6 g vorvorst. Verb. u. II bei <10°; 2,2 g; daneben *Δ^1-Cyclohexenon-(3)* (III; *2.4-Dinitrophenylhydrazon*, F. 164°), 31 mg *DL-trans-1.2-Dichlorcyclohexan* ($Kp._{30}$ 85–89°), 150 mg *DL-cis-2-Chlorbenzolsulfonamidocyclohexan* ($C_{12}H_{16}ClNO_2S$, F. 115 bis 118°) u. durch Rk. mit Maleinsäureanhydrid in n-Hexan (Meth. A) 22 mg *3.6-Äthano-Δ^4-tetrahydrophthalsäureanhydrid* (VI; F. 147°); b) aus 0,369 g DL-trans-2-Chlorcyclohexylamin-Hydrochlorid, W., Benzolsulfochlorid (VII) u. 10%ig. NaOH bei 0°; 64 mg. *cis-Isomeres*, F. 113 bis 115°, aus 0,208 g DL-cis-2-Chlorcyclohexylamin-Hydrochlorid analog b); 0,12 g. — *DL-trans-2-Brom-1-benzolsulfonamidocyclohexan*, $C_{12}H_{16}BrNO_2S$, F. 164 bis 166° (A.), a) aus 31,5 g vorvorst. Verb. u. 32 g II in CCl_4 bei <10°; 21 g; daneben 4,2 g nachst. *cis-Isomeres* (V) u. 15,4 g *DL-trans-1.2-Dibromcyclohexan* (IV; $Kp._{30}$ 118 bis 120°); b) aus 15,9 g vorvorst. Verb. u. 16 g II; 10,6 g; daneben 2 g IV, 0,3 g V u. durch Rk. nach A 22 mg VI; c) durch Einleiten von HBr in eine Lsg. von 2,5 g Cyclohexenimin in abs. Ae. u. Rk. des erhaltenen *DL-trans-2-Bromcyclohexylamin-Hydrobromids* [4,2 g] in Py. mit VII bei 0°; 0,9 g. *cis-Isomeres* (V), $C_{12}H_{16}BrNO_2S$, F. 125°, mit n-NaOH aus 0,43 g DL-cis-2-Bromcyclohexylamin-Hydrochlorid u. VII in W.; 0,163 g.
K.-P. Hilgetag 2110△

1243 **Aminocyclite. 12. Mitt. Bequeme Synthese für Actinamin.** Tetsuo Suami und Seiichiro Ogawa. (Bull. chem. Soc. Japan **40** (1967) 5, 1295; Dep. of Appl. Chem., Fac. of Engng., Keio Univ., Koganei-shi, Tokyo; engl.) — 11. vgl. ibid. **39** (1966) 170. — Durch Hydrazinolyse von 2.4.5.6-Tetra-O-acetyl-1.3-di-O-tosyl-myo-inosit, Hydrieren an Raney-Ni u. Acetylieren erhält man *Hexaacetyl-myo-inosadiamin-(1.3)* [I; F. 283,5–284,5°; 35,2% (Ausb.)] u. *Hexaacetyl-muco-inosadiamin-(1.4)* (2,4%). I bildet bei der selektiven O-Entacetylierung 92% *Di-N-acetyl-myo-inosadiamin-(1.3)* [F. 310–311° (Zers.)], bei der Hydrolyse in sd. 6n HCl 98,7% *myo-Inosadiamin-(1.3)-dihydrochlorid*. Letzteres wird durch Rk. mit Chlorameisensäureäthylester im alkal. Milieu u. anschließende Acetylierung in 85% *2.4.5.6-Tetra-O-acetyl-N.N'-dicarbäthoxy-myo-inosadiamin-(1.3)* (F. 189,5 bis 190°) umgewandelt, das durch Red. mit $LiAlH_4$ u. anschließende Acetylierung 44,5% *Hexaacetylderiv. des Actinamins* [*N.N'-Dimethyl-myo-inosadiamins-(1.3)*] liefert. — 16. vgl. C. **1969**, 114-173. G. Fischer 2120△

1244 **Einschiebung von CCl_2 in die Silicium–Kohlenstoff-Bindung von Silacyclobutanen.** Dietmar Seyferth, Robert Damrauer und Stephen S. Washburne. (J. Amer. chem. Soc. **89** (1967) 6, 1538–40; MIT, Cambridge, Mass.; engl.) — 1.1-Dimethyl-1-silacyclobutan (I) gibt mit 1 Val Phenyl-[bromdichlormethyl]-Hg (II) in sd. Bzl. 93% (Ausb.) *C_6H_5HgBr*, 6% *Tetrachloräthylen*, 58% *1.1-Dimethyl-2.2-dichlor-1-silacyclopentan* (III; $C_6H_{12}Cl_2Si$, F. 61,5–63,5°) u. 12% *1.1-Dimethyl-3-dichlormethyl-1-silacyclobutan* (IV). Bei der Rk. von 3 bzw. 1,5 Val I mit II entstehen III u. IV in 63%ig. bzw. 56%ig. u. 16%ig. bzw. 14%ig. Ausbeute. 1-Methyl-1-silacyclobutan (V) bildet mit 1 Val II in Bzl. bei 71° 68% *1-Dichlormethyl-1-methyl-1-silacyclobutan* (VI) u. 6% *1-Dichlormethyl-1-methyl-2.2-dichlor-1-silacyclopentan* (VII; $C_6H_{10}Cl_4Si$, $Kp._{0,8}$ 79–80°). Aus V u. 2 Val II werden 28% VI u. 61% VII erhalten. Analog I bzw. V reagiert auch 1-Chlor-1-methyl-1-silacyclobutan mit II. 1.1.3.3-Tetramethyl-1.3-disilacyclobutan gibt dagegen keine Rk. mit II. Hans Köhne/Berlin 2180△

1245 **Baseninduzierte Umlagerungen von α.β-Epoxyketonen.** Gino R. Treves, Hugo Stange und R. A. Olofson. (J. Amer. chem. Soc. **89** (1967) 24, 6257–60; Chem. Res. and Dev. Center, FMC Corp., Princeton, N.J.; engl.) — trans-3-Phenyl-1-cycloalkylpropen-(2)-one geben mit H_2O_2 u. NaOH in W./A./Aceton *trans-3-Phenyl-1-cycloalkyl-2.3-epoxypropanone*. 1-Cyclopropyl-3-phenyl-

2.3-epoxypropanon-(1) (**I**) gibt mit NaOH in W. bzw. W./A. *Cyclopropylbenzylgykolsäure*. 1-Cyclohexyl-3-phenyl-2.3-epoxypropanon-(1) (**II**) bildet analog *1-Styrylcyclohexan-1-carbonsäure* u. *1-[β-Hydroxyphenäthyl]-cyclohexan-1-carbonsäurelacton*. Analog reagieren 1-Cyclobutyl- (**III**) bzw. 1-Cyclopentyl-3-phenyl-2.3-epoxypropanon-(1) (**IV**). Der Rk.-Mechanismus wird diskutiert. *1-[β-Hydroxyphenäthyl]-cyclopentan-1-carbonsäurelacton* wird auch aus 1-Phenacylcyclopentan-1-carbonsäure (**V**) u. $NaBH_4$ dargestellt.

Versuche: *Cyclohexylstyrylketon*, aus Cyclohexylmethylketon u. Benzaldehyd in wss.-methanol. NaOH; 60% (Ausb.). — Analog: *Cyclopentylstyrylketon*; 71%. — *Cyclopropylstyrylketon*; 75%. — *Cyclobutylstyrylketon*; 21%; daneben *1-Cyclobutyl-3-hydroxy-3-phenylpropanon-(1)*. — 3-Phenyl-2.3-epoxypropanone-(1): *1-Cyclohexyl-* (**II**), $C_{15}H_{18}O_2$, Kp.$_{0,16}$ 124°, nach Weitz u. Scheffer (1921) aus Styrylcyclohexylketon u. alkal. H_2O_2; 71%. — Analog: *1-Cyclopentyl-* (**IV**), $C_{14}H_{16}O_2$, Kp.$_{0,16}$ 110—120°; 47%. — *1-Cyclobutyl-* (**III**), $C_{13}H_{14}O_2$, Kp.$_{0,005}$ 132—140°; 50%. — *Cyclopropyl-* (**I**), $C_{12}H_{12}O_2$, F. 56—57° (Hexan); 72%. — *1-[β-Hydroxyphenäthyl]-cyclohexan-1-carbonsäurelacton*, $C_{15}H_{18}O_2$, F. 68—69° (Hexan), aus **II** u. sd. 10%ig. NaOH; 35%; daneben 26% *1-Styrylcyclohexan-1-carbonsäure* [$C_{15}H_{18}O_2$, F. 126 bis 128° (Hexan)]. — *1-[β-Hydroxyphenäthyl]-cyclopentan-1-carbonsäurelacton*, $C_{14}H_{16}O_2$, F. 42° (Hexan), Kp.$_{0,5}$ 130,2°, a) aus **IV** u. 30%ig. NaOH in sd. A.; 35%; daneben *1-Styrylcyclopentan-1-carbonsäure* [$C_{14}H_{16}O_2$, F. 122—124° (Hexan); 14%]; b) aus **V** u. $NaBH_4$ in verd. NaOH bei Raumtemp.; 25%. — *1-[β-Hydroxyphenäthyl]-cyclobutan-1-carbonsäurelacton*, $C_{13}H_{14}O_2$, F. 55—56°, aus **III** u. sd. 10%ig. NaOH; 6%; daneben *1-Styrylcyclobutan-1-carbonsäure* [$C_{13}H_{14}O_2$, F. 89—90° (Hexan); 6%]. — *Benzylcyclopropylglykolsäure*, $C_{12}H_{14}O_3$, F. 95 bis 98°, aus **I** u. sd. 10%ig. NaOH; 76%.

Hans Köhne/Berlin 2360△

1246 **Kondensation von Glutaroylchlorid und Glutaranhydrid mit zwei- und mehrwertigen Phenolen und ihren Methyläthern.** D. Chakravarti, Nirendranath Chakravarti und S. Samanta. (J. Indian chem. Soc. **44** (1967) 6, 457—62; Univ. Coll. of Sci., Calcutta; engl.) — Kondens. von Glutaroylchlorid (**I**) mit Resorcin (**II**), Resorcindimethyläther (**III**), 4-Chlor- (**IV**) u. 4-Bromresorcin (**V**), Phloroglucin (**VI**), Veratrol (**VII**) bzw 4-Chlororcindimethyläther (**VIII**) in Ggw. von $AlCl_3$ führt fast ausschließlich zu den *1.5-Diarylpentandionen-(1.5)* (**A**). 4-Chlor- (**IX**) u. 4-Bromresorcindimethyläther (**X**) sowie Pyrogalloltrimethyläther (**XI**) liefern Gemische aus den **A** u. *γ-Benzoylbuttersäuren* (**B**). Orcin (**XII**), Orcindimethyläther (**XIII**), 4-Chlor- (**XIV**) u. 4-Bromorcin (**XV**) sowie 4-Bromorcindimethyläther (**XVI**) geben nur die **B**. Verw. von Glutaranhydrid (**XVII**) statt **I** liefert in allen Fällen nur die **B**. Die Strukturen der **A** u. **B** werden durch Ox. zu den *β-Resorcylsäurederiv.* gesichert.

Versuche: *1.5-Bis-[2.4-dimethoxy-5-bromphenyl]-pentandion-(1.5)* (**XVIII**), $C_{21}H_{22}Br_2O_6$, F. 193° (Eisessig), durch 12std. Rk. von 8,6 g **X** u. **I** in Ggw. von $AlCl_3$ in Nitrobenzol (NB) unter Kühlung; 4,5 g (Ausb.); daneben 2 g **XIX**. *Dioxim*, $C_{21}H_{24}Br_2N_2O_6$, F. 205° (verd. A.). — *γ-[2.4-Dimethoxy-5-brombenzoyl]-buttersäure* (**XIX**), $C_{13}H_{15}BrO_5$, F. 134—135° (verd. CH_3OH), aus **X** u. **XVII** in NB. *2.4-Dinitrophenylhydrazon* (DNP), $C_{19}H_{19}BrN_4O_8$, F. 181° (A.). — *1.5-Bis-[2.4-dihydroxy-5-bromphenyl]-pentandion-(1.5)*, $C_{17}H_{14}Br_2O_6$, F. 215° (A.), a) durch 15std. Kochen von 1 g **XVIII** mit Eisessig/40%ig. HBr; 0,6 g; b) aus **V** u. **I** in NB. *Bis-DNP*, $C_{29}H_{22}Br_2N_8O_{12}$, F. 262° (A.). — *5-Brom-β resorcylsäuredimethyläther*, F. 196° (verd. Aceton bzw. W.), a) durch 4std. Kochen von **XVIII** mit $KMnO_4$ in W.; b) aus **XIX** mit NaOBr in 5%ig. NaOH. — Analog **XVIII**: Pentandione-(1.5) (**A**): *1.5-Bis-[2.4-dihydroxyphenyl]-*, $C_{17}H_{16}O_6$, F. 225° (Essigsäure), a) aus **II**; b) aus nachst. Verb. u. HBr/Eisessig. *Dioxim*, $C_{17}H_{18}N_2O_6$, F. 238° (verd. A.). — *1.5-Bis-[2-hydroxy-4-methoxyphenyl]-*, $C_{19}H_{20}O_6$, F. 130° (verd. A.), aus **III**. *Dioxim*, $C_{19}H_{22}N_2O_6$, F. 190° (verd. A.). — *1.5-Bis-[2.4-dihydroxy-5-chlorphenyl]-*, $C_{17}H_{14}Cl_2O_6$, F. 224° (A.), a) aus **IV**; b) aus nachst. Verb. u. HBr/Eisessig. *Dioxim*, $C_{17}H_{16}Cl_2N_2O_6$, F. 321° (verd. A.). — *1.5-Bis-[2.4-dimethoxy-5-chlorphenyl]-*, $C_{21}H_{22}Cl_2O_6$, F. 198° (Essigsäure), aus **IX**; daneben **XX**. *Dioxim*, $C_{21}H_{24}Cl_2N_2O_6$, F. 208° (A.). — *γ-[2.4-Dimethoxy-5-chlorbenzoyl]-buttersäure* (**XX**), $C_{13}H_{15}ClO_5$, F. 160—161° (A.), aus **IX** u. **XVII**. *DNP*, $C_{19}H_{19}ClN_4O_8$, F. 171° (A.). — Pentandione-(1.5) (**A**): *1.5-Bis-[3.4-dimethoxyphenyl]-*, $C_{21}H_{24}O_6$, F. 124° (A.), aus **VII** u. **I** in Tetrachloräthan (TCA). *Bis-DNP*, $C_{33}H_{32}N_8O_{12}$, F. 150° (verd. A.). — *1.5-Bis-[2.4-dimethoxy-5-chlor-6-methylphenyl]-*, $C_{23}H_{26}Cl_2O_6$, F. 145° (A.), aus **VIII** u. **I**. *Bis-DNP*, $C_{35}H_{34}Cl_2N_8O_{12}$, F. 176° (verd. A.). — *1.5-Bis-[2.4.6-trihydroxyphenyl]-*, $C_{17}H_{16}O_8$, F. 288° (Essigsäure), aus **VI** u. **I** in NB/TCA. *Bis-DNP*, $C_{29}H_{24}N_8O_{14}$, F. 276° (A.). — *1.5-Bis-[2-hydroxy-3.4-dimethoxyphenyl]-*, $C_{21}H_{24}O_8$, F. 125° (Essigsäure), aus **XI**; daneben *γ-[2.3.4-Trimethoxybenzoyl]-buttersäure*, $C_{14}H_{18}O_6$, F. 72—73° (verd. Methanol); *DNP*, $C_{20}H_{22}N_4O_9$, F. 155° (A.). *Dioxim*, $C_{21}H_{26}N_2O_8$, F. 167—168° (verd. A.). — Buttersäuren (**B**): *γ-[2.4-Dihydroxy-6-methylbenzoyl]-*, $C_{12}H_{14}O_5$, F. 218° (verd. Methanol bzw. W.), a) aus **XII** u. **I**; b) aus **XII** u. **XVII**; c) aus nachst. Verb. mit HBr/CH_3COOH. *Oxim*, $C_{12}H_{15}NO_5$, F. 140°. — *γ-[2.4-Dimethoxy-6-methylbenzoyl]-*, $C_{14}H_{18}O_5$, F. 130° (verd. Methanol), a) aus **XIII** u. **I**; b) aus **XIII** u. **XVII**. *DNP*, $C_{20}H_{22}N_4O_8$, F. 155°. — *γ-[2.4-Dihydroxy-5-chlor-6-methylbenzoyl]-*, $C_{12}H_{13}ClO_5$, F. 172° (verd. Methanol), a) aus **XIV** u. **I**; b) aus **XIV** u. **XVII**. *DNP*, $C_{18}H_{17}ClN_4O_8$, F. 191°. — *γ-[2.4-Dihydroxy-5-brom-6-methylbenzoyl]-*, $C_{12}H_{13}BrO_5$, F. 176° (verd. Methanol), a) aus **XV** u. **I**; b) aus **XV** u. **XVII**; c) aus nachst. Verb. mit HBr/CH_3COOH. *DNP*, $C_{18}H_{17}BrN_4O_8$, F. 179° (A.). — *γ-[2.4-Dimethoxy-5-brom-6-methylbenzoyl]-*, $C_{14}H_{17}BrO_5$, F. 117° (verd. Methanol), a) aus **XVI** u. **I**; b) aus **XVI** u. **XVII**. — *γ-[2.4-Dihydroxy-5-brombenzoyl]-*, $C_{11}H_{11}BrO_5$, F. 123° (verd. A.), aus **V** u. **XVII**. *DNP*, $C_{17}H_{15}BrN_4O_8$, F. 225° (A.). — *γ-[2.4-Dihydroxy-5-chlorbenzoyl]-*, $C_{11}H_{11}ClO_5$, F. 140° (verd. CH_3OH), aus **IV** u. **XVII**. *DNP*, $C_{17}H_{15}ClN_4O_8$, F. 171° (A.).

H. Miele 2380△

1247 **Kondensation von Succinoylchlorid mit Phenolen: Synthese von 1.4-Diketonen.** D. Chakravarti, Nripendra Kumar Roy, Anjali Chakravarti und Usha Sarkar. (J. Indian chem. Soc. **44** (1967) 6, 463—66; engl.) — Vgl. vorst. Referat. — Kondens. von Succinoylchlorid (**I**)| mit Phenolen in Ggw. von $AlCl_3$ liefert *Diarylsuccinate*, die durch doppelte Fries-Umlagerung in *1.4-Diarylbutandione-(1.4)* übergeführt werden.

Versuche: Succinate: *Diphenyl-*, $C_{16}H_{14}O_4$, F. 125° (verd. A.), a) durch 18std. Rk. von Phenol (**II**) mit 3,9 g **I** in Ggw. von $AlCl_3$ in Nitrobenzol; 2 g Ausb.; b) durch 2—3std. Erhitzen von Bernsteinsäure mit **II** u. $POCl_3$ auf 115—120°; c) durch 3std. Erhitzen von **I** u. **II** auf dem W.-Bad. — Analog: *Di-o-tolyl]-*, $C_{18}H_{18}O_4$, Kp.$_5$ 240°, aus o-Kresol. — *Di-m-tolyl-*, F. 60°, aus m-Kresol. — *Bis-[4-chlor-3-methylphenyl]-*, $C_{18}H_{16}Cl_2O_4$, F. 91°, aus 4-Chlor-m-kresol. — *Bis-[o-chlorphenyl]-*, $C_{16}H_{12}Cl_2O_4$, F. 90°, aus o-Chlorphenol. — *Bis-[p-chlorphenyl]-* (**III**), F. 105°, aus p-Chlorphenol. — *Di-p-tolyl-*, F. 121°, aus p-Kresol. — *Bis-[p-bromphenyl]-*, $C_{16}H_{12}Br_2O_4$, F. 112°, aus p-Bromphenol. — *Bis-[4-allyl-2-methoxyphenyl]-*, $C_{24}H_{26}O_6$, F. 87°, aus Eugenol. — *Bis-[4-chlor-3.5-dimethylphenyl]-*, $C_{20}H_{20}Cl_2O_4$, F. 120°, aus 4-Chlor-3.5-dimethylphenol. — *Di-α-naphthyl-*, $C_{24}H_{18}O_4$, F. 160°, aus α-Naphthol. — *Bis-[4-chlornaphthyl-(1)]-*, $C_{24}H_{16}Cl_2O_4$, F. 140°, aus 4-Chlornaphthol-(1). — Butandione-(1.4): *1.4-Bis-[2-hydroxy-5-chlorphenyl]-*, $C_{16}H_{12}Cl_2O_4$, F. 182° (verd. A.), durch 3—4std. Erhitzen von **III** u. $AlCl_3$ auf 130—140°. *Bis-2.4-dinitrophenylhydrazon* (Bis-DNP), $C_{28}H_{20}Cl_2N_8O_{10}$, F. 210°. *Dioxim*, $C_{16}H_{14}Cl_2N_2O_4$, F. 175°. — Analog: *1.4-Bis-[2-hydroxy-5-methylphenyl]-*, $C_{18}H_{18}O_4$, F. 189°. *Bis-DNP*, $C_{30}H_{26}N_8O_{10}$, F. 239°. *Dioxim*, $C_{18}H_{20}N_2O_4$, F. 269°. — *1.4-Bis-[2-hydroxy-5-bromphenyl]-*, $C_{16}H_{12}Br_2O_4$, F. 180°. *Bis-DNP*, $C_{28}H_{20}Br_2N_8O_{10}$, F. 250°. — *1.4-Bis-[2-hydroxy-5-chlor-4-methylphenyl]-*, $C_{18}H_{16}Cl_2O_4$, F. 194°. *Bis-DNP*, $C_{30}H_{24}Cl_2N_8O_{10}$, F. 250°. — *1.4-Bis-[2-hydroxy-4.6-dimethyl-5-chlorphenyl]-*, $C_{20}H_{20}Cl_2O_4$, F. 250°. *Bis-DNP*, $C_{32}H_{28}Cl_2N_8O_{10}$, F. 220°. — *1.4-Bis-[2-hydroxy-7-chlornaphthyl-(1)]-*, $C_{24}H_{16}Cl_2O_4$, F. 200°. *Bis-DNP*, $C_{36}H_{24}Cl_2N_8O_{10}$, F. 240°.

H. Miele 2380△

1248 **1.3-Dimethylnaphthalin aus Acetylaceton und Benzylmagnesiumchlorid.** A. T. Balaban und A. Barabas. (Chem. and Ind. **1967**, 10, 404—05; Institute for

Atomic Physics, Bucharest; engl.) — Da bei der Darst. von *1.3-Dimethylnaphthalin* (I) aus Benzylmagnesiumchlorid (II) u. 2.4.6-trisubstituierten Pyryliumsalzen (III) das zur Bldg. von III benötigte Keton wieder abgespalten wird, ist die direkte Darstellung aus Acetylaceton (IV) u. II untersucht worden. Eine Lsg. von 2 Mol II wird mit 1 Mol IV gekocht, mit NH_4Cl-Lsg. bei 0° zersetzt u. ein Öl (V) ausgeäthert, das mit 70%ig. $HClO_4$ I mit 5—10% Ausb. ergibt. Beim Erhitzen von V mit J_2 bildet sich das *Keton* $C_6H_5-CH_2-C(CH_3)=CH-CO-CH_3$ (VI, $Kp._7$ 130°), dessen IR-Banden auf das Tautomeriegleichgew. hinweisen. Aus VI u. 70%ig. $HClO_4$ läßt sich nach Bzl.-Extraktion u. frakt. Dest. I ($C_{12}H_{12}$, $Kp._9$ 123°; 40% Ausb.) isolieren. VI bildet ein *2.4-Dinitrophenylhydrazon* ($C_{18}H_{18}N_4O_4$, F. 141—142°).

N. Holtschmidt 2700

1249 **Wechselwirkungen und Reaktionen von 1.8-Bis-[phenyläthinyl]-naphthalin.** Byron Bossenbroek und Harold Shechter. (J. Amer. chem. Soc. 89 (1967) 26, 7111—12; O. State Univ., Columbus, O.; engl.) — *1.8-* (I; F. 106°) bzw. *1.5-Bis-[phenyläthinyl]-naphthalin* (F. 199°) werden aus Phenyläthinylkupfer u. 1.8- bzw. 1.5-Dijodnaphthalin dargestellt. Bei 100° geht I in *7-Phenylbenzo-[k]-fluoranthen* (II; F. 167°) über. II entsteht auch bei der Photolyse von I in Pentan bzw. bei der Rk. von I mit $AlCl_3$. II läßt sich nicht katalyt. hydrieren bzw. von $KMnO_4$ oxydieren. Mit Fe-Pentacarbonyl gibt I *Acecycloneisentricarbonyl* (III; F. 205°) u. II. III geht bei der Zers. in *Acecyclon* über. Mit Br_2 bildet I *1.2-Bis-[α-brombenzyliden]-acenaphthen* (IV; F. 149°). IV wird von $Na_2Cr_2O_7$ zu *Acenaphthenchinon* oxydiert. Mit Mg reagiert IV zu I. IV wird durch Erwärmen bzw. Photolyse zu *7-Brom-12-phenylbenzo-[k]-fluoranthen* (F. 138°; 78% Ausb.) dehydrobromiert, dessen Struktur durch Rk. mit Mg u. anschließende Hydrolyse zu II bewiesen wird.

Hans Köhne/Berlin 2700△

1250 **Disproportionierung während der Cyclodehydratisierung von 2-[β-Phenyläthyl]-cyclohexanon.** Ronald G. Harvey und Marilyn Halonen. (Canad. J. Chem. 45 (1967) 21, 2630—32; Univ. of Chicago, Chicago, Ill.; engl.) — 2-[β-Phenyläthyl]-cyclohexanon (I) gibt mit Polyphosphorsäure bei 125° ein *1 : 1-Gemisch* aus *1.2.3.4-Tetrahydrophenanthren* (II, $C_{14}H_{14}$, F. 26—28°, $Kp._{0,5}$ 106°, n_D^{25} 1,6239; *Pikrat*, F. 113,5—114°) u. *1.2.3.4.4a.9.10.10a-Oktahydrophenanthren* (III, $C_{14}H_{18}$, $Kp._{0,5}$ 86°, n_D^{25} 1,5535). Analog entstehen aus I in fl. HF, konz. bzw. rauchender H_2SO_4 bzw. Bradshers Reagens ebenfalls II u. III. BF_3-Ätherat, Acetanhydrid bzw. CH_3COOH sind unwirksam. Mit $AlCl_3$ bzw. $POCl_3$ gibt I *komplexe Gemische*. In Bzl. bei 10—12° in Ggw. von konz. H_2SO_4 gibt I 40% (Ausb.) *1.2.3.4.9.10-Hexahydrophenanthren* u. wenig II u. III. Aus I u. 1 Val 1.3.5.5-Tetramethylcyclohexadien wird in Polyphosphorsäure nur II erhalten.

Hans Köhne/Berlin 2850△

1251 **Ein neuer Zugang zu Dibenzonorcaradienderivaten.** H. J. Bestmann und H. Morper. (Angew. Chem. 79 (1967) 12, 578—79, dt.; int. Edit.; Inst. für organ. Chem., Univ., Erlangen; engl.) — 2.2'-Bis-[triphenylphosphoranylidenmethyl]-biphenyl reagiert mit 1.2-Dicarbonylverb. wie *Diacetyl* bzw. *Benzil* zu *7-Methyl-7-acetyl-*, [F. 129° (A.); 25% (Ausb.)] bzw. *7-Phenyl-7-benzoyl-dibenzonorcaradien* [F. 157° (A.); 60%]. Vf. nehmen als 1. Schritt der Rk. normale Wittig-Rk. zwischen einer Phosphoran- u. einer Oxogruppe zum *2'-[β-Acycl-β-alkyl-(aryl)-vinyl]-biphenylyl-(2)-methylentriphenylphosphoran* an, das durch Abspaltung von I u. doppelten Ringschluß in das Norcaradienderiv. übergeht.

P. Boroffka 2850

1252 **Synthese von 5-Fluordibenz-[a; h]-anthracen.** Jochanan Blum und Ernst D. Bergmann. (J. org. Chemistry 82 (1967) 2, 342—44; Hebrew Univ., Jerusalem; engl.) — Kondens. von 4-Fluornaphthyl-(1)-MgBr (II) mit 1-Brom-2-brommethylnaphthalin (III) liefert *1-Brom-2-[4-fluornaphthyl-(1)-methyl]-naphthalin* (I), dessen Darst. durch Red. von [1-Bromnaphthyl-(2)]-[4-fluornaphthyl-(1)]-keton äußerst schwierig ist. Carboxylierung der Grignard-Verb. von I zu *2-[4-Fluornaphthyl-(1)-methyl]-naphthoesäure-(1)*, Cyclisierung zu *5-Fluor-14H-dibenz-[a; h]-anthron-(7)* u. Red. geben *5-Fluordibenz-[a; h]-anthracen*, dessen Elektronenspektrum prakt. mit dem von Dibenz-[a;h]-anthracen ident. ist. Beim Vers. der Darst. von 5.12-Difluordibenz-[a;h]-anthracen aus II u. 1-Brom-2-brommethyl-4-fluornaphthalin (VI) entstand nur *1.2-Bis-[1-brom-4-fluornaphthyl-(2)]-äthan*.

Versuche: *1-Brom-2-[4-fluornaphthyl-(1)-methyl]-naphthalin* (I), $C_{21}H_{14}BrF$, F. 107,5—108,5° (Hexan), durch 6std. Kochen von II u. III in Bzl./Ae.; 61% (Ausb.). — *[1-Bromnaphthyl-(2)]-[4-fluornaphthyl-(1)]-keton*, $C_{21}H_{12}BrFO$, F. 157° (Bzl./PAe.), durch 12std. Kochen von 1-Brom-2-cyannaphthalin u. II in Ae./Bzl. u. 3std. Kochen des *Ketiminhydrochlorids* mit konz. HCl/W./Essigsäure/Toluol; 48%. 24std. Kochen mit Zn in 80%ig. HCOOH → 5% I. — *2-[4-Fluornaphthyl-(1)-methyl]-naphthoesäure-(1)*, $C_{22}H_{15}FO_2$, F. 218—219° (A./Kohle, Toluol), durch 4std. Kochen von I u. Mg in Ggw. von CH_3J in abs. Ae. u. Rk. mit CO_2; 94%. — *5-Fluor-14H-dibenz-[a;h]-anthron-(7)*, $C_{22}H_{13}FO$, Zers. bei ≈ 240° (Braunfärbung > 200°; Toluol), aus vorst. Verb. mit abs. HF; 96%. — *5-Fluordibenz-[a;h]-anthracen*, $C_{22}H_{13}F$, F. 213—214° (Subl.; A./Bzl.), durch 24std. Kochen von vorst. Verb. mit Zn-Staub (aktiviert durch $CuSO_4$) in 8%ig. NaOH/Toluol; 82%. *2.4.7-Trinitrofluorenon-Komplex* (TNF), $C_{35}H_{18} \cdot FN_3O_7$, F. 254—256° (Sintern bei 250°; Bzl.). — 1-Brom-2-methylnaphthaline: *4-Nitro-*, F. 100—101° (A.), $Kp._2$ 176—178°, durch Diazotieren von 2-Methyl-4-nitronaphthyl-(1)-aminhydrobromid in konz. HBr mit $NaNO_2$ in W. bei 0—5° u. 10 Min. langes Erhitzen mit Cu_2Br_2 in konz. HBr auf 100°; 82%. — *4-Amino-* (IV), $C_{11}H_{10}BrN$, F. 78—78,5° (Cyclohexan), durch 2std. Kochen von vorst. Verb. mit Fe-Staub u. $FeSO_4$ in W.; 82%. — *4-Acetylamino-*, $C_{13}H_{12}BrNO$, F. 227—228° (Subl. > 200°; Bzl.), aus IV u. Acetanhydrid in Bzl.; 100%. — *4-Fluor-* (V), $C_{11}H_8BrF$, F. 72—72,5° (CH_3OH), $Kp._{1,5}$ 103—104°, durch Diazotieren des Hydrochlorids von IV in HCl mit $NaNO_2$ bei 0°, ½std. Rühren mit 50%ig. HBF_4 bei 0° u. Zers. des rohen *Diazoniumtetrafluoroborats* [F. 112° (Zers.); 97%]; 64% (bez. IV). *TNF*, $C_{24}H_{13}BrFN_3O_7$, F. 149—152° (Bzl.). — *1-Brom-2-brommethyl-4-fluornaphthalin* (VI), $C_{11}H_7Br_2F$, F. 120 bis 121° (Cyclohexan), durch 1½std. Kochen von V u. N-Bromsuccinimid in CCl_4 in Ggw. von Benzoylperoxid; 79%. — *1.2-Bis-[1-brom-4-fluornaphthyl-(2)]-äthan*, $C_{22} \cdot H_{14}Br_2F_2$, F. 221,5—222,5° (Xylol), a) durch 20std. Kochen von VI u. II in Ae./Bzl.; 9%; daneben VI u. V; b) analog a) aus II u. 17,5 g VI in 6 Std.; 69%; daneben 6,5 g *4.4'-Difluor-1.1'-binaphthyl*, F. 177—177,5°; c) analog b) mit Phenyl-MgBr; 2%. — *1-[o-Brombenzyl]-4-fluornaphthalin*, $C_{17}H_{12}BrF$, F. 44—44,5° (A., Hexan), durch 6std. Kochen von o-Brombenzylbromid u. II in Bzl./Ae.; 76%. Carboxylierung der Grignard-Verb. → *o-[4-Fluornaphthyl-(1)-methyl]-benzoesäure*, F. 180—181° (Nitromethan); 84%.

H. Miele 2910△

1253 **4-Fluorbenzo-[a]-pyren und 8-Fluorbenz-[l]-aceanthrylen.** Jochanan Blum und Ernst D. Bergmann. (J. org. Chemistry 82 (1967) 2, 344—46; engl.) — Vgl. vorst. Referat. — Ausgehend von 12-Cyanmethyl-5-fluorbenz-[a]-anthracen (I) wird *[5-Fluorbenz-[a]-anthryl-(12)]-acetaldehyd* dargestellt, dessen Cyclodehydratisierung mit Polyphosphorsäure (PPS) *4-Fluorbenzo-[a]-pyren* u. *8-Fluorbenz-[l]-aceanthrylen* liefert, deren Struktur durch Vgl. ihrer Elektronenspektren mit denen von Benzo-[a]-pyren u. Benz-[l]-aceanthrylen gesichert wird. Michael-Rk. von 2-Fluoranthron-(9) (II) mit Crotonsäureäthylester (III) u. Red. geben *β-[3-Fluoranthryl-(9)]-buttersäure*, deren *9.10-Dihydroderiv.* (IV) durch Behandeln mit Na in Amylalkohol erhalten wird. Ansäuern des Rk.-Gemisches ohne Entfernen des Lsgm. liefert den *Amylester* von IV u. *2-Fluoranthracen*. Cyclisierung von IV mit HF führt zu *9-Fluor-1-methyl-1.2.7.11b-tetrahydro-3H-benz-[d.e]-anthracenon-(3)*.

Versuche: *[5-Fluorbenz-[a]-anthryl-(12)]-essigsäure*, $C_{20}H_{13}FO_2$, F. 213—216° (Zers.; Bzl.), durch 150std. Kochen von I in mit HCl gesätt. abs. A. u. ½std. Kochen mit 15%ig. äthanol. KOH; 88% (Ausb.). *Methylester*, $C_{21}H_{15}FO_2$, F. 126,5—127,5° (A.); 100%. — *β-[5-Fluorbenz-[a]-anthryl-(12)]-äthanol*, $C_{20}H_{15}FO$, F. 143,5—144° (Bzl.), durch 3std. Kochen von vorst. Ester mit $LiAlH_4$ in Ae./Bzl.; 87%. — *4-Fluorbenzo-[a]-pyren*, $C_{20}H_{11}F$,

F. 145,5—146,5° (A.), durch 3std. Rk. von vorst. Verb. mit Chromsäure in Py. (→ *[5-Fluorbenz-[a]-anthryl-(12)]-acetaldehyd*) u. 1/4std. Erhitzen mit PPS auf 100°; 25%; daneben *8-Fluorbenz-[l]-aceanthrylen*, F. 147—149° (A./Bzl.); 14%; *2.4.7-Trinitrofluorenonderiv.* (TNF), $C_{33}H_{16}\cdot FN_3O_7$, F. 230—231° (Bzl.). *TNF*, F. 248° (Zers.; Bzl./Äthylacetat). — *1.2-Dihydrobenz-[l]-aceanthrylen*, F. 173 bis 174°. *TNF*, $C_{33}H_{19}N_3O_7$, F. 234—236° (Bzl.). — *Benz-[l]-aceanthrylen*, $C_{20}H_{12}$, F. 161,5—163° (Bzl./A.), durch 20std. Kochen von vorst. Verb. mit Chloranil in abs. Xylol; 70%. *TNF*, $C_{33}H_{17}N_3O_7$, F. 241—243° (Bzl.). — *β-[3-Fluoranthryl-(9)]-buttersäure*, $C_{18}H_{15}FO_2$, F. 137—138° (CH_3NO_2), aus **II**, **III** u. Na-tert.-Amylat in tert.-Amylalkohol durch 10std. Kochen des *Esters* mit konz. HCl u. 10std. Kochen der *Ketosäure* mit Zn-Pulver (aktiviert mit $CuSO_4$) in konz. NH_4OH u. W.; 55%. — *β-[3-Fluoranthryl-(9)]-propionsäure*, $C_{17}H_{13}FO_2$, F. 200 bis 201° (CH_3NO_2), analog vorst. Verb. aus Acrylsäureäthylester; 19%. — *β-[9.10-Dihydro-3-fluoranthryl-(9)]-buttersäure* (**IV**), $C_{18}H_{17}FO_2$, F. 127° (Äthylacetat/Cyclohexan), aus vorvorst. Verb. u. Na in heißem n-Amylalkohol; 74%. Behandeln des Rk.-Gemisches mit konz. HCl → *2-Fluoranthracen* ($C_{14}H_9F$, F. 212°, Kp.$_{0,5}$ 185 bis 187°; 3,5%) u. den *Amylester* von **IV**, $C_{23}H_{27}FO_2$, Kp.$_{0,5}$ 199—200°; 75%. — *9-Fluor-1-methyl-1.2.7.11b-tetrahydro-3H-benz-[d.e]-anthracenon-(3)*, $C_{18}H_{15}FO$, F. 145 bis 146°, aus **IV** mit abs. HF; 71%. *2.4-Dinitrophenylhydrazon*, $C_{24}H_{19}FN_4O_4$, F. 265° (Zers.; Xylol).
H. Miele 2910△

1254 **Stereoselektive elektrochemische Reduktionen von Campheroxim und Norcampheroxim.** Albert J. Fry und Joseph H. Newberg. (J. Amer. chem. Soc. 89 (1967) 24, 6374; Wesleyan Univ., Middletown, Conn.; engl.) — Bei der elektrochem. Red. von Campheroxim (**I**) bzw. Norcampheroxim (**II**) an einer Hg-Kathode werden in 50—70% Ausb. ein *Gemisch* von 99% *exo-* (**III**) u. 1% *endo-3-Amino-4.7.7-trimethylbicyclo-[2.2.1]-heptan* (**IV**) bzw. nur *endo-3-Aminobicyclo-[2.2.1]-heptan* (**V**) erhalten. **I** gibt mit $LiAlH_4$ ebenfalls ein *Gemisch* von 99% **III** mit 1% **IV**, während aus **II** analog nur **V** entsteht. Von Na in A. werden **I** bzw. **II** zu *Gemischen* von 4% **III** mit 96% **IV** bzw. 75% *exo-3-Aminobicyclo-[2.2.1]-heptan* mit 25% **V** reduziert. Hans Köhne/Berlin 2950△

1255 **Zur Strukturaufklärung des Additionsprodukts von Maleinsäureanhydrid an β-Naphthol.** Walter Naegele und Detlef Wendisch. (Z. Naturforsch. 22b (1967) 12, 1277—79; Farbenfabriken Bayer Akt.-Ges., Leverkusen; dt.) — Das Additionsprod. von Maleinsäureanhydrid (**I**) an β-Naphthol ist *2-Oxo-5.6-benzobicyclo-[2.2.2]-octan-7.8-endo-cis-dicarbonsäureanhydrid.* Die Struktur wird aus den NMR-Spektren des *Dimethylesters* u. des entsprechenden *Phenylhydrazons* abgeleitet.

Versuche: *2-Oxo-5.6-benzobicyclo-[2.2.2]-octan-7.8-endo-cis-dicarbonsäure, Anhydrid*, F. 193—194° (Essigester), aus 200 g β-Naphthol u. **I** bei 220—230°; 55 g (Ausb.). *Dimethylester*, F. 92—93° (CH_3OH/W.), aus 24,2 g des Anhydrids u. sd. CH_3OH in Ggw. von konz. H_2SO_4; 12,2 g. *Dimethylesterphenylhydrazon*, F. 139 bis 140° (CH_3OH), aus 2,88 g des Dimethylesters u. Phenylhydrazin in CH_3OH bei 45° in Ggw. von CH_3COOH; 0,8 g.
Hans Köhne/Berlin 2950△

1256 **Umwandlungen von Bicyclo-[3.2.2]-nonatrienen.** M. J. Goldstein und B. G. Odell. (J. Amer. chem. Soc. 89 (1967) 24, 6356—57; Cornell Univ., Ithaca, N.Y.; engl.) — *4-Oxobicyclo-[3.2.2]-nonatrien-(2.6.8)* [**I**, F. 44°, Kp.$_{10}$ 113—113,5°; *Semicarbazon*, F. 214° (Zers.)] wird in 40%ig. Ausb. aus $\Delta^{2.4.6}$-Cycloheptatrienylacetylchlorid u. Triäthylamin erhalten. Neben **I** werden *1-Oxo-3a.7a-dihydroinden* (**II**) u. 44% *Indanon-(1)* gebildet. **I** wird zum Strukturbeweis zu *2-Oxobicyclo-[3.2.2]-nonan* (F. 154 bis 156°) hydriert. **I** wird von H_2SO_4 bei 0° in *Indanon-(1)* umgewandelt. Bei der Bestrahlung mit UV-Licht in Cyclohexan geht **I** in **II** über. *4-Hydroxybicyclo-[3.2.2]-nonatrien-(2.6.8)* (**III**, F. 54—56°) wird aus **I** durch Red. mit $LiAlH_4$ in Ae. bei —80° bzw. $NaBH_4$ in CH_3OH bei 0° dargestellt. **III** wird von MnO_2 zu **I** oxydiert. Bei der Gaschromatographie wird **III** in 54%ig. Ausb. in *$\Delta^{2.4.6}$-Cycloheptatrienylacetaldehyd* umgelagert. Mit $AlCl_3$ in Ae. bildet **III** 58% *Tricyclo-[3.3.1.0$^{2.8}$]-nonadien-(3.6)-ol-(9)* (*Barbaralol*; **IV**). Aus **III** u. $LiAlH_4/AlCl_3$ entstehen 30% **IV**, 13% *Indan* u. 30% *Tricyclo-[3.3.1.0$^{2.8}$]-nonadien-(3.6)* (*Barbaralan*). Hans Köhne/Berlin 2950△

1257 **Anwendung der präparativen Dünnschichtchromatographie bei der Untersuchung von Barenverbindungen.** V. N. Kalinin und L. I. Zacharkin. (Ž. obšč. Chim. 37 (99) (1967) 8, 1713—17; Inst. élementoorgan. soedin. AN SSSR; russ.) — In verschiedenen Lsgm.-Syst. ($CHCl_3$–Hexan bzw. $CHCl_3$–Bzl. in wechselnden Konz.-Verhältnissen) werden die Rk.-Prod. der Photochlorierung von Baren (**I**), der elektrophilen Halogenierung von 1-Methyl- (**II**) u. 1-Phenylbaren (**III**) sowie der Nitrierung von 1- u. 3-Phenylbaren durch ihre R_F-Werte charakterisiert u. die Hauptprod. in reiner Form abgetrennt. — Untersuchte Verb.: **I**-Photochlorierungsprod.: *Mono-*, *Di-* u. *Trichlorbaren* (je 3 Isomere), *Tetrachlorbaren* (2 Isomere), *Penta-* u. *Hexachlorbaren.* — **II**-Halogenierungsprod.: *1-Methyl-8-*, *1-Methyl-9-*, *1-Methyl-12-brombaren*, *1-Methyl-9-*, *1-Methyl-12-chlorbaren*, *1-Phenyl-8-*, *1-Phenyl-9-*, *1-Phenyl-12-jodbaren*, *1-Methyl-8.9-*, *1-Methyl-9.12-*, *1-Methyl-8.12-*, *1-Phenyl-8.9-*, *1-Phenyl-9.12-*, *1-Phenyl-8.12-dibrombaren*, *1-Methyl-8.9.12-trichlorbaren*, *1-Methyl-8.9.12-tribrombaren*, *1-Methyl-8.9.10.12-tetrachlorbaren*, *1-Methyl-8.9.10.12-tetrabrombaren.* — Rk.-Prod. der Nitrierung von 1-Phenyl- u. 3-Phenylbaren: *1-(o-Nitrophenyl)-*, *1-(m-Nitrophenyl)-*, *1-(p-Nitrophenyl)-*, *3-(o-Nitrophenyl)-*, *3-(m-Nitrophenyl)-*, *3-(p-Nitrophenyl)-baren.* K. Jasche 2950△

1258 **Synthese eines stabilen Komplexes aus einem Makroring und einer durchgefädelten Kette.** I. T. Harrison und S. Harrison. (J. Amer. chem. Soc. 89 (1967) 22, 5723—24; Syntex Res., Palo Alto, Calif.; engl.) — Es wird der *Komplex* (**III**) aus *2-Hydroxycyclotriakontanon* (**I**) u. *Decandiol-(1.10)-bis-[triphenylmethyl]-äther* (**II**) dargestellt, bei dem die Kettenverb. **II** durch den großen Ring von **I** gefädelt ist u. durch die großen Endgruppen am Herausrutschen gehindert wird. Für solche Komplexverb. wird der engl. Name *„hooplane"-Komplexe* vorgeschlagen. **I** wird mit Bernsteinsäureanhydrid in Py. zum *Bernsteinsäurehalbester* (F. 81—84°) umgesetzt, dessen Na-Salz an Merrifields Peptidharz gebunden wird. Dieses Addukt wird in einer Säule mit Decandiol-(1.10) u. Triphenylmethylchlorid in Py., Toluol u. DMF behandelt. Dabei bilden sich neben **II** auch Spuren des am Harz gebundenen **III**. Die Behandlung des Peptidharzes wird 70mal durchgeführt u. die Bindung des Makroringes zum Harz durch Kochen mit $NaHCO_3$ in CH_3OH gelöst. Es werden 6% **III** erhalten. **III** ist bis 200° stabil u. zeigt ein sehr ähnliches IR-Spektrum wie ein Gemisch aus **I** u. **II**. Ox. von **III** mit Ag_2O ergibt *Octakosan-1.28-dicarbonsäure*, isoliert als *Dimethylester* (F. 78—79°), u. **II** (F. 73—75°). Spaltung von **III** mit BF_3-Ätherat in Bzl. führt zu *Decandiol-(1.10)* (F. 71—73°), *Triphenylmethanol* (F. 164—165°) u. **I** (F. 62—64°). R. Dahl 2950

C-3. Heterocyclische Verbindungen

1259 **Potentielle Antiinfektionsagenzien. 1. Mitt. Chinolin-, Phenol- und β-Aminoketonderivate.** Robert Armen Margarian und W. Lewis Nobles. (J. pharmac. Sci. 56 (1967) 8, 987—92; Dep. of Pharm. Chem., School of Pharm., Univ. of Miss.; engl.) — Vf. synthetisieren durch Rk. von Chinolinolen, Phenolen, Biphenolen u. Ketonen mit 37%ig. Formaldehyd u. cycl. Aminen eine Reihe von Mannich-Basen als potentielle antimikrobiell wirksame Agenzien.

Versuche (F. korr.): *7-[3-Azabicyclo-[3.2.2]-nonyl-(3)-methyl]-8-hydroxychinolin*, $C_{18}H_{22}N_2O$, F. 130 bis 132° (A./Ae.); 80% (Ausb.). — *5.7-Bis-[3-azabicyclo-[3.2.2]-nonyl-(3)-methyl]-8-hydroxychinolin*, $C_{27}H_{37}N_3O$, F. 156—158° (Py./W.); 76%. — *5-Chlor-7-[3-azabicyclo-[3.2.2]-nonyl-(3)-methyl]-8-hydroxychinolin*, $C_{18}H_{21}ClN_2O$, F. 112—114° (Aceton); 73%. — *5-Hydroxy-6-[3-azabicyclo-[3.2.2]-nonylmethyl]-isochinolin*, $C_{18}H_{22}N_2O$, F. 186,5 bis 188° (abs. A.); 30%. — 3.3'-Bis-allyl-4.4'-dihydroxybiphenyle: *5.5'-Bis-[3-azabicyclo-[3.2.2]-nonyl-(3)-methyl]-*, $C_{36}H_{48}N_2O_2$, F. 183—185° (Py./W.); 38%. — *5.5'-Bis-[1-azacycloheptyl-(1)-methyl]-*, $C_{32}H_{44}\cdot N_2O_2$, F. 104—106° (Isopropanol); 50%. — *5.5'-Bis-*

[3-azabicyclo-[3.2.1]-octyl-(3)-methyl]-, $C_{34}H_{44}N_2O_2$, F. 151 bis 152° (abs. A./W.); 38%. — *5.5'-Bis-[3-methyl-4-(p-chlorphenyl)-piperazinomethyl]-*, $C_{42}H_{48}Cl_2N_4O_2$, F. 211—212,5° (Bzl./abs. A.); 37%. — *5.5'-Bis-[3-azaspiro-[5.5]-undecyl-(3)-methyl]-*, $C_{40}H_{56}N_2O_2$, F. 141—142° (abs. A./W.); 39%. — 4.4'-Dihydroxybiphenyle: *3.3'-Bis-[3-azabicyclo-[3.2.2]-nonyl-(3)-methyl]-*, $C_{30}H_{40}N_2O_2$, F. 241 bis 242° (Py.); 63%. — *3.3'-Bis-[3-azabicyclo-[3.2.1]-octyl-(3)-methyl]-*, $C_{28}H_{36}N_2O_2$, F. 198,5—200,5° (Py./abs. A.); 86%. — *3.3'-Bis-[1-azacycloheptyl-(1)-methyl]-*, $C_{26}H_{36}N_2O_2$, F. 116—118° (Isopropanol); 63%. — *3.3'-Bis-[pyrrolidinomethyl]-*, $C_{22}H_{28}N_2O_2$, F. 132—134° (Py./W.); 56%. — *3.3'-Bis-[3-methyl-4-(p-chlorphenyl)-piperazinomethyl]-*, $C_{36}H_{40}Cl_2N_4O_2$, F. 275—277° (Py./abs. A.); 66%. — *3.3'-Bis-[3-methyl-4-(p-methylcyclohexyl)-piperazinomethyl]-*, $C_{38}H_{46}N_4O_2$, F. 271,5—273,5° (Py./W.); 98%. — *3.3'-Bis-[3-azaspiro-[5.5]-undecyl-(3)-methyl]-*, $C_{34}H_{48}N_2O_2$, F. 220—222° (Py./abs. A.); 86%. — 4-Phenylphenole: *2-[3-Azabicyclo-[3.2.2]-nonyl-(3)-methyl]-*, $C_{21}H_{25}NO$, F. 133—134,5° (abs. A.); 65%. — *2-[3-Azabicyclo-[3.2.1]-octylmethyl]-*, $C_{20}H_{23}NO$, F. 102 bis 104° (abs. A.); 59%. — *2-[1-Azacycloheptyl-(1)-methyl]-, Hydrochlorid*, $C_{19}H_{24}ClNO$, F. 182,5—184,5° (Isopropanol); 69%. — *2-[3-Methyl-4-(p-chlorphenyl)-pyrazanomethyl]-*, $C_{24}H_{25}ClN_2O$, F. 147,5—149° (abs. A./W.); 46%. — *2-[3-Azaspiro-[5.5]-undecyl-(3)-methyl]-*, $C_{23}H_{29}NO$, F. 99—101°; 67%. — *2-Phenyl-6-[3-azabicyclo-[3.2.2]-nonyl-(3)-methyl]-phenol*, $C_{21}H_{25}NO$, F. 120—122° (abs. A.); 33%. — *2-Allyl-6-[3-azabicyclo-[3.2.2]-nonyl-(3)-methyl]-phenol, Hydrochlorid*, $C_{18}H_{26}ClNO$, F. 218—220°; 34%. — *2-Allyl-4-methyl-6-[3-azabicyclo-[3.2.2]-nonyl-(3)-methyl]-phenol*, $C_{19}H_{27}NO$, F. 92—94° (abs. A./Ae.); 64%. — *2-Allyl-4-methyl-6-[3-azabicyclo-[3.2.1]-octyl-(3)-methyl]-phenol, Hydrochlorid*, $C_{18}H_{26}ClNO$, F. 188—188,5°; 44%. — *2-Allyl-4-[3-azabicyclo]-3.2.2]-nonyl-(3)-methyl]-6-methylphenol, Hydrochlorid*, $C_{19}H_{28}ClNO$, F. 236,5 bis 237° (abs. A.); 40%. — *2-Allyl-4-[3-azabicyclo-[3.2.1]-octyl-(3)-methyl]-6-methylphenol, Hydrochlorid*, $C_{18}H_{26}ClNO$, F. 220,5—221,5° (abs. A./Ae.); 38%. — *ω-[3-Azaspiro-[5.5]-undecyl-(3)-methyl-p-nitroacetophenon, Hydrochlorid*, $C_{19}H_{27}ClN_2O_3$, F. 222,5—224,5° (A.); 59%. — *ω-[3-Azaspiro-[5.5]-undecyl-(3)-methyl]-p-fluoracetophenon, Hydrochlorid*, $C_{19}H_{27}FClNO$, F. 216,5—218,5° (A.); 97%. — *ω-[3-Azaspiro-[5.5]-undecyl-(3)-methyl]-m-nitroacetophenon, Hydrochlorid*, $C_{19}H_{27}ClNO_3$, F. 220,5—222° (A.); 41%. — *1-Thienyl-1-oxo-3-[3-azaspiro-[5.5]-undecyl-(3)]-propan, Hydrochlorid*, $C_{17}H_{26}ClNOS$, F. 220,5 bis 222,5° (A.); 93%. K.-P. Hilgetag 3000△

1260 **Synthese von Benzofurancarbonsäuren und die Acetylierung ihrer Ester.** Yoshiyuki Kawase und Matsuko Takashima. (Bull. chem. Soc. Japan **40** (1967) 5, 1224—31; Dep. of Chem., Fac. of Lit. and Sci., Toyama Univ., Gofuku, Toyama; engl.) — Acetylderiv. (**A**) von 2.3-Dimethylbenzofuran u. seinen Methylhomologen werden durch Haloformrk. in *Carbonsäuren* umgewandelt, deren *Ester* nach Friedel-Crafts acetyliert werden. Die Prod. werden einerseits zu *Ketosäuren* hydrolysiert u. weiter zu *Dicarbonsäuren* (**B**) ox., andererseits zu **A** decarboxyliert. Die **B** entstehen auch durch Ox. von *Diacetylbenzofuranen.* Durch Haloformrk. an gehinderten Acetylverb. entstehen nur halogenierte Ketone, die nur schwierig zu *Carbonsäuren* hydrolysiert werden. Aus den Befunden geht hervor, daß 2.3-Dimethylbenzofuran-5-carbonester in 6-Stellung, die entsprechenden 6-Carbonester u. ihre Methylhomologen in 4-Stellung acetyliert werden. — IR-Maxima sind tabellar. angegeben.

Versuche: 3-Phenoxybutanone-(2): *3'-Acetyl-* (**XIIIa**), $C_{12}H_{14}O_3$, Kp.$_{20}$ 173—181°, aus 3-Hydroxyacetophenon u. 3-Chlorbutanon-(2); 68% (Ausb.). — *5'-Acetyl-2'-methyl-* (**XIIIb**), $C_{13}H_{16}O_3$, Kp.$_{20}$ 180°, analog **XIIIa**; 60%. — *3'-Carbomethoxy-* (**XV**), $C_{12}H_{14}O_4$, Kp.$_{21}$ 173—176°, analog **XIIIa**; 74%. — *4'-Carbomethoxy-* (**XXIIa**), $C_{12}H_{14}O_4$, Kp.$_{20}$ 180—183°, analog **XIIIa**; 60%. — *4'-Carbäthoxy-* (**XXIIb**), $C_{13}H_{16}O_4$, F. 39—40°, analog **XIIIa**; 68%. — Benzofurane: *6-Acetyl-2.3-dimethyl-* (**IIa**), F. 79—80,5° (PAe.), a) durch Acetylierung von 2.3-Dimethylbenzofuran (**XXIV**); b) durch Erhitzen von **XIIIa** u. Polyphosphorsäure; 44%; c) durch Decarboxylierung von **I** mit Cu-Pulver; 32%. — *6-Acetyl-2.3.7-trimethyl-* (**IIb**), analog **IIa** nach a). — *6-Acetyl-2.3.5-trimethyl-* (**IIc**), analog **IIa** nach a). — *6-Acetyl-2.3.5.7-tetramethyl-* (**IId**), analog **IIa** nach a). — *4-Acetyl-6-äthyl-2.3.5-trimethyl-* (**XVII**), analog **IIa** nach a). — *7-Acetyl-2.3.4.6-tetramethyl-* (**IX**), analog **IIa** nach a). — *4-Acetyl-2.3-dimethyl-* (**XIIa**), $C_{12}H_{12}O_2$, Kp.$_{22}$ 150—160°, aus **VIa** analog **IIa** nach c); 54%. *2.4-Dinitrophenylhydrazon*, $C_{18}H_{16}N_4O_5$, F. 252°. — *4-Acetyl-2.3.7-trimethyl-* (**XIIb**), $C_{13}H_{14}O_2$, F. 45—45,5° (PAe.), a) aus **XIIIb** u. konz. H_2SO_4; 47%; b) analog **IIa** nach c) aus **VIb**; 35%. — *4.6-Diacetyl-2.3-dimethyl-* (**VIIa**), F. 99 bis 101° (Cyclohexan), a) durch Acetylierung von **XXIV**; b) aus wasserfreiem $AlCl_3$, **XIIa** u. Acetylchlorid; 25%. — *4.6-Diacetyl-2.3.7-trimethyl-* (**VIIb**), $C_{15}H_{16}O_3$, F. 80—81,5°, a) analog **IIa** nach a); b) analog **VIIa** nach b) aus **IIb**; 44%; c) analog **VIIa** nach b) aus **XIIb**; 27%. — *4.6-Diacetyl-2.3.5-trimethyl-* (**VIIc**), a) analog **IIa** nach a); b) analog **VIIa** nach b). — *4.6-Diacetyl-2.3.5.7-tetramethyl-*(**VIId**), $C_{16}H_{18}O_3$, F. 85,5—86,5°, a) analog **IIa** nach a); b) analog **VIIa** nach b) aus **IId**; 84%. — *5.7-Diacetyl-2.3.4.6-tetramethyl-* (**XVI**), $C_{16}H_{18}O_3$, F. 98 bis 98,5°, a) analog **IIa** nach a); b) analog **VIIa** nach b) aus **IX**; 12%. — *5.7-Diacetyl-2.3-dimethyl-* (**XVIII**), analog **VIIa** nach b). — *2.3-Dimethyl-6-carboxy-* (**IIIa**), $C_{11}H_{10}O_3$, F. 225—226° (Methanol oder A.), a) aus Br_2 in NaOH u. **IIa**; 78%; b) aus NaClO u. **IIa**; 38%. — *2.3.7-Trimethyl-6-carboxy-* (**IIIb**), $C_{12}H_{12}O_3$, F. 242—243°, analog **IIIa** nach a) aus **IIb**; 66,5%. — *2.3.5-Trimethyl-6-carboxy-* (**IIIc**), $C_{12}H_{12}O_3$, F. 212—213°, analog **IIIa** nach a) aus **IIc**; 81%. — *2.3-Dimethyl-4-carboxy-*, $C_{11}H_{10}O_3$, F. 171—172° (Methanol), a) analog **IIIa** nach a) aus **XIIa**; 50%; b) analog **XIIa** nach a) aus **XV** u. H_2SO_4; 57%. — *2.3.7-Trimethyl-4-carboxy-*, $C_{12}H_{12}O_3$, F. 177 bis 178°, analog **IIIa** nach a) aus **XIIb**; 30%. — *2.3-Dimethyl-5-carboxy-* (**XX**), $C_{11}H_{10}O_3$, F. 241—242°, a) analog **IIIa** nach a) aus der 5-Acetyl-2.3-dimethylverb. (**XIX**); 70%; b) analog **IIIa** nach b) aus **XIX**; 55%; c) durch Kochen von **XXIa** in 20%ig. KOH/A. (1:1); 60%; d) analog c) aus **XXIb**; 69%. — *2.3.4.6-Tetramethyl-7-carboxy-*, $C_{13}H_{14}O_3$, F. 217—218° (Methanol), aus **IX** analog **IIIa** nach a); 52%; daneben **X**. — *2.3-Dimethyl-4.6-dicarboxy-* (**VIII**), $C_{12}H_{10}O_5$, F. 326° (Zers.), a) analog **IIIa** nach a) aus **VIIa**; 79%; b) analog a) aus **VIa**; 33%. — *2.3.7-Trimethyl-4.6-dicarboxy-*, $C_{13}H_{12}O_5$, F. 280 bis 283°, a) analog **IIIa** nach a) aus **VIIb**; 33%; b) analog a) aus **VIb**; 40%. — *2.3-Dimethyl-5.7-dicarboxy-*, $C_{12}H_{10}O_5$, F. 310° (Zers.), analog **IIIa** nach a) aus **XVIII**; 60%. — *2.3-Dimethyl-5.6-dicarboxy-*, $C_{12}H_{10}O_5$, F. 226—227°, analog **IIIa** nach a) aus **I**; 33%. *Anhydrid*, $C_{12}H_8O_4$, F. 228° (Bzl. oder Chlf.), durch Erhitzen von 1 g Säure mit Acetanhydrid; 0,3 g. — *6-Tribromacetyl-2.3.5.7-tetramethyl-*, $C_{14}H_{13}Br_3O_2$, F. 165—167° (Cyclohexan oder A.), analog **IIIa** nach a) aus **IId**; 47%. — *4-Tribromacetyl-6-äthyl-2.3.5-trimethyl-*, $C_{15}H_{15}Br_3O_2$, F. 98—98,5°, analog **IIIa** nach a) aus **XVII**; 50%. — *7-Dibromacetyl-2.3.4.6-tetramethyl-* (**X**), $C_{14}H_{14}Br_2O_2$, F. 104—106°, analog **IIIa** nach a) aus **IX**; 3%. — *4.6-Bis-[tribromacetyl]-2.3.5.7-tetramethyl-*, $C_{16}H_{12}Br_6O_3$, F. 208—209°, aus **VIId** analog **IIIa** nach a); 89%. — *4-Dibromacetyl-2.3.5-trimethyl-6-carboxy-*, $C_{14}H_{12}Br_2O_4$, F. 207—208°, a) analog **IIIa** nach a) aus **VIIc**; 45%; b) analog **IIIa** nach a) aus **VIc**; 65%. — *5-Dibromacetyl-2.3.4.6-tetramethyl-7-carboxy-*, $C_{15}H_{14}Br_2O_4$, F. 198°, aus **XVI** analog **IIIa** nach a); 15%. — *2.3-Dimethyl-5-carbomethoxy-* (**XXIa**), $C_{12}H_{12}O_3$, F. 57 bis 58° (PAe.), a) aus **XXIIa** analog **XIIb** nach a); 71%; b) aus **XX** u. Dimethylsulfat/K_2CO_3; 63%; c) aus **XX** u. Methanol/H_2SO_4; 75%. — *2.3-Dimethyl-6-carbomethoxy-* (**IVa**), $C_{12}H_{12}O_3$, F. 87,5—88°, a) analog **XXIa** nach b) aus **IIIa**; 87%; b) analog **XXIa** nach c) aus **IIIa**; 74,5%. — *2.3-Dimethyl-6-carbäthoxy-* (**IVd**), $C_{13}H_{14}O_3$, F. 48—49°, aus **IIIa** u. Äthyljodid/K_2CO_3; 11,5%. — *2.3.7-Trimethyl-6-carbomethoxy-* (**IVb**), $C_{13}H_{14}O_3$, F. 88 bis 88,5°, analog **XXIa** nach b) aus **IIIb**; 82%. — *2.3.5-Trimethyl-6-carbomethoxy-* (**IVc**), $C_{13}H_{14}O_3$, F. 57,5—58°, analog **XXIa** nach b) aus **IIIc**; 77%. — *2.3.5-Trimethyl-6-carbäthoxy-*, $C_{14}H_{16}O_3$, F. 78,5—80°, aus **IIIc** analog **IVd**; 62%. — *2.3-Dimethyl-5-carbäthoxy-* (**XXIb**), $C_{13}H_{14}O_3$, Kp.$_{22}$ 180—183°, analog **XIIb** nach a) aus **XXIIb**; 81%. — *2.3.4.6-Tetramethyl-7-carbomethoxy-* (**XI**), C_{14}·

$H_{16}O_3$, F. 82,5—84°, analog **XXIa** nach b) aus **X**; 85%. — *4-Acetyl-2.3-dimethyl-6-carbomethoxy-* (**Va**), $C_{14}\cdot H_{14}O_4$, F. 78—79,5°, analog **VIIa** nach b) aus **IVa**; 81%. — *4-Acetyl-2.3-dimethyl-6-carbäthoxy-* (**Vd**), $C_{15}\cdot H_{16}O_4$, F. 67,5—69°, analog **VIIa** nach b) aus **IVd**; 8%. — *4-Acetyl-2.3.7-trimethyl-6-carbomethoxy-* (**Vb**), $C_{15}H_{16}O_4$, F. 120—121°, analog **VIIa** nach b) aus **IVb**; 33%. — *4-Acetyl-2.3.5-trimethyl-6-carbomethoxy-* (**Vc**), $C_{15}H_{16}O_4$, F. 111—112,5°, analog **VIIa** nach b) aus **IVc**; 16%. — *6-Acetyl-2.3-dimethyl-5-carbomethoxy-* (**XXIIIa**), $C_{14}H_{14}O_4$, F. 61—63°, analog **VIIa** nach b) aus **XXIa**; 40%. — *6-Acetyl-2.3-dimethyl-5-carbäthoxy-* (**XXIIIb**), $C_{15}H_{16}O_4$, F. 66—68°, analog **VIIa** nach b) aus **XXIb**; 25%. — *5-Acetyl-2.3.4.6-tetramethyl-7-carbomethoxy-* (**XIV**), $C_{16}\cdot H_{18}O_4$, F. 130—131,5°, analog **VIIa** nach b) aus **XI**; 34%. — *4-Acetyl-2.3-dimethyl-6-carboxy-* (**VIa**), $C_{13}H_{12}O_4$, F. 210—211° (Methanol oder A.), a) analog **XX** nach c) aus **Va**; 92,5%; b) analog **XX** nach c) aus **Vd**; 56%. — *4-Acetyl-2.3.7-trimethyl-6-carboxy-* (**VIb**), $C_{14}H_{14}O_4$, F. 234 bis 235°, analog **XX** nach c) aus **Vb**; 89%. — *4-Acetyl-2.3.5-trimethyl-6-carboxy-* (**VIc**), $C_{14}H_{14}O_4$, F. 209—210,5°, analog **XX** nach c) aus **Vc**; 86%. — *6-Acetyl-2.3-dimethyl-5-carboxy-* (**I**), $C_{13}H_{12}O_4$, F. 146—147°, a) analog **XX** nach c) aus **XXIIIa**; 50%; b) analog **XX** nach c) aus **XXIIIb**; 68%. — *5-Acetyl-2.3.4.6-tetramethyl-7-carboxy-* $C_{15}H_{16}O_4$, F. 179—180°, analog **XX** nach c) aus **XIV**; 70%. G. Fischer 3061△

1261 **Bromierung von 3-Phenylthiophen.** Salo Gronowitz, Nina Gjös, Richard M. Kellogg und Hans Wynberg. (J. org. Chemistry **32** (1967) 2, 463—64; Univ. of Oslo; engl.) — Bromierung von 3-Phenylthiophen (**I**) mit N-Bromsuccinimid (NBS) gibt ausschließlich *2-Brom-3-phenylthiophen* (**II**), während mit Br_2/Eisessig ein *Gemisch* (1 : 2) aus **II** u. *5-Brom-3-phenylthiophen* entsteht. Die Rk.-Mechanismen werden diskutiert.

Versuche: *2-Brom-3-phenylthiophen* (**II**), $Kp._{0,25}$ 104—110°, durch 49std. Kochen von **I** u. NBS in CCl_4 in Ggw. von Benzoylperoxid; 95% (Ausb.). — *3-Phenylthiophencarbonsäure-(2)*, $C_{11}H_8O_2S$, F. 201—204°, aus **II** mit Mg durch Rk. mit CO_2; 88%. — *Gemisch* (1 : 2) aus **II** u. *5-Brom-3-phenylthiophen* [$C_{10}H_7BrS$, F. 75—77° (wss. A.)], durch Zutropfen von Br_2 in Eisessig zu **I** in Eisessig, 5std. Kochen u. Gaschromatographie. H. Miele 3071△

1262 **Fluorierte Acylthiophene. Darstellung von 5.5'-Diheptafluorbutyryl-2.2'-bithiophen über eine Grignard-Kupplungsreaktion.** Seymour Portnoy und Henry Gisser. (J. org. Chemistry **32** (1967) 1, 233—34; Philadelphia, Pa., Frankford Arsenal, Pitman-Dunn Res. Labor.; engl.) — 2.5-Di-[BrMg]-thiophen wird mit dem entsprechenden Säurechlorid statt zu 2.5-Di-[heptafluorbutyryl]-thiophen (**I**) zu *5.5'-Di-[heptafluorbutyryl]-2.2'-bithiophen* (**II**) gekuppelt. Thienyl-(2)-MgBr reagiert mit dem entsprechenden Säurechlorid zu *2-Pentafluorpropionylthiophen* (**III**), analog gibt Pentadekafluorcaprylylchlorid *2-Pentadekafluorcaprylylthiophen*, während unter gleichen Bedingungen statt **I** nur *2-Heptafluorbutyryl-5-bromthiophen* (**IV**) erhalten wird. Das Mißlingen der Darst. von **II** bzw. **IV** wird auf Hinderung der Wurtz-Rk. durch Verunreinigungen im Mg zurückgeführt.

Versuche: Fluoralkylthiophene: *2-Pentafluorpropionyl-* (**III**), $C_7H_3F_5OS$, $Kp._{21}$ 66,5—67,2°, durch langsames Zugeben von Thienyl-(2)-MgBr in Ae. zu Pentafluorpropionylchlorid bei —30°; n_D^{20} 1,4515; 17% (Ausb.). *2.4-Dinitrophenylhydrazon*, F. 107—108°. — *2-Pentadekafluorcaprylyl-*, $C_{12}H_3F_{15}OS$, $Kp._{0,32}$ 64,4 bis 65,8°, analog **III** mit Pentadekafluorcaprylylchlorid; n_D^{20} 1,3914; 19%. *2.4-Dinitrophenylhydrazon*, F. 92 bis 93,6°. — *5-Brom-2-heptafluorbutyryl-* (**IV**), $C_8H_2\cdot BrF_7OS$, $Kp._{93}$ 145—145,3°, durch 18std. Kochen von 2.5-Di-[BrMg]-thiophen mit Heptafluorbutyrylchlorid in Ae.; n_D^{20} 1,4733; 17%. — *5.5'-Di-[heptafluorbutyryl]-2.2'-bithiophen* (**II**), $C_{16}H_4F_{14}O_2S_2$, F. 152,6—153,8° (PAe./Heptan), analog **IV**; 26%. H. Gleinig 3071△

1263 **Über das H_2O_2-Oxydationsprodukt von Pyrrol. Synthese von 5-[Pyrrolyl-(2)]-pyrrolidon-(2).** Harry H. Wasserman und Marcel Eberle. (J. org. Chemistry **32** (1967) 2, 497—98; New Haven, Conn., Yale Univ., Dep. of Chem.; engl.) — Die Feststellung von Chierci u. Gardini [Tetrahedron [London] **22** (1966) 53], daß es sich bei dem von Angeli et al. (1920) als 5-Hydroxy-2.2'-bipyrrol bezeichnetem Ox.-Prod. aus Pyrrol u. H_2O_2 in Essigsäure, tatsächlich um *5-[Pyrrolyl-(2)]-pyrrolidon-(2)* (**I**) handelt, wird in unabhängiger Darst. bestätigt. Succinimid reagiert mit Triäthyloxoniumfluoroborat (TOF) zu *2-Äthoxy-5-oxo-Δ¹-pyrrolinfluoroborat*, das mit Pyrrol in *2-[Pyrrolyl-(2)]-5-oxo-Δ¹-pyrrolinfluoroborat* (**II**) übergeführt wird. $LiAlH_4$-Red. von **II** bei —20° gibt **I** bzw. bei höherer Temp. das auch durch $LiAlH_4$-Red. von **I** erhältliche *2-[Pyrrolyl-(2)]-pyrrolidin*.

Versuche: *5-[Pyrrolyl-(2)]-pyrrolidon-(2)* (**I**), $C_8\cdot H_{10}N_2O$, F. 138° (Aceton/PAe.), a) durch Rk. von Succinimid mit TOF, Zusetzen von Pyrrol, Isolieren von **II** [F. 192° (Aceton/Hexan); 78%] u. 2std. Rk. mit $LiAlH_4$ in Ae. bei —20°; 62% (Ausb.); b) durch Ox. von Pyrrol mit H_2O_2 in Essigsäure. — *2-[Pyrrolyl-(2)]-pyrrolidin*, F. 86°, a) durch 1std. Rk. von **I** mit $LiAlH_4$ in Ae. bei Raumtemp.; 60%; b) durch Red. von 2.2'-Pyrrolylpyrrolin nach Atkinson et al. [J. chem. Soc. [London] **1964**, 893]; c) durch $LiAlH_4$-Red. von **II** bei Raumtemp. u. kurzes Kochen. H. Gleinig 3081

1264 **Synthesen und Reaktionen von 3-Formyl- und 3-Cyanoxindolen.** Robert C. Elderfield und Hans H. Rembges. (J. org. Chemistry **32** (1967) 12, 3809—14; Univ. of Mich., Ann Arbor, Mich.; engl.) — 3-Formyl-1-methyloxindol (**I**) reagiert mit Äthylenglykol (**II**) in Ggw. von p-Toluolsulfonsäure (**III**) zu *3-Formyl-1-methyloxindoläthylenacetal* (**IV**) u. *3-[2-Hydroxyäthoxymethylen]-1-methyloxindol* (**V**). **IV** u. **V** stehen in Ggw. von Säure im Gleichgewicht. Mit Base geben **IV** bzw. **V** wieder **I**. Mit Orthoameisensäuretriäthylester (**VI**) bildet **I** *3-Äthoxymethylen-1-methyloxindol* (**VII**). Aus 3-Brom-3-formyl-1-methyloxindol (**VIII**) u. Äthandithiol (**IX**) wird *3-Brom-3-formyl-1-methyloxindoläthylendithioacetal* dargestellt, das beim Erhitzen in DMF bzw. bei der Rk. mit Na-Acetylid (**X**) in fl. NH_3 in *1.2.5.6-Tetrathiocan* u. **I** übergeht. Aus **VII** u. N-Bromsuccinimid (**XI**) entsteht *Äthoxy-[5-brom-1-methyloxindolyl-(3)]-succinimidomethan* (**XII**). **XII** wird zum Strukturbeweis auch aus 5-Brom-3-äthoxymethylen-1-methyloxindol (**XIII**) u. Succinimid in sd. A./CCl_4 dargestellt. **XII** gibt mit kalter konz. HCl **XIII**, das auch aus 5-Brom-3-formyl-1-methyloxindol (**XIV**) u. **VI** in sd. A. in Ggw. von konz. H_2SO_4 entsteht. **XII** gibt mit heißer 18%ig. HCl bzw. 2n NaOH **XIV**. 5-Brom-1-methyloxindol (**XV**) liefert mit $COCl_2$ u. DMF in 1.2-Dichloräthan *1-Methyl-3-[dimethylimoniomethyl]-5-bromoxindolchlorid* (**XVI**), das von heißem W. zu **XIV** hydrolysiert wird. **I** u. 1 Val **XI** bilden **VIII**, das bei der Hydrolyse mit heißem W. in *1-Methyldioxindol* übergeht. In Ggw. von Basen entsteht dagegen aus **VIII** *1.1'-Dimethylisoindigo* (**XVII**). **XVII** wird auch aus **VIII** u. **X** in fl. NH_3 erhalten. **XVII** wird zum Strukturbeweis aus 1-Methylisatintosylhydrazon (**XVIII**) u. Na in **II** dargestellt. Isatin bzw. 1-Methylisatin (**XIX**) werden durch Knoenagel-Kondens. mit Cyanessigsäureäthylester in *3-[Cyanäthoxycarbonylmethylen]-* (**XX**) bzw. *1-Methyl-3-[cyanäthoxycarbonylmethylen]-oxindol* (**XXI**) umgewandelt, woraus mit HCN *2-[3-Cyanoxindolyl-(3)]-* (**XXII**) bzw. *2-[3-Cyan-1-methyloxindolyl-(3)]-cyanessigsäureäthylester* (**XXIII**) erhalten werden. **XXII** bzw. **XXIII** werden von konz. HCl in CH_3COOH zu *2-Oxo-* bzw. *1-Methyl-2-oxo-1.2.3.4-tetrahydrochinolin-4-carbonsäure* verseift. Aus **XXIII** u. äthanol. HCl wird vermutlich *1-Methyl-2.2'.5'-trioxo-2.3-dihydroindol-[3-spiro-3']-pyrrolidin* erhalten. Isatin bildet mit Cyanessigsäure-tert.-butylester (**XXIV**) in Ggw. von Piperidinacetat *zwei geometr. Isomere* von *3-[tert.-Butoxycarbonylcyanmethylen]-oxindol* (**XXV**) u. *3.3-Bis-[tert.-butoxycarbonylcyanmethyl]-oxindol.* Beide Isomere von **XXV** bilden mit HCN *2-[3-Cyanoxindolyl-(3)]-cyanessigsäure-tert.-butylester* (**XXVI**). Bei der Rk. von **XIX** mit **XXIV** entsteht nur *3-[tert.-Butoxycarbonylcyanmethylen]-1-methyloxindol* (**XXVII**), das mit HCN zu *2-[3-Cyan-1-methyloxindolyl-(3)]-cyanessigsäure-tert.-butylester* (**XXVIII**) weiterreagiert. **XXVI** bzw. **XXVIII** gehen bei der Pyrolyse in *3-Cyan-3-cyanmethyl-* bzw. *1-Methyl-3-cyan-3-cyanmethyloxindol* (**XXIX**) über. **XXIX** läßt sich nicht mit Na-Diisobutylaluminiumhydrid bzw. Li-Triäthoxyaluminiumhydrid zum entsprechenden Dialdehyd reduzieren.

Versuche: *3-[2-Hydroxyäthoxymethylen]-1-methyloxindol* (V), F. 124–125° (CCl_4), a) aus I u. 2 Val II in sd. Bzl. in Ggw. von III; 70% (Ausb.); daneben IV (F. 110°; 3,2% roh); b) aus IV in sd. Bzl. in Ggw. von V. — *1-Methyl-3-formyloxindoläthylenacetal* (IV), $C_{12}H_{13}NO_3$, F. 110° (PAe.), aus V in sd. Bzl. in Ggw. von III. — *1-Methyl-3-formyloxindol* (I), *Na-Salzhemihydrat*, $C_{10}H_8 \cdot NNaO_2 \cdot 0,5\,H_2O$, aus IV bzw. V u. C_2H_5ONa in heißem abs. C_2H_5OH. — *3-Äthoxymethylen-1-methyloxindol* (VII), aus I u. VI in sd. A. in Ggw. von H_2SO_4; 70%. — *3-Brom-3-formyl-1-methyloxindoläthylendithioacetal*, $C_{12}H_{12}Br \cdot NOS_2$, Zers. bei 202°, aus VIII u. IX in warmer $CH_3 \cdot COOH$; 70%. — *1.2.5.6-Tetrathiocan*, $C_4H_8S_4$, F. 152 bis 154° (Zers.; Nitrobenzol), a) aus vorst. Verb. in sd. DMF; 50%; daneben 85% I, b) aus vorst. Verb. u. X in fl. NH_3; daneben I. — *Äthoxy-[5-brom-1-methyloxindolyl-(3)]-succinimidomethan* (XII), $C_{16}H_{17}BrN_2O_4$, F. 143–144° a) aus VII u. XI in sd. CCl_4; 50,6%; b) aus XIII u. Succinimid in sd. CCl_4/A.; 90%. — *5-Brom-3-äthoxymethylen-1-methyloxindol* (XIII), $C_{12}H_{12}BrNO_2$, F. 118–120° (A.), a) aus XII u. kalter konz. HCl; 92,5%; b) aus XIV u. VI in sd. A. in Ggw. von konz. H_2SO_4; 79,5%. — *5-Brom-3-formyl-1-methyloxindol* (XIV), $C_{10}H_8BrNO_2$, F. 254 bis 256° (Zers.; Dioxan bzw. CH_3COOH), a) aus XII u. heißer 18%ig. HCl; 93%; b) aus XII u. warmer 2n NaOH; c) aus XVI u. heißem W.; 72%. — *1-Methyl-3-[dimethylimoniomethyl]-5-bromoxindolchlorid* (XVI), $C_{12}H_{14}BrCl \cdot N_2O$, F. 196–200° (Zers.), aus XV, $COCl_2$ u. DMF in 1.2-Dichloräthan; 96%. — *3-Brom-3-formyl-1-methyloxindol* (VIII), $C_{10}H_8BrNO_2$, F. 117–121° (Verfestigung bei 127–128° unter Zers.) u. F. 170–180° (Zers.; PAe.), aus I u. XI in sd. CCl_4; 92%. *Methanolat*, $C_{10}H_8BrNO_2 \cdot 0,5\,CH_3OH$, F. 123–124° ($CH_3OH$). — *1-Methyldioxindol*, $C_9H_9NO_2$, F. 157–158° ($CHCl_3$), aus VIII u. heißem W.; 57%. — *1.1'-Dimethylisoindigo* (XVII), $C_{18}H_{14}N_2O_2$, F. 270° (Zers.; Essigester), a) aus VIII u. warmer 2n NaOH 100%; b) aus XVIII u. Na in II; 86%. — *1-Methylisatintosylhydrazon* (XVIII), $C_{16}H_{15}N_3O_3S$, Zers. bei 202° (A. bzw. Essigester), aus XIX u. Tosylhydrazin in sd. abs. A.; 96%. — *3-[1-Methyloxindolyl-(3)]-1-methyldioxindol*, $C_{18}H_{16}N_2O_3$, Zers. bei 185–190°, aus XIX u. 1-Methyloxindol in sd. A. in Ggw. von Piperidin; 86%. — *2-[3-Cyanoxindolyl-(3)]-cyanessigsäure, Äthylester* (XXII), $C_{14}H_{11} \cdot N_3O_3$, F. 161–162° (A.), aus XX u. KCN in warmem wss. A. u. Ansäuern mit 2n HCl; 99%. *tert.-Butylester* (XXVI), $C_{16}H_{15}N_3O_3$, F. 149° (Zers.; A.). analog XXII aus XXV; 99%. — *2-[3-Cyan-1-methyloxindolyl-(3)]-cyanessigsäure, Äthylester* (XXIII), $C_{15}H_{13}N_3O_3$, F. 79–80° (A.), analog XXII aus XXI; 85%. *tert.-Butylester* (XXVIII), $C_{17}H_{17}N_3O_3$, F. 111° (CH_3OH), analog XXII aus XXVII; 100%. — *2-Oxo-1.2.3.4-tetrahydrochinolin-4-carbonsäure*, F. 222° (W.), aus XXII u. 18%ig. HCl in sd. CH_3COOH; 81% roh. — Analog: *1-Methyl-2-oxo-1.2.3.4-tetrahydrochinolin-4-carbonsäure*, $C_{11}H_{11}NO_3$, F. 175–176° (W.), aus XXIII; 85%. — *1-Methyl-2.2'.5'-trioxo-2.3-dihydroindol-[3-spiro-3']-pyrrolidin*, $C_{12}H_{10}N_2O_3$, F. 250° (W.), aus XXIII u. 18%ig. HCl in sd. A.; 5,2%. — *3-[tert.-Butoxycarbonylcyanmethylen]-oxindol* (XXV), *Isomeres A, Benzolsolvat*, $C_{15}H_{14}N_2O_3 \cdot 0,5\,C_6H_6$, Zers. bei 201° (Sintern bei 180°; Bzl.), aus Isatin u. XXIV in sd. A. in Ggw. von Piperidinacetat; 48%; daneben *Isomeres B* [$C_{15}H_{14} \cdot N_2O_3$, F. 136° ($CHCl_3$); 6,5%] u. *3.3-Bis-[tert.-butoxycarbonylcyanmethyl]-oxindol* ($C_{22}H_{25}N_3O_5$, F. ca. 170° (Zers.; CH_3COOH)]. — *3-[tert.-Butoxycarbonylcyanmethylen]-1-methyloxindol* (XXVII), $C_{16}H_{16}N_2O_3$, F. 175° (Zers.; PAe.), analog XXV aus XIX u. XXIV; 67%. — *3-Cyan-3-cyanmethyloxindol*, $C_{11}H_7N_3O$, F. 176° (Essigester), aus XXVI bei 149° u. 1–2 Torr; 96%. — Analog: *3-Cyan-3-cyanmethyl-1-methyloxindol* (XXIX), $C_{12}H_9N_3O$, F. 127 bis 128° (CH_3OH), aus XXVIII; 95%. — *1-Methylisatin* (XIX), F. 134° (A.), aus Isatin, Dimethylsulfat u. KOH in abs. CH_3OH; 82% roh; daneben 4,5% *1-Methylisatindimethylacetal* [$C_{11}H_{13}NO_3$, F. 81–82° (n-Hexan/Kohle).

Hans Köhne/Berlin 3081△

1265 **Darstellung einiger 2-Methyl-3-[äthoxycarbonyl]-4.4-dialkyl-5-oxo-4.5-dihydroindole und deren Reduktionen.** Tadashi Suehiro und Shigeru Sugimori. (Bull. chem. Soc. Japan 40 (1967) 12, 2925–30; Chem. Inst., Gakushuin Univ., Toshima-ku, Mejiro Tokyo; engl.) — Die Alkylierung von 2-Methyl-3-[äthoxycarbonyl]-5-hydroxyindol (I) mit Cinnamylchlorid (II) erfolgt in 4-Stellung, während die Rk. mit Benzyloxymethylchlorid an der Hydroxygruppe erfolgt. Analoge Vers. mit Bromacetal, Chloracetonitril u. Bromessigester verliefen ohne Erfolg. Claisen-Umlagerung von 2-Methyl-3-[äthoxycarbonyl]-5-[allyloxy]-indol (VII) führt zu *2-Methyl-3-[äthoxycarbonyl]-4-allyl-5-hydroxyindol* (III). Beim Erhitzen von 2-Methyl-3-[äthoxycarbonyl]-4.4-diallyl-5-oxo-4.5-dihydroindol (VI) erfolgt eine Umlagerung zu *2-Methyl-3-[äthoxycarbonyl]-5-hydroxy-4.6-diallylindol*, während unter analogen Bedingungen beim 2-Methyl-3-[äthoxycarbonyl]-4.4-dibenzyl-5-oxo-4.5-dihydroindol (VIII) Abspaltung eines Benzylrests unter gleichzeitiger Aromatisierung erfolgt. Red. der *5-Oxo-4.5-dihydroindole* mit H_2 sowie $NaBH_4$ wird untersucht.

Versuche: 2-Methyl-3-[äthoxycarbonyl]-indole: *4-Cinnamyl-5-hydroxy-*, $C_{21}H_{21}NO_3$, F. 189 bis 190°, aus II u. I in sd. Xylol/Alkali; aus wss. A. Nadeln; 35% (Ausb.). — *4.4-Diallyl-5-oxo-4.5-dihydro-* (VI), $C_{18}H_{21}NO_3$, F. 130,5–131,5°, aus III u. Allylchlorid; aus Bzl./Hexan gelbe Nadeln; 39%. — *4-Allyl-4-benzyl-5-oxo-4.5-dihydro-* (XII), $C_{22}H_{23}NO_3$, F. 141,5–142,5°, aus III u. Benzylchlorid (V); aus Bzl./Hexan gelbe Würfel; 44%. — *4-Propyl-4-benzyl-5-oxo-4.5-dihydro-* (XI), $C_{22} \cdot H_{25}NO_3$, F. 135–136°, 149–150°, aus IV u. V; aus Bzl. Hexan gelbe Nadeln; 28%. — *4-Allyl-4-propyl-5-oxo-4.5-dihydro-* (IX), $C_{18}H_{23}NO_3$, F. 141–142°, aus IV u. Allylchlorid; aus Bzl./Hexan gelbe Nadeln; 21%. — *5-[Benzyloxymethyloxy]-*, $C_{20}H_{21}NO_4$, F. 102–103°, aus Benzyloxymethylchlorid u. I; aus Bzl./Hexan Nadeln; 19%. — *5-Allyloxy-* (VII), F. 125–126°, aus I u. Allylchlorid; aus wss. A. Nadeln; 57%. — *4-Allyl-5-allyloxy-*, $C_{18}H_{21}NO_3$, F. 102–103°, aus III; aus wss. A. Nadeln; 38%. — *4.6-Diallyl-5-hydroxy-* (X), $C_{18}H_{21}NO_3$, F. 115,5–116,5°, a) aus vorst. Verb. in Dimethylanilin u. Kühlen (Meth. A); aus wss. A. Nadeln; 50%; b) analog A aus VI; 50%. — *4-Allyl-5-hydroxy-* (III), F. 148–149°, aus VIII analog A; aus wss. A. Säulen; 85%. — *4-Benzyl-5-hydroxy-*, F. 161 bis 162°, aus VIII analog A; aus A. Nadeln; 40%. — *4-Propyl-5-hydroxy-6-allyl-*, F. 98–100°, aus IX analog A; aus wss. A. Blättchen; 40%. — *4.6-Dipropyl-5-methoxy-*, $C_{19}H_{27}NO_3$, F. 98–99°, durch Hydrieren vorst. Verb. in Essigester oder in A. in Ggw. von Pd–Kohle (Meth. B); aus wss. A. Nadeln; b) aus X analog B; 80%. — *4-Propyl-5-hydroxy-* (IV), $C_{15}H_{19}NO_3$, F. 153–154°, a) aus III analog B; aus wss. Nadeln; 100%; b) aus XI analog B; 85%; c) aus VI analog B; 85%. — *4-Benzyl-4-propyl-5-oxo-4.5.6.7-tetrahydro-*, $C_{22}H_{27}NO_3$, F. 149–150°, aus IX analog B; aus wss. A. Nadeln; 35%; daneben 25% IV. — *4.4-Dipropyl-5-oxo-4.5.6.7-tetrahydro-*, $C_{18}H_{27}NO_3$, F. 122 bis 123°, aus IX analog B; aus wss. A. Blättchen; 44%; daneben 15% IV. — *4-Allyl-4-benzyl-5-hydroxy-4.5.6.7-tetrahydro-*, $C_{22}H_{27}NO_3$, F. 159,5–160°, aus XII mit $NaBH_4$ in A. bei 60° (Meth. C); aus Bzl. Körnchen; 47%. — *4-Propyl-4-benzyl-5-hydroxy-4.5.6.7-tetrahydro-*, $C_{22} \cdot H_{29}NO_3$, F. 175–175,5°, a) aus vorst. Verb. analog B; aus Bzl./Hexan Blättchen; 57%; b) aus XI analog C; 59%. — *4.4-Diallyl-5-hydroxy-4.5.6.7-tetrahydro-*, $C_{18}H_{25} \cdot NO_3$, F. 121,5–122,5°, aus VI analog C; aus Bzl. Nadeln; 20%. — *4.4-Dipropyl-5-hydroxy-4.5.6.7-tetrahydro-*, Kp.$_2$ 200–220°, aus vorst. Verb. analog B; Öl; 59%. — *4-Allyl-4-propyl-5-hydroxy-4.5.6.7-tetrahydro-*, aus IX analog C; Öl; 67%. — *2-Methyl-4.6-dibenzyl-5-hydroxyindol*, F. 111 bis 113°, aus nachst. Verb. analog B; Prismen; 80%. — *2-Methyl-4.4.6-tribenzyl-5-oxo-4.5-dihydroindol*, $C_{30}H_{27} \cdot NO$, F. 162–163°, aus vorst. Verb. u. V; aus Bzl./Hexan gelbe Würfel; 9%. — *2-Methyl-5-methoxy-4.6-dipropylindol*, $C_{16}H_{23}NO$, F. 81–82°, aus 2-Methyl-3-[äthoxycarbonyl]-4.6-dipropyl-5-methoxyindol, Eisessig u. HCl; aus Bzl. Blättchen; 76%. — *3-Methoxy-2.4-dipropyl-6-acetamidobenzoesäure*, $C_{16}H_{23}NO_4$, F. 132–133°, aus vorst. Verb. mit H_2O_2; aus wss. A. Prismen; 33%. — *4-Methoxy-3.5-dipropylanilin* (XIII), aus vorst. Verb. mit äthanol. HCl; Öl. *N-[2.4-Dinitrophenyl]-Deriv.*, F. 91–92°, aus XIII mit 2.4-Dinitrochlorbenzol; gelbe Blättchen; 20 mg. — *4-Allyloxy-3-allylnitrobenzol*, Kp.$_{2,5}$ 145–146°, aus 2-Allyl-4-nitrophenol, äthanol. KOH u.

Allylchlorid; 91%. — *4-Nitro-2.4-diallylphenol*, $C_{12}H_{13}$ · NO_3, F. 76—77°, aus vorst. Verb. in o-Dichlorbenzol unter N_2 mit 40%ig. NaOH; aus CCl_4 gelbe Nadeln; 45%. — *2.4-Dinitro-4'-methoxy-3'.5'-dipropyldiphenylamin*, C_{19} · $H_{23}N_3O_5$, F. 91—92°, aus vorst. Verb. mit Diazomethan, Hydrierung des erhaltenen *Methyläthers* [Kp.$_3$ 146 bis 147°; 100%] in Ggw. von Raney-Ni u. Rk. des erhaltenen *4-Methoxy-3.5-dipropylanilins* [Kp.$_3$ 134—135°] mit Dinitrochlorbenzol u. Na-Acetat in Bzl.; 45%.
K.-P. Hilgetag 3081△

1266 **Synthese von 8-Alkyl-N-hydroxyindol-2-carbonsäuren.** Yoshimori Omote, Naoaki Fukada und Noboru Sugiyama. (Bull. chem. Soc. Japan **40** (1967) 11, 2703—04; Dep. of Chem., Tokyo Kyoiku Univ., Otsuka, Tokyo; engl.)

Versuche: Indol-2-carbonsäuren: *N-Hydroxy-*, F. 159—160° (Zers.; Bzl.), a) mit 8%ig. Na-Amalgam aus 2 g o-Nitrophenylbrenztraubensäureäthylester (I) in W.; 0,6 g (Ausb.); b) analog aus 1 g K-Salz (II) von I; 0,35 g; c) analog aus 1 g Bisulfit-Additionsverb. von I; 0,25 g. — *N-Methoxy*, F. 184—185° (Zers.). — *3-Methyl-N-hydroxy-*, $C_{10}H_9NO_3$, F. 163—164° (Zers.; Bzl.), durch Kochen von 5 g II mit 4 g Methyljodid in Aceton, Rk. mit wss. gesätt. $NaHSO_3$ u. Rk. von 1 g der erhaltenen Bisulfit-Additionsverb. analog vorst. Meth.; 0,2 g. — *3-Methyl-N-methoxy-*, $C_{11}H_{11}NO_3$, F. 155° (Zers.; Aceton/W.), durch Kochen eines Gemisches aus 0,1 g vorst. Verb., Methyljodid u. Na-Methylat; 0,07 g. — *3-Äthyl-N-hydroxy-*, $C_{11}H_{11}NO_3$, F. 155—156° (Zers.; CCl_4), durch Kochen von II mit Äthyljodid in Aceton, Rk. mit $NaHSO_3$ u. Umsetzung von 1 g der erhaltenen Bisulfit-Additionsverb. mit Na-Amalgam; 0,12 g. — *3-Äthyl-N-methoxy-*, $C_{12}H_{13}NO_3$, F. 131—132° (Zers.; Aceton/W.), aus 0,1 g vorst. Verb. u. Methyljodid analog vorvorst. Meth.; 0,04 g. K.-P. Hilgetag 3081△

1267 **9H-Pyrrolo-[1.2a]-indole.** Vincent J. Mazzola, Karel F. Bernady und Richard W. Franck. (J. org. Chemistry **32** (1967) 2, 486—89; New York, Fordham Univ., Dep. of Chem.; engl.) — Das früher aus 1-Phenylpyrrol-Li u. CO_2 bzw. durch Decarboxylierung der durch Friedel-Crafts-Cyclisierung von *1-Phenyl-2-carboxy-3-cyanpyrrol* erhältlichen *Ketosäure* u. jetzt durch Kondens. von Anthranilsäuremethylester (I) mit 2.5-Dimethoxytetrahydrofuran (DMT) zu *1-[2-Methoxycarbonylphenyl]-pyrrol* (II), anschließendem Verseifen mit KOH in Äthylenglykol (ÄG) zur *Säure* (III), sowie Cyclisierung mit Polyphosphorsäure zugängliche *9-Keto-9H-pyrrolo-[1.2:a]-indol* (IV) wird nach Überführen in das *Semicarbazon*, nach Wolff-Kishner zum *9H-Pyrrolo-[1.2:c]-indol* (V) reduziert. Analog werden ausgehend von I, 5-Jod-anthranilsäuremethylester (VI) bzw. 3-Methoxy-4-methylanthranilsäuremethylester (VII), *7-Jod-9-keto-* (VIII), *5-Methoxy-6-methyl-9-keto-*(IX), *5-Methoxy-6-Methyl-* (X) u. *3-Chlor-5-methoxy-6-methyl-9-keto-9H-pyrrolo-[1.2:a]-indol* (XI) so dargestellt, daß die Verseifung von II bzw. *1-[4-Jod-2-carbomethoxyphenyl]-pyrrol* (XII) u. *1-[2-Methoxy-3-methyl-6-carbomethoxyphenyl]-pyrrol* (XIII) zu den entsprechenden *Säuren* mit wss. methanol. KOH u. die Cyclisierung nach Friedel-Crafts über die mit PCl_5 erhaltenen *Säurechloride* in Ggw. von $SnCl_4$ erfolgt.

Versuche: Pyrrole: *1-[2-Carbomethoxyphenyl]-* (II), Kp.$_{0,15}$ 83—85°, durch 1½std. Rk. von I mit DMT in Eisessig; 80% (Ausb.). — *1-[2-Carboxyphenyl]-* (III), F. 100—103° (Ae./Hexan), durch 2std. Kochen von II in wss. methanol. KOH; 91%. — *1-[4-Jod-2-carbomethoxyphenyl]-* (XII), $C_{12}H_{10}JNO_2$, F. 78—79° ($CHCl_3$/Hexan) a) durch Rk. von VI analog II; b) durch 4std. Kochen von VI mit DMT in Toluol in Ggw. von p-Toluolsulfonsäure; 17%. — *1-[4-Jod-2-carboxyphenyl]-* (XIV), $C_{11}H_8JNO_2$, F. 127—128°, a) durch Kochen von XII nach a) mit wss. alkohol. KOH; 90%; b) durch 1std. Kochen von XII nach b) analog a); 93%. — *1-[2-Methoxy-3-methyl-6-carbomethoxyphenyl]-* (XIII), Kp.$_{0,75}$ 122,5—125°, durch 5std. Kochen von VII mit DMT; 83%. — *1-[2-Methoxy-3-methyl-6-carboxyphenyl]-* (XI), $C_{13}H_{13}NO_3$, F. 164—165° ($CHCl_3$/Hexan), durch 2std. Kochen von XIII mit KOH; 94%. — 9H-Pyrrolo-[1.2:a]-indole: *9-Keto-* (IV), F. 119,5—121,5°, Kp.$_{0,28}$ 143—146°, durch Überführen von III mit PCl_5 in Bzl. in das *Säurechlorid*, Zusetzen von $SnCl_4$ u. ¾std. Rühren; 87%. — *7-Jod-9-keto-* (VIII), $C_{11}H_6JNO$, F. 194—195° (CCl_4), analog IV aus XIV; 42,9%. — *5-Methoxy-6-methyl-9-keto-* (IX), $C_{13}H_{11}NO_2$, F. 126 bis 127° (A.) gelbe Nadeln), aus XI analog VIII; 53%. — *5-Methoxy-6-methyl-* (X), $C_{13}H_{13}NO$, F. 35—36° (Hexan), aus IX über das *Semicarbazon* (92%) u. 24std. Erhitzen mit KOH in ÄG auf 130°; 72%. — *3-Chlor-5-methoxy-6-methyl-9-keto-* (XI), $C_{13}H_{10}ClNO_2$, F. 152—154° (CCl_4), aus XI; 33,6%. — *3-Methoxy-4-methylanthranilsäuremethylester* (VII), $C_{10}H_{13}NO_3$, F. 90—91° (CH_3OH), durch Hydrieren von 2-Nitro-3-methoxy-4-methylbenzoesäuremethylester (F. 35—36°) in CH_3OH; 84,1%.
H. Gleinig 3081△

1268 **Imidazolderivate als Chelatbildner.** 3. Mitt. **Synthese von Schiffschen Basen und 4(5)-Aminomethylderivaten und deren Reaktionen mit Metallionen.** Osamu Yamauchi, Hisashi Tanaka und Toyozo Uno. (Chem. pharmac. Bull. [Tokyo] **15** (1967) 10, 1453—60; Fac. of Pharm. Sci., Kyoto Univ.; engl.) — 2. vgl. ibid. **14** (1966) 9, 952. — Schiffsche *Basen* aus 4(5)-Formylimidazol u. aromat. Aminen (A) u. aus 4(5)-Amino-5(4)-methylimidazol u. aromat. Aldehyden (B) sowie *4(5)-Aminomethylimidazole* (C) wurden dargestellt. **A** u. **C** reagieren mit Metallionen, wie Cu(II), Pt(II) oder Au(III) zu tief gefärbten Chelaten, während **B** nur Chelate mit schwachen Färbungen ergeben. — 4. vgl. C. **1968**, **46-0524**.

Versuche: *4(5)-Iminomethylimidazole* (A), aus 4(5)-Formylimidazol u. dem entsprechenden Amin: *4(5)-[p-Tolyliminomethyl]-* (I), $C_{11}H_{11}N_3$, F. 172—173° (Zers.; A.), mit p-Toluidin; 73% (Ausb.). — *4(5)-[p-Methoxyphenyliminomethyl]-* (II), $C_{11}H_{11}N_3O$, F. 161—162°, mit p-Anisidin; 80%. — *4(5)-[p-Chlorphenyliminomethyl]-* (III), $C_{10}H_8ClN_3$, F. 183—184°, mit p-Chloranilin; 75%. — *4(5)-[p-Dimethylaminophenyliminomethyl]-*, $C_{12}H_{14}N_4$, F. 196—198°, mit N.N-Dimethyl-p-phenylendiamin; 71%. — *4(5)-[Naphthyl-(1)-iminomethyl]-* (IV), $C_{14}H_{11}N_3$, F. 218 bis 220° (Zers.), mit α-Naphthylamin; 87%. — *4(5)-Benzylidenamino-5(4)-methylimidazole* (B), aus 4(5)-Amino-5(4)-methylimidazol u. dem entsprechenden Aldehyd: *4(5)-[p-Methylbenzylidenamino]-*, $C_{12}H_{13}N_3$, F. 200—201° (Zers.; A.), mit p-Methylbenzaldehyd; 68%. — *4(5)-[p-Methoxybenzylidenamino]-*, $C_{12}H_{13}N_3O$, F. 194—195° (Zers.), mit p-Anisaldehyd; 74%. — *4(5)-(p-Chlorbenzylidenamino]-*, $C_{11}H_{10}ClN_3$, F. 192—194° (Zers.), mit p-Chlorbenzaldehyd; 65%. — *4(5)-[o-Hydroxybenzylidenamino]-*, $C_{11}H_{11}N_3O$, F. 227—230° (Zers.), mit Salicylaldehyd; 55% — *4(5)-Aminomethylimidazole*, aus den entsprechenden **A** mit $NaBH_4$: *4(5)-[p-Tolylaminomethyl]-* (V), $C_{11}H_{13}N_3$, F. 109—111° (A.), aus I; 73%. *Dinitrat*, $C_{11}H_{15}N_5O_6$, F. 166—168° (Zers.). — *4(5)-[p-Methoxyphenylaminomethyl]-* (VI), $C_{11}H_{13}N_3O$, F. 108—110°, aus II; 70%. — *4(5)-[p-Chlorphenylaminomethyl]-* (VII), $C_{10}H_{10}ClN_3$, F. 133—135°; aus III; 80%. — *4(5)-[Naphthyl-(1)-aminomethyl]-*, $C_{14}H_{13}N_3$, F. 170—171°, aus IV; 78%. — *4(5)-Formylimidazol-[p-methylphenylhydrazon]*, $C_{11}H_{12}N_4$, F. 186—188° (Zers.). — *Bis-[4(5)-(p-tolyliminomethyl)-imidazol]-kupfer(II)-bromid*, $Cu(C_{11}H_{11}N_3)_2Br_2$, F. 235 bis 236°, aus I mit $Cu(NO_3)_2 \cdot 3\,H_2O$ u. 50%ig. KBr-Lsg. (Meth. D). — *Bis-[4(5)-(p-methoxyphenyliminomethyl)-imidazol]-kupfer(II)-bromid*, $Cu(C_{11}H_{11}N_3O)_2Br_2$, F. 231 bis 232°, aus II nach D. — *Bis-[4(5)-(p-chlorphenyliminomethyl)-imidazol]-kupfer(II)-bromid*, $Cu(C_{10}H_8ClN_3)_2$ · Br_2, F. 228—229°, aus III nach D. — *Bis-[4(5)-(p-tolylaminomethyl)-imidazol]-kupfer(II)-bromid*, $Cu(C_{11}H_{13}N_3)_2$ · Br_2, F. 189—191°, aus V nach D. — *Bis-[4(5)-(p-tolylaminomethyl)-imidazol]-kupfer(II)-nitrat*, $Cu(C_{11}H_{13}N_3)_2$ · $(NO_3)_2$, F. 227—228°, aus V mit $Cu(NO_3)_2$. — *Bis-[4(5)-(p-methoxyphenylaminomethyl)-imidazol]-kupfer(II)-bromid*, $Cu(C_{11}H_{13}N_3O)_2Br_2$, F. 189—191°, aus VI nach D. — *Bis-[4(5)-[p-chlorphenylaminomethyl)-imidazol]-kupfer(II)-bromid*, $Cu(C_{10}H_{10}ClN_3)_2Br_2$, F. 193—194°, aus VII nach D. — *Bis-[4(5)-(p-chlorphenylaminomethyl)-imidazolato]-kupfer-(II)*, $Cu(C_{10}H_7ClN_3)_2$, F. 286—287°, aus III mit $Cu(NO_3)_2 \cdot 3\,H_2O$ u. NH_4OH. R. Becker 3122△

1269 **Synthesen heterocyclischer Verbindungen.** 1. Mitt. **Darstellung von cis-3.4-Ureylenthiophan.** Takao Takaya, Hataaki Yoshimoto und Eiji Imoto. (Bull. chem. Soc. Japan **40** (1967) 11, 2636—40; Dep. of Appl. Chem., Coll. of Engin., Univ. of Osaka Prefecture, Sakai,

Osaka; engl.) — Lossen-Umlagerung von cis-N-[Phenylsulfonyloxy]-thiophan-3.4-dicarbonsäureimid (VII) liefert *cis-3-[Methoxycarbonylamino]-4-methoxycarbonylthiophan*, das selektiv zu *cis-3-[Methoxycarbonylamino]-4-carboxythiophan* hydrolysiert wird. Anschließende modifizierte Curtius-Umlagerung gibt *cis-N-Methoxycarbonyl-3.4-ureylenthiophan*, das durch alkal. Hydrolyse in *cis-3.4-Ureylenthiophan* übergeführt wird. Vers. zur Darst. der Titelverb. aus cis-N-[Aminocarbonyl]-3.4-ureylenthiophan-1.1-dioxid sowie cis-N-Äthoxy-3.4-ureylenthiophan-1.1-dioxid gelangen nicht.

Versuche: 2.5-Dihydrothiophene: *3-Ureido-4-äthoxycarbonyl-*, $C_8H_{12}N_2O_3S$, F. 201—203°, aus 3-[Äthoxycarbonyl]-4-oxotetrahydrothiophen (I) u. Harnstoff; 82% (Ausb.). — *3-Ureido-4-äthoxycarbonyl-*, *1.1-Dioxid* (II), $C_8H_{12}N_2O_5S$, F. 186—187° (99%ig. A.), aus vorst. Verb. in Peressigsäure bei 45°; 53%. — *3-Äthoxycarbonylamino-4-äthoxycarbonyl-*, $C_{10}H_{15}NO_4S$, F. 70—71,5° (Methanol/W.), durch Kochen von I, Urethan u. p-Toluolsulfonsäure in Bzl.; 95%. *1.1-Dioxid* (V), $C_{10}H_{15}NO_6S$, F. 90—91° ($CHCl_3$/Ligroin), mit 5,4n Perbenzoesäure in $CHCl_3$; 57%. — Thiophane: *cis-3-Ureido-4-äthoxycarbonyl-*, *1.1-Dioxid* (IV), $C_8H_{14}N_2O_5S$, F. 173—174° (99%ig. A.), durch Hydrieren von II in A. in Ggw. von Raney-Ni bei 40—45° (Meth. A); 50%; daneben wenig *trans-Isomeres* [III; $C_8H_{14}N_2O_5S$, F. 193—194°]. — *cis-3-Ureido-4-[hydrazinocarbonyl]-*, *1.1-Dioxid*, $C_6H_{12}N_4O_4S$, F. 173—174°, durch Erhitzen von IV mit 100%ig. Hydrazinhydrat auf dem W.-Bad; 90%. *trans-Isomeres*, C_6H_{12} · N_4O_4S, F. 203—205°, a) analog aus III; 74%; b) durch Erhitzen des cis-Hydrazids mit 100%ig. Hydrazinhydrat auf 60°; 80%; c) durch Erwärmen von V mit 100%ig. Hydrazinhydrat auf 60°; 75%. — *cis-[3.4-Ureylencarbonyl]-*, *1.1-Dioxid*, $C_6H_8N_2O_3S$, F. 299—301° (Zers.), durch Erhitzen von III oder IV mit 4n HCl auf dem Dampfbad; 65—75%. — *cis-3-[Äthoxycarbonylamino]-4-[äthoxycarbonyl]-*, *1.1-Dioxid*, $C_{10}H_{17}NO_6S$, F. 98—99° ($CHCl_3$/PAe.), a) aus V nach A; 90%; b) durch Kochen eines Gemisches aus cis-N-Hydroxythiophan-3.4-dicarbonsäureimid, abs. A. u. Triäthylamin u. Zugabe von 93 mg des erhaltenen cis-3-[Äthoxycarbonylamino]-4-äthoxycarbonyl]-thiophans zu 0,43n Perbenzoesäure in $CHCl_3$; 82 mg. *trans-Isomeres*, $C_{10}H_{17}NO_6S$, F. 140—141° ($CHCl_3$/Ligroin), nach A bei 70—80°. — *trans-3-[Äthoxycarbonylamino]-4-carboxy-*, *1.1-Dioxid*, $C_8H_{13}NO_6S$, F. 204—206°, durch Erhitzen von 1,47 g vorst. Verb. (cis–trans-Gemisch) mit 4n HCl auf dem Dampfbad; 0,85 g; daneben 0,35 g *cis-Isomeres* [VI; $C_8H_{13}NO_6S$, F. 160—162° (Essigester/PAe.)]. — *cis-N-[Äthoxycarbonyl]-3.4-ureylen-*, *1.1-Dioxid*, C_8H_{12} · N_2O_5S, F. 238—240° (Zers.; A.), a) mit Chlorameisensäureäthylester aus 460 mg VI in Aceton bei —60°; 210 mg; b) mit 0,43n Perbenzoesäure aus cis-N-[Äthoxycarbonyl]-3.4-ureylenthiophan in $CHCl_3$; 90%. — *trans-3.4-Dicarboxy-*, F. 137—139° (Aceton/Bzl.), aus 2.5-Dihydrothiophan-3.4-dicarbonsäure nach Baker et al., J. org. Chemistry 12 (1947) 174; 98%. — *-cis-3.4-dicarbonsäureanhydrid*, F. 87—88° (Ae.), durch Kochen vorst. Verb. mit Acetanhydrid; 66%. — *cis-N-Hydroxy-3.4-[iminodicarbonyl]-*, $C_6H_7NO_3S$, F. 148—150° (Essigester), durch Zugabe von Hydroxylamin zu vorst. Verb. in abs. Methanol; 64%. — *cis-N-[Phenylsulfonyloxy]-3.4-[iminodicarbonyl]-* (VII), $C_{12}H_{11}NO_5S_2$, F. 136—138° (Methanol), durch Zugabe von Benzolsulfonylchlorid zu vorst. Verb. in 10%ig. wss. Na_2CO_3; 84%. — *cis-3-[Methoxycarbonylamino]-4-[methoxycarbonyl]-*, $C_8H_{13}NO_4S$, F. 81—83° (PAe.), durch Kochen eines Gemisches aus vorst. Verb., Triäthylamin u. Methanol; 82%. — *cis-3-[Methoxycarbonylamino]-4-carboxy-*, $C_7H_{11}NO_4S$, F. 130—131° (Bzl./PAe.), durch Erhitzen vorst. Verb. mit 3n HCl auf dem Dampfbad; 100%. — *cis-N-[Methoxycarbonyl]-3.4-ureylen-*, $C_7H_{10}N_2O_3S$, F. 179—180° (Bzl.), mit Triäthylamin aus vorst. Verb. in Aceton bei —10°, Zugabe von Chlorameisensäureäthylester in Aceton u. Rk. mit NaN_3 in W.; 42%. — *cis-N-[Äthoxycarbonyl]-3.4-ureylen-*, C_8H_{12} · N_2O_3S, F. 186—187,5° (Bzl.), durch Erhitzen von cis-3-[Äthoxycarbonylamino]-4-[äthoxycarbonyl]-thiophan mit 3n HCl auf dem Dampfbad unter N_2 u. Rk. des erhaltenen *3-[Äthoxycarbonylamino]-4-carboxythiophans* [F. 104 bis 109° (Bzl./Ligroin); 75%] analog vorst. Meth.; 60%. — *cis-3.4-Ureylen-*, $C_5H_8N_2OS$, F. 229—231°, durch Erhitzen vorvorst. Verb. mit 10%ig. $Ba(OH)_2$ in A. auf dem Dampfbad; 80%. K.-P. Hilgetag 3122△

1270 **Substituierte 3-Aminomethylbenzoxazolinthione-(2) und verwandte Verbindungen.** Rajendra S. Varma und W. Lewis Nobles. (Canad. J. Chem. **45** (1967) 23, 3012—17; School of Pharm., Univ. of Miss., University, Miss.; engl.) — Durch Kondens. von Benzoxazolinthion-(2) (I) mit HCHO u. sek. Aminen werden Mannich-*Basen* dargestellt. 3-[Hydroxymethyl]-benzoxazolinthion-(2) (II) gibt mit PBr_3 *3-[Brommethyl]-benzoxazolinthion-(2)*. 3-[Dimethylaminomethyl]-benzoxazolinthion(2) (III) bildet mit sd. 3-Methylpiperidin (IV) *3-[3-Methylpiperidinomethyl]-benzoxazolinthion-(2)* (VI). Aus II u. 3.4.5-Trimethoxybenzoylchlorid (V) in Bzl. wird *3-[3.4.5-Trimethoxybenzoyloxymethyl]-benzoxazolinthion-(2)* (VII) erhalten. In Py. bei Raumtemp. reagieren II u. V nicht miteinander. Die NMR-Spektren von VI, VII u. 3-[Anilinomethyl]-benzoxazolinthion-(2) sind abgebildet.

Versuche: Benzoxazolinthione-(2): *3-[3-Azabicyclo-[3.2.2]-nonanyl-(3)-methyl]-*, $C_{16}H_{20}N_2OS$, F. 173—175° (Essigester), aus I, Paraformaldehyd (oder 37%ig. wss. HCHO-Lsg.) u. 3-Azabicyclo-[3.2.2]-nonan in A.; 76% (Ausb.). — Analog: *3-[4-Methylpiperidinomethyl]-*, $C_{14}H_{18}N_2OS$, F. 106—108° (A.); 57%. — *3-[3-Methylpiperidinomethyl]-* (VI), F. 136—138° (A.), a) analog vorst. Verb.; 60%; b) aus II u. IV in sd. A./C_2H_5OH; c) aus III u. IV in sd. C_2H_5OH. — *3-[2.6-Dimethylpiperidinomethyl]-*, *1/4-Hydrat*, $C_{15}H_{20}N_2OS \cdot 1/4 H_2O$, F. 187—188° (A.); 50%. — *3-[2.6-Dimethylmorpholinomethyl]-*, $C_{14}H_{18}N_2O_2S$, F. 115° (A.); 61%. — *3-[2-Methylpiperidinomethyl]-*, F. 97—100° (A.); 38%. — *3-[Perhydroazepinyl-(1)-methyl]-*, *1/4-Hydrat*, $C_{14}H_{18}N_2OS \cdot 1/4 H_2O$, F. 100—102° (A.); 51%. — *3-[Pyrrolidinomethyl]-*, $C_{12}H_{14}N_2OS$, F. 99—100° ($CHCl_3$/PAe.); 57%. — *3-[4-(γ-Phenylpropyl)-piperidinomethyl]-*, $C_{22}H_{26}N_2OS$, F. 104—106° (Essigester); 82%. — *3-[3.4.5-Trimethoxybenzoyloxymethyl]-* (VII), $C_{18}H_{17}NO_6S$, F. 170—171° (A./Aceton), aus II u. V in sd. abs. Bzl.; 44%. — *3-[Anilinomethyl]-*, $C_{14}H_{12}N_2OS$, F. 167—169° (A.), aus I, Anilin u. 37%ig. wss. HCHO-Lsg. in A.; 91%. — *3-[Brommethyl]-*, C_8H_6BrNOS, F. 161—164° (Bzl.), aus II u. PBr_3 in Ae. bei 0°; 62%. Hans Köhne/Berlin 3132△

1271 **Siebengliedrige Ringverbindungen. 22. Mitt. Darstellung von Tropyliumionen mit gebundenen heterocyclischen Systemen.** Nobuo Soma, Jun-ichi Nakazawa, Taiichiro Watanabe, Yoshio Sato und Genshun Sunagawa. (Chem. pharmac. Bull. [Tokyo] **15** (1967) 5, 619—26; Central Res. Labor., Sankyo Co. Ltd., Hiromachi Shinagawa-ku, Tokyo; engl.) — 21. vgl. Matsumoto, Annu. Rep. Sankyo Res. Labor. [Tokyo] **16** (1964) 33. — Es wird die Synth. von *Tropyliumionen* mit anelierten *Oxazol-*, *Imidazol-* oder *Thiazol-*Ringen beschrieben. Erhitzen von 2-Benzoylaminotropon (I) mit Dimethylsulfat (II) liefert das *2-Phenyloxazolotropyliumion*, das in Ggw. von Alkali zu *2-Phenyl-6H-cyclohept-oxazol* (IV) u. *2-Phenyl-6H-cycloheptoxazolon-(6)* (V) disproportioniert. Analog werden das *2-Phenylthiazolotropyliumion* bzw. das *1-p-Tolyl-2-phenylimidazolotropyliumion* durch Lösen von 2-Benzoylaminotroponthion (VII) bzw. 2-Benzoylamino-N-p-tolyltroponimin (VIII) in verd. HCl erhalten. IR- u. UV-Maxima sowie NMR-Spektren vgl. Original.

Versuche: Oxazolotropyliummonomethylsulfate: *2-Phenyl-* (III), $C_{15}H_{13}NO_5S$, F. 160° (Zers.), durch Erhitzen von 5 g I u. 20 g II bei $Kp._{30}$ 110—120° gelbe Prismen; 5,8 g (Ausb.). *Chloroplatinat*, $C_{14}H_{10}Cl_3$ · $NOPt_{1/2}$, F. >280°, a) durch Zugabe einer wss. Chlorplatinsäure (VI)-Lsg. zu III; b) durch Zugabe von 0,5 g 2-Phenyl-6H-cycloheptoxazol (IV) zu PCl_5 in CCl_4 unter Rühren bei Raumtemp. u. Zugabe zu VI; 0,6 g. — *2-[p-Chlorphenyl]-*, F. 165° (Zers.). — *2-[p-Tolyl]-*, F. 160° (Zers.). — *2-[p-Methoxyphenyl]-*, F. 155° (Zers.). — *2-[m-Trifluormethylphenyl]-*, F. 145° (Zers.). — *2-[p-Nitrophenyl]-*, F. 172° (Zers.). — *2.6-Diphenyl-*, F. 217° (Zers.). — *2-Naphthyl-*, F. 161° (Zers.). — *2-Phenyl-6H-cycloheptoxazolon-(6)* (V), $C_{14}H_9NO_2$, F. 158° (Bzl.), a) durch Zugabe von 10 g III zu 10%ig. wss. NaOH u. Bzl. bei 10° unter Rühren; 3,2 g; daneben 1 g *2-Phenyl-6H-cycloheptoxazol*

[**IV**, $C_{14}H_{11}NO$, F. 54° (Cyclohexan)]; b) durch 3std. Erhitzen von 3 g 2-Benzoylamino-5-bromtropon u. 15 g **II** auf 130°; 1,6 g. — *2-Phenyloxazol-4.5-dicarbonsäure*, $C_{11}H_7 \cdot NO_5$, F. 215° (Zers.; Essigester), a) durch Zugabe von $KMnO_4$ zu 2,5 g **IV** in Aceton, Zugabe zu 10%ig. HCl, Sättigen mit SO_2 u. Einstellen auf pH 3, Lösen in wss. $NaHCO_3$, Ansäuern mit 10%ig. HCl auf pH 2, Zugabe von 10%ig. HCl u. Essigester zur erhaltenen *2-Phenyloxazol-4.5-dicarbonsäure, Mono-Na-Salz, Hydrat* [F. 276° (Zers.; 0,2 g)], u. 40 Min. langes Rühren; 0,15 g; b) durch Erwärmen von 1,5 g des nachst. Diäthylesters mit KOH in 75%ig. A. auf 40° u. Zugabe von 10%ig. HCl u. Essigester; 0,5 g. *Diäthylester*, $C_{15}H_{15}NO_5$, F. 59°, durch Lösen von K in A./Ae., Zugabe einer äther. Lsg. von 6,8 g nachst. Verb. u. 4,3 g Oxalsäureäthylester bei —10°; aus Cyclohexan Nadeln; 3 g. — *1-Äthoxy-1-phenylmethylidenaminoessigsäureäthylester*, $C_{13}H_{17}NO_3$, $Kp._{0,06}$ 115—123°, durch Zugabe von wss. K_2CO_3 zu einer Suspension von 18,5 g Benziminoäthylätherhydrochlorid in Ae. u. Zugabe von Glycinäthylesterhydrochlorid in W.; 6,8 g. — *2-Benzoylamino-5-hydroxytropon*, $C_{14}H_{11} \cdot NO_3$, F. 240°, durch 1std. Kochen von 1,1 g **V** u. äthanol. NaOH u. Ansäuern mit 10%ig. HCl; aus A. Nadeln; 0,1 g. — *2-Amino-5-hydroxytropon*, $C_7H_7NO_2$, F. 205° (Zers.), durch 2std. Kochen von 0,8 g vorst. Verb. mit NaOH in 50%ig. A. u. Neutralisieren mit 10%ig. HCl; aus A. Nadeln; 0,2 g. — *2-Phenyl-8H-cycloheptoxazolon-(8)*, $C_{14}H_9NO_2$, F. 158°, a) durch 1std. Erhitzen von 5 g 2-Benzoylamino-7-bromtropon u. 20 g **II** auf 140°; aus A. Prismen; 2,8 g; b) durch 1/2std. Erhitzen eines Gemisches aus 2,1 g 2-Benzoylamino-7-methoxytropon u. 10 g **II** auf 120°; 1 g. — *2-Phenylthiazolotropyliummonomethylsulfat, Chloroplatinat*, $C_{14}H_{10}Cl_3NPt_{1/2}S$, F. >260° (10%ig. HCl), a) durch 40 Min. langes Erhitzen von 7 g **VII** u. 30 g **II** bei $Kp._{25}$ 130—140° u. Rk. des erhaltenen *Monomethylsulfats* [4,7] mit **VI**; orange Krist.; b) durch 1/4std. Erwärmen von 2,4 g **VII** in 10%ig. HCl auf 60° u. Umsetzung des erhaltenen *2-Phenylthiazolotropyliumchlorids* [**X**, F. 110°; gelbe Krist.; 1,4 g] mit **VI**; c) durch Zugabe von PCl_5 in CCl_4 zu 2-Phenyl-6H-cycloheptathiazol, 3std. Rühren, Lösen in W. u. Zugabe von **VI**. — *1-p-Tolyl-2-phenylimidazolotropyliumfluoroborat*, $C_{21}H_{17}BF_4N_2$, F. 195°, a) durch Einengen einer Lsg. von 3 g **VIII** in 20%ig. äthanol. HCl im Vakuum u. Rk. des erhaltenen *1-p-Tolyl-2-phenylimidazolotropyliumchlorids* [**XI**, F. 130°; 2,5 g] mit Fluoroborsäure (**IX**); Nadeln; b) analog in 10%ig. wss. HCl; c) durch Zugabe von 0,5 g PCl_5 in CCl_4 zu 0,5 g 1-p-Tolyl-2-phenyl-1.6-dihydrocycloheptimidazol, 4std. Rühren, Lösen in W. u. Zugabe von 20%ig. wss. **IX**; 0,3 g. *Chloroplatinat*, $C_{21}H_{17}Cl_3N_2Pt_{1/2}$, F. 226° (Zers.). — *2-Phenyl-6H-cycloheptathiazolon-(6)*, $C_{14}H_9NOS$, F. 149—150°, durch Zugabe von 1,4 g **X** in wss. $NaHCO_3$, Extrahieren mit Bzl.; aus A. gelbe Krist.; 0,6 g; daneben 0,4 g *2-Phenyl-6H-cycloheptathiazol* [**XII**, $C_{14}H_{11}NS$, F. 73°; aus Bzl./Cyclohexan gelbe Krist.]. — *1-p-Tolyl-2-phenyl-1.6-dihydrocycloheptimidazol* (**XIII**), $C_{21}H_{18}N_2$, F. 122°, analog aus 0,7 g **XI**; aus Cyclohexan Nadeln; 0,3 g; daneben 0,3 g *1-p-Tolyl-2-phenyl-1.6-dihydrocycloheptimidazolon-(6)* [$C_{21}H_{16}N_2O$, F. 181° (A.); auch durch 3std. Kochen eines Gemisches aus 507 mg **XIII** u. SeO_2 in 85%ig. Dioxan, Filtrieren, Einengen u. Extrahieren mit $CHCl_3$; 301 mg]. — *2-Phenyl-6H-cycloheptathiazolon-(6)*, F. 150°, durch 3std. Kochen von 500 mg **XII** u. SeO_2 in 95%ig. Dioxan; aus A. gelbe Prismen; 190 mg. — *2-Benzoylamino-N-p-tolyltroponimin* (**VIII**), $C_{21}H_{18}N_2O$, F. 136°, durch Zutropfen von 1 g Benzoylchlorid zu 1,3 g 2-Amino-N-p-tolyltroponimin in Triäthylamin/Bzl. unter Eiskühlung; aus Cyclohexan orange Nadeln; 1 g. — 19. vgl. C. **1968**, 43-0967. K.-P. Hilgetag 3132△

1272 **Siebengliedrige Ringverbindungen. 23. Mitt. Reaktionen von Tropyliumionen mit einem ankondensierten heterocyclischen System mit verschiedenen Aminen.** Nobuo Soma, Jun-ichi Nakazawa, Taiichiro Watanabe, Yoshio Sato und Genshun Sunagawa. (Chem. pharmac. Bull. [Tokyo] **15** (1967) 5, 627—33; Central Res. Labor., Sankyo Co. Ltd., Hiromadi, Shimagawa-ku, Tokyo; engl.) — 22. vgl. vorst. Referat. — Die Rk. von 2-Phenyloxazolotropyliummonomethylsulfat (**I**) u. 2-Phenylthiazolotropyliumchlorid (**III**) mit Dimethylamin liefert *2-Phenyl-6-dimethylamino-6H-cycloheptoxazol* bzw. *2-Phenyl-6-dimethylamino-6H-cycloheptathiazol*. Rk. von **I** bzw. 1-p-Tolyl-2-phenylimidazolotropyliumchlorid (**IV**) mit p-Toluidin gibt *1-p-Tolyl-2-phenyl-1.6-dihydrocycloheptimidazol* bzw. *1-p-Tolyl-2-phenyl-6-p-tolylimino-1.6-dihydrocycloheptimidazol* (**II**). **I** reagiert mit N-Methylanilin zu *2-Phenyl-6-p-methylaminophenyl-6H-cycloheptoxazol* u. *2-Phenyl-4-p-methylaminophenyl-4H-cycloheptoxazol*.

Versuche: *2-Phenyl-6-dimethylamino-6H-cycloheptoxazol*, $C_{16}H_{16}N_2O$, F. 112°, durch Zugabe von Dimethylamin zu 4 g **I** in Bzl. u. 1std. Rühren; aus Cyclohexan Blättchen; 2,8 g (Ausb.). — *2-Phenyloxazol-4.5-dicarbonsäure*, F. 215° (Zers.), durch Zugabe von $KMnO_4$ zu 25 g vorst. Verb. in Aceton u. 13std. Rühren; Nadeln; 1 g. — *2-Phenyl-5.6.7.8-tetrahydro-4H-cycloheptoxazol*, $C_{14} \cdot H_{15}NO$, F. 34—36°, durch Hydrieren vorvorst. Verb. in A. in Ggw. von PtO_2 u. Dest. bei $Kp._{0,06}$ 111°; aus PAe./Ae. Nadeln; daneben aus der Mutterlauge mit Pikrinsäure *Dimethylaminpikrat* [F. 162° (A.)]. — *N.N-Bis-[2-phenyl-6H-cycloheptoxazolyl-(6)]-methylamin*, $C_{29}H_{23} \cdot N_3O_2$, F. 145°, durch 1std. Rühren eines Gemisches aus 6,7 g **I** u. Methylamin in Bzl.; aus Methanol Nadeln; 3 g. — *1-p-Tolyl-2-phenyl-1.6-dihydrocycloheptimidazol*, F. 122°, a) durch 3std. Rühren aus 8,7 g p-Toluidin u. 6 g **I** in Bzl., Abfiltrieren des entstandenen *p-Toluidinmonomethylsulfats* u. Einengen; aus n-Hexan gelbe Nadeln; 3,5 g; daneben aus der Mutterlauge *1-p-Tolyl-2-phenyl-6-p-tolylimino-1.6-dihydrocycloheptimidazol* [**II**, $C_{28}H_{23}N_3$, F. 181°; aus A. orange Nadeln; auch durch 8std. Kochen eines Gemisches aus nachst. Verb. u. p-Toluidinhydrochlorid in A. u. Einengen]; b) durch 7std. Rühren eines Gemisches aus 1,2 g **IV** u. 5 g p-Toluidin in Bzl. u. Zugabe von verd. HCl; 0,1 g; daneben 0,15 g **II**. *Pikrat*, F. 202° (Zers.). — *1-[p-Tolyl]-2-phenyl-1.6-dihydrocycloheptimidazolon-(6)*, F. 180—181°, durch 8std. Kochen von **II** mit äthanol. HCl u. Einengen; orange Nadeln. — *2-Phenyl-6-p-dimethylaminophenyl-6H-cycloheptoxazol*, $C_{22}H_{20}N_2O$, F. 128°, durch Zugabe von N.N-Dimethylanilin zu 5 g **I** in Bzl.; aus Cyclohexan gelbe Nadeln; 1,1 g; daneben 52 mg *2-Phenyl-4-p-dimethylaminophenyl-4H-cycloheptoxazol* [$C_{22}H_{20}N_2O$, F. 142°; aus Cyclohexan gelbe Nadeln]. — *2-Phenyl-6-p-methylaminophenyl-6H-cycloheptoxazol*, $C_{21}H_{18}N_2O$, F. 150°, durch 48std. Rühren von 7 g **I** u. 5,7 g N-Methylanilin in Bzl. u. Zugabe von 10%ig. HCl; aus Bzl. gelbe Nadeln; 1,76 g; daneben aus der Mutterlauge 2 g *2-Phenyl-4-p-methylaminophenyl-4H-cycloheptoxazol* [$C_{21}H_{18}N_2O$, F. 118°; aus Bzl./Cyclohexan gelbe Nadeln]. — *2-Phenyl-6-dimethylamino-6H-cycloheptathiazol*, $C_{16}H_{16}N_2S$, F. 86 bis 88°, durch 5std. Rühren von 4,6 g **III** u. Dimethylamin in Bzl.; aus PAe./Ae. Nadeln; 2,2 g.

K.-P. Hilgetag 3132△

1273 **Siebengliedrige Ringverbindungen. 24. Mitt. Synthese von 8-Methyliminocyclohepta-[b]-pyrrol und 1H-Cyclohepta-[b]-pyrrolthion-(8)-derivate und Troponanalogen von Tryptamin.** Yasunobu Sato und Genshun Sunagawa. (Chem. pharmac. Bull. [Tokyo] **15** (1967) 5, 634—43, Central Res. Labor., Sankyo Co. Ltd., Hiromachi, Shimagawa-ku, Tokyo; engl.) — 23. vgl. vorst. Referat. — Vf. synthetisieren eine Reihe von *8-Methylimino-1.8-dihydrocyclohepta-[b]-pyrrolderiv.* (**A**) durch Cyclisierung von aus 2-Methylaminotroponhydrazon erhaltenen Azinen mit Carbonylverbindungen. Direkte Methylierung von 1H-Cyclohepta-[b]-pyrrolon-(8)-deriv. mit Dimethylsulfat führt unter O-Methylierung zu *8-Methoxycyclohepta-[b]-pyrrolen* (**B**), die durch Kondens. mit Methylamin in Verb. vom Typ **A** überführbar sind. Die Verb. vom Typ **B** lassen sich mit Na_2S zu *1H-Cyclohepta-[b]-pyrrolthion-(8)* umsetzen. Es werden eine Reihe von *3-[2-Aminoäthyl]-cyclohepta-[b]-pyrrolderiv.*, Troponanalogen des *Tryptamins*, synthetisiert.

Versuche: 2-Methylaminotroponhydrazone: *5-Brom-*, $C_8H_{10}BrN_3$, F. 102—103°, aus 90%ig. Hydrazinhydrat u. 1,1 g 2-Methylamino-5-brom-N-methyltroponimin in A. durch 20 Min. langes Kochen; aus 50%ig. A. violette Nadeln; 600 mg (Ausb.). — *Unsubstituiert* (**II**), $C_8H_{11}N_3$, F. 45°, aus 2-Methylamino-

N-methyltroponimin (I) analog vorst. Meth.; aus 45 %ig. A. dunkelviolette Nadeln; 63,4 %. *Acetylhydrazon*, $C_{10}\cdot H_{13}N_3O$, F. 157—158°, durch $^1/_2$std. Kochen eines Gemisches aus **I** u. Acetylhydrazin in A., Kühlen u. Zugabe von W.; aus 30 %ig. wss. A. Nadeln. *Benzoylhydrazon*, $C_{15}H_{15}N_3O$, F. 199—201°, a) durch 8std. Kochen von 1,5 g **I** u. 1,4 g Benzoylhydrazin in A.; aus 70 %ig. A. orangefarbene Nadeln; 1,6 g; b) aus Benzoylchlorid u. 150 mg **II** in 10 %ig. wss. NaOH; 30 mg. — *2-Methylaminotropon, Phenylsemicarbazon*, $C_{15}H_{16}N_4O$, F. 173 bis 174° (Zers.), durch Zugabe von 4,8 g Phenylisocyanat zu 6 g **II** in abs. Bzl. u. 1std. Kochen; aus 85 %ig. wss. A. rötlichbraune Nadeln; 8 g. — $N^{4'}$-substituierte 2-Methylaminotroponthiosemicarbazone, durch 1std. Kochen von **II** u. dem entsprechenden Isothiocyanat in abs. Bzl.: *Methyl-*, $C_{10}H_{14}N_4S$, F. 199—200°. — *Äthyl-*, $C_{11}H_{16}N_4S$, F. 201—202°. — *Isobutyl-*, $C_{13}H_{20}N_4S$, F. 210 bis 212°. — *Phenyl-*, $C_{15}H_{16}N_4S$, F. 161—162°. — *2-Methylaminotroponazin*, $C_{16}H_{18}N_4$, F. 221—222° (Zers.), durch 38std. Kochen von 1,5 g **I** u. 1,5 g **IV** in A.; aus $CHCl_3$/A. (8 : 2) dunkelviolette Nadeln; 220 mg. — Hydrazono-2-methylaminocycloheptatrien: Pikrate: *p-Chlorbenzyliden-*, $C_{21}H_{17}ClN_6O_7$, F. 205°, durch 3std. Kochen von **II** u. p-Chlorbenzaldehyd in A. u. Rk. mit Pikrinsäure; orange Nadeln. — *Propyliden-* (**V**), $C_{17}H_{18}N_6O_7$, F. 169—170°, a) durch 4std. Kochen von **II** u. Propionaldehyd in A. u. Rk. mit Pikrinsäure; aus 70 %ig. wss. A. braune Nadeln; b) durch kurzes Erhitzen von 2-Propylidenhydrazinocycloheptatrien u. Dimethylschwefelsäure auf 100°, Zugabe von 30 %ig. wss. Methylamin zur wss. Lsg. u. Rk. mit Pikrinsäure. — *Butyliden-*, $C_{18}H_{20}N_6O_7$, F. 166—167°. — [*β-Phenyläthyliden*]-, $C_{22}H_{20}\cdot N_6O_7$, F. 155—156°. — [*1-Methylpropyliden*]-, $C_{18}H_{20}N_6O_7$, F. 103—104°. — *Äthyliden-*, $C_{16}H_{16}N_6O_7$, F. 163—164°. — *Isopropyliden-*, $C_{17}H_{18}N_6O_7$, F. 120—121°. — [*α-Methyl-ω-phthalimidobutyliden*]-, $C_{27}H_{25}N_7O_9$, F. 176—177°. — *5-Brom-*[*α-methyl-ω-phthalimidobutyliden*]-, $C_{27}H_{24}BrN_7O_9$, F. 173—174°. — [*2-Methylaminotropyliden*]-*hydrazonocyclopentan*, $C_{13}H_{17}N_3$, F. 94—95°. — [*2-Methylaminotropyliden*]-*hydrazonocyclohexan, Pikrat* $C_{20}H_{22}N_6O_7$, F. 132 bis 133°. — 8-Methylimino-1.8-dihydrocyclohepta-[b]-pyrrole: *3-Methyl-*, $C_{11}H_{12}N_2$, F. 146 bis 147° [*Pikrat*, $C_{17}H_{15}N_5O_7$. F. 231—232°; aus 60 %ig wss. A. gelbe Schuppen] durch kurzes Erhitzen von **V** (aus 1 g **II**) u. Polyphosphorsäure auf 150°, Einstellen auf pH 8—9, kurzes Erhitzen von 2 g des erhaltenen *3-Methyl-1H-cyclohepta-*[*b*]*-pyrrolons-*(*8*) (**IV**), mit Dimethylsulfat auf 100° u. Zugabe von wss. Methylamin zum erhaltenen *3-Methyl-8-methoxycyclohepta-*[*b*]*-pyrrolmonomethylsulfat* [**VI**, $C_{12}H_{15}NO_5S$; 1,1 g] in W.; 765 mg; daneben 10 mg einer *nicht identifizierten Verb.* [*Pikrat*, $C_{17}H_{14}N_4O_8$, F. 191—192°]. — *3-Äthyl-*, $C_{12}H_{14}N_2$, F. 101—102°. — *3-Phenyl-*, $C_{16}H_{14}N_2$, F. 154—155°. — *2.3-Dimethyl-*, $C_{12}H_{14}N_2$, F. 145—146°. — *2.3-Trimethylen-*, $C_{13}H_{14}N_2$, F. 124—125°. — *2.3-Tetramethylen-*, *Pikrat*, $C_{20}H_{19}N_5O_7$, F. 232—233°. — *2.3-Pentamethylen-*, $C_{15}H_{18}N_2$, F. 131 bis 132°. — 1H-Cyclohepta-[b]-pyrrolthione-(8): *3-Methyl-*, $C_{10}H_9NS$, F. 167—168°, durch Zugabe von wss. NaS zu **VI** [aus 1 g **IV**] bis zum pH 9—10; aus A. braune Nadeln; 500 mg. — *3-Äthyl-*, $C_{11}H_{11}NS$, F. 114 bis 115°. — *3-Phenyl-*, $C_{15}H_{11}NS$, F. 159—160°. — *5-Phthalimidopentanon-*(*2*), *Troponyl-*(*2*)*-hydrazon*, $C_{20}\cdot H_{19}N_3O_3$, F. 188—190°, durch 3std. Kochen von 5 g 5-Phthalimidopentanon-(2) (**III**) u. 3 g Tropolonyl-(2)-hydrazin in A.; aus Dioxan gelbe Nadeln; 5 g. — *5-Phthalimidopentanon-*(*2*), *7-Bromtroponyl-*(*2*)*-hydrazon*, $C_{20}H_{18}BrN_3O_3$, F. 170—171°, aus **III** u. 3-Bromtropolon-(2)-ylhydrazin analog vorst. Meth.; aus A. gelbe Nadeln. — 3-[2-Aminoäthyl]-1.8-dihydro-cyclohepta-[b]-pyrrole: *2-Methyl-8-methylimino-*, *Dihydrochlorid, Monohydrat*, $C_{13}H_{19}Cl_2N_3\cdot H_2O$, F. 280° (Zers.; Methanol), durch kurzes Erhitzen von [2-Methylaminotropyliden]-hydrazono-[ω-phthalimido-α-methylbutan [aus 4 g **II** u. 6,15 g **III**] in Polyphosphorsäure auf 180°, $^1/_2$std. Kochen der erhaltenen *Verb.* [13 g] mit 10 %ig. wss. KOH, Zugabe von 50 %ig. H_2SO_4, $2^1/_2$std. Erhitzen u. Einstellen auf pH 9; 2,7 g. — *8-Methylimino-*, *Dihydrochlorid*, $C_{12}H_{17}\cdot Cl_2N_3$, F. 305°. — *2-Methyl-8-methylimino-*, *Dihydrobromid, Monohydrat*, $C_{13}H_{19}Br_2N_3\cdot H_2O$, F. 295°. — *2-Methyl-5-brom-8-methylimino-*, *Dihydrochlorid*, $C_{13}H_{18}\cdot BrCl_2N_3$, F. 300°. — *2-Methyl-8-oxo-*, *Dihydrochlorid*, $C_{12}H_{16}Cl_2N_2O$, F. 300°. — *2-Methyl-7-brom-8-oxo-*, *Monohydrochlorid*, $C_{12}H_{14}BrClN_2O$, F. 300°.

K.-P. Hilgetag 3132△

1274 **Synthese von Thiazolinen und ihren Mercuriderivaten und ihre Verwendung als Fungizide.** B. C. Dash und G. N. Mahapatra. (J. Indian chem. Soc. **44** (1967) 11, 939—42; Ravenshaw Coll., Cuttack; engl.) — Rk. von symm. Diarylthioharnstoffen mit Acetessigsäureäthylester (**I**) in Ggw. von J_2 liefert *2-Arylimino-3-aryl-4-methyl-5-äthoxycarbonyl-Δ^4-thiazoline*, die mit 1 Val Hg(II)-Acetat (**II**) am 3-Arylrest mercuriert werden. Behandeln von *2-Phenylimino-3-p-acetoxymercuriphenyl-4-methyl-5-äthoxycarbonyl-Δ^4-thiazolin* mit K-Perbromid führt zum *3-p-Bromphenylderiv.* [$C_{19}H_{17}BrN_2O_2S$, F. 165°], dessen Hydrolyse *3-p-Bromphenyl-4-methyl-5-äthoxycarbonyl-Δ^4-thiazolinon-*(*2*) [$C_{13}H_{12}BrNO_3S$, F. 94°] liefert. Die fungizide Wrkg. der Verb. ist tabelliert.

Versuche: 2-Arylimino-3-aryl-4-methyl-5-äthoxycarbonyl-Δ^4-thiazoline: *2-Phenylimino-3-phenyl-*, $C_{19}H_{18}N_2O_2S$, F. 111—112° (Essigsäure/A. 1 : 1), durch 30std. Kochen von symm.-Diphenylthioharnstoff, **I** u. J_2 in abs. Bzl. auf dem W.-Bad, 6std. Kochen ohne Kondensator, Stehen in Ae. über Nacht, Dekantieren, Kochen mit W., Dekantieren in der Hitze u. Behandeln mit konz. NH_4OH; 80 % (Ausb.). *Acetoxymercuri* (AcOHg)-*Deriv.*, $C_{21}H_{20}HgN_2O_4S$, F. 187—188°, durch Behandeln vorst. Verb. im Minimum an Essigsäure/A. (1 : 1) mit **II** in Essigsäure/A., 24std. Stehen bei Raumtemp. (evtl. Zusatz von wenig W.) u. Waschen des Nd. mit heißem W., A. u. sehr verd. Essigsäure; 82 %. — Analog: *2-p-Tolylimino-3-p-tolyl-*, F. 82—83°; 70 %. *HgOAc-Deriv.*, F. >250°; 75 %. — *2-o-Chlorphenylimino-3-o-chlorphenyl-*, F. 90°; 72 %. *AcOHg-Deriv.*, F. >250°; 65 %. — *2-p-Chlorphenylimino-3-p-chlorphenyl-*, F. 96—97°; 75 %. *AcOHg-Deriv.*, F. 175—176°; 75 %. — *2-p-Bromphenylimino-3-p-bromphenyl-*, F. 86—87°; 80 %. *AcOHg-Deriv.*, F. 170°; 65 %. — *2-p-Carboxyphenylimino-3-p-carboxyphenyl-*, F. 188—190°; 60 %. *AcOHg-Deriv.*, F. 250—251°; 60 %. — *2-m-Nitrophenylimino-3-m-nitrophenyl-*, F. 165°; 55 %. *AcOHg-Deriv.*, F. >250°; 50 %. — *2-p-Nitrophenylimino-3-p-nitrophenyl-*, F. 200°; 75 %. *AcOHg-Deriv.*, F. 242—243°; 55 %. — *2-α-Naphthylimino-3-α-naphthyl-*, F. 240°; 75 %. *AcOHg-Deriv.*, F. >250°; 65 %. — *2-β-Naphthylimino-3-β-naphthyl-*, F. 230°; 80 %. *AcOHg-Deriv.*, F. 205—206°; 70 %. H. Miele 3142△

1275 **Untersuchungen über mesoionische Verbindungen.** 28. Mitt. **Reduktion von Thiazonen-(4) und Thiazon-(4)-iminen und Überführung von Triphenylthiazon-(4) in Thiazoliumsalze.** Zenichi Takayanagi, Hiroshi Kato und Masaki Ohta. (Bull. chem. Soc. Japan **40** (1967) 12, 2930—36; Labor. of Organ. Chem., Tokyo Inst. of Technol., Ookayama, Meguro-ku, Tokyo; engl.) — 27. vgl. ibid. **40** (1967) 579. — Red. von Thiazonen-(4) u. N-Acetylthiazon-(4)-iminen mit $NaBH_4$ führt zu *Thiazolidinonen-*(*4*) bzw. *N-Acetylaminothiazolidinen*. Vers. zur Isomerisierung von 5-Alkylidenthiazolidinonen-(4) (**A**) gelangen nicht. Darst. von **A** erfolgte durch Red. von 5-Acylthiazonen-(4) u. Dehydratisierung zu *5-Alkylthiazonen-*(*4*). Äthylierung u. Acetylierung von 2.3.5-Triphenylthiazonen-(4) liefert die entsprechenden *4-Äthoxy-* bzw. *4-Acetoxythiazoliumsalze*. — 23. vgl. C. **1967**, 18-1014.

Versuche: Thiazolidinone-(4): *2.3.5-Triphenyl-* (**II**), $C_{21}H_{17}NOS$, F. 138—139,5°, a) aus 1 g **III** u. $NaBH_4$ in A.; aus Methanol Prismen; 0,95 g (Ausb.); b) aus 1,4 g α-Mercaptophenylessigsäure u. 0,7 g Benzalanilin in Toluol; 0,4 g. — *2-Methyl-3.5-diphenyl-*, $C_{16}H_{15}NOS$, F. 110—135°, aus 1 g 2-Methyl-3.5-diphenylthiazon-(4) analog vorst.; aus A. Nadeln; 0,9 g. — *2.3-Diphenyl-5-*[*α-hydroxybenzyl*]-, $C_{22}H_{19}NO_2S$, F. 209,5 bis 210,5°, analog aus 0,5 g 2.3-Diphenyl-5-benzoylthiazon-(4); aus Methanol Prismen; 0,1 g. — *2.3-Diphenyl-5-benzyliden-*, F. 189—190,5°, aus 18 mg vorst. Verb. u. Na-Äthylat in Bzl.; aus Äthylcellosolve gelbe Prismen; 15 mg. — *2.3-Diphenyl-5-*[*α-hydroxyäthyl*]-, $C_{17}H_{17}NO_2S$, F. 181—183°, aus 1 g 2.3-Diphenyl-5-acetylthiazon-(4) (**I**) u. $NaBH_4$; aus Bzl./Hexan Nadeln; 0,15 g. — *2.3-Diphenyl-5-äthyliden-*, $C_{17}H_{15}NOS$, F. 206—207°, aus vorst.

Verb. [aus 2 g I] u. Na-Äthylat in Bzl.; aus Äthylcellosolve Nadeln; 0,85 g. — *2.3-Diphenyl-5-benzoylthiazon-(4)*, $C_{22}H_{15}NO_2S$, F. 252,5—253°, a) aus Triäthylamin, 30 g Thiobenzanilid, 20 g Bromessigsäure u. Benzoesäureanhydrid bei 85°; aus Äthylcellosolve orangefarbene Nadeln; 5,8 g; b) aus 0,5 g 2.3-Diphenylthiazon-(4), Benzoesäureanhydrid u. Py.; 0,1 g. — *N-Acetyl-2-methyl-3-phenylthiazon-(4)-imin, Hydrochlorid*, $C_{12}H_{13}ClN_2OS$, F. 214—218° (Zers.), aus 4 g 2-Methyl-3-phenylthiazon-(4)-imin-Hydrochlorid, Acetanhydrid u. BF_3-Ätherat; aus A./Ae. Nadeln; 3,5 g. — *2.3-Diphenyl-4-acetamidothiazolidin*, $C_{17}H_{16}N_2OS$, F. 194—195° (Methanol), aus 0,5 g N-Acetyl-2.3-diphenylthiazon-(4)-imin; 0,5 g. — *2-Methyl-3-phenyl-4-acetamidothiazolidin*, $C_{12}H_{16}N_2OS$, F. 163 bis 164°, aus 0,6 g N-Acetyl-2-methyl-3-phenylthiazon-(4)-imin analog vorst.; 0,5 g. — *2.3.5-Triphenylthiazon-(4)* (III), a) aus II u. S bei 200°; rote Nadeln; b) aus nachst. Verb. u. W.; 100%; c) aus 0,46 g 2.3.5-Triphenyl-4-äthoxythiazoliumperchlorat (V) u. wss. Na_2CO_3; 0,07 g. — 2.3.5-Triphenylthiazoliumperchlorate: *4-Hydroxy-*, $C_{21}H_{16}ClNO_5S$, F. 169—170,5°, aus 70%ig. $HClO_4$, 0,64 g III u. Aceton, Einengen u. azeotrope Dest. unter Zusatz von CH_2Cl_2; aus CH_2Cl_2/Hexan gelbe Nadeln; 0,5 g. — *4-Acetoxy-* (IV), $C_{23}H_{18}ClNO_6S$, F. 181—183°, a) aus vorst. Verb. u. Acetanhydrid; aus Acetonitril/Ae. Nadeln; b) aus Acetylperchlorat u. III in Acetanhydrid. — *4-Äthoxy-* (V), $C_{23}H_{20}ClNO_5S$, F. 195—197°, aus 0,6 g 2.3.5-Triphenyl-4-äthoxythiazoliumfluoroborat u. 70%ig. $HClO_4$ in Aceton; aus Aceton/Ae. Nadeln; 0,45 g. — *Unsubstituiert*, $C_{21}H_{16}ClNO_4S$, F. 224—226°, aus 1 g Thiobenzanilid, 1 g α-Bromphenylacetaldehyd u. 70%ig. $HClO_4$; aus Aceton/Ae. Nadeln; 0,25 g. — *α-[Benzoylmercapto]-phenylacetanilid*, $C_{21}H_{17}NO_2S$, F. 167—169° (Methanol), aus wss. Na_2CO_3 u. 0,47 g IV in Acetonitril; 0,2 g; daneben 0,12 g III. — *2.3.5-Triphenyl-4-äthoxythiazolium-Fluoroborat*, $C_{23}H_{20}BF_4NOS$, F. 178,5—180,5° (CH_2Cl_2/Hexan), aus 1,9 g Triäthyloxoniumfluoroborat u. 3 g III in CH_2Cl_2; 3,7 g. — *N.N'-Diphenylbenzamidin, Perchlorat*, aus 0,5 g V u. Anilin; Nadeln; 0,4 g; daneben 0,15 g *Bis-[(phenylanilinocarbonyl)-methyl]-disulfid*, $C_{28}H_{24}N_2 \cdot O_2S_2$, F. 249—251°; aus A. Nadeln.

K.-P. Hilgetag 3142△

1276 **Thiazolverbindungen.** J. Shukri und S. Alazawe. (J. Indian chem. Soc. **44** (1967) 9, 800—01; Chem. Dep., College of Sci., Baghdad Univ., Iraq; engl.) — Es wird die Darst. von 2 Verb. mit 2 Thiazolkernen beschrieben.

Versuche: *4.4'-Bis-[p-bromphenyl]-2.2'-bithiazolyl*, $C_{18}H_{10}Br_2N_2S_2$, F. 224—225° (Py.), durch 5std. Kochen von p-Bromphenacylbromid u. Rubeanwasserstoff in A.; 73% (Ausb.). — *4.4'-Di-α-thienyl-2.2'-bithiazolyl*, $C_{14}H_8 \cdot N_2S_4$, F. 277—278°, analog vorst. Verb. mit 2-Bromacetylthiophen; 60%.

I. Spaeth 3142

1277 **Struktur der Endothiotriazoline und Endooxytriazoline.** G. W. Evans und B. Milligan. (Austral. J. Chem. **20** (1967) 8, 1779—81; Div. of Protein Chem., CSIRO Wool Res. Labor., Parkville, Victoria, Australien; engl.) — Die von Busch u. Schneider (1903) aus 1.4-Diphenylthiosemicarbazid (I) u. HCOOH dargestellte Verb. $C_{14}H_{11}N_3S$ ist *1.4-Diphenyltriazoliumthiolat-(3)* (II). II-Methojodid gibt mit wss. Alkali *1.4-Diphenylsemicarbazid* u. *Methanthiol*. Die nach Busch u. Schneider (l.c.) bzw. Busch u. Mehrtens (1905) dargestellten Verb. sind *1.4-Diphenyl-5-methyl-1.2.4-thiazoliumthiolat-(3)* bzw. *N-[1.4-Diphenyl-5-methyl-1.2.4-triazolio-(3)]-anilid*. Die von Busch et al. [1903] erhaltene Verb. $C_{14}H_{11}N_3O$ ist vermutlich *1.4-Diphenyltriazoliumolat-(3)*. Die Strukturzuordnungen werden durch die NMR-Spektren gestützt.

Versuche: *1.4-Diphenyl-5-methyl-1.2.4-triazoliumthiolat-(3)*, $C_{15}H_{13}N_3S$, F. 260—263° (A.), aus 1 g I u. heißem Acetanhydrid; 0,22 g (Ausb.). — *3-Phenyl-1.3.4-thiadiazoliumthiolat-(5)*, $C_8H_6N_2S_2$, F. 194—195° ($CHCl_3$/A.), aus 1,8 g 4-Phenyl-1.3.4-thiadiazolidinthion-(2) u. Peressigsäure in CH_3COOH bei Raumtemp. (→ 1,6 g *Disulfid*) u. Erhitzen in $CHCl_3$ auf 50°; 0,7 g. — *1.4-Diphenyl-1.2.4-triazoliumthiolat-(3)* (II), $C_{14}H_{11}N_3S$, F. 216 bis 217° (A.), nach Busch u. Schneider (l.c.). — *N-[1.4-Diphenyl-1.2.4-triazolio-(3)]-anilid*, F. 187—188°, nach Busch [1905]. — *1.4-Diphenyl-1.2.4-triazoliumolat-(3)*, $C_{14}H_{11}N_3O$, F. 263—265° (DMF), nach Busch u. Schneider (l.c.). — *3-Phenyl-2-methyl-1.3.4-thiadiazoliumthiolat-(5)*, $C_9H_8N_2S_2$, F. 221—222° (CH_3CN), nach Busch [1895]. — *N-[1.4-Diphenyl-5-methyl-1.2.4-triazolio-(3)]-anilid*, $C_{21}H_{18}N_4$, F. 251—252° (CH_3CN), nach Busch u. Mehrtens (l. c.).

Hans Köhne/Berlin 3153△

1278 **Bildung von Tetrafluordehydrobenzol aus Tetrafluoranthranilsäure.** T. D. Petrova, T. I. Savčenko und G. G. Jakobson. (Ž. obšč. Chim. **37/99** (1967) 5, 1170; Novosibirskij inst. org. chim. Sibir. otd. AN SSSR; russ.) — Diazotierung von Tetrafluoranthranilsäure (I) mit Butylnitrit (II) in inerten Lsgm. führt intermediär zu Tetrafluordehydrobenzol.

Versuche: *1.2.3.4-Tetrafluor-5.8-ätheno-5.8-dihydronaphthalin*, F. 72—72,5°, durch Zugabe von I in Bzl. zu II in Bzl. bei 50°, 2std. Kochen, Eindampfen, Lösen in Bzl. u. Reinigen an Al_2O_3; 35% (Ausb.). — *1-Phenyl-4.5.6.7-tetrafluorbenzotriazol*, $C_{12}H_5F_4N_3$, F. 121—122° (A.; Subl.), durch Zugabe von I in Aceton zu Phenylazid u. II in CH_2Cl_2 unter Kochen u. Eindampfen; 35%.

H. Berger 3153△

1279 **Acylierung von 3-Phenylsydnon mit Carbonsäuren und Phosphorpentoxid.** Claude V. Greco, John Tobias und Lemont B. Kier. (J. heterocyclic Chem. 4 (1967) 1, 160—62; Dep. of Chem., St. John's Univ., Jamaica, N.Y.; engl.) — Optimale Ausb. an *Alkyl-[3-phenylsydnonyl-(4)]-ketonen* konnten durch Kochen von 3 Mol P_2O_5 mit je 1 Mol 3-Phenylsydnon (I) u. Carbonsäure in Bzl. erhalten werden. Die Anwendbarkeit der Meth. ist jedoch beschränkt, da nur mit Essig- (II), Propion- (III), Butter- (IV) u. Isobuttersäure (V) die entsprechenden *3-Phenyl-4-acylsydnone* erhalten wurden, nicht dagegen mit Pivalin-, Decan-, Benzoesäure sowie o- oder p-substituierten Benzoesäuren. Die dargestellten Acylsydnone zeigen ungewöhnliche Resistenz gegen saure Hydrolyse, so daß sie als 2.4-Dinitrophenylhydrazone charakterisiert werden konnten. Aus den UV- u. IR-Spektren sowie MO-Berechnungen wird auf die Elektronenstruktur geschlossen.

Versuche: *Methyl-[3-phenylsydnonyl-(4)]-keton*, $C_{10}H_8N_2O_3$, F. 141,5—142,5° (A.), aus I u. II; 59,7% (Ausb.). *Oxim*, $C_{10}H_9N_3O_3$, F. 193,5—195° (A.); 36—44%. *2.4-Dinitrophenylhydrazon*, $C_{16}H_{12}N_6O_6$, F. 234—236°; 42,5%. — *Äthyl-[3-phenylsydnonyl-(4)]-keton*, $C_{11}H_{10}N_2 \cdot O_3$, F. 92,5—94° (A.), aus I u. III; 42,2%. *2.4-Dinitrophenylhydrazon*, $C_{17}H_{14}N_6O_6$, F. 242—243°; 48,1%. — *n-Propyl-[3-phenylsydnonyl-(4)]-keton*, $C_{12}H_{12}N_2O_3$, F. 72,5 bis 74° (A.), aus I u. IV; 43,9%. *2.4-Dinitrophenylhydrazon*, $C_{18}H_{16}N_6O_6$, F. 239—240°; 47,4%. — *Isopropyl-[3-phenylsydnonyl-(4)]-keton*, $C_{12}H_{12}N_2O_3$, F. 113,5—115° (A.), aus I u. V; 40,1%. *2.4-Dinitrophenylhydrazon*, $C_{18} \cdot H_{16}N_6O_6$, F. 178—179,5°; 23,7%. P. Boroffka 3163

1280 **Darstellung von 3-Alkylmercapto-2-methoxytetrahydropyranen.** M. J. Baldwin und R. K. Brown. (Canad. J. Chem. **45** (1967) 11, 1195—1200; Erratum; ibid. **45** (1967) 21, 2638; Univ. of Alberta, Edmonton, Alberta; engl.) — Rk. von Alkylsulfenylchloriden (A) mit 3.4-Dihydro-2H-pyran (I) u. anschließende Behandlung mit $NaOCH_3$ liefern stereoselektiv *trans-3-Alkylmercapto-2-methoxytetrahydropyrane* (trans-B). Vakuumdest. der trans-B > 55° führt unter Eliminierung von Methanol zu *5-Alkylmercapto-3.4-dihydro-2H-pyranen*. Bei tieferen Temp. sind die leichter flüchtigen trans-B ohne Zers. destillierbar, jedoch erfolgt therm. Isomerisierung zu Gemischen aus trans-B u. den *cis-Isomeren*. Die bevorzugten Konform. dieser Isomeren werden diskutiert.

Versuche: 3-Alkylmercapto-2-methoxytetrahydropyrane (B), durch Zutropfen von I zu A in abs. CH_2Cl_2 bei —20°, Zugabe von $NaOCH_3$ in Methanol unter Erwärmen auf 0°, Rühren unter Erwärmen auf Raumtemp. (1 Std.), Filtrieren, Eindampfen im Rotationsverdampfer < 40° u. Aufarbeiten mit Ae.: *3-Methylmercapto-*, $Kp._{0,3}$ 47—48°, n_D^{23} 1,4854; 79% (Ausb.). — *3-Äthylmercapto-*, $Kp._{0,01}$ 43°, n_D^{24} 1,4829; 82%. — *3-Benzylmercapto-* (II); n_D^{24} 1,5487. — 5-Alkylmercapto-3.4-dihydro-2H-pyrane, durch Dest. der B > 55°; *5-Methylmercapto-*, $Kp._{21}$ 90°, n_D^{23} 1,5148. — *5-Äthylmercapto-*, $Kp._8$ 57°, n_D^{23} 1,5061; 74%. — *5-Benzylmercapto-*, $Kp._{0,01}$ 85°, n_D^{24} 1,5776; 84%. — II, durch 12std. Kochen vorst. Verb. in Methanol in Ggw. von konz. HCl,

Kühlen, Neutralisieren mit $NaHCO_3$, Filtrieren, Eindampfen im Rotationsverdampfer < 40° u. Aufarbeiten mit Ae.; 95%. H. Miele 3211△

1281 **4-Oxo-3.4-dihydroisocumarin.** J. N. Chatterjea, B. K. Banerjee und H. C. Jha. (J. Indian chem. Soc. 44 (1967) 11, 911–19; Patna Univ., Patna; engl.) — Rk. von Hemipinsäure-α-methylester (IV) mit Oxalylchlorid (VI), Überführen in das *Diazoketon* u. saure Zers. liefern *7.8-Dimethoxy-4-oxo-3.4-dihydroisocumarin*, während aus Hemipinsäure-β-methylester (V) nicht das erwartete 5.6-Dimethoxy-4-oxo-3.4-dihydroisocumarin (I), sondern *7-Methoxy-4-methoxycarbonylcumaranon-(3)* entsteht. Chromsäureox. von 3.4-Dihydroisocumarin gibt *4-Oxo-3.4-dihydroisocumarin* (II); analoge Ox. von 5.6-Dimethoxy-3.4-dihydroisocumarin liefert bevorzugt *5.6-Dimethoxyhomophthalsäure*. Curtius-Rk. von *Isocumarincarbonsäure-(4)-azid* führt zu *4-Äthoxycarbonylaminoisocumarin* (VIII), das mit konz. HCl das *Selbstkondens.-Prod.* von II, mit verd. H_2SO_4 II gibt. Eine analoge Synth. von I gelang nicht. II kondensiert sich leicht mit aromat. Aldehyden (A) in Ggw. von Säuren oder sek. Basen zu *3-Aryliden-4-oxo-3.4-dihydroisocumarinen*. Katalyt. Red. von 3-m-Methoxybenzyliden-4-oxo-3.4-dihydroisocumarin (IX) u. Cyclisierung mit Polyphosphorsäure (PPS) liefern *6'-Methoxyindeno-[2'.3':3.4]-isocumarin*.

Versuche: *3.4-Dihydroisocumarin*, Kp.$_3$ 132 bis 134°, durch 2std. Hydrieren von 9 g Isocumarin zu Essigsäure an 30%ig. Pd/Kohle bei Raumtemp.; 7,5 g (Ausb.). Daneben durch Ansäuern des alkal. Extrakts *o-Äthylbenzoesäure*, F. 64°; 0,05 g [*Amid*, F. 153°]. — *4-Oxo-3.4-dihydroisocumarin* (II), F. 149–150°, durch Zutropfen von Chromsäure in wss. Essigsäure zu 0,3 g vorst. Verb. in Essigsäure bei 25°, 3std. Rühren bei Raumtemp., Zusatz des gleichen Vol. W., Extrahieren mit $CHCl_3$, Waschen mit $NaHCO_3$-Lsg., Eindampfen, Aufnehmen in Ae., Extrahieren mit 1%ig. NaOH u. Ansäuern; 0,1 g [*2.4-Dinitrophenylhydrazon* (DNP), $C_{15}H_{10}N_4O_6$, F. 241° (A.); *Semicarbazon*, $C_{10}H_9N_3O_3$, F. 259–260° (Zers.; A.)]. Daneben durch Ansäuern des $NaHCO_3$-Extrakts *Homophthalsäure*. — *5.6-Dimethoxy-3.4-dihydroisocumarin*, $C_{11}H_{12}O_4$, F. 65–66° (Äthylacetat/PAe.), durch Hydrieren von 5.6-Dimethoxyisocumarin in Essigsäure an 30%ig. Pd/Kohle unter Normalbedingungen, Filtrieren u. Eindampfen im Vakuum; 100%. — *5.6-Dimethoxyhomophthalsäure*, F. 194–195°, analog II durch Chromsäureox. vorst. Verb. bei 30°. — *Hemipinsäure-α-methylester* (IV), F. 146° (Bzl.), durch 4std. Kochen von Hemipinsäureanhydrid (III) in abs. Methanol. — *Hemipinsäure-β-methylester* (V), F. 147° (Bzl.), durch $^3/_4$std. Kochen von 1,5 g Hemipinsäure u. konz. H_2SO_4 in abs. Methanol; 0,8 g. — *7.8-Dimethoxy-4-oxo-3.4-dihydroisocumarin*, $C_{11}H_{10}O_5$, F. 157–158° (A.), durch 2std. Behandeln von 0,5 g IV in abs. Bzl. mit 2 ml VI in der Kälte, Eindampfen im Vakuum bei Raumtemp., Lösen in abs. Ae., Zugabe zu eiskalter äther. CH_2N_2-Lsg., Stehen über Nacht im Kühlschrank, 1std. Erhitzen des *Diazoketons* [F. 142° (Zers.); 0,25 g] mit 3%ig. H_2SO_4 auf dem W.-Bad u. Kühlen. *DNP*, $C_{17}H_{14}N_4O_8$, F. 240–241° (Essigsäure). — *7-Methoxy-4-methoxycarbonylcumaranon-(3)*, durch Behandeln von V in abs. Bzl. mit VI bei 0°, 6std. Stehen bei Raumtemp., Eindampfen im Vakuum bei Raumtemp. [Fällung von wenig III, F. 163°], Lösen in abs. Ae., langsame Zugabe zu kalter äther. CH_2N_2-Lsg., Stehen über Nacht, Zers. des öligen *Diazoketons* mit 3%ig. H_2SO_4 u. Aufarbeiten mit Ae.; Öl. *Semicarbazon*, $C_{12}H_{13}N_3O_5$, F. 260° (Zers.; A.). — *m-Hemipinsäuremonoäthylester*, F. 127° (Bzl.), durch $^1/_2$std. Kochen von m-III in abs. C_2H_5OH. — *6.7-Dimethoxy-4-oxo-3.4-dihydroisocumarin* (VII), $C_{11}H_{10}O_5$, F. 246° (A.), durch 24std. Rk. vorst. Verb. mit VI in abs. Bzl. bei Raumtemp., Lösen des *Säurechlorids* in abs. Ae., Zugabe zu eiskalter äther. CH_2N_2-Lsg., Stehen über Nacht im Kühlschrank u. 1std. Erwärmen des öligen *Diazoketons* mit 3%ig. H_2SO_4. *DNP*, $C_{17}H_{14}N_4O_8$, F. 251 bis 252° (Nitrobenzol). — *4-Äthoxycarbonylaminoisocumarin* (VIII), $C_{12}H_{11}NO_4$, F. 137–138° (A.), durch $^1/_2$std. Kochen von 0,96 g Isocumarincarbonsäure-(4) in abs. Bzl. mit 3 ml $SOCl_2$ u. 1 Tropfen Py., Lösen des *Säurechlorids* (F. 118–119°) in abs. Aceton bei 0°, Zutropfen von 0,4 g NaN_3 in W., Fällen nach 10 Min. mit W. [→ *Azid*, F. 109–110° (Zers.); braun; 0,8 g roh], $1^1/_2$std. Kochen in abs. A. u. Eindampfen im Vakuum; 0,7 g. — *Selbstkondens.-Prod.* von II, $C_{18}H_{10}O_5$, F. 241° (A.), a) durch 20 Min. langes Kochen von VIII in konz. HCl; b) durch 1std. Erhitzen von II in konz. HCl. — II, durch 48std. Kochen von VIII mit 2%ig. H_2SO_4 u. Kühlen. — *6.7-Dimethoxy-4-äthoxycarbonylaminoisocumarin*, $C_{14}H_{15}NO_6$, F. 194–195° (A.), durch 4std. Kochen von 0,5 g 6.7-Dimethoxyisocumarincarbonsäure-(4) in abs. Bzl. mit 1,5 ml VI, Eindampfen im Vakuum, Lösen in abs. Aceton bei 0°, Zutropfen von 0,48 g NaN_3 in W., Fällen nach 10 Min. mit W., $1^1/_2$std. Kochen des getrockneten *Azids* [F. 210° (Zers.); 0,3 g] in abs. A. u. Eindampfen im Vakuum; 0,25 g roh. — VII, durch 2std. Kochen vorst. Verb. mit 10%ig. H_2SO_4 u. Kühlen. — *5.6-Dimethoxy-4-äthoxycarbonylaminoisocumarin*, $C_{14}H_{15}NO_6$, F. 127 bis 128° (sehr verd. H_2SO_4), analog vorvorst. Verb. aus 0,5 g 5.6-Dimethoxyisocumarincarbonsäure-(4) u. 1 ml VI bei Raumtemp., Überführen in das *Azid* [F. 104° (Zers.); braun; 0,27 g] u. Zers. in abs. A.; 0,24 g roh. — *Verb. vom F. 115°* (Vakuumsubl.), durch 1std. Kochen von 0,15 g vorst. Verb. mit konz. HCl, Kühlen, Ausäthern, Extrahieren mit 1%ig. NaOH, Ansäuern mit HCl, Aufarbeiten mit Ae. u. Verreiben mit A.; 0,01 g. — 3-Aryliden-4-oxo-3.4-dihydroisocumarine (F. aus Essigsäure), durch Erhitzen von II u. A in Essigsäure in Ggw. von konz. HCl u. Kühlen: *3-Benzyliden-*, $C_{16}H_{10}O_3$, F. 179 bis 180°. — *3-o-Nitrobenzyliden-*, $C_{16}H_9NO_5$, F. 194–195°. — *3-m-Nitrobenzyliden-*, $C_{16}H_9NO_5$, F. 234°. — *3-p-Nitrobenzyliden-*, $C_{16}H_9NO_5$, F. 255°. — *3-o-Chlorbenzyliden-*, $C_{16}H_9ClO_3$, F. 155°. — *3-m-Chlorbenzyliden-*, F. 210°. — *3-p-Chlorbenzyliden-*, F. 199–200°. — *3-m-Methoxybenzyliden-* (IX), $C_{17}H_{12}O_4$, F. 194°. — *3-Veratryliden-*, $C_{18}H_{14}O_5$, F. 227–228°. — *3-m-Methylbenzyliden-*, $C_{17}H_{12}O_3$, F. 155°. — *3-[5-(2.4-Dinitrophenylamino)-pentadien-(2.4)-yliden-(1)]-4-oxo-3.4-dihydroisocumarin*, $C_{20}H_{13}N_3O_7$, F. 270–272° (Zers.; Py.), durch 6std. Erhitzen von II u. Zinckes Aldehyd in abs. Py. auf dem W.-Bad u. Kühlen. — *6'-Methoxyindeno-[2'.3':3.4]-isocumarin*, $C_{17}H_{12}O_3$, F. 200° (Bzl.), durch $^1/_4$std. Hydrieren von 1 g IX in Essigsäure an 10%ig. Pd/Kohle, Filtrieren, Eindampfen im Vakuum [→*3-m-Methoxybenzyl-4-oxo-3.4-dihydroisocumarin*, Öl; fast 100%; *DNP*, $C_{23}H_{18}N_4O_7$, F. 210° (A.)], 2std. Erhitzen mit PPS auf 80° u. Gießen auf Eis; 0,04 g. — *6'-Methoxyindeno-[2'.3':3.4]-isocarbostyril*, $C_{17}H_{13}NO_2$, F. 280° (Zers.; A.), durch 4std. Erhitzen vorst. Verb. mit alkohol. NH_3 (gesätt. bei 0°) auf dem W.-Bad u. Stehen über Nacht bei Raumtemperatur. H. Miele 3211△

1282 **Partial-Demethylierung von Flavonen.** 3. Mitt. **Darstellung von Rhamnetin und 7-O-Methylmyricetin.** Nobusuke Kawano, Hiroshi Miura und Eiko Matsuishi. (Chem. pharmac. Bull. [Tokyo] 15 (1967) 5, 711–12; Fac. of Pharm. Sci., Nagasaki Univ., Bunkoycho, Nagakasi; engl.) — 2. vgl. ibid. 15 (1967) 232; 1. vgl. C. 1969, 2-1306.

Versuche: *Rhamnetin*, $C_{16}H_{12}O_7$, F. 286–286,5°, durch 1std. Erhitzen von 0,5 g Penta-O-methylquercetin, 0,5 g Phenol, Acetanhydrid u. 7,5 ml HJ bei 120°; aus A. gelbe Krist.; 120 mg (Ausb.). *Tetraacetat*, $C_{24}H_{20}O_{11}$, F. 189–190°; Nadeln. — *7-O-Methylmyricetin* (I), $C_{16}H_{12}O_8$, F. 267–268°, aus 0,5 g Hexa-O-methylmyricetin analog vorst. Meth.; aus Methanol gelbe Prismen; 260 mg. *Pentaacetat*, $C_{26}H_{22}O_{13}$, F. 220–222°; Nadeln. *Pentaäthyläther*, $C_{26}H_{32}O_8$, F. 133–134°, durch Äthylieren von 440 mg I mit Diäthylsulfat in 30%ig. KOH; aus A. cremefarbene Nadeln; 130 mg. — IR- u. UV-Maxima sowie NMR-Daten vgl. Original. K.-P. Hilgetag 3211△

1283 **Darstellung von 3.4-Diphenylpyridin und einigen Derivaten.** P. I. Mortimer. (Austral. J. Chem. 21 (1968) 2, 467–76; CSR Res. Labor., Roseville, NSW; engl.) — Rk. von 2.3-Diphenylglutarimid (I) mit PCl_5 liefert *2.5.6-Trichlor-3.4-diphenylpyridin* (II) u., als Nebenprod., *5.6-Dichlor-3.4-diphenylpyridinol-(2)* (V). Bei kürzeren Rk.-Zeiten werden neben II *3.4-Diphenyl-5.6.6-trichlorpiperidon-(2)* (IV) u. Spuren *2-Chlor-2.3-diphenylglutarimid* isoliert. Katalyt. Hydrierung von II gibt *3.4-Diphenylpyridin* (III); daneben entstehen geringe Mengen *3-Chlor-4.5-diphenylpyridin* u. *2.5-Dichlor-3.4-diphenylpyridin*. II ist gegenüber Säuren stabil u. wird erst nach

N-Methylierung zu *3.6-Dichlor-4.5-diphenyl-* (VI) u. *5.6-Dichlor-3.4-diphenyl-1-methylpyridon-(2)* (IX) (12 : 1) verseift. Hydrieren von VI gibt *N-Methyl-4.5-diphenylpyridon-(2)* (VII). Rk. von II mit methanol. $NaOCH_3$ liefert *2.5-Dichlor-6-methoxy-3.4-diphenylpyridin*. Hydrierende Dechlorierung von V führt zu *3.4-Diphenylpyridon-(2)*. Methylierung von V mit CH_3J/NaOH liefert neben wenig *2.3-Dichlor-6-methoxy-4.5-diphenylpyridin* IX, das zu *1-Methyl-3.4-diphenylpyridon-(2)* dechloriert wird. Dechlorierung von IV gibt *threo-3.4-Diphenylpiperidon-(2)*. An alkal. Al_2O_3 wird IV zu V verseift. Vorst. Diarylpyridin-Synth. wird auf die Darst. von *Bis-[p-methoxyphenyl]-pyridinen* übertragen.

Versuche: *threo-2.3-Diphenylglutarimid* (I), F. 225–227° (80%ig. A.), durch $^1/_2$std. Kochen von 4-Cyan-3.4-diphenylbuttersäureäthylester in äthanol. KOH, Lösen in warmer Essigsäure, Zugabe von konz. HCl u. 1std. Kochen; 41% (Ausb.). — *2.5.6-Trichlor-3.4-diphenylpyridin* (II), $C_{17}H_{10}Cl_3N$, F. 149–151° (CH_3OH), durch Erhitzen von I mit PCl_5 bis zum Rk.-Beginn (ca. 80°) u. 5std. Kochen; 39% (roh). — *5.6-Dichlor-3.4-diphenylpyridinol-(2)* (V), $C_{17}H_{11}Cl_2NO$, F. 210–212° (Äthylacetat oder A.), durch Chromatographie des Rohprod. vorst. Rk. an Al_2O_3 mit PAe./$\geqq$10% Äthylacetat [→ 55% rohes II] u. A./Äthylacetat (1 : 1); 16% (roh). — II, durch Erwärmen von I u. PCl_5 bis zum Rk.-Beginn u. $^1/_2$std. Erhitzen (sd. W.-Bad); 28% (roh). Chromatographie des Rückstandes an Al_2O_3 mit PAe./Äthylacetat (9 : 1) → 10% II u. 12% *3.4-Diphenyl-5.6.6-trichlorpiperidon-(2)* [IV, $C_{17}H_{14}Cl_3NO$, F. 201–202° (Äthylacetat)]. Weiteres Eluieren mit stärkeren Lsgm. → wenig I u. 4% V. — *2-Chlor-2.3-diphenylglutarimid*, $C_{17}H_{14}ClNO_2$, F. 190–191° (Äthylacetat/PAe.), durch Rechromatographie der Mutterlaugen von II u. IV; 0,5%. — *3.4-Diphenylpyridin* (III), $C_{17}H_{13}N$, F. 112° (A.), a) durch 18std. Schütteln von II u. K-Acetat in A. mit 01%ig. Pd/Kohle unter H_2; Filtrieren, Waschen mit heißem A., Eindampfen, Zusatz von konz. HCl, Eindampfen, Lösen in heißem W., Filtrieren [→ *unlösl. Material* A] u. Alkalisieren mit NH_4OH; 98%; b) analog mit Raney-Ni in Ggw. von NaOH; fast 100%. *Hydrochlorid*, $C_{17}H_{13}N \cdot HCl$, F. 222–225° (aus A.). *Pikrat*, $C_{17}H_{13}N \cdot C_6H_3N_3O_7$, F. 145° (A.). — *3-Chlor-4.5-diphenylpyridin*, $C_{17}H_{12}ClN$, F. 106–107° (Äthylacetat/PAe.), durch Lösen von A in Äthylacetat/PAe., Extrahieren mit 0,3n HCl (→ III) u. Chromatographie an Al_2O_3 mit Äthylacetat/PAe. (1 : 19); ca. 2% [*Pikrat*, $C_{17}H_{12}ClN \cdot C_6H_3N_3O_7$, F. 165° (A.)]. Hydrieren → 98% III. — *2.5-Dichlor-3.4-diphenylpyridin*, $C_{17}H_{11}Cl_2N$, F. 160°, durch Hydrieren von II, Kristallisation des in verd. Säure Unlösl. aus PAe. u. Trennen der Prismen von den Blättchen II; ca. 1%. — *3.6-Dichlor-1-methyl-4.5-diphenylpyridon-(2)* (VI), $C_{18}H_{13}Cl_2NO$, F. 231 bis 233° (Äthylacetat), durch 5std. Erhitzen (sd. W.-Bad) von II in Dimethylsulfat, Rühren mit W. u. Zusatz von NaOH; 73%. Hydrieren der Mutterlaugen in A. an Pd u. K-Acetat → *N-Methyl-3.4-diphenylpyridon-(2)* u. VII. — *N-Methyl-4.5-diphenylpyridon-(2)* (VII), $C_{18}H_{15}NO$, F. 108° (Äthylacetat), durch Hydrieren von VI u. K-Acetat in A. an Pd/Kohle. — *2.5-Dichlor-6-methoxy-3.4-diphenylpyridin*, $C_{18}H_{13}Cl_2NO$, F. 152° (CH_3OH), durch 14std. Kochen von II u. Na in Methanol; 97%. — *2.5-Dichlor-6-äthoxy-3.4-diphenylpyridin*, $C_{19}H_{15}Cl_2NO$, F. 110,5° (CH_3OH), durch Hydrieren von rohem II in heißem äthanol. Alkali an Raney-Ni. — *3.4-Diphenylpyridon-(2)*, $C_{17}H_{13}NO$, F. 285° (A.), analog III aus V; 87%. — *5.6-Dichlor-1-methyl-3.4-diphenylpyridon-(2)* (IX), $C_{18}H_{13}Cl_2NO$, F. 135–136° (Äthylacetat), durch Zugabe von wss. NaOH zu 0,95 g V u. 0,5 ml CH_3J in A. u. 3std. Kochen; 0,48 g [Dechlorierung → *1-Methyl-3.4-diphenylpyridon-(2)*, $C_{18}H_{15}NO$, F. 176° (A.); 99%]. Daneben durch Chromatographie der Mutterlaugen an Al_2O_3 mit PAe./Äthylacetat (19 : 1) *2.3-Dichlor-6-methoxy-4.5-diphenylpyridin*, $C_{18}H_{13}Cl_2NO$, F. 164–166° (Äthylacetat/PAe.); 14%. — *threo-3.4-Diphenylpiperidon-(2)*, $C_{17}H_{17} \cdot NO$, F. 159° (A.), analog III aus IV; 89%. — V, a) durch 1tägiges Stehen von IV in Äthylacetat/PAe. (1 : 4) in einer Kolonne mit bas. Al_2O_3 u. Eluieren mit A./Äthylacetat; 68%; b) durch 5std. Kochen von IV in $POCl_3$, Zers. mit W. u. schnelle Chromatographie an saurem Al_2O_3; 48%; daneben 48% IV zurück. — *4-Cyan-3.4-bis-[p-methoxyphenyl]-buttersäureäthylester*, $C_{21}H_{23}NO_4$, F. 88° (A.), durch Erwärmen von p-Methoxyphenylacetonitril u. p-Methoxyzimtsäureäthylester bis zur Homogenität, Zugabe von Na in A., Erwärmen auf 70° u. Verdünnen mit kaltem A. am nächsten Tag; 65%. — *threo-2.3-Bis-[p-methoxyphenyl]-glutarimid*, $C_{19}H_{19}NO_4$, F. 224–225° (A.), aus vorst. Verb. analog I u. Digerieren des Rohprod. mit warmem A.; 47%. Eindampfen des äthanol. Extrakts, 1std. Kochen in Formamid u. Verdünnen mit W. → weitere 27%. — *2.5.6-Trichlor-3.4-bis-[p-methoxyphenyl]-pyridin*, $C_{19}H_{14}Cl_3NO_2$, F. 132° (PAe.), durch Erhitzen vorst. Verb. mit PCl_5 bis zum Rk.-Beginn (85–90°) u. $^1/_2$std. Erhitzen auf 100°; 33% (roh). Daneben *5.6-Dichlor-3.4-bis-[p-methoxyphenyl]-pyridinol-(2)*, $C_{19}H_{15}Cl_2 \cdot NO_3$, F. 237° (Äthylacetat); 15%. — *3.4-Bis-[p-methoxyphenyl]-pyridin*, $C_{19}H_{17}NO_2$, F. 102° (PAe.), analog III aus vorst. Verb.; 74–80% [*Pikrat*, $C_{19}H_{17}NO_2C_6H_3 \cdot N_3O_7$, F. 148° (A.)]. Daneben *Monochlorderiv.*, $C_{19}H_{16} \cdot ClNO_2$, F. 109° (Äthylacetat). — *2-Phenylglutarimid*, F. 141–143° (A.), durch Lösen von 2-Phenylglutarsäureanhydrid in A./NH_4OH, Eindampfen nach 10 Min., 1std. Kochen mit Formamid u. Verdünnen mit W.; 69%. — *2.5.6-Trichlor-3-phenylpyridin*, $C_{11}H_6Cl_3N$, F. 79 bis 81° (A.), durch 5std. Erhitzen vorst. Verb. mit PCl_5 u. Chromatographie an Al_2O_3 mit PAe./Äthylacetat (50 : 1); 54% [Dechlorierung → 86% *3-Phenylpyridin* (VIII); *Pikrat*, F. 162–163°]. Daneben *2.6-Dichlor-3-phenylpyridin* [$C_{11}H_7Cl_2N$, F. 91–92° (A.); 3%; Dechlorierung → 93% VIII] u. durch Eluieren mit A./Äthylacetat (1 : 1) *5.6-Dichlor-3-phenylpyridon-(2)* [$C_{11}H_7Cl_2NO$, F. 205 bis 208° (A.); 2% (roh). H. Miele 3231△

1284 **Azabenzomorphan und verwandte Verbindungen. 10. Mitt. Synthese von 1-Methyl-3-aminoisochinolin. 180. Mitt. Über Untersuchungen der Synthese von heterocyclischen Verbindungen.** Tetsuji Kametani, Kazuo Kigasawa und Mineharu Hiiragi. (Chem. pharmac. Bull. [Tokyo] 15 (1967) 5, 704–07; Pharm. Inst., Tohoku Univ., School of Med., Kita-4-bancho, Sendai; engl.) — 9. vgl. ibid. 14 (1966) 566; 179. vgl. C. 1969, 15-1258.

Versuche: *[3-Chlorisochinolyl-(1)]-malonsäurediäthylester*, $C_{16}H_{16}ClNO_4$, F. 65–66°, durch Zutropfen von NaH in abs. Xylol zu 6,4 g Malonsäurediäthylester, Zutropfen einer Lsg. von 7,9 g 1.3-Dichlorisochinolin in Xylol bei 90–100° u. Ansäuern mit 10%ig. HCl; aus Ae. Nadeln; 5,8 g (Ausb.). *K-Salz*, $C_{16}H_{15}ClKNO_4$, F. 278 bis 280° (Zers.); aus Isopropanol Platten. — *2-[3-Chlorisochinolyl-(1)]-essigsäure* (I), F. 90° (Zers.), durch $1^1/_2$std. Kochen von 5 g vorst. Verb. in 20%ig. wss. KOH u. Neutralisieren mit 10%ig. wss. HCl; Nadeln; 2,1 g. — *1-Methyl-3-chlorisochinolin* (II), $C_{10}H_8ClN$, F. 61°, a) durch Erhitzen von 1 g vorst. Verb. auf 90–100°; aus n-Hexan Platten; 0,5 g; b) durch Ansäuern einer alkal. Lsg. vorvorst. Verb. bei > 30°; c) durch längeres Stehen vorvorst. Verbindung. *Pikrat*, 131–135°; aus A. gelbe Nadeln. — *1-Methylisochinolin*, durch Hydrieren von 1 g II in A. in Ggw. von KOH u. 30%ig. Pd–Kohle u. Alkalisieren mit 10%ig. wss. NaOH; gelbes Öl; 0,6 g. *Pikrat*, F. 234–235°; aus A. gelbe Nadeln. *H_2SO_4-Salz*, F. 252–253°; aus A. Prismen. — *[3-Chlorisochinolyl-(1)]-essigsäuremethylester*, $C_{12}H_{10}ClNO_2$, F. 116–117°, durch Zugabe von Methylsulfat zu 2,2 g I in 5%ig. wss. KOH u. Alkalisieren mit 10%ig. wss. K_2CO_3; aus Isopropanol Nadeln; 1,5 g. — *N-Methyl-2-[3-chlorisochinolyl-(1)]-acetamid*, $C_{12}H_{11}ClN_2O$, F. 191–192°, durch 4std. Erhitzen eines Gemisches aus 2,35 g vorst. Verb., 3,37 g Methylamin-Hydrochlorid, KOH u. A. auf 120° im geschlossenen Gefäß; aus A. Nadeln; 1,8 g. — *N-Benzyl-2-[3-chlorisochinolyl-(1)]-acetamid*, $C_{18}H_{15}ClN_2O$, F. 169–170°, durch 8std. Erhitzen von 2,35 g vorvorst. Verb. u. 7 g Benzylamin auf 180 bis 200° u. Ansäuern mit 10%ig. wss. HCl; aus A. Nadeln; 2 g. — *1-Methyl-3-aminoisochinolin*, $C_{10}H_{10}N_2$, F. 122 bis 124°, a) durch 8std. Erhitzen eines Gemisches aus 0,7 g vorvorst. Verb., 0,1 g CuO, 0,1 g $CuSO_4 \cdot 5\,H_2O$ u. 28%ig. NH_4OH auf 200° im Autoklaven unter Rühren; aus A. Platten; 100 mg; b) analog aus II; 25%. *Pikrat*, $C_{16}H_{13}N_5O_7$, F. 232–233° (Zers.); aus A. gelbe Nadeln. — *N-[1-Methylisochinolyl-(3)]-acetamid*, $C_{12}H_{12}N_2O$, F. 202 bis 203°, durch 1std. Erhitzen von 100 mg vorst. Verb.

u. Acetanhydrid u. Alkalisieren mit 10%ig. wss. NaOH; aus Isopropanol Platten; 70 mg.
K.-P. Hilgetag 3231△

1285 **Synthese von heterocyclischen Verbindungen. 178. Mitt. Struktur von Sendaverin und dessen Totalsynthese.** Tetsuji Kametani und Kazumi Ohkubo. (Chem. pharmac. Bull. [Tokyo] 15 (1967) 5, 608–12; Pharm. Inst., Tohoku Univ., School of Med., Sendai; engl.) — 177. vgl. J. pharmac. Soc. Japan [Yakugaku-zasshi] 87 (1967) 467. — Vf. bestimmen die Struktur der *Titelverb.* an Hand von IR-, UV- u. NMR-spektroskop. Unters. sowie durch die Totalsynth. der Verbindung.

Versuche: *6-Methoxy-7-benzyloxy-3.4-dihydroisochinolin*, $C_{17}H_{17}NO_2$, F. 101–101,5°, durch Umsetzung von 10,9 g N-[3-Methoxy-4-benzyloxyphenäthyl]-formamid mit $POCl_3$ nach der Bischler-Napieralski-Rk.; aus n-Hexan Prismen; 2,9 g (Ausb.). — *2-[4-Methoxybenzyl]-6-methoxy-7-benzyloxy-3.4-dihydroisochinolinium-chlorid* (III), F. 131–135°, durch 5std. Erhitzen von 1,5 g vorst. Verb. u. 1,4 g 4-Methoxybenzylchlorid (I) in abs. Toluol; gelbes Pulver; 1,5 g. *Bromid, Monohydrat*, $C_{25}H_{26}BrNO_3 \cdot H_2O$, F. 141°, durch Rk. des Chlorids mit KBr in W.; aus Methanol/Ae. gelbe Nadeln. — *6-Methoxy-7-benzyloxy-1.2.3.4-tetrahydroisochinolin*, $C_{17}H_{19}NO_2$, F. 133°, durch Zugabe von $NaBH_4$ zu 1 g Hydrochlorid vorvorst. Verb. in Methanol, u. ½std. Kochen; aus n-Hexan Nadeln; 0,8 g. — *2-[4-Methoxybenzyl]-6-methoxy-7-benzyloxy-1.2.3.4-tetrahydroisochinolin* (II), $C_{25}H_{27}NO_3$, F. 92–93°, a) aus 1,5 g III analog vorst. Meth.; aus n-Hexan Prismen; 1 g; b) durch 7std. Kochen von 509 mg vorst. Verb. mit I in abs. Bzl.; 147 mg. — *N-[p-Methoxybenzyliden]-3-methoxy-4-benzyloxyphenyläthylamin*, $C_{24}H_{25}NO_3$, F. 75–76°, durch ½std. Erhitzen von 5,14 g 3-Methoxy-4-benzyloxyphenyläthylamin u. 2,72 g Anisaldehyd; aus Ae. gelbe Nadeln; 4,8 g. — *3-Methoxy-4-benzyloxy-N-[4-methoxybenzyl]-phenyläthylamin*, $C_{24}H_{27}NO_3$, F. 56–57°, durch Zugabe von $NaBH_4$ zu 1,3 g vorst. Verb. in Methanol u. ½std. Kochen; aus n-Hexan Nadeln; 1,2 g. *Hydrochlorid*, $C_{24}H_{27}NO_3 \cdot HCl$, F. 196–201°; aus Methanol Nadeln. — *2-[4-Methoxybenzyl]-6-methoxy-7-hydroxy-1.2.3.4-tetrahydroisochinolin (Sendaverin)*, $C_{18}H_{21}NO_3$, F. 139–140°, a) durch 1½std. Erhitzen von 140 mg II mit 20%ig. HCl u. Alkalisieren der wss. Phase mit 28%ig. NH_4OH; aus n-Hexan Nadeln; 89 mg; b) durch 5std. Kochen von 1 g III u. Sn-Pulver in äthanol. HCl, Zugabe von Zn-Pulver u. Alkalisieren der wss. Phase mit NH_4OH; 0,5 g; c) durch ¼std. Kochen von 0,65 g vorst. Verb. u. 37%ig. Formalin in Methanol; 0,25 g. *Hydrochlorid*, $C_{18}H_{22}ClNO_3$, F. 225–230° (Zers.); aus Methanol/A. Nadeln.
K.-P. Hilgetag 3231△

1286 **Elektrolytische Decarboxylierung der Chinuclidin-2-carbonsäure.** P. G. Gassman und B. L. Fox. (J. org. Chemistry 32 (1967) 2, 480–82; Dep. of Chem., O. State Univ., Columbus, O.; engl.) — Durch Elektrolyse von *1-Azabicyclo-[2.2.2]-oktan-2-carbonsäure* (*Chinuclidin-(2)-carbonsäure*) (I) in methanol. Lsg. in Ggw. von $NaOCH_3$ erhält man mit 43%ig. Ausb. *2-Methoxy-1-azabicyclo-[2.2.2]-oktan* (II). Zur Aufklärung der Struktur wird II in sein *Methojodid* (III) übergeführt u. dieses mit einem Ionenaustauscher in methanol. Lsg. in das entsprechende *Methomethoxid* (IV) umgewandelt. IV liefert durch Pyrolyse mit 92%ig. Ausb. ein fl. Prod., das zu 85% aus *1-Methyl-4-[2.2-dimethoxyäthyl]-piperidin* (V) besteht. V wird zum Vgl. auf unabhängigem Wege synthetisiert. Aus *2-[1-Methylpiperidyl-(4)]-äthylacetat* erhält man über das HCl-saure Säurechlorid mittels Dimethylamin *N.N-Dimethyl-2-[1-methylpiperidyl-(4)]-acetamid* (VI), das zu *2-[1-Methylpiperidyl-(4)]-acetaldehyd* (VII) red. wird. VII wird in saurem Medium mit Trimethylorthoformiat (VIII) zu V umgewandelt. Vf. diskutieren einen Mechanismus für die Umwandlung von I in II. NMR-spektroskop. Daten von II s. Original.

Versuche: 1-Azabicyclo-[2.2.2]-oktane: *2-Hydroxycarbonyl-* (I), F. 265–280° (A./PAe.; Zers.), aus 2-Carbäthoxychinuclidin [nach Braschler et al., Helv. chim. Acta 46 (1963) 2646] durch 8std. Kochen in 6n HCl; 93% (Ausb.). — *2-Methoxy-* (II), $C_8H_{15}NO$, $Kp._{16}$ 70–72°, durch Elektrolyse von I mit $NaOCH_3$ in abs. CH_3OH unter N_2; n_D^{27} 1,4711; 43%. *Methojodid* (III), F. 171–173°, aus II mit CH_3J; 82%. *Methomethoxid* (IV), aus III in CH_3OH mittels IRA 400. — *2-[1-Methylpiperidyl-(4)]-essigsäureäthylester*, $Kp._8$ 98°, aus 10 g 2-[Pyridyl-(4)]-äthylacetat [nach Hey et al. (1953)] mit CH_3J u. Hydrieren des *Methojodids* (F. 104–106° (abs. A.); 67%) in äthanol. Lsg. an Adams-Katalysator; 44%. — *N.N-Dimethyl-2-[1-methylpiperidyl-(4)]-acetamid* (VI), $Kp._{0,18}$ 94–98°, aus vorst. Verb. in 6n HCl durch 10std. Kochen, 1std. Rk. mit $SOCl_2$ u. Rk. des *Säurechlorids* mit Dimethylamin; 80%. *Pikrat*, $C_{16}H_{23}N_5O_8$, F. 168 bis 169°. — *2-[1-Methylpiperidyl-(4)]-acetaldehyd* (VII), $Kp._8$ 85°, durch Red. von VI in Ae. mittels $LiAl(C_2H_5)_3H$; 22%. — *1-Methyl-4-[2.2-dimethoxyäthyl]-piperidin* (V), $C_{10}H_{21}NO_2$, $Kp._6$ 89–90°, a) durch Pyrolyse von IV; n_D^{26} 1,4484; b) durch Auflösen von VII in VIII u. Zugabe von p-Toluolsulfonsäuremonohydrat, 12 std. Rühren bei Raumtemp. u. 12std. Stehen bei 65–75°.
I. Hauschild 3231

1287 **Synthese von 1-Aryl(und 1-Aralkyl)-β-carbolinen.** Beng T. Ho, William M. McIsaac, L. Wayne Tansey und K. E. Walker. (Canad. J. Chem. 45 (1967) 23, 2963–67; Biol. Res. Div., Tex. Res. Inst. of Mental Sci., Houston, Tex.; engl.) — Durch Kondens. von Tryptamin (I) mit entsprechenden Aldehyden in Ggw. von Säure werden *1-Phenyl-* (II), *1-Benzyl-* (III) bzw. *1-[Pyridyl-(4)]-1.2.3.4-tetrahydro-β-carbolin* (IV) dargestellt. IV wird auch durch Cyclisierung der Schiffschen Base N-[Pyridyl-(4)-methylen]-tryptamin (VII) erhalten. Analog geben die Schiffschen Basen N-[Naphthyl-(1)-methylen]- (V) bzw. N-[Naphthyl-(2)-methylen]-tryptamin (VI) *1-[Naphthyl-(1)]-* bzw. *1-[Naphthyl-(2)]-1.2.3.4-tetrahydro-β-carbolin*. VII bzw. VI werden katalyt. zu *N-[Pyridyl-(4)-methyl]-* bzw. *N-[Naphthyl-(2)-methyl]-tryptamin* hydriert. V gibt analog nur I. 1.2.3.4-Tetrahydro-β-carboline werden von Pd-Kohle bei 150–160° zu *β-Carbolinen* dehydriert. II bzw. III werden auch von 10%ig. Pd-Kohle in sd. Toluol dehydriert. III gibt in Ggw. von 10%ig. Pd-Kohle im Vakuum bei 170–190° in 20%ig. Ausb. *1-Benzyl-β-carbolin*.

Versuche (F. korr.): β-Carboline: *1-Phenyl-1.2.3.4-tetrahydro-* (II), *Hydrochlorid*, F. 270–271°, nach Skinner u. Parkhurst (vgl. C. **1966**, 27-0922); 35% (Ausb.). — *1-Benzyl-1.2.3.4-tetrahydro-* (III), *Hydrochlorid*, F. 270–270,5°, aus dem Hydrochlorid von I u. Phenylacetaldehyd in sd. A; 90%. — *1-[Pyridyl-(4)]-1.2.3.4-tetrahydro-* (IV), $C_{16}H_{15}N_3$, F. 238–239° ($CHCl_3$/PAe., Bzl./PAe. u. 95%ig. A.), aus dem Hydrochlorid von I u. Pyridin-4-carbaldehyd in sd. W. in Ggw. von 2n H_2SO_4; 92%. — *1-[Naphthyl-(2)]-1.2.3.4-tetrahydro-*, F. 184–185° (wss. A.), aus dem Hydrochlorid u. 2n NaOH. *Hydrochlorid*, $C_{21}H_{18}N_2 \cdot HCl$, F. 261–263° (95%ig. A.), aus VI u. konz. HCl in heißem abs. A.; 82%. — Analog: *1-[Naphthyl-(1)]-1.2.3.4-tetrahydro-*, $C_{21}H_{18}N_2$, F. 173–174° (wss. A.). *Hydrochlorid*, F. 240–241° (A./Ae.); 79%. — *1-[Naphthyl-(2)]-*, $C_{21}H_{14}N_2$, F. 192–194° (Heptan), aus vorvorst. Verb. u. 5%ig. Pd-Kohle in Bzl. bei 150–160°; 16%. — Analog: *1-[Naphthyl-(1)]-*, F. 96–98° (Heptan); 9%. — *1-[Pyridyl-(4)]-*, $C_{16}H_{11}N_3$, F. 272–273° (Bzl.); 14%. — *1-Methyl-*, F. 233–234° (Bzl.); 36%. — *Unsubstituiert*, F. 197–198° (Bzl.); 40%. — *1-Phenyl-*, F. 246–247° (95%ig. A.), a) aus II u. 10%ig. Pd-Kohle in sd. Toluol; 31%; b) analog vorst. Verb.; 10%. — *1-Benzyl-*, F. 178 bis 179° (Bzl./Heptan), analog vorst. Verb. nach a) bzw. b); 27% bzw. 44%. — *N-[Naphthyl-(2)-methylen]-tryptamin* (VI), $C_{21}H_{18}N_2$, F. 167–168° (95%ig. A.), aus I u. Naphthalin-2-carbaldehyd in heißem CH_3OH; 94%. — Analog: *N-[Naphthyl-(1)-methylen]-tryptamin* (V), F. 134 bis 135° (A.); 55%. — *N-[Pyridyl-(4)-methylen]-tryptamin* (VII), F. 180–181°; 60%. — *N-[Naphthyl-(2)-methyl]-tryptamin*, $C_{21}H_{20}N_2$, F. 94–95° (Heptan), durch Hydrieren von VI an 5%ig. Pd-Kohle in abs. A. bei 3 atm; 70%. — Analog: *N-[Pyridyl-(4)-methyl]-tryptamin*, Öl. *Dipikrat*, $C_{28}H_{23}N_9O_{14}$, F. 166–167° (abs. A.).
Hans Köhne/Berlin 3231△

1288 **Neue Synthese von 3.4.5-Trichlorpyridazin.** Harvey M. Cohen. (J. heterocyclic Chem. 4 (1967) 1, 130; Cambridge, Mass., Nat. Res. Corp. Norton Explatory Res. Div.; engl.) — *3.4.5-Trichlorpyridazin* entsteht bei der Rk. von Tetrachlorcyclopropen (I) mit CH_2N_2 in Ae. in Ggw. von Cu.

Versuche: *3.4.5-Trichlorpyridazin*, $C_4HCl_3N_2$, F. 60,5°, durch Zutropfen von CH_2N_2 in Ae. zu **I** u. Cu-Pulver bei −50°; 51 % (Ausb.). G. O. Jäger 3272△

1289 **Synthese von Indolizino- und Dihydroindolizinochinoxalinen.** Ernest F. Pratt und John C. Keresztesy jun. (J. org. Chemistry **32** (1967) 1, 49—53; College Park, Md., Univ. of Md., Dep. of Chem.; engl.) — *14-Cyan-* (**I**) bzw. *14-Äthoxycarbonylbenz-*[*a*]*-indolizino-*[*2.3:b*]*-chinoxalin* entstehen bei der Umsetzung von 2.3-Dichlorchinoxalin (**II**) mit Isochinolin (**III**) u. Cyan- (**IV**) bzw. Acetessigsäureäthylester (**V**). Bei Verw. von Benzoylacetonitril (**VI**) u. **V** statt **IV** wird **I** nur in geringen Ausb. erhalten. Die Konstit. von **I** ist durch Analyse, Molekulargew.-Best. sowie durch die IR-Daten u. Vgl. mit analogen Rk. gesichert. *3-*[*Äthoxycarbonylcyanmethyl*]- (**VII**) bzw. *3-*[*Dicyanmethyl*]*-2-chlorchinoxalin* (**VIII**) werden in guten Ausb. bei der Rk. von **II** mit **IV** bzw. Malondinitril in Ggw. von K-tert.-Butylat (**IX**) in tert.-Butanol (**X**) gebildet. **VII** u. **VIII** reagieren mit **III** zu **I**. Während die Rk. von **VII** mit Py., Chinoxalin u. Picolinen zur Bldg. der entsprechenden *12-Cyanindolizino-*[*2.3:b*]*-chinoxalinen* führt, entstehen aus **VIII** unter analogen Bedingungen die entsprechenden *12.12-Dicyan-12.12a-dihydroderivate*. Rk. von **II** mit dem Na-Salz des 2-Phenacylchinolins (**XI**) in o-Xylol liefert *7-Benzoylbenz-*[*5.6*]*-indolizino-*[*2.3:b*]*-chinoxalin*.

Versuche (F. korr.): Indolizino-[2.3:b]-chinoxaline: *14-Cyanbenz-*[*7.8*]-(**I**), $C_{19}H_{10}N_4$, F. 321—323°, a) durch 48std. Kochen von **II**, **III** u. **IV** in Bzl. unter kontinuierl. Wasserauskreisung; 47 % (Ausb.); b) analog aus **II**, **III** u. **VI**; 3 %; c) analog **XII** bzw. **XIII** aus **VIII** u. **III**; 19 bzw. 8 %. — *14-Äthoxycarbonylbenz-*[*7.8*]-, $C_{21}H_{15}N_3 \cdot O_2$, F. 222—224° [1-Nitropropan (NP)], durch 24std. Kochen von **II**, **III** u. **V** in abs. A.; 7 %. — *7-Benzoylbenz-*[*5.6*]-, $C_{25}H_{15} \cdot N_3O$, F. 285°, durch 3std. Rühren von **XI** mit Na-Äthylat in heißem abs. A., Versetzen mit Ae., Abfiltrieren des Na-Salzes u. 24std. Kochen mit **II** in o-Xylol; 24 %. — *2-Methyl-12-cyan-* (**XII**), $C_{16}H_{10}N_4$, F. 291—292° (NP), durch 24std. Kochen von **VII** mit γ-Picolin in abs. A.; 6 %; daneben *2-Äthoxy-3-*[*äthoxycarbonylcyanmethyl*]*-chinoxalin* (**XV**), $C_{15}H_{15}N_3O_3$, F. 170—171° (abs. A.); 67 %. — *12-Cyan-*, $C_{15}H_8N_4$, F. 281—282°, a) analog **XII** mit Py. in Bzl.; 42 %; b) in abs. A.; 22 % (daneben 33 % **XV**); c) aus **XIV** u. Py. in abs. A.; 24 %. — *3-Methyl-12-cyan-*, $C_{16}H_{10}N_4$, F. 263—264°, mit β-Picolin in abs. A.; 5 %, daneben 50 % **XV**. — *5-Aza-7-cyanbenz-*[*5.6*]-, $C_{18}H_9N_5$, F. 276 bis 280° (NP), aus **VII** u. Chinoxalin in abs. A.; 3 %. — 2-Chlorchinoxaline: *3-*[*Äthoxycarbonylcyanmethyl*]- (**VII**), $C_{13}H_{10}ClN_3O_2$, F. 174—175°, durch 1std. Kochen von **IV**, **II** u. **IX** in **X** u. Gießen in 0,4 n HCl; 80 %. — *3-*[*Methoxycarbonylcyanmethyl*]-, $C_{12}H_8ClN_3O_2$, F. 198°. — *3-*[*tert.-Butoxycarbonylcyanmethyl*]- (**XIV**), $C_{15}H_{14}ClN_3O_2$, F. 168—170° (Zers.). — *3-*[*Dicyanmethyl*]- (**VIII**), $C_{11}H_5 \cdot ClN_4$, F. 217° (Zers.); 74 %. — *3-*[*Nitromethyl*]-, $C_9H_6 \cdot ClN_3O_2$, F. 115° (Zers.), analog mit CH_3NO_2 u. 10std. Kochen. — 12.12-Dicyan-12.12a-dihydroindolizino-[2.3:b]-chinoxaline, durch 12std. Kochen von 0,005 Mol **VIII** mit 7 ml des entsprechenden Py. in 50 ml abs. A.: *Unsubstituiert* (**XIII**), $C_{16}H_9N_5$, F. 342° (Zers.). — *3-Methyl-*, $C_{17}H_{11}N_5$, F. 303° (Zers.). — *2-Methyl-*, $C_{17}H_{11} \cdot N_5$, F. 275—276°. — *1.3-Dimethyl-*, $C_{18}H_{13}N_5$, F. 293 bis 294°. — 2-Pyridiniumchinoxalinchloride: durch 48std. Kochen von **II**, Py. u. der entsprechenden aktiven Methylenkomponente in Bzl. unter kontinuierlicher W.-Auskreisung: *3-*[*Äthoxycarbonylcyanmethyl*]-, $C_{18}H_{15} \cdot ClN_4O_2$, F. 271—272° (Zers.), mit **IV**. — *3-*[*n-Propoxycarbonylcyanmethyl*]-, $C_{19}H_{17}ClN_4O_2$, F. 264° (Zers.), mit Cyanessigsäure-n-propylester. — *3-*[*tert.-Butoxycarbonylcyanmethyl*]-, $C_{20}H_{19}ClN_4O_2$, F. 222° (Zers.), mit Cyanessigsäure-tert.-butylester. — *3-*[*Carbamoylcyanmethyl*]-, $C_{16}H_{12}ClN_5O$, F. 247—249°, aus Cyanacetamid; 18 %. — *2-*[*3-Picolinium*]*-3-*[*äthoxycarbonylcyanmethyl*]*-chinoxalinchlorid*, $C_{19}H_{17}ClN_4O_2$, F. 254° (Zers.), aus β-Picolin u. **IV**. G. O. Jäger 3272△

1290 **Synthese von 7-[5'-Benzyloxymethyltetrahydrofuryl-(2')]-adenin.** Noriko Nagasawa, Izumi Kumashiro und Tadao Takenishi. (Bull. chem. Soc. Japan **40** (1967) 7, 1732—34; Central Res. Labor., Ajinomoto Co., Inc., Kawasaki, Kanagawa; engl.)

Versuche: *Benzyloxyacetaldehyd*, durch Rk. des Diäthylacetals von Chloracetaldehyd zum Diäthylacetal von Benzyloxyacetaldehyd u. nachfolgende Hydrolyse mit n HCl. — *5-Benzyloxy-4-hydroxypentin-(2)-al, Diäthylacetal* (**I**), Kp.$_{10^{-3}}$ 151—152°, durch Zutropfen von Propargylaldehyddiäthylacetal in Ae. zu C_2H_5MgBr in Ae. abs. THF bei Siedetemp., $^1/_2$std. Rühren bei Raumtemp., Zugabe vorst. Verb., 1std. Rühren u. Zugabe von gesätt. wss. NH_4Cl; 68 % (Ausb.). — *5-Benzyloxy-4-hydroxypentanal, Diäthylacetal*, $C_{16}H_{26}O_4$, Kp.$_{10^{-3}}$ 131 bis 132°, durch Hydrieren vorst. Verb. in A. in Ggw. von Raney-Ni; 90 %. — *5-Benzyloxy-4-acetoxypentanal, Diäthylacetal*, $C_{18}H_{28}O_5$, Kp.$_{10^{-1}}$ 136—138°, durch 4std. Erhitzen von vorst. Verb. u. Na-Acetat in Acetanhydrid bei 90°; 75 %. — *5-Benzyloxy-4-acetoxypentanal*, $C_{14}H_{18}O_4$, Kp.$_5$ 140°, durch 1std. Kochen vorst. Verb. mit 0,1 n HCl; 77 %. — *2-Benzyloxymethyl-2.3-dihydrofuran*, $C_{12}H_{14}O_2$, Kp.$_5$ 101°, durch 15std. Kochen vorst. Verb. mit 10 %ig. $NaHCO_3$. — *7-*[*5'-Benzyloxymethyltetrahydrofuryl-(2')*]*-adenin*, $C_{17}H_{19}N_5O_2$, F. 118—120° (Essigester), durch Zugabe von 4,5 g vorst. Verb. zu 3 g Adenin, DMS u. HCl in Dioxan, 16std. Rühren bei 50° u. Alkalisieren mit konz. NH_4OH; 15 mg. — *2-Benzyloxymethylfuran*, $C_{12}H_{12}O_2$, Kp.$_3$ 99°, durch Hydrieren von 3 g **I** in A. in Ggw. von Raney-Ni; 2 g. K.-P. Hilgetag 3272△

1291 **Drei neue zwitterionische Pufferagenzien.** M. A. Jermyn. (Austral. J. Chem. **20** (1967) 1, 183—84; CSIRO Wool Res. Labor., Parkville, Vic.; engl.) — *1.4-Bis-*[*3-sulfopropyl*]- u. *1.4-Bis-*[*4-sulfobutyl*]*-piperazin* bzw. *N.N'-Bis-*[*3-sulfopropyl*]*-äthylendiamin* werden synthetisiert.

Versuche: *1.4-Bis-*[*3-sulfopropyl*]*-piperazin*, $C_{10} \cdot H_{22}N_2O_6S_2$, Zers. >400° (W.), a) durch 5 Min. langes Kochen von Piperazinhexahydrat (**I**) u. 1.3-Propansulton (**II**) in W.; 45 % (Ausb.); b) analog a) in Ggw. von Triäthylamin; ≦85 %. — *1.4-Bis-*[*4-sulfobutyl*]*-piperazin*, $C_{12}H_{26}N_2O_6S_2$, F. 370° (Zers.; W.), a) aus **I** u. 1.4-Butansulton in 30 Min.; 60 %; b) analog a) in Ggw. von Triäthylamin; 85 %. — *N.N'-Bis-*[*3-sulfopropyl*]*-äthylendiamin, Hemihydrat*, $C_8H_{20}N_2O_6S_2 \cdot {}^1/_2 H_2O$, F. 280° (Zers.; W.), analog vorst. Verb. nach a) aus Äthylendiamin u. **II**; 71 %. H. Miele 3272△

1292 **Umlagerungen von 2-Aminoalkylmercapto-Δ^2-thiazolinen und -5.6-dihydro-4H-1.3-thiazinen.** Richard C. Clapp, Frank H. Bissett und Louis Long jun. (J. org. Chemsitry **32** (1967) 10, 3174—77; U. S. Army Natick Labor., Natick, Mass.; engl.) — Das aus Tetrahydro-2H-1.3-thiazinthion-(2) (**I**) mit 3-Brompropylamin · HBr (**II**) erhaltene *2-*[*3-Aminopropylmercapto*]*-5.6-dihydro-4H-1.3-thiazin · 2 HBr* ergibt mit NaOH *2.2'-*[*Dithio-bis-(trimethylenamino)*]*-bis-*[*5.6-dihydro-4H-1.3-thiazin*] (**VII**) u. *2-*[*3-(5.6-Dihydro-4H-1.3-thiazinyl-(2)-mercapto)-propylamino*]*-5.6-dihydro-4H-1.3-thiazin*. **VII** wird auch aus 2-Methylmercapto-5.6-dihydro-4H-1.3-thiazin (**III**) mit 3.3'-Dithio-bis-propylamin · 2 HCl (**IV**) gebildet. Unter ähnlichen Bedingungen gibt 2-[2-Aminoäthylmercapto]-Δ^2-thiazolin · 2 HBr nur *2.2'-*[*Dithio-bis-(äthylenamino)*]*-bis-Δ^2-thiazolin*. Aus Thiazolidinthion-(2) entsteht mit **II** *2-*[*3-Aminopropylmercapto*]*-Δ^2-thiazolin · 2 HBr* (**V**), das auch aus **I** u. 2-Bromäthylamin · HBr gebildet wird. **V** ergibt mit NaOH *2.2'-*[*Dithio-bis-(trimethylenamino)*]*-bis-Δ^2-thiazolin* (**VI**). Durch Rk. von 2-Methylmercapto-Δ^2-thiazolin mit **IV** bzw. mit 3-Aminopropanthiol · HCl u. anschließende Ox. wird ebenfalls **VI** erhalten.

Versuche: *2-*[*3-Aminopropylmercapto*]*-5.6-dihydro-4H-1.3-thiazindihydrobromid*, $C_7H_{16}Br_2N_2S_2$, F. 176 bis 178° (abs. A.), durch 3std. Kochen von **I** u. **II** in Isopropanol; 61 % (Ausb.). *Dipikrat*, $C_{19}H_{20}N_8O_{14}S_2$, F. 163 bis 165° (A.). — *2.2'-*[*Dithio-bis-(trimethylenamino)*]*-bis-*[*5.6-dihydro-4H-1.3-thiazin*] (**VII**), $C_{14}H_{26}N_4S_4$, F. 87,5 bis 89,5° (wss. Aceton), a) durch 24std. Kochen von **III** mit **IV** (F. 232—233,5°) in CH_3OH; 70 %; b) aus vorst. Verb. in W. mit 1n NaOH unter N_2; 48 %; daneben 49 % *2-*[*3-(5.6-Dihydro-4H-1.3-thiazinyl-(2)-mercapto)-propylamino*]*-5.6-dihydro-4H-1.3-thiazin* [$C_{11}H_{19}N_3S_3$, F. 107 bis 109° (Heptan/Essigester); *Dipikrat*, $C_{23}H_{25}N_9O_{14}S_3$, F. 161—163° (A.)]. *Dipikrat*, $C_{26}H_{32}N_{10}O_{14}S_4$, F. 180—182° (A.). — *2-*[*3-Aminopropylmercapto*]*-Δ^2-thiazolindihydro-*

bromid (V), $C_6H_{14}Br_2N_2S_2$, F. 209—211° (abs. A.), a) durch 2½std. Kochen von Thiazolidinthion-(2) mit II in Isopropanol; 50 %; b) durch 4std. Kochen von I mit 2-Bromäthylamin · HBr in Isopropanol; 24 %. *Dipikrat*, $C_{18}H_{18}$ · $N_8O_{14}S_2$, F. 154—156° (A.). — *2.2'-[Dithio-bis-(trimethylen amino)]-bis-Δ^2-thiazolin* (VI), $C_{12}H_{22}N_4S_4$, F. 92—94° (Heptan/Essigester), a) durch mehrtägiges Stehen von V in W. mit 1 n NaOH an der Luft; 79 %; b) durch 24std. Kochen von III mit Cystamin · 2 HCl in CH_3OH; 80 %; c) analog b) mit IV u. 2-Methylmercapto-Δ^2-thiazolin; 18 %; d) durch 4½std. Kochen von III u. 2-Aminoäthanthiol · HCl in CH_3OH u. mehrtägiges Stehen an der Luft; 87 %; e) aus 2-Methylmercapto-Δ^2-thiazolin u. 3-Aminopropanthiol · HCl; 54 %. *Dipikrat*, $C_{24}H_{28}N_{10}O_{14}S_4$, F. 248 bis 250° (A.). — *2-[3-Mercaptopropylamino]-Δ^2-thiazolin, Pikrat*, $C_{12}H_{15}N_5O_7S_2$, F. 169,5—171,5°, durch 4½std. Kochen von III mit 2-Aminoäthanthiol · HCl in CH_3OH u. Zugabe von Pikrinsäure. — *2-Methylamino-5.6-dihydro-4H-1.3-thiazin*, $C_5H_{10}N_2S$, F. 57—58,5° (Hexan), nach Gabriel (1889) aus 6,4 g II u. Methylisothiocyanat; 0,375 g. *Pikrat*, $C_{11}H_{13}N_5O_7S$, F. 189—191° (A.). R. Dahl 3292

1293 **Kleine, geladene Ringe.** 10. Mitt. **Erweiterung des Aziridiniumringes durch Reaktion mit Nitronen.** Nelson J. Leonard, David A. Durand und Fumihiko Uchimaru. (J. org. Chemistry **32** (1967) 11, 3607—13; Dep. of Chem., Univ., Urbana, Ill.; engl.) — 9. vgl. C. **1969**, 4-1142. — 1.1.2.2-Tetramethylaziridiniumperchlorat (II) reagiert mit substituierten Δ^1-Pyrrolin-1-oxiden (A) zu *1 : 1-Addukten*, die das 2-Oxa-1-aza-5-azoniabicyclo-[4.3.0]-nonan-System enthalten. Ähnliche Addukte entstehen auch mit A u. 1-Benzyläthyl-1-azoniaspiro-2.5-octanperchlorat (VII).

Versuche: *3.3.5.5.8.9.9-Heptamethyl-2-oxa-1-aza-5-azoniabicyclo-[4.3.0]-nonanperchlorat* (I), $C_{13}H_{27}ClN_2O_5$, F. 176—180° (Acetonitril/Ae.), aus 1.1.2.2-Tetramethylaziridiniumperchlorat (II) u. 4.5.5-Trimethyl-Δ^1-pyrrolin-1-oxid (III); 80 % (Ausb.). — *3.3.5.5.9.9-Hexamethyl-2-oxa-1-aza-5-azoniabicyclo-[4.3.0]-nonanperchlorat* (IV), C_{12} · $H_{25}ClN_2O_5$, F. 199—200° (Zers.) (Acetonitril/Ae.), aus II u. 5.5-Dimethyl-Δ^1-pyrrolin-1-oxid (V); 76 %. — *5-Benzyl-5-äthyl-8.9.9-trimethyl-2-oxa-1-aza-5-azoniabicyclo-[4.3.0]-nonan-3-spiro-1'-cyclohexanperchlorat* (VI), $C_{23}H_{37}Cl$ · N_2O_5, F. 149—150° (Acetonitril/Ae.), aus 1-Benzyl-1-äthyl-1-azoniaspiro-2.5-octanperchlorat (VII) u. III; 89 %. — *5-Benzyl-9.9-dimethyl-5-äthyl-2-oxa-1-aza-5-azoniabicyclo-[4.3.0]-nonan-3-spiro-1'-cyclohexanperchlorat* (VIII), F. 149—150° (Acetonitril/Ae.), aus V u. VII; 84 %. — *N-[2-Methyl-2-(2'.2'.3'-trimethylpyrrolidin-1'-oxy)-propyl]-dimethylamin* (IX), $C_{13}H_{28}N_2O$, Kp.$_1$ 61 bis 62,5°, aus dem Perchlorat. *Perchlorat*, $C_{13}H_{29}ClN_2O_5$, F. 144,5—145,5° (Essigsäureäthylester/Ae.), aus I mit H_2 in Ggw. von Adams Katalysator (Meth. K); 94 %. — *N-[2-(2'.2'-Dimethylpyrrolidin-1'-oxy)-2-methylpropyl]-dimethylamin*, $C_{12}H_{26}N_2O$, Kp.$_{2,2}$ 70—72°, aus dem Perchlorat. *Perchlorat*, $C_{12}H_{27}ClN_2O_5$, F. 150—152° (Essigsäureäthylester/Ae.), aus IV nach K; 97 %. — *1-Dimethylamino-2-methylpropanol-(2)*, $C_6H_{15}NO$, Kp. 128—128,5°, aus II mit W.; 92 %; entsteht zu 97 % neben nachst. Verb. (80 %) bei der Zn/Essigsäure-Red. von IX. — *2.2.3-Trimethylpyrrolidin*, Kp. 123—127°, aus III mit Triphenylphosphin zum *4.5.5-Trimethyl-Δ^1-pyrrolin*, dann $LiAlH_4$-Red.; 24 %. — *Verb.* $C_{16}H_{29}ClN_2O_5$, F. 125—127° (Essigsäureäthylester/Ae.), aus VI nach K; 95 %. — *Verb.* $C_{15}H_{27}ClN_2O_5$, F. 167—170° (Essigsäureäthylester/Ae.), aus VIII nach K; 78 %. — *N-[1-(2'.2'-Dimethylpyrrolidin-1'-oxy)-cyclohexylmethyl]-N-äthylbenzylamin*, aus VIII $LiAlH_4$; 91 %. — *1-[N-Benzyl-N-äthylaminomethyl]-cyclohexanol-(1)*, a) aus vorst. Verb. mit Zn/Essigsäure; 31 %; aus VII mit Wasser. R. Becker 323△

1294 **Ungesättigte große Ringe.** 51. Mitt. **1.6-Oxido-[10]-annulen.** Arnon Shani und Franz Sondheimer. (J. Amer. chem. Soc. **89** (1967) 24, 6310—17; Daniel Sieff Res. Inst., Weizmann Inst. of Sci., Rehovoth, Israel; engl.) — 50. vgl. ibid. **89** (1967) 4247. — Aus 6.10-Epoxy-1.4.5.8.9.10-hexahydronaphthalin (I) werden durch Hydrolyse, Bromierung u. HBr-Abspaltung *2α.-10α-Epoxy-3β.6β.7β-tribrom-9β-hydroxydecahydronaphthalin* u. *2α.10α-Epoxy-3β-brom-9β-hydroxy-1.2.3.4.9.10-hexahydronaphthalin* gewonnen. Bromierung von I u. nachfolgende HBr-Abspaltung gibt die *Titelverb.* (II) neben *1-Benzoxepin*. Das 10-π-Elektronensystem II ist eine aromat. Verbindung. — 28. vgl. C. **1967, 16**-1005.

Versuche: *9.10-Epoxy-1.4.5.8.9.10-hexahydronaphthalin* (I), F. 58—60°, aus 1.4.5.8-Tetrahydronaphthalin (III), 75 % (Ausb.). — *9α.10β-Dihydroxy-1.4.5.8.9.-10-hexahydronaphthalin*, F. 81—83°, aus I; 70 %. — *9α.10β-Dihydroxy-2β.3β.6β.7β-tetrabromdecahydronaphthalin* (IV), $C_{10}H_{14}Br_4O_2$, F. 210—212° ($CHCl_3$/A.), aus vorst. Verb. mit Br_2; 84 %. *Diacetylderiv.*, $C_{14}H_{18}Br_4O_4$, F. 258—259° ($CHCl_3$), mit BF_3-Ätherat in Essigsäureanhydrid; 58 %. — *2α.10α-Epoxy-3β-brom-9β-hydroxy-1.2.3.4.9.10-hexahydronaphthalin*, $C_{10}H_{11}BrO_2$, F. 100 bis 101° (PAe.), a) aus IV mit 2 Äquivalenten K-tert.-Butyrat; 4,5 %; daneben nachst. Verb. (29 %); b) aus IV mit Überschuß K-tert.-Butyrat; 19 %. — *2α.10α-Epoxy-3β.6β.7β-tribrom-9β-hydroxydecahydronaphthalin*, $C_{10}H_{13}$ · Br_3O_2, F. 123—124° (PAe.), a) wie vorst. unter a); b) aus IV mit Pb-Tetraacetat; 25 %; daneben ein *Isomeres* (F. 159—160°; 2 %). — *2.3.6.7.9.10-Hexabromdecahydronaphthalin*, $C_{10}H_{12}Br_6$, F. 281—285°, a) aus III mit Br_2 bei 10—15°; 10,1 %; daneben *2.3.6.7-Tetrabrom-1.2.3.4.5.6.7.-8-octahydronaphthalin* [V, $C_{10}H_{12}Br_4$, F. 194—195° ($CHCl_3$/PAe.); 5,8 %] u. *9.10-Dibrom-1.4.5.8.9.10-hexahydronaphhtalin* [$C_{10}H_{12}Br_2$, F. 156—157° ($CHCl_3$/PAe.); 60 %]; b) aus III mit Br_2 bei 0—10°; 10,7 %; daneben V (4,4 %) u. *2.3.9.10-Tetrabrom-1.2.3.4.5.8.9.10-octahydronaphthalin* [$C_{10}H_{12}Br_4$, F. 155—157° ($CHCl_3$/Pentan); 5,3 %]. — *2.3.-6.7-Tetrabrom-9.10-epoxydecahydronaphthalin*, $C_{10}H_{12}Br_4O$, F. 163—164° ($CHCl_3$/PAe.), a) aus I mit Br_2 bei 15—20°; 39 %; b) aus V mit Perbenzoesäure; 25 %. — *1.6-Epoxy-[10]-annulen* (II), $C_{10}H_8O$, F. 53—54° (Pentan), aus vorst. Verb. mit äthanol. KOH; 50 %; daneben nachst. Verb.; gibt beim Stehen in einer Chromatographiesäule mit Al_2O_3 bzw. Kieselgel 67 bzw. 50 % nachst. Verb. u. jeweils 2,5 % α-Naphthol; gibt bei Einw. von BF_3-Ätherat 2 % nachst. Verb. u. 70 % α-Naphthol; gibt mit wss. Essigsäure 25 % nachst. Verb. u. 50 % eines 1 : 1-Gemisches von α- u. β-Naphthol; gibt mit $LiAlH_4$ 74 % Naphthalin; gibt mit BF_3-Ätherat/Essigsäureanhydrid 72 % 1-Acetoxynaphthalin u. 9 % α-Naphtol; geht mit Br_2 in die *Bromverb.* $C_{10}H_8Br_4O$, F. 156—158° (PAe.) (65 %) u. die *Bromverb.* $C_{10}H_8Br_4O$, F. 153—155° (PAe.) (10 %) über; gibt mit $Cu(NO_3)_2 \cdot 3\,H_2O$/Essigsäureanhydrid *2-Nitro-1.6-epoxy-[10]-annulen* [$C_{10}H_7NO_3$, F. 86—87° (Ae./Pentan); 30 %] u. *3-Nitro-1.6-epoxy-[10]-annulen*, $C_{10}H_7$ · NO_3, F. 48—49° (Ae./Pentan); 28 %. — *1-Benzoxepin*, $C_{10}H_8O$, Kp.$_{0,5}$ 50° (Badtemp.), aus vorvorst. Verb. analog II; 20 %; gibt bei Hydrierung *2.3.4.5-Tetrahydro-1-benzoxepin* [F. 27—29° (Pentan)]; gibt mit konz. H_2SO_4 9 % α-Naphthol u. andere Phenolkörper; gibt mit BF_3-Ätherat wenig α-Naphthol. R. Becker 3370△

C-4. Naturstoffe

1295 **Verwendung eines Grignard-Reagenzes zur Verlängerung einer Triosekohlenstoffkette.** D. J. Walton. (Canad. J. Chem. **45** (1967) 23, 2921—25; Queen's Univ., Kingston, Ontario; engl.) — 2.3-O-Isopropyliden-D-glycerinaldehyd reagiert mit Vinyl-MgCl zu *1.2-O-Isopropyliden-1.2.3-D-threo-trihydroxypenten-(4)* (I) u. *1.2-O-Isopropyliden-1.2.3-L-erythro-trihydroxypenten-(4)* (II). I bzw. II geben mit sd. Acetanhydrid in Ggw. von Na-Acetat *1.2-O-Isopropyliden-1.2.3-D-threo-trihydroxy-* bzw. *1.2-O-Isopropyliden-1.2.3-L-erythro-trihydroxypenten-(4)-acetat.* I gibt durch Ozonisierung, Hydrierung an Adams-Katalysator u. nachfolgende Rk. mit verd. H_2SO_4 *D-Threose*. Analog wird aus II *D-Erythrose* erhalten. Aus einem Gemisch von I u. II u. sd. 70 %ig. CH_3COOH wird durch Rk. mit Acetanhydrid/Na-Acetat ein *Gemisch* von *1.2.3-D-threo-Trihydroxy* u. *1.2.3-L-erythro-trihydroxypenten-(4)-triacetat* gebildet.

Versuche: *2.3-O-Isopropyliden-D-glycerinaldehyd*, Kp.$_7$ 38—43°, nach Baer u. Fisher (1939). — *Gemisch* von *1.2-O-Isopropyliden-1.2.3-D-threo-trihydroxy-* (I) u. *1.2-O-Isopropyliden-1.2.3-L-erythro-trihydroxypenten-(4)* (II), $C_8H_{14}O_3$, Kp.$_{0,1}$ 41—42°, aus vorst. Verb. u. Vinyl-MgBr in abs. THF; $[\alpha]_D^{22}$ + 7° (c = 3,2; $CHCl_3$); 65 % (Ausb.). — *Gemisch* von *1.2-O-Isopropyliden-1.2.3-D-*

threo-trihydroxy- u. *1.2-O-Isopropyliden-1.2.3-L-erythro-trihydroxypenten-(4)-acetat*, $C_{10}H_{16}O_4$, Kp.$_{0,2}$ 55°, aus dem Gemisch von I u. II in sd. Acetanhydrid in Ggw. von Na-Acetat; $[\alpha]_D^{22}$ (c = 4,1; $CHCl_3$); 75%. — *1.2-O-Isopropyliden-1.2.3-trihydroxypenten-(4)*, *D-threo-Form* (I), aus dem Gemisch von I u. II durch präparative Gaschromatographie; $[\alpha]_D^{22}$ + 9° (c = 2,9; $CHCl_3$); daneben *L-erythro-Form* [II; $[\alpha]_D^{22}$ + 6° (c = 2,2; $CHCl_3$)]. — *D-Threose*, aus I u. O_3 in Essigester bei 0° u. Raumtemp., Hydrieren an PtO_2 u. Rk. mit heißer 0,2 n H_2SO_4; 40%. *2.5-Dichlorphenylhydrazon*, F. 101—104° (Essigester/Bzl./n-Hexan), aus 15,3 mg D-Threose u. 2.5-Dichlorphenylhydrazin in CH_3OH; $[\alpha]_D^{22}$ + 12° (7 Min.) → + 2° (3 Std.; c = 1,8; CH_3OH); 11 mg. — Analog: *D-Erythrose*, aus II; $[\alpha]_D^{22}$ — 34° (c = 2,4; W.); 45%. *2.5-Dichlorphenylhydrazon*, F. 111—113° (Essigester/Bzl.), $[\alpha]_D^{22}$ — 12° (16 Min.) → + 2° (52 Std.; c = 3,3; CH_3OH). — *Gemisch* von *1.2.3-D-threo-Trihydroxy-* u. *1.2.3-L-erythro-Trihydroxypenten-(4)-triacetat*, $C_{11}H_{16}O_6$, Kp.$_{0,08}$ 80—82°, aus dem Gemisch von I u. II u. sd. 70%ig. CH_3COOH u. Rk. mit sd. Acetanhydrid in Ggw. von Na-Acetat; $[\alpha]_D^{22}$ + 16° (c = 8; $CHCl_3$); 67%.

Hans Köhne/Berlin 3400△

1296 **Selektive Benzoylierung von Benzyl-β-L-arabinopyranosid und Benzyl-α-D-xylopyranosid.** T. Sivakumaran und J. K. N. Jones. (Canad. J. Chem. 45 (1967) 21, 2493—2500; Queen's Univ., Kingston, Ontario; engl.) — Benzyl-β-L-arabinopyranosid (I) gibt mit 2,2 Val Benzoylchlorid (II) in Ggw. von abs. Py. bei — 30° *Benzyl-2.3.4-tri-O-benzoyl-* (III) u. *Benzyl-2.3-di-O-benzoyl-β-L-arabinopyranosid* (IV). III wird zum Strukturbeweis auch aus I u. überschüssigem II dargestellt. IV wird mit Methansulfonylchlorid (V) in *Benzyl-2.3-di-O-benzoyl-4-O-methansulfonyl-β-L-arabinopyranosid* (VI) umgewandelt, das mit $NaOCH_3$ *Benzyl-4-O-methansulfonyl-β-L-arabinopyranosid* bildet. Aus VI u. Na-Benzoat (VIII) in sd. DMF wird *Benzyl-2.3.4-tri-O-benzoyl-α-D-xylopyranosid* (IX) erhalten. Bei der Rk. von Benzyl-α-D-xylopyranosid (X) mit 2,2 Val II in abs. Py. bei — 30° entstehen IX, *Benzyl-2.4-di-O-benzoyl-*(XI), *Benzyl-2.3-di-O-benzoyl-* (XII) u. *Benzyl-2-O-benzoyl-α-D-xylopyranosid* (XIII). IX wird zum Strukturbeweis aus X mit überschüssigem II synthetisiert. XI gibt mit V *Benzyl-2.4-di-O-benzoyl-3-O-methansulfonyl-α-D-xylopyranosid* (XIV), dessen Struktur durch Synth. aus I bewiesen wird. I wird in *Benzyl-3.4-O-isopropyliden-β-L-arabinopyranosid* umgewandelt, das mit II in abs. Py. *Benzyl-2-O-benzoyl-3.4-O-isopropyliden-β-L-arabinopyranosid* (XV) bildet. XV wird von 1 n H_2SO_4 zu *Benzyl-2-O-benzoyl-β-L-arabinopyranosid* (XVI) hydrolysiert. XVI reagiert mit Aceton in Ggw. von wasserfreiem $CuSO_4$ u. H_2SO_4 wieder zu XV. XVI u. V bilden *Benzyl-2-O-benzoyl-3.4-di-O-methansulfonyl-β-L-arabinopyranosid* (XVII), das mit VIII XIV liefert. Aus XII u. V wird *Benzyl-2.3-di-O-benzoyl-4-O-methansulfonyl-α-D-xylopyranosid* (XVIII) erhalten. Zum Strukturbeweis wird XVIII durch Rk. mit VIII in sd. DMF u. anschließende Entbenzoylierung in I umgewandelt. XIII wird in *Benzyl-2-O-benzoyl-3.4-di-O-methansulfonyl-α-D-xylopyranosid* (XIX) umgewandelt. XIII wird auch aus X u. 1,1 Val II erhalten. XI bzw. XII werden von Pyridinhydrochlorid in Py. bei Raumtemp. nicht isomerisiert.

Versuche: Benzyl-β-L-arabinopyranoside: *2.3-Di-O-benzoyl-* (IV), $C_{26}H_{24}O_7$, F. 122—123,5° (Essigester/PAe.), aus 12 g I u. 2,2 Val II in abs. Py. bei — 30° [→ 22 g (Ausb.) eines *Gemisches* aus III u. IV) u. Chromatographie von 5,21 g des Gemisches; $[\alpha]_D^{22}$ + 204° (c = 0,55; $CHCl_3$); 3,46 g; daneben 0,79 g III. — *2.3.4-Tri-O-benzoyl-* (III), $C_{33}H_{28}O_8$, aus I u. überschüssigem II in abs. Py.; $[\alpha]_D^{22}$ + 277° (c = 1; $CHCl_3$); 91%. — *2.3-Di-O-benzoyl-4-O-methansulfonyl-* (VI), $C_{27}H_{26}O_9S$, aus IV u. V in abs. Py.; $[\alpha]_D^{22}$ + 194° (c = 0,96; $CHCl_3$); ca. 100%. — *4-O-Methansulfonyl-*, $C_{13}H_{18}O_7S$, F. 131,5—133,5° (A.), a) aus 2,23 g VI u. wenig $NaOCH_3$ in abs. CH_3OH; 1,19 g; b) aus 0,21 g VI u. viel $NaOCH_3$ in sd. abs. CH_3OH; $[\alpha]_D^{22}$ + 177° (c = 0,73; $CHCl_3$); 0,025 g. — *Unsubstituiert* (I), aus 0,53 g XVIII u. VIII in sd. DMF u. Rk. mit wenig $NaOCH_3$ in abs. CH_3OH; 0,16 g. — *3.4-O-Isopropyliden-*, F. 54—56°, nach Ballou (vgl. C. 1957, 4974); $[\alpha]_D^{22}$ + 220° (c = 1; A.); ca. 75%. — *2-O-Benzoyl-3.4-O-isopropyliden-* (XV), $C_{22}H_{24}O_6$, F. 110,5—112° (Aceton/W.), a) aus 3,82 g vorst. Verb. u. II in abs. Py. bei 0°; 4,9 g; b) aus 0,46 g XVI u. abs. Aceton in Ggw. von wasserfreiem $CuSO_4$ u. H_2SO_4 bei Raumtemp.; $[\alpha]_D^{22}$ + 212° (c = 1,13; $CHCl_3$); 0,32 g. — *2-O-Benzoyl-* (XVI), $C_{19}H_{20}O_6$, F. 131—132° ($CHCl_3$/PAe.), aus 1,82 g XV u. 1 n H_2SO_4 in sd. Aceton; $[\alpha]_D^{22}$ + 176° (c = 0,5; $CHCl_3$); 1,58 g. — *2-O-Benzoyl-3.4-di-O-methansulfonyl-* (XVII), $C_{21}H_{24}O_{10}S_2$, F. 119,5—120° ($CHCl_3$/PAe.), aus 1,07 g XVI u. V in abs. Py. bei 0°; $[\alpha]_D^{22}$ + 219° (c = 1; $CHCl_3$); 1,4 g. — *2.3.4-Tri-O-methansulfonyl-* (VII), $C_{15}H_{22}O_{11}S_3$, aus 3 g I u. V in abs. Py. bei 0°; $[\alpha]_D^{22}$ + 158° (c = 1,15; $CHCl_3$); 11,9 g. — *2-O-Methansulfonyl-*, F. 127—128°, nach Fletcher (Methods in carbohydrate chemistry, Vol II, **1963**, 388); $[\alpha]_D^{22}$ + 190° (c = 0,42; $CHCl_3$). — *2-O-Methansulfonyl-3.4-di-O-benzoyl-*, $C_{27}H_{26}O_9S$, F. 98 bis 99° ($CHCl_3$/PAe.), a) aus 0,8 g vorst. Verb. u. ca. 2 Val II in abs. Py.; 1,2 g; b) aus 1,9 g XIX u. VIII in DMF bei 160°; $[\alpha]_D^{22}$ + 298° (c = 1,12; $CHCl_3$); 0,83 g. — Benzyl-α-D-xylopyranoside: *2.3.4-Tri-O-benzoyl-* (IX), $C_{33}H_{28}O_8$, F. 127,5—130° (CH_3OH), a) aus X u. überschüssigem II in abs. Py. bei 0°; 89%; b) aus VI u. VIII in sd. DMF; $[\alpha]_D^{22}$ + 69° (c = 1; $CHCl_3$); 75%. — *2.4-Di-O-benzoyl-* (XI), $C_{26}H_{24}O_7$, aus 12 g X u. 2,2 Val II in abs. Py. bei — 30° (→ 23,6 g *Gemisch*) u. Chromatographie von 10,4 g; $[\alpha]_D^{22}$ + 79° (c = 0,54; $CHCl_3$); 4,44 g; daneben 1,75 g IX, 2,46 g *2.3-Di-O-benzoyl-* [XII, F. 88 bis 89°, $[\alpha]_D^{22}$ + 187° (c = 1,06; $CHCl_3$)] u. 0,69 g XIII. — *2.4-Di-O-benzoyl-3-O-methansulfonyl-* (XIV), $C_{27}H_{26}O_9S$, F. 160—161,5° (CH_3OH), a) aus XI u. ca. 1 Val V in abs. Py.; 85%; b) aus 0,98 g XVII u. VIII in sd. DMF; $[\alpha]_D^{22}$ + 71° (c = 0,63; $CHCl_3$); 0,59 g. — *2.3-Di-O-benzoyl-4-O-methansulfonyl-* (XVIII), F. 104,5—106,5° u. F. 114,5 bis 115,5° (dimorph; CH_3OH), analog XIV nach a) aus XII; $[\alpha]_D^{22}$ + 131° (c = 0,96; $CHCl_3$); 81%. — *4-O-Benzoyl-2.3-di-O-methansulfonyl-*, $C_{21}H_{24}O_{10}S_2$, F. 157,5—159° (CH_3OH), aus 4,94 g VII u. VIII in sd. DMF; $[\alpha]_D^{22}$ + 23,4° (c = 1,74; $CHCl_3$); 2,12 g. — *2-O-Benzoyl-3.4-di-O-methansulfonyl-* (XIX), $C_{21}H_{24}O_{10}S_2$, F. 162—163° (CH_3OH), aus 0,28 g XIII u. V in abs. Py.; $[\alpha]_D^{22}$ + 150,5° (c = 1,05; $CHCl_3$); 0,36 g. — *2-O-Benzoyl-* (XIII), $C_{19}H_{20}O_6$, F. 140—141,5° ($CHCl_3$/PAe.), aus X u. 1,1 Val II in abs. Py. bei — 30°; $[\alpha]_D^{22}$ + 132° (c = 0,71; $CHCl_3$); 58,8%.

Hans Köhne/Berlin 3400△

1297 **Synthese von 1.6-Anhydro-β-talopyranose aus D-Galaktose- und D-Mannosederivaten.** D. Horton und J. S. Jewell. (Carbohydrate Res. [Amsterdam] 5 (1967) 2, 149—60; Dep. of Chem., The O. State Univ., Columbus, O.; engl.) — Eine Reihe von *1.6-Anhydro-β-D-talopyranosen* wird aus Mannose- u. Galaktosederiv. dargestellt. ORD-, CD- u. NMR-Daten s. Original.

Versuche: *1.6-Anhydro-3.4-O-isopropyliden-β-D-lyxohexopyranosulose-(2)* (I), $C_9H_{12}O_5$, F. 92—93° (CCl_4/PAe.), a) durch Ox. von 1.6-Anhydro-3.4-O-isopropyliden-β-D-galaktopyranose (II) mit Dimethylsulfoxid/Acetanhydrid; $[\alpha]_D^{20}$ — 89° ± 1° (c = 1; $CHCl_3$); 90% (Ausb.); b) durch Ox. von II mit RuO_4; 85%. — β-D-Talopyranosen: *1.6-Anhydro-3.4-O-isopropyliden-* (V), $C_9H_{14}O_5$, F. 112—113° (Isopropanol); a) durch Red. von I mit $LiALH_4$; ± 1° (c = 1; $CHCl_3$); $[\alpha]_D^{20}$ — 112,5°; 98%; b) durch Red. von I mit $NaBH_4$; 84%; c) durch Hydrieren von I an 5%ig. Pd/Kohle neben II im Verhältnis 1 : 1. — *1.6-Anhydro-2.3-O-isopropyliden-*, $C_9H_{14}O_5$, F. 108,5 bis 109° ($CHCl_3$/PAe.), a) durch $LiAlH_4$-Red. von 1.6-Anhydro-2.3-O-isopropyliden-β-D-lyxohexopyranosulose-(4) (III); $[\alpha]_D^{20}$ — 34° ± 2° (c = 1,5; $CHCl_3$); 98%; b) durch $NaBH_4$-Red. von III; 77%; c) durch Hydrieren von III an 5%ig. Pd—Kohle neben *1.6-Anhydro-2.3-O-isopropyliden-β-D-mannopyranose* [IV, F. 156—158° (n-Butanol)] im Verhältnis 3 : 1. — *1.6-Anhydro-*, $C_6H_{10}O_5$, F. 185 bis 188° (Isopropanol), a) aus V u. 1 n HCl $[\alpha]_D$ — 80 ± 2° (c = 1; W.); 65%; b) aus vorst. Verb. u. 1 n HCl; 85%; c) durch Ox. von IV mit RuO_4, $NaBH_4$-Red. u. Hydrolyse mit HCl; 73%; d) durch Ox. von II mit Dimethylsulfoxid/Acetanhydrid, $NaBH_4$-Red. u. Hydrolyse mit HCl; 60%. — *2.3.4-Tri-O-acetyl-1.6-anhydro-*, $C_{12}H_{16}O_8$, F. 117 bis 118° (Ae.), aus vorst. Verb. u. Py./Acetanhydrid; $[\alpha]_D$ — 73 ± 2° (c = 0,5; $CHCl_3$); 60%. — *α-D-Talose*, F.

131—133°, durch Erhitzen vorvorst. Verb. in 1 n HCl auf 75°. W. Kühn 3400△

1298 **Spaltung von Oligosacchariden durch Dihalogenmethylmethyläther. Neue Darstellung von Rutinose.** R. Bognar, I. Farkas Szabo, I. Farkas und H. Gross. (Carbohydrate Res. [Amsterdam] 5 (1967) 2, 241—43; Inst. of Organ. Chem., L. Kossuth Univ., Debrecen; engl.) — Die von Gross u. Farkas (Chem. Ber. **93** (1960) 95) beschriebene Meth. der selektiven Spaltung von Glykosidbindungen in Oligosaccharidglykosiden mit Dihalogenmethylmethyläther u. $ZnCl_2$ wird für aliphat. u. aromat. Disaccharidglykoside benutzt. Es werden O-Acetylglykosylhalogenide erhalten. Ein möglicher Rk.-Mechanismus wird diskutiert.

Versuche: *Hexa-O-acetyl-α-rutinosylchlorid*, $C_{24} \cdot H_{33}ClO_{15}$, F. 149°, durch Spaltung von Rutindecaacetat mit Dichlormethylmethyläther u. $ZnCl_2$; $[\alpha]_D$ +68,2° (c = 1,0; $CHCl_3$); 82% (Ausb.). — *Hexa-O-acetyl-α-rutinosylbromid*, $C_{24}H_{33}BrO_{15}$, F. 127—128° (Ae.), analog vorst. Verb. mit Dibrommethylmethyläther; $[\alpha]_D$ +91 bis +94° (c = 0,5; $CHCl_3$); 52—57%. W. Kühn 3400△

1299 **Synthese von Carrabiose.** Susumu Hirase und Choji Araki. (Bull. chem. Soc. Japan **40** (1967) 11, 2627—29; Dep. of Chem., Fac. of Ind. Arts, Kyoto TU, Matsugasaki, Kyoto; engl.) — Vf. synthetisieren die *Titelverb.* (*3.6-Anhydro-4-O-β-D-galaktopyranosyl-D-galaktose*) durch Kondens. von Methyl-2-O-p-tosyl-3.6-anhydro-α-D-galaktopyranosid mit Tetra-O-acetyl-α-D-galaktopyranosylbromid (II), Desacetylierung, Detosylierung u. Entfernung der glykosid. Methoxy-Gruppe.

Versuche: *Methyl-α-carrabiosid* (I), $C_{13}H_{22}O_{10}$, F. 203—204° (Methanol/A.; 1 : 1), durch Schütteln eines Gemisches aus I, AgO u. wasserfreiem $CaSO_4$ in $CHCl_3$ u. Zugabe von II; $[\alpha]_D^{17}$ +36° (c = 1; W.); 31% Ausb.). — *Carrabiose*, durch Erhitzen von 1,5 g I in 0,02 n H_2SO_4 auf 100°; $[\alpha]_D^{17}$ +15,2° (c = 1,25; W.); 1,4 g. *Phenylosazon*, $C_{24}H_{30}N_4O_8$, F. 214—215° (80%ig. A.); $[\alpha]_D^{10}$ +68,2° (c = 0,6; Py./A.; 2 : 3). — *Carrabiit*, durch Red. von 0,5 g vorst. Verb. mit $NaBH_4$ in W.; 0,5 g. *Heptaacetat*, $C_{26}H_{36}O_{17}$, F. 143—145° (90%ig. A.); $[\alpha]_D^{12}$ −6,4° (c = 0,78; $CHCl_3$). — *Carrabiosedimethylacetal*, durch Kochen von 0,18 g I mit 0,5%ig. methanol. HCl u. Neutralisieren mit $AgCO_3$; $[\alpha]_D^{20}$ +24,6° (c = 0,61; W.); 0,17 g. *Hexaacetat*, $C_{26}H_{38}O_{17}$, F. 146—147° (Methanol/W.); $[\alpha]_D^{18}$ −16,2° (c = 0,93; Bzl.). K.-P. Hilgetag 3400△

1300 **Verbesserte Synthese von 9-[β-D-Arabinofuranosyl]-8-chloradenin.** F. Keller, I. J. Botvinick und J. E. Bunker. (J. org. Chemistry **32** (1967) 5, 1644—46; Riker Labor., Div. of Rexall Drug and Chemical Co., Northridge, Calif.; engl.) — Aus 2.3.5-Tri-O-benzyl-α-D-arabinofuranosylchlorid (I) u. 2.6-Dichlorpurin (II) wird *9-[2.3.5-Tri-O-benzyl-β-D-arabinofuranosyl]-2.6-dichlorpurin* erhalten, das mit NH_3 *9-[2.3.5-Tri-O-benzyl-β-D-arabinofuranosyl]-2-chloradenin* (III) bildet. III reagiert mit Na in fl. NH_3 zu *9-[β-D-Arabinofuranosyl]-adenin* (IV). Beim Hydrieren von III an $PdCl_2$ in 2-Methoxyäthanol entstehen *9-[β-D-Arabinofuranosyl]-2-chloradenin* u. wenig IV.

Versuche: *9-[2.3.5-Tri-O-benzyl-β-D-arabinofuranosyl]-2-chloradenin* (III), $C_{31}H_{30}ClN_5O_4$, F. 135—136° (CH_3OH/Aceton), aus 2.3.5-Tri-O-benzyl-1-O-p-nitrobenzoyl-D-arabinofuranose u. HCl-Gas in CH_2Cl_2 bei 0°, Rk. des erhaltenen I mit II in abs. CH_2Cl_2 u. Rk. mit NH_3-Gas in abs. CH_3OH; $[\alpha]_D^{23,2}$ +49,6° (c = 0,5; $CHCl_3$ 28% (Ausb.). — *9-[β-D-Arabinofuranosyl]-2-chloradenin*, F. 242° (Zers.; W.), durch Hydrieren von III an $PdCl_2$ in 2-Methoxyäthanol bei 50 psig; $[\alpha]_D^{25}$ +6,9° (c = 0,29; Py.); 82%. Hans Köhne/Berlin 3450△

1301 **Pyrrolidinzucker. Synthese von 9-4[-Acetamido-4-desoxy-β-D-xylofuranosyl]-adenin und anderen Derivaten von 4-Amino-4-desoxy-D-xylose.** Elmer J. Reist, Linda V. Fisher und Leon Goodman. (J. org. Chemistry **32** (1967) 8, 2541—44; Stanford Res. Inst., Menlo Park, Calif.; engl.) — Methyl-β-L-arabinopyranosid (I) gibt mit Benzoylchlorid (II) in Py. *Methyl-2.3-di-O-benzoyl-β-L-arabinopyranosid* (III). III reagiert mit p-Toluolsulfonylchlorid (IV) bzw. Methansulfonylchlorid (VI) in Py. zu *Methyl-4-O-p-toluolsulfonyl-*(V) bzw. *Methyl-4-O-methansulfonyl-2.3-di-O-benzoyl-β-L-arabinopyranosid*. Aus V u. NaN_3 in DMF entsteht *Methyl-4-azido-2.3-di-O-benzoyl-4-desoxy-α-D-xylopyranosid* (VII), aus dem mit $NaOCH_3$ *Methyl-4-azido-4-desoxy-α-D-xylopyranosid* (VIII) erhalten wird. VIII wird an Pd/Kohle zu *Methyl-4-amino-4-desoxy-α-D-xylopyranosid* (IX) hydriert. Mit 6 n HCl gibt IX ein *Gemisch*, das hauptsächlich 2 red. Zucker enthält. VII bildet bei der Acetolyse *1-O-Acetyl-4-azido-2.3-di-O-benzoyl-4-desoxy-D-xylopyranose* (XVII), die mit $NaOCH_3$ in CH_3OH *4-Azido-4-desoxy-D-xylopyranose* (X) liefert. X bildet beim Hydrieren in Ggw. von HCl eine *nicht identifizierte Verbindung*. IX reagiert mit Trifluoressigsäureanhydrid (XI) zu *Methyl-4-desoxy-4-trifluoracetamido-α-D-xylopyranosid*, das bei der Acetolyse in *4-Desoxy-4-trifluoracetamido-1.2.3.5-tetra-O-acetyl-D-xylofuranose* (XII) übergeht. Aus XII ließ sich kein Nucleosid darstellen. IX wird zu *Methyl-4-acetamido-4-desoxy-α-D-xylopyranosid* acetyliert, das durch Acetolyse in ein *Gemisch von Prod.* umgewandelt wird, aus dem *4-Acetamido-1.2.3.5-tetra-O-acetyl-4-desoxy-D-xylofuranose* (XIII) u. geringe Mengen *4-Acetamido-1.2.3-tri-O-acetyl-4-desoxy-D-xylopyranose* (XIV) isoliert werden. Aus XIII u. Chlormercuri-6-benzamidopurin (XV) in Ggw. von $TiCl_4$ wird nach Entiacylierung ein *Gemisch* aus *Nucleosiden* erhalten, aus dem *9-[4-Acetamido-4-desoxy-β-D-xylofuranosyl]-adenin* (XVI) isoliert wird. XVI wird zu *9-[4-Acetamido-4-desoxy-2.3.5-tri-O-acetyl-β-D-xylofuranosyl]-adenin* acetyliert.

Versuche (F. korr.): *Methyl-2.3-di-O-benzoyl-β-L-arabinopyranosid* (III), $C_{20}H_{20}O_7$, F. 141,5—142,5° (Ae.), aus I u. II in Py.; $[\alpha]_D^{20}$ +210° (c = 1; $CHCl_3$); 44% (Ausb.); daneben 6% *Methyl-2-O-benzoyl-β-L-arabinopyranosid* (F. 145—147°). — *Methyl-2.3-di-O-benzoyl-4-O-p-toluolsulfonyl-β-L-arabinopyranosid* (V), $C_{27}H_{26}O_9S$, F. 162,5—164° (CH_3OH), aus III u. IV in abs. Py. bei 50°; $[\alpha]_D^{21}$ +173° (c = 1; $CHCl_3$); 57%. — *Methyl-2.3-di-O-benzoyl-4-O-methansulfonyl-β-L-arabinopyranosid*, $C_{21}H_{22} \cdot O_9S$, F. 106,5—108,5° (CH_3OH), aus III u. VI in abs. Py. bei Raumtemp.; $[\alpha]_D^{22}$ +205° (c = 1; $CHCl_3$); 82%. — *Methyl-4-O-methansulfonyl-β-L-arabinopyranosid*, $C_7H_{14} \cdot O_7S$, F. 124,5—125,5° ($CHCl_3$), aus vorst. Verb. u. 1 n methanol. $NaOCH_3$-Lsg. bei Raumtemp.; $[\alpha]_D^{21}$ +216° (c = 1; CH_3OH); 93%. — *Methyl-4-azido-2.3-di-O-benzoyl-4-desoxy-α-D-xylopyranosid* (VII), $C_{20}H_{19}N_3O_6$, F. 77 bis 79° (CH_3OH), aus V u. NaN_3 in abs. DMF bei 115°; $[\alpha]_D^{21}$ +174° (c = 1; $CHCl_3$); 64%. — *Methyl-4-azido-4-desoxy-α-D-xylopyranosid* (VIII), $C_6H_{11}N_3O_4$, F. 74—76° (Bzl./Hexan), aus VII u. 1 n methanol. $NaOCH_3$-Lsg. in sd. CH_3OH; $[\alpha]_D^{23}$ +232° (c = 1; CH_3OH); 79%. — *Methyl-4-amino-4-desoxy-α-D-xylopyranosid* (IX), $C_6H_{13} \cdot NO_4$, F. 116—118° (Isopropanol), durch Hydrieren von VIII an 5%ig. Pd/Kohle in W. bei Normaldruck u. Raumtemp.; $[\alpha]_D^{23}$ +167° (c = 1; CH_3OH); 68%. — *Methyl-4-acetamido-4-desoxy-α-D-xylopyranosid*, $C_8H_{15}NO_5$, F. 152 bis 153° (Essigester), aus IX u. Acetanhydrid in W. bei Raumtemp.; $[\alpha]_D^{23}$ +147° (c = 0,8; CH_3OH); 81%. — *Methyl-4-desoxy-4-trifluoracetamido-α-D-xylopyranosid*, $C_8 \cdot H_{12}F_3NO_5$, F. 179,5—180,5° ($CH_3OH/CHCl_3$), aus IX u. XI bei Raumtemp.; $[\alpha]_D^{21}$ +124° (c = 1; CH_3OH); 79%. — *4-Azido-4-desoxy-D-xylopyranose* (X), $C_5H_9N_3O_4$, F. 110—114° ($CH_3OH/CHCl_3$), aus 4,2 g VII, Eisessig u. Acetanhydrid in Ggw. von konz. H_2SO_4 bei 0° (→ 4,41 g XVII) u. Rk. mit 1 n methanol. CH_3ONa-Lsg. bei Raumtemp.; $[\alpha]_D^{21}$ +81° (c = 1; W.); 0,45 g. — *4-Acetamido-1.2.3.5-tetra-O-acetyl-4-desoxy-D-xylofuranose* (XIII), $C_{15} \cdot H_{21}NO_9$, aus drittvorst. Verb., Acetanhydrid, Eisessig u. konz. H_2SO_4 bei 0°; 85%; daneben wenig XIV. — *9-[4-Acetamido-4-desoxy-β-D-xylofuranosyl]-adenin* (XVI), $C_{12} \cdot H_{16}N_6O_4$, F. 228—230° (Zers.; CH_3OH), aus XIII, XV u. $TiCl_4$ in sd. 1.2-Dichloräthan u. Rk. mit 1 n methanol. CH_3ONa-Lsg. in CH_3OH; $[\alpha]_D^{21}$ −101° (c = 0,55; W.); 22%. — *9-[4-Acetamido-2.3.5-tri-O-acetyl-4-desoxy-β-D-xylofuranosyl]-adenin*, $C_{18}H_{22}N_6O_7$, F. 101—110° (Bzl./PAe.), aus XVI u. Acetanhydrid in Py. bei 0°; $[\alpha]_D^{22}$ −66° (c = 1; $CHCl_3$); 83%. Hans Köhne/Berlin 3450△

1302 **Synthese der Antitumoralkaloide Ellipticin, 9-Methoxyellipticin und verwandter Pyrido-[4.3:b]-carbazole.** L. K. Dalton, S. Demerac, B. C. Elmes, J. W. Loder, J. M. Swan und T. Teitei. (Austral. J. Chem. **20** (1967) 12, 2715—27; CSIRO Chem. Res. Labor., Melbourne;

engl.) — Beim Erhitzen von 1.4-Dimethyl-3-[N-(2.2-diäthoxyäthyl)-iminomethyl]-carbazol (I) mit 90 bis 100%ig. H_3PO_4 auf 160° entsteht *5.11-Dimethyl-6H-pyrido-[4.3:b]-carbazol* (*Ellipticin*; II). Bei Carbazolen mit einer CH_3- bzw. CH_3O-Gruppe in 6- bzw. 9-Stellung gelingt die Cyclisierung mit besseren Ausb. schon bei tieferen Temp.; eine Nitrogruppe in 6-Stellung verringert die Ausb. stark. 6-[N-(2.2-Diäthoxyäthyl)-iminomethyl]-1.4.9-trimethylcarbazol läßt sich weder in H_3PO_4 noch in Polyphosphorsäure cyclisieren. 9-Brom-5.11-dimethyl-6H-pyrido-[4.3:b]-carbazol (9-Bromellipticin; III) wird nicht von Dimethylamin, Thiophenol bzw. CH_3ONa debromiert. II reagiert mit Br_2 in CH_3COOH zu III. I gibt beim Erhitzen in Polyphosphorsäure II. *1.4-Dimethylcarbazole* werden aus Indolen u. Hexandion-(2.5) (IV) in Ggw. von p-Toluolsulfonsäuremonohydrat (V) dargestellt. 1.4-Dimethyl-(VI), 1.4.6-Trimethyl- (VII) bzw. 6-Methoxy-1.4-dimethylcarbazol (VIII) geben mit IV *2:1-Additionsverbindungen. 1.4.9-Trimethyl-* (IX) bzw. *6-Methoxy-1.4.9-trimethylcarbazol* (X) werden aus VI bzw. VIII, K u. Dimethylsulfat (DMS) in Toluol dargestellt. 9-Methoxy-5.11-dimethyl-6H-pyrido-[4.3:b]-carbazol bzw. II werden mit NaH u. CH_3J in DMF in 6-Stellung methyliert. In 6-Stellung substituierte Carbazole geben bei der Formylierung nur die *3-Formylverb.*; IX bildet ein Gemisch aus *3-* u. *6-Formyl-1.4.9-trimethylcarbazol.* Rk. von 7-Methoxy-1.4-dimethylcarbazol (XI), N-Methylformanilid u. $POCl_3$ gibt *6-* u. *8-Formyl-7-methoxy-1.4-dimethylcarbazol. 6-Brom-* bzw. *6-Nitro-3-formyl-1.4-dimethylcarbazol* werden durch Bromieren bzw. Nitrieren von 3-Formyl-1.4-dimethylcarbazol (XII) erhalten.

Versuche: Carbazole: *1.4-Dimethyl-* (VI), F. 96° (PAe.), aus Indol u. IV in sd. A. in Ggw. von V; 51% (Ausb.; roh). — Analog: *1.4.6-Trimethyl-* (VII), F. 126 bis 127°, aus 5-Methylindol; 45%. — *6-Methoxy-1.4-dimethyl-* (VIII), $C_{15}H_{15}NO$, F. 136,5°, aus 5-Methoxyindol; 38%. — *7-Methoxy-1.4-dimethyl-* (XI), $C_{15}H_{15}NO$, F. 158,5°, aus 6-Methoxyindol; 36%. — *1.4.9-Trimethyl-* (IX), $C_{15}H_{15}N$, F. 131—132° (A./Kohle), aus VI, K u. DMS in sd. abs. Toluol; 96%. — *6-Methoxy-1.4.9-trimethyl-* (X), $C_{16}H_{17}NO$, F. 133° (A.), a) analog IX aus VIII; 38%; b) aus VIII, NaH u. CH_3J in DMF; 89%. — *3-Formyl-1.4-dimethyl-* (XII), F. 215—217° (Toluol), durch Rk. von VI, N-Methylformanilid u. $POCl_3$ in o-Dichlorbenzol; 35%. — Analog: *3-Formyl-1.4.6-trimethyl-*, F. 225—227° ($CHCl_3$/Bzl. u. Aceton), aus VII; 71%. — *3-Formyl-6-methoxy-1.4-dimethyl-* (XIII), $C_{16}H_{15}NO_2$, F. 206° (Bzl.), aus VIII; 60%. — *6-Formyl-7-methoxy-1.4-dimethyl-*, F. 282° (CH_3COOH), aus 1,8 g XI; 270 mg; daneben 50 mg *8-Formyl-7-methoxy-1.4-dimethylcarbazol* [F. 191° (A.)]. — *3-Formyl-1.4.9-trimethyl-*, $C_{16}H_{15}NO$, F. 157—161° (Essigester), aus 16,8 g IX; 3,7 g; daneben *6-Formyl-1.4.9-trimethylcarbazol* [$C_{16}H_{15}NO$, F. 174—178° (Essigester); 0,8 g]. — *3-Formyl-6-methoxy-1.4.9-trimethyl-*, $C_{17}H_{17}NO_2$, F. 137° (Essigester), aus X; 68% roh. — *6-Brom-3-formyl-1.4-dimethyl-*, $C_{15}H_{12}BrNO$, F. 267—268° (A.), aus XII u. Br_2 in Eisessig; 92%. — *3-Formyl-6-nitro-1.4-dimethyl-*, $C_{15}H_{12}N_2O_3$, F. 301—304° (Zers.; CH_3COOH), aus XII u. 70%ig. HNO_3 in Eisessig in Ggw. von konz. H_2SO_4; 69%. — *3-[N-(2.2-Diäthoxyäthyl)-iminomethyl]-1.4-dimethyl-* (I), F. 130°, nach Cranwell u. Saxton (C. **1963**, 12813). — *3-[N-(2.2-Diäthoxyäthyl)-iminomethyl]-6-methoxy-1.4-dimethyl-* (XIV), $C_{22}H_{28}N_2O_3$, F. 110—111° (Bzl.), aus XIII u. 2.2-Diäthoxyäthylamin; 87%. — Analog: *3-[N-(2.2-Diäthoxyäthyl)-iminomethyl]-1.4.6-trimethyl-* (XV), $C_{22}H_{28}N_2O_2$; F. 124—126°; 72%. — *3-[N-(2.2-Diäthoxyäthyl)-iminomethyl]-1.4.9-trimethyl-* (XVI), F. 104—105°; 88%. — *6-[N-(2.2-Diäthoxyäthyl)-iminomethyl]-1.4.9-trimethyl-*, F. 112—114°; 89%. — *3-[N-(2.2-Diäthoxyäthyl)-iminomethyl]-6-methoxy-1.4.9-trimethyl-* (XVII), $C_{23}H_{30}N_2O_3$, F. 116—117°; 42%. — *3-[N-(2.2-Diäthoxyäthyl)-iminomethyl]-1.4-dimethyl-6-brom-* (XVIII), $C_{21}H_{25}BrN_2O_2$, F. 135 bis 136°; 91%. — *3-[N-(2.2-Diäthoxyäthyl)-iminomethyl]-1.4-dimethyl-6-nitro-* (XIX), $C_{21}H_{25}N_3O_4$, F. 187—190°; 55%. — *5.11-Dimethyl-6H-pyrido-[4.3:b]-carbazol* (*Ellipticin*; II), F. 315—317° (A.), a) aus I u. 91%ig. H_3PO_4 bei 160°; 28%; b) aus 3-[N-(2.2-Diäthoxyäthyl)-iminomethyl]-1.4-dimethylcarbazol, 91%ig. H_3PO_4 u. P_2O_5 bei 150°; 40%. — *5.9.11-Trimethyl-6H-pyrido-[4.3:b]-carbazol*, $C_{18}H_{16}N_2$, F. 293—295°, durch Rk. von XV u. 91%ig. H_3PO_4 bei 160°, Zugabe von NH_4OH-W., Extrahieren mit CH_3OH (→ *Methanolat*; 50%) u. Erhitzen im Vakuum auf 150°. — *9-Methoxy-5.11-dimethyl-6H-pyrido-[4.3:b]-carbazol* (*9-Methoxyellipticin*), $C_{18}H_{16}N_2O$, F. 286—287° (Zers.; CH_3OH), aus XIV u. 91%ig. H_3PO_4 bei 135—140°; 56%. — *9-Methoxy-5.6.11-trimethyl-6H-pyrido-[4.3:b]-carbazol*, $C_{19}H_{18}N_2O$, F. 158° (Bzl. u. Essigester), a) aus XVII u. 91%ig. H_3PO_4; 52%; b) aus vorst. Verb., NaH u. CH_3J in DMF; 64%. — *9-Methoxy-2.5.11-trimethyl-1.2.3.4-tetrahydro-6H-pyrido-[4.3:b]-carbazol*, $C_{19}H_{22}N_2O$, F. 193—194°, aus vorvorst. Verbindung. — *5.6.11-Trimethyl-6H-pyrido-[4.3:b]-carbazol* (*6-Methylellipticin*), $C_{18}H_{16}N_2$, F. 209—211° (Bzl./Essigester), aus XVI u. H_3PO_4 bei 155—165°; 48%. — *9-Brom-5.11-dimethyl-6H-pyrido-[4.3:b]-carbazol* (*9-Bromellipticin*; III), $C_{17}H_{13}BrN_2$, F. 318—319° (A./Bzl.), a) aus XVIII, P_2O_5 u. 91%ig. H_3PO_4 bei 160°; 45%; b) durch Bromieren von II in CH_3COOH. — *5.11-Dimethyl-9-nitro-6H-pyrido-[4.3:b]-carbazol* (*9-Nitroellipticin*), $C_{17}H_{13}N_3O_2$, Zers. bei 350° (DMF), aus XIX, P_2O_5 u. H_3PO_4 bei 160—170°; 11%. — *2:1-Additionsverb.* von VI mit IV, F. 87—89°, aus IV u. VI in Petroläther. — Analog: *2:1-Additionsverb.* von VII mit IV, F. 108—109°. — *2:1-Additionsverb.* von VIII mit IV, F. 104—105°. Hans Köhne/Berlin 3500△

1303 **Beteiligung von Wasser bei der N → O-Wanderung von Acylgruppen mit Konfigurationsumkehr.** Llewellyn H. Welsh. (J. org. Chemistry **32** (1967) 1, 119—22; Washington, U.S. Food and Drug Administration, Div. of Pharmac. Chem.; engl.) — Es wird die säurekatalysierte N → O-Acylwanderung von *N-Benzoyl-(—)-ephedrin* (I) u. *N-Benzoyl-(+)-ψ-ephedrin* (II) in mit ^{18}O angereicherten wss. Syst. untersucht. Durch Spaltung der gebildeten O-Benzoylverb. (A) mit Pyridinhydrobromid u. massenspektroskop. Best. des ^{18}O-Geh. in der erhaltenen *Benzoesäure*, kann Vf. zeigen, daß in den A, die unter Konfig.-Umkehr (Weg a) entstanden sind, an dem C-Atom, das die Acylgruppe trägt, ^{18}O angereichert ist. Die unter Konfig.-Erhalt (Weg b) aus I u. II gebildeten A besitzen den normalen Isotopengehalt. Die Ergebnisse sprechen dafür, daß die Rk. nach 2 miteinander konkurrierenden Mechanismen (Weg a u. b) abläuft. Nur bei Weg a wird eine Beteiligung von W. an der Acylwanderung beobachtet. Die beiden Mechanismen werden eingehend diskutiert.

Versuche: (+)-threo-1-Chlor-1-phenyl-2-aminopropane: *N-Methyl-, Hydrochlorid*, F. 193,5 bis 195° (Zers.), aus $SOCl_2$ u. (—)-Ephedrinhydrochlorid. — *N-Methyl-N-benzoyl-*, $C_{17}H_{18}ClNO$, F. 90,5—91,5° (n-Hexan), durch Zugeben von $NaHCO_3$ in W. zu vorst. Verb. u. Benzoylchlorid in $CHCl_3$; 87,4% (Ausb.). — Ephedrine: *O-Benzoyl-(—)-, Hydrochlorid*, $C_{17}H_{20}ClNO_2$, F. 191,5—193° (Zers., A./Ae.), durch 14std. Kochen vorst. Verb. mit 2 n HCl u. Extrahieren mit $CHCl_3$; 95%. — *N-Benzoyl-(—)-*, (I), F. 110—110,5°, aus vorst. Verb. nach Welsh (1949); ca. 100%. — *O-Benzoyl-(+)-ψ-, Hydrochlorid*, $C_{17}H_{20}ClNO_2$, F. 208,5—209,5° (Zers.; abs. A.), durch 7 Min. langes Kochen von II mit 5%ig. HCl; 96%. — *N-Benzoyl-(+)-ψ-* (II), F. 137—137,5°, aus vorst. Verbindung. G. O. Jäger 3500△

1304 **Synthese von N-Methylnupharamin.** Shigeru Matsutani, Ichiro Kawasaki und Takeo Kaneko. (Bull. chem. Soc. Japan **40** (1967) 11, 2629—35; Dep. of Chem., Fac. of Sci., Osaka Univ., Toyonaka, Osaka; engl.) — Vf. synthetisieren die *Titelverb.* u. charakterisieren deren Stereochemie. IR-Spektren u. NMR-Daten vgl. Original.

Versuche: *3-Oxo-6-methylhepten-(6)-säureäthylester*, Kp.$_{18}$ 120—128°, aus Methallylchlorid (nach Crombie et al., J. chem. Soc. [London] **1950**, 3552). — *2.6-Dimethyl-3-oxohepten-(6)-säureäthylester*, Kp.$_{18}$ 125 bis 128°, aus vorst. Verb. u. Na-Äthylat in Ae.; 83% (Ausb.). — *4-Äthoxycarbonyl-4.8-dimethyl-5-oxononen-(8)-säureäthylester* (III), $C_{16}H_{26}O_5$, Kp.$_{0,3}$ 130—135°, aus vorst. Verb. in Ae. u. NaH in Mineralöl/Ae. u. Rk. mit β-Brompropionsäureäthylester (II); 75%. — *2.2-Dimethyl-4-oxo-5(6 oder 7)-methyl-2.3.4.5.6.7-hexahydrocumaron*, $C_{11}H_{16}O_2$, Kp.$_{0,05}$ 75—80°, a) durch Erhitzen vorst. Verb. in konz. HCl/Essigsäure auf 130—140°; 94%; b) analog aus 0,7 g nachst. Verb.; 0,5 g. — *1.3-Dioxo-2-[2-hydroxy-2-methyl-*

propyl]-6-methylcyclohexan, $C_{11}H_{18}O_3$, F. 103—104° (Ae.), durch Kochen von 2,9 g vorst. Verb. mit wss. NaOH; 2 g. — *4.8-Dimethyl-5-oxononansäuremethylester*, Kp.$_{0,4}$ 89 bis 91°, a) durch Hydrieren von 0,5 g 4.8-Dimethyl-5-oxononen-(8)-säuremethylester (**IV**) in A. in Ggw. von PtO_2; 0,45 g; b) analog aus 1,2 g 4.8-Dimethyl-5-oxononen-(7)-säureäthylester, alkal. Hydrolyse des erhaltenen *4.8-Dimethyl-5-oxononansäureäthylesters* [Kp.$_{0,45}$ 90—95°; 1,1 g] u. Rk. mit Diazomethan; 0,5 g. — *γ.γ-Dimethylallylbromid*, Kp.$_{30}$ 40—43°, aus Isopren nach Baas et al. [Tetrahedron [London] 22 (1966) 259]. — *γ.γ-Dimethylallylcyanid*, Kp.$_{19}$ 60—64°, aus vorst. Verb. nach Supniewski u. Salzberg [Org. Syntheses collect. Vol. I 46 (1952)]. — *2.6-Dimethylhepten-(5)-säure-tert.-butylester*, $C_{13}H_{24}O_2$, Kp.$_1$ 91—103°, mit $CuCl_2$, Zn-Staub vorst. Verb. u. α-Brompropionsäure-tert.-butylester in abs. Bzl.; 31 %. — *4.8-Dimethyl-5-oxononen-(7)-säureäthylester*, Kp.$_{0,2}$ 86 bis 87°, aus vorst. Verb. in Ae. u. NaH in Mineralöl; Rk. mit **II** in Ae. u. Erhitzen des erhaltenen *4.8-Dimethyl-4-[tert.-butoxycarbonyl]-5-oxononen-(7)-säureäthylesters* (Kp.$_{0,5}$ 130—136,5°; 40 %) im N_2-Strom; 52 %. — *4.8-Dimethyl-5-oxononen-(8)-säure*, $C_{11}H_{18}O_3$, Kp.$_{0,3}$ 130—135°, aus **III** u. wss. NaOH mit Ae.; 84 %. *Methylester* (**IV**), Kp.$_{0,2}$ 83—84° (*Oxim*, $C_{12}H_{21}NO_3$, Kp.$_{0,1}$ 137—139°). *Oxim*, $C_{11}H_{19}NO_3$, Kp.$_{0,001}$ 146—152°. — *1.3-Dimethyl-2-[3-methylbuten-(3)-yl]-piperidon-(6)* (**I**), $C_{12}H_{21}NO$, Kp.$_{0,22}$ 98—101°, aus **IV** u. 30 %ig. methanol. Methylamin im Rohr u. Red. mit methanol. $NaBH_4$; 46 %. — *1.3-Dimethyl-2-[3-methylbuten-(3)-yl]-piperidin*, Kp.$_{21}$ 104 bis 107°, mit $LiAlH_4$ in THF aus **I**; 85 %. *Pikrat*, $C_{18}H_{26}N_4O_7$, F. 104—106° (Methanol/Ae.). — *1.3-Dimethyl-2-[3-methylbuten-(3)-yl]-6-phenylpiperidin*, $C_{18}H_{27}N$, Kp.$_{0,7}$ 130 bis 135°, aus 2,3 g **I** u. Phenyl-Li in Ae. bei —20° u. Red. des erhaltenen *Enamins* (**V**; 1,53 g) in Methanol/konz. HCl mit $NaBH_4$; 1,57 g. — *1.3-Dimethyl-2-isoamyl-6-phenylpiperidin*, $C_{18}H_{29}N$, Kp.$_{0,52}$ 130°, durch Hydrieren von 1,53 g **V** in A. in Ggw. von PtO_2; 1,36 g. — *1.3-Dimethyl-2-[3-methyl-3-hydroxybutyl]-6-phenylpiperidin*, Kp.$_{0,09}$ 150°, durch Rk. von 132 mg vorvorst. Verb. mit 50 %ig. H_2SO_4 bei Raumtemp.; 137 mg. *Hydrochlorid*, $C_{18}H_{30}ClNO$, F. 194—195,5° (A./Ae.). — *1.3-Dimethyl-2-[3-methylbuten-(3)-yl]-6-[furyl-(3)]-piperidin*, Kp.$_{0,25}$ 110—115°, durch Zugabe von 3 g 3-Jodfuran in abs. Ae. zu Butyl-Li bei —40 bis —45°, Rk. mit 2,3 g **I** in abs. Ae. u. Red.; 508 mg. — *dl-N-Methylnupharamin* (*Isomeres* **A**), $C_{16}H_{27}NO_2$, Kp.$_{0,05}$ 120°, durch Adsorbieren vorst. Verb. an Al_2O_3, Eluieren mit PAe./5 %ig. Ae. u. Hydratisieren mit 50 %ig. H_2SO_4; daneben *Isomeres* **B** [$C_{16}H_{27}NO_2$, Kp.$_{0,01}$ 120°, F. 69—69,5° (n-Pentan)], *Isomeres* **C** [Kp.$_{0,001}$ 120°. *Methojodid*, $C_{17}H_{30}JNO_2$, F. 191—192° (Aceton/Essigester)] u. *Isomeres* **D** [Kp.$_{0,05}$ 120°. *Methojodid*, $C_{17}H_{30}JNO_2$, F. 147—149° (Aceton/Ae.)]. *Methojodid*, $C_{17}H_{30}JNO_2$, F. 168—169° (A./Ae.). — (—)-*N-Methylnupharamin*, $C_{16}H_{27}NO_2$, Kp.$_{0,001}$ 118—120°, durch Erhitzen von 3,42 g (—)-Nupharamin, 37 %ig. wss. Formalin u. 85 %ig. Ameisensäure auf 100°; $[\alpha]_D^{24}$ —27,5 ± 0,5° (c = 0,974; A.); 893 mg. *Methojodid*, $C_{17}H_{30}JNO_2$, F. 202—203° (A.). K.-P. Hilgetag 3500△

1305 **Durch Polyphosphorsäure katalysierte Ringöffnung von 4.5-Epoxy-3-oxosteroiden.** 4. Mitt. **Synthese von 17α-Hydroxy-4-äthylmercapto-Δ⁴-pregnen-3.20-dion und dessen Analogen.** Munemitsu Tomoeda, Akihiko Ishida und Toshitaka Koga. (Chem. pharmac. Bull. [Tokyo] **15** (1967) 6, 887—92; Fac. of Pharm. Sci., Kanazawa Univ., Takara-machi, Kanazawa; engl.) — 3. vgl. C. **1968**, 38-1217. — Es werden dargestellt: *4α.5-Epoxy-17α-hydroxypregnan-3.20-dion*, $C_{21}H_{30}O_4$, F. 213—216° (Aceton), aus 17α-Hydroxyprogesteron u. 30 %ig. H_2SO_2 in methanol. NaOH; $[\alpha]_D^{20}$ —89° (c = 0,93; $CHCl_3$); 24 % (Ausb.); daneben 63 % *4β.5-Epoxy-17α-hydroxypregnan-3.20-dion* [**I**; $C_{21}H_{30}O_4$, F. 173—174° (Methanol); $[\alpha]_D^{20}$ + 137° (c = 0,96; $CHCl_3$)]. — *17α-Hydroxy-4-äthylmercapto-Δ⁴-pregnen-3.20-dion* (**II**), $C_{23}H_{34}O_3S$, F. 185—186° (Methanol), aus **I**, Äthylmercaptan, Polyphosphorsäure u. Dioxan (Meth. **A**); $[\alpha]_D^{18}$ + 142° (c = 0,87; $CHCl_3$); 61 %; daneben 18 % *17α-Hydroxy-3.4-bis-[äthylmercapto]-Δ³·⁵-pregnadien-20-on* [$C_{25}H_{38}O_2S_2$, F. 190—191,5°; aus Methanol Nadeln; $[\alpha]_D^{21}$ —225° (c = 0,44; $CHCl_3$)]. — *17α-Hydroxy-20-oxo-Δ³·⁵-pregnadieno-[3.4:b]-dithian*, $C_{23}H_{32}O_2S_2$, F. 246—247° (Bzl.), aus **I** u. Dimercaptoäthan analog **A**; $[\alpha]_D^{17}$ —178° (c = 0,86; $CHCl_3$); 27 %. — *17α-Hydroxy-20-oxo-Δ³·⁵-pregnadieno-[3.4:b]-oxathian*, $C_{23}H_{32}O_3S$, F. 231—232,5° (Methanol), aus **I** u. 2-Mercaptoäthanol analog **A**; $[\alpha]_D^{20}$ —191° (c = 0,94; $CHCl_3$); 53 %. — *17α-Acetoxy-4-äthylmercapto-Δ⁴-pregnen-3.20-dion*, $C_{25}H_{36}O_4S$, F. 224 bis 225° (Aceton), aus **II**, p-Toluolsulfonsäure u. Acetanhydrid bei 80°; $[\alpha]_D^{26}$ + 133° (c = 0,86; $CHCl_3$); 46 %. — *17α-Acetoxy-20-oxo-Δ³·⁵-pregnadieno-[3.4:b]-oxathian*, $C_{25}H_{34}O_4S$, F. 281—282° (Bzl.), aus vorvorst. Verb. analog vorst.; $[\alpha]_D^{24}$ —171° (c = 0,91; $CHCl_3$); 51 %.

K.-P. Hilgetag 3700△

1306 **C_{18}-Funktionelle Steroide und D-Homosteroide.** Hwalin Lee und Manfred E. Wolff. (J. org. Chemistry **32** (1967) 1, 192—96; San Francisco, Calif., Univ., School of Pharm., Dep. of Pharm. Chem.; engl.) — *20α-* (**I**) bzw. *20β-Hydroxypregnantosylate* (**II**) werden in unterschiedlichen Verf. in *trans-17-Olefin* bzw. *17aβ-Hydroxy-17α-methyl-D-homoandrostanderiv.* übergeführt. $C_{(17)}$- u. $C_{(17a)}$-Konfig. der Homosteroide werden aus den, tabellar. angeführten, NMR-Spektren abgeleitet; die Resonanzen in $C_{(18)}$ bzw. $C_{(21)}$ hängen von der Seitenkettenkonform. ab. Analoge Rk. mit 18-Nor-18-cyansteroiden werden diskutiert.

Versuche: Δ⁴-Pregnen-3-one: *20α-Hydroxy-* (**III**), F. 159,5—161,5° (Bzl./Hexan/PAe.), durch Zusetzen von Na zur sd. Lsg. von 30 g Δ⁴-Pregnen-3.20-dion-3-äthylenketal in Propanol-(2), Ansäuern mit p-Toluolsulfonsäure (pTS) u. 2std. Kochen; 8 g (Ausb.). — *20β-Hydroxy-* (**IV**), F. 170—173°, aus 10 g Progesteron mit $LiAlH_4$ in THF bei 5° u. 18std. Rk. von 2 g des isolierten *Δ⁴-Pregnen-3β.20β-diols* (F. 172—173,5°; 7,5 g) mit MnO_2 in $CHCl_3$ bei 27°; 2 g. — *18-Oxo-20α-hydroxy-, 18 → 20-Hemiacetal*, $C_{21}H_{30}O_3$, F. 160—163° (Bzl./Hexan), aus **III** mit 5 %ig. $NaNO_2$ in Eisessig; $[\alpha]_D^{20}$ + 115° (c = 1; $CHCl_3$). — *18-Oxo-20β-hydroxy-, 18 → 20-Hemiacetal*, $C_{21}H_{30}O_3$, F. 380° (Aceton/CH_2Cl_2), aus 0,5 g **IV**; $[\alpha]_D^{20}$ + 169° (c = 1; $CHCl_3$); 0,2 g. — *3-Oxo-18-nor-18-cyan-20α-acetoxy-*, $C_{23}H_{31}NO_3$, F. 147—148° (Aceton/Ae.), durch 2std. Kochen von 3,2 g **III**-18-Oximinoderiv. mit Acetanhydrid; $[\alpha]_D^{20}$ + 120° (c = 1; $CHCl_3$); 3 g. — *3-Oxo-20β-acetoxy-18-cyan-18-nor-*, $C_{23}H_{31}NO_3$, F. 199 bis 200,5°, aus 1,1 g **IV**-18-Oximinoderiv.; $[\alpha]_D^{20}$ + 116° (c = 1; $CHCl_3$); 1 g. — *20α-Hydroxy-, p-Toluolsulfonat* (**I**), $C_{28}H_{38}O_4S$, F. 152—153° (Aceton), aus 1,5 g **III** mit p-Toluolsulfonylchlorid in Py.; $[\alpha]_D^{20}$ + 60° (c = 1; $CHCl_3$); 1,4 g. — *20β-Hydroxy-, p-Toluolsulfonat* (**II**), $C_{28}H_{38}O_4S$, F. 153—155° (Aceton/Butanol), analog **I** mit **IV**; $[\alpha]_D^{20}$ + 81° (c = 1; $CHCl_3$). — *3β-Acetoxy-20β-hydroxy-Δ⁵-pregnen, 20-p-Toluolsulfonat* (**V**), $C_{30}H_{42}O_5S$, F. 147—149° (Essigester/$CHCl_3$), analog **I** mit 3β-Acetoxy-20β-hydroxy-Δ⁵-pregnen; $[\alpha]_D^{20}$ —45° (c = 1; $CHCl_3$)-90 %. — *17aβ-Hydroxy-3-oxo-17α-methyl-D-homo-Δ⁴-androsten*, $C_{21}H_{32}O_2$, F. 180,5—181,5° (Aceton), durch 10std. Kochen nachst. *Acetats* mit methanol. NaOH; $[\alpha]_D^{20}$ + 92° (c = 1; $CHCl_3$). *Acetat*, $C_{23}H_{34}O_3$, F. 180—182° (Hexan), durch 18std. Kochen von 3 g **II** mit K-Acetat u. Acetanhydrid in wss. Essigsäure; $[\alpha]_D^{20}$ + 62° (c = 1; $CHCl_3$); 0,8 g. *p-Toluolsulfonat*, $C_{28}H_{38}O_4S$, F. 202—203° (n-Butanol/Bzl.), a) durch Chromatographie von 1,1 g **II** an Al_2O_3; $[\alpha]_D^{20}$ + 98° (c = 1; $CHCl_3$); 0,5 g; b) durch 5std. Kochen von 1,5 g **II** mit LiCl u. NaN_3 in CH_3OH; 1 g; daneben *Gemisch aus 5 Verbindungen*. — 17α-Methyl-D-homo-Δ⁵-androstene: *3β.17aβ-Dihydroxy-. 3-Acetat-17α-p-toluolsulfonat*, $C_{30}H_{42}O_5S$, F. 171—172,5° (Bzl.–Chlf.), durch 24std. Kochen von 5,2 g **V** mit LiCl u. NaN_3 in CH_3OH; $[\alpha]_D^{20}$ —53° (c = 1; $CHCl_3$); 2,7 g. *3β.17aβ-Diacetoxy-*, $C_{25}H_{38}O_4$, F. 210—211° (Isopropanol), durch 18std. Kochen von 2 g **V** mit K-Acetat, Acetanhydrid u. 96 %ig. Essigsäure; $[\alpha]_D^{20}$ —112° (c = 1; $CHCl_3$ 0,5 g. — *3β-Hydroxy-17aβ-acetoxy-*, $C_{23}H_{36}O_3$, F. 172 bis 173°, durch 1std. Kochen vorst. Deriv. mit methanol. NaOH; $[\alpha]_D^{20}$ —113° (c = 1; $CHCl_3$). — *Δ⁴·¹⁷-Pregnadien-3-on*, F. 135—137°, durch Chromatographie von 0,7 g **I** an Al_2O_3; 0,4 g. — Δ⁴-Pregnen-3-one: *20α-Hydroxy-, Methansulfonat*, $C_{22}H_{34}O_4S$, F. 138—140° (CH_2Cl_2; Hexan), durch 18std. Rk. von 1,5 g **III** mit Methansulfonylchlorid in Py.; $[\alpha]_D^{20}$ + 62° (c = 0,5; $CHCl_3$); 0,9 g. — *20β-Hydroxy-, Methansulfonat*, $C_{22}H_{34}O_4S$,

F. 158,5—161° (CH_2Cl_2/Hexan), aus IV analog vorst.; $[\alpha]_D^{20}$ +116° (c = 1; $CHCl_3$). — *18-Nor-18-cyan-20α-hydroxy-, p-Toluolsulfonat* (VII), $C_{28}H_{35}NO_4S$, F. 194 bis 196°, durch 18std. Rk. von 2 g 18-Nor-18-cyan-20α-hydroxy-Δ^4-pregnen-3-on (VI) mit p-Toluolsulfonylchlorid in Py.; $[\alpha]_D^{20}$ + 99° (c = 1; $CHCl_3$); 0,9 g. — *18-Nor-18-cyan-20β-hydroxy-, p-Toluolsulfonat*, $C_{28}H_{35}NO_4S$, F. 172—173° (Ae./CH_2Cl_2), durch Rk. von 0,8 g 18-Nor-18-cyan-20β-hydroxy-Δ^4-pregnen-3-on analog VII; $[\alpha]_D^{20}$ +93° (c = 0,6; $CHCl_3$); 0,12 g. — *3-Oxo-18-cyan-18-nor-17α-methyl-17aβ-hydroxy-D-homo-Δ^4-androsten-p-toluolsulfonat*, $C_{28}H_{35}NO_4S$, F. 214—217°, durch 18std. Kochen von 0,80 g vorst. Verb. mit K-Acetat, Acetanhydrid u. 96%ig. Essigsäure; $[\alpha]_D^{20}$ + 72° (c = 1; $CHCl_3$); 0,12 g; daneben 0,11 g *Verb. $C_{21}H_{27}NO$* (F. 125 bis 128°) u. VI. — *trans-3-Oxo-18-cyan-18-nor-$\Delta^{4.17}$-pregnadien*, $C_{21}H_{27}NO$, F. 156—158°, durch 10std. Kochen von 0,70 g VII in Py.; $[\alpha]_D^{20}$ + 78° (c = 1; $CHCl_3$); 0,07 g. H. Gleinig 3700△

1307 **Wirkung von aktiven Esterkomponenten auf die Racemisierung bei der Synthese von Peptiden nach der Dicyclohexylcarbodiimid-Methode.** Joan E. Zimmerman und George W. Anderson. (J. Amer. chem. Soc. 89 (1967) 26, 7151—52; Organ. Chem. Res. Sect., Amer. Cyanamid Co., Pearl River, N.Y.; engl.) — Bei der Rk. von N-Benzyloxycarbonyl (Z)–Gly–Phe (IV) mit Glycinäthylester (–OÄt) (II) u. 1,1 Val N-Hydroxysuccinimid (I) in THF bei Raumtemp. entsteht nur das *L-Tripeptid* (*Z-Gly-Phe-Gly-OÄt*; VI) in 90%ig. Ausbeute. N-Benzoyl (Bz)-leucin, II u. 1 Val Dicyclohexylcarbodiimid (III) geben bei Raumtemp. 79% *Bz-DL-Leu-Gly-OÄt* (V). Mit 1 Val entsteht dagegen nur *Bz-Leu-Gly-OÄt* (73%). IV, II u. 1 Val III geben in Ggw. von 1 Phal Pivalinsäure 80% VI. Bz-L-Leucin, II, III u. Pivalinsäure bilden analog 75% V. Bei einigen Vers. wurde *Bz-L-leucin-[N-hydroxysuccinimid]-ester* (F. 167—169°) isoliert, der beim Aufarbeiten leicht racemisiert wird. Die Kondens. von IV mit II gibt in Ggw. von 1—1,1 Val N-Hydroxyphthalimid 81% VI, in Ggw. von N-Hydroxypiperidin 26% VI, in Ggw. von p-Nitrophenol 13% Z-DL-Gly-Phe-Gly-OÄt (VII) u. 70% VI, in Ggw. von 2.4.5-Trichlorphenol 15% VII u. 58% VI, in Ggw. von Pentachlorphenol 15% VII u. 60% VI bzw. in Ggw. von 8-Hydroxychinolin 9% VII u. 70% VI.

Hans Köhne/Berlin 3800△

1308 **Abbau der Seitenkette von Fusidinsäure (Ramycin).** G. Janssen und H. Vanderhaeghe. (J. med. Chem. 10 (1967) 2, 205—08; Louvain, Belg., Univ., Rega Inst.; engl.) — Ozonolyse von Fusidinsäure (I) liefert *24-Nor-24-formyl-fusidinsäure* (II), daneben etwas *17-Nor-17-ketofusidinsäure* (III). II wird zu dem auch durch Ozonolyse von I-Methylester zugänglichen *Methylester* (IV) verestert, der mit NH_2OH ein *Gemisch isomerer Oxime* liefert, das sich zu *24-Nor-24-cyan-3.11-diacetylfusidinsäuremethylester* acetylieren läßt. I wird zu *3.11-Diacetylfusidinsäure* (VI) acetyliert, die sich in das auch durch Acetylierung von Tetrahydro-I im sauren Medium erhältliche *Tetrahydroderiv.* überführen läßt. $NaBH_4$-Red. von II bzw. des *II-Tosylhydrazons* gibt *24-Nor-24-hydroxymethylfusidinsäure* bzw. *24-Nor-24-methyl-I*. I bzw. I-Methylester reagieren mit m-Chlorperbenzoesäure zu *24.25-Oxidofusidinsäure* bzw. *Methylester*, der auch durch Rk. von 24.25-Oxido-I mit CH_2N_2 erhalten wird. Die antibakterielle Aktivität der Verb. wird diskutiert.

Versuche: 24-Nor-fusidinsäuren: *24-Formyl-* (II), a) durch Einleiten von O_2/O_3 in die Lsg. von 1034 mg I in CH_2Cl_2 u. Py. bei — 75° u. Zusetzen von Zn in Essigsäure; 980 mg (Ausb.); b) durch Einleiten von O_2/O_3 in die Lsg. von 775 mg I in CH_3OH u. Essigester bei — 75° u. Hydrieren über 5%ig. Pd/$CaCO_3$; 420 mg; daneben 50 mg III ($C_{28}H_{36}O_5$, F. 182—185° (Ae./Heptan); $[\alpha]_D$ — 113°). *Thiosemicarbazon*, $C_{29}H_{45}N_3O_6S$, F. 172° (Zers.; CH_3OH), durch 1/2std. Kochen von II mit wss. äthanol. Thiosemicarbazid; $[\alpha]_D$ — 14° (A.). *Guanylhydrazon*, $C_{29}H_{46}N_4O_6 \cdot 0,5\,H_2O$, F. 204° (Zers.; wss. A.), durch 1/2std. Kochen von II mit äthanol. Aminoguanidinbicarbonat. *Methylester* (IV), $C_{29}H_{44}O_7$, a) durch Einleiten von O_2/O_3 in die Lsg. aus 2,12 g I-Methylester in CH_2Cl_2/Py. bei — 75° u. Zusetzen von Zn u. Essigsäure; 1,2 g; b) durch Verestern von 1 g II in CH_2Cl_2 mit äther. CH_2N_2; 400 mg. — *24-Cyan-3.11-diacetyl-, Methylester*, $C_{33}H_{47}NO_8$, F. 165—166° (Ae./Heptan), a) durch 1/2std. Kochen von 589 mg V mit NH_2OH–HCl u. Na-Acetat in W. u. 15std. Erhitzen des *isomeren Oximgemisches* ($C_{33}H_{49}NO_9$; 600 mg) mit Acetanhydrid auf 100°; $[\alpha]_D$ — 34°; 350 mg; b) durch Überführen von IV in das *isomere Oximgemisch* ($C_{29}H_{45}NO_7$; 500 mg) u. Dehydratisieren analog a); 300 mg. — *3.11-Diacetylfusidinsäure* (VI), $C_{35}H_{52}O_8$, F. 170—171° (Ae./Heptan), durch 16std. Erhitzen von 10 g I mit Py./Acetanhydrid auf 100 bis 105°; $[\alpha]_D$ — 21°; 7,4 g. *Methylester*, $C_{36}H_{54}O_8$, F. 138 bis 139° (A./W.), durch Rk. von 0,5 g VI mit CH_2N_2; $[\alpha]_D$ — 27°; 0,4 g. — *24-Nor-24-formyl-3.11-diacetylfusidinsäure, Semicarbazon*, $C_{33}H_{49}N_3O_9$, F. 180° (Zers.; $CHCl_3$/Aceton), durch Ozonisieren von 1,2 g VI u. Spalten des *Ozonids* mit Zn-Essigsäure zum *24-Nor-24-formylderiv.* [F. 191° (Zers.; Ae./Heptan); 0,6 g], Hydrieren über 5%ig. Pd/$CaCO_3$ u. 2std. Kochen mit Semicarbazidhydrochlorid u. Na-Acetat in wss. A.; *Methylester* (V), $C_{33}H_{48}O_9$, F. 153—155,5° (Zers.; Ae./Heptan), durch partielle Ozonisierung von 1,85 g VI-Methylester analog IV; $[\alpha]_D$ — 13°; 1 g. — *24-Nor-24-hydroxymethylfusidinsäure*, $C_{28}H_{44}O_7$, F. 156 bis 157,5° (Zers.; wss. CH_3OH), durch Zutropfen von 982 mg II in wss. methanol. $NaHCO_3$ zu $NaBH_4$ in wss. CH_3OH; $[\alpha]_D$ + 5°; 400 mg. — *24-Nor-24-methylfusidinsäure*, $C_{28}H_{44}O_6$, F. 202—204° (Zers.; wss. CH_3OH), durch 1/2std. Kochen von 491 mg II mit p-Tosylhydrazid in CH_3OH, Eindampfen des *Hydrazons* (640 mg), Lösen in wss. CH_3OH u. Rk. mit wss. methanol. $NaBH_4$; $[\alpha]_D$ + 7° (A.); 150 mg. *Methylester*, $C_{29}H_{46}O_6$, F. 160,5—162° (wss. CH_3OH), durch Rk. mit äther. CH_2N_2; $(\alpha)_D$ + 1°. *3-Acetylderiv.*, $C_{30}H_{46}O_7 \cdot H_2O$, F. 157—158° (wss. CH_3OH), durch 15std. Rk. mit Py./Acetanhydrid bei Raumtemp.; $[\alpha]_D$ — 17°. — *24.25-Oxidofusidinsäure*, durch 1/2std. Rk. von 258 g I in $CHCl_3$ mit m-Chlorperbenzoesäure; 2,5 g. *Methylester*, $C_{32}H_{50}O_7$, a) durch analoge Rk. von 1,33 g I-Methylester; $[\alpha]_D$ — 11°; 1 g; b) durch Rk. von 500 mg Säure mit äther. CH_2N_2; 250 mg. H. Gleinig 3900△

1309 **Selektive Acylierung der Amino- oder der Hydroxygruppe des Cytidins.** Takuma Sasaki und Yoshihisa Mizuno. (Chem. pharmac. Bull. [Tokyo] 15 (1967) 6, 894—96; Fac. of Pharm. Sci., Hokkaido Univ., Sapporo; engl.) — Es werden dargestellt: Cytidine: *N^4-Acetyl-*, $C_{11}H_{15}N_3O_6$, F. 202,5—204,5° (A.), aus Acetanhydrid (II) u. Cytidin (I); 66,6% (Ausb.). — *5'-O-Acetyl-*, $C_{11}H_{15}N_3O_6$, aus I in Eisessig; 39,7%. — *N^4.5'-O-Diacetyl-*, $C_{13}H_{17}N_3O_7$, F. 127 bis 130° (A.), a) aus II u. vorst. Verb.; 83,8%; b) analog aus vorvorst. Verb.; 82%. — *N^4-Benzoyl-*, $C_{16}H_{17}N_3O_6$, F. 219—220° (A.), aus Benzoesäureanhydrid u. I; 92%. K.-P. Hilgetag 3950△

D. Makromolekulare Chemie

1310 **Kinetik von Bildung und Abbau polysulfidisch gebundenen Schwefels bei Vulkanisationsprozessen.** Walter Scheele. (Chimia [Aarau, Schweiz] 21 (1967) 5, 180—86; Kautschukinst. an der TH Hannover; dt.) — Erste Rk.-Stufe der Vulkanisation ist die Entstehung von Polysulfidbrücken als Vernetzungsstellen. Dann bilden sich unter S-Verlust disulfid. Brücken mit gleichzeitiger Umsetzung von S zu Thioäthern u. Folgeprod., wie ZnS u. Zn-Mercaptiden. Es folgt die Best. des polysulfid. Schwefels durch Extraktion des Vulkanisats mit Bzl.-Methanol u. Behandlung mit $LiAlH_4$. Kinetik der Bldg. u. des Abbaues von polysulfid. gebundenem Schwefel wird erläutert. H. Meis 4001

1311 **Die durch ein Redoxsystem auf der Basis von Cer(IV)-Ionen und einem reduzierenden Agens initiierte Vinylpolymerisation.** S. V. Subramanian und M. Santappa. (Makromolekulare Chem. [Basel] 112 (1968) 1—15; Univ. of Madras, Madras; engl.) — Vf. untersuchten die Polymerisation (Pol.) von *Methylacrylat* (I), *Methylmethacrylat* (II) u. *Acrylonitril* (III) bei 25° in wss. $HClO_4$ in Ggw. des Redoxsyst. $Ce(ClO_4)_4$/HCHO. Die

Pol.-Geschw. ist proportional [HCHO] u. [Monomer]^2, sie ist im Falle von I u. III von der Ce^{4+}-Konz. unabhängig, im Falle von II dieser umgekehrt proportional. Die Geschw. des Umsatzes der Ce^{4+}-Ionen ist proportional [Ce^{4+}], [HCHO] u. [Monomer]. Folgender Rk.-Mechanismus wird angenommen: Ox. des HCHO durch Ce^{4+}-Ionen zu Primärradikalen, die teilweise durch Rk. mit weiteren Ce^{4+}-Ionen inaktiviert werden. Die Pol. wird sowohl durch Primärradikale wie durch Ce^{4+}-Ionen gestartet, Kettenabbruch durch Ce^{4+}. Im Falle von II kommt es fast nur zu einem Start durch Primärradikale. In Syst. mit tert.- u. n-Butanol wird mit den Ce^{4+}-Ionen ein 1 : 1-Komplex gebildet, das Rk.-Schema ist sonst gleich wie bei der Rk. in Ggw. von HCHO.

K. Gröbe 4001△

1312 **Zusammenhänge zwischen nicht-Newtonschem Verhalten und einer Durchschnitts-Molmasse.** Tadao Kataoka. (J. Polymer Sci., Part B **5** (1967) 12, 1063—68; Kanawaku, Yokohama, Textile Res. Inst. of the Jap. Gov.; engl.) — Molmasse u. Molmassenverteilung haben bedeutenden Einfl. auf die Fließeig. von Polymeren. Je höher die Molmasse u. je breiter die Verteilung, desto stärker ist das nicht-Newtonsche Verh. ausgeprägt. Es wird über Unters. zur Viskosität von Polydimethylsiloxanen unterschiedlicher Molmasse (Pentamere bis Polymere mit $\bar{M}_w$ = 500000) berichtet, wobei die Beziehungen zwischen der krit. Scherspannung τ_c u. einem Molmassenwert $\bar{M}_{z+1}\bar{M}_z/\bar{M}_w$ ermittelt werden ($\bar{M}_w$, $\bar{M}_z$, $\bar{M}_{z+1}$ = Massen-, z- u. z + 1-Mittel). Als τ_c wurde die Scherspannung festgelegt, bei der sich die scheinbare Viskosität bei Scherspannung Null um 10% verringert hat. Zwischen τ_c u. $\bar{M}_{z+1}\bar{M}_z/\bar{M}_w$ besteht eine deutliche Beziehung für einen weiten Molmassenbereich (auch für Polymerengemische). Andere Molmassenmittel lassen diese Beziehung nicht deutlich werden. Bei Polyäthylen zeigte sich im Gegensatz zu Polyisobutylen nicht in allen Punkten eine gute Übereinstimmung, trotzdem scheint eine universelle Beziehung $\log \tau_c = 10 - \log(\bar{M}_{z+1}\bar{M}_z/\bar{M}_w)$ unabhängig von der chem. Struktur der polymeren Kette zu bestehen. Aus der Beziehung kann die Molmasse eines Polymeren bestimmt werden, bei der das nicht-Newtonsche Verh. einsetzt.

B. Meyer 4005

1313 **Chemische Heterogenität von Copolymerisaten. 2. Mitt. Häufigkeitsverteilung der chemischen Zusammensetzung in binären Copolymerisaten.** G. Markert. (Makromolekulare Chem. [Basel] **109** (1967) 112—19; Röhm & Haas, Darmstadt; dt.) — 1. vgl. ibid. **108** (1967) 109. — Vf. diskutiert die graph. Darst. der Copolymerisationsgleichung $p_1 = \{m_1^2(r_1 - 1) + m_1\}/\{m_1^2(r_1 + r_2 - 2) + 2m_1 \cdot (1 - r_2) + r_2\}$, die unabhängig von bereits vorhandenem Copolymerisat gültig ist. m_1, m_2 bedeuten die Molzahl des Monomeren im Monomerengemisch, p_1, p_2 die im Copolymerisat, u. r_1, r_2 sind Polymerisationsparameter.

U. Rueß 4005

1314 **Wirkung des ausgeschlossenen Volumens auf Polyelektrolyten in Salzlösungen.** Z. Alexandrowicz. (J. chem. Physics **47** (1967) 11, 4377—84; Weizmann Inst. of Sci., Rehovoth; engl.) — Die Theorie des ausgeschlossenen Vol. β wird auf Polyelektrolyte angewandt. Die Linie $\alpha(M^{1/2})$ mit α = Kettenexpansionskoeff. ist für alle Polymeren dieselbe. β wird mit der Hochpotential-Schale, die den geladenen Faden (Filament) koaxial umgibt, identifiziert u. dabei Unterschiede je nach dem Verhältnis des Radius der Schale u. der Länge des Kettenglieds gemacht. Die Abhängigkeit von α vom Molgew. u. der Ionenstärke ergab sich in befriedigender Übereinstimmung mit Viskositätsdaten.

M. Wiedemann 4008

1315 **Kritische Opaleszenz von makromolekularen Lösungen.** P.-G. De Gennes. (Physics Letters [Amsterdam] **26 A** (1968) 7, 313—14; Serv. de Phys. des Solides, Fac. des Sci., Orsay; engl.) — Die Dimensionsanalyse der Zustandsgleichung u. der Maßgesetze für Polymerlsg. nahe dem Entmischungspunkt hat eine Abhängigkeit der krit. Streuung von der Molmasse M ergeben, die stark von der ursprünglichen Debye-Gleichung abweicht.

J. Gähde 4008

1316 **Initiierungsmechanismus bei der γ-strahleninduzierten Polymerisation von Äthylen.** Hiroshi Mitsui, Sueo Machi, Miyuki Hagiwara und Tsutomu Kagiya. (J. Polymer. Sci., Part A-1 **5** (1967) 5, 1073—82; Jap. Atomic Energy Res. Inst., Takasaki, Gunma; engl.) — Die gasf. Prod. bei der γ-strahleninduzierten Polymerisation von *Äthylen* werden in Abhängigkeit von den Rk.-Bedingungen untersucht. Das Verhältnis von *Wasserstoff* u. *Acetylen* beträgt ≈ 1 : 2, die Menge ist abhängig von der Rk.-Zeit, der Monomerdichte u. der Strahlungsdosis, unabhängig von der Rk.-Temperatur. Es wird ein Startmechanismus vorgeschlagen, wobei H_2 u. C_2H_2 entstehen, u. daraus eine Geschw.-Gleichung abgeleitet. Außerdem wird das Verhältnis zwischen Acetylenmenge u. Polymerkette untersucht.

S. Ullrich 4010

1317 **Isolierung und Charakterisierung von cyclischen Oligomeren des Formaldehyds.** K. H. Burg, H. D. Hermann und H. Rehling. (Makromolekulare Chem. [Basel] **111** (1968) 181—93; Farbwerke Hoechst Akt.-Ges., Frankfurt/M.-Höchst; dt.) — Vf. isolierten bei der Aufarbeitung von Rückständen der Trioxan(I)-Polymerisation (Pol.) höhere *cycl. Formaldehydoligomere* (**A**). Neben 1—2% *Tetroxan* (**II**) wurde durch präparative Gaschromatographie *Pentoxan* (**III**) isoliert u. seine Struktur gesichert. Ebenso gelang der Nachweis, nicht jedoch die Isolierung von *Hexoxan* (**IV**). Aus den nicht destillierbaren Rückständen der Pol. von **I** wurde durch Zonenschmelzen u. anschließendes Umkrist. ein *Pentadecoxan* (**V**) isoliert. **V** konnte in Ggw. von BF_3 · Ae. polymerisiert werden zu *Polyoxymethylen* (M_v ≈ 7 · 10^3). Die Bldg. der Oligomeren aus **I** wird durch eine intramol. Transacetalisierungsrk. gedeutet: Bldg. einer cycl. Oxoniumverb., die in **A** u. ein Polymerkation zerfällt. Bei der techn. Pol von **I** entstehen 15000 ppm **II**, 60 ppm **III**, 7 ppm **IV** u. 40 ppm **V**, vermutlich wird auch **I** wieder rückgebildet. Die Massen-, IR- u. KMR-Spektren der **A** werden diskutiert (vgl. Original).

Versuche: *Pentoxan* (**III**), F. 55—56°, durch gaschromatograph. Auftrennung der Fraktion $Kp._{20}$ 120 bis 160° der Pol. von **I**, neben dem *cycl. Tetramer des Äthylenoxids*, F. 16°. — *Pentadecoxan* (**V**), F. 68—70° (CH_3OH), aus dem Rückstand der Pol. von **I** ($Kp._{10^{-4}}$ >190°) durch Extrahieren mit CH_3OH u. Reinigung der beim Abkühlen gewonnenen Krist. durch Zonenschmelzen.

K. Gröbe 4020△

1318 **Hinweis für die Beteiligung eines Borfluorid-1.3-Dioxolan-Komplexes bei der Initiierung der Polymerisation von 1.3-Dioxolan mit dem Borfluorid–Diäthyläther-Komplex.** Yuya Yamashita, Masahiko Okada und Katsuhiko Suyama. (Makromolekulare Chem. [Basel] **111** (1968) 277—80; Fac. of Engng., Nagoya Univ., Nagoya; engl.) — Vf. untersuchten die Polymerisation (Pol.) von *1.3-Dioxolan* (**I**) in Bzl. in Ggw. von BF_3 · Ae. (**II**), BF_3 · Tetrahydropyran (**III**) u. BF_3 · THF (**IV**), um zu prüfen, ob es zu einem Austausch der Ätherkomponente bei der Initiierung der Pol. kommt. Vf. fanden, daß zwischen log der Pol.-Geschw. u. den Gleichgew.Konst. K des Austausches [$I + II \xrightleftharpoons{K_{II}} BF_3 \cdot I$ + Ae., K_{II} 0,1; analog K_{III} 8,3 · 10^{-3} u. K_{IV} 3,1 · 10^{-3} (bei 20°)] eine lineare Beziehung besteht, was die Beteiligung des BF_3 · I-Komplexes an der Initiierung der Pol. beweist. Ein *BF_3 · I-Komplex* wurde nach Einleiten von BF_3 in eine Lsg. von **I** in CH_2Cl_2 u. Stehen bei Raumtemp. über Nacht isoliert, mit diesem Komplex verlief die Pol. von **I** wesentlich schneller als mit **II**. Der Initiierungsmechanismus wird diskutiert.

K. Gröbe 4020△

1319 **Copolymere von Vinylacetat mit Maleinsäurediestern. 2. Mitt. Untersuchung der Eigenschaften und der Struktur einiger Diester der Maleinsäure.** I. Nanu, Gr. Pop und R. Bacaloglu. (Bul. ştiinţ. tehn. Inst. Politehn. Timişoara [N.S.2] **12/26** (1967) 1, 55—61; rum.) — Nach dem in der 1. Mitt. beschriebenen Verf. werden *Maleinsäurediester* hergestellt u. ihre Eig. untersucht: *Dimethyl-*, farblose Fl., $D.^{20}$ 1,152, n_D^{20} 1,4426; *Diäthyl-*, farblose Fl., 1,071, 1,4405; *Di-n-propyl-*, farblose Fl., 1,030, 1,4439; *Di-n-butyl-*, schwachgelbliche Fl., 1,002, 1,4461; *Diisobutyl-*, farblose Fl., 0,992, 1,4421; *Di-n-amyl-*, schwachgelbliche Fl., 0,981, 1,4484; *Diisoamyl-*, gelbbraune Fl., 0,980, 1,4468; *Di-n-octyl-*, farblose Fl., 0,937, 1,4539; *Di-2-äthylhexyl-*, farblose Fl., 0,944, 1,4543; *Dibenzyl-*, schwachgelbliche Fl., 1,157, 1,5532. Die IR-Spektren zeigen keine Konjugierung der Doppelbindung mit der COOH-Gruppe, was die cis-Konfig. bestätigt. R. K. Müller 4020△

1320 **Kationische Polymerisation von Caprolactam. 4. Mitt. Polymerisation mit Triäthylaminhydrochlorid.** Sándor Doubravszky und Frigyes Geleji. (Makromolekulare Chem. [Basel] 111 (1968) 259—66; Forsch.-Inst. für Plastind., Budapest; dt.) — Die Kinetik der Polymerisation (P.) von *Caprolactam* (I) in Ggw. von Triäthylaminhydrochlorid als Katalysator bei 194, 218 u. 256° wurde untersucht. Es zeigte sich, daß sie im wesentlichen der mit I-Hydrochlorid katalysierten P. ähnelt, die maximale Geschw. tritt jedoch erst einige Zeit nach P.-Beginn auf. Aus den Ergebnissen sowie aus vergleichenden Unters. bei Acetyl-I-Zusatz sowie mit I-Hydrochlorid bzw. Benzylaminhydrochlorid als Katalysatoren werden Schlußfolgerungen über den P.-Mechanismus gezogen. Aus den Messungen ergibt sich, daß Gruppen hoher Basizität die HCl-katalysierte P. verlangsamen. G. Conradi 4030△

1321 **Polymerisation von Vinylchlorid in Gegenwart verschiedener Lösungsmittel.** A. Crosato-Arnaldi, G. Talamini und G. Vidotto. (Makromolekulare Chem. [Basel] 111 (1968) 123—36; Montecatini Edison-S.p.A.; engl.) — Vf. untersuchten bei 50° die Polymerisation (Pol.) von *Vinylchlorid* (I) in THF, 1.2-Dichloräthan (II) u. Chlorbenzol (III) in Ggw. von Dilauroylperoxid (IV). In allen drei Syst. tritt von einem bestimmten Umsatz an eine Phasentrennung ein, wobei der krit. Umsatz von der Anfangskonz. an I abhängt, nach Phasentrennung sinkt die Pol.-Geschw. ab. In homogener Rk.-Mischung wird für die Pol.-Geschw. gefunden in THF: $R_p = 0{,}011$. $[I][IV]^{0,5}$, in II: $R_p = 0{,}015$ $[I][IV]^{0,5}$ [Mol/l · Min.]. Bei Konz. von > 7,6 Mol/l I in THF u. bei Konz. von > 7,9 Mol/l I in II verläuft die Pol. von Anfang an heterogen, bei Konz. von 7,6 Mol/l I in THF bzw. 7,9 Mol/l I in II erreicht die Pol.-Geschw. ihr Maximum. Im rein heterogenen Bereich verläuft die Pol. autokatalyt., die 1. Rk.-Ordnung wird hierbei nicht mehr befolgt. In THF nimmt das Molgew. von gebildetem *Polyvinylchlorid* (PVC) kontinuierlich mit [I] zu, in II wird ein Zwischenmax. bei [I] ≈ 10 Mol/l I erreicht, nach einem Abfall steigt das Molgew. bei Konz. > 11 Mol/l wieder an. In III sind die Pol.-Geschw. wesentlich niedriger, Übergang zur rein heterogenen Pol. bei [I] > 7,7 Mol/l. III wirkt als Retarder, in bezug auf I ist eine Rk.-Ordnung nicht angebbar, in bezug auf IV beträgt sie 0,5, das Molgew. von PVC steigt mit [I] an, die Kurve weist einen Wendepunkt bei [I] 10,5 Mol/l auf. III wirkt kettenübertragend unter Bldg. eines weniger reakt. Lsgm.-Radikals. Vf. entwickeln einen Pol.-Mechanismus. THF ist ein sehr starker Überträger bei der Pol. von I. Bei den anderen Lsgm. hängt das Molgew. von PVC in gleicher Weise von [I] ab wie die Pol.-Geschwindigkeit. K. Gröbe 4040△

E. Biologische, physiologische und medizinische Chemie

1322 **Identifizierung der toxischen Verbindungen in den Pyrolyseprodukten von Polytetrafluoräthylen (PTFE).** W. Emile Coleman, Lester D. Scheel, Richard E. Kupel und Robert L. Larkin. (Amer. ind. Hyg. Assoc. J. 29 (1968) 1, 33—40; Nat. Center for Urban and Industrial Health, Cincinnati, O.; engl.) — Wird PTFE im Bereich von 500—650° in Luft pyrolysiert, so entsteht zu 63% COF_2. Bei Temp. über 650° sind die Hauptprod. CF_4 u. CO_2. In Ggw. von SiO_2 wird auch SiF_4 gebildet. COF_2 ist die am meisten tox. Komponente in den Pyrolyseprodukten. W. Hiller 4100

1323 **Paramagnetische Elektronenresonanz in den Lösungen des oxydierten Sarkolysins und in einigen anderen Antigeschwulstpräparaten.** B. M. Kozyrev und A. I. Rikvind. (Doklady Akad. Nauk SSSR 175 (1967) 6, 1396—99; Kazan, fiziko-techničeskij inst. AN SSSR; russ.) — *Sarkolysin* (I; *p-Bis-[2-chloräthyl]-amino-dl-phenylalanin*) u. *Dopan* (II) liefern in der sauren Lsg. freie Radikale. Weder *Phenylalanin* noch die aliphat. *Chloräthylaminoderiv.* bilden freie Radikale. Nach den Ergebnissen der paramagnet. Elektronenresonanz beträgt die Lebensdauer der freien Radikale von I 10—15 Minuten. Der Vgl. mit Präp. der Literatur, die freie Radikale zu bilden vermögen, ergibt, daß die erhöhte Antigeschwulstaktivität von I u. II mit der Bldg. von freien Radikalen zusammenhängt. Dei Verb. ohne Heilwrkg. weisen keine Bldg. von freien Radikalen auf. O. Lebtag 4160△

1324 **Reaktionsprodukte von D-Glucose mit roher Glucoamylase aus Aspergillus niger.** Toshiyuki Watanabe, Sugio Kawamura, Mutsuko Tanno und Kazuo Matsuda. (J. agric. chem. Soc. Japan [Nippon Nogei-Kagaku Kaishi] 42 (1968) 5, 304—09; Dep. of Agricult. Chem., Fac. of Agricult., Tohoku Univ., Sendai; jap.) — Wird D-Glucose mit roher Glucoamylase aus Aspergillus niger (Mutante 19) bei 55° für 72—96 Std. inkubiert, so werden als Rk.-Produkte Kojibiose, Nigerose, Maltose, Isomaltose, Laminaribiose, Gentiobiose, Maltotriose, Panose, Isopanose u. Isomaltotriose nachgewiesen. 8% des gesamten Zuckers werden in dieser Zeit in die Rk.-Produkte umgesetzt. W. Hiller 4315

1325 **Isolierung von Co-5'-Desoxyadenosylcobinamidguanosindiphosphat, α-(2-Methyladenyl)-Co-5'-desoxyadenosylcobamid und Co-Methylcorrinoide aus Clostridium thermoaceticum.** Eckart Irion und Lars Ljungdahl. (Biochemistry [Washington] 7 (1968) 6, 2350—55; Dep. of Biochem., Case Western Reserve Univ., Cleveland, O.; engl.) — *Co-5'-Desoxyadenosylcobinamidguanosindiphosphat*, *α-(2-Methyladenyl)-Co-5'-desoxyadenosylcobamid*, *Co-Methylcobyrinsäure*, *Co-Methylcobyrinsäurepentaamid*, *-tetraamid*, *-triamid* u. *Co-Methylcobinamid* werden in *Clostridium thermoaceticum* gefunden. W. Hiller 4315

1326 **Lipide und Lipoproteinkomplexe in photosynthetischen Geweben. 4. Mitt. Lipide und Pigmente von photosynthetischen Bakterien.** Osamu Hirayama. (Agric. biol. Chem. [Tokyo] 32 (1968) 1, 34—41; Coll. of Agricult., Kyoto Prefectural Univ., Kyoto; engl.) — Die hauptsächlich vorkommenden Lipide in *Rhodospirillum rubrum* u. *Rhodopseudomonas capsulatus* sind Phosphatidyläthanolamin u. Phosphatidylglycerin. *Rh. rubrum* besitzt dagegen noch ein bes. Lipid, das Ornithin enthält. Beide Bakterien enthalten keine Glykolipide, besitzen aber Ubichinon-50 in großen Mengen. *Rh. rubrum* enthält ein neues Chinon u. Rhodochinon. Die Hauptcarotinoide sind Spirilloxanthin, Lycopen u. vermutlich Rhodopin. W. Hiller 4315

1327 **Lipide von Rostpilzen. 2. Mitt. Δ^7-Stigmastenol und $\Delta^{7,24,28}$-Stigmastadienol in Flachsrost-Medosporen.** L. L. Jackson und D. S. Frear. (Phytochemistry 7 (1968) 4, 651—64; Biochem. Dep., N.Dak. State Univ., Fargo, N.Dak.; engl.) — Die Hauptsterine sind *Δ^7-Stigmastenol* u. *$\Delta^{7,24,28}$-Stigmastadienol.* W. Hiller 4315

1328 **Möglicher Gehalt an Glycerinteichosäure im Myzel von Neurospora crassa.** I. A. Kraševinnikov, I. S. Kulaev und A. N. Belozerskij. (Doklady Akad. Nauk SSSR 172 (167) 4, 973—76; Moskva, univ. im. M. V. Lomonosova; russ.) — Das Myzel von *Neurospora crassa* wird bei 0—4° nacheinander mit 0,5n $HClO_4$ u. $NaClO_4$ in 0,5n $HClO_4$, danach bei 70° (40 Min.) mit A.-Ae. u. bei 0—4° (30 Min.) mit 0,05n NaOH-Lsg. behandelt. Wird der so erhaltene Nd. 4 bei 90—100° 30 Min. lang mit 0,5n $HClO_4$ behandelt, so enthält der Extrakt *Glycerophosphat* (I), daneben KH_2PO_4 u. eine unbekannte Verbindung. Wird Nd. 4 3 Std. bei 100° mit 1n NaOH-Lsg. behandelt, so enthält das Hydrolysat ebenfalls I. In der Zelle liegt demnach polymeres I vor. Vf. nehmen an, daß im Zytoplasma *Glycerinteichosäure* vorliegt. Die *Teichosäure* aus der Zellwand zu isolieren gelingt nicht. O. Lebtag 4315

1329 **Blaues, lösliches Pigment von Arthrobacter polychromogenes.** H.-J. Knackmuss, G. Cosens und M. P. Starr. (Naturwissenschaften 55 (1968) 7, 343—44; MPI für med. Forsch., Inst. für Chemie, Heidelberg;

dt.) — Das tiefblaue Pigment von *A. polychromogenes* wird als *3-[2-Hydroxy-5-β-pentopyranosyl-6-oxo-1.6-dihydropyridyl-(3)-imino]-2.6-dioxo-5-β-pentopyranosyl-Δ^4-tetrahydropyridin* (I) erkannt. Abbau mit Salpetersäure u. Behandlung mit Phenylhydrazin ergibt gelbes *2.6-Dioxo-3-β-pentapyranosyl-5-phenylhydrazono-Δ^3-tetrahydropyridin.* Der blaue Farbstoff ist ein Gemisch aus K-Salzen von I. Durch Behandlung mit Schwermetallionen gehen die blauen Pigmentfraktionen A u. B in die violette Fraktion C über. W. Hiller 4315

1330 **Isolierung und Identifizierung von N-Acetylanthranilsäure aus dem Chinasäurestoffwechsel von Aerobacter aerogenes.** C. Ratledge. (Biochim. biophysica Acta [Amsterdam] 156 (1968) 1, 215—217; Dep. of Biochem., Univ., Hull, Great Britain; engl.) — Aus *Ae. aerogenes* N5-36 wird *N-Acetylanthranilsäure* isoliert, von der das Massenspektrum angegeben wird. W. Hiller 4315

1331 **Bakterieller Abbau der aromatischen Aminosäureseitenkette.** Inge L. Hansen und M. A. Crawford. (Biochem. Pharmacol. 17 (1968) 2, 338—42; Dep. of Biochem., Mabesese Univ., Coll., Kampala, Uganda; engl.) — Tryptophan wird durch Darmbakterien von Affen umgebildet in *Indolylacrylsäure* (Zwischenprod.) u. *Indolylpropionsäure* (Endprod.). Bei Histidin wird Imidazolinacrylsäure, bei Dihydrourocansäure wird Urocansäure u. bei Phenylalanin Phenylacrylsäure erhalten. Phenylpropionsäure wird nicht dehydrogeniert. Vf. folgern, daß eine Desaminierung erfolgt, wobei eine ungesätt. Seitenkette entsteht, die dann wieder hydriert wird. W. Hiller 4320

1332 **Enzymatische Oxydation von ^{14}C-Betain durch die Meeresmikrobe Achromobacter cholinophagum.** H. S. Shieh. (Canad. J. Biochem. 46 (1968) 1, 21—23; Fisheries Res. Board of Canada, Halifax Labor., Halifax, Nova Scotia; engl.) — Zellfreie Extrakte von *A. cholinophagum* bilden aus *[1-^{14}C]-Betain ^{14}C-Dimethylglycin* u. unmarkierten Formaldehyd u. aus *[Methyl-^{14}C]-Betain* ^{14}C-Dimethylglycin u. ^{14}C-Formaldehyd. Formaldehyd entsteht demnach aus dem Methyl-C des Betains. W. Hiller 4320

1333 **Abbau von 1.4-Oxathiin-Derivaten durch den Schimmelpilz Rhizopus japonicus.** P. Wallnöfer. (Naturwissenschaften 55 (1968) 7, 351; Bayerische Landesanst. für Bodenkultur, Pflanzenbau u. Pflanzenschutz, München; dt.) — Wird 2.3-Dihydro-5-anilinocarbonyl-6-methyl-1.4-oxathiin (DCMD) in subletalen Konz. (unter 50 ppm) zu *Rhizopus japonicus* gegeben, so werden innerhalb von 3 Wochen 70% des Fungizids abgebaut, wobei Acetanilid oder Propionsäureanilid entsteht. W. Hiller 4320

1334 **Biosynthese von Diacetyl in Bakterien und Hefe.** Linda F. Chuang und E. B. Collins. (J. Bacteriol. 95 (1968) 6, 2083—89; Dep. of Food Sci. and Technol., Univ. of Calif., Davis, Calif., engl.) — Zellfreie Extrakte u. Kulturen von *Pseudomonas fluorescens, Aerobacter aerogenes, Lactobacillus brevis* u. *Saccharomyces cerevisiae 299* bilden *Diacetyl* u. *Acetoin.* Zellfreie Extrakte u. Kulturen von *Streptococcus lactis, Serratia marcescens, Escherichia coli* u. *S. cerevisiae 513* u. *522* bilden nur Acetoin. Die zellfreien Extrakte bilden Diacetyl nicht aus Acetoin sondern aus Pyruvat, wenn Acetyl-CoA zugesetzt wird. Die Diacetylbldg. bei *S. cerevisiae 299* wird durch Valin u. Na-Arsenit gehemmt u. durch Pantothensäure stimuliert. *E. coli* u. 3 Stämme von *S. cerevisiae* decarboxylieren nicht α-Acetolactat, sie benutzen Acetaldehyd bei der Bldg. von Acetoin aus Pyruvat. W. Hiller 4320

1335 **Nitritbildung aus Hydroxylamin und Oximen durch Pseudomonas aeruginosa.** Noelle Amarger und M. Alexander. (J. Bacteriol. 95 (1968) 5, 1651—57; Labor. of Soil Microbiol., Dep. of Agronomy, Cornell Univ., Ithaca, N.Y.; engl.) — *Pseudomonas aeruginosa* bildet Nitrit aus Hydroxylamin, Nitroäthan, Acetaldoxim, 2-Nitropropan, Acetonoxim, 2-Nitrobutan, Butanonoxim u. Butyraldoxim. Nitromethan-Zusatz hemmt die Nitritbldg., woraus Vf. folgern, daß die Nitroalkane keine Intermediärprod. bei der Umwandlung von Acetaldoxim, Acetonoxim oder Butanonoxim sind. NADP, O_2 u. andere noch nicht identifizierte Cofaktoren sind für diese Rk. notwendig. W. Hiller 4320

1336 **Untersuchungen über das Aroma in Saké. 10. Mitt. Bestätigung der Demethoxylierung von Vanillin durch Hefen.** Tairiki Omori, Atsushi Yamamoto und Hiroshi Yasui. (Agric. biol. Chem. [Tokyo] 32 (1968) 5, 539—48; Tokyo Res. Labor., Kyowa Habko Kogyo Co., Ltd., Machida City, Tokyo; engl.) — In Saké werden geringe Mengen Vanillin gefunden. Wird Saké-Hefe (Stamm Kyokai Nr. 7) in einem Medium mit Ferulasäure kultiviert, so wird p-Hydroxybenzoesäure u. Vanillinsäure gebildet. Wird Vanillin an Stelle von Ferulasäure gegeben, so wird p-Hydroxybenzoesäure, p-Hydroxybenzaldehyd u. Vanillinsäure gefunden. Vf. nehmen an, daß Vanillin ein Zwischenprod. beim Abbau von Ferulasäure ist. W. Hiller 4320

1337 **Terpenoide. 14. Mitt. Konstitution und Biogenese von Marasminsäure.** J. J. Dugan, P. de Mayo, M. Nisbet, J. R. Robinson und M. Anchel. (J. Amer. chem. Soc. 88, 2838—44, 1966; London, Ontario, Canada, Univ. of Western Ontario, Dep. of Chem.; engl.) — Vgl. ibid. 87 (1965) 2768. — Die Konstit. I für *Marasminsäure,*

I 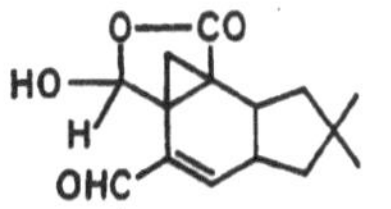

VIII 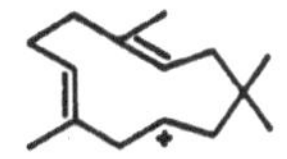

einem antibakteriell wirksamen Stoffwechselprod. von *Marasmius conigenus,* ergab sich aus folgenden Befunden. $NaBH_4$-Red. u. Erhitzen des Red.-Prod. mit Pd–Kohle lieferte *2.2.4.5-Tetramethylindan* u. *2.2.4.5.6-Pentamethylindan.* I-Behandlung mit sd. 5%ig. wss. Alkali (Cannizzaro-Rk.) u. CH_2N_2-Methylierung lieferte einen *Methylester* (II), der bei Hydrierung mit 1 Mol H_2 in ein γ-Lacton (III) mit einer konjugierten Estergruppe überging, das 3 quart. C–CH_3-Gruppen aufwies, so daß Öffnung eines Cyclopropanringes stattgefunden haben muß. II gab mit sd. 5%ig. methanol. $NaOCH_3$ Verb. IV. Vers. zur Öffnung des Cyclopropanringes in I selbst mit Essigsäure–HCl bei 110° lieferte u. a. eine Cl-haltige Verb. VI, die mit Acetylendicarbonsäureester ein Diels-Alder-*Addukt* (VII) ergab. — Es wird ein Biosynth.-Weg für I über eine Humulenvorstufe VIII diskutiert u. durch die Aktivität der durch Kuhn-Roth-Ox. von markierter I u. Verb. III erhaltenen Essigsäure gestützt.

Versuche: *Marasminsäure* (I), $C_{15}H_{18}O_4$, F. 173 bis 174° (Äthylacetat), aus 5 l Kulturfiltrat durch Ae.-Extraktion, $CHCl_3$-Extraktion des Ae.-Eindampfrückstands, Na_2CO_3-Extraktion des $CHCl_3$-Extrakts u. Silicagel-Chromatographie (Ae.–Bzl.); $[\alpha]_D$ +182° (c = 1,38); 1,275 mg (Ausb., roh). *Methylester,* $C_{16}H_{20}O_4$, F. 89,5 bis 91° (PAe.–Äthylacetat); $[\alpha]_D$ +126° (c = 1,81). — *$NaBH_4$-Red.-Prod.,* $C_{15}H_{20}O_3$, Kp.$_{0,001}$ 120°, aus I in CH_3OH mit $NaBH_4$ unter Kühlung, $CHCl_3$-Extraktion bei pH 2 nach 45 Min. Stehen bei Raumtemp.; $[\alpha]_D$ + 36° (c = 1,93). — *2.2.4.5-Tetramethylenindan,* $C_{13}H_{18}$, aus vorst. Verb. durch Dehydrierung mit Pd–Kohle (300°, 2 Std.) im N_2-Strom, Dest. (100°, 0,3 mm) u. Gaschromatographie. — *2.2.4.5.6-Pentamethylindan,* aus vorst. Gaschromatographie. — *5.6.7-Trimethylindanon-(1)* (IX), $C_{12}H_{14}O$, F. 55—56° (CH_3OH), aus 1.2.3-Trimethylbenzol u. Chlorpropionylchlorid in CS_2 durch Zutropfen zu $AlCl_3$ in CS_2, 2$^1/_2$ Std. Nachrühren, Vakuumdest. bei Raumtemp., 2 Std. Erhitzen mit konz. H_2SO_4 auf 80—90°, 36 Std. bei Raumtemp., Zers. mit Eis, Dünnschichtchromatographie des Ae.-Extrakts u. Vakuumdestillation. — *4.5.6-Trimethylindanon-(1),* $C_{12}H_{14}O$, F. 77—78° (CH_3OH), aus vorst. chromatograph. Trennung u. Vakuumdestillation (Kp.$_{0,001}$ 80°). — *2.2.5.6.7-Pentamethylindanon-(1),* $C_{14}H_{18}O$, aus IX u. CH_3J durch Erhitzen mit K-tert.-Butoxid in sd. tert.-Butanol (3$^1/_2$ Std., N_2), Dünnschichtchromatographie (Ae.–Bzl., 1 : 9) u. Dest. (80°, 0,001 mm). *2.4-Dinitrophenylhydrazon,* $C_{20}H_{22}N_4O_4$, F. 252—253° ($CHCl_3$–CH_3OH). — *2.2.4.5.6-Pentamethylindan,* $C_{14}H_{20}$, aus 308 mg vorst. Ketons mit $N_2H_4 \cdot HCl$ u. N_2H_4 in Triäthylenglykol unter Rückfluß (135°, 14 Std.), Abdest. des fl. Materials nach KOH-Zusatz, 3 Std. Rückfluß bei 220° (N_2, 3 Std.), Dest. (100°, 0,2 mm) u. Gaschromatographie. — *5.7-Dimethylindanon-(1),* F. 76—77° (CH_3OH), aus 21,2 g m-Xylol u. Chlorpropionylchlorid in CS_2 durch Eintropfen in $AlCl_3$–

CS_2, dann 3 Std. bei Raumtemp., Dest., Erhitzen mit konz. H_2SO_4 auf 90° (45 Min.), Zers. mit Eis u. Ae.-Extraktion; 16,1 g. — *2.2.5.7-Tetramethylindanon-(1)*, $C_{13}H_{16}O$, Kp.$_{0,3}$ 100°, aus 6 g vorst. Ketons, CH_3J u. K-tert.-Butoxid in sd. tert.-Butanol (2$^1/_2$ Std.); 4,6 g. *2.4-Dinitrophenylhydrazon*, $C_{19}H_{20}N_4O_4$, F. 222—224° ($CHCl_3$–CH_3OH). — *2.2.5.7-Tetramethylindan*, $C_{13}H_{18}$, Kp.$_{0,2}$ 80°, aus 360 mg vorst. Verb. mit KOH–N_2H_4 bei 190° (2 Std.), Abdest. des fl. Materials, 3 Std. bei 210°, Dest. u. Gaschromatographie; 50 mg. — *4.6.7-Trimethylindanon-(1)*, $C_{12}H_{14}O$, F. 110—111° (CH_3OH), aus 24 g 1.2.4-Trimethylbenzol u. Chlorpropionylchlorid in CS_2 durch Zugabe zu $AlCl_3$–CS_2 wie oben; 17 g (roh). — *2.2.4.6.7-Pentamethylindanon-(1)*, $C_{14}H_{18}O$, F. 75—76° (CH_3OH), aus vorst. Verb. durch Methylierung wie oben; 4,2 g. — *2.2.4.5.7-Pentamethylindan*, $C_{14}H_{20}$, aus vorst. Verb. mit N_2H_4–H_2O u. N_2H_4–2 HCl in Triäthylenglykol (2$^1/_2$ Std., 130°), Abdest. nach KOH-Zusatz, 4 Std. bei 210°, dann wie oben u. Gaschromatographie; 76 mg. — *Cannizzaroester* II, $C_{16}H_{20}O_4$, F. 127—128° (wss. A.), aus 192 mg I durch Erhitzen in wss. 5%ig. NaOH unter N_2 (80 Min.), $CHCl_3$-Extraktion nach Ansäuern u. Veresterung mit CH_2N_2; 50 mg. — *Dihydro*-II, $C_{16}H_{22}O_4$, F. 110 bis 111° (PAe.), aus vorst. Verb. durch Hydrieren mit Pd–Kohle in Äthylacetat u. Dünnschichtchromatographie (Ae.–Bzl.; 7 : 1); $[\alpha]_D$ + 96° (c = 1,33). — *Tetrahydro*-II, $C_{16}H_{24}O_4$, F. 93—95° (PAe.), aus vorst. Verb. mit Pd–Kohle in Äthylacetat; $[\alpha]_D$ + 66° (c = 1,30). — *Verb.* IV, $C_{16}H_{20}O_4$, F. 142—143° (PAe.), aus 75,4 mg II mit sd. methanol. $NaOCH_3$ (30 Min., N_2), $CHCl_3$-Extraktion nach Ansäuern, Dünnschichtchromatographie (Ae.–Bzl.; 1 : 2); $[\alpha]_D$ + 216° (c = 1,11); 32 mg. — I-*Enoldiacetat*, $C_{19}H_{22}O_6$, aus 52 mg I in sd. Isoprenylacetat + p-Toluolsulfonsäure (5 Std.) u. Dünnschichtchromatographie; $[\alpha]_D$ + 204° (c = 1,36); 36 g. — *Furanderiv.* VI, $C_{15}H_{17}$ · ClO_4, F. 93—94° (PAe.), aus 170 mg I durch Erhitzen in Essigsäure + etwas konz. HCl auf 110° (7 Min.), Verdünnen mit W., $CHCl_3$-Extraktion u. Dünnschichtchromatographie (Ae.–Bzl.; 1 : 9) u. Dest. (95°, 0,001 mm), $[\alpha]_D$ — 13° (c = 0,97); 40 mg. Durch Erhitzen von I in *D-Essigsäure* u. DCl, $C_{15}H_{14}D_3ClO_4$. — Diels-Alder-*Addukt* VII, $C_{21}H_{23}ClO_8$, aus 39 mg vorst. Verb. durch Erhitzen mit Acetylendicarbonsäuredimethylester in $CHCl_3$ (105°, 12 Std., Einschlußrohr) u. Dünnschichtchromatographie (Ae.–Bzl.; 3 : 7); Öl; 42 mg. — *Verb.* X, $C_{15}H_{17}ClO_3$, F. 146—150° (PAe.–Äthylacetat), aus 90 mg I in Dimethylformamid–$SOCl_2$ (Raumtemp., 30 Min.); $[\alpha]_D$ + 244° (c = 0,78); 20 mg. — ^3H-I, $C_{15}H_{17}DO_4$, F. 174 bis 175° (Äthylacetat), aus 200 mg I in sd. Dioxan–D_2O in Ggw. von p-Toluolsulfonsäure (10 Std.) u. Dünnschichtchromatographie (Ae.); 120 mg. K. Maier 4320

1338 **Akkumulation von Nucleinsäurederivaten durch Bakterien. 1. Mitt. Inosinbildung durch Adenin-auxotrophe Mutanten eines kürzlich isolierten Bacillus.** Atsushi Hirano, Tōru Akimoto, Takeyoshi Osawa. (J. agric. chem. Soc. Japan [Nippon Nôgei-Kagaku Kaishi] **42** (1968) 2, 60—67; Asahi Chem. Ind. Co., Ltd. Nobeoka, Japan; jap.) — Bei dem isolierten Stamm war NH_4Cl die bevorzugte N-Quelle u. Zugabe von $MnCl_2$ förderte die Inosinakkumulation. Während der Fermentation entsteht zuerst Hypoxanthin, dann erfolgt Akkumulation von Inosin. Durch Hypoxanthinzugabe erfolgt eine große Steigerung der Inosinakkumulation. Innerhalb von 90 Std. war alles Hypoxanthin umgesetzt. Aus $^{14}C_{(8)}$-Hypoxanthin u. Ribose-1-phosphat wird markiertes Inosin gebildet. W. Hiller 4320

1339 **Produktion von Nucleinsäuren ähnlichen Substanzen durch fermentative Prozesse. 14. Mitt. Fermentative Bildung von 5'-Purinribonucleotiden durch Brevibacterium ammoniagenes.** Takashi Nara, Masanaru Misawa und Shukuo Kinoshita. (Agric. biol. Chem. [Tokyo] **32** (1968) 5, 561—67; Tokyo Res. Labor., Kyowa Habko Kogyo Co., Machida city, Tokyo; engl.) — Eine Adenin-Mangelmutante von *Brevibacterium ammoniagenes* ATCC 6872 ist in der Lage, größere Mengen von IMP zu akkumulieren. Zusatz von Hypoxanthin, Inosin u. 5-Amino-4-imidazolcarbonsäureamid stimulieren die IMP-Bildung. Wird ^{14}C-Hypoxanthin gegeben, so erfolgt eine stöchiometr. Umbldg. in ^{14}C-IMP. Der Ausgangsstamm *Br. ammoniagenes* ATCC 6872 bildet IMP, GMP u. AMP aus Hypoxanthin, Guanin u. Adenin. Der Stamm besitzt die Fähigkeit Purinbasen mit hoher Wirksamkeit in ihre Ribotide umzubilden. W. Hiller 4320

1340 **Steroidderivate. 47. Mitt. Mikrobiologische Umbildung von 16β-Methyl-16.17-oxido-7β.11α-dihydroxy-Δ^4-pregnen-3.20-dion durch Mycobacterium flavum.** J. Protiva, J. Martínková und V. Schwarz. (Folia microbiol. [Praha] **13** (1968) 1, 7—11; Res. Inst. for Natural Drugs, Prag; engl.) — *M. flavum* bildet *16β-Methyl-16.17-oxido-7β.11α-dihydroxy-Δ^4-pregnen-3.20-dion* um in *16β-Methyl-16.17-oxido-7β.11α-dihydroxy-Δ$^{1.4}$-pregnadien-3.20-dion*, $C_{22}H_{28}O_5$, F. 272—275° (Äthylacetat), u. *16β-Methyl-16.17-oxido-11α-hydroxy-Δ$^{1.4,6}$-pregnatrien-dien-3.20-dion*, $C_{22}H_{28}O_5$, F. 272—274° (Äthylacetat); $[\alpha]_D^{19}$ + 56,3° ($CHCl_3$; c = 1,3) u. *16β-Methyl-16.17-oxido-11α-hydroxy-Δ$^{1.4.6}$-pregnatrien-3.20-dion*, $C_{22}H_{26}O_4$, F. 238 bis 240° (Äthylacetat); $[\alpha]_D^{20}$ + 20,4° ($CHCl_3$; c = 2,1). Als Intermediärprod. isolieren Vf. *16β-Methyl-16.17-oxido-11α-hydroxy-Δ$^{4.6}$-pregnadien-3.20-dion*, $C_{22}H_{28}O_4$, F. 224 bis 225° (Äthylacetat); $[\alpha]_D^{19}$ + 49° ($CHCl_3$; c = 0,7). W. Hiller 4320

1341 **Enzymatische Bromierung von 16-Dehydroöstradiol-3-methyläther-17-acetat zu 16α-Bromöstron-3-methyläther.** Saul L. Neidleman und Mary A. Oberc. (J. Bacteriol. **95** (1968) 6, 2424—25; Squibb Inst. for Med. Res., New Brunswick; engl.) — Myzel von *Caldariomyces fumago* ATCC 16373 enthalten eine Chlorperoxydase, die 16-Dehydroöstradiol-3-methyläther-17-acetat (I) in 16α-Bromöstron-3-methyläther (II) umbildet. Aus 300 mg I werden 30 mg II erhalten. W. Hiller 4320

1342 **Germistatische Aktivität der alkylsubstituierten Cyclopropancarbonsäuren.** I. E. Dolgij, A. P. Meščerjakov, G. N. Peršin, S. N. Milovanova und A. L. Mikerina. (Farmakol. i Toksikol. **30** (1967) 2, 199—203; Moskva, inst. organičeskoj chimii; russ.) — Es zeigte sich, daß die *Monoalkylderiv.* der *Cyclopropancarbonsäuren* (I) eine bakteriostat. Aktivität nur gegenüber säureresistenten Bakterien u. eine fungistat. Aktivität nur gegenüber pathogenen Pilzen aufweisen. Gegenüber Kokken u. Stäbchen sind sie inakt. oder nur sehr wenig aktiv. Ist die Alkylkette verzweigt, so nimmt die germistat. Aktivität merklich ab. Die erstmalige Unters. der germistat. Aktivität von I-Verb. mit *Si* oder *Ge*-Geh. ergab, daß bei Ggw. von Ge im Cyclopropanring die Aktivität gegenüber pathogenen Pilzen im Vgl. zur Ggw. von Si stark vermindert ist. Sie ist auch geringer als beim C-Analogon. Die *Mono-*, *Di-* u. *Tetracarbonsäuren* mit Si-Geh. u. 1, 2, 3 bzw. 4 Cyclopropanringen weisen eine mittlere Aktivität auf. O. Lebtag 4330△

1343 **Antimikrobenaktivität einiger Imidazolabkömmlinge.** N. D. Michnovsk'ka und O. V. Stecenko. Mikrobiol. Ž. **29** (1967) 3, 242—46; Kiiv, univ.; ukrain.) — Bei allen Deriv. von *Benzimidazol* (I) wird eine Beziehung zwischen der Antimikrobenaktivität u. der Struktur der Verb. festgestellt. Sie wird durch Einführung von 1 oder 2 CH_3-Gruppen in den Imidazolring nicht verändert. Substitution eines H-Atoms im Benzolring durch Cl ist ebenfalls ohne Einfluß. Eine Verstärkung der Aktivität tritt ein, wenn neben der Einführung eines Cl-Atoms in den Benzolring eine C_2H_5-Gruppe in 1-Stellung des Imidazols eingeführt wird. Das *1-Äthyl-2-methyl-4.5.7-trichlorderiv.* von I ist 4mal aktiver als das *2-Methyl-4.5.7-trichlorderivat.* Die höchste Aktivität weisen die quatern. Salze von I auf. Nur in Ggw. eines Imidazolringes ist die Aktivität hoch. Die quart. Salze von *2-Methylbenzthiazol*, *2-Methylbenzoxazol* u. *Chinaldin* sind weniger aktiv. Ähnliche Gesetzmäßigkeiten zwischen Struktur u. antimikrobenaktivität zeigen sich bei den Deriv. von *Naphthimidazol*, *Naphthochinonimidazol* u. *Anthrachinonimidazol*. O. Lebtag 4330△

1344 **Antibakterielle Aktivität der Galbansäure und ihrer Umwandlungsprodukte.** A. E. Bednjak, G. N. Peršin und S. N. Milovanova. (Farmacija **16** (1967) 4, 45—49; Moskva, med. inst. im. I. M. Sečenova; russ.) — Für *Galbansäure* (I) u. ihre nächst. Umwandlungsprod. wird die bakteriostat. Aktivität gegenüber *Staphylococcus aureus* u. säurefesten Bakterien untersucht: I-*Amid*, *Na-Salz* von I, *Äthylester* von I, K-Salz der 2wertigen

Phenolsäure (II), *II-Monoamid*, *K-Salze* des *Methyl-*, *Äthyl-*, *Propyl-*, *Isopropyl-*, *Allyl-*, *n-Butyl-*, *n-Amyl-* bzw. *Cyclohexylmonoesters* von II. Es zeigt sich eine direkte Beziehung zwischen der Antimikrobenaktivität u. der Oberflächenaktivität. Gegenüber Staphylococcus aureus ist die Aktivität der Monoester höher als bei II. Sie beträgt bei Methyl-, Äthyl-, Propyl-, Amyl- bzw. Cyclohexylmonoester das 40-, 50-, 60-, 250-, 500fache. O. Lebtag 4330△

1345 **Ein neues Antikokkenmittel.** S. J. Ball, M. Davis, J. N. Hodgson, J. M. S. Lucas, E. W. Parnell, B. W. Sharp und D. Warburton. (Chem. and Ind. 1968, 2, 56–57; Res. Labor., May and Baker Ltd., Dagenham; engl.) — Vf. bilden 3.4-Dialkoxyaniline um in die entsprechenden 4-Hydroxychinolin-3-carbonsäureester. Die 6.7-Dialkoxy-4-hydroxychinolin-3-carbonsäureester werden auf ihre Wrkg. gegen Kokken getestet. Unter 150 getesteten Verb. erwies sich *6-Decyloxy-7-äthoxy-4-hydroxychinolin-3-carbonsäureäthylester* (I) als die aktivste Verbindung. I existiert gewöhnlich in der tautomeren Form von *6-Decyloxy-7-äthoxy-4-oxo-1.4-dihydrochinolin-3-carbonsäureäthylester*. I hemmt in Konz. von 0,0014% die Oozystenproduktion von 6 untersuchten *Eimeria*-Arten. 0,32% I in der Diät von Küken erlaubt ein normales Wachstum u. eine normale Entwicklung. W. Hiller 4330

1346 **Einfluß des Phosphors auf die Synthese von Aurantin.** M. V. Nefelova, S. I. Kiseleva und G. N. Ermakova. (Antibiotiki 12 (1967) 9, 798–800; Moskva, univ.; russ.) — Das Wachstum des *Aurantin* I)-Produzenten *Actinomyces sp.* (Stamm 2) auf Glucose-Mineral-Nährboden mit verschiedenem Geh. an K_2HPO_4 (II) ist bei II-Geh. von 0,01–1,2% möglich. Mit steigendem II-Geh. erhöht sich der P-Verbrauch von 12,7 auf 984 μg/ml. Die I-Bldg. ist maximal bei P-Geh. von 70–140 μg/ml, entsprechend einem P-Verbrauch von 68–115 μg/ml. Bei überhöhtem P-Geh. des Nährbodens erfolgt neben der Abnahme der I-Bldg. geringe Zunahme der Biomasse, Abnahme des Verbrauches an N u. C u. intensivere Sporenbildung. Beim Wachstum in Ggw. erhöhter II-Mengen enthält das Myzel viel P, wenig an labilem P u. erhöhte Mengen an säurelösl., säureunlösl. u. Orthophosphat. In Ggw. von viel II ist im Myzel der Geh. an *DNS* u. *RNS* erhöht, der Geh. an *Eiweiß* vermindert. O. Lebtag 4340△

1347 **Mechanismus der Griseofulvinbildung.** A. N. Klimov und T. P. Efimova. (Antibiotiki 12 (1967) 9, 776–78; Leningrad, n.-i. inst. antibiotikov MZ SSSR; russ.) — Durch Zusatz von $^{14}C_{(2)}$*-Acetat* (I), $^{14}C_{(1)}$*-Malonat* (II), I + II, ^{14}C*-Methanol* (III), III + *Biotin*, III + I oder $^{14}C_{(1)}$*-Glycin* (IV) zum Nährboden wird gezeigt, daß die Bldg. von *Griseofulvin* (V) unter Beteiligung von I u. II erfolgt. Maximale Radioaktivität von IV wird beim Mol-Verhältnis 1 : 3 beobachtet. III betätigt sich als Donator von CH_3-Gruppen bei der Methylierung der Zwischenprod. der Biosynth. von V. IV wird, ebenso wie andere Aminosäuren, nach der Desaminierung u. Umwandlung in Acetylcoenzym A für die Synth. von V verwertet. O. Lebtag 4340△

1348 **Ein neues durch Streptomyces sp. Ac_6 569 gebildetes antibakterielles Mittel.** R. K. Sinha und P. N. Nandi. (Experientia [Basel] 24 (1968) 8, 795–96; Dep. of Microbiol., Bose Inst., Calcutta; engl.) — Das neue Antibiotikum, $C_{23}H_{43}N_9O_8 \cdot 4\,HCl$, F. 216–218° (Zers.) ist gegen Bakterien u. Pilze wirksam u. gehört zur Streptothricingruppe. W. Hiller 4340

1349 **Saramycetosäure und ihr Lactam Saramycetsäure A.** P. Baudet und Cl. Otten. (Naturwissenschaften 55 (1968) 7, 344; Labor de chim. organ. de l'Univ. de Genève; engl.) — Bei der Hydrolyse von Saramycetin (Antibiotikum aus *Streptomyces saraceticus*) entsteht *Saramycetosäure* u. aus dieser wiederum *Saramycetsäure A*. Vf. finden für Saramycetosäure die Struktur von *2-(3-Amino-1-carboxy-2-aza-1-butenyl)-benzothiazol-6(oder 5)-carbonsäure*, $C_{12}H_{11}N_3O_4S \cdot HCl$, F. 250°, u. für Saramycetsäure A die von *2-(2-Methyl-Δ²-imidazolin-5-on-4-yl)-benzothiazol-6(oder 5)-carbonsäure*, $C_{12}H_9N_3O_3S$, F. 295–298°. Saramycetsäure A ist das γ-Lactam der Saramycetosäure. Saramycetsäure A entsteht durch Sublimation von Saramycetosäure oder seinem Diäthylester oder durch Behandlung von Saramycetosäuredimethylester mit Diazomethan. W. Hiller 4340

1350 **Pipecolinsäure enthaltende Actinomycinanaloge. Beziehung zwischen Struktur und biologischer Aktivität.** Joseph V. Formica, Aaron J. Shatkin und Edward Katz. (J. Bacteriol. 95 (1968) 6, 2139–50; Dep. of Microbiol., Georgetown Univ. Schools of Med. and Dent., Washington, D.C.; engl.) — *Streptomyces antibioticus* bildet eine Reihe von Actinomycinen, die sich in der „Iminosäure" der Peptidkette unterscheiden. In Ggw. von exogener Pipecolinsäure werden neue Actinomycine gebildet, wobei das Prolin durch das Analoge ersetzt ist. Vf. finden 3 neue Antibiotika, die als Pip 1α, Pip 1β u. Pip 2 bezeichnet werden. Sie weisen ein molares Verhältnis Pipecolinsäure zu Prolin auf von 1 : 0, 1 : 1 u. 2,2 : 0. Diese Verb. hemmen das Wachstum u. die Zellteilung nur von grampositiven Bakterien. W. Hiller 4340

1351 **D-Mannit aus Libanotis buchtarmensis.** A. T. Troščenko und V. I. Terešina. (Chim. prirodnych Soedinenij 3 (1967) 213; Novosibirsk, inst. organičeskoj chimii SO AN SSSR; russ.) — Durch Extraktion mit A. werden aus 100 g Wurzeln von *Libanotis buchtarmensis* 14,8 g *D-Mannit*, F. 165–166°, gewonnen. Daraus wird das Hexaacetat hergestellt; F. 120–121° (A.); $[\alpha]_D^{20}$ +21,3° (c = 2; Chlf.) gegenüber 122° bzw. +21,53° in der Literatur. O Lebtag 4420△

1352 **Ein kurzkettiger Ester aus dem Samenöl von Cardiospermum halicacabum L.** C. Y. Hopkins, D. F. Ewing und M. J. Chisholm. (Phytochemistry 7 (1968) 4, 619–24; Div. of Pure Chem., Nat. Res. Council, Ottawa; engl.) — Aus dem Samenöl isolieren Vf. *4.4-Dimethoxy-3-(methoxymethyl)-buttersäuremethylester*, $C_9H_{18}O_5$, Kp.$_{0,5}$ 58–60°; n_D^{25} 1,4260; $[\alpha]_D^{25}$ +3,3° (10% in CH_3OH). W. Hiller 4420

1353 **Alkane, Fettsäuremethylester und freie Fettsäuren im Oberflächenwachs von Ustilago maydis.** J. L. Laseter, J. Weete und D. J. Weber. (Phytochemistry 7 (1968) 7, 1177–81; Dep. of Biol., Univ. of Houston, Tex.; engl.) — Die Wachsfraktion der Sporen von *U. maydis* enthält hauptsächlich n-Pentacosan, n-Heptacosan, n-Nonacosan, Hexadecansäuremethylester u. Octadecensäuremethylester. W. Hiller 4420

1354 **Citruscarotinoide. 8. Mitt. Isolierung von Semi-β-carotenon und β-Carotenon aus Citrus-Verwandten.** Henry Yokoyama und Michael J. White. (Phytochemistry 7 (1968) 6, 1031–34; Fruit and Vegetable Chem. Labor., Pasadena, Calif.; engl.) — Aus *Murraya exotica* isolieren Vf. *Semi-β-carotenon* (I), $C_{40}H_{56}O_2$, F. 116 bis 117° (Sintern bei 106°), u. aus *Triphasia trifolia* *β-Carotenon* (II), $C_{40}H_{56}O_4$, F. 176–177°, [vgl. Liebigs Ann. Chem. 516 (1935) 95].

Versuche: *Semicarotenon*, $C_{40}H_{56}O_2$, F. 116 bis 117° (Sintern bei 106°), durch Ox. von 0,2 g β-Carotin in 200 ml Bzl. mit 6 ml 0,075n Chromsäure in 100 ml Eisessig u. chromatograph. Reinigung. — *β-Carotenon* $C_{40}H_{56}O_4$, F. 176–177°, durch Ox. von β-Carotin mit Chromsäure. W. Hiller 4420

1355 **Chemie der Ordnung Pinales. 39. Mitt. α-, γ- und ε-Muurolen als vorherrschende Sesquiterpene im Holz von Pinus silvestris L. und im schwedischen Sulfat-Terpentin.** Lars Westfelt. (Acta chem. scand. 20, 2852–64, 1966; Org.-Kem. Inst., Kungl. Tekn. Högsk., Stockholm; engl.) — 38. vgl. ibid. 20 (1966) 2841. — Das vorherrschende Sesquiterpen des Holzes von *P. silvestris* u. des schwed. Sulfat-Terpentins ist (—)-α-Muurolen (I). Auf

A

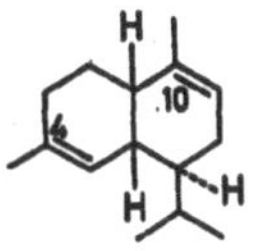

Grund von IR- u. NMR-Spektroskopie, Umsetzung mit HCl, Hydrierung u. Isolierung der Red.-Prod. durch Gaschromatographie u. eine Reihe weiterer Rk. unter

Charakterisierung der jeweiligen Folgeprod. durch IR-, UV- u. z. T. NMR-Spektren erhält I die Struktur A. Das aus demselben Material isolierte (−)-γ-Muurolen trägt am $C_{(10)}$ eine Methylengruppe. Dem als ε-Cadinen bekannten Terpen wird auf Grund der Unters. eine neue Struktur zugeordnet, u. es wird als (+)-ε-Muurolen (II) bezeichnet. II besitzt an $C_{(4)}$ u. $C_{(10)}$ je eine Methylengruppe. U. Kull 4420

1356 **Carotinoidester-Muster in gelben Blütenblättern.** Hans Kleinig und Helfried Nietsche. (Phytochemistry 7 (1968) 7, 1171−75; Bot. Inst. der Univ. Heidelberg; dt.) — Vf. untersuchen die Fettsäureester der Carotinoide der Petalen von *Forsythia intermedia, Taraxacum officinale, Tussilago farfara* u. *Impatiens noli tangere*. Die vorkommenden hydroxylhaltigen Pigmente *Kryptoxanthin, Kryptoxanthinepoxid, Zeaxanthin, Lutein, Antheraxanthin, Luteinepoxid, Violaxanthin* u. *Neoxanthin* sind mit langkettigen Fettsäuren, wie Myristinsäure (Hauptkomponente), Laurin-, Palmitin- u. Stearinsäure, verestert zu Mono- u. Diestern. W. Hiller 4420

1357 **Cumarine aus Ferula caspica.** G. A. Žukov und A. P. Prokopenko. (Chim. prirodnych Soedinenij 3 (1967) 214−15; Charkov, n.-i. chimiko-farmacevtičeskij inst.; russ.) — Aus den Wurzeln von *Ferula caspica* wird neben 2 bekannten Cumarinderiv. erstmalig die Verb. $C_{24}H_{30}O_4$, F. 85−87°, $[\alpha]_D^{20}$ −30° (c = 1,0; Chlf.), gewonnen, die sich als *Farnesiferol* (I) erweist. I ist ein *Umbelliferon/Farnesol*-Äther. I ist mit Laugen nicht verseifbar. Bei der Säurehydrolyse liefert I Umbelliferon, F. 234−235°. Der Farnesylrest von I ist ätherartig an C_7 gebunden. O. Lebtag 4420△

1358 **Cumarine aus den Wurzeln von Angelica gigas Nakai.** Masao Konoshima, Hyung-Joon Chi und Kiyoshi Hata. (Chem. pharmac. Bull. Tokyo 16 (1968) 6, 1139−40; Fac. of Pharmaceut. Sci., Kyoto Univ., Shimoadashi-sho, Sakyo-ku, Kyoto; engl.) — Vf. isolieren *Decussin* (I), $C_{19}H_{20}O_5$, F. 111°, $[\alpha]_D^{33}$ +142° (c = 1,3; $CHCl_3$), u. *Decursinol* (II), $C_{14}H_{14}O_4$, F. 178°, $[\alpha]_D^{33}$ +18° (c = 1,0; $CHCl_3$). II ist 3′-Hydroxy-3′.4′-dihydroxanthyletin u. I ist mit Seneciosäure verestertes II. W. Hiller 4420

1359 **Zusammensetzung des Tabaks.** 28. Mitt. **2.3.6-Trimethyl-1.4-naphthochinon im Zigarettenrauch.** W. J. Chamberlain und R. L. Stedman. (Phytochemistry 7 (1968) 7, 1201−03; Eastern Utilizat. Res. and Developm. Div., East Mermaid Lane, Philadelphia, Pa.; engl.) — Aus der Nitromethan-lösl. Fraktion des Zigarettenrauchkondensates isolieren Vf. *2.3.6-Trimethyl-1.4-naphthochinon.* W. Hiller 4420

1360 **Anthrachinonpigmente aus Xanthoria parietina (L.).** M. Piattelli und M. Giudici de Nicola. (Phytochemistry 7 (1968) 7, 1183−87; Ist. di Chim. Organ., Univ. di Catania, Italien; engl.) — Vf. finden folgende Anthrachinonpigmente: *Physcion* 94,5 %, 46,5 % (Geh. in bezug auf gesamte Anthrachinone in *X. parietina* u. *X. parietina var. aureola*); *Fallacinal* 1,8 %, 27,3 %; *Emodin* 1,7 %, 0,5 %; *Fallacinol* 2,0 %, 25,7 %; *Parietinsäure* <0,1 %, <0,2 %; *Citreorosein*, <0,1 %, *Emodinsäure* —, <0,1 %. Der Gesamtanthrachinongeh. beträgt bei *X. parietina* 0,44 u. bei *X. parietina var. aureola* 5,8 mg/g. W. Hiller 4420

1361 **Flavonoide der Kreuzblütler.** 3. Mitt. **Glucoside der Blüten von Syrenia siliculosa.** N. P. Maksjutina. (Chim. prirodnych Soedinenij 3 (1967) 3, 151−54; Charkov, chimiko-farmacevtičeskij inst.; russ.) — Durch Papierchromatographie, saure Hydrolyse u. Ox. mit H_2O_2 u. Fermenthydrolyse werden aus den Blüten von Syrenia siliculosa Andr. Z. *Pasternosid, Desglucopasternosid* u. das neue Flavonoid *Flassilin* [*Quercetin-3-(β-L-rhamnofuranosyl-β-D-glucofuranosid)*] isoliert, F. 182−185°, $[\alpha]_D^{20}$ −66,5° (c = 1,0; Dimethylformamid). I. von Kloch-Kornitz 4420

1362 **Flavonoidpigmente von Liatris spicata.** Jacques Kagan. (Phytochemistry 7 (1968) 7, 1205−07; Dep. of Chem. and Biol. Sci., Univ. of Ill. at Chicago Circle, Chicago, Ill.; engl.) — *L. spicata* enthält *Quercetin-3-glucosid, Quercetin-3-rutinosid* u. *Quercetin-3-glucosid-7-rhamnosid.* W. Hiller 4420

1363 **Phytochemische Untersuchungen an Tabakalkaloiden.** 11. Mitt. **Ein neues Alkaloid in den Wurzeln von Nicotiana tabacum.** Takuro Kisaki, Shigenobu Mizusaki und Einoske Tamaki. (Phytochemistry 7 (1968) 2, 323−27; Div. of Plant Biochem., Central Res. Inst., Japan Monopoly Corp., Tokyo; engl.) — Bei vergeblichen Vers., Alkaloid B zu isolieren, wird ein neues Alkaloid gefunden, chem. u. physikal. als *2.4-Bis-pyridyl-(3)-piperidin* (I) identifiziert u. *Anatellin* genannt. $^{14}C_2$-Lysin wird in I nicht eingebaut. Es wird ein Weg der Biosynth. ähnlich dem des Anatabins vermutet. I, $C_{15}H_{17}N_3$, Kp.$_3$ 225°, bildet ein *Perchlorat*, $C_{15}H_{17}N_3 \cdot 3\,HClO_4$, F. 244−252° (Methanol/Ae.), ein *Pikrat*, $C_{33}H_{26}N_{12}O_{21}$, F. 258,5°, u. ein *Benzoat*, $C_{22}H_{21}N_3O_2$, Kp.$_3$ 274°. Dehydrierung von I ergibt *Nicotellin*, F. 147 bis 148,5°. W. Holland 4420

1364 **Identifizierung von 28-Isofucosterin in den Meeresgrünalgen Enteromorpha intestinalis und Ulva lactuca.** G. F. Gibbons, L. J. Goad und T. W. Goodwin. (Phytochemistry 7 (1968) 6, 983−88; Dep. of Biochem. and Agricult. Biochem., Univ. Coll. of Wales, Aberystwyth; engl.) — *E. intestinalis* u. *U. lactuca* enthalten als Hauptsterin *28-Isofucosterin*, daneben *Cycloartenol* u. *24-Methylencycloartanol*. *E. intestinalis* enthält weiterhin noch *42-Äthylidenlophenol* u. *24-Methylenlophenol.* W. Hiller 4420

1365 **Dioscorea-Gewebekulturen.** 1. Mitt. **Biosynthese und Isolierung von Diosgenin aus Kallus von Dioscorea deltoidea und Zellsuspensionen.** Balkrishena Kaul und E. John Staba. (Lloydia [Cincinnati] 31 (1968) 2, 171−79; Coll. of Pharm., Univ. of Nebr., Lincoln, Nebr.; engl.) — Undifferenziertes Gewebe produziert *Diosgenin* in signifikanten Mengen (ca. 1 %), differenziertes Gewebe dagegen nur in Spuren. In den Geweben werden weiterhin noch *Stigmasterin* u. *β-Sitosterin* gefunden. W. Hiller 4420

1366 **Saponine von Dioscorea polystachya.** 14. Mitt. **Dioscinin.** O. S. Madaeva, V. K. Ryžkova und V. V. Panina. (Chim. prirodnych Soedinenij 3 (1967) 3, 155−58; Moskva, n.-i. chimiko-farmacevtičeskij inst. im. S. Ordžonikidze; russ.) — Aus dem Wurzelstock von *Dioscorea polystachya* wird ein in W. lösl. neues Saponin gewonnen, das als *Dioscinin* (I) bezeichnet wird. I ist ein *Glucosidbirhamnosidglucosid* von *25-Δ⁵-22α-Spirosten-3β-ol*. I enthält 1 Glucoserest mehr als *Dioscin*. Nach der enzymat. Hydrolyse des I mit einer Beimengung des Saponins von R_F 0,45 treten chromatograph. Dioscin u. *Gracillin* auf. Das Saponin R_F 0,45 ist wahrscheinlich ident. mit dem *Kukubasaponin* aus *Dioscorea semptemioba*. Das Molgew. von I beträgt 968,7−987,7. O. Lebtag 4420△

1367 **Vorkommen von Agroclavin in Samen von Cuscuta monogyna.** R. Ikan, E. Rapaport und E. D. Bergmann. (Israel J. Chem. 6 (1968) 1, 65−67; Dep. of Organic Chem., Hebrew Univ. of Jerusalem; engl.) — Im Samen von *C. monogyna* finden Vf. 0,015 % *Agroclavin.* W. Hiller 4420

1368 **Emodin in Flechten.** G. Hauschild, M. Steiner und K. W. Glombitza. (Naturwissenschaften 55 (1968) 7, 346−47; Pharmakognost. Inst. der Univ. Bonn; dt.) — Vf. finden in *Fulgensia fulgida* neben Parietin ein weiteres gelbes Pigment, das als *Emodin* (*1.6.8-Trihydroxy-3-methylanthrachinon*), F. 262−263°, identifiziert wird. Methylierung von Emodin mit CH_2N_2 ergibt Parietin (1.8-Dihydroxy-6-methoxy-3-methylanthrachinon). W. Hiller 4420

1369 **Sinapin und verwandte Ester im Samenmehl von Crambe abyssinica.** F. L. Austin und I. A. Wolff. (J. agric. Food Chem. 16 (1968) 1, 132−34; Northern Utilizat. Res. and Developm. Div., Agricult. Res. Serv., U.S. Dep. of Agricult.; engl.) — Im entfetteten Mehl von *C. abyssinica* wird 0,46 % *Sinapin* gefunden, das als Thiocyanatsalz identifiziert wurde. Weiterhin wurde *1-Sinapoyl-β-D-glucose* nachgewiesen. W. Hiller 4420

1370 **Osthol im Samen von Pastinaca sativa.** N. P. Maksjutina. (Chim. prirodnych Soedinenij 3 (1967) 3, 213–14; Charkov, n.-i. chimiko-farmacevtičeskij inst.; russ.) — *Osthol* (I) wird durch PAe.-Extraktion, Chromatographie an Al_2O_3 u. Dichloräthan-Extraktion aus den Samen von *Pastinaca sativa L.* u. Abfällen bei der Produktion von *Pastinacin* u. *Beroxan* isoliert; F. 85°, R_F 0,88–0,90, leicht lösl. in Chlf., A. u. Ae., schwer lösl. in Wasser. I. v. Kloch-Kornitz 4420

1371 **Schikonin aus Onosma caucasicum und Echium rubrum.** A. S. Romanova, N. V. Tareeva und A. I. Ban'kovskij. (Chim. prirodnych Soedinenij 3 (1967) 1, 71; Moskva, n.-i. inst. lekarstvennych rastenij; russ.) — Die Wurzeln von *Onosma caucasicum Levin* (O. c.) u. von *Echium rubrum* (E. r.) enthalten einen Farbstoff, der nach dem Verf. von Brockmann in krist. Form aus O. c. nicht erhalten wird. Durch zusätzliche chromatograph. Reinigung an Kieselsäure beträgt die Ausb. an krist. Farbstoff 0,1%. Aus der Wurzel von E. r. werden ohne zusätzliche Reinigung 0,46% erhalten. Nach Umkristallisation aus Bzl. beträgt der F.-Wert 144–146°. Der Farbstoff der beiden Wurzeln, $C_{16}H_{16}O_5$, erweist sich als *Shikonin.* O. Lebtag 4420△

1372 **Chemische Bestandteile der Früchte von Psidium guava.** K. Misra und T. R. Seshadri. (Phytochemistry 7 (1968) 4, 641–45; Dep. of Chem., Univ. of Delhi, Delhi; engl.) — In unreifen Früchten von *P. guava* finden Vf. neben Quercetin, Guaijaverin, Gallussäure *Hexahydroxydiphensäure-3.4-arabinoseester* (I), $C_{19}H_{16}O_{13}$, Zers. bei 230–235°; $[\alpha]_D^{25}$ –24,2°. Hydrolyse von I mit 7% H_2SO_4 ergibt *Ellagsäure* u. *Arabinose*. Methylierung mit CH_2N_2 u. Hydrolyse ergibt Hexamethoxydiphensäure, F. 162°, $[\alpha]_D^{20}$ –23,0° (c = 0,52; Äthylacetat). Ox. des hexamethylierten I mit $NaJO_4$ ergibt ein Zuckerlacton, $C_{24}H_{24}O_{12}$. Acetylierung von I mit Acetanhydrid ergibt das *I-Octaacetat*, $C_{35}H_{32}O_{21}$, F. 200–202°. W. Hiller 4420

1373 **Madhuca butyracea. Bestandteile der Fruchtpulpe und Rinde.** Y. C. Awasthi und C. R. Mitra. (Phytochemistry 7 (1968) 4, 637–40; Utilizat. Res. Labor., Nat. Botanic Gardens, Lucknow; engl.) — Neben α-Spinasterin, β-Sitosterin-β-D-glucosid, α-Amyrinacetat, β-Amyrinacetat werden *3β-Palmitoxyolea-12-en-28-ol, Oleanolsäurepalmitat* u. *Betulinsäurepalmitat*, $C_{46}H_{78}O_4$, F. 95 bis 100°, $[\alpha]_D$ +8°, identifiziert. Weiterhin wird noch Friedelin in der Rinde gefunden. W. Hiller 4420

1374 **Bestandteile von Mikania cordata (Burm. F.) B. L. Robinson (Compositae).** 2. Mitt. A. K. Kiang, K. Y. Sim und S. W. Yoong. (Phytochemistry 7 (1968) 6, 1035–37; Chem. Dep., Univ. of Singapore, Singapore; engl.) — Vf. finden in den Wurzeln *Friedelin, Epifriedelinol, Stigmasterin*, $C_{29}H_{48}O$, F. 161–164°, $[\alpha]_D$ +53,6° (c = 2,39; $CHCl_3$) (*Acetat*, F. 139–140°), *Mikanin, Fumarsäure, Mikanolid* u. *Dihydromikanolid*, $C_{15}H_{16}O_6$, F. 243–245°, $[\alpha]_D$ +81,5° (c = 0,825; Dioxan). W. Hiller 4420

1375 **Catharanthus-Alkaloide.** 20. Mitt. **Testung von Catharanthus auf Vincaleukoblastin.** Asaad N. Masoud, Norman R. Farnsworth, Leo A. Sciuchetti, Ralph N. Blomster und William A. Meer. (Lloydia [Cincinnati] 31 (1968) 2, 202–07; Dep. of Pharmacognosy, Univ. of Pittsburgh, Pittsburgh, Pa.; engl.) — Vf. beschreiben eine Meth. zur quant. Best. von *Vincaleukoblastin* (I) in einer Mischung aus 66 Basen aus *Catharanthus roseus*. Die Meth. besteht aus pH-Gradiententrennung des Extraktes, Dünnschichtchromatographie, Eluieren der I-Zone u. Best. der Konz. im UV-Spektrophotometer bei 214 mμ. In Proben von *C. roseus* (90% Blätter) finden Vf. 26,7 μg I/g Pflanzensubstanz. W. Hiller 4420

1376 **Alkaloide aus Sophora macrocarpa.** M. Silva und M. V. Medina. (Phytochemistry 7 (1968) 4, 661–63; Dep. de Bot., Univ. de Concepción, Chile; engl.) — Vf. isolieren aus *S. macrocarpa α-Matrin*, $C_{15}H_{24}N_2O$, F. 75–77°; *Baptifolin*, $C_{15}H_{20}N_2O_2$, F. 200°, $[\alpha]_D^{26}$ –161° (c = 1,4; $CHCl_3$), $[\alpha]_D^{26}$ –154° (c = 0,9; A.), u. *Methylcytisin*, $C_{12}H_8N_2O$, F. 133–138°. W. Hiller 4420

1377 **Biosynthese der Alkaloide durch Datura innoxia.** Ju. B. Tichonov. (Chim. prirodnych Soedinenij 3 (1967) 3, 188–91; Moskva, n.-i. inst. lekarstvennych rastenij; russ.) — Unter Verw. von *^{14}C-Methylamin* (I) u. *$^{14}C_{(2)}$-Acetat* (II) als Vorläufer der CH_3-Gruppen der Alkaloide von *Datura innoxia Mill.* u. von *$^{14}C_{(2)}$-Aceton* (III) oder *$^{14}C_{(1,3)}$-Aceton* (IV) als Vorläufer der C_3-Bruchstücke der Tropanalkaloide wird gezeigt, daß I u. II schon in der Wurzel für die Synth. der Alkaloide verwertet werden; bei III u. IV ist dies erst im Blatt der Fall. I, II, III u. IV werden für die Synth. der Tropanalkaloide verwertet, am spezifischsten III u. IV. Die Anreicherung mit *Hyoscyamin* (V) durch Umwandlung von I u. II ist in der Wurzel am intensivsten. Im Stengel wird V in *Scopolamin* (VI) umgewandelt. I wird z. T. in eine unbekannte Verb. mit 3 C-Atomen umgewandelt, die im Blatt für die Synth. von Alkaloiden verwertet wird. Die Anreicherung mit VI verläuft am intensivsten im Blatt. Der Geh. der Pflanzen an VI ist 3,5–5,75mal höher als der Geh. an V. Die VI-Anreicherung wird durch II etwas gehemmt, durch III u. IV etwas stimuliert. O. Lebtag 4460△

1378 **Biosynthese und Stoffwechsel von Harman in Passiflora edulis.** 1. Mitt. **Biosynthese von Harman.** M. Slaytor und I. J. McFarlane. (Phytochemistry 7 (1968) 4, 605–11; Dep. of Biochem., Univ. of Sydney, Australien; engl.) — Fütterungs- u. Isolierungsvers. zeigen, daß N-Acetyltryptamin aus Tryptophan via Tryptamin stammt, vermutlich durch N-Acetylierung von Tryptamin durch Acetyl-CoA. Der β-Carbolin-Ring wird dann durch cycl. Dehydratisierung von N-Acetyltryptamin gebildet, wobei Harmalan entsteht. Harmalan wird dann dehydriert zu Harman.

Versuche: *Harman* durch Inkubation von Harmalan mit einem Rohhomogenat von Sämlingen von Passiflora edulis. — *N-2-^{14}C-Acetyltryptamin*, Kp. 60 bis 90°, aus [2-^{14}C]-Acetanhydrid u. Tryptamin. — *1-^{14}C-Methyl-3.4-dihydro-β-carbolin-HCl* (*Harmalan-HCl*), F. 243–245°, aus N-^{14}C-Acetyltryptamin; Ausb. 54%. — *1-^{14}C-Methyl-1.2.3.4-tetrahydro-β-carbolin* (*Tetrahydroharman*), *Hydrochlorid*, durch Auflösen von ^{14}C-Harmalan-HCl in einer PtO_2-Suspension in Essigsäure unter H_2; Ausb. 68%. — *N-2-^{14}C-Acetyltryptophan*, F. 201–203°, durch Auflösen von L-Tryptophan in 0,5n NaOH u. 2-^{14}C-Acetanhydrid; Ausb. 54%. — *β-^{14}C-Tryptamin*, durch Schütteln einer Mischung aus Dimethylsulfat, $Na^{14}CN$, KCN u. Gramin in wss. Dioxan, Abtrennen des Indolacetonitrils u. Hydrieren mit Raney-Ni. W. Hiller 4460

1379 **Biosynthese von Flavonoiden.** 16. Mitt. **Dihydrokämperol und Dihydroquercetin als Vorläufer von Kämpferol und Quercetin in Pisum sativum.** L. Patschke und H. Grisebach. (Phytochemistry 7 (1968) 2, 235–37; Dep. of Plant Biochem., Univ., Freiburg; engl.) — 15. vgl. ibid. im Druck. — Während tritiertes Dihydroquercetin nur in Quercetin (I) eingebaut wird, dient tritiertes Dihydrokämpferol als Vorläufer für Kämpferol u. I. Damit wird der Synth.-Weg Flavanon → Dihydroflavonol (II) → Flavonol bestätigt, wobei die Einführung der 3'-Hydroxylgruppe in Stufe II erfolgt. W. Holland 4460

1380 **Einbau von $^{14}C_{(2)}$-Mevalonsäure in das Triterpen Limonin.** Sibani Datta und Harold J. Nicholas. (Phytochemistry 7 (1968) 6, 955–56; Inst. of Med. Educat. and Res., St. Louis Univ., School of Med., St. Louis, Mo.; engl.) — Werden keimende Samen von *Citrus* für 2–6 Tage mit $^{14}C_{(2)}$-Mevalonsäure inkubiert, so werden 0,03–0,05% des ^{14}C in das Triterpen Limonin eingebaut. Mit dieser Meth. kann markiertes Limonin erzeugt werden. W. Hiller 4460

1381 **Untersuchungen an Manihot utilissima Pohl.** 1. Mitt. **Cyanogenese, Biosynthese von Linamarin und Lotaustralin in etiolierten Sämlingen.** Frederick Nartey. (Phytochemistry 7 (1968) 8, 1307–12; Dep. of Plant Physiol., Univ. of Copenhagen; engl.) — Vf. findet in Samen von *M. utilissima* je nach Herkunft 0–8,5 mg HCN/g Frischgewicht. 10–14 Tage alte Sämlinge zeigten Geh. von 156–260 μg HCN/g, was auf eine rasche Bldg. des cyanogenen Materials während der Keimung schließen

läßt. 93% des HCN stammen aus Linamarin u. 7% aus Lotaustralin. Einbauvers. ergaben, daß in die Aglykone L-Valin u. L-Isoleucin eingebaut werden.
W. Hiller 4460

1382 **Nachweis von Chlorcholinchlorid in der Guttationsflüssigkeit junger Weizenpflanzen.** H. H. Mayr und H. Bayzer. (Z. Pflanzenphysiol. 58 (1968) 5, 452—53; Österreich. Stickstoffwerke Akt.-Ges., Linz/Donau; dt.) — In der Guttationsfl. von Weizensämlingen, die auf mit Chlorcholinchlorid behandeltem Boden kultiviert wurden, fanden sich 0,2 ppm Chlorcholinchlorid.
W. Hiller 4485

1383 **Beziehung zwischen der Struktur der Anilide und der Inhibierung der Hillschen Reaktion.** A. S. Kuprijanova, N. A. Aliev, N. N. Mel'nikov und M. I. Lužnova. (Chim. v sel'skom Choz. 5 (1967) 10, 29—31; Moskva, n.-i. inst. chimičeskich sredstv zaščity rastenij; russ.) — Die Hillsche Rk., die als Kriterium der herbiziden Aktivität verwendet wird, ist stark abhängig vom Substituenten im Bzl.-Ring der *Anilide* der allg. Formel Ar · NH · CO · R. Die stärkste hemmende Wrkg. zeigen die 3.4-Dichloranilide. Die Aktivität der Verb. ist weitgehend abhängig von der Struktur des aliphat. Teiles. In Ggw. einer Doppelbindung u. einer geraden Zahl von C-Atomen in R wird sie stark erhöht. Halogene in α- u. β-Stellung im aliphat. Teil sind prakt. ohne Einfl. auf die inhibierende Wrkg. der Präparate. In Ggw. eines Bzl.-Ringes statt eines aliphat. Restes nimmt die inhibierende Wrkg. ab.
O. Lebtag 4490△

1384 **Morphologische Veränderungen der Thrombozyten unter dem Einfluß einiger Fluorochrome.** M. G. Masik und E. M. Starodub. (Labor. Delo 1967, 6, 366—68; Ternopol', med. inst.; russ.) — Bei Verw. von Fluorochromen bei der Fluoreszenzanalyse von Geweben sind Konz. u. Wrkg.-Dauer zu berücksichtigen. Die stärkste tox. Wrkg. auf die Thrombozyten zeigen *Primulin, Acridinorange, Rhodamin C.* Weniger tox. ist *Auramin 00*, das bei der Lumineszenz von Geweben verwendet werden kann.
O. Lebtag 4500△

1385 **Aminozucker in verschiedenen Seidenproteinen.** Y. Asano und H. Sinohara. (Naturwissenschaften 55 (1968) 7, 345; Dep. of Biochem., Iwate Med. Coll., School of Dent., Morioka, Japan; engl.) — Das Fibroin von *Bombyx mori* u. *B. mandarina* enthält nur Glucosamin u. kein Galaktosamin. Das Fibroin u. Sericin von 8 untersuchten Arten der Saturniidae (*Antheraea, Attacus, Hyalophora, Saturnia, Rhodinia*) enthält Glucosamin u. Galaktosamin, ebenfalls das Sericin der beiden *Bombyx*-Arten.
W. Hiller 4520

1386 **Verteilung und Biosynthese von 2-Aminoäthylphosphonat in zwei terrestrischen Mollusken.** Chi-Rong Liang und H. Rosenberg. (Comparat. Biochem. Physiol. 25 (1968) 2, 673—81; Dep. of Biochem., John Curtin School of Med. Res., Canberra; engl.) — *2-Aminoäthylphosphonat* findet sich in den Schnecken *Lehmannia poisieri, Limus flavus* u. *Helix aspersa*, teils in freier u. teils in gebundener Form.
W. Hiller 4520

1387 **Neue Corticoidderivate von 3-(2'-Chloräthoxy)-6-formyl-9α-fluor-$\Delta^{3.5}$-pregnadien bei der experimentellen Allergie.** G. B. Fregnan und G. K. Suchowsky. (Europ. J. Pharmacol. [Amsterdam] 3 (1968] 3, 251—56; Farmitalia, Ist. Ric., Milano; engl.) — Untersucht werden *3-(2'-Chloräthoxy)-6-formyl-9α-fluor-$\Delta^{3.5}$-pregnadien-11β.-16α.17α.21-tetrol-20-on-16α.17α-acetonid-21-acetat* (I) bzw. *-21-natriumhemisuccinat* (II) u. *3-(2'-Chloräthoxy)-6-formyl-9α-fluor-$\Delta^{3.5}$-pregnadien-17α.21-diol-11.20-dion-21-natriumhemisuccinat* (III). I, II u. III zeigen eine Schutzwrkg. gegen anaphylakt. Schock bei Mäusen.
W. Hiller 4560

1388 **Beziehung zwischen Gehalt an Spurenelementen und Fermentaktivität des Pankreassaftes.** E. N. Nečaev und V. R. Soroka. (Labor. Delo 1967, 6, 334—35; Doneck, med. inst. im. A. M. Gorkogo; russ.) — Unters. an 37 Patienten mit Pankreatitis u. 25 Patienten mit chron. Cholangiohepatitis vor u. nach der erfolgreichen Behandlung ergaben, daß im Pankreassaft der Geh. an *Trypsin, Amylase* u. *Lipase* vor u. nach der Behandlung in direkter Beziehung zum Geh. an *Si, Al* u. *Ni* steht.
O. Lebtag 4564△

1389 **4.4'-Dihydroxybibenzyl, ein Reduktionsmetabolit von trans-Stilben.** Joseph E. Sinsheimer und Robert Victor Smith. (J. pharmac. Sci. 57 (1968) 4, 713—14; Coll. of Pharm., Univ. of Mich., Ann Arbor, Mich.; engl.) — Erhalten Kaninchen i.m. 25 mg trans-Stilben/kg verabreicht, so ist im Ae.-Extrakt des Urins der Tiere *4.4'-Dihydroxybibenzyl* nachzuweisen, das als Ditrimethylsilyläther nachgewiesen wurde.
W. Hiller 4596

1390 **Neue insektizide Derivate von Nereistoxin.** Kazuo Konishi. (Agric. biol. Chem. [Tokyo] 32 (1968) 5, 678 bis 679; Agric. Chem. Div., Takeda Chem. Ind. Ltd., Juso, Osaka; engl.) — Nereistoxin (I), das neurotox. Prinzip von *Lumbriconereis heteropoda*, besitzt die Struktur von *4-Dimethylaminoperhydro-1.2-dithiol. Dihydronereistoxindibenzolsulfonat* (*Bis-[benzolsulfonylmercaptomethyl]-dimethylaminomethan*) wird erhalten durch Rk. von N.N-Dimethyl-2.3-dichlorpropylamin oder N.N-Dimethyl-1.3-dichlorpropyl-(2)-amin, $C_{17}H_{21}NO_4S_4$, F. 83 bis 84°, mit Na-Benzolthiolsulfonat. Die Dihydronereistoxindisulfonate sind gegen Insekten ebenso tox. wie I, sie zeigen jedoch eine geringere Toxizität gegen Säugetiere.
W. Hiller 4607

1391 **Analgetische Aktivität der N-(4-Antipyryl)-oxaminsäureamide.** T. P. Pastuchova-Petjunina. (Farmakol. i Toksikol. 30 (1967) 3, 326—28; Sverdlovsk, med. inst.; russ.) — An weißen Ratten wird die analget. Aktivität der nachst. Verb. geprüft: *N-(4-Antipyryl)-oxaminsäureamid* (I), *N-(4-Antipyryl)-oxaminsäure-N-methylamid* (II), *-äthylamid* (III), *-butylamid* (IV), *-isobutylamid* (V), *-pentylamid* (VI), *-hexylamid* (VII), *-benzylamid* (VIII), *-acetylhydrazid* (IX), *Methyl-* bzw. *Äthylderiv.* von *N-Methyloxaminsäurephenylhydrazid* (X bzw. XI). IX, X u. XI besitzen eine nur geringe analget. Aktivität. Die höchste Aktivität zeigt II. Mit zunehmender Länge des Alkylrestes nimmt sie zunächst ab, danach wieder zu. VI u. VII sind fast so wirksam wie II. I, II, III u. VIII sind prakt. untoxisch. Die DL_{50} beträgt für IV 1,3 (g/kg), für V 1,5, für VI 1,4, für VII 0,8. Im Katzenvers. zeigen die Präp. I—VIII keine Wrkg. auf das Atem- u. auf das vasomotor. Zentrum.
O. Lebtag 4627△

F. Pharmazeutische Chemie

1392 **Direkte jodometrische Bestimmung von Antipyrin.** L. Varcl. (Českoslov. Farmac. 17 (1968) 4, 194—95; Praha, Státní úst. pro kontrolu léčiv; tschech.) — Die neue Meth. zur Best. von *Antipyrin* (I) verwendet Jod in statu nascendi in der Titrationslsg. zur Jodierung von I. Jod wird aus KJO_3/KJ-Lsg. durch Titration mit 0,5m HCl freigesetzt, wobei 1 ml 0,5m HCl = 0,09412 g I entspricht. Durch schwache Säuren, ihre Salze u. durch I-Deriv., Phenacetin, Coffein u. Triäthanolammoniumjodid wird die Best. gestört.
J. Špinka 4846△

1393 **Analytik einiger Spasmolytika. 1. Mitt. Qualitative Untersuchungen von Parkopan, Spasman und Dispasmol.** E. Papke. (Pharmazie 23 (1968) 2, 60—69; Greifswald, Pharmazeut. Inst.; dt.) — Zur Identifizierung von *Parkopan* dienen F. der Base u. des Pikrats. Mit Alkaloidfällungsreagenzien werden Trübungen bzw. Fällungen erhalten. Von den Alkaloidfarbreagenzien ruft Wasicky-Reagens eine intensive Violettfärbung hervor. Mit K-Hexacyanoferrat(II)-Lsg. erfolgt wie bei *Spasman* (I) u. *Dispasmol* (II) Nd.-Bildung. Zum Nachw. sind auch Erdmann- u. Marquis-Reagens oder KNO_3 bzw. Paraldehyd in konz. H_2SO_4 geeignet. — I kann durch F. des Hydrorhodanids u. Reineckats, evtl. auch des Pikrats u. Nitrats, identifiziert werden. Rk. mit Alkaloidfällungsreagenzien fallen positiv aus. Farbrk. liefern Marquis-Reagens, $K_2Cr_2O_7$, Ammoniumpersulfat oder vanadinsaures Na in konz. H_2SO_4. — II kann durch F. des Perchlorats nachgewiesen werden. Mit HNO_3- oder NO_3^--haltigen Alkaloidfarbreagenzien ergibt die feste

Substanz Rotfärbungen. II gibt eine grüne p-Nitrosoverb., mit geeigneten Reagenzien auch einen Azo- u. Triphenylmethanfarbstoff. Eine Unterscheidung der 3 Spasmolytika gelingt mit Paraldehyd/konz.H_2SO_4 oder durch chromatograph. Trennung.
G. Schröder 4846

1394 **Analytik einiger Spasmolytika.** 4. Mitt. **Bestimmung von Parkopan, Spasman und Dispasmol durch Verdrängungstitration beziehungsweise Alkalimetrie nach Ionenaustausch.** E. Papke. (Pharmazie **23** (1968) 6, 306—07; Pharmazeut. Inst., Ernst-Moritz-Arndt-Univ., Greifswald; dt.) — 3. vgl. ibid. **23** (1967) 242. — *Parkopan* (I) u. *Spasman* (II) werden mit 0,05n KOH gegen Thymolblau u. gegen Phenolphthalein bestimmt. I wird dazu in A. gelöst. *Dispasmol* (III) ist nach Ionenaustausch an Wofatit SBW als freie Base mit 0,05n HCl gegen Tashiro-Indikator bestimmbar. Es werden Angaben über Best. von I in Tabletten, II in Aerosol u. III in Ampullen, Suppositorien u. Dragees gemacht.
B. Hünerbein 4846

1395 **Bestimmung von Trihexyphenidylhydrochlorid als Substanz und in Tabletten.** R. Simionovici, H. Aftalion und F. M. Albert. (Farmaco [Pavia], Ediz. prat. **23** (1968) 7, 377—80; Bucarest, Inst. für chem.-pharmazeut. Forschung; franz.) — Vf. beschreiben eine einfache, präzise, halbmikrovolumetr. Meth. in heterogener Phase (W.–$CHCl_3$) unter Verw. von 0,01 m Na-Laurylsulfatlsg. u. dem Indikator Methylgelb zur Best. von *Trihexyphenidylhydrochlorid* [*1-Cyclohexyl-1-phenyl-3-N-piperidinopropanol-(1)-hydrochlorid*]. Vf. vermuten, daß die Meth. eine generelle Möglichkeit bietet zur Best. organ. Basen in Pharmazeutika. K. Ziegenhorn 4846

1396 **Analytische Untersuchung von Arzneimitteln aus der Gruppe der Phenothiazinderivate.** 5. Mitt. **Unterscheidungsreaktionen.** J. Blažek und M. Pinkasová. (Českoslov. Farmac. **17** (1968) 4, 181—89; Praha, Státní úst. pro kontrolu léčiv; tschech.) — 4. vgl. ibid. **16** (1967) 437. — Zur Unterscheidung von 28 als Arzneimittel verwendeten *Phenothiazin*(I)-Deriv. wurden Tüpfelrk. mit verschiedenen Reagenzien ausgearbeitet, u. zwar mit Trinitrophenol, Kieselwolframsäure, Phosphorwolframsäure, p-Dimethylaminobenzaldehyd, $Ce(SO_4)_2$, $AuCl_3$, FSP-Reagens, $PdCl_2$ u. mit HNO_3. Es wurden auch F.-Best. auf dem Kofler-Block (Tabelle) u. UV-spektrophotometr. Unters. der 28 I-Deriv. durchgeführt. Nur I gibt unterschiedliche Färbung mit 9 verschiedenen Reagenzien; die Deriv. zeigen nur Gelbfärbung. Höchstspezif. Resultate werden mit $Ce(SO_4)_2$, $AuCl_3$, FSP-Reagens u. $PdCl_2$ erreicht. UV-Spektrophotometrie der 28 I-Deriv. zeigt, daß Substitution in Stellung 10 den Verlauf der typ. Farbkurve nur sehr wenig beeinflußt. Zum schnellen Orientierungsnachw. wird die Dünnschichtchromatographie empfohlen, die die I-Deriv. auch in Gemischen mit anderen Arzneimitteln voneinander zu unterscheiden erlaubt. J. Špinka 4846△

1397 **Bestimmung der isomeren Zwischenprodukte 1-D-Ribitylamino-3.4-dimethyl-2-phenylazobenzol (Isomer 2) und 1-D-Ribitylamino-3.4-dimethyl-6-phenylazobenzol (Isomer 6) nebeneinander bei der Synthese von Riboflavin.** E. Knobloch und K. Mňouček. (Českoslov. Farmac. **17** (1968) 4, 196—200; Praha, Výzk. úst. pro farm. a biochem.; tschech.) — Da bei der Kondens. des Isomeren 6 mit Barbitursäure kein Riboflavin, sondern Isoriboflavin (Antivitamin B_2) entsteht, wurde eine Best.-Meth. der isomeren Zwischenprod. (Isomer 2 u. 6) ausgearbeitet. Beim Messen der Absorptionsspektren in methanol. Perchlorsäure wurde festgestellt, daß Isomer 2 eine intensiv blaue u. Isomer 6 nur schwachgelbliche Färbung liefert. Außerdem wurde auch das polarograph. u. oszillopolarograph. Verh. beider Isomeren studiert, aber für die prakt. Best. ist die Farbmessung vorteilhafter. Reines Isomer 2 hat F. 174—175°, reines Isomer 6 F. 198°.
J. Špinka 4847△

1398 **Mikrobiologische Bestimmungsverfahren für Vitamine und Aminosäuren.** 2. Mitt. **Spezielle Verfahren für Vitamine.** W. Oberzill. (Sci. pharmac. [Wien] **36** (1968) 3, 199—218; Inst. für Biochem. Technolog. u. Mikrobiolog., TH, Wien; dt.) — Zusammenstellung von mikrobiolog. Best.-Meth. für *Biotin*, *Cholin*, *Cobalamin* u. Gruppenangehörige, *Folsäure*, *m-Inosit*, *Niacin*, *Niacinamid*, *p-Aminobenzoesäure*, *Panthotensäure*, *Pyridoxin*, *Riboflavin* u. *Thiamin*. — 250 Literaturangaben.
U. Drehmann 4847

1399 **Gaschromatographische Untersuchung von α-Tocopherylacetat in Multivitaminpräparaten.** P. B. Bowman und W. E. West. (J. pharmac. Sci. **57** (1968) 3, 470—73; Control Res. and Dev. Dep., Upjohn Co., Kalamazoo, Mich.; engl.) — Bei einem gaschromatograph. Verf. zur Best. von *α-Tocopherylacetat* (I) in weichen elast. Kapseln, fl. Rezepturen u. komprimierten Tabletten wird eine Meth. beschrieben, die mit NF- u. USP-Vorschriften in bezug auf Schnelligkeit, Präzision u. Spezifität zu vergleichen ist. Im Gegensatz zu den Dipyridylverf. wird I vollständig von den anderen Tocopherolen getrennt.
U. Drehmann 4847

1400 **Chemische Bestimmung der Wirksamkeit von Schilddrüsenpräparaten.** Joseph E. Moody jun., John R. Hohmann und Gilbert B. Kaplan. (J. pharmac. Sci. **57** (1968) 4, 634—39; Washington, D.C., U. S. Dep. of Health, Educat. and Welfare, Div. of Pharm. Chem.; engl.) — Vf. berichten über eine Meth. zur quant. Best. von *Trijodthyronin* (I) u. *Thyroxin* (II). Das Thyroid wird mit $Ba(OH)_2$ hydrolysiert u. mit n-Butanol extrahiert. Die Jodaminosäuren werden auf Celluloseplatten dünnschichtchromatograph. getrennt, die abgeschabten I- u. II-Zonen einzeln erhitzt u. das in Freiheit gesetzte Jod in Bzl. spektrophotometr. bestimmt. Die handelsüblichen Präp. unterschiedlicher biolog. Aktivität wurden analysiert u. ihre chem. Wirksamkeit bestimmt. Die Ergebnisse zeigten gute Übereinstimmung mit denen des biolog. Tests. K. Ziegenhorn 4847

1401 **L-Lysinäthylester als Substrat zur Bestimmung der Wirksamkeit von Trypsin in der ČsL 3.** Z. Bárta, I. Kimlová und A. Libický. (Českoslov. Farmac. **17** (1968) 1, 7—11; Léčiva n. p., Praha, ČSSR; tschech.) — Zur Best. der Trypsin (I)-Aktivität in pharmazeut. Präp. wird eine Titrationsmeth. beschrieben, die auf alkalimetr. Verfolgung der I-Spaltung von *L-Lysinäthylesterdihydrochlorid* beruht. Die I-Aktivität wird durch den Verbrauch der 0,02n NaOH-Lsg. ausgedrückt, der den durch die Spaltung freigesetzten Carboxylgruppen äquivalent ist. Die empfohlenen Rk.-Bedingungen (25°, pH 6,25, Spaltungsdauer 10 Min. u. eine Substratkonz. von 0,025m in 0,25m NaCl-Lsg.) entsprechen den Bedingungen, die zur Auswertung der Chymotrypsinaktivität in tschechoslowak. pharmazeut. Präp. unter Anwendung von Tyrosinäthylester als Substrat benutzt werden. Die evtl. Temp.-Abweichungen werden mit Hilfe von Temp.-Koeff. korrigiert. Die Abweichungen des pH-Wertes im Bereich $6{,}25 \pm 0{,}15$ üben keinen wesentlichen Einfl. aus. Die vorgeschlagene Meth. ist für I genügend spezif. u. gut reproduzierbar. J. Milka 4847△

1402 **Fluorometrische Bestimmung von Dehydracetsäure und deren Natriumsalz mit Borsäure in Acetanhydrid.** Toshio Shibazaki. (J. pharmac. Soc. Japan [Yakugaku-zasshi] 88 (1968) 5, 601—05; Tokyo, Nat. Inst. of Hyg. Sci.; jap., Auszug: engl.) — Für die Best. von *Dehydracetsäure* (I) bzw. deren Na-Salz (II) wurde die Fluoreszenzrk. aromat. o-Hydroxycarbonylverb. erfolgreich angewendet. Eine Lsg. (9 ml) mit 2—100 ng/ml I oder II in einer Mischung gleicher Teile Essigsäure u. Acetanhydrid (III) wird mit 1 ml einer 6%ig. Lsg. von Borsäure in III versetzt u. 30 Min. bei 45° gehalten. Gemessen wird die relative Fluoreszenzintensität (Max. des Anregungsspektrums 330 nm, des Emissionsspektrums 362 nm). Salicylsäure u. $FeCl_3$ stören. K. Ziegenhorn 4852

1403 Farbenfabriken Bayer Akt.-Ges., Leverkusen (Erfinder: Kurt Westphal), **Herstellung von N-basisch alkylierten 4-Amino-5-halogenveratrolen** erfolgt durch Halogenierung von am N-Atom 2fach alkylierten 4-Aminoveratrolen oder durch Rk. von 4-Amino-5-halogenveratrolen mit 2 Mol eines reaktiven Esters eines bas. Alkohols. Durch Bromierung von N.N-Bis-diäthylaminoäthyl-4-aminoveratrol in Eisessig erhält man das *N.N-Bis-diäthylaminoäthyl-4-amino-5-*

bromveratrol, Kp.$_{0,01}$ 130°; Ausb. 75%, $C_{20}H_{36}BrN_3O_2$, *Perchlorat*, F. 76°, *Difumarat*, F. 134°, *Naphthalin-1.5-disulfonat*, F. 219° (Zers.), *2-[2'.4'-Dihydroxybenzoyl]-benzoat*, F. 147°; *Methylen-4.4'-bis-[3-hydroxy-2-naphthoat]*, F. 140—160°. — *Antimalariamittel*. (**Brit. P. 1 084 929** vom 26/8. 1966, ausg. 27/9. 1967. D. Prior. 16/9. 1965.) — 3 S. R. Bauereis 4846

1404 Farbenfabriken Bayer Akt.-Ges., Leverkusen (Erfinder: Hartmund Wollweber, Harald Horstmann und Karl Meng), **Herstellung von 4-Chlor-3-sulfamoylbenzolsulfonamiden** erfolgt durch Rk. von 4-Chlor-3-sulfamoylbenzolsulfochlorid mit einem Amin. — Beispiel: Durch Hydrolyse von tert.-2.2.2-Trichlorbutanol mit KOH erhält man die α-Methoxyisobuttersäure, Kp.$_{12}$ 90—92°. Durch Veresterung mit Methanol/H_2SO_4 erhält man den α-Methoxyisobuttersäuremethylester, Kp.$_{20}$ 40—44°. Durch Rk. des Esters mit Monomethylamin erhält man das α-Methoxyisobuttersäuremonoäthylamid, Kp.$_{11}$ 90°; Ausb. 85%. Durch Red. dieser Verb. mit $LiAlH_4$ erhält man das N-Methyl-2-methoxy-2-methylpropylamin, Kp. 124—126°; 80%. Durch Rk. dieses Amins mit 4-Chlor-3-sulfamoylbenzolsulfochlorid erhält man das *4-Chlor-3-sulfamoyl-N-methyl-N-[2'-methoxy-2'-methylpropyl]-benzolsulfonamid*, F. 138 bis 140°; 76%. Analog wurden folgende 4-Chlor-3-sulfamoyl-N-methylbenzolsulfonamide (I) erhalten: α-Äthoxyisobuttersäure, Kp.$_{12}$ 68—70°, -methylester, Kp.$_{12}$ 46 bis 48°, -monomethylamid, Kp.$_{12}$ 84—86°, → N-Methyl-2-äthoxy-2-methylpropylamin, Kp.$_{470}$ 120°, → *N-[2'-Äthoxy-2'-methylpropyl]*-I, F. 130—132°; 68%; α-n-Propoxyisobuttersäure, Kp.$_{12}$ 94—96°, -methylester, Kp.$_{12}$ 52°, -monomethylamid, Kp.$_{12}$ 92°, → N-Methyl-2-n-propoxy-2-methylpropylamin, Kp.$_{465}$ 137°, → *N-[2'-n-Propoxy-2'-methylpropyl]*-I, F. 98—100°; 65%; 1-Trichlormethylcyclopentanol, Kp.$_1$ 63—65°, → 1-Äthoxycyclopentancarbonsäure, Kp.$_{0,9}$ 94—98°, -methylester, Kp.$_{40}$ 98°, -N-methylamid, Kp.$_{12}$ 122°, → N-Methyl-[1-äthoxycyclopentylmethyl]-amin, Kp.$_{40}$ 90°, → *N-[1'-Äthoxycyclopentylmethyl]*-I, F. 114—115°; 72%; 1-Methoxycyclopentancarbonsäure, Kp.$_{0,2}$ 88—90°, -methylester, Kp.$_{100}$ 120°, -N-methylamid, Kp.$_{18}$ 122—124°, → N-Methyl-[1-methoxycyclopentylmethyl]-amin, Kp.$_{50}$ 96—98°, → *N-[1'-Methoxycyclopentylmethyl]*-I, F. 140—142°; 82%; 3-Methyl-3-äthoxybuttersäureäthylester, Kp.$_{12}$ 65—72°, -N-methylamid, Kp.$_{0,5}$ 83—84°, → N-Methyl-3-äthoxy-3-methylbutylamin, Kp.$_{30}$ 90°, → *N-[3'-Äthoxy-3'-methylbutyl]*-I, F. 99—102°; 56%; α-Isobutoxyisobuttersäure, Kp.$_{0,6}$ 80°, -methylester, Kp.$_{12}$ 60°, -N-methylamid, Kp.$_2$ 80—82°; N-Methyl-2-isobutoxy-2-methylpropylamin, Kp.$_{100}$ 100—102°, → *N-[2'-Isobutoxy-2'-methylpropyl]*-I, F. 106—108°; 27%; α-Allyloxyisobuttersäure, Kp.$_{0,8}$ 74°, -methylester, Kp.$_{12}$ 56—58°, -N-methylamid, Kp.$_{0,8}$ 90°, → N-Methyl-2-allyloxy-2-methylpropylamin, Kp.$_{25}$ 66°, → *N-[2'-Allyloxy-2'-methylpropyl]*-I, F. 97 bis 98°; 35%; α-Isopropoxyisobuttersäure, Kp.$_{0,6}$ 80°, -methylester, Kp.$_{12}$ 60°, -N-methylamid, Kp.$_{0,8}$ 80—82°, → N-Methyl-2-isopropoxy-2-methylpropylamid, Kp.$_{15}$ 46°, → *N-[2'-Isopropoxy-2'-methylpropyl]*-I, F. 135—136°; 2-Äthoxy-2-trichlormethylbutan, Kp.$_{65}$ 112—116°, → α-Äthoxy-α-methylbuttersäure, Kp.$_{0,3}$ 86—88°, -methylester, Kp.$_{100}$ 80—82°, -N-methylamid, Kp.$_{0,6}$ 75—78°, → N-Methyl-2-äthoxy-2-methylbutylamin, Kp.$_{100}$ 100 bis 102°, → *N-[2'-Äthoxy-2'-methylbutyl]*-I, F. 76—80°; 35%. — *Diuretika*. (**Brit. P. 1 086 426** vom 29/6. 1966, ausg. 11/10. 1967. D. Prior. 30/6. 1965.) — 6 S.

R. Bauereis 4846

1405 F. Hoffmann-La Roche & Cie. Soc. An., Schweiz, **Blutdrucksenkende Arzneimittel** enthalten, z. B. in Form von Tabletten (mit Lactose, Stärke, Talkum u. Polyvinylpyrrolidon), ein Phenylalaninderiv. als Wirkstoff. — 5-Methyl-5-[α.α-dimethyl-3.4-dimethoxybenzyl]-hydantoin (F. 205—207°) wird im Autoklaven mit $Ba(OH)_2 \cdot 8\,H_2O$ erhitzt unter Bldg. von *DL-α.β.β-Trimethyl-β-[3.4-dimethoxyphenyl]-alanin* (F. 154—156°), das zur *Dihydroxyphenylverb.* (I), F. 288—290° (Zers.), verseift wird. — I-*Amid*, F. 132—135°, *Hydrobromid*, F. 239—241° (Zers.). — *N-Acetylverb.* von I, F. 105 bis 110° (Abspaltung von W.), F. 185—190° (Zers.). — *N-Methylverb.* von I, F. 280—282° (Zers.). — *DL-α.β.β-Trimethyl-β-[4-hydroxyphenyl]-alanin*. (**F. P. [Méd.] 3 898** vom 15/12. 1964, veröff. 7/3. 1966. Schwz. Prior. 24/12. 1963.) — 5 S. S. Böttcher 4846

1406 Farbwerke Hoechst Akt.-Ges. vormals Meister Lucius & Brüning, Frankfurt/M. (Erfinder: Walter Krohs, Bad Soden/Taunus, Leopold Ther und Gerhard Vogel, Frankfurt/M.), **Phenylcycloalkylmethylamine** der allg. Formel I (R^1 u. R^2 = H, OH, CH_3

I 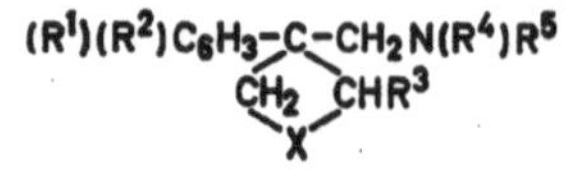

oder CH_3O oder zusammen Methylendioxygruppe; X bildet zusammen mit CH_2 u. CHR^3 einen 3—5 C-Atome enthaltenden Cycloalkanring; R^3 = H oder Alkylrest mit 1—3 C-Atomen; R^4 u. R^5 = H, gesätt. oder ungesätt. aliphat. KW-Stoffrest mit ≦ 4 C-Atomen oder zusammen mit dem N-Atom ein gesätt. heterocycl. Ring) werden hergestellt a) durch Umsetzung entsprechender prim. Amine mit Verb. YR^4 (Y = Rest einer anorgan. oder organ. Säure), b) durch Red. der prim. Amine in Ggw. von Oxoverb., R^6COR^7 (R^6 u. R^7 = H oder gesätt. oder ungesätt. aliphat. KW-Stoffrest mit ≦ 3 C-Atomen), c) durch Erhitzen der prim. Amine mit Alkoholen R^4OH in Ggw. von viel Raney-Ni, d) durch Rk. der prim. Amine mit Verb. Hal—$(CH_2)_n$—Hal (Hal = bes. Cl, Br), vorteilhaft in Ggw. von Halogenwasserstoff abspaltenden Mitteln, e) durch Rk. der prim. Amine mit Benzaldehyd, der Benzylidenverb. mit Verb. R^4Y u. Hydrolyse, f) durch Rk. entsprechender sek. Amine mit der Gruppe —NHR^4 mit Verb. YR^5, g) durch Red. von Amiden mit der Gruppe —$NHCOR^6$ mit $LiAlH_4$, h) durch Red. von Amiden mit der Gruppe —$CON(R^4)R^5$ am alicycl. Ring mit $LiAlH_4$, i) durch Red. von Verb. mit einer —CHO-Gruppe am alicycl. Ring in Ggw. von Aminen, $HN(R^4)R^5$, j) durch Rk. entsprechender Halogenmethylverb. mit Aminen, $HN(R^4)R^5$, k) durch Entmethylierung von Verb. I mit R^1 u./oder R^2 = CH_3O—. — 1-Phenylcyclopropane: *1-Aminomethyl-* (II), Kp.$_{12}$ 98—102°, aus 1-Phenyl-1-cyancyclopropan durch Hydrierung mit Raney-Ni in CH_3OH bei 60—80°. *Hydrochlorid* (*HCl*), F. 175°. — *1-sek.-Butylaminomethyl-*, durch Hydrierung von II in Ggw. von Methyläthylketon bei 50° u. 50 at mit Pd. *HCl*, F. 97°. — *1-Pyrrolidinomethyl-*, aus Dibrombutan u. II. *HCl*, F. 170°. — 1-Phenylcyclobutane: *1-Aminomethyl-*, Kp.$_{10}$ 115—117°. — *1-sek.-Butylaminomethyl-*, *HCl*, F. 113°. — *1-Äthylaminomethyl-*, *HCl*, F. 166°. — 1-[3'-Methoxyphenyl]-cyclobutane: *1-Aminomethyl-*, Kp.$_3$ 120°. *HCl*, F. 128°. — *1-Äthylaminomethyl-*, *HCl*, F. 132°. — *1-Diäthylaminomethyl-*, *HCl*, F. 160°. — *1-sek.-Butylaminomethyl-*, *HCl*, F. 109°. — *1-Pyrrolidinomethyl-*, *HCl*, F. 185°. — Aus den Methoxyverb. durch 8std. Kochen mit 48%ig. HBr folgende 1-[3'-Hydroxyphenyl]-cyclobutane: *1-Äthylaminomethyl-*, *HCl*, F. 166°. — *1-Diäthylaminomethyl-*, *HCl*, F. 162°. — *1-sek.-Butylaminomethyl-*, *HCl*, F. 142°. — *1-Pyrrolidinomethyl-*, *HCl*, F. 182°. — 1-Phenylcyclopentane: *1-Aminomethyl-*, Kp.$_{10}$ 130—132°. — *1-Dimethylaminomethyl-*, *HCl*, F. 230°. — *1-Äthylaminomethyl-*, *HCl*, F. 178°. — *1-Diäthylaminomethyl-*, *HCl*, F. 165°. — 1-[4'-Methylphenyl]-cyclopentane: *1-Aminomethyl-*, Kp.$_{12}$ 146—148°. — *1-sek.-Butylaminomethyl-*, *HCl*, F. 169°. — 1-[2'.4'-Dimethylphenyl]-cyclopentane: *1-Aminomethyl-*, *HCl*, F. 183°. — *1-sek.-Butylaminomethyl-*, *HCl*, F. 201°. — 1-[2'.5'-Dimethylphenyl]-cyclopentane: *1-Aminomethyl-*, *HCl*, F. 208°. — *1-sek.-Butylaminomethyl-*, *HCl*, F. 181°. — *1-Allylaminomethyl-*, *HCl*, F. 143°. — 1-[3'.4'-Dimethylphenyl]-cyclopentane: *1-Aminomethyl-*, *HCl*, F. 170°. — *1-Dimethylaminomethyl-*, *HCl*, F. 252°. — *1-Äthylaminomethyl-*, *HCl*, F. 138°. — *1-Diäthylaminomethyl-*, *HCl*, F. 147°. — *1-n-Butylaminomethyl-*, *HCl*, F. 124°. — *1-Isobutylaminomethyl-*, *HCl*, F. 158°. — *1-Isopropylaminomethyl-*, *HCl*, F. 191°. — *1-sek.-Butylaminomethyl-*, *HCl*, F. 168°. — *1-Cyclopentylaminomethyl-*, *HCl*, F. 172°. — *1-Cyclohexylaminomethyl-*, *HCl*, F. 174°. — *1-Pyrrolidinomethyl-*, *HCl*, F. 211°. — 1-[3'-Methoxyphenyl]-cyclopentane: *1-Aminomethyl-*, Kp.$_9$ 161 bis 162°. — *1-Äthylaminomethyl-, HCl*, F. 138°. — *1-Diäthylaminomethyl-, HCl*, F. 98°. — *1-Pyrrolidinomethyl-, HCl*, F. 204°. — *1-Piperidinomethyl-, HCl*, F. 176°. — 1-[3'-Hydroxyphenyl]-cyclopentane: *1-Diäthylaminomethyl-, HCl*, F. 175°. — *1-Pyrrolidinomethyl-, HCl*, F. 146°. — *1-Piperidinomethyl-, HCl*, F. 201°. — 1-[3'.4'-Dimethoxyphenyl]-cyclopentane: *1-Aminomethyl-*, Kp.$_{0,1}$ 154—156°. — *1-Äthylaminomethyl-, HCl*, F. 166°. — *1-Diäthylaminomethyl-, HCl*, F. 161°. — *1-Pyrrolidinomethyl-, HCl*, F. 206°. — 1-[3'.4'-Methylendioxyphenyl]-cyclopentane: *1-Aminomethyl-*, F. 60°. — *1-Methylaminomethyl-, HCl*, F. 250°. — *1-Äthylaminomethyl-, HCl*, F. 174°. — *1-Diäthylaminomethyl-, HCl*, F. 146°. — *1-sek.-Butylaminomethyl-, HCl*, F. 184°. — *1-Pyrrolidinomethyl-, HCl*, F. 228°. — *Heilmittel*. — Vgl. F. P. [Méd.] 1 133; C. 1967, 26-1813. (**Schwz. P. 480 708** vom 10/2. 1961, ausg. 31/8. 1967. **Brit. P. 978 887** vom 13/2. 1961, ausg. 28/10. 1964. Beide D. Prior. 12/2. 1960.) — 3 S. — 12 S. H.-J. Nitzschke 4846

1407 F. Hoffman-La Roche & Co. Akt.-Ges. (Erfinder: Joseph Hellerbach), Basel, Schweiz, **Herstellung von 1.2.3.4.4a.10b-Hexahydro- und 1.2.3.4.4a.5.6.10b-Octahydrophenanthridinen** (I), die in 9-Stellung durch OH, eine Alkoxy-, Hydroxyalkoxy- oder Alkoxyalkoxygruppe substituiert sind, durch Quaternisierung des C-Atoms 10b mit einer Alkyl-, Cycloalkylalkyl- oder Alkenylgruppe, dad. gek., daß man racem. oder opt. akt. Verb. der allg. Formel II in Ggw. von $POCl_3$, P_2O_5

II 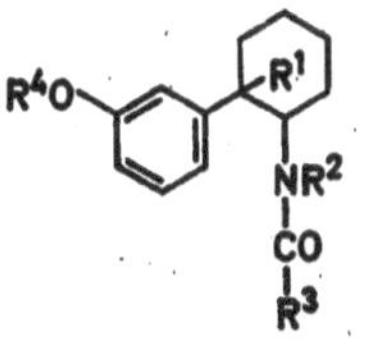 III 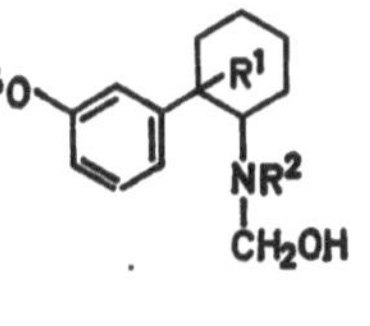

oder Polyphosphorsäure u. Verb. der allg. Formel III in Ggw. von HCl oder HCOOH cyclisiert (R^1 = Alkyl-, Cycloalkylalkyl- oder Alkenylrest; R^2, R^3 = H, Alkyl- oder Cycloalkylalkylgruppe; R^4 = Alkyl-, Hydroxyalkyl-, Alkoxyalkyl- oder Benzylgruppe), 1.2.3.4.4a.10b-Hexahydrophenanthridine (IV) in Ggw. von Pd, Pt oder Raney-Ni oder mit bes. $NaBH_4$ oder $LiAlH_4$ hydriert u. ggf. die R^4O-Gruppe in OH überführt. — 14,5 g 2-Methyl-2-[3'-methoxyphenyl]-cyclohexylamin werden in CH_3OH mit 18 ml 38%ig. wss. HCHO-Lsg. 14 Std. bei Raumtemp. stehengelassen: *9-Methoxy-10b-methyl-I* (V), *Hydrochlorid* (= *HCl*), F. 216—220°. — *Isomere Form mit axialem H-Atom in 4a*, F. 188—189°, *HCl*, F. 219 bis 220°. — Analog folgende Verb.: V, (—)-*Form, HCl*, F. 219—220°; $[\alpha]_D^{25}$ —24,92° (c = 1,2; CH_3OH). (—)-*Form mit axialem H-Atom in 4a, HCl*, F. 268—269°. (+)-*Form, HCl*, F. 216—217°; $[\alpha]_D^{25}$ 21,14° (c = 1,01; CH_3OH). — I-Verb.: *6.10b-Dimethyl-9-methoxy-, HCl*, F. 281—282°. *Isomere Form, HCl*, F. 255—256°. — *9-Hydroxy-10b-methyl-, HCl*, F. 297—298°. — *6.10b-Dimethyl-9-hydroxy-, HCl*, F. 302—303°. — *5.10b-Dimethyl-9-methoxy-, HCl*, F. 221—222°. (—)-*Form, HCl*, F. 240 bis 241°. — *9-Methoxy-10b-allyl-, HCl*, F. 214—215°. — *9-Methoxy-10b-propyl-, HCl*, F. 293—240°. — *5.6.10b-Trimethyl-9-methoxy-, HCl*, F. 186—187°. *Sulfosalicylat*, F. 186—187°. — *5.6.10b-Trimethyl-9-hydroxy-, HCl*, F. 250—251°. — *5.10b-Dimethyl-9-hydroxy-, HCl*, F. 289 bis 290°. — *9-Hydroxyäthoxy-10b-methyl-*, F. 136—137°. — *6-tert.-Butyl-9-methoxy-10b-methyl-, HCl*, F. 238 bis 239°. — *5.10b-Dimethyl-6-tert.-butyl-9-methoxy-, Oxalat*, F. 207—208°. — *9-Methoxy-10b-cyclopropylmethyl-, HCl*, F. 157—159°. — *9-Methoxy-10b-äthyl-*, F. 231—232°. *Isomere Form*, F. 190—194°. — (—)-*5.5'-Methylen-bis-[9-methoxy-10b-methyl-I]*, F. 190—192°; $[\alpha]_D^{25}$ —50,6° (c = 1; CH_3OH). — IV-Verb.: *9-Methoxy-10b-methyl-, Sulfosalicylat*, F. 210—211°. (—)-*Form, Sulfosalicylat*, F. 193—194°; $[\alpha]_D^{25}$ —112,71° (c = 1,18; CH_3OH). (+)-*Form, Sulfosalicylat*, F. 192—193°; $[\alpha]_D^{25}$ 112,7° (c = 1,01; CH_3OH). — *9-Methoxy-10b-cyclopropylmethyl-, HCl*, F. 157—159°. — *Analgetika, Antipyretika, Heilmittel* mit *husten-* u. *entzündungshemmender Wirkung*. (**D. P. [DDR] 55 958** Kl. 12p vom 30/6. 1966, ausg. 20/5. 1967 [Ausschließungspatent]. Schwz. Prior. 30/6. 1965.) — 9 S. K.-D. Stolp 4846

1408 Sandoz Akt.-Ges., Basel (Erfinder: Hartmut Hauth, Riehen, und Dietrich Stauffacher, Basel), Schweiz, **Herstellung von Aminoäthylestern** der allg. Formel I (R^1—R^4 = H oder CH_3) durch Umesterung entsprechender

I 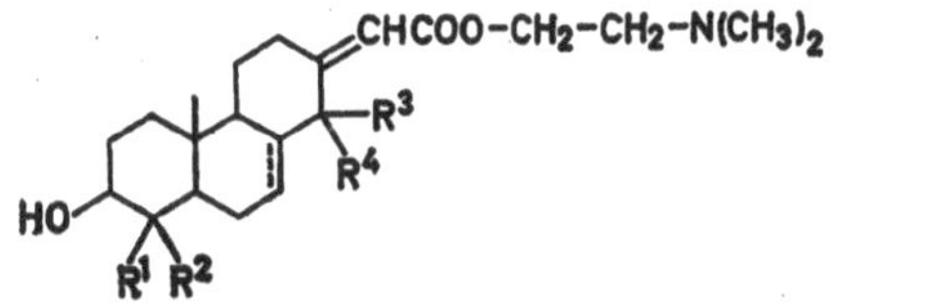

sprechender 3-Hydroxycassensäurealkylester mit β-[Dimethylamino]-äthanol (II). — Man versetzt 3,85 g 3-Hydroxy-4.4.14-desmethylcassensäuremethylester in 40 ml II mit 6,5 g vorbehandeltem Dowex 2—x4 u. 0,8 ml W., rührt bei Raumtemp. 3 Tage unter N_2, filtriert u. arbeitet das Filtrat auf: *3-Hydroxy-4.4.14-desmethylcassensäure-β-[dimethylamino]-äthylester*, Öl. *Hydrochlorid* = (*HCl*), F. 218—222°. — Analog folgende 3-Hydroxycassensäure-β-[dimethylamino]-äthylester: *14-Methyl-4.4-desmethyl-*, F. 70—75°. *HCl*, F. 248—250° (Zers.). — *14-Methyl-8-epi-4.4-desmethyl-*, Öl. *HCl*, F. 220—222° (Zers.). — *14-Desmethyl-*, Öl, *HCl*, F. 176—186°. — *14-epi-*, F. 144—146°. *HCl*, F. 231—233°. — *7.8-Dehydro-14-methyl-*, F. 134—136°. *HCl*, F. 178—181° (Zers.). — *14-Methyl-*, F. 124—126°. *HCl*, F. 245—247° (Zers.). — *Herzmittel*. (**D. P. [DDR] 55 670** Kl. 12p vom 29/3. 1966, ausg. 5/5. 1967 [Ausschließungspatent]. Schwz. Prior. 14/4. 1965.) — 13 S. K.-D. Stolp 4846

1409 Science Union et Comp. Soc. Française de Recherche Médicale, Suresnes, Frankreich, **Herstellung von bicyclischen Verbindungen** der allg. Formel T—CO—NH—SO_2—C_6H_4—R (R = Halogen, Alkyl mit 2—4 C-Atomen, Alkoxy mit 1—5 C-Atomen, Amino, Acyl; T = Gruppe der allg. Formel I, die über eine NH-

I 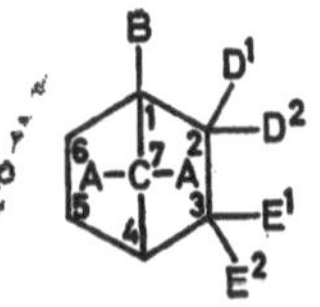

Gruppe in 1-, 2- oder 3-Stellung an den Harnstoffrest gebunden ist; A = H, CH_3; B, D^1, D^2, E^1, E^2 = H, CH_3, jedoch ist einer dieser Substituenten CH_3, wenn R = Halogen, Alkyl, Alkoxy). — Zum Beispiel erwärmt man 4-Chlorbenzolsulfonylharnstoff in Dimethylformamid mit Trimethyl-2.2.3-amino-3-bicyclo-[2.2.1]-heptan 90 Min. auf 70°, dann 90 Min. auf 110° → *N-(4-Chlorbenzolsulfonyl)-N'-(trimethyl-2.2.3-bicyclo-[2.2.1]-heptyl-3)-harnstoff*, F. 206—207°. Ferner: *N-(4-Chlorbenzolsulfonyl)-N'-(trimethyl-1.7.7-bicyclo-[2.2.1]-heptyl-2)-harnstoff*, F. 200°. — *N-(4-Acetylbenzolsulfonyl)-N'-(trimethyl-2.2.3-bicyclo-[2.2.1]-heptyl-3)-harnstoff*, F. 190 bis 192°. — *N-(4-Methoxybenzolsulfonyl)-N'-(trimethyl-1.7.7-bicyclo-[2.2.1]-heptyl-2)-harnstoff*, F. 170—171°. — *N-(4-Methoxybenzolsulfonyl)-N'-(trimethyl-2.2.3-bicyclo-[2.2.1]-heptyl-3)-harnstoff*, F. 169°. — *N-(4-Acetylbenzolsulfonyl)-N'-(trimethyl-1.7.7-bicyclo-[2.2.1]-heptyl-2)-harnstoff*, F. 196—197°. — *N-(4-Methoxybenzolsulfonyl)-N'-(dimethyl-3.3-bicyclo-[2.2.1]-heptyl-2)-harnstoff*, F. 176 bis 177°. — *N-(4-Methylbenzolsulfonyl)-N'-(dimethyl-3.3-bicyclo-[2.2.1]-heptyl-2)-harnstoff*, F. 184—185°. — *N-(4-Äthoxybenzolsulfonyl)-N'-(trimethyl-1.7.7-bicyclo-[2.2.1]-heptyl-2)-harnstoff*, F. 168—170°. — *N-(4-Äthoxybenzolsulfonyl)-N'-(trimethyl-2.2.3-bicyclo-[2.2.1]-heptyl-3)-harnstoff*, F. 175—176°. — *N-(4-Methoxybenzolsulfonyl)-N'-(dimethyl-7.7-bicyclo-[2.2.1]-heptyl-1)-harnstoff*, F. 198°. — *N-(4-Fluorbenzolsulfonyl)-N'-(trimethyl-2.3.3-bicyclo-[2.2.1]-heptyl-2)-harnstoff*, F. 169—170°. — *N-(4-Fluorbenzolsulfonyl)-N'-(trimethyl-1.7.7-bicyclo-[2.2.1]-heptyl-2)-harnstoff*, F. 195—196°. — *N-(4-Äthyl-*

benzolsulfonyl)-N'-(trimethyl-1.7.7-bicyclo-[2.2.1]-heptyl-2)-harnstoff, F. 151°. — *N-(4-Isopropylbenzolsulfonyl)-N'-(trimethyl-1.7.7-bicyclo-[2.2.1]-heptyl-2)-harnstoff*, F. 139°. — Aus den Acetylderiv. erhält man durch Kochen mit 4n KOH u. Behandlung mit 4n HCl die Aminoderiv.: *N-(4-Aminobenzolsulfonyl)-N'-(trimethyl-2.2.3-bicyclo-[2.2.1]-heptyl-3)-harnstoff*, F. 197—198°. — *N-(4-Aminobenzolsulfonyl)-N'-(trimethyl-1.7.7-bicyclo-[2.2.1]-heptyl-2)-harnstoff*, F. 230°. — *Pharmazeutika*. (**Niederl. P. 128 129** vom 1/7. 1963, ausg. 16/10. 1967.) — 4 S.
F. Böhm 4846

1410 N. V. Koninklijke Pharmaceutische Fabrieken v/h Brocades-Stheeman & Pharmacia, Meppel, Niederlande (Erfinder: Cornelius van der Stelt), **Dibenzazulene** der allg. Formel I (X = C_2H_4 oder

I 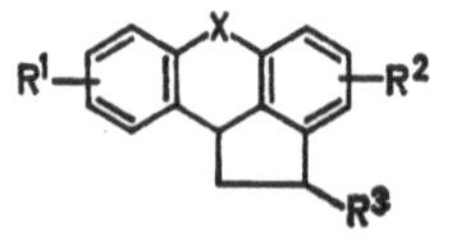

—CH=CH—; R^1 u. R^2 = H, Halogen oder Alkyl; R^3 = Amino, Alkylamino, Dialkylamino, Phenylalkylamino oder N-Alkyl-N-phenylamino) erhält man aus Dibenzocycloheptenylessigsäure durch Überführung in das Säurechlorid, Ringschluß zum Keton u. Red. des Ketons in Ggw. einer Verb. der allg. Formel HR^3. — 10.11-Dihydro-5-Hdibenzo[a.d]cyclohepten-5-ylessigsäure gibt mit $SOCl_2$ u. anschließend durch Ringschluß in Ggw. von $AlCl_3$ *2.6.7.11b-Tetrahydro-1H-dibenzo[c.d.h]azulen-2-on*, $C_{17}H_{14}O$, F. 213—215°; daraus durch Hydrierung in Ggw. von $NH_2C_2H_5$ u. anschließende Rk. mit HCl *N-Methyl-(2.6.7.11b-tetrahydro-1H-dibenzo[c.d.h]azulen-2-yl)-amin, Hydrochlorid*, $C_{18}H_{20}ClN$, F. 278—280°; ähnlich: *N.N-Dimethyl-{2.6.7.11b-tetrahydro-1H-dibenzo-[c.d.h]azulen-2-yl}-amin, Maleat*, $C_{23}H_{23}NO_4$, F. 193 bis 194°, u. das *N-Phenyl-N-isopropylamin*-Deriv., *Hydrochlorid*, $C_{26}H_{28}ClN$, F. 281°. — *Heilmittel*. (**Brit. P. 1 058 848** vom 16/9. 1963, ausg. 4/1. 1967.) — 5 S.
R. Bollinger 4846

1411 Parke, Davis & Co. (Erfinder: Franklin Willard Short), **1.5-substituierte Pyrrol-2-propionsäuren.** Eine Lsg. von 10 g 6-[p-Hydroxybenzoyl]-4-oxohexansäure u. 4,2 (ml) o-Toluidin in 50 Eisessig werden 5 Std. gekocht → *1-[o-Tolyl]-5-[p-hydroxyphenyl]-A* (**I**) (*A* = *Pyrrol-2-propionsäure*), F. 144—145°; davon werden 4 g in 23,8n NaOH u. 50 W. gelöst u. unter Kühlung mit 0,9 Essigsäureanhydrid versetzt u. nach 1 Std. mit Essigsäure angesäuert → *1-[o-Tolyl]-5-[p-acetoxyphenyl]-A*, F. 178—192°. 1,1 I wird in 7 CH_3OH mit 0,07 g p-Toluolsulfonsäure 4 Std. gekocht → **I**-*Methylester*, F. 90—92°. — Analog: *1-[2.6-Xylyl]-5-[p-hydroxyphenyl]-A*, F. 149 bis 151°; aus 2.6-Dimethylanilin. — *1-[2.6-Xylyl]-5-[p-acetoxyphenyl]-A*, F. 170—172°; *Propionat*, F. 154—156°; *Butyrat*, F. 124—126°; *Isobutyrat*, F. 140—143°; *Valeriat*, F. 107—110°; *Hexanoat*, F. 117—119°; *Äthylester*, F. 114 bis 116°. — *5-[p-Hydroxyphenyl]-A*: *1-[2.3-Xylyl]-*, F. 175 bis 177°. *1-[6-Chlor-o-tolyl]-*, F. 122—139°. *1-[3-Chlor-o-tolyl]-*, F. 175—177°; *Methylester*, F. 119—121°. *1-[3-Chlor-2.6-xylyl]-*, F. 135—137°. *1-[p-Fluorphenyl]-*, F. 158 bis 159°. *1-[o-Fluorphenyl]-*, F. 164—166°. *1-[2.5-Difluorphenyl]-*, F. 166—168°. *1-[o-Chlorphenyl]-*, F. 147—150°. *1-[p-Chlorphenyl]-*, F. 195—197°. *1-[α-Naphthyl]-*, F. 169 bis 170°. *1-[o-Methoxyphenyl]-*, F. 141—143°. *1-[o-Methylthiophenyl]-*, F. 181—182,5°. — *5-[p-Methoxyphenyl]-A*, aus 6-[p-Methoxybenzoyl]-4-oxohexansäure: *1-[2.6-Xylyl]-*, F. 129—132°; *Methylester*, F. 79—80°; *Äthylester*, F. 39—40°. *1-[o-Methoxyphenyl]-*, F. 171—173°; *Na-Salz*, F. 170° (Zers.); *Äthanolaminsalz*, F. 118—120°; *Diäthanolaminsalz*, F. 125—126°; *Triäthanolaminsalz*, F. 68 bis 70°; *Methylester*, F. 105—106°; *Äthylester*, F. 93—95°, *1-[p-Fluorphenyl]-*, F. 163—166°. *1-[2.5-Difluorphenyl]-*. F. 130—132°; *Methylester*, F. 69—70°; *Äthylester*, F. 59 bis 61°. *1-[o-Tolyl]-*, F. 130—132°. *1-[3-Chlor-o-tolyl]-*, F. 136—138°. *1-[o-Methylthiophenyl]-*, F. 148—149°. *1-[4-Fluor-m-tolyl]-*, F. 122—125°. *1-[α-Naphthyl]-*, F. 183,5—186°. *1-[o-Fluorphenyl]-*, F. 138—140°. *5-[p-Äthoxyphenyl]-A*: *1-[2.6-Xylyl]-*, F. 144—146°; *Methylester*, F. 86—88°; *Äthylester*, F. 82—83°. *1-[o-Tolyl]-*, F. 134 bis 136°, *Methylester*, F. 94—96°. *1-[6-Chlor-o-tolyl]-* F. 145—147°; *Methylester*, F. 111—113°. *1-[p-Methylthiophenyl]-*, F. 158,5—159,5°. *1-[4-Fluor-m-tolyl]-*, F. 167 bis 169°. *1-[α-Naphthyl]-*, F. 168—171°. — *Pharmazeutika*. (**Aust. PP. 273 176** u. **273 177** vom 13/6. 1963, ausg. 9/3. 1967. Beide U. S. Prior. 14/6. 1962.) — 14 S. — 17 S.
C. Lüttgen 4846

1412 Imperial Chemical Industries Ltd., London (Erfinder: John David Atkinson, Macclesfield, Cheshire), Großbritannien, **Herstellung von β-Carbolinderivaten** der Formel I (R^1 = Alkylrest mit ≦ 8 C-Atomen,

I 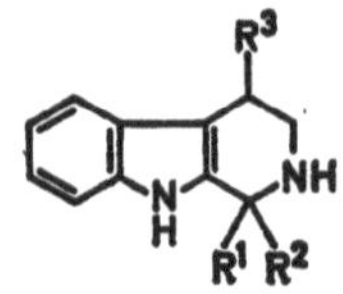

Cycloalkyl-, Bicycloalkenyl-, heterocycl. Rest oder ggf. substituierte Arylgruppe; R^2 = H; R^1 u. R^2 zusammen mit dem C-Atom auch = carbocycl. Ring; R^3 = H oder Alkylrest; der Benzolring kann alkylsubstituiert sein) durch a) Cyclisierung von Verb. der Formel Indolyl-(3)—$CH(R^3)—CH_2—N=C(R^1)R^2$ u., falls R^2=H, b) Hydrierung von Dihydro-β-carbolinderiv. oder c) Decarboxylierung von 1-Carboxy-β-carbolinen. — 3,8 (Teile) Tryptaminhydrochlorid werden in 64 W. bei pH 3 mit 5,1n Butyraldehyd in 60 W. u. 5 A. 30 Min. bei 18—22° gerührt u. unter N_2 30 Min. auf 100° erhitzt. Das Gemisch wird alkal. gemacht u. mit Äthylacetat extrahiert: *1.2.3.4-Tetrahydro-1-n-propyl-β-carbolin, Hydrochlorid* (= *HCl*), F. 270—272°. — Analog folgende 1.2.3.4-Tetrahydro-β-carboline: *1-Isopropyl-*, F. 118—120°. *HCl*, F. 256 bis 258°. *Salicylat*, F. 226—227°. — *1-Isobutyl-*, *HCl*, F. 260—262°. — *1-tert.-Butyl-*, *HCl*, F. 264—266°. — *1-n-Hexyl-*, *HCl*, F. 259—261°. — *1-Cyclohexyl-*, *HCl*, F. 258—260°. — *1-[Norbonen-(5')-yl-(2')]-*, *HCl*, F. 266 bis 267°. — *1.6-Dimethyl-*, *HCl*, F. 270—271°. — *1-[p-Tolyl]-*, *HCl*, F. 268—269°. — *1-[2-Hydroxy-3-methoxyphenyl]-*, *HCl*, F. 214—215°. — *1-[m-Hydroxyphenyl]-*, F. 261—263°. *1-[m-Aminophenyl]-*, *Di-HCl*, F. 287—290°. — *1-[p-Methoxycarbonylphenyl]-*, *HCl*, F. 249—251°. — *1-[Spiro-1'-cyclohexan]-*, *HCl*, F. 275—281°. — *1-[Pyridyl-(4)]-*, F. 234—236°. — *1-[Chinolinyl-(4)]-*, *HCl*, F. 212—214°. — *1.4-Dimethyl-*, F. 130—131,5°, *HCl*, F. 173—175°. — *Analgetika*. (**D. P. [DDR] 55 669** Kl. 12p vom 4/3. 1966, ausg. 5/5. 1967 [Ausschließungspatent].) — 6 S.
K.-D. Stolp 4846

1413 Ciba Corp., New York, N.Y., übert. von: William Laszlo Bencze, New Providence, N.J., USA, **Phenoxy-2-[1.3-diaza-2-cycloalkenyl]-verbindungen.** Zu einer Lsg. von 4-[4-Hydroxyphenyl]-3-phenyl-A (A = 1.2-Dihydronaphthalin) in N.N-Dimethylformamid u. Toluol gibt man 2-Chlormethyl-2-imidazolinhydrochlorid, kühlt im Eisbad u. versetzt mit NaH in Mineralöl. Das Gemisch wird 20 Std. gerührt → *4-[4-(2-Imidazolin-2-yl-methoxy)-phenyl)-3-phenyl-A*, F. 165—166°. — Analog folgende A: *4-[4-(1.4.5.6-Tetrahydropyrimidin-2-ylmethoxy)-phenyl]-3-phenyl-*, *4-[4-(2-Imidazolin-2-yl-methoxy)-phenyl]-3-[4-methylphenyl]-*, *3.4-Bis-[4-(2-imidazolin-2-yl-methoxy)-phenyl]-*, *4-[4-(2-Imidazolin-2-yl-methoxy)-phenyl]-3-phenyl-7-trifluormethyl-*; weitere Verb. ohne physikal. Kennzahlen. — *Pharmazeutika*. (**U. S. P. 3 277 112** vom 20/9. 1963, ausg. 4/10. 1966.) — 6 S.
C. Lüttgen 4846

1414 Janssen Pharmaceutica N. V., Beerse (Erfinder: Alfons Herman Margaretha Raeymaekers, Beerse, Denis Cyriel Irene Corneel Thienpont, Antwerpen, und Paul Joseph Alfred Walter Demoen, Vosselaar), Belgien, **Herstellung von Imidazo-[2.1:b]-thiazolen** der allg. Formel I (Ar = Thienyl-, Furyl-, Phenyl-, Halogen-, Nitro-, Amino-, Trifluormethylphenyl-, Naphthyl- oder Benzylgruppe, wobei bei Ar = Benzyl eine gesätt. Bindung zwischen der 2- u. 3-Stellung besteht) a) durch Cyclisierung von Verb. der

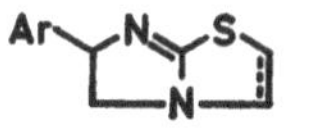
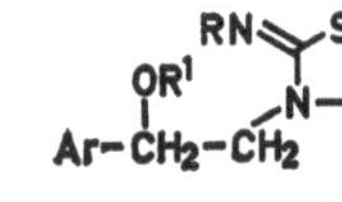
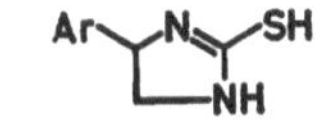

I II III

allg. Formel II (R^1 = Acylrest oder H; R = H oder Acylgruppe, wobei R = Acyl, falls R^1 = Acyl) in Ggw. eines niedermol. aliphat. Säureanhydrids, b) durch Rk. von Verb. der allg. Formel III mit Diestern von Äthylenglykol oder c) durch Rk. von Verb. der allg. Formel III mit Estern von Verb. der allg. Formel $HOCH_2CH{=}Y$ (Y = O oder 2 niedermol. Alkoxyreste). — 17,5 (Teile) 3-Chlorphenacylbromid, 7,5 2-Aminothiazol u. 120 Acetonitril werden 1 Std. auf dem W.-Bad erhitzt: *2-Imino-3-[3'-chlorbenzoylmethyl]-thiazolinhydrobromid*, F. 215—216°. — Die Herst. weiterer Ausgangsverb. wird beschrieben. — 0,46 Na werden in 80 A. mit 3,6 dl-2-Mercapto-4-phenylimidazolidin 15 Min u. nach Zusatz von 3,1 Chloracetaldehyddiäthylacetal 1 Std. gekocht. Den mit 28 konz. HCl angesäuerten Rk.-Rückstand kocht man nach Abtrennung von Ausgangsmaterial 1 Std., dampft HCl ab u. extrahiert den mit NH_4OH alkal. gestellten Rk.-Rückstand mit $CHCl_3$: *dl-5.6-Dihydro-6-phenylimidazo-[2.1:b]-thiazol, Oxalat*, F. 183—184,5°. *Hydrochlorid* (= *HCl*), F. 175—177°. — Analog folgende dl-5.6-Dihydroimidazo-[2.1:b]-thiazole: *6-[4'-Fluorphenyl]-, Oxalat*, F. 168—173°. — *6-[Thienyl-(2')]-*, F. 58—62°, *Oxalat*, F. 168—173°. *HCl*, F. 159—160,5°. *Hydrobromid*, F. 163 bis 164°. *Phosphat*, F. 184—185°. *Maleat*, F. 109,2—110,8°. *Malonat*, F. 95,6—97,4°. — *6-[Furyl-(2')]-, Oxalat*, F. 166 bis 173°. *HCl*, F. 206,5—209°. — *6-[3'-Nitrophenyl]-, Oxalat*, F. 192—195°. — *6-[4'-Nitrophenyl]-, Oxalat*, F. 157—158°. — *6-[3'-Bromphenyl]-, Oxalat*, F. 153 bis 155°. — *6-[2'-Chlorphenyl]-, Oxalat*, F. 155—157°. — dl-2.3.5.6-Tetrahydroimidazo-[2.1:b]-thiazole: *6-[3'-Bromphenyl]-, HCl*, F. 194—195,5°. — *6-[4'-Fluorphenyl]-, HCl*, F. 249—252°. — *6-Benzyl-, Hydrobromid*, F. 200—205°. — *6-Phenyl-*, F. 90—92°. *HCl*, F. 264—266°. *Oxalat*, F. 195,5—196°. — *6-[4'-Nitrophenyl]-, HCl*, F. 203,5—206° (Zers.). — *6-[4'-Aminophenyl]-, HCl*, F. 245—250° (Zers.). — *6-[Thienyl-(2')]-, HCl*, F. 216 bis 220°. — *6-[Furyl-(2')]-, Oxalat*, F. 176—176,5°. — *6-[3'-Nitrophenyl]-, Oxalat*, F. 183—184°. — *6-[3'-Chlorphenyl]-, Oxalat*, F. 168—171°. — *6-[2'-Chlorphenyl]-, Oxalat*, F. 157—170° (Zers.). — *6-[α-Naphthyl]-, Oxalat*, F. 175—182°. — *6-[2'-Nitrosophenyl]-, Oxalat*, F. 173,5 bis 175,5°. — *6-[3'-Trifluormethylphenyl]-, HCl*, F. 171 bis 174°. — *6-[2'.3'.4'-Trichlorphenyl]-, HCl*, F. 261,5 bis 264°. — *Wurmmittel*. — Vgl. Port. P. 44 013; C. **1967**, 22-1725. (**D. P. [DDR] 58 068** Kl. 12p vom 10/5. 1965, ausg. 5/1. 1967 [Ausschließungspatent].) — 14 S. K.-D. Stolp 4846

1415 Cassella Farbwerke Mainkur Akt.-Ges., Frankfurt/M., **Herstellung von 7-Hydroxycumarinderivaten** der allg. Formel I [R^1 = $-C_nH_{2n-a}-(NR^4R^5)_{a+1}$;

I

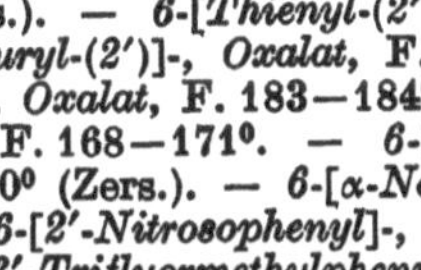

R^4, R^5 = Alkylreste mit < 3 C-Atomen, die direkt oder über O zu einem heterocycl. Ring verbunden sein können; n = 2—3; a = 0 oder 1; R^2 = H, Alkyl, Aryl, Aralkyl; R^3 = Alkyl, Alkenyl, Carbalkoxyalkyl, Carbamylalkyl]. — Man kocht z. B. 3-β-Diäthylaminoäthyl-4-methyl-7-hydroxycumarinhydrochlorid 9 Std. in Ggw. von K_2CO_3 mit Bromessigsäureäthylester in Methyläthylketon → *3-β-Diäthylaminoäthyl-4-methyl-7-carbäthoxymethoxycumarinhydrochlorid*, F. 154—156°. Dieses behandelt man 15 Std. bei 20—25° mit Äthylendiamin → *3-β-Diäthylaminoäthyl-4-methyl-7-β-aminoäthylcarbamylmethoxycumarin*, F. 118—119°. — Analog: *3-[β-piperidinoäthyl]-4-methyl-7-allyloxycumarinhydrochlorid*, F. 220 bis 222°. — *3-β-Diäthylaminoäthyl-4-methyl-7-allyloxycumarinhydrochlorid*, F. 198—201°. — *3-β-Diäthylaminoäthyl-4-phenyl-7-carbäthoxymethoxycumarinhydrochlorid*, F. 158—160°. — *3-βPiperidinoäthyl-4-methyl-7-carbäthoxymethoxycumarinhydrochlorid*, F. 208—209°. — *3-β-Morpholinoäthyl-4-methyl-7-carbäthoxymethoxycumarinhydrochlorid*, F. 204—205°. — *3-β-Pyrrolidinoäthyl-4-methyl-7-carbäthoxymethoxycumarinhydrochlorid*, F. 182—183°. — *3-γ-Dimethylaminopropyl-4-methyl-7-carbäthoxymethoxycumarinhydrochlorid*, F. 180 bis 182°. — *3-[1'.3'-Bis-(diäthylamino)-isopropyl]-4-methyl-7-carbäthoxymethoxycumarinhydrochlorid*, F. 176°. — *3-β-Diäthylaminoäthyl-4-methyl-7-carbamylmethoxycumarin*, F. 186—187°. — *3-β-Diäthylaminoäthyl-4-methyl-7-β'-diäthylaminoäthylcarbamylmethoxycumarin*, F. 122—124°. — *3-β-Diäthylaminoäthyl-4-methyl-7-ω'-aminohexylcarbamylmethoxycumarin*, F. 194°. — *3-β-Diäthylaminoäthyl-4-methyl-7-γ'-dimethylaminopropylcarbamylmethoxycumarin*, F. 120°. — *3-β-Diäthylaminoäthyl-4-methyl-7-butylcarbamylmethoxycumarin*, F. 129°. — *3-β-Diäthylaminoäthyl-4-methyl-7-α'-pyridylcarbamylmethoxycumarin*, F. 160 bis 161°. — *3-β-Diäthylaminoäthyl-4-methyl-7-dimethylcarbamylmethoxycumarinhydrochlorid*, F. 203—206°. — *3-β-Diäthylaminoäthyl-4-methyl-7-dibutylcarbamylmethoxycumarinhydrochlorid*, F. 129—130°. — *Pharmazeutika*. (**Niederl. P. 123 130** vom 10/8. 1962, ausg. 16/10. 1967. D. Prior. 9/11. 1961.) — 6 S. F. Böhm 4846

1416 Farbenfabriken Bayer Akt.-Ges., Leverkusen (Erfinder: Friedrich Bossert und Wulf Vater), **Chromon- und Thiochromonguanylhydrazone** erhält man durch Rk. eines Chromons oder Thiochromons mit einem Aminoguanidin, einem Thiosemicarbazid, einem S-Alkylisothiosemicarbazid oder mit einem Hydrazin u. einem Cyanamid oder S-Alkylisothioharnstoff. — Beispiel: Durch Rk. von 2-Methylchromon-7-oxyessigsäureäthylester, F. 104°; mit Aminoguanidin-Hydrochlorid erhält man das *Guanylhydrazon* des *2-Methylchromon-7-oxyessigsäureäthylesters*, F. 212—215°. Analog wurden die Guanylhydrazone (I) von folgenden Verb. erhalten: I von *2-Methylthiochromon-7-oxyessigsäureäthylester* (F. 128°), F. 228—230°; I von *Thioflavin-7-oxyessigsäureäthylester* (F. 140°), F. 245—248°; I von *Flavon-7-oxyessigsäureäthylester*, F. 240—242°; I von *Thioflavon-8-oxyessigsäureäthylester* (F. 142°), F. 234°; I von *Thioflavon-7-oxyessigsäureäthylester*, F. 147°; I von *2-Methylthiochromon-6-oxyessigsäureäthylester* (F. 138°), F. 175°; *2-Methylchromon-6-oxyessigsäureäthylester* (F. 109—110°), F. 142°; *2.5-Dimethylthiochromon-8-oxyessigsäureäthylester* (F. 110°), F. 160°; I von *2-Methylchromon-7-oxyessigsäuremethylester* (F. 106—108°), F. 251—253°; I von *2-Methylchromon-7-oxyessigsäurepropylester* (F. 90—92°), F. 200 bis 202°; I von *2-Methylchromon-7-oxyessigsäureisopropylester* (F. 144—146°), F. 220—222°; I von *2-Methylchromon-7-oxyessigsäurebutylester* (F. 81—82°), F. 180 bis 182°. — *Coronarerweiternde Mittel*. (**Brit. P. 1 088 730** vom 30/9. 1965, ausg. 20/9. 1967. D. Prior. 1/10. 1964.) — 4 S. R. Bauereis 4846

1417 Boehringer Ingelheim G. m. b. H., Ingelheim/Rh., **1-[4-Oxo-4-(4-fluorphenyl)-butyl]-piperidine** der allg. Formel I (R^1 = H, F, Cl, Br, CH_3, OH oder CH_3O-;

I

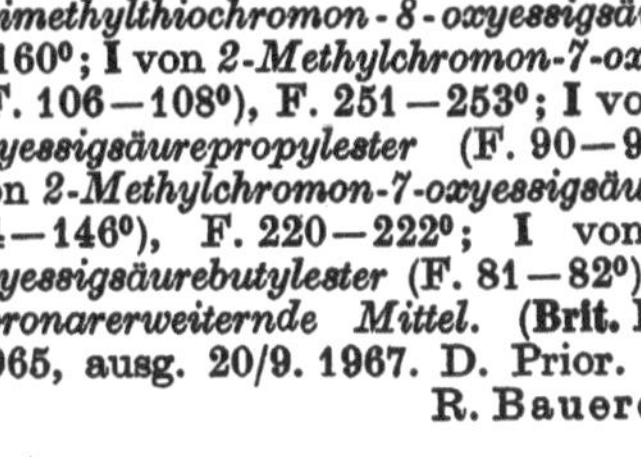

R^2 = C_{1-3}-Alkyl, Cycloalkyl oder C_6H_5; R^3 = H oder α- oder β-CH_3) erhält man durch Alkylierung der entsprechenden sek. Piperidine (Hydrochlorid = Hc; Hydrobromid = Hb; Methansulfonat = Ms). — 4-Acetyl-4-[4-fluorphenyl]-piperidin + 4-Chlor-1-[4-fluorphenyl]-butanon-(1) → *1-[4-Oxo-4-(4-fluorphenyl)-butyl]-4-acetyl-4-[4-fluorphenyl]-piperidin*; *Ms*, F. 144—147°. — Analog: I (*R^1 = 4-HO—; R^2 = C_2H_5; R^3 = H*), F. 151°; *Hc*, F. 187°. — I (*R^1 = H; R^2 = C_3H_7; R^3 = β-CH_3*)-*Hc*, F. 175—176°. — I (*R^1 = 4-F; R^2 = C_2H_5; R^3 = H*)-*Ms*, F. 171—173°. — I (*R^1 = 4-F; R^2 = C_3H_7; R^3 = H*)-

Ms, F. 134—135°. — I ($R^1 = 4\text{-}F$; $R^2 = C_4H_9$; $R^3 = H$)-*Ms*, F. 120—122°. — I ($R^1 = 4\text{-}F$; $R^2 = C_5H_{11}$; $R^3 = H$)-*Ms*, F. 111—112°. — I ($R^1 = 4\text{-}Cl$, $R^2 = CH_3$; $R^3 = H$)-*Hb*, F. 199—201°. — I ($R^1 = 4\text{-}Cl$; $R^2 = C_2H_5$; $R^3 = H$)-*Hb*, F. 195—198°. — I ($R^1 = 4\text{-}Cl \cdot R^2 = C_3H_7$; $R^3 = H$)-*Hc*, F. 170—171°. — I ($R^1 = 4\text{-}Cl$; $R^2 = C_4H_9$; $R^3 = H$)-*Hc*, F. 178—179°. — I ($R^1 = Cl$; $R^2 = C_5H_{11}$; $R^3 = H$)-*Hc*, F. 194—196°. — I ($R^1 = 4\text{-}Cl$; $R^2 = C_6H_{13}$; $R^3 = H$)-*Hc*, F. 183—184°. — I ($R^1 = 4\text{-}Cl$; $R^2 = C_7H_{15}$; $R^3 = H$)-*Hc*, F. 164—165°. — I ($R^1 = 4\text{-}Cl$; $R^2 = C_8H_{17}$; $R^3 = H$)-*Hc*, F. 166—167°. — I ($R^1 = 3\text{-}Cl$; $R^2 = C_2H_5$; $R^3 = H$)-*Hc*, F. 169—170°. — I ($R^1 = 2\text{-}Cl$; $R^2 = C_2H_5$; $R^3 = H$)-*Hb*, F. 161—164°. — I ($R^1 = 3\text{-}CH_3$; $R^2 = CH_3$; $R^3 = H$)-*Hb*, F. 184—185°. — I ($R^1 = 3\text{-}CH_3$; $R^2 = C_2H_5$; $R^3 = H$)-*Hc*, F. 156—159°. — I ($R^1 = 4\text{-}CH_3$; $R^2 = CH_3$; $R^3 = H$)-*Ms*, F. 142—143°. — I ($R^1 = 4\text{-}Br$; $R^2 = CH_3$; $R^3 = H$)-*Ms*, F. 148—150°. — I ($R^1 = H$; $R^2 = CH_3$; $R^3 = H$)-*Hc*, F. 192—194°. — I ($R^1 = H$; $R^2 = C_2H_5$; $R^3 = H$)-*Hc*, F. 165—167°. — I ($R^1 = H$; $R^2 = C_3H_7$; $R^3 = H$)-*Ms*, F. 124—126°. — I ($R^1 = H$; $R^2 = C_4H_9$; $R^3 = H$)-*Hc*, F. 145—147°. — I ($R^1 = H$; $R^2 = C_5H_{11}$; $R^3 = H$)-*Hc*, F. 143—144°. — I ($R^1 = H$; $R^2 = C_6H_{13}$; $R^3 = H$)-*Hc*, F. 143—145°. — I ($R^1 = H$; $R^2 = C_7H_{15}$; $R^3 = H$)-*Hc*, F. 124—126°. — I ($R^1 = H$; $R^2 = C_8H_{17}$; $R^3 = H$)-*Hc*, F. 122—125°. — I ($R^1 = 3\text{-}HO$; $R^2 = CH_3$; $R^3 = H$)-*Hc*, F. 208°. — I ($R^1 = 3\text{-}HO$; $R^2 = C_2H_5$; $R^3 = H$)-*Hc*, F. 161°. — I ($R^1 = 3\text{-}HO$; $R^2 = C_3H_7$; $R^3 = H$)-*Hc*, F. 151°. — I ($R^1 = 3\text{-}CH_3O$; $R^2 = C_2H_5$; $R^3 = H$)-*Hc*, F. 178°. — I ($R^1 = 4\text{-}CH_3O$; $R^2 = C_2H_5$; $R^3 = H$)-*Hc*, F. 159°. — I ($R^1 = H$; $R^2 = CH_3$; $R^3 = \alpha\text{-}CH_3$)-*Hc*, Öl. — I ($R^1 = H$; $R^2 = CH_3$; $R^3 = \beta\text{-}CH_3$)-*Hc*, F. 220—222°. — I ($R^1 = H$; $R^2 = C_2H_5$; $R^3 = \alpha\text{-}CH_3$)-*Hc*, Öl. — I ($R^1 = 2\text{-}F$; $R^2 = C_3H_7$; $R^3 = H$)-*Hb*, F. 151 bis 152°. — I ($R^1 = 3\text{-}CH_3$; $R^2 = C_4H_9$; $R^3 = H$)-*Ms*, F. 105—106°. — I ($R^1 = 3\text{-}F$; $R^2 = C_4H_9$; $R^3 = H$)-*Hc*, F. 132—133°. — Nachst. Piperidinhydrochloride werden als Ausgangsverb. eingesetzt: *4-Acetyl-4-[4-fluorphenyl]-*, F. 219—220°. — *4-Propionyl-4-[4-fluorphenyl]-*, F. 178—180°. — *4-Butyryl-4-[4-fluorphenyl]-*, F. 156 bis 158°. — *4-[1-Oxopentyl]-4-[4-fluorphenyl]-*, F. 111—112°. — *4-[1-Oxohexyl]-4-[4-fluorphenyl]-*, F. 130—133°. — *4-Acetyl-4-[4-chlorphenyl]-*, F. 272—274°. — *4-Propionyl-4-[4-chlorphenyl]-*, F. 210—211°. — *4-Butyryl-4-[4-chlorphenyl]-*, F. 157—159°. — *4-[1-Oxopentyl]-4-[4-chlorphenyl]-*, F. 124—125°. — *4-[1-Oxohexyl]-4-[4-chlorphenyl]-*, F. 124—126°. — *4-[1-Oxoheptyl]-4-[4-chlorphenyl]-*, F. 118—120°. — *4-[1-Oxooctyl]-4-[4-chlorphenyl]-*, F. 121—122°. — *4-[1-Oxononyl]-4-[4-chlorphenyl]-*, F. 129 bis 130°. — *4-Propionyl-4-[3-chlorphenyl]-*, F. 233—234°. — *4-Propionyl-4-[2-chlorphenyl]-*, F. 216—218°. — *4-Acetyl-4-[3-methylphenyl]-*, F. 206—209°. — *4-Propionyl-4-[3-methylphenyl]-*, F. 202—203°. — *4-Acetyl-4-[4-methylphenyl]-*, F. 264—266°. — *4-Acetyl-4-[4-bromphenyl]-*, F. 269—271°. — *4-Acetyl-4-phenyl-*, F. 240—241°. — *4-Propionyl-4-phenyl-*, F. 207°. — *4-Butyryl-4-phenyl-*, F. 158—159°. — *4-[1-Oxopentyl]-4-phenyl-*, F. 119—121°. — *4-[1-Oxohexyl]-4-phenyl-*, F. 122—124°. — *4-[1-Oxoheptyl]-4-phenyl-*, F. 105—106°. — *4-[1-Oxooctyl]-4-phenyl-*, F. 114—115°. — *4-[1-Oxononyl]-4-phenyl-*, F. 125 bis 126°. — *4-Acetyl-4-phenyl-3α-methyl-*, F. 177—178°. — *4-Acetyl-4-phenyl-3β-methyl-*, F. 238°. — *4-Propionyl-4-phenyl-3α-methyl-*, Öl. — Ferner nachst. Piperidine: *4-Acetyl-4-[3-hydroxyphenyl]-*, F. 205°. — *4-Propionyl-4-[3-hydroxyphenyl]-*, F. 207°. — *4-Butyryl-4-[3-hydroxyphenyl]-*, F. 175°. — *4-Propionyl-4-[3-methoxyphenyl]-*, F. 202°. — *4-Propionyl-4-[4-hydroxyphenyl]-*, F. 166°. — *4-Propionyl-4-[4-methoxyphenyl]-*. — *Analgetika* u. *Neuroleptika*. (**Brit. P. 1 085 429** vom 6/9. 1966, ausg. 4/10. 1967. D. Prior. 10/9. 1965.) — 12 S. O. Schön 4846

1418 Biosedra Soc. An., Malakoff, und Centre d'Études Experimentales et Cliniques de Physobiologie, de Pharmacologie et d'Éutonologie (C.E.C.P.B.P.E.), Paris, Frankreich, **Herstellung von Pyridazon-Derivaten** der allg. Formel I [R = C_1—C_4-Alkylrest, R^1 u. R^2 = H, C_1—C_4-Alkylrest, R^3 = H oder —$(CHX)_n$—NZ; X = H oder niederem Alkylrest; Z = O oder 2 Alkylreste oder NZ bilden einen heterocycl. Rest oder ein quatern. NH_4-Salz; n = 1, 2 oder 3), z. B. durch Cyclisieren einer entsprechenden α-Hydroxy-γ-carbon-

I

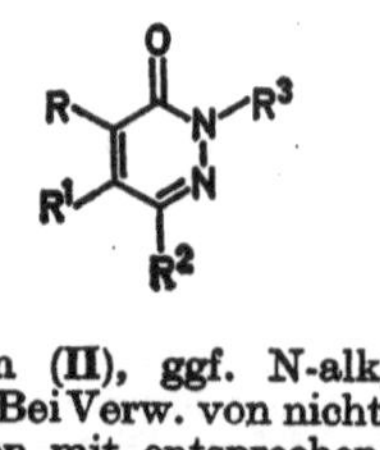

säure mit Hydrazin (**II**), ggf. N-alkylsubstituiert, u. Abspalten von H_2O. Bei Verw. von nicht substituiertem **II** wird die Substitution mit entsprechendem Aminoalkylhalogenid in Ggw. von Na-Alkoholat in der Wärme durchgeführt. Die Kondens. erfolgt in einem mit W. ein azeotropes Gemisch bildenden Lsgm., z. B. Butanol. — Genannt ist: *2-Dimethylaminoäthyl-4-methyl-5-äthylpyridazon-(3)*. — *Analeptika, Vasodilatoren*. (**Port. P. 45 878** vom 7/6. 1966, Auszug veröff. 5/4. 1967. F. Prior. 11/6. 1965 u. 22/1. 1966.) W. Wittholz 4846

1419 Serepic, Morat, Schweiz (Erfinder: Henri Marie Laborit, Paris, Frankreich), **Herstellung von Pyridazonen-(3) und 4.5-Dihydropyridazonen-(3)** der allg. Formel

I

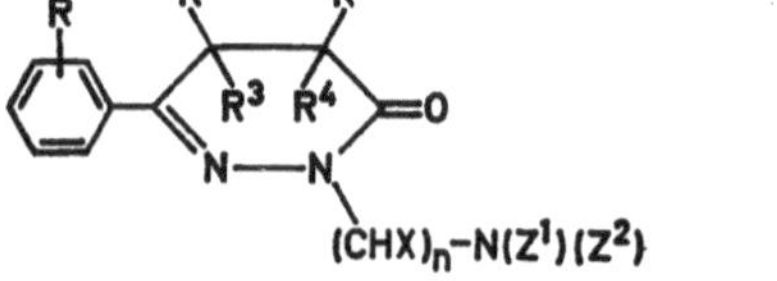

mel **I** (R = H, Halogen, OH, Alkyl- oder Alkoxyrest, R^1 = C_{1-4}-Alkylrest; R^2 = H oder wie R^1; R^3 = H u. R^4 = OH bzw. R^3 u. R^4 = zusätzliche Bindung; X = H oder Alkylrest; n ≧ 1; Z^1, Z^2 = Alkylreste) durch Rk. einer α-Hydroxy-γ-keto-γ-arylbuttersäure mit Verb. der Formel $H_2NNH(R^5)$ [R^5 = H oder $(CHX)_n$—$N(Z^1)(Z^2)$], ggf. Dehydratisierung u. Rk. des Prod. mit einem Aminoalkylhalogenid, falls R^5 = H. — 0,2 (Mol) α-Hydroxy-α-methyl-γ-keto-γ-phenylbuttersäure u. 0,22 Hydrazinhydrat werden in Butanol (**II**) unter Abdest. des **II**–W.-Azeotrops gekocht: 4-Hydroxy-4-methyl-6-phenyl-4.5-dihydropyridazinon-(3). Es wird in 140 ml Eisessig u. 4 ml konz. HCl bei 100° zu 4-Methyl-6-phenylpyridazon-(3) (**III**) umgesetzt. In Ggw. von $NaOC_2H_5$ werden 0,06 **III** mit 0,06 Morpholinoäthylchloridhydrochlorid in A. gekocht: *2-Morpholinoäthyl-4-methyl-6-phenylpyridazon-(3)*, $Kp._{0,01}$ 178—180°, F. 89—91°. *Hydrochlorid* (= *HCl*), F. 228 bis 230°. — Analog folgende **III**-Verb.: *2-[β-Dimethylaminoäthyl]-*, *HCl*, F. 215°. — *2-[β-Diäthylaminoäthyl]-*, *HCl*, F. 198°. — *2-[β-Piperidinoäthyl]-*, *HCl*, F. 263—264°. — *2-[β-Morpholinoäthyl]-4-methyl-6-[m-methoxyphenyl]-pyridazon-(3)*, F. 67—68°. *HCl*, F. 208—209°. — Verb. der allg. Formel **I** (*R^3 u. R^4 zusammen = zusätzliche Bindung*): [$R = R^2 = H$, $R^1 = CH_3$, $N(Z^1)(Z^2) = A =$ *Morpholino*]: $(CHX)_n = B = CH_2CH_2$, *HCl*, F. 228—230°. *Sulfamat*, F. 164—184° (Zers.). *Aspartat*, F. 91—92° u. 269°. — $B = CH_2CH_2CH_2$, *HCl*, F. 252°. — $B = CH(CH_3)CH_2$, *HCl*, F. 162°. — $B = CH_2$, F. 114° (Zers.). *HCl*, F. 153 bis 154°. — ($R = R^2 = H$, $R^1 = CH_3$, $B = CH_2CH_2$): $A =$ *Piperidino*, *HCl*, F. 263—264°. — $A =$ *Pyrrolidino*, *HCl*, F. 246°. — [$R = R^2 = H$, $R^1 = CH_3$, $A = N(CH_3)_2$]: $B = CH_2$, *HCl*, F. 125°. — $B = CH_2CH_2$, *HCl*, F. 215°. — $B = CH_2CH_2CH_2$, *HCl*, F. 201—203°. — ($R = R^2 = H$, $R^1 = CH_3$, $B = CH_2CH_2$). A = $N(C_2H_5)_2$, *HCl*, F. 198°. — $A = N[CH(CH_3)_2]_2$, *HCl*, F. 222°. — ($R^1 = CH_3$, $R^2 = H$, $A =$ *Morpholino*, $B = CH_2CH_2$): $R = p\text{-}OH$, F. 105° u. 160—163°. *HCl*, F. 245° (Zers.). — $R = p\text{-}OCH_3$, F. 92°. *HCl*, F. 235—240°. — $R = p\text{-}CH_3$, F. 83°. *HCl*, F. 210°. — $R = p\text{-}Cl$, F. 106° *HCl*, F. 225°. — $R = m\text{—}CH_3$, F. 82 bis 84°. *HCl*, F. 175°. — $R = m\text{-}OCH_3$, F. 67—68°. *HCl*, F. 208—209°. — $R = m\text{-}Cl$, F. 131°. *HCl*, F. 230°. — $R = m\text{-}OH$, *HCl*, F. 232°. — $R = o\text{-}OCH_3$, F. 230—233°. — $R = o\text{-}Cl$, *HCl*, F. 204—205°. — $R = o\text{-}CH_3$, *HCl*, F. 213—215°. — [$R^1 = CH_3$, $R^2 = H$, $A = N(CH_3)_2$, $B = CH_2CH_2$]: $R = p\text{-}OH$, *HCl*, F. 209—214°. — $R = p\text{-}Cl$, F. 74°, *HCl*, F. 140—143° u. 194°. — ($R = R^2 = H$, $R^1 = CH_2CH_3$; $B = CH_2CH_2$): $A =$ *Morpholino*, *HCl*, F. 180—182°. — $A = N(C_2H_5)_2$, *HCl*, F. 152°. — $A = N(CH_3)_2$, *HCl*, F. 142°. — $A =$ *Pyrrolidino*, *HCl*, F. 215°.

— (*R = R^2 = H, A = Morpholino, B = CH_2CH_2*): *R^1 = $CH_2CH_2CH_3$, HCl*,, F. 178°. — *R^1 = $CH(CH_3)_2$, HCl*, F. 202°. — *R^1 = $(CH_2)_3CH_3$, HCl*, F. 166°. —(*R = H, A = Morpholino*): *R^1 = CH_2CH_3, R^2 = H, B = $CH(CH_3)CH_2$, HCl*, F. 150—151°. — *R^1 = R^2 = CH_3, B = CH_2—CH_2, HCl*, F. 245°. — Verb. der Formel **I** (*R^2 = R^3 = R^4 = H; R^1 = CH_3, A = Morpholino, B = CH_2CH_2*): *R = H, HCl*, F. 226°. — *R = p-OH*, F. 175°, *HCl*, F. 240°. — *Heilmittel* mit *psychotrop. Aktivität.* (**D. P. [DDR] 55 667** Kl. 12 p vom 26/2. 1966, ausg. 5/5. 1967 [Ausschließungspatent]. Brit. Prior. 3/3. 1965.) — 9 S. K.-D. Stolp 4846

1420 Ciba Ltd., Basel, Schweiz, **Herstellung von 1.3.5-Triazinylhydrazinen** der allg. Formel **I** (R^1, R^2, R^3, R^4 =

I

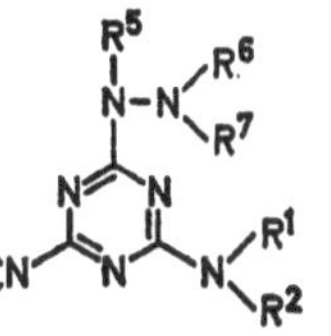

Alkyl mit ≦ 8 C-Atomen; R^5, R^6, R^7 = H, Alkyl, β-Hydroxyalkyl, Oxaalkyl mit ≦ 8 C-Atomen, Cycloalkyl, Azacycloalkyl, Oxacycloalkyl, Aralkyl, Heterocyclylalkyl mit ≦ 8 C-Atomen im Alkyl; R^1 kann mit R^2, R^3 mit R^4 u. R^6 mit R^7 einen ggf. durch O-, N- oder S-Atome unterbrochenen Alkylenrest bilden; 1 oder 2 der Symbole R^5, R^6 u. R^7 müssen H sein). — Zum Beispiel kocht man 2-Chlor-4.6-bis-diäthylamino-1.3.5-triazin mit Methylhydrazin 4 Std. in Ä. → *2-(1'-Methylhydrazino)-4.6-bis-diäthylamino-1.3.5-triazin*, $Kp._{0,15}$ 126—128°. — Analog: *2-(2'.2'-Dimethylhydrazino)-4.6-bis-diäthylamino-1.3.5-triazin*, $Kp._{0,2}$ 115—116°. — *2-[1'-(β-Hydroxyäthyl)-hydrazino]-4.6-bis-diäthylamino-1.3.5-triazin*, F. 63—65°. — *2-(2'-n-Butylhydrazino)-4.6-bis-diäthylamino-1.3.5-triazin*, $Kp._{0,3}$ 155—160°. — *2-(2'-Isopropylhydrazino)-4.6-bis-diäthylamino-1.3.5-triazindihydrochlorid*, F. 190—193°. — *2-(2'-Cyclopentylhydrazino)-4.6-bis-diäthylamino-1.3.5-triazin*, $Kp._{0,35}$ 165—167°. — *2-(2'-Cyclohexylhydrazino)-4.6-bis-diäthylamino-1.3.5-triazindihydrochlorid*, F. 183 bis 185°. — *2-[2'-(1''-Methyl-4''-piperidyl)-hydrazino]-4.6-bis-diäthylamino-1.3.5-triazin*, $Kp._{0,3}$ 190—192°. — *2-(2'-sek.-Butylhydrazino)-4.6-bis-diäthylamino-1.3.5-triazin*, $Kp._{0,3}$ 158—160°. — *2-[2'-(4''-Pyridylmethyl)-hydrazino]-4.6-bis-diäthylamino-1.3.5-triazindihydrochlorid*, F. 231—235°. — *2-(1'-Methylhydrazino)-4-diäthylamino-6-pyrrolidino-1.3.5-triazin*, $Kp._{0,07}$ 119—121°. — *2-(2'-Cyclohexylhydrazino)-4-diäthylamino-6-pyrrolidino-1.3.5-triazin*, F. 113—114°. — *2-[2'-(4''-Pyridylmethyl)-hydrazino]-4-diäthylamino-6-pyrrolidino-1.3.5-triazindihydrochlorid*, F. 237—240°. — *Pharmazeutika.* (**Niederl. P. 123 145** vom 19/10. 1961, ausg. 16/10. 1967.) — 5 S. F. Böhm 4846

1421 American Home Products Corp., New York, N.Y., übert. von: Peter H. L. Wel, Upper Darby, Stanley C. Bell und Scott J. Childress, Philadelphia, Pa., USA, **4.1.2-Benzoxathiazindioxide.** Man erhitzt 550 (ml) $ClSO_3H$ u. 200 g 4-Chlor-3-methylphenol 2 Std. auf dem Dampfbad, gibt 200 $SOCl_2$ zu, erhitzt 1/2 Std. u. gibt das Gemisch auf Eis → *5-Chlor-4-methyl-2-hydroxy-1.3-benzoldisulfonylchlorid*, $C_7H_5Cl_3O_5S_2$, F. 80—81°. 9,05 g der Verb. in Dioxan (**I**) langsam zu einer Lsg. von 5 g ω-Aminobutyraldehyddiäthylacetal (**II**) u. 6 g Triäthylamin in I geben. Das Gemisch wird gerührt, mit W. verd., mit Bzl. extrahiert → *7-Chlor-1.2.3.10a-tetrahydro-8- u. -6-methyl-9-[2-äthoxy-1-pyrrolidinylsulfonyl]-pyrrolo-[1.2-b][4.1.2]-benzoxathiazin-5.5-dioxid*, $C_{17}H_{23}Cl \cdot N_2O_6S_2$, F. 138—139°. Analog aus Dimethoxyäthan, **II** u. 5-Chlor-2-hydroxy-p-toluolsulfonylchlorid → *7-Chlor-1.2.3.10a-tetrahydro-8-methylpyrrolo-[1.2-b][4.1.2]-benzoxathiazin-5.5-dioxid*, $C_{11}H_{12}ClNO_3S$, F. 135—137°. — *Pharmazeutika.* (**U. S. P. 3 277 087** vom 21/8. 1964, ausg. 4/10. 1966.) — 4 S. C. Lüttgen 4846

1422 Farbwerke Hoechst Akt.-Ges. vormals Meister Lucius & Brüning, Frankfurt/M., **7-Trifluormethyl-3.4-dihydro-1.2.4-benzthiadiazin-1.1-dioxid (I)-Derivate,** die in 4-Stellung durch R substituiert sind, erhält man durch Rk. von 3-Sulfamyl-4-aminotrifluormethylbenzol mit CH_2O (R = Alkyl-, Alkoxyalkyl-, Alkylmercaptoalkyl-, Cycloalkyl-, Cycloalkylalkylrest mit bis zu 10 C-Atomen, Hydroxyalkylrest mit bis zu 5 C-Atomen; C_7—C_{12}-Phenylalkylrest, der im Phenylrest ggf. durch 1—3 OH-Reste, Halogenatome, C_1—C_3-Alkyl-, C_1—C_3-Alkoxy- oder Methylendioxyreste substituiert sind, ferner Furfuryl-, Tetrahydrofurfuryl- oder 2-Thienylrest). — *4-Benzyl*-**I**, Nadeln, F. 145° (A.). — *4-Äthyl*-**I**, F. 161—162° (A.). — *4-[2-Hydroxyäthyl]*-**I**, F. 100—101° (W.). — *4-[2-Phenäthyl)*-**I**, F. 156° (A.). — *4-[3-Methoxypropyl]*-**I**, F. 91° (A.). — *4-Piperonyl*-**I**, F. 129—130° (A.). — *4-Furfuryl*-**I**, F. 142—143° (A.). — *4-Tetrahydrofurfuryl*-**I**, F. 115° (A.). — *4-Isobutyl*-**I**, F. 126—127° (A.). — *4-[2-Propylmercaptoäthyl]*-**I**, F. 107 bis 108° (A.). — *Blutdrucksenkende Mittel.* (**Brit. P. 1 071 256** vom 9/12. 1963, ausg. 7/6. 1967. D. Prior. 7/12. 1962.) — 3 S. A. Jahn 4846

1423 J. R. Geigy Akt.-Ges., Basel (Erfinder: Ulrich Renner, Riehen), Schweiz, **2.3.4.5-Tetrahydro-1H-azepino-[4.5-b]-indol (I)-Derivate** der allg. Formel **II** u. deren

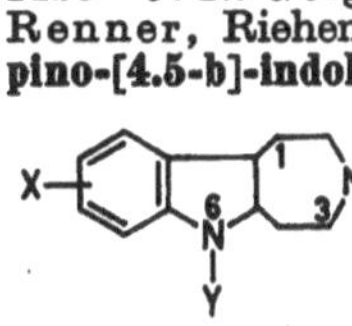

II

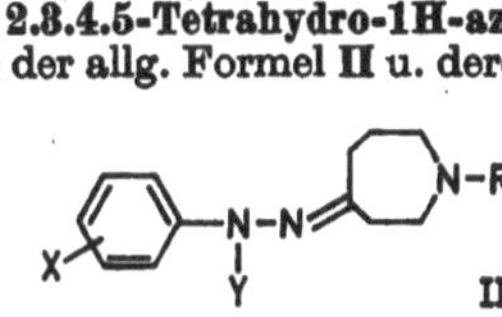

III

Salze erhält man durch Rk. von Phenylhydrazonen der allg. Formel **III** mit sauren Kondens.-Mitteln (H_2SO_4, BF_3-Ätherat) u. ggf. nachfolgende Einführung des Restes Y mit dem reaktiven Ester eines Alkohols der allg. Formel Z—$CHOHR^2$. Man kann ferner Verb. der allg. Formel $XC_6H_4N(NH_2)CH(Z)R^2$ mit einem Ketal des Hexahydro-4H-azepin-4-ons kondensieren. Schließlich können die Reste Y u./oder R^1 durch Alkylierung von **I** eingeführt werden [X = H, F, Cl, Br, Alkyl- oder Alkoxyrest mit ≦ 4 C-Atomen; Y = H oder —$CH(Z)R^2$; Z = ggf. wie unter X angegeben substituierter Phenylrest oder ein Pyridylrest; R^1 = H, Benzyl- oder Alkylrest mit bis zu 4 C-Atomen; R^2 = H oder Alkylrest mit bis zu 4 C-Atomen]. — 1-Methylhexahydro-4H-azepin-4-on + Phenylhydrazin + HCl → *3-Methyl*-**I**, F. 163—165° (Ae.). — *3-Äthyl*-**I**, F. 106—108°. — *3-Äthyl-8-methoxy*-**I**, F. 142°. — *3-Äthyl-10-methyl*-**I**, F. 122—123°. — *3-Äthyl-8-methyl*-**I**, F. 83—85°. — *8-Chlor-3-äthyl*-**I**, F. 120 u. 134—135°. — *10-Chlor-3-äthyl*-**I**, Prismen, F. 144 bis 144,5° (Ae.). — *3-Äthyl-9-methyl*-**I**, Nadeln, F. 116 bis 117° (Ae.). — *9-Chlor-3-äthyl*-**I**, F. 116—117°. — *3-Äthyl-9-methoxy*-**I**, F. 137—138°. — *3-Benzyl*-**I**, F. 117—119° (Methanol). — **I**, F. 189—192° (Ae.). — *6-Benzyl-3-methyl*-**I**, $Kp._{0,2}$ 168—172°. — *Hydrochlorid*, F. 201—202° (Zers.). — *6-Benzyl-3-äthyl-8-methoxy*-**I**, *Hydrochlorid*, F. 215—217°. — *6-Benzyl-3-äthyl-8-methyl*-**I**, *Hydrochlorid*, F. 201—203°. — *6-Benzyl-3-äthyl-10-methyl*-**I**, *Hydrochlorid*, F. 232—235°. — *6-Benzyl-3-äthyl-8-chlor*-**I**, *Hydrochlorid*, F. 220—222°. — *6-Benzyl-10-chlor-3-äthyl*-**I**, *Hydrochlorid*, F. 248—251°. — *6-Benzyl-3-äthyl-9-methyl*-**I**, *Hydrochlorid*, F. 224—225°. — *6-Benzyl-9-chlor-3-äthyl*-**I**, *Hydrochlorid*, F. 240—242°. — *6-Benzyl-9-chlor-3-methyl*-**I**, *Hydrochlorid*, F. 248—249°. — *6-Benzyl-8-chlor-3-methyl*-**I**, *Hydrochlorid*, F. 122—124°. — *6-Benzyl-10-chlor-3-methyl*-**I**, *Hydrochlorid*, F. 223—225°. — *6-[o-Chlorbenzyl]-3-methyl*-**I**, *Hydrochlorid*, F. 228—229°. — *6-[m-Methoxybenzyl]-3-methyl*-**I**, *Hydrochlorid*, F. 191—193°. — *6-[p-Chlorbenzyl]-3-äthyl*-**I**, *Hydrochlorid*, F. 215—216°. — *6-Benzyl-3-äthyl*-**I**, *Pikrat*, F. 199—202°. — *Hydrochlorid*, F. 223—228° (Zers.). — *3-Methyl-6-[1-phenyläthyl]*-**I**, *Hydrochlorid*, F. 207—208° (Methanol–Ae.). — *Pikrat*, F. 231—232°. — *3-Methyl-6-[α-picolyl]*-**I**, *Pikrat*, F. 178 bis 180° (Aceton). — *3-Methyl-6-[2-pyridylmethyl]*-**I**, *Hydrochlorid*, F. 191—193°. — *6-Benzyl*-**I**, *Hydrochlorid*, F. 243—245° (W.). — *Heilmittel.* (**Brit. P. 1 062 840** vom 2/12. 1965, ausg. 22/3. 1967. Schwz. Prior. 3/12. u. 3/12. 1964. **Schwz. PP. 445 508, 445 509, 445 511** u. **445 512** vom 3/12. 1964, ausg. 29/2. 1968.) A. Jahn 4846

1424 Ciba Soc. An., Schweiz (Erfinder: Alberto Pietro Arnoldo Rossi, Lincoln Harvey Werner, William Laszlo Bencze und George de Stevens),

Benzoazacycloalkene. Nachst. Verb. dienen als *Heilmittel* zur Behandlung von *Herz-* u. *Nervenfibrillation* u. werden oral u. parenteral angewendet, z. B. in Tablettenform mit Lactose, Stärke, Puderzucker u. Stearinsäure. — 1-Cyanmethyl-3-phenyl-2.3.4.5-tetrahydro-1-benzazepin ($Kp._{0,1}$ 145—155°) wird in Ggw. von CS_2 mit Äthylendiamin erhitzt unter Bldg. von *1-[Δ^2-Imidazolinyl-(2)-methyl]-3-phenyl-2.3.4.5-tetrahydro-1-benzazepin* (I), F. 117 bis 118°. *Hydrochlorid*, F. 280—283°. — Analog das entsprechende *Tetrahydrochinolin, Hydrochlorid*, F. 290 bis 294°. I entsteht auch aus 3-Phenyl-2.3.4.5-tetrahydrobenzazepin u. 2-Chlormethyl-Δ^2-imidazolin. — Weitere 1-[Δ^2-Imidazolinyl-(2)-methyl]-2.3.4.5-tetrahydro-1-benzazepine: *3-[2-Chlorphenyl]-*, F. 212°. — *8-Chlor-3-phenyl-*, F. 238° (Zers.). — *3-[p-Tolyl]-, Hydrochlorid*, F. 190—200°. — *1-[1-Methyl-* [*Hydrojodid*, F. 145° (Zers.)] u. *1-[4-Methyl-Δ^2-imidazolinyl-(2)-methyl]-*, F. 110—115° (*Hydrochlorid*, F. 220—222°) u. *1-[1.4.5.6-Tetrahydro-Δ^2-pyrimidylmethyl]-3-phenyl-2.3.-4.5-tetrahydro-1-benzazepin*, F. 124—128° (*Hydrochlorid*, F. 256—259°). — *1-[Δ^2-Imidazolinyl-(2)-methyl]-2-phenyl-1.2.3.4-tetrahydrochinolin*, F. 138—141°. *Hydrochlorid*, F. 220°. — *3-[p-Chlorphenyl]-1-[Δ^2-imidazolinyl-(2)-methyl]-1.2.3.4-tetrahydrochinolinhydrochlorid*, F. 284—286°. (**F. P. [Méd.] 3 730** vom 6/3. 1964, veröff. 10/1. 1966. U. S. Prior. 14/12. 1962 u. 4/11. 1963.) — 11 S.

S. Böttcher 4846

1425 E. R. Squibb & Sons, Inc., New York, N.Y., übert. von: Harry L. Yale, New Brunswick, und Francis A. Sowinski, Edison, N.J., USA, **N-monosubstituierte sek.-Aminoalkylderivate mehrkerniger stickstoffhaltiger Heterocyclen** erhält man durch Rk. dieser Heterocyclen mit einem Aminoalkylhalogenid der allg. Formel R—N—[Aralkyl]—Alkylen—Halogen, weitere Kondens. des Prod. mit einem Halogenformiat u. Verseifung des Carbaminsäureesters mit Halogenwasserstoff [R = Aryl, Aralkyl, Alkyl]. — 8-Chlor-10.11-dihydrodibenzo-[b.f][1.4]-thiazepin (I) + $NaNH_2$ + N-(3-Chlorpropyl)-N-methylbenzylamin → *10-[3-(Benzylmethylamino)-propyl]-I* (II), $Kp._{0,2}$ 247—259°. — *Oxalat*, F. 138 bis 139°. — II + Benzylchlorformiat → [I-10-ylpropyl]-methylcarbaminsäurebenzylester, viskoses Öl, das bei 3std. Hydrolyse mit 30%ig. HBr in Eisessig bei Raumtemp. → *10-[3-Methylaminopropyl]-I*, $Kp._{0,2}$ 196 bis 198°. — *Dihydrobromid*, F. 174—175° (Zers.). — *Oxalat*, F. 204—205° (Zers.). — *10-[3-Benzylaminopropyl]-I*. — *10-[3-Methylaminopropyl]-2-trifluormethylphenthiazin*, $Kp._{0,5}$ 163—166°. — *Hydrochlorid*, F. 129—130°. — *12-[3-Methylaminopropyl]-11.12-dihydro-6H-dibenz-[b.f]-[1.4]-thiazocin*, $Kp._{0,15}$ 146—148°. — *Monomaleat*, F. 145 bis 146°. — *5-[3-Methylaminopropyl]-5.6.11.12-tetrahydrodibenz-[b.f]-azocin, Dioxalat*, F. 150—151°. — *2.3-Dihydro-5-[2-methylaminoäthyl]-2-phenyl-1.5-benzthiazepin-4(5H)-on*, F. 190—192° (Zers.). — *5-[3-Methylaminopropyl]-10.11-dihydro-5H-dibenz-[b.f]-azepin, Hydrochlorid*, F. 212—213°. — *Heilmittel*. (**U. S. P. 3 258 459** vom 30/8. 1962, ausg. 28/6. 1966.) — 5 S. A. Jahn 4846

1426 Chas. Pfizer & Co., Inc., New York, N.Y., USA, **Mehrkernige Verbindungen** der allg. Formel I,

I 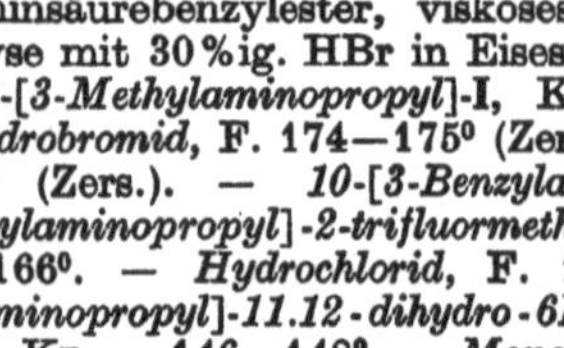

R^1 = H, Alkyl; Z = —O—, —S—, —CH_2—CH_2—, —CH=CH—, —CH_2O—, —CH_2—S—, —NH—, —N·(CH_3)—CH_2; X u. Y = H, Alkyl, Aryl, Acyl, Cl, Br, J, F, —CF_3, OH, Sulfonamido, Alkylthiosulfonamid, Alkoxy, Aryloxy; A = substituierte Piperazinylreste, entstehen nach folgendem Beispiel: Durch Rk. von Triphenylphosphin mit 1.3-Dibrompropan erhält man das 3-Brompropyltriphenylphosphoniumbromid, F. 229—230°; daraus durch Rk. mit Dimethylamin das 3-Dimethylaminopropyltriphenylphosphoniumbromidhydrobromid, F. 280,5—282,5°; daraus durch Rk. mit der Li-Verb. von 6.11-Dihydrodibenz-[b.e]-oxepin-11-on das cis/trans-Gemisch von 11-Dimethylaminopropyliden-6.11-dihydrodibenz-[b.e]-oxepin; Ausb. 90%. — Analog: 3-Methylaminopropyltriphenylphosphoniumbromidhydrobromid, F. 279—281°. — 3-Aminopropyltriphenylphosphoniumbromidhydrobromid, F. 260—262,5°. — 3-[1-Piperazinopropyl]-triphenylphosphoniumbromidhydrobromid, F. 278—283°. — *11-[3-Dimethylaminopropyliden]-2-chlor-6.11-dihydrodibenz-[b.e]-oxepinhydrochlorid*, F. 228 bis 230°. — *11-[3-Dimethylaminopropyliden]-9-chlor-6.11-dihydrodibenz-[b.e]-oxepinhydrochlorid*, F. 220—222°. — *11-[3-Dimethylaminopropyliden]-2-dimethylsulfamyl-6.11-dihydrodibenz-[b.e]-oxepinhydrochlorid*, $C_{21}H_{27}ClN_2O_3S$, F. 225—227°, Isomeres, F. 214—217°. — *10-[3-Dimethylaminopropyliden]-thioxanthenhydrochlorid*, F. 180—183°. — *10-[3-Dimethylaminopropyliden]-2-chlorthioxanthenhydrochlorid*, F. 187—191°. — *11-[3-Methylaminopropyliden]-6.11-dihydrodibenz-[b.e]-oxepinhydrochlorid*, F. 223 bis 225°. — 2-Chlor-11-[3-piperazinopropyliden]-6H-dibenzo-[b.e]-oxepindihydrochlorid (I), F. 189—193°; daraus durch Rk. mit N-Methyl-β-chlorpropionamid → *11-[3-(4-Monomethylcarbamyläthyl-1-piperazinyl)-propyliden]-2-chlor-6.11-dihydrodibenz-[b.e]-oxepindihydrochlorid*, F. 222—224°. — Aus I u. Äthylenoxid → *11-[3-(4-β-Hydroxyäthyl-1-piperazinyl)-propyliden]-2-chlor-6.11-dihydrodibenz-[b.e]-oxepindihydrochlorid*, F. 257—259°. — Aus I u. 3-Chlor-1.2-propandiol → *11-{3-[4-(2'.3'-Dihydroxy)-propyl-1-piperazinyl]-propyliden}-2-chlor-6.11-dihydrodibenz-[b.e]-oxepinhydrochlorid*, F. 253—255°. — Aus I u. Epichlorhydrin → *11-{3-[4-(2'-Chlor-3'-hydroxy)-propyl-1-piperazinyl]-propyliden}-2-chlor-6.11-dihydrodibenz-[b.e]-oxepindihydrochlorid*, F. 256—259°. — *Psychotherapeutika*. (**Brit. PP. 1 085 405 u. 1 085 406** vom 29/9. 1964, ausg. 4/10. 1967. U. S. Prior. 14/10. 1963 u. 31/3. 1964.) — 7 S. — 19 S. R. Bauereis 4846

1427 F. Hoffmann-La Roche & Co. Akt.-Ges., Basel, Schweiz (Erfinder: Milan Radoje Uskokovic, Montclair, und Wilhelm Wenner, Upper Montclair, N.J., USA), **Herstellung heterocyclischer Verbindungen** der allg. Formel I [Z = —C(R^8)(R^9)CH_2, > C(R^8)(R^9)

I 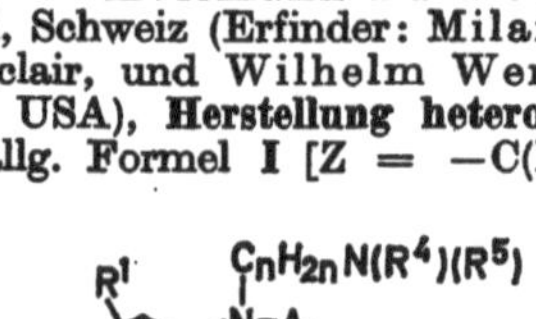 II 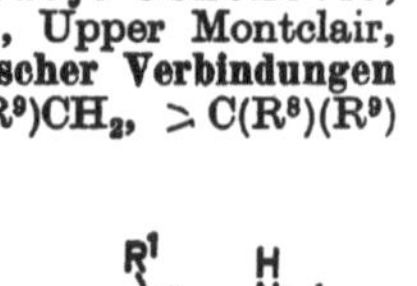

oder > C_6H_4; R^1—R^3 = H, Halogen, niedermol. Alkyl- oder Alkoxygruppe; R^4, R^5 = H, niedermol. Alkyl- oder Benzylrest; R^4 u. R^5 auch zusammen mit dem N-Atom = monoheterocycl. Rest; R^6 = H oder niedermol. Alkylrest; R^7 = R^6, Phenyl- oder Halogenphenylgruppe; R^8 = R^6 oder niedermol. Alkoxycarbonylgruppe; R^9 = R^6 oder niedermol. Alkanoyloxyrest; n = 2—7; A = CO oder CH_2; B = S, SO oder SO_2] durch Rk. von Verb. der allg. Formel II mit Verb. der allg. Formel X—C_nH_{2n}—N(R^4)·(R^5) oder mit Verb. der allg. Formeln X—C_nH_{2n}—Halogen (X = Halogen oder OSO_2) u. HN(R^4)(R^5). — 10,8 (g) 8-Chlor-3.5-dihydro-benzo-4.1-thiazepin-2(1H)-on u. 2,44 $NaNH_2$ werden in Dioxan mit 8,1 Diäthylaminoäthylchlorid gekocht. Nach Zusatz von 5 ml CH_3OH wird filtriert u. das Filtrat aufgearbeitet: *8-Chlor-1-[β-diäthylaminoäthyl]-3.5-dihydrobenzo-4.1-thiazepin-2(1H)-on, Hydrochlorid* (= *HCl*), F. 214—215°. *4-Oxid, HCl*, F. 219—220°. — Analog folgende 8-Chlor-3.5-dihydrobenzo-4.1-thiazepin-2(1H)-one: *1-[β-Piperidinoäthyl]-, HCl*, F. 245—246°. — *1-[β-(Methylbenzylamino)-äthyl]-, HCl*, F. 236°. — *1-[γ-(4-Methylpiperazino)-propyl]-, Di-HCl*, F. 274—280°. *HCl*, F. 283—284°. — *1-[γ-Methylaminopropyl]-, HCl*, F. 230—232°. — *1-[γ-(4-{β-Hydroxyäthyl}-piperazino)-propyl]-, Di-HCl*, F. 216 bis 218°. — *1-[γ-Morpholinopropyl]-, Di-HCl*, F. 246—248°. — 3-Methyl-8-chlor-3.5-dihydrobenz-4.1-thiazepin-2(1H)-one: *1-[γ-Methylaminopropyl]-, HCl*, F. 218 bis 220°. — *1-[γ-Diäthylaminopropyl]-, Oxalat*, F. 150 bis 152°. — *1-[γ-(4-Methylpiperazino)-propyl-, Di-HCl*, F. 244—246°. — *1-[γ-(4-{β-Hydroxyäthyl}-piperazino)-propyl]-, Di-HCl*, F. 171—174°. — 1-[γ-Dimethylaminopropyl]-8-chlor-3.5-dihydrobenzo-4.1-

thiazepin-2(1H)-one: *Unsubstituiert, HCl*, F. 201 bis 202°. — *5-Phenyl-, HCl*, F. 253—256°. — *3-Methyl-, HCl*, F. 187—189°. — *3-Isopropyl-, Oxalat*, F. 167,5 bis 169°. — *3-Äthyl-, HCl*, F. 192—194°. — *3-Propyl-, Oxalat*, F. 162—163,5°. — *3-Phenyl-, Maleat*, F. 159 bis 162°. — 1-[γ-Dimethylaminopropyl]-3.5-dihydrobenzo-4.1-thiazepin-2(1H)-one: *Unsubstituiert, Oxalat*, F. 186—187°. — *7-Methoxy-, HCl*, F. 200—202°. — *6-Chlor-, HCl*, F. 206—208°. — *8-Methoxy-, HCl*, F. 205—206°. — *9-Chlor-, HCl*, F. 209 bis 211°. — *5-Phenyl-7-chlor-, HCl*, F. 249—251°. — 1-[γ-Dimethylaminopropyl]-1.2.3.5-tetrahydrobenzo-4.1-thiazepine: *8-Chlor-, Oxalat*, F. 142—145°. — *8-Chlor-3-methyl-, Oxalat*, F. 158,5—160°. — *8-Chlor-3-äthyl-, Oxalat*, F. 151—153°. — *8-Chlor-3-propyl-, Oxalat*, F. 161—162°. — *8-Chlor-1-[γ-diäthylaminopropyl]-3-methyl-1.2.3.5-tetrahydro-4.1-benzothiazepin, Oxalat*, F. 138 bis 139°. — 9-Chlor-1-[γ-dimethylaminopropyl]-Verb.: *1.3.4.6-Tetrahydrobenzo-2H-5.1-thiazocin-2-on*. — *2.3.4.6-Tetrahydrobenzo-1H-5.1-thiazocin*. — *Antidepressiva*. (**D. P. [DDR] 55 662** Kl. 12 p vom 24/3. 1966, ausg. 5/5. 1967 [Ausschließungspatent]. U. S. Prior. 2/4. 1965.) — 20 S. K.-D. Stolp 4846

1428 American Home Products Corp., New York, N.Y., USA, **Herstellung bicyclischer Verbindungen**, bes. *Benzodiazocinen* der allg. Formel I (Z = niedere Alkylen-

I 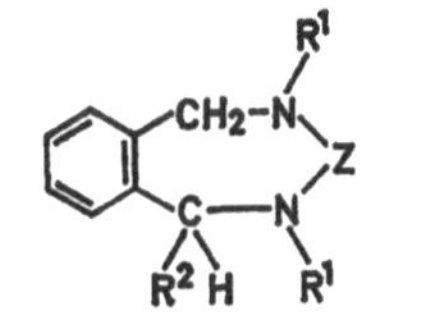

oder durch wenigstens eine Alkylgruppe substituierte Alkylengruppe; R^1 = H oder Alkylgruppe; R^2 = Phenylrest, Halogenphenyl-, Aminohalogenphenyl-, Alkoxyphenyl-, Halogenalkylphenyl-Rest, Aralkyl-, Alkylphenyl-, Hydroxyphenyl-Rest oder ein heterocycl. Rest) durch Red. eines entsprechenden Isoindols; z. B. Red. des 9b-[p-Chlorphenyl]-1.2.3.9b-tetrahydro-5H-imidazo-[2.1-a]-isoindolons-(5) zum *1.2.3.4.5.6-Hexahydro-1-[p-chlorphenyl]-2.5-benzodiazocin*; analog *1-Phenyl-*, *1-[p-Fluorphenyl]-*, *1-Benzyl-*, *1-[p-Methoxyphenyl]-*, *1-[Thienyl-(2)]-1.2.3.4.5.-6-hexahydro-2.5-benzodiazocin*. — *Heilmittel*. (**Port. P. 45 857** vom 1/6. 1966, Auszug veröff. 5/4. 1967.) W. Wittholz 4846

1429 Roussel-Uclaf, Soc. An., Paris, Frankreich, **Herstellung von Deserpsäurederivaten** der allg. Formel I

I 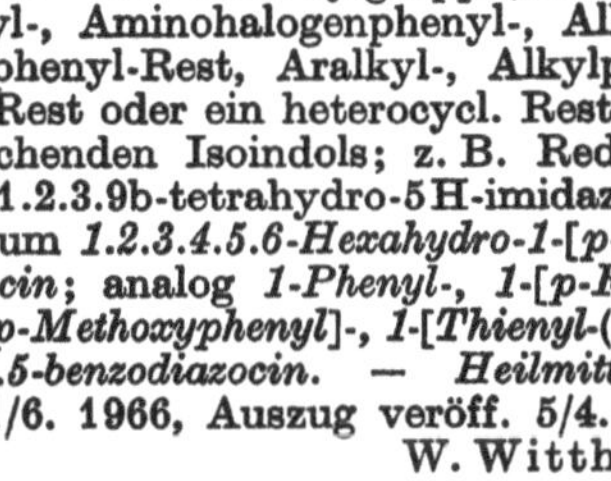

(R = 3.4.5-Trimethoxybenzoesäure-, 4-Hydroxy-3.5-dimethoxybenzoesäure-, 3.4.5-Trimethoxyzimtsäurerest). — Man kocht z. B. das Lacton von 10-Chlordeserpsäure $4^1/_2$ Std. unter N_2 mit Na-Isobutylat im Gemisch Isobutanol–CH_2Cl_2 (ca. 1 : 4) → *10-Chlordeserpsäureisobutylester*, F. 187—190°; $[\alpha]_D$ —164° (c = 1; Dimethylformamid). Diesen erwärmt man 20 Std. im Gemisch Py.–Triäthylamin (2 : 1) mit 3.4.5-Trimethoxybenzoesäureanhydrid unter N_2 auf 92° → *10-Chlor-18β-(3'.4'.5'-trimethoxybenzoyloxy)-deserpsäureisobutylester*; *Hydrochlorid*, F. 210—215°; $[\alpha]_D^{20}$ —102,4° (c = 1; CH_2Cl_2). — *Pharmazeutika*. (**Niederl. P. 128 142** vom 24/7. 1961, ausg. 16/10. 1967. F. Prior. 8/8. 1960.) — 3 S. F. Böhm 4846

1430 J. F. Macfarlan & Co. Ltd. (Erfinder: Kenneth Walter Bentley), **Derivate von Thebain und Oripavin** werden hergestellt durch Rk. einer Verb. der

I 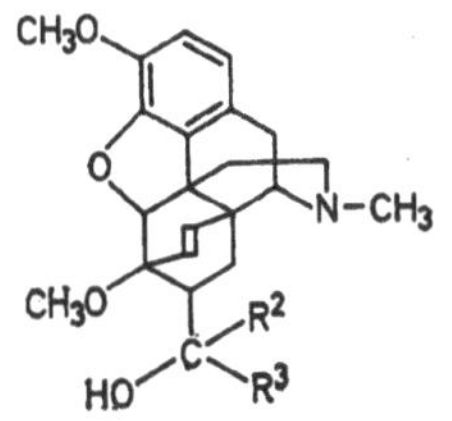

allg. Formel I (R^2 = H, Alkyl C_{1-8} oder Aryl; R^3 = H, alicycl.Rest C_{5-7} oder an den C-Atomen 1—4 substituierter Alkyl- oder Alkenylrest C_{1-8}) mit BrCN, Hydrolyse der erhaltenen N-Cyan-Verb. durch Erhitzen in einem Lsgm. mit einem Alkalihydroxid oder Alkoxid bis 180°, Umsetzung des erhaltenen sek. Amins in ein tert. Amin mittels eines Alkyl-, Alkenyl- oder Cycloalkyl-Halogenids oder mittels eines Acylhalogenids, gefolgt von einer Red. mit $LiAlH_4$. — Beispiele (*Tetrahydronorthebain* = **II**; *Tetrahydronororipavin* = **III**; *Hydrochlorid* = *Hy*): *N-Cyclopropylmethyl-6.14-endoätheno-7-[2-hydroxy-2-propyl]*-**II**, *Hy*, F. 266°; *6.14-Endoätheno-7-[2-hydroxy-2-propyl]*-**II**, *Hy*, F. 290° (Zers.); *6.14-Endoätheno-7-[2-hydroxy-2-propyl]*-**III**, F. 284°, *Hy*, F. 208° (Zers.); *N-Allyl-6.14-endoätheno-7-[2-hydroxy-2-propyl]*-**II**, F. 104°; *N-Allyl-6.14-endoätheno-7-[2-hydroxy-2-propyl]*-**III**, *Hy*, F. 248° (Zers.); *N-Cyclopropylmethyl-6.14-endoätheno-7-[2-hydroxy-2-propyl]*-**II**, *Hy*, F. 266°; *N-Cyclopropylmethyl-6.14-endoätheno-7-[2-hydroxy-2-propyl]*-**III**, F. 234°; *N-Propargyl-6.14-endoätheno-7-[2-hydroxy-2-propyl]*-**II**, F. 163°; *N-n-Propyl-6.14-endoätheno-7-[2-hydroxy-2-propyl]*-**II**, F. 157°, *Hy*, F. 286° (Zers.); *N-Isobutyl-6.14-endoätheno-7-[2-hydroxy-2-propyl]*-**II**, F. 76°, *Hy*, F. 294°; *N-2-Methylallyl-6.14-endoätheno-7-[2-hydroxy-2-propyl]*-**II**, *Hy*, F. 248°; *N-Dimethylallyl-6.14-endoätheno-7-[2-hydroxy-2-propyl]*-**II**, F. 110°, *Hy*, F. 172°; *N-Propargyl-6.14-endoätheno-7-[2-hydroxy-2-propyl]*-**III**, F. 120°, *Hy*, F. 240°; *N-Dimethylallyl-6.14-endoätheno-7-[2-hydroxy-2-propyl]*-**III**, *Hy*, F. 212°; *6.14-Endoätheno-7-hydroxymethyl*-**III**, *Hy*, F. 264°; *N-Allyl-6.14-endoätheno-7-hydroxymethyl*-**III**, *Hy*, F. 281°; *6.14-Endoätheno-7α-[2-hydroxy-2-butyl]*-**II** (sek. Base), F. 96°; *N-Allyl-6.14-endoätheno-7α-(2-hydroxy-2-butyl)*-**II**, *Hy*, F. 286°; *N-n-Propyl-6.14-endoätheno-7α-[2-hydroxy-2-butyl]*-**II**, F. 142°; *N-Propargyl-6.14-endoätheno-7α-[2-hydroxy-2-butyl]*-**II**, F. 158°, *Hy*, F. 293°; *N-Isobutyl-6.14-endoätheno-7α-[2-hydroxy-2-butyl]*-**II**, *Hy*, F. 268°; *N-2-Methylallyl-6.14-endoätheno-7α-[2-hydroxy-2-butyl]*-**II**, F. 124°, *Hy*, F. 277°; *N-3-Methylallyl-6.14-endoätheno-7α-[2-hydroxy-2-butyl]*-**II**, *Bitartrat*, F. 242°; *N-Dimethylallyl-6.14-endoätheno-7α-[2-hydroxy-2-butyl]*-**II**, *Hy*, F. 268°; *6.14-Endoätheno-7α-[2-hydroxy-2-pentyl]*-**II**, *Hy*, F. 260°; *6.14-Endoätheno-7β-[2-hydroxy-2-pentyl]*-**II**, F. 102°; *N-Allyl-6.14-endoätheno-7α-[2-hydroxy-2-pentyl]*-**II**, F. 118°, *Hy*, F. 163°; *N-Allyl-6.14-endoätheno-7β-[2-hydroxy-2-pentyl]*-**II**, *Hy*, F. 277°; *N-n-Propyl-6.14-endoätheno-7α-[2-hydroxy-2-pentyl]*-**II**, *Bitartrat*, F. 254°; *N-n-Propyl-6.14-endoätheno-7β-[2-hydroxy-2-pentyl]*-**II**, *Hy*, F. 315°; *N-Isobutyl-6.14-endoätheno-7α-[2-hydroxy-2-pentyl]*-**II**, F. 174°; *N-Isobutyl-6.14-endoätheno-7β-[2-hydroxy-2-pentyl]*-**II**, *Hy*, F. 300°; *N-Propargyl-6.14-endoätheno-7α-[2-hydroxy-2-pentyl]*-**II**, F. 162°; *N-Propargyl-6.14-endoätheno-7β-[2-hydroxy-2-pentyl]*-**II**, *Hy*, F. 260°; *N-Methylallyl-6.14-endoätheno-7α-[2-hydroxy-2-pentyl]*-**II**, *Hy*, F. 277°; *N-Dimethylallyl-6.14-endoätheno-7α-[2-hydroxy-2-pentyl]*-**II**, F. 106°, *Hy*, F. 160°; *N-Cyclopropylmethyl-6.14-endoätheno-7α-[2-hydroxy-2-pentyl]*-**II** (*tert. Base*), F. 130°; *6.14-Endoätheno-7α-[2-hydroxy-2-pentyl]*-**III**, F. 260°, *Hy*, F. 305°; *N-Allyl-6.14-endoätheno-7α-[2-hydroxy-2-pentyl]*-**III**, F. 126°, *Hy*, F. 254°; *N-Dimethylallyl-6.14-endoätheno-7α-[2-hydroxy-2-pentyl]*-**III**, F. 190°; *N-Cyclopropylmethyl-6.14-endoätheno-7α-[2-hydroxy-2-pentyl]*-**III** (*tert. Base*), F. 180°, *Hy*, F. 262°; *6.14-Endoätheno-7α-[2-hydroxy-2-hexyl]*-**II**, F. 110°; *N-Allyl-6.14-endoätheno-7α-[2-hydroxy-2-hexyl]*-**II**, F. 102°; *N-Propargyl-6.14-endoätheno-7α-[2-hydroxy-2-hexyl]*-**II**, F. 152°; *6.14-Endoätheno-7α-[2-hydroxyhexyl]*-**II**, F. 210°; *N-Allyl-6.14-endoätheno-7α-[2-hydroxy-2-hexyl]*-**III**, F. 122°, *Hy*, F. 263°; *6.14-Endoätheno-7α-[2-hydroxy-4-methyl-2-pentyl]*-**II** (*sek. Base*), F. 131°; *N-Allyl-6.14-endoätheno-7α-[2-hydroxy-4-methyl-2-pentyl]*-**II**, F. 102°; *6.14-Endoätheno-7β-[2-hydroxy-*

4-methyl-2-pentyl]-**II** (*sek. Base*), F. 110°; *N-Dimethylallyl-6.14-endoätheno-7β-[2-hydroxy-4-methyl-2-pentyl]*-**II**, F. 115°, *Hy*, F. 230°; *6.14-Endoätheno-7α-[2-hydroxy-2-heptyl]*-**II**, F. 135°; *N-Methylallyl-6.14-endoätheno-7α-[2-hydroxy-2-heptyl]*-**II**, F. 100°; *N-Dimethylallyl-6.14-endoätheno-7α-[2-hydroxy-2-heptyl]*-**II**, *Hy*, F. 230°; *N-1-Methylcyclopropylmethyl-6.14-endoätheno-7α-[2-hydroxy-2-heptyl]*-**II** (*tert. Base*), F. 118°; *6.14-Endoätheno-7α-[2-hydroxy-5-methyl-2-hexyl]*-**II** (*sek. Base*), F. 134°; *N-Allyl-6.14-endoätheno-7α-[2-hydroxy-5-methyl-2-hexyl]*-**II**, F. 118°; *N-Propargyl-6.14-endoätheno-7α-[2-hydroxy-5-methyl 2-hexyl]*-**II**, F. 128°, *Hy*, F. 340°; *N-n-Propyl-6.14-endoätheno-7α-[2-hydroxy-5-methyl-2-hexyl]*-**II**, F. 90°, *Hy*, F. 220°; *N-Isobutyl-6.14-endoätheno-7α-[2-hydroxy-5-methyl-2-hexyl]*-**II**, F. 72°, *Hy*, F. 301°; *N-Methylallyl-6.14-endoätheno-7α-[2-hydroxy-5-methyl-2-hexyl]*-**II**, F. 105°; *6.14-Endoätheno-7α-[2-hydroxy-5-methyl-2-hexyl]*-**III** (*phenol. Base*), F. 262°; *N-Dimethylallyl-6.14-endoätheno-7α-[2-hydroxy-5-methyl-2-hexyl]*-**III**, F. 218°; *N-Cyclopropylmethyl-6.14-endoätheno-7α-[2-hydroxy-5-methyl-2-hexyl]*-**III**, F. 176°; *6.14-Endoätheno-7α-[2-hydroxy-2-decyl]*-**II**; *N-Dimethylallyl-6.14-endoätheno-7α-[2-hydroxy-2-decyl]*-**II**, F. 96°; *6.14-Endoätheno-7α-[1-hydroxy-1-cyclopentyl-1-äthyl]*-**II** (*sek. Base*), F. 110°; *N-Dimethylallyl-6.14-endoätheno-7α-[1-hydroxy-1-cyclopentyl]-1-äthyl*-**II**, F. 112°; *6.14-Endoätheno-7α-[1-hydroxy-1-cyclohexyl-1-äthyl]*-**II** (*sek. Base*), F. 203°; *N-Allyl-6.14-endoätheno-7α-[1-hydroxy-1-cyclohexyl-1-äthyl]*-**II**, F. 204°; *N-n-Propyl-6.14-endoätheno-7α-[1-hydroxy-1-cyclohexyl-1-äthyl]*-**II**, F. 180°; *N-Methylallyl-6.14-endoätheno-7α-[1-hydroxy-1-cyclohexyl-1-äthyl]*-**II**, F. 203°; *N-Dimethylallyl-6.14-endoätheno-7α-[1-hydroxy-1-cyclohexyl-1-äthyl]*-**II**, F. 190°; *N-Propargyl-6.14-endoätheno-7α-[1-hydroxy-1-cyclohexyl-1-äthyl]*-**II**, F. 172°; *N-Cyclopropylmethyl-6.14-endoätheno-7α-[1-hydroxy-1-cyclohexyl-1-äthyl]*-**II**, F. 228°; *N-Methylcyclopropylmethyl-6.14-endoätheno-7α-[1-hydroxy-1-cyclohexyl-1-äthyl]*-**II**, F. 98°; *6.14-Endoätheno-7α-[1-hydroxy-1-cyclohexyl-1-äthyl]*-**III**, F. 310°; *N-Allyl-6.14-endoätheno-7α-[1-hydroxy-1-cyclohexyl-1-äthyl]*-**III**, *Hy*, F. 251°; *N-Propargyl-6.14-endoätheno-7α-[1-hydroxy-1-cyclohexyl-1-äthyl]*-**III**, *Hy*, F. 202°; *N-n-Propyl-6.14-endoätheno-7α-[1-hydroxy-1-cyclohexyl-1-äthyl]*-**III**, *Hy*, F. 275°; *N-Cyclopropylmethyl-6.14-endoätheno-7α-[1-hydroxy-1-cyclohexyl-1-äthyl]*-**III**, *Hy*, F. 180°; *6.14-Endoätheno-7α-[1-cyclohexyl-3-hydroxy-3-butyl]*-**II**, F. 117°; *N-Allyl-6.14-endoätheno-7α-[1-cyclohexyl-3-hydroxy-3-butyl]*-**II**, *Hy*, F. 289°; *N-Allyl-6.14-endoätheno-7α-[2-hydroxy-1-phenyl-2-propyl]*-**II**, *Hy*, F. 225°; *N-Cyclopropylmethyl-6.14-endoätheno-7α-[3-hydroxy-1-phenyl-3-butyl]*-**II** (*tert.Base*), F. 189°, *Hy*, F. 243°; *N-Allyl-6.14-endoätheno-7-[4-hydroxy-4-pent-1-enyl]*-**II**, *Hy*, F. 275°; *N-Allyl-6.14-endoätheno-6-[6-hydroxy-6-hept-1-enyl]*-**II** (*α-Isomer*), *Bitartrat*, F. 239°; *N-Allyl-6.14-endoätheno-7-[1-äthoxy-4-hydroxy-4-pentyl]*-**II** (*α-Isomer*), F. 113°, *Hy*, F. 262°; *N-Allyl-6.14-endoätheno-7-[5-hydroxy-1-phenoxy-5-hexyl]*-**II** (*α-Isomer*), F. 136°, *Hydrobromid*, F. 285°; *N-Allyl-6.14-endoätheno-7-[4-hydroxy-1-tetrahydrofuryl-4-pentyl]*-**II** (*α-Isomer*), F. 72°, *Hy*, F. 182°; *6.14-Endoätheno-7α-[1-hydroxy-1-p-tolyl-1-äthyl]*-**II** (*sek. Base*), F. 190°; *N-Allyl-6.14-endoätheno-7α-[1-hydroxy-1-p-tolyl-1-äthyl]*-**II**, F. 201°. — *Therapeutika*. (**Aust. P. 270 467** vom 27/2. 1963, ausg. 27/10. 1966. Brit. Prior. 2/3. u. 12/11. 1962.) — 44 S.

K. Demmler 4846

1431 United States of America, Secretary of Department of Health, Education and Welfare, übert. von: David Lipkin, St. Louis, Mo., USA, **Jodierung von Nucleosiden, Nucleotiden, Nucleosid-5′-polyphosphaten oder Nucleinsäuren.** Man setzt diese Verb. mit N-Jodsuccinimid in einem Sulfoxid als Lsgm. in Ggw. von S oder einem Alkyl-, Aryl- oder heterocycl. Disulfid um. — Aus Uridin-5′-triphosphorsäuretetraäthylammoniumsalz in Ggw. von n-Butyldisulfid bei — 20° → $C_9H_{10}JN_2O_{15}P_3Ba_2 \cdot 7\,H_2O$ (als Ba-Salz). — Guanosin → *Jodguanosin*, $C_{10}H_{12}JN_5O_5 \cdot 2{,}5\,H_2O$, $[\alpha]_D$ — 14,2° (c = 2, in Dimethylsulfoxid). — Cytidin → *5-Jodcytidin* λ_{max} 308 mμ; λ_{max} 261 mμ. — Heilmittelzwischenprodukte. **U. S. P. 3299042** vom 22/6. 1964, ausg. 17/1. 1967.) — 3 S.

A. Jahn 4846

1432 Jean Boige, Aulnay-sous Bois, Frankreich, **Hydroxocobalamin** (Vitamin B12b) erhält man durch Hydrierung von Cyanocobalamin in wss. saurer Lsg. mittels Zn in Ggw. eines mit W. mischbaren Lsgm., bes. Aceton, Tetrahydrofuran, Dioxan, Methanol oder A., bes. in Mengen von 10 Vol.-% u. nachfolgende Ox. der mit W. verd. Lsg. mit Luft oder anderen O_2-haltigen Gasen. (**Brit. P. 1 084 847** vom 28/7. 1966, ausg. 27/9. 1967. F. Prior. 7/3. 1966.) — 3 S.

A. Jahn 4847

1433 F. Hoffmann-La Roche & Co. Akt.-Ges., Basel, Schweiz, **10α-Methyl-9β-steroide** erhält man z. B. durch Rk. von 17α-Methyl-17β-hydroxy-9β.10α-androst-4-en-3-on mit Isopropenylacetat in Ggw. von p-Toluolsulfonsäure → *3.17β-Diacetoxy-17α-methyl-9β.10α-androsta-3.5-dien* (**Ia**), F. 128—130°; $[\alpha]_{589}^{25}$ 43°, welches sich durch Rk. mit Cl_2 in Ggw. von Ae. u. K-Acetat überführen läßt → *6β-Chlor-17α-methyl-17β-acetoxy-9β.10α-androst-4-en-3-on*, F. 170—171°; $[\alpha]_{589}^{23}$ — 90,6°; daraus durch Rk. mit Orthoameisensäureäthylester in Dioxan u. dann mit MnO_2 in Eisessig → *6-Chlor-17α-methyl-17β-acetoxy-9β.10α-androsta-4.6-dien-3-on* (I), F. 153—154°; $[\alpha]_{589}^{25}$ — 388°, welches sich durch Dehydrierung mit 2.3-Dichlor-5.6-dicyanbenzochinon überführen läßt → *6-Chlor-17α-methyl-17β-acetoxy-9β.10α-androsta-1.4.6-trien-3-on*, F. 130—131°; $[\alpha]_{589}^{25}$ — 235°. — **I** + $LiAlH_4$ in Ae. u. dann mit MnO_2 → *6-Chlor-17α-methyl-17β-hydroxy-9β.10α-androsta-4.6-dien-3-on*, F. 183—184°; $[\alpha]_{589}^{25}$ — 452°. — Man kann auch **Ia** mit $FClO_3$ umsetzen → *6α-Fluor-17α-methyl-17β-acetoxy-9β.10α-androst-4-en-3-on*, F. 114—116°; $[\alpha]_{589}^{25}$ — 59°, neben *6β-Fluor-17α-methyl-17β-acetoxy-9β.10α-androst-4-en-3-on*, F. 168 bis 170°; $[\alpha]_{589}^{25}$ — 119° (nach chromatograph. Aufarbeitung). — Analog: **Ia** + Br_2 in Eisessig → *6β-Brom-17α-methyl-17β-acetoxy-9β.10α-androst-4-en-3-on*, F. 129 bis 130°; $[\alpha]_{589}^{25}$ — 86°, welches sich wie vorst. überführen läßt → *6-Brom-17α-methyl-17β-acetoxy-9β.10α-androsta-4.6-dien-3-on*, F. 102° (Zers.); $[\alpha]_{589}^{25}$ — 361°. — Analog: *3.17β-Diacetoxy-17α-äthyl-9β.10α-androsta-3.5-dien*. — *6β-Chlor-17α-äthyl-17β-acetoxy-9β.10α-androst-4-en-3-on*, F. 159—161°; $[\alpha]_{589}^{25}$ — 103°. — *6-Chlor-17α-äthyl-17β-acetoxy-9β.10α-androsta-4.6-dien-3-on*, $[\alpha]_{589}^{25}$ — 338°. — *6-Chlor-17α-äthyl-17β-hydroxy-9β.10α-androsta-4.6-dien-3-on*, F. 155—157°; $[\alpha]_{589}^{25}$ — 445°. — *6α-Fluor-17α-äthyl-17β-acetoxy-9β.10α-androst-4-en-3-on*, F. 152—153°; $[\alpha]_{589}^{25}$ — 72°; neben dem *6β-Fluorisomeren*, F. 152 bis 154°; $[\alpha]_{589}^{25}$ — 132°. — *6β-Chlor-17α-äthinyl-17β-acetoxy-9β.10α-androst-4-en-3-on*, F. 205—207°; $[\alpha]_{589}^{25}$ — 116°. — *6-Chlor-17α-äthinyl-17β-acetoxy-9β.10α-androsta-4.6-dien-3-on*, F. 244—245°; $[\alpha]_{589}^{25}$ — 440°. — *6-Chlor-17α-äthinyl-17β-acetoxy-9β.10α-androsta-1.4.6-trien-3-on*, F. 195—196°; $[\alpha]_{583}^{25}$ — 303°. — *6-Chlor-17α-äthinyl-17β-hydroxy-9β.10α-androsta-4.6-dien-3-on*, F. 182—183°; $[\alpha]_{589}^{25}$ — 507°′. — *6-Chlor-17α-äthinyl-17β-hydroxy-9β.10α-androsta-1.4.6-trien-3-on*, F. 98—100°; $[\alpha]_{589}^{25}$ — 321°. — *6α-Fluor-17α-äthinyl-17β-acetoxy-9β.10α-androst-4-en-3-on*, F. 137,5—140,5°; $[\alpha]_{589}^{25}$ — 101°, neben dem *6β-Fluorisomeren*, F. 208°; $[\alpha]_{589}^{25}$ — 153°. — *6α-Fluor-17α-äthinyl-17β-acetoxy-9β.10α-androsta-1.4-dien-3-on*, F. 186°; $[\alpha]_{589}^{25}$ — 21°. — *Heilmittel* mit *östrogenähnlicher*, *uterotroper* u. die *Gonadotropinausscheidung* beeinflussender *Wirkung*. (**Brit. P. 1 087 920** vom 23/6. 1965, ausg. 18/10. 1967. Schwz. Prior. 26/6. 1964.) — 11 S.

U. Sievers 4847

1434 G. D. Searle & Co., Chicago, Ill., USA (Erfinder: Christopher Joseph Jung und Raphael Pappo), **Steroidlactone** erhält man z. B. durch Rk. von 1-Hydroxy-17-oxo-1.2-seco-A-norandrost-3-en-2-carbonsäure mit Acetylen in Ggw. von K-tert.-Butylat in tert.-Butanol → *17α-Äthinyl-17β-hydroxy-2-oxaandrost-4-en-3-on*, F. 250 bis 252°. — Man kann auch 17α-Äthinyl-17β-hydroxyandrosta-1.4-dien-3-on durch Rk. mit OsO_4 in Py. überführen → *17α-Äthinyl-1.2.17β-trihydroxyandrost-4-en-3-on*, welches sich durch Rk. mit wss. Essigsäure über-, führen läßt → *17α-Äthinyl-17β-hydroxy-1-oxo-1.2-seco-A-norandrost-3-en-2-carbonsäure*, F. 205—220°; daraus durch Red. mit $NaBH_4$ in NaOH → *17α-Äthinyl-17β-hydroxy-2-oxaandrost-4-en-3-on*, F. 250—251,5°. — Analog: *6β.19-Epoxy-1.2-dihydroxyandrost-4-en-3.17-dion*, F. 243—246° (Zers.). — *6β.19-Epoxy-1.17-dioxo-1.2-seco-A-*

norandrost-3-en-2-carbonsäure, F. 222—224,5°. — *6β.19-Epoxy-17β-dihydroxy-1.2-seco-A-norandrost-3-en-2-carbonsäure*, F. 188—191 u. 204—207°. — *6β.19-Epoxy-17β-hydroxy-2-oxaandrost-4-en-3-on*, F. 207—209,5°. — *6β.19-Epoxy-2-oxaandrost-4-en-3.17-dion*, F. 197—200°, welches sich durch Rk. mit Zn-Staub in A. u. Essigsäure u. Cu-Acetat überführen läßt → *19-Hydroxy-2-oxaandrost-4-en-3.17-dion* (I), F. 231—234°; daraus durch Rk. mit HCl → *19-Hydroxy-2-oxaandrost-5-en-3.17-dion*, F. 186 bis 189°. — I läßt sich wie vorst. mit CrO_3 ox. → *10β-Carboxy-2-oxaöstr-4-en-3.17-dion*, F. 177—183°, welches sich durch Rk. mit Py. auf dem W.-Bad überführen läßt → *2-Oxaöstr-5(10)-en-3.17-dion*, F. 132—133,5°; daraus durch Red. der 3-Ketogruppe, Überführung in den Methyläther, Ox. der 17-Hydroxygruppe, Äthinylierung der 17-Stellung, Spaltung der 3-Methoxyverb. u. selektive Ox. der erhaltenen 3-Hydroxyverb. mit CrO_3 wie vorst. → *17α-Äthinyl-17β-hydroxy-2-oxaöstr-5(10)-en-3-on*, F. 172—177°. — *6β.19-Epoxy-17α-äthinyl-17β-hydroxy-2-oxaandrost-4-en-3-on*, F. 210—212°. — *17β.19-Dihydroxy-2-oxa-17α-vinylandrost-4-en-3-on*, F. 207—217°. — Die Herst. weiterer Verb. wird ohne Angabe der physikal. Kennzahlen beschrieben. — *Progestatika*. (**Brit. P. 1 079 872** vom 8/2. 1965, ausg. 16/8. 1967. **Zusatz zu Brit. P. 1 010 239; C. 1967, 21-1998.**) — 11 S.

U. Sievers 4847

1435 Smith, Kline & French Laboratories, Philadelphia, Pa., USA, **6-Substituierte B-Nortestosteronderivate** erhält man z. B. durch Rk. von 3β-Acetoxy-5β-hydroxy-17-oxo-B-norandrostan-6-säure-5.6-lacton mit $LiAlH_4$ in Tetrahydrofuran → *6β-Hydroxymethyl-3β.5β.17β-trihydroxy-B-norandrostan*, F. 166—170°, welches sich durch Rk. mit N-Bromacetamid in Py. überführen läßt → *6β-Hydroxymethyl-5β-hydroxy-B-norandrostan-3.17-dion*, F. 178—180°; daraus durch Rk. mit p-Toluolsulfonsäure in Bzl. → *6-Methylen-B-norandrost-4-en-3.17-dion* (I), F. 143—148°, welches sich durch Rk. mit Trimethylsulfoxoniumjodid in Dimethylsulfoxid überführen läßt → 6.6-Äthylen-B-norandrost-4-en-3.17-dion, F. 205—209°; daraus durch Red. mit $LiAlH_4$ wie vorst. u. dann Dehydrierung mit 2.3-Dichlor-5.6-dicyanbenzochinon (II) → *6.6-Äthylen-B-nor-testosteron*, F. 175 bis 177°. — I + II wie vorst., jedoch während 3 Tagen, → *Gemisch aus 6.6-Äthylen-17β.20-epoxy-B-nor-21-nor-17-isopregn-4-en-3-on* u. *6.6-Äthylen-17α.20-epoxy-B-nor-21-norpregn-4-en-3-on*, F. 131—161°, welches sich wie vorst. durch Red. mit $LiAlH_4$ u. Dehydrierung mit II überführen läßt → *6.6-Äthylen-17α-hydroxy-17β-methyl-B-nor-androst-4-en-3-on*, F. 191—194°. — *Antiandrogen* wirksame *Heilmittel*. (**Brit. P. 1 076 218** vom 10/8. 1965, ausg. 19/7. 1967. U. S. Prior. 13/8. 1964. **U. S. P. 3 356 716** vom 13/8. 1964, ausg. 5/12. 1967.) — 5 S. — 3 S.

U. Sievers 4847

1436 Herchel Smith, Wayne, Pa., USA (Erfinder: Gordon Alan Hughes und Herchel Smith), **6-Oxasteroide und D-Homo-6-oxasteroide** erhält man z. B. durch Rk. von 7-Methoxy-4β-(1′-methyl-2′.5′-dioxocyclopentyl)-äthylidenchroman mit warmer äthanol. konz. HCl → *3-Methoxy-13-methyl-6-oxagona-1.3.5[10).-8.14-pentaen-17-on* (Ia), F. 148—152°. — Analog: *13-Äthyl-3-methoxy-6-oxagona-1.3.5(10).8.14-pentaen-17-on* (I), F. 143—146°, welches sich mit $NaBH_4$ reduzieren läßt → *13β-Äthyl-3-methoxy-6-oxagona-1.3.5(10).8.14-pentaen-17β-ol*, F. 118—120°. — I-*17-Äthylenketal*, $C_{21}H_{24}O_4$, F. 132—134°. — Ia + H_2 in Ggw. von Pd-$CaCO_3$ u. Bzl. → *3-Methoxy-13β-methyl-6-oxagona-1.3.5(10).8-tetraen-17-on* (II), F. 140—150°. — Analog: *13β-Äthyl-3-methoxy-6-oxagona-1.3.5(10).8-tetraen-17-on*, $C_{19}H_{22}O_3$, F. 129—134°. — *13β-Äthyl-3-methoxy-6-oxagona-1.3.5(10).8-tetraen-17β-ol*, $C_{19}H_{24}O_3$, F. 130—134°. — II + konz. HCl in Methanol u. Tetrahydrofuran → *3-Methoxy-13β-methyl-6-oxagona-1.3.5(10).9(11)-tetraen-17-on* (III), $C_{18}H_{20}O_3$, F. 185—188°. — Analog: *13β-Äthyl-3-methoxy-6-oxagona-1.3.5(10).9(11)-tetraen-17-on*, $C_{19}H_{22}O_3$, F. 158 bis 162°. — III + $NaBH_4$ → *13β-Methyl-3-methoxy-6-oxagona-1.3.5(10).9(11)-tetraen-17β-ol*, F. 138—141°. — Analog: *13β-Äthyl-3-methoxy-6-oxagona-1.3.5(10).9(11)-tetraen-17β-ol*, $C_{19}H_{22}O_3$, F. 133—134°. — *17-Acetat*, $C_{21}H_{26}O_4$, F. 129—131°. — Alle genannten Verb. liegen in der (±)-Form vor. — *Hormonwirksame Heilmittel*; Zwischenprod. zu deren Herstellung. (**Brit. P. 1 069 844** vom 6/3. 1964, ausg. 24/5. 1967.) — 7 S.

U. Sievers 4847

1437 Herchel Smith, Wayne, Pa., USA (Erfinder: Gordon Alan Hughes und Herchel Smith), **8-Iso-6-oxasteroide und D-Homo-8-iso-6-oxasteroide** erhält man z. B. durch katalyt. Hydrierung von 3-Methoxy-13-methyl-6-oxagona-1.3.5(10).8.14-pentaen-17-on in Ggw. von Pd–Kohle in A. u. Tetrahydrofuran → *3-Methoxy-13β-methyl-6-oxa-8α-gona-1.3.5(10)-trien-17-on* (I), $C_{18}H_{22}O_3$, F. 139—143°. — Analog: *13β-Äthyl-3-methoxy-6-oxa-8α-gona-1.3.5(10)-trien-17-on* (II), $C_{19}H_{24}O_3$, F. 134—141°. — *3-Methoxy-13β-äthyl-6-oxa-8α-gona-1.3.5(10)-trien-17β-ol* (III), $C_{19}H_{26}O_3$, F. 109—111°. — I + $NaBH_4$ → *3-Methoxy-13β-methyl-6-oxa-8α-gona-1.3.5(10)-trien-17β-ol*, $C_{18}H_{24}O_3$, krist. als *Hemimethanolat*. — III läßt sich durch CrO_3-Ox. überführen → II. — III-*17-Acetat*, $C_{21}H_{28}O_4$, F. 112—113°. — II-*17-Äthylenketal*, $C_{21}H_{28}O_4$, F. 123—126°. — Alle vorst. Verb. liegen in der (±)-Form vor. — Den *Blutcholesterinspiegel senkende Heilmittel*; Zwischenprod. zur Herst. von *Heilmitteln*. (**Brit. P. 1 069 845** vom 6/3. 1964, ausg. 24/5. 1967. **Zusatz zu Brit. P. 991 598; C. 1967, 20-1717.**) — 5 S.

U. Sievers 4847

1438 Herchel Smith, Wayne, Pa., USA (Erfinder: Gordon Alan Hughes und Herchel Smith), **6-Oxagonatriene und D-Homo-6-oxagonatriene** erhält man z. B. durch katalyt. Hydrierung von 3-Methoxy-13β-methyl-6-oxagona-1.3.5(10).9(11)-tetraen-17-on in Ggw. von Pd–Kohle u. in A. u. Tetrahydrofuran → *3-Methoxy-13β-methyl-6-oxagona-1.3.5(10)-trien-17-on* (Ia), F. 151 bis 156°. — Analog: *13β-Äthyl-3-methoxy-6-oxagona-1.3.5(10)-trien-17-on* (Ib), $C_{19}H_{24}O_3$, F. 128—129°. — Man kann auch 13β-Äthyl-3-methoxy-6-oxagona-1.3.5(10).9(11)-tetraen-17-on (I) durch Red. mit Li in fl. NH_3 u. Anilin überführen → *13β-Äthyl-3-methoxy-6-oxagona-1.3.5(10)-trien-17β-ol*, F. 133—138°. — I-17-Acetat läßt sich wie vorst. katalyt. hydrieren → *17β-Acetoxy-13β-äthyl-3-methoxy-6-oxagona-1.3.5(10)-trien*, $C_{21}H_{28}O_4$, F. 115—116°. — Ia + $NaBH_4$ → *3-Methoxy-13β-methyl-6-oxagona-1.3.-5(10)-trien-17β-ol*. — Analog: *13β-Äthyl-3-methoxy-6-oxagona-1.3.5(10)-trien-17β-ol*, $C_{19}H_{26}O_3$, F. 135—138°. — Ib-*17-Äthylenketal*, $C_{21}H_{28}O_4$, F. 80—82°. — Alle vorst. Verb. liegen in der (±)-Form vor. *Hormonwirksame Heilmittel*; Zwischenprod. zu deren Herstellung. (**Brit. P. 1 069 846** vom 6/3. 1964, ausg. 24/5. 1967. **Zusatz zu Brit. P. 1 010 051; C. 1968, 18-1708.**) — 5 S.

U. Sievers 4847

1439 Herchel Smith, Wayne, Pa., USA (Erfinder: Gordon Alan Hughes und Herchel Smith), **18-Alkylgonane und 18-Alkyl-D-homogonane** erhält man z. B. durch Rk. von 18-Homonortestosteron mit Äthandithiol in Methanol u. in Ggw. von BF_3-Ätherat → *13β-Äthyl-3.3-äthylendithiogon-4-en-17β-ol*, F. 167—169°, welches sich durch Red. mit Na in fl. NH_3 u. Tetrahydrofuran überführen läßt → *13β-Äthylgon-4-en-17β-ol*, F. 118—120°; daraus durch CrO_3-Ox. → *13β-Äthylgon-4-en-17-on*, F. 102,5—103,5°; daraus durch übliche Äthinylierung → *13β-Äthyl-17α-äthinylgon-4-en-17β-ol* (I), $C_{21}H_{30}O$, F. 107 bis 108° (als Methanolat), F. 109—110° (Lsgm.-frei). — Analog: *17α-Allyl-13β-äthylgon-4-en-17β-ol*, $C_{22}H_{34}O$, F. 92—94°. — *13β-n-Propylgon-4-en-17β-ol*, F. 115—119°. — *13β-n-Propylgon-4-en-17-on*, $C_{20}H_{30}O$, F. 89—90°. — *17α-Äthinyl-13β-n-propylgon-4-en-17β-ol*, $C_{22}H_{32}O$, F. 118 bis 119°. — *17α-Allyl-13β-n-propylgon-4-en-17β-ol*, $C_{23}H_{36}O$, F. 90—92°. — 13β.17α-Diäthylgon-4-en-17β-ol-3-on + $LiAlH_4$ in Ae. → *13β.17α-Diäthylgon-4-en-3.17β-diol*, F. 110—122°; *3-Acetat*, F. 85—100°; daraus durch Red. mit Li in Ggw. von Äthylamin → *13β.17α-Diäthylgon-4-en-17β-ol*, $C_{21}H_{34}O$, F. 117,5—118,5°. — I läßt sich katalyt. in Ggw. von Lindlar-Katalysator hydrieren → *13β-Äthyl-17α-vinylgona-4-en-17β-ol*, F. 101,5—103°. — *Anabolika*; *Progestatika*; *Heilmittel* mit *Steroidhormonwrkg*; Zwischenprod. zu deren Herstellung. (**Brit. P. 1 070 948** vom 3/3. 1964, ausg. 7/6. 1967.) — 7 S.

U. Sievers 4847

1440 Vsesoiuzny Nauchno-Issledovatel'sky Khimiko-Farmatsevtichesky Institute im. Orjonikidze, Moskau, UdSSR (Erfinder: Nickolai Nickolaevich Suvurov, Lydia Vasil'evna Soko-

lova, Valentine Maximovna Ryzhkova, Nina Nickolaevna Lestrovaya, Georgy Konstantinovich Skriabin, Tat'iana Ivanovna Griniuk, Ekaterina Grigor'evna Gusakova, Ludmilla Olegovna Severina, Irina Samolovna Eviagintseva, Kira Alexandrovna Koshcheenko, Dina Mikhailovna Oleinik, Aleksei Gavrilvich Baichikov und Nickolia Alexandrovich Krasil'nikov), **Prednison,** F. 228°, erhält man z. B. durch Bebrütung von Cortisonacetat mit einer Kultur von *Mycobacterium globiforme* u. *Bacillus megatherium* unter üblichen aeroben Bedingungen, wodurch Entacetylierung u. Dehydrierung gleichzeitig erfolgen. Man kann die mikrobiolog. Dehydrierung u. Entacetylierung jedoch auch in getrennten Stufen durchführen. — *Heilmittel.* (**Brit. P. 1 068 821** vom 13/3. 1964, ausg. 30/3. 1967.) — 3 S.
U. Sievers 4847

1441 E. R. Squibb & Sons, Inc., New York, N.Y., USA, **7-Chlor-6-desmethyltetracyclin** wird erhalten durch Züchtung eines 7-Chlortetracyclin produzierenden *Streptomyces*-Stammes (z. B. *Str. aureofaciens* ATCC 13900) in einem Kulturmedium, das neben Cl-Ionen Äthionin u. Methionin bzw. deren Sulfoxide enthält. — *Therapeutikum.* (**Niederl. P. 122 888** vom 31/10. 1961, ausg. 15/9. 1967. U. S. Prior. 31/10. 1960.) — 2 S.
F. Böhm 4848

1442 Ciba Soc. An., Schweiz, **Bakterizide** zur parenteralen Verw. enthalten als Wirkstoff *O-Desacetyl-O-[β-chloräthylcarbamoyl]-7-[β-chloräthylureido]-cephalosporansäure,* Zers. bei 130°, bei schnellem Erhitzen, F. 156° $[\alpha]_D^{20}$ +47°. *Na-Salz,* Zers. bei 130°, $[\alpha]_D^{20}$ 70°. *Benzhydrylester,* F. 175—176° (Zers.). Die Herst. erfolgt durch Rk. von Desacetyl-7-aminocephalosporansäure u. β-Chloräthylisocyanat in Dimethylformamid in Ggw. von Triäthylamin. (**F. P. [Méd.] 3 876** vom 22/12. 1964, veröff. 28/2. 1966. Schwz. Prior. 7/10. 1963.) — 6 S.
S. Böttcher 4848

1443 **Soc. Orsymonde Soc. An.,** Paris, Frankreich, *Herstellung eines Heilmittels.* (**Niederl. P. 123 031** vom 7/8. 1959, ausg. 16/10. 1967. Brit. Prior. 7/8. 1958 u. 13/4. 1959. — C. **1966,** 39-1847 [U. S. P. 3 030 271].)

1444 **Farbwerke Hoechst Akt.-Ges. vormals Meister Lucius & Brüning,** Frankfurt/M., *Herstellung blutspiegelerniedrigender Präparate.* (**Niederl. P. 122 708** vom 13/7. 1962, ausg. 15/8. 1967. D. Prior. 21/7. 1961. — C. **1964,** 16-1542 [D. A. S. 1 153 357].)

1445 **Imperial Chemical Industries Ltd.** (Erfinder: **Michael John Kennedy Harper, Dora Nellie Richardson** und **Arthur Leonard Walpole**), *Alkenderivate.* (**Aust. P. 274 434** vom 27/8. 1963, ausg. 4/5. 1967. Brit. Prior. 13/9. 1962. — C. **1968,** 29-1830 [Brit. P. 1 013 907].)

1446 **Upjohn Co.,** übert. von: **Edward L. Schumann,** Kalamazoo, Mich., USA, *1-[o-Chlorphenyl]- und 1-[o.p-Dichlorphenyl]-2-hydrazinopropane.* (**U. S. P. 3 341 591** vom 7/12. 1959, ausg. 12/9. 1967. — C. **1964,** 30-1508 [Brit. P. 877 642].)

1447 **Soc. Italiana Prodotti Schering,** Mailand, übert. von: **Paolo Galimberti,** Pavia, **Vittorina Gerosa, Max Marcello Melandri,** Mailand, und **Annibale Buttini,** Pavia, Italien, *N.N-Diäthyl-2-aminoäthyl-2-substituierte Oxyisobutyrate.* (**U. S. P. 3 344 168** vom 28/6. 1963, ausg. 26/9. 1967. Brit. Prior. 11/7. 1962. — C. **1966,** 17-1786 [D. A. S. 1 201 364].)

1448 **Farbwerke Hoechst Akt.-Ges. vormals Meister Lucius & Brüning,** Frankfurt/M., *Herstellung von N-Sulfonylchlorameisensäureamidinen.* (**Niederl. P. 122 968** vom 20/2. 1963, ausg. 15/9. 1967. D. Prior. 24/2. 1962. — C. **1966,** 44-1629 [D. A. S. 1 205 085].)

1449 **Chemie Grünenthal G. m. b. H.,** Stolberg/Rhld. (Erfinder: **Kurt Flick,** Bochum, und **Ernst Frankus,** Brand b. Aachen), *Herstellung von basisch substituierten Phenoläthern.* (**Schwz. P. 439 273** vom 2/3. 1964, ausg. 15/12. 1967. D. Prior. 2/4. u. 2/4. 1963. — C. **1966, 17-1783** [D. A. S. 1 199 164].)

1450 **Farbwerke Hoechst Akt.-Ges. vormals Meister Lucius & Brüning,** Frankfurt/M., *Herstellung jodsubstituierter 4-[4'-Hydroxyphenoxy]-benzaldehyde.* (**Oe. P. 252 211** vom 19/6. 1964, ausg. 10/2. 1967. D. Prior. 21/6. 1963. — C. 1966, 17-1781 [D. A. S. 1 189 971].)

1451 **Nordmark-Werke G. m. b. H.,** Hamburg, *Herstellung von Phenylalkylaminen.* (**Niederl. P. 123 120** vom 7/11. 1963, ausg. 16/10. 1967. D. Prior. 13/11. 1962. — C. **1965,** 3-1800 [D. A. S. 1 181 231].)

1452 **Farbwerke Hoechst Akt.-Ges. vormals Meister Lucius & Brüning,** Frankfurt/M. (Erfinder: **Gustav Ehrhart,** Bad Soden, **Ernst Lindner,** Frankfurt/M., und **Heinrich Ott,** Eppstein), *Herstellung von Phenylpropylaminderivaten.* (**Schwz. P. 439 326** vom 5/1. 1962, ausg. 15/12. 1967. D. Prior. 7/1. 1961. — C. **1965,** 21-1749 [Oe. P. 229 293].)

1453 **T. J. Smith & Nephew Ltd.,** Kingston-upon-Hull, übert. von: **David John Drain,** Welwyn Garden City, **John Gordon Bernard Howes,** Hertford, und **Haydn Windsor Richard Williams,** Welwyn, Großbritannien, *3.4-Dihydroxybenzyloxyamin.* (**U. S. P. 3 349 135** vom 14/5. 1963, ausg. 24/10. 1967. Brit. Prior. 15/5. 1962. — C. **1966,** 41-1799 [Brit. P. 989 557].)

1454 **Lepetit S. p. A.,** Mailand, übert. von: **Bruno J. R. Nicolaus,** Mailand, Italien, und **Emilio Testa,** Vacallo, Tessin, Schweiz, *Herstellung von O-[β-Hydroxyäthyl]-hydroxylaminen.* (**U. S. P. 3 344 190** vom 21/2. 1962, ausg. 26/9. 1967. Brit. Prior. 22/2. 1961. — C. **1967,** 51/52-1622 [F. P. 1 320 965].)

1455 **Farbwerke Hoechst Akt.-Ges. vormals Meister Lucius & Brüning** Frankfurt/M., übert. von: **Karl Sturm,** Frankfurt/M., **Walter Siedel,** Bad Soden, und **Rudi Weyer,** Frankfurt/M., *Herstellung von diuretischen Alkoxysulfamylanthranilsäuren.* (**U. S. P. 3 351 589** vom 7/7. 1965, ausg. 7/11. 1967. D. Prior. 11/7. 1964. — C. **1967,** 13-1885 [D. A. S. 1 220 435].)

1456 **Ciba Ltd.** (Erfinder: **Charles Ferdinand Huebner**), *Aminobenzocycloalkane mit ungesättigtem Substituenten im Aminrest.* (**Aust. P. 272 289** vom 18/6. 1963, ausg. 26/1. 1967. U. S. Prior. 19/6., 23/7. 1962 u. 25/3. 1963. — C. **1967,** 25-1621 [Brit. P. 1 003 686].)

1457 **Ayerst, McKenna & Harrison Ltd.** (Erfinder: **Leslie G. Humber**) *Cyclohexane.* (**Aust. P. 274 986** vom 25/1. 1963, ausg. 1/6. 1967. U. S. Prior. 25/1., 21/6. 1962 u. 16/1. 1963. — C. **1967,** 47–1623 [Brit. P. 1 025 151].)

1458 **Merck & Co., Inc.** (Erfinder: **Janos Kollonitsch**), *Herstellung von Cycloheptenverbindungen.* (**Aust. P. 274 432** vom 1/5. 1963, ausg. 4/5. 1967. U. S. Prior. 14/5. u. 14/5. 1962. — C. **1968,** 24-1771 [Brit. P. 1 034 931].)

1459 **Farbwerke Hoechst Akt.-Ges. vormals Meister Lucius & Brüning** (Erfinder: **Gustav Erhart, Ernst Lindner** und **Heinrich Ott**), *Diphenylmethyläther.* (**Aust. P. 274 566** vom 5/2. 1963, ausg. 11/5. 1967. D. Prior. 9/2. u. 3/8. 1962. — C. 1968, 27-1903 [Oe. PP. 242 683 u. 242 687].)

1460 **Gebr. Giulini G. m. b. H.,** übert. von: **Werner Heinrich** und **Walter Heigel,** Ludwigshafen/Rh., *2-Alkyl-3.3-diphenylpropen-2-ylamine und deren Salze.* (**U. S. P. 3 345 411** vom 19/11. 1963, ausg. 3/10. 1967. D. Prior. 23/11. 1962. — C. **1966,** 30-1660 [D. A. S. 1 206 427].)

1461 **Imperial Chemical Industries Ltd.** (Erfinder: **Ralph Howe**), *Naphthalinderivate.* (**Aust. P. 275 724** vom 2/10. 1962, ausg. 29/6. 1967. Brit. Prior. 19/10. 1961. — C. **1966,** 30-1663 [D. A. S. 1 206 910].)

1462 **Frank W. Horner Ltd.,** Montreal, Canada, *Herstellung von Di-(tert.-butyl)-naphthalinsulfonsäurederivaten.* (**Niederl. P. 122 964** vom 15/6. 1961, ausg. 15/9. 1967. U. S. Prior. 16/6. 1960. — C. **1965,** 21-1756 [Brit. P. 938 348].)

1463 **Parke, Davis & Co.,** Detroit (Erfinder: **James Stanley Kaltenbronn,** Ann Arbor), Mich., USA, *Arylnaphthylessigsäurederivate.* (**Schwz. P. 440 246** vom 1/5. 1964, ausg. 29/12. 1967. U. S. Prior. 2/5. 1963. — C. **1967,** 46-1674 [Brit. P. 1 009 288].)

1464 **Imperial Chemical Industries Ltd.,** London, übert. von: **Ralph Howe,** Macclesfield, Großbritannien, *Optisch aktive Naphthyläthanolamine.* (**U. S. P. 3 312 733** vom 13/8. 1962, ausg. 4/4. 1967. Brit. Prior. 15/9. 1961. — C. **1967,** 22-1714 [Brit. P. 1 024 643].)

1465 **J. R. Geigy Akt.-Ges.,** Basel (Erfinder: **Herbert Schröter,** Reinach, und **Daniel Prins,** Oberwil), Schweiz, *Herstellung tricyclischer Hydroxylamine.* (**Schwz. P. 439 322** vom 6/5. 1964, ausg. 15/12. 1967. — C. **1968,** 14-1718 [D. P. [DDR] 50 621].)

1466 **Roussel-Uclaf** (Erfinder: **André Allais** und **Pierre Girault**), *Carbazate.* (**Aust. P. 275 332** vom 25/9. 1963, ausg. 15/6. 1967. F. Prior. 1/10. 1962 u. 11/6. 1963. — C. **1967,** 15-1814 [Brit. P. 995 944].)

1467 **Studiengesellschaft Kohle m. b. H.,** Mülheim/Ruhr (Erfinder: **Klaus Hafner,** Marburg/Lahn), *Herstellung von Azulenen.* (**Schwz. P. 438 282** vom 24/7. 1957, ausg. 30/11. 1967. D. Prior. 25/7. 1956. — C. **1961,** 229 [Brit. P. 831 575].)

1468 **Lipha Lyonnaise Industrielle Pharmaceutique,** übert. von: **Étienne Szarvasi** und **Michel Bayssat,** Lyon, Frankreich, *tert.-Aminoäthyl-β-(1-naphthyl)-β'-tetrahydrofurylisobutan] und α-Alkenyläther.* (**U. S. P. 3 347 858** vom 8/11. 1966, ausg. 17/10. 1967. F. Prior. 28/3. 1963. — C. **1967,** 22-1717 [Brit. P. 1 022 033].)

1469 **May & Baker Ltd.,** Dagenham, Großbritannien, *Herstellung von Nitrofuranderivaten.* (**Niederl. P. 123 146** vom 19/9. 1961, ausg. 16/10. 1967. Brit. Prior. 20/9. 1960. — C. **1963,** 11351 [Ung. P. 150 262].)

1470 **Norwich Pharmacal Co.** (Erfinder: **Frank F. Ebetino** und **Gabriel Gever**), *Nitrofuranderivate.* (**Aust. P. 274 745** vom 2/4. 1963, ausg. 18/5. 1967. U. S. Prior. 5/4. 1962. — C. **1966,** 6-1706 [D. A. S. 1 196 656].)

1471 **Dr. A. Wander Akt.-Ges.,** Bern, Schweiz, übert. von: **Wilhelm Heffe,** Freiburg/Breisgau, *Herstellung von α-Pyrrolidinovalerophenonen.* (**U. S. P. 3 305 562** vom 22/5. 1961, ausg. 21/2. 1967. Schwz. Prior. 24/5. 1960. — C. **1966,** 11-1772 [Oe. P. 226 692].)

1472 **Merck & Co., Inc.,** Rahway (Erfinder: **Donald Floyd Reinhold,** North Plainfield, N.J., **John Harlen Markillie,** Kalamazoo, Mich., und **Meyer Sletzinger,** North Plainfield, N.J.), USA, *Herstellung von Benzylhydantoinen.* (**Schwz. P. 417 609** vom 9/6. 1961, ausg. 15/2. 1967. U. S. Prior. 10/6. 1960. — C. **1966,** 6-1701 [D. A. S. 1 183 097].)

1473 **Warner-Lambert Pharmaceutical Co.** (Erfinder: **Gerhard Satzinger**), *Thiazolidone.* (**Aust. P. 275 684** vom 28/11. 1962, ausg. 29/6. 1967. — C. **1964,** 41-1427 [D. A. S. 1 150 985].)

1474 **Smith, Kline & French Laboratories** (Erfinder: **Jerry A. Weisbach**), *Benzoaporphine.* (**Aust. P. 274 771** vom 3/9. 1963, ausg. 25/5. 1967. U. S. Prior. 11/10. 1962. — C. **1967,** 27-1854 [U. S. P. 3 117 970].)

1475 **Farbenfabriken Bayer Akt.-Ges.** (Erfinder: **Rudolf Hiltmann, Hartmund Wollweber, Kurt Stoepel** und **Hans-Gunther Kroneberg**), *Hexahydro-1-phenyl-3-imino-3H-oxazolo-[3.4-a]-pyridine.* (**Aust. P. 275 439** vom 9/4. 1964, ausg. 15/6. 1967. D. Prior. 6/4. 1963. — C. **1967,** 11-1871 [Brit. P. 995 964].)

1476 **Imperial Chemical Industries Ltd.,** London (Erfinder: **Robert Stanley Halden,** Wolverhampton), Großbritannien, *Herstellung von 2-[β-Methoxyäthyl]-pyridin.* (**Schwz. P. 436 286** vom 27/10. 1961, ausg 15/11. 1967. Brit. Prior. 3/11. 1960 u. 27/9. 1961. — C. **1966,** 21-1784 [Can. P. 694 080].)

1477 **E. Merck Akt.-Ges.,** Darmstadt, *Herstellung eines Bis-[pyridylmethyl]-disulfids.* (**Oe. P. 252 471** vom 27/8. 1964, ausg. 27/2. 1967. D. Prior. 7/9. 1963. — C. **1967,** 29-1811 [D. A. S. 1 220 422].)

1478 **Dr. Karl Thomae G. m. b. H.** (Erfinder: **Klaus Landgraf** und **Ernst Seeger**), *2.3-Polymethylentetrahydrochinolin-Derivate.* (**Aust. P. 272 093** vom 8/11. 1962, ausg. 19/1. 1967. D. Prior. 14/11. 1961. — C. **1966,** 28-1675 [Brit. P. 964 059].)

1479 **Norwich Pharmacal Co.** (Erfinder: **Frank F. Ebetino** und **George Carlin Wright**), Norwich, N.Y., USA, *Herstellung von 4-Amino-6.7-dialkoxychinolinen.* (**Schwz. P. 439 290** vom 5/12. 1963, ausg. 15/12. 1967. U. S. Prior. 6/12. 1962. — C. **1966**, 22-1676 [D. A. S. 1 202 280].)

1480 **Warner-Lambert Pharmaceutical Co.** (Erfinder: **Wilson L. Lutz**), *Pyrazine.* (**Aust. P. 274 655** vom 21/11. 1962, ausg. 18/5. 1967. U. S. Prior. 16/3. 1962. — C. **1966**, 7-1790 [D. A. S. 1 193 054].)

1481 **J. R. Geigy Akt.-Ges.**, Basel, Schweiz, *Herstellung von in 2-Stellung substituierten 4-Sulfanilylaminopyrimidinen.* (**Niederl. P. 123 285** vom 6/12. 1963, ausg. 15/11. 1967, Schwz. Prior. 7/12. 1962. — C. **1966**, 14-1672 [D. P. [DDR] 34 810].)

1482 **Dr. Karl Thomae G. m. b. H.**, Biberach, *Herstellung von Derivaten des Pyrimido-[4.5-d]-pyrimidins.* (**Niederl. P. 122 809** vom 15/2. 1961, ausg. 15/8. 1967. — C. **1966**, 48-1771 [Brit. P. 926 696].)

1483 **Dr. Karl Thomae G. m. b. H.** (Erfinder: **Gerhard Ohmacker**), Biberach/Riß, *Herstellung von 5.6.7.8-Tetrahydropyrido-[4.3-d]-pyrimidinen.* (**Schwz. P. 437 327** vom 11/3. 1963, ausg. 30/11. 1967. D. Prior. 22/3. 1962. — C. **1967**, 9-1889 [D. A. S. 1 197 466].)

1484 **American Home Products Corp.** (Erfinder: **Thomas Stefan Osdene**), *2-Aryl-4.7-diaminopteridin-6-carbonsäuredialkylaminoalkylamide.* (**Aust. P. 273 132** vom 15/5. 1962, ausg. 9/3. 1967. U. S. Prior. 16/5. 1961. — C. **1967**,1878 [F. P. [Med.] 1 995].)

1485 **F. Hoffmann-La Roche & Co. Akt.-Ges.** (Erfinder: **Robert Duschinsky** und **Max Hoffer**), *5-Fluorhydrouracile.* (**Aust. P. 275 440** vom 23/4. 1964, ausg. 15/6. 1967. U. S. Prior. 2/5. 1963. — C. **1968**, 17-1808 [Brit. P. 1 006 155].)

1486 **F. Hoffmann-La Roche & Co. Akt.-Ges.** (Erfinder: **Robert Duschinsky** und **Max Hoffer**), *Fluorcytosine.* (**Aust. P. 274 549** vom 23/4. 1963, ausg. 11/5. 1967. U. S. Prior. 1/5. 1962. — C. **1966**, 41-1822 [Brit.P. 989 456].)

1487 **Yoshitomi Pharmaceutical Industries Ltd.**, Osaka (Erfinder: **Michio Nakanishi** und **Chiaki Tashiro**, Nakatsu), Japan, *Herstellung von Phenothiazinen.* (**Schwz. P. 439 296** vom 6/11. 1963, ausg. 15/12. 1967. Jap. Prior. 15/11. 1962. — C. **1967**, 12-1769 [Brit. P. 1 000 686].)

1488 **Ciba Ltd.**, Basel, Schweiz, *Herstellung von diuretisch wirkenden Dihydrobenzothiadiazinderivaten.* (**Niederl. P. 123 450** vom 7/10. 1960, ausg. 15/12. 1967. U. S. Prior. 8/10. u. 16/10. 1959. — C. **1964**, 17-1654 [D. A. S. 1 147 233].)

1489 **Chas. Pfizer & Co., Inc.**, Brooklyn (Erfinder: **William Merrill McLamore**, Kew Gardens, und **Gerald David Laubach**, Jackson Heights), N.Y., USA, *Herstellung von 7-Sulfamyl-1.2.4-benzthiadiazin-1.1-dioxiden.* (**Schwz. P. 427 745** vom 17/2. 1959, ausg. 14/7. 1967. U. S. Prior. 17/2. u. 16/12. 1958. — C. **1964**, 21-1567 [D. A. S. 1 137 740].)

1490 **J. R. Geigy Akt.-Ges.**, Basel (Erfinder: **Herbert Schröter**, Reinach, und **Daniel Prins**, Oberwil), Schweiz, *Herstellung von Azepinderivaten.* (**Schwz. PP.434 265** u. **434 266** vom 16/3. 1964, ausg. 14/10. 1967. — C. **1967**, 43-1663 [D. P. [DDR] 48205].)

1491 **F. Hoffmann-La Roche & Co. Akt.-Ges.**, Basel, Schweiz (Erfinder: **Giles Allan Archer**, Essex Fells, **Leo Henryk Sternbach**, Upper Mont Clair, N.J., USA, und **Marcel Müller**, Reinach, Schweiz), *Herstellung von Benzdiazepinen.* (**Schwz. P. 436 316** vom 25/6. 1963, ausg. 15/11. 1967. U. S. Prior. 10/7. 1962. — C. **1966**, 41-1829 [Oe. P. 240 373].)

1492 **Dr. Karl Thomae G. m. b. H.** (Erfinder: **Günther Schmidt**), Biberach/Riß, *Herstellung von 5.6-Dihydro-5-oxo-11H-pyrido-[2.3-b]-[1.5]-benzdiazepinen.* (**Schwz. P. 438 346** vom 26/1. 1965, ausg. 15/12. 1967. D. Prior. 28/1. 1964. — C. **1968**, 1-1628 [D. A. S. 1 238 479].)

1493 **C. F. Boehringer & Soehne G. m. b. H.**, Mannheim, *Herstellung von Dibenzoxepin- und Dibenzothiepinderivaten.* (**Niederl. P. 123 447** vom 11/4. 1963, ausg. 15/12. 1967. D. Prior. 14/4. 1962. — C. **1967**, 14-1852 [Brit. P. 966 015].)

1494 **Sandoz Patents Ltd.** (Erfinder: **Ernst Jucker**, **Adolf J. Lindenmann** und **Fulvio Gadient**), *6H-Dibenz-[b,e]-thiepinderivate.* (**Aust. P. 274 391** vom 20/11. 1962, ausg. 4/5. 1967. Schwz. Prior. 21/12. 1961. — C. **1968**, 20-1673 [Schwz. P. 406 243].)

1495 **J. R. Geigy Akt.-Ges.**, Basel, Schweiz, *Herstellung von Thienpienderivaten.* (**Niederl. P. 123 288** vom 1/5. 1964, ausg. 15/11. 1967. Schwz. Prior. 4/5. 1963. — C. **1966**, 46-1732 [D. P. [DDR] 39 622].)

1496 **Spofa sdružení podniků pro zdravotnickou výrobu**, (Erfinder: **Ivan Ernest** und **Miroslav Protiva**), Prag, ČSSR, *Herstellung von 17-Desmethoxy-17α-äthylreserpin.* (**Schwz. P. 422 811** vom 20/11. 1962, ausg. 29/4. 1967. Tschech. Prior. 20/11. 1961. — C. **1966**, 13-1794 [D. A. S. 1 197 090].)

1497 **Roussel-Uclaf** (Erfinder: **Arturo Blade** und **Georges Muller**), *Herstellung von Colchicinderivaten.* (**Aust. P. 275 453** vom 30/10. 1963, ausg. 15/6. 1967. F. Prior. 30/10. 1962. — C. **1968**, 14-1729 [D. A. S. 1 217 389.)

1498 **Roussel-Uclaf Soc. An.**, Paris, Frankreich, *Herstellung von 1-Hydroxymethyldesacetylaminocolchicinderivaten.* (**Niederl. P. 122 976** vom 1/11. 1963, ausg. 15/9. 1967. F. Prior. 21/12. 1962. — C. **1967**, 5-1891 [D. A. S. 1 210 868].)

1499 **Warner-Lambert Pharmaceutical Co.** (Erfinder: **John Shavel jun.**, **George Bobowski** und **Maximilian von Strandtmann**), *Yohimbonderivate.* (**Aust. P. 274 654** vom 14/11. 1962, ausg. 18/5. 1967. — C. **1966**, 21-1811 [U. S. P. 3 139 428].)

1500 **Soc. Farmaceutici Italia**, Mailand, Italien, *Herstellung von D-6-Methyl- und D-1.6-Dimethylergolin I-Derivaten.* (**Niederl. P. 123 141** vom 14/5. 1962, ausg. 16/10. 1967. It. Prior. 29/5., 7/9. 1961 u. 18/1. 1962. — C. **1967**, 31-1743 [Brit. P. 959 261].)

1501 **Soc. Farmaceutica Italia** (Erfinder: **Luigi Bernardi**, **Onofrio Goffredo** und **Germano Bosisio**), *Ergolin-II-derivate.* (**Aust. P. 274 658** vom 26/11. 1962, ausg. 18/5. 1967. It. Prior. 28/11. 1961. — C. **1967**, 31-1747 [Brit. P. 970 963].)

1502 **Soc. Farmaceutici Italia** (Erfinder: **Luigi Bernardi**, **Onofrio Goffredo** und **Germano Bosisio**), *Ergolin-II-derivate.* (**Aust. P. 274 659** vom 26/11. 1962, ausg. 18/5. 1967. It. Prior. 28/11. 1961. — C. **1967**, 17-1796 [U. S. P. 3 185 695].)

1503 **Soc. Farmaceutici Italia**, übert. von: **Francesco Chillemi**, Mailand, Italien, *L-Alanyl-L-phenylalanyl-L-isoleucylglycyl-L-leucyl-L-methioninamid, daraus kondensiertes Hepta- und Undecapeptid und deren Salze.* (**U. S. P. 3 341 510** vom 1/10. 1962, ausg. 12/9. 1967. It. Prior. 5/10. 1961 u. 5/2. 1962. — C. **1966**, 41-1832 [Brit. P. 984 810].)

1504 **Sandoz Akt.-Ges.**, Basel, übert. von: **Roger Boissonnas**, Bottmingen, **Stephan Guttmann**, Allschwill, und **Janos Pless**, Basel, Schweiz, *Pentakosapeptid und dessen Salze mit ACTH-Wirkung.* (**U. S. P. 3 352 844** vom 25/1. 1965, ausg. 14/11. 1967. Schwz. Prior. 31/1. 1964. — C. **1968**, 11-1732 [D. P. [DDR] 48 621].)

1505 **Sandoz Akt.-Ges.**, Basel, übert. von: **Roger Boissonnas**, Bottmingen, **René Huguenin**, Reinach, **Botond Berde**, Basel, und **Walter Schalch**, Riehen, Schweiz, **Phe-Orn-oxytocin.** (**U. S. P. 3 352 843** vom 27/8. 1964, ausg. 14/11. 1967. Schwz. Prior. 30/8. 1963. — C. **1966**, 30-1681 [D. P. [DDR] 40 706].)

1506 **Farbwerke Hoechst Akt.-Ges. vormals Meister Lucius & Brüning**, Frankfurt/M., übert. von: **Gerhard Schramm**, Tübingen, **Horst Grötsch**, Frankfurt/M., und **Wolfgang Pollmann**, Sinzheim/Baden, *Herstellung von Polynucleotiden.* (**U. S. P. 3 299 043** vom 9/7. 1964, ausg. 17/1. 1967. D. Prior. 24/5. 1961. — C. **1966**, 26-1718 [D. A. S. 1 201 353].)

1507 **Fujisawo Pharmaceutical Co. Ltd.**, Osaka, Japan, *Herstellung von sich von Vitamin B ableitenden Disulfiden.* (**Niederl. P. 123 136** vom 15/8. 1961, ausg. 16/10. 1967. Jap. Prior. 19/8. 1960. — C. **1965**, 29-1695 [Brit. P. 925 586].)

1508 **Ciba Akt.-Ges.**, Basel (Erfinder: **Vladimir Prelog**, **Ernst Gäumann**, Zürich, und **Ernst Vischer**, Basel), Schweiz, *Herstellung von Ferrirubin und Desferrirubin durch Gärung.* (**Schwz. P. 439 314** vom 15/6. 1962, ausg. 15/12. 1967. — C. **1967**, 28-1788 [F. P. 1 360 550].)

1509 **Wellcome Foundation Ltd.**, Großbritannien, *Herstellung von Diacylaten des Cymarols.* (**F. P. 1 481 027** vom 30/9. 1963, veröff. 10/4. 1967. Brit. Prior. 4/10. 1962, 16/8. u. 16/8. 1963. — C. **1968**, 23-1887 [D. A. S. 1 238 909].)

1510 **British Drug Houses Ltd.**, London, Großbritannien, *Herstellung von Steroiden.* (**Niederl. P. 123 297** vom 22/3 1963, ausg. 15/11. 1967. Brit. Prior. 22/3. 1962. — C. **1966**, 32-1712 [Brit. P. 967 009].)

1511 **Abbott Laboratories** (Erfinder: **John S. Tadanier**), *Steroide.* (**Aust. P. 275 689** vom 28/5. 1963, ausg. 29/6. 1967. U. S. Prior. 27/6. 1962. — C. **1965**, 43-1903 [D. A. S. 1 188 591].)

1512 **British Drug Houses Ltd.**, London, Großbritannien, *Herstellung von 2-Formylsteroiden.* (**Niederl. P. 122 814** vom 25/1. 1963, ausg. 15/8. 1967. Brit. Prior. 26/1. 1962. — C. **1967**, 11-1886 [U. S. P. 3 160 643].)

1513 **Shionogi & Co. Ltd.**, Japan (Erfinder: **Kanzo Sasaki** und **Junichi Kawanami**), *Herstellung von 12-Acylaminosteroiden.* (**F. P. 1 480 106** vom 19/4. 1963, veröff. 3/4. 1967. Jap. Prior. 20/4. 1962. — C. **1967**, 46-1691 [U. S. P. 3 188 308].)

1514 **Shionogi & Co. Ltd.**, Japan (Erfinder: **Hiroshi Mitsuhashi**), *Herstellung von 12-Aminosteroiden.* (**F. P. 1 481 020** vom 8/6. 1962, veröff. 10/4. 1967. Jap. Prior. 10/6. 1961. — C. **1965**, 22-1731 [U. S. P. 3 113 130].)

1515 **Dr. Karl Thomae G. m. b. H.** (Erfinder: **Joachim Heider** und **Dietrich Jerchel**), Biberach/Riß, *Herstellung neuer Steroidester.* (**Oe. P. 253 137** vom 16/8. 1962, ausg. 28/3. 1967. D. Prior. 19/8. 1961. — C. **1966**, 21-1819 [Brit. P. 963 938].)

1516 **Roussel-Uclaf Soc. An.**, Paris, Frankreich, *Herstellung von 17-Äthinyl-19-norsteroiden.* (**Niederl. P. 123 455** vom 6/5. 1965, ausg. 15/12. 1967. F. Prior. 13/5. 1964. — C. **1967**, 49/50-1614 [F. P. 1 409 756].)

1517 **Schering Akt.-Ges.**, Deutschland, *Herstellung von 1.4-Dien-3-ketosteroiden.* (**F. P. 1 470 304** vom 20/5. 1961, veröff. 16/1. 1967. D. Prior. 20/5. 1960. — C. **1963**, 20525 [D. A. S. 1 135 899].)

1518 **Roussel-Uclaf** (Erfinder: **Gerard Nominé** und **Robert Bucourt**), *Lactone der Pregnanreihe.* (**Aust. P. 274 805** vom 29/10. 1962, ausg. 25/5. 1967. F. Prior. 28/10. 1961. — C. **1967**, 17-1801 [F. P. 1 334 950].)

1519 **Merck & Co., Inc.**, Rahway, N.J., USA, *Herstellung von im Ring A ungesättigten in 11- und 17-Stellung je einen Sauerstoff aufweisenden 20-Ketopregnan-16-glucuroniden und 20-Ketopregnan-16-galacturoniden.* (**Oe. P. 253 699** vom 12/2. 1964, ausg. 25/4. 1967. U. S. Prior. 18/2. 1963. — C. **1968**, 21-1906 [U. S. P. 3 240 777].)

1520 **Schering Akt.-Ges.**, Deutschland, *Herstellung von $\Delta^{4.6}$-Pregnadien-17α-ol-3.20-dionderivaten.* (**F. P. 1 481 023** vom 24/8. 1962, veröff. 10/4. 1967. D. Prior. 1/9. 1961. — C. **1964**, 42-1573 [D. A. S. 1 158 967].)

1521 **Upjohn Co.** (Erfinder: **George Basil Spero**), Kalamazoo, Mich., USA, *Herstellung von 6-Methyl-9α-fluor-4.6-pregnadien- (bzw. -1.4.6-pregnatrien)-3.20-dionen bzw. -3.11.20-trionen.* (**Schwz. P. 439 280** vom 27/5. 1963, ausg. 15/12. 1967. U. S. Prior. 31/5. 1962. — C. **1965**, 29-1723 [U. S. P. 3 100 777].)

1522 **G. D. Searle & Co.** (Erfinder: **Paul D. Klimstra** und **Raymond E. Counsell**), *Androstane.* (**Aust. P. 274 604** vom 27/3. 1962, ausg. 18/5. 1967. U. S. Prior. 28/3. 1961. — C. **1966**, 17-1836 [Brit. P. 948 879].)

1523 **F. Hoffmann-La Roche & Co. Akt.-Ges.**, Basel, Schweiz, *Herstellung von 10-Alkylverbindungen der Androstanreihe.* (**Oe. P. 253 695** vom 23/4. 1963, ausg. 25/4. 1967. Schwz. Prior. 9/5. 1962. — C. **1967**, 1-1874 [D. A. S. 1 205 968].)

1524 **F. Hoffmann-La Roche & Co. Akt.-Ges.** (Erfinder: **Arthur Boller**, **Andor Fürst** und **Ernst Gerhard Herzog**), *10-Alkylsteroide der Androstanreihe.* (**Aust. P. 275 368** vom 1/5. 1963, ausg. 15/6. 1967. Schwz. Prior. 9/5. 1962. — C. **1967**, 1-1874 [D. A. S. 1 205 968].)

1525 **Syntex Corp.** (Erfinder: **Albert Bowers** und **Alexander D. Cross**), *2-Halogenverbindungen der Androstanreihe.* (**Aust. P. 275 409** vom 9/7. 1963, ausg. 15/6. 1967. U. S. Prior. 9/7. 1962.— C. **1968**, 7-1745 [U. S. P. 3 213 118].)

1526 **Merck & Co., Inc.**, Rahway, N.J. (Erfinder: **Arthur Eugene Oberster**, North Canton, O., **Roger Eldon Beyler**, Carbondale, Ill., **Lewis Hastings Sarett**, Rahway, **Thomas Seth Bry**, Linden, N.J., und **John Fried**, Palo Alto, Calif.), USA, *17α-Haloäthinyl-19-norandrostane.* (**Schwz. P. 433 280** vom 20/4. 1961, ausg. 30/9. 1967. U. S. Prior. 20/4., 30/9. 1960 u. 2/3. 1961. — C. **1965**, 44-1695 [Oe. P. 232 204].)

1527 **Herchel Smith**, Wayne, Pa., USA, *Derivate von 18-Homo-19-nortestosteron.* (**Niederl. P. 122 645** vom 13/9. 1962, ausg. 17/7. 1967. Brit. Prior. 15/9. 1961. — C. **1965**, 29-1743 [Ung. P. 151 224].)

1528 **Upjohn Co.**, USA (Erfinder: **Frank Harris Lincoln**, **Alan Hart Nathan** und **William Paul Schneider**), *Herstellung von 6-substituierten Steroiden des Hydrocortisons und Prednisolons.* (**F. P. 1 468 606** vom 3/6. 1960, veröff. 2/1. 1967. U. S. Prior. 4/6. 1959. — C. **1962**, 5398 [U. S. P. 2 960 502].)

1529 **Upjohn Co.**, USA (Erfinder: **John Alexander Hogg** und **Alan Hart Nathan**), *Herstellung von 6-Dehydro- und 1.6-Bisdehydro-6-methylcortisonen und -hydrocortisonen und deren 21-Acylaten.* (**F. P. 1 468 604** vom 24/3. 1960, veröff. 2/1. 1967. U. S. Prior. 25/3. 1959. — C. **1968**, 17795 [Brit. PP. 896 817 u. 896 818].)

1530 **Glaxo Laboratories Ltd.**, Greenford, Großbritannien, *Corticosteroidpräparat.* (**Niederl. P. 123 034** vom 30/3. 1962, **ausg.** 16/10. 1967. Brit. Prior. 30/3. 1961. — C. **1966, 44**-1597 [Brit. P. 961 555].)

1531 **Lepetit S. p. A.**, Mailand, Italien, *Herstellung antibiotischer Stoffe.* (**Niederl. P. 123 166** vom 27/5. 1963, ausg. 15/11. 1967. **Brit. Prior.** 25/5. 1962. — C. **1967**, 17-1823 [Brit. P. 965 019].)

1532 **American Cyanamid Co.** (Erfinder: **Edward Grant Remmers, George Madison Sieger** und **William Charles Barringer**), *Stabile Tetracyclinlösungen.* (**Aust. P. 275 473** vom 17/12. 1963, ausg. 22/6. 1967. U. S. Prior. 31/12. 1962. — C. **1967**, 21-1920 [U. S. P. 3 159 542].)

1533 **Merck & Co., Inc.** (Erfinder: **Clarence Carl Christman, Rudolph Cicchetti** und **William John Timson**), *Herstellung von sterilem Streptomycinsulfat.* (**Aust. P. 275 395** vom 21/3. 1963, ausg. 15/6. 1967. U. S. Prior. 6/4. 1962. — C. **1966, 33**-1752 [U. S. P. 3 142 670].)

1534 **Glaxo Group Ltd.**, Greenford, Großbritannien, *Herstellung von Griseofulvin.* (**Niederl. P. 122 874** vom 17/4. 1961, ausg. 15/9. 1967. **Brit.** Prior. 19/4. 1960. — C. **1963**, 18948 [Brit. P. 899 667].)

1535 **Wellcome Foundation Ltd.** (Erfinder: **Gwenneth Doreen Laurence**), *Masern-Virus-Vakzine.* (**Aust. P. 273 015** vom 30/8. 1962, ausg. 2/3. 1967. Brit. Prior. 8/9. 1961. — C. **1966, 33**-1760 [Brit. P. 960 850].)

1536 **E. Merck Akt.-Ges.** (Erfinder: **Günther Mohr, Konrad Niethammer, Sigmund Lust** und **Gerhard Schneider**), *Fungizide Mittel.* (**Aust. P. 275 376** vom 13/3. 1964, ausg. 15/6. 1967. D. Prior. 2/4. 1963. — C. **1965**, 30-1860 [D. A. S. 1 182 896].)

1537 **M & T Chemicals, Inc.**, New York, übert. von: **Gerald A. Baum**, New York, N.Y., und **William J. Considine**, Somerset, N.J., USA, *Bakterizide Organozinnverbindungen.* (**U. S. P. 3 328 239** vom 7/5. 1963, ausg. 27/6. 1967. — C. **1967**, 13-1941 [D. A. S. 1 219 631].)

1538 **Herbert C. Stecker**, Ho-Ho-Kus, N.J., USA, *Halogenierte Anilide von Thiophencarbonsäuren.* (**U. S. P. 3 303 201** vom 30/9. 1965, **ausg.** 7/2. 1967. — C. **1968**, 22-1862 [D. A. S. 1 240 227].)

1539 **Zambon S. p. A.**, Vicenza (Erfinder: **Carlo Concilio**, Vicenza, und **Luigi Marangoni**, Monbello di Lambiate), Italien. *Herstellung von 5-Hydroxymethyl-1-[5'-nitrofurfuryliden-(2)-amino]-hydantoin.* (**Schwz. P. 438 332** vom 20/2. 1961, ausg. 15/12. 1967. It. Prior. 31/3. 1960. — C. **1967**, 51/52-1661 [F. P. 1 326 340].)

1540 **Dr. Karl Thomae G. m. b. H.**, Biberach, *Herstellung von Benzo-1.3-oxazin-2.4-dionen.* (**Niederl. P. 122 973** vom 25/5. 1961, ausg. 15/9. 1967. D. Prior. 25/5. 1960. — C. **1964**, 38-1614 [D. A. S. 1 153 375].)

1541 **Sterling Drug, Inc.**, New York, N.Y., übert. von: **Aubrey A. Larsen**, Evansville, Ind., **James E. Siggins** und **James H. Ackerman**, Bethlehem, N.Y., USA, *Herstellung von Monojodbenzyloxyalkansäureestern.* (**U. S. P. 3 317 569** vom 1/3. 1963, ausg. 2/5. 1967. — C. **1967**, 8-1843 [Brit. P. 1 003 494].)

1542 **Schering Akt.-Ges.** (Erfinder: **Hans Priewe, Heinrich Pfeiffer, Friedrich Elster** und **Hand Richter**), *Bernsteinsäurejodanilidderivate.* (**Aust. P. 273 179** vom 9/12. 1963, ausg. 9/3. 1967. D. Prior. 22/12. 1962. — C. **1967**, 19-1849 [Brit. P. 987 050].)

G. Analytische Chemie, Laboratoriumspraxis

G–1. Allgemeine Verfahren und Apparate

1543 **Pumpen von Wasserstoff und Deuterium durch Kondensation an durch flüssiges Helium gekühlten Flächen.** J. N. Chubb, L. Gowland und I. E. Pollard. (J. Physics, D (Brit. J. appl. Physics) [2] **1** (1968) 3, 361—70; Culham Labor., Culham, Abingdon, Berks.; engl.) — Vf. untersuchen die Kondens. von H_2 u. D_2 an mit fl. He gekühlten Flächen in einer Kryopumpe. Der Haftkoeff. von H_2 u. D_2 nimmt von ca. 0,5 bei ca. 10^{13} Mol./cm² bei anfänglicher Bedeckung einer durch fl. He gekühlten Fläche auf 0,7—0,95 bei 10^{16} Mol./cm² zu u. bleibt konst. bei weiterer Bedeckung. Der Haftkoeff. nimmt mit zunehmender Gaseinlaßgeschw. zu u. hängt bei sehr kleinen Gaseinlaßgeschw. innerhalb des Temp.-Bereichs 2,1—3,7 °K nur am oberen Ende des angegebenen Temp.-Bereichs von der Kaltflächentemp. ab. Während der anfänglichen Bedeckung der mit fl. He gekühlten Fläche nimmt die Desorptionsgeschw. der Gasmol. mit zunehmender Bedeckung zu u. erreicht einen konst. Wert für Bedeckungen von **ca.** $3 \cdot 10^{16}$ Mol./cm². Die Desorptionsgeschw. nehmen nicht so schnell mit abnehmender Kaltflächentemp. ab, wie aus den bekannten H_2- u. D_2-Dampfdruckkurven zu erwarten ist. Einzelheiten über die zu den Messungen verwendeten App. vgl. Original. H.-J. Schönherr 5010

1544 **Konzentrierung von Verunreinigungen durch gelenkte Kristallisation.** A. N. Kirgincev und I. I. Gorbačeva. (Ž. analitičeskoj Chim. **23** (1968) 3, 336—40; CO AN SSSR, Novosibirsk, inst. neorgan. chim.; russ., Auszug: engl.) — Nach theoret. Betrachtungen werden Gleichungen zur Berechnung der Kristallisationsgeschw. abgeleitet u. diskutiert. Es wird eine Meth. angegeben, die die Best. von Verunreinigungen in Reinmetallen nach Konzentrierung am Ende eines Barrens durch gelenkte Kristallisation gestattet. Am Beispiel der Analyse von Rein-Sn wird die Meth. erläutert. Herbert Hoffmann 5022

1545 **Halbwertszeiten der Aktivierung bei Beschleunigern.** E. Freytag. (Health Physics **14** (1968) 3, 267—69; DESY, Hamburg; dt.) — Best. der Aktivierung der Maschinenteile eines Elektronenbeschleunigers nach einer Betriebsdauer T u. einer Wartezeit t nach Abschalten. W. Reusse 5030

1546 **Richtungsverteilung der Neutronenemission beim Philips-Neutronengenerator PW 5800.** E. G. Andresen. (Messtechnik [Braunschweig] **76** (1968) 4, 81—83; Staatl. Ingenieurakad. Gauß, Berlin; dt.) — Der mit 120 kV u. 93 μA unterhalb der Nennleistung betriebene Generator zeigt nach Messungen mit einem Protonenrückstoßzählrohr in Vorwärts- u. Rückwärtsrichtung Minima der Neutronenemission (Absorption u. Streuung durch Zuführungsleitungen). In der Targetebene finden sich durch Selbstabsorption verursachte schwächere Intensitätsabfälle. Mit einem BF_3-Zählrohr werden therm. u. epitherm. Neutronen mit einer Ausb. von <1% der schnellen Neutronen gefunden. W. Reusse 5030

1547 **Herstellung von dünnen Targets aus kleinen Mengen von Pulver durch Elektrophorese.** Ingrid R. Lukas. (Studii Cercetări Fizică [București] **19** (1967) 6, 701—03; rum.) — In der Arbeit wird eine Glaszelle beschrieben, die für die Herst. von Targets durch Elektrophorese aus La_2O_3, NiO, V_2O_5, C, Si, Co, Cr, A u. Rhs gebaut wurde. Das Vol. dieser Zelle beträgt nur 35 cm³ u. erlaubt deswegen die Herst. von Targets die einige μ dick sind mit sehr kleinen Stoffmengen. Die Elektroden für hohe Spannungen sind Cu- oder Ni-Scheiben. Mit dieser Zelle wurden gleichförmige, hitzebeständige u. schwingungsfeste Targets erhalten, wenn die Lsg. nicht zu konz. war, die Spannungen nicht zu hoch (100—400 V) u. die Ablagerungszeit lang war. Die Targets, die mit der Glaszelle erhalten wurden, waren genau so gut, wie die, die mit einer Teflonzelle abgeschieden wurden. L. Vescan 5030△

1548 **Geeichte ZnS-Elektrolumineszenzlampen als Standardlichtquellen.** S. Prydz und A. Ulset. (Appl. Optics **7** (1968) 1, 21—23; Fys. Inst., Univ. i Oslo, Blindern, Oslo; engl.) — Vf. untersuchen die Intensitäts- u. die spektralen Änderungen mit der Spannung, Frequenz u. Temp. sowie Inhomogenitäten der Oberflächenhelligkeit an keram. Lampen (Sylvania Electric Prod., Salem, Mass.) unterschiedlicher Farben als Standardlichtquellen bei der Prüfung von Sekundärelektronenvervielfachern. Bei Verw. stabilisierter Energieversorgung werden sehr beständige Lichtquellen erhalten. Der kritischste Parameter ist die Arbeitstemp. der Lampe. H.-D. Schenke 5032

1549 **Schichtdickenbestimmung mittels Elektronenrückstreuung.** T. Just, H. Niedrig und H. Yersin. (Z. angew. Physik **25** (1968) 2, 89—90; I. Physikal. Inst., TU, Berlin; dt.) — Die Rückstreuung schneller Elektronen an Metallfolien ist prakt. unabhängig von Kristallitgröße u. Folientemperatur. Sie ist daher zur Schichtdickenbest. bes. geeignet. Entsprechende Messungen an Au-Folien (≦1000 Å) werden angegeben. H.-D. Schenke 5042

1550 **Ovalradzähler zur Volumenmessung hochviskoser Flüssigkeiten.** Werner Schmitt. (Farbe u. Lack **74** (1968) 3, 253—57; Mannheim; dt.) — Mit dem vom Vf. besprochenen, aus dem Serienprogramm weiterentwickelten Ovalradzähler können Fl. hoher Viskosität (≧30000 cP) volumetr. gemessen, dosiert u. geregelt werden. Die Meßgenauigkeit beträgt ±0,2%. H.-D. Schenke 5044

1551 **Zählung der Protonenrückstoßspuren mittels Fernsehen.** Ben G. Samardzich und Ronald L. Kathren. (Health Physics **13** (1967) 7, 813—14; Lawrence Radia tion Labor., Livermore, Calif.; engl.) — Bei der Auswertung von Kernspurenemulsionen, die zur Neutronenpersonendosimetrie eingesetzt werden, kann das Auszählen der Spuren auf verschiedenen Wegen geschehen. Bisher wurde die Direktbeobachtung am Mikroskop u. die Projektion mittels Projektionsmikroskop angewandt. Die Nachteile, die beiden Meth. anhaften, können durch Ankoppeln einer TV-Kamera an das Mikroskop behoben werden. Um Fehleinschätzungen der Spuren weitgehend zu vermeiden, muß auf gute Auflösung geachtet werden. Als optimal wird ein 1029-Zeilensyst. mit 43-cm-Bildschirm angegeben. Der Vgl. zwischen Direkt- u. TV-Beobachtung zeigt einen Verlust von ca. 10% der auszählbaren Spuren bei der TV-Beobachtung. V. Lößner 5068

1552 **Kapazitiver Wandler für kleine Auslenkungen. Anwendung zur Konstruktion einer hochempfindlichen, registrierenden Torsionswaage.** Daniel Chéry, Claude Grandjean und Jacques Villermaux. (Rev. Physique appl. **3** (1968) 1, 5—10; Suppl. zu: J. Physique, Univ. Nancy; franz.) — Eine Mikrowaage, mit der Drehmomente von 10^{-10} Newton · m elektron. gemessen u. registriert werden können, wird beschrieben. Mit Hilfe dieser App. konnte der „Saugdruck" von 10^{-5} Pascal gemessen werden, der bei der irreversiblen Adsorption von H-Atomen an einer MoO_3-Schicht, die auf einer Seite des Targets niedergeschlagen ist, auftritt. M. Pickardt 5070

1553 **Fluoreszenz von Metallkomplexen des Resorcylaldehydacetylhydrazons.** Z. Urner. (Collect. czechoslov. chem. Commun. **33** (1968) 4, 1078—90; Prag, TH für Chem., Inst. für analyt. Chem.; dt.) — Aus Resorcylaldehyd, Äthylacetat u. Hydrazinhydrat wurde das Resorcylaldehydacetylhydrazon (F. 256°; A) dargestellt. Die Dissoziationskonst. von A in 40%ig. A. wurden potentiometr. spektralphotometr. u. fluorimetr. bestimmt. A fluoresziert bei Anregung bei 365 nm blau, die Intensität ist pH-abhängig. Untersucht wurden die Rk. von verschiedenen Metallnitraten bzw. -perchloraten bei verschiedenen pH-Werten. Nennenswerte Farbrk. sind mit Fe(III) (violett), UO_2^{2+} (braun) sowie Ti(IV) (gelb) beobachtet worden. Intensiv blau fluoreszieren bei 365 nm Zn-, Al-, Sc- u. Ga-Salze, bei 406 nm fluoresziert nur Sc. Die Fluoreszenz der Al- u. Sc-Komplexe ist 4mal stärker als die bei Zn u. Ga. Die Zus. der Komplexe von A mit Zn u. Sc ist wahrscheinlich 1 : 1, für Al liegt der Wert zwischen 1 : 1 u. 1 : 2, was auf ein Gemisch von zwei Komplextypen zurückgeführt wird. Eine Meth. zur Best. von Sc bei 406 nm wird angegeben. W. Heinemann 5086

1554 **Rasche pH-Messung mit der Glaselektrode. Kinetik der Dehydratation von Kohlensäure bei 25 und 37°.** L. Rossi-Bernardi und Robert L. Berger. (J. biol. Chemistry **243** (1968) 6, 1297—1302; Inst. di Chim. Organ. ed Anal., Univ. of Milan, Milan, Italy; engl.) — Es wird eine einfache App. beschrieben, die es gestattet, den pH-Wert mit einer zeitlichen Verzögerung von 0,003 Sek. vom Zeitpunkt der Mischung zu bestimmen. Die Vorr. setzt sich zusammen aus den Hauptkomponenten: Standard-pH-Meter (Glaselektrode, ⌀ 2 mm, 120 mm lang, Länge der Meßspitze 0,5 mm, Widerstand 150 MΩ bei 20°) u. der mechan. angetriebenen Mischvorrichtung (Spritzen + Mischdüsen). Der Abstand der Glaselektrode vom Mischpunkt ist wählbar u. ergibt die Zeit zwischen Mischen u. Messen, ≧ 0,003 Sek., Genauigkeit der Meth. ± 0,005 pH-Einheiten. Bedeutende physikal. Störeffekte (Strömungspotentiale) treten nicht auf. Als prakt. Beispiel wurde durch pH-Messung die RGK von $H_2CO_3 \rightleftharpoons CO_2 + H_2O$ für 25 u. 37° bestimmt. G. Schatz 5092

1555 **Titration schwacher Säuren in 1.1.3.3-Tetramethylguanidin.** Joseph A. Caruso, Gilbert G. Jones und Alexander I. Popov. (Analytica chim. Acta [Amsterdam] **40** (1968) 1, 49—54; Mich. State Univ., East Lansing, Mich.; engl.) — Da die Wasserstoffelektrode in 1.1.3.3-Tetramethylguanidin (TMG) reversibel anspricht, wird sie als Indikatorelektrode bei der potentiometr. Titration von *Phenol* (I), *o-Kresol* (II), *p-Chlorphenol, 5-Methyltetrazol, o-Nitrobenzoesäure, o-, m-* (III) u. *p-Chlorbenzoesäure* (IV) mit einer 0,1 m Lsg. von Tetrabutylammoniumhydroxid in TMG/Methanol (90 : 10) verwendet. Als Bezugselektrode wird eine in mit Benzoesäure (V) gesätt. TMG-Lsg. tauchende Wasserstoffelektrode verwendet. Der Fehler beträgt ± 0,5%. Daneben werden auch Mischungen titriert aus V mit I, III mit I u. IV mit II. Bei den meisten Titrationen kann auch visuell mit Curcumin als Endpunktsindikator gearbeitet werden. K. Henning 5092

1556 **Verwendung von Membranen zur Äquivalenzpunktanzeige.** 3. Mitt. **Pergamentpapiermembranen mit Imprägnierung durch Erdalkalikationenniederschläge.** C. Liteanu und Maria Mioşcu. (Rev. roum. Chim. **13** (1968) 2, 209—18; Univ. „Babeş-Bolyai", Cluj; franz.) — Vf. untersuchen Pergamentpapiermembranen, die mit Nd. von $SrSO_4$, $CaSO_4$, $Ca(COO)_2$, $Sr(COO)_2$, $Ba(COO)_2$, $BaSeO_4$, $BaTeO_4 \cdot 2\,H_2O$, $BaCrO_4$ u. $Ba(JO_3)_2$ imprägniert wurden. $BaSeO_4$- u. $Ba(JO_3)_2$-Membranen sind als Indikatorelektroden für potentiometr. Säure-Basen-Titrationen geeignet; erstere für H_2SeO_4, H_2SO_4, HCOOH (alle 0,1 n) mit 0,1 n NaOH- sowie für NH_3, CH_3NH_2, $H_2N-(CH_2)_2-NH_2$ mit H_2SO_4-Lsg., letztere für HJO_3 u. H_2SO_4 mit NaOH- sowie CH_3NH_2 mit H_2SO_4-Lösung. Die Titration schwacher Basen kann an $BaSO_4$-Papier nicht durchgeführt werden. J. Pickardt 5092

1557 **Thermometrische Fällungstitrationen.** J. Barthel, N. G. Schmahl und K. Lenz. (Z. analyt. Chem. **233** (1968) 5, 328—40; Inst. für Physikal. Chem., Univ. des Saarlandes, Saarbrücken; dt.) — Vf. behandeln die theoret. Grundlagen der thermometr. Fällungstitration u. erweitern bereits bekannte Einzelergebnisse durch eine Reihe von Beispielen für die möglichen Typen von Fällungsrk., um die Anwendbarkeit der Meth. aufzuzeigen. H.-D. Schenke 5094

1558 **Thermometrische Titration zur Prozeßanalyse.** K. L. Snyder. (Chem. Engng. Progr. **64** (1968) 4, 75—78; Union Carbide Corp., South Charleston, W.Va.; engl.) — Vf. beschreiben 2 kontinuierlich arbeitende Prozeßanalysatoren zur Kontrolle von 0—32%ig. Essigsäure u. von 0—0,4%ig. NaOH-Lsg. in nichtwss. Strömen. H.-D. Schenke 5094

1559 **Hochempfindliche Meßapparatur zur Durchführung kryoskopischer Messungen und thermometrischer Titrationen.** Karl Friedrich Jahr, Günther Wiese und Günter Schuchardt. (Z. physik. Chem. [Frankfurt/M.] [N.F.] **61** (1968) 1—4; 73—91; Inst. für Anorgan. Chem., FU, Berlin; dt.) — Die Empfindlichkeit der App. entspricht ca. 10^{-5} Grad/Teilstrich auf dem Kompensationsschreiber. Substanzmengen in der Größenordnung von 10^{-4} bis 10^{-5} Mol lassen sich damit einwandfrei vermessen. H.-D. Schenke 5094

1560 **Wechselstrompolarographie und irreversible Prozesse.** Donald E. Smith und Thomas G. McCord. (Analytic. Chem. **40** (1968) 3, 474—81; Dep. of Chem., Northwestern Univ., Evanston, Ill.; engl.) — Vf. entwickeln auf der Grundlage der theoret. Arbeit von Timmer et al. [J. electroanalyt. Chem. Interfacial Elektrochem. [Amsterdam] 14 (1967) 169 u. 181] Gleichungen für die wechselstrompolarograph. Welle bei der Grundfrequenz u. der 2. harmon. Frequenz. Dabei kann die Irreversibilität der Elektrodenrk. bedingt sein durch eine sehr langsame heterogene Durchtrittsrk., durch chem. Zers. des Elektrolyseprod. zu einer elektroinakt. Form u. durch chem. Ox. des Red.-Prod. unter Bldg. des Ausgangsmaterials (katalyt. Prozeß). Ein meßbarer polarograph. Effekt ist unabhängig von der Ursache der Irreversibilität stets zu erwarten, sofern $\alpha > 0$ (α = Ladungsübergangskoeff.) ist. E. Bomke 5098

1561 **Polarographie einiger schwefelhaltiger Verbindungen.** 13. Mitt. **Anodische Stufen von Dialkyldithiocarbamaten.** D. J. Halls, A. Townshend und P. Zuman. (Analytica chim. Acta [Amsterdam] **41** (1968) 1, 51—62; Dep. of Chem., Univ. of Birmingham, Birmingham; engl.) — 12. vgl. ibid. **40** (1968) 3, 459. — *Na-Diäthyldithiocarbamat* (I) u. *K-Dibenzyldithiocarbamat* (II) geben nur eine anod. Einelektronenstufe. Die verschiedenen Adsorptionsphänomene werden wahrscheinlich durch wechselnde Orientierung der Hg-Verb. auf der Elektroden-

oberfläche verursacht. Die irregulären i–t-Kurven, die bei −0,04 V aufgezeichnet werden u. das anormale Verh. des anod. Stroms zwischen +0,2 V u. −0,4 V können durch das Verh. eines adsorbierten Films auf der Elektrode gedeutet werden. Analyt. Messungen werden am besten in 60 %ig. äthanol. 0,1 m NaOH-Lsg. bei Konz. von ca. 10^{-5}m an Dialkyldithiocarbamat durchgeführt. Es wird eine Meth. für die Analyse der Monoalkyl- u. Dialkylverb. in Mischungen angegeben.
H. Marsen 5098

1562 **Polarographie einiger schwefelhaltiger Verbindungen. 14. Mitt. Anodische Stufen von N.N′-Äthylen-1.2-bis-dithiocarbamat und Reaktionen mit Schwermetallen.** D. J. Halls, A. Townshend und P. Zuman. (Analytica chim. Acta [Amsterdam] 41 (1968) 1, 63–74; engl.) — 13. vgl. vorst. Referat. — Das Auftreten von 2-Elektronenschritten bei polarograph. Kurven von N.N′-Äthylen-1.2-bis-dithiocarbamaten (I) zusammen mit Verschiebungen des Halbstufenpotentials in Abhängigkeit vom pH-Wert u. Adsorptionserscheinungen weisen auf eine gleichzeitige Rk. bei der Dithiocarbamatgruppierung an der Elektrodenoberfläche hin. In homogenen alkal. Lsg. bilden Cd^{2+}, Cu^{2+} u. Pb^{2+} ein 1 : 1-Zwischenprod. mit I, bei welchem nur eine Dithiocarbamatgruppe reagiert. Bei der Analyse von Pestiziden ist eine 1 m NaOH-Lsg. am geeignetsten zur Best. des I-Anions, das durch Zn- oder Mn-Deriv. freigesetzt wird. 10^{-5}m Lsg. können analysiert werden. H. Marsen 5098

1563 **Derivative Chronopotentiometrie von Vielkomponentensystemen.** P. E. Sturrock, W. D. Anstine und R. H. Gibson. (Analytic. Chem. 40 (1968) 3, 505–08; School of Chem., Ga. Inst. of Technol., Atlanta, Ga.; engl.) — Für reversible Elektrodenprozesse werden Gleichungen zur Berechnung der Konz. in Syst. mit 2 u. mehr elektroakt. Komponenten abgeleitet. Die experimentell bestimmten Übergangszeiten τ u. das Verhältnis $(D_{Cd}/D_{Pb})^{1/2}$ bei Stromdichten von $2 \cdot 10^{-2}$ bis $4 \cdot 10^{-2}$A/cm² bei konst. $Pb(NO_3)_2$- (10^{-2}f) u. unterschiedlicher $Cd(NO_3)_2$-Konz. ($1,89 \cdot 10^{-5}$ bis $1,09 \cdot 10^{-2}$f) in 1,0f KNO_3 + $1,0 \cdot 10^{-2}$f HNO_3 an der Hg-Tropfelektrode sowie Werte für das Syst. Cu–Pb–Cd bestätigen die Gültigkeit der theoret. Beziehungen. E. Bomke 5098

1564 **Elektrochemische Untersuchungen schneller photolytischer Prozesse. Theoretische und experimentelle Auswertung der potentiostatischen Analyse in blitzlichtphotolysierten Lösungen.** J. R. Birk und S. P. Perone. (Analytic. Chem. 40 (1968) 3, 496–500; Purdue Univ., Lafayette, Ind.; engl.) — Die potentiostat. Zeitverzögerungsanalyse nach Perone u. Birk [ibid. 38 (1966) 1589] konnte durch Veränderung der Vers.-Anordnung, die eine um den Faktor 20 verbesserte Zeitauflösung (50 μs) ergab, für Geschw.-Unters. blitzlichtphotolyt. Rk. 2. Ordnung mit $t_{1/2} > 5$ ms eingesetzt werden. Wenn $t < t_{1/2}$ ist, kann für die kinet. Analyse potentiostat. Daten die Gleichung $i_d/i_t = 1 + k_2 \cdot C_R{}^0 t$ (i_d = Diffusionsstrom, i_t = Strom zur Zeit t, k_2 = Geschw.-Konst. u. $C_R{}^0$ = Konz. in der Lsg. zur Zeit t) verwendet werden. Experimentell wurde die Gültigkeit dieser Beziehung an der photolyt. Rk. von 10^{-4}m Benzophenon in 50 %ig. A. (Dimerisation des Ketylradikals mit dem Ketylradikalanion) bei pH 10–14 an der hängenden Hg-Elektrode (−0,700 V gegen SCE) untersucht. k_2 hängt stark vom pH-Wert der Lsg. ab. Der Einfl. des Elektrodenschattens u. der Lichtabsorption in der Lsg. auf Konz.-Inhomogenitäten der photolyt. Rk.-Prod. an der Elektrode sowie Möglichkeiten zum Abschätzen dieser Inhomogenitäten werden diskutiert. E. Bomke 5098

1565 **Entwicklung eines Thermo-Kreislaufgaschromatographen für Permanentgasanalysen.** Holm Pauschmann. (Z. analyt. Chem. 236 (1968) 159–67; Lehrstuhl für organ. Chem., Univ., Tübingen; dt.) — Auf Grund einer einfachen Ableitung für die Wanderungstemp. u. die Halbwertsbreite von Substanzpeaks wird ein Gerät mit gleitendem metall. Kontakt von Heiz- u. Kühlblöcken mit der Trennsäule ausgelegt. Die vollautomat. Analyse ist isotherm bei der Eluierung von H_2 bis CO, danach erfolgt ein steiler Temp.-Anstieg zur Eluierung von C_2H_6 u. CO_2. J. Pickardt 5104

1566 **Gasanalyse mit einem Molekularsieb.** A. L. Boers. (Vakuum [Oxford] 18 (1968) 2, 81–82; Groningen, Niederlande, Univ., Techn.-phys. Labor.; engl.) — Desorptionskurven von O_2 u. N_2 am Molekularsieb 13 X (Linde Manufacturing Co.) in Abhängigkeit von der Form des Molsiebes (Kugeln mit $^1/_{16}$in. ∅, Pulver, Pulver an der Glaswand einer Vakuumkammer) u. der Gasmenge werden mitgeteilt u. diskutiert.
W. Luchsinger 5104

1567 **Metallisierte Membranelektrode als Prüfgerät für atmosphärischen Sauerstoff und für andere Anwendungen.** I. Bergman. (Nature [London] 218 (1968) 5138, 266; Safety in Mines Res. Establ., Ministry of Power, Central Labor., Sheffield; engl.) — Vf. entwickelte eine Elektrode, die aus einem 3–12 μm dicken Film aus Polytetrafluoräthylen besteht u. deren eine Seite einen porösen, dünnen Film aus Au oder Ag besitzt. Wird ein Metall der Pt-Gruppe verwendet, so kann die Elektrode als H_2-Prüfer arbeiten. Auch ein Einsatz dieser metallisierten Membranelektrode in Brennstoffelementen ist möglich. D. König 5104

1568 **Eine Ionenquelle für mehrere Proben an einem Oberflächenionisationsmassenspektrometer.** A. H. Turnbull. (Int. J. Mass Spectrometry Ion Physics [Amsterdam] 1 (1968) 4/5, 409–14; UKAEA Res. Group, Atomic Energy Res. Establ., Harwell, Great Britain; engl.) — Nach Einführung von festen Substanzen für Oberflächenmassenspektrometrie ist stets ein langes Ausheizen der Probe nötig, um Verunreinigungen zu entfernen. In diesen Zeiten ist das Massenspektrometer nicht benutzbar. Es wird eine Ionenquelle beschrieben, in der 6 Proben gleichzeitig ausgeheizt u. dann in rascher Folge untersucht werden können, wodurch das Massenspektrometer besser ausgenutzt werden kann.
L. Leonhardt 5106

1569 **Verbesserung eines Massenspektrometers ohne Magnetfeld.** H. Elschner. (Z. angew. Physik 25 (1968) 2, 85–88; Inst. für Allg. Elektrotechnik, TU, Dresden; dt.) — Das Auflösungsvermögen eines früher [ibid. 23 (1967) 77] beschriebenen Massenspektrometers ohne Magnetfeld wird durch mehrmalige Ionenablenkung erhöht. Je nach dem Verhältnis von Ionenlaufzeit pro Ablenkung zur Periodendauer können unterschiedliche Betriebsarten des Massenspektrometers realisiert werden.
H.-D. Schenke 5106

1570 **Analytische Anwendungen sekundärer Strahlungseffekte: Präzisionsphotometrie unter Verwendung von Radioisotopenlichtquellen.** Harley H. Ross. (Rec. chem. Progr. 28 (1967) 4, 261–78; Analyt. Chem. Div., Oak Ridge Nat. Labor., Oak Ridge, Tenn.; engl.) — Die Verw. von Lichtquellen, die aus einem β-Strahler u. einem Szintillator bestehen, wird diskutiert. Eine geeignete App. wird beschrieben, u. Meßergebnisse mit diesem Gerät werden dargestellt.
J. Pickardt 5116

1571 **Bandfilter für den Vakuum-Ultraviolett-Bereich.** D. H. Harrison. (Appl. Optics 7 (1968) 1, 210; Inst. of Optics, Univ., Rochester, N.Y.; engl.) — Beschreibung eines $Al/MgF_2/Al$-Bandfilters für < 2000 Å.
H.-D. Schenke 5116

1572 **Verwendung von Echelette-Gittern in der Spektrometrie im fernen Infrarot.** F. Brehat, E. Decamps, A. Hayden und H. Wendling. (Optica Acta [London] 14 (1967) 1, 41–50; Fac. des Sci., Nancy; franz.) — Der Durchlässigkeitsfaktor eines Gitterspektrometers für das ferne IR ergibt sich ungefähr ebenso klein (einige Prozent) wie der eines Michelson-Interferometers, wenn man einen Spektralbereich von der Größenordnung einer Oktave anstrebt. Man kann ihn durch die Verw. von Echelette-Gittern verbessern, die man entweder als Dispersionssyst. oder als Filter benutzt. Die Vorteile eines streifenden Einfalls u. die Bedeutung der Qualität der Gitter, auch wenn man sie als Filter im sehr fernen IR benutzt, werden diskutiert. J. Pickardt 5116

1573 **Ermittlung der minimalen, mit Detektoren im nahen und mittleren Infrarot-Bereich nachweisbaren Probenkonzentration in der Infrarot-Spektralphotometrie.** J. D. Winefordner, J. J. Cetorelli und W. J. McCarthy. (Talanta [London] 15 (1968) 2, 207–12; Dep.

of Chem., Univ. of Fla., Gainesville, Fla.; engl.) — Es wird eine Gleichung angegeben, die die Berechnung der minimalen nachweisbaren Probenkonz. (P.) für ein absorbierendes Mol. bei der Messung an einem beliebigen IR-Spektrophotometer mit therm. oder opt. Detektor gestattet. Für ein hypothet. absorbierendes Medium mit einem mol. Extinktionskoeff. von eins u. für verschiedene opt. u. therm. Detektoren werden typ. Diagramme der kleinsten nachweisbaren P. gegen die Wellenlänge angegeben. Mit Hilfe der Diagramme u. der allg. Gleichung lassen sich für eine gegebene IR-Messung die besten Detektoren auswählen. W. Grimmich 5116

1574 **Spektrometrie mit Lasern variierbarer Wellenlänge.** J. M. Besson. (J. Physique, Suppl. **1967**, Colloque Nr. 2, 247–49; Suppl. zu Journal de Physique; École Normale Supér., Paris; franz.) — Die Emissionswellenlänge der Halbleiter *PbS, PbSe, PbTe, HgTe, CdTe, InAs, InSb, GaAs* u. *GaSb* wird durch Anwendung hydrostat. Druckes bis zu 20 kbar kontinuierlich über mehrere spektrale Oktaven geändert. Durch kombinierte Verw. der genannten Laser läßt sich mindestens der Spektralbereich von 1–20 μm überstreichen. Bei Benutzung dieser Technik in der IR-Spektrometrie stehen Quellen hoher Energie, guter spektraler Reinheit u. großer Frequenzmodulierbarkeit zur Verfügung. A. Meixner 5116

1575 **Untersuchung der Verteilung der Emission im elektrischen Gleichstrombogen.** Henri Attia und Henri Triché. (C. R. hebd. Séances Acad. Sci., Sér. A et B **265** (1967) 1, B 27–B 30; Labor. de Spectrographie-Métallurgie, Fac. des Sci., Toulouse; franz.) — Durch ein Loch in der Elektrode wurde die Verteilung der Emission in der Säule u. in der Aureola beobachtet. Eingeführt wurden die Sulfate von K, Na, Li, Al, Ca, Cr, Ti, Pb, Ni, Mg, Cu, Cd, Zn, Hg, ferner Mischungen aus Li_2SO_4 u. $ZnSO_4$. Strahlen mit einem Ionisationspotential unter 7,5 eV wurden um die Aureola emittiert, solche über 7,5 eV in der Säule. M. Wiedemann 5118

1576 **Niederspannungsfunken hoher Folgefrequenz als Lichtquelle in der spektrochemischen Emissionsanalyse.** K. Pfeilsticker. (Z. analyt. Chem. **231** (1967) 6, 401 bis 19; Stuttgart-Schönberg, Rotwiesenstr. 26; dt.) — Durch Verw. hoher Folgefrequenzen lassen sich die Nachw.-Grenze u. Genauigkeit im Niederspannungsfunken verbessern, wobei der Untergrund u. die Intensität der Luftlinien verringert werden. Vf. beschreibt den Bau eines Gerätes mit Frequenzen im Bereich von 1–40 kHz. Mit diesem Gerät durchgeführte Unters. ergaben bei verschiedenen Folgefrequenzen aber konst. Brennverhältnis vergleichbare Intensitäten. Als Ursachen zur Verbesserung der Nachw.-Grenze werden der verminderte Wärmeverlust, die höhere Temp. des Abfunkflecks, die wiederholte Anregung des Elektrodendampfes u. die stärkere Verdrängung der Luft angenommen. H. Bensch 5118

1577 **Bogen und Funkenanregungsquellen für die Spektralanalyse, die Elektrodenverunreinigungen ausschließen.** D. A. Gran'kova und L. I. Kiselevskij. (Ž. analitičeskoj Chim. **23** (1968) 3, 357–61; Minsk, AN Beloruss. SSR, inst. fiz.; russ., Auszug: engl.) — Für die Plasmaerzeugung werden Elektrodenanordnungen vorgeschlagen u. diskutiert. Diese Art der Anordnung verlangt nicht mehr das Auswechseln der unteren Elektrode. Das beschriebene Verf. ist für die Analyse von Feststoffen, Pulvern u. Gasen geeignet. Auf die Best. von Cr in Stahl (Ar- u. O_2-Atmosphäre) sowie Al in Pulvern u. O_2 in N_2/O_2-Gemischen wird näher eingegangen. Herbert Hoffmann 5118

1578 **Analog-Simulator für ein spektrophotometrisches System.** Shigeru Tsutsui, Shigeo Minami und Shigeru Fujita. (J. spectroscop. Soc. Japan [Bunkô Kenkyû] **16** (1967) 2, 78–89; Dep. of Appl. Phys., Fac. of Engng., Osaka Univ., Higashinoda, Miyakojima, Osaka; jap., Auszug: engl.) — Vf. konstruieren einen Analog-Simulator zur Analyse der Signalfolge in spektroskop. Instrumenten, der nur aus elektron. Bauelementen (Relais, Potentiometer, Arbeitsverstärker usw.) besteht. Eine Meth. zur Darst. wirklicher Instrumente in einfachen Blockdiagrammen wird diskutiert. Die mit Hilfe von Gauß- u. Lorentz-Funktionsgeneratoren synthetisierten simulierten Spektren werden von einem Tonbandgerät aufgenommen. Die Gesamtgenauigkeit der Simulation ist $<0,5\%$. Der App. ist geeignet zur Festlegung von Parametern für neuartige Instrumente u. zur Best. systemat. Fehler, die beim Betrieb vorhandener kommerzieller Instrumente auftreten. H.-D. Schenke 5118

1579 **Schutz vor Gitterbeeinträchtigung in einem Vakuumspektrometer.** Hiroshi Tanabe, Yoshifumi Ishii, Hirokazu Asai und Jun-ichi Ono. (J. spectroscop. Soc. Japan [Bunkô Kenkyû] **16** (1967) 2, 64–68; Kobe Steel Works, Amagasaki Plant, Ohamacho, Amagasaki-City, Hyogo Pref.; jap., Auszug: engl.) — Zum Schutz des Gitters eines Vakuumspektrometers vor Verunreinigungen wird an der Außenseite des Luftventils ein Filter aus Natronkalk u. Molekularsieb zur Adsorption von W.-Dampf u. Luftverunreinigungen angebracht. Das Gitter behält so für wenigstens 20 Monate lang seine volle Wirksamkeit. Darüber hinaus wird die Verw.-Dauer des Pumpenöls verlängert u. die Evakuierungszeit des Spektrometers verkürzt. H.-D. Schenke 5118

1580 **Ersatz der Batterie im Spektralenergieschreiberzusatzgerät für das Beckman-DU-Spektrophotometer.** J. D. Chazin und D. L. Ohliger. (Appl. Spectroscopy **21** (1967) 3, 188–89; St. Regis Paper Co., West Nyack, N.Y.; engl.) — Eine 1,5-V-Gleichspannungsquelle als Ersatz für Trockenbatterien wird beschrieben. J. Pickardt 5118

1581 **Funktion und Einsatzmöglichkeit des Laser-Mikro-Spektralanalysators LMA 1.** Lieselotte Moenke-Blankenburg. (Mikrochim. Acta [Wien] **1967**, Suppl. II, 82–92; Jenoptik GmbH, Jena; dt.) — Beschreibung des Gerätes u. seiner Anwendung bes. bei der metallkundlichen Analyse. Die relative Nachw.-Grenze bei einer verdampften Substanzmenge von 10^{-5} bis 10^{-7}g liegt bei 10^{-2}% für Elemente mit intensitätsstarken Nachw.-Linien, in Einzelfällen bei 10^{-3}%. H.-D. Schenke 5118

1582 **Anwendung von Stufenfiltern neutraler und selektiver Filterwirkung in der spektrographischen Analyse.** Zoltán Nagy. (Magyar kém. Folyóirat [Ung. Z. Chem.] **73** (1967) 3, 104–08; Debreceni Orvostudományi Egyetem Központi Kutató Laboratóriuma; ung.) — Es wurde die Anwendbarkeit einiger Metallfilme selektiver Filterwrkg. untersucht u. festgestellt, daß die starke Änderung der γ-Werte mit der Wellenlänge von Agfa Blau Hart u. Extrahart Platten mit solchen selektiv wirkenden 2-Stufen-Filtern kompensiert werden kann. Diese müssen mit ansteigender Gradation (in Abhängigkeit von der Wellenlänge) annähernd gleich ansteigende Durchlässigkeit zeigen. Durch Aufdampfen im Vakuum unter bestimmten Bedingungen können solche Be-, C-, Cu-, CuO- u. Fe_2O_3-Zweistufenfilter hergestellt werden, die für gegebene Plattensorten im UV annähernd konst. Schwärzungsunterschiede (ΔS_m) ergeben. J. Plank 5118△

1583 **Filterwechselansatz zum Spektrographen.** Zoltán Nagy. (Magyar kém. Folyóirat [Ung. Z. Chem.] **73** (1967) 3, 108–10; Debreceni Orvostudományi Egyetem Központi Kutató Laboratóriuma; ung.) — Zum einfachen Wechsel der Speltralfilter werden diese in einer Drehscheibe vor dem Spalt des Spektrographen angebracht u. durch Drehen das nötige Filter genau in den Lichtweg eingestellt. J. Plank 5118△

1584 **Atomfluoreszenzspektroskopie. 7. Mitt. Fluoreszenz und analytische Eigenschaften von Arsen bei Verwendung einer elektrodenlosen Entladungsröhre mit Mikrowellenanregung.** R. M. Dagnall, K. C. Thompson und T. S. West. (Talanta [London] **15** (1968) 7, 677–87; Chem. Dep., Imp. Coll., London; engl.) — 6. vgl. C. **1968**, 37-2120. — Die Konstruktion einer elektrodenlosen As-Entladungsröhre u. ihre Verw. zu Atomfluoreszenzunters. wird beschrieben. Kühle N_2/H_2- u. Ar/H_2-Diffusionsflammen sowie normale vorgemischte Flammen werden als Atomreservoirs in Betracht gezogen, u. die Atomfluoreszenzemission wird bei 15 verschiedenen Wellenlängen ermittelt. Die Diffusionsflammen geben bei

As-Konz. < 200 ppm die größten Emissionsignale. Bei höheren As-Konz. biegen die Eichkurven jedoch sehr stark um, so daß in diesen Fällen die vorgemischte Luft/C_2H_2-Flamme besser geeignet ist. Die Nachw.-Grenze bei 1890 Å beträgt 0,2 ppm As in der N_2/H_2-Diffusionsflamme u. 1 ppm As in der Luft/C_2H_2-Flamme. Eine Diffusionsflamme mit großer Schichtdicke ist bes. für die Atomabsorption geeignet, da sie im fernen UV sehr wenig Strahlung absorbiert u. eine große Menge As-Atome liefert. H. Kuchenbecker 5122

1585 **Meue Methode zur Röntgenspektrographie.** E. C. R. Hunt. (Metallurgia [Manchester] 77 (1968) 461, 135—36; Metals and Methods Ltd., Langley; engl.) — Vf. beschreibt eine Eichmeth., die nicht von einer Kurvenschar für jede einzelne Leg. ausgeht, sondern z. B. den Ni-Geh. eines rostfreien Stahls (18–8) mit demselben Korrekturfaktor bestimmt wie bei einer Nimoniklegierung. H.-D. Schenke 5126

1586 **Silicium-Oberflächensperrschicht-Detektoren für die Röntgenspektroskopie.** S. Kalbitzer, W. Melzer und W. Stumpfi. (Z. angew. Physik 24 (1968) 4, 181 bis 182; MPI für Kernphys., Heidelberg; dt.) — Aus hochohmigem n-Si werden 3 mm dicke Oberflächensperrschicht-Detektoren hergestellt. Zusammen mit einem gleichspannungsgekoppelten Si-Feldeffekttransistoren-Vorverstärker ergibt sich eine elektron. Auflösung von 600 eV (Halbwertsbreite bezogen auf Si). Die Auflösung für 6,4-keV-Röntgenstrahlung beträgt 680 eV. Detektor u. Transistor-Eingangsstufe werden durch fl. Luft gekühlt. H.-D. Schenke 5126

1587 **Massenschwächungskoeffizienten von Röntgenlinien.** R. Theisen, K. Tögel und D. Vollath. (Mikrochim. Acta [Wien] 1967, Suppl. II, 16—23; Inst. für Material- u. Festkörperforsch., Kernforsch.-Zentrum, Karlsruhe; dt.) — Vf. schlagen ein Interpolationsverf. vor, um neben den errechneten Massenschwächungskoeff. die zugehörigen Vertrauensbereiche angeben zu können. Mit dem verwendeten Rechenprogramm können schlechte Meßwerte leicht erkannt u. eliminiert werden. Die Massenschwächungskoeff. werden für die $K_{\alpha_{1,2}}$-, K_β-, L_{α_1}-, L_β-, M_α- u. M_β-Linien berechnet u. tabelliert. H.-D. Schenke 5126

1588 **Probenhalter für flüssige Metalle für Röntgenkleinwinkelstreuung.** George W. Brady und A. J. Greenfield. (Rev. sci. Instruments 38 (1967) 6, 736 bis 739; Bell Telephone Labor., Murray Hill, N.J.; engl.) — Vf. beschreiben einen Probenhalter mit Be-Fenstern, der zu Transmissions-Röntgenbeugungsunters. von Fl., z. B. geschmolzenen Alkalimetallen, geeignet ist. Er ist bes. geeignet zur genauen Intensitätsbest. von Reflexen mit $0^0 < 2\Theta < 30^0$. Eine einfache Einrichtung gestattet Temp.-Regelung von Zimmertemp. bis 250°. Ergebnisse von Vers.-Messungen werden angegeben. Die möglichen Fehlerquellen bei der Verw. eines konventionellen Impulshöhenanalysators zur Monochromatisierung werden kurz diskutiert; es wird gezeigt, daß ein Krist.-Monochromator benötigt wird. J. Pickardt 5126

1589 **Bestimmung von Kristallorientierungen aus Kossel-Diagrammen.** P. L. Ryder, H. Hälbig und W. Pitsch. (Mikrochim. Acta [Wien] 1967, Suppl. II, 123—32; MPI für Eisenforsch., Düsseldorf; dt.) — Ein Verf. wird angegeben, nach dem aus Kossel-Diagrammen ohne genaue Kenntnis des Abstandes zwischen Krist. u. Photoplatte u. des Zentrums des Diagramms die Orientierung des Krist. abgeleitet werden kann. Als Zentrum des Diagramms wird die Projektion der Röntgenpunktquelle auf die Photoplatte verstanden. Die genaue Lage dieses Zentrums u. der genaue Wert des genannten Abstandes lassen sich ebenfalls mit diesem Verf. bestimmen. Als Beispiel wird die Orientierungsbest. eine kub. Krist. durchgeführt. In diesem Fall läßt sich das Verf. durch Benutzung der Symmetrieelemente des kub. Krist.-Gitters bes. vereinfachen. H.-D. Schenke 5126

1590 **Feinbereichs-Kleinwinkel-Elektronenbeugung.** G. S. Y. Yeh und P. H. Geil. (J. Mater. Sci. 2 (1967) 5, 457—69; Cleveland, O., Case Inst. of Technol., Dep. of Polymer Sci. and Engng.; engl.) — Durch Parallelbestrahlung des Objekts u. Verw. einer engen Bereichsblende in einer Zwischenbildebene kurz vor der Zwischenlinse können Kleinwinkel-Beugungsdiagramme ausgewählter feiner Bereiche aufgenommen werden, in denen die Beugungsreflexe von Periodizitätsabständen bis zu 2000 Å sichtbar gemacht werden. Die dazu benötigte große effektive Beugungslänge wird dadurch erzielt, daß im Hitachi-Elektronenmikroskop HU 11 A das Objekt mit Hilfe einer bes. Objektpatrone ca. 3 cm oberhalb der normalen Objektlage angeordnet u. der Objektivstrom entsprechend verringert wird. Das Verf. wird auf die Unters. von orientiertem Polyäthylenterephthalat u. stark gezogenem linearen Polyäthylen angewendet, nachdem es zunächst an einigen Objekten bekannter Struktur getestet worden ist, deren Periodizitätsabstände aus elektronenmkr. Abb. bestimmt werden. F. Lenz 5126

1591 **Vergleichende Betrachtung über Elektronenstrahl-Mikroanalyse und Laser-Mikro-Spektralanalyse.** Horst Moenke. (Mikrochim. Acta [Wien] 1967, Suppl. II, 93—100; Jenoptik GmbH, Jena; dt.) — Beschreibung der Hauptanwendungsgebiete beider Verf. u. der Leitlinien der künftigen Entwicklung. H.-D. Schenke 5126

1592 **Diskussionsbeitrag zu H. Moenke: Vergleichende Untersuchungen über Elektronenstrahlmikroanalyse und Laser-Mikro-Spektralanalyse.** H. Malissa und H. H. Arlt. (Mikrochim. Acta [Wien] 1967, Suppl. II, 101—04; Inst. für analyt. Chem. u. Mikrochem., TH, Wien; dt.) — Vgl. vorst. Referat. H.-D. Schenke 5126

1593 **Erwiderung zur vorstehenden Diskussionsbemerkung von H. Malissa und H. H. Arlt.** H. Moenke. (Mikrochim. Acta [Wien] 1967, Suppl. II, 105—06; dt.) — Vgl. vorst. Referat. H.-D. Schenke 5126

1594 **Studie und Anwendung eines kombinierten Gerätes „Mikrosonde-Elektronenmikroskop".** J. M. Rouberol, M. Tong, C. Conty und P. Deschamps. (Mikrochim. Acta [Wien] 1967, Suppl. II, 201—10; Cameca, Bd. St.-Denis, Courbevoie/Seine; dt.) — Bei der Analyse von Abdrücken metall. Proben oder bei biolog. Proben kann der Elektronenstrahl mit Hilfe des opt. Mikroskops der Sonde nicht genau auf Einschlüsse oder Nd. eingestellt werden. Das zu diesem Zweck von Vf. konstruierte Elektronenmikroskop für das Cameca-Gerät liefert eine 8000fache Vergrößerung u. hat ein Auflösungsvermögen von 100 Å. Gemessen werden die physikal. Charakteristiken der Mikrosonde (Astigmatismus, Durchmesser). Anwendungsbeispiele aus Metallurgie u. Biologie. H.-D. Schenke 5126

1595 **Betrachtungen zur Verwendung des Scanningprinzips für quantitative Auswertungen in der Elektronenstrahl-Mikroanalyse.** Gerhard Dörfler. (Mikrochim. Acta [Wien] 1967, Suppl. II, 107—15; Analyt. Inst., Univ., Wien; dt.) — Scanningeinrichtungen dienen dem Zweck, rein qual. Aussagen über die Elementverteilung in einer Probe zu liefern. Der Wunsch nach eindeutiger Abgrenzung von Konz.-Bereichen u. linearanalyt. Best. mit der Mikrosonde führen jedoch zu Vorr., die eine quant. Auswertung der zur Verfügung stehenden Signale gestatten. Vf. bespricht kurz die wichtigsten Anordnungen u. diskutiert die Analysenbedingungen eingehend. In einem Schema werden die Möglichkeiten der problemgerechten Auswahl aller Meßbedingungen aufgezeigt. Ein erweitertes u. abgeändertes Scanningsyst. wird vorgeschlagen, womit eine große Anzahl von Meßbedingungen unabhängig voneinander gewählt werden können. Die rasterförmige Abtastung erfolgt senkrecht zur Zeilenrichtung nicht kontinuierlich, sondern schrittförmig, wodurch eine größere Flexibilität des Syst. erreicht wird. H.-D. Schenke 5126

1596 **Bolometer-Theorie.** John Strong und Paul W. Lawrence jun. (Appl. Optics 7 (1968) 1, 49—52; Johns Hopkins Univ.; engl.) — Vf. entwickeln die Theorie eines dünnen Bolometerbandes. Sie erklärt die Beobachtung, daß an den Bandenden eine erhöhte Empfindlichkeit gegenüber punktförmiger Beleuchtung auftritt, u. sagt für die gleichen Stellen verstärkte therm. Schwankungen bei gleichförmig zerhackter Beleuchtung voraus. H.-D. Schenke 5130

1597 **Instrumentenparameter von mit Joddampf gefüllten Ultraviolett-Photonenzählrohren.** W. E. Kauppila, W. R. Ott und W. L. Fite. (Rev. sci. Instruments 38 (1967) 6, 811–12; Dep. of Phys., Univ., Pittsburgh, Pa.; engl.) — Vf. untersuchen den Einfl. bestimmter Parameteränderungen auf den Verlauf der Zählrohrcharakteristik. H.-D. Schenke 5130

1598 **Apparatur mit Schachtionisationskammer zur Aktivitätsmessung von Radionucliden in flüssigen Proben.** S. Colangelo, V. Stampacchia und S. Terrani. (Energia nucleare 15 (1968) 3, 210–12; CESNEF, Politecnico di Milano; ital.) — Der zentr. in die zylindr. Innenelektrode hineinragende Schacht zur Aufnahme des zu untersuchenden Präp. hat ein Vol. von ca. 6 cm³. Die aus konzentr. Elektroden bestehende Ionisationskammer kann mit einem Gasdruck von maximal 10 atm betrieben werden. Der mit Feldeffekttransistoren ausgestattete Verstärker speist ein Amperemeter, es können 3 Meßbereiche gewählt werden. Die Meßempfindlichkeit bei ^{99m}Tc, ^{203}Hg u. ^{131}J liegt in der Größenordnung 10^{-12} A/mCi. W. Reusse 5130

1599 **Spektrometrische Methode zur Messung der Konzentration von Aerosolen langlebiger α-Strahler.** V. P. Grigorov, V. F. Bolotin und O. A. Čutkin. (Atom. Energ. 24 (1968) 3, 251–55; russ.) — Das Aerosol wurde auf einem Filter niedergeschlagen, zum Nachw. wurde ein Szintillationsspektrometer mit einem Zweikanal-Analysator der Impulsamplituden benutzt. Die Meth. wurde bei RaA + RaC′ u. ThC + ThC′ angewandt. M. Wiedemann 5130

1600 **Kenndaten der Photohalbleiter als Strahlungsempfänger.** G. Bauer und W. Lück. (Messtechnik [Braunschweig] 76 (1968) 2, 43–45; dt.) — Bemerkungen von G. Bauer zu der Arbeit von W. Lück [Z. Instrumentenkunde 75 (1967) 22] über den Zusammenhang zwischen der Empfindlichkeit von selektiven, bes. photoelektron. Strahlungsempfängern u. der spektralen Verteilung der einfallenden Strahlung u. Erwiderung von Lück. H.-D. Schenke 5130

1601 **Bewegung des Elektrons in einem β-Spektrometer mit einem dreieckigen Feld.** Jerzy St. Blicharski und Henryk I. Lizurej. (Nukleonika [Warszawa] 12 (1967) 6, 417–19; Inst. of Phys., Jagiellonian Univ., Krakow; engl.) — Wiedergabe der Bewegungsgleichung in einem Langlinsen-β-Spektrometer. Gerhard Schmidt 5130

1602 **Verbesserter Durchflußzähler zum Nachweis β-strahlender Radioisotope.** James K. Martin. (Analyt. Biochem. [New York] 22 (1968) 2, 238–41; Ames Res. Center, NASA, Moffet Field, Calif.; engl.) — Vf. beschreibt einen einfachen Durchflußzähler, der über ein weites Aktivitätsgebiet (2000 bis >500000 I/Min.) anspricht, als Durchflußgefäß ein Standardborosilicatglaszählfläschchen mit darin liegenden, aufgewickelten Teflonrohr (Typ TFE) enthält u. mit der Szintillationsfl. (5,0 g 2.5-Diphenyloxazol, 0,2 g 1.4-Bis-2-(5-phenyloxazolyl)-benzol, 50 g Naphthalin, 250 ml abs. A., 400 ml p-Dioxan u. Toluol bis 1000 ml] gefüllt ist. Die radioakt. Lsg. (z. B. $H_3{}^{32}PO_4$ oder $N^{131}J$) wird durch das Teflonrohr mit gleichmäßiger Geschw. gepumpt u. die Aktivität (^{32}P, ^{131}J) mit 50 bzw. 14%ig. Effektivität gemessen. Die Durchflußzelle eignet sich für ^{32}P- u. ^{131}J-Best. im Gesamtblut, für nichtwss. Lsg., für stark gefärbte Fl. u. Lsg. von extremen pH. U. Drehmann 5130

1603 **Besonderheiten von Diffusionszählern aus Siliciumcarbid für stark ionisierende Teilchen.** G. F. Cholujanov und B. V. Gavrilovskij. (Fiz. Techn. Poluprovodnikov 2 (1968) 4, 573–79; Leningradskij ėlektrotechn. inst. im. Ul'janova (Lenina); russ.) — Kapazitäts-, Durchschlags- u. Rauschmessungen (20–500°) an durch *B*-Diffusion in n-SiC (6 H) dargestellten SiC-p-n-Detektoren. Optimale Arbeitsbedingungen (Sammelkoeff. 30–35%) lagen bei 20° u. 20–25 V Vorspannung. K. Jaeger 5130

1604 **Neue Entwicklungen auf dem Gebiet der Aktivierungsanalyse.** F. Adams und J. Hoste. (Kerntechn., Isotopentechn. u. -chem. 10 (1968) 2, 98–102; Inst. for Nucl. Sci., Univ., Gent; engl.) — Vf. besprechen die neuesten Entw. u. die Verw. von Ge(Li)-Detektoren, außerdem die speziellen Anwendungen der Aktivierungsanalyse bei der Best. von Spurenbestandteilen in biolog. Material, ihre Anwendungen in der Kriminologie sowie bei der Best. von O in Metallen durch 14-MeV-Neutronenaktivierung u. der Analyse reiner Materialien. H.-D. Schenke 5132

1605 **Analyse durch Aktivierung mit γ-Photonen und geladenen Teilchen.** Philippe Albert. (Chimia [Aarau, Schweiz] 21 (1967) 3, 116–25; Centre d'Études de Chim. metallurg. du CNRS, Vitry; franz.) — Für einige Elemente ist die Aktivierungsanalyse mit therm. Neutronen unmöglich oder nicht empfindlich genug; z. B. können B, C, N, O durch Neutronenaktivierung nicht mit hoher Empfindlichkeit (10^{-8}) bestimmt werden. Vf. untersucht die Möglichkeiten einer Aktivierungsanalyse mit γ-Photonen oder geladenen Teilchen. Die Bedingungen zur γ-n-Aktivierung von O, N u. C in der Spurenanalyse werden angegeben u. die Möglichkeiten für eine γ-Aktivierungsanalyse einiger anderer Elemente diskutiert. Eine Aktivierungsanalyse mit geladenen Teilchen kann nicht nur für Gase (O, N, C), sondern auch für B, Ti, Fe u. eine große Anzahl weiterer Elemente entwickelt werden. — Als Anwendungsbeispiel wird die Analyse von O in Al beschrieben. J. Pickardt 5132

1606 **Messung der Aktivität von ^{14}C in Pulvern mit flüssigem Szintillationszähler.** Alicja Dorabialska und Władysław Reimschüssel. (Nukleonika [Warszawa] 12 (1967) 4, 303–08; Kat. Chem. Fiz., Politechnika, Łódź; pol.) — Die Messung der Aktivität einer weichen Strahlung mit fl. Szintillationszähler erfolgte an in der Zählfl. nicht lösl. Pulvern von $Ca^{14}CO_3$, $Ba^{14}CO_3$ u. $Sr^{14}CO_3$. Das Pulver wurde mit dem fl. Szintillator gut durchgeschüttelt, wodurch gleichmäßiges Absitzen in dünner Schicht erfolgte. Die App. bestand aus dem Zähler PEL-5A, dem Speiseapp. PZS-5A für hohe Spannung u. dem Fl.-Szintillationszähler SE-2 [Lsg. von 2-(1-Naphthyl)-5-phenyloxazol in Toluol). Das Meßgefäß war ein Pyrexkölbchen mit flachem breitem (9 cm²) Boden. A. v. Wilpert 5132

1607 **Innerer Standard mit identischen Systemeigenschaften zur Bestimmung der Zählausbeute bei der Flüssigszintillationsmessung.** A. A. Moghisse und M. W. Carter. (Analytic. Chem. 40 (1968) 4, 812–14; Montgomery, Ala., Southeastern Radiological Health Labor.; engl.) — Bei der Durchführung der Meth. wurden verschiedene Mengen tritiierten Naphthalins mit jeweils einer inakt. Probe mit gleichem Naphthalingeh. verglichen. Die Meth. liefert eine ausgezeichnete Möglichkeit zur Herst. sek. Standards markierter organ. u. anorgan. Verb. mit α- u. β-markierten Nucliden. N. Harder 5132

1608 **Apparatur zur Überführung und Verdünnung von radioaktiven Gasen.** Lawrence A. Elfers und Mark Herman. (Analytic. Chem. 39 (1967) 14, 1909–10; Nat. Center for Air Pollution Control, Cincinnati, O.; engl.) — Glasampullen mit radioakt. Gas werden im Innern einer evakuierten Rohrleitung zertrümmert, indem eine Stahlkugel durch schnelles Öffnen des Gaseinlaßventils auf die Ampulle geschossen wird. Das radioakt. Gas wird vom Verdünnungsgasstrom in eine vorher evakuierte Gasflasche übergeführt. K. R. Fröhner 5132

1609 **Apparatur für Untersuchungen der Kinetik der thermischen Dissoziation und für thermogravimetrische Analysen fester Stoffe.** Stanisław Banel, Janusz Pysiak und Tadeusz J. Stanicki. (Przemysł chem. 46 (1967) 5, 277–80; Politechn. Warszawska; pol.) — Vf. beschreiben eine automat. App. für kinet. u. thermogravimetr. Unters. unter Atmosphärendruck, in der der Masseverlust, die Temp. u. die Temp.-Differenz im Verlaufe des Prozesses kontinuierlich registriert werden. An Hand der Messungen wurde der Umsetzungsgrad α ermittelt u. die Funktion $\alpha = f(\tau)$ graph. in Form von kinet. Kurven dargestellt. Ferner wurden kinet. Unters. der therm. Dissoziation von bas. Al–NH_4-Sulfaten u. Kaolin durchgeführt. Die App. zeichnet sich durch hohe Genauigkeit u. Funktionstüchtigkeit aus. G. Niechoj 5134

1610 **Neue Methode der thermischen Analyse: Thermomanometrie. Apparative Kombination dieser Methode mit der Differentialthermoanalyse.** Jean Guenot, Jean-Louis Valicon und Guy Pannetier. (Bull. Soc. chim. France **1967**, 8, 3068–70; Paris, Fac. des Sci., Labor. de Cinétique Chim.; franz.) — Zur Registrierung von Gasdruckänderungen bei der therm. Analyse fester Stoffe im geschlossenen Rk.-Raum wurde eine Differentialmeth., die Thermomanometrie (A), entwickelt. Die Meßzelle mit der zu untersuchenden Substanz u. eine Vgl.-Zelle sind an je ein thermostatiertes Gasvol. angeschlossen, deren Druckdifferenz während des Temp.-Gangs beider Zellen registriert wird. Die auftretenden Druckdifferenzen sind klein gegenüber dem Totaldruck. A eignet sich daher bes. zur Unters. von Gleichgew.-Rk. unter prakt. konst. Druck. Es wird ausführlich eine App. beschrieben, bei der A mit der DTA kombiniert wird u. die Arbeitsweise am Beispiel der Dehydratation von $CuSO_4 \cdot 5\,H_2O$ demonstriert.
Waldemar Köhler 5136

1611 **Anwendung eines Digitalrechners zur Auswertung chromatographischer Analysen.** C. Grunberger. (Z. analyt. Chem. **286** (1968) 22–38; Co. internat. pour l'Informatique, Louve ciennes, France; franz.) — Die „on-line"-Verbindung von Chromatographen u. Digitalrechnern wird diskutiert. J. Pickardt 5138

1612 **Anordnung zur digitalen Integration von Peakflächen radioaktiv markierter Chromatogramme.** H. Schmidt und K. Grasnick. (Isotopenpraxis **4** (1968) 8, 331; Inst. für angew. Isotopenforsch., DAW, Berlin-Buch; dt.) — Eine Automatisierung der digitalen Integration von Peakflächen radioakt. markierter Chromatogramme kann durch Verw. eines verstellbaren Minimumkontaktes des Schreibers erreicht werden. Wird der Minimumkontakt auf den Wert des Nulleffektes der Meßanordnung eingestellt, so erhält man außer der registrierten Aktivitätsverteilung für jeden Aktivitätspeak eine der Peakfläche proportionale Zählrate.
H.-D. Schenke 5138

1613 **Probleme der schnellen Flüssigkeits-Chromatographie mit hohen Eingangsdrucken.** I. Halász, A. Kroneisen, H. O. Gerlach und P. Walkling. (Z. analyt. Chem. **234** (1968) 2, 81–97; Inst. für Physikal. Chem., Univ., Frankfurt/M.; dt.) — Vf. diskutieren Probleme der schnellen Fl.-Chromatographie mit Eingangsdrucken bis 300 at. Für die Abschätzung der Permeabilität gepackter Säulen (Teilchengröße 30–200 μm) wird eine Näherungsformel vorgeschlagen. Vor- u. Nachteile verschiedenartiger Hochdruckpumpen werden zusammengefaßt. Beschrieben werden eine einfache Regelanordnung zur Glättung der Pumpenpulsation ein Regelsyst. für Druckprogrammierung u. ein Syst. für das Einspritzen der Proben unter hohem Druck. Eine blasenfreie Förderung der Fl. ohne Entgasen kann erreicht werden. Die Bandenverbreiterung innerhalb u. außerhalb der Kolonne wird besprochen. Die Detektoren werden nach der Art der Anzeige u. der Empfindlichkeit klassifiziert.
H.-D. Schenke 5138

1614 **Bandenverbreiterung innerhalb und außerhalb einer flüssigkeits-chromatographischen Kolonne.** I. Halász, H. O. Gerlach, A. Kroneisen und P. Walkling. (Z. analyt. Chem. **234** (1968) 2, 97–108; Inst. für Physikal. Chem., Univ., Frankfurt/M.; dt.) — Die Bandenverbreiterung in der Fl.-Chromatographie verursacht durch Kolonne, Kolonnenzuleitungen u. Detektor, wird untersucht durch Messung von h/u-Kurven bis zu Kolonneneingangsdrücken von 15 at (h = Bandenverbreiterung in der Kolonne u = lineare Geschw. der mobilen Phase). Die Einfl. außerhalb der Kolonne können durch eine bes. Formgebung der entsprechenden Bauelemente vermindert werden. Aromat. N-Verb. werden an einer Silicagel-Kolonne getrennt, wobei ca. 1 effektiver Boden pro Sek. erzielt werden kann.
H.-D. Schenke 5138

1615 **Glaspulverchromatographie von Polymerengemischen.** L. Blazejewicz. (Z. analyt. Chem. **234** (1968) 2, 121–24; dt.) — Vf. zerlegt Polymerengemische säulenchromatograph. an Glaspulver (kleine Glaskugeln mit Korndurchmesser von 0,06–0,1 mm, sog. Microbeads). Zerlegt werden N-haltige, veresterte Stärkepulver, ein Koagulat aus kunststoffverstärktem Kautschuk u. Polyvinylacetat u. eine wss. Emulsion aus Acrylcopolymerisaten u. Polyvinylacetat. H.-D. Schenke 5138

1616 **Mikrodetektor auf Basis von Strömungspotentialmessungen.** 2. Mitt. **Nachweis von Kaliumchlorid im wäßrigen Träger.** Fumie Hasegawa, Yoshie Tanizaki und Noboru Ando. (J. chem. Soc. Japan, pure Chem. Sect. [Nippon Kagaku Zasshi] **88** (1967) 3, 286–89; Dep. of Chem., Tokyo Inst. of Technol., Meguro-ku, Tokyo; jap., Auszug: engl. S. A19.) — Vgl. C. **1966**, 30-1856. Die Abhängigkeit des Strömungspotentials von der Fließgeschw. des wss. Trägers wurde mit Hilfe einer mit Glaswolle oder Polypropylenfaser gefüllten Best.-Zelle ermittelt. Die Beziehung zwischen KCl-Menge in Lsg. verschiedener Konz. u. der Änderung des Strömungspotentials wurde unter der Bedingung linearer Abhängigkeit zwischen Strömungspotential u. Fließrate untersucht. Die Peakhöhe der Strömungspotentialkurve veränderte sich linear mit der KCl-Menge. Die ermittelte Minimalkonz. an KCl betrug 10^{-7} Mol/l; die abs. Menge war dann von der Größenordnung 10^{-11} Mol.
H.-J. Schönherr 5138

1617 **Mikrodetektor auf Basis von Strömungspotentialmessungen.** 3. Mitt. **Nachweis einer sehr geringen Menge organischer Substanz im Äthanolträger.** Fumie Hasegawa, Yoshie Tanizaki und Noboru Ando. (J. chem. Soc. Japan, pure Chem. Sect. [Nippon Kagaku Zasshi] **88** (1967) 3, 289–91; Dep. of Chem., Tokyo Inst. of Technol., Meguro-ku, Tokyo; jap., Auszug: engl. S. A19.) — Es wurden *Ameisensäure, Essigsäure, Benzoesäure* u. *Phenol* unter Benutzung von Teflonfaser als Füllmasse für die Best.-Zelle im A.-Träger bestimmt. In jedem Falle konnte die Substanz in 0,33 ml Lsg. (10^{-5} bis 10^{-9} Mol/l) als einfache Signalkurve aufgezeigt werden; die gerade noch aufspürbare Menge war ≈ 10^{-13} Mol. Allg. wurde gefunden, daß sich die Höhe der Signalkurve mit abnehmender Konz. (bis 10^{-6} Mol/l) verringert, bei 10^{-8} Mol/l wieder zunimmt, um dann bei 10^{-9} Mol/l wieder abzunehmen. Die relative Größe des Strömungspotentials korreliert bei gegebener Konz. mit dem Wert der Dissoziationskonstanten.
H.-J. Schönherr 5138

1618 **Neue Methoden und Anwendungsmöglichkeiten der Dünnschichtchromatographie und -elektrophorese.** Roger L. Munier. (Z. analyt. Chem. **236** (1968), 358–96; Inst. Pasteur, Paris; franz.) — Übersicht über die herkömmlichen Verf. u. über neuere Meth., wie z. B. dreidimensionale Chromatoelektrophorese (CE), CE mit Lsgm., die flüchtige Puffergemische enthalten, u. Chromatographie mit Puffergemischen, deren eine Komponente im Lsgm., die andere in der Dünnschicht enthalten ist, sowie deren Anwendung zur Analyse von Aminosäuren, Dinitrophenylaminosäuren u. Peptiden. J. Pickardt 5138

1619 **Trennung von Anionen mit Hilfe der Dünnschichtchromatographie auf Stärke.** 2. Mitt. Velimir D. Canić, Miroslav N. Turčić, Mirjana B. Bugarski-Vojinović und Nada U. Perišić. (Z. analyt. Chem. **229** (1967) 2, 93–96; Inst. für Chem., Univ., Novi Sad; dt.) — 1. vgl. ibid. **228** (1967) 5, 339. — NO_2^-, $S_2O_3^{2-}$, CrO_4^{2-}, N_3^-, CN^-, SCN^-, BO_3^{3-}, S^{2-}, AsO_3^{3-}, AsO_4^{3-}, NO_3^-, SO_4^{2-} u. PO_4^{3-} werden dünnschichtchromatograph. an Maisstärke mit Aceton/3m NH_3-Lsg. (25 : 25) getrennt. Zur Identifizierung werden 6 selektive Reagenzien verwendet. W. Grimmich 5138

1620 **Beziehungen zwischen papierchromatographischen Ergebnissen und der Trennfähigkeit von Cellulosesäulen.** O.-E. Schultz und R. Comberg. (J. Chromatogr. [Amsterdam] **32** (1968) 2, 346–55; Kiel, Pharmazeut. Inst. der Univ.; dt.) — An Hand experimenteller Beispiele kommen Vf. zu einer Beziehung zwischen Retentionsvol. u. R_F-Wert: $v_{max} = R_F + F\,(1 - R_F)/R_F$. Hierbei ist F der Übertragungsfaktor, der vom Mengenverhältnis der stationären zur mobilen Phase abhängig ist.
W. Fester 5138

1621 **Rolle des Papiers als Ionenaustauscher in der anorganischen Papierchromatographie.** Gerhard Ackermann und Hans-Peter Frey. (Z. analyt. Chem. **233**

(1968) 5, 321–28; Inst. für anorgan. u. analyt. Chem., Bergakad., Freiberg/Sa.; dt.) — Vf. zeigen an einfachen Vers., daß unter entsprechenden Bedingungen die Entstehung des chromatograph. Profils mit der Wrkg. des Papiers als Ionenaustauscher erklärt werden kann. Die durch den Austausch freigesetzten Protonen können mit verschiedenen Meth. direkt auf dem Papier nachgewiesen werden. Neben der pH-abhängigen Dissoziation der sauren Gruppen der Cellulose spielt die Lactonbldg. eine Rolle. H.-D. Schenke 5138

1622 **Chromatographie einiger Metallionen an mit Triisooctylphosphat und Di-(2-äthylhexyl)-orthophosphorsäure imprägniertem Papier.** Edward Soczewiński, Maria Rojowska und Stanisław Przeszlakowski. (Ann. Univ. Mariae Curie-Skłodowska, Sect. AA **21**, 21–30, 1966, herausgeg. 1967; Z Kat. Chem. Nieorgan. Wydzialu Farmaceut. AM w Lublinie; pol.) — Die Änderung der R_F-Werte für Cd, Pb, Hg, Cu u. Mn mit der Konz. der komplexbildenden Ionen wurde mit den Ergebnissen chromatograph. Trennungen an Di-(2-äthylhexyl)-orthophosphorsäure-imprägniertem Papier in beiden Fällen mit wss. LiCl- oder NH_4SCN-Lsg. als mobiler Phase, verglichen. — Aus den Beziehungen zwischen R_F für Cd u. der SCN^--Konz. wird geschlossen, daß Triisooctylphosphat (I) den neutralen Komplex $Cd(SCN)_2$ extrahiert. Bei konst. NH_4SCN-Konz. u. verschiedenen Konz. der Imprägnierungslsg. an I ergab sich eine lineare Beziehung zwischen R_M u. log (Konz. I). Einige Trennungen der Gemische von 3–4 Ionen wurden durchgeführt. J. Pickardt 5138

1623 **Theorie der Verteilungschromatographie.** 5. Mitt. H. Vink. (J. Chromatogr. [Amsterdam] **36** (1968) 2, 237–40; Inst. of Phys. Chem., Univ., Uppsala; engl.) — 4. vgl. C. **1968**, 35-2014. — Vf. leitet Beziehungen zwischen den Konz.-Verteilungen ab, die bez. der Ortskoordinaten in der Säule bzw. bez. des Elutionsvol. ber. worden sind. H.-D. Schenke 5138

1624 **Trennmechanismus bei der Gelpermeationschromatographie.** Teh-Liang Chang. (Analytica chim. Acta [Amsterdam] **42** (1968) 1, 51–57; Amer. Cyanamid Co., Stamford, Conn.; engl.) — Stat. Vers. ergaben, daß das gelöste Mol. aus einem Teil des inneren Raumes des Gelteilchens ausgeschlossen wird, welcher nur für das Lsgm.-Mol. zur Verfügung steht. Zwischen diesem mit steigender Mol.-Größe (MG) des Lsgm. wachsenden Vol. ΔV u. log MG besteht eine lineare Beziehung. ΔV ist von der Konz. an Gelöstem unabhängig. Während bei Polystyrolgel Adsorptionseffekte vernachlässigbar waren, traten sie zwischen Säuren u. Polydextringelen stark hervor. Es wird vermutet, daß diese Effekte eine verbesserte Trennung bewirken. W. Grimmich 5138

1625 **Ionenaustausch-Gelelektrophoresen.** Waldemar Wagner. (Z. Lebensmittel-Unters. u. -Forsch. **136** (1968) 3, 175–76; Erlangen, Univ., Physiolog.-chem. Inst.; dt.) — Bei der Gelelektrophorese hat sich im schwach sauren u. schwach alkal. Bereich Alginsäure (I) als koll. gelöster, nicht wandernder Kationenaustauscher bei Agargelen bewährt. Der I-Geh. darf bei der gewöhnlichen Gelelektrophorese bei Schichtdicken von 1 mm bis ca. 1 % ansteigen. Mit Agar/Alginsäure-Gelen wurden anderweitig nicht befriedigende Auftrennungen von Enzymen erzielt. K. Dorfner 5138

1626 **Optimaler Kolonnentyp für gaschromatographische Analysen.** I. Halász. (Z. analyt. Chem. **236** (1968) 15–21; Inst. für physikal. Chem., Univ., Frankfurt/M.; dt.) — Charakterist. Eig. der 7 Kolonnentypen (klass. gepackte, Festschicht-, Filmkügelchen, Aerogel, gepackte Kapillare, Festschicht in offenem Rohr, klass. offenes Rohr), Phasenverhältnis, Analysentemp., Permeabilität, Belastbarkeit, Konz. der Probe im Trägergas u. Analysengeschw. wurden geordnet, um die Wahl des jeweils optimalen Kolonnentyps zu erleichtern. Hervorragende u. durchschnittliche Analysengeschw. (pro Zeiteinheit produzierte effektive Bodenzahl N/t) für isotherme u. isobare Arbeitsweise wurden tabelliert. J. Pickardt 5138

1627 **HETP-Wert einer ungefüllten Trennsäule mit poröser Wandschicht. Allgemeine Gleichung.** M. J. E. Golay. (Analytic. Chem. **40** (1968) 2, 382–84; Perkin-Elmer Corp., Norwalk, Conn.; engl.) — Weiterentw. der in von Golay [Nature [London] **199** (1963) 370] entwickelten Gleichung auf den Fall einer porösen Wandschicht durch Einführung eines Terms, der den Porenverlauf u. die Porosität der Wandschicht berücksichtigt. Die Möglichkeiten der experimentellen Best. dieses Terms werden erörtert. K. Metzner 5138

1628 **Wirksamkeit von in Reihe geschalteten chromatographischen Säulen. Nichtadditivität der theoretischen Böden in der Chromatographie.** Joel Kwok, L. R. Snyder und J. C. Sternberg. (Analytic. Chem. **40** (1968) 1, 118–22; Union Oil Co. of Calif., Brea, Calif.; engl.) — Kombinationen hintereinandergeschalteter Trennsäulen geben meist niedrigere Bödenzahlen als der Summe der für die Einzelsäulen gefundenen Werte entspricht. An Hand theoret. Überlegungen wird gezeigt, daß der Leistungsabfall bes. groß wird, wenn sich die gekoppelten Säulen hinsichtlich Trennstufenhöhe, Durchmesser u. Art der Füllung stark voneinander unterscheiden. G. Bock 5138

1629 **Regeln zur Wahl der gaschromatographischen Trennflüssigkeit.** Lutz Rohrschneider. (Z. analyt. Chem. **236** (1968) 149–59; Chem. Werke Hüls Akt.-Ges., Marl; dt.) — Aus der Theorie der regulären Lsg. läßt sich eine Formel für das Verhältnis der relativen Retentionszeiten ableiten. Danach ist das Retentions (Rt)-Verhältnis zweier Stoffe durch den inneren Druck der stationären Fl. u. durch Mol-Vol. u. Löslichkeitsparameter der zu trennenden Stoffe festgelegt. Es wird eine Näherung im Indexsyst. beschrieben, wonach der Rt-Index einer Substanz auf verschiedenen Trennsäulen sich aus dem Rt-Index des Stoffs auf Squalan u. dem Prod. aus Stoffpolarität u. der Indexdifferenz für Bzl. auf der jeweiligen Trennfl. zusammensetzt. Aus beiden Beziehungen ergeben sich Regeln zur Wahl der stationären Flüssigkeit. J. Pickardt 5138

1630 **Arbeitsweise zur automatischen gaschromatographischen Dampfraumanalyse.** D. Jentzsch, H. Krüger, G. Lebrecht, G. Dencks und J. Gut. (Z. analyt. Chem. **236** (1968) 96–118; Bodenseewerk Perkin-Elmer & Co., Überlingen; dt.) — Ein neues Dosiersyst. u. eine Meth. zur gaschromatograph. Dampfraumanalyse werden beschrieben. Bei nicht normierter abs. Auswertung einer Peakhöhe errechnet sich eine relative Standardabweichung $<0,7\%$, bei Auswertung eines Verhältnisses zweier Peakhöhen betrug sie $<0,5\%$. Anwendungsmöglichkeiten zur quant. Analyse sind am Beispiel der Best. von A. im Blut beschrieben. Ergebnisse von Dampfraumanalysen an Teesorten, Tabaken u. Kunststoffen dienen als Beispiele für qual. Untersuchungen. J. Pickardt 5138

1631 **Neue Methode zum Auffangen gaschromatographischer Mikrofraktionen.** K. Witte und O. Dissinger. (Z. analyt. Chem. **236** (1968) 119–36; Bad. Anilin- & Soda-Fabrik Akt.-Ges., Ludwigshafen/Rh.; dt.) — Vf. beschreiben eine Meth. zur vollständigen Kondens. gaschromatograph. Eluate aus einem großen Trägergasüberschuß, die auf der Adsorption des jeweiligen Eluats an einer Zone feinkrist. organ. Materie (die z. B. beim Abschrecken eines spektroskop. reinen Lsgm. auf die Temp. des fl. N_2 oder Ar entsteht) beruht. Bei geeigneter Dimensionierung der Vorlage genügen Lsgm.-Mengen $\geq 2\ \mu l$, um eine akt. Filterzone herzustellen, deren Strömungswiderstand gegenüber den Trägergasen sehr gering ist. Selbst KW-Stoffe mit Kp. $<$ Raumtemp. können beim Durchgang durch krist. CCl_4 mit Ausb. $>99\%$ herauskondensiert werden. Anschließend wird das gekühlte Lsgm. aufgetaut u. zusammen mit dem Eluat in die Mikroküvette eines IR- oder NMR-Spektrometers übergeführt. Als Anwendungsbeispiel wird die Trennung der Rk.-Prod. einer Friedel-Crafts-Rk. von Naphthalin mit 90% Buten-(1) + 10% Buten-(2) beschrieben. J. Pickardt 5138

1632 **Reversionsgaschromatographie, eine Methode zur Bestimmung von Spuren flüchtiger Stoffe in Gasen im**

ppb-Bereich. R. Kaiser. (Z. analyt. Chem. **236** (1968) 168—70; Bad. Anilin- & Soda-Fabrik Akt.-Ges., Ludwigshafen/Rh.; dt.) — Vf. beschreibt die Grundlagen der Reversionsgaschromatographie mit wanderndem Temp.-Feld. J. Pickardt 5138

1633 **Verteilungsgaschromatographie in der qualitativen Analyse. 7. Mitt. Die Rolle des Trägers in der gaschromatographischen Retentionsmessung.** M. B. Evans und J. F. Smith. (J. Chromatogr. [Amsterdam] **30** (1967) 2, 325—31; Welwyn Garden City, Hertfords., Hatfield Coll. of Technol.; engl.) — 6. vgl. ibid. **28** (1967) 277; 5. vgl. C. **1964**, 31-1712. — An den gaschromatograph. Trägermaterialien Anakrom, Celite, Chromosorb G (nicht säuregewaschen), -G (silanisiert mit Dimethyldichlorsilan), -P, -W, C-22 Firebrick, Gas Chrom Q u. Microsorb W (Chromosorb W, beladen mit Teflon) wurden durch Messung der Retentionsindizes nach Kovats die adsorbierenden Eig. untersucht. Analysenbedingungen: Glassäulen 5 ft. Länge, 4 mm Innendurchmesser, FID, Trägergas H_2 u. N_2 (3 : 1), Säulentemp. 100°, Probenmenge ≈ 10 μg. Säulenimprägnierungen mit 10% Dinonylphthalat, Polyoxyäthylenglykol-400 u. Squalan kamen zur Anwendung. Analysensubstanzen waren: Benzonitril, Chlorbenzol, Pentanol-1, Hexanol-1, Hexanol-2, Heptanol-2, Hexanon-2, 2-Methylhexanol-2, 2-Methylheptanol-2, 2-Methyloctanol-2, Nitrobenzol u. n-Alkane. Es wurde festgestellt, daß die Retentionswerte durch Adsorption der gelösten Mol. an der Trägeroberfläche oder durch Adsorption der Hydroxylgruppen der polaren fl. Phase beeinflußt werden. n-Alkane u. andere geeignet geformte Mol. können in den Mikroporen der Trägeroberflächen zurückgehalten werden, auch wenn sie in der fl. Phase nur wenig lösl. sind. Von den untersuchten Trägern zeigte Chromosorb G die schwächsten Adsorptionseigenschaften. I. Lindenhahn 5138

1634 **Hochwirksamer Flammenionisationsdetektor.** R. Nunnikhoven. (Z. analyt. Chem. **236** (1968) 79—96; Soc. Giravious Dorand, Suresnes, France; franz.) — Vf. beschreibt die Konstruktion eines Detektors mit horizontalem Brenner, der sich bes. durch geringen Untergrund u. Fehlen von Totvol. auszeichnet. J. Pickardt 5138

1635 **Konstruktion und Anwendung von Gaschromatographiedetektoren auf der Basis thermischer Adsorptions- und Desorptionsvorgänge.** Georges Taguet. (Z. analyt. Chem. **236** (1968) 64—79; Office Nat. d'Études et de Rech. Aérospatiales, Châtillon-sous-Bagneux, France; franz.) — Vf. beschreibt einen Detektor, der im wesentlichen aus 2 parallelen Säulen besteht, an deren Enden sich Thermoelemente befinden. Temp.-Änderungen, die durch Adsorption–Desorption einer Substanz auftreten, werden registriert. Es werden Signale erhalten, die aus 2 entgegengesetzt gerichteten aufeinanderfolgenden Peaks bestehen. Die Empfindlichkeit entspricht der eines Katharometers, die Vorr. spricht jedoch nicht streng linear an. J. Pickardt 5138

1636 **Einfluß des Detektorvolumens auf die Form registrierter chromatographischer Peaks, die mit Hilfe eines spektrophotometrischen Detektors erhalten wurden.** R. J. E. Esser. (Z. analyt. Chem. **236** (1968) 59—64; N. V. Philips-Duphar, Weesp, Netherlands; engl.) — Die Inhomogenität des Detektorinhalts während des Durchgangs eines Peaks bewirkt Nichtlinearität des Verhältnisses von mittlerer Konz. im Detektor zur Lichtabsorption. Mischen des Detektorinhalts stellt die Linearität wieder her, ändert jedoch die Peakform. Allg. Ausdrücke für die während des Durchgangs von Gaußschen Konz.-Gradienten registrierte Extinktion werden gegeben. J. Pickardt 5138

1637 **Gleichstromentladungsdetektor mit Spektralemission.** Robert S. Braman und Alexander Dynako. (Analytic. Chem. **40** (1968) 1, 95—106; IIT Res. Inst., 10 W. 35th St., Chicago, Ill.; engl.) — Das Eluat der Trennsäule (Trägergas ist reinstes He) wird in ein Quarzrohr geleitet, in dem zwischen zwei Pt-Elektroden eine Gleichstromentladung unterhalten wird. Organ. Mol. werden in ein- bzw. zweiatomige Bruchstücke gespalten, die nach Anregung durch metastabile He-Atome Licht emittieren, das in einem Prismen- oder Gitterspektrographen zerlegt wird. Ausgewählte Linien werden verstärkt u. in elektr. Spannung umgewandelt, die über ein Elektrometer einem Schreiber zugeführt wird. Man erhält so einen hochempfindlichen, selektiven Detektor für die Gaschromatographie mit weitem Linearitätsbereich. Für einige KW-Stoffe u. Halogen-KW-Stoffe werden Empfindlichkeiten von 10^{-11} bis 10^{-14} g/s erzielt. G. Bock 5138

1638 **Bandenverbreiterung in gepackten chromatographischen Säulen.** S. T. Sie und G. W. A. Rijnders. (Analytica chim. Acta [Amsterdam] **38** (1967) 1/2, 3—16; Koninklijke Shell-Labor., Amsterdam; engl.) — In die van-Deemter-Gleichung (A) wird ein weiterer Term eingeführt, der den Einfl. des Strömungsprofils (B) auf die HETP beschreibt. In gepackten Säulen wird die Bldg. des für laminare Strömungen in leeren Rohren charakterist. parabol. **B** durch laterale Diffusion (Molekular- u. konvektive Diffusion) gestört. Es wird der Einfl. verschiedener Arbeitsparameter auf die Größe des Anteils von **B** auf die Bandenverbreiterung in der Verteilungsgaschromatographie diskutiert u. gezeigt, daß neuere experimentelle Befunde mit Hilfe der erörterten **A** gedeutet werden können. G. Bock 5138

1639 **Betrachtungen zum Retentionsindex. 1. Mitt. Retentionsindex und Säulentemperatur.** L. S. Ettre und K. Billeb. (J. Chromatogr. [Amsterdam] **30** (1967) 1, 1—11; Perkin-Elmer Corp., Norwalk, Conn.; engl.) — Beim Vgl. eigener u. der Literatur entnommener Retentionsindizes (I) von KW-Stoffen an Squalan bei 45—95° stellen Vf. folgendes fest: 1. die Übereinstimmung der von verschiedenen Autoren angegebenen I ist gut, 2. die I der KW-Stoffe ändern sich im untersuchten Bereich nur wenig mit der Temp.; die Temp.-Abhängigkeit kann durch eine Gerade wiedergegeben werden, polare Verb. an Squalan bzw. KW-Stoffe an polaren Trennfl. zeigen stärkere u. nichtlineare Abhängigkeit der I von der Temperatur. Die I–Temp.-Kurven sind u. a. bei der Suche nach der günstigsten Arbeitstemp. zur Trennung komplexer Gemische von Nutzen. G. Bock 5138

1640 **Betrachtungen zum Retentionsindex. 2. Mitt. Retentionsindizes und relative Retentionen.** L. S. Ettre und K. Billeb. (J. Chromatogr. [Amsterdam] **30** (1967) 1, 12—16; engl.) — 1. vgl. vorst. Referat. — An einigen prakt. Beispielen wird gezeigt, wie aus den Differenzen der Retentionsindizes aufeinanderfolgender Banden die relativen Retentionen u. daraus die für eine gewünschte Auflösung erforderlichen Trennstufenzahlen u. Säulenlängen ber. werden können. G. Bock 5138

1641 **Adsorptionsgaschromatographie mit Wasserdampf als Trägergas für organische Substanzen.** Akira Nonaka. (Japan Analyst **16** (1967) 3, 260—61; Inst. for Optical Res., Kyôiku Univ., Shinjuku-ku, Tokyo; jap., Auszug: engl.) — W.-Dampf kann als Trägergas für die Adsorptionschromatographie verwendet werden, so daß Gemische von Alkoholen u. organ. Säuren ohne wesentliche Schwanzbldg. getrennt werden können. Kieselgurhaltiges Feuersteinpulver mit geringem H_3PO_4-Geh. u. aktivierte Tonerde können als gute Adsorptionsmittel für Alkohole, Ketone u. Ester bzw. für KW-Stoffgemische dienen. Wasserhaltige Proben können ebenfalls ohne Schwierigkeiten analysiert werden. Es können sogar C_1—C_4-Alkohole in wss. Lsg. in Mengen von 0,5 ppm getrennt werden. J. Pickardt 5138

1642 **Chromatographie nichtflüchtiger Substanzen mit hohem Molekulargewicht in hochverdichteten Trägergasen.** Lilian McLaren, Marcus N. Myers und J. Calvin Giddings. (Science [Washington] **159** (1968) 3811, 197; Dep. of Chem., Univ. of Ut., Salt Lake City, Ut.; engl.) — In einem Hochdruckgaschromatographen mit Flammenionisationsdetektor werden CO_2 u. NH_3 bei Drücken bis 2000 at u. Temp. etwas oberhalb der krit. Temp. als mobile Phasen verwendet. Die hochverdichteten Gase zeigen den Fl. ähnliche Lsg.-Eig. u. ermöglichen die Trennungen hochmol. Verb. bei relativ niedrigen Temp., z. B. Silicone bis Molgew. 400000, Polyglykole, Purine, Nucleoside, Steroide, Kohlenhydrate u. Peptide. Die

Wanderungsgeschw. sind in hohem Maße von der Art des Gases u. vom Druck abhängig. Die Trennungen können durch Druckprogrammierung wesentlich beeinflußt werden. G. Bock 5138

1643 **Spezifische, die gaschromatographische Retention an modifizierten Aluminiumoxidsäulen beeinflussende Wechselwirkungen.** David J. Brookman und Donald T. Sawyer. (Analytic. Chem. **40** (1968) 1, 106–10; Dep. of Chem., Univ. of Calif., Riverside, Calif.; engl.) — Das gaschromatograph. Verh. von Alkanen, Alkenen, Cycloalkanen, Methyl- u. Halogenbenzolen an aktiviertem Al_2O_3, das mit 10% NaCl, Na_2SO_4, Na_2MoO_4, Na_3PO_4 bzw. NaOH imprägniert ist, wird bei Temp. von 100–250° untersucht. Bei gleicher Elutionsfolge werden an den einzelnen Säulen stark unterschiedliche Retentionszeiten u. symm. Banden erhalten. Alle Materialien zeigen ausgesprochene Selektivität für Aromaten u. Alkene u. trennen cis- u. trans-Isomere sehr gut. Zwischen Adsorbens u. Adsorbat werden unspezif. u. spezif. Wechselwrkg. angenommen, wobei letztere auf der Art der π-Bindungen, der Mol.-Form u. der Art der Substituenten bei Aromaten beruhen. G. Bock 5138

1644 **Verwendung von Dimethylsilylätherderivaten in der Gaschromatographie.** Walter R. Supina, Richard F. Kruppa und Robert S. Henly. (J. Amer. Oil Chemists' Soc. **44** (1967) 2, 74–76; Appl. Sci. Labor., State Coll., Pa.; engl.) — Dimethylsilyläther (A) von Fettalkoholen, Phenolen, Glykolen, Sacchariden u. Sterinen werden mit Dimethylmonochlorsilan/Tetramethyldisilazan/Py. (1 : 3 : 9) hergestellt u. an verschiedenen Säulenfüllungen gaschromatograph. getrennt. Die Vorteile der Verw. von A gegenüber der Verw. von Trimethylsilyläthern bei der gaschromatograph. Analyse werden erörtert. W. Grimmich 5138

1645 **Verhalten von 7.8-Benzochinolin in der Nähe seines Schmelzpunktes als Trennflüssigkeit in der Verteilungsgaschromatographie.** M. Jernejčič und L. Premru. (J. Chromatogr. [Amsterdam] **28** (1967) 2, 409–12; Chem. Inst., Boris Kidrič, Ljubljana; engl.) — Für aromat. KW-Stoffe werden an 7.8-Benzochinolin (I) im Temp.-Bereich von 40–60° stark unterschiedliche Retentionswerte gefunden, je nachdem die Arbeitstemp. durch Aufheizen oder Abkühlen der Säulen eingestellt werden. Als Ursache dafür wird die Existenz einer fl.-krist. Schmelze angesehen, die erst unterhalb 35° erstarrt. Gereinigtes I schmilzt zwischen 47 u. 52°, mittels DTA werden drei endotherme Übergänge bei 47, 52 u. 55° festgestellt, u. im NMR-Spektrum zeigt die relative Intensität der zentralen Linie einen Knick bei 47° u. steigt dann bis 50° an. G. Bock 5138

1646 **Anwendung der Gaschromatographie auf olfaktometrische Untersuchungen.** J. Sfiras und A. Demeilliers. (Recherches **1967**, **16**, 47–57; Usine d'Argenteuil, Labor. de Rech.; franz.) — Mit dem von ihnen schon früher entwickelten App. für die olfaktometr. Ermittlung der minimal wahrnehmbaren u. minimal erkennbaren Menge eines Riechstoffs in einem bestimmten N_2-Vol. untersuchen Vf. diese kennzeichnenden Größen für Äthylbenzoat, Cyclohexancarbonsäure- u. Cyclohexen-3-carbonsäureäthylester u. die entsprechenden Ester von Methylcyclohexan- u. Methylcyclohexen-3-carbonsäure. Chromatograph. Best. des wahren Geh. an Riechstoff im N_2 u. Best. der Verdampfungsgeschw. der einzelnen Ester in verschiedenen Lsgm. mit hohem MG führt zu einer besseren Definition der genannten Kenngrößen. A.-M. Fretzdorff 5138

1647 **Dimethylphthalat als Transparenzflüssigkeit für die Elektrophorese.** Erwin Winter. (Z. analyt. Chem. **238** (1968) 2, 104–06; Inst. für Chem. u. Technolog., Bundesforschungsanst. für Lebensmittelfrischhaltung, Karlsruhe; dt.) — Vf. empfiehlt Dimethylphthalat u. Diäthylphthalat als Transparenzfl. für die photometr. Auswertung von Papierpherogrammen. Es ist prakt. geruchlos, gesundheitlich unbedenklich, verhältnismäßig dünnfl., preiswert, von gleichbleibender Beschaffenheit (im evtl. Gegensatz zu Fl.-Gemischen) u. löst Amidoschwarz 10 B weder als Adsorbat an Eiweißstoffen noch für sich allein. H.-D. Schenke 5138

1648 **Chelate von β-Diketonderivaten.** 10. Mitt. **Zweiphasenverteilung von Thiodibenzoylmethan und seinen Kupfer-, Nickel- und Kobaltchelaten.** E. Uhlemann und H. Müller. (Analytica chim. Acta [Amsterdam] **41** (1968) 2, 311–18; Inst. für anorgan. Chem., Karl-Marx-Univ., Leipzig; dt.) — 9. vgl. C. **1969**, 12-0849; 11. vgl. C. **1968**, 64-0075. — Von Thiodibenzoylmethan (I) wird spektralphotometr. der pK-Wert bestimmt. In 0,1 n wss. KCl-Lsg. sind $7{,}5 \cdot 10^{-6}$ Mol/l lösl., in n-Heptan 0,01, CCl_4 0,84, Bzl. 1,3 u. $CHCl_3$ 2,0. Die Verteilungskoeff. für die organ. Solvenzien liegen im Bereich von log D = 5,6–6,3. Mit I lassen sich *Cu* aus schwach saurer Lsg., Ni u. Co bei pH 9 bzw. 10 (NH_3/NH_4Cl-Puffer) durch Extraktion mit n-Heptan oder CCl_4 vollständig extrahieren, wenn ein geringer Überschuß von I vorhanden ist. Bei der Extraktion aus saurer Lsg. wird CH_3OH als Lsg.-Vermittler eingesetzt. K. Henning 5140

1649 **Äquivalenz einer magnetischen Linse mit periodischem Längsfeld und eines Sechspol-Magneten zur Trennung und Bündelung von Wasserstoffatomen.** Checkrahamatoula. (C. R. hebd. Séances Acad. Sci., Sér. A et B **266** (1968) 20, B 1309–B 1312; CNRS, Fac. des Sci., Orsay, Essonne; franz.) — Die Äquivalenz wird durch mathemat. Interpretation der Bewegungsgleichungen der H-Atome in den Feldern nachgewiesen. W. Reusse 5144

1650 **Theoretisches Auflösungsvermögen eines elektrostatischen, zylindrischen 127°-Analysators bei Verwendung als Monochromator für langsame Ionen (10–100 eV). Raumladungseinfluß.** Robert François und Michel Barat. (C. R. hebd. Séances Acad. Sci., Sér. A et B **266** (1968) 20, B 1306–B 1308; Inst. d'Électron. fondamentale, Fac. des Sci., Orsay, Essonne; franz.) — Es wird eine numer. Lösung der Bahngleichungen unter Berücksichtigung von Raumladungen angegeben u. ein empir. Ausdruck für die Auflösung nach dem Energiegehalt der Ionen abgeleitet. W. Reusse 5144

1651 **Einfaches Gerät für die quantitative Metallographie.** Michel Drouzy. (Prakt. Metallogr. **4** (1967) 9, 481–88; Centre techn. des ind. de la fonderie, Paris; franz.) — Ein einfaches Gerät zur Best. der Phasenanteile u. des mittleren Korndurchmessers nach der Linearanalyse wird beschrieben. Es arbeitet mit einem elast. Faden zwischen zwei parallelen Schienen, auf denen die jeder Phase zugeordneten Abschnitte abgelesen werden. Das Verhältnis der Abschnitte entspricht den Vol.-Anteilen der einzelnen Phasen. Aus der Anzahl der gemessenen Körner u. der Abschnittlänge läßt sich der mittlere Korndurchmesser berechnen. Bei Gefügebildern mit Vorzugsrichtung ist es wichtig, die Schlifflage der Orientierung anzupassen. Das Gerät ist für Photographien u. Mattscheibenbilder verwendbar. R. Zimmer 5144

G–2. Analyse der Elemente und anorganischen Verbindungen

1652 **Beitrag zur photometrischen Bestimmung kleiner Stickstoffdioxid-Mengen.** F. Nietruch und K.-E. Prescher. (Z. analyt. Chem. **234** (1968) 2, 118–19; Inst. für Wasser-, Boden- und Lufthygiene, Berlin-Dahlem; dt.) — NO_2 bildet in essigsaurer Lsg. mit Sulfanilsäure u. N-(1-Naphthyl)-äthylendiamindihydrochlorid einen roten Azofarbstoff, der zur photometr. Best. kleiner NO_2-Mengen benutzt wird. Wird zur Eichung des Verf. $NaNO_2$ benutzt, so entsprechen 0,95 Mol NO_2 einem Mol $NaNO_2$. H.-D. Schenke G 243

1653 **Zur photometrischen Titration von Fluorid mit Lanthan (Cer, Yttrium).** Claus Harzdorf. (Z. analyt. Chem. **238** (1968) 5, 348–55; Anorgan.-analyt. Labor., Farbenfabriken Bayer Akt.-Ges., Leverkusen; dt.) — Bei der photometr. Titration von F^- mit $La(NO_3)_3$ entsteht erwartungsgemäß LaF_3 als Niederschlag. Er ist jedoch nicht streng formelrein, so daß ein empir. Faktor benutzt werden muß, der von den Titrationsbedingungen abhängt. Alle Abweichungen von der Stöchiometrie sind gering, so daß $La(NO_3)_3$ anderen gebräuchlichen Maßlsg. zur F^--Best. deutlich überlgen ist. Es wird bei pH 6,5 mit 4-[2-Pyridylazo]-resorcin (PAR) als Indikator in

wss.-alkohol. Lsg. gearbeitet. Der Arbeitsbereich beträgt 0,1—0,9 mg F. Für 0,017 m $La(NO_3)_3$-Lsg. ist die Standardabweichung ± 0,5 μg F. Ce verhält sich ähnlich. Für Y sind die Abweichungen von der Stöchiometrie größer.
H.-D. Schenke G 246

1654 **Elektrochemische Messung des H_2S/H_2-Verhältnisses in Gasgemischen bei höheren Temperaturen.** H. Rickert, R. Row und K. H. Tostmann. (J. elektroanalyt. Chem. Interfacial Electrochem. [Lausanne] **17** (1968) 1—2, 161—65; Inst. für physikal. Chem. u. Elektrochem., Univ., Karlsruhe; dt.) — Vf. beschreiben eine galvan. Festkörperkette (Pt, Ag/AgJ/Ag_2S, Pt) zur Messung des H_2S/H_2-Verhältnisses (hohe H_2S-Geh. bis herab zu einem Verhältnis von 0,34 : 1) bei 400°. Mit der Kette Pt, Cu/CuBr/Cu_xS, Pt ist eine Ausdehnung des Meßbereiches zu geringeren H_2S/H_2-Verhältnissen möglich.
W. Luchsinger G 253

1655 **Anwendung der Bildung und Verhalten von Sulfotellurat in der Tüpfelanalyse.** F. Feigl und L. Ben-Dor. (Z. analyt. Chem. **238** (1968) 2, 93—96; Labor. da Prod. Mineral, Ministério das Minas e Energia, Rio de Janeiro; engl.) — Die Abscheidung von schwarzem, elementarem Te aus TeS_4^{2-} wird für folgende Aufgaben nutzbar gemacht; Nachw. von elementarem Te u. Te-haltigen Halbleitern, Nachw. von Polysulfid in Alkalisulfid, Nachw von As_2S_3 u. As_2O_3, Unterscheidung von Sb_2O_3 u. Sb_2O_5 sowie Unterscheidung von Sn(II)- u. Sn(IV)-Hydroxid.
H.-D. Schenke G 255

1656 **Nachweis für elementaren Schwefel und elementares Arsen durch Bildung von Arsensulfiden.** F. Feigl und E. Libergott. (Z. analyt. Chem. **238** (1968) 6, 401—03; Labor. da Prod. Mineral, Ministério das Minas e Energia, Rio de Janeiro; engl.) — Die Nachw. für elementaren S u. elementares As beruhen auf der Bldg. von As-Sulfiden u. der Rk. mit Pb-Salzlsg. nach Auflsg. in NH_3. Für As wird außerdem die Rk. mit $S_2O_3^{2-}$ benutzt. Sb, Sn u. Se stören nicht. Die Nachw.-Grenzen liegen für S bei 5 μg u. für As bei 3 μg.
H.-D. Schenke G 265

1657 **Methode der konzentrationsabhängigen Verteilung bei der quantitativen Verwendung von Radioisotopen. 8. Mitt. Trennung der Alkalimetalle durch Extraktionschromatographie mit Dipikrylamin und Nitrobenzol.** M. Kyrš und L. Kadlecová. (J. radioanalyt. Chem. [Budapest] **1** (1968) 2, 103—12; Kernforsch.-Inst., Řež bei Prag; engl.) — 7. vgl. Chem. Listy **61** (1967) 440; 3. vgl. C. 1967, 51/52-1833. — Eine Säule mit hydrophobiertem SiO_2, diversen Polyfluoräthylen-Granulaten oder Chromosorb wird mit einer Lsg. von Ammoniumdipikrylaminat in Nitrobenzol beladen; μg-Mengen von Cs können von Rb (0,5 mg), Na (200 mg), Li (240 mg) oder Ca (640 mg) getrennt werden. Die Trennbedingungen werden ausführlich beschrieben; die Ergebnisse mit verschiedenen theoret. abgeleiteten Trennprozessen verglichen.
W. Dedek G 272

1658 **Photometrische Mikromethode für die komplexometrische Titration von Calcium.** R. Quicker und H.-J. Dulce. (Z. klin. Chem. **6** (1968) 3, 176—78; Inst. für Angew. Physiol. Chem. u. Klin. Chemie, FU Berlin; dt.) — Die Titration erfolgt mit einer 0,0025-m-Titriplex-III-Lsg. gegen Murexid bei pH > 12,5. Zur Endpunktsbest. wird das Photometer Eppendorf mit einem Aufsatz für photometr. Titrationen u. einem Potentiometerschreiber benutzt. Gemessen wird mit dem Filter Cd 480 nm gegen eine austitrierte Lsg. in einem Bereich von 2—15 μg Cd pro Ansatz. Der maximale Einzelfehler beträgt 0,13 μg, der mittlere Fehler ca. 1,5%.
K. Zinke G 283

1659 **Quantitative Trennung von Calcium von Magnesium, Aluminium und anderen Elementen durch Kationenaustausch-Chromatographie in Äthanol–Salzsäure.** F. W. E. Strelow und C. R. van Zyl. (Analytica chim. Acta [Amsterdam] **14** (1968) 3, 529—36; Pretoria, South African Council for Sci. and Ind. Res., Nat. Chem. Res. Labor.; engl.) — Aus der Best. der Verteilungskoeff. von Mg u. Ca an den Kationenaustauschern AG 50W-X 8 u. AG 50W-X 12 im Bereich von 0,1—4 Mol HCl/l u. 0—80% A. ergibt sich an der AG 50W-X 8-Säule eine Trennung des Mg von Ca durch Elution mit 60%ig. äthanol. 3,0m HCl-Lösung. Ca bleibt auf der Säule u. kann mit 3,0m HCl- oder 2,0m HNO_3-Lsg. eluiert werden. Der Trennfaktor ist mit 4,6 beträchtlich größer als bei der Verw. von wss. HCl-Lsg. u. vergleichbar dem, der mit organ. Komplexbildnern erhalten wird. Die Trennungen sind bei scharfer Bandenausbldg. quantitativ. Al, Fe(III), Mn, Ni(II), Co(II), Zn, Cd, Cu(II), Pb(II), U(VI), Be, Ga, Ti(IV) werden in Ggw. von H_2O_2 mit Mg eluiert. Sr, Ba, Zr, Hf, Th, Sc, La u. die Seltenerdmetalle bleiben beim Ca.
K. Dorfner G 283

1660 **Mikrobestimmung von Calcium, Strontium und Barium nach der Ringofen-Methode.** Animesh K. Ghose und Arun K. Dey. (Z. analyt. Chem. **234** (1968) 3, 185—88; Chem. Labor., Univ., Allahabad, India; engl.) — Ca, Sr u. Ba werden zunächst in die Nitrate übergeführt u. Ca mit Ae./A. ausgewaschen. Sr u. Ba werden anschließend mit Diäthyldithiocarbamat behandelt u. Sr mit Ae./A. abgetrennt. Die Identifizierung erfolgt mit Pyrogallol (Ca) bzw. Rhodizonat (Sr, Ba). Durch Vgl. mit Standardproben ist eine quant. Best. möglich. Dabei können 0,60 μg Ca, 1,31 μg Sr u. 8,24 μg Ba mit einem Fehler < 6% erfaßt werden.
H.-D. Schenke G 285

1661 **Gravimetrische Bestimmung von Quecksilber(I) mit Kaliumhydrogen-o-phthalat.** Zbigniew Gregorowicz, Henryk Jalowiecki und Franciszek Buhl. (Z. analyt. Chem. **238** (1968) 5, 346—48; Inst. für allg. Chem., Schles. TH, Gliwice; dt.) — 0,1—0,2 g Hg(I)/100 m können mit K-Hydrogen-o-phthalat in guter Reproduzierbarkeit gravimetr. bestimmt werden. Die mittleren Abweichungen liegen zwischen —0,1 u. —0,2%. Die Best. wird durch Ag^+, Pb^{2+}, Hg^{2+}, Bi^{3+}, Fe^{3+} u. Anionen, die mit Hg(I) unlösl. Nd. bilden, gestört.
H.-D. Schenke G 290

1662 **Polarographische und amperometrische Bestimmung von Tl^+ in Gegenwart von Cd^{2+} mit 1.2-Diaminocyclohexantetraessigsäure (CDTA) als Komplexbildner.** D. S. Jain und J. N. Gaur. (Z. analyt. Chem. **238** (1968) 2, 109—11; Chem. Labor., Univ. of Rajasthan, Jaipur; engl.) — Tl^+ kann neben Cd^{2+} bei einem pH ≧ 5 amperometr. (Titration mit K_2CrO_4 bei einer angelegten Spannung von —0,56 V gegen eine SCE) u. polarograph. bestimmt werden, wenn das Halbstufenpotential des Cd^{2+} durch Komplexbldg. mit CDTA zu negativen Werten hin verschoben wird.
H.-D. Schenke G 297

1663 **Polarographie von Thallium(I) an der Quecksilber-Tropfelektrode in verschiedenen Elektrolyten. Bestimmung von Thallium(I) in Gegenwart von Mo(VI), W(VI) und V(V).** M. L. Mittal und R. S. Saxena. (Z. analyt. Chem. **238** (1968) 2, 107—09; Dep. of Chem., Malavija Regional Engng. College, Jaipur, India; engl.) — Tl(I) erzeugt in 0,5m LiCl, 0,1m H_2SO_4 u. 0,5m KNO_3 gut ausgebildete, reversible u. diffusionsbestimmte Wellen, deren Höhe linear von der Tl(I)-Konz. (0,1—2,0 millimolar) abhängt. Mo(VI), W(VI) u. V(V) stören die polarograph. Best. von Tl(I) in LiCl u. KNO_3 nicht, Mo(VI) u. W(VI) dagegen in H_2SO_4. Tl(I) u. V(V) können in 0,1m H_2SO_4 nebeneinander bestimmt werden.
H.-D. Schenke G 297

1664 **Bestimmung von Scandiumspuren durch Atomabsorptionsspektroskopie.** Yiu-Kee Chau. (Talanta [London] **15** (1968) 5, 421—24; Chung Chi Coll., Chinese Univ. of Hong Kong; engl.) — Vf. bestimmt 1—5 μg Sc/ml bei 3911,8 Å mit einer C_2H_2/N_2O-Flamme mit Spaltbreiten von 50—75 μm u. einer mit 10—12 mA betriebenen Sc-Hohlkathodenlampe. Zumischungen von Alkoholen u. EDTA zur wss. Lsg. erhöhen, HCl-Zusatz erniedrigt die Absorption. Extraktionsvers. mit ^{46}Sc zeigen, daß durch Butanol mit 2,5% Oxin bei pH 1—4 98% des Sc extrahiert werden; die Empfindlichkeit (1% Absorption) beim Versprühen der organ. Phase beträgt 0,06 ppm. Bei dieser Arbeitsweise wird die Best. von 4 ppm Sc durch je 100 ppm U, Fe, Ni, Co, Cu, Mn, Zn, Mo, Pb, Cr, Na, Ca, Mg nicht gestört.
H.-J. Ostmann G 299

1665 **Potentiometrische Bestimmung der Seltenerdmetalle mit Natriumorthovanadat.** G. C. Shivahare und N. D. Joshi. (Z. analyt. Chem. **234** (1968) 2, 114—15; Dep. of Chem., Univ., Jodhpur, India; engl.) — La, Ce, Pr, Nd u. Sm als einzelne Salzlsg. werden bei einem pH > 7 durch Fällung mit Na_3VO_4 bei potentiometr. Endpunktsanzeige titriert. H.-D. Schenke G 308

1666 **Bestimmung der Konzentration von Hafnium in Zirkonium.** 3. Mitt. A. P. Perovskij. (Radiochimija **10** (1968) 1, 70–74; russ.) — Vf. gibt eine neue radiometr. Meth. zur Best. von Hf in Zr an, die dad. gek. ist, daß 0,25–10 Std. nach einer Neutronenbestrahlung in einer speziellen Meßapp. gleichzeitig unter Verw. einer Koinzidenzschaltung die unmittelbar nacheinander ausgestrahlten 3 γ-Quanten des ^{180m}Hf u. unter Verw. einer Antikoinzidenzschaltung die beiden γ-Quanten (zeitlich weit auseinanderliegend) des Zerfalls von ^{97}Zr (^{97m}Nb u. ^{97m}Mo) gemessen werden. Die Strahlung des ^{95}Zr vergrößert die Zahl der γ-Quanten um 3–6%. Die Aktivität von ^{175}Hf u. ^{181}Hf beträgt weniger als 1% der ^{180m}Hf-Aktivität u. hat somit keinen Einfluß. ^{179m}Hf ist 10 Min. nach Bestrahlungsende vollständig abgeklungen. Das Verhältnis der Aktivitäten von ^{180m}Hf u. ^{97}Zr bei gleichen Ausgangsmengen von Hf u. Zr beträgt $I_{180mHf}/I_{97Zr} = 4500$. Die Meth. ist im Bereich 0,002–1% Hf im Zr zuverlässig. Es muß für eine gegebene Meßeinrichtung eine Eichkurve in den Parametern $\eta = I_{180mHf}/I_{97Zr} = f(t)$ (η = bekannte Hf-Konz. im Zr; t = Zeit nach Bestrahlungsende) aufgenommen werden. G. Ewald G 323

1667 **Spektralphotometrische Bestimmung von Spuren Chrom in Reintantal mit Diphenylcarbazid nach vorhergehender Isolierung als Acetylacetonat.** Andreas Hofer und Rudolf Heidinger. (Z. analyt. Chem. **238** (1968) 6, 415–18; Hauptlabor., Österreich. Stickstoffwerke Akt.-Ges., Linz/Donau; dt.) — Cr wird nach Zugabe von Acetylaceton zur Probelsg. durch Kochen am Rückflußkühler in das entsprechende Chelat übergeführt, das anschließend mit $CHCl_3$ extrahiert wird. Nach dem Abdampfen des Lsgm. u. Zerstören des organ. Rückstandes wird es spektralphotometr. mit Diphenylcarbazid als Reagenz bestimmt. Noch 0,0005% Cr können in einer Einwaage von 1 g erfaßt werden. H.-D. Schenke G 335

1668 **Schnelle chelatometrische Bestimmung von Chrom–Eisen und Aluminium in Chrom–Eisen- und Chrom–Aluminium-Gemischen.** G. M. Phatak und T. R. Bhat. (Z. analyt. Chem. **238** (1968) 6, 418–23; Bhabha Atomic Res. Centre, Chem. Div., Bombay; engl.) — Die Rk. von Cr(III) mit EDTA kann durch Hydrogencarbonat, Sulfit, Nitrit sowie organ. Lsgm. beschleunigt oder durch Oxalat, Acetat u. a. unterdrückt werden. Vf. beschreiben ein chelatometr. Verf. zur Best. von Cr(III), Fe u. Al in Gemischen von Cr u. Fe bzw. Cr u. Al, das auf dieser Erscheinung beruht. Cr(III) wird im Konz.-Bereich von 2–20 mg/100 ml mit einer Genauigkeit von besser als 2% bestimmt. In bin. Gemischen mit Fe (bis zu einem Mol-Verhältnis von 50) u. mit Al (bis zu einem Mol-Verhältnis von 90) beträgt die Genauigkeit der Cr-Best. ca. 2,5%. H.-D. Schenke G 335

1669 **Fluorimetrische Bestimmung von Wolfram in reinem Wolfram, thoriertem Wolfram und in hitzebeständigen Co–Bi–Cr-Legierungen.** Rudolph S. Bottei und Br. Ambrose Trusk. (Analytica chim. Acta [Amsterdam] **41** (1968) 2, 374–77; Dep. of Chem. and Radiation Labor., Univ. of Notre Dame, Notre Dame, Ind.; engl.) — 1. vgl. ibid. **37** (1967) 409. — In Fortsetzung ihrer fluorimetr. Arbeiten mit Flavonol analysieren Vf. nun reines W u. thoriertes W nach dem Aufschluß in HF/HNO_3. Zur Analyse von Co–Ni–Cr-Leg. wird nach dem Aufschluß in $HClO_4/H_2SO_4$ mit 4n NaOH-Lsg. gefällt, der Nd. abfiltriert u. im Filtrat die W-Best. durchgeführt. Die relative Standardabweichung beträgt in reinem u. thoriertem (0,5% Th) W 99,9 ± 0,08% u. in der Leg. 4,50 ± 0,16 u. 3,95 ± 0,09%. K. Henning G 337

1670 **Urannachweis in Diäthyläther und fluorimetrischer Tüpfelnachweis von Uran in wäßriger Lösung.** Helmut Kleber. (Z. analyt. Chem. **234** (1968) 2, 115–18; Offstein/Worms; dt.) — Der U-Nachw. mit Tannin gelingt auch in äther. Lsg., wenn der Lsg. ein Tropfen eines Amins, z. B. Tri-n-butylamin, zugesetzt wird. Erfassungsgrenze: 0,5 μg U, Grenzkonz. = 1 : 100000. Ti, V, Nb, Ta, Cr, Mo, W, Fe, Mn stören den U-Nachw. in Ae. nicht, weil sie nur als Chloride mehr oder weniger in Ae. lösl. sind, während U nach Überführung in Nitrat abgetrennt wird. Zum fluorimetr. Tüpfelnachw. des U werden die UO_2^{2+}-Ionen durch einen Sodaauszug von den meisten störenden Kationen (Absorption der Erregerstrahlung) getrennt u. mit HNO_3 neutralisiert. Durch Tüpfeln auf $Na_5P_3O_{10}$ oder $CaPO_3F \cdot 2\,H_2O$ kann UO_2^{2+} durch seine grüne Lumineszenz im schwarzglasgefilterten UV-Licht nachgewiesen werden. Erfassungsgrenze: 1 μg U, Grenzkonz. = 1 : 10000. Außer Ag u. Tl wirken vorwiegend die Anionen mit geringer Ladung u. Festigkeit der Mol.-Orbitals schwächend auf die Lumineszenz. H.-D. Schenke G 339

1671 **Potentiometrische Manganbestimmung mit Kaliumhexacyanoferrat(III) in alkalischer Mannitlösung.** Oswald Gürtler und Jan Doležal. (Z. analyt. Chem. **238** (1968) 2, 97–104; Inst. für Anorgan. Chem., Karl-Marx-Univ., Leipzig; dt.) — Zur potentiometr. Mn-Best. wird die Ox. des Mn(II)-Mannit-Komplexes mit $K_3[Fe(CN)_6]$ in alkal. Lsg. benutzt. Die Ox. ist durch 2 gut ausgeprägte Potentialsprünge gek., die den Übergängen Mn(II) → Mn(III) u. Mn(III) → Mn(IV) entsprechen. Die Lsg. soll 1 Mol/l KOH u. 0,25–0,5 Mol/l Mannit enthalten. Der Konz.-Bereich des bestimmbaren Mn liegt zwischen $0{,}9 \cdot 10^{-3}$ u. $2{,}3 \cdot 10^{-2}$ Mol/l. Die Meth., die durch Cl^-, NO_3^-, SO_4^{2-}, PO_4^{3-}, F^-, Mg, Ca, Sr, Ba, Tl, As(III), Sb(III), Bi(III), Al, Cd, Pb, Zn, Cu u. Fe(III) nicht gestört wird, ist mit einem relativen Fehler von −1% behaftet. Ni u. Cr(III) stören, wenn ihre Konz. das Mengenverhältnis 1 : 1 zu Mn überschreitet. Der störende Einfl. von Co(II) kann durch Zugabe von EDTA eliminiert werden, wobei nur der gut meßbare Potentialsprung des Übergangs Mn(II) → Mn(IV) auftritt. Die Meth. eignet sich zur Mn-Best. im Schiefer u. Kalkstein. H.-D. Schenke G 350

1672 **Polarographisches Verhalten von Kobalt(II)-sulfid-Suspensionen.** Karel Micka. (Z. analyt. Chem. **234** (1968) 2, 119–21; J. Heyrovský Inst. of Polarography, Czechoslovak Acad. of Sci., Prague; engl.) — Vf. nimmt an, daß bei der Polarographie von CoS-Suspensionen in NH_4Cl- oder NH_3-Lsg. die Bldg. von H_2S u. H_2 durch die Gleichungen $CoS + 2\,e^- \rightarrow Co + S^{2-}$; $S^{2-} + 2\,NH_4^+ \rightarrow H_2S + 2\,NH_3$; $Co + H_2S \rightarrow CoS + H_2$ beschrieben werden kann. Der analoge Ablauf der Rk. nach Gleichung 3 für Fe wird nachgewiesen. Außerdem scheinen in geringerem Umfange die Rk. $CoS + NH_4^+ \rightarrow CoSH^+ + NH_3$ u. $2\,CoSH^+ + 2\,e^- \rightleftharpoons 2\,CoS + H_2$ abzulaufen. H.-D. Schenke G 355

1673 **Bestimmung von Kobalt und Nickel in magnetischen Co–Ni-Filmen: Hochspezifische photometrische Methode für Kobalt.** G. W. Dollman. (Plating **55** (1968) 2, 162–63; Litton Systems, Inc., Woodland Hills, Calif.; engl.) — Der Co–Ni-Film wird mit einem Skalpell von der Cu-Unterlage mechan. entfernt u. in HNO_3 gelöst. Nach Verdampfen von HNO_3 u. Aufnehmen in konz. HCl-Lsg. (I) wird mit Isopropanol/I (80 : 20) versetzt u. die Extinktion bei 695 (Co), 395 (Cu), 364 (Fe) nm bestimmt. Die Summe Co + Ni wird mit EDTA-Lsg. gegen Murexid titrimetr. ermittelt. U. Geisler 6356

1674 **Komplexchemie der Cuproine.** 5. Mitt. **Spektrophotometrische Kupferbestimmung mit 3.3′-Dimethylen-4.4′-diphenyl-2.2′-dichinolyl.** E. Uhlemann und K. Waiblinger. (Analytica chim. Acta [Amsterdam] **41** (1968) 1, 161–63; Inst. für Anorgan. Chem., Karl-Marx-Univ., Leipzig; dt.) — 4. vgl. C. **1968**, 47-0502. — Zur Best. wird die Probelsg. auf pH 6 eingestellt, das Cu(II) durch Zugabe von $NH_2OH \cdot HCl$ zu Cu(I) red., eine 0,0025m Reagenzlsg. in Isoamylalkohol hinzugegeben u. 2 Min. extrahiert. Nach Abtrennung der organ. Phase wird mit Na_2SO_4 getrocknet, filtriert u. die Extinktion bei 555 nm gemessen. Das Beersche Gesetz ist im Bereich von 0,5–11 ppm Cu erfüllt. K. Henning G 358

1675 **Lineare „sweep"-Voltammetrie von Silber(I), Cadmium(II), Blei(II), Kupfer(II) und Indium(III) im geschmolzenen $NaNO_3/KNO_3$-Eutektikum.** Gleb Mamantov, James M. Strong und Fred R. Clayton jun. (Analytic. Chem. **40** (1968) 3, 488–92; Dep. of Chem., Univ. of Tenn., Knoxville, Tenn.; engl.) — Der Max.-

Strom der Red. von Ag(I), Cd(II), Pb(II) u. Cu(II) hängt bei ca. 10^{-2} f Depolarisatorkonz. linear von der Konz. ab. Die Unters. wurden mit einer Pt-Elektrode in einer $NaNO_3/KNO_3$-Schmelze [50 : 50 (Mol-%)] bei 245° durchgeführt. Für 10^{-2} f Lsg. werden die Halbwellen-Potentiale angegeben u. ihre Abhängigkeit von der Konz. u. Abtastgeschw. diskutiert. Die ber. Diffusionskoeff. entsprechen den Angaben anderer Autoren. Aus den Vers.-Ergebnissen wird auf evtl. Ox. von Red.-Prod. durch NO_3^- u. Lsg.-Bldg. der Red.-Prod. mit dem Elektrodenmaterial geschlossen. Bei $InCl_3$-Zusatz zum Lsgm. trat ein gelber Nd. auf, u. die besten Ergebnisse wurden mit einer In-Bodenelektrode erzielt. E. Bomke G 358

1676 **Photometrische Bestimmung von Palladium mit Dimethylsulfonazo III.** B. Budesínský und B. Menclová. (Talanta [London] **15** (1968) 9, 986—88; Nucl. Res. Inst., Czechoslovak Acad. of Sci., Rez near Prague; engl.) — Dimethylsulfonazo III (3.6-Bis-[4-methyl-2-sulfophenylazo]-4.5-dihydroxy-2.7-naphthalindisulfonsäure) bildet in 0,01—0,2n $HClO_4$, HCl oder HNO_3 mit Pd(II) einen 1 : 1-Komplex mit einer molaren Absorption von $4,0 \cdot 10^4$ bei 620 nm. Der Einfl. von 38 Ionenarten auf die Best. wurde untersucht. P. Scharner G 365

1677 **Homogene Keimbildung von Bis-[1.2-cyclohexandiondioximato]-palladium(II).** J. A. Velázquez und O. E. Hileman jun. (Talanta [London] **15** (1968) 10, 1060 bis 1062; Dep. of Chem., McMaster Univ., Hamilton, Ontario; engl.) — Auf die Tropfenmeth. zur Unters. der homogenen Keimbldg. von Bis-[1.2-cyclohexandiondioximato]-palladium(II) wurde die Fällung aus homogener Lsg. angewandt. Die Übersättigung wurde durch Rk. zwischen 1.2-Cyclohexandion u. Hydroxylamin in Ggw. von Pd-Ionen erreicht. Die Lsg. wurden in Mineralöl dispergiert, der Durchmesser der Tröpfchen betrug ca. 20 μm. Unter den Vers.-Bedingungen betrugen die Grenzflächenenergie des Chelats 47 erg · cm^{-2} u. der krit. Radius 11 Å. P. Scharner G 365

1678 **Trennung von Platin und Palladium von Grundmetallen mit einem schwach basischen Cellulose-Ionenaustauscher.** Koji Ishida, Tetsuya Kiriyama und Rokuro Kuroda. (Analytica chim. Acta [Amsterdam] **41** (1967) 3, 537—45; Chiba, Yayoi-cho, Univ. of Chiba, Fac. of Engng., Labor. of Analyt. Chem.; engl.) — An einem schwach bas. Cellulose-Anionenaustauscher (DEAE-Cellulose; SCN^--Form) werden für Pt u. Pd die Verteilungskoeff. in 0—1,0n HSCN- (pH 1—3 u. mit 0,3 u. 1,5 Mol HCl/l), 0,1—3,0m KCl- u. 0,1—1,5n HCl-Lsg. bestimmt. Da Co, Cu, Fe(III), Ni, Pb, Zn in denselben Medien nicht adsorbiert werden, kann die Trennung der Edelmetallionen durch Elution mit 0,01 m NH_4SCN/0,1 n HCl für Fe(III), Co, Ni u. Zn, 0,01 m NH_4SCN/0,1 n HNO_3 für Pb u. 0,01 m NH_4SCN/1 n HCl für Cu vorgenommen werden. 1 mg Pt(IV) u./oder Pd(II) können quant. aus 20—25 g der genannten Metalle gewonnen werden. Für die Trennung von Pt(IV) u. Pd(II) untereinander wird die Probe auf einen Geh. an 0,02 bzw. 2 Mol NH_4SCN bzw. HCl/l gebracht. Die Trennung erfolgt durch stufenweise Elution mit 0,02 m $NH_4 \cdot SCN$/2 m HCl- bzw. 0,05 m $(NH_2)_2CS$-Lsg. bei < 5°. K. Dorfner G 368

1679 **Kombinierte thermodilatometrische und derivatographische Untersuchung von Hydrargillit und Bariumchloriddihydrat.** F. Paulik, J. Paulik und L. Erdey. (Analytica chim. Acta [Amsterdam] **41** (1968) 1, 170—72; Inst. for Gen. and Analyt. Chem., TU, Budapest; engl.) — Die therm. Zers. von Hydrargillit (I) verläuft in 2 sich einander überlappenden Prozessen. Zwischen 180 u. 220° werden 0,5 Mol. W. wahrscheinlich unter Bldg. von Böhmit (II) abgegeben u. eine Längenausdehnung des Prüfstücks um 0,5 % wird beobachtet. Das Probenvol. verkleinert sich wieder, wenn der restliche, unzersetzte Teil des I sich bei 220—310° unter Abgabe von ca. 2 Mol. W. in χ-Al_2O_3 umwandelt. Das vorübergehend gebildete II zersetzt sich bei 470°. Die noch vorhandene W.-Menge (ca. 1 %) wird nach u. nach bis 800° abgegeben. Zwischen 800 u. 1000° findet eine doppelte Umwandlung statt: γ-Al_2O_3 geht über in δ-Al_2O_3 u. dann in Θ-Al_2O_3, während χ-Al_2O_3 sich in $\varkappa$-Al_2O_3 umwandelt. Die Probenkontraktion beträgt innerhalb dieses Temp.-Gebiets ca. 1 % u. besitzt ihre größte Geschw. bei 960°. Die bei 1050° beginnende Bldg. des α-Al_2O_3 ist bei 1200° noch nicht beendet. Die Abgabe des Krist.-W. von $BaCl_2 \cdot 2\,H_2O$ (III) erfolgt in 2 Schritten. Die letzten Spuren Feuchtigkeit werden bei ca. 250° abgegeben. In diesem Temp.-Bereich findet eine Vol.-Kontraktion statt. Bei ca. 300° bricht das monokline Gitter des III zusammen; das rhomboedr. Gitter der vollkommen ungeordneten Krist.-Struktur wird erst später u. sehr langsam aufgebaut. Der Aufbau ist bei 870° beendet (Längenkontraktion ca. 8 %). Die sehr schnelle Ausdehnung um ca. 0,5 % bei 900° zeigt die Umwandlung der α- in die β-Modifikation des Anhydrids. H.-D. Schenke 5158

1680 **Infrarotspektren von Apatiten.** Vijay Mohan Bhatnagar. (Technology [Sindri, India] **4** (1968) 4, 148—49; Nashville, Tenn., Fisk Univ.; engl.) — Nach Ansicht des Vf. ist die Theorie von Chakravorty u. Gosh [ibid. **3** (1966) 148) über die Zuordnung der Carbonatbande bei 1415 cm^{-1} bei der Apatitstruktur nicht richtig, da alle, auch die komplexen Carbonate, diese Frequenz trotz teilweise gestörten Gitters zeigen. Die Unters. ergaben Banden bei 1430 u. 1455 cm^{-1} bei verschiedenen Carbonatapatiten. F. Ensslin 5158

1681 **Bestimmung von freiem und gebundenem wirksamem Chlor.** U. Hässelbarth. (Z. analyt. Chem. **234** (1968) 1, 22—37; Inst. für Wasser-, Boden- und Lufthygiene, Bundesgesundheitsamt, Berlin-Dahlem; dt.) — Eine Unters. der amperometr. Titration von Gemischen freien u. gebundenen wirsamen Cl mit Phenylarsenoxid (I) ergibt, daß die Umsetzung des freien Cl mit I bei pH 7 nicht vollständig abläuft. Durch Zugabe einer katalyt. wirkenden Menge J^- wird die Rk.-Hemmung aufgehoben u. eine eindeutige Trennung der Bestandteile ermöglicht (Jodwellen-Meth.). Mit dieser Meth. als Standard für freies Cl u. der Benzidin–Py.-Meth. (II) nach Asmus, der potentiometr. u. amperometr. Titration mit I als Standard für Gesamt-Cl werden Testanalysen mit den bekannten differenzierenden Cl-Best.-Verf. vorgenommen. Als bestes Verf. wird die Diäthyl-p-phenylendiamin-Meth. von Palin ermittelt. Die neutrale Tolidin-Meth. sowie das Verf. nach Gad wie auch dessen Verbesserung nach Lotz sind unzulänglich. Für die zur Errechnung des Geh. an gebundenem Cl notwendige Gesamt-Cl-Best. sind II u. die potentiometr. Titration mit I den verglichenen Verf. weit überlegen, so daß man bei größeren Anforderungen an die Meßgenauigkeit sich besser zweier Verf. bedient. H.-D. Schenke 5162

1682 **Empfindliche und direkte Methode zur automatischen und manuellen Bestimmung von Ammoniak im Meerwasser.** Klaus Grasshoff. (Z. analyt. Chem. **234** (1968) 1, 13—22; Inst. für Meereskunde, Univ., Kiel; dt.) — Vf. beschreibt eine Meth. zur Best. von NH_3 in Meerwasser über die Ox. zu Bromamin mittels BrO^- u. anschließender Rk. des Bromamins mit Jodid-Stärke-Reagenz. Das Lambert-Beersche Gesetz ist im Bereich 0—15 μMol NH_3/l erfüllt. Die Standardabweichung der Best. beträgt in diesem Bereich ± 3,3 % für die manuelle u. ± 4,5 % für die automat. Methode. Die maximalen Abweichungen zwischen vorgelegter u. bestimmter NH_3-Menge betragen 0,09 μMol/l bzw. 0,07 μMol/l. Mit dem automat. Verf. können 20 Proben in der Std. analysiert werden. H.-D. Schenke 5162

G–3. Analyse organischer Verbindungen

1683 **Untersuchung der Retentionsindexänderung mit der Temperatur. Anwendung zur qualitativen und quantitativen Analyse komplizierter Kohlenwasserstoffgemische.** J. C. Loewenguth und D. A. Tourres. (Z. analyt. Chem. **236** (1968) 170—91; Co. Franç. de Raffinage, Harfleur; franz.) — Retentionsindexänderungen mit der Temp. sind spezif. für bestimmte Gruppen von KW-Stoffen, z. B. Alkane mit verzweigten Ketten, Olefine u. Diolefine, Cyclo- u. Cyclodiolefine. Die Temp.-Abhängigkeit wird als linear angenommen u. als Indexdifferenz pro 10° Temp.-Erhöhung ausgedrückt ($\Delta I/10°$). Die Werte sind sehr klein, ihre Best. erfordert höchste Genauigkeit;

mit sehr guter Reproduzierbarkeit können sie mit Hilfe von Kapillarsäulen bestimmt werden.
J. Pickardt G 550

1684 **Charakterisierung primärer, sekundärer und tertiärer Alkohole durch magnetische Kernresonanz.** J. S. Babiec jun., J. R. Barrante und G. D. Vickers. (Analytic. Chem. **40** (1968) 3, 610—11; Olin Mathieson Chem. Co., New Haven, Conn.; engl.) — Vf. charakterisieren prim., sek. u. tert. Alkohole in Form ihrer Dichloressigsäureester durch Aufnahme der NMR-Spektren. Die Reihenfolge der Abschirmung der Dichloracetylsignale ist tert. > sek. > primär. Als zusätzliche Charakterisierungsmeth. kann noch die α-Resonanz der Alkohole herangezogen werden. U. Feist G 610

1685 **Dünnschicht- und Gaschromatographie der Trimethylsilyläther von Glykolen.** Kenneth C. Leibman und Elsa Ortiz. (J. Chromatogr. [Amsterdam] **32** (1968) 4, 757—59; Dep. of Pharmacol. and Therap., Univ. of Fla. Coll. of Med., Gainesville, Fla.; engl.) — Die Trimethylsilyläther von *cis-* u. *trans-1.2-Dihydroxyindan, cis-* u. *trans-1.2-Dihydroxycyclohexan, Hydrobenzoin, Isohydrobenzoin* u. *Phenyläthylenglykol* werden gaschromatograph. an 2% OV-1 + 3% OV-17 bzw. 5% OV-17 auf säuregewaschenem u. silanisiertem Chromosorb W bei 80—130° mit 100 ml He/min getrennt. Die Dünnschichtchromatographie erfolgt an Eastman-Chromagram-Platten 6060 (15 Min. lang bei 110° aktiviert) mit Heptan als Laufmittel. G. Bock G 620

1686 **Anwendung von Anthron bei der Bestimmung von Glycerinspuren.** F. A. Lyne, J. A. Radley und M. B. Taylor. (Analyst **93** (1968) 1104, 186—90; J. A. Radley Res. Inst., Reading, Berkshire; engl.) — Vf. beschreiben die quant. Best. von 10—75 μg Glycerin (I)/ml durch Fluoreszenzmessungen bei 575 nm, nachdem die Probe mit einer Lsg. von 0,1% Anthron in konz. H_2SO_4 auf 120° erhitzt wurde. Während Zucker nur in 100fachem Überschuß stören, stören Weinsäure, Formaldehyd, Äthylenglykol u. Aceton schon in geringer Konz. u. müssen chromatograph. entfernt werden. Die beschriebene Meth. ist bes. geeignet, geringe I-Mengen, wie sie in Chromatographie-Flecken enthalten sind, quant. zu bestimmen.
U. Feist G 630

1687 **Dünnschichtchromatographie von Aldehyden.** E. Bloem. (J. Chromatogr. [Amsterdam] **35** (1968) 1, 108—10; Zuid-Nederlandsche Zeemlederfabriek N. V., Oosterhout; engl.) — Auf einer 0,3 mm dicken Schicht einer luftfreien Suspension von 10 g Silicagel G u. einer Lsg. von 3 g Carbowax-4000 u. 35 mg Tinopal WG in 15 ml dest. W. u. 5 ml 1n NaOH-Lsg. wird die Lsg. der 2.4-Dinitrophenylhydrazonderiv. von 20 Aldehyden aufgetragen u. mit Bzl.–Heptan (65 : 35, v/v) entwickelt. Die Verb. unterscheiden sich durch ihre R_F-Werte u. die Farben der Flecken unmittelbar nach der Entw. oder einige Std. später. H.-D. Schenke G 660

1688 **Dünnschichtchromatographie der 3-Methyl-2-benzothiazolonhydrazonderivate aliphatischer Aldehyde.** Frederick C. Hunt. (J. Chromatogr. [Amsterdam] **35** (1968) 1, 111—12; Air Pollution Control Branch, New South Wales Dep. of Public Health, Sydney, New South Wales; engl.) — Aliphat. C_1—C_8-Aldehyde werden als 3-Methyl-2-benzothiazolonhydrazone auf Silicagel G dünnschichtchromatograph. getrennt. Die Entw. erfolgt mit PAe. (Kp. 30—40°)-Äthylacetat–Essigsäure (88 : 10 : 2). Die Flecken werden durch Besprühen mit 3-Methylbenzothiazolonhydrazin unter oxydierenden Bedingungen sichtbar gemacht, das mit den Hydrazonen einen blauen 1:1-Komplex ergibt. Unvollständig getrennt werden die C_1- u. C_2- u. die C_5—C_8-Aldehydderivate. Ketone geben beim Besprühen keine Farbreaktion.
H.-D. Schenke G 660

1689 **Spektrophotometrische Bestimmung von Oximen und unsubstituiertem Hydroxylamin.** Delwin P. Johnson. (Analytic. Chem. **40** (1968) 3, 646—48; R. J. Reynolds Tobacco Co., Winston-Salem, N.C.; engl.) — Vf. beschreiben eine spektrophotometr. Meth. zur Best. von Oximen, bei der die Proben ($\leqq 5 \cdot 10^{-7}$ Val) mit einer 4%ig. äthanol. Lsg. von p-Nitrobenzaldehyd u. 0,3n NaOH-Lsg. 30 Min. lang auf 90° erhitzt werden, wobei eine Umoximierung unter Bldg. von p-Nitrobenzaldoxim erfolgt, das bei 368 nm photometr. bestimmt wird. Die Meth. wurde an 21 Oximen getestet; die relative Standardabweichung beträgt 2,19%. Bei der Best. von cycl. Ketonoximen, Salicylaldoxim sowie in Ggw. von Hydroxamsäuren können Störungen auftreten; Acetonitril, Acetamid, Aminoalkohole, Diäthylhydroxylamin u. Amidoxime stören nicht. Hydroxylamin kann auch in Ggw. von Oximen mit dieser Meth. bestimmt werden.
U. Feist G 710

1690 **Kathodenstrahlpolarographische Bestimmung und spektrographische Charakterisierung der im Methylisobutylketon enthaltenen α,β-ungesättigten Ketone.** R. Naumann. (Z. analyt. Chem. **233** (1968) 3, 183—87; Kontroll-Labor., Merck Akt.-Ges., Darmstadt; dt.) — Kleine Mengen α,β-ungesätt. Ketone in Methylisobutylketon werden nach Zugabe von Leitsalz kathodenstrahlpolarograph. bestimmt. Die statist. Nachw.-Grenze beträgt $8,6 \cdot 10^{-5}$ (ca. 0,9 ppm), ber. als Mesityloxid, die relative Standardabweichung 3,1%, gemessen bei einem Geh. von $6 \cdot 10^{-4}$%. Die gaschromatograph. abgetrennten ungesätt. Ketone werden IR- u. NMR-spektroskop. z. T. als 2.4.8-Trimethylnonen-4-on-(6) charakterisiert. H.-D. Schenke G 720

1691 **Gaschromatographische Trennung von Triglyceriden.** Rodney Watts und R. Dils. (J. Lipid Res. **9** (1968) 1, 40—51; Birmingham, Univ., Biol. Building, Dep. of Med. Biochem. and Pharmacol.; engl.) — Vf. berichten über eine Unters. der verschiedenen Parameter, die die gaschromatograph. Trennung u. quant. Best. von Triglyceriden (A) beeinflussen. Man erhält eine gute Trennung dieser Verb. an 3% QF 1 auf Chromosorb W u. eine sehr gute Trennung an 10% SE-30 auf Gas-Chrom Q. Es zeigt sich, daß bei beiden Säulen der Logarithmus der Retentionszeiten der C-Zahl der Verb. direkt u. der abs. Temp. umgekehrt proportional ist. Vf. bestimmen für eine Anzahl von A (C_6—C_{56}) die Elutionstemp., bezogen auf Trilaurin u. für einige Triglyceride die isothermen Retentionsindizes. Unter optimalen Trennbedingungen kann man Gew. u. auch molare Korrekturfaktoren ermitteln. Triolein u. Tristearin lassen sich teilweise trennen, ebenso wie andere A mit gleicher C-Zahl, aber verschiedenen Fettsäuren. Vf. trennen nach der beschriebenen Meth. die natürlichen A des menschlichen Milchfetts.
A.-M. Fretzdorff G 810

1692 **Schnellverfahren zur Chloracetylierung von Phenolen im Mikrogrammbereich und deren Nachweis durch Gaschromatographie mit Elektroneneinfangdetektor.** Robert J. Argauer. (Analytic. Chem. **40** (1968) 1, 122—24; Entomol. Res. Div., Agric. Res. Serv., U. S. Dep. of Agric., Beltsville, Md.; engl.) — Die wss. Phenollsg. mit Geh. bis 0,01 ppm werden alkal. gemacht u. 2 Min. lang mit 10 ml einer Lsg. von 1 g Chloressigsäureanhydrid in 200 ml Bzl. intensiv geschüttelt. Die Phenole gehen als Chloressigester in die Bzl.-Schicht, von der 5-μl-Anteile an 2% XE-60 auf Anakrom ABS bei 170° mit 30 ml N_2 pro Min. analysiert werden. Folgende Verb. werden bestimmt: *Phenol, o-, m-, p-Isopropyl-, o-, m-, p-Methoxy-, p-Chlor-, 2.4-Dichlor-, 2.4.5-Trichlor-, 2.3.4.5-Tetrachlor-, Pentachlor-, o-(2-Propinylhydroxy)-, o-, p-Phenyl-, p-tert.-Butylphenol, o-, m-, p-Kresol, 2.3-Dihydro-2.2-dimethyl-7-benzofuran, 6-Chlor-3.4-xylenol, 4-Dimethylamino-m-kresol, 4-Dimethylamino-3.5-xylenol, 4-Methylthio-m-kresol, 4-Hydroxbenzo-[b]-thiophen, Thymol, Carvacrol, 3.4-Xylenol, Eugenol, Isoeugenol.* G. Bock G 1060

1693 **Dünnschichtchromatographische Analyse von (n-C_1—C_{12})-p-Alkylphenolen.** P. F. Diamond. (J. Chromatogr. [Amsterdam] **32** (1968) 2, 419—21; Shell Res. Ltd., Thornton Res. Centre, Chester; engl.) — (n-C_1—C_{12})-p-Alkylphenole werden in Form einer 0,1 gew.-%ig. $CHCl_3$-Lsg. auf eine Polyamiddünnschicht aufgetragen u. mit wss. n-NaOH-Methanol-Lsg. (70 : 30, v/v) entwickelt. Durch Besprühen mit einer wss. 0,5 gew.-%ig. Lsg. von Fast Blue Salt B werden die Flecken braun angefärbt. Der R_F-Wert nimmt mit zunehmender Kettenlänge von 0,95—0,05 ab. H.-D. Schenke G 1460

1694 **Nachweis einiger halogenierter Phenole und Nitrophenole bei der Dünnschichtchromatographie mit Brom.** G. Tadema und P. H. Batelaan. (J. Chromatogr. [Amsterdam] **33** (1968) 3–4, 460–70; Labor. of Organ. Chem., State Univ., Utrecht; engl.) — Halogen- u. Nitrophenole in Submikrogrammengen werden sichtbar gemacht, indem die entwickelten Dünnschichtplatten mit Br_2-Dampf behandelt u. anschließend mit einer wss. Lsg. von KJ oder einer äthanol. Lsg. von Fluorescein besprüht werden. H.-D. Schenke G 1460

1695 **Bestimmung von oberflächenaktiven Stoffen. 10. Mitt. Pyrolysegaschromatographie von Alkylpyridiniumsalzen.** Toyozo Uno, Koichiro Miyajima und Terumichi Nakagawa. (Japan Analyst **16** (1967) 4, 344–48; Kyoto, Sakyo-ku, Univ., Fac. of Pharmaceut. Sci.; jap., Auszug: engl.) — 9. vgl. C. **1968**, 18-2060. — Vf. untersuchten langkettige Alkylpyridiniumsalze, wie Cetyl- u. Laurylpyridiniumbromid, gaschromatograph. nach Pyrolyse in verschlossenen Glasrohren u. durch Pyrolysengaschromatographie. Bei gewöhnlicher Pyrolyse wurden Py., Alkylhalogenid u. α-Olefine, bei Pyrolysengaschromatographie nur Py. u. Alkylhalogenide nachgewiesen. Eine Rekombination nach Ladenburg findet in beiden Fällen nicht statt. Qual. u. quant. Analyse der Verb. wurde mit dem Alkylhalogenidpeak durchgeführt. Der Mechanismus der Pyrolyse wird diskutiert. I. Degen G 3231

1696 **Dünnschichtchromatographie von Opiumalkaloiden.** Egon Stahl und H. Jork. (Z. analyt. Chem. **234** (1968) 1, 12–13; Inst. für Pharmakognosie u. analyt. Phytochem., Univ. des Saarlandes, Saarbrücken; dt.) — Vf. beschreiben ein dünnschichtchromatograph. Standardverf. zur Trennung von Opiumalkaloiden, wie sie in der Kriminalistik u. in der pharmazeut. Praxis vorkommen. Die in 70%ig. A. gelöste Probe wird auf Kieselgel HF_{254} zur DC „Merck" aufgetragen u. mit Toluol/Aceton/95%ig. A./25%ig. NH_3-Lsg. (45,5 + 45,5 + 6,5 + 2,5) als Fließmittel bei 21 ± 0,5° aufgetrennt. Laufstrecke: 15 cm. Der Nachw. der Substanzen erfolgt mit UV-Licht der Wellenlänge 254 nm (dunkle Zonen auf gelbgrün fluoreszierender Schicht). Die R_F-Werte sind unter diesen Bedingungen für Morphin 12, Codein 26, Thebain 44, Papaverin 55 u. Narcotin 70. H.-D. Schenke G 3500

1697 **Trennung von Flavonoiden an Sephadex LH-20.** K. M. Johnston, D. J. Stern und A. C. Waiss jun. (J. Chromatogr. [Amsterdam] **33** (1968) 3–4, 539–41; Albany, Calif., U. S. Dep. of Agric., Agric. Res. Serv., Western Reg. Res. Labor.; engl.) — Sephadex LH-20 eignet sich für die Trennung von Flavonoiden, wie Unters. an folgenden Verb. zeigen: *Apigenin, Luteolin, Resokämpferol, Fisetin, Robinetin, Kämpferol, Quercetin* (I), *Morin, Myricitin, 3-O-Methyl-*I, *Azaleatin, Isorhamnetin, Tamarexitin, Rhamnetin, Penta-O-methyl-*I, *Hexa-O-methylmyricitin*, I-*Pentaacetat, Quercitrin, Rutin, Robinin, Naringenin, Eriodictyol, Taxifoilin, Hesperitin, Naringin, Astilbin, Hesperidin* u. *d-Catechin*. Die Elution erfolgte in allen Fällen mit CH_3OH. A.-M. Fretzdorff G 3550

1698 **Auffangen von Steroiden aus dem Eluat gaschromatographischer Säulen.** Rosalind A. Greenstreet. (J. Chromatogr. [Amsterdam] **33** (1968) 3–4, 530–33; Royal Hosp. for Women, Paddington, N.S.W.; engl.) — Vf. beschreiben einen Strömungsteiler, mit dessen Hilfe das Eluat aus gaschromatograph. Säulen vor dem Durchgang durch den Detektor abgezweigt werden kann. In diesem Eluatanteil können Steroide durch Adsorption an KBr u. nachfolgender Elution mit Bzl. auf Reinheit geprüft werden. Folgende Verb. werden untersucht: *Pregnandiol* (I), I-*Diacetat, Androsteron* (II), II-*Acetat, Pregnantriol* (III), III-*Trimethylsilyläther, Pregnandion* u. *Pregnanolon*. A.-M. Fretzdorff G 3700

1699 **Totale Lipidabtrennung von Plasmaextrakten mit Gehalt an 17-Ketosteroiden (Dehydroepiandrosteron, Androsteron, Etiocholanolon).** R. Noiret. (J. Chromatogr. [Amsterdam] **34** (1968) 3, 415–18; Labor. Prof. J. L. Beaumont, Hôp. Boucicaut, Paris; franz.) — Vf. beschreibt eine Meth. zur Trennung der Ketosteroide von Lipiden durch Chromatographie an Silicagel-H-Dünnschichtplatten unter Verw. von Ae./Hexan/Essigsäure (70 : 30 : 1). J. Pickardt G 3700

1700 **Vergleich der Spektren von Hämoglobin nach Oxydation mit Kaliumhexacyanoferrat(III) und mit Nitrit.** George B. Theil und James E. Auer. (Clin. Chem. [New York] **13** (1967) 11, 1010–12; Iowa City, Ia., Univ. of Ia., School of Med., Dep. of Med.; engl.) — Die Absorptionsspektren von Hämoglobin unterscheiden sich beträchtlich, je nachdem, ob man die Ox. von Hämoglobin mit $K_3[Fe(CN)_6]$ oder mit $NaNO_2$ durchführt, nur das Max. bei 630 nm tritt in beiden Fällen auf. H. Rüssel G 3950

1701 **Verhalten von Heparin bei der Gelfiltration in Lösungen verschiedener Ionenstärke.** M. Skalka. (J. Chromatogr. [Amsterdam] **33** (1968) 3–4, 456–59; Brno, Czechoslov. Acad. of Sci., Inst. of Biophys.; engl.) — Heparin (I) verhält sich bei der Gelfiltration mit Phosphatpuffer (pH 6,8) verschiedener Konz. (70 μMol, 0,7, 7, 70 bzw. 210 mMol/l) an Sephadex G-100 u. G-20 sehr unterschiedlich. In einem Puffer niedriger Ionenstärke werden die I-Mol. anscheinend so verändert, daß sie nicht in das Gel eindringen können u. ein scharfer Eluationspeak erhalten wird. Mit steigender Ionenstärke werden sie am Gel fixiert u. als breiter, verzögerter Peak eluiert. A.-M. Fretzdorff G 3950

1702 **Verteilungsgaschromatographische Analyse von Acetonitrilspuren in Acrylnitril.** J. Dandoy. (J. Chromatogr. [Amsterdam] **32** (1968) 1, 184–87; S. A. Union Chim.-Chem. Bedrijven N. V., Drogenbos, Belgium; engl.) — Zur Best. von 0,01–0,4% Acetonitril in techn. Acrylnitril wird eine 1,5 m lange Säule mit je 10% Bentone 34 u. Polyäthylenglykol 200 auf Chromosorb P bei 70° verwendet. Propio-, Butyronitril u. W. stören nicht, HCN wird in einer 0,5 m langen Vorschaltsäule an 30% THEED auf Chromosorb P absorbiert. G. Bock G 4030

1703 **Trennung von Proteinen der „Elapidae"-Schlangengifte an Polyacrylamidgel.** P. Delori und L. Gillo. (J. Chromatogr. [Amsterdam] **34** (1968) 4, 531–33; CPRS-CERIA, Labor. d'Enzymol. tumorale, Brussels; engl.) — Vf. wenden die disc-Elektrophorese auf die Trennung der Proteine der „Elapidae"-Schlangengifte an. H.-D. Schenke G 4080

1704 **Dünnschichtchromatographische Bestimmung des Basenverhältnisses in sehr kleinen Ribonucleinsäureproben.** Rachel M. Leech, T. A. Dyer, Christine E. Poole und Wendy Smith. (J. Chromatogr. [Amsterdam] **34** (1968) 3, 364–69; Dep. of Biol., Univ. of York, Heslington, York; engl.) — Durch Hydrolyse von 15 bis 75 μg RNS gewonnenes Guanin, Adenin, Uridyl-, Cytidylsäure u. Thymin kann durch Chromatographie an Cellulosedünnschichten (Whatman CC 41 Chromedia) unter Verw. von Isopropanol/HCl-Lsg./W. (68 : 16,4 : 15,6) aus dem Gemisch abgetrennt werden. Die Best. erfolgt photometr. im UV-Bereich. J. Pickardt G 4090

1705 **Bestimmung von organisch gebundenem Halogen mit Piperidin.** P. Voegeli und F. Christen. (Z. analyt. Chem. **233** (1968) 3, 175–82; Ciba Akt.-Ges., Basel; dt.) — Die Meth. zur Best. von organ. gebundenen Halogen beruht auf seiner Abspaltbarkeit durch Piperidin in wss. oder nichtwss. Lsg. u. der nachfolgenden elektrometr. Titration mit $AgNO_3$ in HNO_3-Lösung. Die unterschiedliche Beweglichkeit des Halogens je nach der Stellung im Mol. erfordert modifizierte Arbeitsvorschriften. H.-D. Schenke 5176

1706 **Einfache kompakte Apparatur für genaue Schnellbestimmungen von Doppelbindungen über die Hydrierung im Mikro- und Ultramikromaßstab.** Charles A. Brown. (Analytic. Chem. **39** (1967) 14, 1882–84; Lafayette, Ind., Purdue Univ., R. B. Wetherill Labor.; engl.) — Vgl. ibid. **39** (1967) 823. — Das l. c. beschriebene Halbmikroverf. wird durch die Entw. einer entsprechenden kleineren App. für die Best. von $5 \cdot 10^{-6}$ bis $5 \cdot 10^{-5}$ Val C=C modifiziert. Die App., die Darst. des Katalysators

($NaBH_4$, Aktivkohle, H_2PtCl_6) u. die Best. werden ausführlich beschrieben. Analysen von 1-Octen, Cyclohexen, Cycloocten, 2.4.4-Trimethyl-1-penten, 1.3- u. 1.5-Cyclooctadien u. Ölsäureäthylester belegen die Zuverlässigkeit der Methode. W. Kupfer 5178

G-4. Analyse biologischer Materialien, forensische Analyse

1707 **Kritische Analyse der Fixierungsbedingungen und der Gewebevorbereitung für den autoradiographischen Nachweis neugebildeter Proteine bei der Elektronenmikroskopie.** Michel Bergeron und Bernard Droz. (J. Microscop. [Paris] 7 (1968) 1, 51–61; Centre d'Études Nucl., 91-Saclay; franz.) — Um das Extraktionsvermögen verschiedener Fixative (I) für in den Geweben vorhandene markierte Aminosäuren zu messen u. ihre Konservierungseig. für neugebildete Proteine festzustellen, vergleichen Vf. die I-Eig. mit denen von CCl_3COOH u. untersuchen die Wrkg. von Glutaraldehyd (II; 2 oder 6%), OsO_4 (2 oder 5%) u. *HCHO* (III; 4 oder 12%) in einem 0,1m Phosphatpuffer (pH 7,3) auf die Retention von ^3H-Leucin (IV) in Leber- u. Nierenextrakten außerhalb der Proteinsynthese. Es wurde festgestellt, daß III bei Geweben mit hoher, II bei niedriger Konz. der markierten Aminosäure (z. B. 0,01 μCi ^3H-Leucin/mg Gewebe) vorteilhaft angewendet wird. Bei Rattenvers. mit i.v.-injiziertem IV ist die Radioaktivität in neu entstandenen Geweben nach Fixierung oder CCl_3COOH-Behandlung ungefähr die gleiche. U. Drehmann 5202

1708 **Bestimmung von Eugenol im Öl von „Eugenia caryophyllata" durch Titration in nichtwäßrigen Lösungsmitteln und Vergleich mit anderen Analysenmethoden.** M. Covello, G. Ciampa und M. I. La Rotonda. (Riv. ital. Essenze, Profumi, Piante officin., Aromi, Saponi, Cosmet., Aerosol 49 (1967) 3, 150–54; Ist. di Chim. Farmaceut. e Tossicol., Univ., Napoli; ital.) — Die potentiometr. Titration des Eugenols mit Tetrabutylammoniumhydroxid in Py. verlangt bei guter Genauigkeit wenig Material u. Zeit. Die Werte stimmen mit denen anderer Meth. gut überein. W. Holland 5206

1709 **Ringversuch zu einer Methode der Identifizierung von Aflatoxin B_1 durch Bildung von Derivaten.** Leonard Stoloff. (J. Assoc. off. analyt. Chemists 50 (1967) 2, 354–60; Washington, D.C., Food and Drug Adm., Div. of Food Chem.; engl.) — In 19 Labor. wurden Unters. durchgeführt zur Identifizierung von Aflatoxin B_1 (I). Grundsätzlich beruht die Meth. auf der Änderung der chromatograph. Eig. von I nach Rk. mit bestimmten Stoffen. Isolierung von I geschieht durch Dünnschichtchromatographie, worauf Umsetzungen von I mit CF_3COOH, mit $HCOOH/SOCl_2$ sowie mit $CH_3COOH/SOCl_2$ folgen. Die Deriv. werden ebenfalls chromatographiert. Zur Ausschaltung von Fehlern u. Schwierigkeiten wurde diese Meth. abgeändert, wobei auch eine verbesserte Silicagelsäule zur Reinigung der Extrakte verwendet wurde. E. Boye 5206

1710 **Verwendung von Polyvinylpyrrolidon bei der dünnschichtchromatographischen Trennung von Flavonoiden und verwandten Verbindungen.** C. Quarmby. (J. Chromatogr. [Amsterdam] 34 (1968) 1, 52–58; Nature Conservancy, Merlewood Res. Stat., Grange-over-Sands, Lancs.; engl.) — Neben Herst. u. Eig. der Poly-N-vinylpyrrolidonschichten (PVP) werden die R_F-Werte von *Kämpferol, Quercetin, Myricetin, Umbelliferon, Aesculetin, Scopoletin, Delphinidinium-, Cyanidiniumchlorid, Naringin, D-Catechin, DL-Epicatechin, Chlorogen-, Ellag-, Kaffee-, Sinap-, Ferula-, Gallus-* u. *Syringasäure* in den Lsgm.-Syst. 90%ig. HCOOH, A./H_2O/konz. HCl-Lsg. 6:3:1) u. Essigsäure/H_2O/konz. HCl-Lsg. (30:10:3) mitgeteilt. Syst., die aus 2 oder mehr Komponenten bestehen, werden entmischt. Am Beispiel der Unters. von *Rhododendron spp.* u. *Vaccinium myrtillus* wird die Meth. erläutert. H. Walther 5206

1711 **Bis-[trimethylsilyl]-acetamid zur Silylierung von Lipolyse-Produkten für die Gaschromatographie.** W. H. Tallent und R. Kleiman. (J. Lipid Res. 9 (1968) 1, 146–48; Peoria, Ill., Northern Reg. Res. Labor.; engl.) — Eine Vereinfachung der gaschromatograph. Trennung von Lipolysaten verschiedener Samenöle erreichen Vf. dadurch, daß sie für die Silylierung der Lipolyseprod. Bis-[trimethylsilyl]-acetamid (I) verwenden. Eine I u. das Rk.-Prod. enthaltende Py.-Lsg. kann direkt auf die Säule gegeben werden. Überführung der freien Fettsäuren in die Methylester vor der Silylierung entfällt. Im Samenöl von *Cephalaria joppica* (*Spreng.*) *Beg.*, *Dimorphotheca sinuata DC.* u. im Öl von *Centhrantus macrosiphon Boiss.* wurden Vernol-, Dimorphecol- bzw. Eleostearinsäure gefunden. A.-M. Fretzdorff 5206

1712 **Trennung der wasserlöslichen Proteine der Gerste.** Paul Mazeron, Jacqueline Krischer und Paul Horn. (Bull. Soc. Chim. biol. 49 (1967) 7, 791–804; Nancy, Labor. de Biophys.; franz.) — Vf. untersuchten die Eig. der sauren, bas. u. neutralen Proteine der Gerste bei der Elektrophorese, der Lichtstreuung u. der Ultrazentrifugierung. Die Gruppen wurden an Sephadex G-100 (Laufmittel: 0,2m NaCl-Lsg.) frakt.; jede der erhaltenen Fraktionen wurde an Sephadex G-75 gereinigt u. dann mit den obigen Meth. analysiert. Karl Richter 5206

1713 **Kinetische Messungen der Hydrolyse von organisch gebundenen Phosphaten und Bestimmung von Orthophosphat in ihrer Gegenwart.** K. Lorentz. (Z. analyt. Chem. 237 (1968) 1, 32–38; 1. Med. Klinik, Med. Akad., Lübeck; dt.) — Vf. beschreibt eine Meth. zur photometr. Best. von PO_4^{3-} in Serum auch in Ggw. organ. Phosphorsäureverb. u. eine kinet. Meth. zur Messung der Hydrolysegeschw. von organ. gebundenen Phosphaten. Die Best. von PO_4^{3-} erfolgt als Molybdänblau in wss. Lsg. bei 578 nm. Die Genauigkeit dieser Meth. beträgt bei Proben, die bis zu 400 nMol enthielten, ±15 nMol. Die kinet. Verfolgung der Hydrolyse erfolgte durch Best. der Molybdatophosphorsäure in CH_3OH u. ihre Red. zu Molybdänblau in wss. Lsg. zu verschiedenen Zeitpunkten. U. Feist 5214

1714 **Flammenphotometrische Lithiumbestimmung im Serum.** P. Doerr und D. Stamm. (Z. klin. Chem. 6 (1968) 3, 178–82; MPI für Psychiatrie, München; dt.) — Die Messungen erfolgen aus 0,1n HCl-Lsg. gegen eine 1:20 verd. Herrmannsche Haupteichlsg. als Blindlsg. mit Propan als Brenngas. Die Eichkurve ist im Bereich von 0,3–4,5 mVal Li/l linear. Der Variationskoeff. ist ≦1,6%. Die Störeinfl. von Na, K u. Ca werden geprüft. Sie betragen bei 1,8 mVal Li/l 1%. Als Nachw.-Grenze wird 0,79 μVal Li/l angegeben. K. Zinke 5214

1715 **Ultramikromethode für nicht konjugierte 17-Hydroxycorticosteroide in 0,5 Milliliter Affen- oder in menschlichem Plasma.** Robert E. Bowman. (Analyt. Biochem. [New York] 19 (1967) 1, 166–76; Madison, Wis., Univ., Regional Primate Res. Center; engl.) — Vf. beschreibt eine verbesserte Porter-Silber-Rk., die es gestattet, 17-Hydroxycorticosteroide in nur 0,5 ml Plasma zu bestimmen. Es handelt sich um eine Ultramikro-Modifikation der Meth. von Eik-Nes [J. clin. Endocrinol. 17 (1957) 502]. Die erhaltenen Ergebnisse stehen in guter Übereinstimmung mit nach anderen Modifikationen der Porter-Silber-Rk. erhaltenen Werten. Die Meth. ist spezif. u. genau, der Fehler liegt bei ±14%. A.-M. Fretzdorff 5214

1716 **Bestimmung von Serum- und Körperflüssigkeits-Proteinen mit Hilfe der Membranchromatographie an Nitrocellulosefiltern: Synpor, Sartorius und Millipore.** T. I. Přistoupil, M. Kramlová und J. Štěrbíková. (J. Chromatogr. [Amsterdam] 34 (1968) 3, 370–74; Inst. of Hematol. and Blood Transfus., Prague; engl.) — Die Anwendbarkeit der verschiedenen Filtertypen als Trägermaterial für die Protein-Chromatographie u. -Elektrophorese wurde untersucht. Alle Membranen zeigten gegenüber Proteinen ein charakterist., starkes Adsorptionsvermögen, das durch Imprägnieren mit neutralen Detergentien aufgehoben werden konnte. Über einige Unterschiede bei den verschiedenen Membrantypen wird berichtet. Schnelle Proteinbest. in Lsg. mit

0,001 – 6 % verschiedener Proteine sind mit Hilfe radialer Membranchromatographie möglich. J. Pickardt 5214

1717 **Bestimmung von Serumalbumin.** J. W. Keyser. (Clin. Chem. [New York] **14** (1968) **4**, 360–67; Welsh Nat. School of Med., Dep. of Clin. Chem., Cardiff; engl.) – Da die auf Farbstoffkupplung beruhenden Meth. zur Best. von Serumalbumin (I) gegenüber anderen Meth. Vorteile aufweisen bez. der Handhabung u. Genauigkeit, liegt hier ein Vgl. dieser Meth. (Methylorange) mit der Elektrophorese (auf Papier u. Celluloseacetat-Membranen) u. der Immunpräzipitation vor. Elektrophorese u. Immunpräzipitation ergaben genügend genaue u. gut übereinstimmende Ergebnisse, die sich wenig von den mit Farbstoffkupplung erhaltenen unterscheiden. Für die Routinediagnostik wird die Meth. der Farbstoffkupplung daher als optimal angesehen. Dieter Junge 5214

1718 **Chlorid-Mikro-Elektrotitration mit dem Beckman Mikrotitrator Modell 153.** H. M. Emrich, E. Stoll, I. P. Colombo und J. Trachsel. (Z. klin. Chem. **6** (1968) 3, 218–19; Klinik für Kinderkrankheiten, Univ. Bern; dt.) – Potentiometr. Endpunktstitrationen werden mit einem umgebauten Beckman-Mikrotitrator Modell 153 u. einer Kapillarmikropipette durchgeführt. Als Indikatorelektrode dient ein Ag-Draht mit einem feinen AgCl-Überzug. Bezugselektrode ist ein Pt-Draht. Als Fl.-Heber dient die Bürettenspitze. Es können Cl^--Konz. von 20–120 mVal/l in Vol. <1 µl mit einem Variationskoeff. von $\pm 4{,}2$ bis $\pm 0{,}8$ % im menschlichen Schweiß bestimmt werden. K. Zinke 5220

1719 **Atomabsorptionsspektrometrische Cadmiumbestimmung in Serum und Harn.** G. Lehnert, K. H. Schaller und Th. Haas. (Z. klin. Chem. **6** (1968) 3, 174–76; Inst. für Arbeits- u. Sozial-Med., Univ. Erlangen-Nürnberg; dt.) – Die Serum- oder Harnlsg. (10 ml bzw. 50 ml) wird mit $HNO_3/H_2SO_4/HClO_4$ verascht u. mit verd. HCl-Lsg. aufgenommen. Der mit Ammoniumpyrrolidindithiocarbamat gebildete Cd-Komplex wird danach mit 2 ml Methylisobutylketon extrahiert u. bei 228,8 nm gemessen. Die Nachw.-Grenze beträgt 0,003 µg/ml. Der Variationskoeff. beträgt bei 0,053 µg Cd/100 ml Harn ± 10 %. Vf. finden einen mittleren Cd-Geh. des Serums von $0{,}33 \pm 0{,}24$ µg/100 ml u. eine durchschnittliche Ausscheidung von $0{,}98 \pm 0{,}36$ µg im 24-Std.-Harn. K. Zinke 5224

1720 **Bestimmung von Metadrenalin und Normetadrenalin im Harn. Fluorometrische Methode.** Liliane Peyrin. (Rev. franç. Études clin. biol. **13** (1968) 1, 88–92; Lyon, Fac. de Med., Labor. de Physiol. „A" et de Phys. Biol.; franz.) – Metadrenalin (M) u. Normetadrenalin (N) werden nach HCl-Hydrolyse aus dem Harn von anderen störenden Beimengungen durch Chromatographie an Dowex-50 mit konz. NH_3-Lsg. als Elutionsmittel abgetrennt. Das Eluat wird eingetrocknet, der Rückstand in einem Borat-Puffer gelöst, u. **M** u. **N** werden an Amberlite C-G-50 getrennt. Die beiden Amine werden getrennt nach Ox. mit JO_4^- bei kontrolliertem pH fluorimetr. bestimmt. Die beschriebene Meth. ist spezif., reproduzierbar u. empfindlich u. führt zu wertvollen Aufschlüssen über den Katecholaminstoffwechsel. A.-M. Fretzdorff 5224

1721 **Verwendung der Ionenaustauschchromatographie bei der spektrophotometrischen Bestimmung der antineoplastischen Verbindung Hexamethylmelamin in biologischen Flüssigkeiten.** George T. Bryan und Arnold L. Gorske. (J. Chromatogr. [Amsterdam] **34** (1968) 1, 67–71; Div. of Clin. Oncol., Univ. of Wis. Med. School, Madison, Wis.; engl.) – Die mit 5 n HCl-Lsg. angesäuerte Unters.-Lsg. (menschliches Blut, Plasma oder Harn), die das antineoplast. Agens Hexamethylmelamin enthält, wird über Dowex-1 (Cl^--Form; Elution mit 0,1 n HCl-Lsg.) gegeben. Die Eluate kommen auf eine Dowex 50-W-Säule (H^+-Form), die nacheinander mit HCl-Lsg. steigender Konz. (0,1–6 m) gewaschen wird. Die 6 n HCl-Fraktionen werden vereint u. im Vakuum eingedampft. Der Rückstand wird mit 0,1 n HCl-Lsg. aufgenommen u. bei 242 nm photometriert. H. Walther 5224

1722 **Fraktionierte Solvent-Extraktion von Corticosteroiden aus Harn und ihre klinische Anwendung.** Habeeb Bacchus. (Clin. Chem. [New York] **13** (1967) 10, 855–76; Metabolism Labor., Providence Hosp., Washington, D.C.; engl.) – 15 ml Harn werden mit Acetatpuffer auf pH 4,6 gebracht, 18 Std. bei 38° mit Glucuronidase inkubiert u. anschließend mit H_2SO_4 auf pH 1,0 eingestellt. Reihenfolge der Extraktionsmittel: 2,5 Vol.-Teile CCl_4 (**I**), 2 Vol.-Teile CH_2Cl_2 (**II**), nach Zusatz von 2 g Na_2SO_4 2 Vol.-Teile Äthylacetat (**III**). Extrakt **I** enthält die 11-Desoxy-17-hydroxycorticosteroide u. 17-Hydroxy-21-desoxycorticosteroide; **II** Δ^4-Pregnen-11β.17α.21-triol-3.20-dion, Δ^4-Pregnen-17α-21-diol-3.11.20-trion, 5β-Pregnan-3α.11β.17α.21-tetrol-20-on, 5β-Pregnan-3α.17α.21-triol-11.20-dion; **III** 5β-Pregnan 3α.11β.17α.20α.21-pentol, 5β-Pregnan-3α.17α.20α.21-tetrol-11-on, Δ^4-Pregnen-6β.11β.17α.21-tetrol-20-on u. sein Rk.-Produkt. Bei congenitaler virilisierender adrenocorticaler Hyperplasie wird ein Anstieg 17-ketogenen Steroide in **I** beobachtet. Eine Zunahme in allen Extrakten ist bei adrenaler Hyperaktivität (Cushing-Syndrom, ACTH-Infusion) zu verzeichnen. Intravenöse Gaben von 2-Methyl-1.2-di-3-pyridyl-1-propanon erhöhen die Porter-Silber-Chromogen ein **I**. Hepatozelluläre Krankheiten u. Schwangerschaft führen zu einer Erhöhung in **III**. G. Baasch 5224

1723 **Verteilungsgaschromatographische Auftrennung eines gemischten Alkyläther- und Monoglyceridsystems. Identifizierung von Monoglyceridverunreinigungen in Alkylätherpräparaten.** M. G. Rumsby. (J. Chromatogr. [Amsterdam] **34** (1968) 4, 461–70; Univ. of Western Ontario, London, Canada; engl.) – Vf. untersuchte die Trennung von Alkyläthern u. Monoglyceriden in Form ihrer Trimethylsilylderiv. unter Verw. verschiedener fl. Phasen. Die einzelnen Monoglycerid- u. Alkylätherderiv. wurden in weniger als 25 Min. an unpolaren Säulen getrennt, wobei die besten Ergebnisse mit JXR-Methylsilicon als fl. Phase erzielt wurden. Halbpolare u. polare Säulen trennten gesätt. u. einfach ungesätt. TMS-Deriv. nicht. Verunreinigungen in Alkylätherpräp., die durch saure Hydrolyse der Glycerogalaktolipidfraktion von Schafshirn hergestellt wurden, konnten als Monoglycerid identifiziert werden. J. Pickardt 5228

1724 **Dünnschichtchromatographische Trennung und Nachweis biogener Amine. Mikroanalyse von Aminen im Gewebe und den bei ihrem Stoffwechsel beteiligten Enzymen.** D. Aures, R. Fleming und R. Håkanson. (J. Chromatogr. [Amsterdam] **33** (1968) 3–4, 480–93; Los Angeles, Calif., Univ. of Calif., Dep. of Biol. Chem.; engl.) – Vf. beschreiben eine einfache, sehr empfindliche dünnschichtchromatograph. Meth. (Kieselgel oder Cellulosepulver mit 8 Laufmitteln) zur Trennung u. zum Nachw. biogener Amine. Rk. dieser Verb. mit o-Phthalaldehyd oder gasf. Paraformaldehyd auf dem Chromatogramm führt zu stark fluoreszierenden Rk.-Prod., die den Nachw. dieser Verb. im ng-Bereich gestatten. A.-M. Fretzdorff 5230

1725 **Gaschromatographische Mikrobestimmung von Acetylcholin und ähnlichen Substanzen.** Donald J. Jenden, Israel Hanin und Sandra I. Lamb. (Analytic. Chem. **40** (1968) 1, 125–28; School of Med., Univ. of Calif., Los Angeles, Calif.; engl.) – Aus Acetyl-, Propionyl- u. Butyrylcholin kann beim Erhitzen mit speziell hergestelltem Na-Thiophenolat in wasserfreiem Butanon auf 80° eine CH_3-Gruppe unter Bldg. der Dimethylaminoester (I) u. Methylphenylsulfid abgespalten werden. Die I werden in einer silanisierten Glassäule an 1 % Phenyldiäthanolaminsuccinat auf Polypak 1 bei 180° getrennt. Mit einem Flammenionisationsdetektor lassen sich noch ng-Mengen nachweisen u. mit Hexyldimethylamin als innerem Standard quant. bestimmen. G. Bock 5230

1726 **Photometrische Mikrobestimmung von Kohlenmonoxid in Luft und Blut.** G. Ciuhandu und V. Rusu. (Z. klin. Chem. **6** (1968) 3, 204–08; Inst. für Hyg., Timişoara, Rumänien; dt.) – Die Farbrk. der alkal. Lsg. von Na-Silbersulfamidbenzoat mit CO gestattet die Best. von CO-Spuren in Luft u. in Blut. Durch 20std. Kontakt von 2 ml Reagenz mit 10 ml Luft u. nachfolgendes Photometrieren des Ag-Sols bei 420 nm kann CO in Luft in Konz. von 20—2000 ppm bestimmt werden. Nach Freisetzen aus 0,1—0,2 ml Blut mit $K_3[Fe(CN)_6]$ u. Saponin u. 20std. Diffusion in 2 ml Reagenz kann CO bis zu 0,2 Vol.-% ±0,05 bestimmt werden. Die Rk. wird weder durch O_2 noch durch andere Gase oder Dämpfe gestört (außer H_2S). K. Zinke 5234

1727 **Bestimmung von Pb in biologischem Material durch zweifache direkte extraktive Titration mit Dithizon.** G. Kamm. (Z. klin. Chem. 6 (1968) 3, 182—85; Inst. für gerichtl. Med., Univ. Marburg; dt.) — Zur Analyse werden 15 g Blut oder Fäzes oder 100 ml Harn mit $HNO_3/HClO_4$ verascht u. mit 5m HCl-Lsg. aufgenommen. Pb kann nach Einstellen auf pH 9,0—9,5 u. Maskierung einer Reihe von Elementen mit Citrat u. Cyanid gemeinsam mit Tl u. Bi durch extraktive Titration mit einer eingestellten Dithizonlsg. in $CHCl_3$ abgetrennt werden. Tl wird mit einem Puffer mit pH 7,0 u. Pb mit einem Phthalatpuffer (pH 3,4) reextrahiert. Durch Zugabe von KCN wird nochmals auf pH 9,5 eingestellt u. die wss. Lsg., die nur noch Pb enthält, der zweiten extraktiven Titration unterworfen. Das Titrationsende wird durch den Umschlag von Erdbeerrot nach Blaurot angezeigt. K. Zinke 5234

1728 **Beitrag zur Identifizierung einiger halbsynthetischer Berberin-Derivate.** Zvonimir Gašparec. (Acta pharmac. jugosl. 17 (1967) 2, 103—06; Zagreb, Šalata, Med. fak., Zav. za sudsku med. i kriminal.; serbokroat.) — Zur Identifizierung der Alkaloide Berberin, Palmatin, Äther des Jatrorrhizins, Äther des Berberrubins, Jatrorrhizin, Desmethylenoberberin, Berberrubin, Palmatrubin, Jatrorubin u. Desmethylenoberberrubin wurde die Farbe von 0,05%ig. wss. Lsg. derselben bestimmt sowie die Fluoreszenz, die Farbänderung nach Behandlung mit NH_3-Dämpfen u. die Farbänderung nach Behandlung mit Br_2- u. anschließend mit NH_3-Dämpfen (alles auf Filterpapier) festgestellt. Mit Hilfe dieser Meth. lassen sich phenol. (keine Fluoreszenz) u. nichtphenol. (gelbe Fluoreszenz) Berberin-Deriv. u. einigermaßen die phenol. untereinander unterscheiden. Eine Unterscheidung der nichtphenol. Berberin-Deriv. untereinander ist nicht möglich. Es lassen sich noch 0,5—2 γ/Tropfen nachweisen. H. Cnobloch 5234

G-5. Analyse technischer Produkte

1729 **Verteilung von Uran(VI) und Thorium zwischen Alkalinitratlösungen und 5 Vol.-% Tri-n-butylphosphat/Kerosen.** G. Kaiser und E. Merz. (Z. analyt. Chem. 229 (1967) 2, 81—89; Inst. für chem. Technol., Kernforsch.-Anlage Jülich; dt.) — Die Aussalzwrkg. von Alkalinitraten bei TBP-Extraktionen zur Analyse von Kernbrennstoffen wird untersucht. Der U-Verteilungskoeff. wird als Funktion der $NaNO_3$- bzw. KNO_3-Konz. sowie der HNO_3-Konz. u. der Temp. für 5 Vol.-% TBP/Kerosen bestimmt. Bei einer konst. NO_3-Konz. von 5 Mol/l wird der Einfl. wechselnder Mengen $NaNO_3$ u. HNO_3 auf den Th-Verteilungskoeff. u. den U/Th-Trennfaktor studiert. K. Seyfert 5241

1730 **Bestimmung der freien Säure in konzentrierten wäßrigen Plutonium(IV)-Lösungen.** Nicole Damien und Philippe Cauchetier. (Analytica chim. Acta [Amsterdam] 41 (1968) 3, 483—95; Centre d'Études nucl., Fontenay-aux-Roses, France; franz.) — Durch Zugabe von Ca-EDTA wird der Pu-EDTA-Komplex gebildet, u. die freie Säure kann ohne Störung durch das durch Hydrolyse von Pu(IV) gebildete H^+ mit NaOH-Lsg. potentiometr. titriert werden. Die relative Standardabweichung beträgt 1%. U u. Fe in kleinen Mengen stören nicht. Die Meth. ist für ca. 1n Säuren, die bis zu 200 g Pu/l enthalten, geeignet. J. Pickardt 5241

1731 **Bestimmung von ungelösten Eisenoxiden nach der Membranfiltermethode.** H. G. Heitmann. (Mitt. Vereinig. Großkesselbesitzer 48 (1968) 1, 25—33; Siemens Akt.-Ges., Erlangen; dt.) — 1 l Probewasser (Fe-Geh. 10—1000 μg/l in Form von $Fe_2O_3 \cdot x H_2O$, Fe_3O_4 oder als Gemisch beider) wird über das Membranfilter (Typ SM 11 306 der Fa. Sartorius, Porenweite 0,5 μm) gesaugt u. die entstehende Färbung mit Eichmembranen bzw. Farbvgl.-Tabellen verglichen. Die Meth. ermöglicht in 3—5 Min. eine nahezu quant. Fe-Oxid-Bestimmung. H.-D. Schenke 5242

1732 **Analysen von Sanden und Materialien zur Entmanganisierung.** M. Chalupa und L. Žáček. (Vodní Hospodářstvi 18 (1968) 2, 61—62; Ministerium für Wald- u. Wasserwirtschaft, Prag; tschech.) — Zur Analyse u. Bewertung von präparativen Sanden u. Materialien zur Entmanganisierung von W. wird eine Schnellmeth. beschrieben, die auf der Best. des „akt. O" beruht. Das durch MnO_2 aus der sauren KJ-Lsg. ausgeschiedene J_2 wird mit 0,05n $Na_2S_2O_3$-Lsg. titriert. In der Probe muß auch der Mn-Geh. ermittelt werden. Zur Durchführung der Analyse werden genaue Arbeitsvorschriften gegeben. O. Rösner 5242

1733 **Zweidimensionale Elektrochromatographie von Ruthenium-106 und anderen radioaktiven Mikrobestandteilen in Meerwasser.** Lj. Marazović und Z. Pučar. (J. Chromatogr. [Amsterdam] 27 (1967) 2, 450—59; Inst. „Ruder Bošković", Zagreb, Jugoslawien; engl.) — Drei Meth. wurden angewandt: 1. zweidimensionale Elektrochromatographie auf reinem Filterpapier oder auf mit Ionenaustauschern beladenem Filterpapier mit 30 Vol.-% Meerwasser (I) als Elektrolyt u. anschließende Autoradiographie der Chromatogramme, 2. Hochspannungs-Elektrophorese oder -Elektrochromatographie auf Filterpapierstreifen, 3. Niederspannungs-Papierelektrophorese in feuchter Kammer. Untersucht wurde, in welcher physikochem. Form in I gelangte Spuren auftreten können. ^{51}Cr, ^{59}Fe, ^{95}Nb, ^{95}Zr, ^{144}Ce, ^{147}Pm u. ^{181}Hf wurden an Filterpapier am Chromatographie-Ausgangspunkt stark adsorbiert. Das Verh. des ^{106}Ru ist in der Cl^-- u. der NO_3^--Form unterschiedlich. Als saure Lsg. in I gelangendes ^{106}Ru zeigt eine größere Zahl von Formen, die als anion., kation., elektroneutral, teilchenförmig, an Filterpapier nicht adsorbierbar u. teilweise adsorbierbar klassifiziert werden. Dagegen wird in I gebrachtes RuO_4 schnell zu unlösl. Oxiden niederer Wertigkeit abgebaut. K. R. Fröhner 5242

1734 **Fraktionierung organischen Materials in natürlichem Wasser an Sephadexsäulen.** Egil Gjessing und G. Fred Lee. (Environment. Sci. Technol. 1 (1967) 8, 631—38; Water Chem. Labor., Univ. of Wis., Madison, Wis.; engl.) — Schwach gefärbtes Flußwasser konnte mit Hilfe der Meth. in 10 Fraktionen zerlegt werden, deren Farbe, Geh. an organ. N u. durch $Cr_2O_7^{2-}$ oxydierbaren organ. Substanzen verschieden waren. Weitere Vers. mit W.-Proben verschiedenen Ursprungs wurden durchgeführt. Sie lassen darauf schließen, daß die Gelpermeationschromatographie eine gute Meth. zur Fraktionierung u. Charakterisierung organ. Materials in W. darstellt. J. Pickardt 5242

1735 **Bestimmung der gesamten organischen Materie (C-Gehalt) in wäßrigen Medien. 1. Mitt. Organische Verbindungen in Industrieabwässern.** F. R. Cropper, D. M. Heinekey und J. Westwell. (Analyst 92 (1967) 1096, 436—42; Blackley, Manchester 9, Imp. Chem. Ind. Ltd., Dyestuffs Div., Hexagon House; engl.) — Zur Best. wird die wss. Lsg. in ein Verbrennungsrohr eingespritzt, das CuO enthält. Dabei wird die gesamte organ. Substanz bei 850—900° zu CO_2 oxydiert. Nach Zusatz von H_2 zu den Abgasen wird CO_2 über einem Katalysator zu CH_4 red. u. dieses mit Hilfe eines FID bestimmt. Jede Best. mit 2 μl Probe, die 1—10 μg *C* enthält, dauert 2 Minuten. Die Reproduzierbarkeit liegt bei ±5% des C-Gehaltes. G. Gawalek 5242

1736 **Bestimmung der gesamten organischen Materie (C-Gehalt) in wäßrigen Medien. 2. Mitt. Nichtflüchtige organische Stoffe in demineralisiertem Wasser.** F. R. Cropper, D. M. Heinekey und A. Westwell. (Analyst 92 (1967) 1096, 443—49; engl.) — 1. vgl. vorst. Referat. — Die in der 1. Mitt. beschriebene Meth. wird für die Analyse von demineralisiertem W. abgeändert. Die Probe wird eingedampft u. das Konzentrat in das CuO-Rohr eingespritzt. So lassen sich 0,1—1,5 ppm C aus nichtflüchtigen organ. Verb. bestimmen. Die Reproduzierbarkeit wird auf ±0,1 ppm geschätzt. G. Gawalek 5242

1737 **Ultraviolettspektrophotometrische Bestimmung des Gesamtphenolgehaltes.** J. M. Martin jun., C. R. Orr, C. B. Kincannon und J. L. Bishop. (J. Water Pollut. Control Federat. **39** (1967) 1, 21–32; Shell Oil Co., Deer Park, Tex.; engl.) — Zur Best. des Gesamtgeh. an Phenol in Abwässern u. Abfallprod. wird eine differentialphotometr. Meth. angewandt. Die Messung des Absorptionsmax. wird nach Zugabe von 0,1n NaOH-Lsg. bei 2925 Å durchgeführt. Das Beersche Gesetz wird von p-Kresol bei 0–20 mg/l (in reinem W.) bzw. 0–40 mg/l (in Abwasser) befolgt. Organ. Säuren stören nicht. Im Vgl. mit bekannten I-Best.-Meth. ergibt die Meth. im Durchschnitt ca. 3,5% niedrigere Werte. Die Fehlergrenzen liegen bei ± 1,5–2,9%. Die Meth. ist nicht selektiv, jedoch für schnelle Serienanalysen geeignet. W. Isterheld 5242

1738 **Sauerstoffbestimmung in Gegenwart von Thioharnstoff.** Hubert Fadrus und Josef Malý. (Städtehygiene **19** (1968) 5, 93–95; Wasserwirtsch.-Verwalt., Brno; dt.) — Wegen der störenden Wrkg. von Thioharnstoff (I) u. Allyl-I auf die O_2-Best. nach Winkler erwies sich die von Malik [Indian J. Technol. **4** (1966) 32] modifizierte Meth., bei der der Mn-Hydroxid-Nd. in saurer Fe^{2+}-haltiger Lsg. gelöst u. Fe(III) mit Ce(IV) titriert wird, unter Zusatz von $HgCl_2$-Lsg. als vorteilhaft. Hg(II) blockiert vermutlich die reaktive CS-Gruppe von I, die auf $[Fe(phen)_3]^{3+}$ reduzierend wirkt. W. Grimmich 5242

1739 **Schwefelhexafluorid als Gas-Luft-Tracer.** Amos Turk, Sylvan M. Edmonds, Howard L. Mark und George F. Collins. (Environment Sci. Technol. **2** (1968) 1, 44–48; Dep. of Chem., City Coll., City Univ., New York, N.Y.; engl.) — SF_6 wird gaschromatograph. von den Luftkomponenten an hintereinander geschalteten Silicagel- u. Aktivkohle-Säulen getrennt u. mit einem Elektroneneinfang-Detektor bis hinab zu 1 ppb bestimmt. Durch Ausfrieren kann die Empfindlichkeit auf das 2000fache gesteigert werden. SF_6 wurde als Gastracer zur Best. der Verdünnung von Schornsteingasen verwendet. W. Luchsinger 5242

1740 **Bestimmung und Vorkommen niederer Konzentrationen von Distickstoffoxid in Abgasen, in der Luft und in Wässern.** W. Leithe und A. Hofer. (Allg. prakt. Chem. [Wien] **19** (1968) 3, 78–79; Linz, Österreich. Stickstoffwerke Akt.-Ges.; dt.) — N_2O wird an einer Säule mit 19% Propylencarbonat u. 16,5% Glutaronitril auf Sterchamol (0,2–0,3 mm) gaschromatograph. mit He als Trägergas u. Hitzdrahtdetektor bestimmt. Bei niedrigen N_2O-Geh. ist eine Anreicherung an einer bei 160° aktivierten Silicagelsäule notwendig. Zur Best. in Wässern wird ein Auskochen im CO_2-Strom vorgeschlagen. Gefunden wurden in der Abluft aus HNO_3-Waschtürmen 400–900 ppm, vor dem Abblasen ins Freie 200 ppm, in der Atmosphäre von Linz 0,23 ppm, im Flußwasser (Donau) 0,7 ml/m³, im Grundwasser (Linz) 4 ml N_2O/m^3. W. Luchsinger 5242

1741 **Sammeltechnik für feste und gasförmige Fluoride.** James A. Dorsey und Douglas A. Kemnitz. (J. Air Pollut. Control Assoc. **18** (1968) 1, 12–14; Cincinnati, O., Nat. Center for Air Pollut. Control.; engl.) — Zur gleichzeitigen Best. von gasf. u. festen Fluoriden in der Luft wird eine App. beschrieben. HF wird an der Glaswand zu SiF_4 umgesetzt, u. die festen Fluoride werden mit Fiberglas-Filtern gesammelt. Die Analyse von F wurde nach den Meth. von Belcher et al. [Talanta [London] **8** (1961) 863] u. Bellack et al. [Analytic. Chem. **30** (1958) 2032] u. mit ionenspezif. Elektroden durchgeführt. W. Luchsinger 5242

1742 **Zur phasenkontrastmikroskopischen Quarzanalyse staubförmiger Proben unter besonderer Berücksichtigung des Kontrastes schwach doppelbrechender Minerale.** Gies Heidermanns. (Staub – Reinhalt. Luft **27** (1967) 12, 546–50; Bonn, Staubforsch.-Inst. des Hauptverb. der gewerbl. Berufsgenossenschaften e.V.; dt.) — Es wird vorgeschlagen, die aufwendige quant. Quarz-Best. in Material- u. Schwebestaubproben durch eine opt. Abschätzung mit Hilfe des Phasenkontrast-Verf. zu ersetzen. Durch Variation der Einbettungsmittel können die Quarzgeh. ausreichend genau bestimmt werden, wenn es gesichert ist, daß andere Minerale die opt. Effekte nicht verfälschen können. K. Wettig 5242

1743 **Bestimmung von Gemischen organischer Lösungsmitteldämpfe mit Luft mit einem nichtdispersiven Ultraviolettgasanalysator und die Prüfung der Reproduzierbarkeit.** Hisao Kōnosu. (Rep. Government chem. ind. Res. Inst., Tokyo, **62** (1967) 7, 257–65; jap., Auszug: engl.) — Vf. bestimmte Toluol, Äthylbenzol, Chlorbenzol, Anilin, Cyclohexanon, Py., Nitromethan, Nitroäthan, Tetrachloräthylen u. Furfurylalkohol in Konz. bis herab zu 44, 3, 13, 1, 65, 2, 44, 47, 1 bzw. 1 ppm. Bei Chlorbenzol, Anilin, Cyclohexanon, Py., Nitromethan u. Nitroäthan besteht eine lineare Abhängigkeit der Extinktion von der Konz. der Verb. in Luft. Die Gerade wird durch die Gleichung $x = 6{,}38 \cdot 10^4 y - 0{,}7$ (y = Extinktion bei der Konz. x) reproduziert. Chlorbenzol kann z. B. zwischen 60 u. 90 ppm mit einem Vertrauensbereich von 95% bestimmt werden. Lsgm. mit höherem Kp. wurden in einem speziellen Verdampfer, durch den sie erst nach Erreichen von Atmosphärendruck in die Gasküvette einströmten, verdampft. I. Degen 5242

1744 **Photometrische Bestimmung von Furfural und seinen Vorläufern mit Azulen. Anwendung bei der Luftverunreinigung.** E. Sawicki und C. R. Engel. (Analytica chim. Acta [Amsterdam] **38** (1967) 3, 315–20; Public Health Serv., Cincinnati, O.; engl.) — Zu 2 ml Lsg. mit 0,2–5 µg Furfural (I) oder I-Deriv. werden 3 ml 0,1%ig. Lsg. von Azulen (II) in Eisessig u. 3 ml konz. H_2SO_4-Lsg. gegeben u. die Extinktion bei 492 nm ermittelt. In Gemischen bzw. aus Zuckern (III) erfolgt die Best. mit 0,05%ig. II-Lsg. in konz. H_2SO_4-Lsg. u. durch Aufnahme des Spektrums zwischen 400–600 nm. Nicht I-bildende III, aliphat. Aldehyde u. Alkohole geben schwache bzw. keine Reaktionen. Die Meth. wurde zur Unters. wss. Extrakte der Abgase von Kaffeeröstereien angewendet. R. Giebelmann 5242

1745 **Bestimmung von 3.4-Benzpyren, Anthanthren und 1.12-Benzoperylen in den festen Bestandteilen von Auspuffgasen.** J. Jäger. (Chem. Zvesti **21** (1967) 5, 321–28; Úst. Hyg., Praha; tschech.) — Die Best. der Titelverb. nebeneinander in Ggw. anderer polycycl. KW-Stoffe besteht in der Messung der bei der Siedetemp. von fl. N_2 in n-Heptan aufgenommenen sog. quasilinearen Fluoreszenzspektren. Es wurde der Bzl.-Extrakt der Probe auf einer Al_2O_3-Dünnschicht chromatographiert, die violett fluoreszierende Zone der „Benzpyren-"Fraktion (R_F 0,2–0,5) abgetrennt u. mit Bzl. eluiert, das Eluat eingeengt, auf eine Dünnschicht partiell acetylierter Cellulose strichweise aufgetragen u. das Chromatogramm entwickelt. Es wurden 2 fluoreszierende Bänder gebildet; das erste (R_F 0,3; blauviolette Fluoreszenz) enthielt 3.4-Benzpyren (I) sowie Anthanthren (Dibenzochrysen, II) u. das andere (R_F 0,7; dunkelblaue Fluoreszenz) 1.12-Benzperylen (III). Beide Bänder wurden getrennt abgekratzt, mit Bzl. ausgewaschen, die Eluate im Vakuum abgedampft, in n-Heptan gelöst u. die Fluoreszenzspektren der Lsg. bei −197° aufgenommen. Man verwendete einen KSA-1-Spektrograph mit Glasoptik u. zur Erregung 2 Quecksilberdampflampen Philips 125 W mit Quarzkolben u. Austauschfiltern UFS-1, UFS-3 u. einem Interferenzfilter 4050 Å. Es wurde die Schwärzung der Linien bei 4031 Å (I), 4416 Å (II) u. 4198 Å (III) gemessen. Der Geh. der Stoffe in den Lsg. wurde mit Hilfe entsprechender Eichkurven nach Zusatz von Standards ermittelt, um den Einfl. evtl. anwesender Auslöschsubstanzen auszuschalten. Die Best.-Meth. wurde an künstlichen Gemischen der reinen Stoffe überprüft, u. die Ergebnisse wurden mit gleichzeitiger photometr. Best. von I in den Proben verglichen. Der maximale relative Fehler betrug −8,3%. Die statist. Auswertung ergab für II einen mittleren Fehler der Einzelbest. von $s_x = 0{,}0031$ u. einen mittleren Fehler des arithmet. Mittels von $s_p = 0{,}0014$; die entsprechenden Werte für III waren $s_x = 0{,}0034$ u. $s_p = 0{,}0015$. J. Milka 5242△

1746 **Nachweis von Acridanon-(9) in der Stadtatmosphäre mit einem dünnschichtchromatographisch-fluorimetrischen Verfahren.** E. Sawicki, T. W. Stanley und W. C. Elbert. (Talanta [London] **14** (1967) 3, 431–34;

Cincinnati, O., Taft Sanitary Engng. Center; engl.) — 1—2 mg des Bzl.-Extraktes des atmosphär. Staubes werden dünnschichtchromatograph. zweidimensional an Al_2O_3/Cellulose (2 : 1) mit Toluol/CH_3OH (9 : 1) u. DMF/W. ((35 : 65), Toluol/Ae. (7 : 3) u. DMF/W. (35 : 65) oder mit Äthylacetat/Cyclohexan (1 : 1) an Al_2O_3 getrennt. Nach Elution der Flecken mit CH_3OH/CCl_3COOH (4 : 1) wird Acridanon (I) fluorimetr. bestimmt. Der durchschnittliche Geh. der Stadtluft an I beträgt 0,4 ng/m³. K. Wettig 5242

1747 **Coulometrische Technik zur Bestimmung von absorbiertem Wasserstoff in elektrochemischen Abscheidungen.** Thomas C. Franklin, Nellie F. Franklin und Daniel Potts. (Plating 54 (1967) 6, 717—20; Waco, Tex., Baylor Univ., Chem. Dep.; engl.) — Die mit einem frischen galvan. Überzug von Fe, Ni oder Cd versehene Probe wurde in 2 n NaOH als Anode geschaltet, u. es wurden gegen eine mindestens 100fach größere Pt-Netz- oder Hg-Sumpfelektrode anod. Polarogramme aufgenommen, wobei zur Entfernung von gelöstem O_2 ein H_2-Strom durch den Elektrolyten geleitet wurde. Bei mit der Zeit linear geändertem Potential stellen die Flächen unter den Peaks ein Maß für die zur Ox. der oberflächlich adsorbierten bzw. der im galvan. Überzug gelösten beweglichen H-Menge benötigte Ladung dar. Ergebnisse über die Unters. des Zusammenhangs zwischen H-Geh. u. Festigkeit von Fe-Draht werden mitgeteilt. Ein modifiziertes Verf. zur Best. der gleichzeitig mit Cd auf Fe abgeschiedenen H-Menge wird beschrieben. C. Herold 5243

1748 **Neutronenaktivierungsanalyse von Spuren in elektronischen Zinksulfatlösungen. 2. Mitt. Bestimmung von Molybdän und Rhenium.** R. Dams und J. Hoste. (Analytica chim. Acta [Amsterdam] 41 (1968) 2, 197 bis 204; Inst. for Nuclear Sci., Ghent Univ., Ghent; engl.) — 1. vgl. ibid 39 (1967) 4, 423. — Zur Best. von *Mo* u. *Re* in $ZnSO_4$-Lsg. werden 3—4 ml der Probe an 5 Tagen je 2 Std. bei einem Fluß von $5 \cdot 10^{11}$ n/cm² sec bestrahlt. Anschließend wird über einen Anionenaustauscher die Trennung durchgeführt, u. zwar werden die Matrix mit 0,5 n HNO_3 u. dann Tc u. Re mit 0,2 n $HClO_4$ eluiert u. die Impulsraten mit einem NaJ(Tl)-Krist. gemessen. Zur Best. in Ggw. von U muß das U zunächst durch 3fache Extraktion aus stark salpetersaurer Lsg. mit Isopropyläther entfernt werden. Anschließend wird zur Trockne eingedampft u. 66 Std. bei einem Neutronenfluß von $6 \cdot 10^{12}$ n/cm² sec bestrahlt. 4 Tage nach der Bestrahlung wird die ^{99m}*Tc*-Aktivität gemessen. Infolge des 100fach höheren Einfangquerschnittes von ^{187}W gegenüber ^{98}Mo wird das W durch Fällung mit Chinchonin abgetrennt, wobei 0,1 % Tc mitgefällt werden. K. Henning 5243

1749 **Neutronenaktivierungsanalyse in elektrolytischen Zinksulfatlösungen.** 3. Mitt. **Simultanbestimmung von Tellur, Selen, Arsen und Antimon.** R. Dams und J. Hoste. (Analytica chim. Acta [Amsterdam] 41 (1968) 2, 205—15; engl.) — 2. vgl. vorst. Referat. — Nach 3tägiger Bestrahlung der Probenlsg. in einem Neutronenfluß von $8 \cdot 10^{12}$ n/cm² sec u. einer Abklingzeit von 3 Tagen wird Trägerlsg. mit je 5 mg As, Sb, Sn, J_2, Cu u. P u. 10 mg Se hinzugegeben, in W. gelöst, neutralisiert u. in Na_2CO_3-Medium mit NaOCl ox. u. das J_2 mit CCl_4 extraktiv entfernt. ^{75}*Se* wird durch $\gamma.\gamma$-Koinzidentechnik gemessen, nachdem es vorher durch Extraktion als Piazselenol abgetrennt wurde. Die Best.-Grenze liegt bei 0,002 μg Se/ml. As, Sb, Sn u. Cu werden mittels Thioacetamids als Sulfid gefällt, u. nach dem Lösen der Sulfidnd. in 35 n H_2SO_4 werden As u. Sb über die Chloriddest. voneinander getrennt u. ^{76}*As* u. ^{122}*Sb* γ-spektrometr. bis zu Geh. von 0,02 μg/ml bestimmt. K. Henning 5243

1750 **Röntgenfluorimetrische Bestimmung geringer Arsenmengen in Schlacke.** M. Schlünz und A. Köster-Pflugmacher. (Z. analyt. Chem. 234 (1968) 3, 188—96; Inst. für anorgan. Chem. u. Elektrochem., TH, Aachen; dt.) — Die röntgenfluorimetr. As-Best. in Schlacke wird nach 3 Meth. vorgenommen: Direkte Best. in Preßlingen, denen SeO_2 als innerer Standard zugesetzt wird (Best.-Grenze 6,6 ppm As; relativer Analysenfehler bei Konz. 0,08—0,01 % zwischen 1,20 u. 13,80 %), Extraktion der aufgeschlossenen Probe mittels CCl_4 u. Rückextraktion durch W. (Best.-Grenze 2,35 ppm As; relative Analysenfehler zwischen 2,77 u. 6,13 % für Konz. von 4—12 ppm) u. Verflüchtigung des As als AsH_3 u. Einleiten in Chlorwasser (Best.-Grenze 1,7 ppm As; relativer Analysenfehler zwischen 0,80 u. 5,69 %). H.-D. Schenke 5245

1751 **Polarographische Bestimmung von Selen als Selenosulfat in Kupferkonzentraten.** P. Stantscheff. (Z. analyt. Chem. 233 (1968) 6, 404—08; Wiss. Forsch.-Inst. für Bergbau u. Erzaufbereitung, Sofia; dt.) — $SeSO_3^{2-}$ liefert in alkal. Lsg. mit 0,2 m Na_2CO_3 u. 0,2 m Na_2SO_3 eine gut ausgebildete polarograph. Stufe, die die Best. von Se(IV) im Konz.-Bereich von 10^{-5} bis 10^{-3} Mol erlaubt. Da für die Bldg. des Selenosulfats die Abtrennung von elementarem Se notwendig ist, sind Fremdionen ohne Einfluß. H.-D. Schenke 5245

1752 **Photometrische und spektrochemische Bestimmung von Gold in Eisenpyriten, Kupfer- und Bleikonzentraten.** N. Jordanov, St. Mareva, N. Krasnobaeva und N. Nedyalkova. (Talanta [London] 15 (1968) 9, 963 bis 968; Inst. of Gen. and Inorg. Chem., Bulgar. Acad. of Sci., Sofia; engl.) — Vf. entwickelten eine photometr. u. eine spektrochem. Meth. zur Best. von Au in den genannten Materialien. Bei beiden wird die Probe gelöst u. Au aus 1 m HCl-saurer Lsg. mit einer 1 : 1-Mischung aus Methyläthylketon u. $CHCl_3$ extrahiert. Photometr. wurde Au mit N.N'-Tetramethyl-o-toluidin bestimmt. Für eine genügend empfindliche u. reproduzierbare spektroskop. Best. von Au aus den Extrakten wurden der Einfl. verschiedener Sammler u. Puffer auf die Verdampfungskurven von Au untersucht sowie die Anregungsbedingungen, Elektrodenform, optimale Spaltbreite u. photograph. Variable ermittelt. Empfindlichkeit u. Genauigkeit der Meth. wurden bestimmt. P. Scharner 5245

1753 **Gaschromatographische Analyse 10^{-5}molarer wäßriger Lösungen von Oxydationsprodukten des Isopentans.** T. Joseph Varkey und Samuel Sandler. (Analytic. Chem. 40 (1968) 2, 399—402; Dep. of Chem. Engng., Univ., Toronto, Ontario; engl.) — An einer 2,4 m langen Trennsäule aus Teflon mit einem Gemisch aus jeweils 5 % Äthylhexylsebacat, Diisodecylphthalat u. Diäthyltartrat u. 10 % N.N-Bis-[2-cyanoäthyl]-formamid auf Chromosorb W können *Acet-*, *Propion-*, *Isobutyraldehyd*, *Aceton*, *Methyläthyl-*, *Methylisopropylketon* u. CH_3OH als Tieftemp.-Ox.-Prod. des Isopentans (I) quant. bei 45—52° bestimmt werden. Zur Abtrennung des nicht umgesetzten I werden die Ox.-Prod. in mit Eiswasser gefüllten Vorlagen zurückgehalten. CO_2, CO u. W. sowie Peroxide werden direkt in dem den Reaktor verlassenden Gasstrom nach klass. Meth. bestimmt. Der Fehler der quant. Auswertung beträgt —1,7 bis +3,6 %. K. Metzner 5246

1754 **Simultanbestimmung von Phosphor und Gesamtschwefel in Kohle.** N. K. Prasad. (Chem. and Ind. 1968, 14, 444—45; Indian School of Mines, Dhanbad, Bihar; engl.) — Die Kohle wird durch nasse Ox. entsprechend dem Verf. von Logie u. Rayner für Alkalien in Kohle [J. Inst. Fuel 26 (1953) 146] aufgeschlossen. P wird nach Zugabe einer genauen Menge KH_2PO_4 als Molybdatophosphat gefällt u. volumetr., S als $BaSO_4$ gravimetr. bestimmt. H.-D. Schenke 5247

1755 **Verwendung von porösem Glas als festen Träger für die Verteilungsgaschromatographie.** V. E. Šefter, L. V. Grigor'eva und M. I. Dement'eva. (Neftechimija 8 (1968) 1, 118—22; Vsesojusn. NII neftchim. processov; russ.) — Durch chromatograph. Trennung der Prod. des katalyt. Reforming-Prozesses von Romašinsker Erdöl in Paraffine u. Naphthene wird ein fester Träger vorgeschlagen, der den Trenneffekt durch Dispersionswechselwrkg. der KW-Stoffe mit der Unterlage verstärkt. Die stationäre Phase darf nicht mehr als 10 % des Trägermaterials ausmachen, bei größerer Beladung sinkt die Trennleistung. Als Trägergas dient N_2, u. als Eichsubstanz wird ein Gemisch von *2.4-Dimethylpentan* u. *Methylcyclopentan* benutzt. Die stationäre Phase besteht aus Monochlorhydrinpentaerythrit u. Caprylsäure. Die Verw. einheitlich großporigen Glases (effektiver Porenradius

1000 Å) mit unterschiedlicher spezif. Oberfläche gestattet es, die Analysenzeit zu verkürzen u. die Trennmeth. für Paraffine u. Naphthene (C_6-C_7) zu vereinfachen. J. Tutschku 5247

1756 **Gaschromatographische Methode zur Bestimmung der Kettenlängenverteilung von n- und Isoparaffinen.** Günter Hildebrand und Ortwin Leschner. (Chem. Techn. **20** (1968) 2, 106—09; VEB Hydrierwerk, Zeitz; dt.) — Die Kettenlängenverteilung von n- u. Isoparaffinen in paraffin. Prod. kann durch Kombination von GLC u. präparativer Gaschromatographie ermittelt werden. Als Trennfl. dient Fluhyzon u. als Adsorbens das Mol.-Sieb Zeosorb 5 A. Die Meth. eignet sich für aromaten- u. naphthenarme Produkte. H.-D. Schenke 5247

1757 **Bestimmung von Äthylenoxyd und Propylenoxyd in nichtionischen Verbindungen. Neue industrielle Kontrollmethode.** P. Boré, S. Habault und L. Tourenq. (Parfum., Cosmét., Savons **11** (1968) 4, 178—82; Oréal Cosmétique; franz.) — 0,035—0,05 g Substanz werden mit 5 ml HJ-Lsg. (55—58 %ig.) in Pyrexrohr eingeschmolzen u. 3 Std. lang auf 125° erhitzt, wobei sich das gebildete Dijodalkan unter Entstehung von J_2 zersetzt, das mit 0,1 n $S_2O_3^{2-}$-Lsg. titriert wird. Die Best. von Äthylenoxyd in Polyoxyäthylenverb. nach dieser Meth. u. der von Morgan [Ind. Engng. Chem., analyt. Edit. **18** (1956) 500] ergab prakt. die gleichen Zahlenwerte. Für Polyoxypropylenverb. ergaben die ber. u. die nach dieser Meth. erhaltenen Werte gute Übereinstimmung. Nach Morgan wurden von der Theorie stark abweichende Werte gefunden. Für Polyäthoxy-p-naphthol sowie für die Polyäthoxyderiv. von Lanolin u. Sorbitan, ebenso auch bei Alkoxyäthersulfaten waren die nach dieser Meth. u. nach der von Morgan gefundenen Werte sehr unterschiedlich. Für diese Substanzen ist die Meth. nicht verwendbar. E. Boye 5249

1758 **Schema für die Isolierung und Anreicherung von Spurenbestandteilen in Naturstoffen durch präparative Chromatographie an Säulen mit einem Durchmesser von 4 Inch.** Charles W. Dixon, Charles T. Malone und Gerald R. Umbreit. (J. Chromatogr. [Amsterdam] **35** (1968) 4, 475—88; Hewlett-Packard, Avondale, Pa.; engl.) — Am Beispiel der Analyse von Spurenbestandteilen in Bergamotte-Öl wird eine Meth. zur gaschromatograph. Trennung u. anschließenden Identifizierung der Verb. durch NMR-, IR- u. Massenspektrometrie beschrieben. W. Grimmich 5249

1759 **Trennung von Phenol-Formaldehyd-Reaktionsgemischen durch Gelpermeationschromatographie.** E. J. Quinn, H. W. Osterhoudt, J. S. Heckles und D. C. Ziegler. (Analytic. Chem. **40** (1968) 3, 547—51; Armstrong Cork Co., Lancaster, Pa.; engl.) — Vf. benutzen die Meth. der Gelpermeationschromatographie (GPC) zur Trennung der Rk.-Prod. eines Phenol-HCHO-Novolakharzes (HCHO : Phenol = 0,60) (A) u. eines Novolak-Polypropylen-Kondensates (**B**). Die GPC wurde mit Säulen der Fa. Waters Assoc. (Typen 1-3000A, 1-800A, 1-400A u. 2-100A) bei Zimmertemp. durchgeführt. Als Elutionsmittel wurde THF (1 ml/min) verwendet. Zwischen den Molgew. (MG) 94—2000 besteht eine lineare Beziehung zwischen log MG u. dem Elutionsvolumen. Die Chromatogramme von **A** u. **B** haben je Maxima. Für **A** ergab die Analyse der beiden Maxima mit dem niedrigsten Molgew., daß diese aus Phenol u. aus einem Gemisch von Bis-[1- u. 4-hydroxyphenyl]-methan bestehen. Die anderen Maxima enthalten Gemische aus geometr. oder stellungsisomeren Phenol/HCHO-Einheiten mit höherem MG. Im Chromatogramm von **B** konnte das Max. mit dem niedrigsten MG als ein Gemisch aus 1-Phenoxypropanol-(2) u. 2-Phenoxypropanol-(1) identifiziert werden. U. Feist 5250

1760 **Nachweis von Epoxidgruppen in polymeren und niedermolekularen Epoxidverbindungen mit 2.4-Dinitrobenzolsulfonsäure und Tetrabutylammoniumhydroxid.** J. Urbanski. (Plaste u. Kautschuk **15** (1968) 4, 260; Inst. für Kunststoffe, Warszawa; dt.) — 0,5 ml der Dioxanlsg. der Epoxidverb. in Dioxan (I) (*3-Phenoxy-1.2-epoxypropan, Buten-, Dodecen-, Cyclohexen-, Styroloxid, Epichlorhydrin* u. *Epon 1009* sowie *polymere Epoxide*) werden mit 0,5 ml 0,4 %ig. Lsg. von 2.4-Dinitrobenzolsulfonsäure in I u. nach 1 Std. mit 2 ml 0,5 %ig. Tetrabutylammoniumhydroxid in I/W. (9 : 1) versetzt. Die Extinktion der Lsg. wird bei 490—500 nm gemessen. Sie nimmt mit steigendem W.-Geh. ab. Der Epoxidgruppengeh. in Polymeren ist bis herab zu 0,001 % erfaßbar. J. Gähde 5250

1761 **Polarographische Analyse von Pigmenten in Anstrichen.** Anonym. (Peintures, Pigments, Vernis **43** (1967) 8, 529—30; Nat. Bureau Stand., Washington, D.C.; franz.) — Zur polarograph. Best. von $PbSO_4$, ZnO u. TiO_2 in Anstrichpigmenten wird eine Hg-Tropfelektrode verwendet; Pb(II) u. Zn(II) werden in Essigsäure-NH_4-Acetat-Lsg. polarographiert. Die Best. von Ti(IV) beruht auf der Red. eines Ti(IV)—EDTA-Komplexes. A. F. Ledich 5252

1762 **Probenahme unverpackter Düngemittel.** C. W. Gehrke, W. L. Baker und G. F. Krause. (J. Assoc. off. analyt. Chemists **51** (1968) 4, 859—65; Mo. Agricult. Experiment Station, Univ. of Mo., Columbia, Mo.; engl.) — Ein Vers.-„D"-Probenehmer (I) u. ein angetriebener Probebohrer (II) werden mit zwei amtlichen Düngemittel-Probenehmern (III) verglichen. I ist im Hinblick auf die chem. u. die mechan. Analyse III gleichwertig oder überlegen. Die chem. Analyse von mit II genommenen Proben ist genauer als die der mit III genommenen; die mechan. Analyse ist hier wegen der Teilchenverkleinerung nicht vergleichbar. H.-D. Schenke 5253

1763 **Gesamtstickstoff in Düngemitteln.** Paul R. Rexroad und Gary F. Krause. (J. Assoc. off. analyt. Chemists **51** (1968) 4, 851—57; Agricult. Experiment Station, Univ. of Mo., Columbia, Mo.; engl.) — Vf. untersuchen 2 Meth. zur Best. von Gesamt-N in Düngemitteln im Hinblick auf ihre Eignung als offizielle Standardverfahren. H.-D. Schenke 5253

1764 **Untersuchung und empfohlene Änderungen bei der flammenphotometrischen Methode zur Bestimmung von Kalium in Düngemitteln.** Larry G. Hambleton. (J. Assoc. off. analyt. Chemists **51** (1968) 4, 857—58; Dep. of Biochem., Purdue Univ., W. Lafayette, Ind.; engl.) — Zu niedrige Ergebnisse bei der Best. des K_2O-Geh. in Düngemitteln nach der flammenphotometr. Meth. (2,077) im Vgl. zu den Ergebnissen anderer offizieller Meth. sind durch die Wahl von $(NH_4)_2CO_3$ als Extraktionsmittel bedingt. Vf. schlägt statt dessen $(NH_4)_2C_2O_4$ vor. H.-D. Schenke 5253

1765 **Gleichzeitige spektrographische Bestimmung kleiner Mengen und von Spurenelementen in Düngemittelrohstoffen.** 2. Mitt. **Gips.** R. C. P. Sinha, K. C. Singhal und B. K. Banerjee. (Technology [Sindri, India] 4 (1967) 4, 123—25; Sindri, Bihar, Fertilizer Corp. of India Ltd., Planning & Dev. Div.; engl.) — 1. vgl. ibid. **3** (1966) 200. — Cu, Cr, V, Mn, Ba, Ti u. Sr wurden in 5 ind. Gipssorten bestimmt. Hierzu wurden 50 mg der getrockneten Proben mit 50 mg Puffersubstanz, hergestellt aus 1,5 % spektroskop. reinem Co-Pulver in ebenso reinem Graphitpulver, gemischt. Ca. 35 mg dieser Mischung wurden in doppelte Graphitelektroden, die als Anoden für 2 spektrale Bereiche dienten, gegeben. Als Standard diente eine Mischung aus 86 % $CaSO_4$, 7,5 % SiO_2, 2,5 % Al_2O_3, 1,5 % Fe_2O_3 u. 2,5 % MgO, jeweils AR/GR-Qualität. Cu, V, Mn u. Ti wurden im Bereich 2600—3700 Å bestimmt, der Rest bei 2900—4950 Å. H. Rupp 5253

1766 **Mikrobestimmung von Herbiziden durch Dünnschichtchromatographie und Azofarbstoffbildungsreaktion. 1. Mitt. Bestimmung von Aniliden, Phenylcarbamat und Phenylharnstoffherbiziden.** Shinkō Gotō. (Japan Analyst **16** (1967) 5, 409—13; Tokyo, Kodairashi, Ministry of Agric. and Forestry, Agric. Chem. Inspection Stat.; jap., Auszug: engl.) — Die 5—50 μg Herbizid enthaltende Probe wird mit CH_2Cl_2 extrahiert u. mit 1 n HCl gewaschen. Das Lsgm. des Extraktes wird abgedampft u. der Rückstand in A. aufgenommen u. in bas. oder saurer Lsg. durch Erhitzen am Rückfluß hydrolysiert. Das entstandene Chloranilin wird aus bas. wss. Lsg. mit Ae.

extrahiert u. mit 1 ml n-Hexan versetzt. Der Extrakt wird bis auf 1 ml abgedampft, auf eine Dünnschichtplatte gegeben (Al_2O_3 mit 10% 3 n NH_3-Lsg., 1 mm Schichtdicke) u. mit n-Hexan/Äthylacetat (9 : 1) entwickelt. Die Zone des Chloranilins wird markiert, nach 10 Min. Trockenzeit abgeschabt u. mit 15 ml A./CH_3COOH/3 n HCl (1 : 2 : 3) eluiert. Nach dem Zentrifugieren werden 10 ml der Lsg. mit $NaNO_2$ diazotiert. Das überschüssige $NaNO_2$ wird mit Ammoniumsulfamat zersetzt. Die Diazoverb. wird mit N-(1-Naphthyl)-äthylendiamin gekuppelt u. photometr. bestimmt. Die Hydrolyse einiger Herbizide u. das dünnschichtchromatograph. Verh. einiger Chloraniline wurde ebenfalls untersucht.
I. Degen 5253

1767 **Mikrobestimmung von Herbiziden durch Dünnschichtchromatographie und Azofarbstoffbildungsreaktion. 2. Mitt. Bestimmung von 2.4-Dichlorphenyl- und 2.4.6-Trichlorphenyl-4'-nitrophenyläther.** Shinkō Gotō. (Japan Analyst **16** (1967) 5, 476—78; Tokyo, Kodairashi, Ministry of Agric. and Forestry, Agric. Chem. Inspec. Stat., Shinkō Gotō; jap., Auszug: engl.) — 1. vgl. vorst. Referat. — Die 10—100 μg der beiden Verb. enthaltenden Probe wird schubweise mit CH_2Cl_2 extrahiert. Der Extrakt wird nach Zusatz von 1 ml n-Hexan bei 50° auf 1 ml eingeengt u. auf eine 1 mm Dünnschichtplatte (Al_2O_3) gegeben. Nach dem Entwickeln mit n-Hexan/Aceton (9 : 1) wird die Platte 15 Min. getrocknet u. die den einzelnen Äthern entsprechende Schicht abgeschabt u. auf einer Fritte mit Ae. eluiert. Der Rückstand des Eluats wird in saurem A. gelöst, 10 Min. mit Zn-Staub red. u. weiter, wie im vorst. Ref. beschrieben, bestimmt. Die Wiederfindungsquote beträgt für die Dichlorverb. 71,11 %, für die Trichlorverb. bei 9,47 μg 60,77 %, bei 18,94 bis 37,88 μg 69,64 %.
I. Degen 5253

1768 **Gaschromatographie von 3.4-Methylendioxyphenyl-Derivaten.** Walter L. Zielinski jun. und Lawrence Fishbein. (Pyrethrum Post [Nakuru, Kenya] **9** (1967). 1, 6—9; Falls Church, Va., Bionetics Res. Labor., Inc.; engl.) — Vf. untersuchen das gaschromatograph. Verh. einer Anzahl von 3.4-Methylendioxyphenylderiv. an 3% Carbowax 20 M auf Chromosorb W u. an 4% QF-1 Fluorosilicon auf Chromosorb G. Außer den freien Verb. setzten Vf. saure Deriv. als Methyl- oder Trimethylsilylester ein. Anschließend werden Zusammenhänge zwischen Struktur der untersuchten Verb. u. ihrem gaschromatograph. Verh. diskutiert. A.-M. Fretzdorff 5253

1769 **Quantitative Wirkstoffbestimmung in Pflanzenschutz- und Schädlingsbekämpfungsmitteln mit Hilfe der Kombination Dünnschichtchromatographie—Röntgenfluoreszenzspektrometrie.** J. Alter, D. Diehlmann, R. Beydatsch, P. Kohler, D. Quaas und W. Spichale. (Z. analyt. Chem. **238** (1968) 3, 188—93; Direktion für Forsch. und Werksperspektive, VEB Elektrochem. Kombinat, Bitterfeld; dt.) — Die Bedingungen zur Wirkstoffbest. werden am Beispiel eines HCH/DDT-Kombinationspräp. angegeben. Diskussion der erzielten Reproduzierbarkeit. Die mittleren Fehler betragen ± 4 % (HCH) bzw. ± 2 % (DDT). H.-D. Schenke 5253

1770 **Chlorbestimmung in Pestiziden mit Hilfe der Natriumdiphenylmethode.** Reiner Liebmann, Sigrid Hacker und Peter Hennings. (Chem. Techn. **20** (1968) 3, 169—70; VEB Fahlberg-List, Magdeburg; dt.) — Vf. ersetzen das bisher übliche Lsgm. Äthylenglykoldimethyläther durch THF. Schwierigkeiten der Cl-Best. in Ggw. von S werden durch Ox. mit HNO_3 beseitigt.
H.-D. Schenke 5253

1771 **Vergleich verschiedener Kohle-Adsorbenzien und quantitative Elution und Trennung von 42 Pestiziden durch eine Kohle-Solka-Floc-Reinigungssäule.** H. A. McLeod, C. Mendoza, P. Wales und W. P. McKinley. (J. Assoc. off. analyt. Chemists **50** (1967) 6, 1216—28; Ottawa, Tunney's Pasture, Dep. of Nat. Health and Welfare, Food and Drug Directorate; engl.) — Vf. untersuchen u. vergleichen 10 verschiedene Kohleadsorbenzien auf ihre Wirksamkeit bei der Reinigung der mit Pestiziden behandelten Extrakte von Mohrrüben u. Salat in der Säule. 13 als Schädlingsbekämpfungsmittel verwendete chlorierte KW-Stoffe mit oder ohne Extraktzusatz werden mit 175 ml einer Lsg. von 1,5 % Acetonitril in Hexan eluiert u. der Wirkstoffgeh. gaschromatograph. mit Elektroneneinfangdetektor bestimmt. Mit den 4 Kohlesorten Darco G 60, Darco S 51, Nuchar C 190 N u. Norit FQP wurden befriedigende Ergebnisse erhalten. Das gleiche Verf. wurde unter Verw. einer aus Darco G 60 u. Solka Floc (Cellulosepulver) gemischten Säulenfüllung auf Lsg. von 42 Pestiziden u. Extrakte von Mohrrüben, Kartoffeln, Weizen u. Ananas angewandt. Die Unters. erstreckten sich auf einzelne Pestizide u. auf Gemische. Mit Thimet, Daconil u. Guthion wurden Ausb. zwischen 70 u. 80 % erhalten. Als Elutionsmittel wurden bei 13 Organophosphorverb. $CHCl_3$ u. bei 2 Verb. Bzl. verwendet. Die Ergebnisse der Elution u. Trennung der Pestizide werden als gut bezeichnet. G. Paulig 5253

1772 **Das neue Florisil: Statistische Auswertung für chlorierte Pestizide.** Herman Beckman, Kenneth Carroll, Wayne Thornburg, R. I. Vetro, R. D. Smith, Abe Mittler, M. B. Kecskés, Arthur Bevenue und Yoshihiko Kawano. (J. Assoc. off. analyt. Chemists **50** (1967) 6, 1251—57; Davis, Calif., Univ. of Calif., Agric. Toxicol. and Residue Res. Labor.; engl.) — 3 Labor. prüften die Eig. des Säulenfüllmittels Florisil PR (**A**) bei der Isolierung von Pestiziden aus Extrakten von Korn u. Spinat. Die Ergebnisse wurden mittels elektron. Datenverarbeitung ausgewertet u. verglichen. Lsg. von Lindan, Heptachlor, Aldrin, Heptachlorepoxid, Thiodan, Dieldrin u. DDT wurden mit u. ohne Extraktzusatz an der mit **A** gefüllten Säule gereinigt u. der Wirkstoffgeh. gaschromatograph. mit Elektroneneinfangdetektor bestimmt. Zum Vgl. wurden gleichartige Best. unter Verw. von mit Standardflorisil (**B**) gefüllten Säulen durchgeführt. Die Auswertung der Ergebnisse zeigt, daß **A** im Gegensatz zu **B** mit Erfolg zur Isolierung von unterschiedlichen Insektiziden verwendet werden kann, ohne daß bei einzelnen Chargen Unterschiede in der Wirksamkeit auftreten. Eine Streuung der Ergebnisse ist mehr auf Unterschiede in der Arbeitsweise der einzelnen Labor. als auf Materialunterschiede zurückzuführen.
G. Paulig 5253

1773 **Gaschromatographische Bestimmung von Chlordan durch „Kopfgas"-Analyse.** E. F. Corcoran, J. F. Corwin und D. B. Seba. (J. Amer. Water Works Assoc. **59** (1967) **6**, 752—56; Inst. of Marine Sci., Univ. of Miami; engl.) — Zur Best. von Chlordan in W. in ppm-Konz. werden 800 ml Probe in einer mit Silicongummi verschlossenen Flasche von 1,2 l Inhalt mit 500 g wasserfreiem Na_2SO_4 geschüttelt u. auf 72° erwärmt. Aus dem Gasraum werden Proben von 1 ml entnommen u. in einer 10 ft. langen Stahlsäule an 20 % Carbowax 20 H auf säuregewaschenem „Firebrick" bei 100° u. 20 ml N_2/Min. chromatographiert. Die Anzeige erfolgt mit FID.
G. Bock 5253

1774 **Mikrobestimmung von Endrin in Gegenwart von Aldrin und Dieldrin durch Infrarotspektrophotometrie.** M. J. Nelson und P. R. Datta. (Microchem. J. [New York] **13** (1968) 1, 91—97; Div. Pharmacol., Food and Drug Adm., Washington, D.C.; engl.) — Endrin (**I**) wird IR-spektroskop. bestimmt durch Ermittlung der Bandenintensität bei 748 cm^{-1} (**A**) u. 1179 cm^{-1} (**B**) u. Quotientenbldg. der Intensiäten **A**/**B**. Der Konz.-Bereich von **I** in Gemischen mit Aldrin u. Dieldrin betrug 10—90 %.
M. Meyer zur Heyde 5253

1775 **Schnellmethode zur Ermittlung von Oberflächenrückständen organischen Phosphor enthaltender Insektizide durch Bestimmung des Gesamtphosphorgehaltes.** E. J. Broderick, E. F. Taschenberg, J. L. Hicks, A. W. Avens und J. B. Bourke. (J. agric. Food Chem. **15** (1967) 3, 454—56; Geneva, N.Y., Dep. of Food Sci. and Technol., N.Y. State Agric. Exper. Station, Cornell Univ.; engl.) — Die auf der Oberfläche von Früchten z. B. Äpfeln, vorhandenen P-haltigen Insektizide O.O-Diäthyl-O-(2-isopropyl-4-methyl-6-pyrimidinyl)-thiophosphat (Diazinon **I**), O.O-Dimethyl-(N-phthalimidomethyl)-dithiophosphat (Imidan **II**) u. O.O-Dimethyl-S-[4-oxo-1.2.3-benzotriazin-3-(4H)-ylmethyl]-dithiophosphat (Guthion **III**) wurden durch Schütteln der Früchte mit PAe. (0,5 ml/g) gelöst u. nach dem Abdampfen des Lsgm. zunächst mit 5 ml HNO_3 konz. u. 2 ml 1 n H_2SO_4 u. dann mit 5 ml 1 n $HClO_4$ gekocht. II kann nur durch Kochen mit 1 ml HBr (48%) u. 2 ml 1 n H_2SO_4 u. anschließender Behandlung mit 5 ml HNO_3 konz. zersetzt werden. Nach der Zers. wird der PO_4^{3-}-Geh. mit Ammoniummolybdat photometr. bei 660 nm bestimmt. Der P-Geh. der Oberfläche unbehandelter Früchte, Äpfel oder Pampelmusen, kann bis 0,1 ppm (umgerechnet auf Insektizid) betragen. Die Meth. stimmt mit anderen Best.-Meth. für I, II u. III gut überein u. ist für Früchte, deren Fruchtfleisch bei der Schüttelextraktion nicht verletzt wird, gut geeignet. E. Wiehr 5253

1776 **Bestimmung von 2.6-Dichlorthiobenzamid in benetzbaren Pulvern durch eine ultraviolettspektrometrische Methode.** Keisuke Suzuki, Sinkō Gotō und Fujio Itō. (Japan Analyst 16 (1967) 5, 450–54; Tokyo, Kodairashi, Ministry of Agric. and Forestry, Agric. Chem. Inspection. Station; jap., Auszug: engl.) — Die Probe (1 ml) in Aceton (ca. 30 mg) wird auf einer Dünnschichtplatte (Al_2O_3) ca. 4 cm vom Plattenende entfernt aufgetragen. Die Platte wird aufsteigend mit Ae./n-Hexan (6 : 4) bis zum Erreichen der 10-cm-Linie entwickelt. Nach 1std. Trocknen wird die Zone der Verb. (R_F ca. 0,4) unter der UV-Lampe (250 nm) markiert, abgeschabt u. auf einer Fritte mit Ae. extrahiert. 1 ml des Extraktes wird mit CH_3OH auf 50 ml aufgefüllt. Man mißt die Extinktion der Lsg. bei 277,5 nm gegen eine Blindprobe. Die Wiederfindungsquote des Verf. ist 99,9%, die Standardabweichung 0,2%. I. Degen 5253

1777 **Chromatographische Untersuchungen über Schutzmittel im Holz einiger Nadelbäume, speziell der Gattungen Abies, Picea und Pinus.** S. B. Challen und M. Kučera. (J. Chromatogr. [Amsterdam] 31 (1967) 2, 345–53; Coll. of Technol., Portsmouth; engl.) — Durch Dünnschichtchromatographie (DC) wurden $CHCl_3$-Extrakte aus behandelten Proben von 46 Holzarten untersucht. *Tributylzinnoxid* (I), *o-Phenylphenol* (II), *Hexachlorbenzol, Pentachlorphenol* u. *Polychlornaphthalin* ließen sich am besten auf Kieselgel G mit Äthylacetat/n-Hexan (15 : 85) trennen, wobei sich *Dijodfluorescein* als allg. verwendbares Lokalisierungsreagenz bewährte. Bes. eindeutig konnte II erkannt werden, während I sich schwierig u. in Ggw. bestimmter Holzextraktstoffe gar nicht nachweisen ließ. Durch Kombination von DC u. GLC konnten alle Schutzstoffe identifiziert werden. W. Scheele 5254

1778 **Anwendung chromatographischer Methoden bei der Analyse von Lebensmittelbestandteilen.** C. Calzolari, E. Cerma und G. Pertoldi Marletta. (Rass. chim. 19 (1967) 2, 65–76; Ist. di Merceologia, Univ., Trieste; ital.) — Übersicht — 419 Literaturangaben. W. Holland 5255

1779 **Anwendung chromatographischer Methoden in der Analyse von Lebensmittelbestandteilen.** 5. Mitt. E. Cerma, G. Bruni, L. Coassini Lokar und G. Pertoldi Marietta. (Rass. chim. 20 (1968) 1, 23–33; Ist. di Merceol., Univ., Trieste; ital.) — 3. vgl. C. **1968**, 1-1911; vgl. auch vorst. Referat. — Übersicht über 1966 erschienene Arbeiten. — 382 Literaturangaben. W. Holland 5255

1780 **Analytik der Fumarsäure und der Maleinsäure in Lebensmitteln.** J. Schormüller und W. Schubert. (Z. Lebensmittel-Unters. u. Forsch. 136 (1968) 3, 146–58; Inst. für Lebensmittelchem. u. Lebensmitteltechnol., TU, Berlin; dt.) — Brotproben werden mit Na_2SO_4 u. 10%ig. H_2SO_4-Lsg. verrieben u. mit Ae. im Soxhlet 15 Std. lang ausgezogen. Keks muß man mit PAe. (Kp. $\leq 40°$) entfetten. 10 g Probe werden mit 10 ml W. 1 Std. lang gerührt, dann zentrifugiert, über Kationen- u. Anionenaustauscher vorgereinigt u. mit Diisopropyläther (mit 40%ig. HCOOH gesätt.) dünnschichtchromatographiert. Die Flecken schabt man ab, löst die Fumar- (I) in W. u. Maleinsäure (II) in 50%ig. CH_3OH u. mißt die Lsg. bei 207,4 (I) bzw. 210,8 nm (II). Fluoreszenzlöschung, bes. im unteren Viertel, erfolgte bei zu hoher HCOOH-Konz. des Fließmittels; bei zu niedriger Konz. bleibt II z. T. am Startfleck. Unters. von mit I gebackenem Brot gaben $\leq$ 0,2% II-Geh. bezogen auf I. W. Huhn 5255

1781 **Verwendung von Polyamid bei der Untersuchung der Lebensmittelfarbstoffe. 3. Mitt. Quantitative Isolierung der Farbstoffe.** Jiří Davídek. (Z. Lebensmittelunters. u. Forsch. 132 (1967) 5, 285–91; Inst. für Lebensmittelchem., Chem.-Technol. Hochschule, Prag; dt.) — 2. vgl. ibid. 131 (1966) 2, 299. — Vf. stellt fest, daß synthet. Lebensmittelfarbstoffe quant. an Polyamid adsorbiert werden. Nach Elution mit CH_3OH/konz. NH_3-Lsg. (95 : 5) werden folgende Farbstoffe (in Klammern λ_{max} in nm) photometr. bestimmt: Kirschrot A (515), Echtrot E (505), Azorubin (530), Amaranth (530), Naphtholgelb (430), Tartrazin (435), Lebensmittelgelb (490), Indigotin (625) u. Brilliantschwarz A (590). I. Klee 5255

1782 **Bestimmung freier Sulfhydryle in Milch mit N-Äthylmaleinimid.** A. S. Narang, Jogindar Singh, R. V. Rao und V. R. Bhalerao. (Milchwissenschaft 22 (1967) 11, 682–85; Nat. Dairy Res. Inst., Karnal, Haryana, India; engl.) — Milch, 0,2 m Phosphatpuffer (pH 7), N-Äthylmaleinimid u. CCl_3COOH werden gemischt. Vom Filtrat wird innerhalb 1 Std. bei 300 nm die Extinktion bestimmt, wiedergefunden werden > 95% zugesetztes Cys · HCl. W. Huhn 5255

1783 **Methode zur Isolierung und zum Nachweis von Dioctylphthalat in Milchlipiden.** J. Cerbulis und J. S. Ard. (J. Assoc. off. analyt. Chemists 50 (1967) 3, 646–50; Philadelphia, Pa., Eastern Regional Res. Labor.; engl.) — Zur Best. von Dioctylphthalat (I, Di-2-äthylhexylphthalat) in Milch wird zur Entfernung von Lactose u. anderen dialysierbaren Stoffen 1 l Milch gegen 15 l W. (dreimal tägl. gewechselt) 4 Tage lang bei 2° dialysiert. Im Gefriertrockner wird die nicht dialysierbare Fraktion getrocknet u. der Rückstand 5 mal mit 1,5 l PAe./100 g Trockensubstanz extrahiert. Die Abtrennung der Glyceride, Pigmente u. Inosite erfolgt durch Chromatographie an einer Al_2O_3-Säule nach Hanahan (Lipid Chemistry, John Wiley and Sons, N.Y., 1960, p. 115). Die I enthaltende Fraktion wird in Bzl. (8–10%) aufgenommen u. auf einer Silicagelplatte chromatographiert. Eluiert wird mit PAe./Ae./Essigsäure (90 : 10 : 1). Die mit Joddampf sichtbar gemachte I-Fraktion wird herausgeschnitten, gravimetr. bestimmt u. IR-spektrograph. identifiziert. Ein Zusatz von 30–40 mg. I/l Milch konnte zu ca. 60% wiedergefunden werden. Bei Zugabe direkt in das Milchfett wurden 80% wiedergefunden. E. Wiehr 5255

1784 **Ultraviolettspektrophotometrische Bestimmung polyungesättigter konjugierter Säuren.** Goffredo Lotti, Eugenio Bazan und Vincenzo Averna. (Ricerca sci. 37 (1967) 1, 70–73; Ist. di Chim. Agraria, Univ., Palermo; ital.) — Die Extinktionen von Samenölen mit hohem Geh. an Unverseifbarem werden bei 232, 262, 268, 274 u. 308 nm gemessen. Aus den Meßwerten wird der Geh. an Palmitin-, Palmitöl-, Stearin-, Öl-, Linol- u. Linolensäure ermittelt. Für Gemische von Olivenöl mit 2 Samenölen wird der Einfl. der Verseifung auf die Isomerisierung ermittelt. W. Holland 5255

1785 **Modifizierung der photometrischen Bestimmungsmethoden einiger Phenolantioxydantia im Fett.** S. Šibalić, Nada Miletić und V. M. Adamović. (Hrana i Ishrana 8 (1967) 11–12, 701–03; Beograd, Rep. zav. za zdravst. zašt. SR Srbije; serbokroat.) — Bei der Extraktion des Fettes befinden sich die Antioxydantia Butylhydroxyanisol (I), Butylhydroxytoluol (II), Dodecylgallat (III) u. Nordihydroguajarsäure (IV) im PAe.-Extrakt. Durch fl./fl.-Extraktion mit A. oder Acetonitril werden sie vom Fett abgetrennt u. anschließend durch zweidimensionale Dünnschichtchromatographie an Silicagel G untereinander getrennt, wobei Bzl. als Lsgm. in der einen u. Acetonitril als Lsgm. in der anderen Richtung verwendet werden. Die Anfärbung erfolgt mit 2.6-Dichlorchinonchlorimid (V). Zur spektroskop. Best. werden die einzelnen Flecke mit 5 ml 50%ig. A. eluiert, bei II–IV wird mit 2 ml 2.2′-Dipyridyl + 2 ml $FeCl_3$, bei I mit 2 ml Na-Tetraborat + 2 ml V ein Farbkomplex gebildet u. seine Extinktion bestimmt (I 620, II–III 522 u. IV 515 nm). Durch Verw. von geringen Lsgm.-Mengen u. Nichtverw. von n-Butanol erhält man konz. Lsg. u. somit höhere Farbintensitäten, dadurch sind die Best.-Grenzen von 20–60 auf 5–20γ herabgesetzt worden. Die Genauigkeit liegt bei 98 ± 3%. H. Cnobloch 5255

1786 **Anwendung der Ringkolorimetrietechnik zur halbquantitativen Bestimmung einiger Phenolantioxydantia.** S. Šibalić, V. M. Adamović und Nada Miletić. (Hrana i Ishrana 8 (1967) 11—12, 704—05; Beograd, Rep. zav. za zdravst. zašt. SR Srbije; serbokroat.) — Vgl. vorst. Referat. — Zur ringkolorimetr. Best. werden 0,5 mg/ml Substanz enthaltende Lsg. der Antioxydantia Butylhydroxyanisol (I), Butylhydroxytoluol (II), Dodecylgallat (III) u. Nordihydroguajarsäure (IV) im Blattzentrum aufgetragen. Als Lsgm. dient 90%ig. A.-Lsg., die Anfärbung erfolgt mit Hilfe einer 0,5%ig. Lsg. von 2.6-Dichlorchinonchlorimid. Zur Best. der Antioxydantia wird die erhaltene Farbintensität mit der von 0,5 bis 2,5γ enthaltenden Eichproben verglichen. Der mittlere Best.-Fehler lag bei I bei 4,6, bei III bei 2,1 u. bei IV bei 4,1%. II konnte nicht bestimmt werden.
H. Cnobloch 5255

1787 **Quantitative Bestimmung von Amiden und Aminosäuren in industriellen Zuckersäften. 1. Mitt. Asparaginsäure.** Rudolf Osvald und Mary Fraňková. (Listy Cukrovarnické 84 (1968) 3, 56—62; Forsch.-Inst. der Zuckerind., Modrany; tschech.) — Zur quant. Best. der Amide u. Aminosäuren in Zuckersäften wird ein Analysenverf. entwickelt, das auf dem Prinzip der zweidimensionalen Chromatographie der N-Komponenten mit densitometr. Auswertung beruht. Die Chromatographie wird an Whatman-Papier Nr. 1 mit Phenol/W. (3 : 1) u. n-Butanol/Essigsäure/W. (4 : 1 : 5) durchgeführt.
O. Rösner 5255

1788 **Gaschromatographie von Bier- u. Würze-Kohlenhydraten. 2. Mitt. Quantitative Bestimmung von Kohlenhydraten aus Bier, Würze u. Brausirup.** L. Marinelli und D. Whitney. (J. Inst. Brewing 73 (1967) 1, 35—39; Jos. Schlitz Brewing Co., Milwaukee, Wis.; engl.) — 1. vgl. ibid. 72 (1966) 252. — Die nach Eindampfen von Bier, Würze u. Brausirup mit Hexamethyldisilazan in Py. erhaltenen Trimethylsilylderiv. der vorkommenden Kohlenhydrate Fructose, Glucose, Saccharose, Maltose, Maltotriose u. Maltotetraose werden an 3% SE-52 (Silicon Gum Rubber) auf Chromosorb W (60—80 mesh) mit 80 ml/Min. He als Trägergas chromatographiert. Dabei wird die Rk.-Lsg. direkt eingegeben. Die Analyse wird mit einer Temp.-Programmierung (10°/Min.) von 150 bis 350° durchgeführt. α- u. β-Kohlenhydrate zeigen je 2 verschiedene Peaks, von denen, da Gleichgew.-Bedingungen vorliegen, nur jeweils einer ausgewertet wird. Die Standardabweichungen der Meth. betragen 1,7—5,3% für die verschiedenen Kohlenhydrate. L. Brandt 5255

1789 **Dünnschichtchromatographische Bestimmungen der Bierbitterstoffe.** R. A. Aitken, A. Bruce, J. O. Harris und J. C. Seaton. (J. Inst. Brewing 73 (1967) 6, 528—34; Scottish and Newcastle Brew. Ltd.; engl.) — Durch Dünnschichtchromatographie der Bierbitterstoffe an Kieselgel G mit Bzl./Ae. (16 : 1) wurden 9 Banden erhalten, die z. T. mit Isooctan/Citronensäure/Phosphatpuffer (pH 5,2) weiteraufgetrennt wurden. Die Meth. wurde zur Best. von Isohumulon A u. B, Hulupon u. einer direkt entstandenen α-Säurekomponente erweitert. In engl. gehopftem Bier entfallen ca. 80% der mit PAe. extrahierbaren Stoffe auf diese Substanzen, soweit der Hopfen von normalem Alter war.
K. Herrmann 5255

1790 **Rasches kapillographisches Verfahren zum allgemeinen Nachweis von sauren Azofarbstoffen in Wein mit Hilfe von Polyvinylpyrrolidonharz.** Agostino Venturini. (Boll. Lab. chim. provinc. 18 (1967) 5, 619—21; Labor. Chim. Provinc., Ferrara; ital.) — 12 cm lange Glasröhrchen mit einem Ø von 4—6 mm, beschickt mit einer 6-cm-Schicht von Al_2O_3 nach Brockmann u. 3—4 cm Polyclar AT dienen zum Nachw. der oben genannten Farbstoffe in 50—100 ml Wein; diese bilden nach 3—4 Min. deutlich gefärbte Ringe an der Harzoberfläche.
L. Johannsen 5255

1791 **Photometrische Bestimmung von Eugenol in Nelken-, Piment- u. Lorbeerblattöl.** M. S. Karawya und S. K. Wahba. (Amer. Perfumer Cosmetics 82 (1967) 12, 55—58; Cairo, Univ., Fac. of Pharm., Pharmacognosy Dep.; engl.) E. Boye 5255

1792 **Quantitative Extraktion von durch die Wurzeln absorbiertem Dieldrin aus den oberirdischen Teilen von Futterpflanzen.** Willis B. Wheeler, Donald E. H. Frear, Ralph O. Mumma, Robert H. Hamilton und Ronald C. Cotner. (J. agric. Food Chem. 15 (1967) 2, 227—30; Univ. Park, Pa. Pa. State Univ., Dep. of Entomol., Biochem. and Botany; engl.) — Der wiederholten Extraktion von Dieldrin (I) mit n-Hexan/Isopropanol (2 : 1) aus Mais. Alfalfa u. Weizen wurde eine zusätzliche Extraktion mit $CHCl_3$ angeschlossen. I wurde dann gaschromatograph. bestimmt u. massenspektrometr. identifiziert. L. Kramar 5255

1793 **Schnelle Bestimmung von explosiven Nitraten.** D. B. Parihar, S. P. Sharma und K. K. Verma. (J. Chromatogr. [Amsterdam] 31 (1967) 2, 551—56; Delhi; Defence Sci. Labor., Metcalfe House; engl.) — Vf. trennen dünnschichtchromatograph. folgende Salpetersäureester, die in Explosivstoffen verwendet werden: *Mannithexanitrat, Sorbithexanitrat, Pentaerythrittetranitrat, Diäthylendiglykoldinitrat, Äthylenglykoldinitrat* und *Glycerintrinitrat*. Die beste Trennung wird auf Al_2O_3 (neutral) u. Mg-Silicat erzielt. Die R_F-Werte mit den Laufmitteln Toluol, Xylol, Monochlorbenzol u. PAe./Äthylendichlorid (80 : 20) werden mitgeteilt. Zur Best. der Ester (2—4 g) werden diese mit Aceton extrahiert, mit 0,5 n alkohol. KOH verseift u. mit Sulfanilsäure u. α-Naphthylamin zum roten Farbstoff gekuppelt, dessen Intensität gemessen wird.
G. Krien 5257

1794 **Trennung und Bestimmung von Trinitrotoluolisomeren durch Gaschromatographie.** D. G. Gehring und J. E. Shirk. (Analytic. Chem. 39 (1967) 11, 1315—18; Gibbstown, N.J., E. I. du Pont de Nemours Explosives Dep., Eastern Labor.; engl.) — Vf. trennen *2.4-Dinitrotoluol, 2.5-Dinitrotoluol, 2.6-Dinitrotoluol, 2.3-Dinitrotoluol, 3.5-Dinitrotoluol, 3.4-Dinitrotoluol, 2.4.6-Trinitrotoluol, 2.4.5-Trinitrotoluol* u. *2.3.4-Trinitrotoluol* gaschromatograph. an Säulen, die mit 10% DC-LSX-3-0295-Silicon-Copolymeren an 80—90 mesh Anakrom-ABS gefüllt sind. Die Proben werden in aceton. Lsg. eingegeben. Die Säulentemp. beträgt 250° u. die He-Strömungsgeschwindigkeit 200 ml/Minute. Die in techn. TNT-Proben noch nachweisbaren Mengen liegen bei 0,02%, die Standardabweichung ist ± 0,03%.
G. Krien 5257

1795 **Charge-Transfer-Komplexe einiger Explosivstoffe wie 2.4.6-Trinitrochlorbenzol (Pikrylchlorid) und 1.3.5-Trinitrobenzol (s-TNB) mit einigen Aminen.** D. R. Parihar, S. P. Sharma und K. K. Verma. (J. Chromatogr. [Amsterdam] 31 (1967) 1, 120—27; Delhi, Defence Sci. Labor., Metcalfe House; engl.) — Zur dünnschichtchromatograph. Identifizierung von Explosivstoffen, die Nitrogruppen enthalten, sind π-Komplexe mit verschiedenen Aminen geeignet. Vf. untersuchen dünnschichtchromatograph. die π-Komplexe von *2.4.6-Trinitrochlorbenzol* (I) u. *1.3.5-Trinitrobenzol* (II) mit folgenden Aminen: *N-Methylanilin, N.N-Dimethylanilin, N.N-Diäthylanilin, Anilin, α-Naphthylamin, β-Naphthylamin, o-Anisidin, p-Anisidin, m-Chloranilin, p-Chloranilin, Diphenylamin, o-Toluidin, m-Toluidin, p-Toluidin* u. *Benzidin*. Die I-Komplexe werden in den Laufmitteln Toluol/Äthylenchlorid (9 : 1), Monochlorbenzol/Äthylacetat (95 : 5), Monochlorbenzol/Äthylendichlorid (9 : 1) u. Xylol/Äthylendichlorid (4 : 1), die II-Komplexe in PAe./Äthylacetat (9 : 1), Xylol/Äthylacetat (4 : 1), Bzl./Xylol (1 : 1), Toluol u. Toluol/Monochlorbenzol (3 : 2) untersucht u. die R_F-Werte mitgeteilt. Als Adsorptionsmittel eignet sich Kieselgel G am besten. G. Krien 5257

1796 **Gaschromatographische Trennung von Hydrazinmischungen und Wasser mittels einer hydrazinähnlichen stationären Phase.** L. A. Dee und A. K. Webb. (Analytic. Chem. 39 (1967) 10, 1165—67; Edwards, Calif., Air Force Rocket Propulsion Labor., Res. and Technol. Div.; engl.) — Vf. trennen *Hydrazin* (I), *Methylhydrazin* (II), *1.1-Dimethylhydrazin* (III) u. *W.* an einer 1-m-Säule, gepackt mit Fluoropak/10% 2-Hydrazinopyridin, bei einer Säulentemp. von 80° u. einer He-Strömgeschw. von 10 ml/Minute. Dabei wurden folgende Empfindlichkeitsfaktoren ermittelt: I 0,892; II 0,926; III 1,000; W. 0,803. G. Krien 5257

1797 **Die Luftoxydation von Monomethylhydrazin.** E. H. Vernot, J. D. MacEwen, D. L. Geiger und C. C. Haun. (Amer. ind. Hyg. Assoc. J. 28 (1967) 4, 343–47; Dayton, O., Aerojet-Gen. Corp.; engl.) — Die Ox. von Monomethylhydrazin (I) mit Luft wurde IR-spektroskop. u. gaschromatograph. untersucht. Aus 1 Mol I entstehen 1 Mol N_2 u. 1/5 Mol CH_4. Weitere Zerfallsprod. wurden nicht untersucht. Die Rk. wird durch die Gefäßoberfläche katalysiert, die Halbwertszeit in Glas betrug 34 Min., in Polyäthylen 10 Minuten. Fr. Voigt 5257

H. Angewandte Chemie

H–3. Anorganische Industrie

1798 **Neues Mittel zum Kaltphosphatieren.** J. Klička. (Koroze Ochrana Mater. 11 (1967) 3, 56; Praha, Stát. výzk. ústav ochrany materiálu; tschech.) — Ein neues Phosphatierungsmittel, das aus H_3PO_4, saurem Zn-Phosphat, NO_3^- u. NO_2^- besteht u. mit dem bei 30–40°, 5–10 Min. phosphatiert werden kann (Bezeichnung Synfát 1000), wird beschrieben. Durch aktivierendes Spülen vor dem Phosphatieren (1–3 g/l alkal. Lsg., 20–40°, $^1/_2$–1 Min.) wird eine unter Anstrichen geeignete Phosphatschicht mit feiner Struktur und einer Dicke von 40 bis 60 mg/dm² erhalten. J. Tůmová H 264△

1799 **Schwerschmelzende Werkstoffe.** G. V. Samsonov. (Poroškovaja Metallurg. 7 (1967) 10, 76–83; Inst. problem materialoved. AN UkrSSR; russ.) — Übersicht über schwerschmelzende Werkstoffe: Verb. von Metallen mit Nichtmetallen (B, C, N, Si, P, S u. a.), Verb. von Nichtmetallen (Borcarbide, Nitride, Silicide) sowie Verb. von Metallen (Aluminide, Beryllide). Für jede Gruppe werden die wichtigsten Herst.-Verf., Eig. u. Anwendungen mit bes. Berücksichtigung der Verhältnisse der UdSSR gebracht. — 27 Literaturangaben. J. Tůmová H 270△

1800 **Chemische Reduktion von Nickel und Kobalt durch Hypophosphit.** P. Cavallotti und G. Salvago. (Electrochim. Metallorum, 3 (1968) 3, 238–66; Ist. di Elettrochim., Chim. Fis. e Metallurg. Politecn., Milano; engl.) — Übersicht über die chem. Red. von Ni- u. Co-Salzlsg. u. die Abscheidung von Ni u. Co mit $H_2PO_2^-$, die Merkmale der Red., die gleichzeitige Abscheidung von P in chem. red. Ni- u. Co-Leg., die chem. Plattierung von Co- u. Fe-Leg., den Einfl. verschiedener Variabeln auf die Kinetik des Verf., bes. des Anioneneinfl. auf die chem. Ni-Plattierung, u. die Vorgänge der Auslösung u. Inhibierung bei der chem. Plattierung. — 77 Literaturangaben. W. Wesly H 270

1801 **Vakuumthermische Kaliumgewinnung.** N. M. Zuev. (Ž. prikl. Chim. 40 (1967) 12, 2638–42; russ.) — Die Red. von KCl durch Si oder Al in Ggw. von CaO unter Bldg. von metall. *K* u. *Ca-Silicat* bzw. *Ca-Aluminat* wird zwischen 750–950° u. 0,1–0,3 Torr in Abhängigkeit von der Temp., Korngröße der Rk.-Prod. u. dem Fluoridzusatz untersucht. Beim silicotherm. Verf. werden bei 850° 50–51 % K abdestilliert, 46–47 % gehen als KCl über. Bei 950° beträgt die K-Ausb. 69 %. Bei Einsatz von Al als Red.-Mittel erhöht sich die K-Ausb. bei Temp.-Erhöhung von 850 auf 950° um 40–42 %. Eine Verringerung der Korngröße des Red.-Mittels u. des CaO erhöht die K-Ausb. sehr stark. Der Einfl. von KF-Zusätzen ist um so ausgeprägter, je tiefer die Ofentemp. ist. Ein Zusatz von 4,5 % KF erhöht z. B. bei 900° die K-Ausb. bei der aluminotherm. Red. von KCl um 6 %, bei 850° erhöht sich die Ausb. um 10 %. K. Jasche H 275△

1802 **Neue Methode zur MgF_2-Gewinnung.** M. G. Gabrielova, E. A. Malyševa, I. P. Chudolej, D. N. Ševčenko und B. K. Černyj. (Chim. Prom. 43 (1967) 12, 34–35; russ.) — Vf. geben das technolog. Schema eines 2stufigen Verf. zur *MgF_2*-Herst. aus Magnesit u. 10–13 %ig. H_2SiF_6-Lsg. (als Abfallprod. der Superphosphatproduktion) wieder. In der 1. Stufe wird MgO mit H_2SiF_6 zu MgF_2 u. SiO_2 sowie W. umgesetzt. Wasser hydrolysiert eventuell gebildetes $MgSiF_6$ zu MgF_2, SiO_2 u. H_2SiF_6. Nach 3std. Erhitzen des Rk.-Gemisches wird in der 2. Rk.-Stufe das im 1. Rk.-Schritt gebildete SiO_2 durch 2std. Erhitzen mit $NH_4F \cdot HF$ bei 70–80° nach $4\,NH_4F \cdot HF + SiO_2 \rightarrow (NH_4)_2SiF_6 + 2\,NH_4F + 2\,H_2O$ gelöst. Sodann wird MgF_2 aus der Rk.-Lsg. abgetrennt. Der MgF_2-Geh. des Endprod. erreicht 76 % bei einem CaF_2-Geh. von ≦ 6 % u. höchstens 10 % freiem MgO. Die Mutterlauge enthält 16–18 % $(NH_4)_2SiF_6$ u. nur unbedeutende Mengen MgF_2. K. Jasche H 282△

1803 **Schützendes Mikrolegieren von Aluminiumbronze mit Beryllium.** G. I. Timofeev, N. V. Severjuchin, V. M. Dubinkin und N. S. Morozova. (Litejnoe Proizvod. 1967, 8, 27–28; russ.) — Es wird gezeigt, daß selbst ein kleiner Zusatz von Be zu der Al-Bronze *AMC9-2* die Bldg. von Oxidhäutchen herabsetzt oder vermindert, während die D. ansteigt (von 7,51 auf 7,62). Die Festigkeit u. Dehnung nehmen homogene Werte an. Als Optimum kann für die erwähnte Bronze ein Zusatz von 0,03–0,08 % Be angesehen werden. J. Tůmová H 294△

1804 **Gewinnung von Bleimolybdat stöchiometrischer Zusammensetzung.** M. V. Mochosoev, Z. E. Batura und V. I. Krivobok. (Ž. prikl. Chim. 40 (1967) 12, 2621–27; russ.) — Die Ausgangsprod. zur Gewinnung von reinstem $PbMoO_4$ sind *NH_4-Molybdat* (I) u. *Pb-Acetat* (II), für deren Reinigung bes. Meth. ausgearbeitet wurden. Metallionen-Beimengungen in I, z. B. Fe, Cu, Co, Ni, Mn, Cr werden durch Fällung der Hydroxide (pH 10 bei 60–70°), komplexe Bindung der Verunreinigungen bei Zusatz einer 0,1 %ig. alkohol. Lsg. von „Lumogallion" bei pH 7 u. nachfolgende Adsorption an A-Kohle beseitigt. II ist nach Umkrist. mit Trilon B oder analog der I-Reinigung mit Lumogallion in hochreiner Form erhältlich. Die Ausgangslsg. von I u. II werden bei pH 5 u. 85–90° bei 1 %ig. II-Überschuß zusammengegeben, wobei $PbMoO_4$ in stöchiometr. Zus. ausfällt. Der Geh. an Verunreinigungen (Fe, Co, Mn, Ni u. Cr) liegt zwischen $1 \cdot 10^{-4}$ bis $1 \cdot 10^{-5}$ % (bez. auf jede genannte Komponente). K. Jasche H 328△

1805 **Thermodynamische Kohlenstoffaktivität im legierten Molybdäncarbid.** V. I. Alekseev, Ju. N. Surovoj und L. A. Švarcman. (Poroškovaja Metallurg. 7 (1967) 9, 64–70; CNIIČERMET im. Bardina; russ.) — Es wurden Mo-Carbide des Typs M_2C mit bis zu 5 Atom-% Fe, Ni oder Ti hergestellt u. das C-Gleichgew. unter H_2–CH_4-Atmosphäre bei 600–900° bestimmt. Die aus den Ergebnissen ber. Werte der freien partiellen C-Enthalpie H_C^M der legierten Carbide zeigen mit steigendem Geh. des Zusatzmetalls Minima u. Maxima: bei ca. 0,5 Atom-% Fe ein Max. (ca. – 17000 cal/g · Atom C) u. bei 3 ein Minimum (ca. – 2000); bei 1 (Atom-%) Ni ein Max. (– 13000); bei 1 Ti ein Max. (– 14000), bei 4 ein Minimum (– 5000), während der weitere Verlauf anscheinend durch das stark C-bindende Ti weitgehend beeinflußt wird. Der komplizierte Verlauf von H_C^M im legierten Carbid muß Folge eines gleichzeitigen Einfl. mehrerer Gitterfaktoren sein. J. Tůmová H 336△

1806 **Thermoemission der Legierungen Wolfram-Seltenerdmetalloxid.** I. Ja. Kondratov, I. A. Podčernjaeva und V. S. Fomenko. (Poroškovaja Metallurg. 7 (1967) 9, 79–83; Inst. problem materialoved. AN Ukr. SSR; russ.) — Aus reinem W u. SE-Oxid wurden Proben mit 1 % Oxid hergestellt. Die Leg. besitzen zwei Phasen; die größte Menge Wolframat enthält die Leg. mit Sm_2O_3 wahrscheinlich infolge fallender Verdampfung mit der Reihe Ce → Pr → Nd → Sm. Die Wärmeabhängigkeit der Elektronenemission φ verläuft bei allen Leg. linear u. beträgt für die Leg. mit CeO_2 $2{,}44 + 2{,}00 \cdot 10^{-4}$ T (1250–1650 °K), Pr_6O_{11} $2{,}56 + 1{,}33 \cdot 10^{-4}$ T (1300 bis 1620 °K); Nd_2O_3 2,83 $d\varphi/dT < 10^{-5}$ eV/grad (1300 bis 1600 °K); Sm_2O_3 $2{,}42 + 2{,}00 \cdot 10^{-4}$ T (1280–1620 °K); Eu_2O_3 $2{,}55 + 2{,}00 \cdot 10^{-4}$ T (1300–1670 °K) eV. Am aussichtsreichsten ist die Leg. mit Sm_2O_3. J. Tůmová H 337△

1807 **Gleichgewichtszustände von eisenreichen Fe–Cr–V–C-Legierungen mit einem Kohlenstoffgehalt von 0,30 % im Temperaturgebiet von 700–1150°. 1. Mitt. Phasendiagramme für Temperaturen von 700, 850, 1000 und 1150°.** Zdeněk Čochnář, Josef Čadek, Jiří Dubský,

Karel Číha und Rudolf Freiwillig. (Kovové Mater. 5 (1967) 5, 395–407; Brno, Ústav vlast. kovů ČSAV; tschech.) – Mittels Mikrostrukturanalysen u. Carbidisolierung wurden die Strukturkomponenten von 170 Leg. des Syst. Fe–Cr–V–C mit 0,26–0,32% C, bis 16 Cr u. bis 6 V nach Glühen bei 700° (5000 Std.), 850° (400), 1000° (100) u. 1150° (25) untersucht u. die Ergebnisse in isokonzentr. Schnittdiagramme eingezeichnet. Eine Temp.-Erhöhung des Glühens um 50° vergrößert die Geschw. der Diffusionsprozesse etwa um das 10fache. J. Tůmová H 354△

1808 **Verschleißfeste Legierungen.** P. F. Parasjuk. (Litejnoe Proizvod. 1967, 4, 42–43; russ.) – Übersicht über verschleißfeste Fe-Leg. mit tabellar. Zusammenstellung (chem. Zus., Bearbeitungskoeff., ökonom. Koeff. u. a.). J. Tůmová H 354△

1809 **Gewinnung von Kobaltmonoxid durch thermische Dissoziation von Kobaltoxid im Vakuum.** A. I. Vulich, D. A. Pachomov, S. A. Kutolin und N. A. Druz'. (Ž. prikl. Chim. 40 (1967) 12, 2627–32; russ.) – Die Umwandlung von Co_3O_4 zu *CoO* kann durch den Ausdruck $\lg \tau = \lg P + (1000 - t^0)/40$ (wenn $P < P_{Gleichgew.}$) wiedergegeben werden. (τ = Rk.-Dauer in Std., P = O_2-Druck in at, t = Prozeßtemp. in °C). Eine quant. Dissoziation von Co_3O_4 wird nach 2std. Erhitzen bei 850° u. 0,1–1 Torr erreicht. Gleiche Resultate werden bei der Co_3O_4-Zers. bei 950° an der Luft u. Abkühlung des Dissoziationsprod. im Vakuum erhalten. Zugleich wird die Bldg. von Spuren der β-Co-Phase bei der Vakuumzers. von Co_3O_4 festgestellt. Das erhaltene CoO wird IR-spektroskop. u. röntgenograph. charakterisiert. K. Jasche H 355△

1810 **Einfluß eines Ti-Zusatzes auf das Wachstum von Aluminiumoxidteilchen in der Nickelmatrize.** 3. Mitt. V. M. Sergeenkova und V. V. Berezuckij. (Poroškovaja Metallurg. 7 (1967) 9, 28–31; Inst. problem materialoved. AN Ukr. SSR; russ.) – Es wurde das Wachsen der Al_2O_3-Teilchen in der gesinterten Leg. Ni + 3% Al_2O_3 bzw. dieser Leg. mit 1% Ti-Zusatz nach Glühen bei 1000, 1100 u. 1200° 5 –100 Std. untersucht. Die Al_2O_3-Teilchen wachsen bei Ti-Ggw. bedeutend langsamer (von 0,45 auf 0,65 gegen 0,55 auf 0,8 μ ohne Ti bei 1200°/100 h) als Folge verminderter Oberflächenspannung der Zwischenphasengrenze Metall–Oxid. J. Tůmová H 356△

1811 **Herstellung von synthetischem Malachit.** H. S. Parekh und Andrew C. T. Hsu. (Ind. Engng. Chem., Product Res. Development 7 (1968) 3, 222–26; Auburn Univ., Auburn, O.; engl.) – Chem. u. Röntgenbeugungsunters. zeigen, daß reines $CuCO_3 \cdot Cu(OH)_2$ (Malachit; I) gewonnen wird, wenn der bei der Rk. von Na_2CO_3 (II)-mit $CuSO_4$ (III)-Lsg. (II–III-Mol-Verhältnis $\geqq$ 1,1)gemäß der Gleichung $2 Na_2CO_3 + 2 CuSO_4 + H_2O \rightarrow CuCO_3 \cdot Cu(OH)_2 + 2 Na_2SO_4 + CO_2$ entstehende, gelförmige I-Nd. altert. Bei abnehmendem Mol-Verhältnis (< 1,1) finden sich im Endprod. steigende Mengen von $CuSO_4 \cdot 3 Cu(OH)_2$ als Hauptverunreinigung. Beim Mol-Verhältnis 1,1 nimmt die zur Umwandlung des gelförmigen I in die krist. Form nötige Zeit mit Steigerung der Temp. von 20 auf 60° rasch ab u. die mittlere I-Teilchengröße zu. Zur I-Herst. muß die III-Lsg. in die II-Lsg. gegeben werden (nicht umgekehrt). W. Wesly H 358

1812 Gulf. Oil Corp., Pittsburgh, Pa., übert. von: William T. Curless, Overland Park, und Glenn A. Terry, Prairie Village, Kan., USA, **Herstellung von N_2O** durch therm. Zers. von geschmolzenem NH_4NO_3 bei 170–300°. Die Rk. wird mit katalyt. Mengen eines S-haltigen Anions (Sulfat, Bisulfat) u. eines Salzes von Be, Mg, Ca, Sn, Ba, Zn, Cd vorgenommen. (**U. S. P. 3 360 336** vom 4/2. 1964, ausg. 26/12. 1967.) – 2 S. E. Miessgang H 243

1813 Ionics, Inc., Cambridge, übert. von: Walter Juda, Lexington, Mass., USA, **Herstellung von Chlor oder Fluor durch Elektrolyse.** Als Anodenfl. wird wss. HCl oder wasserfreier HF verwendet u. zur Vermeidung der Entw. von H_2 als Kathodenfl. eine Bromid u. Br enthaltende Fl., die während der Elektrolyse HBr bildet, das abgeführt, mit O_2 ox. u. wieder in den Kathodenraum zurückgeleitet wird. – Vorr., Zeichnungen. (**U. S. P. 3 291 708** vom 31/12. 1964, ausg. 13/12. 1966.) – 6 S. K. Demmler H 245

1814 E. I. du Pont de Nemours & Co., Wilmington, Del., übert. von: Charles W. Tullock, Chadds Ford, und Donald D. Coffman, West Chester, Pa., USA, **Herstellung von SF_5Cl.** SF_4 wird mit Cl_2 u. einer Verb. der Formel MF (M = Na, K, Rb, Cs, Ag) auf 0–500° erhitzt. Es kann auch zunächst die Verb. $SF_4 \cdot MF$ festgestellt werden, die dann mit Cl_2 umgesetzt wird. Bes. geeignet ist die Verb. $SF_4 \cdot CsF$. (**U. S. P. 3 359 081** vom 26/4. 1963, ausg. 19/12. 1967.) – 3 S. E. Miessgang H 253

1815 Charles D'A. Hunt, Orinda, James V. Kerrigan, Berkeley, Amos J. Leffler, Lafayette, und William W. Martin jun., Berkeley, Calif., USA, **Herstellung von chlorierten Boranen** mit H–B-Bindungen, z. B. von $BHCl_2$ oder $[BH_2Cl]_2$, durch rasches Erhitzen von BCl_3 u. H_2, bes. im Mol-Verhältnis zwischen 5:1 u. 3:1, unter Durchmischung auf 600–1500°, Abschrecken der Prod. innerhalb 2 Sek. auf $\geqq$ 500°, weiteres Abschrecken auf eine Temp., bei der keine chem. Rk. stattfindet, u. Gewinnung der chlorierten Borane, z. B. durch Kondensation. (**U. S. P. 3 328 135** vom 10/8. 1959, ausg. 27/6. 1967.) – 2 S. H. Roos H 258

1816 American Potash & Chemical Corp., Los Angeles, übert. von: William T. Reburn, Trone, Calif., und Herbert F. Foster jun., Seattle, Wash., USA, **Gewinnung von Borsäure** aus wss. Laugen, die Na_2SO_4, K_2SO_4 u. Glaserit, in kleineren Mengen NaCl, KCl, Na_2CO_3, K_2CO_3, Borate enthalten u. aus natürlichen Vork. oder der Aufarbeitung natürlicher Laugen stammen. Die Ausgangslauge wird bei 35–65° eingedampft, H_3BO_3 laufend abgetrennt, die verbleibende Lsg., die restliche H_3BO_3 u. die übrigen Bestandteile enthält, bei 65–100°, aber bei einer $\geqq$ 10° höheren Temp. als in der 1. Stufe, weiter eingedampft u. das sich abscheidende Sulfat kontinuierlich abgetrennt. Die Restlauge wird kontinuierlich in die 1. Stufe zurückgeführt. (**U. S. P. 3 336 115** vom 21/11. 1963, ausg. 15/8. 1967.) – 8 S. H. Roos H 258

1817 Westinghouse Electric Corp., East Pittsburgh, Pa., übert. von William A. McAllister, Morristown, N.J., USA, **Silicat-Leuchtstoffe** der allg. Formel $X_2SiO_4 : Z$ (X = Ca u./oder Mg; Z = Tb, Tb + Li oder Tb + Li + Mn als Katalysator) werden z. B. hergestellt durch 2std. Glühen eines Gemisches aus 1 (Mol) SiO_2, 0,03 Tb_4O_7 u. 0,07 $LiCO_3$ unter N_2, der ggf. 2 Vol.-% H_2 enthalten kann, bei 1325° u. Feinzerkleinerung des erhaltenen Materials. (**U. S. P. 3 260 675** vom 1/7. 1964, ausg. 12/7. 1966.) – 2 S. K. Demmler H 261

1818 Siemens-Schuckertwerke Akt.-Ges., Deutschland, **Herstellung von Si hoher Reinheit** durch Schmelzbehandlung von Si bei > 1500°, bes. 1550°. – Diagramm. (**F. P. 1 454 259** vom 17/11. 1965, veröff. 30/9. 1966. D. Prior. 12/12. 1964.) – 3 S. W. Wittholz H 261

1819 Sylvania Electric Products, Inc., übert. von: Richard C. Ropp, North Caldwell, N.J., USA, **Mit Zinn aktivierter Calcium–Zink–Orthophosphatleuchtstoff,** der je 2 Mol. Orthophosphat 0,005–0,075 (Grammatome) Sr u./oder Mg u. 0,15–0,29 Zn enthält. – Ein Gemisch aus 1097,6 g $CaHPO_4$, 214 g $CaCO_3$, 68,4 g ZnO, 23,7 g $SrCO_3$, 15,1 g $3 MgCO_3 \cdot Mg(OH)_2$ u. 10,8 g SnO wird 4 Std. im offenen SiO_2-Tiegel auf 2100°F vorerhitzt, gekühlt u. in einer Atmosphäre aus 95(%) N_2 u. 5 H_2 im geschlossenen Röhrenofen wieder auf 2100 °F erhitzt. (**U. S. P. 3 278 450** vom 1/11. 1963, ausg. 11/10. 1966.) – 2 S. K. Demmler H 270

1820 Edgerton, Germeshausen and Grier, Inc., Bedford, Mass., übert. von: Richard C. Palmer, Goleta, Vincent D. Poirier, Santa Barbara, und Ernest F. Blase, Goleta, Calif., USA, **Herstellung von thermolumineszierendem, mit Mangan aktiviertem Calciumfluorid** erfolgt durch Rk. eines Gemisches aus einer wss. Aufschlämmung aus $CaCO_3$ u. 1–10 Mol.-% $MnCO_3$ mit einer konz. Lsg. von HF, Waschen u. Trocknen des Nd. u. Erhitzen des gepulverten Prod. in inerter Atmosphäre auf 900–1250°. – Fließbilder, Zeichnungen,

Diagramme. (**U. S. P. 3 282 855** vom 2/8. 1965, ausg. 1/11. 1966.) — 10 S. K. Demmler H 283

1821 General Electric Co., übert. von: Ivie Lee Smith, Cleveland, O., USA, **Herstellung von weiß-elektrolumineszierenden Zinksulfidleuchtstoffen** erfolgt durch Glühen eines Gemisches aus ZnS u. 0,05—0,20 (Gew.-%) CuCl, 0,2—0,5 $MnCO_3$ u. 0,002—0,01 Sb_2O_3, As_2O_3 oder Bi_2O_3 als Flußmittel in einem nur lose verschlossenen Behälter um das Entweichen entstandener Gase zu ermöglichen, bei 850—950°. (**U. S. P. 3 290 255** vom 30/9. 1963, ausg. 6/12. 1966.) — 2 S. K. Demmler H 288

1822 Westinghouse Electric Corp., East Pittsburgh, Pa., übert. von: Anselm Wachtel, Sayreville, N.J., USA, **Herstellung von Zinksulfid-Leuchtstoffen** mit katalyt. Mengen Cu, Li u. Ti erfolgt z. B. durch Glühen eines Gemisches aus feinteiligem ZnS, $2 \cdot 10^{-3}$ (Grammatome) Cu (zugesetzt als Acetat), $2 \cdot 10^{-3}$ Li (als Carbamat) u. $5 \cdot 10^{-4}$ Ti (als Acetat) in H_2S-Atmosphäre bei 950° u. Waschen des gekühlten Glühprod. mit einer wss., stark alkal., 10%ig. NaCN-Lsg., wobei nach dem Trocknen ein rötlich elektrolumineszierender Leuchtstoff erhalten wird. (**U. S. P. 3 254 032** vom 13/7. 1962, ausg. 31/5. 1966.) — 3 S. K. Demmler H 288

1823 E. I. du Pont de Nemours & Co., übert. von: Hans J. Borchardt, Wilmington, Del., USA, **Lumineszenzstoffe** der allg. Formel $(SE_{1-x}Eu_x)_2O_3 \cdot A$ (SE = Sc, Y, La, Gd u./oder Lu; x = 0,03—0,8; A = anorgan. Oxyanion, bestehend aus O u. Al, Ga u. Ge; Eu befindet sich in fester Lsg. mit SE). Hergestellt wird z. B. $(La_{0,8}Eu_{0,2})_2O_3 \cdot Al_2O_3$ durch 4std. Erhitzen eines Gemisches aus 0,258 (Teilen) La-Oxid, 0,0705 Eu-Oxid u. 0,156 $Al(OH)_3$ auf 1400°. (**U. S. P. 3 282 856** vom 21/12. 1965, ausg. 1/11. 1966.) — 6 S. K. Demmler H 303

1824 International Business Machines Corp., New York, N.Y., übert. von: Marcel J. Vogel, San Jose, Calif., USA, **Herstellung von mit Uran und Lanthaniden aktivierten Erdalkalimolybdat- und -wolframat-Leuchtstoffen** erfolgt durch Erhitzen eines Gemisches aus einer Erdalkaliverb. u. einer in der Hitze zersetzbaren U-Verb. u. Lanthanidenverb. auf eine solche Temp., damit die Erdalkali-, die U- u. die Lanthanidenverb. schmelzen u. sich zersetzen, Mischen der Schmelze mit W- u. Mo-Oxid bei der sich bei Schmelztemp. bildenden Verb. u. Erhitzen des Gemisches zum erneuten Schmelzen; es wird ein wenigstens 0,01 (%) U u. 0,01 Lanthanid (bezogen auf das Gew. des Erdalkalioxids) enthaltendes Erdalkalimolybdat u. -wolframat gewonnen. (**U. S. P. 3 265 628** vom 23/3. 1962, ausg. 9/8. 1966.) — 3 S. K. Demmler H 303

1825 Lockheed Aircraft Corp., Burbank, übert. von: William Brooks, Sunnyvale, Calif., USA, **Herstellung von elektrolumineszierenden Leuchtstoffen** erfolgt durch Benetzen der Leuchtstoffteilchen mit einer Lsg. von $TiCl_4$ in A. u. Erhitzen der an der Luft getrockneten Leuchtstoffteilchen bei 200—500°, wodurch sich ein dünner Film von TiO_2 mit hohen dielektr. Eig. bildet. — Vorr., Fließbild Zeichnungen, Diagramme. (**U. S. P. 3 264 133** vom 2/5. 1962, ausg. 2/8. 1966.) — 6 S. K. Demmler H 321

1826 W. R. Grace & Co., USA (Erfinder: Jean Gillen Smith und Frederick Troop Fitch), **Herstellung von Hf oder Zr-Hydroxid enthaltenden Aquasolen.** Die wss. Lsg. eines bas. Hf- u./oder Zr-Salzes wird bei 50—70° elektrodialysiert oder bei 50—80° mit einem Anionenaustauscher in der Hydroxidform behandelt. (**F. P. 1 447 640** vom 21/9. 1965, veröff. 29/7. 1966. U. S. Prior. 23/9. 1964.) — 4 S. W. Wittholz H 323

1827 Dominion Gulf Co., Pittsburgh, übert. von: Bernard J. Lerner, O'Hara Township, Allegheny County, Pa., USA, **Gewinnung von festen, flüchtigen Chloriden** des Nb, W, Mo u./oder Zr aus gasf. Gemischen mit $FeCl_3$ erfolgt durch Abtrennen des $FeCl_3$ mit einem geschmolzenen Gemisch aus $FeCl_3$ u. NaCl mit wenigstens 0,4 Mol NaCl bei einer Temp über dem Kondens.-Punkt der zu gewinnenden Metallchloride u. Abtrennen des Gases vom Schmelzgemisch, selektive Kondens. der Metallchloride mit einem inerten u. bei Kühltemp. flüchtigen Kühlmedium, wie CO_2, N_2 oder metall. oder organ. Halogeniden. — Fließbild. (**U. S. P. 3 294 482** vom 28/1. 1963, ausg. 27/12. 1966.) — 5 S. K. Demmler H 336

1828 Farbenfabriken Bayer Akt.-Ges., Leverkusen (Erfinder: Franz Hund, Krefeld), **Herstellung von γ-FeOOH** durch Fällung von Fe(II)-Salzlsg. mit Alkali- oder Erdalkalibasen unter Ox. des $Fe(OH)_2$. Das Verf. nach D. A. S. 1 219 009 wird dahingehend ausgestaltet, daß die Zugabe der Phosphationen u. ggf. der Ionen der Elemente B, Al, Ga, Cr, Mn u./oder Fe nach der Keimbldg. oder während des Keimwachstums erfolgt. (**D. A. S. 1 225 157** Kl. 12n vom 4/12. 1963, ausg. 22/9. 1966. **Zusatz zu D. A. S. 1 219 009; C. 1967, 4-2138.**) — 6 S. E. Miessgang H 354

1829 **Siemens-Schuckertwerke Akt.-Ges.**, Berlin und Erlangen, und **Varta Akt.-Ges.**, Hagen, *Gewinnung eines aus Wasserstoff und Stickstoff bestehenden Schutzgases.* (**Brit. P. 1 068 774** vom 9/10. 1964, ausg. 17/5. 1967. D. Prior. 9/10. 1963. — C. **1967**, 7-2285 [D. A. S. 1 216 261].)

1830 **Badische Anilin- & Soda-Fabrik Akt.-Ges.**, Ludwigshafen/Rh. (Erfinder: **Werner Kunzer**, Ludwigshafen/Rh., **Konrad Hengst**, Limburgerhof, **Hans Diebel**, Ludwigshafen/Rh., und **Fritz Leutert**, Füßgoenheim), *Konzentrieren von Salzsäure.* (**Brit. P. 1 032 806** vom 11/4. 1963, ausg. 15/6. 1966. D. Prior. 19/4. 1962. — C. **1964**, 48-1947 [D. A. S. 1 163 298].)

1831 **Etablissements Kuhlmann**, Paris, Frankreich, *Herstellung von Brom.* (**Brit. P. 1 021 613** vom 8/1. 1964, ausg. 2/3. 1966. F. Prior. 9/1. 1969. — C. **1967**, 49/50-2002 [F. P. 1 359 668].)

1832 **Olin Mathieson Chemical Corp.**, Va., USA, übert. von: **Rolf Appel**, Bonn, *Herstellung von Halogensulfonylisocyanaten.* (**U. S. P. 3 357 804** vom 26/12. 1963, ausg. 12/12. 1967. D. Prior. 29/10. 1963. — C. **1965**, 34-2072 [D. A. S. 1 183 483].)

1833 **Laporte Chemicals Ltd.**, Luton, Großbritannien (Erfinder: **John Philip Leaver** und **Anthony MacDonald Hildon**), *Perdisulfate.* (**Brit. P. 1 026 873** vom 31/8. 1961, ausg. 20/4. 1966. — C. **1967**, 27-2223 [F. P. 1 332 944].)

1834 **British Aluminium Co. Ltd.** (Erfinder: **Alva C. Byrns**), *Herstellung von Boriden.* (**Aust. P. 275 391** vom 30/1. 1963, ausg. 15/6. 1967. U. S. Prior. 31/1. 1962. — C. **1967**, 37-2016 [D. A. S. 1 226 548].)

1835 **Siemens-Schuckertwerke Akt.-Ges.**, Berlin und Erlangen, übert. von: **Federico Eduardo Wenzel**, Hamburg, und **Hans Merkel**, Erlangen, *Herstellung gereinigter Borphosphideinkristalle.* (**U. S. P. 3 340 009** vom 20/3. 1963, ausg. 5/9. 1967. D. Prior. 29/3. 1962. — C. **1967**, 35-2162 [D. A. S. 1 191 794].)

1836 **New Jersey Zinc Co.**, New York, N.Y., USA (Erfinder: **L. D. Fetterolf**), *Feinteilige Kieselsäure.* (**Schwed. P. 204 289** vom 31/5. 1956, ausg. 17/5. 1966. U. S. Prior. 27/6. 1955. — C. **1961**, 15523 [U. S. P. 2 912 342].)

1837 **National Lead Co.** (Erfinder: **William T. Granquist**), *Synthetische Silicate.* (**Aust. P. 275 713** vom 26/7. 1963, ausg. 29/6. 1967. U. S. Prior. 27/7. 1962. — C. **1968**, 27-2470 [F. P. 1 387 031].)

1838 **Nippon Kokan K. K.** und **Toyo Engineering Corp.** (Erfinder: **Kazuo Araki, Yasuo Ijima, Koichi Sano, Kazuo Shindo, Yoo Saito, Iwakishi Kawaguchi, Minoru Hosoda** und **Keichi Murakami**), *Phosphorsäure.* (**Aust. P. 270 254** vom 14/8. 1962, ausg. 13/10. 1966. Jap. Prior. 23/6. 1962. — C. 1968, 9-2184 [Oe. P. 239 193].)

1839 **Edgerton, Germeshausen & Grier, Inc.**, Boston, Mass., USA, *Lumineszenzmaterial.* (**Brit. P. 1 044 612** vom 31/7. 1963, ausg. 5/10. 1966. U. S. Prior. 4/12. 1962. — C. **1967**, 15-2227 [F. P. 1 365 883].)

1840 **Deutsche Solvay-Werke G. m. b. H.**, Solingen (Erfinder: **M. Schultze, H. Severin, K. A. Hölscher** und **P. Rosenbaum**), *Herstellung von Kochsalz.* (**Schwed. P. 203 620** vom 25/5. 1961, ausg. 26/4. 1966. D. Prior. 27/5. 1960. — C. **1965**, 42-2152 [U. S. P. 3 112 175].)

1841 **Vereinigte Aluminium-Werke Akt.-Ges.**, Bonn (Erfinder: **P. Weiss**), *Thermische Gewinnung von Magnesium.* (**Schwed. P. 203 691** vom 20/3. 1963, ausg. 26/4. 1966. D. Prior. 28/2. 1962. — C. **1966**, 8-2290 [D. A. S. 1 191 112].)

1842 **Dow Chemical Co.**, Midland, Mich., USA (Erfinder: **G. S. Foerster** und **L. E. Rautiola**), *Magnesium-Legierung.* (**Schwed. P. 204 209** vom 14/5. 1958, ausg. 10/5. 1966. U. S. Prior. 5/6. 1957. — C. **1962**, 2896 [F. P. 1 196 217].)

1843 **Kaiser Aluminium & Chemical Corp.** (Erfinder: **Robert C. Lincoln** und **Harry E. Osment**), *Aktives Aluminiumoxid.* (**Aust. P. 271 286** vom 3/4. 1963, ausg. 8/12. 1966. U. S. Prior. 13/4. 1962. — C. **1967**, 49/50-2065 [F. P. 1 359 981].)

1844 **Armour Research Foundation of Illinois Institute of Technology**, Chicago, Ill., USA (Erfinder: **F. V. Schossberger**), *Herstellung von Titan.* (**Schwed. P. 203 689** vom 6/2. 1958, ausg. 26/4. 1966. U. S. Prior. 8/2. 1957. — C. **1962**, 9508 [U. S. P. 2 857 264].)

1845 **Armour Research Foundation of Illinois Institute of Technology**, Chicago, Ill., USA (Erfinder: **F. V. Schossberger**), *Gewinnung von Titan*, (**Schwed. P. 203 690** vom 6/2. 1958, ausg. 26/4. 1966: U. S. Prior. 8/2. 1957. — C. **1962**, 9508 [U. S. P. 2 857 265].)

1846 **United States Atomic Energy Commission** (Erfinder: **Alfred T. Kleinstauber**), *Thoriumdicarbid.* (**Aust. P. 275 233** vom 11/12. 1963, ausg. 8/6. 1967. U. S. Prior. 22/5. 1963. — C. **1967**, 6-2153 [U. S. P. 3 171 715].)

1847 **Western Electric Co., Inc.**, New York, N.Y., USA, *Herstellung von 2wertigen Metallwolframat-Einkristallen.* (**Brit. P. 1 033 975** vom 2/5. 1963, ausg. 22/6. 1966. U. S. Prior. 7/5. 1962. — C. **1967**, 49/50-2080 [F. P 1 356 173].)

1848 **American Cyanamid Co.**, New York, N.Y., übert. von: **Sheldon A. Buckler** und **Martin Epstein**, Stamford, Conn., USA, *Tertiäre Phosphinoxide.* (**U. S. P. 3 291 840** vom 1/3. 1962, ausg. 13/12. 1966. — C. **1966**, 42-2135 [Brit. P. 966 824].)

H–6. Organische Industrie

1849 **Kinetische Untersuchung der katalytischen Dehydrierung von Butan.** S. Noda, R. R. Hudgins und P. L. Silveston. (Canad. J. chem. Engng. **45** (1967) 5,

294—99; Dep. of Chem. Engng., Univ. of Waterloo, Ont.; engl.) — Als Katalysator wurde Cr_2O_3 auf Al_2O_3 mit ca. 21 % Cr_2O_3 verwendet. Bei 500° u. einem Partialdruck 0,06—1,8 atm von *n-Butan* (I) betrug der Umsatz durchschnittlich 3 %, maximal 6 %. Die Rk. ist 0,75. Ordnung in bezug auf den I-Partialdruck. Das Verhältnis der drei Prod. *Buten-(1)*, *cis-* u. *trans-Buten-(2)* ist über einen weiten Bereich der Strömungsgeschw. konst. u. entspricht dem thermodynam. Gleichgewicht. Der mit einem Luft–N_2-Gemisch bei 500° regenerierte Katalysator hat eine ca. 40 % höhere Aktivität als der noch ungebrauchte. Die Konst. der Adsorptionsgleichgew. u. die Geschw.-Konst. bei 500° wurden ber. u. mit Literaturwerten verglichen. — 35 Literaturangaben.
M. Jatkowski H 570

1850 **Dehydratationsvermögen von Kaolin in Abhängigkeit von der Aktivierungsmethode.** V. S. Komarov, I. N. Volnejko und A. I. Gornak. (Ž. prikl. Chim. **40** (1967) 3, 477—83; Inst. obščej i neorgan. Chim. AN BSSR; russ.) — Die Dehydratationsaktivität von Katalysatoren auf der Grundlage von *Kaolin* wird bes. durch dessen Laugen–Säure-Behandlung erhöht. Bei der Dehydratation von *Butanol-(1)* zu *Buten-(1)* (I) verläuft neben dieser Rk. die Isomerisierung von I zu *Buten-(2)*. Der Umwandlungsgrad von Alkoholen in Olefine wächst mit steigender Temp. u. erreicht ein Max. für A. bei 450°, *Propanol-(1)* bei 350° u. *Butanol-(1)* bei 300°. — 25 Literaturangaben.
H. Bornmann H 570

1851 **Darstellung von 1.1.2-Trichlorbutadien-(1.3).** Takaari Yumoto, Tatsuo Matsuda und Katsukiyo Ito. (Rep. Government ind. Res. Inst., Nagoya **16** (1967) 11, 389—92; jap., Auszug: engl.) — Bei der durch Peroxide oder durch Licht induzierten Additon von A. an Tetrachloräthylen entsteht ein Gemisch aus *1.1.2.2-Tetrachlorbutanol-(3)* (I) u. *1.1.2-Trichlorbuten-(1)-ol-(3)* (II) in guten Ausbeuten. Bei höheren Rk.-Temp. ist der Ertrag an II besser als an I. II wird mit P_2O_5 oder Al_2O_3 dehydratisiert zu *1.1.2-Trichlorbutadien-(1.3)*, das auch aus I u. P_2O_5 dargestellt werden kann. Bei der letzten Rk. entsteht auch noch eine kleine Menge *3.3.4.4-Tetrachlorbuten-(1)*.
M. Jatkowski H 570

1852 **Oxydative Dehydrierung von n-Butan zu Butadien in Gegenwart von Jod und eines Natriumakzeptors.** G. A. Stepanov, V. A. Kolobichin, R. V. Čugunnikova und M. I. Mjasoedov. (Chim. Prom. **43** (1967) 4, 260 bis 262; russ.) — Vgl. C. **1965**, 30-0905. — Bei der Dehydrierung von n-Butan zu *Butadien* (I) in Ggw. von J_2 u. MnO bewirkt ein Zusatz von 1,5, 2,5 oder 3 % Na_2O zu MnO eine Verminderung der HJ-Verluste u. der Bldg. von Butylenen. Noch wirksamer als HJ-Akzeptor ist mit NaOH-Lsg. getränktes u. getrocknetes γ-Al_2O_3. Ein Vorteil des MnO–Na_2O-Akzeptors ist jedoch der Schutz der Reaktorwände durch einen Oxidfilm vom Spinelltyp gegen Angriff durch J_2 u. HJ, ein Nachteil die geringe Selektivität (hohe CO_2-Bldg.). Mit dem Na_2O–Al_2O_3-Akzeptor wird ein günstigeres Verhältnis I : C_4H_8 erhalten, es sind aber Maßnahmen zum Schutz der Wände erforderlich.
R. K. Müller H 570

1853 **Phasen- und Volumenverhältnisse in Systemen Butadien-(1.3)-Kohlenwasserstoffe.** M. S. Rožnov. (Chim. Prom. **43** (1967) 4, 288—90; russ.) — In Tabellen werden die Daten für das Fl.–Gas-Gleichgew. von bin. Syst. von *Butadien-(1.3)* mit Cyclohexan, Bzl., Toluol, n-Hexan, n-Heptan u. n-Octan bei 30—140° mitgeteilt. Der Maximaldruck beträgt jeweils bei 30° 3,29, bei 70° 9,37, bei 110° 20,66 u. bei 140° 34,91 at. Die Phasengleichgew. werden nach der polythermen Meth. von Kricevskij et al. (C. **1964**, 4-0371) untersucht.
R. K. Müller H 570

1854 **Bildung von Acetylen aus Kohle in Argon–Wasserstoff- und Wasserstoff-Plasmen.** Yoshio Kawanawa und Mitsuo Makino. (J. chem. Soc. Japan, ind. Chem. Sect. [Kōgyō Kagaku Zasshi] **70** (1967) 10, 1657 bis 1661; Resources Res. Inst., Kawagushi, Saitama, Japan; jap., Auszug: engl.) — Untersucht wurden der Einf. der Kohlezus., der H_2-Konz. im Argon–H_2-Plasma u. der H_2-Strömungsgeschw. im H_2-Plasma auf die Acetylenausbeute. Folgende Ergebnisse wurden erhalten: H_2-Plasma ist günstiger als Argon-Plasma. Der maximale Umsatz des C in der Akabirakohle (83,4 % C; 5,8 % H; 8,2 % O) zu *Acetylen* (I) betrug 65 %. Verwendet wurde ein H_2-Plasma mit einer H_2-Strömungsgeschw. von 60 l/min u. einer Lichtbogenleistung von 11 kW. Die Ausb. an I beträgt 15 g/kWh. Die günstigste Kohle ist eine hoch vergasbare mit niedrigem O_2-Gehalt. Methan entsteht stets nur wenig, unabhängig von der Kohlezus.; der CO-Geh. steigt jedoch mit dem O_2-Geh. der Kohle. Die höchste I-Konz. im Abgas beträgt 3,8 %.
M. Jatkowski H 580

1855 **Flüssigphasenoxydation von Kohlenwasserstoffen mit Metallsalz-Katalysatoren.** 5. Mitt. **Reversibilität des negativen Einflusses der Konzentration der Metallsalz-Katalysatoren und Beziehung zwischen diesem Einfluß und den Molekulargewichten der Katalysatoren.** Kanekichi Kagami. (J. chem. Soc. Japan, ind. Chem. Sect. [Kōgyō Kagaku Zasshi] **70** (1967) 10, 1683—86; Governm. Chem. Ind. Res. Inst., Tokyo; jap., Auszug: engl.) — 4. vgl. ibid. **70** (1967) 906. — Der negative Einfl. der Konz. der Katalysatoren ist nicht auf einen irreversiblen Zerfall derselben zurückzuführen, sondern ist ein reversibles konzentrationsbedingtes Phänomen. Es beruht darauf, daß sich die Katalysatormol. in der Lsg. assoziieren, wenn ihre Konz. zu groß wird u. daß diese Assoziate keine katalyt. Wirksamkeit mehr besitzen. Durch Verdünnen mit dem zu oxydierenden KW-Stoff wird dieser Vorgang reversibel. Durch Best. des Molgew. des Katalysators im KW-Stoff kann der Bereich, in dem der negative Effekt auftritt, vorher bestimmt werden. M. Jatkowski H 600

1856 **Zusammensetzung der bei der Gewinnung von C_6—C_8-Alkoholen nach der Methode der Oxosynthese entstehenden hochmolekularen Produkte.** K. A. Alekseeva, N. I. Efimova, D. M. Rudkovskij und A. G. Trifel'. (Neftechimija **7** (1967) 3, 407—12; VNII neftechim. processov; russ.) — Bei der Oxosynth. erfolgt durch Rk. von CO u. H_2 mit Olefinen (Hydroformylierung) die Bldg. von Aldehyden. Von den hochmol. Prod. der Oxosynth. im Kesselrückstand sind ca. 70 % Prod. der dimeren u. ca. 30 % Prod. der trimeren Kondens. von Aldehyden. Die Menge der Verdichtungsprod. von C_6—C_8-Aldehyden hängt von der Rk.-Dauer u. dem Grad der Hydroformylierung der ungesätt. KW-Stoffe ab. Es ist unzweckmäßig, > 70—75 % der ungesätt. KW-Stoffe des Bzn. aus dem therm. Kracken zu hydroformylieren, weil sonst die Menge der Verdichtungsprod. in den Katalysatoren zu stark zunimmt. — 21 Literatur- u. Patentangaben.
R. K. Müller H 610

1857 **Durch Kobaltsalze und Alkalibromide katalysierte Autoxydation von n-Paraffinen in Fettsäuren.** Eiji Mine und Yoshio Kamiya. (J. chem. Soc. Japan, ind. Chem. Sect. [Kōgyō Kagaku Zasshi] **70** (1967) 10, 1666 bis 1670; Dep. Fuel Engng., Univ. of Tokyo, Japan; jap., Auszug: engl.) — Die Autox. von n-Paraffinen in Fettsäuren als Lsgm. geht schon bei 80° schnell vonstatten. Die Geschw. dieser Rk. ist unabhängig von n-Paraffinen mit 8—12 C-Atomen, aber stark abhängig vom Kation des verwendeten Bromids, u. zwar sinkt die Wirksamkeit in der Reihe *$CoBr_2$*, *$CaBr_2$*, *LiBr*, *NaBr*, *KBr*, *NH_4Br*. $CoBr_2$ wirkt am besten in Propion- u. Buttersäure (I). Die Ox. von *n-Dodecan* (II) bei 80° ist eine Rk. 1. Ordnung in bezug auf die Kobaltkonz.; die Aktivierungsenergie der Ox. von II in I beträgt 14,9 kcal/Mol u. ist somit im Vgl. mit der gewöhnlichen Autox. der Paraffine ziemlich niedrig. Die Hauptprod. der Ox. von II sind *Dodecanon* u. *Dodecanol*, bei längerer Dauer entstehen aber auch *CO_2* u. *Essigsäure*.
M. Jatkowski H 710

1858 **Anwendung von Seltenerdoxiden in der katalytischen Synthese. Gewinnung von Ketonen über Lanthanoxid.** I. E. Sosnina, E. P. Denisova und M. B. Turova-Poljak. (Vestnik Moskovskogo Univ., Ser. II **22** (1967) 2, 94—97; Kaf. organ. Kataliza; russ.) — Es wird der Einfl. der therm. Vorbehandlung (350, 500, 650 u. 900°) eines La_2O_3-Katalysators (auf Asbest oder Quarz) u. damit die Abhängigkeit der katalyt. Aktivität bez. der Ketonbldg. aus Carbonsäuren von der chem. Zus. u. Struktur des Katalysators untersucht. So sind die bei niederen Temp. vorbehandelten, vorwiegend amorphen

Katalysatorproben weniger akt. als die mit A-Struktur nach dem Glühen bei 650—900° vorliegenden La_2O_3-Proben. Die Natur des Trägermaterials wirkt sich auf die Aktivität des La_2O_3 nicht aus, ebenso wie sich die La_2O_3-Konz. im Katalysator kaum auf die Ketonisierung der Carbonsäuren auswirkt. Entscheidenden Einfl. auf die Ketonausb. übt die Struktur der eingesetzten Carbonsäure aus. Symm. aliphat. Ketone (*Aceton, Diäthyl-, Dipropyl-, Dibutylketon*) werden in 60—76 %ig. Ausb. gebildet. Verzweigte aliphat. Ketone, z. B. *Diisobutylketon*, fallen in viel geringeren Mengen an (7%). Bei unsymm. Ketonen (*Methylpropyl-, Methylbutyl-* u. *Propylbutylketon*) erreichen die Ausb. nur 10%, während aliphat. aromat. Ketone (*Äthyl-, Propyl-* u. *Butylphenylketon*) in ca. 35 %ig. Ausb. gebildet werden. Als optimale Rk.-Temp. wird für die Acetonbldg. 400°, für die Bldg. der restlichen Ketone 425° bestimmt. K. Jasche H 710△

1859 **Intensivierung der Oxydation von Paraffin zu synthetischen Fettsäuren in flüssiger Phase.** M. N. Manakov und N. N. Lebedev. (Chim. Prom. **43** (1967) 4, 252—55; russ.) — Die Ox. von *Paraffin* (I) zu Fettsäuren wird durch Einführung einer möglichst konz. sd. wss. Lsg. von $KMnO_4$ + KOH als Katalysator in das auf 120° erhitzte I unter Durchleiten von Luft mit 2 (cm/s) u. Erhitzen auf 150° durchgeführt, worauf die Luftgeschw. auf 10 erhöht wird. Während der Induktionsperiode (30 Min.) löst sich der Nd. von MnO_2 rasch auf. Nach der Induktionsperiode werden Temp. u. Luftgeschw. planmäßig red. u. dann während der ganzen Ox. konst. gehalten. Bei Einhaltung einer maximalen Beschleunigung des Ox.-Prozesses verschlechtert sich die Qualität der Säuren. Bei optimaler Regelung der Regressionskoeff. wird in $2^1/_2$ Std. ein Prod. mit 36 % Carbonsäuren (SZ. 180 bis 200) erhalten. R. K. Müller H 810

1860 **Veresterung von Methacrylsäure mit höheren Alkoholen in Gegenwart des Kationenaustauschers KU-2/8.** V. I. Isaguljanc, V. A. Trofimov und T. A. Astachova. (Chim. Prom. **43** (1967) 4, 258—60; russ.) — Vgl. C. **1967**, 15-2597. — Ein Gemisch aus 0,2 Mol *Methacrylsäure* (I), 10 % Kationenaustauscher KU-2/8 (auf I + Alkohol ber.), 0,3 % Hydrochinon u. 25 ml *Toluol* (II) wird unter Rühren auf 120—150° erhitzt u. 0,2 Mol eines höheren Alkohols zugegeben; nach $1^1/_2$—2 Std. wird filtriert, mit II gewaschen u. das Filtrat im Claisen-Kolben fraktioniert. Mit C_5—C_{11}-Alkoholen werden Esterausb. von ca. 80 % erhalten. Bei der Veresterung mit n-Nonyl-, n-Decylalkohol u. techn. Fraktion von C_{10}—C_{12}-Alkoholen wird das gebildete W. als Azeotrop mit II entfernt. Mit 1 kg KU-2/8 werden in der Zeiteinheit 3mal soviel I-Ester gebildet wie aus Methylmethacrylat (vgl. l. c.). Ein technolog. Schema für die kontinuierliche Veresterung von I wird beschrieben.
R. K. Müller H 810

1861 **Reaktionen von aromatischen Kohlenwasserstoffen mit Zeolith-Katalysatoren.** 2. Mitt. **Isomerisierung und Disproportionierung von o-Xylol.** Hiroshige Matsumoto und Yoshiro Morita. (J. chem. Soc. Japan, ind. Chem. Sect. [Kōgyō Kagaku Zasshi] **70** (1967) 10, 1674 bis 1678; Dep. Appl. Chem., School of Sci. and Engng., Waseda Univ., Tokyo, Japan; jap., Auszug: engl.) — Die Unters. wurden mit einem synthet. *Zeolith* (I) vorgenommen, der *Ca-, Cd-, Mn-, La-* u. *Ce*-Kationen enthielt. Die Temp. betrug 300—550° bei Atmosphärendruck. I besitzt hohe Aktivität für die Isomerisierung u. Disproportionierung; herkömmliche SiO_2–Al_2O_3-Katalysatoren wirken selektiv in Richtung einer Isomerisierung. Bei Temp.-Erhöhung u. Verlängerung der Kontaktzeit verringert sich das Verhältnis Isomerisierung : Disproportionierung u. m-Xylol : p-Xylol. HCl erhöht die Wirksamkeit von I u. Al_2O_3-Katalysatoren. Aus den Ergebnissen wird gefolgert, daß die akt. Form von I durch Wechselwrkg. zwischen dem Zeolith-Kation u. HCl oder W. gebildet wird. M. Jatkowski H 1060

1862 **Autoxydation von Mesitylen bei Normaldruck.** Yoshiro Ogata, Takashi Morimoto und Kazuo Matsuyama. (J. chem. Soc. Japan, ind. Chem. Sect. [Kōgyō Kagaku Zasshi] **70** (1967) 10, 1687—89; Dep. of Appl. Chem., Fac. of Engng., Nagoya Univ., Nagoya, Japan; jap., Auszug: engl.) — Die Autox. von *Mesitylen* (I) kann nicht durch $CoBr_2$ allein katalysiert werden, sondern es sind Zusätze von *Peressigsäure* (II) bzw. *Benzoylperoxid* zu dem Gemisch aus I u. $CoBr_2$ in Essigsäure notwendig. Rk. bei 100° während 7 Std. ergibt 70—73 % u. während 20 Std. 89,5 % Ausb. an *Benzoltricarbonsäure*. Unter denselben Bedingungen ergeben Zusätze von *Benzaldehyd, Acetaldehyd, Paraldehyd* oder *Paraformaldehyd* nur 55—67 % u. solche von *α.α'-Azo-bis-isobutyronitril* nur 48,5 % Ausbeute. Ox. bei 80° liefert *5-Methylisophthalsäure*. M. Jatkowski H 1230

1863 **Hydrierung von p-Methoxyphenol.** Paul N. Rylander und Nathan Himelstein. (Engelhard Ind., Inc., techn. Bull. 8 (1967) 2, 53—55; Res. and Dev. Div. of Engelhard Ind., Inc., Newark, N.J.; engl.) — Als Katalysatoren wurden Aktivkohle beladen mit 5 % Rh bzw. 5 % Pd (II) u. PtO verwendet. Aus der Hydrierung in A. bei 65° u. 50 psig folgt: Die CH_3O-Gruppe wird leichter abgespalten als die OH-Gruppe. Diese Tendenz sinkt von Pd über PtO zu Rh. Durch Druckerhöhung kann bei Verw. von Rh die Spaltung zurückgedrängt werden. Bei Hydrierung von p-Methoxyphenol werden, je nach angewandtem Katalysator, verschiedene Mengen an *4-Methoxycyclohexanol* u. *-on, Cyclohexanol* u. *-on, Methylcyclohexyläther, Cyclohexandiol*, wenig *Phenol* u. Spuren *Anisol* gebildet (Tabelle).
M. Jatkowski H 1850

1864 **Darstellung von N-2-Hydroxypropyläthylenimin aus Äthylenimin und Propylenoxid in Gegenwart von Hydroxyverbindungen.** Yoshiki Ohshiro, Satoru Honjoh und Toshio Agawa. (J. chem. Soc. Japan, ind. Chem. Sect. [Kōgyō Kagaku Zasshi] **70** (1967) 10, 1828 bis 1829; Dep. Chem. Technol., Fac. Engng., Osaka Univ., Osaka, Japan; jap., Auszug: engl.) — Die Rk. wird bei milden Bedingungen (10° u. 40°) in Ggw. von Alkoholen u. Phenolen als Katalysatoren durchgeführt, wobei ster. gehinderte Alkohole wie *tert.-Butanol* u. *Cyclohexanol* gute Ausb. erbringen. Als Nebenprod. entstehen polymere Substanzen, deren Menge von der Acidität des Katalysators, der Temp. u. der Rk.-Zeit abhängt. Verluste an Ausgangssubstanzen treten unter diesen Bedingungen nicht auf. Die Rk. verläuft wahrscheinlich über Bldg. von Wasserstoffbindungen zwischen der OH-Gruppe u. dem sek. Amin. M. Jatkowski H 3030

1865 **Gewinnung von hochwertigem Furfurol in einer kontinuierlich arbeitenden Anlage.** B. A. Glazman, L. A. Tkačenko und T. S. Starodubceva. (Gidroliznaja lesochim. Prom. **20** (1967) 6, 20—22; Krasnodarskij chim. komb.; russ.) — Bei der beschriebenen Anlage wird in einer ersten Dest.-Kolonne W. mit niedrigsd. Verb., in einer zweiten *Furfurol* (I) abdest.; höhersd. u. nichtflüchtige Prod. reichern sich im unteren Teil dieser Kolonne an. Das erhaltene Roh-I wird mit 5—8 %ig. Na_2CO_3-Lsg. in einer Zentrifugalpumpe gemischt u. auf 0,02—0,03 % (auf CH_3COOH gerechnet) neutralisiert, von der wss. Lsg. getrennt u. durch Vakuumdest. rein erhalten. R. K. Müller H 3061

1866 **Untersuchungen über die Synthese von Flotationsölen von D-Caren-(3).** Stanisław Rybiński und Wiesław Warejko. (Zeszyty naukowe Politechn. Gdańskiej, Chem. **1967**, 17, 53—71; pol.) — Bei Unters. über die Synth. von *Terpenalkoholen* unter Verw. von D-Caren-(3) (I) der Carenfraktion von Balsam-Terpentin u. von Restöl der Terpinhydratsynth. als Substrate werden *Dipentendihydrochlorid* u. *Sylvestrendihydrochlorid* als intermediäre Verb. gewonnen u. mit wss. $Ca(OH)_2$-Suspension behandelt. Die Verw. von I ergibt eine zusätzliche Menge von 220 g Flotationsöl mit 72 % Alkoholen aus 1 kg Terpentin (ohne Berücksichtigung des aus α- u. β-Pinen erhaltenen Flotationsöles). Die qual. u. quant. gaschromatograph. Analyse wird beschrieben. W. Wesly H 3600

1867 Ethyl Corp., New York, N.Y., USA, **Chlorkohlenwasserstoffe** erhält man durch Rk. einer gasf. Mischung aus HCl, einem (chlorierten) KW-Stoff u. einem O_2 enthaltenden Gas im Katalysatorfließbett (I). Man regelt die I-Temp., indem man in den senkrecht stehenden Reaktor über mindestens $^3/_4$ der Länge vom I gehende Kühlrohre

einbaut, in denen man ein Wärmeübertragungsmittel (**II**; o-Dichlorbenzol, Diphenyl, Diphenyloxid) zirkulieren läßt. Die Zirkulation kommt durch die Verdampfung von **II** zustande. Beispiel für Rk. von Äthylen → *1.2-Dichloräthan*. (**Brit. P. 1 060 677** vom 30/9. 1964, ausg. 8/3. 1967. U. S. Prior. 30/9. 1963.) — 4 S.
A. Jahn H 560

1868 Stauffer Chemical Co., New York, N.Y. (Erfinder: Ramsey G. Campbell, Berkeley, Gilbert E. Klingman, Walnut Creek, und Donald L. Seitas, San Rafael, Calif.), USA, **Äthylendichlorid** erhält man durch Oxychlorierung von Äthylen mit HCl u. O_2 in mehreren Rk.-Gefäßen, die ein aus mit Cu-Chlorid imprägniertes Trägermaterial bestehendes Katalysatorbett enthalten, bei 220—320° (240—265°, 2,8—7 atü). Man führt jedem Rk.-Gefäß nur einen Teil des benötigten O_2 zu. (**Schwz. P. 440 241** vom 25/5. 1965, ausg. 29/12. 1967. U. S. Prior. 29/5. 1964.) — 4 S.
A. Jahn H 560

1869 Allied Chemical Corp., New York, N.Y. (Erfinder: Louis Gene Anello, Basking Ridge, und Cyril Woolf, Morristown, N.J.), USA, **Tetrafluoräthylen**, Kp. —76,3°, Ausb. 65 %, erhält man durch Rk. von 1.2-Dichlortetrafluoräthan mit H_2 in Ggw. von CuO-Cr_2O_3-Erdalkalioxid (= MgO, CaO, SrO, BaO) als Katalysator, im Gew.-Verhältnis von Erdalkalimetall : Cr : Cu = 1 : 1,5 : 1,5—1 : 8 : 9 bei 350—450, bes. 375—430°. Je Mol CF_2ClCF_2Cl werden 0,75—1,25 Mol H_2 umgesetzt. (**D. A. S. 1 270 547** Kl. 12o vom 23/9. 1964, ausg. 20/6. 1968. U. S. Prior. 1/10. 1963.) — 4 S.
R. Bollinger H 570

1870 Rhône-Poulenc Soc. An., Paris (Erfinder: Jean-Claude Brunie und Noël Crenne, Lyon), Frankreich, **Herstellung von vicinal-Diolen** durch Rk. von Olefinen mit organ. Hydroperoxiden (Cumol-, Cyclohexylhydroperoxid) in Ggw. von H_3BO_3 oder deren Anhydrid u. Verseifung des gebildeten Esters. Beispiele für die Herst. von *Propylenglykol*, *1.2-Cyclohexandiol*, *Cyclododecan-1.2-diol*. (**Schwz. P. 489 242** vom 24/2. 1966, ausg. 15/12. 1967. F. Prior. 24/2. 1965.) — 3 S.
A. Jahn H 620

1871 W. R. Grace & Co., New York, N.Y. (Erfinder: Eric Wolfgang Stern, East Orange, und Marshall Louis Spector, Livingston, N.J.), USA, **Vinylester** erhält man durch Rk. eines Olefins mit einer Carbonsäure in einem organ. Lsgm., das nicht aus der umzusetzenden Säure besteht, unter Ausschluß von W. in Ggw. eines Salzes eines Metalls der VIII. Gruppe des Period. Syst. mit einer Ordnungszahl von wenigstens 44 u. ggf. in Ggw. eines Metallphosphats oder Metallcarboxylats als Halogenwasserstoffakzeptor. — Beispiele für Herst. von *Vinylacetat*, *Butadienmonoacetat*, *Isopropenylacetat*. (**D. A. S. 1 270 085** Kl. 12o vom 23/10. 1961, ausg. 12/6. 1968. U. S. Prior. 23/12. 1960.) — 4 S. R. Bollinger H 810

1872 Farbwerke Hoechst Akt.-Ges., vormals Meister Lucius & Brüning, Frankfurt (Erfinder: Hans Fernholz, Bad Soden, und Hans-Joachim Schmidt, Frankfurt), **Sorbinsäurechlorid** (**I**) erhält man durch Rk. des aus Keten u. Crotonaldehyd in Ggw. eines fettsauren Salzes eines 2wertigen Metalls erhaltenen Polyesters (**II**) der 3-Hydroxyhexen-(4)-säure-(1) mit einem Säurechlorid, bes. $SOCl_2$, PCl_5, $POCl_3$, Oxalyl-, Phthalsäuredi- oder Benzotrichlorid, ggf. in Ggw. eines inerten Lsgm. oder Verdünnungsmittels u. in Ggw. von N-disubstituierten Amiden niedrigmol. Carbonsäuren der allg. Formel $R_1—N(R_2)—C(=O)—R$ (R = H, niedrigmol. Alkyl; R_1, R_2 = niedrigmol. Alkyl, Cycloalkyl, Aralkyl, Aryl) oder N-substituierten Lactamen mit 5—7 Ringatomen u./oder N-acylierten heterocycl. Basen mit 5—6 Ringatomen in Mengen von 0,2—2 Mol je 100 g **II**. — Zu einer Lsg. von 112 g **II** in 200 ml Toluol tropft man in 30 Min. unter Rühren 150 g $SOCl_2$ u. erhitzt 15 Min. → 119 g **I**, $Kp._3$ 64—68°. — Zu einer Lsg. von 224 g **II** in 250 ml abs. Bzl. gibt man 73 g Dimethylformamid, erwärmt auf 70°, tropft in 1 Std. 215 g $POCl_3$ zu u. erwärmt 1 Std. auf 70—80° → **I**, $Kp._{10}$ 72—74°, Ausb. 92,7 %. — Ähnliche Ergebnisse in Ggw. von Diäthylacetamid, N-Acetylmorpholin bzw. N-Äthylcaprolactam in Mengen von ca. 0,31—0,38 Mol je 100 g **II**. (**D. A. S. 1 274 119** Kl. 12o vom 18/7. 1964, ausg. 1/8. 1968. **Zusatz zu D. A. S. 1 239 681; C. 1968, 23-2788. Brit. P. 1 077 789** vom 3/9. 1964, ausg. 2/8. 1967. D. Prior. 4/9. 1963, 13/5. u. 18/7. 1964.) — 2 S. — 5 S.
H.-W. Ebersbach H 810

1873 Merck & Co., Inc., Rahway, übert. von: Roger J. Tull, Metuchen, und Leonard M. Weinstock, Rocky Hill, N.J., USA, **Thioformamid** wird hergestellt durch Rk. von HCN mit H_2S bei 0—150° in Ggw. einer Base mit pK_a 5—12. Die Base darf kein prim. oder sek. Amin sein. Ausb. ≦ 85 %. (**U. S. P. 3 346 632** vom 28/9. 1964, ausg. 10/10. 1967. **Brit. P. 1 087 949** vom 22/9. 1965, ausg. 18/10. 1967. U. S. Prior. 28/9. 1964.) — 3 S. — 4 S. A. Debo H 810

1874 National Dairy Products Corp., New York, N.Y., übert. von: Norman O. V. Sonntag, Northfield, Ill., USA, **Herstellung von Fettsäureamiden** erfolgt durch Rk. eines Esters aus einem $C_1—C_2$-Alkohol u. einer C_{12}- bis C_{30}-Fettsäure mit NH_3 in Ggw. von ≧ 0,5 % einer C_8- bis C_{30}-Fettsäure bei 275—375 °F u. ≧ 100 psig. — Methylstearat mit 15 % Methylpalmitat wurde mit 5 % Stearinsäure auf 310 °F erhitzt u. bei 500 psi 10 Std. mit NH_3 behandelt. Das Rk.-Prod. bestand zu 93 % aus *Stearinsäureamid*, F. 100°; SZ. 2; Geh. an Nitrilen < 0,2 %. — Analog: *Ölsäure-*, *Palmitinsäure-* u. *Behensäureamid*. (**U. S. P. 3 244 734** vom 31/5. 1963, ausg. 5/4. 1966. **Brit. P. 1 027 882** vom 7/10. 1963, ausg. 27/4. 1966. U. S. Prior. 31/5. 1963. **Zusatz zu Brit. P. 989 378**.) — 3 S. — 2 S. C. Lüttgen H 810

1875 Ajinomoto Co., Inc., Tokio, Japan, **Herstellung von β-Formylpropionsäure (I)-esteracetalen** erfolgt durch Rk. von 1 (Mol) Acetylen mit > 4, bes. 4—20 CO u. < 1 H_2 (bezogen auf 1 Mol CO) in Ggw. von CO-Carbonyl oder dessen „Vorläufern", sowie von > 1 N-Liter eines bes. W. enthaltenden aliphat. $C_1—C_4$-Alkohols bei einem CO-Druck von 50—500 at (bei 20°) u. 100—150°. — Beispiele zur Herst. von **I**-*Äthylesterdiäthylacetal* ($Kp._{10}$ 98 bis 104°) u. **I**-*Methylesterdimethylacetal*. (**Brit. P. 1 080 908** vom 6/11. 1964, ausg. 31/8. 1967. Jap. Prior. 11/11. 1963.) — 5 S. O. Müller-Meiningen H 860

1876 Stamicarbon N. V., Heerlen (Erfinder: Antonius Maria Alphons Heunks, Geleen, Franciskus Adrianus Kars, Sittard, und Gerrit Hofenk, Geleen), Niederlande, **Herstellung von Harnstoff** (**I**) aus NH_3 u. CO_2 unter Bldg. von Ammoniumcarbamat (**II**), unvollständige Zers. von **II** in **I** u. W. u. Abführen der **II** enthaltenden **I**-Lsg. unter Abzug von Rk.-Wärme, dad. gek., daß man die Wärme mittels einer Kühlvorr. unter Verw. von **I**-Lsg. als Kühlmittel, aus der ein großer Teil **II** ausgeschieden worden ist, abführt. — Beispiel. — Vorr., Verf.-Schema. (**D. P. [DDR] 58 060** Kl. 12o vom 16/12. 1965, ausg. 5/1. 1967 [Ausschließungspatent]. Niederl. Prior. 16/12. 1964.) — 6 S. K.-D. Stolp H 880

1877 Phillips Petroleum Co., Del., übert. von: Billy D. Simpson, Bartlesville, Okla., USA, **Alkylamine** erhält man durch Rk. von Alkylhalogeniden mit NH_3 in Glykol bei 100—250°, 1000—1500 psig oder ≧ 2500 psig. — Aus 2-Chlordodecan mit NH_3 in Glykol bei 170° im Autoklav *2-Aminododecan*. (**U. S. P. 3 299 142** vom 27/5. 1963, ausg. 17/1. 1967.) — 2 S.
R. Bollinger H 910

1878 Comp. Française de Raffinage, Paris (Erfinder: Jacques Grosmangin, Le Havre, Seine-Maritime), Frankreich, **α-Äthylenamine** erhält man durch Rk. von Acetylen-KW-Stoffen mit Aminen, deren NH_2-Gruppe an ein prim. oder sek. C-Atom gebunden ist, bei —80 bis +100°, bes. 15—50°, unter radioakt. Bestrahlung mit einer γ-Strahlung von 2500—30000 rad/Std. oder bei 27° unter einer γ-Bestrahlung von 9000 rad/Std. durch ^{60}Co mit 3000 Curie. Die Rk. erfolgt auch im Autoklav bei 100—120° u. wird durch Zerfall eines Peroxids eingeleitet. — Isopropylamin u. Acetylen → *1-Amino-1.1-dimethylpropen-(2)*. (**D. A. S. 1 240 068** Kl. 12o vom 6/7. 1962, ausg. 11/5. 1967. F. Prior. 8/7. 1961.) — 2 S. R. Bollinger H 910

1879 Soc. Edison, Mailand (Erfinder: Franco Smai, Novate Milanese, und Antonio Salvemini, Mailand), Italien, **Herstellung organischer Borverbindungen** der

Formel BR_3 (R = Alkyl-, Aryl-, Cycloalkyl-, Aralkylrest) durch Rk. von RMgX (X = Cl, Br, J) mit B_2O_3 in Ggw. eines Aktivators, z. B. BF_3 oder Borsäurealkylestern (B), bes. Trimethyl- oder Triäthylborat. B_2O_3 wird mit dem Aktivator in organ. Lsgm. (A) suspendiert, anschließend bis zur Lsg. erhitzt u. mit RMgX bei $>100^0$, bes. 110 bis 150^0, versetzt. A besteht aus KW-Stoffen u./oder Äthern mit Kp. $>100^0$; Mol-Verhältnis B : B_2O_3 = 0,2—1, bes. 0,5. BF_3 wird gasf. oder als Ätherat eingesetzt im Mol-Verhältnis zu B_2O_3 = 0,5—1, bes. 0,75. — *$B(C_2H_5)_3$*, 53—78% (Ausb.). — *Bortri-n-butyl*, 45%. — *Bortricyclohexyl*, 55%. — *Bortriphenyl*, 50%. (**Oe. P. 252 944** vom 31/12. 1964, ausg. 10/3. 1967. It. Prior. 2/1. u. 2/1. 1964.) — 4 S. W. Schubert H 980

1880 Union Carbide Corp., New York (Erfinder: Bernard Kanner, Williamsville, und Enrico James Pepe, Kenmore), N.Y., USA, **Coproportionierung von Organofluorsilanen oder Organo-organooxysilanen** der Formel $(Y{-}R)_bSi(R')_cX_{4-b-c}$ [R = KW-Stoffrest mit 1—17 C-Atomen; Y = H, Halogen, CN, NO_2, —C(O)OG, —C(O)G, —OG, $-C(O)NG_2$, $\overbrace{CH_2{-}CH}^{O}{-}$, $-NR''_2$, $NHC_dH_{2d}NR''-$; G = KW-Stoffrest mit 1—10 C-Atomen; R'' = H, G, C_dH_{2d}; d = 1—6; X = F, OG; R' = H, Vinyl, YR; b = 0, 1, 2, 3; c = 0, 1; $b + c \leqq 3$; jedes N in Y ist vom Si durch mindestens 3 C-Atome getrennt; wenn mehr als zwei X F-Atome sind, ist das N jeder NH-Gruppe in einer entsprechenden Gruppe Y an ein C-Atom eines sechsgliedrigen aromat. Ringsyst. gebunden; wenn mehr als zwei X F-Atome sind, ist Y keine Epoxygruppe; mindestens eine Si—C-Bindung muß vorhanden sein], erfolgt durch Erhitzen dieser Verb. auf 20—200^0, wobei man bei Verb. mit einem Si-gebundenen F zwingend, bei Verb. mit mehreren Si-gebundenen F ggf. in Ggw. eines Katalysators MZ_n (M = Al, Ti; Z = Halogen, —OG; n = 3, 4) arbeitet. — *p-Nitrophenylfluordiäthoxysilan*, $Kp._{0,01}$ 84—86^0; n_D^{25} 1,4765; 96% (Ausb.); *$C_6H_5Si(CH_3)(F)OC_2H_5$*, $Kp._{750}$ 181—185^0; 88%; neben $(C_2H_5O)_2SiF_2$, $Kp._{750}$ 83—85^0, u. $(C_2H_5O)_3SiF$, $Kp._{750}$ 134—135^0; *$(C_2H_5O)_2Si(C_6H_5)F$*, $Kp._{750}$ 200—202^0; 95%; *$(C_2H_5O)_2Si(C_6H_5)CH_3$*, $Kp._{750}$ 219—220^0; n_D^{25} 1,4685; 96%; *p-Nitrophenylmethyldiäthoxysilan*, $Kp._{0,08}$ 100^0; n_D^{25} 1,4922; 84%; *$C_6H_5Si(OC_2H_5)_3$*, Kp. 232—233^0; n_D^{25} 1,4658; *γ-Glycidoxypropylmethyldiäthoxysilan*, $Kp._{35}$ 90^0; n_D^{25} 1,4305; *$CH_3C(O)NH(CH_2)_3Si(OCH_3)_3$*, $Kp._{0,6}$ 123—124^0; n_D^{25} 1,4410; 85%; *$CH_3OC_6H_4CH(CH_3)CH_2Si\cdot(OC_2H_5)_3$*, $Kp._{0,9-1,0}$ 113—115^0; n_D^{25} 1,4685; 93,8%; *$NC(CH_2)_2Si(CH_3)(OC_2H_5)_2$*, $Kp._2$ 72—73^0; n_D^{25} 1,4165; 70%; *$C_2H_5OC(O)(CH_2)_3Si(CH_3)(OC_2H_5)_2$*, $Kp._{745}$ 260^0; n_D^{25} 1,4193; 88%; *$NH_2(CH_2)_2NHCH_2CH(CH_3)CH_2Si\cdot(CH_3)(OC_2H_5)_2$*, $Kp._{0,4}$ 92—93^0; n_D^{25} 1,4464; weitere Beispiele. (**D. A. S. 1 269 124** Kl. 12o vom 2/10. 1964, ausg. 30/5. 1968. U. S. Prior. 3/10. 1963.) — 5 S. A. Debo H 980

1881 Hooker Chemical Corp., übert. von: Charles F. Baranauckas und Irving Gordon, Niagara Falls, N.Y., USA, **Pentaerythritphosphite** erhält man durch Rk. eines Triorganophosphits der allg. Formel $(RO)_3P$ (R = Alkylphenyl, Bromphenyl, Chlorphenyl, Cyclohexylphenyl) mit Pentaerythrit oder Dipentaerythrit. — *Stabilisatoren für organ. Harze.* (**U. S. P. 3 310 609** vom 16/7. 1963, ausg. 21/3. 1967.) — 5 S. R. Bauereis H 980

1882 Imperial Chemical Industries Ltd., London, Großbritannien (Erfinder: Harold Crosbie Fielding), **Hexafluorbenzol und Perfluorhalogenbenzole** mit 4 bis 5 F-Atomen erhält man durch Erhitzen von Fluorchlorbenzolen (3—4 F-Atome) mit trockenen Alkalifluoriden in trockenen aproton. Lsgm. (Tetramethylensulfon) bei mäßig erhöhtem Druck. *Hexafluorbenzol* u. *Pentafluorchlorbenzol* werden kontinuierlich abdest., Tetrafluorchlorbenzol in die Rk. zurückgeführt. Durch Zufuhr von frischem Ausgangsmaterial hält man die Temp. auf $\leqq 230^0$. (**Brit. P. 1 086 595** vom 15/7. 1965, ausg. 11/10. 1967.) — 4 S. A. Jahn H 1010

1883 Pullman, Inc., Del., übert. von: Arthur W. Kelly, Palisades, N.Y., USA, **Phenol** erhält man durch Halogenierung von Bzl. bei ca. 300—850 °F u. Hydrolyse des erhaltenen Monohalogenbenzols durch Erhitzen mit W.-Dampf bei ca. 10—300 psig in Ggw. eines Katalysators, bes. neutralen Phosphaten. (**U. S. P. 3 308 228** vom 12/9. 1960, ausg. 7/2. 1967.) — 7 S. R. Bollinger H 1060

1884 Universal Oil Products Co., Des Plaines, übert. von: Ernest L. Pollitzer, Hinsdale, James J. Louvar, Riverside, und George E. Illingworth, Mount Prospect, Ill., USA, **Phenole** erhält man durch Spaltung eines Hydroperoxids der allg. Formel $ArC(R^1)\cdot(R^2)OOH$ (Ar = Aryl, Alkaryl; R^1 u. R^2 = H, Alkyl, Cycloalkyl, Aryl, Aralkyl, Alkaryl) bei 50—200^0 in Ggw. eines Katalysators, bestehend aus ca. 60—95% SiO_2 u. Al_2O_3. — Aus Cumolhydroperoxid erhält man durch Erhitzen auf 68—70^0 in Ggw. eines Katalysators aus 75% SiO_2 u. Al_2O_3 → *Phenol*. (**U. S. P. 3 305 590** vom 15/7. 1963, ausg. 21/2. 1967.) — 4 S. R. Bollinger H 1060

1885 Consolidation Coal Co., übert. von: Martin B. Neuworth, Pittsburgh, Pa., USA, **Phenole** erhält man durch Desalkylierung von p-Alkylphenolen durch Erhitzen mit einem Al-Phenolat, das ggf. aus Al in situ hergestellt wird, auf 150—400^0; dabei entstehen gasf. Olefine. — Aus p-tert.-Butylphenol bei 227^0 in Ggw. von Al-Phenolat → *Phenol* u. Isobutylen. (**U. S. P. 3 296 316** vom 27/11. 1961, ausg. 3/1. 1967.) — 6 S. R. Bollinger H 1060

1886 Nitto Chemical Industry Co. Ltd., Tokio, Japan, **Chlorierung von p-Toluolsulfonsäure** führt in der Hauptsache zu *2.6-Di-* u. *2.3.6-Trichlortoluol-4-sulfonsäure*, wenn man die Rk. bei 50—100^0, bei Abwesenheit von W. u. in Ggw. eines Katalysators, wie $SbCl_3$, $FeCl_3$ oder NaJ, durchführt. (**Niederl. P. 123 587** vom 29/10. 1963, ausg. 15/1. 1968. Jap. Prior. 30/10. 1962.) — 2 S. F. Böhm H 1090

1887 Universal Oil Products Co., Des Plaines, Ill., USA (Erfinder: Alvin Friedman und Joseph Levy), **Gesättigte Aldehyde** erhält man durch selektive Hydrierung von olefin. ungesätt. Aldehyden mit H_2 in Ggw. eines Pd-Katalysators in fl. Medium im 2-Phasensyst., dessen eine Phase aus dem Aldehyd u. dessen andere aus wss. alkal. Lsg. besteht. Man bricht die Rk. ab, wenn die H_2-Aufnahme aufhört. — p-tert.-Butyl-α-methylzimtaldehyd → *p-tert.-Butyl-α-methyldihydrozimtaldehyd* (Ausb. 99,5 Gew.-%). — p-Isopropyl-α-methylzimtaldehyd → *p-Isopropyl-α-methyldihydrozimtaldehyd* (95%). — α-Methylzimtaldehyd → *α-Methyldihydrozimtaldehyd* (99,5%). — Zimtaldehyd → *Dihydrozimtaldehyd* (89,5%). — Citronellal → *Dihydrocitronellal* (93,5%). (**Brit. P. 1 086 447** vom 20/9. 1966, ausg. 11/10. 1967.) — 7 S. A. Jahn H 1120

1888 Deutsche Akademie der Wissenschaften zu Berlin, Berlin (Erfinder: Manfred Schulz, Berlin, Ursula Zitzke, Riesa, Hans-Günther Schwark, Berlin, Hans Fliege, Dieter Hager und Waldemar Schweinberger, Riesa), **p-Nitroacetophenon** erhält man durch Ox. von p-Nitroäthylbenzol mit O_2 oder Luft in fl. Phase bei 120—170^0, bes. 150^0, in Ggw. schwach sauer hydrolysierender Schwermetallsalze (Co- oder Mg-Stearat) von Fettsäuren unter Zusatz von p-Nitrophenol, der einen schnellen u. gleichmäßigen Anlauf der Ox. bewirkt, ohne daß sich Hydroperoxide anhäufen; Ausb. 70—75%. — *Heilmittelvorprodukt.* (**D. A. S. 1 267 675** Kl. 12o vom 28/7. 1966, ausg. 9/5. 1968.) — 2 S. A. Jahn H 1160

1889 Snia Viscosa Soc. Nazionale Industria Applicazioni Viscosa S.p.A., Mailand, Italien, **Herstellung von Benzoesäure** erfolgt durch Ox. von fl. Toluol mit O_2 oder O_2-haltigen Gasen. Man erhält gute Ausb. in Ggw. von Co-Önanthat als Katalysator. — Vgl. Oe. P. 232 991; C. **1966**, 25-2542. (**Ind. P. 88 122** vom 5/7. 1962.) — 2 S. C. Lüttgen H 1210

1890 Shell Internationale Research Mij. N. V., Den Haag, Niederlande, **Aromatische Nitrile**, z. B. 2.6-Dichlorbenzonitril, erhält man durch Erhitzen eines aromat. Carbonamids, z. B. 2.6-Dichlorbenzamid, mit einem aliphat. Mono- oder Dicarbonsäureanhydrid, z. B. Essigsäureanhydrid, bes. in Ggw. einer aliphat. Carbonsäure auf 100—200^0 in Ggw. eines Salzes aus einer schwachen Säure u. einem Übergangsmetall der Gruppen IB, IIB,

VIB, VIIB oder VIII des Period. Syst., z. B. Ni-, Zn- u./oder Cu-Acetat. (**Brit. P. 1 081 838** vom 21/4. 1966, ausg. 6/9. 1967. Niederl. Prior. 23/4. 1965.) — 5 S. L. Stadelmann H 1210

1891 Nippon Carbide Kogyo K. K., Tokio, Japan, **Aromatische Nitrile** erhält man durch Erhitzen der Mischung aus einer alkyl- u./oder alkenylsubstituierten aromat. Verb. u. NH_3 auf 250—550° in Ggw. von freiem Halogen (außer F) als Katalysator, bes. in Ggw. von O_2 u. feinverteilten Feststoffen, wie Al_2O_3, Aktivkohle, Diatomeenerde, MgO, TiO_2, ZnO, $CaSO_4$. Das Halogen kann in situ aus Halogeniden gewonnen werden. Hergestellt wurden *Benzonitril*, *α-*, *β-Naphthonitril*, *Vinylbenzonitril*. (**Brit. P. 1 075 898** vom 4/8. 1964, ausg. 12/7. 1967. Jap. Prior. 30/7. 1963.) — 10 S. L. Stadelmann H 1210

1892 Imperial Chemical Industries Ltd., London, Großbritannien (Erfinder: Peter James Thomas und Bernhard Patrick Whim), **Phthalsäureanhydrid** erhält man durch Rk. von o-Xylol mit O_2 in Dampfphase bei 250—550° u. Ggw. von V_2O_5 auf TiO_2 als Träger. (**Brit. P. 1 068 158** vom 26/2. 1965, ausg. 30/3. 1967.) — 2 S. L. Stadelmann H 1220

1893 Teijin Ltd., Osaka, Japan, **Terephthalsäure** erhält man durch Rk. von Alkaliterephthalat mit Phthalsäureanhydrid im wss. Medium, bes. bei 50°, wobei das Anhydrid im geschmolzenen Zustand in der Weise in das wss. Medium eingebracht wird, daß es in Form feinverteilter Partikel vorliegt. (**Brit. P. 1 059 650** vom 27/11. 1964, ausg. 22/2. 1967. Jap. Prior. 28/11. 1963.) — 5 S. L. Stadelmann H 1220

1894 Teijin Ltd., Osaka, Japan, **Terephthalsäure** erhält man in hoher Ausb. in einstufigem Verf. durch Ox. von p-Xylol mit O_2 bei 50—150° u. 1—200 at in Ggw. eines Katalysatorsyst., das aus a) metall. Sc, Y, La, Nd, Gd, Th, Zr, Hf bzw. Verb. dieser Metalle u. b) metall. Co, Co-Verb. besteht, in stabilem Lsgm., bes. Eisessig. (**Brit. P. 1 068 964** vom 28/4. 1964, ausg. 5/4. 1967. Jap. Prior. 1/5. 1963.) — 10 S. L. Stadelmann H 1220

1895 Mobil Oil Corp., New York, N.Y., USA (Erfinder: Sheldon Chibnik und Gerassimos Frangatos), **Benzolcarbonsäuren** erhält man durch Ox. von methylsubstituierten Benzolverb. mit O_2 in Ggw. eines lösl. Co-Salzes, einer C_2—C_4-Fettsäure, bes. Eisessig, u. eines niedrigen Alkylesters einer Fettsäure, z. B. Äthylacetat. Hergestellt wurde *Terephthalsäure*. (**Brit. P. 1 086 769** vom 10/8. 1966, ausg. 11/10. 1967. U. S. Prior. 22/10. 1965.) — 4 S. L. Stadelmann H 1220

1896 Toyo Rayon K. K., Tokio, Japan, **Dimethylterephthalat** erhält man durch Rk. von Terephthalsäure mit CH_3OH in Ggw. von metall. Mo oder einem Oxid, Halogenid, Sulfid oder Oxyhalogenid von Mo, einer Molybdänsäure, Isopolymolybdänsäure, Heteropolymolybdänsäure, einem Molybdat, Isopolymolybdat oder Heteropolymolybdat als Katalysator in Mengen von 0,005—10%, bezogen auf Terephthalsäure. (**Brit. P. 1 088 818** vom 12/5. 1965, ausg. 20/9. 1967. Jap. Prior. 12/5. 1964.) — 11 S. L. Stadelmann H 1220

1897 Ciba Akt.-Ges., Basel (Erfinder: Max Dünnenberger, Frenkendorf, und Max Schellenbaum, Riehen), Schweiz, **Herstellung von Diurethanen** der allg. Formel Ar—O—CO—NH—R—NH—CO—O—Ar (R = C_{2-18}-Alkylen, zweiwertiger aromat. oder araliphat. Rest; Ar = monocycl. Arylrest, ggf. durch Halogen substituiert). Die Verb. erhält man nach folgendem Beispiel: Rk. von Pentachlorphenol mit Hexamethylendiisocyanat → *Hexamethylen-di-[pentachlorphenyl]-carbamat*, F. 221—222°, $C_{20}H_{14}N_2O_4Cl_{10}$. Analog wurden erhalten: *Tetramethylendi-[2.4.5-trichlorphenyl]-carbamat*, F. 189—190°; *Hexamethylendi-[2.4.5-trichlorphenyl]-carbamat*, F. 161—162°; *Hexamethylendi-[2.5-dichlor-4-jodphenyl]-carbamat*, F. 165 bis 166°; *Dodecamethylendi-[2.4.5-trichlorphenyl]-carbamat*, F. 145—146°; *Dodecamethylendi-[2.3.4.6-tetrachlorphenyl]-carbamat*, F. 161—162°; *1.3-Phenylendi-[2.4.5-trichlorphenyl]-carbamat*, F. 174—175°; *1.3-Phenylendi-[2.3.4.6-tetrachlorphenyl]-carbamat*, F. 200—201°; *2.4-Toluylendi-[2.4.5-trichlorphenyl]-carbamat*, F. 169—171°; *2.4-Toluylendi-[2.3.4.6-tetrachlorphenyl]-carbamat*, F. 171 bis 172°; *Dichlor-2.4-toluylendi-[2.3.4.6-tetrachlorphenyl]-carbamat*, F. 167—169°; *1.8-Naphthylendi-[2.4.5-trichlorphenyl]-carbamat*, F. 219—220°; *1.8-Naphthylendi-[2.4-dichlor-5-bromphenyl]-carbamat*, F. 217—219°; *1.8-Naphthylendi-[2.3.4.6-tetrachlorphenyl]-carbamat*, F. 219—220°; *[2.2'-Dimethylphenylen]-di-[3.4.6-trichlorphenyl]-carbamat*, F. 207—208°; *[2.2'-Dimethylphenylen]-di-[2.3.4.6-tetrachlorphenyl]-carbamat*, F. 207—209°; *[4.4'-Diphenylmethylen]-di-[2.4.5-trichlorphenyl]-carbamat*, F. 175—176°; *[4.4'-Diphenylmethylen]-di-[2.5-dichlor-4-jodphenyl]-carbamat*, F. 175—177°; *[4.4'-Diphenylmethylen]-di-[2.3.4.6-tetrachlorphenyl]-carbamat*, F. 203—204°. — Antimikrobielle Ausrüstung von Textilien. (**Schwz. P. 486 207** vom 2/3. 1965, ausg. 15/11. 1967.) — 6 S. R. Bauereis H 1280

1898 Battelle Memorial Institute, Columbus, übert. von: Maynard B. Neher, Columbus, und Victor G. Vely, Hilliards, O., USA, **Isocyanate** der allg. Formel R''—[—Z—C(: Y)—NH—R—NH—C(: Y)—Z—R'—Z—C(: Y)—NH—RNCY]$_n$ (n = >2; R = Alkylen, Arylen, Alkarylen; R' = Polyoxyalkylen, Polyalkylen, Polyalkylencarbonat-, Alkylenpolyamid-Reste mit einem Molgew. 200—4000; R'' = mehrwertiger Rest eines Polyhydroxyglycerids, Polyalkylenoxidkondens. - Prod. von Polyolen mit Molgew. 400—2000; Z = —O— oder —NH—; Y = O, S) erhält man durch Rk. von Isocyanaten der allg. Formel YCNRNCY mit einem Polyol der allg. Formel R''(OH)$_n$ in Ggw. einer Organo-Sn-Verb., bes. Di-n-butyl-Sn-dilaurat. — Durch Rk. eines Gemisches von 2.4- u. 2.6-Tolyldiisocyanat mit einem Polyoxypropylengemisch in Ggw. von Di-n-butyl-Sn-dilaurat bei 100° erhält man das entsprechende *Isocyanat*. — *Lederbehandlungsmittel*. (**U. S. P. 3 306 926** vom 23/3. 1962, ausg. 28/2. 1967.) — 5 S. R. Bollinger H 1290

1899 Sinclair Research, Inc., New York, N.Y., übert. von: Willis C. Keith, Lansing, und Robert P. Zmitrovis, Park Forest, Ill., USA, **[2-Phenylallyl]-amine** der allg. Formel $C_6H_5C(=CH_2)CH_2N(R)CH_2C\cdot(=CH_2)C_6H_5$ (R = H, Alkyl) erhält man durch Rk. von 2-Phenylallylchlorid mit NH_3 oder einem Amin NH_2R in fl. Phase bei 50—150°. — Aus 2-Phenylallylchlorid mit wss. NH_3 → *Tri-[2-phenylallyl]-amin*, F. 128°. (**U. S. P. 3 308 219** vom 10/3. 1965, ausg. 7/2. 1967.) — 2 S. R. Bollinger H 1310

1900 E. I. du Pont de Nemours & Co., übert. von: Guenther Kurt Hoeschele, Wilmington, Del., USA, **2.2'.5-Trichlor-4.4'-methylendianilin**, $C_{13}H_{11}N_2Cl_3$, F. 138 bis 140°, erhält man durch Rk. von o-Chloranilin u. 2.5-Dichloranilin mit CH_2O in Ggw. einer Mineralsäure, bes. in Ggw. eines mol. Überschusses von o-Chloranilin. — *Härtungsmittel* für Polyisocyanate. (**U. S. P. 3 297 758** vom 26/11. 1963, ausg. 10/1. 1967.) — 4 S. R. Bauereis H 1310

1901 Fairmount Chemical Co., Inc., Newark, übert. von: Frederick Von Hessert, West Orange, N.J., und Ignaz Binzer, New York, N.Y., USA, **p-Amino-N-äthyl-N-β-hydroxyäthyl-m-toluidin-Mono- und -Dinitrat** erhält man durch Auflsg. der Base in einem niedermol. aliphat. Alkohol u. Zugabe von HNO_3, wobei bei pH 3,5—5,0 das Mononitrat u. bei pH 2—2,5 das Dinitrat ausfällt. — *Photograph. Entwickler*. (**U.S.P. 3 297 760** vom 14/5. 1962, ausg. 10/1. 1967.) — 2 S. R. Bauereis H 1310

1902 E. I. du Pont de Nemours & Co., Wilmington, übert. von: Richard E. Benson, Wilmington, und Eugen A. La Lancette, Hockessin, Del., USA, **Salze mit dem Cyclononatetraenid-Ion** der allg. Formel $M^{\oplus}C_9H_9^{\ominus}$ (M = Metalle der Ordnungszahl 3, 4, 11—13, 19—32, 37—51, 55—84, 87—102, Ammonium, Sulfonium, Phosphonium) erhält man durch Rk. von 9-Chlorbicyclo-[6.1.0]-nona-2.4.6-trien mit Alkalimetall u. Rk. des erhaltenen Alkalisalzes mit dem Chlorid des entsprechenden Metalls. — Aus Cyclooctatetraen u. CH_2Cl_2 in Ggw. von CH_3Li in Ae. → *9-Chlorbicyclo-[6.1.0]-nona-2.4.6-trien*, C_9H_9Cl, Kp.$_{0,35}$ 37—39°, daraus mit Li in Tetrahydrofuran → *Li-Cyclononatetraenid*, daraus mit Tetraäthylammoniumchlorid *Tetraäthylammoniumcyclononatetraenid*,

$C_{17}H_{29}N$, F. 318°. (**U. S. P. 3 297 756** vom 19/7. 1963, ausg. 10/1. 1967.) — 3 S. R. Bollinger H 1810

1903 Universal Oil Products Co., Des Plaines, übert. von: James J. Louvar, Evanston, und Alfonso G. Francoy-Atares, Mount Prospect, Ill., USA, **Cycloalkylaromatische Verbindungen** erhält man durch Alkylierung von aromat. Verb. in Ggw. von H_2 u. einem Alkylierungskatalysator der VIII. Gruppe des Period. Syst. auf SiO_2/Al_2O_3 als Träger, bes. Ni auf 75% SiO_2 u. 25% Al_2O_3, bei ≈ 25—300° u. 2—500 psi. — Aus Anisol u. Toluol durch Hydrierung bei 100° u. 75 psi in Ggw. von $PdCl_2$ → Gemisch aus *o-(1-Methylcyclohexyl)-*, *m-(1-Methylcyclohexyl)-* u. *p-(1-Methylcyclohexyl)-anisol.* (**U. S. P. 3 317 611** vom 16/9. 1965, ausg. 2/5. 1967.) — 4 S. R. Bollinger 1850

1904 Smith, Kline & French Laboratories, Philadelphia (Erfinder: John Joseph Lafferty, Levittown, und Bernhard Loev, Broomal), Pa., USA, **Sulfurylamide** der allg. Formel $R_1R_1'C_6H_3CH-C(R_5)\cdot$ ($\backslash CH_2/$) $N(R_2)SO_2NR_3R_4$ (R_1 u. R_1' = H, Cl, Br, Alkyl oder Alkoxy, bzw. R_1 = NH_2 oder OH u. R_1' = H, bzw. R_1 u. R_1' zusammen Methylendioxy; R_2 = H oder Alkyl; R_3, R_4 u. R_5 sind H oder Alkyl, die Alkylgruppen enthalten jeweils 1—6 C-Atome) werden durch Kondens. eines entsprechenden N-Alkyl- oder N-Acyl-N-sulfochlorids (R_2 = Alkyl oder Acyl) mit einem Amin der allg. Formel HNR_3R_4 u. ggf. anschließender Verseifung bzw. durch Kondens. eines entsprechenden Phenylcyclopropylamins mit einem Sulfamidsäurechlorid der allg. Formel $ClSO_2NR_3R_4$ erhalten. — Aus trans-2-Phenylcyclopropylamin erhält man durch Rk. mit SO_2Cl_2 in Bzl. u. mit NH_3 das *trans-2-Phenylcyclopropylsulfamid,* F. 109—110°. — *Textilhilfsmittel* u. *Arzneimittel.* — Vgl. U. S. P. 3 147 305; C. **1966, 29-1682.** (**D. A. S. 1 240 858** Kl. 12o vom 12/9. 1963, ausg. 24/5. 1967. U. S. Prior. 6/12. 1962.) — 2 S. R. Bollinger H 1890

1905 F. Hoffman-La Roche & Co. Akt.-Ges., Basel, Schweiz, **Herstellung eines Polyenaldehyds.** Man kondensiert ein Acetal von 2-Methylpenten-2-in-4-al-(1) mit einem Vinylalkyläther u. dann mit 8-(2'.6'.6'-Trimethylcyclohexen-1'-yl)-2.6-dimethyloctatrien-2.4.6-al-(1) u. behandelt das Kondens.-Prod., ggf. nach Hydrolyse, mit Säure. — Zum Beispiel setzt man 1.1-Diäthoxy-2-methylpenten-2-in-(4) in Bzl. bei Raumtemp. in Ggw. von $ZnCl_2$ (in Äthylacetat gelöst zugegeben) mit Vinyläther um → *1.1.3-Triäthoxy-4-methylhepten-4-in-(6),* $Kp._{0,02}$ 63—64°. Dieses läßt man in Ae. mit C_2H_5MgBr, dann mit β-C_{19}-Aldehyd reagieren → 15-(2'.6'.6'-Trimethylcyclohexen-1'-yl)-4.9.13-trimethyl-8-hydroxy-1.1.3-triäthoxypentadecatetraen-4.9.11.13-in-(6). Hieraus in Ae. mit HCl (zugegeben in äthanol. Lsg.) ein Öl, das mit Na_2SO_4 getrocknet u. in wenig Na-Acetat u. W. enthaltendem Eisessig 4 Std. auf 95—100° erwärmt wird → *Dehydro-β-apo-3-carotenal,* F. 122,5°. — *Lebensmittelfarbstoff.* — Vgl. Brit. P. 866 692; C. **1968, 3824.** (**Niederl. P. 128 127** vom 12/2. 1959, ausg. 16/10. 1967. Schwz. Prior. 14/2. 1958.) — 3 S. F. Böhm H 1910

1906 Halcon International, Inc., New York (Erfinder: Harry Olenberg, Bronx), N.Y., USA, **Oxydation von Cycloparaffinen** erfolgt in fl. Phase mit O_2 in Ggw. von Metaborsäure (I) unter Bldg. eines Borsäure (II)-esters des dem KW-Stoff entsprechenden Cycloalkanols (III), anschließend dessen Hydrolyse, Trennung der III-haltigen organ. von der II-haltigen wss. Schicht, Auskristallisierenlassen von II aus dieser mit einer Teilchengröße von 100—1000 μ, Entwässerung von II zu I, indem man eine Suspension von II in einer organ. Fl., bes. dem Ausgangs-KW-Stoff, auf 100—200° derart erhitzt, daß I, das man wieder in die Ox. zurückführt, mit einer Teilchengröße von 5—60 μ erhalten wird. — Beispiele: Cyclohexan → *Cyclohexanol* + *Cyclohexanon.* — Zeichnung. (**Schwz. P. 422 784** vom 11/12. 1963, ausg. 29/4. 1967. U. S. Prior. 13/12. 1962.) — 5 S. O. Müller-Meiningen H 1960

1907 Badische Anilin- & Soda-Fabrik Akt.-Ges., (Erfinder: Heinrich Sperber, Guenter Pöhler, Ludwigshafen/Rh., und Otto Göhre, Heidelberg), **Dehydrierung von Cycloalkanolen,** z. B. von *Cyclohexanol* zu *Cyclohexanon,* Ausb. 81,5%, bei 240—450°, bes. 310—400°, in der Gasphase in Ggw. eines Katalysators, der aus ZnO mit einer Oberfläche von 8—16 m²/g besteht. Dieses ZnO erhält man durch Fällung aus einer wss. Zn-Salzlsg., z. B. einer $ZnCl_2$- oder ZnS_2O_4-Lsg. mit einer Base, bes. mit NaOH, Filtrieren, Trocknen u. Calcinieren des Nd., der zunächst langsam auf ca. 400° erhitzt, dann bei 400°, bes. 400—600°, calciniert wird, bis die gewünschte Oberfläche erreicht ist. Vor der Dehydrierung wird der Katalysator bes. noch einer H_2-Behandlung bei 300—500° unterworfen. (**Brit. P. 1 061 447** vom 17/12. 1963, ausg. 15/3. 1967. D. Prior. 18/12. 1962.) — 5 S. H. Roos H 1960

1908 Halcon International, Inc., New York, N.Y. (Erfinder: John Kollar, Wallington, N.J.), USA, **Epoxyverbindungen** erhält man bei Rk. einer olefin. Bindungen enthaltenden aliphat. oder alicycl. ggf. substituierten Verb., wie C_2H_4, Methylpentene, 1.3-Butadien, Methylcyclohexen, Phenylcyclohexene, mit einem Hydroperoxid in Ggw. einer anorgan. Mo-Verb., bes. MoO_3, bei — 20 bis + 200°, bei Drücken, welche die fl. Phase aufrechterhalten u. vorteilhaft in Ggw. eines Lsgm. unter Ausschluß von W. u. Säuren. — C_3H_6, tert.-Butylhydroperoxid, tert. C_4H_9OH u. MoO_3 → Propylenoxid. — Allylalkohol → Glycid. (**Schwz. P. 417 558** vom 9/3. 1964, ausg. 15/2. 1967. **Brit. P. 1 060 122** vom 4/3. 1964, ausg. 22/2. 1967. Beide U. S. Prior. 11/3. 1963.) G. König H 3030

1909 Atlas Chemical Industries, Inc., übert. von: Baak W. Lew, Wilmington, Del., USA, **Herstellung von 2.5-Furandicarbonsäure** erfolgt durch Rk. einer Lsg. von Hydroxymethylfuronsäure oder Hydroxymethylfurfural mit O_2 in Ggw. von Pt u. eines Überschusses eines Alkalimetallhydroxids bei pH ≧ 12. (**U. S. P. 3 326 944** vom 9/3. 1964, ausg. 20/6. 1967.) — 3 S. R. Bauereis H 3061

1910 American Cyanamid Co., übert. von: Kenneth Robert Huffman und Edwin Fisher Ullman, Stamford, Conn., USA, **Photochrome Benzoylbenzofurane** erhält man nach folgendem Beispiel: Durch Rk. von [o-Hydroxyphenyl]-benzylketon mit Phenacylbromid in Ggw. von KOH erhält man *2-Benzoyl-3-benzylbenzofuran,* $C_{22}H_{16}O_2$, F. 91—92°. — Analog wurden folgende 3-Benzylbenzo-[b]-furane (I) erhalten: *2-[p-Dimethylaminobenzoyl]-I, 2-Benzoyl-3-[p-dimethylaminobenzyl]-benzo-[b]-furan, 2-[p-Cyanobenzoyl]-I, 6-Dimethylamino-2-benzoyl-I.* (**U. S. P. 3 321 491** vom 14/12. 1964, ausg. 23/5. 1967.) — 2 S. R. Bauereis H 3061

1911 Farbenfabriken Bayer Akt.-Ges., Leverkusen (Erfinder: Kurt Ley, Leverkusen, Roland Nast, Köln, und Ulrich Eholzer, Köln), **Herstellung von Iminopyrrolidin-Derivaten** erfolgt durch Rk. von Aminen, deren β-C-Atom eine Alkylgruppe trägt, mit Isocyanaten oder Isothiocyanaten u. Nitrilen in einem organ. Lsgm. bei 40—150°. — Beispiel: Durch Rk. von Isobutenylpiperidin mit Cyclohexylisonitril u. Phenylisocyanat erhält man das *1-Phenyl-2-cyclohexylimino-3-piperidino-4.4-dimethylpyrrolidon,* $C_{23}H_{33}N_3O$, F. 95-97°. Analog wurden folgende 4.4-Dimethylpyrrolidone (I) u. 4.4-Dimethylthiopyrrolidone (II) erhalten: *1-Phenyl-2-cyclohexylimino-3-pyrrolidino-I,* $C_{22}H_{31}N_3O$, F. 102 bis 104°; *1-[4-Chlorphenyl]-2-cyclohexylimino-3-pyrrolidino-I,* $C_{22}H_{30}ClN_3O$, F. 118—120°; *1-[4-Chlorphenyl]-2-cyclohexylimino-3-piperidino-I,* $C_{23}H_{32}N_3OCl$, F. 123—125°; *1-[4-Chlorphenyl]-2-cyclohexylimino-3-morpholino-I,* $C_{22}H_{30}N_3\cdot O_2Cl$, F. 168—171°; *1-[3-Chlorphenyl]-2-cyclohexylimino-3-pyrrolidino-I,* $C_{22}H_{30}N_3OCl$, F. 103—106°; *1-[3-Chlorphenyl]-2-cyclohexylimino-3-piperidino-I,* $C_{23}H_{32}N_3OCl$, F. 120—123°; *1-[3-Chlorphenyl]-2-cyclohexylimino-3-morpholino-I,* $C_{22}H_{30}N_3O_2Cl$, F. 146—148°; *1-[3.4-Dichlorphenyl]-2-cyclohexylimino-3-pyrrolidino-I,* $C_{22}H_{29}N_3OCl_2$, F. 127 bis 130°; *1-[3.4-Dichlorphenyl]-2-cyclohexylimino-3-piperidino-I,* $C_{23}H_{31}ON_3Cl_2$, F. 141—143°; *1-Phenyl-2-benzylimino-3-pyrrolidino-I,* $C_{23}H_{27}N_3O$, F. 92—94°; *1-[4-Chlorphenyl]-2-benzylamino-3-pyrrolidino-I,* $C_{23}H_{26}N_3OCl$, F. 83—84°; *1-Phenyl-2-tert.-butylimino-3-pyrrolidino-I,* $C_{20}H_{30}N_3O$, F. 89—91°; *1-[4-Chlorphenyl]-2-tert.-butylimino-3-pyrrolidino-I,* $C_{20}H_{29}N_3OCl$, F. 84—85°; *1-[3-Chlorphenyl]-2-cyclo-*

hexylimino-3-[*N'-methylpiperazino*]-I, $C_{23}H_{33}N_4OCl$, F. 103 bis 104°; *1-*[*3.4-Dichlorphenyl*]*-2-cyclohexylimino-3-*[*N'-methylpiperazino*]-I, $C_{23}H_{32}N_4OCl_2$, F. 115–119°; *1-p-Tosyl-2-cyclohexylimino-3-pyrrolidino*-I, $C_{23}H_{35}N_3O_3S$, F. 110 bis 113°; *1-p-Tosyl-2-cyclohexylimino-3-piperidino*-I, $C_{24}H_{35}N_3O_3S$, F. 131–132°; *1-p-Tosyl-2-cyclohexylimino-3-morpholino*-I, $C_{23}H_{33}N_3O_4S$, F. 129–131°; *1-*[*4-Chlorphenyl*]*-2-tert.-butylimino-3-morpholino-4.4-spiro-*[*4'-methylcyclohex-3-en*]*-pyrrolidon*, $C_{24}H_{33}N_3O_2Cl$, F. 122–125°; *1-p-Tosyl-2-cyclohexylimino-3-morpholino-4.4-spiro-*[*4'-methylcyclohex-3-en*]*-pyrrolidon*, $C_{27}H_{37}O_4N_3S$, F. 158 bis 159°; *1-Methyl-2-cyclohexylimino-3-pyrrolidino*-I, $C_{17}H_{29}N_3O$; *1-Cyclohexyl-2-cyclohexylimino-3-pyrrolidino*-I, $C_{22}H_{37}N_3O$, F. 79–81°; *1-Cyclohexyl-2-cyclohexylimino-3-piperidino*-I, $C_{23}H_{39}N_3O$, F. 102–104°; *1-Phenyl-2-*[*4-iminoazobenzol*]*-3-pyrrolidino*-I, $C_{28}H_{29}N_5O$, F. 124–126°; *1-Phenyl-2-*[*2-methyl-5-nitrophenylimino*]*-3-pyrrolidino*-I, $C_{22}H_{24}N_4O_3$, F. 164–165°; *1-Methoxymethyl-2-*[*2-methyl-5-nitrophenylimino*]*-3-pyrrolidino*-I, $C_{19}H_{26}N_4O_4$, F. 84 bis 85°; *1-*[*α-Naphthyl*]*-2-cyclohexylimino-3-piperidino*-I, $C_{27}H_{35}N_3O$, F. 130–131°; *1.4-Bis-*[*2-cyclohexylimino-3-piperidino-*I*-yl*]*-benzol*, $C_{40}H_{60}N_6O_2$, F. 211–212°; *1-Benzolsulfonyl-2-cyclohexylimino-3-*[*N-methylpiperazino*]-I, $C_{24}H_{36}N_4O_3S$, F. 148–151°; *N.N-Bis-*[*1-benzolsulfonyl-2-tert.-butylimino-*I*-3-yl*]*-piperazin*, $C_{38}H_{54}N_6O_6S_2$, F. 166 bis 167°; *1-Cyclohexyl-2-cyclohexylimino-3-pyrrolidino*-II, F. 77°, 91%; *1-*[*4-Nitrophenyl*]*-2-cyclohexylimino-3-piperidino*-II, F. 119–120°, 90%; *1-*[*4-Chlorphenyl*]*-2-cyclohexylimino-3-piperidino*-II, F. 121–122°, 67,5%; *1-*[*4-Toluolsulfonyl*]*-2-cyclohexylimino-3-morpholino*-II, F. 162 bis 163°, 55%; *1-Phenyl-2-cyclohexylimino-3-pyrrolidino*-II, F. 101–102°, 62,5%; *1-*[*4-Chlorphenyl*]*-2-cyclohexylimino-3-pyrrolidino*-II, F. 104–105°, 76%; *1-*[*4-Nitrophenyl*]*-2-cyclohexylimino-3-pyrrolidino*-II, F. 127–128°, 62%; *1-*[*4-Nitrophenyl*]*-2-*[*2.2'-dimethyl-4-iminoazobenzol*]*-3-pyrrolidino*-II, F. 141–142°, 77%; *1-*[*4-Toluolsulfonyl*]*-2-cyclohexylimino-3-pyrrolidino*-II, F. 167 bis 168°, 17%; *1-Phenyl-2-tert.-butylimino-3-pyrrolidino*-II; *1-*[*3.4-Dichlorphenyl*]*-2-cyclohexylimino-3-pyrrolidino*-II, F. 97–98°, 49%; *1-Methyl-2-cyclohexylimino-3-pyrrolidino*-II, F. 97–98°, 53%; *N.N'-Bis-*[*1-p-nitrophenyl-2-cyclohexylimino-*II*-yl*]*-piperazin*, F. 282–283°, 16%. — *Zusatzmittel* für *Mineralöle*. (**Brit. P. 1 080 680** vom 20/12. 1965, ausg. 23/8. 1967. D. Prior. 18/12. u. 21/12. 1964.) — 21 S. R. Bauereis H 3081

1912 J. R. Geigy Akt.-Ges., Basel (Erfinder: Reinhard Zweidler, Basel, Rudolf Keller, Riehen, und Max Keller, Basel), Schweiz, **2-[3'''-Halogenstilbyl-(4'')]-naphto-[1'.2': 4.5]-1.2.3-triazol-2''-sulfonsäure** [Halogen = F, Cl] u. deren Salze erhält man durch Kuppeln von Diazoniumverb. einer 4-Amino-3'-halogenstilben-2-sulfonsäure mit dem unsulfierten oder in 1-Stellung sulfierten 2-Aminonaphthalin u. Ox. des erhaltenen o-Aminoazofarbstoffs. *3-Chlorverb.*, *Na-Salz*, F. >300°. — *3-Fluorverb.*, *Na-Salz*. — *Opt. Aufheller*. (**Schwz. P. 438 842** vom 23/9. 1965, ausg. 15/12. 1967.) — 2 S. A. Jahn H 3153

1913 Allied Chemical Corp., New York, N.Y., übert. von: Morton Herbert Litt, Morristown, und George Joseph Schmitt, Madison, N.J., USA, **Fluorsubstituierte Dihydro-2-H-pyrane** erhält man nach folgendem Beispiel: Durch Rk. von α.α'-Dichlortetrafluoraceton mit 1.4-Pentadien erhält man *6.6-Di-*[*chlordifluormethyl*]*-5.6-dihydro-2-*[*β.β-di-*(*chlordifluormethyl*)*-β-hydroxyäthyl*]*-2-H-pyran*, $Kp._{0,07}$ 80–82°. — Analog *6.6-Di-*[*trifluormethyl*]*-5.6-dihydro-2-*[*β.β-di-*(*trifluormethyl*)*-β-hydroxyäthyl*]*-2-H-pyran*, $Kp._{0,07}$ 49–50°. — Zwischenprod. für *Polymere*. (**U. S. P. 3 358 002** vom 18/3. 1965, ausg. 12/12. 1967.) — 2 S. R. Bauereis H 3211

1914 Farbenfabriken Bayer Akt.-Ges., Leverkusen (Erfinder: Carl-Wolfgang Schellhammer, Karl-Walter Müller und Roderich Raue), **Herstellung von 7-Amino-3-phenylcumarinverbindungen** erfolgt durch Erhitzen eines Salicylidenanilins mit einer ggf. substituierten Phenylessigsäure in Ggw. eines W. bindenden Mittels, wie Essigsäureanhydrid, u. mindestens einem Alkalimetallsalz einer Carbonsäure, wie Na-Acetat oder -Phenylacetat u. Abspaltung der Acylgruppe. Durch Rk. von [4-Acetylaminosalicyliden]-p-toluidin mit Phenylessigsäure u. Abspaltung der Acetylgruppe mit konz. HCl erhält man das *7-Amino-3-phenylcumarin*, F. 201–204°, Ausb. 71,5%. — Analog: *7-Amino-3-p-tolylcumarin*, F. 223–224°; *7-Amino-3-p-methoxyphenylcumarin*, F. 253 bis 255°; *7-Amino-3-p-chlorphenylcumarin*, F. 260–261°; *7-Amino-3-p-methylmercaptophenylcumarin*, F. 276 bis 278°. — *Opt. Aufheller*. (**Brit. P. 1 077 114** vom 4/3. 1965, ausg. 26/7. 1967. D. Prior. 7/3. 1964.) — 3 S. R. Bauereis H 3211

1915 United States of America, Secretary of Agriculture, übert. von: Leonard Jurd, Berkeley, Calif., USA, **3-Phenoxyflavyliumverbindungen** erhält man durch Rk. von β-Resorcylaldehyd mit einem α-Phenoxyacetophenon in Eisessig oder Essigester in Ggw. von HCl. — *3'.4'.7-Trihydroxy-3-phenoxyflavyliumchlorid* erhält man mit 99% Ausb. aus β-Resorcylaldehyd u. 3.4-Dihydroxy-α-phenoxyacetophenon. — *Nahrungsmittelfarbstoffe*. (**U. S. P. 3 314 975** vom 25/1. 1963, ausg. 18/4. 1967.) — 6 S. R. Bauereis H 3211

1916 Dow Chemical Co., Midland, Mich., USA, **Herstellung von 4-Amino-3.5.6-trichlor-2-[trichlormethyl]-pyridin**, F. 130–131°. Man leitet Cl_2 bei 110–165° in 4-Amino-3.5-dichlor-2-[trichlormethyl]-pyridin oder 4-Amino-3.5.6-trichlor-2-[dichlormethyl]-pyridin, ggf. in einem Lsgm., wie CH_2Cl_2, u. ggf. unter UV-Bestrahlung. (**Niederl. P. 122 805** vom 15/2. 1963, ausg. 15/8. 1967. U. S. Prior. 6/3. 1962.) — 2 S. F. Böhm H 3231

1917 Monsanto Chemicals (Australia) Ltd., West Footscray, Australien, **1.10-Phenanthrolinderivate** erhält man durch Erhitzen von 8-Aminochinolin, das in 2- bis 6-Stellung durch Alkyl- oder Arylreste substituiert ist, mit β-Vinylketonen oder -aldehyden der allg. Formel $R^1CH = C(R^2)COR^3$ (I) auf ≦ 130° in Ggw. von H_3AsO_4 (R^1, R^2 u. R^3 = H, Alkyl-, Arylreste). Anstatt I können Verb. verwendet werden, die die Ketone oder Aldehyde im wss. sauren Medium erzeugen u. den folgenden Formeln entsprechen: $R^1CH(Y)CH(R^2)C(R^3)X_2$, $R^1CH{=}C(R^2)C(R^3)X_2$, $R^1CH(Y)CH(R^2)COR^3$, $R^1CH(Y)CH(R^2)\cdot CHX_2$, $R^1CH{=}C(R^2)CHX_2$, $R^1CH(Y)CH(R^2)CHO$ [R^1 u. R^2 = H, Alkyl; Y = OH, Halogen, Alkoxy, Acetoxyrest; X = Alkoxy, Acetoxyrest, Halogen]. — 3.4-Dimethyl-8-aminochinolin + Methylisopropenylketon → *N-*[*3'.4'-Dimethyl-8-chinolyl*]*-4-amino-3-methylbutanon-*(*2*) (**II**), $C_{16}H_{20}N_2O$, Prismen, F. 73–74°. — II + H_3AsO_4 → (1.10-Phenanthrolin = **III**) *3.4.7.8-Tetramethyl*-III, F. 280 bis 281° (Methanol). — 4-Methyl-8-aminochinolin → *3.4.7-Trimethyl*-III, F. 222–223°. — 3.4-Dimethyl-8-aminochinolin + Methacroleindiacetat → *3.4.8-Trimethyl*-III, F. 212°. — *3.4-Dimethyl*-III, F. 236°. — *2.4.7.8-Tetramethyl*-III, F. 200°. — *2.4.7.9-Tetramethyl*-III, F. 201°. (**Brit. P. 1 074 889** vom 28/8. 1964, ausg. 5/7. 1967. Aust. Prior. 30/8. 1963.) — 7 S. A. Jahn H 3231

1918 C. F. Spiess & Sohn, Kleinkarlbach (Erfinder: Kurt Knoerenagel, Grünstadt), **Quartäre Ammoniumsalze aus Halbacetal- beziehungsweise Halbketalestern von Mono-, Di- oder Oligosacchariden** erhält man durch Rk. eines Halbacetal- bzw. Halbketalesters von Mono-, Di- oder Oligosacchariden, die noch eine oder mehrere freie alkohol. Hydroxylgruppen besitzen, mit einem organ. tert. Amin in Ggw. eines indifferenten organ. Lsgm. bei erhöhter Temperatur. — Beispiel: Glucosido-p-toluolsulfonat ergibt mit Py. nach 3tägigem Stehen → *Glucosidopyridiniumtosylat*. Analog wurden hergestellt: *3-Carbonsäureamid des Glucosidopyridiniumtosylats*; *Glucosidochinoliniumtosylat*; *das Umsetzungsprodukt aus Glucosido-p-toluolsulfonat mit Dimethylanilin*, F. 84–86°; *N-Glucosidopyridiniummethylsulfat*; *3-Carbonsäureamid-N-glucosidopyridiniummethylsulfat*; *3-Carbonsäureamid des N-Xylosidopyridinium-p-toluolsulfonats*; *N-Glucosido-γ.γ'-pyridylpyridinium-p-toluolsulfonat*, F. 91–93°; *N-Glucosido-α.α'-pyridylpyridinium-p-toluolsulfonat*; *N.N'-Diglucosido-γ.γ'-dipyridinium-di-p-toluolsulfonat*, F. 192–195°; *das Umsetzungsprodukt von Glucosido-p-toluolsulfonat mit Adenin*, F. 95–98°; *N-Lactosidopyridinium-p-toluolsulfonat*; *Tetraglucosidotetrapyridiniumtetraphosphat*. — *Zwischenprodukte für Coenzyme*. (**D. A. S. 1 266 305** Kl. 12p vom 26/2. 1959, ausg. 18/4. 1968.) — 4 S. A. Ullrich H 3400

1919 Esso Research and Engineering Co., Del., übert. von: Charles A. Rowe jun., Roselle, Alan Schriesheim, Berkeley Heights, und Shelton Bank, Watchung, N.J., USA, **Neues Grignard-Reagens** erhält man, indem man Mg mit einem KW-Stoffhalogenid in einem fl. Äther, tert. Amin oder heterocycl. Amin umsetzt u. dann das Rk.-Prod. mit 1—100 Mol-% Phosphorsäure-tris-dimethylamid in fl. Zustand reagieren läßt. — *Katalysatoren* für *Olefinpolymerisation*. — (**U. S. P. 3 347 912** vom 17/4. 1963, ausg. 17/10. 1967.) — 3 S. A. Debo 6680

1920 M & T Chemicals, Inc., New York, N.Y., USA (Erfinder: Eugene Christopher Ashby), **Grignard-Verbindungen** der allg. Formel R—Mg—X (R = Alkyl, Aryl; X = Cl, Br, J) werden hergestellt durch Rk. von R—X mit Mg in einem KW-Stoff in Ggw. eines tert.-Amins. — C_2H_5MgBr, (Ausb.) 88%. — C_4H_9MgCl, 93%. — Als Amine dienen $(C_2H_5)_3N$, $(CH_3)_2NC_6H_5$. — (**Brit. P. 1 084 845** vom 28/7. 1966, ausg. 20/9. 1967. U. S. Prior. 29/7. 1965.) — 3 S. A. Debo 6680

1921 Esso Research and Engineering Co., übert. von: Hugh E. Ramsden, Scotch Plains, und John E. Engelhart, Westfield, N.J., USA, **Styrolmagnesiumverbindungen** werden hergestellt durch Rk. von C_1—C_7-alkyl, -alkoxyl- oder -aroxylsubstituierten Styrolen allein oder in Mischung mit C_4—C_{40}-acycl., konjugierten Diolefinen oder C_{12}—C_{40}-aromat. KW-Stoffen mit kondens. Ringen mit Mg. Die Verb. sind halogenfrei. — *Distyryl-Mg*; *Isoprenstyryl-Mg*; $C_6H_5\overline{CH-CH_2-CH_2-CH=C(CH_3)-CH_2-Mg}$; *Butadienstyryl-Mg*; *Anthracenstyryl-Mg*; *α-Methylstyryl-Mg*. — *Zwischenprod*., bes. für: Styryldibutylzinn, Isoprenstyrylzinn, Anthracenstyryldibutylzinn, Diphenyladipinsäure, 2.5-Dimethyl-2.5-diphenylhexandiol-(1.6); Diphenylbutandiole. — (**U. S. P. 3 351 646** vom 4/1. 1965, ausg. 7/11. 1967.) — 4 S. A. Debo 6680

1922 Continental Oil Co., Ponca City, Okla., USA, **Herstellung von Trialkoxyaluminium** durch Ox. von Trialkyl-Al (z. B. Trihexyl-Al). Die Bldg. von Nebenprod. wird vermieden, wenn man die Rk. bis zu einer Umsetzung von höchstens 70, bes. 45—65%, bei 25—70, bes. 40 bis 60°, durchgeführt u. dann bei —10 bis +15, bes. —5 bis +5°, zu Ende führt. Man erhält Ausb. bis zu 98%. (**Niederl. P. 123 431** vom 25/6. 1963, ausg. 15/12. 1967.) — 2 S. F. Böhm 6680

1923 National Distillers & Chemicals Corp., New York, N.Y., übert. von: Charles E. Frank und Jawad H. Murib, Cincinnati, O., USA, **Halogenalkylaluminiumkomplexe** werden nach: $Y'_nB(RX)_{3-n} + Y_nAlR'_{3-n} \rightleftharpoons Y_nAl(RX)_{3-n} + Y'_nBR'_{3-n}$ u. ggf. $+ Z \rightarrow Z : Al(RX)_{3-n} Y_n$ hergestellt (R = ggf. substituierter Polymethylenrest, wobei X $\geqq$ 4 C-Atome vom Kettenende entfernt ist; R′ = H, C_1—C_4-Alkyl; X = Halogen; Y, Y′ = H, Halogen, C_1—C_4-Alkyl; Z = Lewis-Base; n = 0, 1, 2). — $CH_3OC_6H_5 : Al[(CH_2)_4Cl]_3$. — *Zwischenprod. für Alkohole*. (**U. S. P. 3 354 192** vom 16/9. 1963, ausg. 21/11. 1967.) — 4 S. A. Debo 6680

1924 VEB Chemiewerk Greiz-Dölau (Erfinder: Herbert Stölzel, Ingeborg Klötzscher und Siegfried Hartmann), Greiz, **Zinn oder Antimon enthaltende Mercaptoverbindungen** werden hergestellt durch Rk. von Dialkylzinnoxiden oder Sb_2O_3 mit Mercaptoverb. in wss. Phase. — 0,33 (Mol) Sb_2O_3 u. 2 Thioglykolsäureisooctylester → hellgelbes Öl mit 16% Sb; *Dibutylzinn* (**I**)-*diisooctylthioglykolat*, 98% (Ausb.); **I**-*thioglykolat*, F. 176°, 99,3%; **I**-*di*-(*n-octylmercaptid*), 97%; **I**-*diphenylmercaptid*, 98%. (**D. A. S. 1 276 648** Kl. 12o vom 4/3. 1966, ausg. 5/9. 1968.) — 2 S. A. Debo 6680

1925 Stauffer Chemical Co., New York, übert. von: Sheldon Herbstmann, Bronx, N.Y., USA, **Alkylamidodialkylzinnacylate** der Formel $R_2Sn(OOCR_1)NHC \cdot (O)R^2$ u. $[-Sn(R)_2OC(O)-X_m-C(O)NH-]_n$ werden hergestellt durch Rk. von R_2SnO mit $R^1C(O)NHC(O)R^2$ oder einem entsprechenden Imid (R = C_1—C_8-Alkyl; R^1, R^2 = C_1—C_{18}-Alkyl; X = Alkylen; m = 2—8; n = 5—25). — $(C_4H_9)_2Sn[OC(O)CH_2C_6H_5]NHC(O)CH_2C_6H_5$, F. 160°, 82,5% (Ausb.); $(CH_3)_2Sn[OC(O)C_2H_5]NHC(O) \cdot C_2H_5$, F. 190—192°, 69%; $(n\text{-}C_4H_9)_2Sn[OC(O)C_2H_5]NHC \cdot (O)C_2H_5$, F. 30°, 86%; $[-Sn(C_4H_9)_2OC(O)(CH_2)_2C(O) \cdot NH-]_n$ (n = 5—25), F. 250° (Zers.), 81%. — *Katalysatoren für Polyurethanschäume*. (**U. S. P. 3 355 469** vom 9/4. 1964, ausg. 28/11. 1967.) — 3 S. A. Debo 6680

1926 Stauffer Chemical Co., New York, N.Y., übert. von: Edward N. Walsh, Chicago Heights, Ill., und Adam F. Kopacki, Westwood, N.J., USA, **Organozinnphosphinate** der Formel $[(C_6H_5)_2P(X)Y]_mSnR_{4-m}$ werden hergestellt durch Rk. von $(C_6H_5)_2P(X)YNa$ mit $R_{4-m}SnCl_m$ (X, Y = O, S; R = Phenyl, C_1—C_{12}-Alkyl; m = 1—4). — $[(C_6H_5)_2P(S)S]_2Sn(C_4H_9)_2$, F. 138—140°, 80% (Ausb.); $[(C_6H_5)_2P(O)S]_2Sn(C_4H_9)_2$, n_D^{25} 1,6275; $[(C_6H_5)_2P(O)O]_2Sn(C_4H_9)_2$; $(C_6H_5)_2P(S)SSn(C_6H_5)_3$, F. 127—130°; $[(C_6H_5)_2P(S)S]_2Sn(C_6H_5)_2$, F. 218—220°, 96,2%; $[(C_6H_5)_2P(S)S]_2Sn(C_8H_{17})_2$, 95,8%; $[(C_6H_5)_2 \cdot P(S)S]_2Sn(C_{12}H_{25})_2$, 96%; $[(C_6H_5)_2P(O)S]_2Sn(C_8H_{17})_2$, 73%; $(C_6H_5)_2P(O)SSn(C_6H_5)_3$, F. 120—123°; $[(C_6H_5)_2 \cdot P(O)S]_2Sn(C_{12}H_{25})_2$, 99%; $[(C_6H_5)_2P(O)O]_2Sn(C_{12}H_{25})_2$, 75%; $[(C_6H_5)_2P(O)O]_2Sn(C_6H_5)_2$, 89%; $[(C_6H_5)_2P(O)S]_4 \cdot Sn$, 61%; $[(C_6H_5)_2P(S)S]_2Sn(CH_3)_2$, F. 177—181°, 99%. — *Stabilisatoren für Polypropylen*. (**U. S. P. 3 358 006** vom 28/8. 1962, ausg. 12/12. 1967.) — 4 S. A. Debo 6680

1927 American Cyanamid Co., übert. von: William Frank Marzluff, Stamford, Conn., USA, **Molybdäntrioxid-Diäthylentriaminkomplexverbindung**, $C_4H_{13}N_3O_3Mo$, erhält man durch Rk. von Mo-Oxid mit Diäthylentriamin in Wasser. — *Zusatz* zu geschmolzenem *Stahl*, um dessen N_2-Geh. zu erhöhen. (**U. S. P. 3 349 108** vom 9/9. 1963, ausg. 24/10. 1967.) — 1 S. R. Bollinger 6680

1928 **Badische Anilin- & Soda-Fabrik Akt.-Ges.**, Ludwigshafen/Rh. (Erfinder: **Willi Danz**, Ludwigshafen/Rh., und **Walter Teltschik**, Frankenthal/Pfalz), *Herstellung von Acetylen und Acetylen—Äthylen-Gemischen durch partielle Oxydation von Kohlenwasserstoffen*. (**Brit. P. 1 022 924** vom 8/1. 1963, ausg. 16/3. 1966. D. Prior. 12/1. 1962. — C. **1966**, 28-2424 [Oe. P. 237 581].)

1929 **Imperial Chemical Industries Ltd.**, London, Großbritannien (Erfinder: **D. Lee** und **G. C. Fettis**), *Herstellung von chlorierten Kohlenwasserstoffen*. (**Schwed. P. 204 293** vom 7/5. 1963, ausg. 17/5. 1966. Brit. Prior. 8/5. 1962 u. 26/4. 1963. — C. **1966**, 42-2471 [Oe. P. 239 205].)

1930 **Produits Chimiques Pechiney Saint-Gobain**, Neuilly-sur-Seine, Frankreich, *1-Brom-1.1-difluoräthan*. (**Brit. P. 1 048 694** vom 10/7. 1963, ausg. 16/11. 1966. **Belg. A. S. 634 814** vom 11/7. 1963, bekanntgemacht 13/1. 1964. Beide F. Prior. 12/7. 1962. — C. **1966**, 25-2052 [F. P. 1 336 749].)

1931 **Monsanto Co.** (Erfinder: **Keith Taylor** und **Gene Wofford**), *Trichloräthane*. (**Aust. P. 270 169** vom 12/3. 1962, ausg. 13/10. 1966. U. S. Prior. 15/3. 1961. — C. **1965**, 49-2450 [U. S. P. 3 138 643].)

1932 **British Hydrocarbon Chemicals Ltds.**, London, Großbritannien (Erfinder: **L. E. Addy**), *Herstellung von Olefinen*. (**Schwed. P. 203 882** vom 18/7. 1963, ausg. 3/5. 1966. Brit. Prior. 26/7. 1962 u. 28/2. 1963. — C. **1965**, 43-2614 [D. A. S. 1 189 066].)

1933 **Farbenfabriken Bayer Akt.-Ge**. (Erfinder: **Walter König** und **Gerhard Scharfe**), Deutschland, *Herstellung von Isobuten-Oligomeren*. (**F. P. 82 795** vom 20/12. 1962, ausg. 24/7. 1964, D. Prior. 20/12. 1961. Zusatz zu F. P. 1 279 720; C. 1966, 48-2538. — C. **1966**, 25-2468 [Brit. P. 959 756].)

1934 **Montecatini Soc. Gen. per l'Industria Minerariae Chimica**, übert. von: **Dario Sianesi** und **Guiseppe Nelli**, Mailand, Italien, *Herstellung von fluorierten Olefinen*. (**Can. P. 695 860** vom 6/6. 1963, ausg. 13/10. 1964. It. Prior. 7/6. 1962. — C. **1966**, 27-2390 [Oe. P. 240 336].)

1935 **Imperial Chemical Industries Ltd.**, London, Großbritannien (Erfinder: **K. S. Revell**), *Herstellung von Tetrafluoräthylen*. (**Schwed. P. 201 892** vom 14/8. 1963, ausg. 15/2. 1966. Brit. Prior. 16/8. 1962 u. 12/7. 1963. — C. **1966**, 39-2684 [Brit. P. 971 995].)

1936 **Pittsburgh Plate Glass Co.** (Erfinder: **Robert Emmett McGreevy** und **Joseph Edwin Milam**), *Herstellung ungesättigter Chlorkohlenwasserstoffe*. (**Aust. P. 269 619** vom 8/5. 1962, ausg. 15/9. 1966. U. S. Prior. 16/5. 1961. — C. **1967**, 12-2538 [D. A. S. 1 219 473].)

1937 **Halcon International, Inc.** (Erfinder: **David Brown**), *Chlorierte Kohlenwasserstoffe*. (**Aust. P. 269 803** vom 23/5. 1962, ausg. 22/9. 1966. U. S. Prior. 24/5. 1961. — C. **1967**, 34-2689 [Brit. P. 1 009 356].)

1938 **Pittsburgh Plate Glass Co.**, Pittsburgh, Pa. (Erfinder: **Lester Ernest Bohl**, **Albert Philip Muren** und **Raymond Melvin Vancamp**, New Martinsville, W.Va.), USA, *Perchloräthylen*. (**Schwz. P. 400 126** vom 1/5. 1961, ausg. 15/4. 1966. **Aust. P. 249 963** vom 3/5. 1961, ausg. 26/3. 964. Beide U. S. Prior. 12/5. 1960. — C. **1966**, 27-2394 [D. A. S. 1 197 875].)

1939 **Montecatini Soc. Gen. per l'Industria Mineraria e Chimica**, Mailand, Italien (Erfinder: **G. Fauser**), *Herstellung von Acetylen und Äthylen durch Pyrolyse*. (**Schwed. P. 203 027** vom 28/12. 1960, ausg. 22/3. 1966. It. Prior. 31/12. 1959. — C. **1963**, 17867 [Ung. P. 150 173].)

1940 **Badische Anilin & Soda-Fabrik Akt.-Ges.**, übert. von: **Willi Danz**, **Otto Frey**, **Erich Kittel**, Ludwigshafen/Rh., **Ferdinand Markert**, Limburgerhof, und **Walter Teltschik**, Frankenthal, *Herstellung von Acetylen*. (**U. S. P. 3 242 225** vom 20/5. 1964, ausg. 22/3. 1966. **Brit. P. 942 436** vom 11/4. 1962, ausg. 20/11. 1963. Beide D. Prior. 15/4. 1961. — C. **1966**, 25-2474 [Oe. P. 232 972].)

1941 **Eastman Kodak Co.**, Rochester, N.Y., USA (Erfinder: **James Edwin Guillet**, **James Powell Hawk** und **Edmund Barber Towne**), *Ungesättigte Diacylperoxide*. (**Brit. P. 1 031 742** vom 6/12. 1962, ausg. 2/6. 1966. U. S. Prior. 28/12. 1961. — C. **1965**, 3-2610 [D. A. S. 1 170 641].)

1942 E. I. du Pont de Nemours & Co., übert. von: Robert Thomas Gilsdorf, Wilmington, Del., USA, Organische Titansäureester (U. S. P. 3 091 625 vom 21/10. 1960, ausg. 28/5. 1963. – C. 1966, 28-2428 [Can. P. 691 908].)

1943 Shell Internationale Research Mij. N. V. (Erfinder: Charles R. Greene), Aldehyde und Alkohole. (Aust. P. 270 947 vom 21/1. 1963, ausg. 24/11. 1966. U. S. Prior. 23/1. 1962. – C. 1966, 44-2339 [Brit. P. 988 944].)

1944 Imperial Chemical Industries Ltd. (Erfinder: Bernard Whim und Gordon Fettis), Ungesättigte Aldehyde. (Aust. P. 271 298 vom 31/12. 1963, ausg. 8/12. 1966. Brit. Prior. 15/3. 1963. – C. 1966, 44-2340 [Brit. P. 989 401].)

1945 Imperial Chemical Industries Ltd. (Erfinder: William F. Ainsworth und Geoffrey Cottrell), Stabilisierter Formaldehyd. (Aust. P. 270 997 vom 14/3. 1962, ausg. 24/11. 1966. Brit. Prior. 14/3. 1961. – C. 1965, 11-2705 [Brit. P. 931 892].)

1946 Badische Anilin& Soda-Fabrik Akt.-Ges., Ludwigshafen/Rh. (Erfinder: H. Freyschlag, H. Pommer und W. Reif), Derivate des n-Hydroxytiglinaldehyds. (Schwed. P. 202 130 vom 30/5. 1963, ausg. 22/2. 1966. D. Prior. 1/6. 1962. – C. 1965, 47-2503 [D. A. S. 1 169 438].)

1947 F. Hoffmann-La Roche & Co. Akt.-Ges., Basel, Schweiz (Erfinder: R. Marbet und G. Saucy), Ungesättigte Ketone. (Schwed. P. 203 024 vom 22/7. 1959, ausg. 22/3. 1966. Schwz. Prior. 1/8. u. 12/12. 1958. – C. 1962, 12865 [D. A. S. 1 118 191].)

1948 Distillers Co. Ltd., Edinburgh, Schottland, übert. von: Henry Peter Crocker, Hornsea, Großbritannien, Herstellung von ungesättigten Ketonen. (U. S. P. 3 101 375 vom 14/7. 1960, ausg. 20/8. 1963. F. P. 1 265 113 vom 17/8. 1960, ausg. 20/10. 1961. Beide Brit. Prior. 21/8. 1959. – C. 1966, 25-2491 [Brit. P. 951 927].)

1949 Allied Chemical Corp., New York, N.Y., USA (Erfinder: H. R. Nychka und C. Wolf), Fluorperhalogenacetone. (Schwed. P. 202 334 vom 20/9. 1963, ausg. 1/3. 1966. U. S. Prior. 26/9. 1962. – C. 1966, 44-2368 [U. S. P. 3 164 637].)

1950 Allied Chemical Corp., New York, N.Y., USA (Erfinder: L. G. Anello und C. Woolf), Perhalogenacetone. (Schwed. P. 203 475 vom 20/9. 1963, ausg. 19/4. 1966. U. S. Prior. 26/9. 1962. – C. 1966, 22-2372 [D. A. S. 1 202 775].)

1951 Allied Chemical Corp., New York, N.Y., USA (Erfinder: L. G. Anello, H. R. Nychka und C. Woolf), Perhalogenacetone. (Schwed. P. 203 476 vom 20/9. 1963, ausg. 19/4. 1966. U. S. Prior. 26/9. 1962. – C. 1966, 22-2372 [D. A. S. 1 202 775].)

1952 Shell Internationale Research Mij. N. V. (Erfinder: Lynn Slaugh), Umwandlung von Olefinen. (Aust. P. 270 066 vom 23/8. 1962, ausg. 6/10. 1966. U. S. Prior. 25/8. 1961. – C. 1967, 6-2582 [Brit. P. 995 459].)

1953 Stamicarbon N. V., Heerlen, Niederlande (Erfinder: K. Delcour), Herstellung von Essigsäure. (Schwed. P. 203 623 vom 24/6. 1963, ausg. 26/4. 1966. Niederl. Prior. 26/6. 1962. – C. 1966, 1-2467 [Brit. P. 977 496].)

1954 British Celanese Ltd. (Erfinder: Stanley Beesley und Donald A. Sharnan), Peressigsäure. (Aust. P. 270 980 vom 14/8. 1962, ausg. 24/11. 1966. Brit. Prior. 7/9. 1961. – C. 1965, 21-2673 [Brit. P. 956 607].)

1955 Lonza Elektrizitätswerke und Chemische Fabriken Akt.-Ges., Gampel und Basel, Schweiz (Erfinder: F. Moulin), Herstellung von Orthoameisensäureestern. (Schwed. P. 203 622 vom 17/4. 1959, ausg. 26/4. 1966. Schwz. Prior. 18/4. 1958. – C. 1961, 18502 [Brit. P. 853 405].)

1956 Imperial Chemical Industries Ltd., Großbritannien, Herstellung von Glycerinestern. (F. P. 1 374 736 vom 12/11. 1963, ausg. 20/1. 1965. Brit. Prior. 12/11. 1962 u. 23/10. 1963. – C. 1967, 6-2575 [Brit. P. 987 278].)

1957 Österreichische Stickstoffwerke Akt.-Ges., Linz, Österreich, Reinigung von Acrylsäurenitril. (Brit. P. 1 049 427 vom 14/8. 1963, ausg. 30/11. 1966. Oe. Prior. 16/8. 1962. – C. 1966, 24-2366 [Oe. P. 236 357] u. C. 1966, 8-2353 [D. P. [DDR] 32 827].)

1958 Standard Oil Co. (Erfinder: James Louis Callahan und Berthold Gertisser), Herstellung von Methacrylnitril. (Aust. P. 269 639 vom 6/6. 1963, ausg. 15/9. 1966. U. S. Prior. 11/6. 1962 u. 8/1. 1963. – C. 1967, 15-2625 [Brit. P. 973 338].)

1959 Miles Laboratories, Inc. (Erfinder: Mario Batti und Leonard B. Schweiger), Elkhart, Ind., USA, Itaconsäureherstellung. (D. A. S. 1 229 488 Kl. 6b vom 30/6. 1961, ausg. 1/12. 1966. U. S. Prior. 1/7. 1960. – C. 1965, 27-2951 [U. S. P. 3 078 217].)

1960 Svenska Sockerfabriks A/B, Malmö, (Erfinder: Martin Torvald Tveit, Lund), Schweden, Citronensäureherstellung. (D. A. S. 1 230 752 Kl. 6b vom 9/11. 1960, ausg. 22/12. 1966. Schwed. Prior. 11/11. 1959 u. 5/9. 1960. – C. 1965, 27-2950 [Can. P. 651 792].)

1961 Hibernia-Chemie G. m. b. H., Gelsenkirchen, γ-Ketonitrile. (Brit. P. 1 001 623 vom 18/9. 1962, ausg. 18/8. 1965. D. Prior. 9/10. 1961. – C. 1966, 28-2449 [Oe. P. 236 358].)

1962 Morton Chemical Co., Division of Morton Salt Co., Chicago (Erfinder: James T. Venerable, Huntley, James Miyashiro, Woodstock, und Philip L. Weyna, Crystal Lake), Ill., USA, Kontinuierliche Herstellung von Alkylisothiocyanaten. (D. A. S. 1 253 265 Kl. 12o vom 8/6. 1962, ausg. 2/11. 1967. U. S. Prior. 29/6. 1961. U. S. P. 3 149 141 vom 29/6. 1961, ausg. 15/9. 1964. – C. 1966, 25-2515 [Oe. P. 236 359].)

1963 Soc. Belge de l'Azote et des Produits Chimiques du Marly Soc. An., Liège, Belgien (Erfinder: H. Etienne und A. Geukenne), Nichtzusammenbackendes Hexamethylentetramin. (Schwed. P. 203 632 vom 1/4. 1964, ausg. 26/4. 1966. Brit. Prior. 13/5. 1963. – C. 1968, 12-2530 [Brit. P. 1 014 904].)

1964 Hooker Chemical Corp., Niagara Falls, N.Y., USA (Erfinder: J. P. Eggert, W. H. Prahl, S. J. Lederman und E. H. Scremin), Herstellung von Phenol. (Schwed. P. 202 136 vom 23/8. 1962, ausg. 22/2. 1966. U. S. Prior. 25/8. 1961. – C. 1968, 16-2553 [Brit. P. 1 010 995].)

1965 Farbenfabriken Bayer Akt.-Ges., übert. von: Hans Richert, Leverkusen, Trifluormethylmercaptophenole. (U. S. P. 3 132 182 vom 22/10. 1962, ausg. 5/5. 1964. D. Prior. 3/11. 1961. Schwz. P. 421 995 vom 18/10. 1962, ausg. 15/4. 1967. Brit. P. 957 987 vom 31/10. 1962, ausg. 13/5. 1964. Beide D. Prior. 3/11. 1961, ausg. 22/6. 1962. – C. 1966, 25-2538 [Oe. P. 232 988].)

1966 N. V. Nederlandsche Combinatie voor Chemische Industrie, Amsterdam, Niederlande, und Laboratoria Pharmaceutica Dr. C. Janssen N. V., Turnhout, Belgien (Erfinder: P. A. J. Janssen und D. K. de Jongh), Derivate von α,α-Diphenyl-γ-aminobutyramid. (Schwed. P. 200 784 vom 13/11. 1956, ausg. 4/1. 1966. Niederl. Prior. 9/2. 1956. – C. 1960, 1-2773 [Oe. P. 198 258].)

1967 Farbenfabriken Bayer Akt.-Ges. (Erfinder: Wilfried Zecher und Hans Holtschmidt), Deutschland, Herstellung von halogenierten Alkylarylisocyanaten. (F. P. 1 375 462 vom 22/11. 1963, ausg. 9/2. 1965. D. Prior. 24/11. 1962. – C. 1966, 30-2770 [D. A. S. 1 200 289].)

1968 Regents of the University of California, Berkeley, Calif., USA (Erfinder: S. Riegelman), Stabile Lösungen von Dihydroxyphenylalkylamin. (Schwed. P. 203 310 vom 26/4. 1962, ausg. 5/4. 1966. U. S. Prior. 28/4. 1961. – C. 1965, 33-1803 [Brit. P. 930 452].)

1969 Comp. Française Thomson-Houston, Seine, Frankreich (Erfinder: Paul Ithel Prescott und Terry G. Selin), Herstellung von Amin-Phenylsiloxandiol-Komplexen. (F. P. 1 374 620 vom 25/10. 1963, ausg. 18/1. 1965. U. S. Prior. 1/11. 1962. – C. 1967, 26-3075 [U. S. P. 3 222 369].)

1970 Comp. Française Thomson-Houston, Seine, Frankreich (Erfinder: Paul Ithel Prescott und Terry G. Selin), Herstellung von cyclischen Organopolysiloxanen. (F. P. 1 374 621 vom 25/10. 1963, ausg. 18/1. 1965. U. S. Prior. 1/11. 1962. – C. 1967, 6-2615 [D. A. S. 1 216 302].)

1971 Badische Anilin- & Soda-Fabrik Akt-.Ges., übert. von: Ludwig Schuster und Paul Raff, Ludwigshafen/Rh., Herstellung von Dihydrodicyclopentadienylamin. (U. S. P. 3 294 840 vom 4/11. 1964, ausg. 27/12. 1966. D. Prior. 22/11. 1963. – C. 1967, 4-2548 [D. A. S. 1 215 145].)

1972 Union Carbide Corp., New York, N.Y., übert. von: Harry A. Stansbury jun. und David T. Manning, South Charleston, W. Va., USA, Herstellung von 2.6-Diaminocyclohexanolen. (Can. P. 687 308 vom 20/12. 1960, ausg. 26/5. 1964. U. S. Prior. 8/4. 1960. – C. 1966, 25-2557 [U. S. P. 3 112 345].)

1973 Ciba Akt.-Ges., Basel (Erfinder: Walter Scheller, Münchenstein, und Gustav Dändliker, Birsfelden), Schweiz, Herstellung von Diphenyl-, Triphenylen- und Polyphenylengemischen. (Schwz. P. 435 228 vom 19/6. 1962, ausg. 31/10. 1967. Zusatz zu Schwz. P. 410 884; C. 1968, 44-2460. – C. 1966, 25-2560 [Oe. P. 232 995].)

1974 Koninklijke Zwavelzuurfabrieken v/h Ketjen N. V. (Erfinder: Jan de Jong), Diphenylolpropane. (Aust. P. 270 433 vom 5/10. 1962, ausg. 27/10. 1966. – C. 1966, 15-2541 [Brit. P. 949 668].)

1975 Allied Chemical Corp., New York, übert. von: Voldemar Kirss, Buffalo, und Richard G. Spaunburgh, Elma, N.Y., USA, Herstellung von 4.4'-Methylen-bis-[phenylisocyanat]. (U. S. P. 3 163 666 vom 15/7. 1960, ausg. 29/12. 1964. – C. 1966, 25-2561 [Brit. P. 976 091].)

1976 Sun Oil Co. (Erfinder: James Calkins), Naphthaline. (Aust. P. 270 294 vom 20/6. 1962, ausg. 20/10. 1966. – C. 1966, 33-2525 [Brit. P. 974 282].)

1977 Roussel-Uclaf Soc. An., Paris, Frankreich (Erfinder: J. Warnant und J. Prost-Marechal), Herstellung von racemischer 5β-Hydroxy-8-oxo-1.4.4aα.5.8.8aα-hexahydronaphthalin-1β-carbonsäure. (Schwed. P. 202 616 vom 17/5. 1958, ausg. 8/3. 1966. F. Prior. 17/6. 1957. – C. 1961, 16282 [F. P. 1 192 189].)

1978 Institut Français du Pétrole, des Carburants et Lubrifiants, Rueil-Malmaison (Erfinder: Françoise Lanos, Paris, Geneviève Clement, Coeuilly-Champigny, Françoise Pouliquen, Pau, und Jean-Claude Balaceanu, Paris, Frankreich, Glykole und Epoxide. (Brit. P. 950 669 vom 24/10. 1961, ausg. 26/2. 1964. D. A. S. 1 192 172 Kl. 12o vom 24/10. 1961, ausg. 6/5. 1965. Beide F. Prior. 25/10. 1960. – C. 1966, 25-2566 [Oe. P. 232 976].)

1979 Merck & Co., Inc. (Erfinder: Earl Martin Chamberlin und Gustav Albert Stein), O-acetylierte Äthyleniminohydroxybutene. (Aust. P. 268 912 vom 10/1. 1963, ausg. 11/8. 1966. U. S. Prior. 25/1. 1962. – C. 1968, 4-2162 [Brit. P. 963 627].)

1980 Lepetit S. p. A., Mailand, Italien (Erfinder: E. Testa und L. Fontanella), 2-Acetidinone. (Schwed. P. 204 008 vom 5/5. 1958, ausg. 3/5. 1966. Brit. Prior. 6/5. 1957. – C. 1962, 19013 [Aust. P. 226 375].)

1981 VEB Farbenfabrik Wolfen, Wolfen (Erfinder: Wolfgang Reimann, Delitzsch, Helga Finke, Wolfen, Klaus-Peter Pfeifer, Köthen, und Leo Bendl, Dessau), 1-Carbamidino-3-methylpyrazolon-(5). (Schwz. P. 430 727 vom 21/2. 1964, ausg. 31/8. 1967. D. Prior. 31/10. 1963. D. A. S. 1 243 201 Kl. 12p vom 4/2. 1964, ausg. 29/6. 1967. – C. 1966, 26-2504 [D. P. [DDR] 33 352].)

1982 J. R. Geigy Akt.-Ges. (Erfinder: Hansjorg Heller, Jean Rody und Ernst Keller), Herstellung substituierter 2-[2'-Hydroxyphenyl]-benztriazole. (Aust. P. 269 613 vom 30/5. 1962, ausg. 15/9. 1966. Schwz. Prior. 16/6. 1961. – C. 1967, 3-2676 [Brit. P. 991 204].)

1983 VEB Farbenfabrik Wolfen, Wolfen/Kr. Bitterfeld (Erfinder: Reinhard Nieß, Wolfen/Kr. Bitterfeld, und Horst Laqua, Delitzsch), Herstellung von 3-Amino-1.2.4-triazol. (D. A. S. 1 212 093 Kl. 12p vom 20/11. 1964, ausg. 10/3. 1966. – C. 1966, 27-2470 [D. P. [DDR] 38 111].)

1984 J. R. Geigy Akt.-Ges., Basel, Schweiz, 3.4-Dihydro-2.4-dioxo-2H-pyrido-[2.3:e]-1.3-oxazin. (Oe. P. 237 622 vom 13/11. 1962, ausg. 28/12. 1964. Schwz. Prior. 14/11. 1961. – C. 1966, 22-2438 [D. A. S. 1 174 323].)

1985 F. Hoffmann-La Roche & Co. Akt.-Ges. (Erfinder: Leo Berger, Alfred J. Corraz und John Lee), Phenothiazine. (Aust. P. 270 543 vom 22/2. 1962, ausg. 27/10. 1966. U. S. Prior. 27/2. 1961. – C. 1967, 20-2657 [F. P. 1 316 176].)

1986 F. Asinger, Merkstein b. Aachen, und M. Thiel, Mannheim (Erfinder: F. Asinger, M. Thiel und W. Höringklee), Dihydro-m-thiazine-Δ-3.4. (Schwed. P. 203 477 vom 17/4. 1957, ausg. 19/4. 1966. D. Prior. 6/10. 1956. – C. 1960, 654 [D. P. [DDR] 14 956].)

1987 J. R. Geigy Akt.-Ges., Basel, Schweiz, Herstellung von Melaminderivaten. (Oe. P. 247 354 vom 6/7. 1962, ausg. 10/6. 1966. Schwz. Prior. 7/7. 1961. – C. 1967, 12-2665 [Brit. P. 999 614].)

1988 J. R. Geigy Akt.-Ges., Basel, Schweiz (Erfinder: W. Schindler und H. Dietrich), Herstellung von Azepinderivaten. (Schwed. P. 201 689 vom 27/5. 1960, ausg. 8/2. 1966. Schwz. Prior. 28/5. 1959 u. 29/1. 1960. – C. 1966, 11-2651 [Brit. P. 926 816].)

1989 J. R. Geigy Akt.-Ges., Basel, Schweiz (Erfinder: W. Schindler und H. Dietrich), Herstellung von Azepinderivaten. (Schwed. P. 203 886 vom 27/5. 1960, ausg. 3/5. 1966. Schwz. Prior. 28/5. 1959 u. 29/1. 1960. – C. 1966, 11-2651 [Brit. P. 926 816].)

1990 **F. Hoffmann-La Roche & Co. Akt.-Ges.** (Erfinder: **Jacob C. Bauernfeind**), *3H-1.4-Benzodiazepinderivate*. (**Aust. P. 270 590** vom 3/4. 1963, ausg. 3/11. 1966. U. S. Prior. 11/4. 1962. — C. **1967**, 2-3269 [Brit. P. 967 535].)

1991 **Halcon International, Inc.** (Erfinder: **John Colton**), *Lactame*. (**Aust. P. 270 458** vom 9/10. 1963, ausg. 27/10. 1966. U. S. Prior. 10/10. 1962. — C. **1967**, 18-2725 [U. S. P. 3 186 984].)

1992 **Stamicarbon N. V.**, übert. von: **Johan Albert Bigot**, Beek, und **Pieter Laurens Kerkhoffs**, Geleen, Niederlande, *Herstellung von ω-Lactamen*. (**U. S. P. 3 114 748** vom 21/12. 1961, ausg. 17/12. 1963. **Brit. P. 972 649** vom 27/12. 1961, ausg. 14/10. 1964. **D. P. [DDR] 31 497** Kl. 12p vom 21/12. 1961, ausg. 5/10. 1964 [Ausschließungspatent]. Alle Niederl. Prior. 23/12. 1960. — C. **1966**, 25-2585 [Oe. P. 232 982].)

1993 **Inventa Akt.-Ges. für Forschung und Patentverwertung**, Zürich, Schweiz (Erfinder: **C. H. Bolle**), *Gewinnung von ε-Caprolactam*. (**Schwed. P. 203 625** vom 15/7. 1958, ausg. 26/4. 1966. Schwz. Prior. 16/7. 1957. C. **1961**, 6328 [Brit. P. 827 703].)

1994 **W. R. Grace & Co.**, übert. von: **Paul R. Steyermark**, New York, N.Y., USA, *Herstellung von Diglykosylharnstoffen*. (**Can. P. 677 487** vom 3/11. 1960, ausg. 7/1. 1964. U. S. Prior. 27/1. 1960. — C. **1966**, 27-2673 [F. P. 1 280 897].)

1995 **F. Hoffmann-La Roche & Co. Akt.-Ges.**, (Erfinder: **Heinrich Klaui, Wolfgang Schlegel** und **Sidney Frank Schaeren**), *Ascorbinsäureester*. (**Aust. P. 271 066** vom 5/11. 1963, ausg. 1/12. 1966. — C. **1965**, 30-3027 [Port. P. 41 682].)

H–8. Farbstoffe

1996 Imperial Chemical Industries Ltd., Großbritannien, **Herstellung von Farbstoffen** der allg. Formel T—A—N=N—E—T [A = Rest einer Diazokomponente; E = Hydroxynaphthylenrest, der in o-Stellung zur OH-Gruppe an die Azogruppe gebunden ist u. 1 bis 2 SO_3H-Gruppen trägt; T = s-Triazinylrest der allg. Formel $(C_3N_3)ClNHR$, der über ein N-Atom gebunden ist; R = Benzolrest, der mindestens eine SO_3H-Gruppe trägt]. — Man kuppelt ein diazotiertes Amin der allg. Formel T—A—NH_2 mit Kupplungskomponenten der allg. Formel H—E—T. — Man kondensiert 2 Mol Cyanurchlorid mit 2 Mol eines Anilins u. 1 Mol einer Azoverb. der allg. Formel X—A—N=N—EX (X = acylierbares Amin). — Bei der Kupplungsrk. oder Kondens.-Rk. können auch mehrere der Einzelkomponenten zu einem Mol. vereinigt sein. — Beispiele für die Herst. von *1-[2'-(3''-Sulfophenylamino)-4'-chlor-s-triazin-6'-yl]-amino-8-naphthol-3.6-disulfonsäure*, *1-[2'.4'-Dichlor-s-triazin-6'-yl]-amino-8-naphthol-3.6-disulfonsäure*. — Die Farbstoffe eignen sich zum Echtfärben von Cellulosefasern. (**F. P. 1 439 996** vom 7/4. 1965, veröff. 18/4. 1966. Brit. Prior. 1/4., 3/4. u. 7/4. 1964, 21/12. 1964 u. 29/3. 1965.) — 23 S. A. Jahn 6842

1997 Imperial Chemical Industries Ltd., Großbritannien, **Herstellung wasserlöslicher Azo-Reaktionsfarbstoffe** der allg. Formel [A—N=N—E—]—T—N(R)—C_6H_4—$SO_2N(R^1)$—Z—Y durch Rk. von Verb. der allg. Formel A—N=N—E—T—Hal mit entsprechenden Sulfamylanilinen oder durch Rk. von Verb. der allg. Formel Hal—T—N(R)—C_6H_4—$SO_2N(R^1)$—YZ mit entsprechenden Azoverb. (Hal = Halogen; A = Benzol- oder Naphthalinrest; E = Rest eines in p-Stellung kuppelnden Amins der Benzol-, Naphthalin-, 5-Pyrazolon-, 5-Aminopyrazol- oder Acetoacetarylamidreihe; T = Pyrimidin- oder s-Triazinrest, der ein Cl- oder Br-Atom trägt u. an einen aromat. Ring A oder E gebunden ist; R u. R^1 = H oder niederer Alkylrest; Z = α.β-Alkylenrest; Y = Cl oder Br). — Folgende Rk.-Prod. wurden erhalten (Farbton auf Baumwolle): *2-[4'-Amino-2'-ureidophenylazo]-naphthalin-3.6.8-trisulfonsäure, Tri-Na-Salz* (**I**) + Cyanurchlorid (**II**) + *4-Aminobenzolsulfon-β-chloräthylamid* (**III**) (rötlichgelb). — **I** + **II** + *4-Aminobenzolsulfon-β.γ-dichlorpropylamid*. — **I** + *2.4.6-Trichlor-5-cyanpyrimidin* + **III**. — Diazotierte *Orthanilsäure* + Kupplungsprod. aus *1-[4'-Amino-3-sulfophenyl]-3-methyl-5-pyrazolon, Na-Salz* + **II** + *3-Aminobenzolsulfon-β-chloräthylamid* (gelb). — Tabellenbeispiele. (**F. P. 1 468 288** vom 7/1. 1966, veröff. 14/11. 1966. Brit. Prior. 8/1. u. 20/12. 1965.) — 5 S. A. Jahn 6842

1998 Badische Anilin- & Soda-Fabrik Akt.-Ges. (Erfinder: Dieter Leuchs), Ludwigshafen/Rh., **Herstellung basischer Farbstoffe** durch Rk. von Azofarbstoffen der allg. Formel **I** mit Alkylierungsmitteln (K =

I 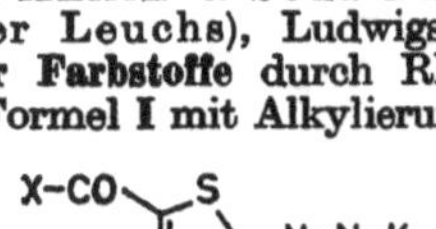

Rest einer kupplungsfähigen Aminoverb. oder eines Enamins; X = OH, Alkyl-, Aryl-, Alkoxy-, Alkylamino- oder Arylaminorest; R = Alkyl, Arylrest; X u. R können zusammen Bestandteile eines carbocycl. oder heterocycl. Rings sein). — Durch Rk. des Kupplungsprod. aus diazotiertem 2-Amino-4-methyl-5-acetylthiazol (**II**) u. 1-Methyl-2-phenyl-4.5-benzpyrrol (**III**) mit Dimethylsulfat (**IV**) → Farbstoff, der Polyacrylnitril in echten blaustichigroten Tönen färbt. Ferner sind folgende Verb. beschrieben (Farbton auf Polyacrylnitril): 2-Amino-4-methylthiazol-5-carbonsäureäthylester (**VI**) → Dimethylanilin (**V**) + **IV**, (blau). — **II** → 3-Methyl-**V** + **IV** (rotstichigblau). — 2-Amino-4-phenylthiazol-5-carbonsäureäthylester → **V** + Diäthylsulfat (grünstichigblau). — **VI** → 2-Phenyl-4.5-benzpyrrol + **IV** (bordo). — 2-Amino-4-methylthiazol-5-carbonsäure (**VII**) → **V** + Toluolsulfonsäuremethylester (blau). —**VII**-p-chlorphenylamid → 3-Methyl-N-methyl-N-(β-hydroxyäthyl)-anilin + **IV** (blau). — **VII**-2.4-Dimethoxyphenylamid → **V** + **IV** (grünstichigblau). — **VII**-Anilid → 2-Cyanmethyl-1.3.3-trimethyl-4.5-benzpyrrol + **IV** (rot). — **II** → N-Methyl-N-(β-cyanäthyl)-anilin + **IV** (blau). — 2-Amino-4-phenyl-5-phenylcarbonylthiazol → **V** + **IV** (grünstichigblau). — **VII**-Butylamid → **III** + **IV** (rot). — **II** → 3-Chlor-**V** + Äthylbromid (blau). — **VI** → 2-Methyl-4.5-benzpyrrol + Benzolsulfonsäuremethylester (rot). — **VI** → 2-Phenylinden + **IV** (bordo). — **VI** → 2-Cyanmethylbenzimidazol (**VIII**) + **IV** (rotstichiggelb). — **VI** → 2-(Aminocarbonylmethyl)-benzimidazol + **IV** (orange). — **VII**-Anilid → **VIII** + **IV** (orange). — **II** → 2.3.3-Trimethylindol + **IV** (rot). — (**D. A. S. 1 218 094** Kl. 22a vom 3/1. 1963, ausg. 2/6. 1966.) — 5 S. A. Jahn 6842

1999 Martin-Marietta Corp., USA (Erfinder: Gordon A. Geselbracht), **Herstellung von Disazofarbstoffen** der allg. Formel X—N=N—R—N=N—X u. deren Metallkomplexen durch Kupplung diazotierter m- oder p-Aminophenylthiosulfate (**I**) mit äquimolaren Mengen eines Naphthols unter sauren Bedingungen u. sofort anschließendes Kuppeln des erhaltenen Monoazofarbstoffs mit diazotierten **I** unter alkal. Bedingungen (X = Benzolring, der in m- oder p-Stellung eine Thiosulfatgruppe trägt; R = Naphthalinrest, der in o-Stellung zu einer Azogruppe einen OH-Rest trägt). — Folgende Verb. wurden erhalten (Farbton der Verb.): *Na-S-[4-Aminophenyl]-thiosulfat* (**I**) → *8-Amino-2-naphthol* (**II**) ← **I**. — **I** → **II**-*5-Sulfonsäure* ← (blau). — *K-S-[5-Amino-2-chlorphenyl]-thiosulfat* (**III**) → **II**-*3.6-disulfonsäure* ← **III** (marineblau). — *NH_4-S-[5-Amino-2-bromphenyl]-thiosulfat* (**IV**) → *6-Amino-1-naphthol-3-sulfonsäure* → **IV** (bordeaux). — *Na-S-[4-Amino-3-fluorphenyl]-thiosulfat* (**V**) → *6-Anilin-1-naphthol-3-sulfonsäure* ← **V** (bordeaux). — *Na-S-[3-Amino-4-methylphenyl]-thiosulfat* (**VI**) → *6-[4-Nitro-m-toluamido]-1-naphthol-3-sulfonsäure* ← **VI** (bordeaux). — *K-S-[3-Amino-5-äthylphenyl]-thiosulfat* (**VII**) → *5-Amino-1-naphthol-3-sulfonsäure* ← **VII** (bordeaux), — *NH_4-S-[4-Amino-3-methoxyphenyl]-thiosulfat* (**VIII**) → *1-Naphthol* ← **VIII** (braun). — *Na-S-[3-amino-5-äthoxyphenyl]-thiosulfat* (**IX**) → *1.5-Naphthalindiol* ← **IX** (oliv). — *Na-S-[5-Amino-2-sulfonamidophenyl]-thiosulfat* (**X**) → *1-Naphthol-8-sulfonsäure* ← **X** (violett). — *K-S-[2-phenylsulfonamido-4-aminophenyl]-thiosulfat* (**XI**) → *4.5-Dihydroxynaphthalin-1-sulfonsäure* ← **XI** (blau). — *NH_4-S-[4-Amino-3-hydroxyphenyl]-thiosulfat* (**XII**) → *6.7-Dihydroxy-2-naphthalinsulfonsäure* ← **XII** (bordeaux). — *Na-S-[4-Amino-3-sodiocarboxyphenyl]-thiosulfat* (**XIII**) → *5-Amino-1-naphthol* ← **XIII** (blau). — **I** → *8-Amino-1-naphthol* ← **I** (blau). — **I** → *6-Amino-1-naphthol-3-sulfonsäure* ← **I** (violett). — *Na-S-[3-Chlor-4-aminophenyl]-thiosulfat* → *8-Amino-2-naphthol-5-sulfonsäure* ← **XIII**, *Mono-Cu-Komplex* (blau). — *K-S-[3-Amino-4-hydroxyphenyl]-thiosulfat* (**XIV**) → *8-Amino-1-naphthol* ← **XIV**, *Mono-Co-Komplex* (grau). — *NH_4-S-[3-Amino-4-methoxyphenyl]-thiosulfat* → *5-Amino-1-naphthol* ← *NH_4-S-[3-Amino-4-hydroxyphenyl]-thiosulfat, Mono-Ni-Komplex* (grau). — **XIII** → *1-Naphthol-8-sulfonsäure* ← **XIII**, *Mono-Cr-Komplex* (blau). — **XIII** → *6-Amino-1-naphthol-3-sulfonsäure* ← **XIII**, *Mono-Fe-Komplex* (oliv). — **I** → *4.5-Dihydroxy-1-naphthalinsulfonsäure* ← *Na-S-[3-hydroxy-4-aminophenyl]-thiosulfat, 1 : 2-Cr-Komplex*

(blau). — *K-S-[4-Aminophenyl]-thiosulfat* → *8-Amino-1-naphthol-5-sulfonsäure* ← *K-S-[3-Amino-4-potassiocarboxyphenyl]-thiosulfat, 1:2-Co-Komplex* (grau) *NH_4-S-[4-Aminophenyl]-thiosulfat* → ***8-Amino-1-naphthol*** ← *NH_4-S-[4-Amino-3-methoxyphenyl]-thiosulfat, 1:2-Ni-Komplex* (blau). — *Na-S-[4-Amino-3-methoxyphenyl]-thiosulfat* (**XV**) → *1.5-Naphthalindiol* ← **XV**, *Di-Cu-Komplex* (grau). — *K-S-[3-Amino-4-hydroxyphenyl]-thiosulfat* (**XVI**) → *4.5-Dihydroxy-1-naphthalinsulfonsäure* ← **XVI**, *Di-Co-Komplex* (schwarz). — *Na-S-[3-Amino-4-sodiocarboxyphenyl]-thiosulfat* (**XVII**) → *6.7-Dihydroxy-2-naphthalinsulfonsäure* ← **XVII**, *Di-Ni-Komplex* (grau). — *4-Amino-2-chlor-5-methoxyphenylthiosulfonsäure* (**XVIII**) → *1.5-Naphthalindiol* ← **XVIII**, *Di-Cr-Komplex* (braun). — **XV** → *4.5-Dihydroxy-1-naphthalinsulfonsäure* ← **XV**, *Di-Fe-Komplex* (oliv). — Die Farbstoffe liefern auf Cellulosefasern waschechte Färbungen. (**F. P. 1 455 392** vom 2/9. 1965, veröff. 5/9. 1966. U. S. Prior. 2/9. 1964.) — 13 S.
A. Jahn 6842

2000 Polaroid Corp., Cambridge, übert. von: Elkan R. Blout, Belmont, und Richard S. Corley, Wellesley, Mass., USA, **Herstellung von Anthrachinon (I)-Farbstoffen,** welche 1—2 Reste der allg. Formel $-[-N(R)-X]_{m-1}N(R^1)\cdot CH_2CO-N(R^2)Y_{n-1}-Z$ enthalten, durch Rk. von **I**-Deriv. mit 1—2 $-[-N(R)-X]_{m-1}$ NHR^1-Resten mit entsprechenden Halogenessigsäureamiden (X = Arylen- oder niederer Alkylenrest; R, R^1 u. R^2 = H oder Alkylrest; m u. n = 1 oder 2; Y = zweiwertiger organ. Rest; Z = „benzoider", Ag entwickelnder Rest). — 1-Amino-4-p-aminoanilino-**I**-2-Na-Sulfonat + Chloracetamidohydrochinonmonobenzoat → *1-Amino-4-{p-[N-hydrochinonylcarbamylmethyl)-amino]-phenylamino}-2-**I**-sulfonsäure, Na-Salz*, F. 310°. — *1-Aminoäthylamino-4-hydrochinonylcarbamylmethylamino-äthylamino-**I***, blauschwarze Krist., F. 259—263° (A.). — *1.5-Bis-hydrochinonylcarbamylmethylamino-4.8-dihydroxy-**I***, blauschwarzes Pulver, F. > 260°. — *Photograph. Farbentwickler*. (**U. S. P. 3 236 864** vom 8/5. 1962, ausg. 22/2. 1966.) — 6 S.
A. Jahn 6864

2001 Polaroid Corp., Cambridge, übert. von: Elkan R. Blout, Belmont, Saul G. Cohen, Lexington, Milton Green, Newton Center, Howard G. Rogres, Weston, Myron S. Simon, Newton Center, und Robert B. Woodward, Belmont, Mass., USA, **Herstellung von Farbstoffen** der allg. Formel $F-[-N(R)-CO-A_{n-1}Z]_n$ durch Kond. oder Kupplungsrk. [F = Rest eines Farbstoffs, bes. eines Azo-, Anthrachinon-, Indophenol-, Indoanilin- oder Azomethinfarbstoffs; n = 1—2; R = H oder Alkylrest; Z = benzoide Entwicklergruppe, bes. Benzol- oder Naphthalinrest, der 1—2 OH- oder NH_2-Gruppen enthält). — 4.8-Diaminoanthrarufin + 2.5-Dicarbäthoxyhomogentisylchlorid → 5-Amino-1-[2'.5'-dicarbäthoxyhomogentisamido]-4.8-dihydroxyanthrachinon (**I**), blauschwarze Kristalle. — **I** + methanol. KOH → *5-Amino-4.8-dihydroxy-1-homogentisamidoanthrachinon*, $C_{22}H_{16}N_2\cdot O_7$, λ_{max} 612 mμ, ε = 20000. — Diazotiertes p-Cyananilin + 5-[2'.5'-Bis-carbäthoxyphenylacetamido]-2-methoxy-N.N-diäthylanilin → *5-[2'.5'-Bis-carbäthoxyphenylacetamido]-4-[p-cyanphenylazo]-2-methoxy-N.N-diäthylanilin* (**II**), ziegelrote Verb., F. 100—102°. — **II** + äthanol. KOH → *4-[p-Cyanphenylazo]-5-homogentisamido-2-methoxy-N.N-diäthylanilin*, braunrote Verb., F. 183 bis 185°, λ_{max} 515 mμ (in Aceton), ε = 28400. — Diazotiertes p-(2.5-Bis-carbäthoxyphenylacetamido)-anilin + 4-Methoxy-1-naphthol → 2-[p-(2'.5'-Biscarbäthoxyphenylacetamido)-phenylazo]-4-methoxy-1-naphthol (**III**). — **III** + alkohol. KOH → *2-[p-Homogentisamidophenylazo]-4-methoxy-1-naphthol*, λ_{max} 534 mμ (in A.) ε = 24000. Diazotiertes p-Nitranilin + N-[β-(2.5-Diacetoxyphenylacetamido)-äthyl]-N-äthyl-m-toluidin → *N-Äthyl-N-[β-(2.5-diacetoxyphenylacetamido)-äthyl]-3-methyl-4-[p-nitrophenylazo]-anilin* (**IV**), $C_{29}H_{31}N_5O_7$, F. 162—165°, λ_{max} 502 mμ (in Methylcellosolve) ε = 34400. — **IV** + äthanol. KOH → *N-Äthyl-N-[β-homogentisamidoäthyl]-3-methyl-4-[p-nitrophenylazo]-anilin*, $C_{25}H_{27}N_5O_5$, F. 190—191°, λ_{max} 492 mμ (in A.) ε = 33000. — Tabellen. Geeignet als photograph. Farbentwickler. (**U. S. P. 3 288 778** vom 5/10. 1964, ausg. 29/11. 1966.) — 38 S.
A. Jahn 6864

2002 Allied Chemical Corp., New York, N.Y., USA. **Herstellung von 8.9.10.11-Tetrahydro-12-phthaloperinon,** F. 206—209°, durch Erhitzen von 1.8-Diaminonaphthalin mit Δ^1-Tetrahydrophthalsäureanhydrid. Die Verb. färbt Kunststoffe leuchtend rötlichgelb. (**Brit. P. 1 023 389** vom 21/10. 1964, ausg. 23/3. 1966. U. S. Prior. 29/11. 1963.) — 4 S. A. Jahn 6866

2003 General Aniline & Film Corp., New York, N.Y., übert. von: Wilhelm Schmidt-Nickels, Little York, N.J., USA, **Herstellung von Reaktionsfarbstoffen** durch Chlormethylierung entsprechender Azo-, Anthrachinon- oder Phthalocyaninfarbstoffe, weitere Rk. der Chlormethylderiv. mit Hydroxycarboxylaten der allg. Formel $MOOC-(CHY)_m-OH$ (**I**) unter Abspaltung von MCl u. Veresterung der OH-Gruppe mit HX, so daß die Farbstoffe schließlich mindestens eine über C-gebundene $-CH_2OC(O)-(CHY)_mX$-Gruppe enthalten (Y = H oder C_1-C_4-Alkylrest; m = 1—3; X = Anion einer starken Säure mit Dissoziationskonst. $> 2\cdot 10^{-5}$, bes. Cl u. OSO_3H; M = Alkalimetall). Bes. werden Nitroaromaten chlormethyliert, die NO_2-Gruppe katalyt. hydriert mit **I** umgesetzt, diazotiert, gekuppelt u. dann oder schon vorher mit HX verestert. Folgende Kupplungsprod. (Kurzform) wurden erhalten (Farbton auf Baumwolle): *2.6-Bis-[β-chlorpropionato methyl]-4-aminotoluol* (**II**) → *1-Sulfophenyl-3-methylpyrazolon-(5)* (**III**) (gelb). — **II** → *2-Hydroxynaphthalin-3.6-disulfonsäure* (orange). — **II** → *1-Naphthol-8-acetylamino-3.6-disulfonsäure* (rot); *2.6-Bis-[γ-chlorbutyratomethyl]-4-aminotoluol* → **III** (gelb). — *2.6-Bis-[chloracetatomethyl]-4-aminotoluol* → **III** (gelb). — *2.6-Bis-(β-sulfatopropionatomethyl]-4-aminotoluol* → *3-Hydroxy-2-naphthoesäureanilid* (rot). — (**U. S. P. 3 278 515** vom 31/12. 1962, ausg. 11/10. 1966.) — 5 S.
A. Jahn 6866

2004 General Aniline & Film Corp., New York, übert. von: Lester N. Stanley, Delmar, N.Y., USA, **Herstellung von Reaktionsfarbstoffen** der allg. Formel $D-[-N(CO_2R)CH_2OH]_n$ durch Rk. einer Azo-, Anthrachinon-, Phthalocyanin- oder Nitroverb., die jeweils mindestens 1 prim. Aminogruppe enthält, mit einem Halogenformiat der allg. Formel $X-CO_2R$ im Mol-Verhältnis 1 : 1 u. nachfolgende Kondens. des Rk.-Prod. mit CH_2O (D = wasserlösl. Azo-, Anthrachinon-, Phthalocyanin- oder Nitrofarbstoffrest; R = C_1-C_8 Alkyl-, Cyclohexyl-, Benzyl- oder Phenylrest; n = 1—3; X = Halogen). — *1-[N-Methylol-N-carbäthoxy]-amino-3.6-disulfo-7-[o-methoxyphenylazo]-8-naphthol, Di-Na-Salz*; *1-[m-Tolylazo]-2-[N-methylol-N-carbäthoxy]-amino-4.8-disulfonsäure, Di-Na-Salz*, färbt Baumwolle rötlichgelb. — *1-[N-Methylol-N-carbomethoxy]-amino-4-[4'-amino]-anilinoanthrachinon-2.3'.5-trisulfonsäure, Tri-Na-Salz*; Rk.-Prod. aus *Cu-Phthalocyanin-3-[N-3'-amino-4'-sulfophenyl]-sulfonamidsulfonsäure, Na-Salz* + *Äthylchlorformiat* + CH_2O. — (**U. S. P. 3 248 379** vom 21/11. 1962, ausg. 26/4. 1966.) — 5 S. A. Jahn 6870

2005 Farbwerke Hoechst Akt.-Ges. vormals Meister Lucius & Brüning, Frankfurt/M. (Erfinder: Hartmut Springer, Frankfurt/M. und Edwin Baier, Hofheim/Taunus), **Herstellung basischer Phthalocyaninfarbstoffe** der allg. Formel $Pc-[-Z-SO_2CH_2CH_2N(R^1)R^2\cdot (HY)_{m-1}]_n$ durch Rk. von Verb. der allg. Formel $Pc-(Z-SO_2CH_2CH_2X)_n$ mit entsprechenden Aminen u. ggf. nachfolgende Salzbldg. (X = Halogen, Rest einer mehrbas. anorgan. Säure, einer aromat. oder aliphat. Carbon- oder Sulfonsäure; Pc = ggf. metallhaltiger Phthalocyaninrest ohne anion. wasserlösl. machende Gruppen; Z = Einfachbindung oder zweiwertiger organ. Rest; Y = Anion einer anorgan. oder organ. Säure; n = 1—8; m = 1 oder 2; R^1 u. R^2 = H oder ggf. substituierte aliphat., cycloaliphat. oder aromat. Reste). — Die Verb. färben bes. Cellulose in türkisblauen Tönen. — *$Cu-Pc[SO_2NHCH_2CH_2C_6H_4-(p)SO_2CH_2CH_2N(C_2H_5)_2]_4$*. — *$Cu-Pc[SO_2CH_2CH_2N(C_2H_5)_2\cdot HCl]_4$*. — *$Cu-Pc[CH_2\cdot NHCO-CH(COCH_3)N{=}N-C_6H_4(p)-SO_2CH_2CH_2N\cdot (C_2H_5)_2\cdot HCl]_8$*. — *$Cu-Pc[CH_2SO_2CH_2CH_2N(CH_3)_2\cdot HCl]_4$*. — (**D. A. S. 1 226 781** Kl. 22e vom 3/10. 1962, ausg. 13/10. 1966.) — 7 S. A. Jahn 6870

2006 Eastman Kodak Co., Rochester, N.Y., übert. von: John G. Fischer, David J. Wallace und James M. Straley, Kingsport, Tenn., USA, **Herstellung von quaternären Methinfarbstoffen** der allg. Formel [$R^1-N^{\oplus}(R^2)(R^3)-Y-N(R)-R^4-CH=C(X)-CN]Z^{\ominus}$ erfolgt durch Rk. von Aldehyden der allg. Formel $R^1-N(R^2)-Y-N(R)-R^4-CHO$ mit Methylenverb. der allg. Formel $X-CH_2-CN$ u. nachfolgende Quaternierung (R, R^1, R^2 u. R^3 = ggf. substituiertes Alkyl; R^1, R^2 u. R^3 können zusammen mit dem benachbarten N-Atom heterocycl. Ringe bilden; Y = C_1-C_4-Alkylen; R^4 = ggf. substituiertes Phenylen; X = CN, $COOCH_2-CH_2-CN$, $CO-NH_2$, Carbalkoxy, Dialkylcarboxamido; Z = Anion). — p-(N-n-Butyl-N-β-diäthylaminoäthylamino)-2-methylbenzaldehyd + Malonitril (**I**) → *4-(N-n-Butyl-N-β-diäthylaminoäthylamino)-2-methyl-β.β-dicyanstyrol*, F. 77 bis 78°, + Dimethylsulfat (**II**) → Salz. — N-Äthyl-N-[-(β-dimethylamino)-äthylamino]-2-methylbenzaldehyd + **I** + **II**. — 4-(N-Äthyl-N-γ-morpholinopropylamino)-2-methylbenzaldehyd + Cyanessigsäuremethylester (**IV**) + **II**. — N-Äthyl-N-[-(β-diäthylamino)-äthylamino]-2-methylbenzaldehyd + **I** + p-Toluolsulfonsäureäthylester. — p-(N.β-chloräthyl-N-äthylamino)-o-tolylaldehyd (**III**) + Py. + **I**. — **III** + Cyanacetamid + Pyridin. — **III** + **IV** + Pyridin. — p-(N.β-Chloräthyl-N-butylamino)-benzaldehyd + **I** + Pyridin. — **III** + Chinolin + **I**. — **III** + **I** + 2-Picolin. — Die Verb. färben Polyacrylnitril gelb. (**U. S. P. 3 247 215** vom 6/9. 1963, ausg. 19/4. 1966.) — 5 S. A. Jahn 6895

2007 **Badische Anilin- & Soda-Fabrik Akt.-Ges.**, Ludwigshafen/Rh., (Erfinder: **Hubert Kindler**, Ludwigshafen/Rh., und **Dominik Schuler**, Mannheim), *Kontinuierliche Diazotierung von Aminen*. (**Schwz. P. 451 191** vom 6/11. 1964, ausg. 15/5. 1968. D. Prior. 28/11. 1963. — C. **1967**, 39-2341 [D. A. S. 1 231 251].)

2008 **Farbenfabriken Bayer Akt.-Ges.** (Erfinder: **Karl-Gustav Kleb**), Leverkusen, *Herstellung von Azofarbstoffen*. (**Schwz. P. 441 565** vom 30/6. 1958, ausg. 15/1. 1968. D. Prior. 15/7. 1957. — C. **1963**, 1858 (Aust. P. 227 420].)

2009 **Farbenfabriken Bayer Akt.-Ges.**, Leverkusen (Erfinder: **Fritz Suckfüll**, Leverkusen, **Horst Nickel**, **Karl Heinz Schmidt**, Köln, und **Karl Schündehütte**, Leverkusen), *Herstellung von Azofarbstoffen*. (**Schwz. P. 441 574** vom 5/12. 1958, ausg. 15/1. 1968. D. Prior. 12/2. 1958. — C. **1963**, 15620 [F. P. 1 220 261].)

2010 **Farbenfabriken Bayer Akt.-Ges.**, Leverkusen (Erfinder: **Karl-Heinz Schündehütte**, Opladen, **Karl-Heinz Schmidt**, Köln, **Fritz Suckfüll** und **Horst Nickel**, Leverkusen), *Herstellung von Azofarbstoffen*. (**Schwz. P. 443 524** vom 24/11. 1958, ausg. 15/2. 1968. D. Prior. 23/12. 1957. — C. **1962**, 1420 [D. A. S. 1 098 644].)

2011 **Farbenfabriken Bayer Akt.-Ges.**, Leverkusen (Erfinder: **Hans-Samuel Bien**, **Klaus Wunderlich**, Leverkusen, und **Fritz Baumann**, Opladen), *Herstellung wasserunlöslicher Monoazofarbstoffe*. (**Schwz. P. 441 559** vom 6/2. 1964, ausg. 15/1. 1968. D. Prior. 22/2. u. 27/12. 1963. — C. **1967**, 13-2932 [D. A. S. 1 221 746].)

2012 **Sandoz Akt.-Ges.**, Basel (Erfinder: **Jakob Benz**, Oberwil, **August Schweizer**, Muttenz, und **Hans Wasem**, Basel), Schweiz, *Herstellung von Reaktivazofarbstoffen*. (**D. A. S. 1 275 707** Kl. 22a vom 12/5. 1960, ausg. 22/8. 1968. Schwz. Prior. 14/5. 1959. — C. **1967**, 8-2883 [Brit. P. 958 659].)

2013 **Sandoz Akt.-Ges.** (Erfinder: **Roland Entschel**, **Curt Müller** und **Walter Wehrli**), *Basische Farbstoffe*. (**Aust. P. 274 605** vom 18/4. 1962, ausg. 18. 5. 1967. Schwz. Prior. 21/4. 1961 u. 12/1. 1962. — C. **1968**, 14-2718 [Brit. PP. 1 004 284 u. 1 008 636].)

2014 **Aziende Colori Nazionali Affini ACNA S. p. A.** (Erfinder: **Ugo Molso** und **Sisto Sergio Papa**), Mailand, Italien, *Herstellung von metallisierten Azofarbstoffen*. (**Schwz. P. 441 570** vom 16/4. 1963, ausg. 15/1. 1968. It. Prior. 18/4. 1962. — C. **1966**, 48-2725 [D. P. [DDR] 41 331].)

2015 **Imperial Chemical Industries Ltd.**, London (Erfinder: **Brian Ribbons Fishwick** und **Henry Roy Murton**, Blackley/Manchester, Lancs.), Großbritannien, *Herstellung wasserunlöslicher Monoazofarbstoffe*. (**Schwz. P. 441 556** vom 16/4. 1963, ausg. 15/1. 1968. Brit. Prior. 17/4. 1962 u. 28/3. 1963. — C. **1966**, 44-2605 [Brit. P. 976 218].)

2016 **Imperial Chemical Industries Ltd.**, London (Erfinder: **Herbert Francis Andrew** und **Victor David Poole**, Manchester), Großbritannien, *Herstellung von Pyrimidinazofarbstoffen*. (**Schwz. P. 444 343** vom 29/7. 1960, ausg. 15/2. 1968. Brit. Prior. 23/10. 1959 u. 3/6. 1960. — C. **1966**, 32-2652 [Brit. P. 917 780 u. U. S. P. 3 120 507].)

2017 **Ciba Ltd.** (Erfinder: **Arthur Buehler**, **Christian Zickendraht** und **Robert Schoenberg**), *Metallhaltige Farbstoffe*. (**Aust. P. 273 728** vom 10/10. 1962, ausg. 6/4. 1967. Schwz. Prior. 16/10. 1961 u. 13/8. 1962. — C. **1968**, 3-2789 [Brit. P. 974 383].)

2018 **Ciba Ltd.** (Erfinder: **Hans W. Liechti**), *Monoazofarbstoffe*. (**Aust. P. 274 744** vom 21/3. 1963, ausg. 18/5. 1967. Schwz. Prior. 23/3. 1962 u. 20/2. 1963. — C. **1967**, 33-2794 [D. A. S. 1 219 146].)

2019 **Ciba Ltd.** (Erfinder: **Hans W. Liechti**), *Disazofarbstoffe*. (**Aust. P. 274 027** vom 19/12. 1962, ausg. 20/4. 1967. Schwz. Prior. 29/12. 1961 u. 9/11. 1962. — C. **1967**, 32-2728 [Brit. P. 966 826].)

2020 **Farbwerke Hoechst Akt.-Ges. vormals Meister Lucius & Brüning**, Frankfurt/M., *Herstellung von γ-Chinacridon*. (**Niederl. P. 123 742** vom 1/3. 1960, ausg. 15/2. 1968. D. Prior. 6/3. 1959. — C. **1963**, 11454 [F. P. 1 254 049].)

2021 **Badische Anilin- & Soda-Fabrik Akt.-Ges.**, Ludwigshafen/Rh. (Erfinder: **Willy Braun**, Heidelberg, und **Manfred Ruske**, Ludwigshafen/Rh.), *Herstellung von Anthrachinonfarbstoffen*. (**Schwz. P. 446 572** vom 27/8. 1965, ausg. 15/3. 1968. D. Prior. 11/9. 1964. — C. **1968**, 49/50-2791 [F. P. 1446 758].)

2022 **Ciba Ltd.** (Erfinder: **Paul Grossmann** und **Paul Rhyner**), *Anthrachinonfarbstoffe*. (**Aust. P. 275 205** vom 14/1. 1963, ausg. 8/6. 1967. Schwz. Prior. 24/1. 1962. — C. **1966**, 10-2802 [F. P. 1 345 397].)

2023 **Imperial Chemical Industries Ltd.**, London (Erfinder: **George Arthur Bennett** und **Frank Lodge**, Manchester, Lancs.), Großbritannien, *Herstellung von Anthrachinonfarbstoffgemischen*. (**Schwz. P. 451 371** vom 12/8. 1963, ausg. 15/5. 1968. Brit. Prior. 13/8. 1962, 8/5. u. 18/7. 1963. — C. **1968**, 25-2964 (Brit. P. 998 858 u. F. P. 1 373 758].)

2024 **General Aniline & Film Corp.**, New York, N.Y. (Erfinder: **Melvin Norris Turetzky**, Wayne, **Grannis Samuel Johnson**, Englewood, und **John Hampton Shown**, Westfield, N.J.), USA, *Herstellung basischer Anthrachinonfarbstoffe*. (**D. A. S. 1 248 834** Kl. 22b vom 24/8. 1962, ausg. 31/8. 1967. **Brit. P. 1 019 221** vom 22/8. 1962, ausg. 2/2. 1966. Beide U. S. Prior. 30/8. 1961. — C. **1967**, 40-2680 [F. P. 1 332 883].)

2025 **Farbwerke Hoechst Akt.-Ges. vormals Meister Lucius & Brüning**, übert. von **Rudolf Kühne** und **Fritz Meininger**, Frankfurt/M., *Wasserlösliche Phthalocyaninfarbstoffe*. (U. S. **P. 3 349 097** vom 26/3. 1965, ausg. 24/10. 1967. D. Prior. 1/12. 1960. — C. **1967**, 28-2798 [F. P. 1 307 200 u. Brit. P. 1 013 442].)

2026 **Badische Anilin- & Soda-Fabrik Akt.-Ges.**, Ludwigshafen/Rh. (Erfinder: **Joachim Kranz**, Ludwigshafen, und **Rudolf Polster**, Frankenthal), *Herstellung von polyhalogenierten Kupferphthalocyaninen*. (**Schwz. P. 448 342** vom 14/7. 1965, ausg. 29/3. 1968. D. Prior. 18/7. 1964. — C. **1968**, 21-2975 [D. A. S. 1 242 180].)

2027 **Badische Anilin- & Soda-Fabrik Akt.-Ges.**, Ludwigshafen/Rh., übert. von: **Joachim Kranz**, Ludwigshafen/Rh. und **Rudolf Polster**, Frankenthal, *Polyhalogenierte Kupferphthalocyanine*. (**U. S. P. 3 353 977** vom 8/7. 1965, ausg. 21/11. 1967. D. Prior. 18/7. 1964. — C. **1968**, 21-2975 [D. A. S. 1 242 180].)

2028 **J. R. Geigy Akt.-Ges.**, Basel, Schweiz, *Halogenierung von Phthalocyaninen*. (**Niederl. P. 123 601** vom 4/1. 1963, ausg. 15/1. 1968. Brit. Prior. 5/1. 1962. — C. **1964**, 50-2207 [Brit. P. 925 379].)

2029 **Badische Anilin- & Soda-Fabrik Akt.-Ges.**, Ludwigshafen/Rh. (Erfinder: **Hans Baumann**, **Harry Distler**, **Karl Merkel**, Ludwigshafen, **Arnold Tartter**, Lambsheim, **Hermann Weissauer** und **Heinz-Ulrich Werner**, Ludwigshafen/Rh., *Herstellung von Tetrazaporphinfarbstoffen*. (**Schwz. P. 453 545** vom 7/2. 1961, ausg. 14/6. 1968. D. Prior. 13/2. 1960. — C. **1964**, 44-2281 [F. P. 1 290 189 u. Brit. P. 921 250].)

2030 **Sandoz Patents Ltd.**, *Reaktive Farbstoffe*. (**Aust. P. 275 122** vom 18/4. 1962, ausg. 8/6. 1967. Schwz. Prior. 21/4., 7/11., 1/12. u. 7/12. 1961. — C. **1967**, 23-2763 [D. A. S. 1 215 842].)

2031 **Badische Anilin- & Soda-Fabrik Akt.-Ges.**, Ludwigshafen/Rh. (Erfinder: **Ewald Daubach**, Ludwigshafen/Rh., **Bruno Hirsekorn**, Mannheim, **Hanns Wüst**, Bad Dürkheim, **Hans-Werner Schröder**, **Heinrich Sixtus**, Ludwigshafen/Rh., und **Hans Langenfelder**, Mannheim), *N.N'-Dimethyl-3.4.9.10-perylentetracarbonsäurediimid als Pigment*. (**D. A. S. 1 272 270** Kl. 8m vom 2/2. 1961, ausg. 11/7. 1968. Belg. Prior. 30/3. 1960. — C. **1964**, 15-2364 [F. P. 1 285 579].)

H–13. Schädlingsbekämpfungsmittel

2032 Velsicol Chemical Corp., Chicago, übert. von: Sidney B. Richter, Chicago, und Alfred A. Levin, Skokie, Ill., USA, **2.3.5.6-Tetrachlormonothioterephthalsäure-O-methyl-S-propylester**, $C_{12}H_{10}Cl_4O_3S$, F. 65,5 bis 67°, wird hergestellt durch partielle Hydrolyse eines 2.3.5.6-Tetrachlorterephthalsäuredialkylesters, Chlorierung u. Rk. mit Propylmercaptan. Als Zwischenprod. sind angegeben: *4-Carbomethoxy-2.3.5.6-tetrachlorbenzoesäure*, $C_9H_4Cl_4O_4$, F. 167—169°, 82,7% (Ausb.); *4-Carbomethoxy-2.3.5.6-tetrachlorbenzoylchlorid*, $C_9H_3Cl_5O_3$, F. 82 bis 84°, 74,4%. — *Pestizide*, bes. *Herbizide*. (**U. S. P. 3 311 652** vom 13/10. 1964, ausg. 28/3. 1967.) — 2 S. A. Debo 7365

2033 Ciba Ltd., Basel, Schweiz, **3.5-Dinitrobenzonitrile**, die in 6-Stellung durch R substituiert sind (R = Alkoxyrest C_{1-4} oder $-N(R^1)-R^2$; R^1 u. R^2 = H, C_{1-4}-Alkyl- bzw. -Hydroxyalkylrest) erhält man nach bekannten Meth., z. B. durch 4—6std. Zutropfen einer wss. Lsg. von diazotiertem o-Anisidin zu einer durch Rk. von $CuSO_4$ in W. mit NaCN u. konz. NH_3 bei $\leqq$ 50—60° u. Erhitzen des Rk.-Gemisches bei 90—95° erhaltenen Lsg. → *2-Cyananisol*, $Kp._{1,5}$ 106°, 71% (Ausb.), gelbes Öl; daraus mit HNO_3/H_2SO_4 → *2-Cyan-4.6-dinitroanisol*, F. 55—65°, 85%; daraus mit konz. NH_3 in A. → *2-Cyan-4.6-dinitranilin*, F. 217—218°, 95%; analog 6-R-substituierte *3.5-Dinitrobenzonitrile*: R = $NH-CH_3$, F. 158 bis 160°; R = $NH-C_2H_5$, F. 118—120°; R = $NH-CH_2CH_2OH$, F. 121—123°; R = $NH-CH(CH_3)_2$, F. 79 bis 80°; R = $N(CH_3)_2$, F. 157—159°. — *Unkrautbekämpfungsmittel*. — Verw.-Beispiele. — Vgl. D. A. S. 1 203 536; C. **1966**, 26-3044. — (**Brit. P. 1 052 184** vom 3/9. 1963, ausg. 21/12. 1966. Schwz. Prior. 12/9. 1962.) — 5 S. Georg Vogel 7365

2034 M & T Chemicals, Inc., New York, N.Y., übert. von: Nathaniel L. Remes, Livingston, und John J. Ventura, East Brunswick, N.J., USA, **Organoantimondithiocarbamate** werden hergestellt durch Rk. von $R_aSb \cdot X_{3-a}$ (R = Alkyl, Aryl, Alkenyl; X = Cl, Br, J; a = < 3) mit dem Salz einer Dithiocarbaminsäure. — *Diphenylantimondimethyldithiocarbamat*, $C_{15}H_{16}NS_2Sb$, F. 113,5 bis 115°, 73% (Ausb.); *Phenylantimon-di-propyldithiocarbamat*; $(C_4H_9)_2SbSC(S)N(C_2H_5)_2$; $\{[(C_6H_5)_2Sb]_2SC(S)NH\}_2 \cdot CH_2CH_2$. — *Bakterizide, Germizide, Fungizide, Antiseptika.* (**U. S. P. 3 355 472** vom 24/4. 1964, ausg. 28/11. 1967.) — 5 S. A. Debo 7370

2035 National Distillers & Chemical Corp., New York, N.Y., übert. von: David Horvitz, William D. Baugh, Cincinnati, und Robert J. Shaw, Monroe, O., USA, **Organomercuriverbindungen** werden hergestellt durch Rk. von Olefinen mit Organomercuriverb. oder Hg-Salzen von Oxysäuren. — $CH_3O(CH_2CH_2)_n \cdot HgOC(O)CH_3$ (n = 13,4); $CH_3O(CH_2CH_2)_nHgCl$ (n = 13,4), F. 83—84°; $CH_3OC(O)(CH_2CH_2)_nHgCl$; weitere Beispiele. — *Fungizide, Herbizide, Antiseptika.* (**U. S. P. 3 294 880** vom 10/12. 1963, ausg. 27/12. 1966.) — 4 S. A. Debo 7370

2036 Sumitomo Chemical Co. Ltd., Osaka, übert. von: Saichiro Kuramoto, Toyonaka-shi, Keimei Fujimoto, Minoo-shi, Yositosi Okuno, Nishinomiya-shi, Hideo Sakamoto, Itami-shi, Masataka Nakagawa, Yamabotakada-shi, und Toshio Mizutani, Amagasaki-shi, Japan, **Thiophosphorsäure-O.O-dimethyl-O-[3-chlor-4-alkylsulfamylphenyl]-ester** werdenhergestellt durch Rk. von $(CH_3O)_2P(S)Cl$ mit einem entsprechenden Phenol oder dessen Alkalisalz. — *Thiophosphorsäure-O.O-dimethyl-O-*(**I**)*-[3-chlor-4-N-methylsulfamylphenyl]-ester*, $C_9H_{13}ClNO_5PS_2$, F. 120—121°, LD_{50} 200 (mg/kg Maus oral); I-*[3-chlor-4-N-äthylsulfamylphenyl]-ester*, $C_{10}H_{15}Cl \cdot NO_5PS_2$, LD_{50} 70; I-*[3-chlor-4-N-isopropylsulfamylphenyl]-ester*, LD_{50} 300. — *Insektizide*, biolog. Wrkg. u. Vgl.-Vers. sind angegeben. (**U. S. P. 3 355 524** vom 16/3. 1964, ausg. 28/11. 1967.) — 5 S. A. Debo 7375

2037 American Cyanamid Co., Stamford, Conn., übert. von: Stephen David Levy, Princeton, Roger Williams Addor, Pennington, und Richard Joseph Magee, Princeton, N.J., USA, **O.O-Diäthyl-S-[1-hydroxy-3-sulfolan-2-ylmethyl]-phosphordithioat**, $C_9H_{17}O_5PS_3$, erhält man durch Ox. von O.O-Diäthyl-S-[1.3-oxathiolan-2-ylmethyl]-phosphordithioat in Eisessig mit $KMnO_4$. — *Insektizid, Akarizid, Nematozid.* (**U. S. P. 3 317 561** vom 18/7. 1963, ausg. 2/5. 1967.) — 2 S. R. Bauereis 7375

2038 Stauffer Chemical Co., New York, N.Y., übert. von: Arnold D. Gutman, Pinole, und David J. Broadbent, San Jose, Calif., USA, **5-[O.O-Dialkylphosphordithioylmethoxy]-1.3-dioxane** erhält man nach folgendem Beispiel: Durch Rk. von 5-Hydroxy-1.3-dioxan mit Hydroxymethyl-O.O-diäthylphosphordithioat in Ggw. von 2-Naphthalinsulfonsäure erhält man *5-[O.O-Diäthylphosphordithioylmethoxy]-1.3-dioxan*, $C_9H_{19}O_5PS_2$. — *Insektizide.* (**U. S. P. 3 299 099** vom 13/10. 1965, ausg. 17/1. 1967.) — 2 S. R. Bauereis 7375

2039 Universal Oil Products Co., Des Plaines, übert. von: Robert A. Dombro, Chicago, Ill., USA, **Halogensubstituierte Tetracyanoctahydroalkanonaphthaline** erhält man durch Rk. eines konjugierten Alkadiens oder Cycloalkadiens mit Tetracyanäthylen bei 0—25° u. mit einem halogensubstituierten Cycloalkadien bei 50 bis 250° in inertem Lösungsmittel. — Aus Tetracyanäthylen mit Cyclopentadien in Aceton bei 17° → *5.5.6.6-Tetracyannorbornen-(2)*, F. 215—220°, daraus mit Hexachlorcyclopentadien in n-Heptan in Ggw. von K_2CO_3 bei 180° → *5.6.7.8.9.9-Hexachlor-2.2.3.3-tetracyan-1.4.5.8-dimethano-(1.2.3.4.4a.5.8.8a)-octahydronaphthalin*, $C_{16}H_6 \cdot Cl_6N_4$, F. 300° (Zers.). — *Insektizide.* (**U. S. P. 3 274 217** vom 29/5. 1963, ausg. 20/9. 1966.) — 6 S. R. Bollinger 7375

2040 Allied Chemical Corp., New York, N.Y., übert. von: Everett E. Gilbert, Morris Township, und Pasquale Lombardo, East Hanover Township, Morris County, N.J., USA, **Addukte von Decachloroctahydro-1.3.4-methen-2H-cyclobuta(cd)-pentalen-2-on (I) mit Aminen und Alkoholen.** Als Alkohole dienen 1. prim. u. sek. einwertige Alkyl-, monocycl. arylsubstituierte Alkyl- u. cycloalkylsubstituierte Alkylalkohole mit 4—12 C-Atomen; 2. sek. einwertige Cycloalkyl- u. alkylsubstituierte Cycloalkylalkohole mit 4—12 C-Atomen; als Amine dienen 1. prim. u. sek. Alkyl-, monocycl., arylsubstituierte Alkyl-, cycloalkylsubstituierte Alkyl- u. Cycloalkylmonoamine mit 4—12 C-Atomen; 2. prim. monocycl. Aryl- u. alkylsubstituierte monocycl. Arylmonoamine mit 4—12 C-Atomen; 3. Kondensate aus 1 Mol. eines alkylsubstituierten Phenols mit bis zu 9 C-Atomen in der Alkylgruppe, eines prim. einwertigen Alkylalkohols oder eines prim. oder sek. Alkylmonoamins mit 1—4 Mol. Äthylenoxid oder Propylenoxid; 4. Furfurylamin; 5. Piperidin. — Eine Mischung aus prim. u. sek. Amylalkohol gibt mit I-Tetrahydrat bei 90—105° eine dunkle, viscose Fl.; ferner erhält man Addukte unter Verw. folgender Verb.: n-Dodecylamin; n-Butanol, F. 162—165°; n-Hexylamin, F. 57—59°; Anilin, F. 161—162°. — *Pestizide.* (**U. S. P. 3 240 808** vom 31/10. 1961, ausg. 15/3. 1966. **Brit. P. 968 052** vom 23/10. 1962, ausg. 8/7. 1964. **Aust. P. 268 754** vom 23/10. 1962, ausg. 16/12. 1965. Beide U. S. Prior. 31/10. 1961.) H. Roos 7375

2041 Shell Oil Co., New York, N.Y., übert. von: Lawrence G. Cannell, Lafayette, Calif., USA, **Substituierte Quadricyclo-(2.2.1.$2^{3.5}$.$0^{2.6}$)-nonane** erhält man durch Rk. von Bicyclo-(2.2.1)-heptadien-(2.5) (**I**) mit einer olefin. ungesätt. Verb. der allg. Formel $CH_2{=}CRA$ (R = H, Alkyl mit 1—4 C-Atomen, A = CN, Carboalkoxy, Formyl, Carbonylalkyl, N.N.-Di-R-carbamyl) in Ggw. von 0,0001—5 Mol-% eines Tetrakis-(trihydroxycarbylphosphit)–Ni-Komplexes bei 80—300°. Mol-Verhältnis der Bicycloverb. zur olefin. Verb. = 1,5 : 1 bis 1 : 4. — Aus I durch Rk. mit Acrylnitril in Ggw. von 2.6-Di-tert.-butyl-4-methylphenol als Inhibitor u. Tetrakis-[tri-(2-äthylhexyl)-phosphit]-Ni bei 176° → *8-Cyanquadricyclo-(2.2.1.$2^{3.5}$.$0^{2.6}$)-nonan*, $Kp._{20}$ 127°, ähnlich das *8-Acetylderiv.*, $Kp._{20}$ 120—123°, das *8-Carbomethoxyderiv.*, $Kp._{20}$ 120°, das *8-Cyan-8-methylderiv.*, $Kp._{20}$ 130°. — *Insektizide.* (**U. S. P. 3 271 438** vom 14/5. 1964, ausg. 6/9. 1966.) — 4 S. R. Bollinger 7375

2042 Shell Research Ltd., London, Großbritannien (Erfinder: Clive Beresford Challis Boyce), **Herstellung von Derivaten des Dimethyläthers** erfolgt z. B. durch 2std. Erhitzen von 70 (Gew.-Teile) Tritylchlorid (**I**), 20 Äthylenchlorhydrin, 25 $[C_2H_5]_3N$ (**II**) u. 100 Vol. CH_3CN zum Sieden; man erhält 70 *2-Chloräthyltrityläther*, $[C_6H_5]_3C{-}O{-}CH_2{-}CH_2Cl$, $C_{21}H_{19}ClO$; F. 132 bis 133,5°. — 14 I + 32,9 Allylalkohol + 5 II in 20 Vol. Bzl. → *Allyl*-Verb., $[C_6H_5]_3C{-}O{-}CH_2{-}CH{=}CH_2$; $C_{22}H_{20}O$; F. 73—75°. — *2-Furfuryl*-Verb., $C_{20}H_{24}O_2$; F. 142—144°. — *Tetrahydrofurfuryl*-Verb., $C_{24}H_{24}O_2$; F. 80—83°. — *Tetrahydropyran-2-ylmethyl*-Verb., $C_{25}H_{26}O_2$; F. 97 bis 98°. — *Cyclopentyl*-Verb., $C_{24}H_{24}O$; F. 58—60°. — *Bis-[2-thienylphenylmethyl]-äther*, $C_{22}H_{18}OS_2$; F. 78°. — *Diphenylmethyl* (**III**)*-α-2'-thienylbenzyläther*, $C_{24}H_{20}OS$; F. 91,5—93,5°. — **III**-*1-phenyl-n-octyläther*, $C_{27}H_{32}O$; $[C_6H_5]_2 \cdot CH{-}O{-}CH[C_6H_5][(CH_2)_6{-}CH_3]$; $Kp._{0,013-0,015}$ 161 bis 163°. — *Diphenylmethyl-α-n-propylbenzyläther*, $[C_6H_5]_2 \cdot CH{-}O{-}CH[C_6H_5][C_3H_7]$; $C_{13}H_{24}O$; $Kp._{0,005}$ 91,5—120°. — *Mittel zur Bekämpfung von Mollusken.* (**Brit. P. 1 031 582** vom 29/6. 1962, ausg. 2/6. 1966.) — 8 S. O. Müller-Meiningen 7375

2043 Shell Research Ltd., London, Großbritannien (Erfinder: Clive Beresford Challis Boyce und Panayiotis Nicolaou Manis), **Triphenylmethylamine** der allg. Formel $R_3CN(Z)Z'$ erhält man durch Rk. von Triphenylmethylchloriden mit entsprechenden Aminen [R = Phenylreste, die ggf. durch Halogen, Alkyl-, Alkoxy-, Amino-, Mono- oder Dialkylaminoreste substituiert sind; Z = H oder C_{1-4}-Alkylrest; Z' = ungesätt. aliphat. KW-Stoffrest, cycloaliphat. Rest, $-(CH_2)_nOR^1$ oder $-CH_2Z''$; n = 0 oder ganze Zahl; R^1 = C_{1-4}-Alkylrest; Z'' = C_{2-5}-Alkoxycarbonylrest oder heterocycl. Rest]. (*N-Triphenylmethyl* = **I**). — Es wurden erhalten: I-*morpholin*, $C_{23}H_{23}NO$, F. 174—176° (A.) bzw. 185 bis 186°. — I-*cyclohexylamin*, $C_{25}H_{27}N$, F. 126—127,5° (A.).

— **I**-*allylamin*, $C_{22}H_{21}N$, F. 84—85° (A.). — **I**-*pyrrolidin*, $C_{25}H_{23}N$, F. 131—132,5° (Methanol); *Hydrochlorid*, $C_{25} \cdot H_{24}ClN$, F. 146—147°. — *N-(p-Fluorphenyldiphenyl)-morpholin*, $C_{23}H_{22}FNO$, F. 165—166° (A.). — *N-(o-Tolyl-diphenyl)-morpholin*, $C_{24}H_{25}NO$, Prismen, F. 147—148° (A.). — **I**-*isoxazolin*, $C_{22}H_{21}NO$, Prismen, F. 136—137° (PAe., Aceton). — **I**-*3-methoxypropylamin*, $C_{23}H_{25}NO$, F. 82—84° (A.). — **I**-*N-methyl-2-furfurylamin*, $C_{25}H_{23}NO$, F. 101—103° (A.–Bzl.). — **I**-*1.2.5.6-tetrahydropyridin*, $C_{24}H_{23}N$, F. 175—176° (Aceton). — **I**-*furfurylamin*, $C_{24}H_{21}NO$, F. 101° (A.). — *N-[1.1-Bis-(p-dimethylamino-phenyl)-1-phenylmethyl]-morpholin*, $C_{27}H_{33}N_3O$, F. 175° (Aceton). — *Mittel zur Vernichtung von Weichtieren.* (**Brit. P. 1 019 457** vom 30/11. 1961, ausg. 9/2. 1966.) — 10 S. A. Jahn 7375

2044 Union Carbide Corp., N.Y., USA, übert. von: Rolf K. Huisgen, Rudolf W. Grashey, München, und Ralph J. Crabtree, Raleigh, N.C., USA, **1.3-Diphenyl-1.2.4-triazole,** die in 4-Stellung durch Alkyl-, Aryl- oder Aralkylreste u. in 5-Stellung durch 2-Furyl-, 3-Furyl- oder alkoxysubstituierte Phenylreste substituiert sind, erhält man durch Rk. von Schiffschen Basen mit Benzphenylhydrazidchlorid (**I**) in Ggw. von Lsgm. u. von HCl-Akzeptoren. N-Furfurylidenanilin + **I** → *1.3.4-Triphenyl-5-[2'-furyl]-4.5-dihydro-1.2.4-triazol*, F. 114,5—115,5° (A.). — *Insektizide.* (**U. S. P. 3 278 545** vom **9/4. 1964, ausg. 11/10. 1966.**) — 2 S. A. Jahn 7375

2045 Imperial Chemical Industries Ltd., London, Großbritannien (Erfinder: Maurice Berkeley Green und John Newbould), **6-Chlormethyl- oder 6-Brommethyl-2.4-diamino-1.3.5-triazin** erhält man durch Chlorierung oder Bromierung (mit Halogen, Sulfurylhalogenid, P-Halogenid) von 6-Methyl-2.4-diamino-1.3.5-triazin im stark sauren Medium (H_2SO_4, HCO_2H). — Zwischenprod. für *Insektizide.* (**Brit. P. 1 041 808** vom **1/5. 1964, ausg. 7/9. 1966.**) — **4** S. A. Jahn 7375

2046 Dow Chemical Co., Midland, Mich., übert. von: Dietmar Seyfarth, Arlington, Mass., USA, **Cyclopropylzinnverbindungen** werden hergestellt durch Rk. von ggf. substituiertem Cyclopropyl-MgBr oder -Li mit einer Sn-Verb., bei der ≧ 1 Cl, Br oder J direkt an Sn gebunden ist. — *Cyclopropyl* = **I**. *Tetra*-**I**-*Sn*, $Kp._{0,3}$ 67—68°, n_D^{25} 1,5202; *Di*-**I**-*SnCl₂*, F. 60—60,5°, $Kp._{0,1}$ 105—106°; *Bis-(tri*-**I**-*Sn)-oxid*, öliger Feststoff; *Tri*-**I**-*Sn-acetat*, F. 157,5—158°; *Tri*-**I**-*Sn-oleat*; **I**-*Sn*·$(CH_3)_3$, n_D^{25} 1,4720; *Tri*-**I**-*SnCl*, $Kp._{0,4}$ 84—85°, n_D^{25} 1,4515; **I**-*Sn*$(C_6H_5)_3$, F. 67—68,5°; *Di*-**I**-*SnBr*$_2$, F. 53 bis 54°; *Tri*-**I**-*Sn*C_4H_9, $Kp._1$ 84—86°, n_D^{25} 1,5040; **I**-*SnCl*$_3$, n_D^{25} 1,5447; *Hexa*-**I**-*di-Sn*, n_D^{25} 1,5627; *Di*-**I**-*Sn-dirhodanid*, F. 184—187° (Zers.); *Tri*-**I**-C_6H_5*Sn*, n_D^{25} 1,5604; *Tri*-**I**-*J*, n_D^{25} 1,5908; *Di*-**I**-$(C_4H_9)_2$*Sn*, n_D^{25} 1,4912; **I**-*SnBr*$_3$, n_D^{25} 1,6282; *Tri*-**I**-*SnF*, sublimiert bei 175°/760 mm; *Di*-**I**-*SnJ*$_2$, F. 37,5—38°; **I**-$(C_4H_9)_3$*Sn*, n_D^{25} 1,4803; *Tri*-**I**-*SnBr*, n_D^{25} 1,5600. — Zahlreiche weitere Beispiele ohne Kennzeichnung der Verf.-Produkte. — *Pestizide, Herbizide, Rodentizide.* (**U. S. P. 3 347 888** vom 27/5, 1963, ausg. 17/10. 1967.) — 5 S.
A. Debo 7375

2047 **Ciba Ltd.** (Erfinder: **Henry Martin, Hans Aebi** und **Ludwig Ebner**), *Herbizide Mittel.* (**Aust. P. 275 442** vom 24/1. 1963, ausg. 15/6. 1967. Schwz. Prior. 8/2. 1962. — C. **1968**, 35-3106 [Oe. P. 243 018].)

2048 **Mitsui Kagaku Kogyo K. K.**, Tokio (Erfinder: **Tagayuki Inoue, Teruhiko Toyama, Kichiro Kato** und **Mitsunori Takagi**, Ohmuta-shi/Fukuoka-ken), Japan, *Herbizides Mittel.* (**Schwz. P. 440 823** vom 22/5. 1964, ausg. 15/1. 1968. Jap. Prior. 23/5. 1963. — C. **1968, 4**-2588 [Brit. P. 1 016 648].)

2049 **Mitsui Kagaku Kogyo K. K.** (Erfinder: **Takayuki Inoue, Kichiro Kato** und **Mitsunori Takagi**), *Herbizide.* (**Aust. P. 275 359** vom 15/5. 1964, ausg. 15/6. 1967. Jap. Prior. 23/5. 1963. — C. **1968**, 4-2588 [Brit. P. 1 016 648].)

2050 **Badische Anilin- & Soda-Fabrik Akt.-Ges.**, Ludwigshafen/Rh., *Selektives Herbizid.* (**Oe. P. 258 036** vom 29/12. 1965, ausg. 10/11. 1967. D. Prior. 29/12. 1964. — C. **1968**, 20-3019 [D. A. S. 1 224 557].)

2051 **Shell Internationale Research Mij. N. V.**, Den Haag (Erfinder: **Franciscus Johannes Fredericus van der Plas**, Amsterdam), Niederlande, *Herstellung von 2.6-Dichlorbenzonitril.* (**D. A. S. 1 267 206** Kl. 12o vom 23/9. 1963, ausg. 2/5. 1968. Niederl. Prior. 25/9. 1962. — C. **1967**, 18-3300 [Brit. P. 987 000].)

2052 **VEB Fahlberg-List Chemische und Pharmazeutische Fabriken** (Erfinder: **Alfred Jumar, Paul Held** und **Wilfried Schulze**), Magdeburg, *Herstellung von Ketoximcarbanilaten aus Ketoximen und Arylisocyanaten.* (**D. A. S. 1 232 947** Kl. 12o vom 9/12. 1963, ausg. 26/1. 1967. — C. **1966**, 26-3048 [D. P. [DDR] 33 853].)

2053 **Imperial Chemical Industries Ltd.**, London (Erfinder: **Ralph Santorre Fanshawe**, Widnes, und **Charles Shepherd**, Bracknell), Großbritannien, *Abtrennen von 4.4'-Bipyridyl aus einer diese Verbindung enthaltenden Mischung.* (**Schwz. P. 437 282** vom 25/2. 1963, ausg. 30/11. 1967. Brit. Prior. 27/2. 1962. — C. **1966**, 43-3244 [U. S. P. 3 159 641].)

2054 **Imperial Chemical Industries Ltd.**, London (Erfinder: **Ralph Santorre Fanshawe**, Widnes), Großbritannien, *Reinigen von Bipyridylen.* (**Schwz. P. 437 283** vom 25/2. 1963, ausg. 30/11. 1967. Brit. Prior. 27/2. 1962. — C. **1967**, 8-3246 [U. S. P. 3 159 642].)

2055 **Badische Anilin- & Soda-Fabrik Akt.-Ges.**, Ludwigshafen, übert, von: **Gustav Steinbrunn**, Schwegenheim, und **Adolf Fischer**, Mutterstadt, *Wasserlösliche Triazinylhalbester.* (**U. S. P. 3 346 576** vom 11/1. 1965. **ausg.** 10/10. 1967. — C. **1966**, 5-2933 [D. A. S. 1 194 198].)

2056 **Farbenfabriken Bayer Akt.-Ges.**, Leverkusen (Erfinder: **Hellmuth Lehmann, Walter Lautenschlager**, Wuppertal, und **Ferdinand Grewe**, Burscheid), *Fungizide.* (**Oe. P. 255 204** vom 1/3. 1963, **ausg.** 26/6. 1967. D. Prior. 1/3. 1962. — C. **1964**, 30-1943 [D. A. S. 1 157 027].)

2057 **Imperial Chemical Industries Ltd.**, London, Großbritannien (Erfinder: **W. Baird, J. W. Batty** und **A. Parkinson**), *Herstellung von Sulfoniumsalzen.* (**Schwed. P. 203 767** vom 14/1. 1963, **ausg.** 26/4. 1966. Brit. Prior. 15/1. 1962. — C. **1966**, 22-2957 [Brit. P. 968 121].)

2058 **Badische Anilin- & Soda-Fabrik Akt.-Ges.**, Ludwigshafen/Rh., übert. von: **Hermann Windel**, Frankenthal/Pfalz, und **Ernst-Heinrich Pommer**, Ludwigshafen/Rh., *Komplexverbindung aus Magnesiumäthylen-bis-dithiocarbamat und Ammoniak.* (**U. S. P. 3 346 605** vom 21/8. 1962, **ausg.** 10/10. 1967. D. Prior. 26/8. 1961. — C. **1966**, 20-2944 [Brit. P. 949 286].)

2059 **N. V. Philips' Gloeilampenfabrieken** (Erfinder: **Harmannus Koopman**), *Herstellung von 2.3.6-Trichlorbenzonitril.* (**Aust. P. 274 466** vom 17/10. 1961, ausg. 4/5. 1967. Niederl. Prior. 20/10. 1960. — C. **1965**, 52-2658 [Oe. P. 227 254].)

2060 **Ciba Akt.-Ges.**, Basel (Erfinder: **Ernst Beriger**, Allschwil), Schweiz, *Herstellung von Schädlingsbekämpfungsmitteln.* (**D. A. S. 1274 400** Kl. 451 vom 11/10. 1960, ausg. 1/8. 1968. Schwz. Prior. 12/10. 1959. — C. **1967**, 45-2648 [U. S. P. 3 136 784].)

2061 **Shell Internationale Research Mij. N. V.**, Den Haag, Niederlande (Erfinder: **Dave Robert Schultz**, Union, und **Leo Frank Sekula**, Paterson, N.J., USA), *Schädlingsbekämpfungsmittel.* (**Schwz. P. 439 860** vom 20/8. 1962, **ausg.** 29/12. 1967. U. S. Prior. 22/8. 1961. — C. **1967**, 8-3258 [Brit. P. 978 866].)

2062 **Montecatini Soc. Gen. per l'Industria Mineraria e Chimica** (Erfinder: **Franco Pinamonti** und **Sergio Maccone**), Mailand, Italien, *Schädlingsbekämpfungsmittel.* (**Schwz. P. 439 861** vom 28/6. 1962, **ausg.** 29/12. 1967. It. Prior. 30/6. 1961. — C. **1966**, 40-2975 [Brit. P. 964 140].)

2063 **Chemagro Corp.**, **Kansas City**, **Mo.**, **USA**, *Nematoden tötendes Mittel.* (**Niederl. P. 122 916** vom 18/10. 1963, **ausg.** 15/9. 1967. U. S. Prior. 10/1. 1963. — C. **1967**, 33-3113 [U. S. P. 3 189 519].)

2064 **Farbenfabriken Bayer Akt.-Ges.**, Leverkusen (Erfinder: **Rudolf Heiss, Ernst Grigat**, Köln, **Ernst Böcker** und **Günther Hermann**, Leverkusen), *Molluskizides Mittel.* (**Schwz. P. 452 986** vom 15/2. 1965, **ausg.** 31/5. 1968. D. Prior. 5/3. 1964. — C. **1968**, 45-3272 [Brit. P. 1 027 969].)

2065 **Farbenfabriken Bayer Akt.-Ges.**, Leverkusen (Erfinder: **Rudolf Heiss, Ernst Böcker, Rudolf** Kress, Köln, und **Günter Unterstenhöfer**, Opladen), *Herstellung von Carbaminsäureestern.* (**Schwz. P. 453 332** vom 29/10. 1962, ausg. 14/6. 1968. D. Prior. 3/11. 1961. Zusatz zu Schwz. P. 409 919; C. 1967, 36-2954. — C. **1965**, 5-2423 [D. A. S. 1 162 353].)

2066 **Dow Chemical Co.**, Midland, Mich. (**Erfinder: Alexander Theodore Shulgin**, Berkeley, Calif.), USA, *Herstellung von Aminophenylmethylcarbamaten.* (**Schwz. P. 412 851** vom 3/11. 1960, **ausg.** 30/11. **1966**. U. S. Prior. 4/11. 1959. — C. **1968**, 1-2951 [Brit. P. 925 424].)

2067 **Badische Anilin- & Soda-Fabrik Akt.-Ges.** (Erfinder: **Karl-Heinz Koenig** und **Horst Pommer**), Ludwigshafen/Rh., *Herstellung von Äthercarbamidsäure*' *logeniden.* (**Schwz. P. 449 601** vom 3/3. 1965, **ausg.** 11/4. 1968. D. Prior. 7/3., **7/10.** 1964, 12/1. u. 16/1. 1965. — C. **1968**, 1-2953 [D. A. S. 1 232 946], **C. 1968**, 49/50-2617 [**D. A. S.** 1 252 655], C. **1968**, 38-3155 [**D. A.** S. 1 253 698] u. C. **1968**, 37-3313 [**D. A. S. 1 253 699**].)

2068 **Olin Mathieson Chemical Corp.**, New York (Erfinder: **Rudi Friedrich Wilhelm Rätz**, Hamden, Conn.), USA, *Herstellung neuer phosphorhaltiger Verbindungen.* (**Schwz. P. 451 159** vom 19/4. 1963, **ausg.** 15/5. 1968. U. S. Prior. 20/4. 1962. — C. **1967**, 3-3173 [U. S. P. 3 138 585].)

2069 **Montecatini Soc. Gen. per l'Industria Mineraria e Chimica** (Erfinder: **Cesare Augusto Peri**), Mailand, Italien, *Herstellung von O.O-Dimethyldithiophosphorylessigsäure-N-monomethylamid.* (**Schwz. P. 421 931** vom 27/12. 1962, ausg. 15/4. 1967. It. Prior. 28/12. 1961. — C. **1966**, 15-3048 [Oe. P. 237 632].)

2070 **C. H. Boehringer Sohn**, übert. von: **Wolfgang Buck, Richard Sehring** und **Karl Zeile**, Ingelheim/Rh., *O-Alkyl-O-halogenphenylalkylthiophosphonate.* (U. S. P. **3 356 772** vom 17/4. 1964, **ausg.** 5/12. **1967.** D. Prior. 29/4. 1963. — C. **1968**, 21-3397 [Brit. P. 1 028 568].)

2071 **Farbenfabriken Bayer Akt.-Ges.**, Leverkusen, **übert. von: Gerhard Schrader**, Wuppertal, *O.O-Dialkyl-O-dichlorvinylphosphate.* (**U. S. P. 3 299 190** vom 19/11. 1963, ausg. 17/1. 1967. D. Prior. 23/1. 1962. — C. **1965**, 30-2352 [D. A. S. 1 174 766].)

Redaktionsschluß: 16. Januar 1969

Herausgeber: Prof. Dr. Heinrich Bertsch, Berlin, und Prof. Dr. Dr. h. c. Wilhelm Klemm, Münster
Stellvertretende Herausgeber: Prof. Dr.-Ing. Dr. rer. nat. h.c. Eberhard Leibnitz, 104 Berlin, Schiffbauerdamm 19, Fernsprecher: 42 55 71
und Prof. Dr. Bertold Reuter, 1 Berlin 30, Geisbergstraße 39, Fernsprecher: 2 11 90 91
Chefredakteure und verantwortlich für den Inhalt: Dr. Helga Völz, 104 Berlin, Schiffbauerdamm 19, Fernsprecher: 42 55 71
und Dr.-Ing. Christian Weiske, 1 Berlin 30, Geisbergstraße 39, Fernsprecher: 2 11 90 91
Stellvertretender Chefredakteur: Dr.-Ing. Günter Pötzscher, 1 Berlin 30, Geisbergstraße 39, Fernsprecher: 2 11 90 91

Akademie-Verlag GmbH, 108 Berlin, Leipziger Str. 3–4 (Fernsprecher: 22 04 41, Telex-Nr. 011 2020) und Verlag Chemie, GmbH, 6940 Weinheim/Bergstr., Pappelallee 3 (Fernsprecher: (0 62 01) 36 35; Fernschreiber: 46 5516 vchwh d), Bestellnummer: 1007/140.
Das Chemische Zentralblatt erscheint wöchentlich. Preis des Jahrganges einschl. Schnellreferatedienst, Autoren-, Patent-, Sach- u. Formelregister 3200,–; einseitig bedruckte Ausgabe: 3700,–. Abgabe der Zeitschrift nur mit sämtlichen Registern. Abbestellung nur bis spätestens 6 Wochen vor Ablauf des Kalenderjahres

Satz u. Druck: VEB „Maxim Gorki“, Altenburg, und VEB Leipziger Druckhaus, Leipzig
Veröffentlicht unter der Lizenznummer 1273 des Presseamtes beim Vorsitzenden des Ministerrates
Printed in Germany

FSC
www.fsc.org
MIX
Papier | Fördert gute Waldnutzung
FSC® C083411

Kolibri 360 GmbH
Ferdinand-Jühlke-Straße 7
99095 Erfurt, Deutschland
produktsicherheit@kolibri360.de